地球の物理学事典

Frank D. Stacey and Paul M. Davis
Physics of the Earth
Fourth Edition

本多　了

岩森　光・歌田久司・大久保修平
栗田　敬・土屋卓久・中井俊一
平賀岳彦・宮武　隆・吉澤和範

［訳］

朝倉書店

Physics of the Earth

Fourth Edition

by

Frank D. Stacey and Paul M. Davis

© F. D. Stacey and P. M. Davis 2008

This publication is in copyright. Subject to statutory exception and to the provisions of relevant collective licensing agreements, no reproduction of any part may take place without the written permission of Cambridge University Press.

This Japanese edition is published by arrangements with Cambridge University Press.

序　　文

　われわれの主な目的は，本書のこれまでの3版と同様，いろいろな背景を有する学部高学年の学生を満足させるための，地球について統一のとれた解説を提供することである．さらには批判的な評価を奨励するように，それぞれのテーマの物理原理を探求することに努力した．このことは，明らかに望ましい説明の論理的な順序が存在しない，広範囲に関連するアイデアを読者が熟知していることを要求する．隕石の性質を知ることはそれを研究するために用いられる同位体の方法を知ることより前か後か？　地震学を学ぶ前に地球内部の熱について何かを理解すること，あるいは，その逆が重要か？　地球磁場のふるまいについて知ることなしにテクトニックな活動の証拠に関して，われわれは，はっきりとわかるか？　各章を"まえおき"(preamble)とよんでいる節から始めることにより，これらの疑問に答える必要を避けるよう試みた．この"まえおき"は，章の概要や通常の導入部ではなく，他の章からの関係する概念を少し理解することによって主題どうしを関連づける"のり"である．こうすることによって，テーマの統一性を感じてくれることを願っている．とくに，この本を教科書として使う学生に対しては，どの章も深く読み進む前にすべての"まえおき"を読むことを勧める．

　付録と参考文献のリストもわれわれの考えを込めてまとめた．この本のレベルを超えて話題を掘り下げたり，われわれが採用したアプローチに疑問をもったり，あるいは単にわかりやすい参考書を探したりする学生や他の人々を助けるためのツールとして用意した．読んだものを鵜呑みにせず，計算し直してみたり，文献にあたったり，独自に確認してみることによって，最も効果的に学ぶことができる．最近発表された未確認のものや，論争中のアイデアも紹介されているような本書を読む場合は，とくにこのことは必要となるだろう．付録の一つに問題集があるが，それらの多くはわれわれ自身の講義で使われたものであり，取るに足らない易しいものから，難易度の高いものまでそろえている．便宜上，特定の章を参照させるよう章番号をふってあるが，それらが必ずしもふさわしいとは限らない．話題と話題の間を橋渡しする問題がおそらく最も役に立つだろう．本文の中でも，それらの問題を参照するよう注意を喚起している．われわれが用意した解答は次のウェブサイト：www.cambridge.org/9780521873628 に示してある．

　いまわれわれを悩ませている事柄の理解を発展させたり，あるいは間違っていることを正してくれるであろう次世代の地球物理学者によってこの本が読まれることを願いたい．本文の中では，彼らの関心をひきつけ，われわれが考えつかなかったようなより多くの事柄を見つけ出すための，思わせぶりな疑問のいくつかを提起している．本書での誤りや欠落，不明瞭さがあったら指摘をお願いしたい．各章の草稿をレビューし，内容的な不備を最小限にするようわれわれを助けてくれた以下の同僚に感謝する．Charles Barton, Peter Bird, Emily Brodsky, Shamita Das, David Dunlop, Emily Foote, Mark Harrison, Donald Isaak, Ian Jackson, Mark Jacobson, Per Jögi, Brian Kennett, Andrew King, Frank Kyte, David Loper, Kevin McKeegan, Ronald Merrill, Francis Nimmo, Richard Peltier, Henry Pollack, Joy Stacey, Sabine Stanley そして George Williams.

Frank Stacey
Paul Davis

日本語版序文

本書は Frank D. Stacey と Paul M. Davis による *Physics of the Earth*, Fourth Edition の全訳である．第1版から第3版は Stacey 氏のみによって書かれているが，本第4版は，前の3版と比較すると大幅な改訂と追加がなされている．また，Stacey 氏の教科書・専門書は定評があるが邦訳されたものとしては本書が最初である．この本が扱っている主な内容は，いわゆる固体地球物理学という分野である．固体地球物理学はプレートテクトニクスの考えが確立された後は，大きく発展し，各分野がかなり細分化されている．この細分化に伴い，各分野に特化された専門書が発行される傾向があるが，この本のように固体地球物理学全体を対象としている良い書籍が少ないように思われる．この本の優れている点は，固体地球物理学の広い分野を扱っているのみならず，各分野の話題に関して深いあるいはユニークな考察がなされている点である．われわれが読んでいてもふと考え込ませるような考察がなされていることがしばしばある．この点が学生のみならず研究者を含めた多くの読者をひきつけているのであろう．

基礎的なことが書かれている教科書・専門書を読むことは楽しいことである．とくに教科書は，同じことが記述されているので，どれでも似たようなものと考えがちであるが，外国にはしばしばユニークな教科書がある．そのユニークさは，著者の考え方 (哲学といってもよい) が反映されるためであり，それは，しばしば"教科書的な"考え方とは違うことがある．このような考え方の違いを知ることにより，自分の考え方が変わり，物事の新しい側面が見えて来ることがある．このような発見が，いろいろな教科書を読むことの楽しさである．この意味で，本書は最適な教科書の一つである．内容はやや高度であり，学部高学年から大学院生程度の読者を想定している．学部高学年あるいは大学院生になると (あるいは "研究者" になると)，つい自分の専門分野のみの勉強をしてしまう傾向がある．たまには，本書のような教科書を読んで，地球科学全体を眺める視点にもどり，自分の研究の意義などを全体から考えるのがよいであろう．

この本の翻訳は 2009 年頃から持ち上がったが，いろいろな事情によりようやく本年度に刊行の運びとなった．前述のように内容が広範であり，かつ出版のスピードを考慮したため，翻訳は多くの方の共同作業となった．本多はそのとりまとめ等を行った．

当然であるが原著を尊重し，なるべく原文に近づくように訳したつもりである．原文のもつニュアンスが伝われば幸いである．内容に関しての追加説明あるいは，別意見がある場合は脚注の形で表記した．

Stacey, Davis 両氏には内容についてお伺いした．Stacey 氏には原著の correction の最新版を送っていただいた．また，森重学氏，渡邉俊一氏，丹下慶範氏，桑山靖弘氏，西原遊氏，土屋旬氏，出倉春彦氏，その他愛媛大学地球深部ダイナミクス研究センターの皆様にも，翻訳作業の手助けをしていただいた．朝倉書店編集部には，各翻訳者との調整などお世話になった．これらの方々に厚く御礼を申し上げる．

2013 年 6 月

訳者を代表して　本多　了

翻 訳 者 一 覧

本 多　　了　　東京大学地震研究所教授　　　　　　　　　　　[12, 13, 20, 付録 A〜G, I]

岩 森　　光　　東京工業大学大学院理工学研究科教授　　　　　[21〜23]

歌 田 久 司　　東京大学地震研究所教授　　　　　　　　　　　[24, 25]

大久保 修 平　　東京大学地震研究所教授　　　　　　　　　　　[6〜9]

栗 田　　敬　　東京大学地震研究所教授　　　　　　　　　　　[1, 2, 4, 26]

土 屋 卓 久　　愛媛大学地球深部ダイナミクス研究センター教授　[18, 19]

中 井 俊 一　　東京大学地震研究所教授　　　　　　　　　　　[3, 5, 付録 H]

平 賀 岳 彦　　東京大学地震研究所准教授　　　　　　　　　　[10, 11]

宮 武　　隆　　東京大学地震研究所准教授　　　　　　　　　　[14, 15]

吉 澤 和 範　　北海道大学大学院理学研究院准教授　　　　　　[16, 17]

* [ ] は翻訳章，付録 J の問題は該当本文の翻訳者が担当．

目　　　次

1 太陽系の起源とその歴史 ……………………………………………………… 1
　1.1 まえおき ……………………………………………………………………… 1
　1.2 惑星の軌道―ティティウス–ボーデの法則 ……………………………… 3
　1.3 自　　転 ……………………………………………………………………… 5
　1.4 角運動量の分布 ……………………………………………………………… 5
　1.5 衛　　星 ……………………………………………………………………… 6
　1.6 小　惑　星 …………………………………………………………………… 7
　1.7 隕石―落下，発見，および軌道 …………………………………………… 8
　1.8 隕石が受けた宇宙線照射と小惑星の衝突の証拠 ………………………… 10
　1.9 ポインティング–ロバートソン効果とヤーコフスキー効果 …………… 11
　1.10 隕石の母天体とその冷却速度 …………………………………………… 14
　1.11 隕石の磁気 ………………………………………………………………… 17
　1.12 テクタイト ………………………………………………………………… 19
　1.13 カイパー・ベルト天体，彗星，流星雨，惑星間塵 …………………… 19
　1.14 地球型惑星―いくつかの比較 …………………………………………… 21
　1.15 月の初期史 ………………………………………………………………… 24

2 地球の組成 ……………………………………………………………………… 27
　2.1 まえおき ……………………………………………………………………… 27
　2.2 惑星の組成の指標としての隕石 …………………………………………… 30
　2.3 鉄隕石，石鉄隕石 …………………………………………………………… 30
　2.4 普通コンドライト隕石，炭素質隕石 ……………………………………… 32
　2.5 エコンドライト ……………………………………………………………… 34
　2.6 太　陽　大　気 ……………………………………………………………… 34
　2.7 マ　ン　ト　ル ……………………………………………………………… 34
　2.8 中心核 (コア) ……………………………………………………………… 37
　2.9 地　　殻 ……………………………………………………………………… 40
　2.10 海　　洋 …………………………………………………………………… 42
　2.11 地球内部の水 ……………………………………………………………… 43
　2.12 大気―他の地球型惑星との比較 ………………………………………… 45

3 放射能，同位体，年代測定 …………………………………………………… 48
　3.1 まえおき ……………………………………………………………………… 48
　3.2 放　射　崩　壊 ……………………………………………………………… 49

3.3	崩壊時計—^{14}C 年代測定	50
3.4	娘核種の蓄積を利用する時計—K–Ar, U–He 年代測定法	50
3.5	フィッショントラック法	53
3.6	アイソクロンを利用した年代測定—Rb–Sr 法	53
3.7	U–Pb 法, Pb–Pb 法	55
3.8	^{147}Sm–^{143}Nd 法と他の崩壊系	57
3.9	同位体分別	57

4 太陽系の起源と年齢の鍵となる同位体　62

4.1	まえおき	62
4.2	原子の時代以前の問題	62
4.3	隕石のアイソクロンと地球の年齢	64
4.4	重元素による年代測定—「みなしご元素」	67
4.5	太陽系形成前の情報を有する同位体	68
4.6	太陽系の形成プロセス	71

5 地球進化史の証拠　73

5.1	まえおき	73
5.2	アルゴンとヘリウムの脱ガスと地球のカリウム濃度	75
5.3	地殻の進化	76
5.4	コア (核) の分離	79
5.5	化石の記録—危機と絶滅	80

6 地球の回転, 形状および重力　82

6.1	まえおき	82
6.2	球に近い物体の重力ポテンシャル	83
6.3	自転, 扁平率および重力	85
6.4	平衡形の扁平率についてのアプローチ	88

7 歳差, 極運動, 自転のゆらぎ　92

7.1	まえおき	92
7.2	歳差	93
7.3	チャンドラー極運動	96
7.4	自転速度の変動 (LOD の変動)	99
7.5	自転変動とコア (核) のカップリング	101

8 潮汐と月の軌道進化　105

8.1	まえおき	105
8.2	地球の潮汐変形	106
8.3	潮汐摩擦	109
8.4	月の軌道進化	112
8.5	衛星の潮汐安定性のためのロッシュ限界	115

	8.6 「複数の月」仮説	118

9 人工衛星ジオイド，アイソスタシー，後氷期地殻隆起およびマントルの粘性 — 121

9.1 まえおき — 121
9.2 人工衛星ジオイド — 122
9.3 アイソスタシーの原理 — 126
9.4 重力異常と内部構造の推定 — 129
9.5 後氷期アイソスタシー調整 — 132
9.6 PGRと扁平率の変動 — 136

10 弾性と弾性以外の変形特性 — 139

10.1 まえおき — 139
10.2 等方物質の弾性率 — 140
10.3 結晶と弾性異方性 — 142
10.4 複合体の緩和および非緩和弾性率 — 144
10.5 非弾性と弾性波の減衰 — 145
10.6 弾性以外の変形特性，クリープおよび流動 — 148
10.7 周波数依存型弾性と実体波の減衰 — 151

11 地殻の変形——岩石力学 — 153

11.1 まえおき — 153
11.2 応力とひずみのテンソル表記 — 153
11.3 3次元下でのフックの法則 — 155
11.4 トラクション，主応力および軸の回転 — 156
11.5 地殻応力と断層すべり — 160
11.6 地殻応力——測定と解析 — 163

12 テクトニクス — 167

12.1 まえおき — 167
12.2 和達-ベニオフ帯と沈み込み — 171
12.3 拡大中心と磁気縞模様 — 175
12.4 プレート運動とホットスポット軌跡 — 177
12.5 マントル対流のパターン — 180
12.6 テクトニクスの歴史とマントルの不均質性 — 183

13 対流による応力とテクトニックな応力 — 185

13.1 まえおき — 185
13.2 対流によるエネルギー，応力，およびマントルの粘性 — 188
13.3 深部マントルプルーム内の浮力 — 192
13.4 地形による応力 — 193
13.5 大陸と海洋底の応力状態 — 196

13.6 低角逆断層のクーロンくさび ……………………………………… 198

14 地震の運動学 … 202
14.1 まえおき … 202
14.2 食い違いとしての地震 … 203
14.3 一般化地震モーメント … 208
14.4 初動の研究 … 210
14.5 断層モデルと地震波のスペクトル … 212
14.6 地震のマグニチュードとエネルギー … 217
14.7 地震のサイズ分布 … 219
14.8 津波 … 223
14.9 脈動 … 226

15 地震の動力学 … 228
15.1 まえおき … 228
15.2 地震の応力場 … 229
15.3 断層摩擦と初期発生核―準静的レジーム … 231
15.4 動的レジーム … 234
15.5 余震の大森公式 … 235
15.6 応力降下と放射エネルギー … 237
15.7 前震と予知のアイデア … 240

16 地震波伝播 … 243
16.1 まえおき … 243
16.2 実体波 … 244
16.3 減衰と散乱 … 246
16.4 平面境界における反射および透過係数 … 251
16.5 表面波 … 254
16.6 自由振動 … 259
16.7 モーメントテンソルと合成地震記録 … 264

17 地球構造の地震学的決定 … 270
17.1 まえおき … 270
17.2 平面成層地球での屈折 … 271
17.3 球状成層地球での屈折 … 273
17.4 走時と速度分布 … 275
17.5 地球モデル―均質層の密度変化 … 279
17.6 地球の内部構造―大まかな描像 … 280
17.7 境界と不連続 … 282
17.8 水平方向の不均質性―地震波トモグラフィー … 286
17.9 地震波異方性 … 290

18 有限ひずみと高圧状態方程式 — 295
- 18.1 まえおき — 295
- 18.2 高圧実験とその解釈 — 297
- 18.3 原子間ポテンシャルに対する要求 — 300
- 18.4 有限ひずみのアプローチ — 303
- 18.5 微分量方程式 — 305
- 18.6 熱力学的制約 — 307
- 18.7 複合物質における有限ひずみ — 309
- 18.8 高圧下での剛性率 — 311
- 18.9 地球深部への適用についてのコメント — 313

19 熱 特 性 — 316
- 19.1 まえおき — 316
- 19.2 比 熱 — 317
- 19.3 熱膨張とグリュナイゼン・パラメーター — 321
- 19.4 融 解 — 325
- 19.5 断熱温度勾配と融点の圧力依存性 — 328
- 19.6 熱 伝 導 — 329
- 19.7 弾性率の温度依存性—温度の観点からのトモグラフィーの解釈 — 331
- 19.8 非 調 和 性 — 334

20 表 面 熱 流 量 — 339
- 20.1 まえおき — 339
- 20.2 海洋底熱流量 — 340
- 20.3 大 陸 熱 流 量 — 343
- 20.4 リソスフェアの厚さ — 347
- 20.5 気 候 の 影 響 — 348

21 地球の熱収支 — 350
- 21.1 まえおき — 350
- 21.2 放 射 性 の 熱 — 351
- 21.3 熱収縮, 重力エネルギーおよび熱容量 — 354
- 21.4 コア (核) のエネルギーバランス — 357
- 21.5 エネルギー収支の副次的な構成要素 — 360

22 対流の熱力学 — 362
- 22.1 まえおき — 362
- 22.2 熱効率, 浮力と対流の動力 — 363
- 22.3 相変化を通過する対流 — 365
- 22.4 マントル対流の熱効率とテクトニクスの動力 — 367
- 22.5 なぜマントル相境界は鮮明か? — 369
- 22.6 コア (核) 内での組成対流 — 371

xii　目　次

　22.7　コア (核) 対流の熱効率とダイナモの動力 　372
　22.8　コアの冷蔵作用 　374

23　熱　　史　376
　23.1　ま　え　お　き 　376
　23.2　海洋への熱輸送率 　377
　23.3　熱収支の方程式とマントルのレオロジー 　380
　23.4　マントルの熱史 　382
　23.5　コア (核) の冷却史 　385

24　地　磁　気　388
　24.1　前　お　き 　388
　24.2　地磁気のパターン 　390
　24.3　永年変化とマントルの電気伝導度 　396
　24.4　コア (核) の電気伝導度 　401
　24.5　ダイナモ機構 　403
　24.6　西方移動と内核の回転 　408
　24.7　ダイナモエネルギーとトロイダル磁場 　410
　24.8　地球以外の惑星の磁場 　412

25　岩石磁気および古地磁気　416
　25.1　ま　え　お　き 　416
　25.2　鉱物および岩石の磁性 　417
　25.3　永年変化と軸双極子仮説 　421
　25.4　地磁気の逆転 　425
　25.5　古地磁気強度―昔の磁場の強さ 　431
　25.6　極移動と大陸移動 　432

26　代替エネルギー源と気候変動―その地球物理学的背景の考察　437
　26.1　ま　え　お　き 　437
　26.2　自然界でのエネルギー散逸 　438
　26.3　「代替」エネルギー源―その可能性と他への影響 　441
　26.4　軌道変化による太陽定数の変動と太陽の変動 　444
　26.5　代替エネルギー源に関する結語 　446

付録 A　一般的な参考データ　447

付録 B　軌道の力学 (ケプラーの法則)　453

付録 C　球面調和関数　456

付録 D　等方物質の弾性率間の関係　460

付録 E　熱力学パラメーターと相互関係　461

付録 F	地球モデル——力学的性質	465
付録 G	地球の熱モデル	468
付録 H	放射性同位体	470
付録 I	地 質 年 代	472
付録 J	問　　　題	473
文　献		493
索　引		513

1
太陽系の起源とその歴史

1.1 まえおき

　惑星が太陽のまわりを同じ平面上をほぼ円軌道を描いて回っていることは，昔からよく認識されていた．その回転の向きは太陽の自転と同じ向きであることから，太陽の形成と太陽系の形成が直接関連していたものであると考えざるをえない．表 1.1 には惑星を表す代表的な数値を掲載したが，これを見ると地球は他の 3 個の惑星とともに内惑星グループを形成していることがわかる．外側の 4 個の惑星と比較してサイズが小さく，密度が高い．この特徴のために内側を回る 4 個の惑星を地球型惑星とよぶ．外側の 4 個の大きな惑星は，少なくとも見えている外側はガスでできている．これらの惑星には固体表面をもつ衛星が存在している．その表面はたいへんバラエティーに富んでおり，平均密度も幅広い値をもっているが，大部分は地球型惑星よりは小さな値である．これら 2 つの惑星グループの間に小惑星が存在している．これらは地球型惑星を形成した原材料である，微惑星の生き残りであると考えられている．隕石は小惑星の標本であると考えられており，1.9 節で詳しく扱うことになるメカニズムによって地球まで運ばれてきたものである．隕石は地球型惑星の全体の組成を示す直接的な証拠となる．

　われわれは惑星の形成についてより多くのことを学ぶことができるのはたぶんその相違点からであって，類似性からではない．地球を太陽系の他の天体と比べて大きく際立たせている特徴は，またそのために特別な説明を要する点は以下の諸点である．

(i) 地球は表層に豊富な水 (液相と固相の両者) を有する唯一の天体である．
(ii) 酸素に富んだ大気をもつ唯一の天体である．
(iii) 花崗岩のようなシリカに富んだ岩石でできた少なからぬ領域の表層を有するたぶん唯一の天体である．これは地球の大陸地域の地殻の特徴である．
(iv) 表層の高度分布に 2 つのピーク (図 9.4) が見られる唯一の天体と見なされている．この 2 つのピークとは大陸地域と海洋底に対応する．しかし火星にも顕著ではないが，このような特徴があると見なすこともできる (1.14 節を参照)．
(v) 地球は地球型惑星の中で強い磁場を有する唯一の天体である．この点では巨大外惑星と似ている (表 24.2)．
(vi) 地球型惑星の中にあって巨大な月の存在は地球をユニークな天体と特徴づけている．月の起源とその歴史は論争の的であった．1.15 節と 8.6 節でこの問題にふれる．

　これらの特徴のうち，最初の 4 つは水を通して相互関連している．大気の酸素をつくり出した植物にとって水は不可欠な存在である．同時にシリカに富んだマグマをつくり出すテクトニックなプロセスにも水は重要なはたらきをする (2.12 節)．大陸を形成するシリカに富んだ岩石はその下のマントルの岩石よりも軽く，地殻の重力バランスでより高く浮き上がる (9.3 節)．このために表層高度の分布に 2 つのピークが現れることになる．

　隕石は太陽系の初期の歴史 (1.7～1.11 節) やその組成 (2.2～2.5 節) を理解する上でとくに重要で

表 1.1 惑星の諸パラメーター

n	惑星	軌道半径[a] (AU) (r_n/r_3)	自転周期 (日)	軌道に対する赤道の傾き (度)	質量 (地球質量単位)	半径[b] (地球半径単位)	平均密度 (kg m^{-3})	非圧縮密度 (kg m^{-3})	既知の衛星数
1	水星	0.387	59	2.0	0.05528	0.3830	5427	5017	0
2	金星	0.723	243.02	177.3	0.814999	0.9499	5204	3868	0
3	地球	1	0.9972697	23.45	1	1	5515	3995	1
	月				0.0123000	0.2728	3345	3269	
	地球＋月				1.0123000			3945	
4	火星	1.524	1.026	25.2	0.1074468	0.5321	3933	3697	2
[5]	小惑星	～2.8					3700[c]	3700	
6	木星	5.2013	0.413	3.1	317.89	10.973	1327	大部分が気体・液体	62
7	土星	9.538	0.444	26.7	95.18	9.140	688		35
8	天王星	19.18	0.718	97.9	14.54	3.98	1272		27
9	海王星	30.06	0.671	30.2	17.15	3.86	1640		13
10	冥王星	39.52	6.387	117.6	0.0022	～0.18	2080	～2000	3

[a] 軌道楕円の長軸
[b] 等体積球の半径（外惑星での1気圧の表面）
[c] 観測の平均値

ある．その多くは小惑星の破片である．それらは比較的単純な歴史をもつ小さな天体で，太陽系ができたとき以来実質的に何の変質も受けていない．小惑星帯での衝突によりこれらの破片がたたき出されて，地球を横切る軌道に進化していく．その軌道は最初はヤーコフスキー効果 (1.9 節) により，その後木星との軌道共鳴によりだんだん進化して地球に届く．その結果，われわれは地球の地殻よりはよりよく地球型惑星の全化学組成を示すサンプルを手にすることができる．初期の太陽系の歴史を理解する上で隕石の重要な役割についてのレビューは Wasson (1985) を参照されたい．

太陽系の年代に関するわれわれの推定は放射壊変により隕石中につくられた同位体の分析により得られたものである (4.3 節)．隕石の与える年代のほとんどは 45 億 7 千万年という共通の年代を示すことが明らかになっている．この年代が太陽系全体の形成の出発点を示すのかどうかについては少し問題がある．というのは地球上ではそのような長い間変質を受けていない岩石など見つかっていないからである．しかしながら地球全体として平均的な同位体組成の推定値が隕石の鉛同位体のアイソクロン (等時線) 上にのること (図 4.1) から，地球の年齢も隕石の年齢と同じであると見なすことができる．

1.2 惑星の軌道——ティティウス–ボーデの法則

長い間太陽系の起源に関する理論はわずかな，しかし確とした証拠にもとづいていた．惑星の動きに関しては良い観測があり，その軌道半径には多少の近似を許せば，ある規則性が存在する．この規則性とはティティウス–ボーデ (Titius–Bode)，あるいは略してボーデの式として知られているものである．当初提案されたものでは，太陽に近いものから数えて k 番目の惑星の軌道半径 r_k は以下の式で表現される．

$$r_k = a + b \times 2^k \tag{1.1}$$

ここで a, b は定数である．その後以下のべき乗の式がよく合うことが知られているが，やはりティティウス–ボーデの法則とよばれている．

$$r_k = r_0 \, p^k \tag{1.2}$$

現在ではわれわれは惑星に関して多くの情報を有しているが，この法則はいまでも太陽系の理解に欠かせないものである．

式 (1.2) においてどのような p の値を選択すべきかは，惑星の数え方によって異なる．火星と木星の間に存在する大きな軌道半径のギャップは，この領域での未知の惑星探しへと導いた．現在ではこの領域には多数の小惑星の存在が知られている．もはやわれわれは小惑星は 1 個か 2 個の惑星の一部とは考えていないし，惑星をひとまとめにこの式に当てはめることもできない．1 つの式で表現しようとするこのような試み (図 1.1 では破線で示したもの) はもはや歴史的な意味しかもたず，惑星を 2 つのグループに分けて考えるべきであろう (図 1.1 における実線)．冥王星は惑星になりきれなかった惑星形成以前の断片 (カイパー・ベルト天体，1.13 節参照) であると判明したために外惑星グループに含めるべきではない．これらの問題点があるにもかかわらず惑星軌道半径の規則性は明白で，明らかに何らかの物理がその背景にあることを示している．ボーデの法則の一般性の証拠として外惑星に付随する主要な衛星の軌道半径がやはり式 (1.2) に従うことをあげておこう．この一致はとくに木星のガリレオ衛星 (イオ，エウロパ，ガニメデ，カリストロ) では顕著で，その値，$p = 1.64 \pm 0.03$ は惑星系で得られたものと同じ範囲内にある．ボーデの法則は多くの物理現象に共通に存在しているスケール不変性の興味深い例の 1 つである．それは惑星や衛星の質量や軌道半径とは独立な普遍性をもった法則である．

ボーデの法則を説明する理論モデルは多数提案されている．Nieto (1972) の歴史的なレビューに詳しい．大きく分けて 2 つの基本的なアプローチがある．1 つは太陽系星雲の中の乱流のスケールの規則性を考えるもの，もう 1 つは太陽の重力場の勾配の中で惑星として集積する物質間の引力の競合によるという考えである．渦の理論は Laplace

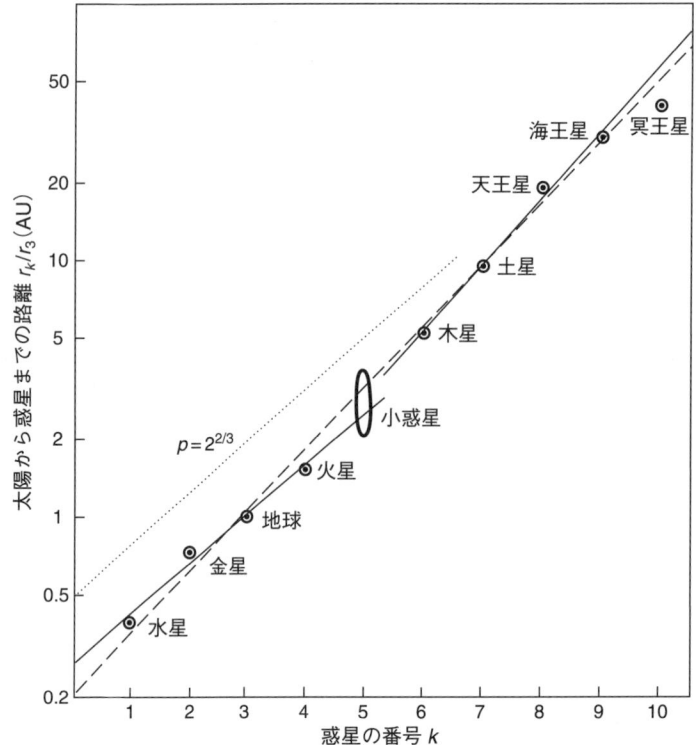

図 1.1 星の公転軌道半径とティティウス–ボーデ則 (1.2). 横軸は水星を 1 とした惑星のラベル数, 縦軸は地球の公転軌道半径を 1 とした太陽からの距離. 実線は地球型惑星と巨大外惑星それぞれ独立にフィットさせた場合 (地球型は $p=1.56$, 巨大惑星は $p=1.82$). 破線は全惑星 (冥王星は除く) を対象にフィットさせた場合 ($p=1.73$, 計算では失われた 5 番目の惑星・小惑星を考慮している) である. 点線は $p=2^{2/3}=1.59$ である場合の傾きで, この値は隣り合う惑星の公転周期が 2 倍ずつ変化している場合である (ケプラーの第 3 法則, 付録 B の式 (B.23) を参照).

に始まり, より最近では R. P. Weizsäcker の仕事がある. White (1972) は渦の理論に注目し, 太陽系星雲は十分に希薄であるために粘性を無視することができ, 渦度が保存されることを示した. この条件にもとづいた White の理論では太陽から放射状に延びるジェットは式 (1.2) に従うことになる. Prentice (1986, 1989) は乱流は超音速の速度をもつことを示し, 惑星集積の理論をたてた. 星雲が低粘性であるとの White の指摘は乱流の活動を低下させるものは何か, という問題に注意を向けた. 4.6 節でこの問題を議論するが, 唯一のもっともらしいプロセスは電磁気学的作用によるものである. 高度に放射能を帯びた超新星の爆発生成物が太陽系星雲に投入され, 星雲をイオン化することにより, 電磁流体力学的なプロセスによる乱流の抑制

が可能であろう.

微惑星間の引力が惑星の集積において, とくにその最終段階では, 重要であることには疑問の余地はない. ボーデの法則の重力作用にもとづく解釈にはいくつかのモデルが存在する. 式 (1.2) 中のパラメーター p が $2^{2/3}=1.587$ にたいへん近い値をもっているという単純な事実はより精密な議論を引き起こした. ケプラーの第3法則 (付録 B の式 (B.23)) ではこの値の軌道半径の比をもつ天体の軌道周期は 2:1 の比をもつ. これは軌道共鳴が生じる最も単純な系である. このことは小惑星が木星との重力相互作用で規則的な分布をとる例で詳細に検討されてきた. 微惑星の軌道速度が $a^{-1/2}$ の割合で太陽から遠ざかるにつれて減少していくという事実は重力相互作用によってボーデの法則を

解釈しようという試みには都合が良い．重力的に相互作用をする領域は太陽から離れるにつれて軌道速度の差が減少していくために，広がっていくからである．ボーデの法則の確たる解釈をわれわれはいまだ手にしてはいない．しかし式 (1.2) の普遍性から目をそらすことはできない．8.6 節ではこの経験則を月の初期史の解釈に応用する．

1.3　自　　転

惑星の自転はその速度，自転軸の向きでも，惑星ごとに大きく異なっている (表 1.1)．自転は多くの例では公転の方向と調和的であるが例外もある．天王星では自転軸はほぼ軌道面上にあるし，金星ではたいへんゆっくりとした自転速度であるが逆行 (公転方向と逆の方向に自転) している．自転軸の方向のばらつきは伝統的に統計学的ばらつきと解釈されており，これは軌道半径のボーデの法則からのずれの解釈に用いられている．すなわち惑星をつくる微惑星は互いに独立しているが，十分に近い軌道要素をもっているという解釈である．厳密にはそれらがどのように衝突するかで最終的な天体の自転が決まることになる．

地球型惑星と冥王星は巨大惑星や小惑星と比べてゆっくりとした自転速度をもっている．水星，金星，地球，冥王星ではゆっくりとした自転は潮汐摩擦による自転のエネルギーの散逸によっている (8.3 節)．水星の自転は太陽を巡る楕円公転軌道と同期を起こしていると考えられている．冥王星の場合，衛星カロンによってつくり出される潮汐が同期自転を引き起こし，いつも同じ面を衛星に向けて自転をしている．これは地球–月系で見られるのと同じ現象である．金星は太陽潮汐によって自転速度が遅くなったに違いないが，しかしそれでは逆行自転を説明できない．金星の集積過程に関連しているはずである．火星は太陽から遠いために太陽潮汐は効かず，2 つの衛星は小さいために自転に影響を与えるほどの潮汐力も働かない．かつて近くを回る大きな衛星が存在し，最終的に火星に落ち込んだのではない限り (これは 1.15 節で水星や金星の例で指摘されている)，ゆっくりとした自転は微惑星の集積過程の最終段階で決まったものである．現在の地球と火星が自転速度や自転軸の向き (自転軸傾斜角) がほぼ同じ値をもっているということは単なる偶然であろう．というのは地球は初期にはもっと速く自転していたという事実があるし，火星では自転軸傾斜角は木星との重力相互作用で変動しているからである．

天王星の自転はその軸が軌道面近くにあり，惑星の集積過程についての鍵を与えてくれる．ケイ酸塩と鉄の量はたとえそれが接線方向に入射してくる微惑星であったとしても，自転の角運動量を説明するのに十分ではない．したがって，われわれは天王星は太陽系の軌道と独立な軌道で形成された揮発性成分に富んだ微惑星が集積してできたと想像する．星雲内の乱流の散逸や円盤への崩壊が惑星形成に先行して起きたとしても，ガスが直接集積して自転軸に大きな傾斜を引き起こすことはできなかったであろう．星雲の円盤への崩壊ではガスの運動を円盤面内に拘束し，このため大量の分子のランダムな集積によって惑星の自転軸を公転面内に置くことはできなかったかもしれない．微惑星は星雲から凝縮でできた氷からできていて，水素やヘリウムではなかった．水素，ヘリウムはそれを重力でつなぎ止めておくことができる巨大な惑星上だけに集積したであろう．木星は，水素やヘリウムは全質量の中でより高い濃度を示しており，自転軸のずれはたいへん小さい．

1.4　角運動量の分布

ケプラーの第 3 法則 (付録 B の式 (B.23)) を用いると k 番目の惑星の軌道角速度は以下のようになる．

$$\omega_k = (GM_\mathrm{S}/r_k^3)^{1/2} \qquad (1.3)$$

ここで r_k は軌道半径，$M_\mathrm{S} = 1.989 \times 10^{30}\,\mathrm{kg}$ は太陽の質量，G は重力常数である．この式を使うと軌道角運動量は以下のような便利な形で与えられる．

$$a_k = m_k r_k^2 \omega_k = (GM_\mathrm{S})^{1/2} m_k r_k^{1/2} \qquad (1.4)$$

太陽系の全角運動量は表 1.1 のデータを使うと次式で与えられる．

$$\sum a_k = (GM_S)^{1/2} \sum m_k r_k^{1/2}$$
$$= 3.137 \times 10^{43} \text{ kg m}^2 \text{ s}^{-1} \quad (1.5)$$

木星が角運動量全体の 60% 以上を占めている．惑星の自転の角運動量は公転の角運動量と比べるとたいへん小さい．地球の自転の角運動量，5.860×10^{33}kg m^{2}s^{-1} は公転の角運動量，2.662×10^{40} kg m^2 s^{-1} の 2.2×10^{-7} にしかならない．また式 (1.5) の値を太陽の自転角運動量と比較してみよう．太陽の表面は赤道が極域よりも速く自転している．内部がどのように自転しているのかを示す直接的な観測はないが，自由震動のモードの観測 (陽震学 (helioseismology) とよばれている) からは表面と同じように回転していることを示している．したがって太陽の自転角速度の見積もりとしては，剛体回転を仮定した Allen (1973) の値，$\omega_S = 2.865 \times 10^{-6}$rad s^{-1} を用いる．剛体としての慣性モーメントを中心部に質量が強く集中している質量分布を積分して求めると，5.7×10^{46}kg m^2 となる．角速度と合わせると角運動量は，

$$(I\omega)_S = 1.63 \times 10^{41} \text{ kg m}^2 \text{ s}^{-1} \quad (1.6)$$

したがって太陽は太陽系全体の角運動量の 0.5% をもっているに過ぎず，大部分は惑星の軌道運動がもっている (式 (1.5))．一方，質量においては太陽が太陽系質量の 99.866% を占めていることと対照的である．

太陽のゆっくりとした自転は太陽が生まれたばかりの頃に周囲の星雲に運動量が輸送されたことで説明される．Alfvén (1954) は太陽の強い磁場が星雲の電離したガスと強い太陽風を結びつけたという議論を展開した．彼のモデルは他の観測，とくに磁化した隕石の存在と調和的である (1.11 節)．太陽系の進化の初期には太陽はおうし座 T 型星時期を経験したと考えられている．おうし座 T 型星は現在銀河系の中で知られている若い星の代表的な存在である (この銀河系には数百個存在している)．それらの星はたいへん活動的で，強い恒星風と現在の太陽に比べて数桁も強い磁場をもっている．磁化した隕石は太陽がおうし座 T 型星の強い磁場をもった時期に形成されたのであろう．

Alfvén による磁場の遠心力による角運動量の輸送は太陽系の中での化学組成の分化も引き起こしたであろう．磁場の運動に影響を受けるのは荷電粒子のプラズマだけである．いったん固体粒子が形成されると，固体粒子と荷電していないガス分子は周囲のプラズマの粘性力によってのみ，磁場とカップリングすることになる．初期に凝縮する，難揮発性成分は太陽系の内側に濃集し，揮発性成分は外側部分に遠心力で濃集していくことになる．

1.5 衛 星

巨大惑星は多数の衛星を有している (表 1.1) のに対し，地球型惑星は全体で 3 個しかない．地球の月は突出して大きい．他の 2 個，火星のフォボスとダイモスは小さくて，軌道は火星に近く，不規則な形状をしていて，それらが捕獲された小惑星であるという印象を受ける．大きな方であるフォボスの軌道は火星にたいへん近く，1 日に火星を 3 周する (火星と地球の 1 日の長さはほぼ等しい)．その表面は暗く，その反射スペクトルは多くの小惑星や炭素質コンドライトととして知られている隕石の一種と似ている．その軌道は火星に近いために，大きさは小さいにもかかわらず火星にかなりの潮汐を引き起こす．このことは捕獲説と調和的である．なぜならば潮汐摩擦によって軌道を進化させることができるからである．一方，より小さなダイモスは火星から離れているために，見かけは小惑星的ではあるけれど捕獲起源は考えにくい．

衛星の数の多さとともに，すべての巨大惑星には土星に代表されるような微小粒子からなるリングが存在する．木星の場合小型の外側にある衛星はすべて捕獲された小惑星である．その軌道は 2 つの大きく異なったグループに分けられる．1 つは 11.5×10^6km の軌道半径をもつ巡行衛星のグループ，もう 1 つは 23×10^6km の軌道半径の逆行衛星のグループである．これらの軌道は捕獲プロセスで想定される軌道である．木星のより大き

な衛星ははるかに小さな軌道半径をもち，1.2節で述べたようにボーデの法則に従っている．他の巨大惑星の衛星では捕獲起源はそれほど明確ではない．しかし海王星のトリトンは逆行衛星であるし，ネレイドはたいへん扁平な楕円軌道をもっているので，捕獲起源，あるいは冥王星とのたいへん強い相互作用が考えられる．これら以外のすべての衛星は親惑星と同様のプロセスを経て形成されたと考えられている．惑星と同じようにその性質には大きな幅がある．

巨大惑星の衛星の表面は1つ1つたいへん異なっている．外惑星を探査したボイジャー探査機は当初，月からの類推でクレーターで至る所を覆われた古い表面のイメージを送ってくるものと予想されていた．実際はいくつかの天体では内部活動の存在を示し，さらに現在活動中の火山活動まで捉えた．最も衝撃的なのは木星の大型衛星の中で最も内側を回るイオで，そこでは潮汐摩擦によって生じた熱が火山活動を引き起こしていた (Pealeら, 1979)．イオの有限の軌道離心率 (0.0043) が他の衛星との共鳴により維持され，そのために木星の強い潮汐力を受けていることが原因である．海王星のトリトンにも内部活動の痕跡がみられ，土星の衛星であるエンケラダスでは氷の「低温火成活動」が起きている．

巨大惑星の衛星の密度は大部分は $2000\,\mathrm{kg\,m^{-3}}$ 以下である．これは地球型惑星の密度よりもかなり小さく，氷成分 (水，メタンなどの揮発性成分の凝縮相) に富んでいることを示している．例外は木星のガリレオ衛星のうちの内側を回る2つ，イオ ($3530\,\mathrm{kg\,m^{-3}}$) とエウロパ ($3014\,\mathrm{kg\,m^{-3}}$) であり，明らかにケイ酸塩岩石成分の割合が高い (そしてたぶん小さな金属中心核ももっている)．エウロパはとくに興味深い．その表面は完全に固化した堅いリゾスフェアでありながら，内部には液体の海の存在が木星の磁場の解析から示唆されている (Kivelsonら, 2000)．エウロパの軌道は木星の磁気圏の中にあり，惑星の時間変動をする磁場によって誘導磁場が内部に誘起されている．このためには塩分を含んだ高い電気伝導度を有する海の存在が必要である．氷は塩分を含まず，低い電気伝導度を有するために内部がすべて氷のような固相では説明がつかない．もちろんこの観測からは高い電気伝導度の存在は示すことができるけれど，その化学組成まではわからない．

衛星は巨大惑星に付随する膨大な数からみて，太陽系の中では一般的な存在である．冥王星は1つの大きな衛星，カロンと2つの小さな衛星をもっている．小惑星のイダは小さな衛星，ダクチルを有する．内惑星系ではなぜ衛星の数が少ないのか，特別に説明が必要であろう．これには潮汐摩擦のメカニズムが働いている (8章，とくに8.6節と1.15節の月の初期史を参照のこと)．

1.6　小　惑　星

火星と木星の間の軌道に存在する小さな天体はしばしば「小さな惑星」とよばれている．しかし，われわれは「惑星」という用語を8個の大きな天体にのみ用いたい．小惑星 (asteroid) は正式な科学用語である．小惑星のうちのいくつかは楕円軌道を描き，地球あたりにまでやってくる．それらは地球接近小惑星 (NEAs) とよばれているが，別名アポロ族小惑星ともよばれている．隕石も地球と軌道が交差したNEAsであること，NEAsは地球に接近するために良好な条件の観測が行われていることから，たいへん興味を引く天体である．それらは必ずしも小惑星全体を代表しているものではないかも知れないし，一部は彗星の残存核である可能性もある．10 000個以上の小惑星が同定されており，今日でも1日に1個の割合で発見され続けている．小惑星はその分布が小さなものに偏っていて，しかも大きなものしか観測に掛からないために，総数としてははるかに大きなものに違いない．最近の衝突による破片を除けば，最小のサイズはポインティング–ロバートソン (Poynting–Robertson) 効果とヤーコフスキー (Yarkovsky) 効果によって決まっているであろう (1.9節)．

小惑星の軌道は一様な連続分布ではなく，ギャップが存在している．このギャップは発見者にちなんでカークウッド (Kirkwood) ギャップとよばれている．このギャップは木星との重力共鳴によって

軌道から振り払われた結果生じたものである．3対1共鳴，すなわち木星の公転周期の1/3の公転周期をもつ小惑星，はとくに興味深い．Wisdom (1983) の計算によればこの周期をもつ小惑星は木星の重力の影響で急速に公転の離心率が増加する．Wetherill (1985) はこの結果地球近辺に常に小惑星を供給し続けたと主張している．そのアイデアは以下の通りである．小惑星帯の中心部で起きた衝突により破片がギャップに供給される．ギャップに落ち込んだ破片は木星との相互作用で離心率が増加していき，火星や地球，さらには金星と重力相互作用するまでにいたる．よりゆっくりと進化する軌道に入り込むものもあるかもしれない．その結果これらの惑星に捕獲されるかもしれない．

小惑星帯の中心部での衝突はそれほど激烈ではないので，直接地球軌道にまで入り込む破片はない．NEAs は地球に落ち込むものもあり，さらに遠くまで軌道進化していくものやたいへん小さな天体の場合は宇宙空間での風化で失われていくものもあり，数が減少していくためにそれを維持していくためには，木星との共鳴相互作用が必要不可欠である．しかしながらこのプロセスでは十分な説明になっていない．Bottke ら (2005) はギャップへの破片の落ち込みの頻度は高くないために，NEAs の数を説明するためには不十分であり，地球軌道に時たまやってくるに過ぎないと指摘している．彼らはヤーコフスキー効果に期待していて，衝突の破片がこれによりゆっくりとギャップに供給されると考えている (1.9 節)．

1.7　隕石—落下，発見，および軌道

隕石は数はすくなく，鉄と岩石から成り立っている．地球には楕円軌道を描いてやってくるが，その延長上には小惑星のメインベルトがある．隕石の落下時は大気中をまるで炎の道が通ったようだと目撃されている．ごく少数の隕石が落下時に十分な精度の観測が行われていて，地球に到着以前の軌道が計算で求められている．精度を確保するためには隕石の天空上の軌跡を複数の十分に離れた地点でタイミングを合わせた撮像が必要である．最初の明確な結果は 1959 年にチェコスロバキアに落下したコンドライトであるプシーブラム (Příbram) 隕石であった．これは図 1.2 に示した 5 個の隕石の軌道のうちの 1 つである．同様な軌道が多数の写真が撮られた火球現象について決められているが，これらの隕石は回収されていない．より定性的ではあるが隕石が回収されている火球現象の目視記録からも同様な軌道が決められている．隕石の軌道の統計データから興味深い点が明らかになった．落下が確認されている隕石の数は，観測の機会は同等であっても地方時の正午から夕方 6 時までの間の方が朝 6 時から正午までの間よりも 2 倍も多い (Wetherill, 1968)．これは隕石が地球軌道を横切るときに，地球を追い越していることを意味している．これは多くの実例によって裏打ちされた統計学的結論であり，隕石が惑星と同じように太陽のまわりを回っていること，地球よりもはるか遠いところまで到達する楕円軌道にいることを直接的に示している．小惑星が破壊され，その破片が地球軌道に入ってきたときには，このような軌道のために地球よりも大きな軌道速度をもっている．そのメカニズムについては 1.9 節で述べる．

隕石と流星雨，それは上層大気中に一瞬の間見られる明るい軌跡であるが，これを区別することは重要である．ほとんどの流星雨は小さな粒子によってつくられる．それは「メテオロイド」とよばれ，ほとんどは地表面近くにまでは到達できない．少数のメテオロイドは隕石起源かも知れないが，ほとんどは小さな，低密度の壊れやすい粒子の集まりで，彗星の破片と同定されている．彗星と同様にそれらはすべての方角から地球に近づく (1.13 節)．その軌道面は太陽系の軌道面には限定されず，同じ方向に回転しているわけでもなく，これらの点で隕石とは異なっている．

今までに 1000 個を超える数の隕石が落下を目認されている．しかし発見された隕石の数ははるかに多い．それらは目撃はされていないが明らかに隕石とわかるものであった．世界中で見つかった隕石の数は南極隕石の発見で飛躍的に増加した．それは南極の氷原で見つかった何千個もの隕石で

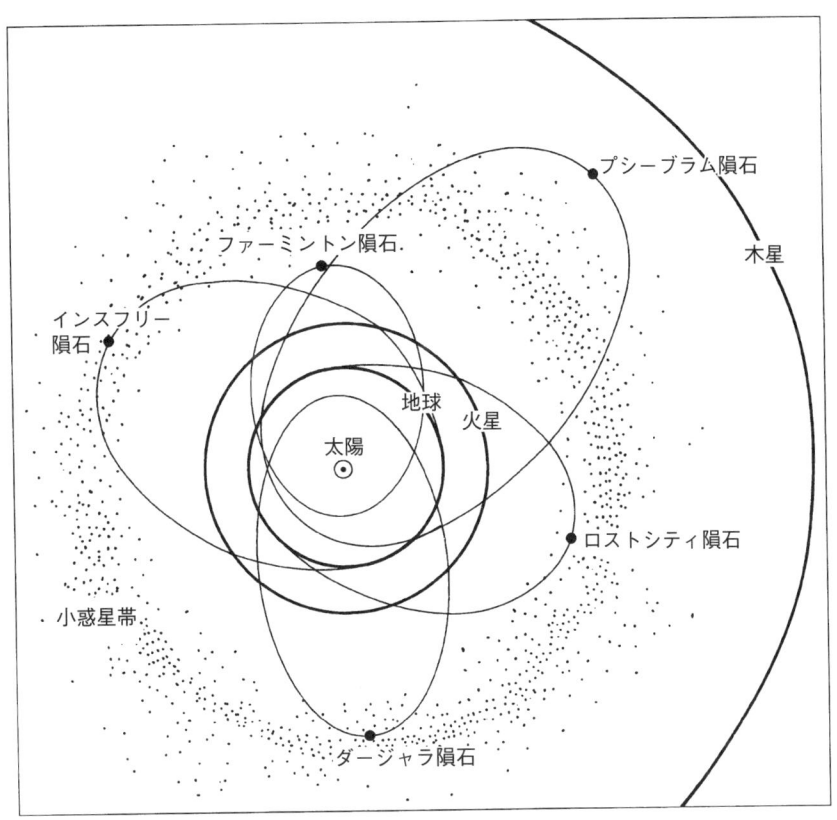

図 1.2 軌道パラメーターが決定された 5 個の隕石の軌道はいずれも小惑星帯を通る．軌道はスケール通りであるが，その方向は見やすいように回転させてある．出典は McSween (1999)

ある．その多くは氷床の運動によってかなりの距離を移動させられた．宇宙線照射の解析から氷上，あるいは氷の中に何千年もあったことが明らかにされている (1.8 節)．南極の環境からそれらは地球の岩石と誤認される可能性はない．このために地球物質と誤認されやすい特異なタイプの隕石の同定や種類ごとの相対的な存在量を見積もる上で南極隕石は重要である．

隕石には多様な種類があり，すべて岩石と鉄からなっている．これらは地球型惑星のマントルと中心核の構成物である．鉄隕石は通常 100% 金属であるが，石質隕石は通常ある量の金属を含む．もう少し鉄の量が多いものは石鉄隕石と分類されている．多くの石質隕石は小さな丸い形状の包有物をもっている．それらはコンドリュールと名づけられ，数ミリのサイズで化学組成はまわりの物質とは異なっている．このような隕石はコンドラ

イトとよばれている．コンドリュールは液滴に似ており，太陽系星雲内でのガスからの固体凝縮物ではなく，それに引き続いた一時的な加熱と融解によってできたものである．コンドリュールは隕石に特有なもので，地球上には類似なものは存在しない．コンドライト隕石は地球の岩石と類似の結晶質な構造へと変化させる加熱や変成作用は経験していない．炭素質コンドライトは特殊な種類で，太陽系星雲内の粒子や塵が積み重なったオリジナルな状態にたいへん近いものである．名前が示しているように，炭素化合物を豊富に含んでいる．炭素化合物は変成度の進んだ隕石ではほとんどが失われてしまっている．炭素質隕石は同時にCa と Al に富んだ難揮発性包有物 (CAI とよばれている) を含んでいる．これらはコンドリュールとは別物であるが，同じくらいのサイズでコンドリュールよりもさらに初期の段階の太陽系星雲内

での凝縮物であると考えられている．エコンドライトはコンドリュールを含まない石質隕石で，後の時代の変成作用と分化作用を受けている．エコンドライトはほとんど鉄を含まず，地球の岩石と似た完晶質である．

初期太陽系星雲の粒子や塵は炭素質コンドライトの組成と同じようなものであったろうと考えられている．そこでは鉄は酸化物，とくにマグネタイト Fe_3O_4 の形で存在していた．他の種類の隕石はこれらの混合物から進化したものである．炭素の存在量から隕石の鉄（そしてたぶん地球型惑星の中心核をつくっている鉄）は衝突加熱によって溶鉱炉と同様な化学反応によってできたことを示している．その後この反応生成物は集積し，金属鉄を含んだより大きな天体に成長した．鉄隕石は鉄の中心核を重力分離でつくるくらいに成長した天体が衝突で破壊された破片である．その結晶サイズは大きいので，ゆっくりとした冷却を意味し，数 km サイズの天体の内部に存在していたと想像されている (1.10 節)．

1.8 隕石が受けた宇宙線照射と小惑星の衝突の証拠

宇宙線は物体の表面 1 m 程度まで貫通する．したがって小惑星が破壊されるとき，新しい表面は宇宙線の照射を受け始める．非常に高いエネルギーをもった陽子の照射を受けた隕石中の原子核は破壊・分解される．典型的な核反応は，

$$^{56}Fe + {}^1H \rightarrow {}^{36}Cl + {}^3H + 2{}^4He + {}^3He \\ + 3{}^1H + 4n \quad (1.7)$$

のようなものである．数多くの生成物が多くの同様の反応によってできる．隕石が地球に落下し，その大気によって照射から保護されるまでの間，宇宙線起源の核種が蓄積され，その量から宇宙線にさらされていた時間が測定できる（宇宙線照射年代）．宇宙線の照射時間よりもはるかに短い半減期をもつ核種（$^{39}Ar, {}^{14}C, {}^{36}Cl$）は宇宙線に当たっているときは平衡濃度に達しているが，地球到着後減少してしまう．その残存量が地球に到着以降の時間の情報を提供してくれる．この時間は「地球残置年代」とよばれることもある．これを宇宙線照射年代と足し合わせることで破壊が起きた年代がわかる．もちろんこれらの年代は通常の意味での「年齢」，たとえば 3 章や 4 章の主題である固結年代，とは区別して考えなくてはならない．

地球残置年代の補正を行ったり，あるいは落下が観測されて地球残置年代が確定している場合には，宇宙線強度の不確定性および大きな隕石中に埋もれたことで生じる部分的な遮蔽効果は，宇宙線によって形成された安定な核種と短寿命核種の 2 種の核種の存在量を比較して見積もることができる．短寿命の核種の濃度は生成量の見積もりになる．宇宙線への同様な生成断面積を有する核種の対の中では，2 つの同質量核種対（^3H–^3He, ^{36}Cl–^{36}Ar）と 2 つのアイソトープ核種ペア（^{38}Ar–^{39}Ar, ^{44}K–^{41}K）がとくに重要なものである．これらのうちで最初の 3 種類のペアはガスであり，非揮発性の生成物の場合生じるような初期濃度の問題が生じない．S, R をそれぞれ安定核種，放射性核種の濃度の測定値を表すものとし，σ_S, σ_R を実験室で決定されたそれぞれの生成断面積とすると，隕石の宇宙線照射年代は以下の式で表すことができる．

$$t = \frac{S}{R}\frac{\sigma_R}{\sigma_S}\frac{t_{1/2}}{\ln 2} \quad (1.8)$$

ここで $t_{1/2}$ は放射性核種の半減期で，t よりも短いと仮定されている．同質量ペアの場合は安定核種は放射性核の崩壊でもつくられるため，式 (1.8) は以下のようになる．

$$t = \frac{S}{R}\frac{\sigma_R}{\sigma_S + \sigma_R}\frac{t_{1/2}}{\ln 2} \quad (1.9)$$

（付録 J の問題 3.2 を参照）

石質隕石の信頼できる照射年代は多くは 4×10^6 年あたりと 23×10^6 年あたりの 2 つのグループに分かれるが，他のものは $2.8 \times 10^6 \sim 100 \times 10^6$ 年にわたりタイプごとに明瞭に分かれたグループをなしている．推定年代の下限はたぶん拡散の損失で意味のないものになっている．というのは同じ隕石がカリウム–アルゴン法で若い固結年代を示しているからである．鉄隕石は通常非常に大きな照射年代を示す．最大で 2200×10^6 年，630×10^6

年や 900×10^6 年にグループがあるが，石質隕石の年代，23×10^6 年にはない (Anders, 1964)．このタイムスケールでは宇宙線のフラックスが変動していることが明らかになり (Pearce と Russell, 1990)，年代の推定値に補正が必要である．いくつかのケースでは異なった測定間で不一致がみられ，大きな分散もあるが，石質隕石と鉄隕石との間には照射年代の一致はない．隕石は，おそらく多くの異なった天体の破壊の結果生じた破片であり，十分昔にこの衝突は起きたので，それらの軌道は大きく変わっている可能性がある (1.9 節)．

鉄隕石をつくり出した小惑星の衝突はコンドライト隕石をつくり出した衝突よりもはるか昔に起きたものであろう．しかしコンドライト隕石のもととなった天体は初期の衝突でもより多く存在したと考えざるをえない．最も妥当な説明は小惑星の衝突の結果生じた破片が最初は太陽の放射を受け，回転している天体にはたらくヤーコフスキー効果によって軌道進化したというものである (1.9 節)．この効果はその天体の熱伝導度に依存し，鉄隕石は石質隕石よりもはるかに大きな値をもつので (19.6 節)，鉄隕石の軌道進化がよりゆっくりと進行したと考えられる．したがって，鉄隕石は木星と重力共鳴にある軌道に到達するまで長い時間がかかり，地球を横切る軌道に進化するまで，さらに時間がかかることになる．このため，照射年代のグループ分けのみでは母天体の起源を特定する確証にはならない．ウィドマンシュテッテン (Widmanstätten) パターンの拡散幅から推測される幅広い冷却率 (1.10 節)，酸化状態にみられるような異なる化学種の進化，そして元素の存在量の多様な比率からいって，隕石の母天体の小惑星は数個ということはありえず，たぶんもっと大きな数であるに違いない．

小惑星の衝突によって破片が地球を横切る軌道にまで投入されることを確認した興味深い研究が Farley ら (2006) によって報告されている．彼らは惑星間塵 (IDP) のパルスが 8.3 ± 0.5 百万年前の破壊イベントに対応していることを示した．そのイベントは過去にさかのぼった軌道追跡からこの年代の時点で共通の位置に収束した小惑星の族に同定されている．この族の小惑星はその大きな破片を地球軌道と交差する軌道に投入できるように木星との軌道共鳴を起こすほどには接近していない．しかし初期の衝突や引き続いた破片どうしの衝突によってできた塵はポインティング–ロバートソン効果 (1.9 節) によりらせん軌道に入り，そのうちのいくつかは地球に捉えられた．その痕跡は 8.2〜6.7 百万年前の海底堆積物中に ^{3}He の濃度のピークとして確認できる．^{3}He は塵への宇宙線の照射によってつくられたものである．

1.9 ポインティング–ロバートソン効果とヤーコフスキー効果

太陽系内では小さな天体の軌道は太陽の放射の影響を受ける．これには2つのプロセスが関与している．十分に小さい粒子，あるいは速く自転しているために等温状態になっている粒子は，一面を太陽に照射され暖められても，温度差が生じずに一様な温度をもつためにすべての方向に均等に再放射をする．このために放射は軌道運動に対応した角運動量を持ち去ることになる．粒子は角運動量が減少すると，らせん軌道を描いて太陽に落ち込む．これがポインティング–ロバートソン効果として知られている現象である．1903 年に最初に古典的な形式で J. H. Poynting が発表し，1928 年に H. P. Robertson が相対論にもとづいた説明を与えた．完全な理論は Lovell (1954) により与えられ，彼はこれを彗星の塵である流星群 (meteoroid stream) のサイズ分布の説明に用いた．初期太陽系星雲中の微細な粒子にはたらくこの効果は太陽系内に存在している非一様な組成分布や同位体分布の謎を解き明かしてくれるかも知れない (4.5 節)．より大きな天体では，ゆっくり自転していれば太陽光に当たっている部分は温度が高くなり，適度の熱慣性があれば午後の半球は午前の半球よりも高温になり，夜いずれも冷却をする．すなわち天体からの放射は非等方的に起こる．放射の角運動量による軌道への影響がヤーコフスキー効果である．1900 年頃に出自不明のパンフレットの中で I. O. Yarkovsky によって最初に議論された．Bottke ら (2005) が小惑星の運動についてこの効果の総括的

なまとめを行っている．両者の物理過程の本質的な違いは，ポインティング–ロバートソン効果は $(\mu/c)^2$ に依存しているが，ヤーコフスキー効果は μ/c の依存性をもつ点である (μ は軌道速度，c は光速である)．このためにヤーコフスキー効果の方が効きが強く，キロメートルサイズの天体であっても検知できるほどの軌道変化を引き起こす．

太陽の放射圧の影響をそれぞれ区別しておくと便利である．むろんそれらは互いに独立ではない．

(i) 太陽の引力に逆らった外向きの力．単純に当てはめれば，数百ナノメートルより小さな粒子では引力に逆らって外向きの力になり，太陽系の外側に掃き出されることになる．しかし光の波長と同程度のサイズの粒子では有効光学断面積は物理的な断面積よりも小さくなり放射圧は減少する．

(ii) 楕円軌道を描く粒子はドップラー効果の影響を受けた太陽放射を受ける．すなわち太陽に向かう方向では青方偏倚を受けたより強い放射圧を，太陽から遠ざかる方向では赤方偏倚を受けたより弱い放射圧を受ける．この違いが楕円軌道を維持している中心重力場と不つり合いを起こし，軌道をゆっくりと円軌道に変えていく (付録B)．

(iii) 等方的に放射をしている粒子では軌道角運動量は次第に放射場に移っていく．というのは太陽から半径方向の運動量をもった放射を受け，粒子の運動に応じて前方方向の運動量をもって再放射しているからである．再放射された光は進行前方には青方偏倚を，後方には赤方偏倚をしている．粒子は軌道角運動量を失い，らせん軌道を描き太陽方向に落ちこんでいく．効果 (ii) と効果 (iii) がポインティング–ロバートソン効果である．

(iv) 受け取った放射の一部分が吸収され，自転の間に再放射 (表面温度に応じて赤外領域) するとき，前方方向と後方方向で放射のバランスが崩れる．というのも最も最近加熱された表面がより強い放射をしているからである．軌道進行方向と同じ方向に自転している天体では，天体からの放射による反力は加速力となり，軌道を拡大させる．反対方向に自転している場合は角運動量を失い，らせん軌道を描き，内側に落ちこんでいく．これがヤーコフスキー効果である．Bottke ら (2005) は自転軸が任意の方向を向いた場合，アルベド，表面の放射率，熱拡散率，天体の大きさ，自転速度などの影響といったより一般的な場合を取り扱っている．

ここでは単純な状況下でのこれらの効果がどのようにはたらくのか，検証してみよう．まずは球型の粒子 (質量 m，直径 d) が円軌道 (軌道半径 r) を回っている場合のポインティング–ロバートソン効果をみてみよう．求心力と太陽 (質量 M) の重力を等しくおくと軌道速度は，

$$v = \left(\frac{GM}{r}\right)^{1/2} \quad (1.10)$$

G は重力定数である．全軌道エネルギーは重力ポテンシャルエネルギーと運動エネルギーの和であり，式 (1.10) を使うと，

$$E = -\frac{GMm}{r} + \frac{mv^2}{2} = -\frac{GMm}{2r} \quad (1.11)$$

時間 dt の間に粒子は太陽の放射，$d\varepsilon$ を受け，質量が $E = mc^2$ にもとづき以下の量増加する．

$$dm = \frac{d\varepsilon}{c^2} \quad (1.12)$$

c は光速である．太陽放射は軌道角運度量はもたらさないので，この効果では粒子の軌道角運動量は不変である．すなわち，

$$d(mvr) = md(vr) + vrdm = 0 \quad (1.13)$$

に従って式 (1.12) を使うと，

$$md(vr) = -vrdm = -vrd\frac{\varepsilon}{c^2} \quad (1.14)$$

粒子はエネルギー $d\varepsilon$ だけ等方的に再放射をする．この場合粒子には何の反応も起きず，軌道速度も不変であるが，質量は dm だけ減少をし，各運動量も $vrdm$ だけ減少する．放射の吸収と再放射を考えると質量は保存され，vr は減少する．放射場

に対する角運動量の減少の率は遅延トルクと等しいとおくと，

$$L = m\frac{d(vr)}{dt} = -\frac{vr}{c^2}\frac{d\varepsilon}{dt} \qquad (1.15)$$

軌道エネルギーの減少率は，

$$\frac{dE}{dt} = \frac{Lv}{r} = -\frac{v^2}{c^2}\frac{d\varepsilon}{dt} \qquad (1.16)$$

粒子が受け取る放射エネルギー率は，

$$\frac{d\varepsilon}{dt} = SA\left(\frac{r_E}{r}\right)^2 \qquad (1.17)$$

ここで，$A = (\pi/4)d^2$ は粒子の断面積 $S = 1370$ W m^{-2} は太陽定数である．これは地球の軌道半径，r_E の位置で受け取る太陽の放射エネルギーである．式 (1.11) の微分と式 (1.16) を等しいとおき，式 (1.17) を使うと以下の式が得られる．

$$\frac{GMm}{2r^2}\frac{dr}{dt} = -\left(\frac{v}{c}\right)^2 SA\left(\frac{r_E}{r}\right)^2 \qquad (1.18)$$

速度は式 (1.10) から r により記述できるので，$r(t)$ に関する以下の微分方程式が得られる．

$$r\frac{dr}{dt} = -\frac{2SAr_E^2}{mc^2} \qquad (1.19)$$

$t = 0$ での位置，r_0 を初期条件として積分すると以下の式を得る．

$$\left(\frac{r_0}{r_E}\right)^2 - \left(\frac{r}{r_E}\right)^2 = \frac{6S}{\rho c^2}\frac{t}{d} \qquad (1.20)$$

ここで A, m のかわりに d と粒子密度 ρ を用いている．密度の小さな微小粒子がとくに興味があるので，$\rho = 2500$ kg m^{-3}，時間を年単位，サイズを mm で表示すると，

$$\left(\frac{r_0}{r_E}\right)^2 - \left(\frac{r}{r_E}\right)^2 = 1.16 \times 10^{-6}\frac{t(年)}{d(mm)} \qquad (1.21)$$

この式を 1.8 節で述べた惑星間塵のパルスに応用することができる．出発点は $r_0/r_E = 3.17$，地球に到達する ($r/r_E = 1$) する時点でのこの式の左辺の値は 9.05 である．これらの塵をつくりだした小惑星の衝突の年代に関しては不確定さが残るが，Farley ら (2005) によれば地球に到達するまでの時間は最短 (最小の粒子サイズに対応する) 粒子では 10^5 年を超えることはなく，最大で 1.6×10^6 年である．これらの粒子の検出には宇宙線で照射されてでき

た ^{3}He を用いているので，よりゆっくりと移動した粒子は宇宙空間でより長い時間すごし，より多くの ^{3}He を蓄積する．検出の下限はちょっと問題かも知れないが，160万年という時間があれば十分である．式 (1.21) にこれらの時間をあてはめると粒子径としては 0.2～0.01 mm が得られる．多くの粒子はたぶん 2 次的な衝突の結果であり，後に別々の進化をしたであろうが，それによって粒径の見積もりが無効になるわけではない．上限のサイズはより確度が高く，したがってその説明が必要である．0.2 mm 以上の大きな粒子では地球の大気圏に突入の際に生じる加熱により ^{3}He の損失が効いてくるからであろう．より大きな粒子は地球には到達しているだろうが，^{3}He では見えていない可能性がある．

ポインティング–ロバートソン効果はまた太陽系内の同位体の変動にも関与している可能性がある．太陽系の形成以前から生き延びてきた粒子が炭素質コンドライトに含まれており，太陽系とは異なった核合成過程を反映した多様な同位体組成を有している (4.5 節)．しかし太陽系内帯にはこのよう効果では説明のできない，酸素同位体比の勾配が存在している．初期太陽系星雲内で起源の異なった粒子のサイズ分布が異なっていたとしたら，すなわちサイズと組成に相関があったとしたら，ポインティング–ロバートソン効果によるサイズ分別効果が組成の勾配をつくり出していたかも知れない．

小惑星帯での大きな破片を考えるときには，ポインティング–ロバートソン効果はあまりに弱くて何の影響も与えない．重力以外の軌道変動要因としてヤーコフスキー効果を考えることができる．太陽に照射された表面では熱が与えられ，裏側の暗い表面では熱が失われるという状況を考えよう．表面が冷却するにつれて表面からの熱放射は減少するので，一番最近に加熱された表面，すなわち「午後半球」から放射される熱は夜中ずっと冷却してきた「朝半球」からの熱よりも多い．このため放射の反発力により「午後半球」に力を与えて，自転運動の向きに応じて軌道運動を加速したり，減速したりする．この物理的メカニズムのエッセンスを説明するために単純化された状況を考えよう．

それによってポインティング–ロバートソン効果と基本的に何が異なっているのか説明したい．まずは表面の放射率や反射率は無視，熱拡散率の影響も自転速度の影響も無視，表面に届いた太陽放射はすべて吸収され，90°自転が進んだ位置で再放射されると仮定する．もし天体が球形 (直径 d) で軌道半径 r のとき，受け取る太陽放射量は式 (1.17) で与えられ，再放射による運動量の移送量は，

$$F = m\frac{dv}{dt} = \pm\frac{1}{c}\frac{d\varepsilon}{dt} \tag{1.22}$$

これは天体にはたらく放射力でその符号＋は自転の向きと軌道運動の向きが同じ方向のとき，－は逆のケースの場合である．軌道エネルギーの変化率はこの力と速度で与えられ，

$$\frac{dE}{dt} = Fv = \pm\frac{v}{c}\frac{d\varepsilon}{dt} \tag{1.23}$$

式 (1.23) と式 (1.16) を比較すると有効な条件下ではなぜヤーコフスキー効果がポインティング–ロバートソン効果よりもはるかに強くなりうるのかが理解できよう．小惑星帯を運動している天体では $v/c \approx 6 \times 10^{-5}$ である．

「有効な条件下」という点が少し問題で，この単純化された取扱いでは入射したすべての太陽放射は吸収され，90°の位置ですべて再放射されると仮定し，ヤーコフスキー効果の影響を過大視している．速い速度で自転している天体ではどの位置・時間においても表面温度に違いが生じない．また逆に太陽に常に同じ面をさらしている場合には外向きの放射圧しかうけない．どちらの場合もヤーコフスキー効果は生じない．同様に十分小さくて内部が等温になっている粒子では自転とは無関係に力の不均衡は生まれない．このことは高い熱伝導率を有する天体でも同様である．強いヤーコフスキー効果がはたらくためには天体のサイズと自転速度，熱拡散率の間に特定の関係がなければならない．また同様にアルベドや表面の赤外放射率にも依存している．Bottke ら (2005) は自転周期での熱拡散距離，$(2\eta/\omega)^{1/2}$ (式 (2.24) を参照) が天体のサイズと同程度になったときにヤーコフスキー効果は最大になると指摘している．このことは軌道進化に重要である．だが，大きさがキロメートルくらいの小惑星では影響は小さい．

式 (1.22) や式 (1.23) に示されているようにヤーコフスキー効果は自転の向きに応じて正負の符号をもちうる．したがって，その軌道半径は増加も減少もありえる．小惑星の衝突破片は両側から共鳴軌道に落ちこむことが可能である．Bottke ら (2005) は離心率の大きな軌道にいる天体 (NEAs や隕石) をある数だけ維持していくにはこれは必要な条件であると主張している．ヤーコフスキー効果によるゆっくりとした軌道進化が重力共鳴による軌道離心率の急速な増加に先だって生じたと考えられる．衝突破片を直接重力共鳴軌道に投入する確率はたいへん小さく，衝突破壊の直後に一時的に起きるに過ぎない．このことは隕石の宇宙線照射の証拠からも裏付けられる (1.8 節)．宇宙空間に留まっていた時間は共鳴軌道への直接的な投入には長すぎる．鉄隕石の示すより長い宇宙線照射時間は鉄の大きな熱拡散率のためかも知れない．ヤーコフスキー効果が強く効くためにはより大きなサイズである必要があり，そのために軌道の進化のスピードも遅くなるためである．

1.10　隕石の母天体とその冷却速度

鉄隕石にはニッケルが平均 9%ほど固溶しているが，常温ではこの組成の合金は安定に存在できない．5.5〜7% のニッケルを含む体心立方構造をもつアルファ相 (kamacite) とより広い範囲の組成のニッケル (27% を超える値をもつ) を含む面心立方構造のガンマ相 (taenite) という 2 つの相が存在する．2 つの相は隣り合って存在し，この構造は溶融鉄から単一相として固化したものが温度の低下に従って相分離を起こした結果である．この織りあわされた構造は研磨面をエッチングすることで明瞭に観察でき (図 1.3 を参照)，ウィドマンシュテッテン構造 (Widmanstätten structure) として知られているものである．第 3 の相としてプレッサイト (plessite) も一般的であるが，これは単一相ではなく，たいへん微細な離溶構造である．これは図 1.4 に示されたようなタエナイト相中に形成された微細なカマサイト (kamacite) とタエナイト

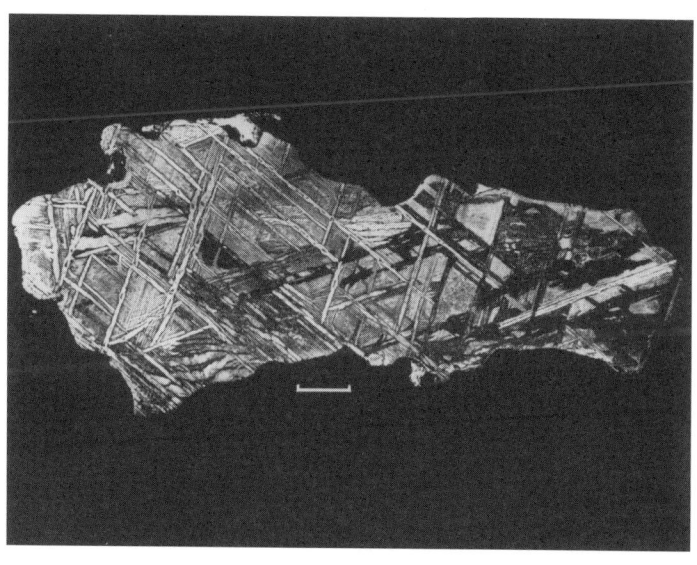

図 1.3　ウィドマンシュテッテン構造．グロリエタ (Glorieta) 山のパラサイト隕石 (石鉄隕石) の金属層に見られる構造．スケールバーは 1 cm．J. F. Lovering の好意による．

(taenite) の相分離構造である．隕石全体にわたって同一の結晶方位が観測され，このことはもとの鉄の結晶がたいへん大きいこと，少なくとも 1 m 程度はあったことを示している．これはたいへんゆっくりとした冷却を意味している．

冷却速度の定量的な見積もりはカマサイトとタエナイトの相の境界の組成の変化から決めることができる．離溶は鉄・ニッケルの相図 (図 1.5) から理解できる．8〜10% のニッケルを含んだ合金はタエナイトとして固化し，690°C までそのまま冷却

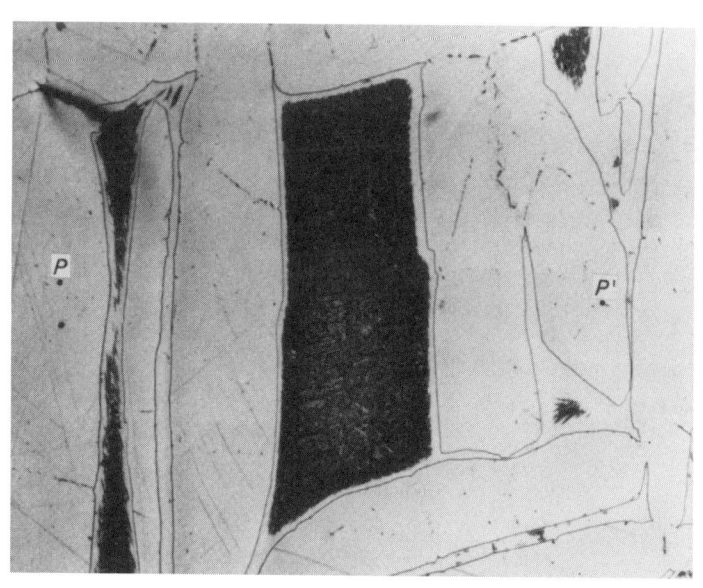

図 1.4　(a) Anoka オクタヘドライトの表面を研磨し，エッチングしたときの微細な構造．ウィドマンシュテッテン構造の微細な様子がわかる．暗い部分はプレッサイトである．この周辺部はタエナイトからなり，中心部は均質な組成のカマサイトである．

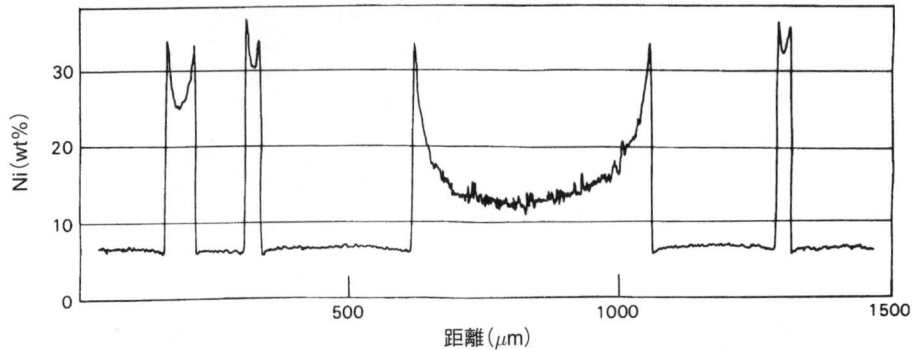

図 1.4 (b) 図 1.4(a) 中の PP' の線上でのニッケルの濃度の変化．EPMA での分析値 (これは表面の微細な領域の化学組成を絞った電子線ビームにより励起された特性 X 線の強度から決定したものである)(Wood, 1964)

される (図 1.5 中の点 A)．この温度で 2 相の領域に入り，図中で点 B の組成を有するカマサイトがタエナイト中の 111 面に沿って析出を始める．111 面は 8 面体構造をもつので，よく発達をしたウィドマンシュテッテン構造を示す鉄隕石はオクタヘドライト (octahedrite) とよばれる．AC と BD が相境界であり，2 つに挟まれた領域は不安定相の領域で，単一相が存在できない．500°C までの冷却でタエナイト相は A から C までニッケルの組成を増し，同時に合金中では量が減っていく．一方，カマサイトは B から D に向けてニッケル量を増やし，厚みも増すことになる．平均組成はむろん変化せずに，点 E で表されるので，この時点ではカマサイトが主要な相になっている．450°C 以

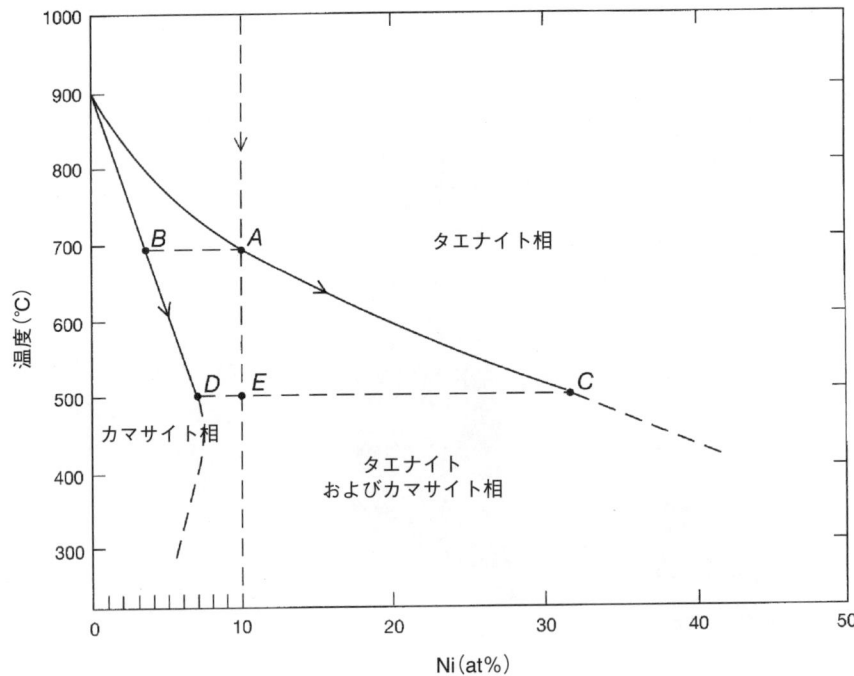

図 1.5 P 鉄とニッケルの相図．Goldstein と Ogilvie (1965) による．鉄隕石の代表的な組成である 10% ニッケルの線上でのカマサイトの離溶プロセスが本文中に解説されている．

下になるとカマサイト中のニッケルの量は減少し始める．このためニッケルはカマサイト側からタエナイト側に拡散で移動することになる．しかし拡散はゆっくりしたプロセスなので相平衡を維持していくことができず，図 1.4 に示すような組成の不均質が成長していく．ニッケルの拡散はタエナイト中よりもカマサイト中の方が早いので，カマサイト側の境界では中心部よりもわずかニッケル量が少なくなっている．一方，タエナイト側ではカマサイトから拡散してきたニッケルは内部に拡散していくことができない．タエナイト相の中心部ではたいへん微細なカマサイト相が形成され，プレッサイトをつくる．これは図 1.4 のマイクロプローブの分析では細かな構造が分解できないためにノイズとして示されている．

ウィドマンシュテッテン構造の拡散領域の幅は鉄隕石や鉄を含んだコンドライトの 650 から 300°C への冷却速度の推定に使われてきた．650°C 以上の温度では拡散が速いために相平衡が維持され，350°C 以下の温度では拡散が遅いために構造が凍結されてしまう．この温度帯でのゆっくりとした冷却によって広い拡散帯が形成される．推定された冷却速度は 100 万年で 150～6000°C である．先にふれたように，大きな隕石でのウィドマンシュテッテン構造の結晶の向きがそろっていることから大きな結晶サイズが推定され，それをつくり出すためにゆっくりとした冷却速度が必要とされたがその値とこの推定値はだいたい合っている．母天体の小惑星が熱拡散で冷却が進んだと仮定すると，この冷却速度は深さ数 km，あるいは半径にして数 km の天体サイズに対応する (Narayan と Goldstein, 1985)．

1.11 隕石の磁気

多くの隕石は鉄やマグネタイトの微粒子を含んでいるので，古地磁気の研究対象に適した存在である (25 章)．鉄隕石は重要な情報をもたらさない．というのも大きな結晶サイズが災いして磁気が弱くなっているからである．鉄の微粒子は磁気的には安定になりうるが，一番有望な情報はマグネタイト (Fe_3O_4) によってもたらされている．興味深い結果が普通コンドライト，炭素質コンドライトそしてエコンドライトから得られている．Nagata (1979) はこのテーマのレビューを行い，大量の実験結果をまとめた．驚くべきことには，結果はすべてコンドライトは形成時に磁場にさらされていたことで一致していた．磁化過程の詳細や磁場の起源に関してはいまだ議論が続いているが，隕石が磁化しているという紛れようのない事実はさまざまな不確定さや個々の場合の問題点を払拭してあまりあるものである．

自然残留磁化 (NRM) で引き起こされる磁場の強度は，隕石の自然残留磁化の交流消磁や熱消磁に対する応答をしらべることで推定できる．この場合の一般的な仮定は磁化が熱残留磁化，すなわち冷却によって獲得されたものであるとする仮定である．磁場の強さの推定値は熱残留磁化の機構のモデルによっていくぶんか異なるが，その一般的な傾向は明確である．普通隕石は 10^{-6}～7×10^{-5} T (0.01～0.7 ガウス) の磁場にさらされていた．その多くは 10^{-5}～3×10^{-5} T の範囲に入っている．鉄を除きその残留磁気は最も不安定で，したがって磁場の強度の推定や獲得機構に関してかなりの不確定性が残る．磁化を獲得したことは事実であるが，その強度が地球の磁場強度と同程度 (3×10^{-5}～6×10^{-5} T) であることから，隕石が地球に到着時，あるいは到着以降に獲得したという疑いはぬぐいきれない．エコンドライトの磁化強度は一般には弱いが，2, 3 倍程度である．一番の興味はより安定した磁化をもつ炭素質コンドライトであり，10^{-4} T というたいへん強い磁場にさらされていたことを示している．炭素質コンドライトの場合，磁化を担っているのはマグネタイトである．磁化を獲得したときの磁場強度を推定するために磁化は熱残留磁気と仮定をするが，化学残留磁気 (化学反応や変質による残留磁気) であったとしたら熱残留磁気よりもさらに高い磁場強度となる．したがって炭素質コンドライトの残留磁気は地球上で獲得されたとは考えられない．

隕石全体として獲得した磁場強度の推定だけでなく，個別のコンドリュールの磁化もしらべられて

いる．とくに炭素質コンドライトのアエンデ (Allende) 隕石では2種類の磁場の記録が残されている．主要な磁化はコンドリュールが大きな天体として集積する以前の個別の粒子の時代に獲得されたもので，その磁場強度は 10^{-3} T に達するくらいと推定される (Acton ら，2007)．その磁化を担っているのは鉄の微粒子である．コンドリュールの磁化の向きはランダムな方向を向いているので，隕石として集まる以前の個別の粒子の時代に獲得されたものであろう．同時に2次的な磁化も存在し，これはコンドライト全体の磁化と平行な向きである．2次的磁化は主要磁化ほど安定ではなく，主要磁化が部分的に消磁されてできたことを示す．

隕石の磁化は隕石の地球の大気への突入時や地球到着後に地球磁場によって引き起こされた可能性をまず最初にチェックしておかなければならない．この点に関しては隕石の内部は大気突入時には低温であったという点は重要である．表層のかなりの部分は剥がれ落ちたかもしれないが，残った加熱された表皮部分は数ミリメートルの厚さしかなく，その部分は磁気計測から外されている．したがって地球磁場によって熱残留磁気と類似の磁場が隕石内部に形成される可能性はない．さらに地球磁場の強度は炭素質コンドライトに残されている強い残留磁気を引き起こすほど強くはない．したがって 10^{-5}〜10^{-4} T にものぼるこの強い磁場を説明するものを探ることにしよう．

太陽系の角運動量の議論 (1.4 節) でふれたように，太陽はおうし座 T 型星時期で強い，広範囲な磁場をもっていたと考えられている．隕石や惑星はこの時期に形成されたと考えられている．小惑星帯の距離においても隕石の磁化を引き起こすほどに磁場は強かった可能性がある．また星雲の運動にひきずられてスパイラル状に内側の磁場が引き出されて強度が増す可能性も考慮する必要があろう．隕石の磁化の情報から以下のような妥当なシナリオを想定できる．隕石の母天体の形成期間中磁場は強度を弱めてきた．初期のコンドリュール形成時が最も強く，コンドライトやエコンドライトの磁化が獲得される頃にはだんだんと弱まっていた．しかし，ゆっくりとした冷却や化学的離溶のような定常的なプロセスでは磁化はうまく説明できないことも明らかになってきた．

磁化した天体が自転している場合，とくに十分な量の金属相を含む天体では，定常的な磁場が存在していれば磁場中での渦電流によって自転にブレーキがかかるであろう．どのような場合でも自転によって有効磁場は自転軸成分が卓越するようになる．しかしながら，おうし座 T 型星時期の太陽磁場がちょうど都合よく定常的で双極子磁場だったなどとは考えられない．星雲のプラズマとそれと相互作用する磁場は現在の太陽風よりも乱流的であり，したがって太陽の主磁場は現在と同等以上に逆転を繰り返していたであろう (現在は約 11 年に 1 回の割合)．太陽の磁場は隕石を磁化させるに十分な強度をもっていたと考えることはできるけれども，しかし定常的なものではなく，したがって隕石の残留磁化を固定する磁化機構として非定常な一時的な現象を考える必要がある．おうし座 T 型星時期の磁気圏は激烈な衝撃波にさらされていることが知られている．とくにコンドリュールや炭素質コンドライトでは衝撃波は重要な役割を果たしたであろう．普通コンドライトやエコンドライトでは衝突に伴う衝撃圧縮の方がより有効に働いたであろう．

たとえば衝撃圧縮時のような一時的な短時間の効果を考える必要性があるとき，周囲の太陽磁場はそれほど重要ではないかも知れないが，他に変わりうる有力な磁場はない．衝撃による残留磁場の硬化には外部磁場の存在が必要とされる．衝撃プロセス自体では磁場はできないが，局所化した放電や発光がもし星雲ガスが十分に電気絶縁体であれば起きたかも知れない．しかし発光 (雷) 現象では岩石が加熱されない限り，熱残留磁化と類似の形で岩石を磁化させることはできない．したがって多くの隕石のもっている磁化をこのメカニズムで説明はできない．隕石の母天体内で地球のダイナモと同様なプロセスで内部磁場がつくられたとの考えもあるが，これではコンドリュールの集合体としてはランダムな方向の磁場の存在を説明できない．したがって隕石の磁化に関してはいまだ有効な説明はないが，同時に太陽系形成時に小惑

星帯ほどの距離でも 10^{-4} T 程度の強い磁場が存在していたことは避けられない事実である．1.4 節で述べたように磁場の遠心力メカニズムによって角運動量が初期太陽系星雲に与えられたことと磁場構造とは強く結びついている．

1.12 テクタイト

テクタイトは丸い形状をしたシリカに富んだガラスで，すべての大陸にわたり何万個と発見されている．隕石の研究に用いられてきたテクニックがそのままテクタイトの研究にも応用されてきた．カリウム–アルゴン法やフィッショントラック法といった年代決定法によって，異なった地理的な分布をしているグループがそれぞれ異なった生成年代を示すことが明らかになった．形成年代はオーストラリアと東南アジアでは 70 万年，西アフリカで 100 万年，オーストラリアで 400 万年，中央ヨーロッパでは 1400 万年，北アメリカで 3500 万年，北アフリカではおそらく 2600 万年，といった具合である．溶融した周辺部をもつテクタイトの形状から，それが大気中を高速で飛行したことを示す．また金属の微粒子の存在は大きな隕石の衝突時の飛沫片であると解釈されている．テクタイトの化学組成は堆積岩の上に隕石が落下して生じたとすると説明がつく．したがってテクタイトの年代は地球上での過去 3000 万年間の巨大な隕石の衝突の年代を表していることになる．比較のための月の試料が得られるまではテクタイトの月起源説が提唱されていたが，現在この考えは否定されている．

テクタイトの分布域は何千 km にも及び，この距離を大気中を飛行したとは考えにくい．衝突は非常に大きく，破片を大気圏外にばらまいたに違いない．揮発性成分量のたいへん低い濃度，とくに水の欠損はテクタイトが固化する以前に真空下にさらされたことを意味する．溶融殻や溶融周辺部はテクタイトが宇宙空間で一度固化した後大気に再突入時に形成されたものである．しかし同時にテクタイトは宇宙空間には長くとどまらず，すぐに落下した．その理由は，分布域は広大だが，ある地域に限定されており，全地球規模では分布していないからである．この点は Fleischer ら (1965) の観測事実と一致している．彼らはテクタイト中に宇宙線起源のフィッショントラックを発見できなかった．これからテクタイトが宇宙空間に留まっていた時間は最大で 300 年と見積もられている．

1.13 カイパー・ベルト天体，彗星，流星雨，惑星間塵

1950 年に G. Kuiper は海王星軌道 (30 AU) で知られている惑星円盤の質量に急激な落込みがあることに気がつき，何もない宇宙空間とよりスムースにつなげるために，海王星以遠に多数の小さな天体が存在することを提唱した．今日ではここに数百個の天体が発見されており，その経緯から「カイパー・ベルト天体」と名づけられている．この名前は火星と木星の間に存在する小惑星ベルトとのアナロジーから名づけられた．両者に共通しているのは軌道の分布が両隣の巨大な惑星の重力相互作用の影響を受けていることである．1.6 節で述べたように，小惑星の軌道の分布には，小惑星の存在しない隙間 (ギャップ)，カークウッド・ギャップ (Kirkwood gap) がある．これは木星との軌道共鳴で生じたものである．同様にカイパー・ベルト天体にはいくつかの集団が存在し，中でも小さな離心率をもった軌道長半径，42〜47 AU のところに強い集中を示している．このあたりはティティウス–ボーデの法則 (1.2 節) では惑星の存在が予想されているあたりである．これらの天体はこのあたりで生まれたものであろう．これら以外の主要な集団はたいへん大きな離心率をもったもので，海王星の軌道近辺に近日点を有するものである．これらは海王星によって内側の軌道からたたき出されたものであると推測される．海王星の軌道周期と 3:2 の尽数関係にある (海王星が 3 回公転する間に 2 回太陽のまわりを回る) を有する一群が存在する．この 3 番目のグループには冥王星も含まれる．冥王星は独立した惑星という従来の見方は正しくなく，むしろ最初に発見されたカイパー・ベルト天体であると捉えるべきであろう．3:2 の

軌道共鳴にある他の天体は 'Plutionos' (小冥王星) とよばれている.

カイパー・ベルト天体の高い数密度は近日点距離にして 50 AU あたりで途切れているように見えるが, これは実際のカットオフではなく, 単に遠くの天体が観測しづらい状況を反映しているものであろう. 2003 年に Brown ら (2004) はより遠くの天体を発見し, セドナ (Sedna) と名づけたが, これは新しい可能性を切り開くものである. セドナは通常のカイパー・ベルト天体からすると大きく, 1500 km ほどの直径をもつ. これは天王星の 2/3 ほどの大きさで, 近日点距離は 76 AU であるが, 非常に大きな離心率をもち, 遠日点距離は 900 AU にも達する. そのために公転周期は 1000 年を超える. もしセドナのようなグループが存在しているとすると, 観測するのは難しい. 距離が離れているために最接近時に視認性が低いのみならず, 大きな離心率のために公転の大部分がたいへん離れた場所に存在しているためである (セドナは 100 AU 以内に留まっているのは公転周期の 1% 以下の時間でしかない). さらに Brown ら (2005) は Eris と名づけられたより大きな天体を近い位置に, しかしたいへん大きく傾斜した軌道上に発見した. これらの天体の発見によってカイパー・ベルト天体の独自性や太陽系外縁部につながる低密度の連結部があるのかないのかという点に関して疑問が生じてきた. 彗星の源として 75 000〜150 000 AU というたいへん離れた場に存在すると考えられている天体 (やはりこれも 1950 年に J. Oort により提案され, オールト雲とよばれている) は別に考えなければならない. というのはこれは太陽系と一緒に回転しているわけではないからである. 惑星, 小惑星, カイパー・ベルト天体とは違い, 彗星は太陽系の内側にすべての方向から入り込んでくる. 彗星が残す破片 (メテオロイド) も同様な動きをする.

いくつかの彗星は太陽のまわりを楕円軌道を描いて回っているが, ほとんどのものは双曲線軌道と見分けがつかない. 現在楕円軌道を描いているものも, もともとは双曲線軌道にあったものが惑星, とくに木星との相互作用によりエネルギーを失い, 重力的に屈曲させられたものであると考えられている. このメカニズムは木星のいくつかの衛星が捕獲された過程と同じである. 惑星との相互作用によって十分なエネルギーをもって太陽系から脱出する彗星は存在しているが, 明らかに双曲線軌道を描いて運動している彗星は観測されていない. 一般には彗星は太陽系の外縁部にいて, たまたま内側に迷い込んできたものであると考えられている. しかしそれらは太陽系とは一緒に回転しておらず, そのためにすべての方向から太陽に近づき, 一見ランダムで特定の軌道面をもっていないために, 実態はよくわかっていない.

彗星はミリメートルサイズの揮発性成分の固まった氷の緩い集合体であるようにみえる. 太陽近くでは揮発性成分が気化し, 明るく輝くハローとしばしば尾をつくり出す. ハローの部分を除くと, 彗星は小さく, たいへん暗く, したがってほとんど見ることができない. 太陽の作用により氷粒子がはがれ落ち, 小さな壊れやすい粒子をつくり, これがメテオロイドとなる. それが地球の上層大気に入ると隕石になったり, 流星になったりする. 流星雨は彗星の破片の軌道を横切ったときに起きる. しかし同時に, 彗星起源であるのは確かであるとしても特定の彗星とのつながりが同定できない多数のランダムにやってくる流星がある. それらは彗星と同じく, ランダムにすべての方向からやってくる.

彗星の元素組成の情報は流星のスペクトルの観測から得られている. 観測時間が限られているために詳細や精度は限定されている. 注目すべきは, その組成は変化しており, 流星雨ごとに異なっていることである. おそらく, もとになった隕石の組成が異なっているのだろう. その組成は全体としては隕石の組成と合致しているが, 揮発性成分に富んでいる. 彗星の違いは隕石の種類の違いに類似している. したがって彗星は初期の太陽系の星雲内から生成された塵や揮発性成分を集めた太陽系の始原的物質からできていると考えられる.

始原的な太陽系物質の別のサンプルは惑星間塵 (IDP とよばれている) で, これはあまりに小さなため ($20\,\mu m$ 以下) に上層大気で流星雨として燃え尽きることなく, そのまま地球に落下して海に堆

積したものである．IDP には 2 種類の性質を異にするタイプがある．1 つのタイプは 1.8 節で言及した小惑星帯での破壊イベントに関連したものである．別のものは太陽からより離れた場で形成されたもので，彗星とは関連しているとは考えられているが，一度も大きな天体にはならなかったと考えられているものである．これらは高々度を飛行する飛行機によって採集された塵として個別に分析されている．これらの IDP は内部が不均質で，それぞれの粒子はより細かな小粒子よりなる集合体である．小粒子は隕石の典型的な構成物である，ケイ酸塩，金属，硫化物，および炭素質の物質からなり，異なった核合成反応の同位体的特徴や化学的特徴を保持している．この特徴は 1 つの粒子内での $^1H/^2H$ の大きな変動を明らかにした Mukhopadhyay と Nittler (2004) の研究によく示されている．粒子がたいへん小さなサイズであることから集合体になる以前には太陽の放射圧やポインティング–ロバートソン効果の影響 (1.9 節) を強く受けたと考えられる．式 (1.25) によれば，密度 2000 kg m^{-3} の 20 μm の粒子が 45 AU のカイパー・ベルトあたりを回っていると地球に捕獲されるまでに 2800 万年ほどかかる (さらにここから太陽に着くまでは，もし蒸発さえしなければさらに 14000 年かかる)．単純に時間を 45 億年に拡張して考えて見ると 570 AU あたりからでも地球にやってくることはできるので，IDP 粒子が太陽系に固有のものとするとカイパー・ベルトのかなり離れた部分からやってきたことも十分に考えられる．化学組成や同位体組成の太陽系内での勾配については 4.5 節で述べる．

1.14 地球型惑星——いくつかの比較

地球型惑星と月の平均密度は表 1.1 に示されている．相互の違いは大きく，個別に説明が必要である．表中の密度は内部の圧力をゼロにしたときの補正密度である．自己重力による圧縮補正のためには天体が鉄とケイ酸塩からなっていると仮定している．これはマントルと中心核という地球の構造を念頭に置いて，組成の違いは考慮し，それらの物質が従う状態方程式は地球の物質を想定している．

平均密度以外で惑星の内部構造の情報を与えるもう 1 つの単純なパラメーターは慣性モーメントである (問題 1.1，1.2 を参照)．これは中心に向けてどのくらい質量が集中しているのかを示す目安となる量である．これには自己圧縮による影響と本質的に重い中心核の存在の影響が効いている．まだ金星と水星のデータは得られていないが，大きさの順で並べると以下のようになる．最後に「均質地球モデル」の値も示されている．

$$
\begin{array}{ll}
\text{球殻} & (2/3)Ma^2 \\
\text{均質球} & (2/5)Ma^2 \\
\text{月} & 0.391Ma^2 \\
\text{火星} & 0.366Ma^2 \\
\text{地球} & 0.3307Ma^2 \\
\text{均質地球} & 0.3727Ma^2
\end{array}
\qquad (1.24)
$$

「均質地球モデル」とは地球のマントル (ケイ酸塩) と中心核の物質 (鉄) が均質に混じり合っていると仮定したものである．慣性モーメントの地球の観測値と均質地球モデルの値の違いは，自己圧縮による効果は両者ともに働いているので，組成による分化・偏在の程度を示している．この違いから中心核はマントルよりも密度が 2 倍大きいことが要請される．

金星はサイズにおいても，平均密度においても地球とたいへんよく似ており，内部構造も似たようなものであると考えられている．圧力をゼロに戻したときの密度は地球よりもわずかに小さい (表 1.1)．慣性モーメントのデータは得られていないので，密度分布に関する制約は与えられない．したがって，このわずかな違いが全体の組成の違いによるものなのか，それとも計算時に生じる見かけ上の効果 (たとえば分化の違いや温度に敏感な相変化の深さの変化など) なのか区別は難しい．金星は地球と同等の中心核をもち，少なくとも部分的には液体である (Konopliv と Yoder, 1996) が，磁場は存在しない．表面は暑く (約 740 K) 乾燥している．重力と表面高度との間には正の相関があり，地球のような海洋と陸地に対応するようなアイソスタシーによりささえられた表層高度の 2 分性はみら

表 1.2　地球型惑星の内部構造モデル

物性値	水 星	金 星	地 球	月	火 星
r (km)	2440	6051.8	6371.0	1737.5	3389.9
M (10^{24} kg)	0.3302	4.8685	5.9736	0.07349	0.64185
$\bar{\rho}$ (kg m^{-3})	5427	5204	5515	3345	3933
I/Mr^2	0.338 ∓ 0.007^a	0.336^a	0.3307^b	$0.393_5{}^b$	0.366^b
中心核密度 (地球との比)	1.05 ± 0.05	1.00	1	1.05 ± 0.05	1.05 ± 0.05
マントル密度 (地球との比)	0.98 ∓ 0.02	1.00	1	0.971	1.022 ± 0.010
$r_{\text{core}}/r_{\text{planet}}$	0.784 ∓ 0.021	0.522	0.546	0.226 ∓ 0.008	0.422 ∓ 0.017
$M_{\text{core}}/M_{\text{planet}}$	0.679 ∓ 0.015	0.286	0.326	0.024 ∓ 0.002	0.156 ∓ 0.010
中心での圧力 P (GPa)	38.6 ± 0.5	286	364	5.91 ± 0.06	42.9 ± 1.2
断熱非圧縮密度 $\bar{\rho}$ (kg m^{-3})	5017	3868	3955	3269	3697

[a] モデル値
[b] 観測値

れない．金星は軟らかなアセノスフェアを有していないように見える．このことは水が地球のアセノスフェアの軟らかさを決めている本質的な要因であり，金星には沈み込みや火山活動によるアセノスフェアへの水の循環が起きていないことにより説明される．

火星の密度は地球よりも小さく，その慣性モーメント比 I/Ma^2 は高く，これは中心核が相対的に小さなことを意味している．しかし全質量と慣性モーメントからはマントルの密度は地球のそれよりも高いことが示されている．有名な火星の赤い色や SNC 隕石 (これは火星からクレーター形成時に飛び出してきた破片と考えられている．2.5 節参照) 中の高い鉄酸化物濃度は火星が地球と同じ化学組成を有していること，しかしより酸化されているために金属としての鉄の中心核が小さなサイズになったという見解を支持している．マントルに酸化された鉄を多く残し，残りの少量の金属鉄が中心核に落ち込んだのであろう．現在の火星磁場は弱く，強く磁化された厚い地殻の残留磁化で十分説明できる．しかし残留磁化の存在は中心核によってつくられた磁場が過去に存在していたことを意味している．Connerney ら (1999) は火星の地殻中の帯状の磁化構造を報告した．これは一見地球の海洋底に見られる磁気縞模様に類似しており，かつては火星も地球と類似したテクトニックな活動をしていたことや磁場の逆転が生じていた可能性を示している．もしそうであれば，火星には

海が存在していたことがあったのみならず，海水の沈み込みによって大陸と海洋という地球の 2 大区分と同様な構造ができていたと考えることもできる．地殻の高度分布には大陸と海洋に相当する 2 つのピークは現在では見えないけれど，何らかの痕跡は残っているかも知れない．Yoder ら (2003) は太陽潮汐による火星の変形を観測し，その中心核は少なくとも部分溶融していること，また表 1.2 に示した値よりはやや大きいがそれでも地球よりは相対的に小さいことなどを明らかにした．火星には巨大な火山が成長し，その火山体は厚い冷たいリソスフェアの剛性で支えられているように見える．これらの火山が現在まだ活動中であるのかについては明らかになってはいない．

水星はすべての地球型惑星の中で最も高い「圧力補正密度」を有している．月を除けばそのサイズは最小で，したがって内部の圧力は高くはない．地球のマントルでは重要な圧力誘起型の相転移は水星のマントルでは起きないであろう．したがって慣性モーメントの値が得られなくとも，水星の中心核が半径の 78% を占めているという結論を導き出すことができる (付録 J の問題 2.2)．酸化還元状態については水星は明らかに火星の対極にあるといって良い．水星の内部圧力はあまり高くないので，中心核の金属相には地球ほど酸素が溶け込んではいないであろう．硫黄は同様に中心核には多く溶け込んではいないだろう．なぜなら太陽に近く，揮発性である硫黄はもともと存在量が少

ないと考えられるからだ．

水星における鉄-マグネシウム比 (Fe/(Si+Mg) の値で示される量) は明らかに他の地球型惑星に比べて高く，初期太陽系星雲内での分化に依存している．大きな中心核のためにマントルはたったの 500 km の厚さしかない．表面は大量の隕石の衝突によるクレーター形成期以降テクトニックなプロセスで変成を受けたような痕跡はほとんどない．この大量の隕石衝突は 1.15 節で指摘したように 1 つ，あるいは複数の衛星のなれの果ての破片の落下に対応しているのかも知れない．水星の磁場はとくに興味を引く．地球や巨大惑星に比べてその強度ははるかに小さいけれど，金星，火星，月よりも 100 倍以上大きい (表 24.2)．地殻の残留磁気や太陽風による誘導磁気の可能性も検討されたが，満足のいく結果は得られてはいない．24.8 節ではわれわれは水星の磁場は内部のダイナモ運動によるものであろうと結論づけた．このためには中心核は少なくとも部分融解していなくてはならず，Margot ら (2007) はその可能性を示す力学的な証拠を報告している．

月は地球型の惑星に比べて密度が小さく，平均密度と「圧力補正密度」との間には 2.3% の差しかない．中心の圧力は地球のマントルでのケイ酸塩鉱物が経験する相転移の圧力に達しない．慣性モーメント比の観測値は均質球の場合である 0.4 に近いが，圧力による圧縮では説明できない．したがって組成的な変化が必要で，簡単な説明は小さな金属の中心核が存在しているというものである．質量にして 2.5%，半径にして 22% ほどの鉄の中心核が観測値を説明する．しかし不均質なマントルやたいへん厚い地殻の可能性も完全には排除できない．月に設置された地震計の記録からは中心核の存在に関して決定的なことは明らかにされなかったが，初期の磁場の存在は中心核の存在を必要としている．Stevenson (2003) や Williams ら (2004) は中心核はいまだ少なくとも部分溶融しているという証拠を示した．したがって，われわれはすべての地球型惑星と月は融解 (部分溶融か完全溶融かは問わず) した中心核をもつと考えている．

表 1.2 には地球型惑星の内部構造に関する情報がまとめられており，図 1.6 に中心核のサイズが示されている．これらのモデルは密度は多少異なるかも知れないが，地球の中心核とマントルと同様な状態方程式に従うという仮定のもとに計算されたものである (Stacey, 2005)．水星，火星，月の中心核の密度に関しては地球の中心核の密度の 1.0〜1.1 倍の範囲で変化しうるという可能性が考慮されている．すなわちこれらの天体の中心核の密度は地球の 1.05 ± 0.05 倍と仮定しているが，これは通常の意味の不確定さの誤差を表しているものではない．圧力下での密度を地球の物質の状態方程式に従って計算し，中心核の密度とマントルの密度を観測された天体のサイズと質量 (月と火星の場合はさらに慣性モーメントも加える) に合うように決めた．±や∓の幅は仮定した中心核の密度の幅に対応している．火星では推定された中心核の密度とマントルの密度の間には正の相関があり，水星では負の相関が存在する．火星と月では慣性モーメントの観測値がさらに制約を増すことになり，金星や水星に比べてこの計算はより確度の高いものである．

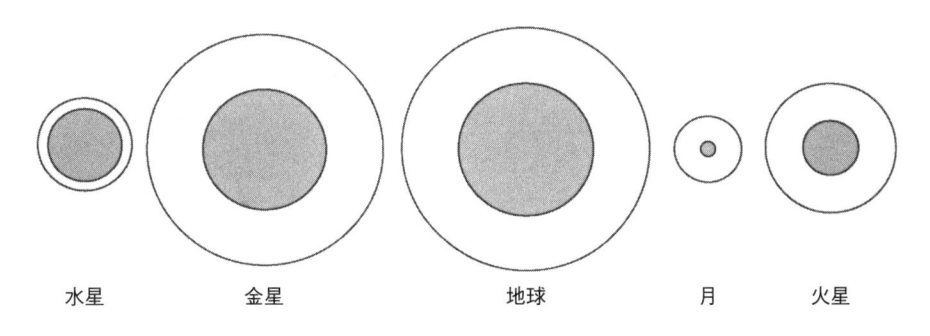

図 1.6 地球型惑星と月の中心核のサイズの比較

1.15 月の初期史

月の起源に関してはさまざまなモデルが提案されてきた．現代科学の時代に限っても，異なった軌道から捕獲されたとか，地球から分裂したという説が強く支持されてきた．地球からの分裂モデルの当世風の流行モデルは，火星サイズの天体が地球に衝突したときに放出された破片が集積したというものである．このアイデアのもととなったのは地球化学的証拠である．月はコアを分離した後の地球のマントルの物質からつくられたという推論である．いくつかの本質的な地球化学的な反論 (Ringwood, 1989; Lee ら, 1997) および力学的にぎりぎり可能かという計算結果 (Canup と Asphaug, 2001) があるにもかかわらず，いまやこの仮説は広く受け入れられた通説になりつつある．ここではこの仮説，ジャイアントインパクト仮説が直面する問題点をまとめてみよう．観察事実として衛星は惑星に付随する一般的な存在との認識に立って，なぜ地球型惑星には衛星の数が少ないのか，その理由を考えてきた．しかし，地球には 1 個しかないという事実に対し特別な説明は求めてこなかった．

太陽系内には酸素同位対比 ($^{18}O/^{16}O$) は一様ではなく，勾配が存在する (4.5 節，および図 4.2)．月ではこの比は地球の分化ライン上に存在し，このことは地球と月が太陽から同じ距離のところで形成されたことを示している．ジャイアントインパクト仮説では月の組成は衝突天体の組成に支配されるから，衝突天体は地球軌道に近い軌道で形成されたに違いない．このことは相対衝突速度が大きくないこと，したがってこの衝突でできた破片が地球軌道近くで月をつくったであろうことを示している．これは Canup と Asphaug (2001) の計算結果である，重力不安定のロッシュ限界のすぐ外側の $3R_E$ あたりで月は形成された，という推定と一致している (8.5 節)．潮汐摩擦の観測結果の外挿から推測される $25\ R_E$ あたりで形成されたのではなさそうである (8.6 節)．

ここで，さらに月–地球系の角運動量にはジャイアントインパクト説のような特別な説明が必要だという一般に受け入れられてきた議論にちょっと批判的な目を向けてみよう．衛星の単位質量あたりの軌道角運動量は親惑星の自転角運動量よりも非常に大きい．月ではこの比は 400 に達する．しかし，この値は木星系ではさらに大きく，さらに 1.4 節で見たように太陽系全体では 99.5% の角運動量が 0.1% の質量しかもたない惑星の軌道運動が担っている．したがって月が異常に大きな角運動量をもっているという見方は正しくない．月は相当大きな質量をもっているので，その分大きな角運動量を担っている，というのが正しい見方である．もし角運動量を問題にするのであれば，その高い質量比 (月の質量/(月と地球の質量) = 0.012) を問題にすべきである．この比は異常だろうか？われわれはとくにおかしな値であるとは見ていない．太陽系の中には比較すべき例があまり存在しない．水星や金星はかつて存在したかも知れない衛星は今は失われて，存在しない．冥王星の衛星，カロンは 12% の質量を占めている．巨大惑星の衛星は質量が小さいために，軽いガス成分を保持することができないために親惑星との比較では重い元素成分の質量と比較すべきであるが，それは現状では不可能である．このように考えると火星は異常と見なされる．衛星の質量があまりに小さいからである．したがって角運動量の議論をするときに，いったいどのデータに準拠すればよいのだろうか？ 角運動量の保存のもとに衛星の分を親惑星に組み込み，その自転速度を考えるのがよいのかもしれない．地球ではこれは 1 日が 4 時間ほどの自転速度になる．太陽系全体の角運動量では太陽の自転は 3.5 時間ほどになる (現在の太陽の自転速度，28 日と比較されたい)．これはたいへん重要な意味をもっているとは考えていないが，少なくとも地球–月系の角運動量の議論だけではジャイアントインパクト仮説の証拠となるわけではない．

巨大惑星はすべて多数の衛星をもっている (表 1.1)．一方，冥王星は 3 個 (Weaver ら, 2006)，小惑星のイダは 1 つ，地球型惑星は全体で 3 個しかない．火星は 2 個のたいへん小さな衛星をもち，水星，金星にはない．このように見てくると巨大な地球の月はたいへん異常である．しかしこのよう

な状況に至ったのには直接的な説明がある．月の軌道はそれが地球に及ぼす潮汐によるエネルギーの散逸によって進化している (8.4 節)．地球は自転のエネルギーを失い続けており，その一部を月の軌道運動に与えているために，月は地球から遠ざかりつつある．生まれてからこの方，月の軌道は大きく変化したことになる．月が地球から遠ざかりつつあることは地球の自転が月の公転運動よりも速いことの帰結である．もし地球が月の公転運動よりもゆっくり自転していたら潮汐摩擦により月はらせん軌道を描き，地球に近づいてくる．潮汐摩擦は同期回転をするようにはたらくからである．太陽も地球に潮汐力を及ぼすが，月に比べて小さい．しかし水星や金星はより太陽に近いのでより大きな潮汐力を受ける．これらの惑星では太陽の潮汐エネルギーの散逸 (太陽からの距離の r^{-6} に比例する) は自転を止めるように働いてきた．したがってこれらの惑星には衛星が存在していても，潮汐散逸によって軌道半径が小さくなり惑星に近づき，結果的に重力不安定のロッシュ限界にまで達したであろう (8.5 節)．最終的にその破片が惑星に取り込まれたのかどうかはそれほど明瞭ではない．もし地球の自転が太陽潮汐によって止まってしまっていたならば，月は昔に地球に落ちこんでいたであろう．

潮汐摩擦はまた地球が 1 つの大きな月しかもっていないことを説明してくれる．現在の地球の自転速度では同期回転の軌道は地球半径の 6.64 倍の所にある．この外側のすべての衛星は地球から遠ざかる．昔，地球の自転が速かった頃は同期回転の軌道はロッシュ限界の内側の 3 地球半径あたりにあったであろう (8.5 節)．したがって最初にあったすべての衛星は地球から離れていった．この速度は $mr^{-5.5}$ の割合で変化するので (式 (8.32))，非常に小さな衛星を除き内側にいる衛星ほど大きかったであろう．初期にどんなに衛星の数があったとしても非常に遠方の衛星を除きそれらは 1 つに合体しただろうと考えられる．地球–月系が異常なものであるとか，それが成立するには特別なプロセスが必要とか考える理由は何もない．むしろ火星が，あまりにも衛星の質量が少ないために異常と考えるべきであろう．地球には大きな衛星が 1 つしかなく，水星と金星には衛星がないのは潮汐摩擦が引き起こした必然的な結果である．

クレーターに覆われた月の表面は隕石爆撃の記録を保存しており，アポロミッションで持ち帰った月のサンプル中に含まれていた衝撃融解生成物から隕石衝突の年代の推定ができる．39 億年前の大きな，広範囲にわたる同位体異常が確認され (Tera ら, 1974)，この時期に月に大変動があったことが推定された．限定された期間に激烈な隕石爆撃があったことがいくつかの研究で確認された (Ryder, 1990; Dalrymple と Ryder, 1993, 1996; Ryder と Mojzsis, 1998; Cohen ら, 2000) が，一方疑問も残されている (Hartman, 2003)．これらの点に関して 2 種類のデータセットが存在している．1 つは宇宙飛行士よって採集されたサンプル中の衝撃融解生成物，もう 1 つは月への隕石衝突でできた破片と同定された隕石中の融解生成物である．39 億年以前の隕石衝突の証拠はたいへん少ない．先の 2 種類のサンプルには 15 億年ほど若い年代を示すものも含まれているが，アポロのサンプルではまれである．激変モデルにかわる別の考えは隕石爆撃が月の形成とともにだんだんと減ってきたというもので，激変のピークを考えておらず，しかし初期の記録は激しい地表再生作用により消し去られていると考える．しかしこのモデルは 42 億年にまでさかのぼる月の玄武岩の存在とは相容れない．もし 2 つのデータセットのうちどちらかを選ばなければならないとしたら，われわれはアポロのサンプルを選ぶ．なぜなら月の隕石はそれ自身十分激烈な後の時代の隕石衝突の生成物であり，衝撃波の加熱によって同位体の時計はいくぶんかリセットされているからである．アポロサンプルは月激変モデルを少しだけ積極的に支持しているように見えるが，アポロサンプルに注目することに対する反対意見は，それらは月の表面のほんの一地域の情報でしかないかもしれないというものである．しかし月のクレーターのサイズから明瞭なように，巨大な隕石衝突はその放出物を周辺部分のみならず，月全体に分布させたであろう．われわれは月激変モデル，月形成から 6 億年の比較

的静穏な時期をへて起きた重度の隕石爆撃,を支持する証拠は十分そろっているという立場をとり,それゆえになぜそれが起きたのかの説明が必要であると考える.

現時点ではわれわれは同様な激変を引き起こす隕石爆撃が内側太陽系全体に共通のものであるという見方 (たとえば Kring と Cohen, 2002) はとらない.実際もしそうであれば,より大きな重力をもつ地球ではより強烈な隕石爆撃が起きたはずである.しかし地球上にはこの時代から生き延びてきた地殻はほとんど存在していないために,これを支持する証拠がなくともあまり重要ではないと考えられている.しかしわれわれは月に衝突した破片は 6 億年の間地球の軌道上に第 2 の月として存在していたと考えた方がより妥当と考えている.Wetherill (1981) が指摘しているように,月の軌道は潮汐摩擦により進化をしてきており,小さな天体はより大きな天体のロッシュ限界 (8.5 節) の内側に入りこみ,破壊されることになる.その破片は地球軌道にのこり,引き続く数百万年の間何回かの 2 次衝突破壊を起こし,月に衝突を繰り返すことになる.8.6 節での考察からこれは月が 40 地球半径の位置にいるときに生じ (現在は 60.3 地球半径の位置にいる),月の形成と激変期との間の時間差は潮汐摩擦による軌道進化のタイムスケールとうまく合致していることが示されている.

月の激変期仮説についてのわれわれのモデルはいくぶん想像の域にある.仮定として用いた第 2 の月やその破片は第 1 の月とさほど変わらず地球軌道にあったので,衝突速度は小さなものであった.破片は大きくて,巨大なクレーターが形成されたが,大きな離心率をもって地球に衝突する小惑星ほどの速度はもっていなかった.したがって,この衝突では破片のわずかな部分しか月の重力圏の外へは出ることができず,大部分は地球軌道上に留まり最終的には月に落ちこんだであろう.あったとしてもほんのわずかな量が地球に届いた.このように考えると激変事件は月に限定されたことになる.他所からの物質は関与しておらず,また地球への隕石爆撃も起こらなかった.

われわれは後期隕石爆撃が月と同様水星や金星に生じたと考えているが,それらは別の事件である.先に指摘したようにもし金星や水星にかつて衛星が存在し,それらが潮汐摩擦で惑星に向かって落下していくとすると,太陽潮汐より惑星の自転は遅くなるにつれて,衛星はロッシュ限界の内側に落ち込み破壊されたであろう.それぞれの惑星は多数の破片による衝突爆撃を受けたであろう.これはクレーターで覆われた水星の表面と整合的である.この種の後期隕石爆撃が生じるためには軌道進化が必要であり,潮汐摩擦は明らかにその重要な候補である.8.6 節で指摘するように,このメカニズムの内部太陽系の歴史における重要性は完全には認識されていないが,メカニズム自体はよく理解されている.

2
地球の組成

2.1 まえおき

太陽系の元素は複数回の原子核合成イベントの生成物であり，惑星の集積が始まる前に太陽系星雲の中でほぼ完璧に混じり合っていた．炭素質コンドライトに含まれる微小な粒子はこの初期のイベントの記録を残している．一番最後のイベントは惑星の集積に先立つ100万年以内に起きた超新星の爆発であった．Feよりも重い元素や放射性元素のほとんどは超新星の爆発で生成された．非揮発性元素は太陽系の内側に集積し，地球型惑星や隕石の母天体をつくった．強い結合力をもつHe原子核をもととする，4の倍数の質量をもつ元素が多数つくられる（表2.1）．これらをもとに惑星がつくられたと考えると，惑星の組成に関していくつかの仮説が立てられる．地球型惑星はすべて，隕石と同様これらの主要な元素からつくられたと考えられ，したがって隕石の研究によって惑星の化学組成の幅広い知識が得られると強く信じることができる．

隕石と同様，地球に最も豊富に存在している元素はO, Fe, Mg, Siである（その質量は16, 56, 24, 32である）．表2.2に示された組成のモデルではこれらは質量にしてそれぞれ，31.5, 30.3, 15.4, 14.2%にあたる．これ以外の元素はすべて合わせても残りの8.6%にしかならない．これらの数のうちで不確定性が残されているのは難揮発性元素の地球と隕石との割合の違いである．地震学的に中心核の存在が明らかになるや否や，隕石中の鉄が高濃度であることから中心核の主要な構成元素が鉄であることが理解された．地球の構造の中では，中心核に大部分の鉄が集まり，残りのマントルにMgO, SiO_2, 少し量が減ってFeO, CaO, Al_2O_3, Na_2Oなどが存在している．これらの酸化物はさまざまな組合せの化合物を形成し，圧力に応じ結晶構造を変えながらマントルの鉱物となっている．これらの主要元素に限ればマントルは本質的に均質であると考えられる．一方，物性から見れば圧力に応じて結晶構造がより密なものへと相変化を起こすので，中心に向かい層構造をなしていることになる．

地殻の最上部の物質は，地球全体から見ればわずかな量ではあるがわれわれは手にとってしらべることができる．地殻の総量は地球質量の0.5%にすぎない．その下のマントルは67%を占め，中心核は32.5%である．マントルも中心核も地殻より

表2.1 太陽の光球，隕石，地球における元素の相対存在度の推定値．存在度の値はSiの値で規格化されている．Newsom (1995)およびMcDonoughとSun (1995)を参照．

質量数	元素	太陽	隕石	地球
1	H	1003		
4	He	392	—	—
16	O	13.6	2.2	2.22
12	C	4.4	0.33	
20	Ne	3.5		
56	Fe	2.6	1.81	2.14
14	N	1.6	0.001	20 ppm
28	Si	1	1	1
24	Mg	0.91	0.91	1.09
32	S	0.52	0.60	0.20
36	Ar	0.13	20 ppb	20 ppb
58	Ni	0.105	0.105	0.16
40	Ca	0.092	0.088	0.12
27	Al	0.080	0.082	0.11
23	Na	0.049	0.047	0.013

表 2.2　地球における主要な元素—質量比をパーセントで表示．マントルと中心核は 2.7, 2.8 節のモデル，上部地殻は 2.9 節のモデルによる．

元素	上部地殻	マントル	外核	内核	地球
O	46.8	44.23	5.34	0.11	31.47
Fe	3.5	6.26	79.15	84.43	30.26
Mg	1.3	22.80	—	—	15.36
Si	30.8	21.00	—	—	14.15
Ni	—	0.2	6.49	6.92	2.27
S	3.0	0.03	8.84	8.02	2.78
Ca	—	2.53	—	—	1.70
Al	8.0	2.35	—	—	1.58
Na	2.9	0.27	—	—	0.18
その他	3.7	0.33	0.58	0.52	0.22
平均原子量	20.8	21.08	44.53	50.16	25.72

は密度の高い物質で構成されており，さらに高圧下にあることで圧縮され，高密度化している．地球全体の組成を決めるのには間接的な手法によらざるをえない．地震学的なモデリング (17 章)，想定されうる鉱物の高圧実験 (18.2 節)，マントル起源の岩石の分析，地殻熱流量と放射性元素の量との比較 (20 章)，磁場の存在，これらはみな重要な情報源である．しかしわれわれが地球の化学組成を正しく把握していると考える根拠は隕石と太陽大気という一見大きく異なった物質間で非揮発性元素の存在量がたいへんよく似ているという事実である．地球型惑星は同じ材料物質をもとに形成されたと考えられているけれど，その割合はすべて同じわけではない．その良い例は水星の高い密度であり，水星が地球よりも鉄に富んでいることを示している．

地球では 410 km と 660 km，そしてあまり目立たないが 520 km に結晶構造相転移が存在している．660 km より下側，コア–マントル境界 (深さ 2890 km) までを通常下部マントルとよんでいる．それより上側を上部マントルとよんでいるが，この中には相変化帯を含んでいる．上部マントルは下部よりも明らかに不均質の程度が高い．上部マントルと下部マントルが化学組成が異なっている可能性がしばしば議論されてきた．しかしさまざまな理由からその違いは小さいと考えられている．

マントル対流の様式の議論として，マントル全体の対流か，上下マントルに分かれた対流か，はこの化学組成の議論に依存している．660 km の相転移がここを通過する対流を阻止するのではないか，という可能性については 22 章のマントル対流の熱力学的考察の議論でふれよう．上下マントルが化学的に独立・分かれているとなると，組成上の不確定性が増すことになる．下部マントル起源と思われるダイヤモンドに含まれる鉱物包有物やマントルの底から上昇してきたプルームの部分溶融生成物であるホットスポットの玄武岩 (12 章) からはだいたいにおいて均質なマントルの組成が支持されている．さらに地震学的な探査では表面から沈み込んだ冷たいリソスフェアのスラブが下部マントル中に深く沈み込んでいる様子が明らかにされている．したがって上下マントルが独立していて，化学的に異なっていたとするモデルは旗色が悪い．マントル由来のいくつかの岩石の源が地球誕生以来ずっと化学的に (化学組成においても同位体組成においても) 孤立していたという証拠には別の解釈が必要である．

始原的な隕石 (炭素質隕石) から地球が形成され，そこから中心核成分と揮発性成分を取り去ったものがマントルの組成であるという考えから推定されたマントルのモデルがパイロライト (pyrolite) モデルとして知られているものである．それは玄武岩マグマの生成における元素の分化過程の考察にもとづき最初に A. E. Ringwood によって提唱された．pyrolite という言葉は火を連想させるが，この言葉はマントルの組成を近似する最も簡単な鉱物組合せ，輝石 (PYRoxene) とオリビン (OLivine) を組み合わせたものである．pyrolite には数々の派生モデルが存在するが，ここでは低圧鉱物組合せとして 60%オリビン $((Mg,Fe)_2SiO_4)$，30%輝石 $((Mg,Fe)SiO_3)$，10%ガーネット $((Fe, Mg, Ca)_3Al_2Si_3O_{12})$ を考えよう．ガーネットはオリビンや輝石よりも密な結晶構造をしているために，より深部まで安定に存在している．圧力が増すにつれてガーネットは輝石などを取り込んでいく．これはまったく新しい結晶構造が相転移により出現するまで続く．マントルの組成としてのパイロライトモデルは詳細に

検討され (MacDonough と Sun, 1995), 説得力を もっているようにみえるが, 中心核に関してはより不確定性が大きい.

マントルの組成は地球全体を表しているわけではない. いくつかの元素, とくに鉄は中心核に集まっているからである. 中心核では鉄が主要な元素ではあるが, 中心核の密度は対応する温度圧力条件で期待される純鉄の密度よりも 10% ほど軽い. 軽い元素が混じっているためであるという議論が何十年にわたり行われてきた (Poirier, 1994). 軽元素として真剣に検討されてきたものは原子量の軽い順に, H (1.4%), C (10.6%), O (12.7%), Si (17.7%), S (18.2%) である. 括弧内の数字は単独で中心核内に存在していたときに密度を説明するために必要とされる質量分率である. このどれが存在しているのか決めると, 全地球化学組成の推定値が変わってくる. 2.8 節の議論にもとづくと外核には S と O, 内核には S が存在し, O はほとんど含まれていないと推定される. H と C は同様に存在しているかも知れないが, Si はあまり考えられない. また中心核には炭素質コンドライトよりも Ni は高濃度含まれていると考えている. この値は鉄隕石の Ni 濃度と同じくらいであろう.

表 2.2 に示した全地球化学組成の値を得るために中心核の組成は表 2.5 を用い, マントルと地殻の組成 (ケイ酸塩地球) は McDonough と Sun (1995) の組成を用いた. McLennan (1995) が推定した大陸地域の上部地殻の組成も載せた. 地殻の組成はたいへん変化に富んでおり, ここでは単にその平均組成がマントルの値とは異なっている点のみを強調しておきたい. 地球の主要元素組成を見る限り, 地殻の値は誤差の範囲内の中に埋もれてしまう程度である. しかし微量元素を見れば, 多くが地殻に濃集している. 注目すべきものでは, 地球の熱を考えるときに重要な放射性元素, K,U,Th である (21 章). 地殻とマントルの境界 (モホロヴィチッチ (Mohorovičić) 不連続面) では密度と地震波速度が不連続的に変化しており, 全球的に組成の

表 2.3 V. Goldschmidt による地球化学的挙動にもとづいた元素の分類

違いを表している．地殻とマントルの組成において一番大きな違いは Mg の濃度であり，その一部は Al の濃度とバランスしている．地殻は Si に富んでいる．これらの元素の濃集から地殻の組成はしばしば 'シアル' (sial) (Si と Al) とよばれ，マントルの 'シマ' (sima) (Si と Mg) と区別してきた．

地球の進化において元素の移動は地球化学的なふるまいの違いに着目した周期表の中でのグループに着目すると良く理解できる (表 2.3)．中心核の主要構成元素である親鉄元素は周期表の中では集団として存在している．大気濃集元素はまた別の独立した集団である．親石元素は残りから親銅元素を取り去った部分である．特記すべきは液相濃集元素とよばれる一群である．これはマントルの鉱物の構造にうまく入り込めないために，部分溶融した際に液相部分に分離されやすい元素である．これらは火成作用により地殻中に濃集する．熱的に重要なすべての放射性元素もこの仲間である．部分溶融によりこれらの元素が抜き取られ，マントルには Mg のような元素が残されていく．

基本的には水として存在している水素は，表 2.2 には主要元素としてリストアップされていないが，地球内部では複数のたいへん重要な役割を担っている．表層ではその 70% が水で覆われるなど目立つ存在であるが，マントルでは微少量が存在しているに過ぎない．水は大気を通して海洋の体積と同量が約 3000 年で循環している．また海洋水は海洋底堆積物の形で沈み込み帯で深部に取り込まれ，マントル中を循環している．テクトニクスはよく知られているようにこの循環のスタイルに依存している．マントルの岩石の力学特性に水は劇的な効果をもたらす．マントル深部の水の量に関しては海洋島玄武岩の組成からの間接的な情報しか得られていないが，マントルの粘性率は水なしでは考えられない．中心核での水の存在は 2.8 節で議論されているが，表 2.5 では主要構成成分ではない．

地球の化学組成の議論では大気の役割にふれておく必要がある．大気は少なくとも一部は脱ガスの結果生じたものであり，その進化の証拠は地球の進化の記録でもある．地球の表層環境は，金星，地球，火星の大気の比較 (表 2.8, 2.9) においてユニークなものであることがわかる．

2.2 惑星の組成の指標としての隕石

1 章で述べたように隕石にはさまざまな種類があり，その組成は 100% 金属であるものから 100% 岩石であるものまであるが，大部分は両者の混合物である．地球の組成との関連は，隕石が太陽系星雲の中で同じ起源物質からさまざまな事件・現象によってつくり出されたものであり，その組成は総合すると地球型惑星がつくられた太陽系星雲の組成に等しいという事実によっている．地球や他の地球型惑星が共通の始原材料から形成されたことを示す証拠として以下の 4 つの観測事実をあげておきたい．

(i) ほぼすべての隕石は同じ生成年代，約 45 億 7000 万年を有する (4.3 節)．
(ii) たいへん特殊な数例の興味深い例外 (4.5, 4.6 節で述べる) として，隕石は同じ同位体比をもっているものがある (地球もその中に含まれている)．スペクトル観測が行われた遠くの分子雲ではたいへん異なった同位体比が見つかっており，原子核合成のイベントごとに同位体比は異なっているものである．
(iii) 太陽大気の元素の組成 (表 2.1) は隕石の組成の総合値 (2.6 節) と一致している．
(iv) 隕石のすべての種類は最も始原的 (最も変化を受けていない，という意味) な炭素質コンドライトから加熱や還元の作用，それらによって変性した物質の分離プロセスによってつくり出されたものである．地球型惑星の密度の違いもこのようにして説明可能である．

2.3 鉄隕石，石鉄隕石

すべて，あるいは大部分が Ni との合金である金属鉄からなる隕石は多い．また数からいえば鉄隕石よりも多い石質隕石の大部分も金属相を含んでいる．鉄隕石は大気層の中を超音速で通り抜ける

際に石質隕石よりも生き延びる確率は高く，地表では石質隕石に比べ周囲の岩石よりもはるかに目立つ存在である．このため地球外物体として容易に認識されやすいという事情から，鉄隕石は一般的な文献には典型的な隕石としてよく取り上げられている．鉄隕石，石鉄隕石を特徴づけるものは Fe–Ni 合金の 2 相の離溶構造であり，エッチング処理をした研磨表面にきれいに見ることができる (図 1.3)．これはウィドマンシュテッテン (Widmanstätten) パターンとして知られているもので，その構造から冷却速度を決めることができる．決められた冷却速度はこの隕石の母天体は半径が数 km の小惑星であることを示している (1.10 節)．

　鉄隕石を母天体の中心核であると考えるのはたやすいが，推論の域を出ない．というのは金属鉄と岩石の間に宇宙線照射年代に一致が見られないからである (1.8 節)．地球半径の 1/1000 以下の小天体では重力分離は効率的に進まなかったであろう．したがって多くの隕石は十分に分離していない鉄と岩石の混合物であることは驚くべきことではない．地球の場合と違い中心核の分離に伴う重力エネルギーの解放は小さいために，融解を引き起こすまでには至らない．また初期に短寿命の放射性元素が十分あったという積極的な証拠もない．明らかな熱源は合体する物体の衝突時の力学的エネルギーとマグネタイトから金属鉄をつくり出す炭素の還元作用での化学反応エネルギーのみである．隕石母天体の加熱とそれにより生じる変成作用はさまざまであることは理解できる．金属鉄をつくり出すもっともらしいメカニズムは，鉄をマグネタイト (Fe_3O_4) として含んだ炭素化合物とケイ酸塩からなる始原的な物質の衝突から始まる．衝突は局所的な温度増加を引き起こし，溶鉱炉での反応と同様な還元反応が引き起こされて，金属の鉄が生成され，一酸化炭素ガスが散逸する．

　パラサイト[*1]は石鉄隕石の興味深いタイプであり，その様子が図 2.1 に示されている．金属の

[*1] この隕石はロシアで最初に発見したドイツの博物学者 P. S. Palls に因んで命名された．

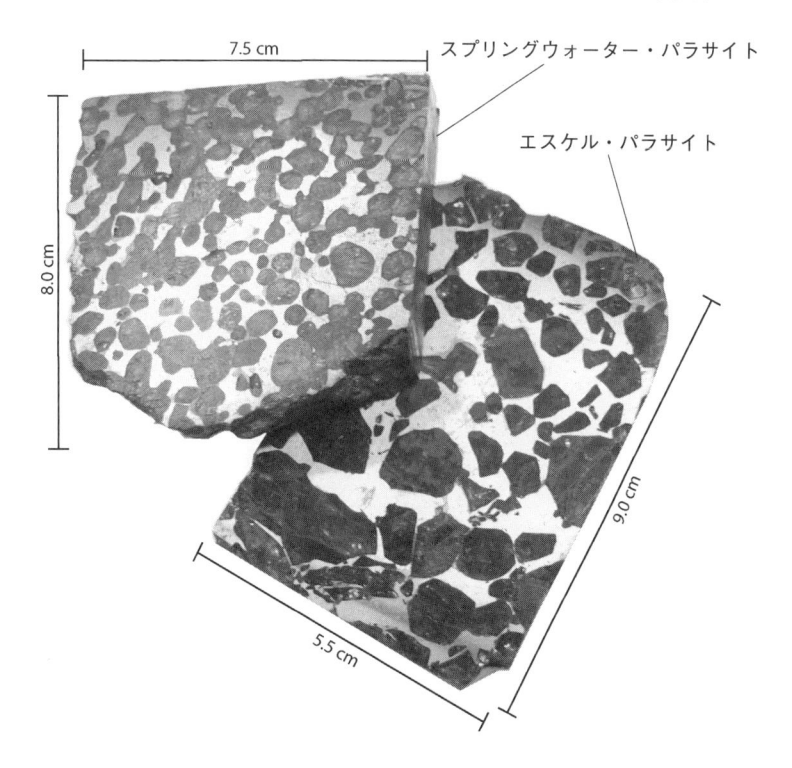

図 2.1　2 種のパラサイト隕石 (石鉄隕石) の断面．J. Wasson と A. Rubin の好意による．金属のような光沢面の部分は硫化鉄 (FeS) で，融解しケイ酸塩と分離している．

見かけを示しているのは硫化鉄 (FeS) である．硫黄は鉄の融点を劇的に下げる．Fe–S 系の共融点は 1261 K であり，純鉄の融点よりも 500 K 以上低い．そのために硫黄が存在すれば，純鉄や Fe–Ni 合金を溶かすには足りない低温でも融解は生じることになる．このことは地球の中心核にも鉄と一緒に硫黄が溶け込んでいると推察する積極的な理由になっている．このような石鉄隕石のケイ酸塩部分はエコンドライトの鉱物組成を有している．

2.4　普通コンドライト隕石，炭素質隕石

コンドライトには何種類かのグループが存在している．その総数は他の隕石を全部あわせたものよりも多い．コンドライトは石質隕石であり，その多くは地球の岩石とはたいへん異なった見かけと構造を有している．その基本的な特徴はマトリックスの中に埋め込まれたコンドリュールの存在である．コンドリュールとは細かな結晶質の，しかし最初はガラス質の数 cm 程度の大きさのケイ酸塩の玉である．コンドライトという言葉はコンドリュールを含んだ岩石という意味である．普通コンドライトではコンドリュールが埋め込まれているマトリックスはケイ酸塩の結晶と粒子状やフィラメント状の Ni–Fe (これは必ずしも存在しているわけではないが) からなっている．またとくに興味がもたれるのが，Ca や Al に富んだ CAI とよばれる難揮発性物質の包有物である．これらはコンドライトとは明らかに異なっており，太陽系星雲での最初期の凝縮物であろう．図 2.2(a) にはコンドライトの断面写真が示されており，その中に 3 種類の物質が確認できる．図 2.2(b) はこの中のコンドリュールの断面を示す．

コンドリュールは多くのコンドライトで一番多く含まれているので，隕石の物質の中でもコンドリュールが最も多い．しかしこれは隕石にのみ含まれていることに注意する必要がある．地球の岩石にはまったく見つかっていないが，しかし同時に地球型惑星をつくったものと同じ物質の進化の過程を表している．コンドリュールは強く加熱を受けたり変成をされなかったために完全に結晶質の岩石にはなれず，そのためにコンドライト隕石として生き延びたのである．1.11 節で指摘したように，コンドリュールは個々の粒子が磁化しており，磁化した後で隕石として組み込まれた．したがってコンドリュールは太陽系星雲からの凝縮物である．磁化のプロセスは推論の域を出ないが，太陽系星雲の中で個別の粒子として一時的な加熱・融解を経験したのであろう．この過程の中で熱残留磁気として磁化を獲得したと推定される．

コンドライトの分類は化学組成と変成度にもとづいている．すなわち隕石の鉱物の組合せや構造が母天体の中での熱や圧力によって決まっているということである．変成作用によって鉱物間の拡散による元素の再分布が起きる．とくに鉄とニッケルはこのような形で再分配が行われている．たとえば，変成度が高い隕石では金属粒子はタエナイト (高い Ni 濃度の合金) かカマサイト (低い Ni 濃度の合金) のどちらかの端成分の場合が多く，両者の入り交じった連晶組織を示すことはない．しかしタエナイト粒子はオクタヘドライト (octahedrite) 中のタエナイトのラメラと同じ拡散による濃度分布を示しており，それらが間にケイ酸塩相を挟みながらカマサイト粒子と金属元素の効率的な拡散を行っていたことを示している．

変成度による隕石の分類で最も興味がもたれるのが変成度の最も小さな隕石である．なぜなら地球型惑星がつくられた始原的な物質に最も近いからである．それらはたいへん貴重な炭素質コンドライト (炭素の化合物を含むためにこの名がつけられた) であり，同時に他の隕石と比べて大量の揮発性成分を含んでいる．鉄の多くはマグネタイト (Fe_3O_4) の形で存在している．炭素質コンドライトは暗色を呈していて，不定形で見た目はたいへんもろい．地球上で炭素質隕石がたいへん貴重な存在であることは，宇宙空間において数が少ないというよりも，むしろ大気中を落下する過程で生き延びることが難しいことが原因である．多くの小惑星が，とくに太陽系の外縁部にあるものは，炭素質コンドライトを示す反射スペクトルを有していることがこの見方を支持している．

大学や博物館に展示されている炭素質コンドラ

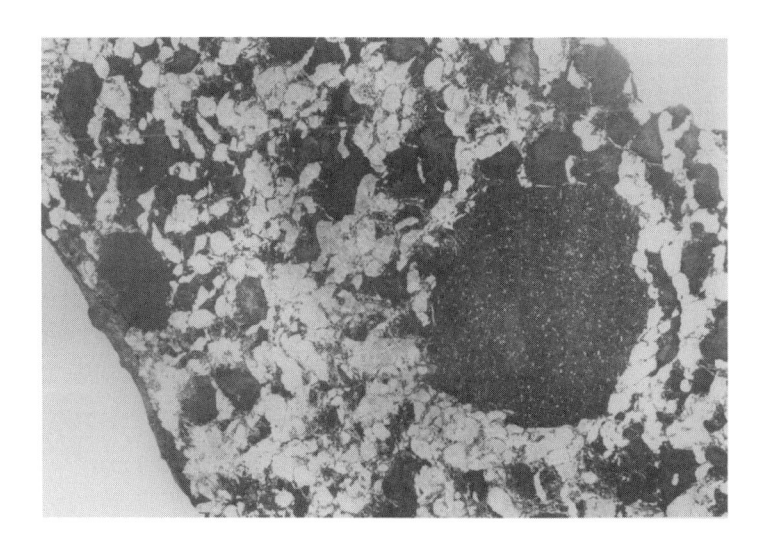

図 2.2 (a) ベンカビン隕石の研磨表面. 隕石全体はよく発達した完晶質 (エコンドライト的) であるが, 写真の右側の暗色部分が大きなコンドライトの包有物である. また左手には炭素質コンドライトの包有物が存在する.

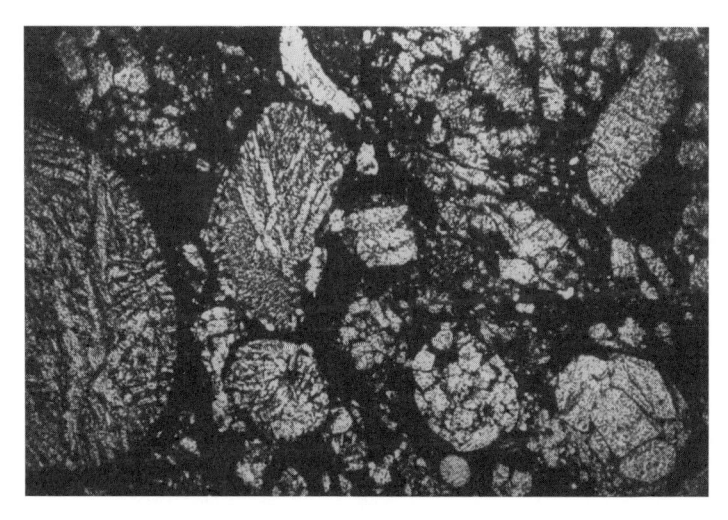

図 2.2 (b) 図 2.2(a) に見られる普通コンドライトの含有物の拡大写真. コンドリュールの構造が見られる. J.F. Lovering の好意による.

イトの大部分は1つの隕石, アエンデ隕石に由来している. アエンデ隕石は1969年に壮大な火球となって北メキシコの $300 km^2$ の領域に数百個の岩片に分裂して落下した. 2トン以上の隕石が採集されたが, それでも落下した物質のほんの一部に過ぎないと見られている. 大きな試料が得られたので, アエンデ隕石入手以前には不可能だったさまざまな分析や実験が行われた. たとえばコンドリュール粒子ごとの化学分析が数多く行われたり, Caに富んだ, あるいはAlに富んだ難揮発性包有物 (これはCAIとよばれ太陽系星雲からの高温凝縮物であると考えられている) が発見された. これらの研究により同位体組成の異常が明らかになり, 原始太陽系星雲が複数の異なった核合成プロセスによってできた粒子を含んでいることや, その粒子が最も始原的な隕石に保存されていることが示された (4.5節). しかし同時に, 酸素や窒素という軽い, 揮発性に富んだ元素を除き炭素質コ

ンドライトは太陽大気と似た化学組成をもち，初期の原始太陽系星雲の化学組成を表していると考えられている．コンドライトの同位体の研究は 4.6 節で取り扱う．

2.5 エコンドライト

エコンドライトは完全に結晶化しており，地球の火成岩に似た様相を呈し，コンドリュールを含んでいない．しかしベンカビン (Bencubbin)[*2] 隕石のように集塊岩のような例もある (図 2.2)．厳密な定義ではエコンドライトは金属鉄を含んでいないが，石鉄隕石のケイ酸塩部分 (図 2.1) は通常エコンドライトのように結晶質であるのでこの分類はちょっと不正確である．エコンドライトは他の普通コンドライトとは異なり，惑星形成に向けて進化したものである．それらは組成的には地球のマントルとよく似ている．その進化の詳細は母惑星のサイズと太陽にどれだけ近いかで変化している．いくつかのエコンドライトは小惑星サイズよりも大きな天体での進化を示唆する組成を示している．南極で採集された隕石のうち 30 個ほどが月の破片，すなわち大きな隕石が月に衝突した結果飛んできたものと同定され，火星を起源と想定されている隕石のグループも存在する．それらは火星大気と同じような割合をもつ希ガスや窒素のガスを含んでいる (McSween 1999, 図 5.19 を参照)．それらは 3 種類の代表的な隕石 Shergotty, Nakhla, Chassigny のイニシャルから SNC 隕石 ('スニック' とよぶ) とよばれている．

2.6 太 陽 大 気

太陽の元素存在度の天体物理学的な推定量は水素原子の数 n_H で規格化した原子数 n で表現される．通常は以下のような対数表現が用いられている．

$$\log_{10} A = \log_{10}(n/n_H) + 12 \quad (2.1)$$

ここで数字の 12 は存在度 $\log_{10} A$ がすべての元素で正になるように加えられている．地球や隕石と

[*2] 隕石の落ちたオーストラリア西部にある町の名前.

比較するときにはシリコン原子の数 a_{Si} で規格化された量がよく使われる．両者の間にはよく知られている太陽大気中の存在量の値を用いた換算式

$$(\log_{10} A)_{Si} = \log_{10}(n_{Si}/n_H) + 12 = 7.55 \quad (2.2)$$

を使うと便利である．

表 2.1 ではシリコンが基準として用いられているが，ここでの存在度は原子の数ではなく，質量に換算したものが用いられている (換算には付録 A の表 A.3 の原子量が使われている)．表 2.1 にはまた隕石の値も載せられている．ここでの隕石の値はすべての隕石の平均値であり，炭素質コンドライトの値とはずれがあるかも知れない．というのは地球上では炭素質コンドライトの数は少ないからである．

炭素質コンドライトの重要性を考慮して，Ringwood (1966) は炭素質コンドライトを還元的雰囲気 (水素) 下で加熱し，CO を含んだ揮発性成分を飛ばし金属鉄をつくった状態の化学組成を計算した．彼の値は隕石の平均値とかなりよく合致しており，太陽系の内側領域では炭素質コンドライトを原材料として集積したというアイデアを支持している．

2.7 マ ン ト ル

表 2.2 のマントルの元素存在度は McDonough と Sun (1995) の推定値であり，硫黄を除くすべての元素が酸化物として存在すると仮定して酸素量を追加してある．このことによって「その他」として表中にくくられた残りの元素の量を少なく見積もっている可能性もあるが，補正を加えても変化はほんの少しだけである．表には密度の推定に必要な高い存在度の元素しか掲載されていない．これ以外にマントルの物性や挙動を考える上で重要ではあるが，存在度の小さな元素がいくつか存在する．たとえば熱的に重要な K, U, Th は 21 章で取り上げられている．H_2O や OH^{-1} として存在する水素やたぶんたいへん移動しやすい H^+ は力学的特性を強く支配する最も重要な揮発性元素である (図 2.3)．地殻の値 (2.9 節) と比較するとマ

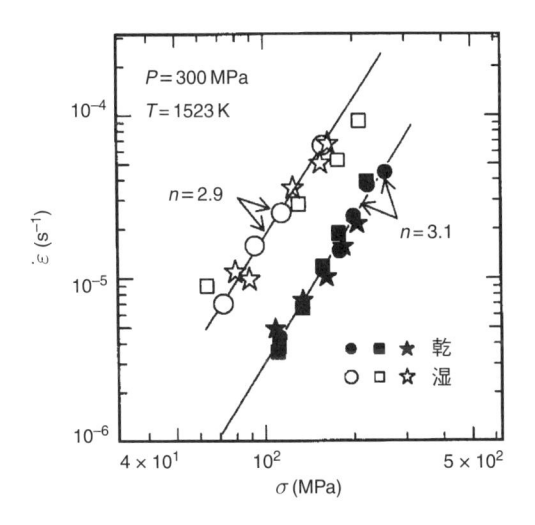

図 2.3 含水状態，無水状態でのオリビンの変形速度と応力の関係 (対数目盛)．n はべき乗則 (10.27) のべき値を示す (Mei と Kohlstedt (2000b) による)．

ントルの存在度は比較的単純に見える．というのは中心核に親鉄元素を落とし，マントルの主要鉱物には入りにくい元素をメルトという形 (これらは液相濃集元素とよばれている) で地殻に取り除いた結果であるからである．水はこの点では液相濃集元素であるが，水という形態でも，分解した H^+ や OH^- という形ででも，マントル深部の鉱物組成や物性にも重要な影響を与える (Ohtani ら，2001；Komabayashi ら，2005)．

酸素は表 2.2 中では最も軽い元素であるが，質量においてもマントル中でたいへん存在度の高い元素である．原子数で見ると酸素はさらに顕著で，58% 以上を占めている．O^{2-} が大きなイオンであることを考えると，マントルの鉱物は O^{2-} の格子の間を，鉱物種によって異なった割合の Si^{4+}，Mg^{2+}，Fe^{2+} などが埋めていると見なすことができる．マントルの鉱物構造を支配するもう 1 つの重要なファクターは Si-O 結合の強さであり，そのために Si^{4+} イオンが四面体構造の結合を選択しやすい．常圧下では Si^{4+} イオンは酸素原子のつくる正四面体の中心にくる構造をとりやすい．Mg^{2+} や Fe^{2+} といったイオンはこれらの正四面体の間に存在する．これらの原子の配置がつくり出す結晶構造は高圧ではさらなる密な構造をとる余地が

残されている．下部マントルの圧力下では Si^{4+} は酸素イオンに対して 6 配位の位置に入る．そのため下部マントルでは最も重要な鉱物であるペロフスカイト型構造の $(Mg,Fe)SiO_3$ をつくる．この構造では Si^{4+} イオンは O^{2-} イオンのつくる 8 面体構造 (その 6 個の頂点を酸素が占めている) の中心に存在し，8 面体ユニットの間に Mg^{2+} と Fe^{2+} が入っている．このシリコンの配位数の変化を引き起こす 660 km の深さでの相変化は強い吸熱反応であり，上部マントルの鉱物がより密な構造へ変化するときに熱を奪い，対流運動を阻害する (22 章)．

1.1 節で述べたマントルのパイロライトモデルは基本的には 2 つの鉱物，オリビン (Mg_2SiO_4) と輝石 ($MgSiO_3$) から成り立っている．それぞれの鉱物はある程度の Mg を置換して Fe が入り込む固溶体を形成している．2 つの鉱物の Mg の端成分はフォルステライト (forsterite)(オリビン) およびエンスタタイト (enstatite)(輝石) として知られている．Smyth と McCormick (1995) によってつくられた結晶構造と密度に関する網羅的な表を見ると両者は平均原子量と密度がたいへん類似していることがわかる (フォルステライト平均原子量 20.099，密度 3227 kg m^{-3}，エンスタタイト平均原子量 20.078，密度 3204 kg m^{-3})．両者は重力的には分離不能で，上部マントルの密度 (約 3400 kg m^{-3}，圧力ゼロ，温度 290 K に換算した値) とのずれを説明するためには，鉄の置換とガーネットや 100 km 以浅ではスピネル ($MgAl_2O_4$) のような他の鉱物の存在が必要である．パイロライトモデルはペリドタイトとして知られている岩石とよく合っており，ペリドタイトはしたがってマントルの想定サンプルと見なされている．ペリドタイトはオリビンと 2 種類の輝石からなっている．2 種類の輝石は斜方輝石と単斜輝石であり，同じ化学式で表現されるが結晶構造と密度はわずかに異なっている．幅のある化学組成をとりうる 2 種の輝石が混在することで，Fe，Mg 以外の他の元素が加わった場合にも簡単な鉱物組合せでもうまく対応することができる．単斜輝石は斜方輝石と比べてより広い化学組成をとりうる．

圧力が増していくと第 3 の鉱物であるガーネッ

表 2.4 (a) Mg_2SiO_4 組成のオリビンの相転移．圧力ゼロ，温度 290 K でのそれぞれの結晶構造の密度，相変化に伴う密度差，相変化の起きる圧力と地球内部の深さを表示する．

結晶構造	ρ_0 (kg m^{-3})	$\Delta\rho_0$ (kg m^{-3})	P (GPa)	z (km)
フォステライト	3327			
		246	13.7	410
β スピネル (Wadsleyite)	3473			
		75	17.9	520
γ スピネル (Ringwoodite)	3548			
		395	23.3	660
$MgSiO_3$ ペロブスカイト + MgO ペリクレース	4107 3583 (合計 3943)			
		～60	～120	～2600
'ポストペロブスカイト' + MgO ペリクレース	～4004 (合計)			

表 2.4 (b) $MgSiO_3$ 組成の斜方輝石 (orthopyroxene) の相転移

結晶構造	ρ_0 (kg m^{-3})	$\Delta\rho_0$ (kg m^{-3})
エンスタタイト	3204	
		309
ガーネット	3513	
		297
イルメナイト	3810	
		297
ペロブスカイト	4107	
		～100
'ポストペロブスカイト'	～4200	

トの役割が増してくる．パイロープは $Mg_3Al_2Si_3O_{12}$ の化学式をもつガーネットで，平均原子量は 20.156 である．この値はフォルステライトやエンスタタイトに比べてわずかに高い程度であるが，密度は 3565 kg m^{-3} で両者に比べてはるかに高い．Ca と Fe が Mg を置換することができるので，ガーネットはマントルで Ca と Al をもつ鉱物として重要である．その高い密度は高圧下で重要となる．マントルの上部 100 km あたりまではスピネル ($MgAl_2O_4$) が存在するためにまれな存在であろうが，マントル遷移層まで量が増していき，たぶん下部マントルの上部にも存在する．上部マントルの鉱物組成はしたがって，深さとともに変化していくことになる．これは最も大量に存在するオリビンが密な構造に相転移する深さまで続く．

オリビンの相転移はよく研究されており，地震学的に観測されている不連続面と合致している．圧力とともに順に変化していくフォルステライト組成をもつ鉱物の結晶構造，密度，相変化に伴う密度変化，相変化圧力と対応する深さを表 2.4(a) に示す．密度は圧力ゼロ，290 K の状態に換算したものである．410 km と 660 km での密度変化は大きい．輝石の相変化はシャープではなく，観測されている不連続面には対応しないかもしれない．表 2.4(b) にはエンスタタイト組成の高圧鉱物が示されており，オリビンと同様な傾向が存在している．この表にはさらに「ポストペロブスカイト相」が載せられている (Murakami ら，2004) が，その転移圧や温度はまだ確定していない．この相転移はマントル最下層の D'' 層で観測されている不均質性に関与していると考えられている．これらの表はどの結晶でも密度は，相間の違いを明らかにするために圧力ゼロでの値に換算し直してある点に注意が必要である．当然ながら圧力をゼロにしたらこれらの鉱物は安定ではいられない．

下部マントルの鉱物はペロブスカイトとマグネシオブスタイト (ferropericlase) からなっている．Fe はマグネシオブスタイトに濃集し，一方 Al はペロブスカイトに存在している．両者には Ca は含まれず，数% の Ca ペロブスカイト ($CaSiO_3$) が第 3 の鉱物として存在していると考えられている．質量からいうと Mg-Fe ペロブスカイトが最も大量に存在しており，下部マントルの質量の 75～80% を占めている．地球全体でみても $(Mg,Fe)SiO_3$ ペロ

ブスカイトが最も大量に存在する鉱物である．このためにペロブスカイトの物性についての理論的, 実験的研究が進んだ．常圧では準安定状態にあるためにサンプルに十分な加熱は行えず，したがって弾性的性質に関する実験は進んだけれど (Yegabeh-Haeri, 1994)，熱的性質に関する実験はそれほど進んでいない．ペリクレース (MgO) は興味のもたれる全圧力・温度領域で安定であり，その性質はよくわかっている．Ca ペロブスカイトは常圧への減圧で分解してしまうために高圧下でのみ実験が行える．

炭素質コンドライトとマントルの元素組成は完全には一致していないために，何らかの説明が必要である．炭素質コンドライトは数は少ないながらそこそこ存在しているので，その不一致の原因として試料の不十分さを考えることはできない．元素組成の不一致は原始太陽系星雲内で中心からの距離に応じた系統的な変化が存在したためかもしれない．Si はとくに問題である．炭素質コンドライトの起源が小惑星帯とすれば，そのあたりでは地球と比べて Si 量が多くなくてはならない．Allegre ら (1995) は Si の一部が中心核に取り込まれ，マントルから失われていると推論したが，以下の章で述べる理由によりわれわれはこの考えには賛成しかねる．われわれは水星の高い密度から，水星が地球や隕石よりも鉄を多く含んでいることを知っている．太陽系星雲の不均質性は当然考慮すべきファクターである．初期の太陽の磁場によるイオン化された原子の選択的な遠心力効果など，不均質性を引き起こす具体的なプロセスについてもわかっている．しかし同時にこの不一致はマントルの組成が適切なものであるのか，という別の角度からの検討も必要である．マントル起源とされる岩石サンプルはマグマの噴出時にもってこられた岩片 (ゼノリス) やキンバーライト (ダイアモンドを含んだ深部起源の火山岩) に含まれるペリドタイト・ノジュールであるが，いずれもマントルの組成の推定には強い状況証拠ではある．しかし地表への運搬過程で変質を受けなかったのか，チェックは難しい．さらに，いずれにせよ上部マントルの組成をもとにこの不一致を議論することには本質的な問題が残る．すなわち上部マントルの組成は下部マントルの組成と一致しているのか？ という問題が残るからである．この点に関する最も説得力に富む回答は下部マントル起源の証拠をもつダイアモンド中に含まれる小さな包有物が与えてくれた (Kesson と Fitzgerald, 1992)．これらはエンスタタイト (たぶん下部マントルのペロブスカイトが減圧されてできたものであろう) とマグネシオブスタイトの結晶からなる鉱物の集まりで，まさにわれわれが下部マントルを代表する鉱物組成そのものである．そしてその化学組成は上部マントルのそれと一致していたのである．

2.8　中心核 (コア)

多くの元素が中心核に溶け込んでいるのはほぼ確かである．中心核に当然存在する親鉄元素は Ni, Co, Re, Os, Pt や Pd であるが，ほとんどすべて鉄よりも重い．しかし Ni を除き，密度の推定には影響するほど存在度は多くない．Poirier (1994) は中心核の密度を減少させる役割の軽元素にどのようなものがあるのかをまとめ，中心核の密度を観測値に見合うだけの必要量を最初に見積もった．状態方程式の議論からわれわれは高圧で安定なイプシロン相の純鉄 (hexagonal closed pack) の密度が常圧・290 K の状態に換算して $8352\,\mathrm{kg\,m^{-3}}$ であり，外核の物質が同じ構造の固体になり，その密度は常圧・290 K に換算すると $7488\,\mathrm{kg\,m^{-3}}$ になることを見積もられている (Stacey と Davis, 2004)．純粋な Fe の密度との差は 10.3% で，これは Birch (1952) の最初の頃の見積もりとよく一致している．軽元素が混じることによる密度減少の説明をする前に Ni の影響を考慮しておこう．Ni は Fe と化学的にはよく似ていて，交換型の合金をつくる．したがってここで考慮するような中程度の濃度では密度は原子量と比例関係にある．

すべてのタイプのコンドライトの Fe/Ni 比の平均は，McDonough と Sun (1995) によれば約 0.057 である．この値はたぶんマントルには適切な推定であろうが，鉄隕石中にウィドマンシュテッテン・パターン (図 1.3, 図 1.5) をつくり出すには小さすぎる．

表 2.5 軽元素の中心核密度への影響

元素	Ni	H	C	O	S	合計
(ρ_{Fe}/ρ^*-1)	−0.049	7.93	1.15	0.95	0.66	
原子の体積^a	1.00	0.16	0.46	0.56	0.95	
外核						
質量分率%, f	6.49	0.08	0.50	5.34	8.44	20.85
$f(\rho_{Fe}/\rho^*-1)$	−0.0032	0.0063	0.0057	0.0507	0.0557	0.1153
内核						
質量分率%, f	6.92	0.07	0.45	0.11	8.02	15.57
$f(\rho_{Fe}/\rho^*-1)$	−0.0034	0.0056	0.0052	0.0010	0.0529	0.0613

^{a} Fe 原子と比較しての値

鉄隕石はコンドライトよりも中心核の組成によく似ているとわれわれは考えている．McSween (1999, 図 6.2) による鉄隕石の Ni 量のヒストグラムにもとづき，中心核の Fe/Ni 比 (Ni/(Fe+Ni)= 0.082 (質量比) を見積もった．このような組成比の Fe–Ni 合金は平均原子量 m^* は 56.07 となる．この高圧のイプシロン相は標準状態では $8385\,\mathrm{kg\,m^{-3}}$ の密度をもち，軽元素による説明すべき密度減少は 10.7%になる．

2.1 節で述べたように軽元素として想定されうるものとしては H, C, O, Si, S である．中心核の密度を説明するために最も適した軽元素はなにか，という議論は地球が集積し中心核が形成されたときにどのような状態が想定されるのかという問題と深くかかわってくる．もし地球が炭素質コンドライトから形成され，隕石に大量に含まれる H と C に富んだ高圧状態で鉄が化学反応でできたと考えると，H と C は有力な候補者である．しかし原始太陽系星雲内で事前にいくつかのプロセスが進行しており，地球のもととなった微惑星は低圧で化学平衡に近い鉄隕石とエコンドライトに類似したものであったのではないかとわれわれは推定している．このようなケースではマントル中に低い濃度の H と C が想定され，Fe との強い親和性を考慮しても中心核に取り込まれる H と C はさほど多くはないと考えられる．Okuchi (1997, 1998) による高圧実験は，可能性としては中心核への H の高濃度の取り込みを示したが，マントル中の想定される低い H_2O の濃度は中心核中の H 濃度として 4% (原子数，重量比にして 0.08%) にしかな

らないと考えられる．この値は表 2.5 の推定に用いられている．同じように Wood (1993) は最小限ある程度の C は中心核に取り込まれたはずと主張した．この効果も表 2.5 には反映されている．しかしわれわれの推定では両者を考慮しても H と C だけでは中心核の密度減少分の 10% 程度しか説明していないことになる．中心核は大部分は液体で，固体の内核は全質量の 5% を占めているに過ぎない．内核と外核の密度の差は地震学的な推定 (Masters と Gubbins, 2003) では $820\,\mathrm{kg\,m^{-3}}$ であり，このうち固化による効果が $200\,\mathrm{kg\,m^{-3}}$ 程度である．したがって内核の密度減少は 5.9% なければならないことになる．

Braginsky と Roberts (1995, 付録 D, E) は中心核の軽元素の候補として O, Si, S の場合を比較した．高圧下では Si と S は液体の鉄にも固体の鉄にも同程度溶け込むのに対し，O は液体の鉄に強く濃集することを彼らは指摘した．これは Alfera ら (2002) の計算によっても支持された．したがって内核と外核の密度差を説明するためには，外核に大量に存在し，固体の内核には少ない O が必要である．さらに外核に O が大量に存在していると，Si は鉄との合金から排除されてしまう．もし地球の集積や中心核の形成が十分に還元的な雰囲気で進行したとすると，10% 程度の Si が取り込まれたことになるが，この場合は O は中心核中には一切存在できなくなってしまう．したがって残りの候補は，液体と固体間でそこそこの分配をする S でしかありえない．Gessman と Wood (2002) はもし S が存在していれば，O は鉄の中に取り込まれ

やすいことを示した．このような議論にもとづいて表 2.5 の中心核中の軽元素量は推定された．しかし H と C の役割を低く見積もっているのは地球が分化した微惑星から形成されたという仮定にもとづいているからである．

中心核の Ni, H, C 濃度に関しては先に述べた．H と C は固体と液体の間で少し濃度の差があることを仮定したが，Ni には差がない，すなわち外核と内核はともに Ni/(Fe+Ni)= 0.082 を仮定した．次に O と S の濃度を考えてみよう．元素の分配は質量で計算しているので，密度は逆数で足し合わせることになる．具体的には鉄に対して質量分率 $f_1, f_2, \cdots$ をもつ元素がそれぞれ付け加わったときの密度は，

$$\frac{1}{\rho} = \frac{f_1}{\rho_1^*} + \frac{f_2}{\rho_2^*} + \cdots + \frac{1-f_1-f_2-\cdots}{\rho_{Fe}} \quad (2.3)$$

ここで ρ^* は鉄中にある成分が溶け込んだときの有効密度 (希薄濃度近似)，ρ_{Fe} は鉄の密度．ρ^* の値は Fe–H については Okuchi (1997, 1998)，Fe–C については Ogino ら (1984)，Fe–O と Fe–S に関しては Braginsky と Roberts (1995) および Alfe ら (2002) の議論にもとづいた値を使って計算される．Ni については原子量の比にもとづいて，$\rho^*/\rho_{Fe} = 1.051$ を使う．式 (2.3) は ρ_{Fe} を掛けた形で扱うのが便利である．低圧でのデータしか得られていないために，この密度比は圧力に依存しないと仮定している．この式は以下のように書き換えることができる．

$$\frac{\rho_{Fe}}{\rho} - 1 = f_{Ni}\left(\frac{\rho_{Fe}}{\rho_{Ni}^*} - 1\right) + f_H\left(\frac{\rho_{Fe}}{\rho_H^*} - 1\right)$$
$$+ f_C\left(\frac{\rho_{Fe}}{\rho_C^*} - 1\right) + f_O\left(\frac{\rho_{Fe}}{\rho_O^*} - 1\right)$$
$$+ f_S\left(\frac{\rho_{Fe}}{\rho_S^*} - 1\right) \quad (2.4)$$

それぞれの元素に関する値，(ρ_{Fe}/ρ^*-1) は表 2.5 に与えられている．各原子の有効体積も表中に与えられている．濃度を計算するにあたり O の固体/液体の分配係数は 0.02，S の固体/液体の分配係数は 0.95 を使った．したがって内核と外核の密度差を引き起こす最大の要因は酸素である．内核と外核での各元素の質量分率 (%) も表 2.5 に示されている．

隕石では S は Fe と化合して硫化鉄 (FeS) という形で一般的に存在しているので (図 2.1)，中心核中にも S は不可欠な存在である．低圧力下では硫黄は鉄の融点を大幅に低下させ，液体核の分離を容易に進行させる．K (カリウム) が硫黄とともに中心核に存在しているかも知れないという長らく続いてきた議論は熱源問題としてとくに注目を集めてきた．^{40}K の崩壊による熱は中心核のエネルギー問題に解答を与える可能性があるからである (21.4, 22.7 節)．高圧における FeS とケイ酸塩メルトの間の K の分配の実験 (Gessman と Wood, 2002; Murthy ら, 2003; Hirao ら, 2006; Hillgren ら, 2005; Bouhifd ら, 2007) によれば，たぶん中心核に含まれていると想定される．しかしこの量はいくつかの報告が示唆している量よりははるかに少ない．異なった推定がなされている理由は分配が温度とともに他の元素の存在に大きく依存しているからである．Gessman と Wood (2002) は彼らの用いた圧力カプセル中の Al の存在が FeS による K の取り込みを阻害していると報告している．しかし Bouhifd ら (2007) はケイ酸塩相としてサニディン (KAlSiO$_3$) を用いたが Al の存在で阻害されるようなことはなかったと報告している．

ほとんどの分配実験では融解状態の鉄とケイ酸塩の間の平衡分配を議論しているが，中心核の形成では，地球が完全に成長したりマグマオーシャンが形成される以前に，最初に溶けた鉄が現れるや否や分離は急速に進行する．この現象は 1500 K 程度の低温で始まり，深部マントルの温度が 4000 K に達するまで続いたであろう．Bouhifd ら (2007) にもとづいて FeS とケイ酸塩間の K の分配の温度変化の値を用いると，金属相の K の平衡濃度はケイ酸塩中の濃度の 0.01〜0.5 まで変化する．中心核中の濃度はこの間のどこかにあろう．われわれの熱モデル (表 21.3) ではこの比は 0.4 になる．U (ウラン) は中心核の構成物としては完全には排除できないかも知れないが，Wheeler ら (2006) に代表されるような大方の見方；U は重要ではなさそう，に従おう．

中心核に放射性元素が必要とされる物理的な要因は地磁気ダイナモを維持するためのエネルギー源の要請から来ている．内核の固化が余剰の熱源によって遅らされるならば簡単にエネルギー源の問題は解決される．しかしこの議論は熱伝導による中心核のエネルギー損失に大きく依存し，現状ではこれを左右する熱伝導度の値がよく決められていない (Stacey と Loper, 2007)．われわれの熱伝導度の見積もりから (19.6, 23.4, 22.7 節) は中心核中にたいへん控えめな量の K の存在を示している．これは現時点で放射壊変熱として 0.2 TW (テラワット) に相当するものである．この値は中心核中の K の量として 29 ppm にあたり，マントルでの濃度の 40% である (表 21.3)．これよりもはるかに多い量は考えられず，中心核にはまったく放射性元素は含まれていないという解も可能である．この場合は熱伝導度はわれわれの予測よりも小さくなくてはならない．

中心核はゆっくりと冷却が進行していると信じられている．しかし，どんなにゆっくりとしても冷却に伴って内核の成長が起きる．この成長は液体の外核から酸素を掃き出して鉄の固化が進むので，内核との境界で掃き出された酸素は外核での浮力の原因となる．これは外核での対流のエネルギー源となる．液体側に強く分配されるのが酸素だけと仮定しても (実質的には固体側にはまったく入らないが)，外核側で濃度が増加していっても内核には組成の勾配はつくられない．

2.9 地殻

図 9.4 は地球の表面の標高の頻度分布図である．海水面に近い高度と 4〜5 km のところ 2 カ所にピークがみられる．地殻のほとんどは大陸型か海洋底型に属しており，構造的には両者はたいへん異なっている．マントルは大陸地殻の下にも海洋地殻の下にも存在し，どこにおいても地震波速度 (P 波) $8\,\mathrm{km\,s^{-1}}$ の層として同定される．海洋底での地殻の厚さは約 7 km であり，これには堆積物の厚さが含まれているが海水の厚さは含まれていない．大陸地殻の厚さは平均値として 39 km，最大はヒマラヤの下で 65 km 以上もある．地殻とマントルの境界は地震学的に確立された境界，モホロヴィチッチ不連続面 (略してモホ面) として知られており，中央海嶺を除き地球上どこにも存在している．地殻とは，非常に大きい質量のマントルの上に載った組成の違うベニヤ板のようなものである．大陸地殻と海洋地殻ではその構造は大きく異なっていて，それはテクトニクスの理解にとって重要である (12 章)．しかし大陸地殻も海洋地殻も深さ方向に不均質なので，まずは簡単のためにそれぞれの地殻の上部に話を限って進めよう．

大陸地殻は地球誕生以来長い時間をかけて地球の進化の結果生成されたものである．マントルの分化により地殻の成長は最初は急激に進み，その後現在まで続いている．成長は連続的に循環し，侵食・堆積作用，変成作用，造山作用を通じて姿を変える．このプロセスは地殻の複雑性や不均質を生んでいる．これに比べると海洋地殻はもっと単純にみえる．海洋地殻は中央海嶺で火成作用で生まれ，沈み込み帯でマントルの中に戻っていく．このため平均寿命は 1 億年のオーダーで，大陸地殻よりも短い．この値は最も古い大陸地殻の年齢の数% にすぎない．海洋底の堆積物とそこに取り込まれた海水は沈み込む地殻とマントルの最上部物質ともにマントルに運ばれ，大陸地殻のもととなるシリカに富んだマグマをつくり出す材料となる．これが大陸地殻生成の基礎となる循環プロセスである．

地殻に見られる代表的な火成岩を SiO_2 の増加・(MgO+FeO) 量の減少順にリストアップした (表 2.6)．表中の最後の 3 種類は大陸地殻を代表するもので,「酸性」的な岩石 (すなわち SiO_2 に富んでいる) とよばれている．安山岩は沈み込み帯の火成作用の直接的な生成物である．流紋岩も同様な火山岩だが，より「酸性的」で，循環した大陸地殻起源かも知れない．花崗岩の起源は論争が続いている．花崗岩は大きな岩体として出現し，まわりの岩石を同化しながらたいへんゆっくりとしたプロセスで形成された貫入岩である．組成的には流紋岩に似ているので同じ起源で，冷却の速さや再加熱の程度が異なっているだけかも知れない．

表 2.6　代表的な火成岩の平均組成 (質量パーセント表示)

	SiO_2	MgO	$FeO + Fe_2O_3$	Al_2O_3	CaO	Na_2O	K_2O
コマチアイト	45.5	20.6	13.2	9.2	8.6	0.8	0.02
エクロジャイト	46.2	13.7	11.1	15.8	9.8	1.6	0.4
MORB[a]	47.5	14.2	9.5	13.5	11.3	1.8	0.06
OIB[b]	49.4	8.4	12.4	13.9	10.3	2.1	0.4
安山岩	59.2	3.0	6.9	17.1	7.1	3.5	1.8
花崗岩	72.9	0.5	2.5	14.5	1.4	3.1	3.9
流紋岩	74.2	0.3	1.9	14.5	0.1	3.0	3.7

[a] 中央海嶺玄武岩 (MORB)
[b] 海洋ホットスポット玄武岩 (OIB)

これらの岩石をつくり出す大陸地殻の岩石の循環の過程はまだ解明されていない．

花崗岩の組成からも明らかなように，SiO_2 成分に富んでいるということは，他の元素がシリコンと結合してケイ酸塩をつくったあとでもまだ純粋な SiO_2 からなる石英として結晶化するだけの余剰なシリカが残っていることである．石英以外の主要な鉱物は $(Na,K)AlSi_3O_8$ で代表される長石と $CaAl_2Si_2O_8$ の組成の斜長石であるが，金属イオンはさまざまな元素で置き換えられる．花崗岩は結晶粒径が粗いので，新鮮な露頭や標本では異なった構成結晶が明瞭に観察できる．これが川の流れの中や海岸での波の作用，風の影響などで侵食をうけ，堆積すると構成鉱物の密度差や粒径の違いで分級が進行し，特定の鉱物のみが濃集することがある．これが鉱物資源として利用可能な堆積物がつくられる最初の一歩である (海岸の砂中のチタン酸化物やジルコンはこのようにしてできた)．熱や圧力，熱水循環が加わることで変成作用が起き，鉱物を形成していた元素が高温の循環する水の中に溶け出し他の場所に析出する．このようにして地殻の岩石の組成を変え，多様な鉱物をつくり出す (たとえば Smith と McCormich (1995) を参照).

表 2.6 中では MORB と OIB として記述されている 2 種類の玄武岩はマントルでの生成の深さが異なっている．MORB は中央海嶺の深さ 100 km 以浅のマントル上部が部分溶融することで形成される．したがって上部マントルの組成を推定する重要な指標となる．マントルの鉱物には入りにくい液相濃集元素に関しては MORB はより深いところに起源をもつ OIB よりも量が少ない．おそらく，上部マントルではこれらの元素はいままでに起きた対流で完全に取り去られたからであろう．このようなことは下部マントルでは生じていなかった．OIB は中心核から熱を運び出す役割を果たしている深部マントルプルームの部分溶融生成物である．同じような物質を起源としたもっと浅いところで生成もでき，深部から上昇の過程で変化したかも知れない．この岩石は鉱物学的には $MgSiO_3$ の構造を基本とする輝石と $CaAl_2Si_2O_8$ の斜長石と通常オリビン，$(Mg,Fe)_2SiO_4$ からなっている．岩石には急冷過程を示すガラスが含まれている．アルカリ玄武岩では表 2.6 に示したように MORB よりも Na や K をより多く含んでおり，鉱物としてはアルカリ長石，$(NaK)AlSiO_3$ や準長石 (同じ元素からなるが，その割合や結晶構造が異なっている) が含まれている．玄武岩の風化によってつくられる土壌は通常たいへん肥沃である．それらはヘマタイトに酸化された鉄の色を反映して赤色をしているのが特徴である．これに比べ風化した花崗岩からつくられる土壌は肥沃ではない．

海洋地殻も大陸地殻もともに深さ方向に系統的な変化をする．海洋地球物理の研究者は海洋底を各層からの反射地震波の記録から上部から層 1，層 2，層 3 と区分している．層 1 は単純な堆積物である．層 2 は 1.5 km の厚さをもち，P 波速度は約 5.1 km s^{-1} であり，噴出した玄武岩 (MORB) であるとされている．この層は内部のクラックや空隙を介して海水が循環している．層 3 は約 5 km の

厚さをもち，P波速度は $6.7\,\mathrm{km\,s^{-1}}$ で特徴づけられる．空隙やクラックは少なく，熱水の循環もおそらく弱いか，存在しない．ゆっくり冷却したために結晶粒は大きい．層2とはP波速度の明瞭な差があるために，単に「割れ目のないMORB」という意味以上に，マントルとの何らかの橋渡しの役割をしている．

大陸地域に目を向けると，典型的な構成岩として花崗岩がある．花崗岩中に含まれる発熱元素（長寿命放射性元素）の量から考えると，花崗岩がモホ面までずっと続いているとは考えがたい．地殻全体が花崗岩であれば，地表で観測される地殻熱流量はさらに多くなくてはならないからである．反射地震学は大陸地殻が複雑な構造をしていることを教えてくれる．より深部の岩石は地表面に広く分布している花崗岩よりもシリカ成分に乏しい．大陸地域でも海洋地域でも地殻が層構造だということは火成作用で地殻がつくられるときに，融解や部分融解で成分の分離が生じることを示す．そのためにより浅い部分は深部地殻に比べてマントルから組成的に離れている．

大陸地域の川の流れによる侵食によって海洋に堆積物のフラックス $22 \times 10^{12}\,\mathrm{kg/年}$ がもたらされている (McLennan, 1995)．だが，農耕が始まる以前にはこの半分の量もなかったであろう．海へのフラックスのうちの約80%が大陸棚，河口付近や海岸線近くの湿地帯に堆積し，1年に約 $4 \times 10^{12}\,\mathrm{kg}$ が深海底に運ばれる．深海底でのゆっくりとした沈積には生物起源の沈殿，とくに $CaCO_3$ も伴っている．しかし海水中の Ca ももともとは風化した岩石から溶け出たものなので，深海底の堆積物はすべて大陸起源のものであると考えられる．その全質量は約 $2.8 \times 10^{20}\,\mathrm{kg}$ である．この量を海への供給フラックスで割算をすると7000万年という累積時間が得られる．これは中央海嶺で生まれて，沈み込み帯でマントルに消えていくまでの海洋地殻の平均寿命の目安になる．この堆積物のほとんど，あるいは全部が沈み込むスラブとともにマントルに運ばれる．これは安山岩中に含まれる ^{10}Be の量から推測されている (Morrisら, 1990)．この論文ではまた安山岩中の B (ホウ素) もマントル起源から想定される量よりも多く，沈み込んだ堆積物中に含まれる水にその起源があることが示されている．^{10}Be が半減期 1.5×10^6 年の放射性元素であることはとくに重要な意味がある．^{10}Be は上層大気が宇宙線に照射されて形成され，海水に溶け込んだ堆積物中に沈殿したものである．これが安山岩溶岩中に存在していることは，沈み込んでから溶岩として再び地表に戻ってくるまでに時間が半減期の倍数ほど長くなく，たかだか1000万年以内であることを意味する．

大陸の侵食，堆積，循環の質量のバランスを考えると海に運ばれた堆積物の多くは地質学的に変動を受け，付加体を形成したり，火山活動 (5.3節) などで再び大陸に返ってくることになる．大陸の火成岩が多様性に富んでいることは，堆積作用が重要な役割を果たす複雑な歴史を物語っている．堆積作用の過程で鉱物が選択的に運搬/再配置をされるために，それらが再加熱されマグマを形成するときに多様性のある火成岩をつくり出すことになるからである．

2.10 海 洋

海水は3.5% (重量比) の塩分成分を含む (表2.7)．塩分濃度は地域によって10%程度の変動があるが，主要な元素の割合は一定である．海水の循環による混合は純水の供給や塩分の除去と比べるとたいへん速く，生物学的サイクルや人間の活動に起因する微量成分が深さや季節に応じて変動するに過ぎない．海水はpH 8ぐらいのわずかなアルカリ性を示しており，この状態は大気中の二酸化炭素と海水中の炭酸イオン (CO_3^{2-})，炭酸水素イオン (HCO_3^-)，カルシウムイオン (Ca^{2+}) とが交換平衡にあることによって保たれている．海水中に溶け込んでいる二酸化炭素量は大気中の量の約20倍である．

かつて川の水が侵食した岩石から取り込んだNaClを海に供給する量から地球の年齢が推定できると考えられたことがあった．しかし固体地球との物質交換はもっと複雑で，観測とうまく合致しない．たとえば中央海嶺近くでは，熱水循環に

表 2.7 海水中の溶質 (元素の質量の ppm 表示). Fegley (1995) による.

元素	存在度 (ppm)
Cl	19 353
Na	10 781
S (硫黄の形)	2712
Mg	1280
Ca	415
K	399
Br	67
C (CO_2 の形)	26.4
N (N_2 ガスの形)	16.5
(硝酸塩の形)	0.84
Sr	7.8
O (O_2 ガスの形)	4.8
B	4.4
Si (ケイ酸塩の形)	3.09
F	1.3
U	0.0032

よって海水は割れ目を通して地殻と溶質成分のやりとりをしている．このことは初期段階の中央海嶺である紅海の海底のくぼみに高温の濃厚塩水のたまりが発見されていることからも明らかである (Degens と Ross, 1969)．この場所には深海の海洋循環は存在していない．

海洋は地球の水の主要な貯留槽ではあるが，唯一のものではない．複数の水の貯留槽は相互にリンクしている．大気との交換は最もはっきりしている．陸地に降る雨水の 25% が川の水として海に流れこむ．しかし大部分は再蒸発をしたり，植物中に蓄えられ，残りは地下水として一時的に地殻にとどまり，その後ゆっくりと海に放出される．多くの天然の湖は地下水面に開いた窓であり，水を得るために井戸が利用できることは地下に大きな水の貯留槽があることを示す．本書の主題に関してとくに多くの興味を引くのが固体地球との深部での水の交換の問題と，それが岩石や鉱物の物性をコントロールする役割である．これは次節の題目である．

2.11 地球内部の水

水は表層に大量に存在しているが，地球全体から見れば微量な成分でしかない．そのユニークな物理的・化学的性質はわれわれの環境を支配する重要な影響力をもつ．地球上では 3 種類の相 (固体，液体，気体) すべて存在し，融解や蒸発の潜熱は地球表面での熱の再配置に重要な役割を果たす．水は固化に伴って体積が増加するきわめてまれな物質の 1 つであり，そのため固化した表面の下部に液体が存在することが可能になる．実際は温度低下による体積の増加は氷点以上の温度で始まる．すなわち低温の水では熱膨張係数が負になる．密度最大となる温度は純水では 4°C，海水では 2°C であり，冷たい極域の水は氷点以上の温度であれば深部に潜り込み，一様で一定の温度を維持しつつ海洋底を広く流れる．これによって赤道域の熱を極域に運ぶ海洋循環が成り立つ．海洋底の温度が一定に保たれているため，海洋底堆積物中の数 m の温度勾配から熱流量を決めることができる (20 章)．水のもつもう 1 つの重要な特性は，分子が他の大気成分よりも軽い点である．このために表面からの蒸発が大気の対流を刺激し，大気中の水の循環サイクルを引き起こす．

独立した酸素原子では電子は 1s, 2s 軌道を満たし，6 個の状態が許される 2p 軌道には 4 個の電子が配置される．s 軌道と異なり，p 軌道は非対称である．水では酸素の p 軌道の電子は水素と共有しており，結合は共有結合とイオン結合の両者の性質をもつ．そのため酸素原子と水素原子は反対の電荷を帯びる．p 軌道の非対称性のために分子構造も非対称になり，2 つの O–H 結合は角度をもつ．このために負に帯電した酸素原子は 2 つの水素イオンの中間点からずれて位置し，水分子が電気的な双極子モーメントをもつ原因となる．水のもつ特徴的な性質の多くがこの構造によって引き起される．NaCl のような分極性分子にはよい溶媒となり，水分子のそれぞれの電荷に引かれ，Na^+ と Cl^- に電離し，溶液を電気良導体に変える．水を電気伝導体にしているのは溶質だが，純水では

ほんのわずかの水分子が電離しているにすぎない．しかし，地下水は十分な量の溶質が溶かし込んで，良導体になっているので電磁地下探査が可能となる．また海水はさらに高い電気伝導度を有し，急激な地磁気擾乱から海底を保護している．

さて，ここで地球内部の水の役割を再検討してみよう．2.9 節や 12 章で述べたように海洋底堆積物中の空隙に含まれた水や含水鉱物は沈み込み帯で海洋リソスフェアとともにマントルに移送される．水の存在により融解の始まる温度が低下し，部分溶融が起き，安山岩の火山活動が引き起こされる．沈み込んだ水と火山から大気へ放出される水の量の間の収支勘定の直接的な観測はいまだないが，沈み込んだ水の大部分はマグマに分配されて，マントルの水分量を増やすことには寄与していないと考えられている．水は，火成活動により地殻に濃集する「液相濃集元素」と同じカテゴリーに属するといってよい．一般的には OIB よりも MORB には水が少なく，上部マントルが液相濃集元素に欠乏している事実と調和的である．固体地球はゆっくりと水を失いつつあると思われる．しかしその速度は小さく，地球の年齢のタイムスケールでは海水が増加しているわけではない．海水は初期に現在の形に形成されたに違いない．安山岩とは異なり，沈み込み帯から供給された水を取り込んでいない玄武岩マグマ中の水の量からマントル中にはまだ海洋と匹敵する量の水が残されていることが示唆されている．このことはマントル中の水の量は大きくは変化せず，水によって影響を受ける力学特性もほぼ変わらないことを意味する．したがって地球の熱史の計算においては力学特性などは変数として取り扱う必要はない (23 章)．

自由水は断層面をすべりやすくし，無水状態では起きなかったであろう地震を生じさせる．しかし自由水はあまり深部には存在できない．たぶん上部地殻に限定されている．結晶構造の中に水を取り込んだ含水鉱物はよく知られているが，存在できる深さはやはり限定されているようだ．深部でより重要になってくるものは構造の中に $(OH)^{-1}$ イオンを取り込んだ鉱物であろう (このような鉱物の例は Smyth と McCormick (1995) の鉱物のリストを参照)．しかしこのような鉱物も水和弱化 (hydrolytic weakening) 現象とは無関係である．水和弱化現象は力学特性の理解に重要な基礎過程で，これが起きるには結晶内に不純物として取り込まれたであろう $(OH)^{-1}$ や H^+ の広範囲な分布が必要である．酸素はどこにでも存在するので，このようなイオンが存在すれば水をつくることができる．岩石の強度は Si–O 結合の強度や曲げ抵抗によって決まる．結晶内に存在する $(OH)^{-1}$ や H^+ は Si–O 結合を壊し，それに代わる結合をつくり出す役目を果たす．高温・高圧の無水・含水それぞれの状態でのオリビンの変形速度を計測した Mei と Kohlstedt (2000a, 2000b) の研究では水が加わることで弱くなることが明らかになった (図 2.3)．氷河期後の地殻上昇 (9 章) やマントル対流の議論 (13.2 節) から得られた地球内部の粘性率を説明するには，どの深さにおいてもある程度の水が必要である．

他の惑星上ではなぜ水は地球ほど目立つ存在ではないのか，という疑問が残る．McSween (1969) が述べているように炭素質コンドライトには水は 18% 以上含まれている．そこから惑星に海をつくるにはほんのわずかな量があればよい．火星にはかつて表面に水が存在していたかも知れない．それは長時間液体状態でいた水がつくり出す侵食作用の痕跡から推定されている．火星の大気では水分子の解離により生じた水素は簡単に離散してしまうために，水が大気の上層に運ばれて紫外線に照射されさえすれば水の散逸は起きる．しかしそれでも問題は残る．酸素はどうなるのか，という問題である．地殻の酸化に使われたのかも知れない．金星では大気中の水のわずかな量がうまく説明つかない．というのは軽い気体は金星大気中に十分留まっていられるからである．たぶん初期の高い $^2H/^1H$ 比が鍵となろう．一方，木星の衛星は水を有しており，凍った厚い層の下には塩水の海まであると考えられている (Kivelson ら, 2000)．

2.12 大気—他の地球型惑星との比較

大気を保持するのに十分な大きさを有する 3 個の地球型惑星の大気のデータを表 2.8 と表 2.9 にまとめた．大気の様子は驚くほど異なっていて，それぞれの惑星の進化を読み解く鍵として重要である．表 2.8 で最も顕著な特徴は金星と火星の大気の主要成分の構成の類似性と地球との大きな違いである．金星と火星とでは多くの点 (サイズ，太陽との距離，表面温度) で異なっているにもかかわらず，大気組成は類似しているということはすべての地球型惑星が形成当時には CO_2 と N_2 からなる初期大気をもっていたことを示唆している．このように考えると，地球の大気は生物のはたらきと水の存在によって初期大気から進化したものであると見なすことができる．地球がこのように異なってしまった根本の原因は表層に存在する水にある．2.9 節や 12 章で述べられているように水は地球ではテクトニクスの様式を決める重要なはたらきをしており，その結果生じる脱ガスがさらに大気を変えていく．さらにもう 1 つの重要な相違として磁場の存在がある．地球は太陽風から大気を保護する役割を果たす磁場が存在している．

表 2.8 の数字を比較するとき，これらは相対的な濃度であることに注意を払う必要がある．火星と金星とでは大気の密度に関して 400 倍以上の差がある．惑星の質量との比で考えると，酸素とアルゴンを除くすべての成分は金星に，より多く存在している．表 2.9 の最後の 3 つの行には重要な意味をもつ 3 種の同位体の濃度 (質量比) が惑星の質量で規格化した値を載せている．この表にはまた同位体比も表示している．惑星が大気を保持する能力は温度と重力によって決まる (表 2.8 中にそれらの値も示した)．

He と自由水素は表中に取り上げられたすべての惑星で大気層から逃散する．このことは現在の $^{40}Ar/^4He$ 比を地球が生まれてから現在までの生産量と比較してみれば明らかである (表 2.9 の脚注を参照)．簡単のために両同位体に関して同じような脱ガス，Ar の完全な保持，放射性同位体の同じ割合を仮定すると，火星は測定可能な量の He を保持せず，地球は生成された He のうち 136 ppm，金星はなんと 2% を保持していることがわかる．こ

表 2.8 地球型惑星の大気．大気の組成 (体積の ppm 表示) と関連したいくつかの性質．変動する水蒸気量が地球の大気には付け加わる．

組　　成	金　　星	地　　球	火　　星
N_2	35 000	780 840	27 000
O_2	—	209 440	1300
Ar	70	9340	16 000
CO_2	965 000	364 (2000 年の値)	953 200
Ne	7	18	2.5
He	12	5.2	—
CH_4		1.7	—
Kr	0.025	1.14	0.3
N_2O	—	0.32	—
Xe	0.019	0.086	0.08
SO_2	185	5×10^{-5}	—
物性			
大気質量/惑星質量	1.01×10^{-4}	8.79×10^{-7}	3.9×10^{-7}
平均分子量	43.45	28.97	43.34
表面重力 ($m\,s^{-2}$)	8.87	9.78	3.69
重力ポテンシャル ($10^7\,m^2\,s^{-2}$)	-5.369	-6.258	-1.264
表面圧 (10^5Pa)	95	1.01	0.064
表面温度 (K)	737	288	215
地球との質量比	0.815	1	0.107

表 2.9 地球型惑星の大気の特徴—特徴的なガスの存在比．最後の 3 行を除き数値は原子あるいは分子の数の比である．質量比に換算するには原子量を掛けなくてはならない．

存在比	金星	地球	火星
$^2H/^1H$	0.016	1.56×10^{-4}	8×10^{-4}
$^{16}O/^{18}O$	500	498.7	500
$^{40}Ar/^{36}Ar^a$	1.1	296	3000
$^{40}Ar/^4He^b$	5.8	1796	$\sim \infty$
Ne/Kr	280	16	8
Kr/Xe	1.3	13	4
CO_2/N_2	27.6	4.66×10^{-4}	35.3
^{40}Ar/惑星質量	3.4×10^{-9}	11.36×10^{-9}	5.8×10^{-9}
^{36}Ar/惑星質量	2.8×10^{-9}	3.5×10^{-11}	1.7×10^{-12}
^4He/惑星質量	5.9×10^{-11}	6.3×10^{-13}	—

[a] 太陽風の値は 0.14
[b] 45 億年かかり形成される量比は 0.24

の金星の値は地球よりも高温の大気，弱い重力を考えるとたいへん不可解である．この違いは，金星が厚い大気層の上部から拡散に He が逃散していると説明するには大きすぎる．他に両者の間の大きな違いは磁場の存在しか考えられない．

地球の大気は地質時代を通じて内部から漏れ出してきた ^{40}Ar を保持してきたと信じられている．地球の形成時に始原的ガスとして内部に取り込まれた ^{36}Ar も同時に漏れ出し，わずかな量ではあるが大気中に蓄積されてきた．金星大気の ^{36}Ar 量が地球の 100 倍も多いことを説明するには，金星において Ar 同位体の中で相対的に高い値をもつ ^{36}Ar と太陽風との交換が考えられる．同様なメカニズムによって，金星大気の高い存在度を示す $^4He, ^2He$ も説明できる．地球との比較において同位体組成に大きな違いを引き起こす唯一で最大の要因は地球の大気は磁場によって太陽風との直接の相互作用から守られているという点である．この仮定は同時に地球大気中の ^{40}Ar が内部の ^{40}K 量の指標であるという議論にとっても必要なものである．金星や火星の大気の低い存在量の ^{40}Ar はこれらの天体が地球と比べて脱ガスの程度が低いことを示しているように見える．しかし太陽風とこれらの天体の大気との物質交換の事実に着目すれば，^{40}Ar が相互作用によって失われたと考えることも可能である．とくに火星においては，同様な考えで他の希ガス (Ne, Kr, Xe) の存在量を説明

できるのか，はっきりしない．Ozima と Podosek (1999) は地球大気中の Xe 量は異常なほど低いことを指摘した．この傾向は表 2.9 では Kr との比較において顕著である．

金星と火星の大気の主成分は CO_2 と N_2 であり，たいへんよく似た比率をもっている．このためにこれらが始原的な大気組成を表しており，地球の初期の大気は同様なものと考えられている．地球大気の CO_2 は海洋生物の殻に $CaCO_2$ として取り込まれ，石灰岩として固定化された．窒素の一部もたぶん生物学的なはたらきで大気から引き離され，地球内部に取り込まれた．地球大気のユニークな特徴は酸素の存在である．酸素は光合成で形成され，大気に放出され，一方，炭素は還元された形で石油や石炭，大部分は炭素の割合の低い化石として地球内部に埋没し大気から引き離された．これが地球において酸素主体の大気が形成された最も重要なメカニズムであるが，これが唯一というわけではない．上層大気において太陽の紫外線による水蒸気の分解により，水素と酸素が形成され，水素は宇宙空間に逃散し，重い酸素は地球重力に束縛されて残ったという考えも可能である．このメカニズムにより火星大気中の少量の酸素の存在も説明できる．しかしながら，地球大気からの水素の逃散率 (電離層水素のドップラー・シフトをした反射信号から推定した) はたかだか 0.2 kg s^{-1} であり，この割合では生成された酸素量は現

在の大気の 20% にしかならない．これは地殻の岩石の風化作用で消費される酸素量を補うのに全然足りない．生物圏ははるかに大きな酸素の生産量をもっている．しかし，これは還元された炭素の埋没作用や化石のおかげであり，大部分の炭素は沈み込み帯で海洋堆積物としてマントルに取り込まれているに違いない．還元炭素層の崩壊による酸素の消費量は，継続した炭素の除去がなくても生成量とバランスしているに違いない．

3
放射能，同位体，年代測定

3.1 まえおき

自然界に存在するいくつかの同位体の放射崩壊は，地球物質や隕石の年代測定や，それらの進化をたどる研究に広く利用されている．1896年に放射能が発見されるはるか以前から，過去に起きた複数の地質現象の前後関係は認識していた．しかし，それらがいつ起きたかを決めることは不確かで，意見が分かれることが多かった (4.2節参照)．堆積岩や化石の記録は現在でも地質学での歴史の研究の中心であるが，現在では化石にもとづいた地質年代は同位体により年代測定された出来事と関係づけられている．放射崩壊による年代測定の原理は同位体存在度の精度のよい測定が必要である．同位体の測定技術の精度が非常に良くなったため，放射崩壊以外の軽い元素の同位体比の変動もふつうに測定できるようになってきた (3.9節参照)．

われわれは放射崩壊性の同位体を3種類に分類した (付録の表 H.1, H.2, H.3 参照)．表 H.1 は地球内または大気中では合成されない同位体をまとめてある．これらは地球が形成した集積過程で取り込まれ，その後合成されていないものである．これらのうち，1つの重要な同位体 (^{235}U) のみが半減期10億年以下であり，非常に存在度が少ない同位体 ^{146}Sm は半減期が1億年程度である[*1]．多くのより寿命の短い同位体が，表 H.1 に載せた同位体と同時に合成されたが現在では消滅している．これは太陽系の物質をつくった最後の元素合成が数十億年以前に起きたことを示す手掛かりになっている．元素合成と地球の年代測定を同位体と放射崩壊を用いて行ったパイオニアは Ernest Rutherford であり，彼の業績は Fowler (1961) の啓蒙的なレビューにまとめられている．Rutherford は原子番号92のUを含め，偶数の原子番号をもつ元素では，偶数の質量数をもつ同位体の存在度が奇数のそれより大きいことに気づいた．彼は ^{235}U は ^{238}U と同じ程度の同位体存在度になったことはないと結論し，^{235}U は ^{238}U より短い半減期をもつ事実から，それらの同位体がつくられた年代に上限を与えた．現在知られている半減期と，同位体存在度を用いると，元素の年齢の上限は57億年になる．この年代はハッブル定数と宇宙からのマイクロ波背景放射から推定される宇宙の年代137億年より短い．しかし，地球に ^{235}U より半減期がかなり短い放射性元素が存在しないことは，地球がそれらの元素より非常に若くはないことを示している．われわれが現在認識しているように，重元素の合成と太陽系の形成の間隔はその後の地球の歴史の長さ (4.4節参照) に比べると非常に短い．表 H.3 にまとめた短寿命半減期をもつ放射性核種はこのような情報を与えてくれるため関心がもたれている．それらは現在では崩壊して検出できないが，親がない放射崩壊起源の同位体を隕石に残していて，元素合成と太陽系の集積の間隔がより直接的に推定できる．

表 H.2 にまとめた短寿命放射性核種は，大気上層での宇宙線照射でつくられたものが雨で降下したり，UやThの崩壊系列の中間の娘核種として地球内や海洋で持続的につくられるため，自然界に存在している．それらの核種は表 H.1 でとりあげた核種に比べ，より短い地質学的なプロセスをしらべるためのトレーサーとして利用されている．

[*1] ^{146}Sm は消滅しており，表 H.3 に分類されている．

宇宙線によりつくられる核種で最も興味深いものの1つに^{10}Beがあるが，この核種は海底堆積物に取り込まれた後で，沈み込み地域でマントル内に潜り込み，安山岩の溶岩とともに再び現れる (2.9節参照)．この現象は，海底堆積物が沈み込んで，安山岩マグマの融剤となると同時に (2.5節参照)，それら一連の過程が^{10}Beの半減期の数倍の1000万年以内の時間で起きていることを示している．^{238}Uは最終的には^{206}Pbに崩壊するが，この崩壊系列中で最も有用な核種は^{234}Uの娘である^{230}Thで75 000年の半減期をもつ．この核種はUをある程度含有する海生動物の殻でつくられ，炭酸塩の堆積物を年代測定する道具となる．

軽い元素の同位体組成はふつうに起こる物理的・化学的諸過程でわずかだが変化する (3.9節参照)．同位体の間の質量の差は質量分別を引き起こす．たとえば，海洋から蒸発する水蒸気は，より軽い分子が蒸発しやすいため，海水に比べ重水素の割合が低い．同位体どうしの分別は相互作用する鉱物間でも起こり，分別の程度は鉱物どうしが平衡に達する温度，圧力条件を反映する．より大きな同位体変動は炭素質隕石の微粒子で見られるが (2.4節参照)，通常の太陽系の物質とは別の元素合成でできた物質が，太陽系の通常の物質と混ざらずに保存されているものと解釈されている．それらの物質は，太陽系の物質の前史を解く鍵である．

放射崩壊が関心を引く別の理由は，それが熱の源だからである．21章で述べるように地球内での持続的なエネルギー源であり，23章で述べるように，放射性核種の分布は地球の熱史を考える際の重要な問題となる．この文脈において，^{238}U，^{235}U，^{232}Thと^{40}Kの4つの同位体が重要である．それらは地殻に濃集しているが，マントル全体にも存在している．コアの中で放射性核種が存在するかどうかは議論が分かれるところだが，もし放射崩壊熱が存在するならば，地磁気を生み出すダイナモのエネルギー源を見つける問題が簡単になるだろう (24章)．コアの中にいくらかのKが存在しているかについては2.8節で議論され，その熱史への意義は23章で議論される．

3.2 放射崩壊

同位体が崩壊する速さは崩壊定数λで表される．λはある原子核を構成する粒子が原子核への結合ポテンシャル障壁を通り抜けて脱出する単位時間あたりの確率である．したがって，N個の核の崩壊速度はNに比例する．

$$\frac{dN}{dt} = -\lambda N \quad (3.1)$$

$t=0$の個数をN_0として積分すると次の崩壊式が得られる．

$$N = N_0 e^{-\lambda t} \quad (3.2)$$

定数λと同位体の半減期の関係は，$t=\tau_{1/2}$のときの同位体の個数が$N=N_0/2$であることから，

$$\tau_{1/2} = \frac{\ln 2}{\lambda} = \frac{0.69315}{\lambda} \quad (3.3)$$

となる．

核の結合エネルギーは非常に大きく，原子核は非常に小さいため，放射崩壊は，温度や圧力などの地球内の物理状態でほとんど影響を受けない．α粒子 (^{4}He原子核)やβ^-，β^+粒子 (それぞれ電子と陽電子)の放出は，それらの核子を原子核に結合させているポテンシャル障壁からの浸み出しで起こる．放出の確率はもっぱら核子のもつ特性である．1つの原子核が2つの似た重さの破片と中性子に壊れる核分裂の起こる確率も，また原子核固有の特性であり，崩壊定数で表される．軌道電子を捕獲する放射崩壊も存在する．これは，ほとんどすべての場合最も内側のK殻から電子が捕獲されるため，K捕獲として知られている．この場合，崩壊速度は原子核での軌道電子の局部密度に依存する．軌道電子の局部密度は圧力により若干増加するが，固体の密度の増加ほどではない．固体密度の増加はより圧縮しやすい外殻電子軌道で支配されているからである．K捕獲の例としては^{40}Kの^{40}Arへの崩壊がある．^{40}Kは，^{40}Caへのβ^-崩壊 (89.5%)，^{40}ArへのK捕獲 (10.5%)，非常にわずかなβ^+放出の3種の競合する様式で崩壊する．したがって，地球の深部でのKからArへの崩壊速度はおそらく地殻内での崩壊よりも非

常にわずかだが大きいと考えられる．その効果は ^{40}K については測定されていないが，確実に小さいであろう．実用的な観点からいうと，すべての放射性核種について，λ と $\tau_{1/2}$ は ^{40}K も含めて物理条件にかかわらず定数とみなすことができる．

3.3 崩壊時計—^{14}C 年代測定

放射崩壊による時計は式 (3.2) を利用する．崩壊する同位体の個数を測定し，N 個とすると，最初の個数 N_0 との比から時間 t が計算できる．N_0 を知っていることが年代測定に必要なため，この方法の適用は表 H.2 に示された親核種の量が持続的に維持されているものに限られる．それらのうちで最も重要なのは，大気中の ^{14}N の (n,p) 反応により生成する ^{14}C を用いるものである．^{14}C は光合成により植物に取り込まれるため，生物起源の物質が ^{14}C 法で年代測定できる．炭素がひとたび木材の試料や死んだ動物の骨に固定されると，時計は動き始め，試料に炭素が固定された年代は試料に残る ^{14}C の量で測定できる．この方法は，^{14}C の半減期 5 730 年と同じ程度の年代をもつ試料に最も適しており，より若い試料やより古い試料では年代測定の精度は低くなる．

大気中の炭素の中の ^{14}C は通常 10^{12} 個に 1 個の割合で含まれるが，最近の 100 年の間に人間活動により大きく変化した．化石燃料の大規模な燃焼により ^{14}C を含まない炭素が大気に注入された．1950 年代には大気中の核実験により大気中の ^{14}C は倍増した．それらは幸いなことに，より古い物質の年代測定には影響しない．しかし，大部分が陽子からなる 1 次宇宙線を偏向させ，大気を部分的に保護している地磁気の強さによっても大気中の ^{14}C は自然に変化する．正確な絶対年代の測定には炭素時計の較正が必要になる．これは実際のところ，N_0 が過去どう変化したかを示すグラフで表される．非常に古い年代をもつカリフォルニア産のイガゴヨウ[*2] の年輪は ^{14}C 年代測定が適用可能な年代範囲の最近の部分の較正の役に立った．

[*2] 松の一種．

現在から 3 万年前までの較正は ^{234}U から ^{230}Th の崩壊 (表 H.2) を用いて，Bard ら (1990) により行われた．これら 2 つの核種は ^{238}U の崩壊系列に含まれる連続する娘核種であり，沈殿するときに U を含むが Th を含まないサンゴやそれに似た堆積物の年代測定に有効である．

^{14}C 年代測定は考古学で中心的な役割を果しているほか，この後の説で紹介する年代測定法では若すぎて年代測定が不可能な，第四紀の中でも最近起きた地質現象の定量的な年代測定の道具になっている．しかし，較正による補正が大事であり，絶対年代を得るためにはそれが適用されなければならない．

3.4 娘核種の蓄積を利用する時計—K–Ar，U–He 年代測定法

放射性である親核種の初期濃度 N_0 は，次式によって，娘核種の濃度 D^* を測定することによっても求めることができる．

$$D^* = N_0 - N = N_0(1 - e^{-\lambda t}) \quad (3.4)$$

D^* のアステリスクは時間 t における放射崩壊で生成された娘核種の個数や濃度を示すために用いられる．これは放射崩壊で生じた以外にも同じ同位体が存在するため，非放射崩壊性あるいは初期成分を考慮する必要があるためである．式 (3.4) を式 (3.2) で割ると未知の N_0 を消去した下記の式が得られる．

$$\frac{D^*}{N} = \frac{1 - e^{-\lambda t}}{e^{-\lambda t}} = (e^{\lambda t} - 1) \quad (3.5)$$

最初に娘核種が存在するなどの問題がなければ，式 (3.5) から年代を直接求めることが可能である．K の存在度の少ない同位体の ^{40}K から ^{40}Ar への崩壊を使う K–Ar 法はほぼこの条件を満たしている．この年代測定法は ^{40}K の 10.5% が ^{40}Ar に崩壊し，残りは ^{40}Ca へ β^- 崩壊で崩壊することで，やや複雑になる．^{40}Ar を生じる崩壊と，^{40}K のすべての崩壊の崩壊定数の比は次式のようになる．

$$\frac{\lambda_{Ar}}{\lambda} = \frac{\lambda_{Ar}}{\lambda_{Ar} + \lambda_{Ca}} = 0.105 \quad (3.6)$$

Arは揮発性が高く，また化合物をつくりにくいため，火成岩では通常初生Arはほとんど含まれていない．冷却する溶岩から脱ガスでほとんどが失われるからである．地表に噴出した岩石が初生Arなしに固化するとき，この時計はゼロ時間から時を刻み始める．したがってK–Ar法の年代測定式は式(3.5)を簡単にした下記の式になる．

$$^{40}\mathrm{Ar} = \left(\frac{\lambda_{\mathrm{Ar}}}{\lambda}\right){}^{40}\mathrm{K}(e^{\lambda t} - 1) \qquad (3.7)$$

式(3.7)を使って岩石や鉱物の年代を推定するためには^{40}Ar/^{40}Kの比を測定することが必要になる．最も頻繁に使われているのは，ArとKを別々に測定する方法である．これは，1つの試料をKとArの濃度が均質な2つの部分に分けて，一方でKを，他方でArを測定する方法である．Arの測定は質量分析計で行う．真空中で試料を溶融し，試料から脱け出たArを既知量の同位体分離された^{38}Arスパイクと混合させ[*3]，不必要なガスを除いてから測定する．この方法は，質量分析計は同位体比を精度よく測定できるが，量の測定の精度が悪い問題を解決すると同時に，大気からのArの汚染を補正することも可能にする．大気のArの同位体存在度は，^{40}Ar : ^{38}Ar : ^{36}Ar = 100 : 0.063 : 0.337の比になっている．Kは通常炎光光度計で標準溶液と比較することにより定量される，^{40}KはKの0.01167%の一定の存在度をもつ事実を用いて，^{40}Kの量を決める．

^{40}Ar/^{40}K比を得るもう1つの方法は，原子炉で試料に中性子を照射し，^{39}Kの一部を^{39}Arに放射化して変換するやり方である．そのようにしてつくられた^{39}ArによりK濃度を直接測定することが可能で，質量分析計で測定した^{40}Ar/^{39}Ar比から，Ar/K比を決定できる．この方法は，上に述べた別々の試料からArとKを別の方法で測定する方法より，より直接的である．同じ中性子フラックスにさらされた標準試料により較正が行われる．^{40}Ar/^{39}Ar法の利点は，固体試料を段階的に加熱すると，各加熱温度ステップで結晶学的に異なるサイトに保持されているArが放出されるということである．ある試料が変成作用を経験していて，保持力が弱いサイトからArが脱け出てしまっているとすると，低い加熱温度ステップで放出される^{40}Ar/^{39}Ar比は低く，変成活動の年代を示す．この方法はカナダの先カンブリア時代の楯状地地域の進化をしらべるのに利用されている．非放射崩壊起源のArの補正は^{36}Arとの比較により行う．段階加熱法の各ステップで放出されたガスの^{40}Ar/^{36}Ar–^{39}Ar/^{36}Arの相関プロットをつくると，傾きが^{40}Ar*/^{39}Arの直線が得られる．*記号は年代測定に必要な放射崩壊性の^{40}Arという意味をもつ．中性子照射により年代測定に干渉する種々の核反応が起きるため，これらによる誤差を避ける注意が必要である．これらの反応で生じうる^{37}Arが存在すると，この問題が起こることが示される．

Arは5.2節で述べるようにマントルの脱ガスのトレーサーである．中央海嶺やハワイ沖のロイヒなどのホットスポット島の急冷された玄武岩は一般に大気よりもはるかに高い^{40}Ar/^{36}Arをもつ．この事実は地球が形成されたときに集積した始原的な^{36}Arのほとんどが大気に存在していることを示す．始原的な^{36}Arはずっと大気中に存在していたと考えることもできるが，マントルが激しく脱ガスして^{40}Arの多くの部分も大気に存在すると考えることもできる．5.2節の議論は後者の説を支持する．

K–Ar年代測定法は単純な歴史をもつ，とくに地質学的にみれば比較的若い火成岩の年代測定に適している．それらの物質は，最初に娘核種がほとんど含まれないという利点がある．年代測定の適用範囲の下限は，溶岩からArが完全に抜けないことによる制約で決められているからである(HayatsuとWaboso, 1985)．K–Ar年代測定法の顕著な成功例は，地磁気反転の時間スケールを決めたこと(Coxら，1963; McDougallとTarling, 1963)と，人類の祖先の特に重要な遺跡と同時代と特定された東アフリカの凝灰岩火山堆積物の年代を188万年と正確に決定したことである(McDougallら，1980; McDougall, 1981)．

化学的に不活性なため，Arは鉱物の中から，あ

[*3] 同位体希釈分析を行うため．

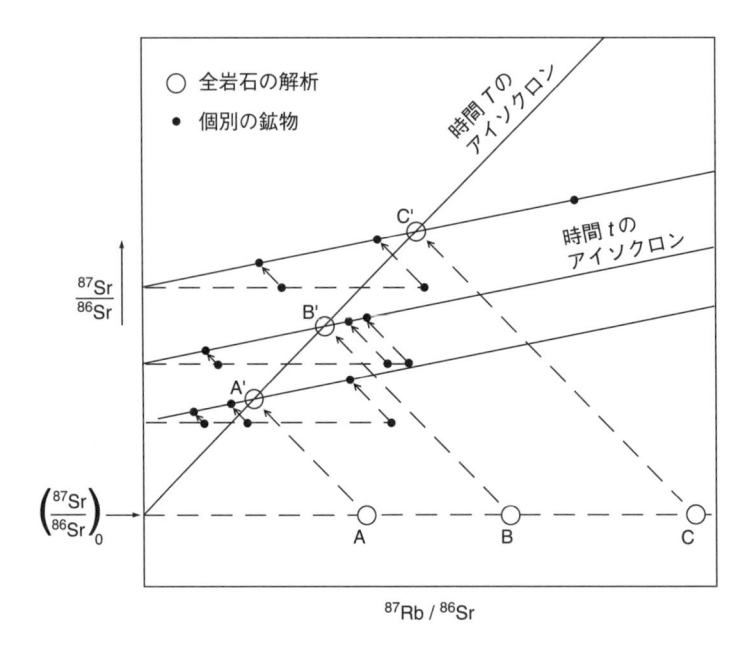

図 3.1 T 年前に共通の起源物質から生成し，t 年前 (T 年よりずっと若い) に同時に変成作用を受けた 3 つの仮想的な岩石の Rb–Sr 崩壊系の進化．岩石時代と現代の同位体比組成をそれぞれ A, B, C と A′, B′, C′ で示す．黒丸で表されたそれぞれの岩石が含む鉱物の分析点がつくるアイソクロンは変成年代を示し，白丸で表される全岩試料の分析点がつくるアイソクロンはもともとのマグマ分化の年代を示す．

るいはそれを通り抜けて拡散しやすい．そのため，K–Ar 法は岩石や鉱物の生成年代を測定するのでなく，Ar が拡散で失われることがなくなるほど十分に冷却された時間を決めることもできる．これは，鉱物粒子が閉鎖系になり周囲とのもののやり取りをやめる温度である，閉鎖温度に達したときの年代である．鉱物はその中での Ar の拡散のしやすさによって異なる Ar 閉鎖温度をもつ．そのため複数の鉱物で構成される岩石がゆっくりと冷却される場合，鉱物ごとに異なった K–Ar 年代が示され，岩石の冷却史を記録する場合がある (McDougall と Harrison, 1999)．閉鎖温度の考え方は Ar に限られるものではない．すべての放射崩壊系の親，娘核種はさまざまな温度で拡散する．図 3.1 には，1 組の岩石の生成年代と変成年代がともに測定される理想的な場合が示されている．しかし，閉鎖温度になると親娘核種の拡散が完全に遮断されるわけでなく，非常にゆっくりと岩石が冷却される場合より低い温度でも拡散が起こりうることにより，問題は複雑になる．

ガスの娘核種の蓄積を利用するもう 1 つの年代測定法は，^{4}He を生じる U, Th の崩壊を利用する．この U–He 法は Ernest Rutherford により最初の岩石の年代測定法として用いられた．He は Ar よりもより拡散しやすいが，いくつかの目的のためには，このことは利点となる．^{4}He の蓄積はアパタイトという鉱物で測定されている．岩石が埋没して地下数 km に達すると温度が上昇するため，He はアパタイトの中で放射崩壊より生成されると同じくらいはやく拡散で脱け出る．鉱物が冷えると He の拡散は急激に小さくなる．80°C 以上では He は拡散で失われるが，40°C 以下では鉱物に保持される．アパタイト結晶の中の He, U, Th 濃度を測定すると，その結晶が 85°C から 40°C の間を冷却してからどの程度の時間がかかったかを推定できる．この方法は，カリフォルニアにあるサンガブリエル (San Gabriel) 山が最近 500 万年にわたって年間 0.3 mm ずつ隆起したことを示すのに使われた (Blyth ら, 2000)．

3.5 フィッショントラック法

もう1つの蓄積を利用した年代測定法は原理的には単純で，^{238}U の自発核分裂にもとづいている．これは ^{238}U の崩壊のうちの $5.4 \times 10^{-5}\%$ しか起こらない，非常にまれな崩壊である．核分裂でできた生成物は非常にエネルギーが高く，また，40 から 50 個分の電子電荷をもっているため，鉱物中で崩壊生成物が飛んだ短いトラック (飛程) に沿って放射線損傷を引き起こす．1 回の分裂が起こると，主要な生成物がつけた 2 個 1 組の飛程が生じる．それぞれの対の飛程は鉱物の表面を研磨し酸でエッチングすることにより，顕微鏡下で数を数えることが可能になる．エッチング液は損傷を受けた部分を選択的に溶解し，V字型の特徴的なエッチングによる傷を残す．^{235}U と ^{232}Th の自発核分裂も起こるが，^{238}U よりも頻度が非常に低いため無視することができる．

核分裂による飛程は，初期値がゼロであることが確かな放射崩壊生成物といえる．そのためトラックの数は式 (3.7) と似た次の蓄積式に従う．

$$T = \left(\frac{\lambda_F}{\lambda}\right){}^{238}U(e^{\lambda t}-1) \quad (3.8)$$

この式で λ_F は ^{238}U の自発核分裂の崩壊定数で，^{238}U の全体の崩壊定数 λ に比べると非常に小さい．T は ^{238}U の分裂による飛程の個数である．飛程を数えたある平面を横切った核分裂生成物の親となる ^{238}U の濃度は，その鉱物を原子炉で遅い中性子線を照射してやり，^{235}U の中性子誘導核分裂により付け加わった飛程の個数 T_N を数えることにより決めることができる．この際に ^{238}U の核分裂は起きない．よって，

$$T_N = \phi\sigma {}^{235}U \quad (3.9)$$

の式が得られる．ここで ϕ は全中性子フラックスで，$\sigma = 582 \times 10^{-28} \mathrm{m}^2$ は ^{235}U の中性子核分裂断面積である．誘導核分裂によってできた新しい飛程は中性子照射後に再度エッチングすることにより，もとの ^{238}U の飛程と同じ面で観察できる．式 (3.8), (3.9) を比べる場合，最初 ^{238}U の飛程を数えたときは観測した面の両側の U の分裂の飛程が面を横切るのに対し，中性子照射の前に鉱物を切断したために面の片側の U しか誘導核分裂起源の飛程をつくることができないので，係数 2 を掛ける必要がある．すなわち，

$$\frac{T}{T_N} = (2)\frac{\lambda_F}{\lambda}\frac{{}^{238}U}{{}^{235}U}\frac{(e^{\lambda T}-1)}{\phi\sigma} \quad (3.10)$$

括弧の中の係数 2 は誘導核分裂による飛程が照射の後で切断された面で数えられるときには不必要である．その場合数えられる飛程は $(T+T_N)$ となり，照射前後で飛程数を比較する 2 つの面は良く似ていることと，飛程の数は比較するために統計的に十分多いことに注意する必要がある．^{235}U の同位体存在度は小さいが，中性子核分裂断面積 σ は非常に大きいので，T_N を T と比較のために十分大きくすることは難しくはない．

結晶内の放射線損傷は焼きなまされると消えるため，核分裂による飛程は，鉱物ごとに異なる速さで，また温度に強く依存して消える．ここで Ar の章で議論した閉鎖温度がまた問題となる．フィッショントラックの閉鎖温度はアパタイトの $120°C$ からスフェンの $300°C$ まで幅がある．したがってこの温度範囲内の比較的穏やかな加熱現象の年代は，フィッショントラック法を異なる鉱物に適用して，測定することができる．

隕石のフィッショントラックは宇宙線の中性子による ^{235}U の核分裂を含む．隕石の年代から予想されるトラック数より余分のトラックは宇宙線照射量を決める方法になる．この方法は 1.12 節で説明したように，テクタイトが宇宙線照射をほとんど受けていないことを示すのに用いられている．

3.6 アイソクロンを利用した年代測定―Rb–Sr 法

これまで述べた方法を除き，ほとんどの年代測定は，娘核種が放射崩壊起源のものだけではなく，時計がスタートするときにも存在していることで，複雑になる．^{87}Rb, ^{238}U, ^{235}U, ^{147}Sm と，あまり使われることがない，^{174}Hf, ^{176}Lu, ^{187}Re の放射

崩壊を用いた年代測定法にこの問題がある*4. 娘核種が最初に存在していることは，必ずしも不利であるとばかりはいえない．それは分析の対象となる岩石の起源物質の歴史にしばしば情報を与え，その情報は放射崩壊で生じた成分から得られる年代と同じくらい重要な場合もある．最初に娘核種が存在する場合は，1つの試料で娘核種/親核種の比を測定するだけでは年代測定はできない．最初の娘核種の量というもう1つの未知の量の問題を解くには，別の情報が必要になる．この問題を解くには崩壊系は次の2つの条件を満たす必要がある．

(i) ある岩石が親/娘元素比が非常に異なる複数個の鉱物を含んでいて，それらの鉱物が分離できること．この条件は通常満たされるが，対象とする崩壊系について，1つの鉱物しか含んでいない岩石や，すべての鉱物の親/娘元素比がほとんど等しい岩石は，年代測定ができない．

(ii) 娘元素に放射崩壊に関係しない参照同位体が存在すること．

Rb–Sr 年代測定法の場合，式 (3.5) は，$N = {}^{87}\text{Rb}$, $D^* = {}^{87}\text{Sr}^*$ とし，最初の娘核種量として ${}^{87}\text{Sr}_0$ を加えることにより，下記のように書くことができる．

$$^{87}\text{Sr} = {}^{87}\text{Sr}_0 + {}^{87}\text{Sr}^* = {}^{87}\text{Sr}_0 + {}^{87}\text{Rb}(e^{\lambda t} - 1) \tag{3.11}$$

この式を，参照同位体 ${}^{86}\text{Sr}$ の個数で割ることにより，次のアイソクロン (等時式) が得られる．

$$\frac{{}^{87}\text{Sr}}{{}^{86}\text{Sr}} = \left(\frac{{}^{87}\text{Sr}}{{}^{86}\text{Sr}}\right)_0 + \frac{{}^{87}\text{Rb}}{{}^{86}\text{Sr}}(e^{\lambda t} - 1) \tag{3.12}$$

火成岩が固結するときには，構成するすべての鉱物の間で初生ストロンチウム同位体比 $({}^{87}\text{Sr}/{}^{86}\text{Sr})_0$ は均一である．その理由は，2つの同位体は化学的に等しく，岩石が溶融したときには2つの同位体の比は溶融で生じたメルトの中で均一になる (正確にいえば，2つの同位体の質量比がほぼ1に近いときは，ほぼ均一になる. 3.9 節参照) ためである．鉱物どうしは非常に異なる Sr 濃度をもつこ

ともあるが，同位体比については均質になる．理想的な場合には，化学的に性質が異なる親/娘元素の比である，Rb/Sr 比は鉱物の間で非常に異なり，時間が経つと ${}^{87}\text{Sr}/{}^{86}\text{Sr}$ 比は鉱物ごとに異なって進化する．したがって式 (3.12) は，$t = 0$ において均質な同位体比をもつ一連の試料の間の，たとえばある岩石の中のいくつかの鉱物群での，時間 t における同位体比の変化を表す．t 年後において，$({}^{87}\text{Sr}/{}^{86}\text{Sr})$ と $({}^{87}\text{Rb}/{}^{86}\text{Sr})$ をグラフにプロットすると，試料のグループは直線をつくり，$x = 0$ の切片は，Rb を含まない鉱物が存在すれば，それが記録するであろう初生 Sr 同位体比を与え，直線の傾きは $(e^{\lambda t} - 1) \approx \lambda t$ で年代を与える．傾きは常に1よりははるかに小さい．${}^{87}\text{Rb}$ は地球の年齢に比べてより長寿命の放射性核種だからである．

アイソクロンの意味を視覚化するには図で表示するのが有効である．図 3.1 は一連の同じ起源の岩石群が，最初に貫入した年代と，その後変成作用を受けた年代の両方が測定できる場合を示す．3つの岩石が測定誤差の範囲内で同じ年代をもつ程度にすみやかに順につくられた場合を考えてみよう．それらの岩石の全岩同位体組成は，A, B, C で表すことができる．それらの岩石は化学的に異なり，Rb/Sr 比は適当な幅をもつが，起源物質が共通のために同位体について均質である，すなわち $({}^{87}\text{Sr}/{}^{86}\text{Sr})_0$ がすべてで等しい．岩石が年を重ねるにつれて，${}^{87}\text{Rb}$ は崩壊し，1個の ${}^{87}\text{Rb}$ が消え1個の ${}^{87}\text{Sr}$ が生じる．すると，それぞれの岩石の点は傾き -1 をもつ破線に沿って動き，時間 T がたつと A′, B′, C′ に達する．それらの点を通る直線は，時間 T におけるアイソクロンで，$(e^{\lambda t} - 1)$ の傾きをもつ．ふつう全岩のデータよりは個々の鉱物の分析結果を考えることが多いが，$t < T$ を満たす t 年前に図 3.1 のすべての岩石が再加熱されて，cm スケールの鉱物間で同位体比が均質になったが，数十から数百 m スケールの岩石どうしでは混合しなかった場合を考えてみる．この場合，全岩の分析結果は再加熱の影響を受けないが，鉱物の時計は時間 t でリセットされ，鉱物のつくるアイソクロンの傾きは t に相当する傾きをもつ．

図 3.1 は初生 Sr 同位体比を考えるための出発点

---

*4 ${}^{174}\text{Hf}$ は年代測定にはほとんど使われていない．${}^{176}\text{Lu}$ と ${}^{187}\text{Re}$ は最近は年代測定に使われている．

としても都合が良い．大きな Rb/Sr 比をもつ岩石 C は，A や B よりも速く ^{87}Sr が蓄積する．T 年前には 3 つの岩石すべてで構成する鉱物の同位体比は均質だったのであるが，再加熱の出来事のときには，岩石 C を構成する鉱物は A や B を構成する鉱物よりも高い $(^{87}\text{Sr}/^{86}\text{Sr})_0$ をもつことになる．高い初生 Sr 同位体比は，その岩石が Sr に比べて Rb に富んだ起源物質から由来したことを示している．地球の大陸地殻は一般的にそのような特徴をもつ起源物質である．この観察事実は 5.3 節で地殻の進化を議論する際に引用されることになる．高い同位体比をもつ若い火成岩は大陸地殻内に長い間滞在していた物質が再溶融したものである可能性が高く，逆に $(^{87}\text{Sr}/^{86}\text{Sr})_0$ が 0.705 以下の低い値をもつ火成岩はマントルから直接生じたものが多い．

Sr と Rb の濃度は質量分析計で測定されることが多いが，2 つの元素はイオン源で非常に異なるふるまいをするために，直接イオン信号を比べ濃度比を得ることは不可能である．Sr 分析に用いられる岩石から Rb を分離する湿式化学分析法が必要になる．^{84}Sr や ^{86}Sr，^{87}Rb が濃縮されたスパイクを加えて，2 つの元素の濃度は質量分析計で同位体比分析により求めることができる[*5]．

^{87}Rb の半減期は地球の年齢の 10 倍に近い．このため ^{87}Sr/^{86}Sr の変化は小さく，若い年代を分解能良く測定するためには大きな Rb/Sr 比が必要になる．Rb–Sr 年代測定法は数十億年の年代をもつ岩石に最も適している．Rb も Sr も簡単には拡散しないため，時計があまり簡単にはリセットしないからである．さらに，この年代測定法は，場合によっては，変成作用によるリセット現象などの複雑な出来事の年代を示すこともある．先カンブリア紀の岩石にとくに有用である．

3.7　U–Pb 法，Pb–Pb 法

U–Pb 崩壊系は式 (3.12) と同じ形の式に従い進化する．この系は $^{238}\text{U} \rightarrow {}^{206}\text{Pb}$ と $^{235}\text{U} \rightarrow {}^{207}\text{Pb}$ への 2 つの崩壊を含み，非放射崩壊性の ^{204}Pb を参照同位体として次式のように表される．

$$\left.\begin{array}{l}\dfrac{^{206}\text{Pb}}{^{204}\text{Pb}} = \left(\dfrac{^{206}\text{Pb}}{^{204}\text{Pb}}\right)_0 + \dfrac{^{238}\text{U}}{^{204}\text{Pb}}(e^{\lambda_{238}t} - 1) \\[1em] \dfrac{^{207}\text{Pb}}{^{204}\text{Pb}} = \left(\dfrac{^{207}\text{Pb}}{^{204}\text{Pb}}\right)_0 + \dfrac{^{235}\text{U}}{^{204}\text{Pb}}(e^{\lambda_{235}t} - 1)\end{array}\right\}$$

(3.13)

U から Pb へは直接崩壊するのではなく，中間の娘核種を経由する崩壊系列をつくっている．それらの中間の娘核種の中で ^{234}U は，2.5×10^5 年の最も長い半減期をもつ ^{238}U のひ孫核種である．また 2 つの崩壊系にはガス状態の元素であるラドンが含まれている．したがって年代測定の対象となる岩石は中間の娘核種の出入りがない閉鎖系の状態に保たれている必要がある．いくつかの例，とくに ^{234}U では，中間の娘核種は，海底での堆積過程をしらべるトレーサーとして用いることができる．

式 (3.13) は 2 つの独立した時計となるが，2 つをまとめることにより U の濃度を測定することなしに年代が測定できる便利な方法がある．それぞれの式で，初生 Pb 同位体比を測定された Pb 同位体比から差し引き，お互いに割り算をすることで，放射崩壊性 Pb の比を表す次式を得る．

$$\frac{\dfrac{^{207}\text{Pb}}{^{204}\text{Pb}} - \left(\dfrac{^{207}\text{Pb}}{^{204}\text{Pb}}\right)_0}{\dfrac{^{206}\text{Pb}}{^{204}\text{Pb}} - \left(\dfrac{^{206}\text{Pb}}{^{204}\text{Pb}}\right)_0} = \frac{^{235}\text{U}}{^{238}\text{U}} \cdot \frac{(e^{\lambda_{235}t} - 1)}{(e^{\lambda_{238}t} - 1)}$$

(3.14)

放射崩壊起源の Pb 同位体の比は，地球の歴史の中で，いつその Pb が U と共存していたか，あるいはいつ U から分離されたかを示す指標になりうる．なぜなら放射崩壊性の ^{207}Pb は，より寿命が短い ^{235}U がより多く残っていた時期に速い速度で増加するが，現在では ^{206}Pb がより速く成長するからである．定量的に議論するためには，太陽系の Pb 同位体比の初期値が必要であるが，4.3 節では鉄隕石の Pb がこの目的のために使われている．

式 (3.14) は次のアイソクロン式の形に変形することができる．

[*5]　同位体希釈分析．

$$\frac{^{207}\text{Pb}}{^{204}\text{Pb}} = \left[\frac{^{235}\text{U}}{^{238}\text{U}} \cdot \frac{(e^{\lambda_{235}t}-1)}{(e^{\lambda_{238}t}-1)}\right] \cdot \frac{^{206}\text{Pb}}{^{204}\text{Pb}}$$
$$+ \left[\left(\frac{^{207}\text{Pb}}{^{204}\text{Pb}}\right)_0 \right.$$
$$\left. - \frac{^{235}\text{U}}{^{238}\text{U}} \cdot \frac{(e^{\lambda_{235}t}-1)}{(e^{\lambda_{238}t}-1)}\left(\frac{^{206}\text{Pb}}{^{204}\text{Pb}}\right)_0\right] \quad (3.15)$$

以上に紹介した式の中で，$^{235}\text{U}/^{238}\text{U}$ は，すべての自然界の物質の間で 1/137.9 のほぼ一定の値をとるため，同じ起源をもつ一群の試料に対して角括弧の中の項は一定になる．$^{207}\text{Pb}/^{204}\text{Pb}$–$^{206}\text{Pb}/^{204}\text{Pb}$ のグラフで式 (3.15) の第 1 項は Pb–Pb アイソクロンの傾きに，第 2 項は y 切片になる．$^{235}\text{U}/^{238}\text{U}$ が既知の定数と仮定することで，U の濃度についての情報がなくても，アイソクロンの傾きから年代を得ることができる．年代測定のために測定する必要があるのは Pb 同位体比だけである．実のところ $^{235}\text{U}/^{238}\text{U}$ が一定であるという仮定は正しくはないが，U の同位体比が大きく変化しているのは，西アフリカのガボン共和国のオクロ鉱床で知られているのみである．この鉱床は，U が非常に濃集しているため，20 億年前に天然原子炉として稼働していた．U の 2 つの崩壊定数は最も精度良く測定されているうえに，先カンブリア紀の出来事や隕石の年代測定に都合が良い値になっている．^{238}U の半減期は地球の年齢に近く，^{235}U の半減期はこの 20% くらいになっている．U と Pb は地殻と石質隕石に広く分布していて，2 つの崩壊が存在していることで，2 つの年代測定の結果が一致するか確かめることができる．

異なる放射崩壊から計算された年代が一致するときは，一致年代とよばれ，その年代は正しいと考えられる．$^{40}\text{Ar}/^{40}\text{K}$ と $^{87}\text{Sr}/^{87}\text{Rb}$ の間で年代が一致したり，それらと式 (3.15) の Pb アイソクロンの年代が一致することも起こりうるが，一致年代という概念はとくに U–Pb 年代測定に使われる．式 (3.13) に示されるように 2 つの崩壊が存在するため，一方の年代が他方の年代の評価に使えるからである．式 (3.15) は下記のように書き直すことができる．

$$\frac{^{206}\text{Pb}}{^{238}\text{U}} = A \times \left(\frac{^{207}\text{Pb}}{^{235}\text{U}}\right) + B \quad (3.16)$$

ここで，$A = [\exp(\lambda_{238}t)-1]/[\exp(\lambda_{235}t)-1]$ と $B = {^{206}\text{Pb}_0}/{^{238}\text{U}} - A \times {^{207}\text{Pb}_0}/{^{235}\text{U}}$ である．

下付の 0 は初期の濃度を表すので，最初の Pb を含まないときは式 (3.16) で $B = 0$ になる．すると，A は年代 t のユニバーサル (universal) 関数であるため，2 つの年代が一致するデータは $B = 0$ のとき，式 (3.16) を満たし，コンコーディア (年代一致) とよばれる関係になる．コンコーディアは，この文では，$^{206}\text{Pb}/^{238}\text{U}$ と $^{207}\text{Pb}/^{235}\text{U}$ の関係としてプロットされるが，実は U の同位体の絶対濃度は必要としていない．式 (3.16) は B があってもなくても，^{238}U を全体に掛ければ，U 同位体比のみ，年代測定に必要なことがわかる．コンコーディアは，しかし，初期 Pb がない試料にのみ適用できる．

U, Pb と中間の娘核種はジルコン (ZrSiO_4) では他の鉱物に比べて拡散が遅いため，この鉱物が Pb を使った年代測定に最も適している．この鉱物は U や Th を結晶格子の Zr と置換することにより受け入れ，より大きなイオンの Pb を受け入れないという利点がさらにある．このため，ジルコンは初期 Pb をほとんど含まず，同起源のジルコンのグループは，放射崩壊によりできる成分を拡散により失わない場合，コンコーディアの一点にプロットされる．^{238}U と ^{235}U の両方の崩壊系列は，放射崩壊によりできる中間核種の中に貴ガスのラドンを含むため，この条件を満たすことは実際には厳しい．コンコーディア図の実際の利点はディスコーダント (コンコーディアでない) なデータから，コンコーディアについての情報が得られることにある．t_1 の年代をもつジルコンの集まりが，t_2 年前に短い時間の間に加熱され同位体が均質化されたとする．崩壊系が他の擾乱を受けていないとすると，ジルコンの集まりはコンコーディア図で，t_1 と t_2 に相当する点をむすぶ直線上に分布する．実際には，それらは 2 つの年代に対応する一致年代をもつ成分の混合物である．不幸にも拡散が起こると，解釈はそれほど単純ではない．不一致年代を示す Pb のデータから年代を得るた

めには，より複雑なアイソクロンプロットが提唱されている (Tera, 2003).

Pb 同位体比測定による初期のとくに重要な成果は，隕石の年代測定である (4.3 節参照). 多くの隕石は，同位体的に均質な起源物質から生まれた後，変質を受けずに，他の化学的なリザーバーから分離されてきた. それゆえ，隕石は式 (3.15) の Pb–Pb アイソクロンに見事にフィットする. 隕石と同様に，地球の岩石の中では鉱物のジルコンへの適用に最も関心がもたれている. この鉱物は鉱物ができるときに Pb をほとんど含まないだけでなく，U と Pb の拡散が遅く，また機械的化学的な風化に抵抗性をもつためである. イオンマイクロプローブとよばれる分析装置は，小さなジルコンの鉱物結晶の微小領域をスパッターさせ，1 つの鉱物結晶のいろいろな部分の同位体比を比較できるため，1 つのジルコンの結晶からそれぞれの年代を得ることができる. 地球上で測定された最古の試料は，西オーストラリアのジルコンで 44 億年の年代をもつ.

3.8　^{147}Sm–^{143}Nd 法と他の崩壊系

サマリウム (Sm) とネオジム (Nd) は微量であるが広く分布していて，ともに希土類元素である. 希土類元素は周期表の原子番号の順に連続的に性質が変化する化学的に性質の似た一連の元素群であり，地球化学的プロセスのトレーサーとして用いられてきた. ^{147}Sm から ^{143}Nd への非常に遅い崩壊 (半減期は 10^{11} 年) を利用するための高精度の同位体比測定ができるとわかり，希土類元素の地球化学は新しい局面が開かれた. ^{144}Nd は，試料が，たとえば宇宙線の照射のように中性子にさらされた場合は，測定が無効になるという条件付で，参照同位体として使われている. ^{143}Nd は中性子を容易に吸収して ^{144}Nd になるからである. Sm–Nd の放射崩壊を用いることは，^{143}Nd/^{144}Nd の変化が小さいことや ^{147}Sm の崩壊が遅いため技術的に困難であるが，特別な利点がある. Sm と Nd は Rb と Sr に比べて動きにくいことと，Sm/Nd 比は Rb/Sr 比と異なり未分化なマントルではとても均一だからである. これは 2 つの元素が原始太陽系星雲から地球が形成されるときに，分別されない結果である.

われわれは Rb–Sr や U–Pb のように下記のようにアイソクロン式を書くことができる.

$$\frac{^{143}\text{Nd}}{^{144}\text{Nd}} = \left(\frac{^{143}\text{Nd}}{^{144}\text{Nd}}\right)_0 + \frac{^{147}\text{Sm}}{^{144}\text{Nd}}(e^{\lambda_{\text{Sm}}t} - 1) \quad (3.17)$$

Sm–Nd の間には他にも 3 つの崩壊系が存在するが (表 H.1)，半減期は ^{147}Sm–^{143}Nd と比べて非常に長いか非常に短く，U–Pb 年代測定の 2 つの崩壊系のようにクロスチェックに使うことはできない. 式 (3.17) で示される Sm–Nd 法は 1 つの独立な年代測定になるが，この方法でより関心を引かれる点は，5.3 節で説明するように初生 Nd 同位体比から岩石の起源物質について情報が得られることだ. Nd 同位体比は Sr 同位体比と比較され，あるいは両者は 2 つの変数としてプロットされ，2 つの元素が由来したリザーバーの化学進化を示すトレンドを求めるために利用される.

Sm–Nd 法ほどは利用されていない年代測定法には，^{176}Lu の ^{176}Hf への崩壊を利用し，^{177}Hf を非放射崩壊起源の参照同位体として用いるものと，^{187}Re の ^{187}Os への崩壊を利用し ^{186}Os を参照同位体とするものがある. それらのアイソクロン式は式 (3.12) と式 (3.17) と同様に書き下せる. Re と Os は親鉄元素で鉄隕石に含まれるため，鉄隕石の年代測定に使われている. Re と Os はマグマ過程によっても大きく分別されるため，地殻の Os は隕石の Os と比べ同位体比が異なる. この差は白亜紀と第三紀の境界の粘土層に見られるイリジウムの濃集した部分に含まれる Os が隕石起源であることを示す (5.5 節参照).

3.9　同位体分別

同じ化学的構造をもつ分子でも，異なる重さの同位体を含む元素があると，分子どうしの性質の間には，わずかだが化学的な差がある. 原子間の結合エネルギーは軌道電子によって決まるため，すべての同位体の間で等しい. しかし，原子核の重さは分子の振動数，したがって低温での分子のゼ

ロ点エネルギーを含むエネルギー準位に影響を与える．相互作用する化合物の間で同位体が分配される際は，いくつかの競合する要因のつり合いによって平衡状態に達する．熱的に乱されない場合は同位体は系の全体のエネルギーを最小にするように不均質に分配される．しかし，この分別は，熱的な擾乱により同位体をランダムに分配する効果により減少する．2つの効果の合わさった結果として現れる同位体分別は，したがって化合物が平衡に達したときの温度の関数となり，その温度を決めるために使われる．水素，炭素，窒素，酸素，硫黄などの軽元素には小さな同位体組成の変動があり，幅広い地質現象の研究に用いられている．最初の適用例は，海洋生物の炭酸カルシウムの殻が沈殿した温度を酸素同位体により推定したことである．そこで同位体比は更新世の氷河期と相関していた．後述するように，軽い同位体が濃集した淡水の氷には軽い同位体比が濃集するため，海水の同位体比も氷河期と相関するので，古気温の推定ができるかは不確かである．現在では，海水の進化やマグマ生成や結晶化の条件などの問題がより重要視されているが，古気温への関心はいまだに根強い．

同位体が平衡状態でどのように分配されるかは，ある系全体の自由エネルギーを最小にするように定量的に決められる．ここで問題となる自由エネルギーは厳密にはギブス自由エネルギー (G) であるが，体積と圧力の変化を含まないため，ヘルムホルツ自由エネルギー (F)(付録 E の表 E.1 を参照) と等しくなる．

$$F = U - TS \tag{3.18}$$

ここで，U は内部エネルギー，S は温度 T におけるエントロピーである．一般に，U も S も同位体の分配により変化する．この分配を表すためにパラメーター p を選ぶと，ある温度 T において $(\partial F/\partial p)_T = 0$ となる条件は

$$T = \left(\frac{\partial U}{\partial p}\right)_T \bigg/ \left(\frac{\partial S}{\partial p}\right)_T \tag{3.19}$$

である．U と S が計算可能な単純な場合を考えて，この原理を以下に示す．

互いに相互作用する，2 つの化合物 AX と BX それぞれ n 個の分子の集合体を考える．ここで X は，X_1 と X_2 の 2 つの同位体で構成される元素で，2 つの化合物のどちらにも含まれる．この集合体の中には $2n$ 個の原子 X があるが，そのうちの X_2 の割合が f で，X_1 の割合が $(1-f)$ とする．すると分配のパラメーター p は異なる種の分子数が次のように選ばれる．

$$\left. \begin{array}{l} AX_2 \text{ が } np \\ AX_1 \text{ が } n(1-p) \\ BX_2 \text{ が } n(2f-p) \\ BX_1 \text{ が } n(1-2f+p) \end{array} \right\} \tag{3.20}$$

分配にバイアスがかからない場合，すなわち X_2 が A と B の間に均等に分配されると，$p = f$ となるが，われわれが関心をもつのはエネルギー差によって分配が均等でない場合である．実際の分配に伴う配置エントロピー (configrational entropy) は秩序のなさの指標となり，$p = f$ のときに最大になり，$p = 0$ または $2f$ のとき，すなわち X_2 が B か A かどちらにしか結合しないときに最小になる．いま考えている場合は，配置エントロピーが唯一問題となるエントロピーの要素なので，それを単に S と表すが，次の式で与えることができる．

$$S = k \ln W \tag{3.21}$$

ここで k はボルツマン定数であり，W は系の可能な微視的状態の数で，すなわち X_1 と X_2 が $2n$ 個の分子に，式 (3.20) に従って，分配される可能な仕方の数である．すなわち次式で表される．

$$W = \frac{n!}{(n-np)!(np)!} \cdot \frac{n!}{[n(2f-p)]![n(1-2f+p)]!} \tag{3.22}$$

n は非常に大きな数なので，式 (3.23) のスターリングの近似式を使い階乗の対数を計算することができる．

$$\ln N! \approx N \ln N - N \tag{3.23}$$

この近似式を使うと，式 (3.25) に変形できる．

$$\begin{aligned} \ln W = &-n(1-p)\ln(1-p) - np \ln p \\ &- n(2f-p)\ln(2f-p) \\ &- n(1-2f+p)\ln(1-2f+p) \end{aligned} \tag{3.24}$$

この式を p について微分すると，次式を得る．

$$\frac{d(\ln W)}{dp} = n \ln\left[\frac{(1-p)(2f-p)}{p(1-2f+p)}\right]$$
$$= -n \ln\left[\frac{p(1-2f+p)}{(1-p)(2f-p)}\right] \quad (3.25)$$

分子 AX での同位体の分配は一般に次式によって表示される．

$$\delta = \frac{(X_2/X_1)AX}{(X_2/X_1)標準物質} - 1 \quad (3.26)$$

もし AX が海洋性炭酸塩鉱物試料で，B を海水とし，海水の同位体組成が過去と現在で同じと仮定すれば，B は式 (3.26) の標準物質として使用することができる．これを使うと次式を得る．

$$\delta = \frac{(X_2/X_1)_A}{(X_2/X_1)_B} - 1 = \frac{p/(1-p)}{(2f-p)/(1-2f+p)} - 1 \quad (3.27)$$

この式を変形すると，

$$1 + \delta = \frac{p(1-2f+p)}{(2f-p)(1-p)} \quad (3.28)$$

式 (3.25) と式 (3.28) を比較すると $\delta \ll 1$ のときに，式 (3.29) を得る．

$$\frac{d(\ln W)}{dp} = -n\ln(1+\delta) \approx -n\delta \quad (3.29)$$

したがって式 (3.21) を微分すると次式を得る．

$$\left(\frac{\partial S}{\partial p}\right)_T = -nk\delta \quad (3.30)$$

S は $(\partial S/\partial p)_T = 0$ のとき，すなわち $\delta = 0$ のときに最大になり，秩序のなさが最大になるが，この状態は両分子のエネルギー差により禁じられている．

4 種類の分子のエネルギーを式 (3.31) で表すこととする．

$$\left.\begin{array}{ll} AX_1: & E_A \\ AX_2: & E_A + \Delta E_A \\ BX_1: & E_B \\ BX_2: & E_B + \Delta E_B \end{array}\right\} \quad (3.31)$$

私たちが注目するのはエネルギーの差である ΔE_A と ΔE_B なので，この表記は便利である．式 (3.20) で与えられる同位体の分配に対しては，全エネルギーは，この場合変化しうる要素は内部エネルギー U のみであるため，U と同じと考えることができ，次式で与えられる．

$$U = n[E_A + E_B + p\Delta E_A + (2f - p)\Delta E_B] \quad (3.32)$$

これから次式を得る．

$$\frac{dU}{dp} = n(\Delta E_A - \Delta E_B) \quad (3.33)$$

式 (3.30), (3.33) を式 (3.19) に代入すると，次式を得る．

$$\delta = \frac{\Delta E_B - \Delta E_A}{kT} \quad (3.34)$$

この式は，$\Delta E_A = \Delta E_B$ ならば，$\delta = 0$ になり，ほかの場合はそうならないことを表している．

異なる同位体の分子の平均エネルギーは，それらのエネルギーレベルが量子化されているために異なる．分子を構成する原子の質量によって影響を受ける振動エネルギー準位について考えてみる．固有振動数 ν をもつ分子の振動は $h\nu/2, 3h\nu/2, 5h\nu/2, \cdots$ のエネルギーをもつものに限られている．ここで h はプランク定数である．$h\nu$ の整数倍のエネルギーを得ると励起が起こるが，$h\nu/2$ の零点振動エネルギーを併せもつ．したがって分子が零点エネルギーのみで振動する低温の場合は，分子のエネルギーは同位体の質量が振動周波数に及ぼす影響に従って，同位体の質量によって変化する．一般には，ボルツマン分布に従って選択可能なエネルギー準位が占有される．すなわち，温度 T で各エネルギー準位を占有する確率は下から，$e^{-h\nu/2kT}, e^{-3h\nu/2kT}, e^{-5h\nu/2kT}, \cdots$ となる．それぞれの準位を占める確率にエネルギーを掛けて，合計すると式 (3.35) の平均エネルギーの式を得る．

$$\overline{E} = \sum_{i=1}^{\infty}(2i-1)h\nu\exp[-(2i-1)h\nu/2kT]/2Z \quad (3.35)$$

ここで

$$Z = \sum_{i=1}^{\infty}\exp[-(2i-1)h\nu/2kT] \quad (3.36)$$

はすべての確率の合計が 1 になるように規格化するための分配関数である．式 (3.36) は単純な等比級数であり，

$$Z = \frac{e^{-h\nu/2kT}}{1 - e^{-h\nu/kT}} \quad (3.37)$$

となる．式 (3.35) は式 (3.38) の和の公式 (Dwight (1961) の item 33.1) を使って式 (3.39) のように書くことができる．

$$1 + 3x + 5x^2 + \cdots = \frac{1+x}{(1-x)^2} \quad (3.38)$$

$$\overline{E} = h\nu \frac{1 + e^{-h\nu/kT}}{2(1 - e^{-h\nu/kT})}$$
$$= h\nu \coth(h\nu/2kT)/2 \quad (3.39)$$

この問題でエネルギー準位の量子化がなぜ重要かを式 (3.39) の古典的な限界, すなわち $h\nu/kT \to 0$ を考えることで理解できる．この場合, ν にかかわらず, エネルギー準位は連続的になり, $\overline{E} \to kT$ となる．エネルギーは同位体の質量に無関係になり, ΔE_A と ΔE_B はともに 0 になり, 式 (3.34) から δ は 0 になる．もう 1 つの極端な例は, $h\nu/kT \to \infty$ の場合で, 零点エネルギー $h\nu/2$ をもつ最低エネルギー準位のみ占められ, $\overline{E} \to h\nu/2$ となる．この場合, δ は次式で与えられる．

$$\delta = h[(\nu_{B2} - \nu_{B1}) - (\nu_{A2} - \nu_{A1})]/2kT \quad (3.40)$$

より一般的には, T が限定された条件ではあるが, 任意の $h\nu/kT$ の値に対し, δ と T の間には 2 次式の関係が成り立つ．原理的には, すべてのモードの振動周波数が必要となる．それらを固体や液体中で隣接する分子と結合している分子の第一原理から計算で求めることは非実用的で, 不可能でもある．しかし, H. Urey が最初に指摘したように, たとえば ν_{A1} を分光学的に測定できれば, ν_{A2} や $(\nu_{A2} - \nu_{A1})$ はそれから計算できる．なぜなら結合力は 2 つの同位体で同じで, 振動する原子の質量のみ異なるからである．海洋性生物の殻と海水の間の酸素の分配は, 生物を管理された温度で生育させることにより実験的に求められ, 経験的なアプローチが可能である．

古気温や, マントル由来の火成岩の研究において, 酸素同位体比を使用する場合, 最も存在度の大きな ^{16}O に対する ^{18}O の分別を参照する．^{18}O は ^{16}O のおよそ 0.2% である．参照に使われる同位体比は標準平均海水 (SMOW と略す) の値で, SMOW の同位体比からのずれを千分率で表した $\delta^{18}O$ を用いて同位体比が表示される．したがって, 海性生物の殻の $\delta^{18}O$ 値は, それが標準海水で生育したとすれば, 生育温度を示す.

方解石の結晶構造をもつ炭酸塩鉱物に固定された酸素は時間とともに変化しない δ 値をもつ．しかし, あられ石の結晶構造をもつものは, 再結晶作用を受けるため, 古気温の研究には向いていない．同じ生物種により同じ条件下で沈殿した一連の方解石の試料は温度が時間とともに変動する様子の推定に用いることができる．だが, 海水の同位体組成は一定ではない．淡水の δ 値は海水に比べ系統的に約 6‰低い．気候変動により両極域に固定される淡水の氷の量が変化するため, バイアスがかかるのである．この問題は, 同じ場所で成長した, 方解石とリン酸カルシウムのような酸素の分別の仕方が異なる 2 つの鉱物の組合せを使うことによってのみ解決できる．これにより, 殻が成長したときの海水温と $\delta^{18}O$ の両方がわかる．

海水と淡水や極域の氷の同位体組成の差は, ^{1}H と ^{16}O のみ含む軽い水分子が選択的に蒸発し, 残りの液体が ^{2}H と ^{18}O に若干富むようになることが原因である．軽い原子や分子は, より大きな振動周波数すなわちエネルギーをもつため, 液体の中の隣接する分子との結合を切って脱出するのに必要なエネルギーが, やや小さいからである．大気中の水蒸気は海水に比べて重い分子がより少ない．この逆に雨や雪が降るときに重い同位体比が選ばれる効果はさほど重要ではない．大気中の水蒸気のうち降雨や降雪で取り除かれる割合は, 海水が蒸発で取り去られるよりも大きいため分別を受けにくい．この結果, 氷河期には極域の氷に軽い水がたまり, 海水に重い同位体比が濃縮する．これは, $^{18}O/^{16}O$ を使った古気温の研究を難しくしている.

酸素の 3 番目に多い同位体 ^{17}O は, 0.038%の存在度があり, ^{18}O の 20%よりやや低い存在度である．この同位体は古気温の研究にはふつう用いられないが, 惑星や隕石の研究には重要になってきた．^{16}O と ^{18}O の真ん中の重さをもつため, 物理的, 化学的過程で ^{17}O が分配するときに, $\delta^{17}O$ の変化は $\delta^{18}O$ の変化の正確に半分になり, 新た

な情報を付け加えない．$\delta^{17}O$ と $\delta^{18}O$ のプロットをすると，地球の酸素は傾き 1/2 の直線をつくる．これは地球の分別線とよばれる．月の試料はこの直線にのるが，火星を起源とするものを含めて多くの隕石はこの線にはのらない．このことは，原始太陽系星雲は，それらの天体が集積したときには，同位体的に均質でなかったという 4.5 節の主題を示している．

4 太陽系の起源と年齢の鍵となる同位体

4.1 まえおき

　地球と太陽が同じ起源であるという概念に到達するまでは，長い歴史がある．地球の年齢について現在の考えに至るには1800年代の後半に地質学を袋小路に追い込んだパラドックスがあった．地球を暖めて表層の堆積環境をある期間維持するのに必要な太陽のエネルギー源がその時点では見つからなかったのだ．H. Becquerel の放射能の発見 (1896年) によって地球の年齢はごく短いはずという地質学の呪縛から解放された．もっともその呪縛は1930年代に核融合現象が受け入れられるまでは完全には解けたわけではなかった．放射能の発見後，地球の研究で2つの重要な役割が受け入れられた．火成岩の中の放射性元素による発熱の測定 (とくに Strutt (1906) による) と Rutherford に端を発する年代決定というアイデアである．この章では同位体の研究によって明らかになった太陽系の起源の問題を扱う．同位体が示す地球の進化の証拠は次章で，放射性元素の熱源の問題は21章で取り扱う．

　隕石は初期太陽系の理解にはたいへん重要である．それは惑星と異なり，4.57×10^9年という共通の起源以来ほとんど変質を受けていないからだ．隕石の同位体の研究によって太陽系の年齢が与えられた (4.3節)．地球の岩石は始原的な星雲物質の混合による誕生以来さまざまに変質してきたので，岩石の研究では地球に関する正確な誕生の年代は得ることができない．唯一の制約は，地殻の岩石中の Pb の平均的な同位体組成が隕石のアイソクロンの値にたいへん近いということである．だが，この点に関しても，果たして地殻中の Pb が地球全体を代表できるのかという疑問は残る．

　多くの隕石が共通の1本の Pb のアイソクロンの上に載っているという事実はそれらが同時に形成されたことだけでなく，Pb (鉛) と U (ウラン) が少なくとも太陽系の内側部分では同位体組成が均質であったことを意味している．この均質性は軽元素に関してはまったく成り立っていない．炭素質コンドライトから分離されたいくつかの細かな粒子は，複数回の異なった原子核合成過程を示す同位体比をもっている (4.5節)．それらは明らかに地球形成以前の星の大気中でつくられたもので，太陽系の中で塵として集まったときでもその特性は保存していた．また太陽系の中には酸素同位体に関して広範囲なスケールの変動が存在している．これはかつて太陽が輝き始めた頃にガス分子の選択的な解離 (4.5節) やポインティング–ロバートソン効果 (1.9節) などで生じる塵粒子の分級選別作用によって起きたと考えられている．

4.2 原子の時代以前の問題

　1800年代後半の時点で地質学者は地球の年齢に制約条件を課す地球の冷却の計算をどう評価するかで大きく割れていた (Burchfield, 1975)．Kelvin (1863) はもし地球が地殻中の熱の拡散現象によって冷却されているとすると，徐々に厚くなっていく地殻により温度勾配が減少し，2000万年で現在の値に到達することを示した．しかし確認されている堆積岩層はその形成に数億年が必要と考えられており，これは大きな問題であった．別の視点に立ってみると Kelvin の議論には少し弱いと

ころがあった．現在の地球内部からの熱流量の値 (4.42×10^{13} W, Pollack ら (1993) は Kelvin の見積もりより小さい) は現在合意されている地球の年齢，45 億年間地球の熱を奪い続けるとしても地球の平均温度を 1000 K 弱しか下げない (問題 21.3)．したがって地球の過去の内部温度は数千度だったと考えられるので，制約条件は内部の熱源が足りないことではなく，大きな天体では熱拡散速度が遅く十分に冷却されないという点にあることがわかる．対流による効率的な熱輸送は Kelvin のモデルでは真剣に検討されていなかった．だが，本当の問題は地球ではなく，太陽のエネルギー源にあった．地球上での水による侵食と堆積プロセスは地球の表面が太陽の熱で暖められている場合にのみ可能であった．核融合反応が発見されるまでは，堆積岩の生成年齢である数億年の間に太陽を輝き続けさせる十分なエネルギー源が知られていなかった．現在の知識で考えてみれば，当時この問題点を解決するには何らかの新しい物理学が必要であった．

放射能発見以前には太陽のエネルギー源として唯一重要と考えられていたのは重力エネルギーであった．太陽の内部で核融合反応を開始させるために必要な数百万 K という温度がこの重力エネルギーによりまかなわれていることを現在のわれわれはよく知っている．太陽を現在の大きさ，内部構造 (質量 M, サイズ R) につくり上げるために必要な重力エネルギーは以下の式で与えられる．

$$E_\mathrm{G} = kGM^2/R = 6.6 \times 10^{41} \mathrm{J} \tag{4.1}$$

ここで $k = 1.74$ は密度分布によって決まる係数 (問題 1.3a 中の表，および付録 J 参照) であり，G は重力定数である．均質球の場合 $k = 3/5$ であり (問題 1.3b)，Helmholtz (1856) や Kelvin (1862) にならい，この値を使うと集積の重力エネルギーは，2.3×10^{41} J と計算される．この値は現在の太陽からの放射されているエネルギー損失

$$-\frac{\mathrm{d}E}{\mathrm{d}t} = 4\pi r_\mathrm{E}^2 S = 3.846 \times 10^{26} \mathrm{W} \tag{4.2}$$

と比較できる．r_E は地球軌道半径，$S = 1370 \mathrm{W\,m^{-2}}$ は太陽定数 (地球軌道半径での太陽の放射強度) である．式 (4.1) を式 (4.2) で割算することで，現在の放射の割合でエネルギーを失っていくとエネルギー放出は 1.7×10^{15}s = 5400 万年間続くことがわかる．もし Helmhortz や Kelvin のように均質球に集積するとすれば 1900 万年になる．Kelvin の地球の冷却の計算はたまたまこの推定値と一致していたために重要と見なされた．これらすべての見積もりでは太陽内部に蓄えられる熱エネルギーを無視している．実際には解放される重力エネルギーのかなりの部分が内部に蓄えられ，外に出てこないために太陽の年齢の推定値はさらに短くなってしまう．

19 世紀の後半には多くの地質学者にとり，これらの推定値よりも長い時間をかけて堆積岩は形成されたことは常識であった．にもかかわらず物理学の計算は万能であるという強い考えから，幾人かの指導的な立場にいる地質学者は Kelvin の側に立つよう説得された．その中には合衆国地質調査所の所長である C. King もいた．地球の年齢の関する論文 (放射能の発見の 3 年前に発表された) の結論部分において彼は以下のように書いている．「… 太陽と地球の年齢の見事な一致は物理学的考察が優れたものであることを意味しており，堆積岩地質学から導かれた曖昧な長い地球の年齢にこだわる地質学者は実証的な証拠を提出しなければならないという責務を負わされている．」(King, 1893)．

放射能発見よりも前の時代の物理学者の前に示された証拠をチェックして，Stacey (2000) は Kelvin の地球の年齢に関するパラドックスは避けがたいものであったと結論した．太陽についてのいかなるもっともらしいモデルも堆積作用に示される長い寿命を与えてはくれなかった．放射能の発見も，問題を解決できるかも知れないという可能性は示したけれど，直接この問題を解決したわけではなかった．もし太陽が 100% U からできていたとしても，その放射壊変のエネルギーは現在の太陽の放出エネルギーの半分にすぎない．いずれにしてもスペクトル観測からは太陽が U でできているという極端な組成は否定されている．このパラドックスの本当の解決は 1930 年代になり，核融合反応が発見されてからである．もっとも Helmholtz–Kelvin

による地球の年齢があまりに若すぎることへの反発からこのような発見はある程度予想はされていた．Rutherford と Soddy (1903) は以下のように述べている．「太陽のエネルギーのやりくりに関しては，もし構成元素の内部エネルギーが利用できることを考慮すれば，もはや根本的な困難は存在しない．すなわち原子より小さな変化が進行すればということであるが」

このような反発とは別に，Kelvin による伝導による地球の冷却の計算は地質学や地球物理学においてずっと後の時代にまで影響を及ぼした．Strutt (1906) の指摘では花崗岩層が 10 km か 20 km 程度あれば地球の熱流量をまかなえるだけの放射性元素の発熱があり，地球深部のことを考える必要はまったくない．さらに彼は放射性元素は化学的にも独立した薄い地殻に濃集していることを示唆した．このような状況は地球が熱伝導によってのみ冷却されていると考える固定観念にとって都合のよいものであった．伝導による地球の冷却という考えはその後 60 年にわたり支持されていた．地球の熱モデルは 1960 年代に至るまで Kelvin のモデルの細部の手直し以外は行われなかった．その間，対流の役割を見直すべきという訴えは却下され続けてきた．1960 年代後半から 1970 年代に入りようやく現れたプレートテクトニクスにより，対流の熱冷却にもとづいた地球の熱史の理解の新たな段階に入った．ここで初めて Kelvin のモデルからの脱却が可能となった．しかしながら溶けた岩石層の上にのっている固化した層という意味で Kelvin がモデル化した「地殻」という言葉がいまだ使われているのは興味深い．

4.3 隕石のアイソクロンと地球の年齢

図 4.1 は隕石の Pb 同位体比を Pb–Pb のアイソクロン (3.15) にプロットしたものである．

$$\frac{^{207}\text{Pb}}{^{204}\text{Pb}} = (0.613 \pm 0.014)\frac{^{206}\text{Pb}}{^{204}\text{Pb}} + (4.46 \pm 0.10) \tag{4.3}$$

付録 H の壊変定数と $^{238}\text{U}/^{235}\text{U} = 137.88$ という値を用いると，均質な同位体組成の Pb が異なった U/Pb 比の隕石に分かれてからの年代は $(4.54 \pm 0.03) \times 10^9$ 年となる．鉄隕石は U も Th (トリウム) も含んでいないので，放射性起源の Pb の最小値はキャニオン・ディアブロ (Canyon Diablo) 鉄隕石[*1] 中のトロイライト (硫化鉄) から得られた値である．この値 (表 4.1) は通常隕石のアイソクロン上では最も信頼できる値と見なされている．こ

[*1] 米国アリゾナ州のディアブロ峡谷で発見されたのに因む．

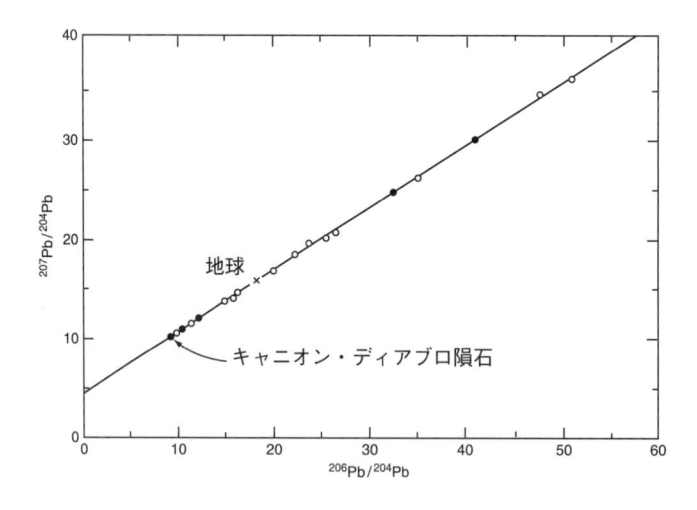

図 4.1 隕石サンプルにおける Pb–Pb アイソクロン．2 つの実験室のデータのプロットを示す．地球の平均データ (海洋底の堆積物) は × で表示されている (Chow と Patterson (1962) のデータ)．いくつかの重ね合ったデータは省略してある．強度に放射性起源のデータもグラフの範囲からはみ出している．しかし最小 2 乗の直線 (式 (4.3)) を得るための計算にはすべてのデータが用いられている．

表 4.1 Pb の同位体比 [a]

	$^{206}Pb/^{204}Pb$	$^{207}Pb/^{204}Pb$	$^{208}Pb/^{204}Pb$
始原的 Pb (キャニオン・ディアブロ隕石)	9.307	10.294	29.476
地殻平均 (海洋底堆積物)	18.5_8	15.7_7	38.8_7
古代の方鉛鉱 (マニタウワッジ方鉛鉱)	13.30	14.52	33.58

[a] Tatsumoto ら (1973) によるキャニオン・ディアブロ隕鉄の硫化鉄中の Pb と (始原的として広く受け入れられているもの，天然の試料のうちで最も放射性起源物質の少ないもの) と平均的な地殻の Pb (Chow と Patterson (1962) による海洋底堆積物) および 27 億年前の初期の Pb 鉱床の値．地球の年齢の推定は Tilton と Steiger (1965) による．

表 4.2 放射性 Pb [a]

隕石 (式 (4.3))	0.613
海洋底堆積物 (表 4.1)	0.591
マニタウワッジ方鉛鉱 (表 4.1)	1.058
イースター島 [b]	0.532
グアドループ島 [b]	0.478
東太平洋海嶺 [b]	0.572
大西洋中央海嶺 [b]	0.584

[a] さまざまな試料の Pb の同位体比

$$\frac{(^{207}Pb/^{204}Pb)_S - (^{207}Pb/^{204}Pb)_0}{(^{206}Pb/^{204}Pb)_S - (^{206}Pb/^{204}Pb)_0}$$

(S：試料，0：始原的 Pb)．
[b] Tatsumoto (1966) によるデータ．

の値は原始太陽系星雲内に存在していた始原的 Pb と見なされており，放射性 Pb の同位体比の計算に基準値として使われている (式 (3.14)，表 4.2)．

式 (4.3) と図 4.1 にみられるようにアイソクロンとの良い一致によって，Pb と U は原始太陽系星雲が固体天体に分離する以前には同位体的には均質であったことが示される．多くのより軽い元素 (C, O, N, Ne, S) は同位体的には完全には均質ではなかった．炭素質コンドライト中には太陽系の誕生以前の超新星爆発時により重い元素の合成が起き，複数の独立した原子核合成の証拠が残されている (4.5 節)．重い元素の起源については 4.4 節に述べられている．地球内部での Pb の進化を理解するために，鉄隕石の始原的 Pb の値を出発点の値と見なしている．地球内部での U と混じり合って放射性起源の Pb が付け加わることで，その後の同位体比は変化していくことになる．Pb の同位体比が 1 本のアイソクロンにのるための条件は，それぞれの Pb–U の貯留層[*2] がその形成以降孤立している (他の貯留層との混合や流出がないこと) 必要がある．ほとんどの隕石は明らかにこのような条件を満たしている．いくつかの特殊な場合を除き，隕石は孤立して存在していた．すなわち形成されるや否や他から分離され，冷却し太陽系の歴史を通して化学的に変質を受けてこなかった．

地球上では地質学的な活動で Pb や U が再配置されるために，隕石と同等な試料は存在しない．ところが Chow と Patterson (1962) は，隕石のアイソクロンと対比できる地球の平均的な Pb 同位体比を推定する巧妙な方法を提案した．彼らのアイデアは，海洋の堆積物の Pb の分析値が地球の平均値と見なすというもので，大陸の岩石の侵食や海洋堆積物として堆積する以前に混合された生成物が地殻の平均値のよい近似と見なせると考えた．異なった海洋地域の堆積物は若干異なった値を示したが，地球全体での平均をとると Chow と Patterson は平均的地殻の値として最もよい推定値を得た．これが図 4.1 中の '地球' と記されたポイントである．表 4.1, 4.2 にはその数値が与えられている．この海洋堆積物がどれほどよく Pb の全地球平均を表しているのかという考察は 5.4 節

[*2] 地球化学的に同一の挙動をとる一定の大きさの領域を「地球化学的貯留層」とよんでいる．

で行う.

図 4.1 は地殻の Pb の平均値が隕石のアイソクロンとよく合っていることを示し,地球は隕石と同時代に形成されたという考えを支持している.しかしこの図のスケールではより詳細な比較は難しく,表 4.2 の放射性起源の Pb の数値データを用いてきちんとした評価が行える.これらのデータは地球の Pb には大きな変動があり,堆積物の平均値と隕石のアイソクロンの間には小さいながらも矛盾があることを示している.この小さなずれは平均値として地殻 + マントルを考えた点にあり,不十分なサンプリングによる人工的なバイアスではないとわれわれは考えている.もし中心核に一部の Pb が取り込まれ,地殻 + マントルから失われたと考えると,地球全体と隕石のアイソクロンの間には矛盾は存在しない.しかしこのような考えではマントルから中心核の分離は地球の形成から少し遅れて生じたとしており,これは,タングステン (W) 同位体を用いたより感度の高い研究結果とは矛盾する (5.4 節).

表 4.2 に載せた数値は初期と後期の放射性 U の値の例である.カナダのマニタウワッジ (Manitouwadge) 鉱山の Pb 鉱床の Pb は 27 億 4000 万年前に U から分離されたので,その値はこの時点以前に形成され,初期値に付け加わった放射性起源 Pb の量を表している.これは初期の Pb の典型的な例で,短寿命の ^{235}U からの放射壊変生成物である ^{207}Pb に富んでいるという特徴がある.表中のこれ以外の値は地殻の平均値も含めすべて後期 Pb の特徴を有している.それらは U に富んでいく過程か,あるいは初期 Pb が取り去られていく過程でつくられたに違いない.マニタウワッジのような地殻の Pb 鉱床がわれわれの予想以上に大規模なものでない限り,これらの値はマントル全体の初期 Pb の欠乏を説明するには不十分である.残された説明は初期 Pb は中心核に取り込まれてしまったと考えることである.Oversby と Ringwood (1971) は Fe とケイ酸塩の溶融体では Pb は Fe に強く分配されることをみつけ,Pb の同位体は Fe とともに中心核に運ばれることで説明されると考えた.しかし 5.4 節で述べたようにこの考えは W 同位体のデータとは相容れない.これらの議論を考える上では,Pb,U,W,Hf (ハフニウム) (これは W に放射壊変をする) は中性子に富む重い元素であり,超新星爆発でのみつくられるという点を考慮する必要がある.そのような超新星爆発が 1 回きりであるとすると,これらの元素の同位体比は太陽系星雲内では均一であったはずで,ちょうど異なった原子核合成過程が必要とされる軽元素の場合 (4.6 節) と異なり変化しようがない.したがって Pb 同位体の問題はいまだに未解決である.

Rb–Sr 法により全岩分析の値から隕石のアイソクロンの良い値が得られている.

$$\frac{^{87}\mathrm{Sr}}{^{86}\mathrm{Sr}} = 0.0664 \frac{^{87}\mathrm{Rb}}{^{86}\mathrm{Sr}} + 0.6989 \quad (4.4)$$

この場合,切片の値はたいへん低い Rb 量のエコンドライトの値を用いた Sr の初期値である.式 (3.12) を用いるとこの傾きから 45 億 3000 万年という年代が得られる.個別の隕石の年代も鉱物のアイソクロンから決められているが,その年代にはいくぶんかばらつきがある.その理由の一因は隕石が冷却されるときに,拡散が終了し,系が凍結するまでの間に数千万年という時間遅れが生じるためである (1.10 節).しかし同時に隕石の形成自体にも時間差があり,また Sr の初期値も完全には均質ではなかったことも明らかである.Gray ら (1973) はアエンデ炭素質コンドライト中の Rb に欠乏した粒子の分析値から Sr 同位体の初期値として $(^{87}\mathrm{Sr}/^{86}\mathrm{Sr})_0 = 0.69877$ という値を得た.この値の Sr はエコンドライト形成以前に Rb から分離したはずである.

隕石の形成年代の多少のずれや残された不確定性や相互の矛盾は細かな点ではあるが,太陽系の集積や極初期の太陽系の歴史を考える上での鍵を与えてくれるために重要である.しかし全体としてみて隕石が共通の星雲物質から 45 億 7000 万年前に形成されたという説に疑問を差し挟むものではない.さらに地球や他の惑星が同時に形成されたという結論も避けがたい.しかしこの点に関しては地球は誕生以降複雑な歴史を経ているので直接的な証拠はあまりない.もし隕石のデータがな

いとすると地球の年齢は最も古い地質学的な試料の年代，44億年と重元素の年代 (4.4節，たぶん66億年にまで延びる可能性がある) との間にあるとしかいえない．

4.4 重元素による年代測定—「みなしご元素」

^{235}U に代表されるように半減期が10億年，あるいはそれに満たない放射性元素は現在まで生き残っているため，その年齢がおおざっぱに推定できる．Rutherford による初期の見積もりではU同位体比の初期値は $(^{235}\mathrm{U}/^{238}\mathrm{U})_0$ を仮定した．この値を用いると現在のU同位体比は2つの放射壊変の違いにより以下の式で表すことができる．

$$\left(\frac{^{235}\mathrm{U}}{^{238}\mathrm{U}}\right) = \left(\frac{^{235}\mathrm{U}}{^{238}\mathrm{U}}\right)_0 \quad (4.5)$$

これから核合成が起きた年代として，57億年という値が得られる．このUの年齢がハッブルの膨張係数から推定される宇宙の年齢，137億年と同程度でなくてはならないと考える必要はない．もしそうであれば $(^{235}\mathrm{U}/^{238}\mathrm{U})_0 = 627$ という値になる．Rutherfordによるこのような予想は中性子が発見されるよりもはるか以前のものである．今日ではよく知られているように中性子は ^{235}U を破壊し，核分裂を促進させる．太陽系の誕生時の ^{235}U はより重い，短寿命核種の娘元素であったはずで，したがって Rutherford の見積もりは重元素の年齢に関して長すぎる．このことは重元素の生成とそれが太陽系の固体天体に取り込まれるまでの時間差はそれ以降の太陽系の歴史に比べて短なものであったことを意味している．ここに「みなしご同位体」探索の意義が生まれる．「みなしご同位体」とは太陽系誕生時には存在していたが，現在では測定可能な量では存在しなくなっている短寿命核種の崩壊生成物のことである．それは隕石中に異常な同位体組成として残されている．それらのうちのいくつかは表 H.3 にリストアップされているが，最も注目を集めてきたのは Xe (キセノン) の同位体存在量に見られる異常である．この問題はしばしば「キセノン学」(xenology) とよばれている．

キセノン学は J. H. Reynolds が 1960 年に隕石中に I (ヨウ素) を含む鉱物中に ^{129}Xe が通常よりも濃縮していることを発見したことから始まった．天然に存在している唯一の I は ^{127}I であるが，核合成の理論から太陽系形成時には ^{129}I がかなり形成されていたと予想されている．^{129}I はベータ崩壊を起こし，半減期1570万年で ^{129}Xe に変わっていく．これが ^{129}Xe の濃縮の原因である．短い半減期のために核合成から隕石形成までの時間差についてはっきりとした制約条件を与えている．隕石中の鉱物に Xe 同位体比異常として見いだされるのは I として鉱物に取り込まれた後に壊変してできた ^{129}Xe だけである．この濃縮量は隕石形成時の ^{129}I の存在量を直接反映している．

I 元素の合成が ^{129}I の半減期に比べてたいへん短い時間で起きたこと，^{129}I と ^{127}I が同量合成されたこと，の2点を仮定すると隕石に取り込まれた時点 (核合成から t 時間後) では ^{129}I は $e^{-\lambda t}$ だけ減少している．隕石中の異常な ^{129}Xe をつくり出したのはこの残された ^{129}I であるので，

$$^{129}\mathrm{Xe}_{\mathrm{excess}} \approx {}^{127}\mathrm{I}\, e^{-\lambda t} \quad (4.6)$$

核合成が長い時間かかって生じた場合を考慮した，より一般的な式は問題4.2で取り扱われているが，もし合成が超新星爆発で起きた場合には考慮の必要はない．式(4.6)をもとに Reynolds は核合成から隕石形成までの時間差を1〜2億年と見積もった．今日ではこれも過大評価で，実際の時間差は数100万年程度の短さであったと考えられている．

^{129}Xe の過剰は I が原因であるが，8個ある他の Xe の安定同位体間にも存在量にばらつきが見られる．この基本的な原因は消滅重元素である ^{244}Pu の自発核分裂によるものである．^{244}Pu は原子力発電や核兵器に使われている短寿命核種の ^{239}Pu とは別物である．その半減期は約1億年であり (表 H.3)，そのうちの0.3%が自発核分裂である．その崩壊生成物には Xe 同位体も含まれ，特徴的な同位体比には崩壊前の物質の存在比が反映されている．Pu には安定同位体が存在しないために，鉱物

が ^{244}Pu を取り込んだときに比較参照できるマーカーの役割を果たすものがない．これは ^{127}I の存在が ^{129}I → ^{129}Xe の壊変プロセスの理解に役立ったことと対照的である．しかし化学的には Pu は U と似たような挙動をするようで，^{244}Pu は U を含む鉱物中に見つかる．^{244}Pu の崩壊生成物は核合成から惑星の集積までの時間の差がその後の地球の歴史に比べてたいへん短かったのであろう．この推定はこれ以上正確にはならない．というのも集積過程そのものがある時間掛かっているためである．また同時に Xe 同位体比の変動も完全には理解されていないことも原因である (Ozima と Podosek, 1999)．

この節で扱ってきた重元素を生成するには非常に激しい中性子の照射が必要である．連続した中性子捕獲は急激に進行するので，最も安定した核子群をつくり出す通常のベータ崩壊となる余裕はない．中性子の激しい爆発的生成をつくり出す唯一の現象は超新星の爆発である．したがって超新星爆発が固体天体によるその破片の取込みに先行すること1億年前 (たぶんもっと短かったであろうが) に起きたことが結論される．炭素質コンドライト中の粒子に含まれる，より短寿命の親元素に由来する「みなしご元素」を用いることで Xe 以上に短い時間差の推定値が得られている．その意味するところは超新星の爆発が 4.6 節で考察するようなメカニズムにより太陽系の形成の開始のきっかけをつくったことである．

とくに興味を引くもう1つの「みなしご元素」は ^{26}Mg であり，これは 72 万年の半減期をもつ ^{26}Al の壊変生成物である．隕石中の Mg 同位体比の異常が明らかにされ，それは超新星爆発で Al の合成が起きてから数百万年後に固体粒子の形成が起きたか，あるいは固体粒子の形成後核分裂で ^{26}Al をつくり出すような強力な長期にわたる照射が起きたことを意味している．しかし後者のモデルではアエンデ炭素質コンドライト中の Ca に富んだ包有物の詳細な観測事実を説明することが困難である (Hsu ら, 2000)．この包有物は 3 段階の結晶化のプロセスを示す層構造をもっており，それぞれについて $(^{26}Al/^{27}Al)_0$ が決められている．それらから，Al の核合成後約百万年以内に数十万年の間隔をおいて 3 段階の結晶化が進行した．^{26}Al が地球の初期の段階で熱源として働いたと示唆されてきたが，地球の形成にかかった時間を考えるとこれはありそうもない．

4.5 太陽系形成前の情報を有する同位体

超新星の爆発は太陽系中の重い核子の存在を説明するのに必要で，太陽系の多様性に富んだ元素構成を生み出した原因にもなるだろう．超新星爆発により異なった原子核合成を経たその生成物がガスや塵からなる原始太陽系星雲に注入された．超新星爆発の衝撃波の通過によって引き起こされた激しい乱流の中でこれらの物質はかき混ぜられ，同位体的にも均質化が起きた．しかしこの混合は不完全であった．とくに炭素質コンドライトには太陽系全体とは異なった同位体組成を有する物質がわずかに含まれている．それらはガス状態で混合・均質化を免れたわけではないであろう．隕石中では太陽系形成以前，あるいは超新星爆発以前の同位体的情報をもつ微小な固体粒子として存在していることが観察からわかっている (Bernatowicz と Walker, 1997; Nittler, 2003)．

銀河系の遠方部分のマイクロ波によるスペクトル観測によると，この領域には太陽系と同様な元素，分子からなるガスの存在が明らかになったが，同時に O, S, N, H といった太陽系にありふれた元素でもその同位体組成は大きく異なっていた．これらの領域の物質は異なった起源の原子核合成過程の混合物であることは明らかである．同様の同位体変動が炭素質コンドライトを構成する微細粒子にもみられる．この '同位体異常' の発見の最初の 1 つは ^{22}Ne である．これは希ガスなので星の大気や星雲から凝縮した固体粒子とは異なり，新星の爆発による ^{22}Na の放射壊変生成物と解釈されている．この半減期が 2.6 年なので，原子核合成の時点と ^{22}Ne を含む SiC 粒子の生成の間にはほとんど時間差がない．これらの粒子中の Si と C の同位体組成も太陽系の平均組成から大きくずれる．それらは炭素に富んだ赤色巨星の大気中で

形成されたに違いない．そこでは炭素を一酸化炭素へ，また Si を SiO_2 に変えるほどには酸素はなかった．同様に炭素に富んだ環境は炭素同位体異常 (高い ^{13}C) を有するナノダイアモンドの形成にも必要であった．このナノダイアモンドには ^{15}N に富んだ窒素や低速中性子の照射 (これは超新星の爆発時の中性子フラッシュとは明らかに異なる現象である) を受けたことを示す同位体比を有する Xe を含んでいる．これらのことから少なくとも複数の終末期にある星が，原始太陽系星雲に異なった原子核合成過程を経た同位体比をもつ塵を供給したことは明らかである．しかし同時に太陽系の形成のきっかけとなったのは超新星爆発であり，それがなければ太陽系に U や現在では消滅してしまった Pu といった重い元素や同位体比に痕跡のみが残されている短寿命の核種 (4.4 節で説明された「みなしご元素」，表 H.3) をもたらすことはなかった．

太陽系は異なった起源を示す同位体比をミクロに保存したまま形成されたことを説明した．これらの物質が惑星サイズの天体の内部ではさまざまに処理され，混合・均質化が起きるために，惑星に見られる同位体組成の変動は物理的，化学的分別作用 (3.9 節で説明をした) の結果生じたものであり，上で説明してきた太陽系形成以前の歴史を反映したものではない．この点を明確に示す良い例が O 同位体である．O には ^{16}O, ^{17}O, ^{18}O の 3 種の同位体が存在し，そのいずれも放射性元素の壊変生成物ではない．その同位体比は惑星全体の O の同位体比の均質性をチェックする敏感な指標である．地球上のサンプルは，海水も大気も岩石もすべて，$\delta^{17}O$ 対 $\delta^{18}O$ のグラフ上では傾き，0.5 の直線上にのっている．このことは 3.9 節で説明した分別作用によって同位体的に均質な物質が生成されたことを示している．この直線は地球の質量分別線として知られている．多くの隕石はこの直線から外れており，また隕石種別に異なったトレンドを示している．図 4.2 にはエコンドライトのいくつかのタイプの例を示した．

図 4.2 においてとくに興味があるのが火星起源と同定されているエコンドライト (シャーゴッタイト，ナクライト，シャシナイト) である．これらの隕石は地球の質量分別線とは異なった別の分別線を形成している．一方，月起源のエコンドライトは地球の分別線上にのっている．したがって火星は地球とは異なった同位体組成を有する物質から形成され，その後火星内部で温度によって決まる分別作用 (3.9 節) の結果傾き 0.5 の直線上に散らばっていったことがわかる．このことが示す重要な点は，惑星が形成された原始太陽系星雲中には

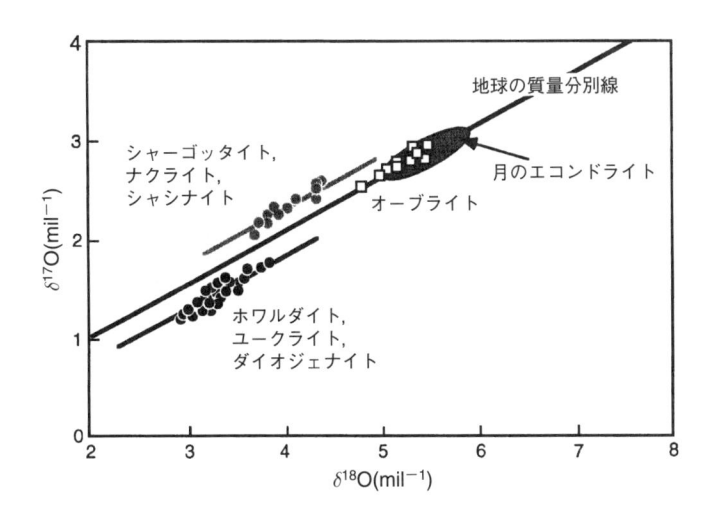

図 4.2 4 種類のエコンドライトにおける酸素の質量分別直線．データは Clayton と共同研究者による．McSween (1999) より許可を得て掲載．

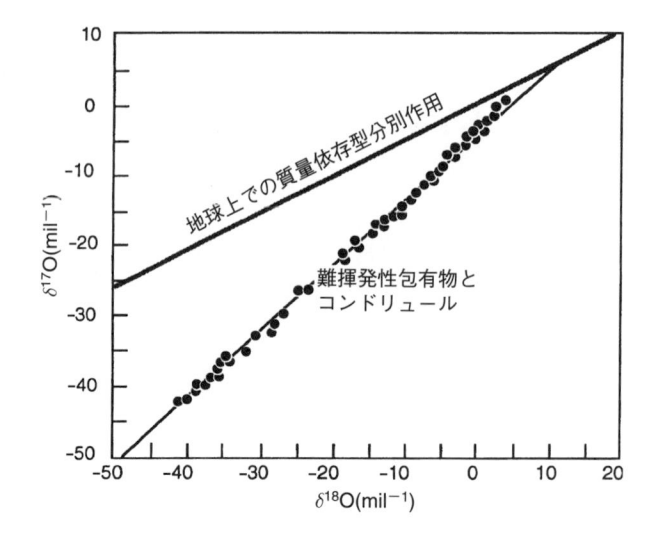

図 4.3 炭素質コンドライトに含まれるコンドリュールと難揮発性包有物 (CAIs) の酸素同位体データは 1 にきわめて近い直線にのり，地球の質量分別直線にはのらない．データは Clayton と共同研究者によるもの．McSween (1999) の許可を得て転載．

太陽からの距離に応じた O 同位体比の変化・分布があったことである．しかし現時点ではすべての隕石種の間の違いを，1 つの簡単なモデルで説明できない．集積の過程で同位体比が時間的に変動するなどという複雑な要素を考慮する必要があり，また複数のプロセスが関与していたのであろう．

図 4.3 は O 同位体比変動の起源に別の証拠を与える．難揮発性包有物 (CAI) と炭素質コンドライトのコンドリュールの O 同位体比は 1 にたいへん近い傾きの直線上にのることがこの図より明らかである．この δ 値は，ほとんどが負の小さな値をもち，$^{17}O/^{16}O$ と $^{18}O/^{16}O$ ともに分別作用を示し，$^{17}O/^{16}O$ と $^{18}O/^{16}O$ の関係 (δ 値ではなく) は原点を通る傾き 1 の直線にのることに注意すべきである．すなわちこのことは ^{17}O と ^{18}O が ^{16}O に対してある一定の割合をもつことを示している．原始太陽系星雲のガス状分子や固体粒子の上ではたらく分別作用 (おそらく両者が働いていると思われるが) が複数存在している．

Navon と Wasserburg (1985), Clayton (2002) はこの分別作用は初期の若い頃の太陽の強い紫外放射にさらされて，星雲中の CO や O_2 分子の 2 段階の光解離プロセスにより生じたものであることを示唆した．分子はまず最初に振動状態に励起され，十分な時間その状態に滞在し正確なエネルギーレベルを維持し，その後さらに紫外線の吸収により独立の原子に分解する．第 1 段階では特定の波長の紫外線を吸収する．その波長は分子振動の周波数やそのエネルギーレベルが異なった酸素同位体でできた分子間で異なっているために，分子ごとに違った値を有する．より豊富に存在する $^{16}O_2$ や $^{12}C^{16}O$ は原始太陽系星雲の内側で特定の波長に紫外線を十分に吸収し，その外側にはその波長に吸収帯をつくり出す．このため ^{16}O をもつ分子の解離がより少ない存在量の ^{17}O や ^{18}O と比較して減少していき，^{17}O や ^{18}O は ^{16}O と比較してより強く解離が進むことになる．反応しやすい独立した酸素原子の同位体組成に太陽からの距離に依存する変化を考慮して，Clayton (2002) は星雲の外側に向かって輸送される固体粒子への化学的結合の重要性を主張した．このメカニズムは ^{17}O と ^{18}O から ^{16}O を分離させ，したがって図 4.3 に見られるような傾き 1 の直線上に物質を分布させることになろう．

McSween (1999, pp. 72–73) は別のモデルを示している．そのモデルでは酸素同位体は決して完全には均質化せず，^{16}O は太陽系形成以前の超新星爆発時に事実上純粋につくられ，一方 ^{17}O と ^{18}O

は強い紫外線照射により破壊されたと考える．というのもそれらをつくり出した超新星爆発による中性子にたいへん富んだ環境はその後の放射性の強い時代に比べてたいへん短いからである．したがって，もし超新星起源の ^{16}O を含んだ粒子がサイズや密度で他の粒子と異なっていれば，ポインティング–ロバートソン効果 (1.9 節) により半径方向に移動したであろう．これは分子解離メカニズムと同じ結果を生む．隕石中に見られるすべての酸素同位体の変動をこのどちらかのメカニズムで説明するためにはもう一工夫が必要であるが，将来より多くの観測結果がそろえば，どちらのモデルが適切か判断の材料が得られる可能性は高い．たとえば ^{18}O に対する ^{17}O の分化はどのようなものであれ，ポインティング–ロバートソン効果によってより簡単に説明されるであろう．というのは異なった起源物質に対応して異なった粒子を想定すれば良いからである．しかし逆にもし惑星間塵が太陽系の他の場所では見られないようなたいへん異なった $^{17}O/^{18}O$ 比をもっていることが明らかになれば，ポインティング–ロバートソン効果はそれらを分けてしまうであろう．そのようなことが実際に起きなかったという証拠は上記の説明の説得力を低下させるであろう．

4.6 太陽系の形成プロセス

いくつかの惑星間塵 (IDP: Interplanetary Dust Particle) は死につつある星の大気中で形成された，より始原的な粒子の集合体ではあるが，いまのところその年代は決められていない．しかしガス雲に捕獲されたこれらに似た粒子はたぶん数十億年前に形成されたことは明白である．近隣の超新星爆発が重力収縮崩壊を引き起こし，太陽系を形成するまでに数回にわたりガス雲に注入されたものであろう．それ以降の展開は比較的すみやかに起こったであろう．というのは炭素質コンドライト中に保存されている同位体変動の解析により，多くの微細な粒子は星形成以前の星雲がその角運動量の保存からディスク状円盤に凝縮した時点よりもずっと後まで生成当時の情報を保存しているから

である．乱流運動によって星雲はマクロなスケールでは完全にかき混ぜられたが，微細粒子スケールでは星雲起源物質が複数存在する証拠となる同位体異常を消し去ってしまう粒子の融合は起きなかった．重力崩壊はランダムな運動を抑制する強い相互作用を生み，回転するディスク円盤を形成する．超新星の爆発に伴う衝撃波は星雲の重力収縮・崩壊を引き起こしたが，その乱流運動を抑制させることはなかったと一般には信じられている．そのかわり電磁的なダンピング機構が乱流の抑制には有効と考えられる．超新星の爆発以前には星雲は弱く電離しているに過ぎず，ほとんど導電性はなかったと考えられる．超新星爆発によって生じた破片は強い放射能をもち，星雲を導電性の高いプラズマに変質させた．電磁流体力学的運動が即座に生じ，乱流を抑制したであろう．この一連の現象は太陽形成以前に起きたに違いなく，したがって太陽の紫外線による電離作用なしの状態で進行したと考えられる．

円盤が収縮し星雲の密度が増加すると，粒子の合体成長が急速に進行する．この時期には質量の中心部への集中が起き，太陽が形成され輝き始める．まだ粒子が小さな状態で太陽の放射が始まるとポインティング–ロバートソン効果による分級・分別作用が進み，粒子サイズ・密度と化学組成間の相関が生まれ，組成の勾配が引き起こされた (たぶん 4.5 節で考察した同位体組成の勾配もこの時期に形成されたであろう)．凝縮過程は短寿命の放射性元素から生まれた "みなしご元素" (付録 H 中の表 H.3)，とくに 70 万年の半減期を有する ^{26}Al から生じた ^{26}Mg の存在量から推定される．しかしながら，その推定には少し注意が必要である．というのはこの時点ではまだ放射能が強く，^{244}Pu のような自発核分裂同位体は中性子をつくり出し，それが短寿命の放射性元素をまだつくり出していたからである．しかしながら Hsu ら (2000) は炭素質コンドライト中の難揮発性包有物 (CAI) が同心円状シェル構造をもっており，^{26}Al の合成直後に 100 万年以上の期間にわたり順次成長していったことを明らかにした．このことは CAI が最も初期の凝縮物であるという従来の考えを支持している．

CAI は難揮発性なので，ごく初期に凝縮したと考えるのは合理的である．コンドリュールの形成がそれに引き続いて起こった．コンドリュールは星雲の中で一時的な部分融解 (あるいは完全な融解だったかも知れない) と急激な冷却を何度か経験していたが，まだ独立した粒子であった．この時期は太陽がちょうど，おうし座 T 型星時期にあったと考えられている．おうし座 T 型星時期とは若い，たいへん活動的な星の典型的なタイプで，周囲の星雲内では強い衝撃波が発生し，コンドリュールはこの衝撃加熱によって形成されたと考えられている．重要な点はおうし座 T 型星時期にある星は強い磁場をもっていることである．すなわちコンドリュールの融解と冷却はこの強い磁場の中で進行したはずで，コンドリュールは熱残留磁気を獲得したと考えられる (25.2 節)．このことはコンドリュールがもっている磁気モーメントの計測値と合致している (1.11 節).

次の段階は mm, cm サイズの凝縮物が有意な大きさの自己重力をもつ微惑星に合体成長していく過程である．このプロセスの理解は進んでいる．彗星がこのステージで進行していた現象の理解の鍵となるかも知れない．彗星は揮発性のさまざまな氷を接合剤とした緩い混合体の集積したものである．太陽による直接の加熱によって金属鉄をつくり出すことは不可能であるが，緩い混合物どうしの衝突によっては可能だったかもしれない．したがって隕石の鉄は大きな天体に成長して中心核を形成する以前に，小さな天体内部でできた可能性がある．図 2.2(a) に見られるように破壊と合体は繰り返し生じていたので，衝突加熱も繰り返し生じたであろう．しかしこれらの過程によって次第に乱流やランダム運動の運動エネルギーは減少していくとともに，より大きな天体へと順次成長していく．重力の作用により最後は数個の惑星の組ができあがる (2.1 節)．しかし隕石はこの最後の過程を経験していない物質としてわれわれに提供され，したがって太陽系初期の姿や太陽系を形成した物質の情報を与えてくれることになる．

5
地球進化史の証拠

5.1　まえおき

　地球型惑星の主成分元素組成は本質的に同じであると信じられているが，大気の組成は，存在するところでは惑星によって非常に異なる (表 2.8 および表 2.9)．この多様性は，大気が惑星進化史の感度よい指標になることを意味している．^{40}K の放射性崩壊から生じる ^{40}Ar は，地球にとってはとくに興味深い．それは，地球の形成時にほとんど存在せず，地球の歴史を通じて大気に徐々に漏れ出たものだからである．金星，地球，および火星の間では K の存在度はほぼ等しいと仮定する．この仮定は図 21.1 にプロットされたデータにより金星については正しいと判断される．すると，地球の大気中の ^{40}Ar の重さと地球の重さの比が，金星のものよりも 3 桁大きいことは，地球ではより効果的に ^{40}Ar が大気中へ漏れ出たことを示している．この事実は，地球で対流による攪拌がより活発だったことが欠かせないことを示す．

　金星の $^{36}Ar/^{40}Ar$ 比が地球の 270 倍もあるのはなぜだろう．どんな場合でも ^{40}Ar は惑星が形成されてから生み出されたものであるのに対し，^{36}Ar は太陽系星雲から取り込まれたか，惑星形成後，太陽風から獲得されたものである．太陽の Ar は ^{36}Ar の存在度が高い．しかし，金星大気中で ^{36}Ar の存在度が非常に高いことは，その内部からの脱ガス生成物で説明はできない．なぜならば，脱ガスではより多くの ^{40}Ar が一緒に大気に放出されたはずだからである．金星は ^{36}Ar を含む原始大気の大部分を保っていると考えるのが合理的である．しかし，金星の $^{36}Ar/$惑星の質量比が地球の 100 倍とすると，金星の $N_2/$惑星の質量比もまた非常に大きいという事実を説明できない．進化のジグソーパズルにはめ込むべきピースがあと 2 つある．金星と火星の CO_2/N_2 比は似ていることと，地球の $N_2/$惑星質量比は金星の 28% であることである．これは CO_2 と N_2 は惑星形成初期の成分であることを示す．地球の大気は，CO_2 を継続的に除去し，N_2 を利用した生物により劇的に変わった．これにより地球の大気中の N_2 が吸収されて金星に比べて量に差ができたかは不明である．金星や火星には太陽風により ^{36}Ar が注入され，たぶん He と ^2H も注入されたと考えるしかないだろう．これに対し地球は磁気圏により宇宙線から保護されてきた．

　酸素は地球では光合成によりつくられる特別な存在である．だが，大気の上層で紫外線の照射を受け水蒸気が分解され，水素が宇宙空間に逃げ去ることによっても酸素はつくられる．この生成速度は，ほとんど水蒸気がない大気上層の冷たさによって制限を受ける．火山ガスの酸化や火成岩の風化で酸素が消費されないとすると，酸素は現在の濃度のおよそ 20% のレベルまで蓄積される．したがって火星大気に含まれる少量の酸素を説明するのに生物の存在を仮定する必要はない．地球の大気中の酸素は，光合成で CO_2 から炭素が取り去られる速度と有機物が埋没する速度のつり合いで決まる．炭素が取り去られる正味の速度は，光合成と埋没によって生物圏を経由する炭素の流量に比べるととても小さく，その速度を正しく見積もるすべはない．また，CO_2 は海水に溶け込んだり，海生生物の殻に取り込まれることにより除去されるが，その反応は酸素の収支に影響しない．大気

を通して最も大量に循環しているのは水であるが，それは本質的につり合いのとれた反応であり，他の成分には影響しない．

地球は誕生以来原始大気があったが，原始地殻は仮にあったとしても大きくはなく，大陸地殻は存在しなかったと考えられる[*1]．それらの化学的に異なる物質は，はるかに大きな体積を占めるマントルから分離したものであり，集積しつつある地球に単に最後に積もったものではない．隕石の組成によって示唆されることは，最初はコアとマントルのみが存在し，地殻は非常に早い時期からであるが，地質学的時間をかけて成長したことである．

2.9節は，マントルからの1, 2, 3次的な分化の産物として3種類の火成岩からなる地殻について述べた．したがって，地殻の組成は地球の進化の指標であるが，この場合他の惑星からは比較すべき情報が乏しい．海洋は地球に特有のものであるが，ずっとそうであったかはわからない．大陸地殻も地球に特有なものと考えられているが，火星には大陸的な地殻があるかもしれない．それに対して，地球の玄武岩質の海洋地殻は，他の惑星や月に同等なものがある．しかし，それらには沈み込んでゆく海洋底の地殻を溶かして安山岩マグマをつくるための融剤となる海水がない．海洋底の平均寿命は1億年程度であり，大陸地殻の大部分の地域の年代の5%にしか過ぎないので，地球の進化の初期に起きたことの証拠は大陸地殻の中に求めるしかない (5.3節)．

生物活動は環境に敏感に反応するため，地殻の堆積岩の層に順番に残された生物の化石は過去の環境の記録となる (5.5節)．この記録は放射性核種を用いた年代測定が確立し，地質学的な時代区分に年代の数値が入れられるようになるはるか前から地質学的な時間尺度となってきた (付録I)．地質学的な年代区分の「紀」はそれぞれが特徴的な化石によって識別され，お互いに区別できることが重要である．それぞれの紀の境は生物種の進化の不連続のしるしとなっている．多くの種が消えて，それにより生態学的なニッチが出現，または解放された別の種に取って代わられた大量絶滅にここでふれよう．大量絶滅は環境の危機の結果だが，これは地球進化の手がかりを与えてくれる．その根本的な原因については論争中で，まだ合意に至ってはいないが，多くの証拠から隕石の衝突に重点を置く考えから火山活動が主な寄与を与えたという見方に変わりつつある．火山原因説はマントル中の深部からの対流プルーム (12章)，コアからの熱流量 (18章) や地球磁場ダイナモの駆動力 (21章) などの証拠と結びついている．

コアの進化については意見が分かれてきた．放射性崩壊を生み出す熱源が何かという疑問にかかっている．鉄隕石にはU, Th, Kはほとんど含まれていないため，最近の議論はコアの中の放射性核種は無視できると仮定している．この仮定が正しいとすると，地球が徐々に冷却されていくことで地磁気ダイナモがエネルギーを得ていることになる．Kは硫黄とともにコアへ入っているという説は以前からあったが (2.8節)，冷却熱だけでは，内核が長期間にわたり存在する場合ダイナモを維持できないことから，再び盛んになってきた (21.4節) が，その議論に疑問をもつ考えもある (StaceyとLoper, 2007)．コアはマントルよりもよりゆっくりと冷え，マントルとの境界に熱境界が生じることがわかっている．驚くかもしれないが，放射性崩壊の熱があると，この説明は容易になる．コアの熱流量とダイナモは，放射性崩壊でコアが冷えるのが遅くなることで，より長い期間維持できるからである．しかし，^{40}Kの半減期は比較的短いため，熱進化の計算は複雑になる (23章)．Uをかわりに使えば問題は避けられるかもしれないが，そうする根拠はより弱い．コア形成は地球が集積してから数千万年遅れたという説も時々唱えられてきたが，単純なエネルギーからの議論 (5.4節) によるとそれは困難である．地球と隕石のW同位体比の比較が最近されているが (Fitzgerald (2003) によるレビュー)，それはコア形成は地球の集積過程の一部であり，別の事件ではないことを確認している．

[*1] 最近の研究成果では，地球は誕生してから1億年くらいの間に大陸ができたという考えが強くなってきた．

5.2 アルゴンとヘリウムの脱ガスと地球のカリウム濃度

地球内部で ^{40}K の放射性崩壊でつくられた同位体 ^{40}Ar は, 火山活動や地殻の岩石の風化により大気に漏れ出る. Ar は化学的に不活性であり, 宇宙空間へ脱出するには重すぎるために, 大気に滞留し, 大気の約 1% にあたる 6.55×10^{16} kg だけ蓄積した (表 2.7). U や Th の放射性崩壊で生じる ^{4}He もまた大気に漏れ出るが, 宇宙空間に脱出できるほど軽いため, 大気での平均滞留時間は数十万年になる. そのため, ^{4}He は地球内部で ^{40}Ar より多くつくられるが, 大気では微量成分になる. ^{36}Ar と ^{3}He はごく微量存在しているが, 地球が太陽系星雲から形成したときに地球内部に取り込まれた初生的な成分で, その後放射性崩壊で付け加わることはない. しかし, それらの同位体には太陽風, あるいは破砕反応 (spallation) でつくられたものが惑星間塵に取り込まれ, 地球に到達する成分もあるため注意が必要である (式 (1.7) 参照). 初生的なガスは放射性崩壊で生じた ^{40}Ar と ^{4}He に比べると非常に少なく, ^{40}Ar と ^{4}He のほとんどすべては地球内部でつくられたことを示している. 太陽風の ^{36}Ar 濃度は ^{40}Ar の 7 倍であるが, 地球の大気では ^{40}Ar の方が 296 倍濃度が高い.

地球の大気に漏れ出る ^{40}Ar の ^{4}He に対する比は地球の K/(U + Th) と等しい. この比はまた, マントル物質が火山活動によりテクトニクス的に循環する速度を推定するために役に立つ. 地殻の K, U, Th 濃度は直接測定できるが, マントルについては海底で急冷された玄武岩にトラップされた Ar と He を測定し, 起源物質中の K と (U + Th) を推定する. 原理的には初生的な同位体の ^{36}Ar と ^{3}He は地球の脱ガスがどの程度進んだかを推定するのに使用できるが, それらを定量的に用いる試みは, 急冷された海水の成分がわずかに吸着していることで, 混乱している. しかし, もし信頼できる ^{40}Ar と ^{4}He 量がわかれば, それらから K/U 比を推定でき, その結果マントルの K 濃度を得ることができる. 地球内の U 濃度はコンドライト的と仮定できるからである. より揮発性の高い K がどの程度地球集積のときに失われたかは, 地球の熱収支を考えるうえで重要である (21 章).

ガスの濃度の比は通常体積の比を使って表される (原子数の比でも同じになる). ここでの議論のためには, 質量比で表されている固体元素 (K/U) の比を, 放射性同位体の個数の比に変換する方が便利である. 原子量および放射性同位体の存在度の差が考慮できるからである.

$$\frac{^{40}\text{K 原子数}}{^{238}\text{U 原子数}} = 7.00 \times 10^{-4} \left(\frac{\text{K}}{\text{U}}\right)_{\text{mass}} \quad (5.1)$$

^{235}U/^{238}U の原子数の比は 7.35×10^{-3} であり, (^{232}Th/^{238}U) の原子数比が 3.8 になる Th/U 比を仮定する. それらの数値を使えば, 放射性崩壊の式によって, ある特定の K/U 比をもつ物質からつくられる ^{40}Ar/^{4}He 比を計算できる. ^{238}U, ^{235}U, ^{232}Th 1 原子は, 放射性崩壊でそれぞれ 8 個, 7 個, 6 個の ^{4}He をつくるのに対し, ^{40}K 1 原子は平均して 0.105 原子の ^{40}Ar しかつくらない. 放射性崩壊の生成率について 2 つの極端な例をあげると, 現在での生成率と 4.5×10^9 年にわたっての生成率は, それぞれ,

現在の生成率

$$\left(\frac{^{40}\text{Ar}}{^4\text{He}}\right) = 1.68 \times 10^{-5} \left(\frac{\text{K}}{\text{U}}\right)_{\text{mass}} \quad (5.2)$$

45 億年間にわたっての生成率,

$$\left(\frac{^{40}\text{Ar}}{^4\text{He}}\right) = 4.53 \times 10^{-5} \left(\frac{\text{K}}{\text{U}}\right)_{\text{mass}} \quad (5.3)$$

(付録 J の問題 5.1). 下付の字は, 表 21.3 と直接比較できるように, ガスの比は体積, すなわち原子数比で表されているが, (K/U) 比は質量比であることを示す.

Fisher (1975) は多くの海底玄武岩から 10〜20 の ^{4}He/^{40}Ar 比を得て, マントルの K/U 比は地殻の値よりはるかに小さいと結論した. (K/U)$_{\text{mass}}$ 比はおよそ 3000 くらいらしく, 1500 まで小さくなることも不可能ではない. その後の研究により (たとえば Hart ら (1985)) より多くの地域からの試料のデータが, さらに多くの場合, ^{3}He と ^{36}Ar も含めたデータが蓄積され, より複雑な事実が浮

かび上がってきた．He/Ar 比は 0.01 と 120 の間を変化し，マントルの平均値を推定するには注意が必要であることがわかった．低い He/Ar 比は He 濃度が低い試料で得られていて，Ar 濃度が高いせいではない．このためマントルの平均値を計算するときにはあまり影響を与えていない．He が Ar より選択的にメルトへ拡散しやすいために高い比が生じているという議論があったが，長期にわたる脱ガスのあとでは，この影響は打ち消されたであろう．中央海嶺の玄武岩はホットスポットの火山島よりも高い比をもつ事実は，マントルの中で He と Ar が分別しているか，またはコアが K を含んでいることを暗示している．コアが Ar をマントルの最下部に放出して，Ar はプルームに取り込まれてホットスポット火山岩に含まれることはありうる．ここではデータの不確かさを認め，今後の研究がこの問題に新しい光を投じると期待して，マントルの平均値を $(^4\text{He}/^{40}\text{Ar}) = 12$ とする．これは Fisher (1975) が最初に出した結論とほぼ同じである．

$^{40}\text{Ar}/^4\text{He}$ と K/U の関係は，式 (5.2) と式 (5.3) の中間の値をとるだろう．この 2 式は地球初期に生じた放射性崩壊で生まれたガスは Ar に富んでいることを示す．^{235}U を例外とすると，^{40}K は U や Th よりも半減期が短いからである．マントルが最初に脱ガスするときは式 (5.3) に従うが，何度も脱ガスしたマントルは式 (5.2) に近くなる．われわれはまた地球初期の脱ガスはより激しかったことに注意しなければならない．もし地球の脱ガスの強さが熱流量に比例していると仮定すると，現在の脱ガスの強さは地球史を通じての平均の強さのおよそ 60% である．これは地球は初期にはより脱ガスが激しかったことを意味しているが，もちろん，そのときには放射性崩壊起源のガスはまだあまり生じていなかったわけである．式 (5.2) と式 (5.3) の間をとって，3×10^{-5} を係数としてそれほど大きな間違いはないであろう．$(^4\text{He}/^{40}\text{Ar})_\text{vol} = 12$ とすると，$(\text{K/U})_\text{mass} = 2800$ となり，この値を表 21.3 に採用した．この値は通常引用されているものよりも小さく，地殻の平均組成よりもはるかに小さいが，マントルは強く脱ガスされていて，大部分の Ar は大気に存在している結果であろう．

表 21.3 の地殻の K 量を加えると地球の K の全量の推定値は，7.14×10^{20} kg となる．われわれはこの値を大気中にある 6.5×10^{16} kg の Ar を 4.5×10^9 年間に生み出すのに必要な最小の K 量と比較することができる．式 (3.7) を使い，$^{40}\text{K}/\text{K}_\text{total} = 1.167 \times 10^{-4}$ とすると，$\text{K}_\text{min} = 4.7 \times 10^{20}$ kg となる．これから地球内部でつくられた 66% の Ar は大気に脱ガスしたといえる．He がマントルから脱ガスした割合は，地球史の初期にできた放射性崩壊起源のガスが脱ガスしやすいことを考えると，やや小さかったかもしれない．He は拡散しやすいので地殻から選択的に脱ガスした可能性はある．Xie と Tackley (2004) はこの不確定性に注意してこの問題を考えるためのモデルを提出している．

5.3 地殻の進化

海洋地殻は中央海嶺で推定約 3.4 km^2/年の速度でつくられている．その寿命は地球の歴史からみると短く，およそ 1 億年地球の表面に滞在する．地球の初期にできたものは残っておらず，沈み込んでマントルに再び同化する．地球史を通して形成された総体積は現在のこの地殻の体積の 20 倍を超えるため，そのわずかな量のみが大陸地殻に変わったことになる．しかし，この地殻が沈み込み帯へ横すべりするときに，大陸地殻から流された堆積物を集め，それらのうちのおそらく大部分は大陸地殻へ再循環する．この堆積物の再循環は，カニバリズムといわれることもあるが，大陸の成長史の中心問題である．

堆積物が海へ運ばれる速度は McLennan (1995) により，約 2.2×10^{13} kg/年と見積もられている．この約 20% が海盆に達するが，残りは海岸の湿地帯や河口域，海底の大陸縁辺部に堆積する．McLennan は，この堆積物の流量が農業の出現以来増加したことに注目した．この数値はわれわれのここでの議論に使うべきものより大きい．われわれは，全体の流量を 10^{13} kg/年と仮定し，そのうち 2×10^{12} kg/年が海盆に達するとする．それらの数値が示す侵食の速度に対して，侵食の対象となる海

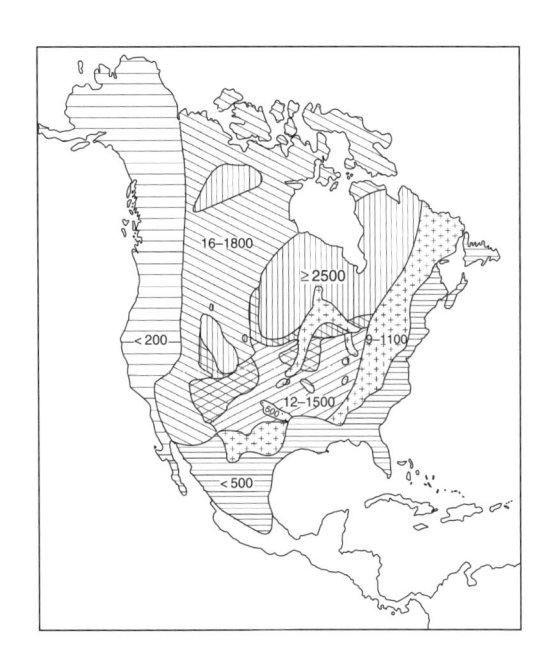

図 5.1 北アメリカの基盤岩の年代．100万年単位で示す．

面より上の大陸の物質の総量は，およそ 3×10^{20} kg である．侵食によってこの量は3千万年程度でなくなってしまう．しかし，大陸は35億年程度の岩石の核をもち，25億年より古いかなり広い領域がこれを囲んでいる（図 5.1）．侵食の速さは侵食を受ける地表の傾きに支配されていて，それほど標高が高くなく鋭い地形に乏しい楯状地は侵食速度は非常に遅い．現在，あるいはごく最近の地殻活動を受けた地域がほとんどすべての堆積物を供給する．だが，この堆積物は海底，あるいは堆積盆地に堆積するだけではない．なぜならば侵食から推定される堆積物の総量は大陸地殻の体積を上回るからである．堆積物は沈み込むか，大陸地殻物質に再生する．

すべての堆積物はいろいろな仕方で再生するが，深海底の堆積物は大陸縁辺部に堆積したものと区別する必要がある．多くの，あるいはほとんどの海洋底堆積物は沈み込み帯に消えるが，一部は沈み込むプレートに覆いかぶさるプレートによって擦り取られ付加体となる．付加体の堆積物は浅海性の堆積物となり，2千～3千万年の時間で大陸地殻に再循環する．それらの多くの部分は地殻深くに埋没したあとで，最後は固結した堆積物や変成岩として地表に露出するが，一部はより激しい作用を受け沈み込み込んで大陸地殻を裏打ちし，花崗岩や流紋岩などとなって現れる．

堆積物のカニバリズムは Veizer と Jansen (1979, 1985) によりモデル化された．そのモデルは，統計的プロセスとして提示され，地殻のどの部分も時間に関係なく，ある確率でより若い地殻へとつくり直される．このモデルでは残存する地殻の体積または面積はその年代とともに指数関数的に減少する．前述したように，この統計的なアプローチは，最近あるいは現在変動が起きている場所は一般的により隆起していて侵食を受けやすく，ランダムに侵食が起きるモデルよりも古い楯状地が長い時間残るという事実を斟酌していない．地殻の量が指数関数的に減少するモデルは数千万年くらいの若い大陸地域には適用できるようだが，古い地殻はより古い年代をもっている．侵食プロセスは，地殻が単純に指数関数的に減少するモデルでは説明できない．

われわれは大陸地殻と海洋底は究極的にはマントルを起源とすることを述べた．2種類の地殻の生成に関連したプロセスは地球史の初期にはより速やかに進行したに違いない．熱史を議論するときには (23.4 節)，地殻がマントルから分離する速度は対流熱によって運ばれる熱流量に比例すると仮定する．この仮定をおくとマントルから直接生み出された地殻の岩石の割合を見積もることができる．現在のマントルから失われる熱の仕事率を 32×10^{12} W とし，地球史を通じて失われた熱を 12×10^{30} J とすると，全体に対しての年間の損失の割合は 8.4×10^{-11} となる．1年間の大陸地殻の成長の地球史を通じてマントル物質から生み出された地殻の総量（$\sim 7.5 \times 10^9$ km^3）に対する割合を，これと等しいとすると，1年間の増加量は 0.6 km^3 となる．この値は Veizer と Jansen (1985) が化学的な方法で推定した値と非常に近い．したがって，1年あたり5 km^3 の侵食と比べると，大陸地殻の成長の90%は，より以前の地殻を起源とするもので，おそらく10%がマントルから直接付加したものと考えられる．マントル物質による重

力エネルギーの放出は地球のエネルギー収支のうちで小さな部分を占める項目である (表 21.4).

大陸地殻を成長させるいくつかのプロセスはおそらく 100% カニバリズム的なものである. 固化して変成作用を受けた堆積物は成長する間にマントルと激しく触れることはありそうもない. しかし, 連続的にマントルと化学的, 同位体的に相互作用を行う 2 つのテクトニックなプロセスが存在する. 沈み込み帯の火山は沈み込むプレートの深さがおよそ 100 km に達するところに存在する. その深度でのマントルの熱は揮発性の混合物を沈み込むプレートから追い出すのに十分である. その中には海底の堆積物がはいっているが, マーカーとなる同位体の ^{10}Be が含まれていて, それは安山岩の火山に現れる. マントルの非常な深部に, ほとんど確実にコア–マントル境界に発する物質の部分溶融物であるホットスポットの玄武岩もまた, マントル物質を地殻へ運ぶ重要なコンベアーである.

大陸地殻にマントルの成分を同定する試みは, 式 (3.11) や (3.17) の崩壊式で示される放射性崩壊で生じる Sr (Hurley ら, 1962) や, Nd (DePaolo, 1981) の同位体を用いて行われた. Rb–Sr 崩壊系では地殻には火成作用により Rb が Sr よりも選択的に濃集されるため, $^{87}Sr/^{86}Sr$ 比はマントルよりもより速やかに増加する. 再作用を受けた地殻物質はマントルから新しく得られた火成岩よりも高い同位体比をもつ. Sm–Nd 崩壊系では親元素の Sm は地殻には Nd ほど濃集しないため, $^{143}Nd/^{144}Nd$ 比は, 地殻よりもゆっくりと増加する. このため, $^{87}Sr/^{86}Sr$ と $^{143}Nd/^{144}Nd$ は逆相関を示す. 長い間地殻だった物質を起源とする若い火成岩は, マントルから直接由来した火成岩に比べると, 放射性崩壊起源の同位体の ^{87}Sr に富むため, 高い初生同位体比, $(^{87}Sr/^{86}Sr)_0$ をもつ. 式 (3.12) を微分し, 大陸地殻の Rb/Sr 比を代入すると, 大陸地殻の放射性崩壊による Sr 同位体の増加速度は次式で表される.

$$\frac{d}{dt}\left(\frac{^{87}Sr}{^{86}Sr}\right) = \lambda \left(\frac{^{87}Rb}{^{86}Sr}\right) \approx 0.01 \times 10^{-9} 年^{-1} \quad (5.4)$$

これに対してマントルの $^{87}Sr/^{86}Sr$ 比は, 地球初期の値に近いままである. したがってマントルから大陸地殻が分かれた時期を推定できる.

火成岩の起源となるマントルが不均質であることがわかったため, これまでの議論からの制約はややゆるくなった. 大西洋と太平洋の中央海嶺玄武岩の $^{87}Sr/^{86}Sr$ は 0.7023〜0.7027 であるが, 海洋島やホットスポットの玄武岩は 0.7030 以上である. したがって後者の起源マントルは, 娘元素より相対的に, より Rb に富んでいる. コアがマントルの Rb/Sr 比に影響を与えた可能性はほとんどなく, 下部マントルは地殻の分化の影響がないため Rb を失った量は上部マントルよりより少ないと考えられる. インド洋の中央海嶺玄武岩と海洋島玄武岩にも同様に差がみられるが, 両者とも大西洋や太平洋のものよりも $^{87}Sr/^{86}Sr$ は高い.

大陸地殻の最初期の成長はとくに注目を引いている. われわれは安山岩に似た岩石を生み出す火成活動により始まったと主張したい. この種の火成活動には地球表層の水の存在が必要であるという考えに従えば, 大陸地殻の成長が地球形成から遅れた理由がわかる. しかし, ジルコンは酸性の大陸地殻の岩石に特徴的な鉱物だが, 44 億年の年代をもつジルコンが西オーストラリアから発見された. この発見は大陸地殻は地球形成後 1 億年もたたないうちにつくられ, そのときには海洋も存在していたことを示す. これは, それらのジルコンの Hf 同位体比の変化を用いて, Harrison ら (2005) (Watson と Harrison (2005) も参照) が出した結論である. この議論はマントル起源の火成岩を大陸地殻が再溶融した岩石から Sr 同位体 (3.6 節) を用いて区別した議論と本質的に同じである. ^{176}Hf は長寿命の放射性核種 ^{176}Lu (付録 H の表 H.1) が崩壊してできる核種であり, その存在度は放射性崩壊で変動しない同位体の ^{177}Hf との比を使って表される. ジルコンはほとんど Lu を含まない. したがってその Hf 同位体比は, その鉱物ができたときの周囲の物質の値になる. 44 億年前のジルコンの Hf 同位体比に変化があったということは, ジルコンができたときにすでに $^{176}Hf/^{177}Hf$ 比が異なるリザーバーが存在していたことを示している. これは大陸を形成した種類の分化の後で, Lu/Hf 比

が異なる部分が長期間にわたり分離して存在していたことを必要としている．最初の酸性火成岩の地殻と，その類推から海洋も地球史の非常に初期に出現したと考えられる．

マントル内で非常に初期に分化があったことの証拠がBoyetとCarlson (2005) により示されている．彼らは地球内で試料が手に入る領域の物質はすべて，コンドライト隕石より高い $^{142}Nd/^{144}Nd$ をもつことを示した． ^{142}Nd は，半減期1億300万年の ^{146}Sm の放射性崩壊で生じる．よく仮定されるように，地球がコンドライト的な物質が集積して形成され，SmとNdの分別がなく，全体としてコンドライトと同じSm/Nd比をもったとすると，試料が入手できない地球内の部分にコンドライト隕石よりも低い $^{142}Nd/^{144}Nd$ をもつものが存在する必要がある． ^{146}Sm の半減期は比較的短いため，このリザーバーは地球史のごく初期に分化したことが必要になる．この事実は，マントルの全層対流が信じられるようになってから，化学的に分離した上部マントルと下部マントルが存在するという，採用されなくなったモデルを，変更した形ではあるが復活させた．12.6節で述べるが下部マントル全体から熱が対流により効率よく除かれる必要があり，これと調和させるためには想定される隔離されたリザーバーは非常に薄くなければならない．もしそのリザーバーが存在するならば，マントルの底のD″層の限られた領域にあり，図12.3に隠れた大陸として示してある．地球のSm/Nd比は，コンドライトの値とはまったく同じではなく，そのようなリザーバーは存在する必要はないというより単純な解釈もある．地球とコンドライトの間には他にも化学組成が異なることがMcDonoughとSun (1995) により指摘されたが，われわれもこの解釈の方がより可能性が高いと考える．

5.4 コア (核) の分離

コア (核) がマントルから分離したのは地球形成からしばらく時間がたった後だったという考えは，最初Pbの同位体比で示された．Pbは中程度に親鉄性があり，コアに溶け込んだのに対し，UとThはマントルに残った．古い鉱床を除くと，表4.2に示すすべての地球の試料は鉄隕石と比べて初期に放射性崩壊でできるPbが乏しい．コアの形成が遅れると，これは説明可能である．コアは放射性崩壊起源の，とくに ^{235}U が崩壊でできた ^{207}Pb のPbに富む初期Pbを主成分とし，マントルが ^{206}Pb に富む地球史の後期に生じる崩壊性のPbを主成分とするからである．この仮説は熱力学的に非常に難しい．コアとマントルの混ざり合った均質な物質からコアが分離するときに解放される重力エネルギーは 1.6×10^{31} J (StaceyとStacey, 1999) で，コアの温度を6300 K以上に上昇させるのに十分である．この値が示すようにコアが分離する前の物質は重力的に不安定であり，この状態が数千万年続くことは考えがたい．隕石でも分離したコアをもっていたことは何よりの証拠である．混合物から鉄が少しでも落下し始めるとそれにより解放される熱により地すべり的にコアが融合し，その過程が最後まで進む．したがって，われわれはコアは地球の集積のさいに形成されたと考えざるをえない．しかし，マントルとコアが持続的に物質を交換していた可能性は無視できない．海洋島玄武岩が中央海嶺玄武岩に比べてより地球史後期に生じる放射性崩壊起源のPbを含むことは，海洋島玄武岩が，コアへPbがとられつつある下部マントルのPbを集めてきたという仮定と矛盾しない．

Fitzgerald (2003) により研究がレビューされている3グループは，この問題の研究のためにWの同位体比を用いている．半減期900万年の放射性核種 ^{182}Hf の崩壊で生じる ^{182}W と，放射性崩壊の寄与を受けない他のWの同位体との比は，太陽系初期のHfとWの分別を反映して変化する．最も重要な発見は炭素質コンドライト隕石の ^{182}W と他の同位体との比は，地球の試料に比べて万分率にして2だけ低かったことである．Hfは親石性元素でありコアが分離するときにケイ酸塩相にとどまるが，Wは中程度の親鉄性元素で，かなりの部分がコアへ溶け込む．分析結果はマントルのWはコンドライト隕石のそれよりも少しだけ放射性

崩壊起源ののの同位体に富むことを示している．この差はコアがコンドライト隕石に相当するだけの^{182}W が放射性崩壊で生じる前に，W を取り去って，マントルの W 濃度が減少し，残存する Hf の崩壊によって生じる ^{182}W が蓄積したことを示している．この結果をコアの分離の年代として解釈するためには，マントルとコンドライト隕石の W/Hf と，太陽系形成時の ^{182}Hf の存在量が推定できなければならない．しかし ^{182}Hf の半減期は地球が集積する継続時間程度でしかない．コア形成が見かけ上やや遅れたことは，コンドライト隕石や鉄隕石の母天体の形成よりも，それらが衝突したことによって地球の形成が完了するのに時間がかかったと解釈する方がよさそうである．より重要なことは，太陽系の形成を引き起こした超新星から放出された ^{182}Hf がかなり残っていた時に地球が形成されたことである．

5.5 化石の記録——危機と絶滅

生物種が進化して繁栄するかは環境に支配される．起こりうることは起こるということはほとんど正しく，したがって，過去に起きたことは環境の面で可能なことだったと考えることができる．化石の記録は環境の記録である．地球最初の生命の痕跡は少なくとも 35 億年前にさかのぼる (Runnegar, 1982) が，化石になる動物が現れたのはせいぜい 6 億年前で，その後急速に増大した．この時期はカンブリア紀のはじめか，それよりやや前であり，大気中の酸素濃度が急増したときと一致している．生態学的に新しいニッチができ，進化により急速に占有されたと考えられる．後の地質学的な時代や，それらを分ける絶滅の出来事も同じように見ることができる．古生物学の記録は環境の危機により中断されることがある．生物種の進化は突発的であると主張されることもあるが，誤解を招く解釈である．日和見的であるといってよい．新しい生物種が出現し，競争相手の種を排除したり，または環境が変わって諸条件がそれらに有利になるとき，急速な進化が起こる．個々の地質時代は環境的には変化がない，あるいはほぼ現状維持の時期

である．化石の記録が大きく途絶えるところは環境の変動がつり合いを乱したときに起こっている．

環境危機の究極の原因は何かということは，化石記録の断絶が認識されてから，議論の対象となってきた．Alvarez ら (1980) が恐竜を含む全生物種の 2/3 が絶滅した 6500 万年前の白亜紀と第三紀の境界に小惑星や彗星の大規模な衝突を示す証拠が見られるという論文を公表してから，この議論はさらに活発になった．この境界と，大量絶滅は天体の衝突の直接の結果であるという推定が正しいかは，大量絶滅の研究の中心テーマとなった．

白亜紀–第三紀 (K–T) 境界で最初に注目された特徴は，薄く地球上を覆うように見えるイリジウム (Ir) に富む堆積層の存在である．Ir は Fe と合金をつくりやすい親鉄性元素で，堆積層には他の親鉄元素とともに隕石と同じ比率で含まれている (Kyte ら, 1985)．この事実は Ir が地球外物質により供給されたことを意味する．境界には衝撃を受けた石英粒子やテクタイトのような球粒が存在することも衝突の考えに合う．Ir の存在度からいって少なくとも 10^{15} kg のコンドライトのような物質 (これは直径約 8 km の天体に相当する) が，地球のまわりで飛び散り分配されたことを示す．そのような事件が，K–T 境界かそれに近い時期に起きたことは疑う余地がない．ただ，(1) 衝突だけで他の原因なしに大量絶滅が引き起こされたか，(2) 他の重要な大量絶滅にも天体の衝突がかかわっているかという疑問が生じる．Toon ら (1997) は天体の大きさにより衝突が環境に与える影響がどう変わるかをレビューしている．

K–T 境界は非常に大きな体積のインドのデカン地域の洪水玄武岩の出現した時期とも一致している．200 万〜300 万 km^3 の溶岩が 100 万年の短期の間に噴出した．噴出速度は平均すると 1 年あたり 2〜3 km^3 になり，全地球的な環境の危機を引き起こすには小さすぎるが，噴火過程は定常的ではなかった．体積 1 万 km^3 に及ぶ溶岩流が明らかに短期間に現れ，大規模な脱ガスが起こると，大気にそして気候に，数年にわたって影響を与えた可能性がある．これは硫黄化合物を含むガスが成層圏に達するかどうかに左右される．したがって，

火山活動により引き起こされる絶滅は小惑星の衝突と同じくらい急に起こりうる.

K–T 境界の堆積物に煤が大量に見つかっている (Wolbach ら, 1985) ことは, とくに説明を要することである. 10^{15} kg に及ぶ総量は大規模な火災によってのみ説明できる. 全地球の植生の 50% 以上が火災によって消えてしまうこと自体が環境の危機といえるが, 衝突にしても火山活動にしてもこの原因と考えることは難しく, また植生が燃えて煤が生じることも考えにくい. 大規模な油田や炭田が露出して燃えたと考えるのがより妥当である. こういうことは小惑星の衝突よりも火山活動の方が引き起こしやすい. 煤が積もったのは, 全地球的な火災による一度の出来事ではなく, K–T 境界それ自体からしばらく後まで続いていた. この事実はまた, 化石燃料源がひとたび発火すると長い間燃え続けたか, 複数回の発火の事件があったかを示唆している.

2 億 5000 万年前に起こったペルム紀と三畳紀の境界でほとんど完膚なきまでに生物の種の 95% が姿を消した. この事件は現在シベリアにあたる地域で起きた巨大で急速な洪水のような玄武岩の噴出と同時期に起きている (Kamo ら, 2003). この時期には Ir 層に見られるような小惑星の衝突の証拠は見られない. 5 億 5000 万年にわたる化石によって特徴づけられる顕生代の 2 度の最もひどい絶滅がともに大規模噴火と同時期であることがわかり, ほかにも大量絶滅と大規模な火成活動が一致しているかを探す研究が促進された. Courtillot (1999) はこれまでの情報を精査し, 6500 万年前の K–T (白亜紀–第三紀) 境界を含め, 少なくとも 7 回の出来事があったと結論した. 地質時代の境界に Ir 層が見られるのは, ほかには Olsen ら (2002) が報告している 2 億年前の三畳紀とジュラ紀の境界があるが, いくつかの Ir 層は大量絶滅と無関係なときに現れている. したがって火山活動が大量絶滅を引き起こしたという根拠は非常に強く, 何人かの研究者は論破できないと考えているが, 疑問を抱いている者もいる (Wignall, 2001). 衝突説の論拠はこれよりは弱く, 火山活動で説明することも可能な 2 つのイベントに根拠をおいている. しかし K–T 境界の場合では, 大量絶滅はメキシコのチクシュルーブ (Chicxulub) での衝突事件により引き起こされたと考えられていて, 事件と境界層とは一致していて説得力がある. 衝突により大量絶滅が引き起こされたという考えは, 過大に強調されていて, それについての報告も多く負の遺産といえるほどである. Courtillot (1999) にいたっては火山活動を原因にあげる考えを抑制するような表現をしている. 歴史時代の噴火が気候に与えた影響は, 巨大玄武岩区を生み出した噴火に比べるとはるかに小さいことは Robock (2000, 2003) や Budner と Cole-Dai (2003) によりよく述べられていて, 火成活動が大量絶滅の原因となることを疑わせるものはない. 衝突現象によっても同じような影響が生じるとすることも否定できないが, 大量絶滅の事件のうち火山活動と一致しないものが存在しないことは, 衝突現象が主原因であるとすることができないことを意味している.

巨大玄武岩岩石区はマントル深部で発生したプルームが地表に到達したものと解釈されている. Morgan (1971) により最初に提唱されたプルームの概念についての議論は 12 章でとりあげる. コア–マントル境界から生じる対流するプルームはいつまでも生き残るものではなく, 途切れたあとで新しいプルームに取って代わられる. 新しいプルームは大きくふくらんだプルームの先端部でマントルを融かしながら上昇しなければならず, そのさいにマグマがマントル内に貯蔵され, 裂け目ができたときに急激に噴火することが可能になる. これを考えると, 火成活動による大量絶滅は 5 千万年から 1 億年程度の不定期な周期で繰り返すと考えざるをえない.

6
地球の回転，形状および重力

6.1 まえおき

　地球の外形のことを，形状 (figure) という．目的によっては地球の形状を球形として議論を進めてよい場合もある．このような近似の場合，地球と他の天体との間には中心力のみがはたらくので，その効果だけからすれば，地球重心におかれた質点に対して同じ力がはたらく場合と違いはない．このとき，外からのトルクははたらかないし，角運動量は保存するので，たとえ地球内部の運動があったとしても地球の回転軸は空間に対して固定されたままである．こうなると，地球物理的に重要な効果であっても生じえないものがいくつかでき，それらから得られるべき地球内部の情報が得られなくなる．もっと近似をよくすると，地球は，横長の楕円体となる．これは自らを球形にもっていこうとする地球の万有引力と，地球の自転による遠心力とがつり合ったときにできる平衡形にきわめて近い．このときに生じている赤道方向のふくらみ (同じことだが，極方向のへこみ) は，非常に広い範囲に影響を及ぼす．それらの中で，われわれが地球を理解する上で最も重要なものは，次章で扱う歳差である．歳差を使って，慣性モーメントについての直接的な見積もりができる．これにより地球内部の密度分布を推定するときに不可欠な拘束条件が与えられる．本章では地球を球から楕円体にずらす力のつり合いを考えると同時に，それによって地球重力が緯度によってどのように変わるのかを議論する．

　では，力のつり合いから予測される楕円体形状に，実際の地球はどの程度まで近いのであろうか？現実の地球の扁平率は平衡形の値より，わずかに大きい (過剰扁平率) ということはよく実証されているし，扁平率は時とともに少しずつ小さくなっている．その原因の1つは，地球の回転エネルギーが潮汐散逸によって徐々に失われて，自転が減速していることにある．その結果，8章の議論でわかるように，確かに平衡形から予測される扁平率は時間とともに次第に減少するのだけれども，その速度は実際の観測値よりも遅すぎる．もっと重要なこととして，地球の両極を広く冠状に覆っていた氷河 (氷冠) の荷重により極地方に凹みが生じていたものが，氷床域の縮小・消失によって，数千年から1万年くらいの時間をかけてゆっくりと元に戻りつつあるために，まだ扁平率の過剰が解消されていないことがある．これは後氷期地殻隆起 (post-glacial rebound) とよばれ，いまも継続している全地球的な現象であり (9章)，スカンジナビアのボスニア湾周辺 (フェノスカンディア) やカナダ東部 (ローレンシア) で最もはっきりと見ることができる．衛星観測 (6.4節および9章) によって，扁平率の減少速度を直接測ることができるようになり，一定速度で変化しているわけではないことがわかった．1988年までの約20年間はほぼ一定の速度で扁平率は減少したが，その後数年間は増加した (CoxとChao, 2002)．これは，明らかに質量の再配分もしくは海洋循環の変化による一時的な効果であり，後氷期地殻隆起による規則的な減少の方が正常な状態である．深部マントルの粘性率は原理的には衛星観測によって見積もられる．しかし，そのために過剰扁平率をもたらす他の効果についてもっと詳しく知らなければならないが，それはまだよくわかっていない．

過剰扁平率をもたらす効果のうち，潮汐摩擦や後氷期地殻隆起とは無関係な要因として重要なものが2つある．その1つは比較的つまらないものだが，赤道および南極にはたらく潮汐ポテンシャルの平均値に差があることによって生じる(8章)．これは「つり合いからのずれ」という意味では，真の過剰扁平率ではなくて，地球の回転とは無関係に，天文学的に及ぼされる効果である．これよりももっと興味深いのは，マントルの不均一性の効果である．地球回転のゆらぎには，7章で議論するように14カ月周期のチャンドラー極運動(Chandler wobble)というものがあり，これは地球の最大慣性主軸と瞬間自転軸とが少しずれていることにより生じる．ある角運動量が与えられたときに許されるさまざまな回転状態のうち，対称軸のまわりに回転している状態が，回転エネルギーが最小となる．対称軸からずれた軸のまわりに回転していると，その時のエネルギーと前述の最小エネルギーとの差(過剰エネルギー)を使って，ジャイロ運動を起こすトルクが生じ，その結果，自転軸が極運動(ウォブル，wobble)とよばれる運動をすることとなる．このウォブルは約30年の時定数で減衰していく．ここで重要なことは，角運動量の軸に対する地球の向きが，最初はずれていても，時間とともに自己調整がはたらいて，その軸のまわりの慣性モーメントが最大になるということである．これは，地球の向きというものがマントルの密度分布で決まっていて，もし，マントル内の対流パターンが変化して，密度が変化すると「真の極移動」(true polar wander)を引き起こす可能性がある．この移動はすべての陸塊について類似した様式で生じるもので，大陸どうしの相対運動である大陸移動とは力学的にも区別されるものである．観測の面から両者をはっきり区別することは，古地磁気学データにとってはたいへん過大な要求であるが(25章)，突発的な真の極移動は繰り返されてきたように見える．したがって，過剰扁平率の一部については，マントルの不均一性ゆえに生じているに違いないということがわかるが，それがどの程度，全体の中で重要性を占めているのかについてははっきりと示す証拠はない．6.4節では，そ
れは赤道面内の扁平率と同程度であり，したがって軸方向の過剰扁平率の半分以上であろうということを述べ，観測されている過剰扁平率のかなりの部分はマントルの不均一性で説明できると結論する．

固体地球と大気・海洋およびコア(核)との相互作用が地球の回転にもたらす影響については，7章で議論する．これらは数日ないし数年という時間スケールの微小変動にもかかわっているが，マントル対流や歳差運動の時間スケールの変動には無関係である．しかしながら，地球回転がコアに与える重要性についての議論は，回転が地球磁場をどうコントロールしているかについて言及しない限り，完全なものとはならない．10 000年あるいはそれ以上の時間について平均をとってみると，地球の磁場の軸は自転軸と一致しており(25章)，地磁気ダイナモを駆動するコア内部の複雑な運動にとって，地球回転は本質的に重要な要素である(24章)．自転軸や自転速度のわずかなゆらぎが地磁気に何か影響を及ぼしているという証拠があるわけではないが，真の極運動がもし十分に速い速度で起きているなら，地磁気に影響が出るのは不可避であるように見える．古地磁気学からこの問題に答えることは非常に難しい．

6.2 球に近い物体の重力ポテンシャル

地球による重力ポテンシャル V は，地球外部および地球表面に外部から近づいた極限ではラプラスの方程式を満たしている(付録Cの式(C.1)と式(C.2))．この方程式を球座標で解いたときの解は付録Cで議論されている．軸対称性がある場合，球面上でのポテンシャルは，余緯度 θ の関数として，ルジャンドル多項式 $P_l(\cos\theta)$ の和として扱うことができる．その定義は式(C.6)で与えられ，低次の l については表C.1に示されている．ルジャンドル多項式の各成分は，式(C.4)や式(C.7)で示すように，原点(地球中心)からの動径距離 r とともに，$r^{-(l+1)}$ のように変化する．ここで r^l のように変化する方の成分は，表面より外側にある物体が及ぼすポテンシャルに対応するので，ここ

では無視できることに注意しよう．こうして，完全に一般的な条件の下で，質量が M で軸対称な物体が及ぼす引力ポテンシャル $V(r,\theta)$ は，式 (C.7) の形をした項のうち，上付の添字のつかないものだけを足し合わせて，

$$V = -\frac{GM}{r}\left[J_0 P_0 - J_1 \frac{a}{r} P_1(\cos\theta)\right.$$
$$\left. J_2\left(\frac{a}{r}\right)^2 P_2(\cos\theta)\cdots\right] \quad (6.1)$$

と書くことができる．ここで a は赤道半径，G は万有引力定数であり，係数 $J_0, J_1, J_2, \cdots$ は質量分布を表す．この形で式を書き下すことにより，今後の便宜のために，これらの係数 J_n を無次元にしている．

遠方では，第1項が支配的になり，そこでは質点(もしくは球対称物体)のつくるポテンシャルと一致しなければならないこと，および $P_0 = 1$ であることから，$J_0 = 1$ でなくてはならない．また，$P_1 = \cos\theta$ は物体の重心が座標原点からずれていることで生じるポテンシャルを表すので，原点を重心に一致させるように座標系を選ぶと $J_1 = 0$ としなくてはならない．これらのことからわれわれがとくに関心を寄せるのは，J_2 に関する項で，これがジオイドの形状として実際に観測される横長の楕円体をきめるのに必要な主要項である．これより高次の項はすべて 1/1000 程度よりもずっと小さいので，楕円体を完璧に表現するのに必要となる J_4, J_6 などは (式 (C.17), (C.18))，すべてここでは無視することにする．かくして，地球の引力ポテンシャルは関数 P_2 をあらわに書き出すと，

$$V = -\frac{GM}{r} + \frac{GMa^2 J_2}{r^3}\left(\frac{3}{2}\cos^2\theta - \frac{1}{2}\right) \quad (6.2)$$

この式は，自転する地球に固定された点ではなく，慣性系に対して静止している点についてのポテンシャルを与える．したがって地球とともに自転する地点の上でのポテンシャルには，自転による遠心力ポテンシャルを付け加えなくてはならない．式 (6.2) は，月を含めて，衛星の上で感じるポテンシャルとなっている．

J_2 を地球の主慣性モーメントを使って表すことは有用である．これは式 (6.2) を J. MacCullargh

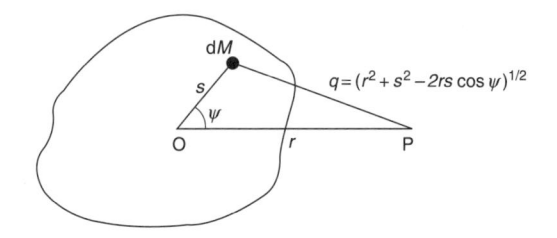

図 6.1 MacCullargh の公式を導くため，重力ポテンシャルの積分を行うときの幾何学的位置関係．質量 M の物体の重心 O から距離 r だけ離れた，物体外部の点 P におけるポテンシャルを計算する．積分時には r は一定であるが，質量要素 dM の重心からの距離 s と，直線 OP からの角度 ψ は変数となる．

による方法で導くことにより可能である．図 6.1 のような配置を考えてみよう．質量要素 dM によって点 P に生じる引力ポテンシャルは，

$$dV = -G\frac{dM}{q} = -\frac{GdM}{r[1 + s^2/r^2 - 2(s/r)\cos\psi]^{1/2}} \quad (6.3)$$

となる．これを $1/r$ のべき乗で展開し，$1/r^3$ より高次の項を無視し，

$$\left(1 + \frac{s^2}{r^2} - 2\frac{s}{r}\cos\psi\right)^{-1/2}$$
$$= 1 + \frac{s}{r}\cos\psi - \frac{1}{2}\frac{s^2}{r^2} + \frac{3}{2}\frac{s^2}{r^2}\cos^2\psi + \cdots$$
$$= 1 + \frac{s}{r}\cos\psi + \frac{s^2}{r^2} - \frac{3}{2}\frac{s^2}{r^2}\sin^2\psi + \cdots \quad (6.4)$$

に注意する．この次数までの近似で，式 (6.3) に式 (6.4) を代入して，物体全体領域にわたって積分すると，ポテンシャルは式 (6.4) の4つの項それぞれを積分した式の和で与えられる．

$$V = \frac{G}{r}\int dM - \frac{G}{r^2}\int s\cos\psi\, dM - \frac{G}{r^3}\int s^2\, dM$$
$$+ \frac{3}{2}\frac{G}{r^3}\int s^2\sin^2\psi\, dM \quad (6.5)$$

第1項は中心におかれた質点の及ぼすポテンシャル $-GM/r$ である．第2項は，座標系の原点として物体の重心をとったので，ゼロになる．第3項については，質量要素 dM が座標 x, y, z にあるとして，$s^2 = (x^2 + y^2 + z^2)$ であるから，積分は，

$$-\frac{G}{r^3}\int (x^2 + y^2 + z^2)dM$$

$$= -\frac{G}{2r^3}\left[\int(y^2+z^2)\,dM\right.$$
$$\left.+\int(x^2+z^2)\,dM+\int(x^2+y^2)\,dM\right]$$
$$= -\frac{G}{2r^3}(A+B+C) \qquad (6.6)$$

となる．ここで A, B, C は x 軸，y 軸，z 軸のまわりの物体の慣性モーメントである．式 (6.5) の第 4 項の積分は，軸 OP のまわりの慣性モーメント I に 3/2 を乗じたものであるから，

$$V = -\frac{GM}{r} - \frac{G}{2r^3}(A+B+C-3I) \cdots \qquad (6.7)$$

を得る．これは MacCullargh の公式として知られている．

式 (6.7) が式 (6.2) と一致することをもっと詳細に確かめよう．慣性モーメント I を，A, B, C および OP が x 軸，y 軸，z 軸となす角の方向余弦 (cosine) l, m, n を使って書き直すと，

$$I = Al^2 + Bm^2 + Cn^2 \qquad (6.8)$$

が得られるが，ここで，

$$l^2 + m^2 + n^2 = 1 \qquad (6.9)$$

に注意しよう．さらに z 軸まわりに回転対称性が成り立つので，

$$B = A \qquad (6.10)$$

のような関係式を用いて，さらに簡略化ができる．式 (6.8) に現れる B，および (l^2+m^2) を式 (6.9) を使って，式 (6.8) は，

$$I = A + (C-A)n^2 \qquad (6.11)$$

となるので，式 (6.7) は，

$$V = -\frac{GM}{r} - \frac{G}{2r^3}(C-A)(1-3n^2) \qquad (6.12)$$

となる．$n = \cos\theta$ であるから，これは，

$$V = -\frac{GM}{r} + \frac{G}{r^3}(C-A)\left(\frac{3}{2}\cos^2\theta - \frac{1}{2}\right) \qquad (6.13)$$

となり，式 (6.2) と一致する．第 2 項から J_2 が定まり，人工衛星の軌道解析から決定された値は，

$$J_2 = (C-A)/Ma^2 = 1.082626 \times 10^{-3} \qquad (6.14)$$

である (9.2 節)．この結果は，7.2 節で地球の慣性モーメントを決定する上での 1 つのステップであり，地球内部の密度構造モデルをつくり上げるときに用いられる (17 章)．次節では，地球とともに自転する地表面上の点で使えるように，式 (6.13) のポテンシャルに自転による項を付け加える．

6.3 自転，扁平率および重力

自転の遠心力による効果は，式 (6.13) のポテンシャルに，自転ポテンシャルの項を 1 つ付け加えることで取り入れることができる．(r,θ) において，引力と遠心力の合力のポテンシャルは，

$$U = V - \frac{1}{2}\omega^2 r^2 \sin^2\theta$$
$$= -\frac{GM}{r} + \frac{G}{r^3}(C-A)\left(\frac{3}{2}\cos^2\theta - \frac{1}{2}\right)$$
$$- \frac{1}{2}\omega^2 r^2 \sin^2\theta \qquad (6.15)$$

となる．ここで，ω は自転の角速度，$r\sin\theta$ は自転軸から，いま考えている点までの距離である．余緯度 θ よりも緯度 ϕ で表す方が便利なことが多いので，上の式は，

$$U = -\frac{GM}{r} + \frac{G}{r^3}(C-A)\left(\frac{3}{2}\sin^2\phi - \frac{1}{2}\right)$$
$$- \frac{1}{2}\omega^2 r^2 \cos^2\phi \qquad (6.16)$$

と書くことができる．

ここでジオイドを，「あるポテンシャル値 U_0 の等ポテンシャル面であって，平均海面との一致度が最も良いもの」として定義する．その赤道方向ならびに極方向の半径を，a と c とすると，それらの関係式が次のようにして得られる．すなわち，地球ポテンシャルの式 (6.16) に，$(r=a, \phi=0)$ および $(r=c, \phi=90°)$ を代入して，

$$U_0 = -\frac{GM}{a} - \frac{G}{2a^3}(C-A) - \frac{1}{2}a^2\omega^2 \qquad (6.17)$$
$$U_0 = -\frac{GM}{c} + \frac{G}{c^3}(C-A) \qquad (6.18)$$

が得られるので，ジオイドの扁平率として，

$$f = \frac{a-c}{a} = \frac{C-A}{Ma^2}\left(\frac{a^2}{c^2} + \frac{c}{2a}\right) + \frac{1}{2}\frac{a^2 c\omega^2}{GM} \qquad (6.19)$$

を導くことができる．これが第 1 近似の扁平率の理論であって，J_4 やそれより高次の項が地球の楕円性に与える効果は無視している．したがって微小量 f と同じオーダーで議論する場合，式 (6.19) 右辺に現れる a と c の差は無視できるので，

$$f \approx \frac{3}{2}J_2 + \frac{1}{2}m \qquad (6.20)$$

と書くことができる．ここで J_2 は式 (6.14) で与えられており，m は赤道における重力のうちの遠心力成分が全重力に占める割合である．

地球の扁平率 f は，静水圧平衡にあるときに期待される値からわずかにずれているが，それを議論するためには，2 次の微小量まで正しい関係式，

$$J_2 = \frac{2}{3}f\left(1 - \frac{f}{2}\right) - \frac{m}{3}\left(1 - \frac{3}{2}m - \frac{2}{7}f\right) \qquad (6.21)$$

$$J_4 = -4f\left(\frac{f}{5} - \frac{m}{7}\right) \qquad (6.22)$$

を用いる必要がある．式 (6.20) に現れるこれら 3 つの量の数値は，付録 A の表 A.4 に示している．この表の扁平率の値 f は，2 次近似の式 (6.21) から得られたものなのだが，

$$f = 3.3528 \times 10^{-3} \qquad (6.23)$$

であることがわかる．一方，1 次近似の式 (6.20) で求めた値は 3.3578×10^{-3} になる．この第 1 近似の値の誤差は，扁平率の実測値と平衡形に対する期待値の差の約 1/3 である (6.4 節).

ジオイドは楕円体に近いので，楕円体について成り立つ方程式や，地球物理学で用いる扁平率 f を 1 次の微小量として扱う近似式はおぼえておくと便利である．通常使われていておぼえやすい楕円の式は，直交座標系において，

$$\frac{x^2}{a^2} + \frac{z^2}{c^2} = 1 \qquad (6.24)$$

であるが，離心率 $e = (1 - c^2/a^2)^{1/2}$，もしくは扁平率 $f = (1 - c/a)$ を用いて極座標系で表すと，

$$r = a\left[1 + \frac{e^2}{1 - e^2}\sin^2\phi\right]^{-1/2}$$

$$= a\left[1 + \left(\frac{a^2}{c^2} - 1\right)\sin^2\phi\right]^{-1/2}$$

$$= a\left[1 + \frac{f(2-f)}{(1-f)^2}\sin^2\phi\right]^{-1/2} \qquad (6.25)$$

となる．したがってジオイドを表す便利な 1 次近似の式として，

$$r \approx a(1 - f\sin^2\phi) \qquad (6.26)$$

が得られる．緯度には図 6.2 に示すように，地理緯度と地心緯度とがあるので，その違いにも注意が必要である．地理緯度 ϕ_g は，各地点における鉛直線 (ジオイドと直交) と，赤道面のなす角である．地心緯度 ϕ は，これまでのすべての数式で用いられてきたのだが，各点から地球中心に向かう直線と赤道面の間の角である．これら 2 種類の緯度の間の関係式は，

$$\tan\phi_g = \frac{a^2}{c^2}\tan\phi = \frac{\tan\phi}{1 - e^2} = \frac{\tan\phi}{(1-f)^2} \qquad (6.27)$$

である．重力の緯度変化の式に現れる緯度を，ϕ から ϕ_g へ変換したり，その逆を行うときに用いる近似の適切な式として，

$$\sin^2\phi \approx \sin^2\phi_g - f\sin^2 2\phi_g \qquad (6.28)$$

が便利である．

ジオイド上の重力 g は，r と ϕ を式 (6.26) で関係づけたうえで，式 (6.16) の地球ポテンシャルを微分して，

$$g = -\text{grad}\, U$$
$$= -\left[\left(\frac{\partial U}{\partial r}\right)^2 + \left(\frac{1}{r}\frac{\partial U}{\partial \phi}\right)^2\right]^{1/2} \approx -\frac{\partial U}{\partial r} \qquad (6.29)$$

となる．

重力ベクトル g は，図 6.2 に示すようにジオイド面に直交するが，動径ベクトルとなす角度 ($\phi_g - \phi$) は，扁平率 f と同程度の大きさ (同じオーダー) であるから，1 次の微小量まで，式 (6.29) の近似が十分に成立する．したがって式 (6.16) を微分して，$(C - A)^{*1}$ に式 (6.14) を代入すると，

---

*1 原著の $(c - a)$ という誤りを訂正した．

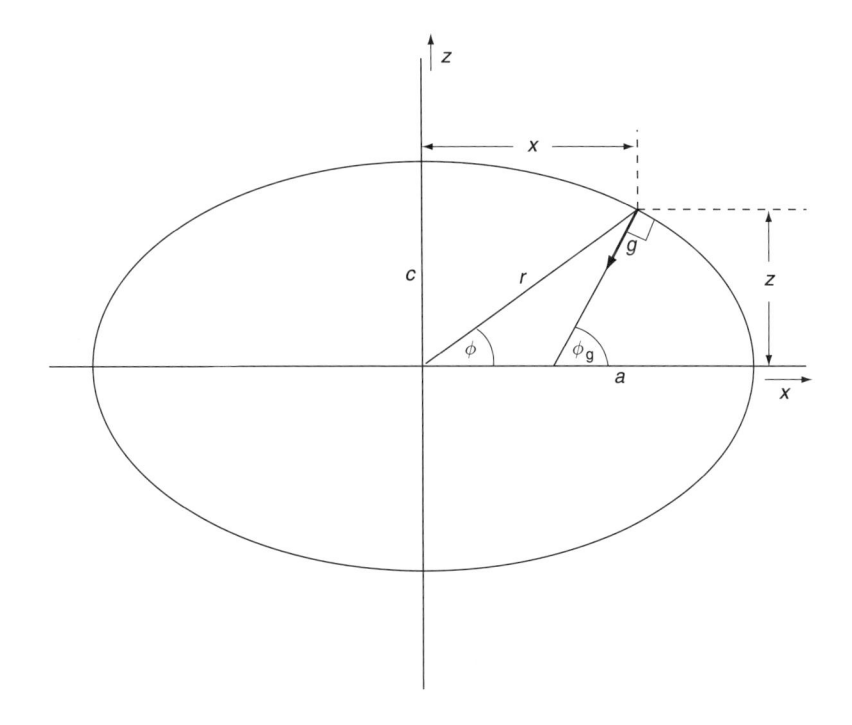

図 6.2 横長な地球楕円体の形状および，地理緯度 ϕ_g と地心緯度 ϕ の幾何学的関係

$$|g| = \frac{GM}{r^2} - \frac{3GMa^2 J_2}{r^4}\left(\frac{3}{2}\sin^2\phi - \frac{1}{2}\right) - \omega^2 r \cos^2\phi \quad (6.30)$$

を得る．ここで絶対値をとったが，それは式 (6.29) の定義では，重力は上向きが正になるので，絶対値をとらないと重力が負の値になるからである．絶対値を使わないように，g が下向きを正になるように再定義することもできる．式 (6.30) の第 2 項と 3 項は，第 1 項に扁平率 f のオーダーの量を掛けたものになっている．したがって，r として式 (6.26) を代入し，$(1 - f\sin^2\phi)^{-2}$ を 2 項展開する際には，展開は第 1 項についてのみ行えばよい．その結果，

$$\begin{aligned}g &= \frac{GM}{a^2}(1 + 2f\sin^2\phi) - \frac{3GMJ_2}{a^2}\\ &\quad \times \left(\frac{3}{2}\sin^2\phi - \frac{1}{2}\right) - \omega^2 a(1 - \sin^2\phi)\\ &= \frac{GM}{a^2}\left[(1 + 2f\sin^2\phi) - 3J_2\left(\frac{3}{2}\sin^2\phi - \frac{1}{2}\right)\right.\\ &\quad \left. - m(1 - \sin^2\phi)\right]\end{aligned} \quad (6.31)$$

となり，ここで，

$$m = \omega^2 a^3 / GM = 3.46775 \times 10^{-3} \quad (6.32)$$

は，f と同じオーダーの微小量である．それで式 (6.19) と式 (6.20) の定義にみられるわずかな差異は，このような 1 次近似の理論の範囲では問題になることはない．m は遠心力と赤道における重力の引力成分 (全重力ではなくて) との比として定義されることもあり，この場合，3.45576×10^{-3} という値をとる．

$\phi = 0$，すなわち赤道の重力は，

$$g_e = \frac{GM}{a^2}\left(1 + \frac{3}{2}J_2 - m\right) \quad (6.33)$$

であり，この g_e を用いると一般の重力 g を書き下すのに便利である．式 (6.33) で GM/a^2 を g_e を用いて表示し，それを式 (6.31) に代入する．1 次の微小量までだけを残すと，その結果は，

$$g = g_e\left[1 + \left(2f - \frac{9}{2}J_2 + m\right)\sin^2\phi\right] \quad (6.34)$$

となる．式 (6.20) により，次のように書き換えることもできる．

$$g = g_\mathrm{e}\left[1 + \left(2m - \frac{3}{2}J_2\right)\sin^2\phi\right] \quad (6.35)$$

$$g = g_\mathrm{e}\left[1 + \left(\frac{5}{2}m - f\right)\sin^2\phi\right] \quad (6.36)$$

2次の微小量まで保持して, 式 (6.28) を用いて地心緯度 ϕ を地理緯度 ϕ_g で置き換えると, 国際重力式,

$$\begin{aligned}g = g_\mathrm{e}\Big[&1 + \left(\frac{5}{2}m - f - \frac{17}{14}mf\right)\sin^2\phi_\mathrm{g} \\&+ \left(\frac{f^2}{8} - \frac{5}{8}mf\right)\sin^2 2\phi_\mathrm{g}\Big]\end{aligned} \quad (6.37)$$

を得, 数値を入れると,

$$\begin{aligned}g = 9.780327(&1 + 0.0053024\sin^2\phi_\mathrm{g} \\&- 0.0000059\sin^2 2\phi_\mathrm{g})\ \mathrm{m\ s^{-2}}\end{aligned} \quad (6.38)$$

となる. これが標準重力の (緯度) 変化であり, これからの「ずれ」が, 種々の重力異常とみなされる.

地球上の重力変化は, 重力の絶対値に比べると非常に小さい. 緯度による変動は 0.5% をわずかに超えるにすぎないし, 地球内部の密度の不均質さで生じる重力異常は, 通常は緯度変化によるものよりもはるかに小さい. 重力の測定や重力異常の記載に実用上便利な単位は, ミリガル ($1\,\mathrm{mGal} \equiv 10^{-5}\,\mathrm{m\ s^{-2}}$) であり, 地表重力 g の約 10^{-6} に相当する. 標準的な重力測定装置では, 公称で $0.01\,\mathrm{mGal}$ ($10^{-8}g$) まで測定するが, とくに測定点周辺の地形の影響などを正確に補正することが困難な場合, 重力異常の不確定さは $1\,\mathrm{mGal}$ より大きくなる.

陸上での重力測定は起伏のある地表面上で行われ, 式 (6.38) で想定されているようなジオイド面上で行われるわけではない. そこで測定データを式 (6.38) と比較する前に, いろいろな補正を測定値に施さなくてはならない. 最も重要なのは, 重力測定点の高度を知ることである. 重力異常や地形が特別な問題をはらんでいない場合, 高さとともに重力が減少する割合は, 標準的なフリーエア勾配 $0.3086\,\mathrm{mGal\,m^{-1}}$ である. 通常用いられる手順では, 近似ではあるが, この重力勾配の値を使って, 測定値をジオイド (もしわかっている場合ではあるが) あるいは海水準面での重力値に引き直すことが行われる. 引き直した重力値と標準重力の差は, フリーエア異常とよばれる. これは実質的には, ジオイドより上方にある物質がジオイドの下に崩落したと仮定することにあたる. 重力変動を表すもう 1 つの方法として, 重力をローカルな地質学的観点から解釈する際に好まれるブーゲー法 (Bouguer method) というものがあり, ジオイドより上方にある物質を完全に取り除いたと仮定して処理を進める. すなわち, 各観測点について, その標高に見合った厚さをもつ無限平板を仮定することにあたる (付録 J の問題 9.2 参照). 平板の密度が標準的な $2670\,\mathrm{kg\ m^{-3}}$ の場合には, 高さに対して重力が変化する勾配 (ブーゲー勾配) は $0.1967\,\mathrm{mGal\ m^{-1}}$ となる. ただし, 地形変化が多少とも急になると, フリーエア法もブーゲー法も満足できるものではなくなるので, 一般に地形変化による効果をもっと詳しく補正することが必要となる.

フリーエア異常図とブーゲー異常図を大陸規模で比較してみると, 一般にフリーエア異常の方がかなり小さいことがわかる. これは大陸規模でみると, 標高の高い地域の深部には周囲より低密度の領域があるとする, アイソスタシーのつり合いが成り立っていることを裏付けている. アイソスタシーについては, さらに 9.3 節で考えることにする. 100 km 以下のスケールで観ると, フリーエア異常の方がずっと大きいところがある. これはリソスフェア (地球の最上部 100 km 程度の冷たい表層) の強度でもって, 重力異常[*2]を支えることができるからである.

6.4 平衡形の扁平率についてのアプローチ

6.1 節で示したように, 静水圧平衡状態における扁平率よりも, 実際の地球の扁平率が大きい原因は 4 つある. それらを分離して, 個別に研究することは簡単なことではない. しかし, 平衡形の扁平率の計算自体は数学的には巧妙だが, 疑問の余地があるわけではない. 問題の複雑さの原因は,

---

[*2] 重力異常の源である密度の異常.

地球内部の等密度面は等ポテンシャル面と一致するとしても，それらの面の扁平率が深さとともに減少することにある．その基本的な理由は，問題 6.4 に示すように一様な密度 ρ の物体が自転する場合の平衡形の扁平率が，ρ^{-1} に比例することから理解できる．すなわち地球のように深さとともに密度が増加する物体においては，ある 1 枚の等ポテンシャル面の扁平率は，その面の上方にある物質および下方にある物質の双方の影響を受けているので，1 つの直接的な積分形で書き表すことができない．

第 1 近似の理論 (たとえば Jeffreys (1959)) からは，静水圧平衡形の扁平率が

$$f_\mathrm{H} = \frac{(5/2)m}{1+[(5/2)(1-(3/2)C/Ma^2)]^2} \qquad (6.39)$$

と導かれる．ただし，m は式 (6.32) で与えられる．実測の扁平率と比較して満足できる程度の理論値を得るには，もう一段高次の近似に数値的手法を用いる必要がある．Nakiboglu (1982) によれば，静水圧平衡の理論値は，

$$f_\mathrm{H} = 1/299.627 = 3.33748\times 10^{-3} \qquad (6.40)$$

となり，これに対応する静水圧平衡のジオイド係数は，

$$J_{2\mathrm{H}} = 1.07270_1 \times 10^{-3} \qquad (6.41)$$

$$J_{4\mathrm{H}} = -2.992 \times 10^{-6} \qquad (6.42)$$

となる．式 (6.23) と式 (6.40) との比較から，静水圧平衡が成り立つときの扁平率に対して実測値が示す扁平率は 0.5% 大きすぎることがわかる．これは赤道半径と極半径の差が，平衡状態に期待される値よりも 100 m 大きいことに相当する．静水圧平衡を仮定するならば，式 (6.39) によって表面の扁平率から慣性モーメントを推定できることに注意しよう．この考えにもとづくと，実測された地球の扁平率から $C/Ma^2 = 0.3309$ と推定される．この値は実測値 0.3307 にきわめて近い．したがって式 (6.39) を，その歳差観測から慣性モーメントの値が得られている火星に適用することは理にかなっている．その結果によると，測定精度の範囲内で，火星の扁平率は平衡形の値をとっている．

力学的な扁平率ともいうべき J_2 (式 (6.14)) は，地球の極地方の氷床が縮小するのに合わせて，つり合いをとるためにゆっくりと減少しつつある．Cox と Chao (2002) は，この効果について実証しており，それによると 20 年間にわたり精密な測定のある 1979～1998 年については，J_2 は 2.8×10^{-11}/年の割合で定常的といってもよいぐらいに減少を続けてきていたが，1998～2002 年の 4 年については，この傾向は一時的に逆転した．Chao ら (2003) によれば，この逆転は気候学的要因によって太平洋で起こる 10 年スケールの振動で説明できるかもしれない．現在では従前からの J_2 の定常的な減少は復活していて，その原因は後氷期地殻隆起に起因する長期的効果であると解釈されている．この問題は 9.5 節で扱う．

J_2 のトータルな過剰，すなわち式 (6.14) と式 (6.41) の食い違いは，$\Delta J_2 = 9.9\times 10^{-6}$ であるので，平衡状態に達するまでには，$\Delta J_2/(\mathrm{d}J_2/\mathrm{d}t) = 350\,000$ 年という非常に長い緩和時間がかかりそうだが，これには意味がない．もっと注意深く，ΔJ_2 の意味するところを考えなくてはいけない．6.1 節ですでに述べたように，扁平率が大きすぎることには 4 つの原因があって，そのすべてが平衡状態からのずれを意味すると考えるわけにはいかない．潮汐ポテンシャルは両極における値と赤道上での値とが異なっているので (8 章参照)，これによって生じる扁平率の効果は (平衡状態からのずれとは無関係なので)，明らかに差し引くことが必要だが，これを行っても実際のところ $\Delta J_2 = 9.9\times 10^{-6}$ を 1.0×10^{-8} だけ小さくするに過ぎない．潮汐摩擦によって地球の自転が減速する (8 章参照) が，それによって生じる $\mathrm{d}J_2/\mathrm{d}t$ は，次のことから無視できる．すなわち，$\mathrm{d}\ln\omega/\mathrm{d}t = -2.8\times 10^{-10}$/年ということと，平衡形の J_2 は自転速度 ω の 2 乗に比例することから $\mathrm{d}\ln J_2/\mathrm{d}t = -5.6\times 10^{-10}$/年，すなわち $\mathrm{d}J_2/\mathrm{d}t = -6\times 10^{-13}$/年が導かれるからである．扁平率のラグ[*3] として妥当な値を仮定する限り，ΔJ_2 に与える潮汐摩擦減速の効果は無視できる．実際のところ，これは貯水域に

[*3] 外力に対する応答の遅れ．

水を貯えるという人間活動の寄与よりも小さいぐらいで，こちらに対して Chao (1985) は下限値を -1×10^{-12}/年と見積もっている．

大きな問題はマントルの不均質性と，地球がこの不均質な密度分布下で自転軸のまわりの慣性モーメントを最大化して，自転エネルギーを最小化すべく自転の向きを自動調整することである．これによって生じる ΔJ_2 への寄与を推定する信頼できるすべはないが，それがどの程度の大きさを推定するアイデアは，赤道面内の楕円率から得られる．表 9.1 の重力ポテンシャルの球面調和展開係数から，赤道面の楕円率を表す係数は，$[(C_2^2)^2+(S_2^2)^2] = 2.8 \times 10^{-6}$ で与えられ，C_2^0 の観測値と平衡形からの期待値の差，すなわち過剰楕円率の極軸成分 4.4×10^{-6} に匹敵する．このように，平衡形から期待される楕円率を差し引いてみると，地球が慣性モーメントとして $C > B > A$ をもつ 3 軸不等の楕円体であり，$(C-B)$ と $(B-A)$ とがほぼ同じ程度であることがわかる．これは統計的には当然に予想されることである．だから，過剰な (期待値を超える) 扁平率の少なからぬ部分が氷河による凹みによると仮定する根拠はないし，その効果がどの程度かを推定するすべもない．式 (6.11) から式 (6.18) では，式 (6.10) が仮定されており，そこで使われている A の値としては，実は $(A+B)/2$ であることに注意しよう．

J_2 が一方向に減少するばかりという観測結果から，深部マントルの流動 (レオロジー) について驚くべき一面が垣間見える．もし氷河による両極にできた凹みがまだ残っていることを示す ΔJ_2 の成分が精度よくわかれば，その減衰の様子を重力場の他の低次の係数 (9 章) とともに考え合わせると，マントルの粘性率が深さ方向にどのように変動するかの目安が与えられる．Mitrovica と Peltier (1993) や Han と Wahr (1995) は，この問題を議論しているが，現在使えるデータだけでは明快な結論を導くには十分でないと結論している．ΔJ_2 については，独立した証拠が現在でも十分にない．しかし，後氷期地殻隆起はマントルのレオロジーについて推定値を与えてくれるし，マントルの粘性率は深さとともに 100 倍ほど増加することについては，最近の研究は一致している (たとえば Mitrovica と Forte (1997), Kaufmann と Lambeck (2000))．

J_2 の変動と地球自転速度の変動とは互いにリンクしている．潮汐による自転速度の減速が J_2 に与える影響を考えるさいに，地球の静水圧平衡状態について成り立つ式 (6.20) を使うことができる．この式によると，f も J_2 も，地球の自転角速度 ω の 2 乗に依存する m とともに変動する．したがって J_2 の平衡状態の値である J_{2H} は ω の 2 乗に比例するので，自転の減速で引き起こされる J_{2H} の変動は

$$\frac{1}{J_{2H}}\left(\frac{\mathrm{d}J_{2H}}{\mathrm{d}t}\right) = \frac{2}{\omega}\frac{\mathrm{d}\omega}{\mathrm{d}t} \quad (6.43)$$

となる．式 (8.31) で与えられる月や太陽の潮汐で引き起こされる自転角速度の減少は，トータルで $-6.5 \times 10^{-22}\,\mathrm{rad\,s^{-2}}$ であるから，

$$\mathrm{d}J_{2H}/\mathrm{d}t = -1.9 \times 10^{-20}\,\mathrm{s}^{-1}$$
$$= -6.1 \times 10^{-13}\,\text{年}^{-1} \quad (6.44)$$

となる．この値は，検出可能限界以下である．もし過剰扁平率が緩和していくときの時定数 τ を推定できれば，その過剰分のうち自転の減速に起因するものは

$$\delta J_{2\omega} = (\mathrm{d}J_{2H}/\mathrm{d}t)\tau \quad (6.45)$$

となる．$\tau \approx 10^4$ 年とすると，$\delta J_{2\omega} \approx 6.1 \times 10^{-9}$ となり，これは J_2 の測定分解能限界に近く，自転減速は重要な効果ということはいえない．

今度は後氷期地殻隆起が引き起こす J_2 の変動によって生じる自転速度の変化を考えてみよう (9.6 節)．このプロセスの間，地球の角運動量は保存されるから，極軸まわりの慣性モーメントを C として，

$$\mathrm{d}(C\omega)/\mathrm{d}t = 0 \quad (6.46)$$

となる．それゆえ，

$$\dot{\omega}/\omega = -\dot{C}/C \quad (6.47)$$

となる．この式を $\mathrm{d}J_2/\mathrm{d}t$ のうちの後氷期地殻隆起による成分 $\dot{J}_{2R}$ と関係づけるさいに，$(C/Ma^2) = 0.330695$ というパラメーターを導入するのが便利である．というのは，このパラメーターは地球の

密度分布で決まるものであって，時間の関数ではないからである (すなわち $C \propto a^2$). したがって，J_2 の定義式 (6.14) を書き換えて，

$$J_2 = \frac{C-A}{Ma^2} = \left(1 - \frac{A}{C}\right)\left(\frac{C}{Ma^2}\right) \qquad (6.48)$$

とし，さらに $\dot{A} = -\dot{C}/2$ に留意すると，

$$\dot{J}_{2\mathrm{R}} = \frac{\dot{C}}{C}\left(\frac{1}{2} + \frac{A}{C}\right)\left(\frac{C}{Ma^2}\right) = 0.4948\frac{\dot{C}}{C} \qquad (6.49)$$

を得る．したがって式 (6.47) から自転の加速・減速のうち後氷期地殻隆起による成分は，

$$\dot{\omega} = -\omega \dot{C}/C = -2.02 \omega \dot{J}_{2\mathrm{R}} \qquad (6.50)$$

となる．$\dot{J}_2 = -2.8 \times 10^{-11}$/年の値を $\dot{J}_{2\mathrm{R}}$ として使うと，自転の加速度のうち後氷期地殻隆起による分は，

$$\frac{\dot{\omega}_\mathrm{R}}{\omega} = 5.7 \times 10^{-11}\,\text{年}^{-1} = 1.8 \times 10^{-18}\,\mathrm{s}^{-1} \qquad (6.51)$$

となり，

$$\dot{\omega}_\mathrm{R} = 1.3 \times 10^{-22}\,\mathrm{rad\,s}^{-2} \qquad (6.52)$$

となる．この数字は，式 (8.31) で与えられる潮汐摩擦による減速 $\dot{\omega}_\mathrm{tidal} = -6.5 \times 10^{-22}\,\mathrm{rad\,s}^{-2}$ とは逆向きであり，これを入れて見積もった正味の減速は $\dot{\omega} = -5.2 \times 10^{-22}\,\mathrm{rad\,s}^{-2}$ となる．

$\dot{\omega}$ に与える効果としては，潮汐減速および後氷期地殻隆起に加えて，大気・海洋・コアの間で行われる不規則な角運動量交換がある．しかし 1000 年以上の時間平均をとるならば，これらの短期的な影響は取り除かれるだろう．このように考えて Stephanson と Morrison (1995) の研究では，後氷期地殻隆起を考慮すれば，潮汐減速だけでは説明がつかなかった過去 2000 年の食の記録の食い違いが取り除けると結論づけている．しかし，氷河の消長と後氷期地殻隆起が自転に与える影響は，数千〜数万年で繰り返し起きていて，地球ができてからずっとはたらき続けてきた潮汐による減速のタイムスケールに比べると，ずっと短い過渡的現象である (8.3, 8.4 節).

7
歳差，極運動，自転のゆらぎ

7.1 まえおき

地球の自転軸は，黄道の極 (地球軌道面に直交する) に対して，23.45° だけ傾いている．そのため，四季の変化が起こる．しかし，この自転軸は宇宙空間に対して，同じ向きを保ち続けているわけではない．極方向に比べて張り出している赤道のふくらみ (バルジ) に対して，月や太陽が及ぼす引力の作用によって，地球の自転軸は黄道極のまわりをゆっくりと歳差運動する．その軸の運動は周期 25 730 年かけて頂点から 47° の角度で広がる円錐を描く．この周期は，精密な天文観測をすれば見いだせるぐらいに速い現象であるが，星を使って航海するときに不都合になるほど急速ではない．地球の自転が単純な一様回転からずれているためにもたらされる複雑さの中で，歳差が最も明瞭な現象といえる．歳差に関する歴史についての啓発的な概論の中で，Ekman (1993) は「歳差を観測したヒッパルコスは，紀元前 125 年ごろに歳差速度を記録に残しているが，その値は現在の推定値ときわめてよく一致している」と記している．

どのようにして歳差が生じるのかを理解するために，地球の赤道面に対して傾きのある面上を，小さな衛星が円軌道を描いている状況を考えてみよう．地球は完全な球形ではないので，衛星にはたらく万有引力が正確に地球重心方向を向くのは，衛星が赤道の真上 (あるいは，軌道が極上空を通る極軌道の場合には，両極の真上でもそうである) に来たときに，限られている．それ以外の中間緯度にあるときには，重力の緯度依存性によって，衛星にはトルクがはたらき，衛星軌道を赤道面に近づけようとする．このトルクは，角運動量ベクトルに直交する向きにはたらくので，軌道面の歳差運動が生じることになる．軌道面が赤道面と交差する (2 つの) 点を，ノード (交点) とよぶ．自転する地球からではなくて，宇宙空間から見ると，2 つのノードは順行方向に次第に移動していく．すなわち，軌道上を西から東に向けて航行する衛星についていえば，(軌道面は固定ではなく) ノードは少しずつ東に移動していく．この移動速度から地球の扁平の度合を表す式 (6.14) の係数，

$$J_2 = (C - A)/Ma^2 = 1.082626 \times 10^{-3} \quad (7.1)$$

がわかる．ここで C, A は極方向，および赤道方向の軸のまわりの慣性モーメントであり，M, a は地球の質量と赤道半径である．もちろん，地球に対しては衛星が及ぼす逆向きのトルクがはたらくのであるが，人工衛星の場合，これは問題にならないほど小さな量である．

さて，上述とまったく同じ原理が太陽や月との間の相互作用についても当てはまる．しかし，この場合，(人工衛星とは違って) 地球側にも顕著な影響が生じる．そのトルクは $(C - A)$ に比例するが，地球の自転角運動量 $C\omega$ に作用するので，結果として生じる歳差の速度から，力学的扁平率として知られる量

$$H = (C - A)/C = 3.27379 \times 10^{-3}$$
$$= 1/305.456 \quad (7.2)$$

を見積もることができる．式 (7.1) と式 (7.2) とから，慣性モーメント係数，

$$C/Ma^2 = J_2/H = 0.330698 \quad (7.3)$$

を得る．この量は地球の密度分布の様子を示す目安となる．たとえば均質球なら，この値は 0.4 となるし，式 (7.3) の値が小さければ小さいほど，中心に向かって重いものが濃集していることを表す．太陽系の他の天体の慣性モーメントについては，式 (1.17) および表 1.2 でふれている．式 (7.3) の結果を用いて地球モデルをつくったのは 1930 年代の K. E. Bullen であり，式 (7.3) はいまでも，全質量の観測値同様，すべての地球モデルが満たさなくてはならない重要なパラメーターである (17.6 節).

力学的扁平率 H は，チャンドラー極運動という他の現象の説明にも現れる (7.3 節)．これは他の天体との相互作用がなくても生じる，地球の運動の 1 つである．これは自転軸が地球の形状軸，すなわち最大慣性主軸に完全に一致せず，微小角 α (通常は 0.15 秒角 =0.7 マイクロラジアン程度) だけずれているときに生じる運動である．このときの回転エネルギーは，同一角運動量で形状軸まわりを対称的に回転するときのエネルギーと比べて，α^2 に比例する量だけ大きくなる．結果として生じるジャイロ回転のトルクは，地球形状軸を角運動量軸 (ここでの議論では，地球内部に限定された効果のみを考えているので，角運動量ベクトルは宇宙空間に対して固定されている) と一致させる向きに，地球を回そうとする．このトルクは角運動量軸のまわりに自転軸の順行歳差を引き起こすので，見掛け上，地球上では (天文) 緯度が変化するように見える．

地球が剛体であるとすると，この極運動の周期は $1/H$ 日 = 305 日 (式 (7.2) 参照)) となるはずである．この周期の変動が長年にわたり捜索されたものの見つからなかったが，ついに 1891 年に S. C. Chandler によって約 432 日周期の変動として発見された．周期についての予測と観測の食い違いは，地球の弾性変形およびそれに伴って，海洋とコア (核) がジャイロスコピックなトルクに対して応答することを考慮することで説明できる．弾性変形によって，赤道の膨らみ (バルジ) は，地球がより対称的な自転を行う方向へと部分的に調整を受け，その結果トルクは減少し，極運動の固有周期が長くなる．したがって極運動は，全球的に平均した地球の固さの目安を与えてくれるので，地震学的に推定した弾性率の検証を行うことができる (17 章).

極運動は時定数 30 年ほどで減衰するので (式 (7.25))，(それが観測されるということは) それは絶えず維持されていることになる．どのようなメカニズムで維持されているのかについては，1 世紀以上にわたり論争されてきた問題であった．コアの不規則な運動とのカップリング，大気の運動，そして地震などが何度も繰り返ししらべられ，その都度，励起源としては不十分であるとされてきた．いま，極運動の原因として，大気と海洋の相互作用が原因であるとする証拠が得られてきて，それは主として海洋底に加わる圧力変動として表現できるものである (Gross, 2000)．14 カ月周期のチャンドラー極運動には，それよりも振幅が少し小さく，季節的な質量の再配分で引き起こされる 12 カ月周期の年周変動が重なっている．そのため，14 カ月周期の波と 12 カ月周期の波の起こす「うなり」が，各地の天文台の (天文) 緯度変化に，明瞭な周期変動として現れる．

この章の主題である天文学的な観測には長い歴史があるが，最近になってさまざまな固体地球科学的問題との関連性がはっきりしてきた．すでに述べたように，力学的な扁平率を決定することはとくに重要であるが，極運動の周波数帯での地球の弾性率 (の決定) や，マントルの回転とコアのカップリングの証拠 (を見いだすこと) も，興味深い観測である．Lambeck (1980) では，本章ならびに次章で論じられる地球回転の不規則性を引き起こすいくつかの原因について，包括的にレビューがなされている．

7.2 歳　　　差

地球の外部重力ポテンシャルの主要な 2 項は式 (6.13) で与えられている．中心対称な r^{-1} の項が圧倒的に大きいが，第 2 項は中心対称ではなく，緯度に依存していて，それは赤道の膨らみに起因している．位置 (r, ϕ) にある質量 m の質点には，中心方向に万有引力 $-m(\partial V/\partial r)$ がはたらく．

94   7. 歳差，極運動，自転のゆらぎ

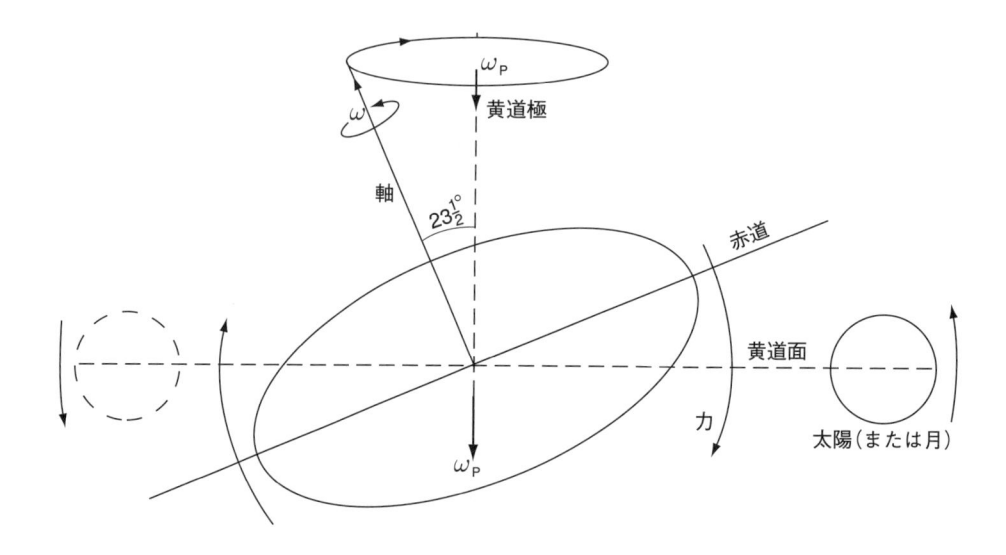

図 7.1 歳差トルクの起源．太陽 (もしくは月) が及ぼす引力が，地球の赤道面の膨らみに作用し，その瞬間の地球–太陽 (もしくは地球–月) を結ぶ軸の方向に膨らみが並ぶように，それを引き寄せようとする．太陽 (もしくは月) が赤道面を横切るときは，トルクははたらかない．しかし，(横切る点を境にしてできる) 軌道面の両半分で，トルクの符号は同一であり，軌道を 1 周したときの平均はゼロにはならず，これが歳差トルクとなる．

これに加えて，大きさが $-m(\partial V/\partial \phi)$ のトルクが質点にはたらき，質点から地球に対しては逆向きのトルクが及ぼされる．トルクの大きさは (m/r^3) に比例する．人工衛星のような小天体に対しては，衛星軌道のノード (軌道面と赤道面の交点) が，少しずつずれていくリグレッション (後退運動)，すなわち赤道面内を衛星軌道面が歳差運動するだけである (9.2 節)．しかし，月や太陽に対して地球が及ぼすトルクを考えると，それとは逆向きのトルクが，これらの天体から反作用として地球に及ぼされる．このことが地球の自転軸の歳差運動を引き起こす．この力学的過程では，ほとんどエネルギーの散逸はない．ただし，コア内部での歳差散逸があるかもしれないことは，地磁気ダイナモの駆動源との関係から 24.7 節で考えることにする．

歳差トルクの原因について図 7.1 に示す．月と太陽は，自らと向きがそろうように地球の赤道の膨らみに対し引力を及ぼす．太陽が及ぼすトルクは，地球から見て太陽が赤道面から 23.5° 離れた夏至・冬至の時期に最大となり，赤道面上に来る春分と秋分のときにゼロになる．ここで，トルクの向きは夏至のときも冬至のときも同じであるので，トルクには半年周期の変動はあるけれども，(角運動量に対して) 累積的な効果をもつ．同様に，月からのトルクは半月周期であり，それを平均した効果が太陽からのトルクにつけ加わる．トルクの大きさは (m/r^3) に比例するので，月からの寄与は太陽からの寄与の 2 倍強であることがわかる．

歳差と重なる形で，地球自転軸が黄道極に近づいたり遠ざかったりする運動，すなわち歳差運動と直交する方向に多数の振動が加わる．それらを章動 (英語では nutation とよぶが，これは "nodding" に因んでいる)．半年周期と半月周期の章動は，太陽や月のトルクのうち，歳差を起こす成分とは直交する成分が引き起こす．これらの章動の原因となるトルク成分は，太陽や月が軌道上で夏至点・冬至点のように，赤道から最も離れた点に来たときにゼロとなり，純粋に歳差運動に費やされる．また，それらが軌道上の分点 (赤道との交点) にあるときにも，太陽・月が赤道面内にあるので，トルク自体がゼロになる[*1]．これらより大きな振幅 (9.21 秒角) の 18.6 年周期の章動は，月の軌道面の極が，黄道 (地球の公転軌道面) の極のまわりに歳差運動

[*1] 軌道を 1 周する間に 4 回，ゼロ点を通過することから，半年もしくは半月周期の変動が生じることがわかる．

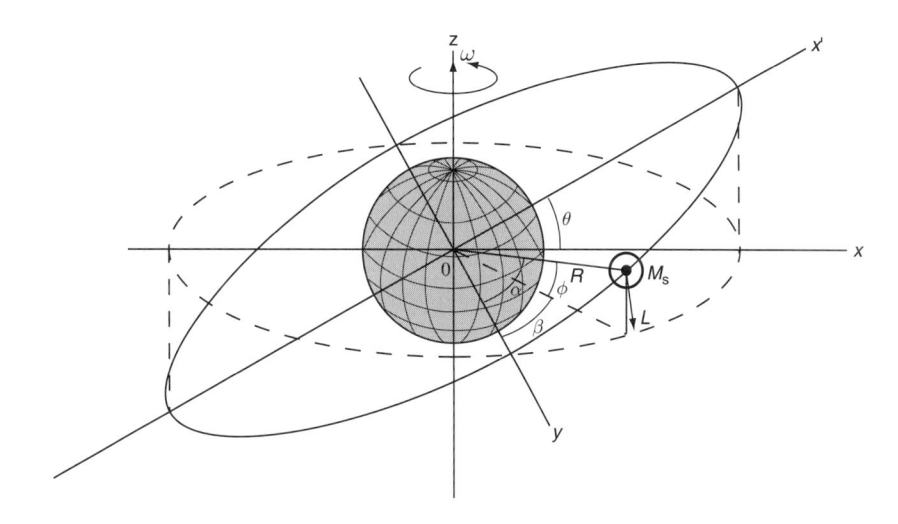

図 7.2 歳差トルクを説明するための位置関係. $\mathrm{O}xy$ は赤道面, z は自転軸である. この瞬間には, 太陽は, 赤道面に対して $\theta = 23.5°$ 傾いた面 $\mathrm{O}x'y$ 内の半径 R の軌道上にあり, その地心緯度を ϕ とする. 軌道を赤道面に投影したものを破線の楕円で示している. ここでは太陽が地球のまわりを公転していると考えてよく, 地球が太陽のまわりを公転していることと同等である. 同様な図を月についても考えることができる.

する結果で生じる. すなわち, 月の軌道面が赤道面に対して傾く角度が 18.6 年周期で変動するので, 同じ周期で地球の章動運動が引き起こされる.

地球にはたらく歳差トルクを定量的にしらべるために, 図 7.2 のような天体配置を考えてみよう. 図で示された瞬間に, 質量 M_S の太陽が地球中心からみて地心緯度 ϕ, 距離 R にある. 地球が及ぼす重力ポテンシャルは, 太陽中心においては, 式 (6.13) で与えられる. したがって, 太陽にはたらくトルクは

$$L = M_\mathrm{S} \frac{\partial V}{\partial \phi} = \frac{3GM_\mathrm{S}}{R^3}(C - A)\sin\phi\cos\phi \quad (7.4)$$

で与えられ, (これと逆向きのトルクが) 太陽から地球に対して及ぼされる. トルクは, 赤道面内にあって地球と太陽を結ぶ直線と直交する 1 本の軸のまわりにはたらく. すなわち, このトルクは地球の赤道部分の膨らみを, その瞬間の地球-太陽を結ぶ軸の方へ引き寄せようとする. このトルク (ベクトル) を $\mathrm{O}x$ まわりの成分 L_x と $\mathrm{O}y$ まわりの成分 L_y とに分解することができる. L_x の方は半年周章動を引き起こす成分となり, L_y は太陽による歳差を生じる成分となる.

β を春分点[*2]から測ったときの太陽の経度とすると, L_y は

$$L_y = \frac{3GM_\mathrm{S}}{R^3}(C - A)\sin\phi\cos\phi\sin\beta \quad (7.5)$$

となる. ϕ および β は, 次の 2 つの恒等式によって, 軌道傾角 θ[*3] と軌道面に沿って春分点から測った太陽の方位角 α とに関係づけられる.

$$\sin\phi = \sin\theta\sin\alpha \quad (7.6)$$
$$\tan\phi = \tan\theta\sin\beta \quad (7.7)$$

したがって, θ と α を用いると,

$$L_y = \frac{3GM_\mathrm{S}}{R^3}(C - A)\sin\theta\cos\theta\sin^2\alpha \quad (7.8)$$

となる. α は軌道面内での太陽の位置を与えるので, 1 年にわたって平均したときの平均値

$$\overline{\sin^2\alpha} = 1/2 \quad (7.9)$$

を用いると, 年平均した歳差トルクは,

$$\overline{L_y} = \frac{3}{2}\frac{GM_\mathrm{S}}{R^3}(C - A)\sin\theta\cos\theta \quad (7.10)$$

となる. この年平均トルクは, 図 7.1 の矢印の意味を考えると, $\mathrm{O}y$ 軸のまわりにはたらく (図 7.2).

$\mathrm{O}y$ 軸は, 地球の角運動量 $C\omega$ の軸 $\mathrm{O}z$ に直交す

[*2] 図 7.2 では y 軸と軌道の交わる点.

[*3] ϕ の最大値 23.5°.

るので，太陽歳差トルクによって，角速度，

$$\Omega_\mathrm{S} = \frac{\overline{L_y}}{C\omega} = \frac{3}{2}\frac{GM_\mathrm{S}}{R^3}\frac{C-A}{C\omega}\sin\theta\cos\theta$$
$$= \frac{3}{2}\frac{\omega_\mathrm{S}^2}{\omega}\frac{C-A}{C}\sin\theta\cos\theta \quad (7.11)$$

で，自転軸の向きが変わっていく．ここで，$\omega_\mathrm{S}^2 = GM_\mathrm{S}/R^3$ はケプラーの第 3 法則 (付録 B の式 (B.23)) を用いた．ω_S は地球–太陽の公転運動の角速度である．

さらに，太陽からのトルクだけが単独ではたらくと考えてみよう．地球の回転軸が動くとそれにつれて，赤道面も動くので，春分点・秋分点 (図 7.2 の Oy) の位置が，軌道面内で動くことになる．(太陽からの) 歳差トルクの軸は Oy とともに動くので，そのトルクによって，自転軸は，黄道 (地球の公転軌道面) の極を軸として，頂角 θ の円錐を描き続けるような周期的な歳差運動をする．トルクが太陽からのものだけであれば，この歳差運動の周期は $\tau_\mathrm{PS} = 2\pi/\omega_\mathrm{PS} = 2\pi\sin\theta/\Omega_\mathrm{PS}$ となる．ここで，

$$\omega_\mathrm{PS} = \frac{\Omega_\mathrm{S}}{\sin\theta} = \frac{3}{2}\frac{\omega_\mathrm{S}^2}{\omega}\frac{C-A}{C}\cos\theta \quad (7.12)$$

である．同様の式が，月の及ぼすトルクで生じる歳差運動角速度 ω_PL について成り立つ．太陽の場合との違いは，ケプラーの第 3 法則に代入すべきものが，地球の質量となることであり，これは地球–月系で支配的な質量であるからである．太陽と月と両方からの寄与を足し合わせると，観測される歳差速度は，

$$\omega_\mathrm{P} = \omega_\mathrm{PS} + \omega_\mathrm{PL} = 50.3846(13) \text{ 秒角/年} \quad (7.13)$$

となる．

ω_P も式 (7.12) の中に現れている他の観測量も，慣性モーメント以外は精度良く決められているので，歳差を用いて力学的扁平率 $H = (C-A)/C$ (式 (7.2)) を決定することができる．この力学的扁平率が，ジオイド形状の扁平率よりも小さいという事実は，地球内部深部の，より密度が大きな層，とりわけコア–マントル境界などの扁平率が，地表面のそれよりも小さいということを示している (付録 J の問題 6.4 参照)．式 (7.2) と式 (6.14) とから，地球の慣性モーメント係数 C/Ma^2 (式 (7.3)) が得られる．これは地球内部構造モデルを決めるときの拘束条件として，重要なパラメーターである．

歳差によって，自転軸の向きが，近日点・遠日点に対して次第に変化するので，それに伴って気候変動サイクルが生じる．また，赤道面に対する黄道面の傾きや，地球の公転軌道の離心率も周期的に変化する．これらの地球公転軌道の周期変動が，気候変動にとって重要な意味をもつことは，1940 年代に M. Milankovitch によってはじめて詳しく研究された．気候変動がこれらの周期性をもつことは，堆積物の記録に認められており (Berger, 1988)，Williams (1991) はミランコビッチ・サイクルが 4 億 4000 万年までさかのぼって存在する証拠を見いだしている．これらの観察事実は，月の軌道進化について検討する際に有用なものとなる (8.4 節)．気候に与える意味については 26.4 節で考えることとする．

7.3 チャンドラー極運動

外部天体と引力を介して行われる相互作用とは別に，地球はオイラー的な自由歳差運動を行う．これは地球物理学の文献で自由章動とよばれることがあるが，厳密には章動ではない．他の天体との相互作用による強制運動と区別するために，極運動 (wobble) という用語もしくは，発見者にちなんでチャンドラー極運動 (Chandler wobble) とよぶ方がよいだろう．極運動は，地球形状の対称軸 (最大慣性主軸) から，自転軸がわずかにずれることで生じる．全角運動量は，大きさも向きも保存されるけれども，形状 (対称) 軸の方は自転軸 (これは宇宙空間に対しておおむね固定されている) のまわりに円周運動をする．そのため極運動は，周期約 432 日 (1.2 年)，振幅は一定ではなく，平均値が 0.15 秒角で変動するような，(各地の天文) 緯度変化として現れる (Vondrak, 1999)．このチャンドラー極運動には，振幅が 0.1 秒角で 12 カ月周期の緯度変化が重なっている．したがって，2 つの周期変動が重なって，うなり現象が生じ，緯度変化の振幅は 6 年をサイクルとして変動する (図 7.3)．

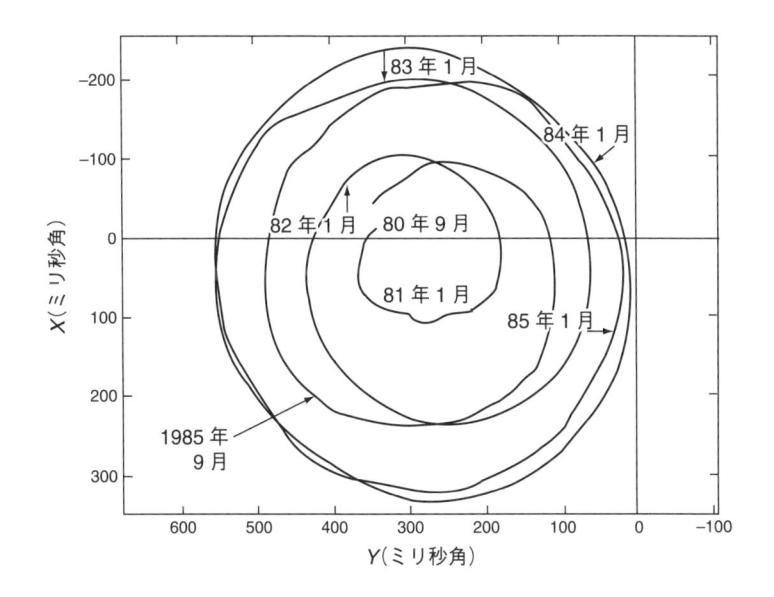

図 7.3 1980 年後期から 1985 年後期までの自転軸の軌跡. この期間は, 432 日周期 (チャンドラー周期) と 365 日周期 (年周期) の極運動成分で生じる, うなり現象の 1 周期にほぼ相当する. X と Y はそれぞれ, グリニッジ方向と西経 90° 方向を表す. 観測精度は, この期間内に向上した. 1985 年までには, 自転軸の不規則な動きは実在のものであることが明らかとなっている. Carter (1989) の記録にもとづく.

極運動の周期についての理論はオイラーの方程式にもとづいて定式化されるのが通常であるけれど, 極運動の励起と減衰のメカニズムが地球物理学的には最大の関心事となるので, 極運動のエネルギーにもとづいて周期を導出するのが便利である.

仮想的に, 主慣性モーメントが C, A, A をもつ剛体地球を考えてみよう. ここで $C > A$ であり, その剛体地球は, 最大慣性主軸 (C 軸) から微小な角度 α だけずれた軸のまわりに角速度 ω で回転しているとしよう. 全回転エネルギーは, 3 つの主軸のまわりの回転成分に起因するエネルギーの総和であり,

$$E_T = \frac{1}{2}(Cm_3^2 + Am_1^2 + Am_2^2)\omega^2 \quad (7.14)$$

と表せる. ここで m_1, m_2, m_3 は, 慣性主軸 A, A, C を座標軸としたときの, 自転軸の方向余弦である. したがって,

$$m_1^2 + m_2^2 = \alpha^2 \quad (7.15)$$

であり, $m_1^2 + m_2^2 + m_3^2 = 1$ が成り立つ.

同じ角運動量をもち, C 軸のまわりに自転している場合, すなわち $\alpha = 0$ で極運動がない場合の回転エネルギーは,

$$E_0 = \frac{1}{2}C\omega_0^2 \quad (7.16)$$

である. したがって, 式 (7.14) と式 (7.16) の差[*4]が, 極運動の運動エネルギーとなる. 式 (7.15) を用いると, 運動エネルギーは,

$$\begin{aligned} E_W &= E_T - E_0 \\ &= \frac{1}{2}C\omega^2\left[1 - \left(\frac{C-A}{C}\right)\alpha^2\right] - \frac{1}{2}C\omega_0^2 \end{aligned} \quad (7.17)$$

となる. 角運動量は 3 つの主軸のまわりの成分のベクトル和であり, 保存される. したがって角運動量は, 極運動のない状態では $C\omega_0$ であるから,

$$\begin{aligned} C\omega_0 &= (C^2m_3^2 + A^2m_1^2 + A^2m_2^2)^{1/2}\omega \\ &= \left[1 - \left(\frac{C^2-A^2}{C^2}\right)\alpha^2\right]^{1/2}C\omega \end{aligned} \quad (7.18)$$

が成り立つ. 式 (7.18) によって ω_0 を式 (7.17) に代入すると,

$$E_W = \frac{1}{2}A\left(\frac{C-A}{C}\right)\omega^2\alpha^2 = \frac{1}{2}AH\omega^2\alpha^2 \quad (7.19)$$

[*4] 余剰回転エネルギー.

が得られる．ここで H は式 (7.2) の力学的扁平率で，歳差から得られるものである．

余剰回転エネルギーは，角度 α の関数となっているので，ジャイロ運動をさせるトルク L_g があって，地球の (回転) エネルギーを最も低い状態 ($\alpha = 0$) にしようとする．その大きさは

$$L_g = -\frac{dE_W}{d\alpha} = -AH\omega^2 \alpha \quad (7.20)$$

となる．このトルクは角運動量の赤道面内の成分 $A\alpha\omega$，すなわち回転軸が最大慣性主軸からずれていることに伴って生じる成分に作用する．したがって，想定している剛体地球に対し，自由な歳差運動を引き起こすこととなり，その角周波数は

$$\omega_W = -\frac{L_g}{A\omega\alpha} = H\omega \quad (7.21)$$

である．これは順行運動であり，周期は $C/(C-A)$ 日 = 305 日である．

何年にもわたって，305 日周期の緯度変化の探索が行われたが，1891 年になってようやく 432 日の周期的な変化が S. C. Chandler によって発見された．周期の食い違いは主として，地球の弾性変形に起因するものである．すなわち，瞬間的な自転軸に対して，赤道の膨らみが地球の弾性変形によって部分的に調整され，ジャイロ運動を起こすトルクが小さくなるため周期が延びるのである．また，それよりも小さい効果ではあるが，海洋やコアの影響もある．この効果を無視すると，固体の変形によって，ジャイロ運動を生じさせるトルク L_g は，ファクター $305/432 = 0.7$ 倍まで小さくなる．すなわち赤道の膨らみは角度 0.3α だけゆがめられ，生じるせん断ひずみは，

$$\varepsilon = 0.3\alpha f \approx 1 \times 10^{-3}\alpha \quad (7.22)$$

ということになる．ここで $f \approx 1/300$ は，赤道の膨らみを表す (幾何学的) 扁平率である．

7.1 節で述べたように，1 世紀以上にわたり，極運動の励起源についての満足できる説明はとらえがたく，極運動の減衰についても同様であった．仮に励起がランダムに起こっているとすれば，観測される極運動の共鳴スペクトルから，減衰の目安が得られる．すなわち極運動の Q 値によって与えられる．Q の定義としては，互いに同等な，次の 2 通りのやり方がある．

$$Q_W = -2\pi \frac{E_W}{\Delta E_W} \quad (7.23)$$

$$Q_W = \frac{\omega_W}{\delta\omega_W} \quad (7.24)$$

ここで，$-\Delta E_W$ は，極運動に何のはたらきかけもなかったとしたら，1 周期を経ると失われるエネルギーであり，直接的に観測される量ではない．$\delta\omega_W$ は極運動のパワースペクトルピークの半値幅であり，Q_W はスペクトルの極運動周波数に対応するピークの鋭さとして定義されている．これら 2 通りの定義は，電気回路理論において同じものがみられ，そこから Q (クォリティ・ファクター) という用語が生まれている．Jeffreys (1959) は，Q を視覚的に理解しやすいように，力学的なアナロジーを 1 つ提示している．それは，1 つの円錐振子に向かって，おもちゃの吹き矢鉄砲を携えた男の子たちの一団が，まわりから不規則に弾を放っているというイメージである．振子は弾が命中して衝撃が加わるのに応じてスウィングするのであるが，減衰がごくわずかであるときに限って，振幅が大きくなる．つまり，1 つ 1 つの衝撃が個別に及ぼす効果は，それほど大きくない．これは Q が大きい状態 (high Q) に相当し，振動の 1 サイクルで散逸するエネルギーがほとんどなく，振動には明瞭な周期が現れる．減衰が加わって，Q の値が低下すると，振幅が小さくなり，また衝撃が個別に及ぼす効果が次第に大きくなり，振動の周期性がぼやけてくる．式 (7.24) を観測にあてはめると，

$$Q_W \approx 80 \quad (7.25)$$

が得られ，極運動にエネルギーの注入がなければ，時定数 $2Q_W/\omega_W \approx 30$ 年で減衰することになるが，Q_W には $30 < Q_W < 180$ と大きな不確定性が伴っている．Vondrák (1999) の解析では，極運動は Q という概念の前提として考えられているような，単純な線形現象ではなくて，振幅と周期の間に関係があることが示唆されている．しかし，これは励起メカニズムによる見かけ上のことかもしれない．

実測されている極運動の Q(式 (7.25)) を，マントルの非弾性だけで説明するのに必要とされるマントルの Q を，式 (7.22) で得られるひずみの振幅から考えてみよう．こうすることによって，マントルの Q が極運動の減衰に果たしている役割をしらべることができる．剛性率を地球全体で平均すると，$\mu \approx 124\,\mathrm{GPa}$ であり，極運動の振幅が α のとき，それに伴う弾性ひずみエネルギーは，地球の体積を V として

$$E_\mathrm{S} = \frac{1}{2}\mu\varepsilon^2 V = 6.7 \times 10^{25}\alpha^2 \text{ ジュール} \quad (7.26)$$

となる．この値は式 (7.19) から導かれる全エネルギー

$$E_\mathrm{W} = 7.0 \times 10^{26}\alpha^2 \text{ ジュール} \quad (7.27)$$

と比較してみる．すると，マントルの非弾性で極運動を減衰させるには，その Q 値として $Q_\mathrm{S} \approx Q_\mathrm{W}/10 \approx 8$ が必要となる．この値は地震学的に観測されている Q_S に比べるとはるかに小さく，とてもありそうなことではない．極運動の Q に対するマントルの寄与は，ほんのわずかにすぎないといえる．

個々の励起現象が極運動の半周期 (7 カ月) を超える時間スケールをもつときは，励起が効果的にはたらかないことに留意することが大切である．なぜならある瞬間に形状の対称軸を自転軸から引き離すように，地球内部トルクあるいは内部の質量移動によって極運動が励起されたとしても，半周期経つと，対称軸は自転軸の反対側にあるのだから，同じメカニズムが引き続いているとそれは，2 つの軸を近づけるように作用するだろう．したがって，Gross (2000) のいうように，大気・海洋と固体地球のカップリング (2 つを結合する相互作用) だけが，唯一可能性のある励起メカニズムとして残る．Aoyama と Naito (2001) の考えでは大気だけでも励起源として十分かもしれないとされているが，その議論の根拠となるものは大気の励起源 (風と気圧) の時間変動スペクトルに鋭い 14 カ月のピークが見られることしかなく，理解に苦しむ．年周極運動の励起関数にある程度，鋭い "線" スペクトルが見られることは季節変動として理解

することができる．それゆえこの場合には，ランダムな励起を想定していた場合とは違って，スペクトル線の幅は減衰とは無関係である．

年周極運動が強制振動として存在することは，大気・水圏の季節的な運動で，極の位置が ± 0.05 秒角ずれることを示している．平均振幅 0.15 秒角，周期の 25 倍程度の時定数で自由減衰する 14 カ月周期の極運動では，励起源がランダムな場合は，$0.15/\sqrt{25} = 0.03$ 秒角という励起振幅をもたなくてはならない．これは 1 年周期の励起関数に比べて，かなり大きな割合になることは驚くべきである．しかし極運動の Q は観測で良く決定されているとはいえず，その値には不確定さが残っている．

極運動にはさらに，極が西経 $79°$ の向きに定常的に動いていく現象が，重なっている．その速度は Vondrák によれば，100 年で $0.351''$ (11 cm/年) と推定されている．この現象は，後氷期地殻隆起で引き起こされる地球内部の質量再配分の非対称性によるものとされている．このプロセスで生じる極のずれは，たかだか 1 km のオーダーにすぎない[*5]．この極の動きは極移動 (polar wander) の観測ということにはならない．しかし，マントルの対流パターンの変化を伴うようなマントル内の質量の移動によって，真の極移動が駆動されることが起きていることも，原理的にはありうる．

7.4　自転速度の変動 (LOD の変動)

地質学的な時間スケールでみると，地球の自転速度変動の主要な部分というのは，潮汐摩擦がもたらす，ゆっくりとした速度減少である (8.3 節)．潮汐摩擦によって，自転の角運動量は，地球–月系および地球–太陽系の公転角運動量に変換されていく．これは永年的かつ非可逆な過程である．しかし，非常にゆっくりとしているので，それよりももっと短い時間スケールで行われている，大気や海洋およびコアとの角運動量の交換に隠されて，目立たない．現在，後氷期地殻隆起で，地球の慣

[*5]　後氷期地殻隆起の時間スケールは 1 万年だから，11 cm/年で 1 km 程度の移動．

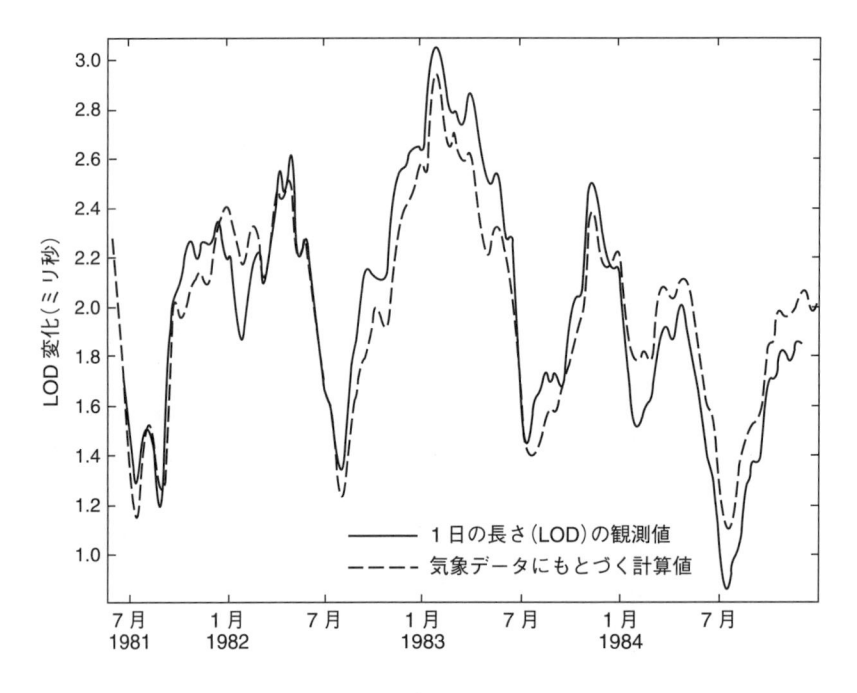

図 7.4 超長基線電波干渉計 (VLBI) によって観測された 1 日の長さ (LOD) の変化と,大気の角運動量変動から期待される変化との比較. Carter (1989) を下絵にして作図.

性モーメントがごくわずか変化し,その結果として角速度が加速するという要因もある.これよりももっと急激なゆらぎは,大気との関連で,現在,明確に同定されている.図 7.4 では,1 日の長さ (length of day; LOD) が 2 ms (ミリ秒) 程度,ゆらいでいることが示されている.これは割合でいえば 1 億分の 2.3 であり,大気の角運動量変化と密接な相関がある.大気の慣性モーメントは,地球全体の 1.7×10^{-6} を占めるに過ぎないので (付録 A の表 A.4),「大気の回転速度」の平均値のまわりのゆらぎは 1% を超える非常に大きなものということになる.これは,地球全体で平均した平均風速が $5\,\mathrm{m\,s^{-1}}$,すなわち $18\,\mathrm{km\,h^{-1}}$ も変動するということに対応している.しかし,図 7.4 の破線が示すように,そのような急速な変化は規則正しく起こっていて,1 年周期の成分が強く,さらにそれより短周期の成分およびランダムなゆらぎが含まれている.図 7.4 の破線が実線すなわち LOD の観測値と良い相関を示していることは,急激な LOD 変動は,固体地球が大気のゆらぎと強くカップリングしていることに由来するに違いないことの現れである.このカップリングがエネルギー的に意味するところは,26.2 節で考えることにする.

数十年の時間スケールをもち,多少大きな振幅の LOD のゆらぎは,コアとの間の角運動量交換として解釈されている.Holme と deViron (2005) は,LOD 変動が地磁気永年変動の急変 (24.3 節のジャーク) と相関があると報告している.これの意味するところは,コアとマントルの間の強いカップリングであり,また,コアの角運動量の急変である.コアの慣性モーメントは,マントルの 13% であるので,図 7.5 の LOD の記録にみられる典型的な変化量 4 ms (1 億分の 4.6) は,コアの平均回転速度に 1000 万分の 3.6 だけ変化が生じることを意味する.これはコア表面では $10^{-4}\,\mathrm{m\,s^{-1}}$ (3 km/年) の速度変化に対応する.これは地磁気の永年変化から推定されているコア表面の速度の約 25% に相当し (24.3 節),コア流体の相当な量の体積内で組織的かつ急速な変化が起こっていることを示している.コアとマントルのカップリングのメカニズムは,1 つには他の諸現象,とりわけ地磁気の西方移動 (24.6 節) との関連から興味をかきたてる.西方移動の観測自身からは,その

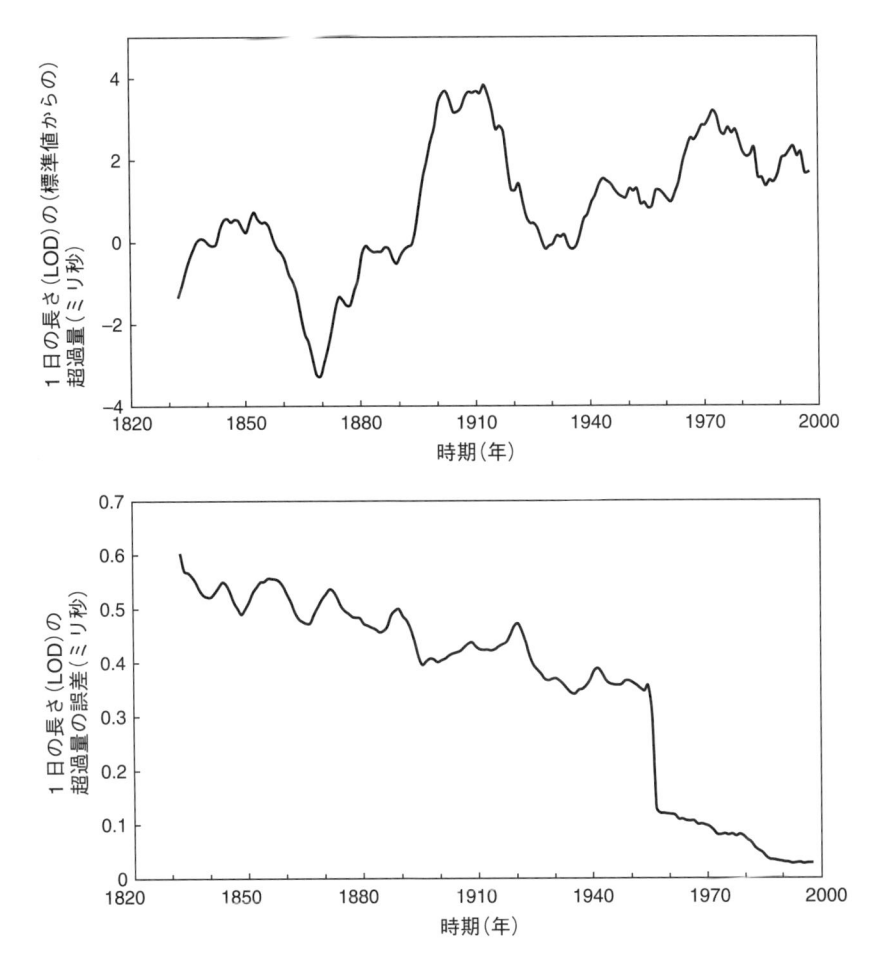

図 7.5 Gross (2001) の解析による LOD の数十年周期変動.データ提供は R. S. Gross. 下の図は推定値の不確実性を表し,1950 年代の水晶時計の導入で急減している.

10 年程度の時間スケールがカップリングを特徴づけるものであるのか,それとももっとずっと強いカップリングを許すようなコアの運動に特徴的なものであるのかについていうことはできない.しかし,どちらにせよ,コアの運動に見られる主要な変動が 10 年程度で起きていることは明らかである.LOD (1 日の長さ) のゆらぎのスペクトルをプロットした Gross (2001) の結果からは,約 8 年という緩和時間が示されている.以下の節では,これがカップリングを特徴づけるものと仮定することにする.

潮汐摩擦が引き起こす,自転速度のゆっくりとした減少は,8 章の主要テーマであるが,地質学的な時間にわたって,常に生じていた.時間スケールのもう一方の極端な例としては人間活動があり,とくに貯水池などへの水の蓄積は,10 年程度の時間スケールで起きている.これによって海水準が数 cm 低下し (Chao ら (1994) による議論を参照),慣性モーメントにさまざまな影響が生じ,そして LOD にも変化が生じるが,その量は観測にひっかかるには小さすぎる.

7.5 自転変動とコア (核) のカップリング

コア全体が角速度 $(\omega + \Delta\omega_c)$ で一様に回転し,マントルは $(\omega + \Delta\omega_m)$ で回転するという単純な場合を考えてみよう.ここで ω は,平衡状態に達したときに,コアとマントルに共通となる角速度である.さて,角運動量の保存から,

$$I_\mathrm{m}\Delta\omega_\mathrm{m} + I_\mathrm{c}\Delta\omega_\mathrm{c} = 0 \tag{7.28}$$

となる.ここで $I_\mathrm{m} = 8.04 \times 10^{37}$ kg m^2, $I_\mathrm{c} = 0.92 \times 10^{37}$ kg m^2 は,それぞれマントルとコアの慣性モーメントである.マントルとコアの相対角速度は,

$$\Delta\omega = \Delta\omega_\mathrm{m} - \Delta\omega_\mathrm{c} = \Delta\omega_\mathrm{m}(1 + I_\mathrm{m}/I_\mathrm{c})$$
$$= 8.74\Delta\omega_\mathrm{m} \tag{7.29}$$

である.もし,両者のカップリング(結合作用)が線形であれば,平衡状態を回復しようと生じる相互トルク L は $\Delta\omega$ に比例する.そこでカップリング係数 K_R を次のように定義することができる.

$$L = I_\mathrm{m}\frac{d}{dt}(\Delta\omega_\mathrm{m})$$
$$= -K_\mathrm{R}\Delta\omega = -K_\mathrm{R}\left(1 + \frac{I_\mathrm{m}}{I_\mathrm{c}}\right)\Delta\omega_\mathrm{m} \tag{7.30}$$

この式を積分すると,

$$\Delta\omega_\mathrm{m} = (\Delta\omega_\mathrm{m})_0 \exp(-t/\tau) \tag{7.31}$$

となり,ここで緩和時間 τ が,

$$\tau = \left[K_\mathrm{R}\left(\frac{1}{I_\mathrm{m}} + \frac{1}{I_\mathrm{c}}\right)\right]^{-1} \tag{7.32}$$

で与えられる.$\tau = 8$ 年とすると,

$$K_\mathrm{R} \approx 3.2 \times 10^{28} \text{ N m s (kg m}^2 \text{ s}^{-1}) \tag{7.33}$$

となり,これは電磁カップリングとしては妥当な値である.また,コア-マントル境界の起伏を横切って流体が流れるときに引き起こされる,地形カップリングがあるかもしれない.しかし,その強さがどれくらいかを示す観測はない.境界の地形は,マントルの底部が不均質のために地震学的観測ではぼやけてみえる.この K_R の推定は下限値とみなさなくてはならない.というのも,8 年という時定数が,コアの運動を特徴づけるよりも,むしろカップリングのメカニズムを特徴づけるものと仮定しているからである.式 (7.33) の妥当性に対する疑問は,マントルと内核の間の重力的な相互作用を無視していることから生じている.1 億分の 2 とか 3 という LOD の変動は,地磁気の西方移動から示唆されているコアとマントルの差動回転,約 100 万分の 1 という量,に比べると小さすぎる.これらの効果はみな,24.6 節で論ずるように,内核との重力的なカップリングにコントロールされているのかもしれない.

マントルとコアの慣性モーメントが,地球回転の変動によって影響を被らないとすると,一様回転の状態に対するエネルギー超過分は,

$$\Delta E = \frac{1}{2}I_\mathrm{m}[(\omega + \Delta\omega_\mathrm{m})^2 - \omega^2]$$
$$+ \frac{1}{2}I_\mathrm{c}[(\omega + \Delta\omega_\mathrm{c})^2 - \omega^2]$$
$$= \frac{1}{2}I_\mathrm{m}(\Delta_\mathrm{m})^2 + \frac{1}{2}I_\mathrm{c}(\Delta\omega_\mathrm{c})^2$$
$$= \frac{1}{2}I_\mathrm{m}\left(1 + \frac{I_\mathrm{m}}{I_\mathrm{c}}\right)(\Delta\omega_\mathrm{m})^2 \tag{7.34}$$

になる.LOD が平衡状態から 4 ms ずれると,

$$\Delta\omega_\mathrm{m} = 4.63 \times 10^{-8}\omega = 3.38 \times 10^{-12} \text{ rad s}^{-1}$$

となり,$\Delta E = 4.46 \times 10^{15}$ J が得られる.これは緩和時間として 8 年をとると,エネルギー散逸率で 1.8×10^7 W ということになる.これはコアとマントルの境界で起こっているさまざまなプロセスにとって,重要というほどのものではない.

LOD 観測から式 (7.33) を用いて,カップリング係数 K_R を見積もったので,それがチャンドラー極運動や歳差の議論にも使えると仮定して,そこから生じる結果について考えをめぐらすことができる.まず,極運動から考えてみよう.極運動を減衰させるにせよ,励起するにせよ,考えられるコアの効果を最大にするために,マントルがチャンドラー角周波数 ω_W,角度振幅 α で極運動をしている一方,コアはまったく極運動をしていないとしよう.すると,マントルとコアの相対的な角速度は,

$$\Delta\omega_\mathrm{W} = \omega_\mathrm{W}\alpha \tag{7.35}$$

となる.これによって生じる相互作用のトルクは,

$$L_\mathrm{W} = -K_\mathrm{R}\Delta\omega_\mathrm{W} \tag{7.36}$$

であり,生じるエネルギー散逸は,

$$-\frac{dE_\mathrm{W}}{dt} = -L_\mathrm{W}\Delta\omega_\mathrm{W} = K_\mathrm{R}\omega_\mathrm{W}^2\alpha^2 \tag{7.37}$$

となる.この式を,単純な剛体地球の回転の場合のエネルギーの式 (7.19) と比較すると,このカッ

プリングによって極運動の振幅が減衰するときの緩和時間は，

$$\begin{aligned}\tau_{\mathrm{W}} &= \frac{2E_{\mathrm{W}}}{-dE_{\mathrm{W}}/dt} \\ &= \frac{AH}{K_{\mathrm{R}}}\left(\frac{\omega}{\omega_{\mathrm{W}}}\right)^2 = 1.5 \times 10^{12}\,\mathrm{s} \\ &= 48\,000\,\text{年} \end{aligned} \quad (7.38)$$

となる．エネルギーは振幅の2乗に比例するので，上式の値は，エネルギーの減衰の時定数の2倍にあたる．この時定数は観測されている30年という，極運動の緩和時間に比べてきわめて長いので，極運動の減衰には (電磁) カップリングは意味をもたないことがわかる．

次に歳差を考えよう．6.4節で指摘したように，地球は深部ほど高密度となるので，(等密度面などの) 扁平率は深部ほど小さくなる．これに関連してとくに興味深いことは，コアの扁平率である．地球全体の力学的扁平率よりも，コア単独のそれの方が小さいので，コアには，地球全体の歳差に追いついていくほど十分な大きさの月・太陽歳差トルクがはたらかない (しかし Mathews ら (2002) は，章動からの証拠にもとづいて，コアは平衡状態から期待される扁平率よりも扁平であると報告していることは付記しておく)．だから，コアは非常に効率的にマントルとカップリングしているに違いない．そうでなければ，コアとマントルが互いに半独立的に歳差運動をするということになる．このとき，両者の自転軸は大きく異なってきて，コア-マントル境界の境界層の両側で数百 m s^{-1} の速度差が生じることになり，これは地磁気の永年変化から期待される速度の数百万倍も速いことになってしまうからだ (24.3節)．この支配的なカップリングは慣性カップリングとよばれ，そのメカニズムについての理論は H. Poincaré に始まっている．その原理は，A. Toomre がいうような，次の単純なモデルを使って説明することができる．

重力がはたらかない，中が空洞の横長の楕円体 (キャビティ) 中で，その内壁を1つの粒子が摩擦なしで滑らかに動いている状態を考えてみよう．粒子は，最初は赤道面に沿って運動しているとする．次に，微小な角度だけ，楕円体軸を傾けると，粒子はもとの平面上の軌道運動を続けるが，軌道面は楕円体の赤道面に対して傾くので，その軌道は円軌道ではなくて，わずかに楕円軌道となる．さらに，内壁が常に軌道面と直交するというわけではなくなる．粒子の運動には摩擦がはたらかないので，粒子は壁面に直交する向きの力しか感じないから，この力は，軌道面内にのみ向かう中心力ではなく，軌道面に直交する成分が含まれてくる．その結果，トルクが生じ，軌道面がキャビティの赤道のまわりに逆行運動するような歳差が引き起こされる．これは，コア-マントル境界面の軸の方向が変わったときに，流体核の運動がどのように応答するかということを単純化したアナロジーになっている．ここで重要な単純化が行われていて，コア自身の回転軸とずれを生じた楕円体キャビティに追随するように，コア内に生じるはずの慣性運動 (ポアンカレ流) が無視されている．

図7.6では，マントルがコアに及ぼすトルクによって，コアが歳差と歩調を合わせ続けていけるのかが示されている．マントルの歳差にコアが取り残されようとする傾向があるので，マントルには歳差カップリングともいうべきものがはたらき，コアの軸がマントルの軸のまわりに，歳差運動を「試みる」ことになる．しかし，マントルも歳差運動を続けているので，この「試み」は単に，二軸の間が微小な角距離 α を保ちつつ，コアが追従することになる．α として 6×10^{-6} rad (1.2秒角) とすると，コアにはたらくトルクとして十分な大きさが得られる (Stacey, 1973)．

慣性カップリングはエネルギーの散逸を伴わないので，もし，それでコアの歳差運動へのロックが完全に説明できるとすれば，図7.6の位相遅れ δ は0になるだろう．コアとマントルの間の相対運動は，ポアンカレ流によって減少させられるけれども，ゼロにはならない．それでコアとマントルの間の電磁カップリングによって，なにがしかのエネルギー散逸が必ず生じる．ポアンカレ流によって，コアの内部の磁力線が捻じ曲げられ，その結果，オーム散逸が生じる．これが地磁気ダイナモのパワーに及ぼす影響の大きさは，

7. 歳差，極運動，自転のゆらぎ

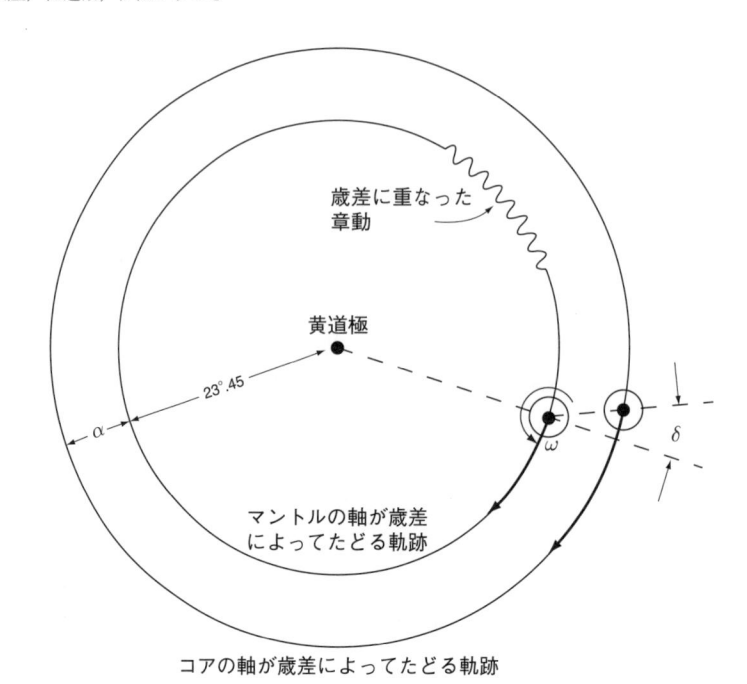

図 7.6 マントルおよびコアの軸が，歳差でたどる軌跡を，コアとマントルの単純な慣性カップリングモデルで求めたもの．歳差運動は逆行 (地球の自転 ω と逆方向) であり，これに重なる章動が，軌跡の一部について示されている．

$$\frac{dE}{dt} = -K_R(\alpha\omega)^2 = -6.3 \times 10^9 \text{ W} \quad (7.39)$$

である．ここで $K_R = 3.2 \times 10^{28}$ kg m² s⁻¹ は，LOD を用いた計算 (式 (7.33)) から得られた，コア–マントル間のカップリング係数である．また，$\omega = 7.29 \times 10^{-5}$ rad s⁻¹ は自転角速度である．式 (7.39) の値は現在の地磁気ダイナモのパワーにとってみれば，たいしたことはない．しかし，遠い過去においては，月がもっと地球に近接していたし，地球の自転速度ももっと速くて扁平率も大きかったので，歳差はいまよりも大きかった．そこで，地球史の初期において，歳差が地磁気ダイナモに占める意味をしらべてみることにしよう．軌道傾角 θ の変動を無視すると，式 (7.11) から歳差速度が $(C-A)/R^3\omega$ に比例し，$(C-A)$ が ω^2 に比例することから (式 (6.19) 参照)，自転軸の歳差運動の速度は ω/R^3 に比例する．

コアの自転軸は，キャビティの軸のまわりに，$\omega\varepsilon$ に比例する角速度で歳差運動しようとする．ここで $\varepsilon \propto \omega^2$ はキャビティの扁平率である．結果として，コアのマントルに対する相対的な歳差速度は ω^3 に比例することになる．軸のずれの角度 α は，マントルの歳差に対して，コアの相対歳差運動が追従するように，自動的にきまり，$\alpha \propto (\omega/R^3)/\omega^3 = 1/R^3\omega^2$ となる．エネルギー散逸は，式 (7.39) から $(\alpha\omega)^2$ に比例することがわかっているので，結局，$1/R^6\omega^2$ に比例する．月の軌道進化は 8.4 節で議論しているが，それによると，月はおそらく最初は，地球半径の 30 倍ぐらいの距離 (現在の半分程度) にあったはずである．その場合，自転速度 ω は現在の値の 2.5 倍で，そうするとエネルギー散逸率は現在の 10 倍，6×10^{10} W であったはずである．このことは，21.4 節と表 21.5 に示すコアのエネルギー収支には取り込まれており，地球の形成初期における地磁気ダイナモにとっての重要性は，24.7 節で論じられている．

8
潮汐と月の軌道進化

8.1 まえおき

　地球は月や太陽の及ぼす重力場中で自転しているので，(地球上で感じる) 重力ポテンシャルは周期的に変動する．その最も明白な結果は，海の潮汐であるが，固体地球もまた潮汐力によって変形させられる．この変形で引き延ばされた固体地球は，月や太陽の方向に向かって長軸をもつような楕円体形状になる．観測される潮汐は，ちょうど変形した楕円体の「袋」の中に (軟らかい) 地球が包み込まれていて，その中で地球が自転することで起きるようなものである．この現象は，隣接する天体の重力の影響から非常に遠く離れていない限り，あらゆる自転する天体において生じる．ただし，もしエネルギーを散逸するという，非常に重要な効果がなければ，潮汐は教科書の脚注程度の重要さしかなかったであろう．ガスの天体においては，潮汐による回転エネルギーの散逸はわずかだが，固体の惑星や衛星の場合には，その性質や軌道の進化に強い影響を及ぼし，地球においては海洋の中で最も強い散逸が起こる．

　潮汐摩擦の議論の手始めとして，潮汐によるポテンシャルと変形について解析しよう．潮汐摩擦は地球–月系に大きな影響を及ぼしてきたが，金星や水星についてもそうかもしれない．火星の場合は，潮汐摩擦はそれほど重要ではないかもしれないが，外惑星系の固体天体のいくつかには興味深い影響を与えている．木星の衛星イオの激しい火山活動は，潮汐摩擦によって生じる熱のせいだと考えられている．イオの場合，木星に対して回転を停止しているので，動径方向に伸び縮みするような潮汐になる．イオの軌道の離心率は，他の木星の衛星との相互作用で維持されている．冥王星とその主要衛星であるカロンも，互いに常に同じ面を向けているようである．これはおそらく，月が地球に常に同じ面を向けているのと同じように，潮汐摩擦によって互いの相対回転が止められたからであろう．

　外惑星は多くの衛星をもつが，地球型の 4 つの惑星には，火星を回る 2 つの小さな衛星と地球の大きな月という 3 つの衛星しかない．金星や水星を回る衛星はない．なぜこのような状況が生じたのかについて，潮汐摩擦によって直接的に説明することができる．内惑星と月は固体であり，そこで生じる潮汐によって回転エネルギーが散逸される．これにより，相対的な回転を徐々に遅らせ，最終的には停止させる効果が生まれる．地球が月に引き起こす潮汐はとても大きく，月の地球に対する相対的な回転を完全に止めてしまった．月が地球に引き起こす潮汐は，地球の自転を遅らせつつある．こうして失われていく自転の角運動量が，(全角運動量保存則から) 月の公転の角運動量に移されていくので，月の軌道半径は少しずつ大きくなり，その速度は現在約 3.8 cm/年になっている．このことは，8.4 節で論じるように地質学的時間尺度でみると，軌道が劇的に変化することを意味している．8.6 節では，2 つの月が太陽系生成初期の 6 億年間は独立して生き残ったが，39 億年前に潮汐摩擦によって合体したという場合を考える．

　金星と水星では，まったく別の状況が生じている．これらの 2 惑星は太陽にずっと近いので，太陽の強い潮汐によって惑星の自転が遅くなり，現在のようにいつも太陽にほとんど同じ面を向ける

ようになった．もしも衛星があったとしても，惑星の自転よりは速く公転を続けるが，潮汐摩擦によってその運動が妨げられ，次第に内側にスパイラル運動をするようになる．このとき公転の角運動量が惑星の自転に移されるが，それは太陽による潮汐摩擦で失われる．したがって，これらの2惑星に初期段階で衛星があったとしても，親惑星と合体したはずである．ここで，互いに相互作用している天体の間の距離 r に，潮汐摩擦が強く依存していることに注意することが大切である．潮汐の振幅は r^{-3} にしたがって変わり，エネルギー散逸は振幅の2乗で変わるから，散逸は r^{-6} で変化する．もし散逸過程が非線形なら，もっと強く距離 r に依存することになる．衛星が親惑星の方へと次第に内側にスパイラルを描いていく運動は，潮汐摩擦がはたらいている限り，急速に加速するだろう．

潮汐は惑星系や衛星系でどこでも起きるものであるが，地球型惑星のような固体天体における潮汐散逸には，太陽系の内惑星系の進化の重要性に見合った関心が払われてこなかった．本章では，地球惑星科学における潮汐の重要性をいま以上に認識する必要があるということについて注意を喚起する．

8.2 地球の潮汐変形

図 8.1 のように，地球と月が共通重心のまわりを公転運動している配置を考えてみよう．共通重心と地球重心の間の距離を b とする．当面，地球が月に対して同じ面を向けているとしよう．すなわち，共通重心まわりの地球の公転が自転と同じ ω_L という角速度をもつとする．このように地球全体が回転すると，地上の点Pは(共通重心を通る)回転軸から常に一定の距離にある．このとき，月の重力場プラス地球の公転運動によって，点Pに生じるポテンシャルを計算したい．これは

$$W = -\frac{Gm}{R'} - \frac{1}{2}\omega_\mathrm{L}^2 r^2 \tag{8.1}$$

となる．余弦定理を用いると

$$(R')^2 = R^2 + a^2 - 2aR\cos\psi \tag{8.2}$$

であるから，微小量 (a/R) の2次まで残す近似で，

$$(R')^{-1} = R^{-1}\left(1 - \frac{1}{2}\frac{a^2}{R^2} + \frac{a}{R}\cos\psi \right.$$
$$\left. + \frac{3}{2}\frac{a^2}{R^2}\cos^2\psi + \cdots \right) \tag{8.3}$$

となる．また三角関数の関係式として

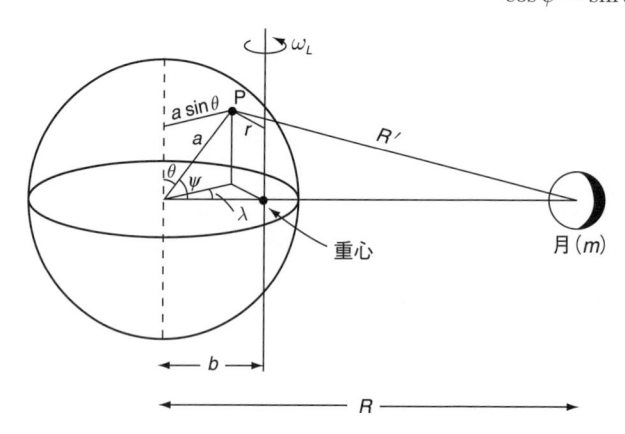

$$\cos\psi = \sin\theta\cos\lambda \tag{8.4}$$

図 8.1 地球中心から距離 R で，地表の点Pからの距離が R' の位置にある月(質量 m)によって生じる潮汐ポテンシャルを求めるときの，幾何学的配置図．月の公転面が地球と交差する断面が楕円で示されていて，この面に直角にとった軸から測った点Pの角距離を θ とし，この面内で地球–月を結ぶ軸から測った方位角を λ とする．そのまわりを地球も月も公転する，2天体の系の共通重心は，地球中心から距離 b にあって，これは地球半径 a よりもわずかに小さい．

$$r^2 = b^2 + (a\sin\theta)^2 - 2b(a\sin\theta)\cos\lambda$$
$$= b^2 + a^2\sin^2\theta - 2ba\cos\psi \quad (8.5)$$

が成立する．ここで，
$$b = \frac{m}{M+m}R \quad (8.6)$$

と，ケプラーの第3法則 (付録Bの式 (B.23) を，m が無視できない場合に拡張したもの) から，
$$\omega_L{}^2 R^3 = G(M+m) \quad (8.7)$$

もいえる．式 (8.3), (8.5), (8.6) によって，R', r, および b を式 (8.1) に代入し，式 (8.7) を用いて式を整理すると，ポテンシャル W として，すぐにそれとわかる3つの項でできた式，

$$W = -\frac{Gm}{R}\left(1 + \frac{1}{2}\frac{m}{M+m}\right)$$
$$-\frac{Gma^2}{R^3}\left(\frac{3}{2}\cos^2\psi - \frac{1}{2}\right) - \frac{1}{2}\omega_L{}^2 a^2 \sin^2\theta$$
$$(8.8)$$

が得られる．第1項は，月によって地球中心に生じるポテンシャルに，微小な補正を加えたものである．この項は，点Pが地球上のどこにあるかによらず一定値であり，潮汐効果はない．第3項は，地球が自分自身の中心を通る軸のまわりに角速度 ω_L で回転するときに，点Pに生じるポテンシャルである．したがって，これは式 (6.15) と同様に，地球が角速度 $\omega \gg \omega_L$ で自転していることによって生じるポテンシャルに付け加わる．式 (8.8) の第2項が潮汐ポテンシャルである．これは2次の球面調和関数の中の帯球関数であり，等ポテンシャル面が，地球–月を結ぶ軸方向に縦長に延びた楕円体形状に変形することを表している (図 8.2)．潮汐ポテンシャルは固有の記号，

$$W_2 = -\frac{Gma^2}{R^3}\left(\frac{3}{2}\cos^2\psi - \frac{1}{2}\right) \quad (8.9)$$

で表示するのが常である．

この式から，6.1節で述べたように，地球が横長になっていることに対する潮汐の寄与を理解することができる．月軌道面の極軸方向では $\psi = 90°$ となり，そこでは一定値 $Gma^2/2R^3$ をとる．月軌道面上の点 (だいたい，赤道上の点) では，W_2 は

$$\frac{Gma^2}{2R^3}\left(-\frac{1}{2} \pm \frac{3}{2}\right)$$

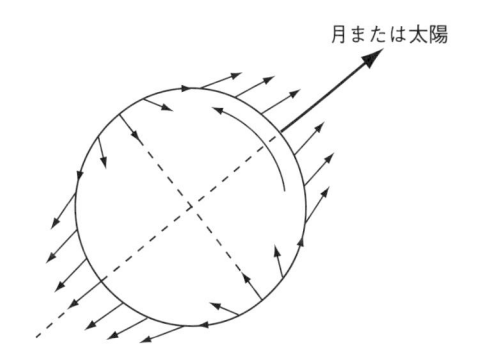

図 8.2 地球表面における潮汐力．これは潮汐力ポテンシャル W_2 (式 (8.9)) の勾配である．

の範囲で振動し，$\cos^2\psi$ の平均値が $1/2$ であるから，W_2 の平均値は $-Gma^2/4R^3$ となる．極における値と赤道上での平均値との差が，地球の「過剰」扁平率への寄与を与えるが，しかし，この効果を静水圧平衡からのずれとみなすことはできない．

W_2 は，地球 (質量 M, 半径 a) がもつ静的なポテンシャル

$$W_0 = -\frac{GM}{a} \quad (8.10)$$

に加わる擾乱であり，月の潮汐についてみれば，

$$\left(\frac{W_2}{W_0}\right)_{\max} = \frac{m}{M}\left(\frac{a}{R}\right)^3 = 5.6 \times 10^{-8} \quad (8.11)$$

となる．太陽の潮汐についての値は，上式の数値を 0.46 倍したものになる．さらに，仮想的に，剛体の地球を考えると，潮汐によって生じる重力変化は

$$\delta g = \frac{\partial W_2}{\partial a} = \frac{Gma}{R^3}(3\cos^2\psi - 1) \quad (8.12)$$

となり，その変化量を比で表すと，

$$\frac{\delta g}{g} = -\frac{m}{M}\left(\frac{a}{R}\right)^3(3\cos^2\psi - 1) \quad (8.13)$$

となる．これは，地球物理学調査に用いられる重力計で測れる程度の量であり，実際の重力観測に際して潮汐補正は当然のこととして施されている．等ポテンシャル面の高さの変化は，地球が変形することを無視した場合，

$$\delta a = \frac{W_2}{g} = \frac{m}{M}\left(\frac{a}{R}\right)^3 a\left(\frac{3}{2}\cos^2\psi - \frac{1}{2}\right) \quad (8.14)$$

であり，月の潮汐の場合，両振幅で 0.535 m の大きさである．

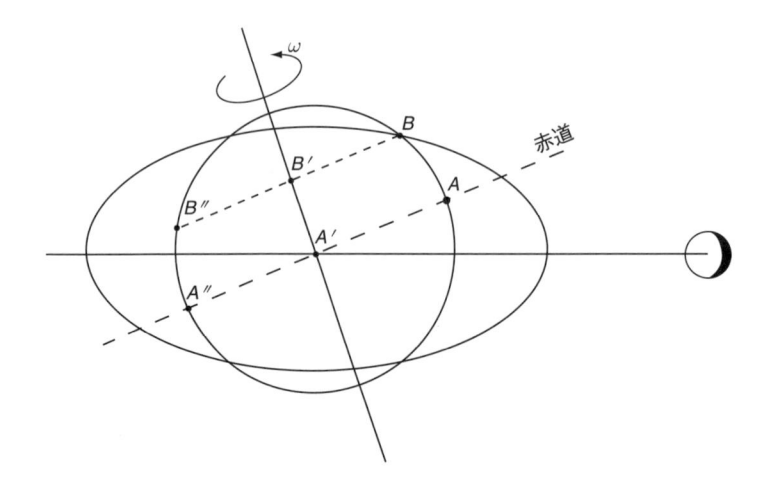

図 8.3 地球の自転軸が月や太陽の公転面から傾斜しているために，潮汐には非対称性が生じ，それが1日周期の成分として現れる．赤道上の点は，時間のともに A, A', A'' のように移っていくので，潮汐の周期は半日である．しかし，B, B', B'' のように移っていく点では，顕著な1日周期の潮汐が見られることになる．

月による太陰潮汐による膨らみと，太陽潮汐による膨らみとが重ね合わせられ，両者の配置の向きは太陰月の経過とともに次第に変化していく．両者の効果は新月と満月の時期に強め合い(大潮)，月と太陽が(地球から見て)90°離れた時期には弱め合う(小潮)．太陽の潮汐力は月のそれに比べて0.46倍の大きさであるから，太陽と月の寄与を総和したときの半日周期の潮汐力は，ファクターで $(1+0.46)/(1-0.46) = 2.7$ だけ，大潮と小潮の時期で異なることになる．この変動は，12.42時間と12.00時間の2つの周期の振動を重ねたときに生じるうなりのように見える．軌道の離心率の変動や，月の公転軌道面と太陽のそれとがずれていることや，月の軌道面の歳差運動，それに最も重要な黄道面の傾き(地球の赤道面と公転軌道面のずれ)などにより，他にもさまざまな周期変動成分が生じる．黄道面の傾きによって，太陰日や太陽日を周期とする日周成分が潮汐成分に加わる(図8.3)．

固体地球も海水面も変形するので，潮汐ポテンシャルには修正が必要となる．これらの変形は W_2 と同じ形式で表され，A. E. H. Love によって導入されラブ数として知られている無次元数 h, k と，T. Shida によって導入された3番目の無次元数 l とによって，表示することができる．楕円体型の変形のとき，これらの無次元数の定義と，その数値は次のようなものである (Mathews ら，1995)．

$h = 0.603$ は，潮汐で生じる等ポテンシャル面の高さ変動に対する，固体地球の上下変位の比である．

k は固体地球については $k = 0.298$，固体地球プラス海洋の系については $k = 0.245$ という値をとり，潮汐変形によって固体地球内部で起きる質量の再配分で生じる付加的なポテンシャルと，外部潮汐ポテンシャルの比である．

$l \approx 0.084$ は，地球が流体であると想定したときの潮汐の水平変位に対する，地殻の水平変位の比である．

これらの定数は，地球が全体として示す弾性の目安となる．剛体地球ならば，これらの定数はすべてゼロとなり，地球が流体で潮汐と平衡状態になっている場合は，$h_\mathrm{f} = 1, l_\mathrm{f} = 1$ で，k_f は密度分布の関数となり，

$$k_\mathrm{f} \approx 3J_2/m \approx 2f_\mathrm{H}/m - 1 \qquad (8.15)$$

となる．この式で，m は赤道における遠心力と重力との比である．地球が一様な密度の流体でできている場合は，$k_\mathrm{f} = 3/2$ (問題8.2) であり，実際の地球の密度分布に対しては，$k_\mathrm{f} = 0.937$ となる．

ラブ数は数種類の変形解析において用いられ，変形タイプに応じて，下付き添字をつけて違いを

区別することが多い. k_2 は, 球面調和関数の 2 次の帯球関数成分で表されるような楕円体型の潮汐変形に対応する. 固体地球プラス海洋の系について, 上に示した k の値は, 潮汐力が人工衛星の軌道に及ぼす摂動から決定されたもので, 次節で議論する. 少し毛色の違う k として, k_W がある. これは, 仮想的な剛体地球に対して期待される極運動の周期 $T_R = 305$ 日が, 現実のチャンドラー周期では $T_W = 432$ 日に延びていることから得られたものである (7.3 節). ジャイロ運動をさせるトルク (式 (7.22)) は, 赤道の膨らみが地球回転のポテンシャルからずれることを部分的に補償するようにはたらき, そのため, 地球が変形しないときに比べて変形する場合はトルクの大きさが小さくなる. (天文) 緯度変化として現れる極運動の角度振幅を α とすると, 赤道の膨らみが回転ポテンシャルの膨らみからずれている角度は $(T_R/T_W)\alpha$ まで小さくなるので, マントルの変形の角度振幅は, $(1 - T_R/T_W)\alpha$ となる. 地球が流体であれば, この変形は α のままである. したがって,

$$\frac{k}{k_f} = 1 - \frac{T_R}{T_W} \quad (8.16)$$

となる. しかし, k_2 から直接的に k_W を決めることはできない. というのは, 海洋の応答は, 極運動に対するときと, 半日周潮に対するときとで, かなり異なるからである.

地球に基準面を置いた潮汐観測からは, h や k を直接得ることはできない. 得られるのは, その線形結合の形のパラメーターとなる. 海面の潮位は, 固体地球が変形した後の全潮汐ポテンシャルに応答するのだが, その測定は, 潮汐で変形する固体地球に対して相対的にしか行えない. 同様に, 潮汐による重力変動を測る場合, 観測点自身が地上にある限り, 潮汐によって変位している. さらに, 半日周期や 1 日周期の場合, 潮位変動が平衡からかなり外れているという問題もある. 潮汐には (1 日や半日よりも長い) 長周期成分もあり, それらは平衡に近いと考えられるが, 振幅が小さいうえ, 観測も 1 日周期や半日周期の潮位ほどは容易ではない. 人工衛星を用いて, 9 章で述べる解析をさらに発展させた手法で測定すると, 直接的に個々のラブ数を得ることができる. 衛星を用いて決定した値が最も精密であり, かつ, 最も信頼できるものである.

8.3 潮汐摩擦

月が及ぼす潮汐ポテンシャル W_2 に対する地球の応答として変形が生じ, それに伴って二次的なポテンシャル $k_2 W_2$ が生じる. この式は, もし潮汐応答が完全に線形で散逸がなければ, 厳密に成り立つ. しかし, 潮汐によって生じる膨らみには, 海中の乱流抵抗や固体地球の非弾性によって, わずかに位相遅れが生じる. また, 海洋の非線形応答によって, より高い次数の球関数成分が生じる. 位相遅れは, 潮汐変形で長く突き出した軸と, 地球–月を結ぶ軸との間の微小な角度のずれ δ を用いて表すことができる. 以下で論ずるように, 測定された角度 δ は約 $2.9°$ であるから, ある地点が満潮になったとしたら, その点は, $(2.9/360) \times 24.84$ 時間 = 12 分前に, 地球の中心と月を結ぶ軸上に来ていたことになる. したがって, 地球の潮汐変形で生じるポテンシャルは, 地表面では,

$$W_{E,a} = -\frac{k_2 G m a^2}{R^3}\left[\frac{3}{2}\cos^2(\psi - \delta) - \frac{1}{2}\right] \quad (8.17)$$

となる. ここで m は月の質量, R は月までの距離, a は地球半径, ψ は地球と月とを結ぶ軸と, 地球中心から地表の点までの動径方向の間のなす角である. 地表よりも外側の点 (r, ψ) では $r > a$ となり, そこでのポテンシャル $W_{E,r}$ は, ファクターで $(a/r)^3$ 倍だけ小さくなる. その理由は, 式 (8.17) が式 (6.15) の第 2 項と同様に 2 次の帯球関数であり, 距離 r とともに r^{-3} で減衰するからである.

$$W_{E,r} = -\frac{k_2 G m a^5}{R^3 r^3}\left(\frac{3}{2}\cos^2(\psi - \delta) - \frac{1}{2}\right) \quad (8.18)$$

したがって, この点におかれた質量 m^* には, 潮汐トルク,

$$\begin{aligned}L_T &= -m^* \frac{\partial W_{E,r}}{\partial(\psi - \delta)} \\ &= -\frac{3 k_2 G m m^* a^5}{R^3 r^3}\cos(\psi - \delta)\sin(\psi - \delta)\end{aligned}$$
$$(8.19)$$

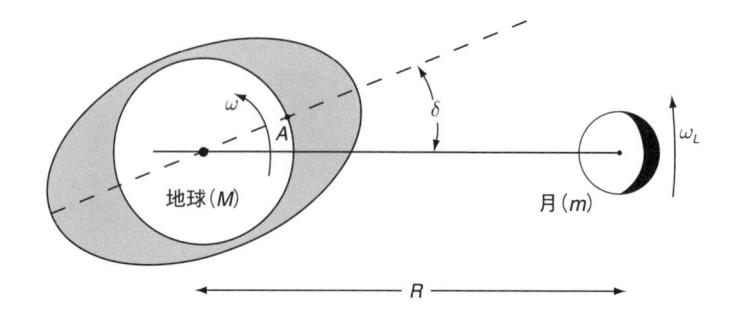

図 8.4 地球–月 (あるいは地球–太陽) を結ぶ軸に対して, 潮汐によって地球に生じる膨らみが遅れるために, 潮汐トルクが生じる. 位相遅れの角 δ は約 3° である. これによって, 月には公転を加速するトルクがはたらき, その結果, 公転半径が大きくなり, 地球の自転速度は遅くなる. 地球上の点 A は約 12 分前 (3° 回転するのに要する時間) には, 地球と月を結ぶ軸上にあったことから, 満潮となる時刻は 12 分遅れることになる.

がはたらく. 低高度の人工衛星を使って, このトルクを観測すると, k_2 と δ とを決定することができる (Chirstodoulidis ら, 1988).

さて, 今度は月にはたらく潮汐トルクを考えよう. $m^* = m, r = R, \psi = 0$ を上式に代入すると,

$$L_{\rm T,Moon} = \frac{3k_2 G m^2 a^5}{R^6} \cos\delta \sin\delta$$
$$\approx \frac{3k_2 \delta G m^2 a^5}{R^6} \quad (8.20)$$

このトルクは, 角度 δ を小さくしようとする方向にはたらく. すなわち, 潮汐変形による地球の膨らみに月が「追いつこう」とさせる. 公転速度よりも速く自転している地球から見れば, 膨らみは「遅れている」ように見えるのだが, 月からは, 潮汐による地球の膨らみが自分の公転運動の前方にあるように見えるのである. したがって, 地球内部での潮汐エネルギー損失が原因で生じる「膨らみの遅れ」は, 月の公転運動を加速するようなトルクを作用させる効果をもつ. これと同じ大きさのトルクが, 地球潮汐の膨らみに対して月からはたらき, 膨らみができるだけ月の方向に向くように作用する. これは地球の自転に対しては, ブレーキをかけることになる (図 8.4). ここでは, 角運動量が保存されているので, 月が獲得した角運動量は, 地球が失った角運動量に等しい. しかし, この運動によって (力学的) エネルギーは失われている. 月の公転運動の力学的エネルギー (運動エネルギーとポテンシャルエネルギーの和) は $\omega_{\rm L} L_{\rm T,Moon}$ の速度で増えるが, 地球の自転の方はそれよりも大きい $\omega L_{\rm T,Moon}$ の速度でエネルギーを失う. 全体としてのエネルギーは, 地球に相対的な潮汐の角速度とトルクとの積 $(\omega - \omega_{\rm L}) L_{\rm T,Moon} = 3.06 \times 10^{12}$ W で失われていることになる. 太陽による潮汐エネルギーの散逸を加えると, トータルで 3.7×10^{12} W の散逸が起きていることになる.

式 (8.20) の潮汐パラメーターの観測値は, $k_2 = 0.245, \delta = 2.89°$ であるから, 月が受けるトルクは

$$L_{\rm T,Moon} = 4.4 \times 10^{16} \,{\rm kg\, m^2\, s^{-2}}$$

となる. これは地球–月系の公転角運動量,

$$a_{\rm L} = \frac{mM}{m+M} \omega_{\rm L} R^2 \quad (8.21)$$

の増加率と等しい. $\omega_{\rm L}$ に対する効果と R に対する効果とを独立に決めるために, ケプラーの第 3 法則,

$$\omega_{\rm L}^2 R^3 = G(M+m) \quad (8.22)$$

を用いると,

$$a_{\rm L} = \frac{G^{2/3} mM}{(m+M)^{1/3}} \omega_{\rm L}^{-1/3} \quad (8.23)$$

$$= \frac{G^{1/2} mM}{(m+M)^{1/2}} R^{1/2} \quad (8.24)$$

であるから,

$$L_{\rm T,Moon} = \frac{da_{\rm L}}{dt} = -\frac{1}{3} \frac{G^{2/3} mM}{(m+M)^{1/3}} \omega_{\rm L}^{-4/3} \frac{d\omega_{\rm L}}{dt} \quad (8.25)$$

$$= \frac{1}{2}\frac{G^{1/2}mM}{(m+M)^{1/2}}R^{-1/2}\frac{dR}{dt} \quad (8.26)$$

を得る．これらの式から

$$\frac{d\omega_{\rm L}}{dt} = -1.2 \times 10^{-23}\,{\rm rad\,s^{-2}}\,(2.5\,秒角/世紀^2) \quad (8.27)$$

$$\frac{dR}{dt} = 1.17 \times 10^{-9}\,{\rm m\,s^{-1}}\,(3.7\,{\rm cm}/年) \quad (8.28)$$

が導かれる．これらの結果は，Christodouliis ら (1988) によって人工衛星を用いた潮汐トルクの観測から導かれたものであり，その論文では X. X. Newhall らによる月レーザー測距が引用され，式 (8.28) が直接的に確かめられたとしている．月の公転角速度の減速 (式 (8.27)) は，現在のわれわれが原子時計と人工衛星測距で測っているほどの精度には及ばないにしても，1800 年代から天文学的に観測で見いだされている．

これに対応する地球の自転の減速は，

$$C\frac{d\omega}{dt} = -L_{\rm T,Moon} \quad (8.29)$$

で与えられ，これから

$$\left(\frac{d\omega}{dt}\right)_{\rm lunar\,tide} = -5.4 \times 10^{-22}\,{\rm rad\,s^{-2}} \quad (8.30)$$

となる．しかし，これは独立に観測できる量ではない．6.4 節や 7.4 節で考えたような短期的な効果を別にすれば，地球の自転の潮汐減速には，太陽からの寄与もある．式 (8.20) からわかるように，潮汐トルクは $k_2\delta(m/R^3)^2$ のように変化する．太陽に対する m^2/R^6 は，月の場合のそれよりも小さく，$(0.459)^2 = 0.21$ 倍となる．それゆえ，もし k_2 と δ が潮汐周波数によらないとすれば，$d\omega/dt$ に与える太陽からの寄与は，月からの寄与の 0.21 倍ということになる．一般的には，これは疑わしい仮定であるが，現在の月潮汐と太陽潮汐の角周波数は十分に近く，現時点での太陽による潮汐減速の効果が，月によるものの 21% であるとしても大きな間違いとはならない．これにもとづくと，地球の自転速度の減速はトータルで，

$$\left(\frac{d\omega}{dt}\right)_{\rm Total\,tide} = -6.5 \times 10^{-22}\,{\rm rad\,s^{-2}} \quad (8.31)$$

となる．これは 1 日の長さ (LOD) の増加に換算すると，2.4 ms/世紀に相当する．しかし，6.4 節で論じたように，現在は扁平率が減少しつつあるので，その加速効果によって地球の自転減速は一部は打ち消されている．

2.9° という潮汐の位相遅れは，固体地球内部での散逸で説明するには大きすぎる．そうしようとすると，マントルの非弾性を表す Q 値が $1/\tan 2.9° = 20$ となり，潮汐周波数帯について Ray ら (2001) が推定した 280 という Q の観測値よりも，何倍も小さくしなくてはならなくなる (10.5 節参照)．潮汐散逸の大部分は海洋で生じていて，その形状が複雑なため，局所的な共鳴や位相遅れが生まれている．これはとくに縁辺海や河口域で顕著である．しかし，人工衛星の観測からグローバルな描像を得ることができる．衛星観測から推定した k_2 は，地震学的に決めた弾性構造を用いて固体地球について計算した値よりも小さい．このことは，全地球で平均した潮位変化が逆位相，すなわち平衡潮の理論からは満潮が期待されるときに，実は干潮になっていることを示している．海の潮汐を起こす駆動速度は，赤道では $(\omega - \omega_{\rm L})a = 450\,{\rm m\,s^{-1}}$ であり，これは海洋最深部を伝わる津波の固有速度 (水深 $h = 5000\,{\rm m}$ なら，$v = \sqrt{gh} \approx 220\,{\rm m\,s^{-1}}$) よりも大きい．このように海洋の共鳴周波数よりも高い周波数で潮位変化を駆動すると，大きな位相遅れが発達する．散逸がないという極限では位相遅れは $\pi/2$ となるだろう (式 (8.20) の潮汐トルクは，δ が $\pi/2$ の整数倍のときにゼロとなることに注意しよう)．

大気は，重力潮汐とともに，熱に由来する 1 日周期の潮汐を受けている．26.2 節で論じるように大気の運動は地球に強くカップリングしているにもかかわらず，大気潮汐は地球の自転の減速にはそれほど大きな影響を与えていないと信じられている．熱起源の潮汐は自転の加速を起こしうる．

式 (8.14) から，ある天体が別の天体に近接しているときに，その内部に生じる潮汐ひずみは，天体の質量の比に比例することがわかる．したがって，地球によって月の内部に生じる潮汐変形は，地球内部に生じるものの約 $(80)^2$ 倍となる．それで，もし月が自転していたとしたら，月で生じる潮汐摩擦は $(80)^4$ 倍も強くなっただろう．このように

して，なぜ月の自転が公転周期と一致しているのかが理解できる．つまり，潮汐摩擦によって，月の自転は，地球に対しては相対的に停止させられたのである．同じことが，太陽系においては，惑星に近接した他の衛星でも成り立つ．イオは木星にいつも同じ面を向けている．冥王星とその大きな衛星カロンをみると，これら2つの天体の互いに相対的な回転は止まっていて，互いに同じ面を見せ合っている．

8.4 月の軌道進化

式 (8.20), (8.26) から，月までの距離の時間変化を表す微分方程式，

$$R^{11/2}\frac{dR}{dt} = 6k_2\delta G^{1/2}a^5\left(\frac{m}{M}\right)(M+m)^{1/2} \tag{8.32}$$

が得られる．$(k_2\delta)$ が，潮汐の速度や振幅によらず一定値であるという，最も単純な仮定をすると，式 (8.32) の右辺は一定となり，

$$R^{11/2}\frac{dR}{dt} = R_0^{11/2}R_0' \tag{8.33}$$

と書くことができる．ここで R_0 と R_0' は，現在の R と dR/dt の値である．さて，初期値として τ 年前の距離 R_i をとって，積分すると，

$$\frac{2}{13}(R_0^{13/2} - R_\mathrm{i}^{13/2}) = R_0^{11/2}R_0'\tau \tag{8.34}$$

を得る．

R についてのべき指数が大きいので，R_0 よりかなり小さな R_i に対しては初期の軌道進化はかなり速く，そのタイムスケールは R_i としてどのような仮定をするかには，ほとんど依存しない．軌道進化の全時間として推定される値は，

$$\tau \approx \frac{2}{13}\frac{R_0}{R_0'} = 1.6 \times 10^9 \text{年} \tag{8.35}$$

となる．月の地質はこの時間よりもずっと長い期間安定であるから，16億年前程度のそれほど昔ではない時期に，月が地球にきわめて接近していたという考えとは相いれない．また地球の上にも，そのような時期に劇的な事件が起きていたという証拠はない．そこで，$(k_2\delta)$ についての仮定を，再検

証しなければならない．過去の潮汐摩擦は，現在の諸条件から線形に外挿して得られる推定よりも，ずっと弱かったのだろう．

式 (8.35) が引き起こす問題は，時間を逆にさかのぼって外挿していったとき，R が次第に近づいていく漸近的な極限を考えると，はっきり強調されて見えてくる．この極限に達するときは，$\omega = \omega_\mathrm{L}$ の条件，すなわち相対的な回転がなく，そのため潮汐の時間変化もないため，潮汐摩擦もゼロということになる．時間を過去にさかのぼる後方外挿には，太陽の潮汐を無視して，地球–月系の角運動量の保存を考えておけば十分である．しかし，時間の進む向きの前方外挿を考えることも興味深く，そのときは太陽の潮汐も考慮することが重要である．太陽潮汐と月による太陰潮汐との間の関係についてある仮定が必要である．ここでは $(k_2\delta)$ が，実際は任意に変動しうるかもしれないけれど，両方の潮汐について常に同じ値であると仮定している．この仮定は，太陽潮汐と太陰潮汐の周期が顕著に異なる場合には，おそらくひどく誤っているだろう．しかし，太陽潮汐が無視できるとする仮定よりはましである．

地球–太陽の距離は月の軌道進化の間に無視できるほどしか変化していないので，太陽潮汐は地球回転の遅延，

$$\left(\frac{d\omega}{dt}\right)_\mathrm{Solar} = \left(\frac{d\omega}{dt}\right)_\mathrm{present\ solar} \times \frac{(k_2\delta)}{(k_2\delta)_\mathrm{present}} \tag{8.36}$$

をもたらす．現在の変動率は，式 (8.30) と式 (8.31) の差 -1.2×10^{-22} rad s^{-2} である．この潮汐摩擦による散逸は，地球–月の相互作用とは無関係に生じる．しかし，$(k_2\delta)$ が太陽潮汐と太陰潮汐とで同じ値であるとする仮定を通じて，2つの潮汐による減速効果は，互いにリンクしていることになる．太陽潮汐の効果としていままで累積している値を，現在の変動率で除して得られる時間 (ノーショナルタイム) τ_n を考えてみよう．式 (8.34) から，τ_n は月の軌道に与える影響を通して与えられる．そして，月が距離 R_i にあった時点以降に累積した，太陽による減速効果は，

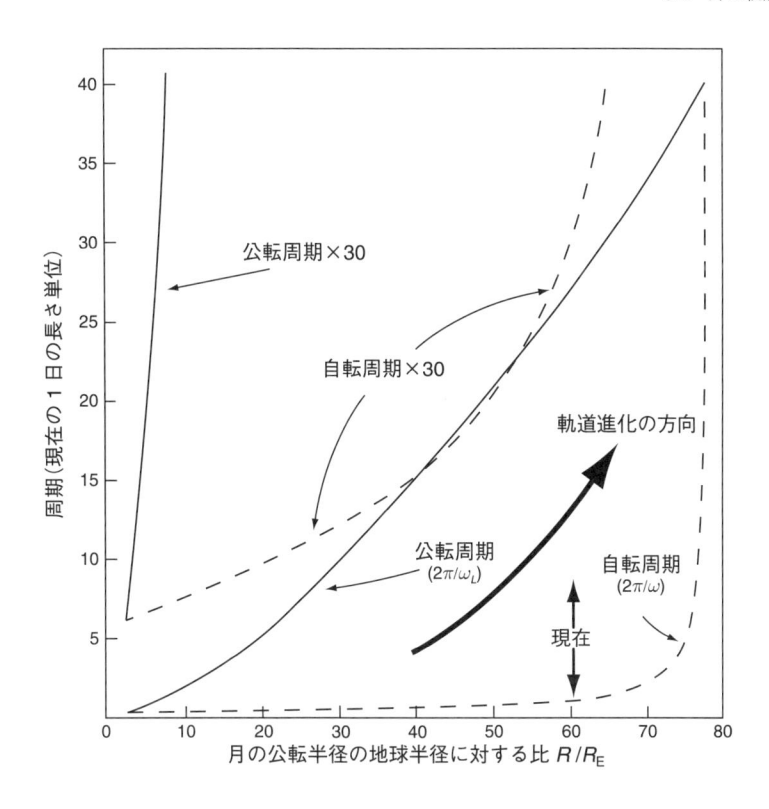

図 8.5 潮汐摩擦が引き起こす軌道進化の過程でたどる，月の公転周期および地球の自転周期の変動と，月の公転半径の関係．太陽潮汐は，式 (8.20) の $(k_2\delta)$ が時間とともに変わるかもしれないが，太陰潮汐といつも同一であることを仮定することで，考慮に入れている．

$$\Delta\omega_{\text{solar}} = \left(\frac{d\omega}{dt}\right)_{\text{present solar}} \times \tau_{\text{n}}$$
$$= \left(\frac{d\omega}{dt}\right)_{\text{present solar}} \times \frac{2}{13}\frac{R_0}{R_0'}\left[1-\left(\frac{R_i}{R_0}\right)^{13/2}\right] \quad (8.37)$$

となる．この式は，$(k_2\delta)$ がどのように時間的に変動しようとも，太陽潮汐と太陰潮汐とで同じ値であるとする仮定が成り立つ限りにおいて正しい．τ_{n} が実際の時間でなくても式 (8.37) が成り立つ．

地球–月系の角運動量 a_{L} が保存されることを使って，月の潮汐を独立に扱うことができる．角運動量 a_{L} を現在の自転速度 ω_0 を使って，

$$a_{\text{L}} = C\omega + \frac{Mm}{M+m}R^2\omega_{\text{L}} = 5.872C\omega_0 \quad (8.38)$$

のように書き表せば，ω をこの式にもとづいて書き下せる．それに $\Delta\omega_{\text{solar}}$ を加えると，

$$\omega = 5.872\omega_0 - \frac{Mm}{C(M+m)}R^2\omega_{\text{L}} - \Delta\omega_{\text{solar}} \quad (8.39)$$

を得る．この式を用いて，軌道進化の任意の段階における，R, ω_{L} および ω を関係づける簡単な手順が得られる．すなわち，R としてある値 R_i を選び，式 (8.22) からこれに対応する ω_{L} を求め，次に式 (8.37) で与えられる $\Delta\omega_{\text{solar}}$ を用いて式 (8.39) から ω が決められる．その結果を図 8.5 に示す．月が遠ざかり始めたときの公転半径 R として許される漸近的な限界値は，地球半径の 2.3 倍であることがわかる．これは，それよりも内側では潮汐の安定性から月が粉々になるとされるロッシュ限界 (8.5 節) よりも，かなり内側にある．ところが，月がかつてそんなに近接していた可能性はまったくない．

月が遠ざかって行く方向にもう 1 つの漸近的限界点が地球半径の 78 倍の距離にあって，そこでは $\omega = \omega_{\text{L}}$ である．この点に到達した後も，太陽潮汐が地球の自転を減速させ続けるので，月は地球の自転よりも速く公転する．すると，今度は月の潮汐

摩擦が始まって，月が次第にスパイラル運動で地球の方向に戻ってくるようになる．しかし，$(k_2\delta)$ が何らかの方法で劇的に大きくならない限り，これに要する時間スケールは非常に長いので，太陽の進化でまず地球が飲み込まれてしまうだろう．

日食の歴史記録からは，過去 2700 年にわたる ω や ω_L の変化の証拠が得られ，最近の数十年にわたる原子時計による観測と比較できる．日食の記録は，太陽を基準としたときの地球と月の相対的な角度関係を決める時間 t のドリフトを与えることと，それから潮汐トルクによって角「加」速度を生じることにより，時間のドリフトは t^2 に比例して累積していく．そのため，古い記録ほど特別に興味を引く．皆既日食に関する記録のみが信頼を置けるという P. M. Muller の例証に従って，Stephenson と Morrison (1995) は，BC700 年までさかのぼって中国やメソポタミアの記録に関する多くの研究を集約し，その結果は，現在の $d\omega_L/dt$ と一致すると結論した．しかしながら，$d\omega/dt$ はかなり変動が大きく，後氷期地殻隆起に起因すると思われる非潮汐起源の角速度の加速・減速がずっと続いてきている (6.4 節)

地質学的な時間スケールでみると，はっきりとわかるのは潮汐の効果のみである．その成長が 1 日・潮汐周期・季節変化などのサイクルに支配される海洋生物では，その殻に，1 カ月あたりや 1 年あたりの日数の痕跡が残るので，それを利用した「古生物学時計」に関する研究がいくつかある．これらの測定では，成長サイクルにはさまざまな中断やら不規則性が伴うので，信頼性の高い誤差推定が困難であるが，一般的な結論については，相互に一致している．すなわち，地球の自転も月の公転運動も数十億年前には，ともに速かったのであるが，式 (8.27), (8.28) の外挿から示唆されるほどではなかった．

先カンブリア時代の初期までさかのぼって，潮汐周期を信頼性をもって決めることには，確かに特別な価値がある．これは，海洋生物の殻やストロマトライトを用いて試みられてきた．ストロマトライトというのは，光合成を行い太陽に向かって成長する微生物の群集が堆積してできた石灰質のマットである．微生物は 1 日刻みで成長し，成長する向きにも季節変動があることを用いて潮汐周期を推定するのである．しかし，潮汐周期に支配される，非生物起源の堆積物マーカーを用いる方が，Williams (1990, 2000) で認められているように，もっと満足のいく結果を出せることがわかってきた．6 億 2000 万年前には，1 年が 400 ± 7 日だったとする Williams の推定値を，$(k_2\delta)$ が一定と仮定して外挿する推定値と比較できる．これが大昔の地球の自転 (paleorotation) についての推定値の中で最も信頼できるものである．式 (8.34) と図 8.5 を用いると，その当時の 1 年は，443 日という値を得る．すると，過去 6 億 2000 万年間にわたる平均的な自転減速率は，現在の減速率から推定されるものの約半分に過ぎなかったことになる．式 (8.35) を見ると，地球史全体にわたる平均減速率はこれよりもさらに小さいことになるので，月が地球から遠ざかるために生じる潮汐散逸の減少に逆らうように，次第に潮汐散逸が強まる傾向があるようにみえる．これは Williams (2000) の西オーストラリアの 24 億年前の縞状岩石に関する研究結果で確かめられていて，それによると当時の潮汐摩擦はずっと小さかったことが示されている (図 8.6 参照).

すでに述べたように，海洋潮汐は潮汐摩擦の大部分を担っていて，しかも海洋底の幾何形状が複雑なために，振幅や位相遅れが非常に大きくなるなど，局地的にきわめて変動が激しい．ときには，現在の潮汐摩擦は，いまの大洋と縁海の配置が，たまたま摩擦を強くするようになっていると想定されることもある．大陸地殻物質が次第に増えてきて (5.3 節)，その結果，海面が上昇し，大陸の縁辺が海水に洗われるようになることも，二次的な原因となったかもしれない．これらの仮説は許容されるものの，現在の海洋が過去のどの時代の海洋とも非常に異なるということを要請するような説明で簡単にすませるべきではない．過去にさかのぼるほど潮汐摩擦の効き具合が一貫して減少していくという傾向は，Webb (1982) の考えに一致している．それは，自転減速で潮汐周期が時とともに長くなり，海洋を自由伝播する超長周期の波の

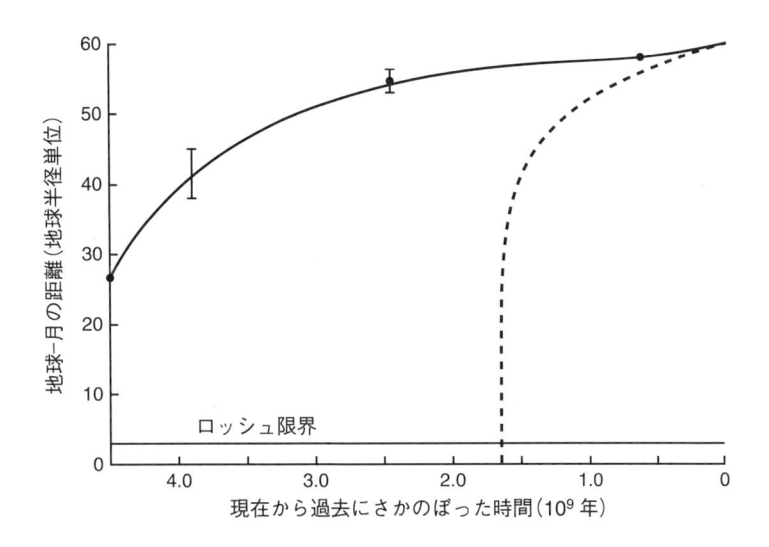

図 8.6 Williams (2000) による 6 億 2000 万年前および 24 億 5000 万年前のデータと，8.6 節の 39 億年前の見積もりとを用いて，地球–月の距離を時間の関数として表したグラフ．破線は比較のために，現在の潮汐摩擦から式 (8.34) を用いて，外挿で求めた値．このグラフは Williams の Fig.15 と非常によく似ているが，式 (8.56) を用いて 39 億年前の推定が一点加わっている．

周期と共鳴する方向に近づくというものである．

もう 1 つ注意すべき要因として，潮汐摩擦は主として縁海や入江の中の乱流で生じているので，それを線形現象として解析することには疑問の余地があるということである．非線形性のために太陽潮汐と太陰潮汐とは独立ではなくなる．しかし，散逸が潮汐振幅によって変動する依存性が式 (8.32) の $\delta = \delta_0 (R/R_0)^k$ で書き表せるとする単純な仮定をおくと，式 (8.35) は

$$\tau = (R/R_0')(13/2 - k) \tag{8.40}$$

となる．k として合理的な値をとる限り，τ にはほとんど差が生じず，いまの問題の解決にはつながらない．初期地球では潮汐摩擦が弱かったことについて，われわれはいまもなお納得できる説明をさらに探している．そして現在の観測結果を単純に過去に外挿して比較してみると (図 8.6)，われわれの地球史に対する理解にはかなり深刻な欠陥があることが示される．この問題をきっかけに，月がかつては地球にきわめて接近していたとせざるを得ないような，月の起源についての奇妙な仮説がいくつか生まれてきた．しかし，月の歴史にそのような特徴は残っていないことを 8.6 節でみ

るだろう．また，軌道の進化の問題を万有引力定数の時間変化で説明することは，かつてはありえると考えられていたが，いまでは確実に否定されていることにもふれておく (Hellings ら，1983)．

8.5 衛星の潮汐安定性のためのロッシュ限界

初期の月の歴史では，月は今よりも地球の近くにあった．ここではきわめて接近していた場合はどんな結果となるかについて考えよう．まず重力的な安定性から課せられる限界点が 1 つある．われわれ自身は，月の歴史においてそのような近接していたという見解ではないけれど，解析の仕方は 2 つの月の相互接近と直接的に関係している (8.6 節)．8.2 節でふれた潮汐変形の理論では，変形が微小であると仮定していた．しかし，ここでは，そのような理論を適用するのが不適当な状況を考える．すなわち，月のように地球より小さい天体が，地球にきわめて接近している場合である．この場合，地球によって小天体の側に引き起こされる潮汐変形に興味がある．小天体内部には，大きい側の天体内部の潮汐ひずみよりも，質量比の 2 乗だけ

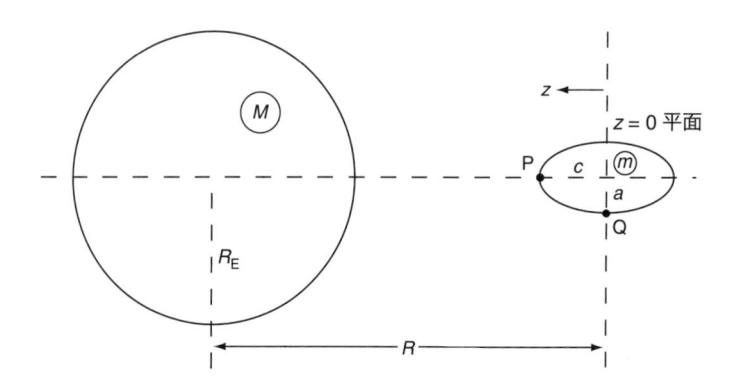

図 8.7 惑星−衛星系において，衛星が重力的に安定となる臨界距離 R を計算するための，幾何学配置図

大きな潮汐が引き起こされるので (式 (8.14))，両者が近接すると，小天体が一体性を保っていけるかどうか危うくなる．そして，ある臨界距離の内側にくると，小天体は重力的に不安定になる．この距離は，この問題を 1850 年の論文で詳細に研究した E. Roche に因んでロッシュ限界として知られている．

図 8.7 は，月 (m) が地球 (M) に近接した状態を表示している．c で示す地球と月を結ぶ軸方向には，潮汐力によって強く引き伸ばされている．同じ軸方向には地球も引き伸ばされるが，量的には十分に小さいので図では省いている．このような極限的な変形でも，月の形状は楕円体を保つと仮定している．もちろんこれは非常に正しいというわけではないが，この仮定によって重力ポテンシャルを計算するときに，実質的な誤差をもたらすことはない．月に近い地点，とくに表面では MacCullargh の公式 (式 (6.7)) による近似が十分に成り立つのは，扁平率が小さいときに限られるので，縦長な楕円体によるポテンシャルについての一般的な式を用いなくてはならない．それは MacMillan (1958, p.63) に便利な形で与えられている．x,y,z 座標軸をとり，図の c 軸を z 軸の方向にとると，ポテンシャルは，

$$V = -G\pi\rho a^2 c \left(1 + \frac{x^2+y^2-2z^2}{2(c^2-a^2)}\right) \frac{2}{\sqrt{c^2-a^2}}$$

$$\times \sinh^{-1}\left(\frac{c^2-a^2}{a^2+\kappa}\right)^{1/2}$$

$$+ \frac{G\pi\rho a^2 c\sqrt{c^2+\kappa}}{c^2-a^2} \cdot \frac{x^2+y^2}{a^2+\kappa}$$

$$-\frac{G\pi\rho a^2 c}{c^2-a^2} \cdot \frac{2z^2}{\sqrt{z^2+\kappa}} \quad (8.41)$$

となる．ここで，κ は，

$$\frac{x^2+y^2}{a^2+\kappa} + \frac{z^2}{c^2+\kappa} = 1$$

という式を満たすものである．特定の 2 つの地点として，図 8.7 の点 P ($x=y=0, z=c$) と点 Q($x^2+y^2=a^2; z=0$) におけるポテンシャルが興味深い．これらの点では，$\kappa=0$ であり，式 (8.41) は，

$$V_P = G\frac{2\pi\rho a^4 c}{(c^2-a^2)^{3/2}} \sinh^{-1}\left(\frac{c^2-a^2}{a^2}\right)^{1/2}$$

$$- G\frac{2\pi\rho a^2 c^2}{c^2-a^2} \quad (8.42)$$

$$V_Q = -G\frac{\pi\rho a^2 c(2c^2-a^2)}{(c^2-a^2)^{3/2}} \sinh^{-1}\left(\frac{c^2-a^2}{a^2}\right)^{1/2}$$

$$+ G\frac{\pi\rho a^2 c^2}{c^2-a^2} \quad (8.43)$$

となる．潮汐によってもたらされる扁平率は，点 P と点 Q のポテンシャルが等しいという条件から決定できる．V_P および V_Q のそれぞれに，地球 (質量 M) の重力ポテンシャルと地球–月系の重心のまわりの回転ポテンシャルとを加える．このとき月は地球に対していつも同じ面を向けていると仮定し，すなわち，月の自転角速度は公転角速度と等しいとする．すると，

$$V_P - \frac{GM}{R-c} - \frac{1}{2}\omega^2\left(\frac{M}{M+m}R-c\right)^2$$

$$= V_Q - \frac{GM}{R} - \frac{1}{2}\omega^2\left(\frac{M}{M+m}R\right)^2 \quad (8.44)$$

が得られる．ここで ω と R は，ケプラーの法則 (8.22) で関係づけられている．式 (8.44) を整理すると，

$$V_P - V_Q = \frac{3}{2}\frac{GMc^2}{R^3}$$
$$\times \left[\frac{R\left(1+\frac{1}{3}\frac{m}{M}\right) - \frac{1}{3}c\left(1+\frac{m}{M}\right)}{R-c}\right]$$
$$= \frac{3}{2}\frac{GM^*c^2}{R^3} \tag{8.45}$$

が導かれる．ここで，

$$M^* = M\left[\frac{\left(1+\frac{1}{3}\frac{m}{M}\right) - \frac{1}{3}\frac{c}{R}\left(1+\frac{m}{M}\right)}{1-\frac{c}{R}}\right] \tag{8.46}$$

を，地球の「実効」質量とみなすことができる．M^* と M との食い違いの程度は，月の質量が地球質量に対して無視できる程度と，月の長軸半径が地球–月間の距離 R に対して無視できる程度にすぎない．

式 (8.42), (8.43) とから，

$$V_P - V_Q = \frac{G\pi\rho a^2 c}{(c^2-a^2)^{3/2}}(2c^2+a^2)$$
$$\times \sinh^{-1}\left(\frac{c^2-a^2}{a^2}\right)^{1/2}$$
$$- \frac{G3\pi\rho a^2 c^2}{c^2-a^2} \tag{8.47}$$

を得るが，これは式 (8.45) と等しいとすることができる．この目的のためには，月の大きさを，月と同体積の球の半径 $r_0 = (a^2c)^{1/3}$ と扁平率 $e = \sqrt{(c^2-a^2)/a^2}$ とで表現するのが便利であり，そうすると，

$$c = r_0(1+e^2)^{1/3}, \quad a = r_0(1+e^2)^{-1/6}$$

となる．したがって，式 (8.45) と式 (8.47) とが等しいとすると，

$$\frac{3}{2\pi\rho}\cdot\frac{M^*}{R^3} = 2\frac{r_0^3}{m}\cdot\frac{M^*}{R^3}$$
$$= \frac{1}{e^3}\left[\frac{3+2e^2}{(1+e^2)^{1/2}}\sinh^{-1}e - 3e\right] \tag{8.48}$$

を得る [式 (8.47) を r_0 と e とで表し，微小量 e で展開すると，

$$V_P - V_Q = \frac{4\pi}{15}G\rho r_0^2 e^2 = \frac{1}{5}\frac{GM}{r_0}e^2$$

が導ける．これは，一様な楕円体について成立する $C = 0.4ma^2$, $A = 0.2m(c^2+a^2)$ という関係式を近似的な式 (6.13) に代入して得られる結果と一致する]．

さてロッシュ限界では，扁平率が不安定となる点に達している．すなわちここからわずかでも R を小さくすると，月がばらばらになる．言い換えれば扁平率が無限に大きくなる．こうして $de/dR \to -\infty$ すなわち $dR/de \to 0$ いう条件を式 (8.48) に課すことで，ロッシュ限界を決定することができる．これの意味するところは，M^* が e にわずかに依存することを無視すれば，式 (8.48) の右辺の e に関する導関数をとって，それをゼロとすることである．その結果，

$$(4e^4 + 14e^2 + 9)\sinh^{-1}e = (9e+8e^3)(1+e^2)^{1/2} \tag{8.49}$$

が得られ，これを数値的に解くと，$e = 1.676$ となる．この値を式 (8.48) に代入すると，

$$\frac{r_0^3}{m}\cdot\frac{M^*}{R^3} = 0.07031 \tag{8.50}$$

すなわち，

$$R = 2.42_3\left(\frac{M^*}{m}\right)^{1/3}r_0$$
$$= 2.42\left(\frac{M^*}{M}\right)^{1/3}\left(\frac{\rho_E}{\rho}\right)^{1/3}R_E \tag{8.51}$$

が得られる．ここで ρ_E, R_E は地球の密度と半径である．

当面，ファクター $(M^*/M)^{1/3}$ を無視し，$\rho_E = 5515\,\mathrm{kg\,m^{-3}}$, $\rho = 3340\,\mathrm{kg\,m^{-3}}$ とすると，式 (8.51) から $R = 2.86_4 R_E$ が得られる．これにより，

$$\frac{c}{R} = \frac{c}{r_0}\cdot\frac{r_0}{R_E}\cdot\frac{R_E}{R} = 0.1435$$

と推定できる．これが，「補正」ファクター $(M^*/M)^{1/3} = 1.037$ に対する主要な寄与を与えるので，「最終的な」結果は，

$$R = 2.97 R_E \tag{8.52}$$

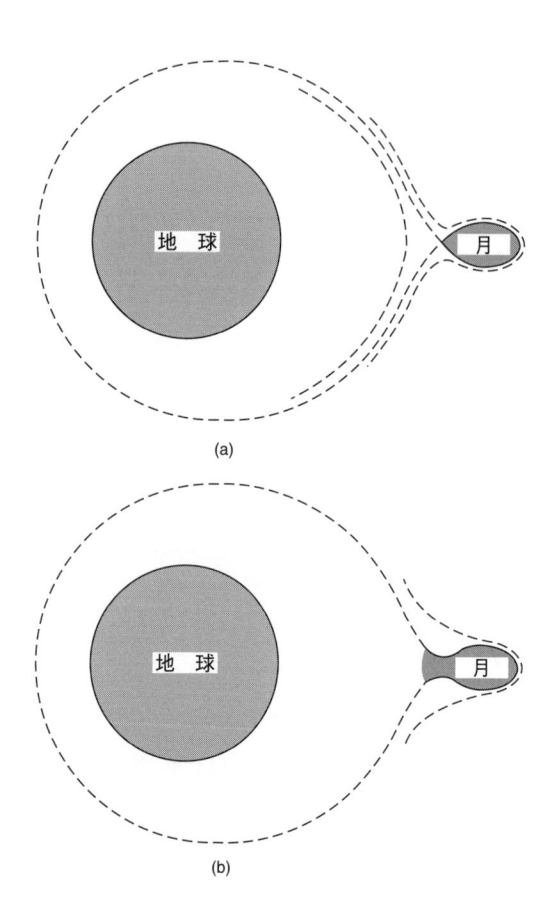

図 8.8 (a) 重力安定となるロッシュ限界点に月があったときの,その形状. (b) ロッシュ限界の内側に来ると,閉じていた等ポテンシャル面が開き,月がばらばらになる (破線が等ポテンシャル面を表す).

となる.

月の質量とサイズが有限であることを考えたときに生じる補正には,月の重力のために,地球に生じる扁平率の影響は考慮されていない.しかし,潮汐で生じる変形の扁平率は,地球上では月のそれの 1% 以下であり,月が地球半径の 3 倍のところにあったときでも,地球の潮汐変形で生じる地球重力場が月に及ぼす影響は無視できる.また,月が均質であるとする仮定も,満足できるものとすぐに認めることができる.実際,月の慣性モーメントは密度が一様な物体の場合の値に十分に近く,先の仮定をしても重大な誤りを持ち込むことはない.もっと評価が難しいのは,ロッシュ限界に近づいても,月が楕円体形状を保つとする仮定である

る.ロッシュ限界では,図 8.7 の点 P は重力場の中立点となっているので,そこではポテンシャル線が交差しなくてはならない.したがって,この図ではロッシュ限界よりも外での月の変形を適切に表現しているといえるものの,限界点そのものにおいては,月は図 8.8(a) のような形状をとらなくてはならない.月と地球の距離がさらに近づくと,図 8.8(b) に示すように,月を取り囲む等ポテンシャル面が開いてしまい,月の物質が外に脱出できるようになる.

8.6 「複数の月」仮説

1.15 節では,もともとは地球には少なくとも 2 つの月があったとか,金星や水星にもかつては衛星があった可能性があるという考えを,ざっと述べた.これらの天体がいまでは消滅しているということについての説明は,潮汐摩擦に依拠している.8.3 節や 8.4 節で与えた式を用いて,より定量的な検証をここで行うこととする.まず第一に,地球型惑星が (微惑星の) 集積で形成される際にティティウス–ボーデ則がはたらいていることに留意し,同じ原理が衛星 (系) についても成り立つと仮定する.実際,木星の主要衛星系については,正確に成り立っている (1.2 節参照).衛星の軌道半径の比がボーデ則の値,約 1.6 を超えると,衛星は互いに独立性を保つが,もしそれ以内に接近すると重力的相互作用がはたらいて,惑星集積過程の時間スケールで衛星が合体すると仮定する.この時間スケールは,月が形成されてから後期重爆撃期 (1.15 節で議論した,月の大変動期) までの間隔 $\Delta\tau \approx 6$ 億年に比べると,かなり短い.この時間間隔内で,潮汐摩擦が 2 つの衛星を合体させるために必要な条件をしらべてみる.

このような議論を「複数の月」仮説とよぶことにし,3 つの月が形成されていて,その軌道半径が約 1.6 倍ずつ異なっている場合を考える.おそらく最も大きな月が一番内側にあって,他の月よりもはるかに強い潮汐摩擦を受けているだろう.その軌道が外に広がって,真ん中の月との間隔が狭まっていく.それで両者はすぐにボーデ則の値よ

りも接近することになり，小さい方の月は軌道が変えられていき，最終的には大きな方との合体が生じる．このプロセスは非常に急速に進み，もともとの惑星集積と区別がつかないほどである．しかし，大きな月が外側の月にボーデの軌道比よりも接近するのに6億年の遅れが生じることを説明するには，初期に「真ん中の」月が存在することが必要である．それで，潮汐摩擦で軌道半径が1.6倍に増大するのに要する時間を計算してみよう．

1.2節の議論と同様に，考えるのに必要なのは軌道半径の比であるから，式 (8.32) を対数の微分で書き換えて ($m \ll M$ も仮定する)，

$$\frac{d \ln R}{dt} = \frac{6G^{1/2}a^5}{M^{1/2}} k_2 \delta m R^{-13/2} \quad (8.53)$$

となる．これは軌道半径が R_1 と R_2 ($R_2 > R_1$) にある質量 m_1 および m_2 の2つの衛星それぞれについて成り立つ．それゆえ，

$$\frac{d \ln(R_1/R_2)}{dt}$$
$$= \frac{6G^{1/2}a^5}{M^{1/2}} k_2 \delta (m_1 R_1^{-13/2} - m_2 R_2^{-13/2}) \quad (8.54)$$

がいえる．もし，

$$m_1/m_2 > (R_1/R_2)^{13/2} \quad (8.55)$$

が成り立つと，比 R_1/R_2 は時間とともに増加し，すなわち，2つの軌道は対数スケールで次第に接近する．2つの衛星が合体する運命であるとするなら，臨界比 $R_1/R_2 = 1/1.6$ の状況下で，式 (8.55) が満たされていなくてはならない．すなわち，2衛星が合体するための必要条件は $m_1/m_2 > 0.047$ である．内側の衛星の質量は，外側の衛星の 5% よりも大きくなければ合体が起こらない．これは「複数の月」仮説に課される重要な制約であり，以下で議論することにする．内側の衛星が外側の衛星よりも質量が大きければ，この合体プロセスはずっと速く進行するのは明らかであり，このことをわれわれは仮定して話を進める．

時間スケールを考える際に，$(k_2\delta)$ が昔は現在の値よりもずっと小さかったことを考慮しなくてはならない．式 (8.35) から，地球の歴史全体をとおして平均した δ の値は，現在の 2.9° という値の 1/4 にすぎなかったことがわかっている．しかし，過去6億2000万年間の平均値は，現在の半分というところである (8.4節)．したがって δ は時間とともに増加したはずで，地球の歴史のごく初期においては，おそらく 0.4° にすぎなかったであろう．その当時の地球には海洋がなく，潮汐散逸が固体部分の非弾性 Q だけによっていたとし，ただし，当時は今よりも高温だったのでマントルの S 波の $Q \approx 100$ だったという極端な仮定をすると，$\delta \approx 0.2°$ という結果を得る．おそらく，この仮定は地球には極端すぎるのだろうが，海洋をもたない金星や水星には当てはまるであろう．したがって，$\delta = 0.4°$ と仮定しても，ファクター2を超えるほどひどい間違いにはならない．

8.5節のロッシュ限界の解析と同様に，2つの天体がある限界距離以内に接近すると，小さい方の天体は重力的に不安定になり，適当な相対速度など適切な条件が整えば，ばらばらになる．月が，過去に球の形状を失うことなくクレータ形成の記録を残しているという事実は，月に衝突してきた天体のいずれよりも月の方がずっと大きく，それら，すなわち2番目の衛星の質量を足し合わせても，前述の通り，たぶん現在の月の 5% には達していなかったことの証拠となる．その場合，小さい方の衛星たちは，最初は地球からはずっと離れていたと想定することが必要である．また，そうすれば月以外の衛星たちの軌道が潮汐摩擦で進化することを無視してよく，現在の月といってもよい大きな方の天体のふるまいから，相互作用の時間スケールを推定してよいことになる．これは，δ に上述の補正を施したうえで現在の軌道進化の割合を外挿すれば計算できる．

初期値としての軌道半径 R_1 から，$\Delta\tau = 6$ 億年かけて軌道半径 R_1^* まで，式 (8.33) を積分する．ここで，δ が昔は小さかったことを考慮し，R_0' (現在の値は 3.7 cm/年) をファクター $(0.4/2.9)$ ほど，小さくとる．その結果，

$$\left(\frac{R_1^*}{R_0}\right)^{13/2} - \left(\frac{R_1}{R_0}\right)^{13/2} = \frac{13}{2} \frac{0.4}{2.9} \frac{R_0'}{R_0} \Delta\tau$$

$$= 0.05 \qquad (8.56)$$

が得られる. (R_1/R_0) が約 0.4 よりも小さければ, $R_1^*/R_0 = 0.63$ および R_2/R_0 が 1.0 に近く, 小さい方の天体を現在の月の軌道に置くことができる. 約 39 億年前の激しい衝突が起きたときに, 月は少なくとも地球半径の 38 倍, もしかすると 45 倍の距離にあった (現在は 60.3 倍の距離). このことは, Williams (2000) によって 24 億 5000 万年前の地球と月の間の距離が地球半径の約 55 倍であったとする推定からも支持されるし, 8.4 節で論じたように, 太陽系形成初期には潮汐摩擦が弱かったとする考えとも整合している.

さて, 最初の 6 億年間の潮汐摩擦が引き起こす結果についてしらべることができるようになった. 衛星の公転軌道が, 最初はボーデの法則の比 1.6 に従った間隔で配置されていたとする仮定は, それに従って 6 億年かけて月の軌道が進化した要因であることを意味する. 軌道進化速度は, 軌道半径に強く依存している. それゆえ, 位相遅れ δ が指定されると, ある期間の最初と最後の軌道半径を定めることができる. 前と同じように $\delta = 0.4°$ と仮定すると, 月は最初は $25R_\mathrm{E}$ の軌道から進化を始め, 6 億年経った大変動期には $40R_\mathrm{E}$ に到達していたことになる. これは図 8.6 に示すように, Williams (2000) のデータを外挿したものと一致している. この議論は, 月が形成された時期の地球-月の距離について, 強い拘束条件を与える. 仮にその距離が $25R_\mathrm{E}$ よりもずっと小さかったとすると, 初期の公転軌道半径はきわめて速く増大し, 6 億年よりもずっと短時間のうちにファクター 1.6 に従って成長しただろう. δ としてもっともらしい値をとる限り, そのようなプロセスが 6 億年間も続くことはなかっただろう. 月の起源に関するジャイアントインパクト (巨大衝突) 仮説では, 月は地球からの距離が $4R_\mathrm{E}$ 以内のところで形成されたとするので, 最初の月の軌道半径が $25R_\mathrm{E}$ だったとする考えとは相いれない. これらの数値はすべて, 図 8.6 に示すように, 最初の 6 億年で月が $26R_\mathrm{E}$ から $40R_\mathrm{E}$ まで移り変わり (ファクター 1.6), その後はもっとゆっくりと進化したとする月の軌道の歴史にきちんと符合している. Williams の言葉を繰り返すなら, 「潮汐による進化のシナリオでは, 月が地球にきわめて接近しているような状況は, 全地球史を通じて起こったことはなかったということが示される」ということである.

計算の細部は驚くほど, よく決まっている. かつてはパラドクスに見えた観察事実, すなわち, 月では後期重爆撃が起きたにもかかわらず, 地球には起きなかったということが, よく知られた物理プロセスによって理解できることが計算で示されている. 月に衝突した破片は, そのもとになった天体と同様に, 地球を周回する軌道にあった. この天体は, 月における活動が比較的静穏であった最初の 6 億年の間は, 地球周回軌道に「蓄えられて」いて, その後に接近してくる月によって軌道が乱された. 重要なこととして, これらの天体は両方とも地球軌道にあった. というのは, このことは「最後の決定的な」接近が十分にゆっくりと進行するので, 小さい方の天体がばらばらになるとき破片が数個にとどまるからだ. そしてそれらが破壊をもたらすほど接近し, その後, 月への衝突が生じる. 大きな月の軌道進化には, これら小天体間の相互作用によって劇的な影響を受けるということはなかっただろう.

われわれが考える月の軌道の歴史というものは, 明らかに推測にもとづくものであり, 用いた数値のあるものについては不確定さがある. とはいうものの, それは十分に理解されている潮汐摩擦の原理にもとづき, 2 つのパラドクス, すなわち 39 億年前に生じた月の大変動という事実, および太陽系の内惑星系に衛星がまれにしか存在しないという事実に取り組んでいる. 同時に, 1.15 節で述べた月の起源に関するジャイアントインパクト仮説に伴う難点を回避することができている.

9
人工衛星ジオイド，アイソスタシー，後氷期地殻隆起およびマントルの粘性

9.1 まえおき

重力観測の結果は，ジオイドとよばれる，ある1つの等ポテンシャル面に準拠して整約される．海水面はジオイドの非常によい近似となっている．大陸地域におけるジオイドとしては，海から仮想的に細長く運河を掘り進んで，その水面を追跡してつくられる面をイメージすればよい．自転していない惑星が静水圧平衡になっているならば，そのジオイドは球面になっているが，自転があると横長の楕円体に形が変わる．6.4節で論じたいくつかの理由から，地球は，平衡形の理論から予想されるよりも扁平の度合いが少し大きい．1つの理由は，過去の氷河時代に両極が凹まされて，いまなお，そこからまだ十分に回復しきれていないことがあげられる．いまでも引き続いている回復過程 (後氷期地殻隆起，PGR: Post-Glacial Rebound) から，マントルの粘性についての手掛かりが得られる．さまざまなレベルにおいて，(構造の) 不均質というものがあり，その中で最もはっきりしているのは，地球表面における大陸と海洋の違いである．しかし，大陸–海洋の構造の違いがジオイドに与える影響はほとんど認められず，仮に均一な地球の上に，諸大陸を載せた場合に生じるジオイドの起伏よりも，ずっと小さな影響しかない．大陸規模でみるなら，表面の起伏は静水圧平衡にほとんど達していることになる．これがアイソスタシーの原理である．

1000 km よりも大きなスケールで重力場の特徴をしらべるには，地表面での観測よりも，むしろ人工衛星軌道の摂動をしらべる方がずっと有効である．時代とともに改良が進み，人工衛星技術を用いて，どんどんと細かい構造を識別できるようになってきた．ただし，局地的な重力異常を用いた探査には，陸上表面での重力測定はやはり用いなくてはならないが，場合によっては人工衛星データと組み合わせなくてはならない．海面の形状というものは，人工衛星から発射されるレーダーの海面からの反射を用いた，アルチメーター (海面高度計) で測られる．それで測った海面形状はジオイドにかなり近く，人工衛星の軌道解析から推定できるものよりもかなり細かいスケールの詳細がわかる．

人工衛星軌道に対する摂動を使って，重力場の解析をするときには，球面調和関数が使われる (付録 C)．6.2節では，中心力を及ぼす質量と扁平率とだけを考えた．地球が楕円体であることによって，低高度 ($r \approx a$) の衛星軌道に生じる影響は，中心力の効果に比べて千分のなにがしという程度よりも小さい．いま考えている重力場の細部を表現する，もっと一般的な球面調和関数展開の高次の項の効果は，扁平性の効果よりもさらに 1/1000 ほど小さい．そのため，球面調和関数には付録 C の式 (C.13) と式 (C.14) で定義する完全規格化が施される．完全規格化された球面調和関数を球面上で2乗平均したとき，その値は1になるようにされている．これにより，完全球対称性からのずれの程度を表す係数 $\bar{C}_l^m$ や $\bar{S}_l^m$ と，それらが表現する特徴の振幅とを，直接的に関係づけることができる．

完全規格化した調和関数を用いたときの，扁平率を表すのは J_2 (式 (6.14)) ではなく，$C_2^0 = -J_2/\sqrt{5}$ となる．しかし，もし扁平性だけに関心を限定するのなら，J_2 が使われる．

20 年以上にわたって，人工衛星を用いて J_2 は十分に精度良く測定され，それがゆっくりと時間変化 $\dot{J}_2 = -2.8 \times 10^{-11}$/年をしていることがわかった．この変化速度は，地球の自転を潮汐が減速している効果 (8.4 節) で説明するには明らかに大きすぎ，後氷期地殻隆起に起因するとされている．とはいえ，これで $\dot{J}_2$ のすべてを説明することが適切かどうかについては，確認が必要なままである．低緯度地域から，(氷河荷重で) 凹んでいた領域に向けて質量が移動することにより，慣性モーメント C が減少する．このことは，それに対応して J_2 が減少することから明らかである．自転の角運動量を月・太陽の公転 (角運動量) に振り向ける潮汐摩擦とは違って，後氷期地殻隆起では自転の角運動量は保存されるので，スピンアップ (慣性モーメント減少で，角速度が増大する) が生じる．その結果，潮汐摩擦による自転速度の減速は，一部補償される (6.4 節)．

6.4 節で述べたが，$\dot{J}_2$ を使って過剰 J_2 の緩和を直接的に推定することはできない．というのは，氷河作用に起因する過剰 J_2 を，他の無関係な要素に起因する部分から分離することができないからである．むしろ，$\dot{J}_2$ は，氷河荷重の履歴が与えられたとき，それに対する地球の応答として解釈される．かつて厚く氷河におおわれていた地域の中で，現在でも PGR が観測できる程度の速度で続いていて，最も詳しくしらべられてきた 2 つの地域として，ボスニア湾に中心をもつフェノスカンディアと，カナダに中心を置くローレンシアがある．ここでは，フェノスカンディアよりはるかに大きくて，Peltier (2004) の氷河モデルでは，地球全体の氷河融解の 2/3 もの量を占めているローレンシアの方に注意を集中する．これに続く規模が南極で，そこでは，これまでに失われたと推定される量よりも多い氷が，いまもなお保持されている．われわれはローレンシアを使って，そこでの氷河融解の寄与で説明される $\dot{J}_2$ を見積もり，これまでに実証されてきた氷河融解の PGR 領域で説明されるよりも大きく扁平率を変化させる効果があることを結論として導くだろう．

基本的な見通しから，PGR の研究から引き出される最も興味深い結論は，マントルの粘性率とその深さ依存性である．これらの研究では，マントルの流動性 (レオロジー) が，ニュートン粘性流体のように線形性をもつと仮定している．この仮定は確実なものではなく，非線形レオロジーの可能性を 10.6 節で考えることにする．非線形性というのは，実効的な粘性率[*1]の値がひずみ速度によって異なってくるということである．PGR の研究で得られた粘性率を，13.2 節でマントル対流に適用すると，これら 2 つの現象が粘性率としてはよく似た値でつじつまが合って説明されることを述べる．しかしながら，プレート運動と後氷期地殻隆起では，ひずみ速度もまたよく似ているのである．したがって，実効的な粘性率が両者で同じになることは，マントルの流動性が線形であろうがなかろうが，当然に期待されているのである．このことから，マントル対流も後氷期地殻隆起も同時に説明できるけれども，マントルのレオロジーが線形であるか否かについては答えることができずに残されているということは確かである．

9.2 人工衛星ジオイド

地球重力が人工衛星に与える効果は，第 1 近似では式 (6.2) あるいは式 (6.13) の第 1 項で与えられ，これは衛星をある楕円軌道にとどめておくのに必要な力を表している (付録 B)．以下の議論では，これらの式の第 2 項の効果をまず考え，次にさらに高次の項を考えることにする．7.2 節で考えたように，第 2 項は地球と衛星の間で相互に歳差トルクを生じる．人工衛星の場合，それが地球に及ぼす効果は無視できる．一方，人工衛星軌道の歳差運動の速度から，地球の扁平率係数 J_2 (式 (6.14)) の見積もりが得られる．この歳差運動は軌道の交点の逆行運動とよばれる．すなわち，地球

[*1] 応力とひずみ速度の比．

とともに自転するのではなく宇宙空間に対して固定された観測者からみて、人工衛星が赤道面を通過する (2 つの) 交点が、一方向にドリフトしていく現象である。このプロセスを記述する方程式は、7.2 節の地球の歳差のところで用いた数式がほとんどそのまま使える。

ある衛星が、公転半径 r で赤道面に対して角度 i だけ傾いた軌道面にあるとする。このとき、衛星にはたらく平均トルク (軌道 1 周平均) は、式 (7.10) を書き換えて、

$$\bar{L} = -\frac{3}{2}\frac{Gm}{r^3}Ma^2 J_2 \cos i \sin i \quad (9.1)$$

と与えられる。ここで m は衛星の質量、M は地球質量である。このトルクは衛星の公転の角運動量のうち、地球の (極) 軸に直交する成分、

$$p_\perp = mr^2 \omega_S \sin i \quad (9.2)$$

に作用する。ここで ω_S は人工衛星の公転角速度である。軌道面の歳差運動は、軌道面が赤道面と交わる交点 (昇交点と降交点) の定常的な逆行運動[*2]として観測される。その平均角速度は、トルクとそれが作用する物体の角運動量成分比、

$$\bar{\omega}_P = \frac{\bar{L}}{p_\perp} = -\frac{3}{2}\frac{GMa^2 J_2}{r^5 \omega_S}\cos i \quad (9.3)$$

で与えられる。この式はケプラーの第 3 法則

$$\omega_S^2 r^3 = GM$$

を用いて、

$$\bar{\omega}_P = -\frac{3}{2}\omega_S \frac{a^2}{r^2} J_2 \cos i \quad (9.4)$$

のように簡単化できる。したがって、衛星が軌道を 1 回転する間に生じる軌道交点の移動量を、角度変化 $\Delta\Omega$ で表すと

$$\frac{\Delta\Omega}{2\pi} = \frac{\bar{\omega}_P}{\omega_S} = -\frac{3}{2}\frac{a^2}{r^2}J_2 \cos i \quad (9.5)$$

となる。地球に近接した軌道 ($r = 1.03a$) で軌道傾角が $45°$ の場合、$\Delta\Omega = 0.38°$ となる。

式 (9.5) あるいはそれを楕円軌道について一般化した式を使えば、J_2 を 1/1000 の程度の正確さ

[*2] 自転で期待される運動方向と逆向きの移動。

で決めることができるが、さらに確度を高めるには高次の重力ポテンシャルを考慮に入れなくてはならない。ポテンシャルの経度方向の変動 (付録 C の式 (C.15) で与えられる方球関数) は、軌道交点の逆行データを長期間にわたって平均すれば、消すことができる。しかし、帯球関数成分 ($m = 0$ で、経度依存性がない部分) はすべて、$\Delta\Omega$ の長期間の平均値に影響を及ぼす。その影響の仕方は、軌道の傾角や半径によっていろいろである。したがって、帯球成分を 1 つ 1 つ分離するには、軌道要素の異なる数種類の衛星を使うことが必要である。楕円軌道の詳しい観測からも、追加の情報が得られる。

式 (C.15) をジオイドの一般的な問題に適用する際には、内部起源を意味するダッシュのついていない係数のみが興味の対象となる。また、中心におかれた質量を表す $l = 0$ の項を独立させて書き、また $l = 1$ が非対称なポテンシャルを表すことと、座標系の原点を地球重心に一致させるとそれがゼロになることに注意すると便利である。すると、(GM/r) で正規化したポテンシャルの標準形は、完全正規化係数 (式 (C.13)) を用いて、

$$V = \left(-\frac{GM}{r}\right)\left\{1 + \sum_{l=2}^{\infty}\left(\frac{a}{r}\right)^l \sum_{m=0}^{l} P_l^m(\sin\phi)\right.$$
$$\left. \times \left[\bar{C}_l^m \cos m\lambda + \bar{S}_l^m \sin m\lambda\right]\right\} \quad (9.6)$$

と書ける。この方程式を応用するときは、正規化とともに符号にも注意することが必要である。たとえば、9.1 節で述べたように、たとえば $\bar{C}_2^0 = -J_2/\sqrt{5}$ となる。

引力ポテンシャルの中の方球関数 (tesseral harmonics) ($m \neq 0$) は、帯球関数項 (zonal harmonics) に比べて、衛星軌道に短周期の変動 (軌道交点の逆行運動の速度が振動するなど) をもたらす。これらを測るには、もっと詳細な観測が必要である。したがってまた、方球項の決定精度は帯球項よりも低い。とはいえ、数多くの独立な研究が行われ、これらの項も $l \approx 50$ 次までは互いに良く一致した値に収束している。次数 8、位数 8 までのジオイド係数を、表 9.1 に示す。また、次数 50、位数 50

表 9.1 次数，位数が (8,8) までの，地球の重力ポテンシャルの球面調和展開係数．もととなった Lerch ら (1994) では，もっと多数の係数セットが決められている．それぞれの (l,m) について，式 (9.6) や付録 C で定義された $\bar{C}_l^m$ と，その下に $\bar{S}_l^m$ を，10^{-6} を単位として与えている．

$l\backslash m$	0	1	2	3	4	5	6	7	8
2	−484.165	—	2.439	—	—	—	—	—	—
			−1.400						
3	0.957	2.029	0.904	0.720	—	—	—	—	—
		0.249	−0.619	1.414					
4	0.539	−0.536	0.349	0.991	−0.188	—	—	—	—
		−0.473	0.664	−0.201	0.309				
5	0.069	−0.061	0.655	−0.452	0.296	0.175	—	—	—
		−0.096	−0.325	−0.217	0.050	−0.668			
6	−0.148	−0.076	0.052	0.057	−0.088	−0.267	0.010	—	—
		0.026	−0.376	0.009	−0.472	−0.536	−0.237		
7	0.090	0.280	0.323	0.251	−0.275	0.002	−0.359	0.001	—
		0.096	0.096	−0.212	−0.128	0.019	0.152	0.024	
8	0.047	0.023	0.073	−0.018	−0.244	−0.025	−0.065	0.069	0.123
		0.060	0.069	−0.087	0.068	0.088	0.309	0.076	0.122

までのジオイド係数から決めたジオイドの高さを図 9.1 に示す．Rapp と Pavlis (1990) では，次数 360，位数 360 までのジオイド係数とジオイド高の地図とが報告されている．

球面調和関数による表現は，ジオイドの広い範囲の特徴を解析するのにとくに適している．また，人工衛星軌道の摂動の研究から自然に導かれ，衛星解析は低次の項に対する最も正確な見積もりを

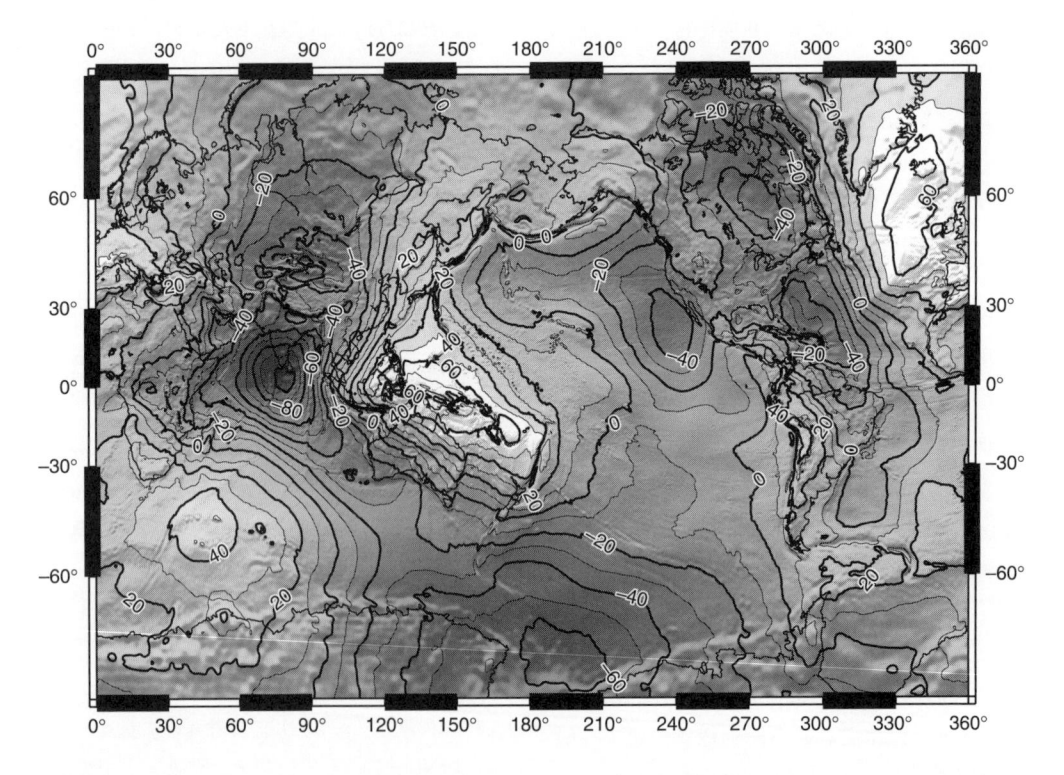

図 9.1 準拠楕円体 ($f = 1/298.257$) に対する，ジオイドの高さの等高線図 (単位 m)．David Sandwell 提供．

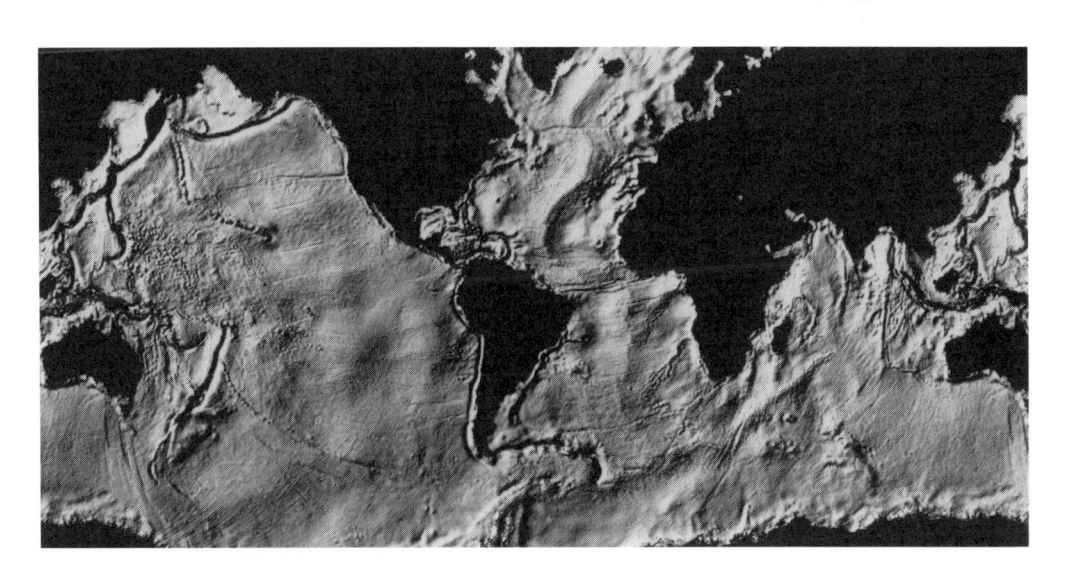

図 9.2 人工衛星海面高度計でマップされた平均海面高度は，海域ではジオイドを反映している．Cazenave (1995) から複製．

与えてくれる．次数 l がさらに高次に進むと，$l \geq 2$ では係数の個数が $(l^2 + 2l - 5)$ に従って変わるので，球面調和解析は面倒になってくる．また，さらに細かい部分を補うために，人工衛星の軌道データに加えて地表での観測データを用いるようにすると，地球上のデータ分布にかたよりができてしまうという問題もある．しかし，人工衛星から海面に向けてレーダーパルスを発射し，その往復時間を用いる衛星高度計 (アルチメーター) によって，かなり詳細に海域のジオイドがわかるようになってきた．それによって，ジオイドの微細構造と地球のテクトニックな特徴とが密接に関連していることが示されていて (図 9.2)，たとえば海洋底の地形を海の表面のジオイドがそっくりな形で反映している．

これに比べると，低次の球面調和関数の各項と，地球の内部構造や内部ダイナミクスとの関係は，それほど明瞭ではない．図 9.3 に示した調和関数の次数ごとの振幅スペクトルを見ると，低次の項は，図 9.2 に現れているような細かい特徴の原因となるものよりも深い所にある特徴を表現していることがわかる．球面調和関数は直交関数系であるから，次数 l に属するすべての調和関数を総計したときの振幅は，

$$V_l = \left\{ \sum_{m=0}^{l} \left[(\bar{C}_l^m)^2 + (\bar{S}_l^m)^2 \right] \right\}^{1/2} \quad (9.7)$$

となる．この関数を図 9.3 に示す．V_l は，ジオイドの起伏のうち，波長 $(2\pi R_E/l)$ の成分の 2 乗平均振幅 (スペクトルのパワーの 2 乗を総和して，平均し，その平方根をとったもの) である．ここで R_E は地球半径である．図 9.3 のスペクトルは，非常に「赤い」．すなわち波長が長い方，同じことだが l^{-1} が大きい方に向けて，振幅が増加している．これは，マントル深部に起源があることを示している．$l = 4$ から 16 の範囲で $\log V_l$ が近似的に，l とともに直線的に減少していることは，$d(\ln V_l)/dl$ が 0 になるような中心からの距離のところ[*3] に，スペクトル的に白色の重力源があることを示唆している．これは下部マントルにしっかり入るだろう．ある単一の深さに，単一の重力源があるというのは物理的には現実的ではないだろうし，密度不均質は広く広がっているだろうけれど，人工衛星ジオイドにみられる，この広いスケールでの特徴は，その起源となる密度の不均質が下部マント

[*3] 中心から動径距離 r の点におけるポテンシャルの l 次の成分は，地表の値 (9.7) に r^{l+1} を乗じたものとなり，これを改めて $V_l(r)$ と考えている．$r < a$ のどこかで，$4 < l < 16$ の範囲で $V_l(r)$ が l によらない状態が出現するはず．

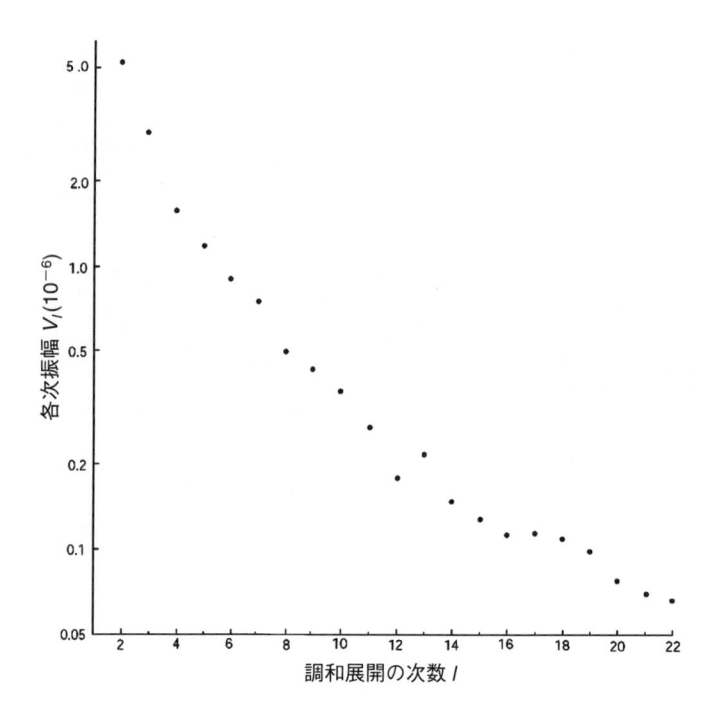

図 9.3 Lerch ら (1994) の表を用いて求めた，ジオイドの球面調和係数の各次数の振幅．定義は式 (9.7) による．$\bar{C}_2^0$ と，$\bar{C}_4^0$ は，平衡形の扁平率に対応する値をあらかじめ差し引いている．

ルまで及んでいることを示している．

このような解析を高次の調和関数まで拡張すると，明らかに，スペクトルの「赤色性」が際限なく続くことはない．ジオイドの高次成分についてみると，深部に起源をもつものが与える影響というものは地表では (減衰して) みえなくて，浅部起源の影響が支配的になる．

9.3 アイソスタシーの原理

地球の固体表面の標高分布は，図 9.4 に示すように，ピークを 2 つもつ．地球表面の大半は，標高が海水準から 1 km までにあるような大陸型であるか，もしくは，海面下 4〜5 km の海洋型であるかのどちらかである．大陸地殻と海水との密度差の平均値を 1 750 kg m^{-3} とすると，海洋に対する大陸の質量過剰として，海洋底のレベルより上に 8×10^6 kg m^{-2} があることになる．このような質量の過剰に対応する広いスケールでの特徴は，図 9.1 のジオイドにはよく現れていない．したがって，この質量の過剰は，大陸の下に，海洋下のマントル密度よりも低密度の物質でできた根っこがあることで埋め合わされている．これがアイソスタシーの原理である．「ヒマラヤ山脈は，球対称な地球構造から単純に突き出しているだけだ」と考えて求めた鉛直線偏差よりも，実際の観測値がかなり小さかったことが認識された 19 世紀中ごろに初めて提唱されたものである．現在，地震学的な研究からは，典型的な大陸地殻は 35〜40 km の厚さ (ヒマラヤ直下では 60〜70 km) であるのに対して，海洋地殻は 7 km に過ぎないこと，そしてこれら両者がともに，より高密度のマントルの上に載っていることがわかっている．なぜ大陸の地殻が厚いのか，もっともと思われる理由を本節の最後で考えることにする．そして 23.2 節では，マントルから分化して地殻が発達する過程で，大陸の厚さは一定であったという考えを利用する．

大陸の存在がジオイドに与える影響を考えるために，図 9.5 のように，球体の地球上に 1 対の真ん丸な大陸があるとしよう．この幾何配置は単純なので，大陸による慣性モーメントを計算でき，式 (6.13) によって広いスケール (楕円体) でみたとき

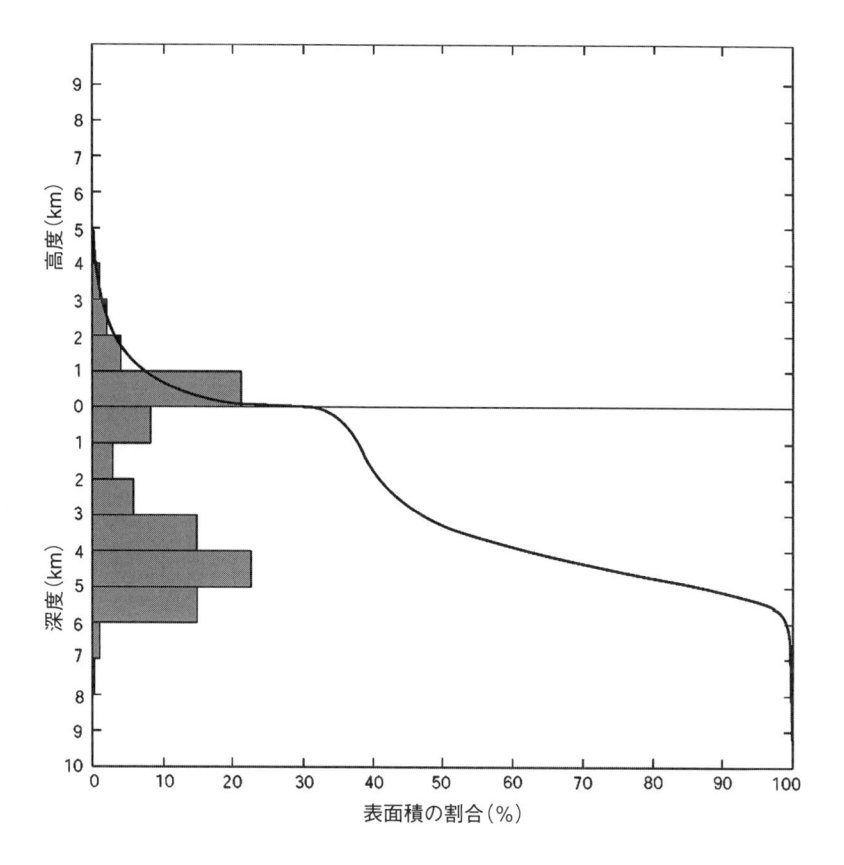

図 9.4 地勢測量 (hypsographic) 曲線 (固体表面の特徴的な高度分布) および高度 1000 m 間隔で作成した表面積のヒストグラム

のジオイドの変形を見積もることができる．(a) の場合には，軸 1 と軸 2 のまわりの地球の慣性モーメントの違いは，これらの軸のまわりの大陸の慣性モーメント I_1 と I_2 の差にすぎない．2 つの大陸の半径 r，厚さ h ともに，地球の半径よりもはるかに小さいという近似 $h \ll r \ll a$ の下で，

$$I_1 \approx 2(\pi r^2 h \rho_c) r^2/2 \tag{9.8}$$

$$I_2 \approx 2\int_a^{a+h} (\pi r^2 \rho_c) x^2 dx \approx 2\pi r^2 \rho_c a^2 h \tag{9.9}$$

が成り立つので，

$$I_1 - I_2 \approx -2\pi r^2 \rho_c a^2 h \tag{9.10}$$

となる．したがって，

$$J_2 = \frac{I_1 - I_2}{Ma^2} \approx -2\pi \rho_c r^2 h/M \tag{9.11}$$

となり，式 (6.20) により自転を無視すると

$$f = \frac{3}{2}J_2 \approx -3\pi \rho_c r^2 h/M \approx -\frac{9}{4}\frac{r^2 h}{a^3}\frac{\rho_c}{\bar{\rho}} \tag{9.12}$$

を得る．ここで $\bar{\rho}$ は地球の平均密度である．扁平率が負になっているということは，軸 1 に沿って突き出ていることを意味する．この軸方向のジオイドが軸 2 方向より h_g だけ高いとすると，大陸の高さ h との比は，

$$\frac{h_g}{h} = -\frac{fa}{h} = \frac{9}{4}\frac{r^2}{a^2}\frac{\rho_c}{\bar{\rho}} \tag{9.13}$$

となる．大陸の代表的な値として $r = 2500\,\mathrm{km}$ とし，大陸と海水の密度差を $\rho_c = 1750\,\mathrm{kg\,m^{-3}}$ とすると，

$$h_g \approx 0.11h \tag{9.14}$$

となる．

この解析が現実の地球にあてはまるなら，ジオイドの高さは，大陸の中心部と海とで $0.11 \times 4500\,\mathrm{m} = 500\,\mathrm{m}$ ほど系統的に違っていることになるだろう．実際のジオイド高の変動は，これよりもずっと小さい上に，大陸–海洋の分布とは明瞭な関係がな

$$2\int_{a-d}^{a+h}(\pi r^2\rho_c)x^2 dx = 2\int_{a-d}^{a-t}(\pi r^2\rho_m)x^2 dx$$
$$+ 2\int_{a-t}^{a}(\pi r^2\rho_o)x^2 dx \tag{9.15}$$

が必要となる．$d, t, h \ll a$ の条件の下で，この式から，

$$\rho_c(h+d) = \rho_m(d-t) + \rho_o t \tag{9.16}$$

が得られる．これがアイソスタシーの原理であり，すなわち，垂直に立てた柱の(単位面積あたり)の全質量は，場所によらず一定となることを意味する．

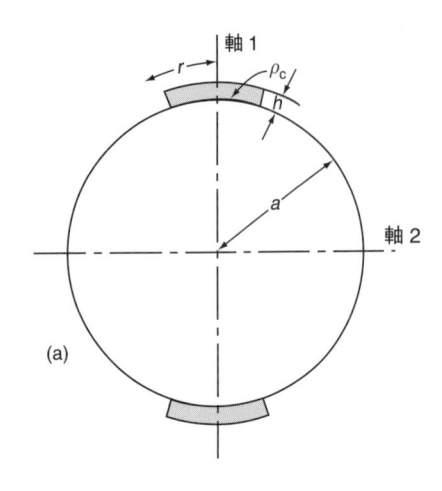

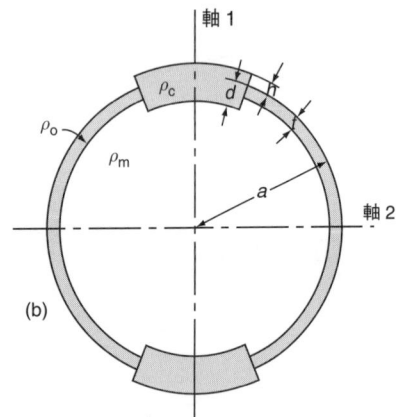

図 **9.5** ジオイドへの影響を説明するための，対称な大陸ペアでできた単純なモデル．(a) 大陸が，それ以外は球対称性をもつ地球に載っている場合．(b) 密度 ρ_c の大陸が密度 ρ_m のマントルの上に載り，海洋地殻 + 海水 (平均密度 ρ_o) とアイソスタシーでつり合っている場合．

い (図 9.1)．リソスフェアの剛性によって 100 km 程度のスケールではアイソスタシー異常は支えられているけれども，大陸規模でみるとアイソスタシーによるつり合いがよく成り立っている．

次に図 9.5(b) のような大陸モデルを考えて，それがジオイドに扁平性をもたらさないという要請をしてみよう．この条件を満たすには，大陸地殻を海洋地殻とマントルで置き換え，密度分布を球対称にしたときの慣性モーメント (の変化) が，いま考えている大陸の慣性モーメントと等しくなる，すなわち，

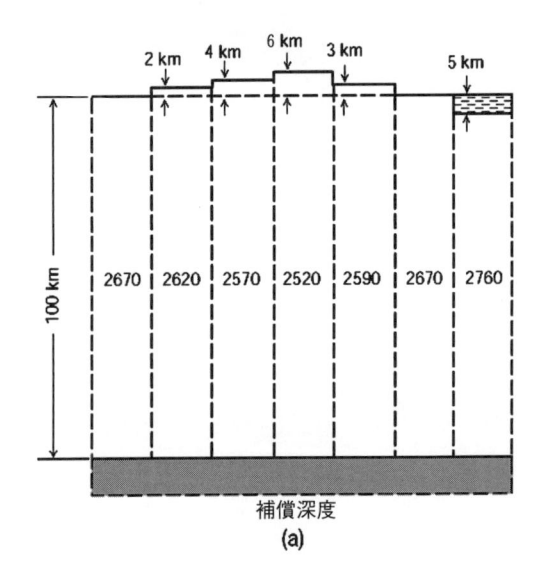

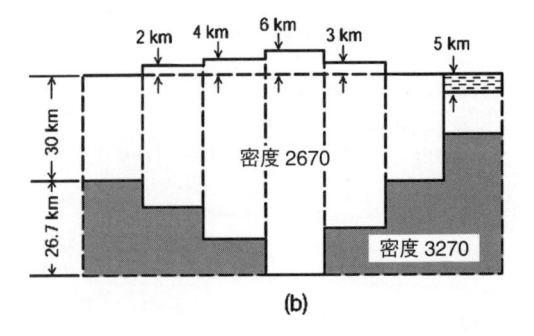

図 **9.6** アイソスタシー補償の概念図．(a) は J. H. Pratt によるモデル，(b) は G. B. Airy のモデルで，密度の数字は W. A. Heiskanen による．大陸，海洋底，山脈は，(a), (b) どちらかの原理でバランスがとられている．地殻構造との対応は (b) の方に近い．

式 (9.16) は，ヒマラヤ山脈がアイソスタシーでつり合っているという証拠から発想された 2 つの競合する仮説を，包含するものとなっている．すなわち図 9.6 に示すように，アイソスタシーを成立させるには，2 つの方法がある．1854 年に J. H. Pratt は，地殻の高まりは，そこが周囲より軽くなっているから隆起したという考えを示した．図 9.6(a) に示すように，補償面の深さは場所によらず一定となっている．その翌年，G. B. Airy は図 9.6(b) に示すような構造を提唱した．それによれば，それらがみな同じ密度で，水に浮かんでいる丸太の並びで，地殻質量がイメージされている．周囲よりも高く水から出ている丸太は，それに応じて水中深くに延びていなければならない．Pratt の考えでアイソスタシーのつり合いを達成するには，式 (9.16) の $d = t$ として，

$$\rho_c(h + t) = \rho_o t \qquad (9.17)$$

となる．Airy の考えに従うなら，$\rho_c = \rho_o$ なので，

$$\rho_c(h + d - t) = \rho_m(d - t) \qquad (9.18)$$

となる．どちらの原理も，大陸や山脈のアイソスタシー・バランスに寄与しているが，エアリーの原理の方が一般的にはより重要である．

さて図 9.4 をもう一度，考えてみよう．大陸地殻は，海洋底に比べて酸性 (Si に富む) の岩石が支配的であり，軽いためアイソスタシーが成り立っている．大陸は地球全体を均一に覆うように分布しているのではなくて，海洋底が絶えず再生されていることから，実効的には表面積の 60% には大陸がない．堆積物として海洋に流入した大陸物質は，アンダープレーティングや，沈み込み帯，火山活動を経由して戻ってくる．では，大陸の厚さや，大陸の占める面積を決めるものは，何であろうか？ 図 9.4 に描かれたように，大陸域のほとんどは海水準レベルに近く，この手がかりから，侵食によってこのレベルまで高度が低下したということがわかる．侵食は低地や大陸縁辺部にはほとんど影響を及ぼさないのである．高い標高を保ち続けさせるのはテクトニックな活動であるが，侵食のスピードは速いので，(侵食がそれほど進んでいない) 高地は比較的に若い年代ということになる．大半の大陸域の標高が海水面レベルに近いことは偶然ではなく，侵食–再生サイクルのもたらした当然の結果である．したがって海水準面それ自身が大陸の厚さを支配している．この議論は 23.2 節でも用いられ，まだ大陸物質がいまほどは集積していなかった遠い昔には，その当時の大陸の厚さはいまとほとんど違わないが，面積が狭かったであろうという仮説を補強するのに用いられている．この仮説は必然的に近似的なものに過ぎない．というのは，海水の量が一定であったとすると，大陸のサイズが小さいということは，海水準面が低いことを意味するだろう．

9.4 重力異常と内部構造の推定

重力異常というのは，標準的な重力の緯度変化を与える式 (6.38) からの，実測重力値のずれである．これは地球内部構造を指し示す興味深い量である．しかし，地表面あるいはその上方でなされた重力観測から内部の密度を計算する問題を考えると，解の唯一性が成り立たないということを認識しておくことは重要である．指定された質量分布から重力を計算する順問題 (フォワード) は曖昧さなく定まるが，その逆，すなわち与えられた重力異常を説明する質量分布は，原理的には無限に存在する．現実の重力を再現できるような密度モデルをつくり，もっともらしさを考えに入れると，密度分布の範囲には制限が加わる．その助けとなるのは，重力データを処理して，いろいろな形式で表現された重力異常である．重力異常の表現として 3 つのタイプがあり，フリーエア異常，ブーゲー異常，ジオイド異常である．最初の 2 つは 6.3 節で述べられ，最後のものは図 9.1 と図 9.2 に示されている．ここでは，それらの意味と前提となっている考えとを，より詳しくみていく．本質的に重要なことは，標高が変化する地表面での重力測定をそのまま解釈に供することには困難があるので，いくつかの方法で，測定データをジオイド面上の値に変換するという点である．

フリーエア勾配とは，地上より上方における重

力の垂直方向の変動率のことである．地球全体で平均した値は $0.3086\,\mathrm{mGal\,m^{-1}}$ ($3.086\times10^{-6}\,\mathrm{s^{-2}}$) である．フリーエア異常とは，ジオイド (あるいは平均海面) 上で与えられる標準重力 (6.38) からの，実際の重力のずれを表すものである．このとき，前述のフリーエア勾配を使って，観測点の標高の影響を計算で補正する．そうしなければならないというわけではないが，ふつうはフリーエア勾配のわずかな緯度変化や，局所的な変動は無視される．原理的には，これらの計算では，ジオイドより上の物資が仮にジオイドの下に崩落したと考えたときに，ジオイドの上で観測されるであろう重力を計算していることになる．もちろん，これでは地形起伏がある程度大きな地域では不十分になり，重力異常を役立たせるには，地形補正という計算を行うことが一般的には必要である．こうすればフリーエア異常も，重力観測点の下で密度が高まっているのか低くなっているのかについての指標を与えてくれる．とくに大陸縁辺部のフリーエア異常には，アイソスタシー・バランスからのずれが認められるが，$100\,\mathrm{km}$ かそれ以下のスケールではリソスフェアの強度 (あるいはきわめて高い粘性) で，それを支えることができる．これは補償深度として知られているものの存在を示すものである．補償深度よりも深くなると粘性が十分に低くなって，圧力が (水平方向に) 変わらなくなる (あるいは，それよりも深くなると，一様性を仮定できるようになる)．9.3 節の全地球的な解析で見たように，大きなスケールではアイソスタシーが広く成り立っていて，垂直に立てられた柱のイメージでいえば，どの柱も (単位面積あたり) 同じ質量をもっている．したがって，フリーエア異常は弱くなっている．しかし，数千 km のスケールでのフリーエア異常で，中間的なスケールのそれよりも大きくなっているところが，図 9.1 のジオイド図に見ることができる．それらの原因は下部マントルの (水平) 不均質に求められている．これは実際ありうることであり，なぜなら，アセノスフェアの比較的低い粘性で中間スケール (200〜2000 km) でのアイソスタシー・バランスを説明できるものの，それではもっと粘性の高い下部マントルに存在する質量の不均質な分布の影響を打ち消せないからである．中間スケールでは重力異常が顕著でないことから，これらの質量は深い所にあるに違いない．

ローカルな地質構造を解釈するためには，ジオイドより上方にある物質がジオイドの下に崩落してしまったと考えるのではなく，その物質 (の及ぼす重力) を計算で完全に取り除く方が，効果的であることが多い．こうして得られるのがブーゲー異常である．最も単純な場合には，地形起伏や水平方向の不均質を考慮せずに，取り除くべき物質を一様な厚さ (それは観測点の標高に等しくとる) の無限平板で近似する．厚さ h，密度 ρ の無限平板による重力は (問題 9.2 参照)，

$$\delta g = 2\pi G\rho h \qquad (9.19)$$

であり，平板からの距離によって変化しない．したがって，ブーゲーの方法でジオイド上の重力値を計算するということは，測定値をブーゲー勾配，すなわちフリーエア勾配から $\delta g/h = 2\pi G\rho$ を差し引いた勾配で，測定点からジオイドまで下方に外挿するということになる．通常は標準密度として $2670\,\mathrm{kg\,m^{-3}}$ が用いられ，その場合のブーゲー勾配は $0.1967\,\mathrm{mGal\,m^{-1}}$ ($1.967\times10^{-6}\,\mathrm{s^{-2}}$) と，フリーエア勾配の約 2/3 になる．もし表層の密度がわかっているのであれば，標準密度よりもそれを使う方が明らかに良い．また，フリーエアの計算と同様に地形補正がふつうは必要となる．ブーゲー異常はローカルな地殻構造を研究するときに重要である．というのは，それがジオイドの直下の密度の変動を反映しているからである．大陸規模ではブーゲー異常図は，大陸上で系統的に低い値になっている．これは式 (9.19) によって，フリーエア異常とは $2\pi G\rho h$ だけ異なっていることや，このスケールになるとアイソスタシー・バランスが成り立って，フリーエア異常を小さくするからである．

フリーエア異常図や，ブーゲー異常図の目的は，地面の下の密度変動の効果をぼやけさせる，地表起伏の影響を取り除くことである．2 種類の異常図は互いに補いあうものであり，異なる情報を与え

てくれる．それゆえ，両方を備えることは有益である．これらとは別の第3の方法では，ジオイド異常，すなわちジオイド高の変動を用いるものである．これは図9.1のように大きなスケールでの特徴を，人工衛星を利用して観測するもので，アイソスタシーについて，他の異常とは異なる全体像を与えてくれる．一般的なアイデアとしては，単純な例で理解できる．たとえば，地形的に特徴のない，平均密度 ρ の広い地域があって，その中に密度 $(\rho+\Delta\rho)$ のパッチがあって，その上にはそれと同じ厚さで密度 $(\rho-\Delta\rho)$ の層があるとしよう．すると，9.3節で論じたことから，パッチはアイソスタシー的につり合っている．しかし，それにもかかわらず，ジオイド異常としては形を現す．その理由は，次のように考えればよい．まず，重力というのはポテンシャルの微分をとったものであるから，(ポテンシャルは) 補償深度 (パッチの下) から上方に重力を積分すれば求められる．パッチの深い方の高密度の層は，内部およびそれより上方で強めの重力を及ぼしていることを考えれば，重力を上方積分していくと，パッチの周囲よりも深いところでジオイドのもつポテンシャル値に到達することになる．このような密度ダイポール (双極子) があると，ジオイドが低くなる．これとは逆に，高密度層が低密度層の上にあるときは，ジオイドの高まりが生じる．このようにジオイド異常は，質量の単純な総和だけではなく，深さ分布についての情報を与えてくれる．この単純な平面成層モデルでは，ジオイド異常 ΔN (単位 m) は，密度異常の深さ依存性とは，式 (9.19) を補償面深度からジオイドまで積分した，

$$\Delta N = -\frac{2\pi G}{g}\int_{-e}^{z_c} z\Delta\rho(z)\mathrm{d}z \qquad (9.20)$$

によって関係づけられている．重力は質量を積分することで生じるのに対し，式 (9.20) はジオイドの変化が，補償深度より上の密度のダイポールモーメントによって生じていることを示している．何か1つ (密度不均一の) 起伏形状を仮定したとき，その質量分布のコントラストの置かれた深さによって，ジオイド異常が決まってくる．深いところに質量コントラストがあるほどジオイド異常は強くなる．Airy のアイソスタシー (図 9.6(b)) は，地殻の下からマントルに向けて低密度物質の根っこが伸びていることと関連づけられることが多い．たとえば，ヒマラヤやアンデスの地殻は深さ75 kmまで延びていて，ジオイドが盛り上がっている．中央海嶺やハワイなどのホットスポットなど，高温のマントルが下にある地域や，北米のベイスン・アンド・レンジ (Basin and Range) のように大陸が引き延ばされてリソスフェアが薄くなっている地域では，補償が深いところで生じていて，ジオイド異常は負の側に大きくなっている．

現在，天文測地測量として知られているジオイドの計測は，古代にまでさかのぼる歴史があり，地球が近似的には球であることを最初に明らかにした．そこでは，ジオイドに垂直な鉛直線の向きを星の位置に対して相対的に決めたものであった．1700年代になって観測方法が急速に発達した．地球の大きさにもとづいてメートルという単位が定義されたり，またフランスの科学者たちが世界中のさまざまな地域に派遣され，より正確に地球を計測するようになった．その当時の技術では，南北に沿った測量の方が，東西に沿った測量よりも難易度が低かった．というのは，星が東から西に動いていくタイミングを正確に測定することが，それほど重要にならなかったからである．その結果，地球の扁平率が精度良く決められるようになった．これらの仕事や，とくに1730年代に南米を測量し，アンデス山脈という巨大な地形が引き起こすなめらかなジオイドの起伏から鉛直線偏差を観測した M. Bouguer のアイデアから，重力測量が発展した．彼はニュートンの万有引力定数 G を2つの方法で測ることを試みた．1つはチンボラソ山の斜面で鉛直線偏差を測ることであり，他の1つは (アンデスの) 高原とその下方の低地平野部での重力を測定し，高原が低地に重なった厚板であると仮定して，式 (9.19) で与えられる効果を見いだすことであった (Bullen, 1975)．アイソスタシーがはたらいているために，Bouger の考えどおりにはうまくいかず，Bouge 自身も結果が満足いくものではないことを実感していた．しかし Bouger の業績は彼の名前を冠したブーゲー法によって，認

められている．アイソスタシーの認識が促されたのは，ブーゲーから 100 年以上経ってからのことで，インド北部を横断する天文測地測量によってである．その測量隊を率いたのは J. H. Pratt であり，この測量事業の最高責任者だったのが英国王室天文官の G. B. Airy であった．

式 (9.20) によってジオイド異常を解釈し，ブーゲー異常を計算する過程では，平板地球の仮定がおかれているので，地球半径に比べて小さなスケールでなければ，満足のいくものとはならない．図 9.1 に現れている特徴的な異常の広がりは非常に大きいので，この近似が成り立たない．たいていは数 m に過ぎないローカルな異常よりも，グローバルな異常の方が振幅が大きいことは注目に値し，その成因が深部にあることを示している．それには深部マントルの不均質がかかわっている．マントルの底はたぶん非常に軟らかくて，D″ 層内の不均質は，アイソスタシーでつり合っているであろうが，もしかするとコア-マントル境界の起伏までもが，グローバルなジオイド異常に関係している可能性もある．

ジオイド異常がとくに関心をよぶのは，それがマントルダイナミクスと関連しているからである．マントル対流の駆動力は，熱的に生じた密度差であり，それが重力場に反映されているはずである．しかし問題は，それほど単純ではない．マントルの粘性は，圧力同様に温度にも強く依存しており，対流パターンは粘性率一定の場合の対流とはどことなく似ているという程度に過ぎない (Yoshida, 2004)．また，マントル対流のイメージを混乱させるものとして，化学成分の不均質性もある．それにもかかわらず，いくつかの結論を導くことはできる．Hager (1984) で指摘されていることであるが，強い沈み込み帯とジオイド面の高まりとの間に相関がある．海溝などで対流が下向きに向きを変えるところではジオイド面の低下が期待されるのに，とくに低次の成分のみを考えて長波長成分の特徴を強調させてみると，ジオイドの高まりという特徴がいっそうきわだってみえる．Hager の説明では，深部マントルで沈み込みに対する抵抗が起こり，そこで密度の高い沈み込み物質が蓄積するために，(海溝などの) 地形効果はマスクされて見えなくなっている．これが原因で，ジオイドの高まりや沈み込みの減速が生じ，粘性の低いアセノスフェアが部分的にはあるが，地形的なくぼみを埋める．そのためには，マントル内部で粘性が深さとともに 30 倍程度は増大することが求められ，これは多くの研究者によって，後氷期地殻隆起でも示されていると主張されている (9.5, 9.6 節)．

9.5 後氷期アイソスタシー調整

氷河の氷でできた地表の凹みが，氷の消失後にもとに戻る (PGR) には，時間遅れが伴うということは，長年にわたって認識されてきた．Haskell (1935) は，この現象をマントルの粘性計算に用いることができることを示した．彼が得た値は 10^{21} Pa s で，この値は，地球全体の平均値としては満足のできるもので，いまなお「ハスケルの値」と称されて用いられている (Mitrovica, 1996)．もっと最近の研究は，粘性率の深さ依存性を指向するもので，Peltier (1982, 2004)，Lambeck (1990)，Mitrovica (1996)，Mitrovica と Forte (1997)，Kaufmann と Lambeck (2000) などがレビューしている．深さ方向の変化に関する情報を伝えてくれるのは，PGR の幾何学的形状と水平方向の広がりである．その原理を 2 つの単純なモデルで説明しよう．その 1 つは本質的にはハスケルのモデルであり，粘性率一定の半無限媒質の上にリソスフェアが載っているものである．もう 1 つのモデルは，薄いアセノスフェアと，自由に屈曲するが水平運動や粘性流動を起こさないような非常に薄いリソスフェアを想定するモデルである．アセノスフェアは剛体のマントルに載っていて，対流はすべてアセノスフェア内で起きていると考える．PGR の隆起速度は水平スケールによって変動するが，その様子はこれら 2 つのモデルで大きく異なっている．これらのモデルは両極端のように見えるが，両者ともにリソスフェアの曲げ剛性を考えていないという欠陥をもっている．リソスフェアは冷たく硬いマントルの表層として定義されているけれど，この定義はマントルの温度に依存するレオロジーに訴

えるものがある．後氷期地殻隆起から想定されるリソスフェアの実効的な厚さは，それよりも10^{10}倍も短いタイムスケールで応力を加える地震波の研究から見えてくる厚さに比べて，ずっと小さい．リソスフェアの厚さを20.4節で見積もることにし，本節の最後でPGRとの関係について論じる．

Haskell (1935) によって推定されたマントルの粘性率は，ボスニア湾 (フェノスカンディア) 周辺の，氷の重みで沈下していた地域の，アイソスタシー的な隆起の記録にもとづいている．最も氷河化が強烈で，隆起の面積が最も広大な地域は，現在ではカナダ (ローレンシア) に中心をもつと認められていて，図 9.7 の北米の鉛直運動にそれが描かれている．Peltier (2004) は，現在の隆起が最も急速な地域をハドソン湾の西側に同定しており (1.5 cm/年)，そこが氷河荷重が最大だった所と推定している (Keewatin ドーム)．しかし，Sella ら (2007) の GPS 観測を見ると，ハドソン湾それ自身に隆起の中心がある．Haskell (1935) では，円形の荷重に対する，粘性率一定の半無限媒質の応答を，隆起速度が荷重中心からガウス分布に従って減少する場合について考えている．そして，そのモデルを，以下に述べる方法で，フェノスカンディアのデータに合わせている．より大規模なローレンシアのデータを使うことができれば，隆起が水平スケールにどのように依存するかの目安が与えられ，これは粘性率の深さ依存性を推定するときに重要となってくる．最近の解析では，ハスケルの値に対して，アセノスフェアは少なくとも 1 桁低い粘性，下部マントルは最高で 1 桁まで高い粘性が良いとされている．しかし，粘性は水平方向に大きく変化するので，どのようなモデルであれ，動径方向にしか変化しない粘性モデルでは，曖昧さから逃れることはできない．

先に述べた，単純な薄いアセノスフェアのモデルをしらべよう．アセノスフェアの上下の境界は，流れを計算するときには剛体境界としてふるまう．いまは，現時点の流れをモデル化しようとしており，それは氷河の消失に対するアイソスタシー的な調整段階としては，後の段階に相当する．した

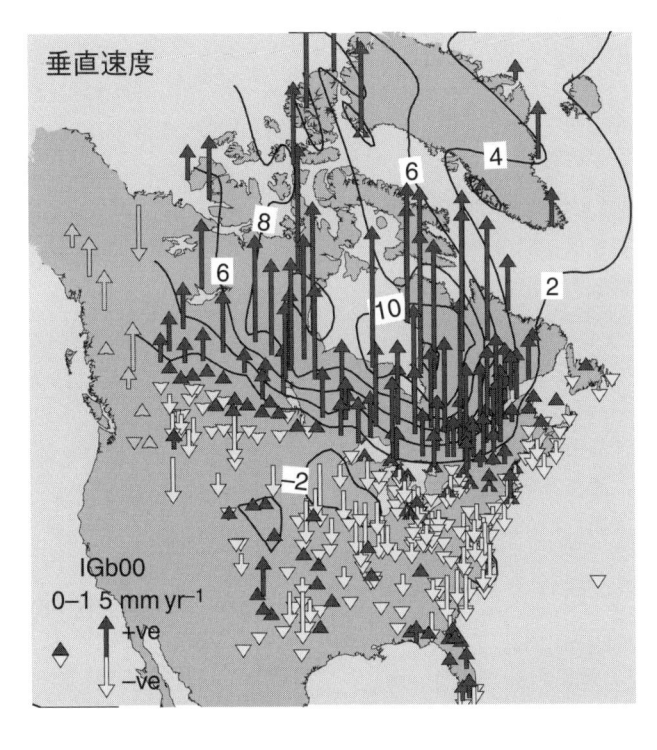

図 **9.7** ローレンシアの氷河融解にともなう隆起を GPS 観測でとらえたもの．隆起域の中心がハドソン湾にあり，そのまわりを沈降域が堀のように取り囲んでいる．Sella ら (2007) の許諾により複製．

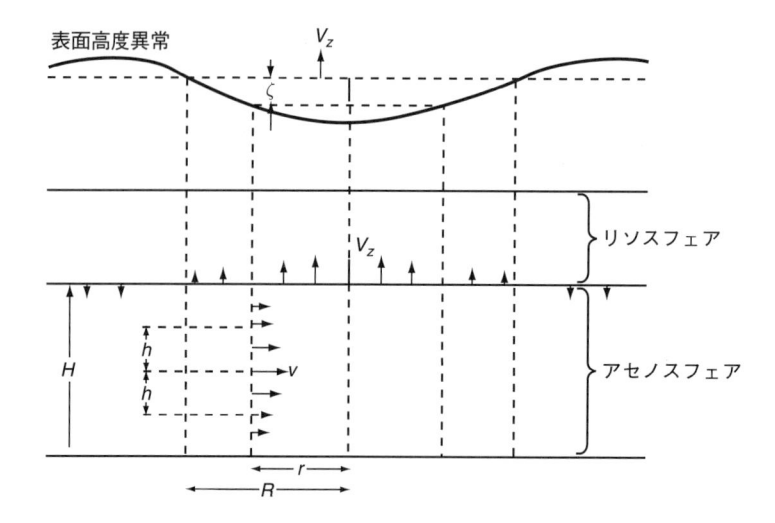

図 9.8 一様粘性で明瞭な境界をもつアセノスフェアについての流れのモデル．(氷河時代の名残として) 残っている地形の円形の凹みの半径 R は，流れが生じるアセノスフェアの層の厚さ H よりもずっと大きい．リソスフェアの屈曲によって，鉛直方向の動きは許されるが，水平方向の流れは許されないとする[*4]．

がって，隆起速度 V_z が，アイソスタシー異常 (アイソスタシーに達するまでに残されている上下変動量)，$-\zeta$ に，あらゆる場所で比例し，内部に矛盾を含まない解を探そう．この状態からのずれがあれば，もっと急速な調整が行われるだろう．隆起の時定数 τ を，流れのパターンの尺度から計算することができ，

$$V_z = -\zeta/\tau \quad (9.21)$$

となる．流れの幾何学的パターンは図 9.8 に示している．この図では，質量保存から要請されるように，沈降しつつある領域が「堀」のように隆起しつつある領域を取り囲んでいる．このモデルで近似するためには，水平スケールが鉛直スケールよりも相当大きいということが重要となる．したがって，水平な流れによる粘性ドラッグで，隆起速度は規制されている．流れのローカルな駆動力となるのは，静水圧の欠損

$$P = \rho g \zeta \quad (9.22)$$

である．ここで $\rho = 3400\,\mathrm{kg\,m^{-3}}$ は，アセノスフェアの密度である．なぜなら変位するのはアセノスフェアの物質であるからである．また，$g = 9.9\,\mathrm{m\,s^{-2}}$ は，アセノスフェアのレベルでの重力値である．こ

のモデルは円筒対称であるから，アセノスフェアの流れは中心方向に向かうものとなる．

中心からの距離が r のリングを通過するアセノスフェア内の流れは，圧力勾配 dP/dr によって駆動されている．したがって，図 9.8 に示すように，アセノスフェアの中心からの厚さが $2h$ となる層を考えたとき，その上面と下面にはたらくずり応力 $\sigma(h)$ は，厚さ $2h$ にわたってはたらく圧力勾配によるものであり，

$$\sigma(h) = \frac{(dP/dr)2h2\pi r}{2\cdot 2\pi r} = \frac{dP}{dr}h \quad (9.23)$$

が成り立つ．したがって，座標 (h, r) での流速 v は

$$\frac{dv}{dh} = -\frac{\sigma(h)}{\eta} = -\frac{dP}{dr}\frac{h}{\eta} = -\rho g \frac{d\zeta}{dr}\frac{h}{\eta} \quad (9.24)$$

となる．ここで，η は粘性率であり，式 (9.22) を P に代入した．$H/2$ にあるアセノスフェアのどちらかの境界面から，h のレベルまで，上の式を積分すると，

$$v = \frac{\rho g}{\eta}\frac{d\zeta}{dr}\left(\frac{H^2}{8} - \frac{h^2}{2}\right) \quad (9.25)$$

を得る．したがって，中心からの距離が r のリングを通過する総流量は，

$$F = 2\pi r \cdot 2\int_0^{H/2} v\,dh = \frac{\pi}{6}H^3\frac{\rho g r}{\eta}\frac{d\zeta}{dr} \quad (9.26)$$

[*4] 原著では図中 ζ が z と記されていた誤りを修正した．

中心からの距離 r における物質の上昇速度は

$$V_z = \frac{1}{2\pi r}\frac{dF}{dr} = \frac{H^3\rho g}{12\eta r}\left(\frac{d\zeta}{dr} + r\frac{d^2\zeta}{dr^2}\right) \quad (9.27)$$

である．振幅は次第に減少しつつも，沈降していた地域の形状は保存されると仮定すると，V_z に式 (9.21) を代入して，$\zeta(r)$ についての微分方程式，

$$\frac{d^2\zeta}{dr^2} + \frac{1}{r}\frac{d\zeta}{dr} + \left[\frac{12\eta}{\rho g H^3 \tau}\right]\zeta = 0 \quad (9.28)$$

を得る．これはベッセルの微分方程式，

$$\frac{d^2\zeta}{dx^2} + \frac{1}{x}\frac{d\zeta}{dx} + \left[1 - \frac{n^2}{x^2}\right]\zeta = 0 \quad (9.29)$$

の $n = 0$ の特別な場合になっている．ここで，

$$x = \left(\frac{12\eta}{\rho g H^3 \tau}\right)^{1/2} r \quad (9.30)$$

とした．したがって，微分方程式の解は，0 次のベッセル関数

$$\zeta = \zeta(r=0)J_0(x) \quad (9.31)$$

となる．この関数が最初にゼロになる点は，$x = 2.4$ であるから，円形の沈降域の半径 R は，

$$\left(\frac{12\eta}{\rho g H^3 \tau}\right)^{1/2} R = 2.4 \quad (9.32)$$

に従う．したがって，このモデルで，アイソスタシー平衡に近づくときの時定数は，

$$\tau = 2.1\eta R^2/\rho g H^3 \quad (9.33)$$

となり，未知数 η について式を変形すると

$$\eta = 0.48\rho g H^3 \tau/R^2 \quad (9.34)$$

を得る．このモデルでは，アセノスフェアの粘性の推定値は，アセノスフェアの厚さとして仮定した値に強く依存するが，実際のところはアセノスフェアの境界は明確に区切られているわけではない．

もう 1 つの極端なモデルは，Haskell (1935) のものと類似だが，半無限の一様粘性媒質に，リソスフェアを付け加えたものである．リソスフェアは摩擦境界としてはたらき，鉛直方向にのみ動き，水平方向の流れにはかかわらないとする．Haskell はガウス分布型の沈降を考え，フーリエ–ベッセル解析をして，ベッセル関数の和 (より正確には積分) の形で解いた．各項は時間とともに減衰していくときにも形を保っており，それぞれを 1 つの時定数と結びつけることができる．沈降全体の減衰は，個々の減衰していく 0 次のベッセル関数 J_0 の和で得ることができ，時間とともに減衰の最も緩やかな項の形に近づいていく．したがって，解は表面的には，先に述べた上下に境界をもつアセノスフェアのモデルのものと似ている．時間の経過とともに隆起の回復が進むにつれて，最もゆっくりと減衰するベッセル項が全体を支配するようになる．しかし，2 つのモデルには決定的な違いもあって，それは単純な次元解析でわかる．式 (9.33) と同様に，緩和の時定数 (緩和時間) τ が $(\eta/\rho g)$ に比例することを要請しよう．今の問題には H は関与していないので，長さの時限をもつ量は，沈降域の半径 R しかない．したがって，次元解析から

$$\tau = C\eta/\rho g R \quad (9.35)$$

となる．ここで C は無次元の定数である．2 つの両極端なモデルから，τ の R 依存性については，大きく異なる結果が導かれる．すなわち上下境界をもつアセノスフェアの場合は，R^2 に比例し，一様半無限媒質の場合には，$1/R$ に比例する．

フェノスカンディア ($R \approx 600$ km) とローレンシア ($R \approx 1300$ km) の隆起域では面積が十分に違っているので，この違いを使って式 (9.34) と式 (9.35) の妥当性を検定できる．これらの式は，極端なモデルを表しており，真の解は，たぶん，両者の間のどこかにあると期待されるので，$\tau \propto R^k$ と書くことにする．そうすると $k = 2$ が薄いアセノスフェア・モデルに対応し，$k = -1$ が半無限体に対応する．フェノスカンディアの場合には，その緩和時間については研究者の間で良く一致していて，4600 年 (Mitrovica, 1996) とか，あるいは 4350 年 (Peltier, 1998) とされている．しかし，ローレンシアについては，見積もりがかなりばらついている．6700 年 (Mitrovica) あるいは 3400 年 (Peltier) という具合である．Mitrovica の推定値を使うと $k = 0.49$ となり，先の両極端モデルの中間に来る．これはアセノスフェアの境界がシャー

プでなく，深部マントルまでもが隆起に関与しているけれども，粘性率は深さとともに急増することになる．Peltier の値を使うと，$k = -0.32$ となり，ほとんど粘性率が一定ということを示すことになる．両モデルは非常に単純化したものではあるが，この結論はもっと詳細な解析結果とも一致している．Mitrovica と Forte(1997) や，Kaufmann と Lambeck (2000) では，マントル最上部から下部マントルの間で粘性率の増加は 100 倍程度とされ，一方，Peltier (1998) では深さ 660km になっても粘性率の増加は 5 倍程度に過ぎないとされている．本質的には同じ観測から，このような異なる結論がなぜ導かれたのか考える必要がある．

すでに述べたように，2 つの単純なモデルでは，リソスフェアのことが，十分には考慮されていない．リソスフェアは，その下にあるマントル内の動きに対して，運動のスケールに依存するような制約を課している．このスケール依存性は，リソスフェアの曲げ剛性で決まり，厚さに強く依存する関数となっている．20.4 節でリソスフェアの厚さを論じ，PGR が見られる大陸域において，数千年の時間スケールでの屈曲に対しては，厚さが 60 km であると結論する．しかし，Peltier は 120 km の方が良いと言い，Lambeck ら (1996) は，Peltier のように厚いリソスフェアを考えれば，マントル内の粘性率のコントラストが比較的小さく，上部マントルの粘性の見積もりが高めになることが説明できると指摘した．

スケール依存性の問題は，PGR の計算を行う方式にとっても関心事である．現在生じている上向きの地表運動は，実際には (アイソスタシーが回復しきれず) 表面に残っている沈降とではなく，それを引き起こした氷荷重の履歴と結びついている．粘性率モデルは氷河の融解史に依存しており，緩和時間の瞬時値から導かれるのではない．また，PGR のパターンから選び出す調和関数項 (Haskell 流のフーリエ–ベッセル展開の係数) が異なれば，得られる緩和時間も異なってくる．すなわち，現在のパターンは，氷荷重の履歴のみならず，それに対する応答にもよっている．伝統的には，いまは隆起した所にあるが昔は海岸線であった地点を決めていくことにより，陸地の海面に対する上昇という形で PGR は観測されてきた．海水準自体が上昇することを考慮すると，このことはある特定の場所で起こったプロセスの記録となる．いまや GRACE とよばれる人工衛星により，海岸線のみならず，地球全体で海水準の上昇速度を観測できる機会が与えられている．これによって，扁平率の変動を，観測された PGR で説明することが適切であるかどうかについて，結論づけられるだろう．この問題は次節でも考えることにする．

粘性率はマントル対流 (22 章) の支配的パラメーターである．この場合，水平方向の不均質は，もっと重要である．というのは，冷たくてほとんど剛体のようなリソスフェアのスラブの沈み込みで，まわりのマントルに流れが生じることが要請されるからである．PGR と同じように，その流れは最も粘性の低い所ではじめに生じやすい．その詳しい 3 次元的な流れのパターンを，十分に細かいスケールまでモデル化することは困難である．しかし，マントル対流の研究から得られる粘性に関する情報は，PGR から得られるものと相補的になっている．力学的エネルギーの散逸は，熱力学的に熱流量と関係づけられ，マントルの全体積にわたって積分した $\int \dot{\varepsilon}^2 \eta dV$ の値が良く決まっている．ここで $\dot{\varepsilon}$ はひずみ速度である．ほとんど剛体のリソスフェアが，弱いアセノスフェアの上に載っていて，深くなるほどアセノスフェアの粘性が急増するモデルは，13.2 節の対流エネルギーの議論とつじつまがあっている．

9.6 PGR と扁平率の変動

氷河時代の氷河作用は高緯度地域で起きた現象である．したがって，PGR の意味するところは，マントル物質が低緯度からゆっくりと取り去られて，それが沈降していた高緯度域を充填していくということである．その結果，重力ポテンシャル係数の J_2 (式 (6.1), (6.2), (6.14) の各式参照) がゆっくりと減少することになり，6.4 節で論じたように，その結果，自転速度 ω にも影響が出てくる．まず，J_2 の過剰が地球全体の現象である，すなわち地球

全体が扁平化されていると考えたときの帰結を考えよう．J_2 は地表形状の扁平率 $f=(a-c)/a$ と式 (6.20) で関係づけられている．ここで，a は赤道半径，c は極半径とする．いまの場合，その式の中の m は，$\dot{J}_2 = (2/3)\dot{f}$ と仮定して，無視することができる．もし表面の変形が回転楕円形であれば，それを，

$$\Delta r = -\Delta J_2 a(3\cos^2\theta - 1)/2 \qquad (9.36)$$

のように書くことができる．ここで，ΔJ_2 は J_2 の過剰のうち，極域が凹んでいることに起因する部分である．すると変形の重力エネルギーは，地表面積 A にわたって積分すると，

$$E = \frac{1}{2}\int g\rho(\Delta r)^2 dA = \frac{2\pi}{5}a^4\rho g(\Delta J_2)^2 \qquad (9.37)$$

となるので，J_2 が減少することで生じるエネルギーの散逸は，

$$\frac{dE}{dt} = \frac{4\pi}{5}a^4\rho g(\Delta J_2)\dot{J}_2 \qquad (9.38)$$

となる．ひずみ速度は単に $\dot{f}$ であるので，

$$\dot{\varepsilon} = \dot{f} = \frac{3}{2}\dot{J}_2 \qquad (9.39)$$

と書くことができる．すると，散逸は，実効的な粘性率 $\bar{\eta}$ を用いて，

$$\frac{dE}{dt} = \int \dot{\varepsilon}\eta dV \approx \frac{9}{4}(\dot{J}_2)^2\bar{\eta}\frac{4\pi}{3}(r_{\text{mantle}}^3 - r_{\text{core}}^3)$$
$$= 7.9a^3(\dot{J}_2)^2\bar{\eta} \qquad (9.40)$$

となる．式 (9.38) と式 (9.40) とから，η の単位を Pa s として，

$$\bar{\eta} = 0.32\rho g a \frac{\Delta J_2}{\dot{J}_2} = 2.2\times 10^{18}\tau \text{ (年)} \qquad (9.41)$$

が得られる．なぜなら $\Delta J_2/\dot{J}_2$ は緩和時間 τ そのものであるからである．η をハスケルの値 10^{21} Pa s と仮定すると，$\tau \approx 450$ 年となる．これは，粘性率一定のモデルでは，水平スケールとの増大とともに緩和時間は短くなるということを再度，確かめる結果になっている．また，このモデルによれば，全地球的な広がりでの沈降は今や測定不能なレベルまで回復しているはずだということが確かにいえる．他方，$\tau \propto R^k$ で $k=0.5$ という感じで割り切って妥協したモデルを使うと，グローバ

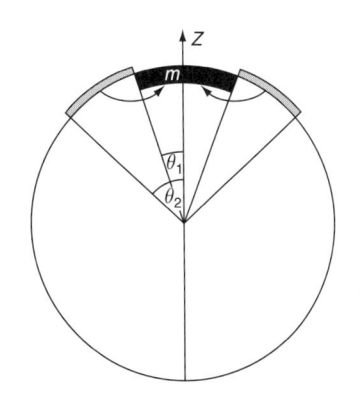

図 9.9 ローレンシアの隆起を，質量 m，角半径 θ_1 の一様な円冠の発達でモデル化．角距離 θ_1 から θ_2 に広がる円環帯からは，質量 m が引き出される．

ルなスケールでの緩和時間は 13000 年となる．したがって，もし，かつてグローバルなスケールの沈降域が有意レベルで存在したのなら，それはいまの時点で支配的になっているはずである．これらの帰結の双方とも，もっともらしくは見えない．そこで，J_2 の変動を，もっとローカルな隆起の結果の総和によるとしたら，どうなるかを考えてみよう．

ローレンシアは，氷河作用と隆起について良く研究がされた地域の中でも最大であるので，これによって説明される扁平率の変化を推定しよう．説明すべき効果とは，J_2 の変動速度の長期的な平均値 $dJ_2/dt \equiv \dot{J}_2 = -2.8\times 10^{-11}$/年である．もし，この値のかなりの部分をローレンシアの隆起で説明できるなら，扁平率変化のプロセスを理解できたと自信をもてるだろう．隆起のモデルは，図 9.9 に示すように，角半径 θ_1 で質量 m の丸いキャップ (円冠) が発達し，角距離 θ_1 から θ_2 まで広がる円環帯から同質量の物質を引き込むとするものである．キャップの軸 (z) まわりの慣性モーメントは，

$$\Delta I_{z1} = ma^2(2 - \cos\theta_1 - \cos^2\theta_1)/3 \qquad (9.42)$$

で，同じ軸について円環部分のそれは，

$$\Delta I_{z2} = ma^2(3 - \cos^2\theta_1 - \cos\theta_1\cos\theta_2 - \cos^2\theta_2)/3 \qquad (9.43)$$

である．したがって，質量 m が移動したことで生じる，z 軸のまわりの慣性モーメントの変化の総

和は,

$$\Delta I_z = \Delta I_{z1} - \Delta I_{z2}$$
$$= -ma^2(1 + \cos\theta_1 - \cos\theta_1\cos\theta_2 - \cos^2\theta_2)/3 \tag{9.44}$$

である. 質量 m の球面上の任意の分布について, 3つの直交する軸まわりの慣性モーメントには,

$$I_x + I_y + I_z = 2mR^2 \tag{9.45}$$

の関係があるので, これを使って x 軸や y 軸のまわりの慣性モーメントの変化を計算することができる (座標 x, y, z にある任意の質量要素 Δm の, 3軸のまわりの慣性モーメントは, $\Delta I_x = \Delta m(y^2 + z^2)$, $\Delta I_y = \Delta m(x^2 + z^2)$, $\Delta I_z = \Delta m(x^2 + y^2)$ と書ける. したがって, $\Delta I_x + \Delta I_y + \Delta I_z = 2\Delta m(x^2 + y^2 + z^2) = 2\Delta mR^2$ となり, この式が個々の質量要素について成り立つので, 球面上の任意の分布について式 (9.45) が成り立つ). 隆起の場合には, 質量が総体としては変化せず, 単にそれが再配分されるという状況を考えているので, $(\Delta I_x + \Delta I_y + \Delta I_z) = 0$ となる. z 軸のまわりの対称性を考えると,

$$\Delta I_x = \Delta I_y = -\Delta I_z/2 \tag{9.46}$$

となり, ΔI_z は式 (9.44) で与えられている.

自転軸 c と z 軸とが一致していない場合も考えることができる. z 軸が c-a 面内で, 余緯度 θ にあるとしよう. すると,

$$\Delta I_c = \Delta I_z \cos^2\theta + \Delta I_x \sin^2\theta$$
$$= \Delta I_z[\cos^2\theta - (1/2)\sin^2\theta] \tag{9.47}$$

$$\Delta I_a = \Delta I_z \sin^2\theta + \Delta I_x \cos^2\theta$$
$$= \Delta I_z[\sin^2\theta - (1/2)\cos^2\theta] \tag{9.48}$$

$$\Delta I_b = \Delta I_y = -(1/2)\Delta I_z \tag{9.49}$$

が成り立つ. ここで a, b は J_2 を計算するために平均した赤道方向の2軸である. その結果,

$$\Delta J_2 = [\Delta I_c - (1/2)(\Delta I_a + \Delta I_b)]/Ma^2$$
$$= \Delta I_z(9\cos^2\theta - 3)/4Ma^2 \tag{9.50}$$

が得られる. ここで M は地球の全質量であり, ΔI_z は式 (9.44) で与えられる. したがって緯度 θ のキャップに向けての質量移動速度を $\dot{m}$ とすると,

$$\dot{J}_2 = -(\dot{m}/M)(1 + \cos\theta_1 - \cos\theta_1\cos\theta_2$$
$$- \cos^2\theta_2)(3\cos^2\theta - 1)/4 \tag{9.51}$$

が成り立つ.

Peltier (2004) のデータを使うと, 半径 $\theta_1 = 15°$ で余緯度 $30°$ にあるローレンタイドのキャップに, $\dot{m} = 2.1 \times 10^{14}$ kg/年 (アセノスフェアの密度 3400 kg m^{-3} として) が流入すると見積もられる. $\dot{J}_2$ への効果は, θ_2 として, どのような値をとるかによる. 薄いアセノスフェアで, 深さとともに粘性が急増するモデルをとると, θ_2 は, $2\theta_1 = 30°$ の程度のバンドに限定されるだろう. この値を使うなら, $\dot{J}_2$ への寄与は -4.2×10^{-12}/年となり, 全体の 15% を説明する. 円環帯が2倍程度広いと, すなわち $(\theta_2 - \theta_1) = 30°$ だと, $\dot{J}_2$ への寄与は -8.6×10^{-12}/年となり, それでもまだ全体の 31% にしかならない. もし, ローレンシアのモデル化が正しくなされているのなら, 思っていたほどには, その効果は大きくない. フェノスカンディアは, 質量の流れがずっと小さいのみならず, 角度方向の広がりも小さいので, その効果を付け加えてもほとんど変化はない. 南極の隆起はきちんとは実証されておらず, これまで認識されてきたよりもずっと重要かもしれない. とくに南極における主要な氷床の後退が, 北半球に比べてもっと最近になって生じていれば, 隆起の初期段階にあたることとなり, その速度も速くなる. $\dot{J}_2$ についての不一致の解明については, これからの課題である.

10
弾性と弾性以外の変形特性

10.1 まえおき

　応力によって変形した物体が，応力から解放されるともとの大きさと形に戻る場合，その物体は弾性体という．実際には，応力がいかに小さかろうと，あらゆる物体は完全な弾性体ではないが，もしほとんど完全に (たとえば 99% 以上) 回復し，慣性遅延の影響のみで十分に瞬間的であれば，その物体は弾性体と見なされる．そのような物体でも，完全弾性体からのわずかなずれが地震波の減衰といった重要な結果をもたらす．高応力下では，理想的な弾性からのずれが急激に増大する．各物質は，おおよその弾性限界すなわち降伏点をもっている．そこでの応力値を超えると，もはや弾性ではなく，永久変形が顕著になり始める．この永久変形は，回復可能である弾性応答の変形に追加されて生じるものであり，一定応力下で時間とともに増加する．はっきりとした終焉応力がないことから，非常に長期間の応力は，マントル対流におけるようなとくに高温下において非常にゆっくりとした継続する変形，すなわちクリープを引き起こす．

　通常，小さな弾性ひずみは応力に比例する (フックの法則)．ひずみに対する応力の割合は弾性率 (スティフネス) である．応力は単位面積あたりの力で，パスカル ($Pa \equiv N\,m^{-2}$) 単位で表し，ひずみはある長さや体積といった大きさの変化率である．よって，弾性率は応力と同じパスカル単位をもつ．われわれが通常考える弾性論は，非常に小さなひずみのみを扱うが，そこでは弾性率を十分に物質定数とみなせる．これは無限小ひずみ理論であり，弾性率の値に比べて十分に小さな応力に対する弾性ひずみを記述する．地球深部における圧力はこの仮定に対して大きすぎて，近似的にさえ適用できない．このような場合，弾性率は，周囲からのかなり大きな圧縮の下で，ひずみの微小増加に対応する応力の微小増加の割合として定義される．すべての弾性率は圧力に伴って系統的に増加し，より一般的な有限ひずみ理論が必要になる．これは，18 章のテーマとなる．

　すべての方向に同じ性質を示す等方的物体に対して，弾性論は最も単純な形になる．そのようなものに，ガラスやアモルファス物質に加え，未変形の金属や火成岩のようにランダムな方向に向いた結晶粒子からなる多結晶体などがある．等方弾性体は 2 つの独立な弾性率をもつ．ひずみをどのような形で表すかに従って，2 つの弾性率の表記にはいくつかの方法があるが，2 つの値のみが独立であるので，付録 D のように，2 つの弾性率は別の異なる 2 つの弾性率でも表すことができる．地震学やその他地球物理学では，2 つの独立な弾性率として，体積弾性率 K と剛性率 μ が一般的に用いられる．とりわけ体積弾性率が地球物理学において重要視されるのは，これが地震による弾性波速度と地球内部の密度プロファイルを関係づけるからである．複合体の弾性 (10.4 節) に関するちょっとした条件の下，式 (10.5) における弾性率 χ で決まる P 波速度と剛性率 μ で決まる S 波速度両方を組み合わせることで，$K/\rho = dP/d\rho$ を観測から直接求めることができる．ここで ρ は密度で，P は圧力である．

　μ に関連する体積変化を伴わない純粋せん断ひずみは温度変化を伴わず，一義的に定まるもので

ある．それに対して，K に関連する形の変化を伴わない純粋な圧縮では，圧縮の際の条件を特定しておく必要がある．変形中に温度が一定に保たれているとすると，等温体積弾性率 K_T を得ることができる．しかし，物質が断熱条件下，すなわち圧縮があまりに瞬時に起きて熱伝導が起きない，たとえば地震由来の P 波のような場合は，温度上昇を伴うために比較的大きな値となる断熱体積弾性率 K_S を用いる．熱膨張によって，圧縮の一部が相殺されることになるのである．2 つの主要なバルク定数 K_T および K_S は以下の式で関係づけられる．

$$K_S = K_T(1 + \gamma\alpha T) \tag{10.1}$$

(T は温度，α は体積膨張率，γ は無次元グリュナイゼン (Grüneisen) パラメーターで，地球内部では 1.0〜1.5 をとる)．地球深部では，K_S と K_T の差は 4〜10% である．次の章で考察するその他の弾性率は，いずれも体積と形の両方の変化を伴う変形を記述するので，等温および断熱の場合の関係式は複雑で使いにくくなってしまう．式 (10.1) は，体積弾性率と他の物性，たとえば熱膨張とを結びつける熱力学関係式の 1 つである (付録 E)．剛性率 (および付録 D にある K と μ 両方を用いて表すことができる他の弾性率) は，同様に関係づけることはできない．これが意味するところは，弾性率の温度依存性のような影響を考えるにあたっては (17.5 節)，剛性率は体積弾性率のように熱力学的に厳密に扱うことができず，さらなる仮定が必要になるということである．

多くの目的において等方性を仮定することは十分な近似となるが，弾性異方性がマントルおよび固体からなる内核両方にあることはよく知られている．これは異方的な構造をもつ結晶粒子が配列しているとき，また，異なる物性をもつ物質が層状に重なっているとき双方の場合に生じる．最も単純な結晶は立方晶の構造をもつもので，3 つの独立した弾性定数をもつ．しかし，その数以上の弾性定数が必要な異方性をもつことは，鉱物において普通である．結晶が構造の対称性を完全に失っているという状況は 21 個の弾性定数によって表される (大まかな理由は 10.3 節で説明される)．鉱物学者はこのような複雑なものを対象とするが，地球内部の異方性の詳細をしらべる際，異方性は一軸性とするのが最も一般的である．つまり，ある方向での物性がその方向に対して直交する面内の物性とは異なるが，その面内ではどの方向でも物性は一定とする．上部マントルでは，その一軸は鉛直方向 (地球の径方向) と仮定され，そのような構造を地震学者は横方向の等方性[*1]とよぶ．この状況は，5 つの弾性定数で表せる (10.3 節)．大陸 (たとえば Davis (2003)) と海洋底両方に方位角異方性はあるが，地球規模でみると，特異な軸は重力によって決められている．横方向の異方性は統計的には相殺されてしまい，地球規模での平均では，横方向に等方的であることが期待される．内核内では，自転軸が特異な軸となるようである．これは，内核の赤道中心に付け足されるような形で物質が析出し，平衡形である楕円形に変形していくという過程で最も良く説明される (Yoshida ら，1996)．

地球内部の理解は，ほとんどすべてといってよいほど，地震波観測と弾性および弾性以外の変形特性にもとづくその解釈によるものである．弾性および弾性以外の変形特性は，異方性，複合体や多結晶体の挙動，温度や圧力の影響および弾性の周波数依存性を含むので，地震観測結果の最大限の利用にあたっては，それらすべてを理解しておく必要がある．

10.2 等方物質の弾性率

さまざまな弾性率間の関係を導くにあたっては，表 10.1 で他の弾性率とともに定義されるヤング率 E とポアソン比 ν から始めるのが最も単純である．図 10.1 にあるように主応力 $\sigma_x, \sigma_y, \sigma_z$ に平行なように選ばれた x, y, z 軸をもつ直方体角柱を考える．つまり，σ_x は x 軸に垂直な面にかかっている単位面積あたりの力で，この角柱の面にはせん断応力はかからない．ひずみ $\varepsilon_x, \varepsilon_y, \varepsilon_z$ は 3 方向の

[*1] しばしば鉛直異方性とよばれる．

表 10.1 等方性固体における弾性率の定義. 図 10.1 での立方体を参照. 1, 2, 3 軸の方向は, 剛性率の場合を示した図と同様に, 主応力 σ の方向である. ひずみ ε は軸方向の長さの変化率である. K, μ, E, λ および χ は, 単位面積あたりの力の次元をもち, 応力とひずみを関係づける弾性率である ($\mathrm{Pa} \equiv \mathrm{N\ m^{-2}}$). ポアソン比 ν は, 一軸方向のみから応力を受ける物体のひずみの比 (横/縦)(無次元) である.

弾 性 率	記号 (alternatives)	定 義
体積弾性率 (非圧縮性)	$K(B)$	$-\dfrac{V\Delta P}{\Delta V}$ ($V=$ 体積, $P=$ 圧力) $= \dfrac{\sigma_1}{3\varepsilon_1}$ ($\sigma_2 = \sigma_3 = \sigma_1 = P$) $\varepsilon_2 = \varepsilon_3 = \varepsilon_1 = \dfrac{1}{3}\Delta V/V$
剛性 (剛性率)	$\mu(G)$	$\dfrac{\sigma_\mathrm{s}}{\varepsilon_\mathrm{s}}$ (図 10.1) $= \dfrac{\sigma_1}{2\varepsilon_1}$ ($\sigma_\mathrm{s} = \sigma_1 = -\sigma_2, \sigma_3 = 0$) $\varepsilon_\mathrm{s} = 2\varepsilon_1 = -2\varepsilon_2, \varepsilon_3 = 0$
ヤング率	$E(q, Y)$	$\dfrac{\sigma_1}{\varepsilon_1}$ ($\sigma_2 = \sigma_3 = 0$)
ポアソン比	$\nu(\sigma)$	$\dfrac{-\varepsilon_2}{\varepsilon_1} = \dfrac{-\varepsilon_3}{\varepsilon_1}$ ($\sigma_2 = \sigma_3 = 0$)
ラメ定数	λ	$\dfrac{\sigma_1}{\varepsilon_2 + \varepsilon_3}$ ($\varepsilon_1 = 0$)
単純長さひずみ弾性率 (軸弾性率)	$\chi(m)$	$\dfrac{\sigma_1}{\varepsilon_1}$ ($\varepsilon_2 = \varepsilon_3 = 0$)

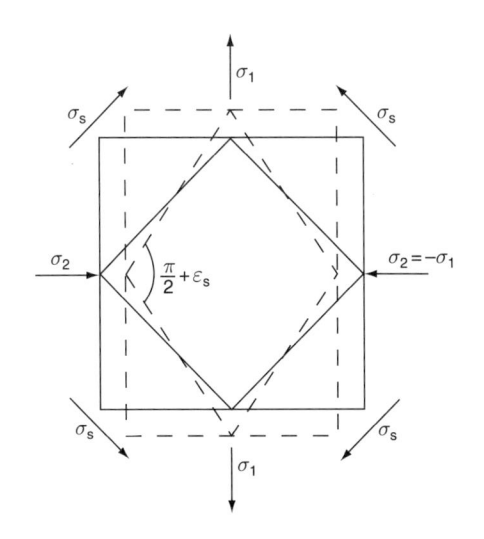

図 10.1 主応力 σ_1 と σ_2 の軸に対するせん断変形. 破線は変形後の立方体を示す. $\varepsilon_2 = -\varepsilon_1$ の場合のせん断ひずみ $\varepsilon_s = \varepsilon_1 - \varepsilon_2 = 2\varepsilon_1$ は, 主応力方向でのひずみである. せん断応力 σ_s は, 内部の立方体の面にかかっている接線力によって表され, 大きさは σ_1 のそれに等しい.

軸における長さの変化率である. 横方向には応力をかけず ($\sigma_y = \sigma_z = 0$), 応力 σ_x のみをかけると

$$\varepsilon_x = \sigma_x/E \qquad (10.2)$$

となる. ここで E がヤング率である. また,

$$\varepsilon_y = \varepsilon_z = -\nu\varepsilon_x = -\nu\sigma_x/E \qquad (10.3)$$

で, ここで ν がポアソン比である. 別の応力が加わった際の応答は単純に加算されるだけなので, 3 つの任意の主応力に対して

$$\begin{aligned}\varepsilon_x &= [\sigma_x - \nu(\sigma_y + \sigma_z)]/E \\ \varepsilon_y &= [\sigma_y - \nu(\sigma_x + \sigma_z)]/E \\ \varepsilon_z &= [\sigma_z - \nu(\sigma_x + \sigma_y)]/E\end{aligned} \qquad (10.4)$$

が成り立つ.

式 (10.4) にある特定の条件を課すことで, 他の弾性率と E および ν を関係づけることができる. $\sigma_x = \sigma_y = \sigma_z$ の場合, 応力は静水圧増加分 $-\Delta P$ と一致し, その際の体積変化率は, 表 10.1 にあるように, $\Delta V/V = (1+\varepsilon)^3 - 1 \approx 3\varepsilon$ となる. 剛

性率については，図 10.1 に示した．圧縮波における圧縮と膨張は，波が伝播している物体の横方向の広がりに依存する．波長と比べて細い棒では，横方向の応力が存在しないので，引張りと圧縮はヤング率によって記述できる．しかしながら，地球内部では地震波の波長は，ふつう，波が伝播する媒質の横方向の広がりに対し非常に短い．このような状況では，圧縮と引張りが半波長ごとに交互に並ぶことになり，細い棒におけるポアソン比の効果として生まれる側方向のひずみが妨げられる．よって，波の伝播方向での変形は側方向のひずみを伴わない単純な長さ方向のひずみになる．これに関係する弾性率 χ は，式 (10.4) において $\varepsilon_y = \varepsilon_z = 0$ かつ $\chi = \sigma_x/\varepsilon\chi$ とおくことで得られる．11 章で応力とひずみのテンソル表記で用いられるラメ定数 λ は，ひずみがゼロである方向の法線応力とそれに垂直な面の面積ひずみの比として定義してもいいだろう．付録 D で示されるように，それぞれの弾性率を E および ν と関係づけることによって，すべての弾性率は他のどれか 2 つで書き表すことができる．地震学における最も重要な関係式は，

$$\chi = K + (4/3)\mu \quad (10.5)$$

である．この弾性率が地球内部での圧縮波の速度を決定する．

10.3 結晶と弾性異方性

10.1 節で述べたように，物体を構成する結晶粒がランダムな方向を向いているものは等方的な物体である．個々の結晶の弾性は，K や μ のようなたった 2 つだけの弾性率では記述することができず，結晶の対称性によって 3 つ (立方晶の場合) もしくはそれ以上必要である．多結晶体の異方性は，構成する結晶の配列がランダムでないときに生まれるが，これはふつう変形を受けた物質内で生じる．地球の上部マントルおよび内核においてこのことが見られる．異なる物質が層状に積み重なっている場合，層を構成する各物質が等方物質であったとしても異方性は生じる (付録 J の問題 10.2)．

異方性を表すには，異なる方向のひずみ成分を表す系が必要で，これは物質点の変位の空間分布として扱うことで可能になる．結晶が x 方向に引っ張られた場合，x 方向の変位は x の増加とともに増え，これに相当するひずみ成分は ε_{xx} で表せる．物質点の変位が y によって変化する場合は，ひずみ成分 ε_{xy} があることになり，他も同様である．しかし，ε_{yx} のようなひずみのせん断成分は角度の変化に相当するので $\varepsilon_{xy} = \varepsilon_{yx}$ となり，角度変化の合計つまり $(\varepsilon_{xy} + \varepsilon_{yx})$ が重要となる．ゆえに，6 つの独立したひずみ成分のみが存在する．これらは，ε と区別できるよう記号 e で表される．つまり，$e_{xx} \equiv \varepsilon_{xx}, e_{yy} \equiv \varepsilon_{yy}, e_{zz} \equiv \varepsilon_{zz}, e_{xy} \equiv \varepsilon_{xy} + \varepsilon_{yx}, e_{yz} \equiv \varepsilon_{yz} + \varepsilon_{zy}, e_{xz} \equiv \varepsilon_{xz} + \varepsilon_{zx}$ である．最初の 3 つは縦ひずみで，他 3 つはせん断ひずみである．この表記法は一般的で，11 章での岩石力学の議論でも用いられる．これは等方性および異方性物質どちらにも適用できる．ただ，これらのひずみ成分とこれに対応する応力成分間の関係には違いがある．異方性がある場合は，応力 σ_{xx} に対するひずみ e_{xy} が生じるように交差項があるが，これは等方性物質の場合にはない．

上で述べたことは，結晶の弾性率を特定するために用いられる表記法の基本である．6 つの応力成分があり，それぞれの成分は 6 つのひずみ成分と自らを関係づける 6 つの連立方程式を生むので，36 の定数 (弾性定数 c) が必要になる．その定数には，慣習的に数字の添字が与えられる．

$1 \equiv xx, \ 2 \equiv yy, \ 3 \equiv zz, \ 4 \equiv yz, \ 5 \equiv zx, \ 6 \equiv xy$

ここで，$xy = yx$ (他も同様) であることをおぼえておいてほしい．よって，応力とひずみは以下の形をもつ 6 つの方程式で関係づけられる．

$$\sigma_{xx} = c_{11}e_{xx} + c_{12}e_{yy} + c_{13}e_{zz} + c_{14}e_{yz}$$
$$+ c_{15}e_{zx} + c_{16}e_{xy} \quad (10.6)$$

係数の反復があるが，上述の $e_{xy} = e_{yx}$ に対して $c_{ij} = c_{ji}$ なので，$i \neq j$ である 30 の係数は 15 の独立した定数に減り，全部で 21 になる．このような一般の弾性を測定するのは難問であるが，対象となる鉱物の結晶の対称性によって独立した弾

表 10.2 (a) 斜方晶系 (9 つの弾性定数をもつ) であるオリビンの弾性定数 c_{ij} (GPa). 300 K における $(Mg_{0.9}Fe_{0.1})SiO_4$ の値 (Anderson と Isaak (1995)).

320.6	69.8	71.2			
69.8	197.1	74.8			
71.2	74.8	234.2			
			63.7		
				77.6	
					78.3

表 10.2 (b) 水平方向等方性とした (六方晶系の対称性と同じ弾性をもつ) PREM モデルでの深さ 196 km より上部のマントルの平均弾性定数. 水平面における対称性により $c_{66} = (1/2)(c_{11} - c_{12})$ が与えられるので, 5 つの独立な弾性定数がある.

224	84.8	85.4			
84.8	224	85.4			
85.4	85.4	212			
			65.7		
				65.7	
					69.6

性定数の数は減少する. 室内圧力と温度における数多くの鉱物の値は, 鉱物の構造である単斜晶系 (13 の定数), 斜方晶系 (9 つ), 三方晶系と正方晶系 (6 もしくは 7 つ), 六方晶系 (5 つ), 立方晶系 (3 つ) に従って, Bass によってまとめられた. 温度による変化は, Anderson と Isaak (1995) によって報告されている.

オリビン結晶は斜方晶系 (表 10.2a) で, 上部マントル内におけるせん断によるオリビン結晶の配列は地震波速度異方性をもたらす. 標準地球モデル PREM は, 196 km より上の最上部マントルは横方向に等方的であるとしている. これは, 水平方向にはどの向きにでも同じ性質をもつ方位角等方性であるが, 鉛直方向には異なる性質をもつことを意味する. このような場合, 5 つの独立な弾性定数が必要となる (平均は表 10.2a 参照). これは全地球平均としてはたぶん良い仮定であるが, 地域的な研究においては対称性は低くなり不十分になる. たとえば, 方位角異方性が見られるところでは斜方性である (Davis, 2003).

結晶の対称性と 10.2 節での等方性を仮定している弾性率の関係式への影響を考えるために, まず立方晶系という最も単純な場合を考える. ひずみエネルギーは, 本章で扱ったような小さなひずみに対しては応力とひずみの積 (よってひずみの 2 乗) に比例し, 一連の式 (10.6) などを用いて $(1/2)\sigma e$ と計算できるであろう. しかし, ここでは立方晶系の等価な軸を回転や交換しても同じであり続ける項のみに注目する. 4 つの立方体の対角線は, それを中心に $2\pi/3$ 回転して x, y, z をそれぞれ交換できる. 1 回かそれ以上の回転において, 多くの場合, 逆符号の積 (σe) が得られ, ゆえに数は減る. その他は, ひずみ成分は同じであるが異なる c_{ij} をもつものとして得られ, それは, これらの弾性率が等価であることを示し, たった 3 つの独立した弾性定数を含む 1 つの関係式が得られる.

$$E = (c_{11}/2)(e_{xx}^2 + e_{yy}^2 + e_{zz}^2)$$
$$+ (c_{44}/2)(e_{yz}^2 + e_{zx}^2 + e_{xy}^2)$$
$$+ c_{12}(e_{yy}e_{zz} + e_{zz}e_{xx} + e_{xx}e_{yy}) \quad (10.7)$$

体積弾性率 K は, $E = \frac{1}{2}K(\Delta V/V)^2$ から与えられるが, その際, $e_{xx} = e_{yy} = e_{zz} = \frac{1}{3}\Delta V/V$ およびせん断項がゼロである.

$$K = (1/3)(c_{11} + 2c_{12}) \quad (10.8)$$

さらに, 2 つの独立なせん断弾性率がある. {100} 結晶面 (x, y, z 軸いずれかに垂直な面) でのせん断においては, 式 (10.7) の 2 番目の項にのみ関係があり,

$$\mu_{100} = c_{44} \quad (10.9)$$

となる. 110 面 (立方体の面の対角線に垂直) でのせん断応力をとることによって, もう 1 つのせん断弾性率は c_{44} に独立であるよう選ぶことができる. これは

$$\mu_{110} = (1/2)(c_{11} - c_{12}) \quad (10.10)$$

となる. K, μ_{100}, μ_{110} に対応する変形を図 10.2 に示す. これらは c_{11}, c_{12}, c_{44} よりも明らかに 10.2 節での弾性率と関係づけられ, 立方晶系の結晶の 3 つの独立した弾性定数と等価なものとみなすことができる. 結晶の弾性定数から等方複合体の弾性率を得

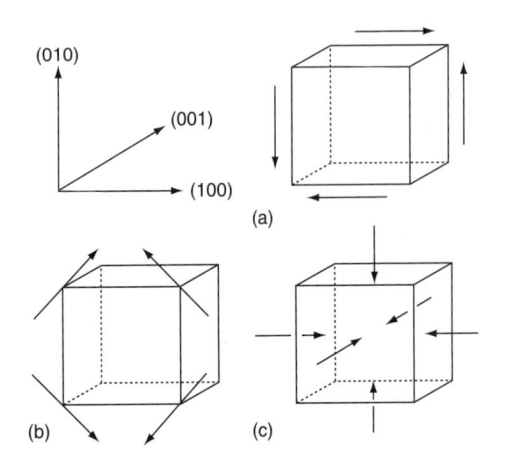

図 10.2 それぞれの弾性率で表されるひずみをもたらす立方晶系の軸と応力の関係. 式 (10.8)〜(10.10) で与えられる (a) μ_{100}, (b) μ_{110}, (c) K.

るための平均化は 10.4 節で議論される. 結晶には, 式 (10.9) と式 (10.10) で表せる 2 つのせん断弾性率は場合によってはほぼ等しく, 結果的にその結晶はほぼ等方体になるものがある. ダイヤモンド構造は, その特殊なケースである. 3 つの弾性定数をもつのは立方晶であるが, Keating (1996) は, その定数の間に, $2c_{44}(c_{11}+c_{12}) = (c_{11}-c_{12})(c_{11}+3c_{12})$ の関係があることから, 等方体ではないが, 2 つの独立した定数しかもたないことを示した.

立方晶構造をもつ一般の鉱物の弾性定数をしらべると, P 波速度と S 波速度の結晶方位による変化には, 一般に負の相関があることがわかる. これは, 単純に考えられるように, P 波の進行にとって "固い" (すなわち速い) 方向は, それと同じ方向に伝播する S 波による横の動きに対して "軟らかくなる" 方向でもある. しかしながら, PREM によってモデル化された上部マントル異方性は水平方向に P 波と S 波双方に速い波を与える. 層状構造では層に平行な面内において両者の波の速度は速いが, その効果は PREM での 200 km 以浅のマントル内の数% の異方性をうまく説明できないほど小さい. 上部マントルの主要鉱物はオリビンや輝石でそれらは斜方晶系 (9 つの弾性定数) であることから, P 波と S 波が互いに逆の異方性をもっているという単純な考えをこれら複雑な弾性に適用できないのは明らかである. それでも, 立方晶系結晶内での波の伝播の特徴と共通するものはある. つまりある方向に対して, S 波速度は波のパーティクルモーション (粒子振動) の方向に対して敏感であることから, S 波の振動方向の分裂 (S 波スプリッティング) が観測されることと一致する.

10.1 節で, PREM において一軸性つまり横方向に等方としてモデル化されたマントル最上部の弾性異方性についてふれた. 横方向での等方性は地域レベルには適用できないだろうが, 全地球平均を表す際には想定される異方性の形である. 横方向の等方性を示す弾性対称性は, 5 つの弾性定数をもつ六方晶系の結晶構造の対称性に一致する. 弾性定数は, 対称軸に平行な方向と垂直な方向, つまり, 鉛直 (径) 方向と水平方向に伝播する波の速度で決められる. PREM を発表した際に Dziewonski と Anderson (1981) が用いた表記法では, C と A がそれぞれ鉛直および水平方向での P 波, L が鉛直方向での S 波, L, N がそれぞれ水平方向に伝播し鉛直および水平方向に偏向して振動する S 波を示す. 5 番目の弾性率が中間の角度での波の速度を表すのに必要であるが, それは, PREM の解析では, 無次元パラメーター $\eta = F/(A-2L)$ で置き換えられている.

10.4 複合体の緩和および非緩和弾性率

10.1 節で述べられたように個々の結晶粒子は異方的であるが, それがランダムに配列する結果, 弾性的に等方となるが, これは多くの岩石で良い近似である. このような岩石は大きく異なる弾性をもつさまざまな鉱物の複合体であるので, 複合体の弾性定数とその個々の鉱物の弾性定数の関係を知る必要がある. この問題の正確な一般解はないが, この問題の解決を試みた長い歴史の間に, いくつか有用な近似が提案されている. Watt ら (1976) が包括的なレビューを出している. 数学的には複合体の誘電率や伝導率の計算と似ており, その歴史において, 電磁気学の理論が解決の道を切り開いてきた.

最も単純な仮定は, 複合体に応力がかかっているときにすべての構成物は等しくひずみ, 各構成

物にかかる応力の体積平均が，その全体に負荷された応力になることである．これはフォークトの式を与え，全体としての弾性率 K は

$$K_\mathrm{V} = \frac{V_1 K_1 + V_2 K_2 + \cdots}{V_1 + V_2 + \cdots} \quad (10.11)$$

で与えられる．ここで，V_1 その他は構成物の体積である．構成物に異なる力がかかるという仮定は粒子間の境界に沿って応力の不連続面があることを示唆し，実際のどんな状況にも当てはまらないが，フォークト近似は複合体の弾性がとりうる 1 つの限界としてみなすことができる．

もう 1 つの極端な仮定は，すべての構成物に等しく応力がかかっていて，したがって総ひずみは各構成物のひずみの体積平均となるものである．この仮定より，複合体弾性率のロイス限界 K_R を得る．

$$\frac{1}{K_\mathrm{R}} = \frac{V_1 K_1 + V_2 K_2 + \cdots}{V_1 + V_2 + \cdots} \quad (10.12)$$

小さなひずみではフォークト限界と同じように非現実的であるが，ロイスとフォークトはそれぞれ両極端な場合を与えるので，その 2 つの間に真実の解があり，それら 2 つの平均が大概良い近似を与えることを Hill (1952) は論じた．

$$K_\mathrm{VRH} = (K_\mathrm{V} + K_\mathrm{R})/2 \quad (10.13)$$

これは VRH (フォークト–ロイス–ヒル) 平均弾性として知られる．ときには幾何平均もしくは調和平均が用いられ，または，その 2 つの平均が使われるが，もし式 (10.13) より良いものが必要であれば，以下で述べるように，もっと狭い限界域を与えるものもある．

この平均をとる方法は，小さな応力に適用できる．高応力もしくは長期にわたる応力への応答には，ロイス弾性限界 (式 (10.12)) が使われるべきである．物質の強度をはるかに超える圧力がかかる地球深部では，まわりからの圧力を均質化するように個々の粒子が変形するので，地球内部での深さによる圧縮変化に対してはロイス弾性率 K_R が適当になる．しかし，地震波がもたらすような小さな応力では粒子をそのように変形させることはできず，式 (10.13) がより適当になる．このことによって，地震波による地球の密度プロファイルの解釈 (17 章) および有限ひずみ理論による内部物性の解釈 (18 章) が複雑になる．なぜなら，地震波伝播より得られる断熱体積弾性率は，鉱物複合体からなる断熱体層の密度分布から予想される弾性率よりわずかに大きくなってしまうからである．

粒子配列に関してある仮定が満たされるのなら，フォークトおよびロイス弾性率よりも厳密な複合体弾性率の限界が適用できるかもしれない (詳細は Watt ら (1976) 参照)．全体が A と B から構成される場合，球である A が媒質 B の中にあるときと，球である B が媒質 A の中にあるときの媒体の弾性をそれぞれ限界ととることができる．これは，昔からよく知られる J. C. Maxwell の仕事の中の誘電率問題と同じで，Hashin と Shtrikman (1963) によってしらべられた弾性限界として導かれる．しかし，とりわけ 3 つ以上の構成物からなる場合や，18.7 節における有限理論を用いなくてはいけないようなほとんどの場合では，式 (10.11), (10.12) および式 (10.13) を用いれば十分で，他と比べて非常に簡単に適用できる．

10.5 　非弾性と弾性波の減衰

本章の最初の段落で，一時的な応力の付加によって永久的な変形が残るような弾性からのずれとして認識されるタイプの弾性以外の変形 (inelastic deformation) についてふれた．以下の節と 11 章で，この多彩な側面について述べる．ここでは，これとは少し異なる非弾性 (anelasticity) とよばれるものについてもしらべ，それと「弾性以外の変形」(inelasticity) とを区別する．ただし，それら 2 つは必ずしも異なる原因によって生じるとは限らない．非弾性も結果としては理想的弾性 (フックの法則) からずれるが永久変形をもたらさない．非弾性は応力が周期的に加わり応答であるひずみがそれに遅れて追随するときに認められる．その際，周期的にひずみを受ける物質中でひずみエネルギーが熱に変換される．地球物理において重要なことは，それが地震波の減衰を引き起こすことである．このことについては，Knopoff (1964) にまとめら

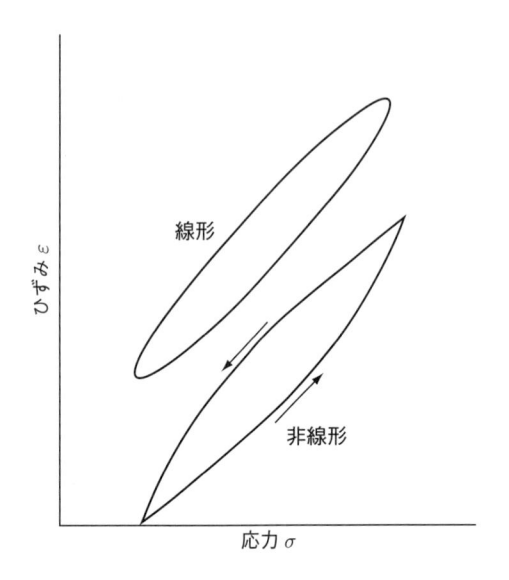

図 10.3 振幅が 10^{-6} より小さい周期的なひずみ (線形) および 10^{-6} より十分大きい周期的なひずみ (非線形) を受ける岩石の応力-ひずみ曲線. 形の違いを示すためループのスケールは実際のものとは異なり, 幅をかなり強調してある.

れている.

非弾性をもたらすプロセスにはさまざまなものがあるが, それらはまとめて内部摩擦とよばれる. 線形と非線形の 2 つの異なるタイプで呼び分けることは便利である. 2 つは必ずしもはっきり分けられるものではないが, それぞれ異なる影響をもたらす. 多くの岩石では, 線形領域はひずみの振幅が 10^{-6} より小さな領域で観察され, それより大きなひずみでは非線形成分が増大する. 正弦波の応力がかけられる場合, 線形内部摩擦は応力-ひずみダイアグラムにおいて楕円形のループによって表される (図 10.3). これは, ひずみが位相の遅れ ϕ を伴って応力に追随することを示している. これは緩和現象によるものなので周波数依存性がある. 単一の緩和時間 τ のみをもつ最も単純な場合は, 周波数 ($1/2\pi\tau$) のとき, ϕ は最大値をとる. これはケルビン-フォークト型のばねとダッシュポットの系でモデル化することができる (図 10.4(b)). 定義により線形内部摩擦は振幅には依存しない. つまり ϕ はループの長さとして測定される応力やひずみの振幅に依存しないということである. よってループの形 (幅/長さ) は周波数が一定であれば変化しない. 1 周期あたりのエネルギー散逸は, 応力-ひずみダイアグラムでのループ内の面積に相当し, ひずみエネルギーのピーク値に対して一定の割合になる.

非線形内部摩擦が発現し始める明瞭な閾値はないけれども, それは原子レベルで粒界での動きを引き起こすのに十分大きなひずみ振幅において起きる. これは応力に対するひずみのずれが時間遅れというよりも応力の大きさによって決定されるような真のヒステリシスをもつ現象である. 非線形が支配的であると, 図 10.3 の下の曲線にあるようなとがった先端をもつ応力-ひずみループが得られる. ひずみが増加するにつれループの幅が広がるようにループの形はひずみの振幅によって変化するので, 1 周期あたりのエネルギー散逸率はひずみの振幅が大きくなるにつれ増加する. これが, ここでの非線形という意味である. 地震における局所的なひずみの解放は少なくとも 10^{-5}, 実際にはおそらく 10^{-4} 程度で, これは明らかに非線形非弾性の領域内である. よって地震波の初期の減衰は非線形で, 波が断層面の最小長の 10 倍のオーダー程度伝播すると完全な線形減衰にとって代わる.

地震波に対する非弾性の影響はパラメーター Q を用いて評価される. これは, 1 周期あたりのエネルギー散逸率に関係づけられる.

$$2\pi/Q = \Delta E/E \tag{10.14}$$

単一の緩和時間 τ をもつ単純な線形緩和過程において, Q はひずみの振幅には依存しないが, 周波数 ($\omega/2\pi$) によって変化する.

$$1/Q = \omega\tau/[1 + (\omega\tau)^2] \tag{10.15}$$

これは, 前述したように, $\omega\tau = 1$ のとき散逸のピークを与える. 式 (10.15) の形をもつ孤立した散逸ピークを見いだすには, 特別な実験条件が必要とされる. なぜなら, 岩石のような物質では異なる緩和時間をもつ多くのプロセスが並列に存在し, 結果としてピークがなまされ連続的になるからである. 決して真実にはなりえないが, 非線形非弾性に関して Q^{-1} の総和は周波数に依存しない

10.5 非弾性と弾性波の減衰

と仮定される．これは線形と非線形非弾性の違いを小さくするかもしれないが，地震波に対する影響においては興味深い違いが存在する．

線形のプロセスでは，いくつかの波が重複し伝播し，独立に減衰するので，複雑な波形は独立に減衰するフーリエ成分の和として扱われる．Qの周波数依存性が無視できるという仮定においては，距離 (もしくは時間) に伴う高周波数の大きな減衰を観察するスペクトル比法によってQを推定することができる．非線形のプロセスは真にヒステリシスがある．つまり応力–ひずみヒステリシス曲線は周波数に依存せず，この場合，波形は減衰を伴って伝播するが，その際スペクトルの中身はほとんど変化しない．震源の近くでは地震波は非線形領域内の振幅をもつが，変位が生じる断層の長さの10倍オーダー程度の距離でふつうの線形領域への遷移が起きる．

これとは別に，波や振動の減衰を記述する式 (10.14) に関係した方法がある．この式を周期τをもつ波について微分形式で書くと，

$$\frac{1}{E}\frac{dE}{dt} = -\frac{2\pi}{Q\tau} \tag{10.16}$$

で，この積分をとると，

$$E = E_0 \exp\left(-\frac{2\pi}{Q\tau}t\right) \tag{10.17}$$

が得られる．波のエネルギーEは振幅Aに対して$E \propto A^2$のように関係づけられるので，

$$A = A_0 \exp\left(-\frac{\pi}{Q\tau}t\right) \tag{10.18}$$

となる．ここで，tは走時時間である．時間tを経て到達した距離をx，波長をλとすると，

$$t/\tau = x/\lambda \tag{10.19}$$

である．よって

$$A = A_0 \exp\left(-\frac{\pi}{Q\lambda} \cdot x\right) = A_0 \exp(-\alpha x) \tag{10.20}$$

が得られる．ここで，αは減衰係数とよばれる．振動を観測する際，対数減衰率とよばれる量δがよく使われる．

$$\delta = -\frac{d\ln A(n)}{dn} = \frac{\pi}{Q} \approx -\frac{\Delta A}{A} \tag{10.21}$$

これは，1周期あたりの振幅の減少率であり，nは経た周期の数である．これは$\ln A$とnの関係をプロットしたり，計算する場合において有用であるだけでなく，この関係における線形性は減衰メカニズムの線形性を直接的に検証することとなる．

共振周波数f_0をもつ単純な振動系では，これらの関係式で使われるようなQはスペクトル線の幅という意味での定義と形式的に等価である．周波数fの振動の振幅はfとf_0の間の差に依存していて，$f = f_0$で最大となる．よって，もし，Δfが共振のどちらかの側でエネルギーが半分になる点ともう一方の側の半分の点との間の周波数の差であるとすると，つまり振動の振幅が共振の値の$1/\sqrt{2}$に減少したときの周波数の差であるとすると

$$Q = f_0/\Delta f \tag{10.22}$$

が得られる．この関係式は，地球の自由振動のような自然に減衰する振動のスペクトルに適用することができる．この場合，周波数分裂によって顕著に広がるスペクトル線を避けること，あるいは線の個々の成分の幅を推定することが必要となる．16.3節ではマントルの水平方向の不均質性を考察する．この不均質性はスペクトル線を多少広げるので，実体波と比べて自由振動のQが小さいことを一部説明できるであろう．

実体波において，Qは波の減衰から式 (10.18) もしくは式 (10.20) を用いて推定できるかもしれないが，波の幾何学的な広がりに対する補正にはやっかいな不確定性が伴う．これは，Qの周波数依存性が既知であれば，異なる周波数における地震波減衰を比較することで避けられる．通常，このスペクトル比をとる方法では，注目する周波数域において，Qが周波数に依存しないことを仮定する．よって，式 (10.18) において周波数$f = 1/\tau$を代入し，fに関して微分をとると，

$$\frac{d\ln(A/A_0)}{df} = -\frac{\pi}{Q}t \tag{10.23}$$

を得る．よって，ある波が，その波の経路における2点で記録され，それがフーリエ解析されたのであれば，経路間のQは，その2点におけるスペクトル振幅比の周波数依存性より推定される．Q

は経路に沿った変数であるかもしれないし，異なる2つの波の経路がかかわっているかもしれない．そういった場合でも，決定されているものは2つの経路の $\int Q^{-1} dt$ の量の違いである．

Q は周波数に依存しないという仮定があることで，一般のスペクトル比法を用いる信頼性は落ちる．岩石中の Q を測定する室内実験の結果は，ひずみ振幅が非線形領域となるような場合では，Q が周波数に依存しないことを示唆する．しかし，もっと地震学と関係する線形領域となる小さなひずみにおける測定では，Q が周波数 f に依存し，f^ε ($\varepsilon \approx 0.3$) で増加する．ここで，式 (10.23) から生じる誤差の大きさを考えることができる．Q が周波数依存性をもつとすると，この関係式の右辺には係数 $(1 - d\ln Q/d\ln f) = (1-\varepsilon)$ が掛けられる．地球の大部分の領域では一般的に Q は周波数とともに増えるので，この係数は1よりも小さく，スペクトル比の観測では Q を大きく見積もってしまう．しかし，誤差は最大でも1.4倍を超えることはないし，Q は一般的にほとんどわかっていないので，この問題は大きなものとはならない．

P波の Q (Q_P) は S波の Q (Q_S) よりも系統的に大きい．これは，P波の散逸においてさえ散逸を引き起こす第1の原因がひずみのせん断成分であるからである．もし純粋な圧縮成分がまったく散逸しないとすると，Q_P/Q_S は圧縮波における総ひずみエネルギーとせん断ひずみエネルギーの比に等しい．これは次の上限を与える．

$$\frac{Q_P}{Q_S} \leq \frac{K + 4\mu/3}{4\mu/3} = \frac{3(1-\nu)}{2(1-2\nu)} \quad (10.24)$$

この比は，マントルのPREMモデルにおいて2.27～2.67という値をとる (付録F)．観測される Q_P/Q_S は2.0に近い．P波はS波より速く伝播するので，式 (10.20) の減衰係数 α_P, α_S の比は，

$$\frac{\alpha_P}{\alpha_S} = \frac{Q_S}{Q_P} \cdot \frac{V_S}{V_P} \approx 0.27 \quad (10.25)$$

となる．ここで，V_S, V_P は波の速度である．

Q の周波数依存性は，観測からはうまく制約されない．自由振動より得られる Q 値よりも実体波の観測によって得る Q 値は大きく，これにもとづくと，12時間周期の潮汐においてはもっと小さな値となることが期待される (Rayら, 2001)．彼らは全地球平均値280を報告した．この値は，PREM (DziewonskiとAnderson, 1981) のリストによると，マントルのS波の Q に近い．また，周波数依存性は散乱とも誤認されるだろう．不均質性があると，波長と不均質のスケール比によって波のエネルギーが散乱される．これは，とりわけ上部地殻において重要となる (16.3節)．Q の周波数依存性のもう1つの側面としては，Jacksonら (2005) によって見いだされたオリビン多結晶体における温度による効果がある．彼らは900°C以上で強い温度依存性を低周波数帯域 (1 Hz以下) で見いだし，メガヘルツの超音波帯域では見られなかった．これは高温下での粘弾性効果の開始を示すものである．

10.6 弾性以外の変形特性，クリープおよび流動

クリープは，結合 (破壊しない) および均質性を保ちながらの累進的変形である．これは，弾性以外の変形特性 (inelasticity) の1つである．その他の弾性以外の変形特性は，物体が変形の集中や破壊を生じるような局所的な弱さをもっていたり，それらが形成されるときに見られる．これは，岩石力学からのアプローチの対象となる (11章).

クリープは，いくつかの物理過程からなる．歴史的には，これは理想的なばねによる弾性とダッシュポットの粘性的なふるまいが合わさった単純な力学模型で表されてきた (図 10.4)．とくにそれらを組み合わせることで多様な挙動を説明できるように，経験的モデルをつくることができる．マクスウェル・モデル (図 10.4(a)) は，定常クリープすなわち弾性ひずみに付け加わる累進的変形を表す．応力が負荷される限り変形は続き，応力から解放されると弾性応答のみが回復する．マントル対流は，マクスウェル・モデルで表されるようなプロセスである．

ケルビンとフォークトのモデル (図 10.4(b)) は，金属系における加工硬化のため一定応力下で限界値となるひずみにまで至る変形を記述することが

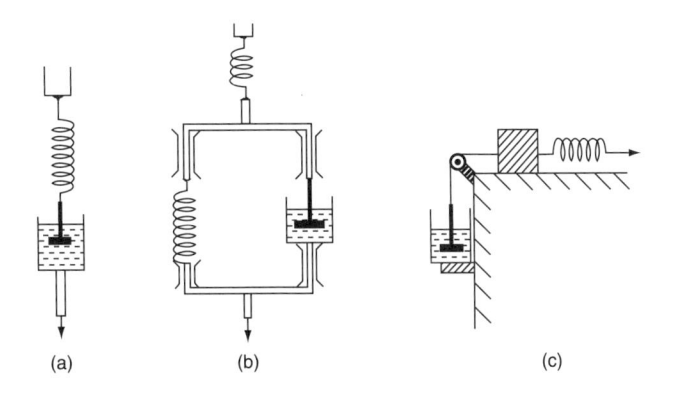

図 10.4 力学モデル．(a) マクスウェル物体 (粘弾性流体)，(b) ケルビン–フォークト物体 (粘弾性固体)，(c) ビンガム物体 (塑性流体) 粘弾性固体はしばしば上方ばねが瞬間的な弾性応答をしないように表される．ここで (c) におけるブロックを動かすためには，摩擦を乗り越える必要があり，それは有限降伏点を表すことに気をつけてほしい．

できる．これは緩和モデルで，地震波減衰をもたらす非弾性を表すものとして地球物理では重要視される (10.5 節)．これは緩和および非緩和の弾性率の違いを表すことができる．緩和時間よりかなり速く振動する応力に対しては，下のばねからは顕著な応答はなく，上のばねの応答は非緩和弾性率を表す．非常に遅い周期の応力では，下のばねが応力に対応することで，加算的な応答でより小さな緩和された弾性率を与える．どちらかの極端な場合にはヒステリシスは無視できるが，中間的な周波数においては，下のばね–ダッシュポット系からの部分的な応答があり，エネルギーの散逸を起こしながら応力とひずみに位相のずれが生じる．減衰は単一の緩和時間に対応するものでなく，多くの異なる緩和時間の重ね合せを必要とするが，これは実体波の減衰とその速度の減少 (波の速度の周波数依存性) との関係を説明する．複合体のロイス弾性率は，緩和弾性率の 1 つの例であるが，それに対して，ヒル平均弾性率 (10.13) は非緩和のものである．

結晶の理想的な弾性からのずれは，結晶構造の不完全性にその理由がある．不完全性の最も単純なものは点欠陥であり，格子空孔や格子間原子 (格子に入り込んだ過剰原子) がそれであるが，これらは負荷された応力に対応して，結晶の中でより低エネルギーの位置に移動する．また，弾性以外の変形特性および非弾性の効果に重要なのは転位と

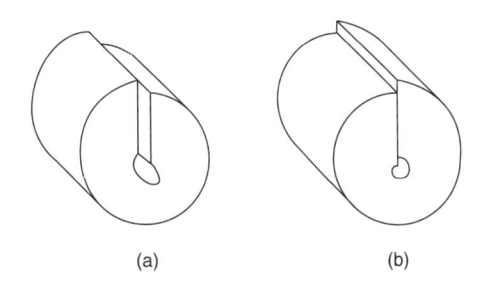

図 10.5 (a) らせん転位と (b) 刃状転位を生じさせる変位．図では円筒の軸に一致する転位の軸における変位不連続性の表現が難しいので中空に描かれている．

よばれる線欠陥である．転位は結晶にわたって切断された互いの側の原子の相対変位で表現されうる (図 10.5)．これらの欠陥すべては移動可能で，完全に定位置にある原子よりも容易に結晶内部を動く．応力が結晶に負荷される中，原子のある特定方向への変位が結晶全体の変形へ寄与した場合，その応力がその原子の変位を引き起こしたと考えることができる．その変位は欠陥どうしの相互作用によって抵抗を受ける．また一般に，この変位は温度 T において $\exp(-E/RT)$ に比例するエネルギー障壁 E を乗り越える確率である熱活性に依存する．応力の効果は好ましい方向への変位に対してエネルギー E を減らし，反対方向へはエネルギー増加させることである．言い換えれば，起きうる動きへの統計的偏りを加えることで単に好ま

しい方向への変位の機会を増やすことである．もちろん巨視的な結晶の変形は異なるエネルギー障壁をもつ原子の一連の動きからなり，最も高い障壁で律速され，全体の過程の活性化エネルギーを決める．細粒な粒子からなる物質では，粒界の効果が重要になる．粒子どうしの摩擦すべりに似ているが，粒子境界での整合性を保つための個別の原子の変位を伴う．拡散クリープや転位クリープのように，これは緩和現象である．

圧力 P はすべての原子の移動をより困難にするので，よってエネルギー障壁が大きくなる．このことは，定数の活性化体積 V^* を用いて $E = E_0 + PV^*$ と表される．しかしながら地球物理では，E を融点 T_M と関係づけるのが便利である．

$$E = gkT_M \tag{10.26}$$

ここで，k はボルツマン定数，g は一般的な鉱物では平均 27 をとる無次元定数である (Poirier, 2000)．融解も固体のクリープにおいて重要となる原子移動に依存しているので，式 (10.26) は E の圧力依存性も含んでいる．19.4 節で議論するように，結晶が転位で満たされているような状態を液体と考えることで，融解過程は結晶転位の自由な増殖とみなすことができる．圧力による T_M の増加は E の増加に反映されるので，弾性以外の変形が地球の深さによって変化することが，T_M の P による変化の理論でモデル化できる．

マントルの変形は定常クリープによって生じ，それは以下の一般則で表される (Weertman と Weertman, 1992)．

$$d\varepsilon/dt \equiv \dot{\varepsilon} = B(\sigma/\mu)^n \exp(-gT_M/T) \tag{10.27}$$

ここで B は定数である．この式は，圧力の T_M に対する影響によって温度および圧力依存性が含まれており，任意の n をとることで，さまざまな変形メカニズムに対応できる．ニュートン流体では，応力 σ に比例するひずみ速度をもつ $n = 1$ となる．空孔の拡散による結晶の変形 (Nabarro–Herring クリープ) はこの形をとる．他の変形領域における転位支配の変形は $n = 1$ から 6 で，$n = 3$ が一般的である．

流体を転位で満たされた固体と考えると，流体の流れは，転位密度の違いを除けば固体と液体を実質区別することなく転位によって定常変形する特別な場合の 1 つと考えることができる．式 (10.27) で $n = 1$ とした場合，粘性 η は立派な物性値となる．

$$\eta = \sigma/\dot{\varepsilon} \tag{10.28}$$

SI 単位系ではパスカル・秒である (Pa s)．$n = 1$ という仮定が地球内部で妥当であるかは不確かではあるが，温度が十分高く定常クリープが起きる約 70 km 以深のすべての層の粘性を考える．約 70 km 以浅 (リソスフェア) は，このような扱いをするには冷たすぎて，解析する現象にもよるが，弾性 (もしくは遷移クリープが起きる) を示し，最上部は 11 章での岩石力学によるアプローチによってしらべられるような変形が起きる．

規格化温度 T/T_M はクリープ則の指数項として現れ (式 (10.27))，レオロジー特性はその温度にとても敏感である．鉱物のような物質では定常クリープは T/T_M が十分大きいときのみに見られ，低温では脆性破壊が起きてしまう．地球ではその区別は地震の分布で明らかで，地震は比較的低温領域のみで発生する．沈み込み帯でのリソスフェアの温度構造の研究に関連して，McKenzie ら (2005) は温度が 600°C 以下の場所のみで地震が起きていると結論づけた．彼らはこれを脆性破壊とクリープを分ける温度とした．カルフォルニアでの地震の詳細な研究から，Bonner ら (2003) はその境界は 400°C 付近にあると結論づけた．最上部マントルのソリダス温度を $T_M \approx 1400\,\text{K}$ とすると，地震および非地震性を分ける閾値として，規格化温度 $T/T_M = 0.5 \sim 0.6$ とすることができる．融点は鉱物ごとに異なるので T_M は正確には定義されないが，この条件はマントルを通しての規格化温度分布を理解する上で良い指標となる．$T/T_M \lesssim 0.5$ は，表層付近もしくは上部マントル内の沈み込むスラブのみで達成され，下部マントルでは存在しない．下部マントルでの推定される温度は，19.5 節で考察される．

10.7 周波数依存型弾性と実体波の減衰

無限小の幅をもつ矩形波である δ 関数で開始するパルス地震波を考える．これのフーリエ・スペクトルは，開始時は白色，つまりすべての周波数成分の波は，単位周波数間隔あたりに同じエネルギーをもっている．すべての周波数成分の波の頂点は，開始時の δ 関数のある点においてのみ一致するが，他のすべての点では相殺される．しかし，高周波を選択的に除いて周波数成分の混合割合が変化されるや否や，この相殺はうまくいかなくなる．もし，すべての周波数が同じ速度で伝播するという仮定を置くと，一致した波の頂点は，パルスのピークとして常に一緒に存在することになる．しかし，それは鋭い δ 関数のままでいることができず，早い時間と遅い時間とに対称的に広がって分布する．ピークは，いずれの場所に対しても波の速度から予想される時間に到着するので，パルスの半分は波の速度より早く到着する．さらにまずいのは，パルスの鋭い立ち上がりがないのでパルスが生まれる前に到着してしまう．この因果律に反することは，誤った仮定があることを意味する．つまり，異なる周波数成分は同じ速度では伝播できないということである．周波数依存型の減衰係数は，周波数依存型の波の速度，つまり波の分散が存在することを意味する．$Q \propto \omega$ という周波数非依存型の地震波減衰の場合，すべてのパルスの調和成分は同じように減衰して振幅を減少しつつも形を変えず伝播するので分散は生じない．

減衰に関係する分散の問題は，Aki と Richards (2002) によって議論され，因果律の要請による数学的理論は Brennan と Smylie (1981) によってまとめられている．多くの議論は一定の Q，つまり周波数に依存しない Q を仮定することに重きをおいており，それによって 2 つの周波数における位相速度 v が媒体の Q に関係づけられている．

$$\frac{v(f_1)}{v(f_2)} = 1 + \frac{1}{\pi Q} \ln\left(\frac{f_1}{f_2}\right) \quad (10.29)$$

これは重要な結果で，地球で観測される Q 値では，分散は小さいながらも，地震波帯域全体では無視はできない程度になる．MHz や GHz での室内測定と地震波の周波数における観測を比較することは，さらに重要である．どんな場合であれ，式 (10.29) は Q 一定を仮定しているため，実際の地球の場合には大まかな近似にすぎない．

より一般的な扱いとしては，減衰係数 (式 (10.20) における α) を含む積分を解くことが要請される．周波数 $\omega_0/2\pi$ における位相速度 v は，周波数に任意に依存する α に対して，v を無限大の周波数における速度 c に関係づける式を用いて与えられる (Brennan と Smylie, 1981)．

$$\begin{aligned}\frac{1}{v(\omega_0)} &= \frac{1}{c} - \frac{1}{\pi\omega_0}\mathrm{pv}\int_0^\infty \frac{\alpha(\omega)}{\omega_0 - \omega}\mathrm{d}\omega \\ &= \frac{1}{c} - \frac{2}{\pi}\mathrm{pv}\int_0^\infty \frac{\alpha(\omega)}{\omega_0^2 - \omega^2}\mathrm{d}\omega \end{aligned} \quad (10.30)$$

ここで pv はコーシーの主値積分を示し，特異点を扱うにあたって注意が必要である．この積分の最初の式に表したものは，$\alpha(\omega)$ のヒルベルト変換である．$\alpha(\omega)$ が，いま対象としている波の周波数帯域を十分超える範囲でわかっているとすると，積分の高周波限界は問題ない．なぜなら，有限の値である ω_0 の間の v の違いしか注目せず，よって積分値ともう一方の積分値の差分をとるからである．単純な定性的議論からどんな結果が期待されるかを示す．もし α が ω に依存せず，$Q \propto \omega$ もしくは f であれば，式 (10.30) の積分は ω_0 に依存せず分散が生じない．この場合，上で考察した δ 関数形をもつパルスのすべてのフーリエ成分は，同じように減衰するようになる．パルスは振幅を小さくしながら，ただし，形を変えず分散せずに伝播する．

ここで，Q に周波数依存性をもたせるために式 (10.29) の簡単な修正を行う．もし，

$$Q \propto f^\varepsilon \quad (10.31)$$

と書き，いま注目する適当な周波数帯域の Q^{-1} の平均を考えて，

$$\frac{v(f_1)}{v(f_2)} \approx 1 + \frac{1-\varepsilon}{\pi}\ln\left(\frac{f_1}{f_2}\right)\langle Q^{-1}\rangle \quad (10.32)$$

とする．この関係式は，$\varepsilon = 0$ (式 (10.29)) と $\varepsilon = 1$ (分散なし) の場合を満たす．式 (10.32) は，プラ

スチック，金属，鉱物，岩石を含むさまざまな物質の実験データをうまく説明するが，これは経験的な近似であって，式 (10.30) における $\varepsilon = 0$ と $\varepsilon = 1$ での正確な解の中間にあるという事実によって支持される．地球の実体波から自由振動の周波数帯域では，$\varepsilon \approx 1/3$ は合理的な近似に思われ，分散は式 (10.29) と比べて 2/3 程度しかない．

線形の非弾性メカニズムは緩和現象であるので，物質の瞬間的な弾性応答を起こしながら物質の各要素に影響を与えた後，さらに平衡状態へ達するまでの指数関数的な緩和である遅延の非弾性応答が存在する．ポテンシャル障壁を乗り越えた結晶内転位の熱活性の動きや，圧縮あるいは拡張された結晶間の異なる熱力学特性による熱の再分配は，緩和をもたらすプロセスの例である．したがって，低周波数のときよりも緩和を起こす時間がない高周波数において，弾性率はより高い値をもつことになる．これらは，10.4 節での複合体の特別な場合で考察した緩和弾性率と非緩和弾性率の間の違いの原因である．

異なる周波数における弾性率の違いは，弾性率の 1/2 乗に比例する位相速度の違いより 2 倍強い．ある解析においては，ここで弾性率とよんだものは，複素弾性率の実部であり，虚部は応力とよんだが $\pi/2$ ずれたひずみを表す．実部すなわち弾性率は，図 10.3 にあるようなヒステリシスループの軸の勾配であり，実験により周波数増加に伴って弾性率も増加することが確認されている．もし，ひずみと応力の位相のずれが δ であるなら，$Q^{-1} = \tan\delta \approx \delta$ で，これは，弾性率の虚部と実部の比である (対数減衰率とは混同しないように (式 (10.21)))．

実体波は弱い正の分散 (位相速度が周波数の増加に伴って速くなる) があるので，群速度は位相速度よりもわずかに速くなる (式 (16.49)〜(16.51) を参照)．よって，どんな周波数に対しても

$$u = v \left/ \left(1 - \frac{1-\varepsilon}{\pi Q}\right) \right. \qquad (10.33)$$

が得られる．しかしながら，u は完全に非緩和な弾性率に対応する高周波極限での v の値よりは小さい．

実体波の分散の理論は，震源から大きく離れたところで起こる線形減衰メカニズムに対してのみ有効であることに注意してほしい．上述したように，非弾性は断層の広がりの約 10 倍より小さな距離において非線形であろう．高周波の波は低周波の波より容易に散乱し，散乱の影響は減衰と混同されやすいことも前に述べたとおりである．

11
地殻の変形──岩石力学

11.1 まえおき

われわれが目にする地殻・表層の地質的特徴をつくるプロセスは，10章で解説した弾性論でも，延性変形の議論でも説明できない．粒状で，温度が低く，低圧下にある地殻岩石のような物質の変形に対しては，異なる理論的アプローチが必要である．岩石の変形や破壊の仕方や原因を決めているのは何か？ 断層の方向と，その断層の成因となる応力にはどのような関係があるのか？ 地殻中の応力はどのように推定されるのか？ 鉱山やトンネルの安全性はどのように評価されるのか？ 実験室内での岩石破壊実験は，自然の地震に外挿できるのか？ これらは，岩石力学で扱う問題である．現代における岩石力学は，鉱山技師や彼らとともに研究する応用数学者によって用いられる．ここでは，岩石力学をテクトニクスに適用する．

ここでの数学的表現には，テンソル表記を用いる．結晶の弾性的性質を議論した10.3節において，テンソル表記の簡単な紹介がなされており，この章では，それを拡張して用いる．テンソル表記は，圧縮やせん断，座標軸まわりの回転を含めた応力パターンを表すのに便利な表記で，そこから主応力を知ることもできる．その最もわかりやすく，有用な適用は，機械的破断を起こすかの判定に対してである．

地震は甚大な破断の例であり，そのほとんどは浅いところ，言い換えれば，地球の冷たい表面層であるリソスフェア内に限定して発生する．例外は，沈み込み帯，もしくは下降流が発生しているところであり，そこでは冷たいリソスフェア物質がマントルに突入し，地震の震源分布面が，最深700 kmまで続いている．これらは機械的破断の例で，そこでは物体間の結合が失われる．これは，規格化温度 $T/T_M \lesssim 0.5$ における「冷たい」物質の現象である．ここで T_M は融点もしくはソリダス温度である．ほとんどのマントルは高温下にあって，10.6節でクリープとよんだ対流に伴う変形が起き，急な局所的な破断はしない．

岩石力学にもとづくと，異なる断層すべり様式を，いま現在のみならず，かなり過去での応力の向きという観点から解釈することができる．地震断層面解析 (14.4節) は，もっと広域的，しかしいま現在においてのみの同様な情報を与えてくれる．地震のない地域の応力は，岩石力学の理論式をボアホール計測に応用することで決定される．これらすべての観測結果は応力マップとしてまとめられ，それは地球の大部分を網羅するに至っている．

11.2 応力とひずみのテンソル表記

応力はテンソルによって3次元で表すことができる．直交座標系 (x, y, z) と同様な，x_i と表される直交座標系 (x_1, x_2, x_3) を考え，その座標系の各軸に対して，それぞれ直交する面を想定する．それぞれの面は，法線方向の単位ベクトル $\boldsymbol{n}_i$ と面積 A_i で表される．連続体力学では慣習的に，応力は，面の正側にある物体から，負側の物体にはたらく単位面積あたりの力である．面は3つの独立な力を受けるが，その1つは面に直交 ($\boldsymbol{n}_i$ の方向) で，2つは接線方向である．それぞれ3つの面に，3つの力が作用することで，合計9つの応力成分が存在することになる．しかし後で示すように，6

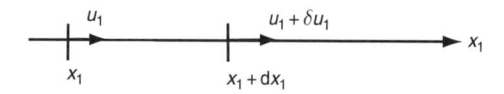

図 11.1 ひずみ e_{11} を与える変位 u_1 の x_1 方向での変化

つのみが独立である．面に直交する力を面の面積で割ったものが法線応力である．法線応力は，引張もしくは圧縮であり，それは力の方向が面の法線方向であるか逆向きかによる．連続体力学の慣習では引張応力が正であるが，圧縮応力が卓越する岩石力学では，慣習的に逆の符号を用いる．圧縮を正にとることは，有限ひずみや，高圧下での状態方程式を扱う際にも用いられる (18 章)．混乱の危険性を承知の上で，連続体力学が基本となるところでは連続体力学の慣習にならい，11.4 節でのモール円や地殻応力の議論では岩石力学の慣習を用いる．

せん断応力は，接線方向にかかる単位面積あたりの力である．σ_{ij} と書かれる応力テンソルの成分は，j 方向に垂直な面の単位面積あたりにはたらく，i 方向の力である．せん断応力は，j 面の正側での正の i 方向に力がはたらく場合に正である．直交座標系では，応力テンソルは，

$$[\sigma_{ij}] = \begin{bmatrix} \sigma_{11} & \sigma_{12} & \sigma_{13} \\ \sigma_{21} & \sigma_{22} & \sigma_{23} \\ \sigma_{31} & \sigma_{32} & \sigma_{33} \end{bmatrix} = \begin{bmatrix} \sigma_{xx} & \sigma_{xy} & \sigma_{xz} \\ \sigma_{yx} & \sigma_{yy} & \sigma_{yz} \\ \sigma_{zx} & \sigma_{zy} & \sigma_{zz} \end{bmatrix} \quad (11.1)$$

となる．

ひずみは，1 次元においては長さの変化の割合である．3 次元では，e_{11}, e_{22}, e_{33} と表される x_1, x_2, x_3 方向での長さの変化と e_{12}, e_{23}, e_{13} と表される 3 つのせん断の，合計 6 つのひずみである．せん断ひずみは，変形前に直角であった物体中の x_i, x_j 軸の角度変化の半分として定義される．これによって $e_{ij} = e_{ji}$ であることは明らかで，独立なせん断ひずみは 3 つのみである．これは 10.3 節でも述べたが，以下でも再度説明する．

応力の負荷による物体中の点の新しい位置は，変位場 $\boldsymbol{u}(x, y, z)$ で与えられる．ひずみは変位場の勾配に相当する．ここで，変位場 $\boldsymbol{u} = (u_1, u_2, u_3)$ を与えるような応力がかかっている物体を考える．x_1 方向に，互いに dx_1 だけ離れている 2 点の変位をそれぞれ u_1 と $u_1 + du_1$ とする (図 11.1)．テイラー展開をすると，$u_1(x_1 + dx_1) = u_1(x_1) \cdots$ となり，線形項 $du_1 = (du_1/dx_1)dx_1$ のみを考える．つまり，小さなひずみに対して適用可能な線形弾性論を考える．ひずみ e_{11} は，もとの単位長さ dx_1 あたりの長さ変化 $(du_1/dx_1)dx_1$ で，つまり，

$$e_{11} = \partial u_1 / \partial x_1 \quad (11.2)$$

である．

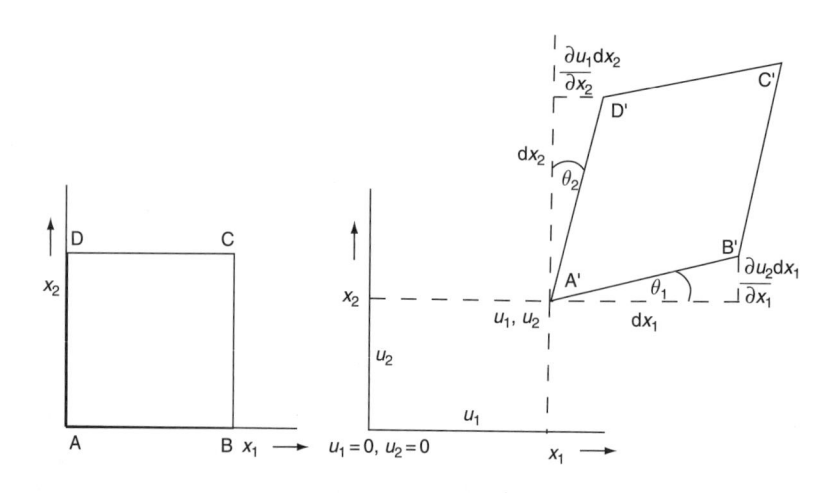

図 11.2 せん断ひずみによる変位．ひずみには座標系の関数としての変位が含まれている．

せん断ひずみも同様な方法で扱う．図 11.2 に，変形前に直角であった角度の変化を示す．せん断ひずみは，

$$e_{12} = \frac{1}{2}(\theta_1 + \theta_2) = \frac{1}{2}\left(\frac{\partial u_2}{\partial x_1} + \frac{\partial u_1}{\partial x_2}\right) \quad (11.3)$$

で与えられる．もし，$\theta_1 \neq \theta_2$ であれば，物体は，

$$\frac{\theta_1 - \theta_2}{2} = \frac{1}{2}\left(\frac{\partial u_2}{\partial x_1} - \frac{\partial u_1}{\partial x_2}\right)$$

で定義されるような回転をする．この結果を 3 次元に拡張し，

$$e_{ij} = \frac{1}{2}\left(\frac{\partial u_i}{\partial x_j} + \frac{\partial u_j}{\partial x_i}\right) \quad (11.4)$$

を得る．ここで i と j は 1, 2, 3 の値をとる．

体積 $dx_1 dx_2 dx_3$ を考え，その $x_1 x_2$ 面にせん断応力がかかっているとする (図 11.3)．直方体の外の物体からそれぞれの面にかかる接線方向の力は，

$$\sigma_{21} dx_2 dx_3, \quad -\sigma_{21} dx_2 dx_3$$
$$\sigma_{12} dx_1 dx_3, \quad -\sigma_{12} dx_1 dx_3$$

である．よってトルクは，

$$\sigma_{12} dx_1 dx_3 \cdot dx_2 - \sigma_{21} dx_2 dx_3 \cdot dx_1$$
$$= (\sigma_{12} - \sigma_{21}) dx_1 dx_2 dx_3$$

である．トルクが体積 $dx_1 dx_2 dx_3$ の大きさに依存しないためには，$\sigma_{12} = \sigma_{21}$ である．同様に，$\sigma_{23} = \sigma_{32}$ および $\sigma_{13} = \sigma_{31}$ である．$\sigma_{ij} = \sigma_{ji}$ と一般化し，等方性物体では，せん断応力はひずみに比例するので，$e_{ij} = e_{ji}$ となり，6 つの応力 (ひずみ) テンソル成分のみが独立となる．

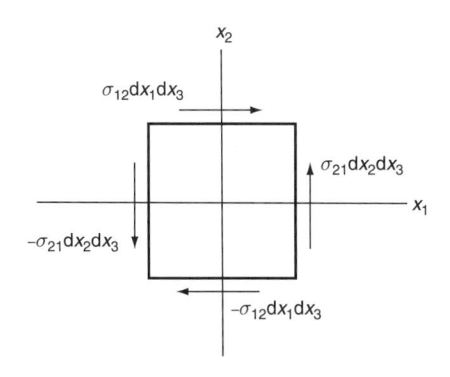

図 11.3 応力場 σ_{ij} による体積要素の面にかかる力

11.3　3 次元下でのフックの法則

等方性物質には 2 つの独立な弾性率が必要であるが，それには，いくつかの選び方がある (10.1 および 10.2 節参照)．地球物理学においては，ほとんどの場合，圧力を体積変化と関係づける体積弾性率 K と，体積一定下でせん断応力と形の変化を関係づける剛性率 μ を用いる．他の選び方として，以下のようなフックの法則の 3 次元版であるテンソル表記，

$$\begin{aligned}
\sigma_{11} &= \lambda(e_{11} + e_{22} + e_{33}) + 2\mu e_{11} \\
\sigma_{22} &= \lambda(e_{11} + e_{22} + e_{33}) + 2\mu e_{22} \\
\sigma_{33} &= \lambda(e_{11} + e_{22} + e_{33}) + 2\mu e_{33} \\
\sigma_{12} &= 2\mu e_{12} \\
\sigma_{13} &= 2\mu e_{13} \\
\sigma_{23} &= 2\mu e_{23}
\end{aligned} \quad (11.5)$$

がある．ここで，λ と μ はラメ定数とよばれるが，μ はせん断弾性率とよばれるのが一般的である．式 (11.5) は，簡略的に，

$$\sigma_{ij} = \lambda e \delta_{ij} + 2\mu e_{ij} \quad (11.6)$$

と書かれる．ここで δ_{ij} はクロネッカーのデルタである．

$$\begin{aligned}
\delta_{ij} &= 1 \quad (i = j) \\
\delta_{ij} &= 0 \quad (i \neq j)
\end{aligned} \quad (11.7)$$

$e = e_{11} + e_{22} + e_{33}$ は 3 方向での長さの変化率の和で，体積の相対変化を与える．式 (11.6) を用いることで，等方性物質に対する異なる形の定数どうしの関係式が導かれる．圧力は，法線応力の平均として与えられる．

$$p = -P = (\sigma_{11} + \sigma_{22} + \sigma_{33})/3 \quad (11.8)$$

ここで，P は岩石力学および地球内部における応力を考えるときに用いられる際と同様，圧縮を正にとる．体積変化に対する圧力の割合である体積弾性率 K は，式 (11.5) の最初の 3 つの和から得られる．

$$K = P/e = \left(\lambda + \frac{2}{3}\mu\right) \quad (11.9)$$

ポアソン比 ν は，厳密には弾性率ではなく，無次元の比である．しかしながら，これは便利なパラメーターで，弾性率とともに常に記載される．弾性的な直方体の物体に対して x_1 方向から σ_{11} が与えられていることを考える．ここで，側面は自由で，しかるに他の 2 つの応力成分はゼロである．その物体は，本体が軸方向に圧縮されると，側方向に伸び，引っ張られると側方向で縮む．ポアソン比は，縦ひずみに対する横ひずみの比に負号をつけたものである (負なのは，ひずみがお互い逆符号をもつからである)．式 (11.5) は，

$$\sigma = (\lambda + 2\mu)e_{11} + \lambda e_{22} + \lambda e_{33}$$
$$0 = \lambda e_{11} + (\lambda + 2\mu)e_{22} + \lambda e_{33} \quad (11.10)$$
$$0 = \lambda e_{11} + \lambda e_{22} + (\lambda + 2\mu)e_{33}$$

になる．対称性によって，側方向のひずみは等しく，$e_{22} = e_{33}$ で，ポアソン比は

$$\nu = -e_{22}/e_{11} = \lambda/(2\lambda + 2\mu) \quad (11.11)$$

で与えられる．

岩石力学の関係式を簡略化するために，時折用いられる近似は $\lambda = \mu$ とするもので，結果として $\nu = 1/4$ となり，ポアソン物体とよばれる．計算上ではこの単純化は正当化されるが，これではほとんどの固体物体のポアソン比を低く見積もってしまう．低圧では $\nu = 0.3$ が良い近似で，それは圧力とともに系統的に増加する (その理由は 18.8 節で議論する)．もしも流体であれば $\mu = 0$ なので，ポアソン比は 0.5 となり，これは外核や海に適用される．

ヤング率 E は，ポアソン比を考えたときのように，側方向の応力 $\sigma_{22} = \sigma_{33} = 0$ の際のひずみに対する縦方向の応力の割合である．

$$E = \frac{\sigma_{11}}{e_{11}} = \frac{\mu(3\lambda + 2\mu)}{\lambda + \mu} \quad (11.12)$$

式 (11.11) と式 (11.12) を用いることで，ヤング率とポアソン比から，ラメ定数 λ と μ が求められる．

$$\lambda = \frac{E\nu}{(1+\nu)(1-2\nu)}$$
$$\mu = \frac{E}{2(1+\nu)} \quad (11.13)$$

もし，側方向のひずみが妨げられ，一方向の応力 σ_{11} がひずみ e_{11} を生じさせると，式 (11.5) の中の最初の式は

$$\chi = \sigma_{11}/e_{11} = \lambda + 2\mu \quad (11.14)$$

を与える．圧縮と伸長が横方向に同時進行で起きる場合は，$e_{22} = e_{33} = 0$ が保証されるので，この定数は，地球内部での P 波の伝播を決めるものとなる．横方向の応力は

$$\sigma_{22} = \sigma_{33} = \frac{\lambda}{\lambda + 2\mu}\sigma_{11} = \frac{\nu}{1-\nu}\sigma_{11} \quad (11.15)$$

が成り立つように，自ら整合性を保つ．より使いやすく，よく用いられる χ の関係式は，式 (11.9) で，λ を χ で置き換えたものである．

$$\chi = K + \frac{4}{3}\mu \quad (11.16)$$

ここで

$$\chi = \lambda + 2\mu = \frac{(1-\nu)E}{(1+\nu)(1-2\nu)} \quad (11.17)$$

であることに注意する．これらの関係式は，付録 D にまとめられている．

11.4 トラクション，主応力および軸の回転

応力テンソルは，それに面ベクトルを掛けることで，その面にかかる力を与える係数の表と考えることができる．方向余弦 n_j をもつ，面積 A の面要素を考える (図 11.4)．A 面の正側にある物体から，負側にある物体に対してかかる単位面積あたりの力は，トラクション (牽引力) とよばれ，以下に与えられる．

$$T_i = \sum_{j=1}^{3} \sigma_{ij} n_{ij} \quad (11.18)$$

ここで，繰り返す同じ添字に対してアインシュタインの総和規約を用いる．つまり，

$$T_1 = \sigma_{11}n_1 + \sigma_{12}n_2 + \sigma_{13}n_3$$
$$T_2 = \sigma_{21}n_1 + \sigma_{22}n_2 + \sigma_{23}n_3 \quad (11.19)$$
$$T_3 = \sigma_{31}n_1 + \sigma_{32}n_2 + \sigma_{33}n_3$$

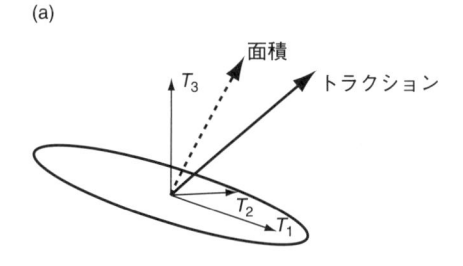

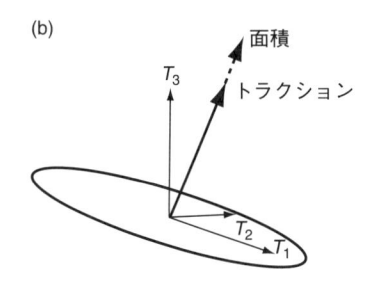

図 11.4 トラクションは応力下で，面積要素の正側にある物体からかかる力である．(a) は一般的な場合である．(b) の場合のように，トラクションの和が面に対して垂直であるようなとき，法線が主応力の方向となる．

が得られる．

等方性物質内では，いかなる応力場 σ_{ij} に対しても，その面内でトラクションの接線成分がゼロになるような 3 つの直交する単位面が存在する．すなわち，その面でのベクトル $\boldsymbol{T}$ が，面ベクトル $\boldsymbol{n}$ に平行となり (図 11.4(b))，ゆえに，$\boldsymbol{n}$ は主応力の方向を示す．これは，トラクションの成分が，面の方向余弦に比例することを要請する．比例係数を l とすると，$T_i = ln_i$ である．式 (11.19) を式 (11.18) の T_i に代入し，アインシュタインの総和規約を用いて書くと，

$$\sigma_{ij}n_j = l\delta_{ij}n_j$$

もしくは，

$$\sigma_{ij}n_j - l\delta_{ij}n_j = 0$$

となる．ここで，式 (11.7) で与えたクロネッカーデルタ δ_{ij} を用いた．この連立方程式が解をもつためには，行列式がゼロでなくてはならない．

$$\det(\sigma_{ij} - l\delta_{ij}) = |\sigma_{ij} - l\delta_{ij}| \tag{11.20}$$

式 (11.20) は固有値問題に対する固有方程式である．3 次元では，これは l の 3 次方程式となる．

$$\begin{vmatrix} \sigma_{xx} - l & \sigma_{xy} & \sigma_{xz} \\ \sigma_{yx} & \sigma_{yy} - l & \sigma_{yz} \\ \sigma_{zx} & \sigma_{zy} & \sigma_{zz} - l \end{vmatrix} \tag{11.21}$$

これは，それぞれ 3 つの主応力に相当する 3 つの根 $\{l_1, l_2, l_3\}$ をもつ．その際の固有ベクトルは，それぞれ l_1, l_2, l_3 に対応する 3 つの単位 (ベクトル) 面である．

たとえば，l_1 のときの固有ベクトルを求めるためには，3 つの未知数 $\{n_j\}$ に対する 3 つの式が必要である．$\sigma_{ij}n_j = l\delta_{ij}n_j$．3 つ目は，単位面ベクトルの正規直交性を表すものであり，$\sum_{i=1}^{3} n_i^2 = 1$ である．よって，l_1 に関する関係式は，

$$\begin{aligned} n_1^2 + n_2^2 + n_3^2 &= 1 \\ \sigma_{11}n_1 + \sigma_{12}n_2 + \sigma_{13}n_3 &= l_1 n_1 \\ \sigma_{21}n_1 + \sigma_{22}n_2 + \sigma_{23}n_3 &= l_1 n_2 \end{aligned} \tag{11.22}$$

である．

2 次元での例

2 次元では，式 (11.22) は

$$\begin{vmatrix} (\sigma - l) & \sigma_{12} \\ \sigma_{12} & (\sigma_{22} - l) \end{vmatrix} = 0$$

となる．固有方程式は，

$$\begin{aligned}(\sigma_{11} - l)(\sigma_{22} - l) - \sigma_{12}^2 &= 0 \\ l^2 - l(\sigma_{11} + \sigma_{22}) + \sigma_{11}\sigma_{22} - \sigma_{12}^2 &= 0 \end{aligned} \tag{11.23}$$

となり，この解は，

$$l = \frac{(\sigma_{11} + \sigma_{22})}{2} \pm \sqrt{\left(\frac{\sigma_{11} - \sigma_{22}}{2}\right)^2 + \sigma_{12}^2} \tag{11.24}$$

である．応力場が，単純せん断 ($\sigma_{11} = \sigma_{22} = 0$) とすると，$l = \pm \sigma_{12}$ となる．

$l_1 = +\sigma_{12}$ とする．固有ベクトルを求めると，

$$\begin{aligned} n_1^2 + n_2^2 &= 1 \\ \sigma_{12}n_2 &= l_1 n_1 \end{aligned}$$

より，$n_2 = n_1$ となって

$$n_1 = n_2 = 1/\sqrt{2}$$

が得られる．この単純な場合で明らかなように，主応力は，せん断応力の値と等しく，せん断方向に対して 45° に傾いた，引張りと圧縮である．

応力およびひずみテンソルの回転

x_i という回転前の座標系に対して，x_i' という回転後の座標系における応力テンソル成分を求めよう．回転後の座標系におけるトラクションベクトルは，式 (11.19) で与えられる．回転後の座標系の軸面における力を法線および接線方向に分解した成分は，それぞれ新たな法線応力とせん断応力を与える．たとえば，2 次元では，軸が反時計回りに θ 回転したとする．法線ベクトル x_1' をもつ面の方向余弦は，$n_j = [\cos\theta, \sin\theta]$ である．式 (11.19) より，トラクションは $T_1 = (\sigma_{11}\cos\theta + \sigma_{12}\sin\theta)$ および $T_2 = (\sigma_{21}\cos\theta + \sigma_{22}\sin\theta)$ となる．回転後の応力，σ_{11}' と σ_{12}' は面に垂直および平行のトラクションベクトルに分解することで得られる．

$$\sigma_{11}' = T_1 \cos\theta + T_2 \sin\theta$$
$$\sigma_{12}' = -T_1 \sin\theta + T_2 \cos\theta \quad (11.25)$$

T_1 と T_2 を代入することで，

$$\sigma_{11}' = \sigma_{11}\cos^2\theta + \sigma_{22}\sin^2\theta + \sigma_{12}\sin 2\theta$$
$$\sigma_{12}' = \frac{\sigma_{22} - \sigma_{11}}{2}\sin 2\theta + \sigma_{12}\cos 2\theta$$
$$(11.26)$$

が得られる．法線ベクトル x_2' をもつ面に対して，繰り返すと，つまり，$\theta \to \pi/2 + \theta$

$$\sigma_{12}' = \sigma_{11}\sin^2\theta + \sigma_{22}\cos^2\theta - \sigma_{12}\sin 2\theta \quad (11.27)$$

式 (11.26) と式 (11.27) を見ると，回転後の系でのトラクションを導き，次にそれを法線および接線方向に分解して応力を導く作業は，行列の形では 2 つの回転の積として表すことができる．

$$R_1 = \begin{bmatrix} \cos\theta & \sin\theta \\ -\sin\theta & \cos\theta \end{bmatrix}, \quad R_2 = \begin{bmatrix} \cos\theta & -\sin\theta \\ \sin\theta & \cos\theta \end{bmatrix}$$
$$(11.28)$$

よって，$\sigma' = R_1 \sigma R_2 = R \sigma R^{\mathrm{T}}$．ここで，T は転置行列を表す．

3 次元へ一般化する際，$R_{ij} = \cos(x_i$ と x_j' の間の角度) とすると，

$$\sigma_{ij}' = \sum_{m=1}^{3}\sum_{n=1}^{3} R_{im}\sigma_{mn}R_{nj} = R\sigma R^{\mathrm{T}} \quad (11.29)$$

が得られる．

モール円

以後，$\sigma_{12} = \sigma_{xy} = 0$ となるような，つまり，σ_1 と σ_2 とよぶ σ_{11} と σ_{22} が主応力となるような特殊な座標系 x_i を考える．角度 θ 回転した後，式 (11.26) と式 (11.27) は，以下のように書けるであろう．

$$\begin{bmatrix} \sigma_{11}' & \sigma_{12}' \\ \sigma_{21}' & \sigma_{22}' \end{bmatrix}$$
$$= \begin{bmatrix} \dfrac{\sigma_1 + \sigma_2}{2} - r\cos 2\theta & r\sin 2\theta \\ r\sin 2\theta & \dfrac{\sigma_1 + \sigma_2}{2} + r\cos 2\theta \end{bmatrix}$$
$$(11.30)$$

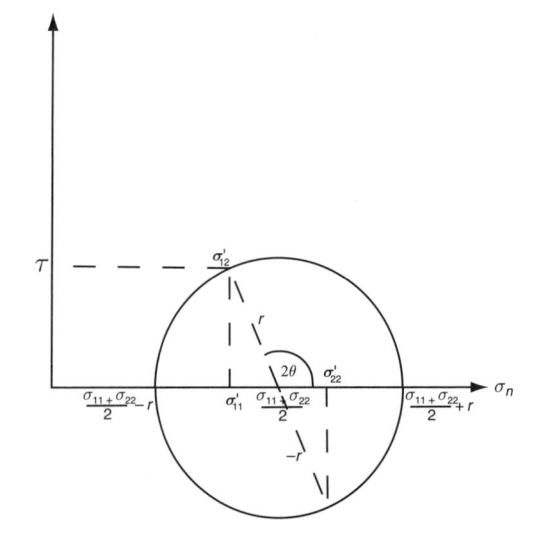

図 11.5 せん断応力 (縦軸) と法線応力 (横軸) のプロット．x 軸に対して任意の角度をもつ面でのせん断応力は，縦軸にベクトル r を投影して得られる．法線応力は，横軸にベクトル r と $-r$ を投影することで得られる．

ここで，
$$r = \frac{\sigma_2 - \sigma_1}{2} \quad (11.31)$$
である．式 (11.30) より，法線およびせん断応力は，円ダイアグラムで表すことができる (図 11.5)．ダイアグラムの軸は，法線応力とせん断応力成分 (σ_n, τ) である．円の中心は，$\sigma_n = (\sigma_1 + \sigma_2)/2, \tau = 0$ に位置する．円半径は r である (式 (11.31))．面の法線が x_1 軸方向に対して，θ の角度をもつ面内の応力は，σ_n 軸から角度 2θ をとり，点 $((\sigma_1+\sigma_2)/2, 0)$ からベクトル r を描くことで見つかる．τ 軸成分は，回転後の座標系でのせん断応力を与え，σ_n 軸成分は 1 つの法線応力を与え，$-r$ の σ_n 軸成分は，もう 1 つの法線応力を与える．

弾性論での慣習 (圧縮を負にとる) から，岩石力学の慣習 (圧縮を正) へ，円ダイアグラムを変換 (図 11.5) すると，法線応力の符号は逆になる．縦軸に対して，円ダイアグラムを回転し，式 (11.31) での r の符号を $r = (\sigma_1 - \sigma_2)/2$ のように変える (図 11.6)．それによって，σ_1 は最大圧縮応力となる．このようにつくられる円は，発案者である O. Mohl の名前に因んでモール円とよばれる (図 11.6(a))．横軸とモール円の交点は，主応力 σ_1, σ_2 である．物理空間において，基準面が θ 回転すると，モール円上での点は，角度 2θ 移動する．モール円より，最大せん断応力は，主応力方向に対して $2\theta = \pi/2$ すなわち $\theta = 45°$ のときに与えられ，最大主応力と最小主応力の差の半分に等しくなる．式 (11.30) より，
$$\sigma'_{xx} = \frac{\sigma_1 + \sigma_2}{2} + \frac{\sigma_1 - \sigma_2}{2} \cos 2\theta$$
$$\sigma'_{yy} = \frac{\sigma_1 + \sigma_2}{2} - \frac{\sigma_1 - \sigma_2}{2} - \cos 2\theta \quad (11.32)$$
$$\sigma'_{xy} = \tau = \frac{\sigma_2 - \sigma_1}{2} \sin 2\theta$$

が得られ，これより，13 章で用いられる関係式
$$\sigma'_{xx} - \sigma'_{yy} = (\sigma_1 - \sigma_2) \cos 2\theta \quad (11.33)$$
が導かれる．

3 次元の場合では，3 つの主応力，$\sigma_1, \sigma_2, \sigma_3$ がかかわってくる．ここで，$\sigma_1 > \sigma_2 > \sigma_3$ とする．主応力のうちの 2 つを含むそれぞれの面において，モール円解析が適用できる．すなわち，$\{\sigma_1, \sigma_2\}$,

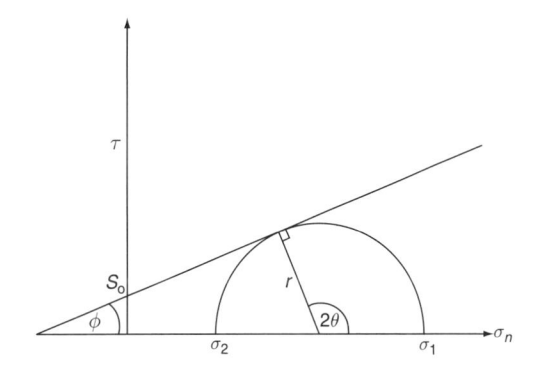

図 11.6 (a) モール円．水平軸は最大主応力方向に一致．傾きをもつ線は摩擦強度を与える．摩擦すべりは，モール円が破壊基準線と交わったときに生じる．

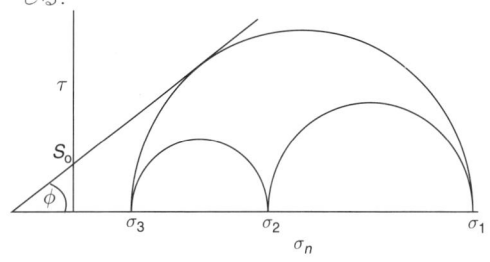

図 11.6 (b) 3 次元でのモール円．それぞれの円は，主応力の 2 つを含む面を表している．破壊は最大モール円との接点で生じる．

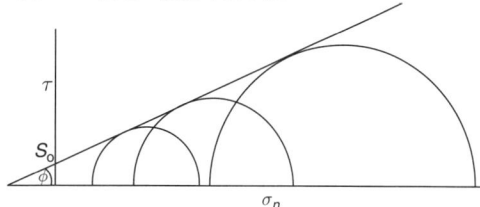

図 11.6 (c) 圧力の増加はモール円の中心を右にずらし，摩擦すべりに対する強度を増加させる．そのときは，モール円の径が破壊基準線に接するまでの，より大きなせん断が必要となる．

$\{\sigma_1, \sigma_3\}, \{\sigma_2, \sigma_3\}$ と図 11.6(b) で示すように，3 つのモール円が描ける．よって，それぞれの円は，主応力ペア間に存在する面 (残りの主応力を含む面) 上での応力成分を記述する．図 11.6(b) において，最大せん断応力が，中間主応力を含む面上かつ，最大および最小主応力の間の角度を 2 等分するところに生じることがわかる．

11.5 地殻応力と断層すべり

どんな応力パターンも，3つの主応力 $\sigma_1, \sigma_2, \sigma_3$ に分解できる．地球深部では，各主応力は，それぞれの主応力間の差より十分に大きいので，式(11.8)の $P = (\sigma_1 + \sigma_2 + \sigma_3)/3$ のとおり，各主応力の平均を静水圧として，応力と静水圧との差を偏差応力とよぶ．ほとんどの場合，偏差応力は，線形弾性論によって扱うことができるくらい小さく，静水圧による変形が，18章における有限ひずみ理論による解析を必要とするくらい大きいときですら，単純な静水圧的な圧縮応力に重ね合わせることができる．表層付近以外では，静水圧 P は，静岩圧すなわち荷重圧として近似される．

$$P \approx \int_0^z \rho g \mathrm{d}z \qquad (11.34)$$

これは，応力パターンの完全な記述のために必要な関係式の1つとして用いられる．通常の使用においては，これは正の量であるが，引張を正にとる弾性論の基礎方程式に代入する場合は，圧力は $-P$ と，負の量をとる．変形を引き起こすテクトニックな応力すなわち偏差応力は，全応力から圧力を差し引いたもので，

$$\tau_{ij} = \sigma_{ij} - p\delta_{ij} = \sigma_{ij} + P\delta_{ij} \qquad (11.35)$$

と表せる．

断層は何度も変位が繰り返されることによってできる弱面であることが多いが，断層が最初にできる原因は断層面の方向を決めるテクトニックな応力である．テクトニックな運動は，究極的にはマントル対流によって引き起こされており，何百万年も同じ方向に続くので，いま現在では発達した弱面が強い影響を与えるところですら，断層には断層の成因となった駆動力が反映されている．同様に，もはや活動的でない断層から，過去に断層を動かした応力の方向が推定される．この理由で，断層を分類することには意味がある．Anderson (1905) は，断層をそれぞれ異なる応力配置に対応する3つの種類に分類した(図 11.7)．アンダーソンの断層基準は表 11.1 にまとめられる．

アンダーソンの基準は，2つの基本原理から導かれる．(i) 自由水平地表面には法線およびせん断応力はかからないこと，(ii) 最大せん断応力がかかる面は，最大および最小主応力方向の間に存在する．自由表面(地表)が存在することは，1つの主応力の方向が，地表に垂直つまり鉛直方向であることを要請する．これは地表だけでなく，応力が平均化されてしまうような水平方向でのスケールよりは十分に小さな深さまで適用可能で，ゆえに，これは地質学的に観察される地表での断層をつくる原因を説明する理論に対しての制約となる．よって，他の2つの主応力は水平方向となり，主応力の向きにはたった3つの配列方法しかない．鉛直方向の応力は，最大主応力 σ_1，中間主応力 σ_2 もしくは最小主応力 σ_3 のいずれかであり，残り2

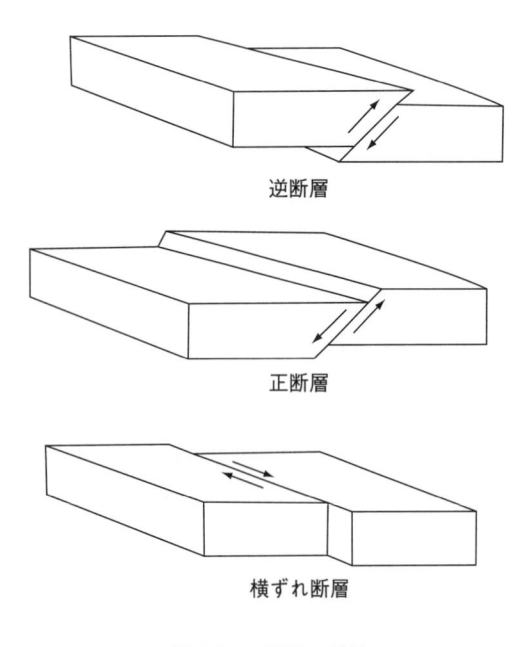

図 11.7 断層の種類

表 11.1 アンダーソンの断層基準．$\sigma_1, \sigma_2, \sigma_3$ は，それぞれ最大，中間，最小主応力である．「走向」は，表層で断層が走る水平方向を意味することに注意．

	σ_1	σ_2	σ_3
正断層	垂直方向	走行方向	水平方向
横ずれ断層	水平方向 (走行方向とは角度をもつ)	垂直方向	水平方向
逆断層	水平方向	走行方向	垂直方向

つの主応力は水平方向の応力となる．一般的に用いられるように，主応力は，岩石力学の慣習にならい圧縮を正にとるようにする．この約束において，$\sigma_1 > \sigma_2 > \sigma_3$ の順位は，最大から最小圧縮応力の順に一致する．

圧縮応力場では，σ_1, σ_2 はどちらも水平方向で，σ_3 が鉛直方向のときに，逆断層 (衝上断層) が生じる (図 11.7)．2 つの水平応力が，鉛直方向の応力より小さい (地表付近では負となる) 引張場では，正断層が形成される (図 11.7)．横ずれ断層は，最大および最小主応力が水平方向にあるときに生じる (図 11.7)．

封圧を受けていない岩石は，その内部強度 S_0 より大きなせん断応力を受けたとき，破壊に至る．破壊は，最大および最小主応力に対して 45° の最大せん断応力の方向に向いた面で相対的にずれる形で起きる．深いところでは，岩石には自重による封圧がかかるので，せん断破壊に対する強度が増加する．岩石固有の内部強度を超えることに加えて，せん断力は，荷重圧による摩擦の影響を十分超える必要がある．摩擦応力は (圧縮を正にとった場合)，断層面における法線応力 σ_n と摩擦係数との積である．よって，破壊面の法線方向を最小主応力軸に向けて傾けると摩擦は減少するので，その破壊面は 45° の最大せん断応力面ではなくなる．破壊は，せん断応力の減少分が，法線応力の減少で補われるような角度で起きる．クーロンの式は，この過程を定式化したもので，破壊条件は，

$$\tau = \mu_f \sigma_n + S_0 \quad (11.36)$$

で与えられる．ここで τ は破壊が起きる際のせん断応力，μ_f は摩擦係数，S_0 は内部 (せん断) 強度，もしくは粘着力である．図 11.6 での直線は破壊条件を示し，モール円と接する際に破壊が起きる．岩石は，破壊基準直線より下側にモール円をもつような応力場の下では破壊しない．図 11.6(c) が示すように，圧力が増加すると破壊は抑えられる．なぜなら，高圧下で破壊条件直線に交差するモール円をつくるためには，より大きなせん断力が必要になるからである．

多くの室内実験より，Byerlee (1978) は $\mu = 0.6$ 〜0.85 という値が，多くの岩石種に適用されることを見いだした．水分を含んだ岩石や高封圧下の岩石は低い値をとり，低圧下の乾燥した岩石では大きな値をとる．Byerlee 則として知られる式 (11.36) は，破壊条件を示すモール円ダイアグラム上に描かれる直線 (より良い近似は凸曲線) である．破壊点における，式 (11.30) での 2θ である角度は鈍角である．よって，破壊面の法線と最大主応力方向の間の角度は 45° より大きくなる．破壊直線の傾きは $\tan\phi$ で，ϕ は内部摩擦角とよばれ，

$$\mu_f = \tan\phi \quad (11.37)$$

となる．よって，図 11.6(a) より，

$$2\theta = \frac{\pi}{2} + \phi \quad (11.38)$$

となる．構造地質学では，θ のかわりに断層面の傾斜と σ_1 方向との間の角度 δ に注目する．

$$\delta = \frac{\pi}{2} - \theta = \frac{1}{2}\tan^{-1}\left(\frac{1}{\mu_f}\right) \quad (11.39)$$

$\mu_f = 0.85$ に対して，$\delta = 24.8°$ である．一般に，破壊面は，最大主応力方向に対して低角度と予想される．

クーロンの破壊基準は，乾燥した岩石に適用される．間隙圧を有する岩石に対して，外に向かう流体圧は，固体物質にかかる有効法線応力を減らし，より小さなせん断応力によって岩石は破壊する．図 11.6(c) におけるモール円は，法線応力が小さくなることで，左に移動する．式 (11.36) における法線応力を，外部から与えられた法線応力 σ_n から岩石中の高圧流体によって生じた内部応力を差し引いた有効法線応力 σ_n^* に置き換える．内部間隙流体圧は，流体圧とその流体が断層面を占有する比率に比例する外向きの応力 P_F を生じさせる．多くの堆積岩では，粒子間に間隙流体がすみなく分布しており，P_F は間隙圧にほぼ等しい．圧密が進み，閉じ込められた流体で満たされる間隙を含む岩石では，P_F は一般的には小さくなる．ただし，時には，塞がった間隙は高い内部圧を有することがある．式 (11.36) は，

$$\tau = \mu_f(\sigma_n - P_F) + S_0 \quad (11.40)$$

表 11.2 異なる摩擦係数をもつすべり面の平均傾斜と，Sibson と Xie (1998) および Jackson と White (1989) の観察結果の比較．

	傾 斜 ($\mu_f = 0.85$)	傾 斜 ($\mu_f = 0.2$)	観察結果
正断層	65.2°	50.7°	50.3°
横ずれ断層	鉛直，σ_1 に対して 24.8°	鉛直，σ_1 に対して 39.3°	—
逆断層	24.8°	39.3°	39°

となり，

$$\tau = \mu_f \sigma_n (1 - \lambda_H) + S_0 \tag{11.41}$$

すなわち，

$$\tau = \mu_f \sigma_n^* + S_0$$

と書ける．ここで，λ_H は Hubbert–Rubey 係数とよばれ，間隙流体圧と法線応力との比である．σ_n^* は有効法線応力である．よって，

$$\lambda_H = \frac{P_F}{\sigma_n} \tag{11.42}$$

言い換えると，

$$\tau = \mu_f^* \sigma_n + S_0 \tag{11.43}$$

ここで，$\mu_f^* = \mu_f (1 - \lambda_H)$ は有効摩擦係数である (13.6 節)．

ここで，異なる断層すべりメカニズムに対して最大主応力の方向を判定するアンダーソン基準に話を戻そう．最大主応力が水平方向にある圧縮場では，地表に対して断層面の傾斜は緩いことが予想される．それに対して，最大主応力が鉛直方向である正断層域では，断層面は急傾斜であることが期待される．横ずれ領域では，断層は鉛直方向に傾き，走る方向は最小主応力よりも最大主応力の方向に近いはずである．しかしながら，断層の地質学的・地震学的観測結果は，表 11.2 で示すように，室内実験で予想される μ (0.6～0.85) と比べて小さな μ_f の値を関係式に入れないと説明できない．これらの基準は，力学的に等方な物質に対して与えられるが，多くの場合，発達した断層は弱面となっており，それが断層の動きを支配している．そうだとすると，アンダーソン基準は，一

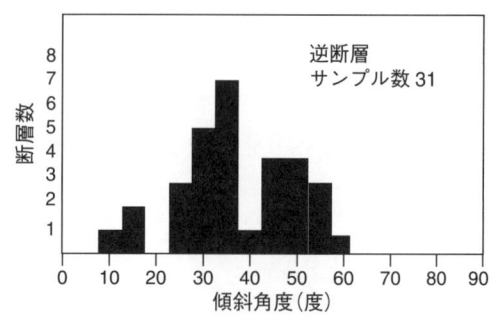

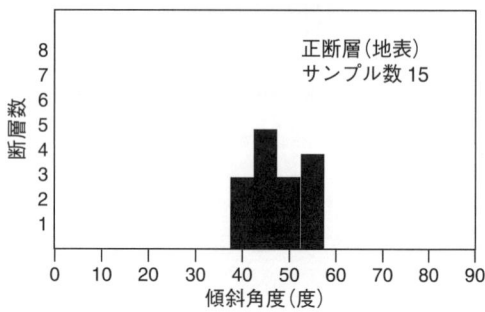

図 11.8 アンダーソン基準で判定された断層の傾斜角度のヒストグラム (表 11.2)．(a) Sibson と Xie (1998) による逆断層 (平均傾斜角度 39°)．(b) Jackson と White (1989) による正断層 (平均傾斜角度 50.3°)．

番初期に断層をつくった応力の向きを示し，必ずしも，今現在の応力に対して当てはまるものではない．

Sibson と Xie (1998) は，地震学的もしくは野外観察で断層面の向きが推定された 31 の逆断層の傾斜のヒストグラムをつくった (図 11.8(a))．この幅広い分布における平均値は 39° である．Jackson と White (1989) は，15 の正断層に対して，平均 50.3° をもつ傾斜のヒストグラムを示した (図 11.8(b))．それぞれ，サンプル数が少なく，45° からの差が統計的に有意であるかの疑いはあるものの，いずれにしろ，これらの結果は，室内実験結果の高い摩擦係数である 0.6～0.85 とは相容れない．発達した断層面には，粉状で軟らかい物質 (ガウジ) が存在するので，低い摩擦係数をもつこととは整合的であるが，これだけでは，最も初期に，断層がどのように形成されたかは説明できず，傾斜の角度を考える上で問題となることである．まだ十分にわかってはいないが，どうやら，断層内の間隙

圧が予想以上の影響を与えているらしい．従来どおりの摩擦に対する考えは，非常に浅い断層のみに適用可能で，荷重圧による非常に高い法線応力が断層に確実に作用している中深部で発生する地震に対して適用するにあたっては，修正が必要なことは明白である．

11.6 地殻応力—測定と解析

応力の理論モデルをつくる基本的出発点は，運動方程式を満たす解を探すことである．連続体における運動方程式は，応力 σ_{ij} がかかる微小体積に対してニュートンの第3法則を適用することでつくることができる．δx の長さをもち，断面積が $\delta y \delta z$ の平行6面体を考える (図 11.9)．ABCD 面にかかる法線応力は，

$$F_1 = \sigma_{xx} \delta y \delta z \qquad (11.44)$$

で，A'B'C'D' 面では

$$F_2 = \left(\sigma_{xx} + \frac{\partial \sigma_{xx}}{\partial x}\delta x\right)\delta y \delta z \qquad (11.45)$$

である．これらの応力成分からの正味の力は，

$$F = F_2 - F_1 = \frac{\partial \sigma_{xx}}{\partial x}\delta x \delta y \delta z \qquad (11.46)$$

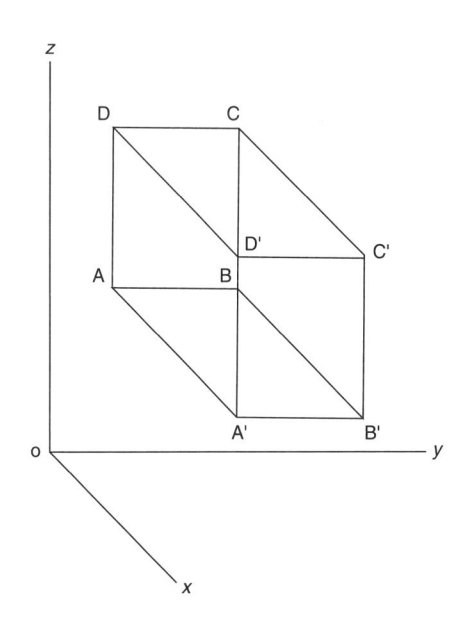

図 11.9 応力下にある媒質の中の体積要素の形状

同じように，他の2つの側面に対する x 軸方向のせん断応力を考えると，それぞれ，

$$\frac{\partial \sigma_{xy}}{\partial y}\delta x \delta y \delta z, \quad \frac{\partial \sigma_{xz}}{\partial z}\delta x \delta y \delta z$$

を得る．

これらの力を合計すると，外からの物体を通して平行6面体にかかる応力によって，x 方向への単位体積あたりの力は，

$$\frac{力}{体積} = \frac{\partial \sigma_{xx}}{\partial x} + \frac{\partial \sigma_{xy}}{\partial y} + \frac{\partial \sigma_{xz}}{\partial z} \qquad (11.47)$$

である．

以上の外部力に加えて，その体積は，上述の式に加えられなくてはいけない体積力，とりわけ重要なものとして重力 mg を受ける．単位物体あたりの体積力の成分を X とする (重力の場合は g)．すると，単位体積あたりの体積力は ρX となる．運動方程式は，力/体積 ＝ 密度 × 加速度 となる．3次元では，

$$\begin{aligned}\frac{\partial \sigma_{xx}}{\partial x} + \frac{\partial \sigma_{yx}}{\partial y} + \frac{\partial \sigma_{zx}}{\partial z} + \rho X &= \rho \ddot{u}_x \\ \frac{\partial \sigma_{xy}}{\partial x} + \frac{\partial \sigma_{yy}}{\partial y} + \frac{\partial \sigma_{zy}}{\partial z} + \rho Y &= \rho \ddot{u}_y \\ \frac{\partial \sigma_{xz}}{\partial x} + \frac{\partial \sigma_{yz}}{\partial y} + \frac{\partial \sigma_{zz}}{\partial z} + \rho Z &= \rho \ddot{u}_z \end{aligned} \qquad (11.48)$$

となる．これらの微分方程式の解は，地震学から構造地質学まで，数多く応用されている．この節では，加速度がなく，力がつり合った状態を考える．

運動方程式 (11.48) は，円柱座標系や球面座標系においても表すことができる (Jaeger と Cook, 1984)．円柱座標系における水平面内の応力のつり合いの方程式は，

$$\begin{aligned}\frac{\partial \sigma_{rr}}{\partial r} + \frac{1}{r}\frac{\partial \sigma_{\theta r}}{\partial \theta} + \frac{\sigma_{rr} - \sigma_{\theta\theta}}{r} &= 0 \\ \frac{\partial \sigma_{r\theta}}{\partial r} + \frac{1}{r}\frac{\partial \sigma_{\theta\theta}}{\partial \theta} + \frac{2\sigma_{r\theta}}{r} &= 0\end{aligned} \qquad (11.49)$$

となる．ここで，重力に対して垂直な水平面内 (r, θ) を考えているので，体積力は省かれる．

圧力 P を受ける弾性体中の半径 R の円柱の孔を考える．式 (11.49) を満たす解は，

$$\sigma_{rr} = P\frac{R^2}{r^2}, \qquad \sigma_{\theta\theta} = -P\frac{R^2}{r^2},$$
$$\sigma_{r\theta} = 0 \quad (r > R) \qquad (11.50)$$

となる．この解は，火道や圧がかかったボアホールのような加圧された管のまわりの応力を記述する．

これに関した，岩石力学において最も重要なものの1つの解は，無限遠において，ある主応力 $\{\sigma_1, \sigma_3\}$ が与えられた際，加圧される円柱状の孔の外における応力を与える (Jaeger と Cook, 1984)．これは，水圧破砕，応力解放 (オーバーコアリング) 法，ボアホール孔壁破壊法を用いた地球内部応力測定の際の解釈の理論的基礎になる．

$$\sigma_{rr} = P\frac{R^2}{r^2} + \frac{1}{2}(\sigma_1+\sigma_3)\left(1-\frac{R^2}{r^2}\right)$$
$$\quad + \frac{1}{2}(\sigma_1-\sigma_3)\left(1-\frac{4R^2}{r^2}+\frac{3R^4}{r^4}\right)\cos 2\theta$$
$$\sigma_{\theta\theta} = P\frac{R^2}{r^2} + \frac{1}{2}(\sigma_1+\sigma_3)\left(1+\frac{R^2}{r^2}\right)$$
$$\quad - \frac{1}{2}(\sigma_1-\sigma_3)\left(1+\frac{3R^4}{r^4}\right)\cos 2\theta$$
$$\sigma_{r\theta} = -\frac{1}{2}(\sigma_1-\sigma_3)\left(1+\frac{2R^2}{r^2}-\frac{3R^4}{r^4}\right)\cos 2\theta$$
$$(11.51)$$

ここで，θ は σ_1 の方向から測った角度である．

水圧破砕は，ボアホールのような管の中の水圧が，水が流れ込めるような割れを生じさせながら，まわりの岩石を破壊するに十分なほど大きくなることで起きるプロセスである．自然界では，水圧破砕は地熱地帯のような場所で起きる．同様なプロセスであるマグマ圧破砕は，マグマが岩石を割ってダイクやシルをつくる火山地帯で起きる．石油業界では，水圧破砕は石油の貯留層を破壊すること，その後の層の貯留能力の回復に対して，また浸透率を増加させる際に用いられる．水圧破砕プロセスでは，パッカーズでボアホールの封をし，周囲の岩石が破壊に至るまで封されたボアホールの部分に液体を流し込む必要がある．圧力は，継続的にモニターされ，割れの方向と配置を推定するために，さまざまな手法も用いられる．石油貯留層で用いられることに加え，この水圧破砕法は，広域応力場を決定するのに最も重要な手法の1つである．なぜなら，割れは最小主応力の方向に開き，クラックに向かう流体の流れは，クラックの空間的広がりに規定されるからである．

鉛直方向の割れを発生させるためには，たとえば，式 (11.51) において，ボアホールにおける $r = R$ での接線方向の応力 $\sigma_{\theta\theta}$ が，岩石の引張強度 $-T_0$ に等しい必要があり，

$$\sigma_{\theta\theta} = -T_0$$

である．式 (11.51) より，$r = R$ において
$$\sigma_{\theta\theta} = -P + (\sigma_1+\sigma_3) - 2(\sigma_1-\sigma_3)\cos 2\theta$$

となる．接線応力は，$\theta = 0$ のときに最大引張 (負) になる．そのときは，

$$T_0 = P + \sigma_1 - 3\sigma_3 \qquad (11.52)$$

で，クラックは $P_1 = T_0 + 3\sigma_3 - \sigma_1$ のときに生成され (図 11.10)，ボアホールからクラックに向かって水が流れる．クラックが非常に大きくなり，クラックの存在が広域応力に対して影響を与えるより前に，圧力は減少して流れは止まり，再加圧される．このときには，内部圧は，引張強度をもたないすでに割れたクラックを開口させるので，よ

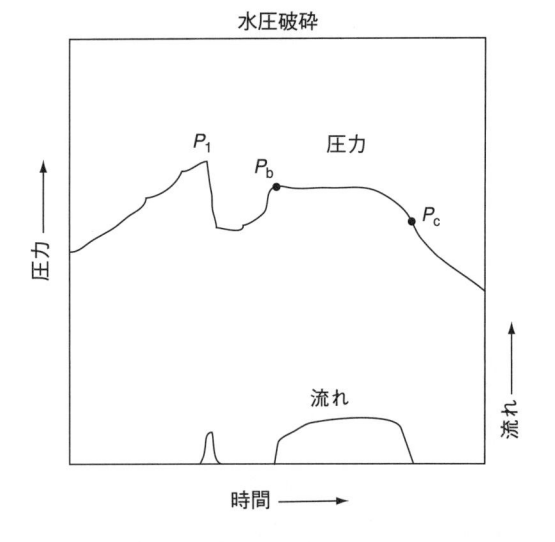

図 11.10 水圧破砕実験でのウェルヘッド (孔口) における圧力．ボアホール内での圧力は P_1 まで上昇し，その後岩石が割れ，そこに流体が入り込んで圧力が減少する．流体の流れが止むと，クラックは閉じ，流体が再び流れるためにクラックが再開口する際の圧力であるブレークダウン圧力 P_b まで，再び圧力は上昇する．P_c は，流れが止まるときに対応するシャットイン圧力 (孔内に作用する圧力) すなわち，クラックが閉じる際の圧力である．

り簡単な関係式が得られる.

$$P_b = 3\sigma_3 - \sigma_1 \tag{11.53}$$

P_b はブレークダウン圧力で，ウェルヘッド (孔口装置) にて測定される．$P = P_b$ になると，再び流れが生じる (図 11.10)．ここで，2 つの未知数 σ_1 と σ_3 をもつ 1 つの関係式 (11.53) を得る．よって，さらなる測定が必要になる．クラックはさらに成長しうる．もし物体が，よく仮定されるよう不透性かつ等方的であるならば，クラックは σ_3 の方向に垂直方向な面として開き，σ_1 の方向に走る．クラックが完全に開いた後，ウェルヘッドでの圧力は減少し，最終的に流れが止まるまで減少しながら，クラックは閉じる．大きなクラックでは，σ_1 は流れに何も影響を与えず，内部圧力は $P - \sigma_3$ に依存している．$P - \sigma_3 = 0$ になったとき，クラックは閉じる．よって，閉じる直前に測定される圧力，シャットイン圧力すなわち密閉圧力 P_c から，σ_3 を推定することができる．多くの状況では，第 3 主応力は，$\sigma_3 = \rho g z$ とみなせる．よって，原理的には，水圧破壊測定は，応力場のすべての成分を決定することができる．クラックの走る方向は，モニター画像やインプレッションパッカーによって，ボアホールの中で測定，または，高精度の傾斜計による表層での変形場を検出することで外部から測定する (Davis, 1983).

応力解放法として知られる応力を推定するもう 1 つの方法は，ボアホールのまわりに環状に，周囲のトラクションが影響しないほど十分離れたところで，岩石を掘り出し再度孔を開ける．オーバーコア終了後の深さ方向の口径変化は，キャリパーで測定される．もし，弾性定数が既知であれば，ひずみは応力に換算され，式 (11.51) は，σ_1 と σ_3 を決定するのに適用できる．

また，式 (11.51) はボアホール壁崩壊の解析に

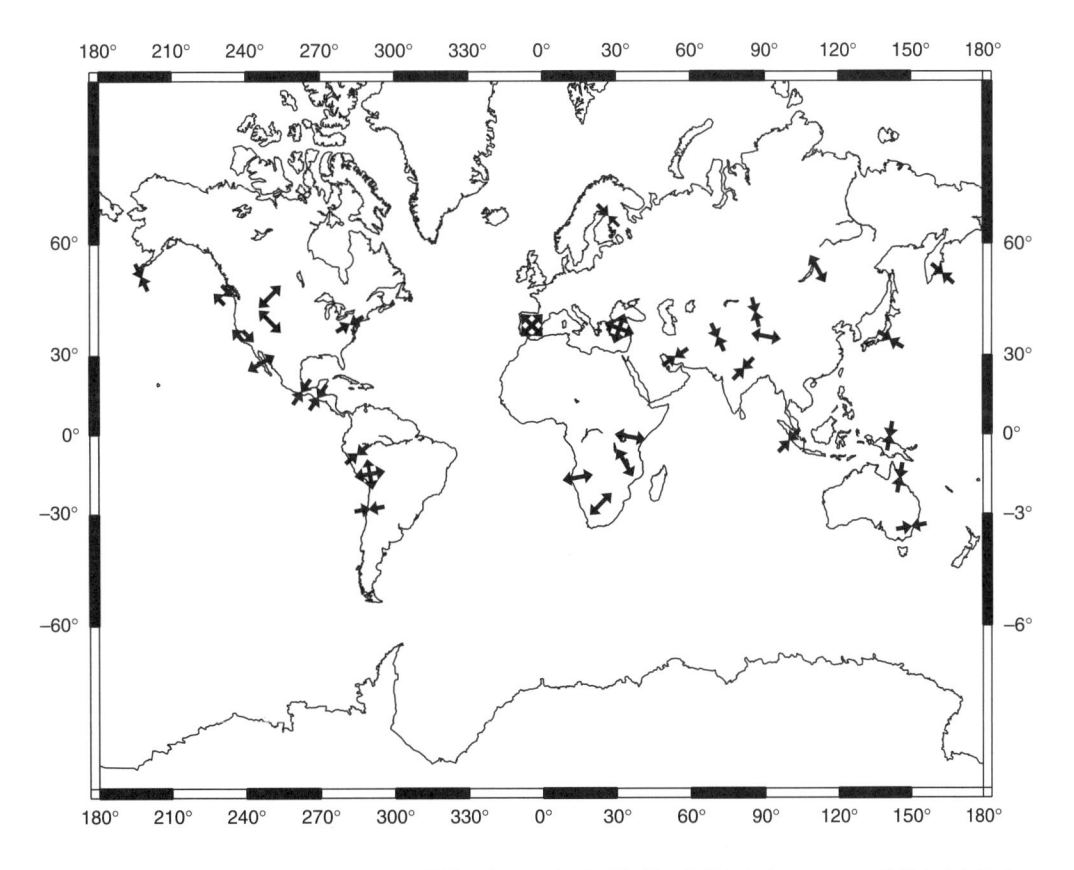

図 11.11 Reinecker ら (2004) による世界応力マップから選択的に抜粋したもの．2 つの発散する矢印は引張，収束する矢印は圧縮場を示す．互いに平行逆向きの矢印は，横ずれ断層を示す．

も適用できる．この崩壊は，最小主応力である σ_3 の軸に最も近いボアホール周囲に沿って，岩がはがれ落ちるボアホールの局所的な破壊である．圧搾された孔は，側面より壊れる．$P = 0$ の下，式 (11.51) は，主応力 σ_1 と σ_3 である場所に孔が開けられる際の応力集中を表す．岩石中での最大圧縮は，$\theta = \pm 90°$ で起こり，$r = R$ で，$\sigma_{\theta\theta} = 3\sigma_1 - \sigma_3$ となる．圧縮応力は，孔外縁に平行なクラックを発生させ，岩のかけらがそれぞれの側面からはがれ落ち，水平面で見るとボアホールが伸びた形になる．最小主応力の方向は，キャリパーを入れて，その伸びの方向を測ることで知ることができる．応力の方向を測ることにおいては有用であるが，この方法は，応力の大きさに関しては何ら情報を与えない．

図 11.11 は，地震のメカニズム解 (14 章参照) や断層すべりタイプのような地質学的指標を水圧破砕，応力解放やボアホール崩壊と組み合わせた，世界応力マップ (Reinecker ら，2004) からの応力状態のプロットである．世界の広い領域にわたり，応力は同じような方向をもっている．発散および収束の矢印は，それぞれ，引張および圧縮場の地域を示す．隣り合わせで互いに逆向きの矢印は，横ずれの地域を示す．たとえば，アリューシャン沈み込み帯は，衝上断層の地域であり，サンアンドレアス断層は横ずれ，もっと内陸の西北米のベイスン・アンド・レンジ (盆地・山地) 地域では，地殻の伸長が起きているバハ・カリフォルニアと同様，正断層地帯となっている．ケニアの東アフリカ地溝帯，ニューメキシコのリオグランデ地溝帯，シベリアのバイカル湖といった世界の主な活動的大陸地溝帯は，すべて引張応力場にある．応力が広範囲にわたって同じなのは，13.4 および 13.6 節でさらに考察するように，プレートテクトニクスによる広域応力と隆起と関係づけられる浮力の組合せで説明される．

12
テクトニクス

12.1 まえおき

サイスミシティ(地震活動)は地震発生，その仕組み，規模，そしてとりわけその地理分布を網羅するためにGutenbergとRichter (1941)によってつくられた言葉である．われわれは150年以上の間，地震は地球上に広がった，しかし比較的狭い帯状の場所に集中していると知っているが，そのパターンはそれが1950, 1960年代にプレートテクトニクス理論の土台となるまで多かれ少なかれ謎のままであった．この理論によれば，地球表面は相対運動を行うほぼ剛体であるプレートに分けられ，地震は主にその境界で起こる．これに関連してとくに重要なものが深発地震であり，これは冷却された表面物質がマントルへと入り込む沈み込み帯を特徴づける．これらはプレートを駆動する深い場所での対流運動の直接的な証拠を与える．

現在イギリスのサッチャムにある国際地震センターへとデータを定期的に供給している3 000以上の地震観測点が全球に分布している．それらの分布は不均一だが，マグニチュード5かそれ以上のすべての地震を高い信頼度で決定するには十分である(マグニチュードの定義とそのエネルギーとの関係は14.6節で議論する)．これらの地震にのみ注目することで，われわれは観測機器が設置された地域による偏りがない世界のサイスミシティのパターンを見ることができる．地震が実際に起こる震源直上の表面の点にあたる震央(図12.1)はプレートの外形を描き，それは図12.2で確認できる．頻度はより低いがプレート内地震もまた起こっており，このことはプレートが完全に剛体ではないことを示している．しかし，プレートの相対運動を計算する際にはその変形は十分に小さいため無視できる．図12.1での地震分布によって示唆されるマントル対流のパターンは，共通の境界をもつプレート間の相対運動の推定に用いられる地震波の初動の研究によって確かめられる (14.4節)．

地球スケールのテクトニクスについてわれわれの理解が進んだのは，大陸移動の信頼性を立証した古地磁気学によって切り開かれた (25.6節)．続いて，人工衛星レーザー測距法 (SLR)，超長基線電波干渉法 (VLBI)，そして現在はより広範囲で衛星による汎地球測位システム (GPS) が用いられ，地質的に推定される大陸地塊の相対運動が進行中であることが示されて来ている．もう1つの古地磁気学による重要な貢献は，一連の地磁気の逆転を立証したことである (25.4節)．拡大海嶺で生成された新しい火成岩の地殻はその生成の間もしくはその少し後に帯磁し，海嶺から離れる際その磁場の記録を運ぶ．これは海嶺に平行な一連の線状の海洋底磁気異常を生成し，このことは大陸の岩石の磁気の中に見られる磁場の極性が不規則に反転することに関連する．ここ数百万年間の地磁気の逆転時の年代は同位体によって十分な精度でわかっているため，地磁気の縞から海洋底拡大の速度を決定することができる．約1億年以前に対しては，地磁気の極性の時間スケールは (海洋底の) 拡大速度が一定であるという仮定のもと海洋底の磁気異常によって決定される．

テクトニクスに対して根本的な示唆をもつ3つ目の地磁気観測は，マントル深部に固定されている火山性「ホットスポット」を横切るプレート運動である．マントル基準系の考えはハワイでの観

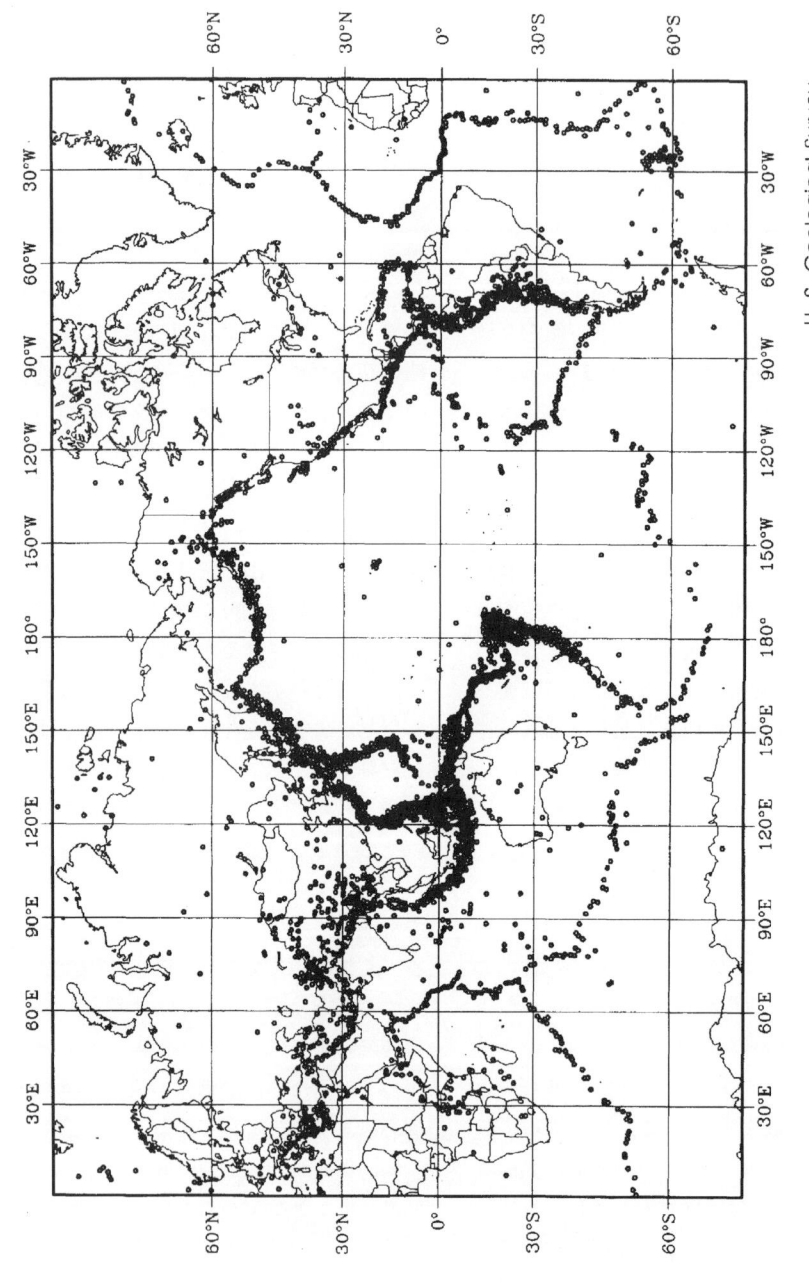

図 12.1 1980年から1990年に起きたマグニチュード5以上の地震の震央. デンバー, アメリカ地質調査所地震情報センターの Susan K. Goter の好意による.

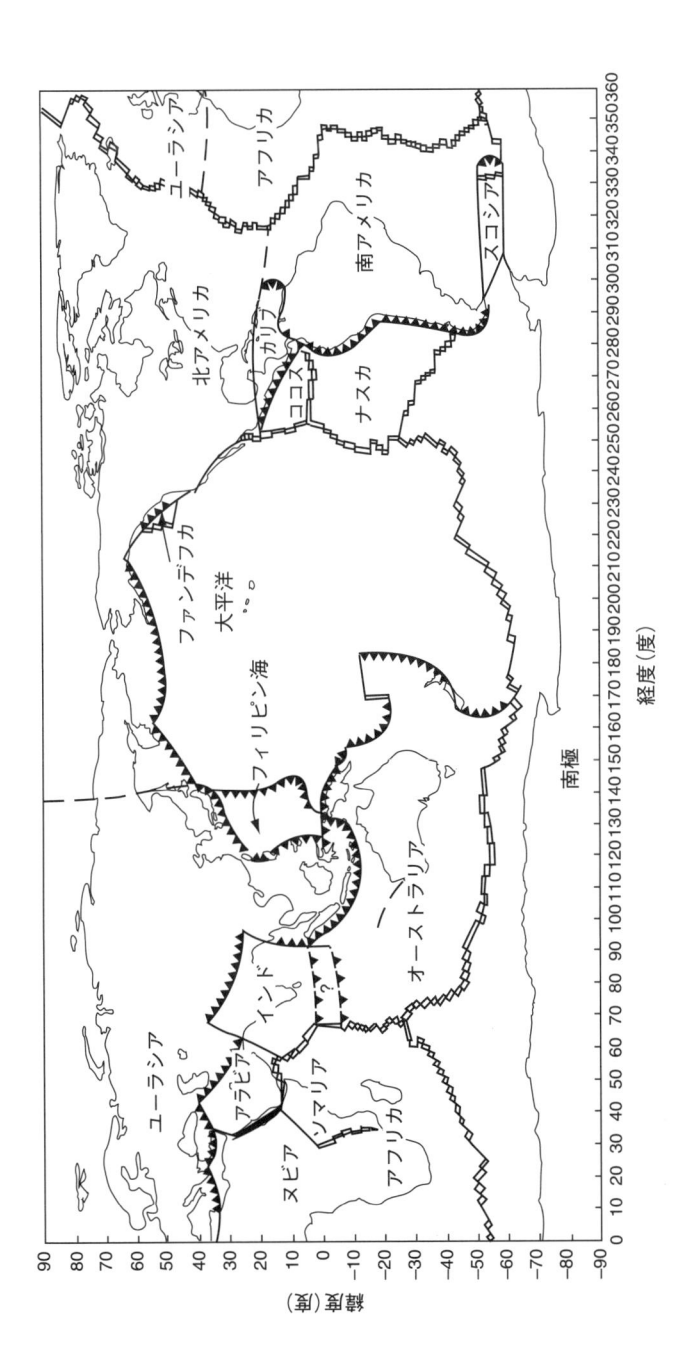

図 12.2 地球の主要なプレート．沈み込み帯は上盤プレート上に「鮫の歯」で表され，その下に沈み込むプレートの運動を示している．拡大中心は 2 重線で示されているがこれらは横ずれ断層によって寸断されている（図 12.7 のように単線）．破線は不確定な境界を示す．

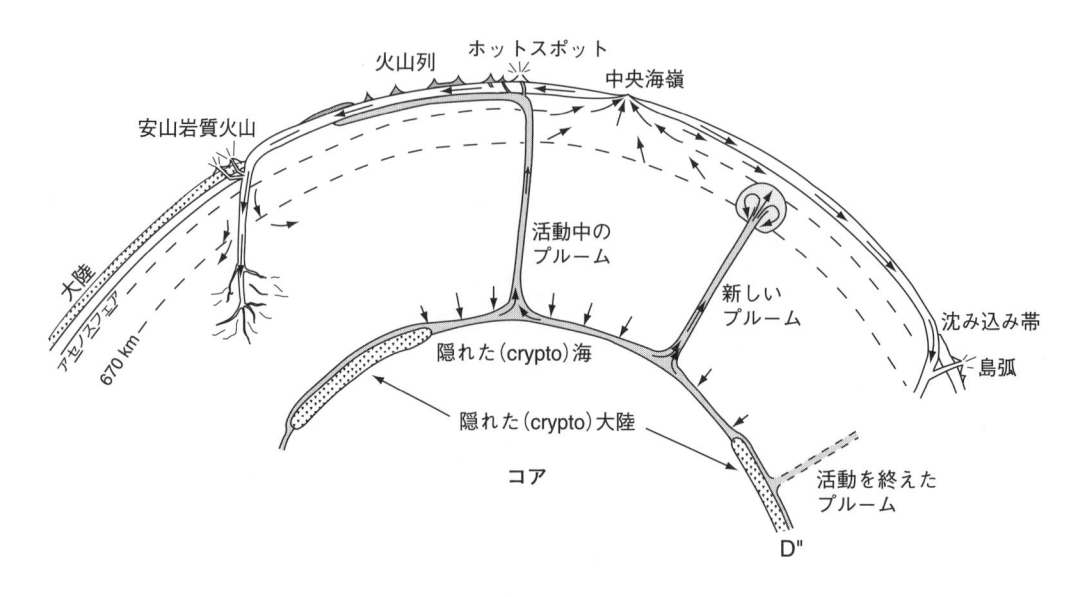

図 12.3 マントル対流の断面図

測に始まった．現在活発な火山は諸島の南東の端，緯度 19°にあるハワイ島と，そのすぐ南東に位置する海底火山のロイヒである．この諸島の他の島は北西方向に並び，その方向への距離に比例して年代が増加する．古地磁気の測定により，それらはすべて緯度 19°，つまり現在の火山活動の中心の緯度で形成されたということが示された．太平洋プレートは，多かれ少なかれ固定されているマントルホットスポットを横切って移動している．そしてそのホットスポットは徐々に北西方向へと移動する死に絶え侵食された一連の火山を生成する．

ハワイのように地表面に現れた局所的なホットスポットを伴う，マントル深部で対流するプルームの概念は Morgan (1971) によって創始され，それは図 12.3 に示されるようにわれわれのマントル対流の理解において重要な要素となった．すべてのプルームが等しく活動的ではないためその数はよくわかっていない．4 つの最も活発なものがまったく異なる状況で現れている．ハワイとレユニオンは海洋島，アイスランドは大西洋中央海嶺にまたがっており，大陸中央ホットスポットは中央アフリカのザイールで現れている．イエローストーンはよく引き合いに出される例であるが他の場所とは物理的に異なっているようであり，いくらか異なる原因の可能性がある．地表でいくつかのホットスポットの軌跡が確認されており，その中には太平洋プレート上でハワイ諸島におおよそ平行な方向に線状になっているものも含まれる．他のプレート上のものはその運動によって方向づけられた独立した軌跡をもつ．ハワイ・ホットスポットの見かけ上の固定は，ホットスポットがほぼ不動なマントル深部に対して止まっているという仮定をもたらし，これはプレートテクトニクスに対しての基準系を与える．現在では，ホットスポットは互いに動いてはいるがプレート運動に比べて遅いこと，そしてそれらがマントル深部の対流運動の指標となることが明らかになっている．とくに関係しているものがプレート境界から離れている 2 つの主要な海洋性ホットスポット，ハワイとレユニオンの相対運動の研究である (12.4 節参照).

古地磁気学の発見によって，プレートテクトニクスは，全球の地質学的過程に対する説得力のある定量的な説明となった．しかしその考えの多くは長い歴史をもつ．マントル対流の概念は 19 世紀初期にまでさかのぼることができ，その頃内部深部の大部分は流体であると考えられていた．マントルが固体であると認識されてさえも，海洋底拡大と沈み込みは A. Holmes によって支持され，そしてわれわれの現在の理解にとても近い形でのこれらの過程を示す図が 1944 年に出版された彼の教

科書 *Principles of Physical Geology* で現れ，Cox (1973, p. 20) によって転載された．これらの考えは太平洋を横切る音響測深によって注目された．そしてそれはとりわけ第2次世界大戦の間，潜水艦の指揮官をし，その後に自分の観測を大陸移動と海洋底拡大を関係づけることに使った H. Hess によって行われた．プレートテクトニクスは海洋底の構造が明らかになったときに初めて一般的に受け入れられた．

海洋底を取り入れるまで全地球の地質の理解は，とても不完全なものであったが，それらがもつ限られた年代の幅のために大陸からの証拠なしでは地球の歴史に関してのとても限られた視点しか手に入らないということもまた事実である．大陸の不変性は沈み込みを妨げるその浮力によるものである．大陸地殻は平均厚さ $z = 37\,\mathrm{km}$，その下にあるマントルとの平均密度差 $\Delta\rho \approx 500\,\mathrm{kg\,m^{-3}}$ をもち，(同じ体積のマントル物質に対して) $z\Delta\rho \approx 1.85 \times 10^7\,\mathrm{kg\,m^{-2}}$ の質量欠損を与える．これは $\Delta z \approx 2.1\,\mathrm{km}$ 熱収縮したリソスフェアの負の浮力より大きく，マントルの密度を $\rho = 3350\,\mathrm{kg\,m^{-3}}$ としたときその質量超過は $\rho\Delta z = 7.0 \times 10^6\,\mathrm{kg\,m^{-2}}$ である．冷却されたリソスフェアの負の浮力は大陸地殻の正の浮力の半分以下である．プレートの海洋性の部分のみが沈み込みそれらが大陸地塊を一緒に運んできたとき衝突帯が現れ，その最も印象的なものがヒマラヤである．海洋プレートの場合でもいくらか地殻の浮力はあるが，それが若い年代をもつ海洋リソスフェアの沈み込みを大きく妨げるかどうかは明らかでない．深い場所では玄武岩はエクロジャイトへと変わりその浮力を失うため，沈み込みに対する抵抗はおそらく浅い場所での効果であろう．

12.2 和達–ベニオフ帯と沈み込み

深発地震は最初1928年の K. Wadati による日本の記録の研究から明らかになった．それらは現在図12.2に見られるように強い沈み込みに沿って700 km の深さまでで起こることが知られており，リソスフェアプレートの収束する場所からマントルへと及ぶ傾斜面を示す．深い海溝は沈み込むプレートが折れ曲がる線を示す．H. Benioff が深い地震のサイスミシティの特定に対してなした貢献はそれらを和達–ベニオフ帯とよぶことによって認められている．従来地震は浅発 (0～60 km)，やや深発 (60～300 km)，そして深発 (300 km 以深) の3つのグループに分類されるが，単純に震源が60 km 以深の地震すべてを深発地震とよぶことが時に有用である．浅発地震が最も多く起きる．最も大きな地震は沈み込み帯の浅い部分で発生する．

和達–ベニオフ帯の詳細な形状は変化に富んでおり，プレートの速さ，沈み込むリソスフェアの年代や地質，とくに海洋地殻と大陸地殻の分布に依存する．日本の深い地震のサイスミシティはとくに詳細に研究されており，沈み込みの過程について有用な洞察を与えてくれる．図12.4はこの地域の深発地震の分布を示しており，ここではいくつかの沈み込み弧の断面が存在する．図12.5は図12.4のデータの一部，北緯 $39°$ から北緯 $40°$ の間の東西方向の断面をとったものである．ここでは，緊密な地震観測点によって精度良く決定された震源位置が二重のほぼ平行な面を描いている．地震の震源メカニズムは上面が沈み込み方向に圧縮，下面が沈み込み方向に伸張になっていることを示しており，スラブの上方への曲げの応力を示唆している．これら2つの面は，まわりのマントルからの熱による弱化から期待されるように，深くなるにつれて収斂している．なぜなら，地震は冷たい岩石の中でのみ起こり (10.6節参照)，変成作用に伴う脱水が水を放出し，空隙圧を上げ，有効断層摩擦を下げ，地震活動を高めるからである．他の沈み込み帯では，沈み込み方向への伸張は中間の深さで支配的であるが最も深い地震は沈み込み方向への圧縮を示しており，これはマントルの粘性による抵抗力の増大を示唆している．

沈み込み帯の興味深い特徴の1つに沈み込み角度の多様性があげられる．ある極限では，たとえば中央ペルー下に見られるようにある距離にわたってほぼ平行になっているように見える (図 12.6)．急角度での沈み込みの方がわずかに多いようであり，平均の沈み込み角度は約 $50°$ となっている．こ

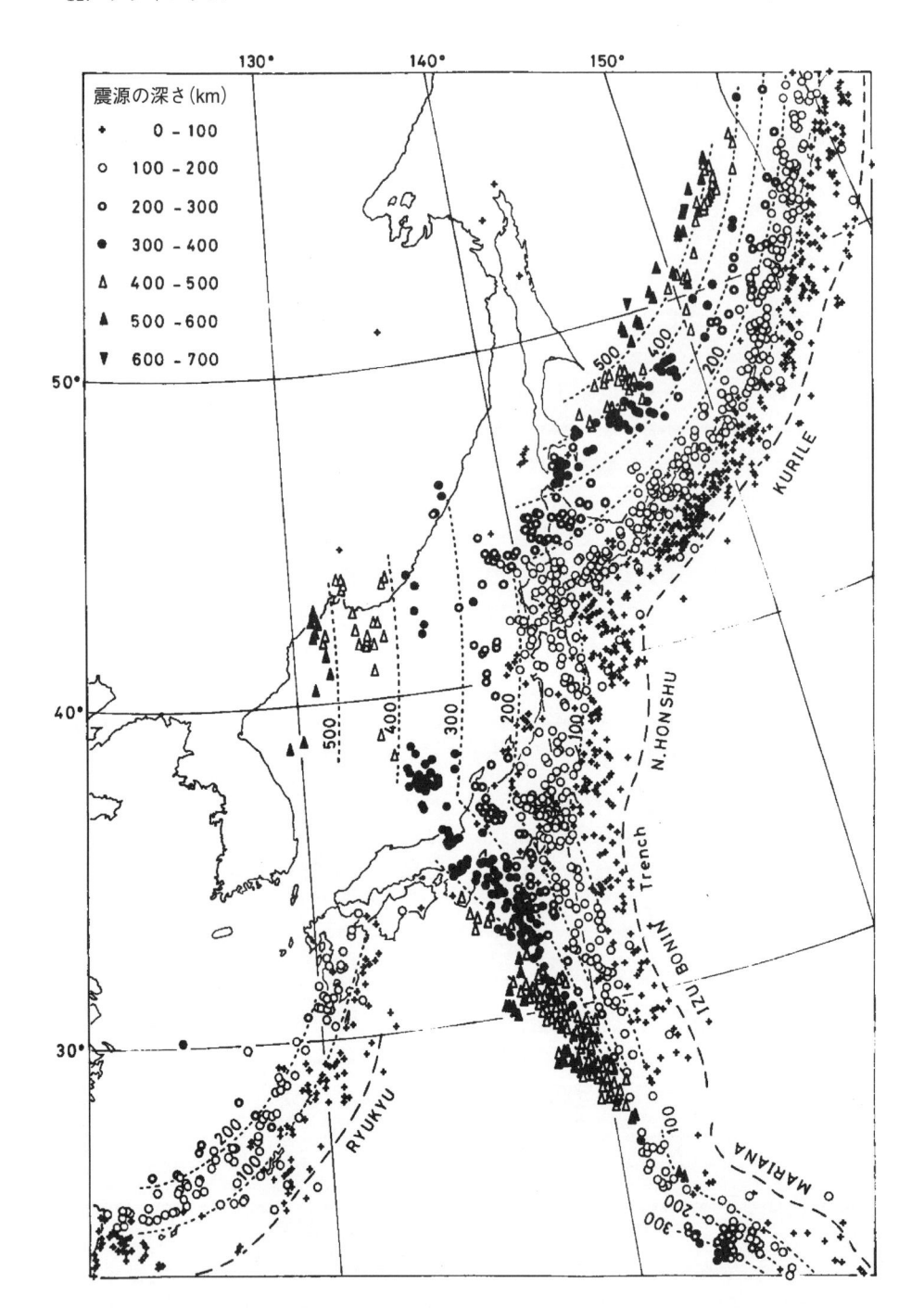

図 12.4 日本とその周辺の弧の和達–ベニオフ帯に沿った震源のパターン．T. Utsu による最初のプロットをもとにした Sasatani (1989) による図を許可を得て転載した．震源のいくつかの傾斜面がこの地方を横切っており，このことは複雑なプレート形状を示唆している．

の多様性，そして重力によって駆動されるにもかかわらず沈み込むスラブが垂直でないという事実を説明しようとする試みがいくつかなされてきた．しかしそのどれもがいまだ説得力がない．

火山活動に反映されていると思えるような局所的な条件の差によって，沈み込む物質内の地震活

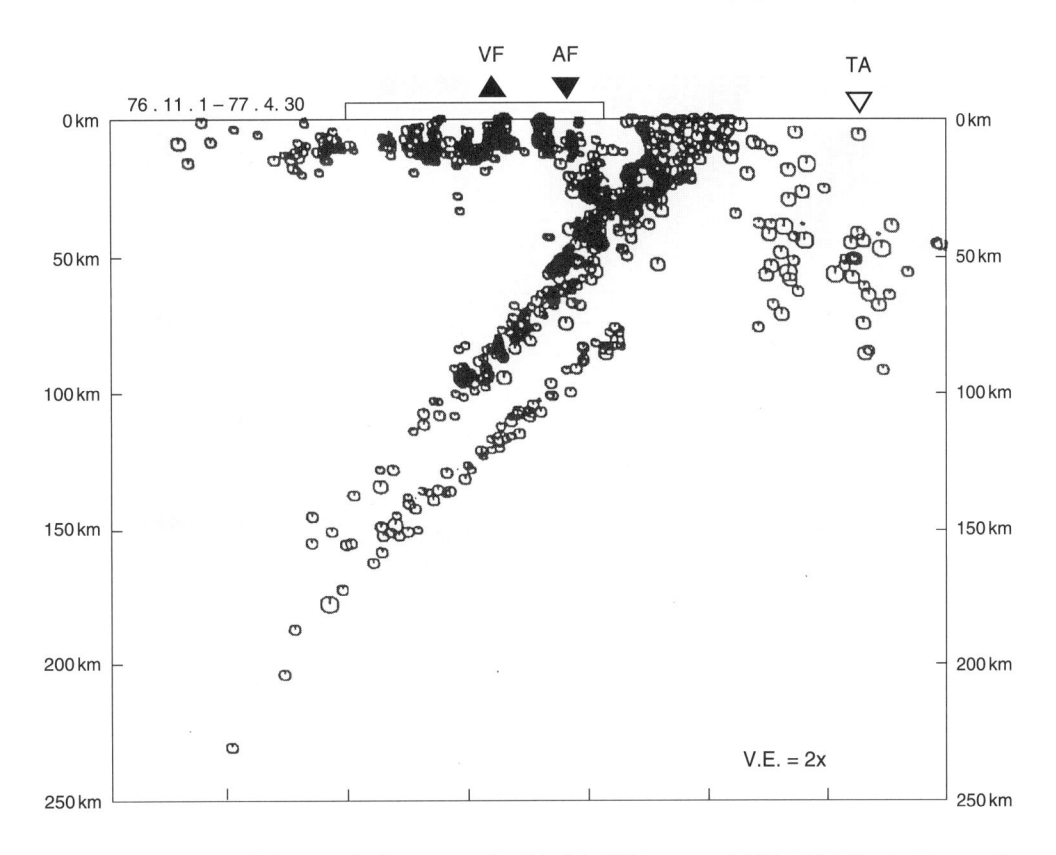

図 12.5 日本の本州北部下での和達–ベニオフ帯の断面図．震源の 2 つの平行な面を示している．VF は大陸中央部の火山フロントを示している．Hasegawa (1989) を許可を得て転載した．より詳細な色付きのプロットは Hasegawa ら (1991) を参照のこと．

動にはかなりの多様性がある．どの場所でも深発地震は浅発地震に比べて珍しく，そして場所によっては深発地震はまったく起こらない．沈み込み弧に沿っての火山活動にも類似した多様性がある．図 12.3 のテクトニック過程の図で示唆されているように，沈み込んだ物質は安山岩質溶岩 (南米のアンデス山脈から名付けられた) を生成する．そしてそれはスラブが約 100 km にまで侵入した場所で線状に並んだ火山の列を形成する．しかし中央ペルーを含む沈み込み帯のある部分に沿っては火山はまったく見られない (図 12.6)．これらの地域では化学的性質または沈み込みの形態のどちらかがマグマ生成に適していない．1 つの重要な要素は沈み込んだ堆積物内の水をどの程度利用できるかであろう．ナスカプレートが中央ペルー下に沈み込む部分は非典型的な地殻組成をもっており，これは大陸のかけら，つまりナスカ海嶺である可能性がある．ここでは海洋底の他の場所よりも盛り上がっているために水をあまり含んでいない堆積物がたまっている．もう 1 つの可能性は，中央ペルーのようにもし沈み込みが遅い，または遅れたならば，火山の熱が拡散し過ぎてマグマ生成が起こらず，花崗岩の貫入を伴うよりゆっくりと広範囲な上昇流が起こるということである．

沈み込み帯の火山によって生成された溶岩内への沈み込み物質の取込みは，安山岩質溶岩内の ^{10}Be 同位体の発見によって疑う余地なく証明された (とくに Morris ら，1990 参照)．これは宇宙線の照射によって大気内で生成され，海で押し流され海洋性堆積物内に堆積した放射性同位体である．その半減期 150 万年 (付録 H の表 H.2) は十分短く，この同位体が地球内部に長く留まることができなかったことを示している．溶岩は 1000 万年より古い年代の海洋性堆積物を含むことができない．沈み込

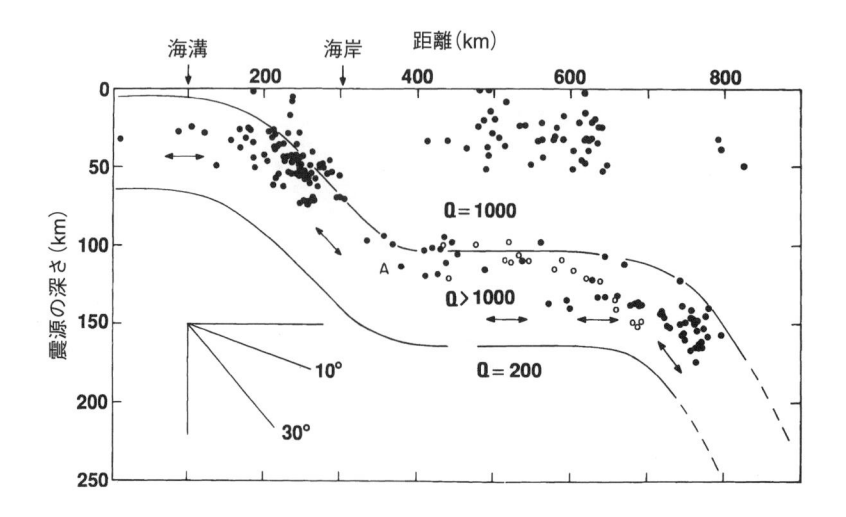

図 12.6　中央ペルー下の和達–ベニオフ帯の断面図. 300 km にわたる「水平な沈み込み」の証拠を示している. 黒丸は M. Barazangi と B. Isacks によって 100 km の幅に対してプロットされた震源である. Schneider と Sacks (1992) がより限られた地域に対するローカルネットワークによって決定された震源を示す白丸を加えた. 矢印は震源メカニズムから推定された伸張応力を示す.

は, 少なくとも 100 km の深さまでは表面のプレートの速さそのままで進まなければならず, ある場所では, すべての堆積物が沈み込むに違いない.

Morris ら (1990) はまた, 安山岩質溶岩内にホウ素が多量に存在するためには, 重要な要素として海水の取込みが必要であるということを指摘した. 海水のほかにホウ素のもっともらしい供給源はない. したがってわれわれは安山岩質火山は海水が沈み込んだ結果であるという結論に達する. 無水の物質の溶融は起こらないであろうから, マグマ生成を引き起こすものは水の量である. 地球の自由にふるまう海水は太陽系内で唯一のものであるため, 少なくとも現在は地球の酸性火山活動もまた太陽系内で唯一であるということになる. われわれが知る限り, 他の地球型惑星 (と月) のすべての溶岩は玄武岩質である. 1.1 節と 2.9 節で, 酸性の岩石はマントルが対流するときにその表面で浮かんだままでいるような大陸の構成要素として不可欠なものであると指摘している. 海水の沈み込みは大陸地殻, したがって図 9.4 に見られるようなバイモーダル (二峰性) の表面の隆起の発達に関与している.

沈み込んだ物質が最終的にどうなるのかということはまだ推測の域に留まるテーマである. 地震が 700 km 以下では起きないためスラブがその深さより下へと突き抜けるという証拠は直接的にはあまりない. そこは近似的には主要な相変化反応が起こる面であり, 上部マントルと下部マントルの境界と考えられている. 粘性は深さとともに増加し下部マントルは確かに上部マントルよりも粘性が高い. しかし 22.4 節での熱に関する議論によると対流は全マントルで起こる過程となっている. 地球の熱の大部分は下部マントル起源であるため, 沈み込んだスラブによって深部へと運ばれる冷たさは下部マントルのいたる所に分配されなければならない. その仕組みについての問題には 12.6 節で取り組んでいる. 660 km の相転位は対流の妨げになるが, マントル中間部での強い熱境界層がない状態ではおそらく 660 km での運動の遅れや複雑さを伴う全マントル対流が支配的であるに違いない. そしてこのことは下部マントル冷却の考察により強調される (12.6 節). 上部マントルでは沈み込んでいるスラブが連続的であるということにほとんど疑いの余地はない. つまり観測される地震活動の欠如はスラブそのものの不連続ではなく物性の観点で解釈されなければならない (Okal, 2001).

12.3 拡大中心と磁気縞模様

大陸の浮力はそれらが海洋底と比較して 5 km 隆起していることにより示唆される (図 9.4). そして 12.2 節で説明されるように, それらは沈み込みに対して抵抗するため, インドとアジア本土の間にあるヒマラヤのように収束プレートによって大陸が衝突している場所では異常なほど分厚い大陸地殻のくしゃくしゃな塊を形成する. 大陸はさまざまな方法で分裂し再形成するが, 消滅はしない. 大陸はそこに酸性火山活動が加わるとき徐々に総体積を増やすが, 小さすぎるために沈み込みから逃れられない破片と, 海に入りそこで沈み込む堆積物との少しの損失を伴う. 大陸はただ古くなっていき, 35 億年以上の年代の核をもつ. しかしそこでは 5.3 節で議論されるように侵食作用と堆積作用によって連続的なリサイクルが起きている.

海洋底の年代はそれに比べて若い. 約 2 億年の年代より古い海洋底は存在せず沈み込みでの平均年代はおよそ 9000 万年である. 海洋底は地球表面の 60% を占めているため ($3 \times 10^8 \, \text{km}^2$), その限られた年代の範囲は海洋地殻が生成, そして消滅する速さの尺度となり, その値は $3 \times 10^8 \, \text{km}^2 / 9 \times 10^7 \, \text{年} \approx 3.4 \, \text{km}^2/\text{年}$ である. 海洋底は熱境界層であり, そこではマントル深部から対流によって運ばれた熱を海へと輸送する.

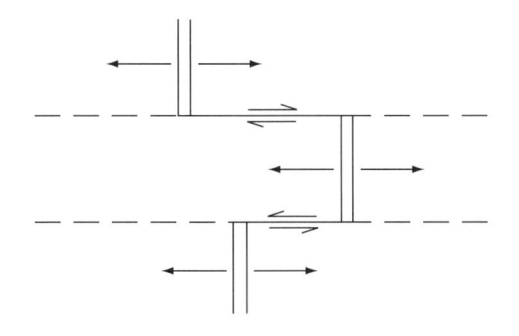

図 12.7 横ずれ断層. これらは 2 重線で示されている拡大中心間の水平せん断面である. 拡大が起きる海嶺は横ずれ断層によって分割されており, これらは破線で示されるようにその痕跡を海洋底上に地震学的に不活発な「断裂帯」として残す.

地殻の拡大中心を示す海嶺では沈み込み帯に比べ地震活動が不活発であるが, それでも図 12.1 でははっきりと見える. しかし, 海嶺では深発地震は起こらず浅発地震の多くは拡大が起こる海嶺軸上よりもむしろ海嶺間をつなぐ横ずれ断層上で起こる (図 12.7). 13.2 節で, 拡大はおおよそ沈み込みによって駆動される対流の受動的結果であり, マントルの粘性の推定は, プレート運動はマントル全体の運動ではなく比較的薄い低粘性層 (アセノスフェア) 内のせん断によって調整されているという考えを受け入れる場合にのみ正当化されると議論している. したがって, 拡大中心で現れる新しい地殻物質のほとんどはおそらく近くのアセノスフェアから流れてきたものである. 拡大中心と核の熱を運ぶマントル深部のプルーム間でアセノスフェアが連結する可能性を除けば, それはまあまあの深さより下から来たものではなさそうである. それゆえ拡大中心の下には和達–ベニオフ帯に相当するようなものはない. さらに, 拡大中心には大きく冷たい塊がないため, 地震が起こりやすいような物質はほとんどない. このことは, われわれが拡大中心に関しては, 沈み込み帯の場合と同じようなきれいで詳細な形状のイメージを得られないことを意味している.

図 12.8 は南大西洋での大西洋中央海嶺中心からの距離に伴う海洋底年代の増加を示している. もともとは Maxwell ら (1970) によるプロットであるが, これらのデータはおそらくいまでも大西洋中央海嶺が拡大中心であることを示す最も説得力がある証拠である. データポイントはそのほとんどが海嶺の西にあるものであるが, 補正をすると, 拡大は対称な形でありそれぞれ 1.9 cm/年 の速さだということを示す. 図 12.2 に示されている活動的な海嶺すべてに沿っての拡大速さのより広範囲な証拠は, それらがつくった線状の地磁気異常の並びの間隔を比較することで得られる. 海嶺軸は通常割れ目によって特徴づけられる. そして割れ目の側面が磁場の極性の「テープレコーディング」をしながらゆっくりと離れて行くとき, 割れ目に沿って新しい溶岩が現れる (図 12.9). 線状の地磁気異常は最初太平洋で A. D. Raff と R. G. Mason

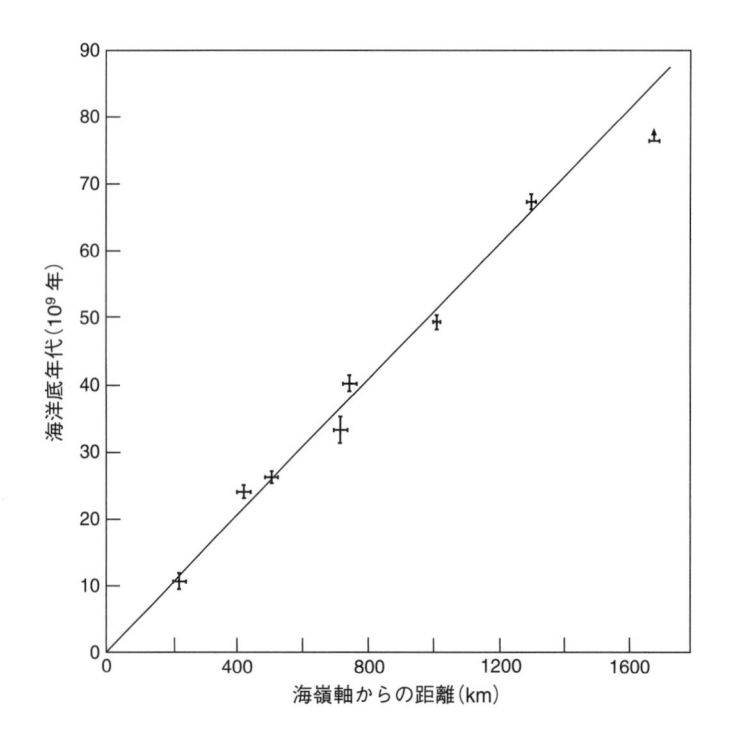

図 12.8 古生物学的に決定された，玄武岩基盤直上の海洋底堆積物の(最下部の)年代．30°S の場所で年代が大西洋中央海嶺からの距離の関数として求まっている．Maxwell ら (1970) によるデータを再びプロットした．

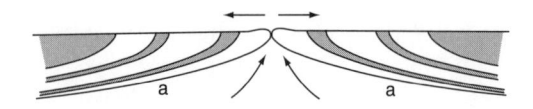

図 12.9 拡大中心近くの海洋底で交互に正帯磁，逆帯磁した玄武岩．現在の場と逆方向に帯磁した岩石には影をつけてある．海洋底は海嶺軸から離れるに従って冷え，a で示された境界は帯磁した鉱物のブロッキング温度の等温線であり，ここで残留磁気が獲得される．この深さより下の玄武岩は熱すぎて残留磁気を得ることができない．正帯磁と逆帯磁した岩石の境界は地磁気場が逆転した時代のブロッキング温度の等温線を示す．

によって発見され，その解釈は Vine と Matthews (1963) によって与えられた．大西洋中央海嶺のある部分を横切る対称な異常のパターンが図 12.10 に転載されている．

海嶺や海溝のテクトニックなパターンは固定されてはいない．それらは移動し新しいものが生まれるにつれ古いものは消滅する．おそらく最も明らかな新しい海嶺は紅海の下を走っているもので

あり，そして新しい沈み込み帯はオーストラリアプレートとインドプレートを分けるインド洋で形成されつつあるようだ (図 12.2)．テクトニックなパターンの一時的性質を示すもう 1 つの特徴は背弧海盆の形成である．火山島弧は沈み込んだスラブが約 100 km の深さに到達した場所で生じ，前弧海盆とよばれる領域によって対応する海溝から離れている．海溝が後退すると，上盤プレート内の弧と反対側の部分に引張りの力が発達し，それが背弧海盆の拡大や形成を引き起こす．新しい海嶺をつくり主要な海盆に発達するのは拡大中心である．大西洋は完全に発達した背弧海盆であると考えられている．海底地形 (図 12.11) はマリアナ背弧海盆の場合，海嶺が弧で形成されその弧を 2 つに分け，2 つの化石弧を残したということを示している．同じ現象のもう 1 つの明らかな例はバハ・カリフォルニアの北米大陸からの分離である．

海嶺は熱いために隆起している．新しいリソスフェアは海嶺から移動するにつれて冷え，熱収縮を

果を与える.

12.4　プレート運動とホットスポット軌跡

拡大中心でペアになっているプレートが離れて行く速度は海嶺近くの磁気異常の間隔によって推定される. 運動の方向はすべての場所で海嶺軸に対して正確に垂直なわけではなく, 海嶺を分割している横ずれ断層の方向によって明らかにされる (図 12.7). したがって拡大中心で共通の境界をもつペアのプレートの相対運動は精度良く決定される. 沈み込みの速さは直接観測することができないが, 地震時変位の大きさや頻度は少なくとも速い沈み込みが起きている場所については妥当な示唆を与えるようである (14.7 節). さらなる制約は, 地球上のあらゆる円形路に沿って拡大と収束が一致しなくてはならないという条件から得ることができる. Demet ら (1990, 1994) はこの種のすべての情報を用いて数百万年にわたって平均化されたまとまったプレート運動のセットを求め, Kreemer ら (2003) は GPS からの広範囲に及ぶデータセットを用いて同様な現在のプレート運動のセットを提唱した. これら 2 つの結果の差はデータの不確定性に起因すると考えることができるほど十分に小さく, このことはプレート運動が数百年にわたって安定であるということを示している.

地球表面の至る所で, 剛体プレートの運動は定量的に地球中心を通る軸に対する回転で表現することができる. その軸が表面を切り取る場所が回転の極である. 極は一般的にプレートから離れているが, これはプレートがその軸のまわりを回転するということが考えられるための必要条件ではない. このことがプレート運動の完全で一般的な表現を与えていることに注意することが重要である. これはよく明らかになっていない絶対運動と同じく, よく求まっているプレート間の相対運動にも当てはまっている. L. Euler による回転の力学についての先駆的研究の中で確立された符号の規約に従う. 回転の極は, 運動の極から見たときにプレートが反時計まわりに運動する (絶対運動でも他のプレートに対する相対運動でも) ようなもの

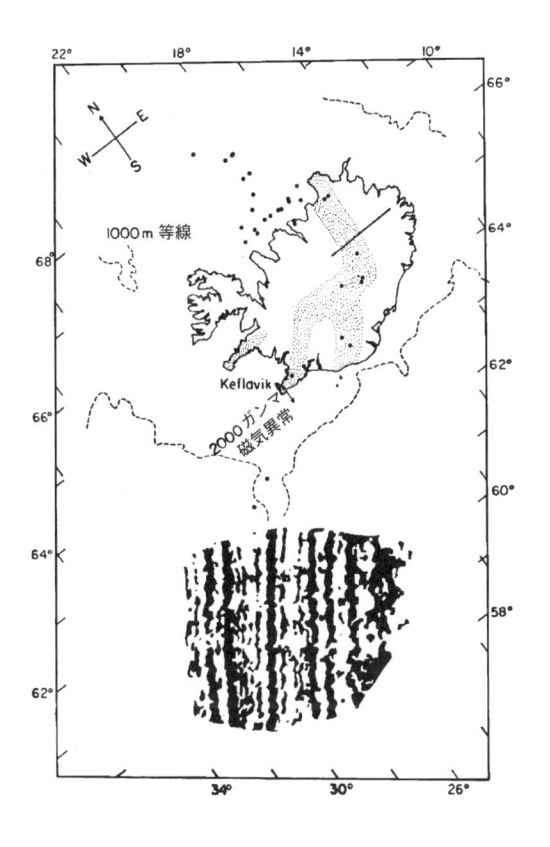

図 12.10　アイスランド南西のレイキャネス海嶺として知られる大西洋中央海嶺の側面に位置する場所での線状の磁気異常. 正の異常を黒色を用いて, 全磁場の強さの表面変化を示している. アイスランド上に付けられている薄い影は第 4 紀火山の地域を示している. 許可を得て Heirtzler ら (1966) を転載している.

起こす. どの垂直柱内でも一定の質量を保つようにアイソスタシーの平衡が維持される (20.2 節) ため, 海洋底は海嶺から離れるにつれ系統的に深くなる (図 20.2). 熱流量の信頼できる測定を行うことの難しさはよく知られているため, 深さのデータが冷却についての有益な証拠を与える. 地殻熱流量へ与える主な擾乱はとくに海嶺軸近くでの地殻内の海水循環である. 海嶺での新しいリソスフェアの形成時と沈み込み時での間の総収縮量は通常 2.1 km である. これは沈み込みを駆動する負の浮力を与え, 式 (20.8) のように単位体積あたりの熱容量に対する膨張率の比によって対流で輸送される熱に関係する. したがって海洋底の研究は 22 章のマントル対流の定量的理論の基礎となる観測結

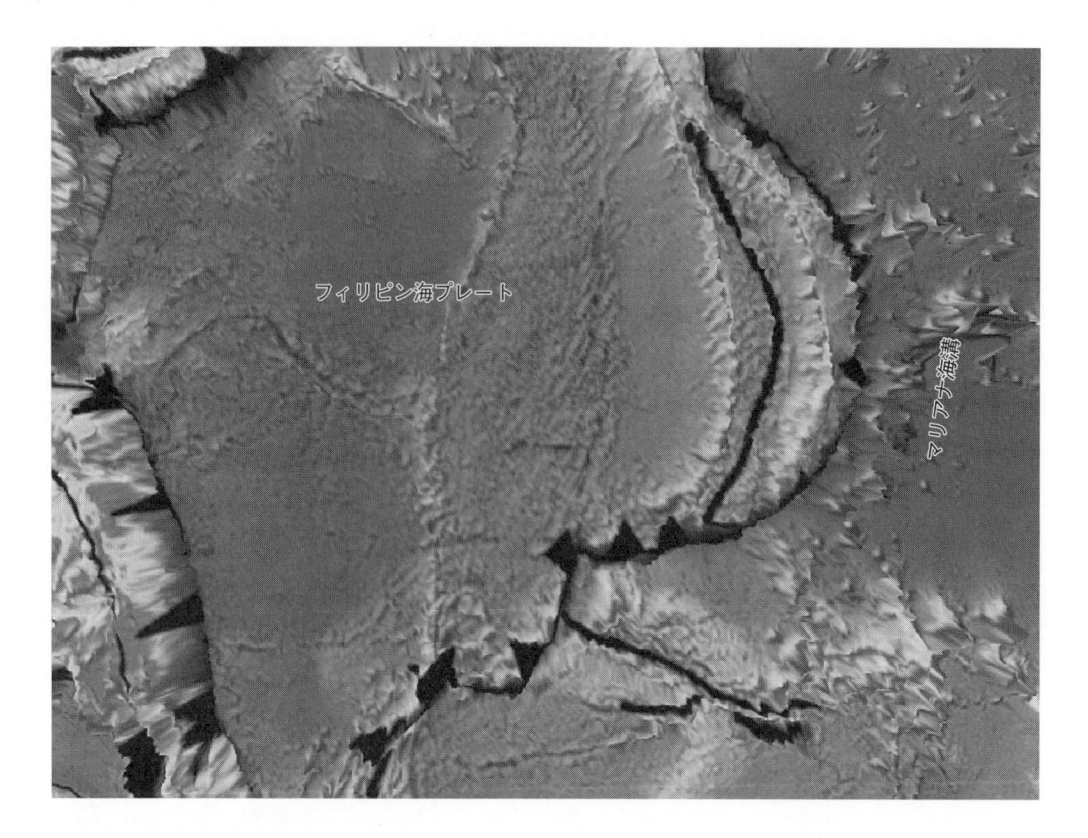

図 12.11 マリアナ島弧地域での海洋底地形．海嶺によって分離された弧の 2 つの化石化した残骸とそれらに平行で活発な新しい弧を示している．David Sandwell の厚意による．

である．オイラーベクトルは地球中心からこの極に向かう線であり，そのベクトルの大きさ ω は軸まわりのプレートの角速度である．オイラーの回転ベクトルは通常のベクトルの規則に従って足し引きされるため，もしプレート A のプレート B に対する運動を $_B\omega_A$ と書くとき，次のようになる．

$$_C\omega_A = {_C\omega_B} + {_B\omega_A} \quad (12.1)$$

運動の極から角距離 θ の点でのその運動，または相対運動の局所的な速さは次のようになる．

$$v = \omega R \sin\theta \quad (12.2)$$

ここで R は地球半径である．もし回転の極 (p) と問題としている点 (x) の座標 (緯度，経度) が (ϕ_p, λ_p) そして (ϕ_x, λ_x) であるとすると次のようになる．

$$\cos\theta = \cos\phi_p \cos\phi_x \cos(\lambda_p - \lambda_x) + \sin\phi_p \sin\phi_x \quad (12.3)$$

プレート運動の幾何学やそれらの計算の仕方についての包括的な取扱いは Cox と Hart (1986) に与えられている．

Kreemer ら (2003) はプレート間の相対運動についての数多くの GPS 観測を太平洋プレートと「平均リソスフェア系」，つまり表面での平均運動が静止しているような系に対する個々のプレートの相対運動の表に変換した．プレート境界ははっきりとはしておらず，その多くはとくに収束境界において数百 km にわたって広がる変形を伴うという事実を彼らは強調した．それにもかかわらず，表面のほとんどは実質的に剛体と見なせるプレートに分かれると考えることができ，それらの間の相対運動ははっきりしている．この解析の興味深い結果は，地球のプレート速度の 2 乗平均の平方根が平均リソスフェア系で 3.8 cm/年であることである．プレート境界と相対運動の包括的な詳細は Bird (2003) により示されている．

表 12.1 ハワイホットスポットに対するプレート運動のオイラー・ベクトルのパラメータ. これはDemetsら (1990) によって太平洋プレートの運動が最初の項目のように与えられたと仮定して得られたものである. プレートは図 12.2 で示されている.

プレート	緯度 ϕ(N)	経度 λ(E)	角速度 ω (10^{-6}度/年)
太平洋	−55	144	0.75
アフリカ	36	−132	0.37
南極	31	−156	0.39
アラブ	68	−26	0.42
オーストラリア	46	52	0.50
カリブ	12	−138	0.37
ココス	22	−124	1.72
ユーラシア	25	−150	0.40
インド	69	−14	0.42
ナスカ	41	−122	0.86
北米	−4	−134	0.35
南米	−11	−158	0.35
ファンデフカ	−35	85	0.54
フィリピン	−46	−55	0.85

もしプレートとその下にあるマントルとの間の粘性相互作用がどの場所でも同じとするならば、平均リソスフェア系は平均マントル系と一致するはずである. しかし, これはそれほど正しくない. 大陸下のアセノスフェアは海洋下のアセノスフェアよりいくらか冷たく (または薄く) そしてより粘性が高いようであり, 大陸は「足をひきずって歩く」傾向にある. それほどは違わないが, 総トルクゼロの条件は平均リソスフェアの条件とは同じではない. また 10 年ほどにわたっての GPS での測定が, 数十年もしくは数百年間隔での主要な地震に伴い不規則な変位が起こるプレート境界を横切っての相対運動を十分な時間にわたって平均していない可能性がある. これらは小さな言い訳であるが, われわれはプレートの下にあるマントルに対しての相対運動の方がプレート平均に対する相対運動より基本的なものであると考える. 表 12.1 に Demets ら (1990) の NUVEL-1 モデルから地質学的に導きだしたプレート運動が名目上, 固定された目印としたハワイの火山に対する位置に対して示されている.

レユニオン島ホットスポットに対するインドプレートの運動を用いることで表 12.1 の結果を確認できる. この表のインドプレートの値は, そのプレートがハワイホットスポットに対して行う運動が北から東まわりに 69° の方向に 4.6 cm/年であることを示している. もしホットスポットが互いに固定されているのならば, これはまたレユニオンホットスポットに対する運動でもある. レユニオン島はアフリカプレート上にあるが, それを形成したホットスポットはインドプレート上で 6500 万年前に現在の中央インドデカン地方で洪水玄武岩の膨大な産出物として始まった. 2000 万年の間インドプレートはそれを横切って北へと移動し, ホットスポットの軌跡としてモルディブ島を残した. しかし 4000 万年前に方向の変化があり, その軌跡は北東へと変化した. そして中央インド洋海嶺の拡大中心が介在し, その結果それに続くほとんどの軌跡はセイシェルまで広がるアフリカプレート上の不規則な海嶺として現れる. しかしこれはわれわれがホットスポットに対するインドプレートの運動を推定することを妨げるものではなく, その方向は北から東まわりに 50° に近い方向で約 6 cm/年の速さである. したがって, 観測されたレユニオン島ホットスポットに対するインドプレートの運動はハワイホットスポットに対するそれとは異なるが, その差は小さい. Molnar と Atwater (1973) はホットスポット間の相対運動についてより広範囲に及ぶ研究を行い, それらは 0.8～2.0 cm/年の範囲の速さであると報告した.

ハワイホットスポットに対するプレート運動の計算は, われわれが太平洋プレートの運動を知っているということを仮定している. これは年代がわかっている連続した島から得られるものであり, ここからホットスポットを通過する速さは 8.3 cm/年とわかる. この目的のため, 図 12.12 に示される島の軌跡は大円を通ると仮定され, ホットスポットから 90° 離れたその運動の極が (55°S 144°E) と見積もられ, 角速度 0.75°/年が得られた (表 12.1 の最初の項目). 諸島の興味深い特徴は図 12.12 でも明らかなように中央太平洋での方向の変化である. 年代はハワイ島 (19°N 155°W) で 0 年から (32°N 172°E) で 4300 万年と線形に増加していく. その場所で諸島の方向に急激な変化が起き, 天皇海山列とし

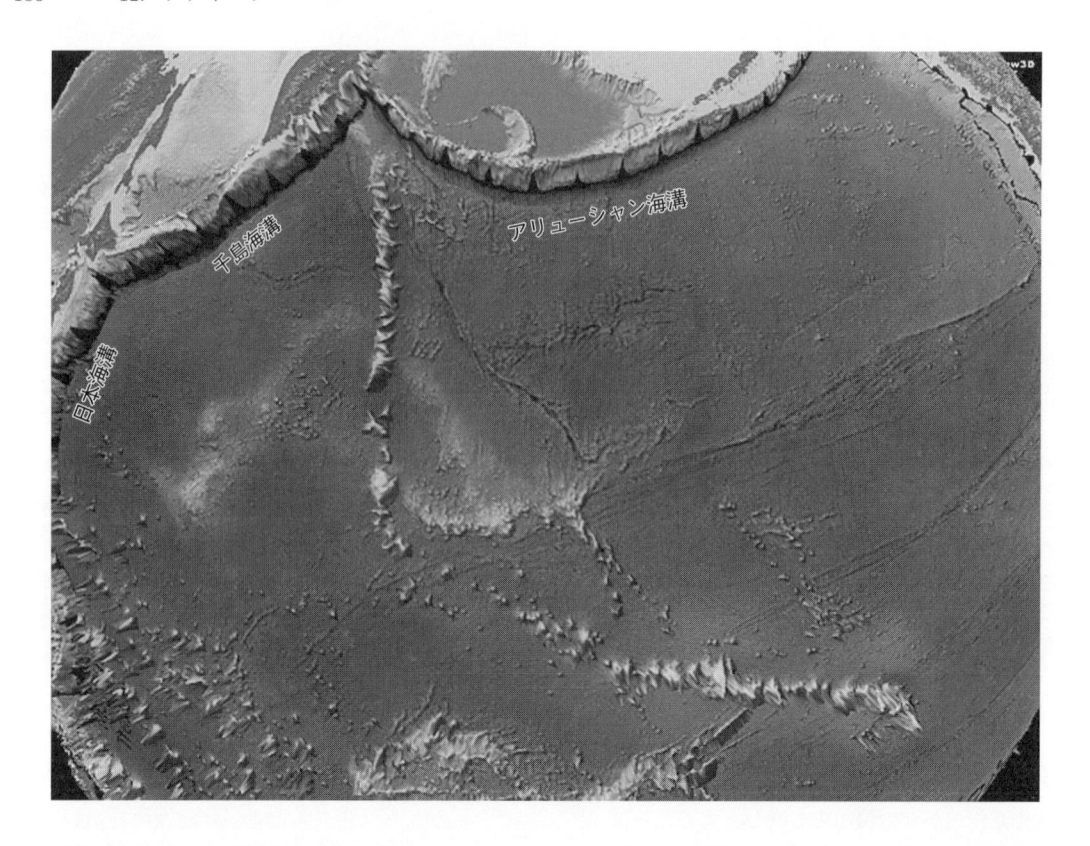

図 12.12 ハワイ諸島と天皇海山群に沿ったハワイホットスポットの軌跡．これは北–中央太平洋の海洋底地形を，図上部の沈み込み帯を形つくる日本，千島，そしてアリューシャン海溝とともにコンピュータを用いてプロットしたものである．David Sandwell の厚意による．

て北に続く．太平洋プレートは主要なプレートでありその運動の劇的な変化はそのプレート境界そしておそらくは他のプレートの境界の再形成なしでは起き得なかった．Norton (1995) はそのような再形成の証拠は欠けており，その方向の変化はホットスポットの運動によるものであると主張した．これは従来のプルームに関する考えと相容れないし，われわれは約 4000 万年前のインドプレートの運動の変化の証拠を述べた．したがって，この問題はさらに考える必要がある．

12.5 マントル対流のパターン

マントル対流についてのわれわれの考えにもとづいた観測をいくつかの重要な点によってまとめる．

(i) マントルの熱伝導率がわれわれが信じる値よりさらに高くない限り (よく知られているマントル岩の熱伝導率の 100 倍)，マントル深部での熱拡散による冷却は重要でない．対流がない場合，放射能はマントルの温度を約 $120\,\mathrm{K}/10^9$ 年，また遠い過去ではより速い割合で上昇させるだろう．

(ii) 下部マントルの電気伝導度は十分低いため 1 年程度の周期をもつ地磁気永年変化の成分は伝わらないであろう．そしてそのことにより下部マントルの温度が上部マントルのものよりずっと大きいという考えは否定される (Dobson と Brodholt, 2000)．このことはまた後に続く段落で議論される粘性変化とも調和的である．マントル中央部に大きな熱境界層は存在しえず，マントルは上部と下部で別々に循環しているのではなく全体で対流していなければならない．

(iii) 後氷期の変動 (9.5 節) はアセノスフェアより

下での深さに伴う一般的な粘性の増加を示す．粘性は温度に大きく依存し，局所的にはかなり変化するが，一般的な傾向は深さに伴う対流の速さの減少と調和的である．きわめて大きい粘性変化は境界層で起こる．それはつまり見かけ上剛体である冷たいリソスフェアと，周囲のマントルより約 1000 K 高い温度をもつ核と接する D″ 層底部であり後者では少なくとも粘性は 10 000 倍下がる．また D″ 層では部分溶融さえ起こるかもしれない．

(iv) ほぼ剛体である表面プレートは 1 年に約数 cm の速さで動く．海嶺で生成され沈み込み帯で消滅する海洋地殻の量は約 $3.4\,\mathrm{km^2}$/年であり海洋表面の面積は $3\times 10^8\,\mathrm{km^2}$ であることから，沈み込むリソスフェアの平均年齢は 9000 万年である．

(v) 純粋な海洋プレートに比べ動きにくくはあるが大陸はプレートとともに動く．しかし大陸地殻は大きい浮力をもつために沈み込まない (しかし侵食作用により大陸の物質は海に堆積し，そこから沈み込む)．大陸地殻は最も古い海洋底より 20 倍以上も古い昔の核 (楯状地) のまわりに徐々に蓄積されてきた．

(vi) ハワイが最も研究される例であるような孤立した火山性ホットスポットはプレートとともに動くのではなく最も遅いプレートよりもさらにゆっくりと動き，プレート運動とは独立しているように見える．それらが生成する溶岩内の化学的性質や多量の同位体 (海洋島玄武岩，OIB) は中央海嶺玄武岩 (MORB) とは異なる．

(vii) 地球表面からの総熱流量は $44.2\times 10^{12}\,\mathrm{W}$ であり，そのうち $8\times 10^{12}\,\mathrm{W}$ は地殻内の放射能によるもので，さらにそのほとんどすべてが大陸内によるものである．別に説明される核からの熱損失を除いて考えると，マントルの熱対流は $32\times 10^{12}\,\mathrm{W}$ の熱流量で説明されなければならない．

(viii) 沈み込み帯のほとんどは，時には 700 km の深さにまで広がる震源の傾斜面によって特徴づけられる．地震波トモグラフィーによると冷たい沈み込みスラブはさらに深くまで侵入するが，そこでは地震は伴わない．しかしながら，それらは明らかに 660 km の深さにある相変化によって妨げられる．

(ix) 沈み込み帯はまた，沈み込んだスラブが約 100 km の深さに到達した場所に集中するように線状に並んだ火山によっても特徴づけられる．それらの化学的性質は海水由来の物質を含む．

(x) 22.5 節で指摘されているように，マントル内のほとんどにわたってプレートよりも少し速いような鉛直運動はマントル相境界，とくに 660 km の深さにある相境界の鋭さによって許されない．

Loper (1985) は，対流は境界で生成される浮力源 (正または負) によって駆動されると指摘し，われわれはこのことを 13.1 節で強調している．マントルの上部下部の境界両方が浮力源であり，それらは重ね合わされ少なくとも半独立な 2 つのまったく異なるモードの対流を駆動する．プレートテクトニクスはリソスフェアの冷却と，核から D″ 層に伝わる熱を運ぶホットスポットの原因となるプルームによって駆動される．その 2 つの異なる対流の様式の本質的な理由は，それらが大きいが逆センスの粘性差によって制御されているということである．負の浮力をもつリソスフェアはその下のマントルよりずっと粘性が高いため実質的に剛体であり，アセノスフェアや上部マントルに取り込まれせん断運動を伴いながら広くまとまったスラブの形で沈み込む．逆に，D″ 層底部からの熱い物質は容易に変形し周囲のマントルの変形を最小にするよう自己調整しながらマントル内を通る．このことは，それが流れが効率的に閉じ込められるような狭い，軸対称なプルームを形成することを意味している．どちらの場合も対流の様式は，最も起こりやすいことが起こるという原理によって支配されている．変形は最も粘性が低い物質内に集中し，その状況は変形によって生成される熱によって強められる．

プレートのような運動の図式的で説得力のある実例は，Duffield (1972) によって自然類似物，つ

まり対流する溶岩湖上で凝固している外皮の中に認められた．プレート運動にずれが生じるようなプレート拡大中心，沈み込み帯，そして横ずれ断層の運動はすべて「実時間」でフィルムに記録された．この自然モデルの有効性は，外皮とその下の溶岩との間の粘性差がリソスフェアとアセノスフェア間の粘性差を現実的に真似ているという事実に起因する．この粘性差なしでマントル対流のモデルをつくるということは必要な物理を含んでいないことになる．アセノスフェア物質の海嶺拡大中心への反流は沈み込みによって駆動された対流の受動的結果である．

プルームの十分なモデリングもまた高い粘性差を必要とする．もし粘性が十分に温度に依存し，温度増加が十分に大きいならば，底から加熱される液体についての室内実験でこれはいくらか達成される．もし2つの異なる液体が用いられる場合，粘性のスケーリングは地球の状態に近づけることができる．しかし不混和流体を用いたモデルでは地球の状態を適切に表さない．しかしすべてのそのようなモデルは狭く，速く流れる核をもつ軸対称なプルームという同じ対流様式を示す．もし対流がまわりの媒体よりもずっと低い粘性をもつ物質の浮力により駆動されているならばこれは必然的なことである．

プルームモデルの特徴は，それらが大きく，ほぼ球形のプルームヘッドによって始まり，その上にある物質を溶かすまたは軟らかくすることで上昇し，また細い管によって新しく熱い物質を供給されるということである．12.4節で考えられたホットスポットに関与する成長したマントルプルームは図12.3に見られるように単純な連続する細い管である．新しいプルームヘッドがリソスフェアに達するとき，近年のあらゆる火山活動をまったく小さく見せるほどの大量の玄武岩流（洪水玄武岩）として表される部分溶融を含む．Courtillot (1999)はそのような洪水玄武岩の出ている大陸地域を確認し，種の大量絶滅と一致する年代をもつ7つの地域を発見した (5.5節)．最もよく確認されたものはインドのデカン地方であり，海へと広がりボンベイの近くに中心がある．その中心からホットスポットの軌跡はモルディブ島を通りマダガスカルの東800 kmにあるレユニオン島の現在の火山活動の中心へと続いている．新しいプルームヘッドがマントルの中を通って上昇する過程は明らかにとても遅く，平均してそれらは5000万年の間隔で現れた．そのため，われわれは1つもしくはいくつかは現在上昇途中のものであると考える．それらはアフリカや南太平洋下に存在する (McNutt, 1998) 熱（スーパープルーム）によると推定される広範囲の隆起を伴うと特定されうるだろうか？

なぜ新しいプルームが始まり成長したプルームが消滅するのかを見るために，それらが生まれるD''層の構造や流動性について考える必要がある．核の熱はこの中を伝わり，プルームへと成長する非常に流動的な層を形成するが，D''層は一様ではない．地震学的には，D''層はその境界層の活動が完全に有効である領域と高密度の物質が蓄積され，核の熱に対して毛布のようになっている領域を示す．地殻からの類推により，われわれはそれらの領域を"隠れた"海，"隠れた"大陸とよぶ (図12.3参照)．流動的な層はプルームの土台に向かって移動し"隠れた"大陸はそれに沿って運ばれる．その中の1つがプルームの土台に到達するとそれはプルームの近くで核の熱の多くを切り離し，そのプルームを衰えさせ，近くの隠れた海での新しいプルームの始まりを促す．D''層底部の薄い，流動的な層は十分上にあるマントルより少なくとも10 000倍粘性が低いが，これよりももっと低くなりうる．マントル底部の薄い，超低速度層 (ULVZs) が地震学的に確認され部分溶融によって説明されてきた．しかし，それに代わる説明は，超低速度層はおそらくそこでの主要な鉱物であるポストペロブスカイト相が核から多くの割合のFeを吸収した下部マントルのパッチ状の物であるというものである (17.7, 19.5節参照)．

プルームの活動はD''層の構造やふるまいによって制御されマントルのテクトニクスによっては制御されない．しかしその逆は正しくないようである．Courtillot (1995, 5章) は，広範囲に及ぶ洪水玄武岩のいくつかの地域で新しい海盆の初期の拡大を示すという証拠を突き止めた．そしてこれ

は大陸の分裂は大規模なプルームヘッドの出現が引き金になったことを示唆している．少なくともいくつかの場合では，大陸地塊の再形成を伴うプレートのテクトニックなパターンの変化がプルームの活動によって促進されたようだ．しかし，もし新しいプルームがおおよそランダムに表面へと到達したならば，それらは少なくとも同じ頻度で現在の海盆に到達するはずである．この場合それらはまた新しい海嶺の発達を促すかもしれないが，おそらくより簡単な方法として近くの海嶺を「盗ん」で移動させるだろう．最も大きい単一の洪水玄武岩地域はソロモン島北東の海底にあるオントンジャワ海台で，その体積は $10^7 \, \mathrm{km}^3$ にもなりうる．しかし，大陸洪水玄武岩とは異なり，海底のイベントは広範囲に及ぶ動物相の絶滅を伴わない．それはおそらく，それらが大気に対してほとんど影響をもたないからであろう．

プルーム内の低粘性物質の流れは速く，少なくとも $1 \, \mathrm{m/}$年である．$40 \, \mathrm{km}^3/$年と推定されるプルーム物質の総流動量は，時々発生する新しい洪水玄武岩地域を含めて考えてもホットスポット玄武岩の全球平均噴出率よりもずっと大きい．プルーム物質のほとんどは地殻やリソスフェアの下に付くかアセノスフェア内に注入される．Sleep (1990) は，たとえばハワイ諸島のようなホットスポット「隆起」の隆起量はプルームによる総熱流量 ($\sim 4 \times 10^{12} \, \mathrm{W}$) によってもたらされる浮力と調和的であることを計算した．これは局所的なアセノスフェアへの寄与と考えられるが，全球で見るとこれは主要な効果ではない．なぜならアセノスフェア物質がリソスフェアに付着する速さはプルームの流量の約10倍だからである．

12.6 テクトニクスの歴史とマントルの不均質性

新しい海盆拡大の現在の1つの例は紅海であり，これはアフリカがアラビアから分離するはじめの段階にあたる．プレートの収束が始まったように見える所もあるが，それは発達した沈み込み帯を伴っていない．その1つは，図12.2で疑問符によって示されており，インドプレートとオーストラリアプレート間のインド洋で起こっている．新しいまたは潜在的なプレート境界で発達しないものもあるだろうが，プレートのテクトニックなパターンを数千万から数億年の時間スケールで変化させながら発達するものも確かにある．その他の境界は不活発になる．われわれは，比較的浅部の特徴である死に絶えた海嶺が地質学的に見ると沈み込み帯や現在マントル深部にある過去のプレートよりも速く消滅すると予想する．沈み込んだスラブの残骸の永続性はそれらがマントルによってどれほど同化されるかに依存しており，それはテクトニクスの問題に対する重要な手がかりである．下部マントルを考えることはとくに重要であり，それはそこでは対流は最も遅いが熱源は最も大きいためである．沈み込んだ冷たいものが分布する仕組みはこの節の最後の段落で示唆されている．

12.5節で述べられたように，冷却なしでは，放射能は現在で $120 \, \mathrm{K}/10^9$ 年そして放射能が強いときにはさらに高い割合でマントルの温度を上昇させる．これは断熱圧縮や断熱減圧によるあらゆる温度変化に重ね合わされ，物質が動いているかどうかにかかわらず起こる．23.4節では長期間のマントルの冷却はその温度を $55 \, \mathrm{K}/10^9$ 年下げ，そして下部マントルではこれは深さによって $62 \, \mathrm{K}$ から $88 \, \mathrm{K}/10^9$ 年を意味するため，(現在の速度での) 総熱損失は平均速度 $195 \, \mathrm{K}/10^9$ 年の冷却に相当すると結論づけている．これは，もしマントルのある部分が10億年の間対流による冷却から隔離されそのまわりは平均速度で冷却していたとすると，$195 \, \mathrm{K}$ の温度差が生じるということを意味する．われわれはトモグラフィーによって観測された不均質 (19.7節) や対流不安定の観点でこれが何を意味するのかを考える．表19.1に示されている下部マントルでの地震波速度の温度依存性を用いると，$195 \, \mathrm{K}$ の温度差は P 波速度変化 0.2% から 0.6%，S 波速度変化 0.5% から 1.1% に対応する．これらは観測された変化の上限であるから，温度が観測された不均質性に対しての完全な説明になっていなくとも，われわれはこれらの値を用い，マントルのどの部分も10億年の間は熱的に隔離されてはい

ないと主張できる．すべての場所が対流によって冷却されているのである．

下部マントルは上部マントルよりも粘性が高く，そこでの対流の速度が遅いということを忘れなければ，下部マントルの対流による冷却は興味深い問題を提供してくれる．その問題とは，冷たいリソスフェア物質は互いに数千 km 離れている薄い沈み込み帯のみによって下部マントルへと到達するにもかかわらず，下部マントル中が冷却されなくてはならないということである．沈み込んだスラブの崩壊や，粘性が高い下部マントル物質内にわたっての広い分布は考慮に入れてはならない．非常に遅い熱拡散についても同様に考慮に入れてはならない．緩和時間 $\tau = 10^9$ 年をもつ熱拡散の物理スケールは熱拡散率 $\eta = 1$ から $2 \times 10^{-6}\,\mathrm{m}^2\,\mathrm{s}^{-1}$ より示唆され，その値は $(\eta\tau)^{1/2} = 180$ から $250\,\mathrm{km}$ となるためである．

10^9 年間隔離された体積内で生じる $\Delta T \approx 200\,\mathrm{K}$ の温度差，そしてそれに対応する周囲に対しての密度差 $\Delta\rho/\rho = \alpha\Delta T \approx 3 \times 10^{-3}$ をもつ大きな体積の浮力を考慮することによってわれわれはこの問題の性質を強調することができる．半径 $1000\,\mathrm{km}$ の球体を考えることが有用である．なぜならばそれによってわれわれは，その粘性 η (上記の熱拡散率と混同しないように) の媒質内を通る速度 v での運動によって生じる粘性による引きずりに対して以下のようにストークスの法則を使用できるためである．

$$F = 6\pi\eta r v \qquad (12.4)$$

これは密度差によって生じる浮力

$$F = (4/3)\pi r^3 \rho\alpha\Delta T g \approx 6.3 \times 10^{20}\,\mathrm{N} \qquad (12.5)$$

とつり合う．ここで，

$$g = 10\,\mathrm{m\,s^{-2}}, \quad \rho = 5000\,\mathrm{kg\,m^{-3}}, \quad \eta = 10^{22}\,\mathrm{Pa\,s}$$

そして付録 F, G にある他の数値を用いると以下のようになる．

$$\begin{aligned} v &= (2/9)r^2\rho\alpha\Delta T g/\eta \approx 3.3 \times 10^{-9}\,\mathrm{m\,s^{-1}} \\ &\approx 10\,\mathrm{cm/年} \end{aligned} \qquad (12.6)$$

これはどのもっともらしい下部マントルの対流の速さに比べてもかなり大きいため，$200\,\mathrm{K}$ に対応する密度差をもつこれだけ大きな体積の存在は疑わなくてはならない．この温度差をもつ体積は大きさにして数百 km 以上にはなりえない．

沈み込んだ冷たい物質が数百 km を超えないスケールで下部マントル中に分布するための必要条件は妥当な対流のパターンを考えだす際の障害となるが，それによってわれわれはマントルすべてが同時に冷えるわけではないという認識を余儀なくされる．時に対流のパターンは変化するため，マントルの異なる部分は次々に冷却される．新しい沈み込み帯 (と拡大中心) が現れ，すでにあるものは消滅する．これらの変化の間隔は約 1 億年以上にはなりえず，それはマントル対流の従来考えられている「1 回転する時間」である．トモグラフィーで観測される下部マントル内の不均質さが温度変化に起因する限り，それらはただ現在の対流様式ではなく徐々に消えて行く過去の対流様式の遺物を反映している．われわれは下部マントルが絶えず冷却されるのではなく，対流様式が変化するにつれて異なる領域が次々と冷却されると推測しなければならない．

13
対流による応力とテクトニックな応力

13.1 まえおき

　1960年代にプレートテクトニクスが受け入れられるに先立つ数十年の間,大陸移動は一般に信じられていなかった.1800年代にG. H. DarwinとKelvinは潮汐力に対する地球の応答は地球の平均的な剛性率が鋼鉄のそれより大きいことを示していると述べた.また,地震学が地球内部構造の詳細を明らかにしたとき,それは地球がおおよそ2900 kmの深さまで固体であることを示していた.大陸移動説の初期の提案者たちは,この固体である証拠が当時考えられていたいずれかの応力に対して物質が屈することと矛盾するという問題に直面した.1800年代には対流は地球深部から熱を運ぶ方法として,また,「地球の年齢」の問題を解決する(4.2節)方法として考えられて来た.しかし,この考えは,まず,太陽のエネルギーに関する問題から(4.2節参照),そして,放射能が発見されたとき,放射性元素が大陸性岩石に集まっていることが地球の熱源が浅いことを示しているという認識から抑えられていた.しかし,1960年代までには,大陸移動の古地磁気学的証拠は圧倒的なものになり,また,海洋底の運動が認められ,対流による説明が避けられなくなった.われわれが現在,理解しているように,すべてのテクトニックな過程は最終的に対流によって引き起こされている.われわれが見ていることは,深くまで到達している必要がある運動の表面での動きである.

　熱力学的議論(22章)が対流によるエネルギー[*1]とテクトニックな応力を理解する上での中心となる.力学的エネルギーは非常に深い熱源からの熱の上方への移動によってのみ得られる.このエネルギーは熱流量と熱効率の掛け算によって得られ,7.7×10^{12} W (22.4節) という推定値を得る.この章では,テクトニックな応力に対する意味を考える.つまり,対流による動力がテクトニクスを説明するのに十分であることを示す.

　マントル対流によって発生した動力はマントルと地殻内で散逸する.熱力学はこの散逸がどのように分布しているかを示さない.しかし,プレート運動の観測は対流の速さのよい指標となるので,これを使って計算した動力は,それにかかわっている応力の推定値を与える.このようにして計算された対流の応力は沈み込み帯の地震(15章)に見られる応力と同程度である.この事実は対流による応力が地震の原因であることと地震が対流パターン全体の中の局所的な乱れであることを示している(12章).したがって,地震の分布は対流パターンを直接的に示す.さらに,沈み込むスラブの負の浮力によって解放される重力エネルギーとの比較は,沈み込むスラブが対流の主な駆動力であることを示している.

　われわれはこの結論に対してより一般化ができる.Loper (1985) がマントル対流の原理に関する議論で指摘したように,マントル対流は境界によって生成された(正あるいは負の)浮力源によって駆動されなければならないし,また,われわれはそのような浮力源に注意を集めなければならない.われわれは,現実のマントルを以下のように近似したものを想像することによりこの点を強調することができる.この近似したマントルにおいては

[*1] energyを「エネルギー」,powerを「動力」と訳す.これは後述されているように散逸と同じである.

断熱温度勾配と一様な熱源(放射性発熱源)をもつが，それは周囲すべてから熱的に隔絶されているために，その温度は一様に上昇するとする．このマントルは十分大きいために熱伝導は全体を等温にするためには無力である．温度が上昇するにつれ，温度勾配が断熱温度勾配より小さくなる(この状態は対流を妨げる)．なぜなら，断熱温度勾配は絶対温度に比例するので，すべての場所で断熱状態になるためには，全体の温度が一様に上昇するのではなく絶対温度に比例しながら上昇しなければならないからである．このように内部加熱のみでは対流が生じず，それは対流を妨げる．必要な浮力を生じさせるのは，表面における冷却のみである．もちろん(核による)下部境界における加熱は同じ効果をもたらす．もし，内部熱源の不均質に原因を求めても，放射性熱源を十分有する物質は上昇する傾向を示し，混合していないならば，それは上部に留まる．よって，表面の冷却がない内部加熱源によって駆動されるすべての対流は地球史の初期に終わっているだろう．

冷却したリソスフェアからなるプレートの沈み込みが対流を駆動する本質的メカニズムであるという結論は，沈み込み帯が散逸が集中する部分でもあることを想像させる．この想像は正しいが，対流のエネルギーの発生源と消費源に1：1の対応はない．沈み込みは独立して起こるものではなく，それはマントルと地殻全体を通して起こる対流サイクルの一部分である．物質の変形とその結果として顕著な変形が存在しない場所まで広がっている応力が存在する場所でありさえすれば，応力とエネルギーの散逸が起こる．地形と組み合わせた地殻内の応力の観測(11.5節と11.6節)アイソスタシー的平衡あるいは非平衡，現在進行中の変形を示している地学的特徴，それらすべては力学的なシステムの全体像に寄与している．

プレートテクトニクスのメカニズムに関するわれわれの議論は，プレートテクトニクスがマントル全体から表面に熱が失われることによってのみ駆動されていると仮定している．核からの熱によって駆動されるプルームはプレートによって駆動される対流と幾何学的に非常に異なっており，明らかに，プルームはそれと独立に動いている．しかし，プルームはプレート運動に影響を与える．プルームはアイスランドのように「リッジプッシュ」に貢献する．そして，プルームは東アフリカのように，おそらく新しい拡大軸の形成を助ける．表面に到達するために，核からの熱はマントル全体を横切らなければならず，その結果，プルームは高熱効率になる(39%，図22.5による)．

地形を支えるためにリソスフェア中に応力が必要となる．9章では，氷床による地表面への大規模な負荷を考えた．このような氷床はマントルの中にアイソスタシーの平衡に向かう緩和現象の原因となる．この緩和は物質の変形が非常に小さいので地質的過程に比較して素早く起こる．同様に，長さ数百km以上の規模をもつ地形はアイソスタシーの平衡状態にある．しかし，より短い波長では，荷重はリソスフェアの弾性的たわみによって支えられている．このことは，リソスフェアは地質的時間で弾性ひずみを保持できる，つまり，リソスフェアは，その下にあるマントルの有効粘性率より数桁高い有効粘性率をもたねばならないことを示している．プラトー(高原)のように高くそびえて浮かんでいるリソスフェアのブロックは，もし弾性的に支えられていなければ，海水準までに広がらせようとする内部応力を有している．これに対し，低く横たわっているブロックは圧縮の状態にある．応力状態は境界にはたらく力を積分し，重力による体積力を加え合わせることにより計算できる．表面にブロックが浮かんでいる内部が均質な流体の惑星では，ブロックの中の垂直と水平応力の差はジオイドの高さの変化と線形関係を示す．正のジオイドは伸張の状態に対応し，負のジオイドは圧縮状態に対応する．内部の不均質のために，実際の地球はより複雑であるが，ジオイドの高さと応力状態の間の全体的な一致を認めることができる．

ジオイドの非常に長い波長の形状は下部マントルの密度変化に起因し，それは過去の沈み込みの残留物を表していると信じられている．リソスフェアの構造に関連したジオイドの形状を認める前に，上述の影響を取り去らなければならない．下部マン

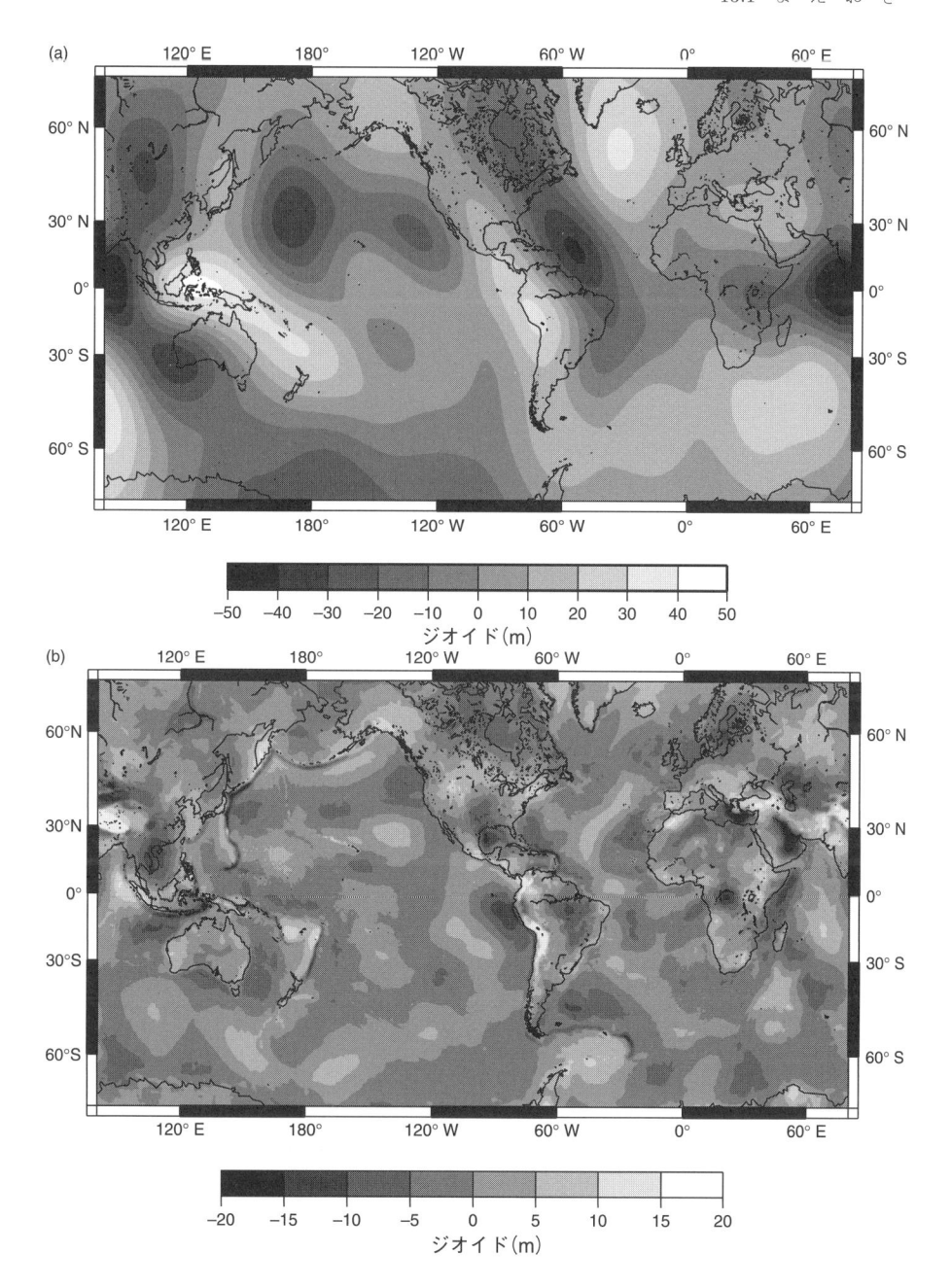

図 **13.1** Lemoine ら (1988) によるジオイド EGM96 にフィルターをかけたジオイド．(a) 5000 から 15 000 km までの波長成分を取り出したジオイド．(b) 100 から 5000 km までの波長成分を取り出したジオイド．図は King (2002) による．(b) において，東アフリカはジオイドの正の異常の地域であり，伸張応力の場であることと整合的である．伸張場であり，ジオイドが高くなっている地域にはチベット高原，北アメリカの西部のベイスン・アンド・レンジ，アンデスが含まれる．

トルの長波長の密度変化のみが地表面上で重力的に明らかになる．なぜなら，より高次の調和項[*2]は幾何学的に減衰するからである．中間の波長のジオイドの特徴は，地形やアイソスタシーのつり合いにあるリソスフェア–アセノスフェア系の密度

[*2] 短波長成分の項．

変化として解釈できる．球面調和関数の次数が 6 以下の成分を除いたジオイドの図 (図 13.1(b)) は応力分布の図 (図 11.11) の細部と関連している．高度が高い地域，つまり台地や山岳地域は伸張状態であり，フィルターをかけたジオイドの図の正の異常と対応している．フィルターをかけた最も顕著な効果が，世界で最大のリフトが見つかった東アフリカの台地に見られる．フィルターなしでは東アフリカはジオイドが低い状態であるが，長波長の影響を取り去るとジオイドは高い状態になっているように見える．

地形は褶曲や地震のような非弾性的過程を経て形成される．特別な例が，いわゆる付加体とよばれているように，沈み込み帯の上の沈み込むプレートの上に集まった物質内で起こる．沈み込みはベルトコンベヤーのようにふるまい，後方の支えとしてはたらく上側のプレートの上に堆積物を積み上げる．物質は脆性的に破壊されるが，それは内部に流体圧を有する，破壊面の間にはたらく摩擦によって支配されるくさび形に調節される．くさび形の角度は臨界値とよばれている．これはある理論にもとづいてモデル化されている．この理論では，地形の勾配とすべっている基盤の傾斜によって計算される摩擦力と重力を等しいとする．この理論は，ヒマラヤや台湾のような大規模なものから，砂箱の実験のような小規模なものまで適用できる．

13.2 対流によるエネルギー，応力，およびマントルの粘性

マントル対流による力学的エネルギーは基礎的な熱力学の議論から 22 章で推定する．マントル全体対流に関して，この動力は 7.7×10^{12} W になる．この合計のうち，2.4×10^{12} W のみが下部マントルで生じ，残りの 5.3×10^{12} W が上部マントルで生じているのは，驚くべきことのように思われる．その理由は，下部マントルの熱は広がって存在しており，それらの多くは限られた温度の範囲で運ばれなければならないが，これに対し，下部マントルの熱はすべて上部マントル全体を通過するからである [*3]．これらの数字の意味は，それらはマントル (と地殻) 物質を変形するために使われなければならない動力であり，単に原理的に使うことのできる動力ではない点である．これらの値は，応力とひずみ速度を掛け合わせて [*4] マントル全体の体積で積分した値と同じにならなければならない．上部マントルに関しては応力とひずみ速度の直接的証拠があり，熱力学的に計算されたエネルギーがその応力やひずみ速度を説明するのに十分であることを示すことができる．下部マントルで何が起こっているかはそれほど明らかではない．しかし，これらの数字が示すように単位体積あたりの動力生成率が上部マントルのそれに比較して 1/5 以下である．われわれは散逸が同様な分布をしているといえないが，対流が上部マントルでより激しいということは避けがたいであろう．

対流エネルギーと応力の間の関係を評価するにあたって，プレートの形状および速さの詳細について Bird (2003) の広範にわたる研究，とくに彼の Table 3 を用いる．新しい地殻の生成率は $3.36 \, \mathrm{km^2/年}$ であり，そのうち，90% 以上は海嶺で，残りは海嶺の大陸への延長部分で生成されている．67 000 km の拡大海嶺に注目すると，平均的な拡大速度は 5.1 cm/年，あるいは海嶺軸から両側へ 2.5 cm/年 ($7.4 \times 10^{-10} \, \mathrm{m \, s^{-1}}$) となる．この値が，プレートの平均速度 v とし，全面積が地球表面のそれ ($A = 5.1 \times 10^{14} \, \mathrm{m^2}$) と同じであると仮定すると，上部マントルの対流によるエネルギー $\dot{E} = 5.3 \times 10^{12}$ W の f_P 倍である粘性散逸 $\dot{E}_\mathrm{P}$ が以下のように書ける [*5]．

$$\dot{E}_\mathrm{P} = f_\mathrm{P} \dot{E} = A v \sigma \quad (13.1)$$

ここで，σ はプレートとその下のマントルの間にはたらくせん断応力である．変形は最も低い粘性率をもつ層 (アセノスフェア) に集中している．この層の実効的な厚さと粘性率をそれぞれ H と η とする．このとき，ひずみ速度は

[*3] 22 章参照．熱効率が上下面の温度の比となるため．
[*4] 散逸である．
[*5] 上面および下面の速度が，それぞれ v と 0 とする 1 次元流れを考えると，その全発散量は $A \int \partial v / \partial z \sigma dz = A v \sigma$ となる．

であり，粘性率は，

$$\dot{\varepsilon} = v/H \quad (13.2)$$

$$\eta = \sigma/\dot{\varepsilon} = \sigma H/v \quad (13.3)$$

である．後氷期の隆起 (9.5 節) の結果から η と H に関する別の独立な関係式がある．$H = n \times 100\,\mathrm{km}$ とおくと，式 (9.34) から，

$$\eta(\mathrm{Pa\,s}) = 6.5 \times 10^{18}\, n^3 \quad (13.4)$$

を得る．式 (13.3) において，v ($7.4 \times 10^{-10}\,\mathrm{m\,s^{-1}}$) を代入すると，

$$\sigma(\mathrm{Pa}) = 4.8 \times 10^4 n^2 \quad (13.5)$$

を得る．もし $n = 2$，つまり，アセノスフェアの厚さをわれわれが可能な範囲での最大値とみなしている 200 km に仮定すると，$\sigma = 1.9 \times 10^5\,\mathrm{Pa}$ を得る．この値は典型的な応力解放量が $10^7\,\mathrm{Pa}$ あるいはその程度の大きさである大きな地震の応力解放量よりかなり小さく，このことはプレートが比較的自由にアセノスフェアの上をすべっていることを示している．$n = 1.5$，つまりアセノスフェアの平均厚さが 150 km とすると $\sigma = 1.1 \times 10^5\,\mathrm{Pa}$ を得，式 (13.1) により，粘性散逸は $4.1 \times 10^{10}\,\mathrm{W}$ および $f_\mathrm{p} = 0.0077$ を得る．このときの粘性率は $2.2 \times 10^{19}\,\mathrm{Pa\,s}$ となる．この計算には明らかに曖昧さがあるが，プレートの運動がマントル対流の受動的な結果である以上のものではないことを示すのには十分な結果である．13.4 節において，リソスフェア内部の応力を海嶺の高さに起因する重力エネルギーに関連するものとして説明する．

さて，沈み込みのエネルギーを考えてみよう．660 km の深さにおいて沈み込み過程がやや複雑になるので，最初に上部マントルのみに注目する．すなわち，$3.36\,\mathrm{km^2/}$年の割合でリソスフェアの 660 km までの沈み込みの重力エネルギーを計算する (リソスフェアはすべて 660 km に達すると仮定する)．リソスフェアの負の浮力は 20.2 節で議論する海洋底の深さの観測から明らかなように熱収縮のためである．海洋底が深くなっていくためのアイソスタシー成分を差し引き[*6]，平均収縮が 2.1 km

[*6] リソスフェアの上に乗っている海水の重さの効果を差し引くこと．

という値を使う．この値のうち $\Delta z_\mathrm{c} = 200\,\mathrm{m}$ は密度 $\rho_\mathrm{c} = 2900\,\mathrm{kg\,m^{-3}}$ の火成岩の地殻内で起こり，残りの $\Delta z_\mathrm{m} = 1900\,\mathrm{m}$ は密度 $\rho_\mathrm{m} = 3370\,\mathrm{kg\,m^{-3}}$ のマントル物質の収縮で説明される．熱膨張率 α は 660 km の深さでは圧力 0 のときの値の 0.7 倍しか小さくならない．そして同じ深さ範囲で密度は 1.18 倍程度増える (660 km より浅い相変化の効果を含む)．したがって，掛け算 $\alpha\rho$ は，この範囲で 0.83 倍程度減る．したがって，上部マントル内でのこの掛け算の平均をとると，その値は地表の値に比較して $\langle \alpha\rho \rangle / (\alpha\rho)_0 = 0.915$ だけ小さくなる．収縮に伴って生じる負の浮力は，この値を掛けることによって得られる．この負の浮力の一部分は厚さ $z_\mathrm{c} = 7\,\mathrm{km}$ の地殻の成分とそれとともに沈むマントルの間の本来的にもっている密度差 $(\rho_\mathrm{m} - \rho_\mathrm{c}) = 470\,\mathrm{kg\,m^{-3}}$ によって生じる正の浮力によって差し引かれる．これらの数値を用いると海洋リソスフェアの単位面積あたりの正味の下向きの浮力は，

$$\begin{aligned}\frac{F}{A} &= g\left[\frac{(\rho_\mathrm{m}\Delta z_\mathrm{m} + \rho_\mathrm{c}\Delta z_\mathrm{c})\langle\alpha\rho\rangle}{(\alpha\rho)_0} - (\rho_\mathrm{m} - \rho_\mathrm{c})z_\mathrm{c}\right] \\ &= 5.66 \times 10^7\,\mathrm{N\,m^{-2}} \quad (13.6)\end{aligned}$$

となる．ここで $g = 9.92\,\mathrm{m\,s^{-2}}$ は 660 km の深さまでの沈み込みを考えたときの平均重力加速度である．$3.36\,\mathrm{km^2/}$年 $= 0.106\,\mathrm{m^2\,s^{-1}}$ の割合でリソスフェアが $6.6 \times 10^5\,\mathrm{m}$ まで沈み込んでいるとすると，重力エネルギーの解放率は $4.0 \times 10^{12}\,\mathrm{W}$ [*7]，つまり 22.4 節で熱力学的に推定した上部マントルにおけるエネルギーの 70%以上になる．もし，地殻構成物質の多くの部分が完全な沈み込みから逃れたと仮定すると，沈み込みによって解放されるエネルギーは熱力学の結果にさらに近くなる．しかし，それでも上部マントルのどこかで対流による力で説明されるべきエネルギーの差が依然として残る．地殻の浮力を考慮すると玄武岩的海洋性地殻がある深さでエクロジャイトとよばれているより高密度の岩石に変わると信じられているという問題が生じる．このエクロジャイトは浮力を奪い，地殻が沈み込まないという仮定と似た効果を

[*7] $5.66 \times 10^7 \times 0.106 \times 6.6 \times 10^6$

産む．しかし，これは相変化であるので対流による仕事を計算するときは特別な考慮が必要となる(22.3 節)．もし，式 (13.6) から地殻の項を取り除くと，対流サイクルのどこかでそれを補うエネルギーを考慮する必要がある．

沈み込みによって解放される重力エネルギーと沈み込むスラブによる粘性散逸を等しいとおくことにより粘性率を推定する．沈み込むスラブの有効な面積は沈み込み帯の長さ 51 000 km と，θ を沈み込み角としたとき ($45°$ とする) スラブの下向き方向の距離 $660\,\mathrm{km}/\sin\theta$ を掛け，すべてを 2 倍にすることにより得られる．2 倍にする理由はスラブが上面と下面の両面で抵抗を受けるからである．このようにして，全面積 $A_\mathrm{S} = 9.5 \times 10^{13}\,\mathrm{m}^2$ を得る．全面積が保存され，$3.36\,\mathrm{km}^2/$年の地殻生成率が同じ割合の沈み込みと等しくなければならないので，平均の沈み込みの速さが $6.6\,\mathrm{cm}/$年，つまり，$v = 2.1 \times 10^{-9}\,\mathrm{m\,s^{-1}}$ [*8] になる．エネルギー散逸と前に求めた重力エネルギーの解放率が等しいので，

$$\dot{E} = A_\mathrm{S} v \sigma = 4.0 \times 10^{12}\,\mathrm{W} \tag{13.7}$$

ここで，σ は結果として求められる応力であり，この議論では $2.0 \times 10^7\,\mathrm{Pa}$ となる．この値は地震から推定される沈み込み帯の応力の範囲の大きい方の値に相当し，対流が地震をも含むテクトニックな活動を維持するのに十分であることを示している．

式 (13.3) を用いてスラブの沈み込みに対する抵抗から全体としてのマントルの粘性を見積もるためには，仮定する H に明確な値がない．せん断作用は非常に広く広がっているかもしれないが，散逸の自己弱化による効果はせん断作用を集中させるであろう．もし，$H = 150\,\mathrm{km}$ と仮定し上に求めた $v = 2.1 \times 10^{-9}\,\mathrm{m\,s^{-1}}$ を使うと，$\eta = 1.4 \times 10^{21}\,\mathrm{Pa\,s}$ を得る．粘性率が大きくばらつくことを考えると，この値は，後氷期の隆起から得られた上部マントルの粘性率と一致していると見なすべきである．

これまでプレートの表面上の運動と上部マントル内の沈み込みのみを考えてきた．なぜならそれらが基本的にマントル対流の観測できる現象であるからである．反流のパターンと下部マントルのかかわり合いに関する議論はどうしてもより思索的になるが，仮説へ制限を与えるいくつかの考慮すべき点がある．

(i) 断熱温度勾配は式 (19.55) と式 (19.56) のように絶対温度 T に比例する．したがって，マントルが冷却する過程で，マントルが近似的に断熱的であるとすると，温度降下，つまりすべての物質要素からの熱損失が T に比例する．下部マントルが高温であることは，下部マントルの熱損失の全熱損失に占める割合 (77%) が下部マントルの質量が全マントルの質量を占める割合 (73%) より大きいことを意味する．放射性熱源は密度に比例して分布すると仮定するとこの 73% という比率は放射性熱源の比率にもなる．核からの熱は別に扱う．

(ii) 下部マントルの体積は全マントルの 2/3 であるが，下部マントルで生じる仕事はマントル全体に生じているそれの 30% 程度である．対流によるエネルギーは熱力学的に計算される．しかし，それを浮力と関係つける際には，マントルの深さの範囲で，熱膨張率が 1/3 程度になることに注意することが必要である．また，下部マントルでは上部マントルに比較して温度の比が低いので対流のカルノー効率が小さくなる．

(iii) 下部マントルの粘性率は上部マントルのそれより，おそらく数十倍大きい．

(iv) 現在の沈み込みの割合であると，上部マントルに等しい体積はリソスフェアで 10 億年かそれ以下で一巡される．マントル全体に相当する体積では，その時間は 30 億年である．

(v) 表 21.3 の数字によると，地表面で失われるマントルからの熱の 2/3 はマントル全体に分布している放射性熱源で説明される．数十億年の間，マントルのある部分が加熱されてきたというありそうにもない仮説を認めない限り，沈み込んだ冷たいものが何らかのメカニズムによりマントル全体にばらまかれなければならない．

[*8] $3.36/(51\,000 \times 10^5)$

(vi) 沈み込み帯を除けば，マントルの相変化境界面は深さに関して基本的には一様である．22.4 節に示すように，このことは上部マントル内の上方への反流の速さが沈み込みの速さに比べて小さい割合 (< 10%) であるという条件を課す．この事実は反流が空間的に非常に広がっており，おそらくマントル全体にわたっていることを意味する．

(vii) 電気伝導度から推定された下部マントルの温度は上部マントルのそれより，それほど劇的に高温ではない (Dobson と Brodholt, 2000). このことは上部と下部マントルに分かれている流れの間の中部マントル熱境界層の仮説を否認する．

(viii) 下部マントルに突き抜けて行く際に，少なくともスラブ物質のある物は，その一体性を保つ．しかし，660 km の相変化は対流の障害となる．

(ix) 熱力学的に計算された対流によるエネルギーは，沈み込んだ物質すべてがマントルの底に到達するという考えを否認する[*9].

(x) マントル由来の岩石は同位体的に独立な物質源が対流による混合から生き残っていることを示す．

これらの条件をすべて満たす対流モデルは工夫を必要とする．下部マントルがどのように対流しているかという直接的な証拠が非常に限られているので，多様なアイデアがあることは驚くことではない．半径 r における単位面積あたりの熱流量は深くなるにつれて (r が小さくなる) 減少[*10] するので，対流の速さも減少するという一般的な所見を述べることができる．これは粘性率の増加と定性的に整合的である．しかし，後氷期の隆起で示唆される数十倍の粘性率の増加は，対流運動が上部マントルに比べて下部マントルにほとんど集中していないと仮定することによってのみ取り入れることができる．マントルからの熱損失がマントル全体からであるという仮定は沈み込んだ冷たいものもまた下部マントル全体に分布している (必ずしも定常的でない) という仮定と等価であるということも，また，注意しておく必要がある．かなり少ない冷たいものがマントルの底に到達するが，それでも 2/3 は 660 km の深さを通りすぎる．このことは下部マントルの対流がゆっくりしていることを理解するのを容易にするが，冷たいものが下部マントルの粘性率のもとで，マントルの中をどのように分布するかを理解することを容易にするほどではない．

当然ながら以下のような疑問を投げかけることができる．対流がマントルの冷却の唯一の重要なメカニズムと仮定する必要があるだろうか？ 別のメカニズムとして熱伝導がある．しかし，熱伝導率は約 $80\,\mathrm{W\,m^{-1}\,K^{-1}}$ である必要があり，また，その唯一の可能性はときどき指摘されていたように放射熱伝導である．式 (19.62) を用いると，上の値は透明度 $\varepsilon \approx 150\,\mathrm{m^{-1}}$ あるいは光学深さが 7 mm を意味する．鉄を含む下部マントルの鉱物がこれほど透明であることは信じがたく思える．いずれにせよ，下部マントルの熱伝導率がこの値と同程度に高ければ，熱構造はわれわれの現在の理解から非常に違ったものになるであろう．核からの熱は D'' 層の熱境界層なしで，あるいは深部からのプルームなしで，熱伝導で上方に運ばれるであろう．その結果，核とマントルの温度が一致しないことの説明を抹殺するであろう．仮に対流が起こったとしても，それは弱く，テクトニクスに対しては無視できるほどの仕事しかしないであろう．そこで，われわれは全マントル一体となった対流を必要とする．そして，660 km での熱境界層がないことは下部マントルを切り離しては考えることができないことを意味している．上記の考察 (vi) は，上方への反流が非常に遅く空間的に広汎なので，この動きは必然的に下部マントルまで広がっていることを意味している．これらの結論はわれわれに以下のような問題への注意を喚起している．下部マントルは沈み込んだ物質により，ありそうにもないほどの大きな浮力を生じさせる大規模な温度変化がないことを保証される程度に急激に冷やされている．対流パターンは 10^9 年よりずっと短い時

[*9] 問題 13.2 参照．
[*10] 核からの熱流量が少ないと仮定する．

間で繰り返し変化するので，下部マントルの異なる領域を同時ではないが順々に冷やされるという論理的説明を 12.6 節の最後の段落で指摘した．

13.3　深部マントルプルーム内の浮力

660 km の深い相変化から核–マントル境界まで外挿したマントルの温度と，内核境界の固化温度から外挿した外核の温度の差は少なくとも数百度あり，おそらく 1000 K に近いであろう．これが，マントルの底の熱境界層内の温度増加量である．これは D″ 層として識別されている．しかし，D″ 層の解釈を複雑にする組成的そして相変化の不均質も，そこにある．粘性率は温度に強く依存するので，核の温度である核近くの物質はそれより上のものよりはるかに粘っこくない．式 (10.27) を用いて，この効果がどのくらい大きいか示すことができる．線形 (ニュートン) 粘性，$\eta = \sigma/\dot{\varepsilon}$ として $n = 1$ を使うと T_1 と T_2 における粘性率の比は，

$$\eta_1/\eta_2 = \exp[gT_M(1/T_1 - 1/T_2)] \quad (13.8)$$

となる．この比が $10^4 : 1$ 以下になるように，もっともらしい T_1, T_2, T_M を選ぶことはできない．高温 T_2 がソリダス温度 T_M に近いときに，比が最小になる．付録 G から $T_1 = 2785$ K, $T_2 = 3739$ K とおき，$T_M = 4000$ K とすると，$\eta_1/\eta_2 = 6 \times 10^4$ になる．仮定した T_M の値に 200 K の変化を与えると，この比は 2 倍以下で変化する．この値が下部マントル全体に比較して核近くの物質が軟らかくなる程度を示す数字である．

マントルの底 (D″ の底) の最も軟らかい物質の薄い層は熱的に膨張し，そのため強い浮揚性があるので深部マントルプルームにプルーム物質を供給する．この小さくなった粘性はプルームがなぜ細くて速く流れることができるかを説明する．プルーム物質のすべてがマントル–核境界の温度ではないし，その平均の粘性は D″ より少し上の部分から引きずり込まれた物質の粘性との中間になる．しかし，一番軟らかい物質が一番速く流れるので，D″ の中の流れは底の最小の粘性を有する非常に薄い層の中に制限されており，境界層の非常に小さな割合の部分だけが関与する．平均の粘性率が下部マントルのおおよその粘性率の 10^{-4} よりは大きくなることができないことについて言及することは，これからの議論に都合がよい．下部マントルの粘性率を 10^{22} Pa s とすると平均のプルームの粘性率として 10^{18} Pa s を得る．軟らかくなった物質をマントルを通過して上方に運んでいるプルームのダイナミクスは Loper と Stacey (1983) によってニュートン粘性の場合 (式 (10.27) の $n = 1$) について示された．そして，Loper (1984) によってそれは非ニュートン粘性の場合に拡張された．物質は流れが集中している中央において最も軟らかく，浮力は物質の圧力を減じ，この圧力減少がマントルのゆっくりとした内部に向かっての崩壊を生じさせる．圧力減少は自己安定的に半径を制限し，流れを絞る．プルームは流体としての有効な半径の 10 倍程度の半径の熱的ハローを有する．ここでは一定の半径，a を有する垂直のパイプの中を一定粘性率 10^{18} Pa s の「流体」が流れるという簡単化したモデルを考える．

仮に，20 個のマントルプルームが存在し，それら全部で核からの熱を地表，あるいはアセノスフェアへ 4×10^{12} W，つまり 1 つ 1 つのプルームが 2×10^{11} W 運んでいるとする．そうすると図 22.5 より，この熱の 39% が機械的仕事に変換されるので，それぞれのプルームの浮力による機械的仕事は $\dot{E} = 0.8 \times 10^{11}$ W になる．これは，垂直に上昇していると仮定するとプルームの 1 m あたり $\dot{E}/l = 2.4 \times 10^4$ W となる．したがって，体積流量は，平均速度を $\bar{v}$ とすると $\dot{V} = \pi a^2 \bar{v}$ であるので，プルームの 1 m あたりの浮力は，

$$F/l = (\dot{E}/l)/\bar{v} = (\dot{E}/l)\pi a^2/\dot{V} \quad (13.9)$$

となる．一方，$\dot{V}$ は熱輸送から以下の式で求まる．

$$\dot{Q} = \dot{V}\rho C_P \Delta T = 2 \times 10^{11}\,\text{W} \quad (13.10)$$

ここで $\rho = 4500$ kg m^{-3} はマントルのすべての深さにわたる平均密度 $C_P = 1200$ J K^{-1} kg^{-1}，そして $\Delta T = 800$ K (Stacey と Loper(1983) のプルーム平均計算より得られる $(T_2 - T_1)$ よりわずかに小さい) を入れると，$\dot{V} = 46$ m^3 s^{-1} を得る．し

たがって式 (13.9) より，

$$F/l(\mathrm{N\,m^{-1}}) = 1900\,a^2 \quad (a \text{ の単位は m}) \quad (13.11)$$

を得る．この力は粘性抵抗とつり合っている．粘性抵抗を求めるために，長さ l で圧力差 ΔP によって駆動されるポアズイユ流れの体積流速に関する公式をあてはめる．

$$\dot{V} = \pi \Delta P a^4 / 8\eta = (F/l) a^2 / 8\eta \quad (13.12)$$

ここで $\pi a^2 \Delta P = F$ の関係を用いた．式 (13.11) によって与えられる (F/l) を用い，$\eta = 10^{18}\,\mathrm{Pa\,s}$ とすると，

$$a = (8\dot{V}\eta/1900)^{1/4} = 21\,\mathrm{km} \quad (13.13)$$

を得る．

この計算には，明らかに曖昧さや近似があるが，式 (13.13) の指数 1/4 は計算されたプルームの半径が，そういうものに非常に敏感ではないことを保証している．プルームは非常に細いが，推定された半径は非常に熱い状態で流れている管の部分のものであり，その管は地震学的観測か発見できるかもしれないようなずっと大きな熱的ハローによって囲まれている．プルーム物質の平均の速さは，

$$\begin{aligned}\bar{v} &= \dot{V}/\pi a^2 \\ &= 3.3 \times 10^{-8}\,\mathrm{m\,s^{-1}} = 1.0\,\mathrm{m/年}\end{aligned} \quad (13.14)$$

はプレートの速さよりはるかに大きい．これらの計算は部分溶融の効果を考えていないが，部分溶融の効果は粘性率とプルームの半径をさらに小さくし，速さをさらに大きくする．

13.4 地形による応力

リソスフェアは十分に強いので，ある大きさの差応力を少なくとも 10^8 年維持すると考えられている．差応力は，内部で支配的な応力が圧力である，より弱いアセノスフェア内で緩和する．中央海嶺で盛り上がったアセノスフェアによる圧力は海洋リソスフェアに水平力を加える．リッジプッシュはだんだんと厚くなるリソスフェアを通してはたらくアセノスフェアの圧力によって生じる分布力の水平方向の成分である．それはプレートを圧縮する．プレートの加速度は無視できるので，リッジプッシュは遠くにある海嶺の反対方向に向いたリッジプッシュ，アセノスフェアの粘性抵抗，トランスフォーム断層における摩擦や隣のプレートあるいは沈み込み帯からの力という抵抗力とつり合っている．リソスフェアにはたらく力のうち，リッジプッシュの計算は最もわかりやすい．図 13.2 はアフリカプレートの状況を示している．東西に海嶺があるアフリカプレートは，形状的には対称であり，下にあるマントルに対してほとんど静止していると信じられている．このことは，アセノスフェアの粘性抵抗あるいは沈み込みの影響を無視することを可能にし，その結果，内部応力の計算を簡単にする．海嶺は対称的に開くと仮定する．その結果，海嶺は大陸から後退し，その下のマントルに対して実質的に静止した新鮮な海洋リソスフェアを残すことになる．

最初に隆起したリソスフェアは，沈降するにつれ，厚くなってくる．リッジプッシュは単位長さ

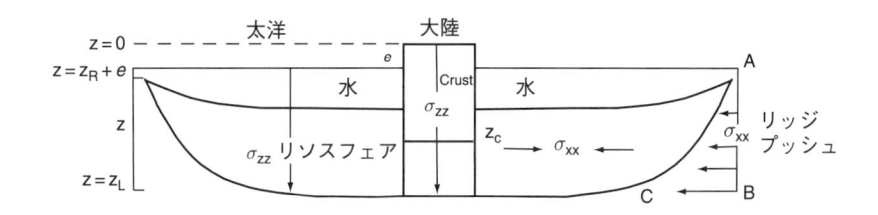

図 13.2 海嶺が両端にあるアフリカプレートの概念図．アフリカプレートは動いていない，つまりアセノスフェアからの抵抗がないとしたので，対称性は応力の計算を簡単にする．中央海嶺で，アセノスフェアはリソスフェアに圧力を加える．そして，この圧力は水平方向の応力を与える．この応力を境界に沿って積分したものをリッジプッシュとよぶ．垂直応力は重力によって生じる．

あたりの海嶺にかかる力であるが，図 13.2 の点 A から点 C の間のリソスフェアの下側にかかるアセノスフェアの圧力の水平成分の線積分で与えられる．

$$RP = \int_{AC} P_a \, dl \cos\theta = \int_{AB} P_a \, dz \quad (13.15)$$

ここで P_a はアセノスフェアの圧力，dl は AC に沿った微小距離で θ は dl が下向き正の z 軸となす角度である (この章では岩石力学の符号の付け方にならい圧縮応力を正としていることに注意)．この力はリソスフェア内の応力とつり合う．その結果，リソスフェアにかかる力の全積分量は P_a の AB 間での線積分として計算され，曲面に沿って積分する必要性を避けている．アフリカの場合は，リッジプッシュは単にリソスフェアに静水圧を負わせるだけであるが，アセノスフェア上を動くという別の状況では，リッジプッシュは粘性抵抗と平衡を保つようにリソスフェア–アセノスフェア境界上に分布する．図 13.2 の AB の大きさがプレートの水平方向の広がり ($\sim 5000\,\mathrm{km}$) の約 0.02 (約 100 km) であるのに注意すると，リソスフェアとアセノスフェアの間にはたらく平均せん断応力はアフリカの場合に計算したリッジプッシュの ~ 0.02 になる．もし，この応力が粘性抵抗に打ち勝つのに十分であるとすると，アセノスフェアの粘性率は $4 \times 10^{19}\,\mathrm{Pa\,s}$ を超えないことになる．リッジプッシュをリソスフェアのいろいろな場所の応力を計算する際の基準とする．

アイソスタシーの平衡にあって隆起している場所で発達する応力をしらべるために，図 13.3 のように流体の表面から，上面の高さが e である浮いているブロックを考えよう．後に続く解析のために，そのブロックの水平方向の広がりは，その高さよりはるかに大きいと仮定する．アイソスタシーの状態では，補償面の深さ，つまり，ブロックの底ではブロック内の垂直応力と流体内の圧力が等しいことが必要である．しかし，他の場所ではブロックの中の垂直応力と水平応力は異なる．平均的には $(1/2)\rho_s g e$ だけ垂直応力が大きく，この差がブロックと流体の地域のジオイド高に比例していることを示す．ここで ρ_s は固体の密度である．z を固体の表面から下向きにとる (図 13.3)．流体による水平応力は，

$$\begin{aligned}\sigma_{xx} &= \rho_f g (z - e) \quad (z \geq e) \\ &= 0 \quad\quad\quad\quad\quad (z < e)\end{aligned} \quad (13.16)$$

で与えられる (符号は圧縮が正になっていることを思い出すこと)．固体内の垂直応力は，

$$\sigma_{zz} = \rho_s g z \quad (13.17)$$

である．平均垂直応力は式 (13.17) を 0 から補償面までの深さ z_L まで積分し，z_L で割ることで得られ，

$$\bar{\sigma}_{zz} = \frac{1}{2}\rho_s g z_L \quad (13.18)$$

である．平均水平応力は式 (13.16) を e から z_L まで積分し，z_L で割ることで得られ，

$$\bar{\sigma}_{xx} = \frac{1}{2}\rho_f g \frac{(z_L - e)^2}{z_L} \quad (13.19)$$

である．式 (13.19) とアイソスタシー (重力一定とする) の関係 $z_L \rho_s = (z_L - e)\rho_f$ を考慮に入れると，平均の応力差は，

$$\bar{\sigma}_{zz} - \bar{\sigma}_{xx} = \frac{1}{2}\rho_s g e \quad (13.20)$$

となる．この応力差はブロックを広がらせるようにはたらく．最大主応力が垂直であるときの，このような差応力は正断層における Anderson の条件である (11.5 節)．

われわれは密度が一定である場合についての結果を得た．しかし，アイソスタシーの状態で密度が深さ方向に任意に変化しても，この結果は正しい．密度変化が $\rho_1(z)$ と $\rho_2(z)$ であり，それは補償面の深さ z_L で同じ値になるようなアイソスタシーの状態にある 2 つの地域を考える．2 の地域に

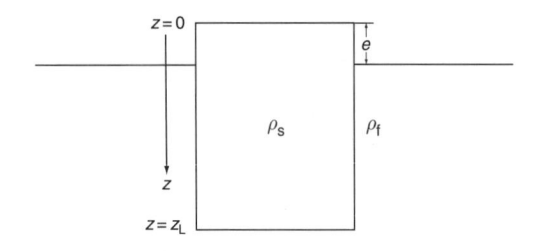

図 13.3 アイソスタシーの平衡にあるブロックに生じる応力の計算のための形状．

おいては，差応力がなく流体的であるとする．1の地域における垂直方向の重力による体積力によって生じる垂直応力の平均と地域2に働いている水平方向の応力から，地域1の平均水平応力を計算することができ，

$$\bar{\sigma}_{zz} = \frac{1}{z_L}\int_0^{z_L}\int_0^z \rho_1(z')g\,\mathrm{d}z'\mathrm{d}z$$
$$\bar{\sigma}_{xx} = \frac{1}{z_L}\int_0^{z_L}\int_0^z \rho_2(z')g\,\mathrm{d}z'\mathrm{d}z \quad (13.21)$$

である．式(13.21)を部分積分[*11]すると，

$$\bar{\sigma}_{zz} = \int_0^{z_L}\rho_1(z)g\,\mathrm{d}z - \frac{1}{z_L}\int_0^{z_L}z\rho_1(z)g\,\mathrm{d}z$$
$$\bar{\sigma}_{xx} = \int_0^{z_L}\rho_2(z)g\,\mathrm{d}z - \frac{1}{z_L}\int_0^{z_L}z\rho_2(z)g\,\mathrm{d}z \quad (13.22)$$

である．したがって平均の応力差は，

$$(\bar{\sigma}_{zz} - \bar{\sigma}_{xx})$$
$$= \int_0^{z_L}\rho_1(z)g\,\mathrm{d}z - \frac{1}{z_L}\int_0^{z_L}z\rho_1(z)g\,\mathrm{d}z$$
$$- \int_0^{z_L}\rho_2(z)g\,\mathrm{d}z + \frac{1}{z_L}\int_0^{z_L}z\rho_2(z)g\,\mathrm{d}z \quad (13.23)$$

アイソスタシーの条件から，

$$\int_0^{z_L}\rho_1(z)g\,\mathrm{d}z = \int_0^{z_L}\rho_2(z)g\,\mathrm{d}z \quad (13.24)$$

したがって式(13.23)は，

$$(\bar{\sigma}_{zz} - \bar{\sigma}_{xx}) = \Delta\sigma = \frac{1}{z_L}\int_0^D z\Delta\rho(z)g\,\mathrm{d}z \quad (13.25)$$

となる．ここで$\Delta\rho(z) = \rho_2(z) - \rho_1(z)$である．

式(9.20)に示すように，2つの地域のジオイドの差は，

$$\Delta N = -\frac{2\pi G}{g}\int_0^{z_L}[\rho_1(z) - \rho_2(z)]z\,\mathrm{d}z \quad (13.26)$$

である．ここでGは万有引力定数である．式(13.25)と式(13.26)を比較すると，一般に，

$$\Delta\sigma = \frac{g^2}{2\pi G z_L}\Delta N \quad (13.27)$$

[*11] $\frac{1}{z_L}\int_0^{z_L}\frac{\mathrm{d}(z)}{\mathrm{d}z}F_i(z)\,\mathrm{d}z$, $F_i(z) = \int_0^z \rho_i(z')g\,\mathrm{d}z'$と考えよ．

となることがわかる．ここでgは両地域で同じと仮定している．ジオイドがまわりより高い場所では垂直応力が大きく正断層になる．ここでの議論は第1次近似的な扱いであるが，テクトニックな応力を理解するのには十分なものである．ある目的のためには，より高次の近似を考える必要があるかもしれない(ChambatとValette, 2005)．

図13.1(a)は長波長成分($5000\,\mathrm{km} < \lambda < 15\,000\,\mathrm{km}$)を選ぶようにフィルターがかけられており，図13.1(b)は長波長成分を除くことにより，より短い波長成分($100\,\mathrm{km} < \lambda < 5000\,\mathrm{km}$)のジオイドを示している．長波長(次数6)のジオイドは深部マントル，とくに粘性率が高い下部マントル(9.5節)の様相によるとされ(HagerとRichards, 1989)，対流による変化は必然的に遅い．RichardsとEngebretson (1992)は長波長成分の形状と現在の沈み込みのパターンを1億年前まで外挿したときに予想されるマントルの密度異常との間に強い相関があることを見つけた．これが，スラブが少なくともある場所では，マントルの底まで入り込んでいる証拠である．また，予想される密度異常とトモグラフィーの結果との相関により，このことが確かめられている．この相関が1億年の外挿の結果に制限されているという事実は12.6節で議論した対流モデルと整合的である．そのモデルでは上述の時間程度で対流運動のパターンが変化することを必要とし，その結果，より昔のスラブの残骸は熱拡散で崩壊するにはより長時間を要するが(長波長の観測では，冷たさを積分した量が等しい若く薄いスラブから昔のスラブの熱的ハローを区別できないであろう)，それらと現在のパターンとの相関がなくなる．

短波長ジオイドの形状は深い所の密度変化では説明できず，主にリソスフェアの地形によるためである．数百km以上の地形はアセノスフェアの流れによってアイソスタシー的に補償されている．したがって，図13.1(b)はリソスフェア内の応力状態を推定するのに使える．応力分布図(図11.11)との比較はジオイドと応力状態に相関があることを示している．ジオイドの短波長の形状とリソフェア内の応力との相関はジオイドの長波長の形

状が下部マントルと関連づけることを可能にする．アセノスフェアは完全には粘性のない流体ではない．しかし，空間的な広がりが数百 km では，アセノスフェアは千年から数万年程度でアイソスタシー的な平衡になる．この時間スケールでは，アセノスフェアは，数億年から数十億年の間存在していると思われる密度異常がある下部マントルとリソスフェアを切り離す．

13.5 大陸と海洋底の応力状態

13.4 節の議論を海洋および大陸リソスフェアに適用する．図 13.2 はアフリカプレート内のインド洋海嶺から大西洋中央海嶺までの概念的な断面図である．式 (13.25) を，この場合に適用すると，

$$\Delta\sigma = \frac{g}{z_L}\left[\int_0^e \rho_c z\,dz + \int_e^{R+e}(\rho_c - \rho_w)z\,dz + \int_{R+e}^{R+e+t}(\rho_c - \rho_c)z\,dz + \int_{R+e+t}^{z_C}(\rho_c - \rho_a)z\,dz + \int_{z_C}^{z_L}(\rho_m - \rho_a)z\,dz\right] \quad (13.28)$$

となる．ここで深さや密度は図 13.4 に示しているとおりである．それぞれの層の平均密度を用いると上式は，

表 13.1 図 13.4 においてリソスフェア内応力の計算のために用いた層の厚さと密度．R, D, z_L のそれぞれは海嶺，深海底，リソスフェアの底の海水面からの深さである．

R	2500 m	ρ_w	1020 kg m^{-3}
D	6000 m	ρ_c	2800 kg m^{-3}
z_L	100 km	ρ_a	3300 kg m^{-3}
		ρ_m	3392 kg m^{-3}

$$\Delta\sigma = \frac{g}{2z_L}\sum_1^5 (z_{i+1}^2 - z_i^2)\Delta\rho_i \quad (13.29)$$

となる．ここで $z_i, \Delta\rho_i$ は式 (13.28) の各項に対応する深さと密度差である．

大陸と海嶺の比較のためにアイソスタシーが密度と層の厚さに与える条件は，

$$\rho_c z_C + \rho_m(z_L - z_C) = \rho_w R + \rho_c t + \rho_a(z_L - R - e - t) \quad (13.30)$$

である．同様な式が古い海洋と海嶺に対しても得られる．表 13.1 にこの式にあてはめる数字を示す．これらの値を式 (13.28) と古い海洋と海嶺に対する同様の式に代入すると，海水準からいろいろな高さにある地域 (深海も含む) の応力や地殻の厚さが表 13.2 に示すように得られる．これは単純化したモデルであるし，リソスフェアは非常に多様なので，これらの結果は目安とみなすべきで地殻内の応力の最終的な値ではない．しかし，これらの結果は何が期待されるかを示すのには十分である．直交座標系におけるつり合いを考慮し，平坦地球，海嶺中心で完全な流体および完全な流

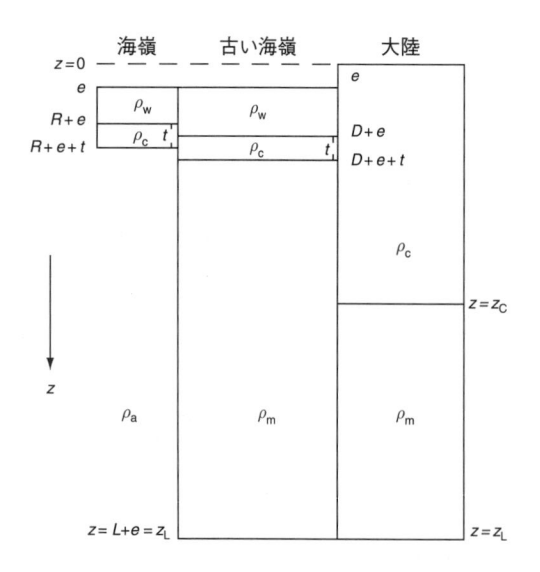

図 13.4 静岩水圧計算のために用いた，海嶺，深海と大陸の密度成層構造．

表 13.2 リソスフェアのいろいろな高度に対する差応力，応力比，地殻の厚さ．地殻の厚さ z_C は，仮定した地表面の高さ e に対してアイソスタシーの平衡から推定した．

高度 e (m)	$\Delta\sigma = \overline{\sigma}_{xx} - \overline{\sigma}_{zz}$	σ_{zz}/σ_{xx}	z_C (km)
-6000	39.6 MPa	0.974	7.00
0	19.75 MPa	0.987	31.04
1000	10.33 MPa	0.993	36.78
1963	0	1.0	42.30
2000	-0.43 MPa	1.0003	42.51
3000	-12.51 MPa	1.0084	48.24
4000	-25.88 MPa	1.0176	53.97
5000	-40.49 MPa	1.0278	59.71
6000	-56.3 MPa	1.0390	65.44

体のアセノスフェアを仮定した．表 13.2 に要約した結果は間に沈み込み帯をはさまない海嶺軸近傍の海洋底と大陸の場合である．約 2 km 以上の高さの場所では伸張場が観測される．低高度の場所 (表 13.2 で $\Delta\sigma$ が負の場所) は圧縮の状態にある．この状態においては逆断層が期待される．これは古い海洋地域の地震のメカニズムと整合的である (Wiens と Stein, 1985)．より高度が高い大陸地域は伸張応力にさらされており，それは正断層を引き起こす．

表 13.2 のモデル計算の結果は補償面の深さ，つまり，その深さ以深ではアセノスフェアの低粘性が実質的に静水圧を保証している深さを 100 km と仮定している．もし，その深さを 60 km と仮定すると，圧縮応力から伸張応力になるのは，2 km の高さではなく，1 km になる，あるいは逆に，補償面の深さを 140 km とすると，その変化は 3 km の高さで起こる．さて，これで主要な山岳地域 (ヒマラヤとアンデス) や高い台地 (東アフリカ) でどういう意味をもつかを考えることができる．東アフリカの地溝帯では 2 km の高さの大規模な地域がある．このことは，高くなっている地殻は表 13.2 で計算した伸張応力によって低くなりながら広がって行くという考えと整合的である．高ヒマラヤとアンデスでは，それらを活発に上に押し上げ，ヒマラヤでは南北 (Kong と Bird, 1996)，アンデスでは東西に圧縮応力，山麓では逆断層になるようなテクトニックな応力を認識する必要がある．これらの地域の頂上では，崩壊の過程を示す正断層がそれらの地域を横切っている (Yin, 2000; Yuan ら, 2000; Zho ら, 2001)．さらに応力が加われば，表 13.2 に準静水圧的に仮定して得られた値より高くなる．高ヒマラヤ (Coblentz ら, 1998) とアンデス (Lamb と Davis, 2003) はプレート収斂の特別な場合のように思われ，そこでは水の入った海洋堆積物がないために摩擦が上昇し，沈み込みが阻止されている．

沈み込み帯に近づいても古い海洋で明らかな圧縮応力は，遠くの海嶺からのリッジプッシュが引き起こすと考えられるので，それはアセノスフェアによる海洋プレートに及ぼす抵抗が重要でない，それゆえアセノスフェアの粘性が非常に低いことを意味する．この点は 13.2 節と 13.4 節でも推測している．大陸の下では，このことはおそらくそれほど正しくないであろう．大陸の下ではプレート運動の際に「大陸の足を引っ張る」傾向にある．しかし，それでも世界の応力分布図 (図 11.11) と同じ力を関係づけることができる (たとえば，Richardson, 1992)．

リッジプッシュを強調することは沈み込み帯をテクトニックな応力の生成メカニズムに関して 2 次的な役割に追いやるように見える．しかし，全テクトニックな過程を動かす熱対流による仕事が垂直方向の運動によって得られること，そして沈み込み帯で，それが一番顕著であるという認識にもとづくとリッジプッシュを強調することはいくぶん控えめにしなければならない．テクトニックな応力は海嶺の高さからもたらされたもののようにみえる．しかし，これは浮力のためであり，冷却したリソスフェアの沈み込みによる熱いマントル物質の上方への移動から分離することができない．古い海洋底からの海嶺の高さは沈み込みを駆動する負の浮力を与えるリソスフェアの収縮を見積もる手がかりとなる．

大きさで数十 km までのリソスフェアにかかる荷重は弾性的たわみで支えることができ，局所的なアイソスタシーからはずれる．このような荷重の支持は広域 (regional) アイソスタシーとよばれ，その状態では荷重が占めている領域よりより大きな領域に平衡を保つ力が広がっている．たとえば，ハワイ列島は，そのまわりの海を数 km 沈降させている．これを粘性のない流体の上にのっている弾性板の上にかかった荷重とモデル化し (たとえば，Watts (2001)) 地形か重力に合わせて，弾性板の有効厚さを決定することができる．20.4 節で議論するように有効弾性板の厚さは，地震学的に決めたリソスフェアの厚さの 30% しかない 30 km であることが推定されている．

13.6　低角逆断層のクーロンくさび

沈み込み帯の地震は約 700 km の深さまで，すべての深さで起こる．しかし，主要な地震の多くは浅く傾いている (~ 20°) スラブの上部数十 km で起こる．上にかかっている圧力のために，深い地震の摩擦すべりのメカニズムは差応力がきわめて大きいか，よりありそうな説明である空隙の流体圧の上昇により有効な摩擦が小さいか(式 (11.42))のいずれかが要求される．これらの 2 つの条件のうち 2 番目の条件がプレート内の応力の全地球モデルと整合的である (Bird, 1998)．このモデルは摩擦係数が実験室で求めた 0.6~0.85(11.5 節) と比較して 0.1 から 0.2 の低い有効摩擦係数であることを支持する．スラブの上の地震が起こる領域では脆性変形を起こす．この変形は，くさび状にはぎとられた堆積物の積み重なりや，ある場合には，地殻の変形や上側のプレートが厚くなることを伴う．この節では，これらに関与する破壊や応力をしらべる．

沈み込むプレートの上に形成される堆積物や地殻岩石の積み重なりについて，D. Davis ら (1983) による解析を簡単化した方法を用いて考える．堆積岩はくさび状の物質，いわゆる付加体を形成する．この付加体は成長するにつれて絶えず変形する．変形の形式には岩石の褶曲あるいは，いわゆるデコルマの表面とよばれる低角の平面に沿って岩石の板が他の板の上に押されて上昇するという衝上運動を含んでいる．褶曲や衝上によって形成された帯の時間平均のふるまいは物質がクーロンの関係式に従って常に破壊しているように扱える．そのような物質はクーロン物質とよばれる．くさびが発達するにつれて，くさびの表面の傾きは，くさびの中の応力と平衡をとるように調節して行く．丘に砂のブロックを押しているブルドーザーが類似した過程を表している．最初は砂は内部で変形し，平衡な形になるまで傾きが大きくなる．さらに物質がくさびの先端に付け加わるにつれ，くさびは上に向かって動き，自己相似的に成長する．臨界の形はくさびが底ですべりながらすべての場所で破壊するという条件により決まる．沈み込むプレートの上にくさびが付加する場合は，傾いているプレートは傾いた境界面を表し，島弧あるいは上に載っているプレートは，図 13.5 のように圧縮の応力 σ_{xx} をもたらすが，砂山の対比からするとブルドーザーに相当する．

摩擦の性質を表面の傾き α と底の傾き β と関係づける目的で地表面に出ているくさびの過程をしらべる．実効的な摩擦は $(1-\lambda_H)\mu_f$ に依存する．ここで μ_f は内部摩擦係数(式 (11.41) と (11.42))で λ_H は静岩圧に対する水の圧力の比である．例として，α や β がよく知られていて，くさびの中の λ_H がボーリング孔の圧力から測定されている

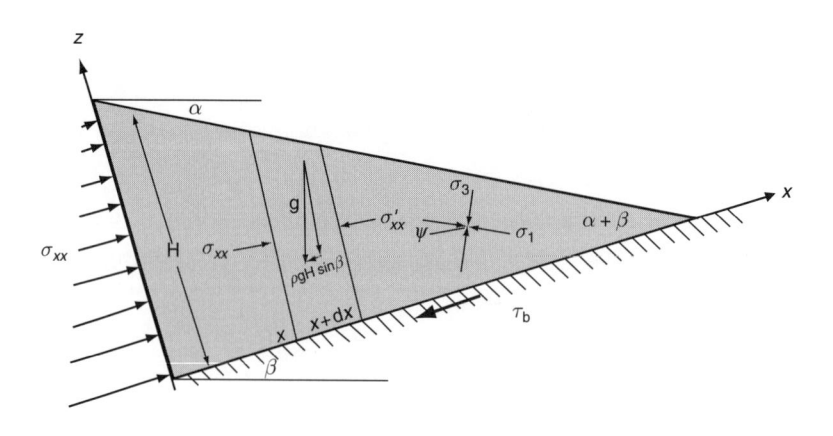

図 13.5　付加プリズムの形状．くさびの中の x 方向に向いた圧縮応力が重力と底の摩擦と平衡を保っている．

アジアプレートの台湾下への沈み込みにより形成されたくさびの底の摩擦力を計算するために理論を適用する.

x 軸を底に沿ってとり，それに垂直に z 軸をとる (図 13.5). y 方向に単位長さの $\mathrm{d}x$ の長さをもつ微小なくさびにはたらく力を考えよう．単位長さあたりの重力の x 方向成分は $-\rho g H \mathrm{d}x \sin\beta$ である．単位長さあたりの摩擦力は $-\tau_b \mathrm{d}x$ である．σ_{xx} を x 軸に垂直な面にはたらく垂直応力 (この章の他のところと同じく，岩石力学の符号に従い，圧縮を正とする) とすると，x 方向にはたらく正味の力は $\int_0^H \frac{\mathrm{d}\sigma_{xx}(x)}{\mathrm{d}x}\mathrm{d}z$ である．ここで H は x の位置におけるくさびの厚さである．x 方向のこれらの力のつり合いから，

$$\rho g H \sin\beta + \tau_b + \int_0^H \frac{\mathrm{d}\sigma_{xx}}{\mathrm{d}x}\mathrm{d}z = 0 \quad (13.31)$$

を得る．垂直応力は物質の重さから生じると仮定する．β が小さいという近似のもとでは，

$$\sigma_{zz} = \rho g (H-z) \quad (13.32)$$

水の圧力を考慮にいれるために式 (11.41) や式 (11.42) のように Hubbert–Rubey の係数を導入すると，有効垂直応力は，

$$\sigma_{zz}^* = (1-\lambda_\mathrm{w})\rho g (H-z) \quad (13.33)$$

となる．くさびの底の摩擦は，

$$\tau_\mathrm{b} = \mu_\mathrm{b} \sigma^* = \mu_\mathrm{b}(1-\lambda_\mathrm{b})\rho g H \quad (13.34)$$

であり，くさびの中は降伏しているので，

$$\tau_\mathrm{w} = \mu_\mathrm{w} \sigma^* = \mu_\mathrm{w}(1-\lambda_\mathrm{w})\rho g (H-z) \quad (13.35)$$

である．ここで μ_b はくさびの底に沿っての摩擦係数，λ_w と λ_b は，それぞれ，くさびの中の任意の深さ，およびくさびの底での Hubbert–Rubey 比である．凝集力がない，つまり式 (11.41) において $S_0 = 0$ の場合について扱う．くさびの底がすべりなしの面であるためには，底の摩擦力は内部変形を引き起こすのに必要な応力よりはるかに小さくなければならない．つまり $(1-\lambda_\mathrm{b})\mu_\mathrm{b} \leq (1-\lambda_\mathrm{w})\mu_\mathrm{w}$ を意味する．

全体がクーロン破壊しているということは，くさびの中のどの深さにおいても破壊を引き起こすための十分なせん断を発生するのに必要な量だけ

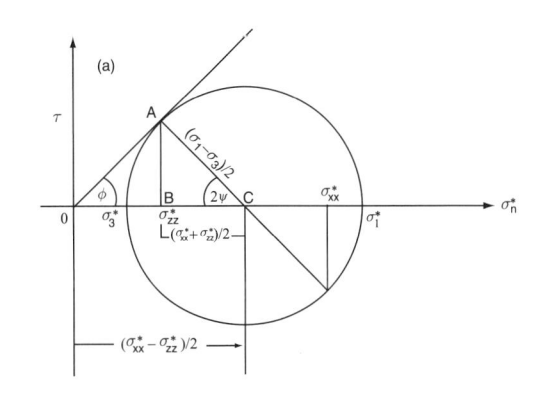

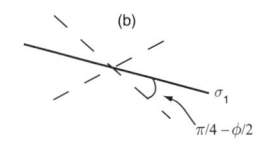

図 13.6 くさびの中でのモール円 (a). 最大主応力と破壊面 (点々) の関係を (b) に示す.

σ_{xx} が σ_{zz} より大きくなるように調節されていることを意味する．臨界状態のくさびでは H が x に関して線形であるので $\sigma_{xx} \propto \sigma_{zz}$ となる．

$$\sigma_{xx} = A\sigma_{zz} \quad (13.36)$$

としよう．式 (13.32) と $\mathrm{d}H/\mathrm{d}x = -\tan(\alpha+\beta)$ を用いると，式 (13.31) は，

$$\rho g H \sin\beta + \tau_b - A\rho g H \tan(\alpha+\beta) = 0 \quad (13.37)$$

となる．ここで比例係数 A は以下に示すように破壊の条件から決まる.

くさび全体が破壊状態であることは，もし A がわかれば，式 (13.36) を使って $(\sigma_{xx}-\sigma_{zz}) = (A-1)\sigma_{zz}$ が求まり，式 (13.32) を使って σ_{zz} を消去すると σ_{xx} が得られることを意味している．図 13.6 のモールの応力円を考えよう．有効圧縮力の最大値と最小値は σ_1^* と σ_3^* である．最大圧縮力 σ_1^* の軸と x 軸の間の角を ψ としよう．くさびの上面での σ_1^* は表面地形に平行でなければならない，つまり $\psi = \alpha+\beta$ である．また，浅い傾きに対して $\psi(z) = $ 一定 という仮定，つまり ψ は深さに関して一定であるという仮定をする (傾きが大きいときに適用できる，より一般的な場合は D. Davis ら (1983) によって扱われている). くさびを構成する物質はすべての点において破壊しているとするの

図 13.7 台湾の付加体へのクーロン破壊理論の応用. D. Davies ら (1983) を改変.

で, 破壊条件から, σ_1 軸に対し, $\pm(\pi/4-\phi/2)$ [*12] の方向に (図 13.6(a)) 破壊条件を満たす 2 つの面が定義される. 図 13.6(a) の三角形 BCA から,

$$\frac{1}{2}(\sigma_{xx}^* - \sigma_{zz}^*) = \frac{1}{2}(\sigma_1^* - \sigma_3^*)\cos 2\psi \quad (13.38)$$

であり, 三角形 OAC から,

$$\frac{1}{2}(\sigma_1^* - \sigma_3^*) = \frac{1}{2}(\sigma_{xx}^* + \sigma_{zz}^*)\sin\phi \quad (13.39)$$

である. 式 (13.32), (13.33), (13.38) と (13.39) より,

$$\frac{1}{2}(\sigma_{xx}^* - \sigma_{zz}^*) = \frac{1}{2}(\sigma_{xx} - \sigma_{zz})$$
$$= \frac{(1-\lambda_w)\sigma_{zz}}{\csc\phi\sec 2\psi - 1} \quad (13.40)$$

である. 式 (13.40) と式 (13.36) を用いて A を解くと,

$$A = 1 + \frac{2(1-\lambda_w)}{\csc\phi\sec 2\psi - 1} \quad (13.41)$$

となる. 次に式 (13.34) の τ_b を代入すると式 (13.37) は,

$$\alpha + \beta = \frac{(1-\lambda_b)\mu_b + \beta}{1 + 2(1-\lambda_w)/(\csc\phi\sec(2\alpha+2\beta) - 1)} \quad (13.42)$$

となる [*13]. したがって,

$$\lambda_b = 1 - \left\{(\alpha+\beta)\left[1 + \frac{2(1-\lambda_w)}{(\csc\phi\sec(2\alpha+2\beta)-1)}\right] - \beta\right\}\frac{1}{\mu_b} \quad (13.43)$$

となる [*14]. したがって, 実験室での値 $\mu_f = \mu_w = \mu_b = 0.85$ を用いると α, β と λ_w の測定からくさびの底の摩擦を計算できる.

この公式の応用例を台湾のくさびの図 13.7 に示す. アジアプレートが西台湾の下に沈み込み, 山脈をつくっている. この山脈をクーロンくさびとして記述する. 表面の傾き α は平均値として約 3.0° である. 沖合での反射探査の結果はくさびの先端のデコルマの表面の傾き β が 6° であることを示しているが, この値が陸に向かって一定であるとする. 深部ボーリングによって測定された流体圧は $\lambda_w = 0.7$ を示している. もし, 流体圧が静水圧であれば, この値は約 0.4 になる. 静水圧の場合より, この値が高いことは流体が過圧されていることを意味する. 流体は堆積物の中に取り込まれ, 層が埋もれて行くにつれて圧縮されている. 摩擦係数 (Byelee の法則, 11.5 節) として実験室の値 $\mu_b = \mu_w = 0.85$ を使う. これによって式 (13.42) において決めなければならない 1 つのパラメーター, λ_b が残る. これらの値を式 (13.43) に代入すると底で $\lambda_b = 0.76$ が得られる. この値は $(1-\lambda_b)\mu_b \leq (1-\lambda_w)\mu_w$ の条件を満たしている, つまり, くさびを構成する物質の有効摩擦係数 (式 (11.38)) $\mu_w^* = (1-\lambda_w)\mu_w = 0.26$ が底のそれ $\mu_b^* = (1-\lambda_b)\mu_b = 0.20$ より大きい. これは, この節の最初の段落で述べた全世界的な値 0.1 から 0.2 と整合的である.

別の例として, 摩擦が変化することの重要性が南北アンデスと比較して中央アンデスの地形の勾配が大きいことに見られる. 乾燥気候のために, 高アンデスではほとんど堆積物がないが, 北と南では堆積物が豊富にある. くさびの底とくさび内そのものの水は沈み込んだ堆積物の脱水から供給されると思われている. 水のないスラブのより大きな有効摩擦がアンデスのより大きなくさびと高さを説明できる. そして, その時間累積の効果が南アメリカのへこみを説明する (問題 13.7).

臨界くさび理論 (ここで記述したものよりさらに進んだ扱いを行う) が世界中の褶曲, 衝上運動そして付加体に適用された. それらの地域はヒマラヤ, アンデスの陸地側の褶曲および衝上運動帯, 北アメリカの西側 (Horton, 1999) そしてイランの

[*12] $\phi = \tan^{-1}\mu_f$
[*13] $\tan(\alpha+\beta) \approx \alpha+\beta$, $\sin\beta \approx \beta$, $\psi = \alpha+\beta$ を用いる.
[*14] この方程式は式 (13.34) を式 (13.37) に代入し, λ_b を求め, $\tan(\alpha+\beta) \approx \alpha+\beta$, $\sin\beta \approx \beta$, $\psi = \alpha+\beta$ を考慮すれば, より直接的に得られる.

ザグロス山脈 (Bird, 1978) である．それは，空隙圧力，破壊，堆積，侵食，そして衝上運動の相互関係をしらべるために用いられている．くさびの先頭付近では，くさびの底は定常的にすべるが，より深い場所では地震発生帯の中で，大地震として準周期的にすべりが起こる．くさびの底に沿ってすべりを起こさせる応力は式 (13.34) で与えられ，台湾の場合は，$\tau_b =, 0.13\rho g H$ となる．20 km の深さでは，この値は 76 MPa になり，この深さまでの平均は 38 MPa になる．この値はリッジプッシュによる古い海洋における差応力の値，37 MPa (表 13.2) と同程度であるが，13.2 節で計算したアセノスフェアのせん断応力 (0.1 MPa) より 2 桁大きい．

スラブ内の差応力の大きさ τ，は 22.4 節での熱力学的議論によって許される対流の仕事によって制限される．この節の解析は深い所での摩擦すべりにおける空隙圧の重要性を示している．台湾に対しては，くさび内では 0.70 に対し，$\lambda_b = \lambda_H = 0.85$ であることがわかる．もし，摩擦すべりが深発地震のメカニズムであるならば，より深い深さでは，$\tau \geq \mu_f(1-\lambda_H)\sigma_n$ となるように，λ_H は 1.0 近くまで上昇しなければならない．もし，そうでないとすると，上にかかった圧力は数十 km より深い深さでの地震発生を妨げるであろう．

14
地震の運動学

14.1 まえおき

　地震活動を研究する動機の1つは詳細なテクトニクスの解明である．もう1つの動機は地震予知である．1960年代から1970年代初頭においては，これについて10年ほど集中的な研究を行えば，将来発生する地震のマグニチュード，場所，時間を予知する方法が得られるだろうと期待された．しかし，地震の物理的メカニズムが当初思ったほど簡単でなく，これは過小評価であった．詳細な内容の予知が可能だと期待できるものは，ほとんどないが，替りにわれわれは地震のプロセスのいくぶん明確な認識をもつに至った．そして現在もこの研究は続けられており，地震のメカニズム理解がより進むと期待されている．

　地震の駆動力はマントルの熱対流からもたらされるが，これは22章の熱力学の題材である．地震によって解放されたエネルギーは熱力学的に利用可能なエネルギーと比較できる．直接断層すべりを観測できる少数の浅い地震は例外として，地震のエネルギーは放射される弾性エネルギーから推定される．エネルギーは直接マグニチュード M に関係づけられ，地震の数が M の関数として与えられると，われわれは，すべての地震に対してエネルギーを積分して全エネルギーが推定できる．典型的な値として，静的弾性エネルギーの地震波動への変換は6%と推定されている．この数値にはかなりの不確かさがあるが，全対流性のエネルギーのうち地震として解放されるエネルギーは約3%という見積もりと桁は合っている．マントルの変形のほとんどは（弾性波としての地震波を発生させない）非地震性である．このようなレオロジーとマントル対流のパターンの解釈については12.5節と13.2節で考える．

　ほとんどの地震は，ボーリングやトンネルの掘削によっても到達できないほどの深さで起こっている．震源過程は一般に地震波から推定されるが，いくつかの浅い地震では地表変位の直接観測が可能で，そのメカニズムに対するもっともらしい確証を与えている．地震は第1次近似としては，転位（図10.5）であり，断層面両側で反対向きの変位をもち，震源とよばれる断層運動の開始点から広がって行く．放射された地震波のスペクトルは断層サイズと関係した特徴をもち，断層サイズの推定に使われる．たとえば，最低周波数（最長の周期）は，地震の強さ，地震モーメントの推定に使われる．地震モーメントは断層すべり，断層面積，弾性定数の積である．非常に大きな地震，たとえば，2004年スマトラ–アンダマン地震による地震波の詳細な解析では，次のようなことが明らかになった．地震時のどの瞬間でも断層運動は断層面のある限られた領域面積で起こっていたこと，そのときすべっているパッチの部分は，断層の一方の端から他の端に伝播していたこと，その際，破壊伝播で破壊される前方の物質と後方の物質は最終的にはヒール（回復）したことである．地震波は破壊伝播の方向に積み重なっていき，反対方向では広がって小さくなる．この指向性は，放射パターンの非対称性として現れ，ドップラー効果であり，断層伝播の速さと方向の決定に使われる．近代的な地震計アレイは震源過程の詳細を明らかにし，大地震は多数のサブイベントの重ね合せとして表されることが示されている．

プレートテクトニクス的復元と宇宙測地学はプレート境界をはさむすべりを計算するのに用いられてきた．これを地震すべりと比較すれば，対象とするテクトニクス域で，地震と非地震性クリープによるプレート運動の割合の推定が可能である．非常に大きな地震はごくまれにしか起きないので，歴史地震から地震モーメントの総和をとるのは不適当である．すべりのほとんどは，最大地震で起きているのである．14.7 節でこのようなまれな大地震の影響を，小地震の統計解析により推定する方法を述べる．

海底で発生する逆断層や正断層の大きな地震は上下運動を引き起こし，津波を発生させる．断層サイズが数百 km の地震だけが効率よく津波を生成させる．それらは断層サイズと同程度の波長の津波を発生させ，水深約 5 km の海洋では，浅水波 (水深よりも十分長い波長をもつ) として伝播する．この波は風よりも数桁速いが，地震よりも数桁遅い速度で大洋を伝播する．地震波の信号は，海底水圧観測とともに津波警報システムに利用されている．

14.2　食い違いとしての地震

地震は急激な断層すべりの結果であるが，断層が地表を切ることは非常にまれである．断層をはさんで地面が反対に動く浅い横ずれ断層は，例外である．その有名な例は，カリフォルニア州のサンアンドレアス断層である．このようにカリフォルニアの地震活動は，地震が断層運動であることを認識させる重要な役割を果たしてきた．図 14.1 に例を示す．同じ方向に繰返し運動していることと，それが大きなずれとして蓄積していることは図 14.2 に示され，地震はテクトニックな運動を集中させ大きくしたものであることを明らかにしている．

横ずれ断層の水平運動は非常に印象が強いが，テクトニクスなスキームの中では 2 次的な役割しかもっていないと認識するのは大切なことである．そのエネルギーは結局，上下運動が主要である対流からもたらされる．世界の主要な逆断層 (図 14.10(b)) は中地震，大地震のほとんどを担っているが，一般に深いため，直接観測はできない．ここ数十年くらいの断層運動の観測は，水平変位をあまりに

図 14.1　1950 年 9 月，カリフォルニア州インペリアルバレーで発生した地震によってオレンジ畑に生じた断層変位．David Scherman (ライフ誌) による．

204   14. 地震の運動学

図 14.2 サンアンドレアス断層の枝断層を横切る地質構造の不整合．カリフォルニア州インディオ．Spence Air Photo 撮影．

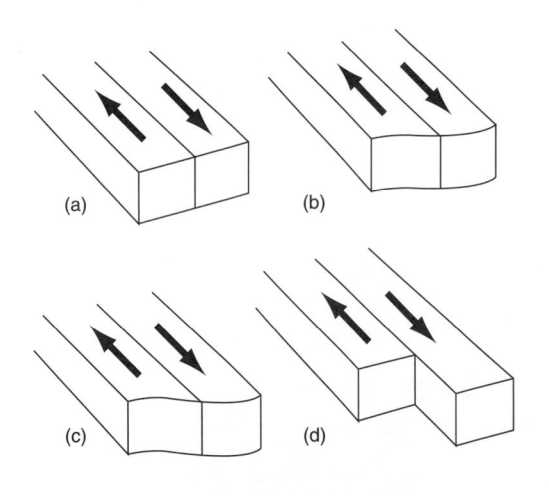

図 14.3 地震の弾性反発説．1906 年サンフランシスコ地震を説明するために Reid により提案された．地域的なせん断運動はゆっくりと弾性ひずみを蓄積し，状態 (a) から断層を挟んで突然解放される直前の状態 (c)，その直後の (d) で変位が生じている．

も強調するあまり，根底にあるテクトニックなメカニズムの認識をかなりの年数遅らせたように思える．

1906 年のサンフランシスコ地震は，地震活動研究の歴史の中で特別な位置を占めている．この地震の少し前に，この地域の測地調査が行われ，地震後も繰り返された．その結果，詳細で定量的な変位データが提供された．Reid (1910) はこのデータを，地震の弾性反発説と名づけた理論をサポートするのに使った．この理論は，まったく新しいものではなかったが，Reid の証拠は説得力があり，地震のメカニズムに関するアイデアの主流となった．この弾性反発説を図 14.3 に示す．地域的規模の運動が進行し，地面の弾性変形をもたらし，限界点で破壊にいたり，ひずみエネルギーが解消する，というシナリオを描く．地域的な運動の進行が弾性ひずみを増大させて地震として突如解放されるという概念は，プレートテクトニクスに関する最近のアイデアの中に自然に取り込まれている．このように弾性反発説の本質的妥当性は疑いようもないものである．しかし，限界点に達して破壊するという概念は単純すぎる．われわれは，何が地震を引き起こすのか，何が一度始まった断層破壊の拡大を止めるのか明瞭なアイデアをまだもっていない．このことが地震予知の進歩を妨げている．

断層変位とそれに関連した弾性ひずみ・応力は，

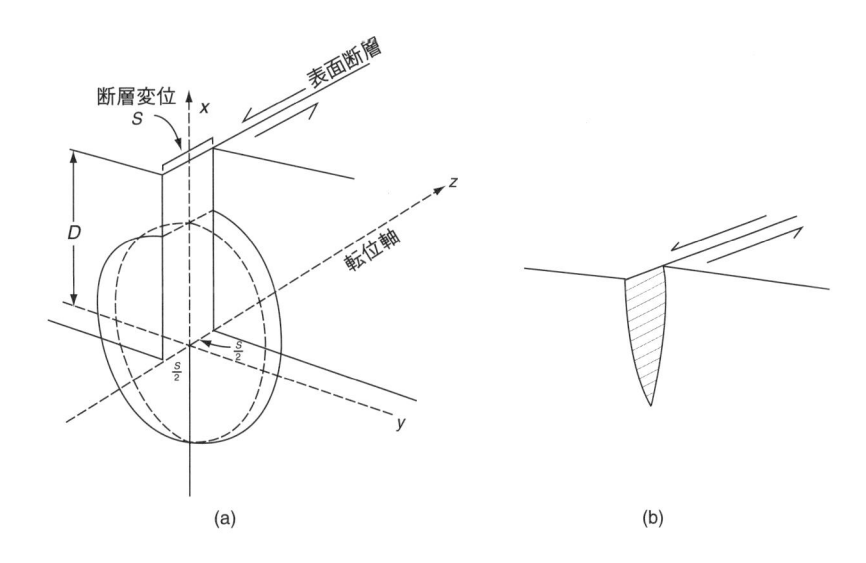

図 14.4 (a) らせん転位の幾何学，横ずれ断層の数学モデル．変位 S は深さ D まで一様．それ以深ではゼロ．円 (破線) がらせん状にねじれている．(b) もっと現実的な変位の深さ変化．

ディスロケーション理論と集合的によばれる理論により記述される[*1]．専門語のあるものは，転位論についての広範な文献のある固体物理学から直接採用されている．転位は結晶内部の欠陥として発生し，変形のメカニズムと強度をコントロールする．図 10.4 に示されるように転位には 2 種類ある．説明に好都合な形の固体 (円柱) を考え，それを半分カットした面を挟んで変位させよう．転位の軸はカットの端であり，カットした面の相対変位は，すべり[*2]，またはバーガース・ベクトルとよばれる．もしバーガース・ベクトルが軸と平行ならば (図 10.5(a))，らせん転位となる．もしバーガース・ベクトルが軸に垂直ならば (図 10.5(b))，刃状転位となる．一般には刃状，らせん両方のタイプのバーガース・ベクトルをもつ混合転位がある．

有用な近似として 1906 年サンフランシスコ地震はらせん転位としてモデル化することができる．数多くの研究のある 1964 年アラスカ地震は，1 対の刃状転位でよく近似できる．これらの単純なモデルは一方向に長い断層で表される．図 10.5 に示されるような上記の単純な転位は 2 次元の方程式，つまり実質的に無限長さまたは軸に沿った一様性を仮定したものであり，14.3 節で扱うようなモデルを使った一般化が必要である．別の一般化としては断層端ですべりを徐々にゼロにするようにすることである．ただし地表を切る断層に対しては，地表ですべりのグラジエント (勾配) がゼロでなくてはいけない．

1906 年のサンフランシスコ地震に伴う地殻変動はサンアンドレアス断層に沿って長さ数百 km にも及んでいたが，幅は 15 km に限られていた．このことは，すべりが断層長さ方向に変化していたにしても，破壊は浅くてらせん転位によってきわめてよく表されることを意味する．図 14.4(a) は単純ならせん転位の幾何学を示しており，深さ D で地表と平行な軸をもつという状況をモデル化している．以下では最初に，無限媒質中の転位によるひずみを計算し，次に地表に相当する面の上方に鏡像の仮想的転位を置くことで自由表面を考慮した計算を行う．破壊前の媒質中の転位軸のまわりの半径 r の円 (破線) は，すべりにより変形してらせん状の曲線 (実線) になる (図 14.5(a))．せん断ひずみ ε は，円周に沿って一様であり，以下の

[*1] ディスロケーション (dislocation) は，物性物理学 (転位論) では転位，地震学では「(変位の) 食い違い」と訳される．転位は結晶格子の離散的な変位の食い違いを意味する．地震学では転位論を参考にしているが，連続量としての転位を扱い，これは「食い違いの弾性論」(elasticty theory of dislocation) とよばれ，区別されている．

[*2] 原文では「変位」(displacement) となっている．相対変位を変位とよぶのは不適当なので以下では「すべり」を用いる．

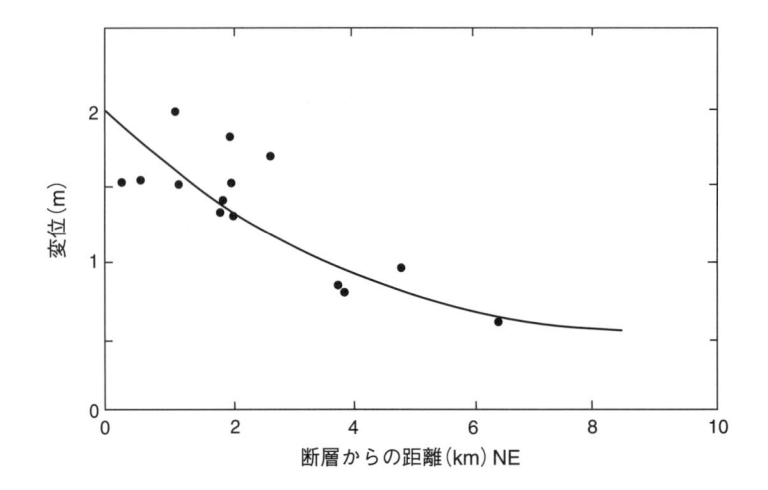

図 14.5 1906 年サンフランシスコ地震のサンアンドレアス断層北東側の地点での水平変位．実線は式 (14.5) で $b = 4\,\mathrm{m}$, $D = 3.4\,\mathrm{km}$ とした場合に対応している．図 14.4(b) のように深い方のすべりに勾配をつけると，断層全体の深さは，もう少し深い方がよい．

ように与えられる．
$$\varepsilon = b/2\pi r \tag{14.1}$$
ただし，b はバーガース・ベクトルである．われわれは，断層面に平行な $y = $ 一定 の地面に垂直な面を横切るひずみ成分の ε_{yz} に主に興味がある．
$$\varepsilon_{yz} = \frac{b}{2\pi r}\frac{x}{r} = \frac{b}{2\pi}\frac{x}{x^2 + y^2} \tag{14.2}$$
これは変位の食い違い $S = b$ である 1 個の転位による無限媒質中のひずみ成分を与えるものである．

ここで，$x = D$ の自由表面の影響を考えよう．自由表面を通して作用する応力はゼロなので，せん断ひずみ，ε_{xz} は自由表面では至る所でゼロである．この状態は，数学的には，無限媒質中の $x = 2D$ に仮想的な転位の鏡像を加えることで表現される．これら 2 つの転位の影響は $0 < x < 2D$ で S，その外側でゼロのすべりを与える．2 番目の転位は ε_{yz} をキャンセルしないので，次式のようになる．
$$\varepsilon_{yz} = \frac{b}{2\pi r}\left(\frac{x}{x^2 + y^2} + \frac{2D - x}{(2D - x)^2 + y^2}\right) \tag{14.3}$$
観測が主に行われる自由表面 $(x = D)$ では，
$$\varepsilon_D = \varepsilon_{yz}(D) = \frac{bD}{\pi(D^2 + y^2)} \tag{14.4}$$
である．断層から任意の距離 y だけ離れた地表変位は，$y = 0$ での変位の食い違いに注意し，ε_D を y について積分して下記のように得られる．

$$\text{変位} = \int_{-\infty}^{y} \varepsilon_D \, \mathrm{d}y$$
$$= \frac{b}{2}\left(1 - \frac{2}{\pi}\tan^{-1}\frac{y}{D}\right) \tag{14.5}$$

式 (14.5) は，深さ $D(x = 0)$ に転位軸がある単純な転位による地表変位 (z 軸方向) を与える．応力とひずみは軸上で特異性 (∞) をもつが，断層すべりを端に向かって徐々にゼロにする (図 14.4(b) のように，すべりの深さ変化を $x \to D$ でゼロにする) ことでこのモデルを改善することができる．これらの改善の影響はわずかであり，1906 年の測地測量 (図 14.5) との一致は変わらない．モデル化されていない他の影響として，断層に沿ってすべりが一様でないことと媒質の不均質がある．最近では，人工衛星を用いたレーダー干渉計での詳細な観測が，不均質の同定可能な細かな変位地図を提供している (Peltzer ら, 1999)．1996 年チベットで発生した横ずれのマニ (Manyi) 地震により生じた地表変位の横断面図 (図 14.6) は式 (14.5) との良い一致を示す．しかし，他の横断面での非対称性は Peltzer らに断層に関連する弾性応答が一様でないことを結論づけさせている．

1964 年アラスカ地震のモデルは図 14.7 の下部に示される．対応する地表変位は図の上部に示され，これは観測と調和的であった．1964 年のアラ

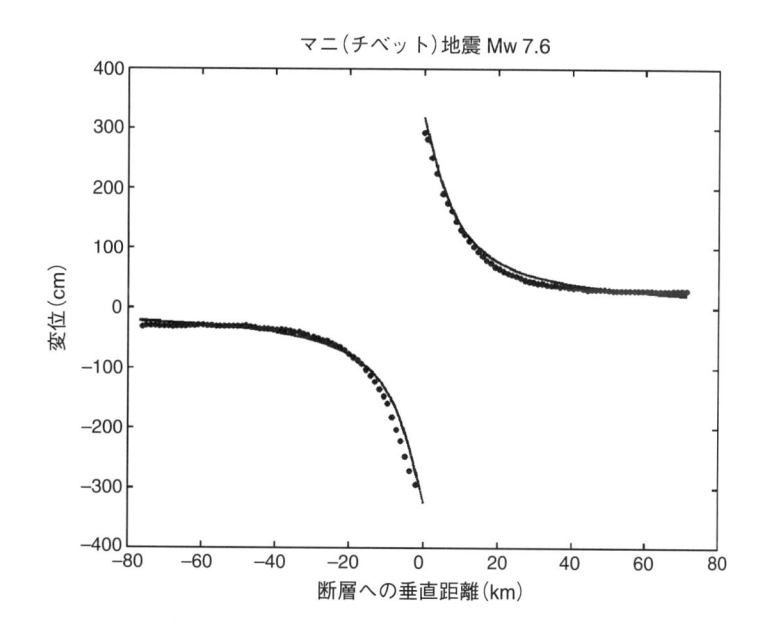

図 14.6 1996年チベットのマニ地震による合成開口レーダーによる変位 (Peltzeら, 1965). Gilles Peltzerにより提供されたデータに, 式 (14.5) で $b = 6.84\,\text{m}$, $D = 7.9\,\text{km}$ としてフィットさせた.

スカ地震は1906年サンフランシスコ地震ほど簡単にはモデル化できない. この地震は勾配をもった1対の刃状転位で表される. これは2次元モデルである. 断層長はアラスカ海岸にほぼ平行に800 kmで断層幅の4倍であり, 断層の中央部では2次元モデルが適用可能である. 刃状転位の式は, ここには示さないが, らせん転位ほど単純ではない. その理由の1つは, 自由表面(地表)がらせん転位の場合のように1個の単純な鏡像によって表されないためである. 任意の方向を向いた断層による変位の表現式はMansinhaとSmylie (1971) やOkada (1985) によって与えられている.

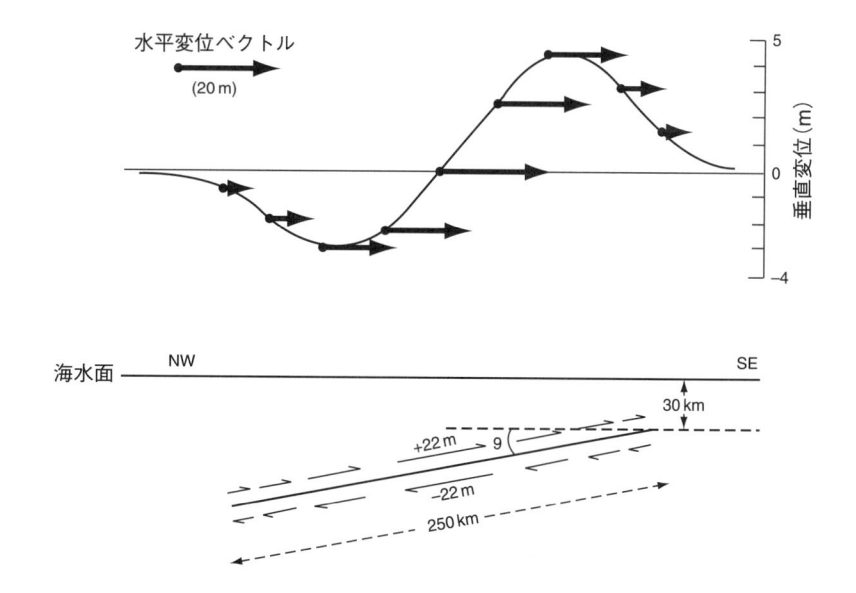

図 14.7 1964年アラスカ地震による断層運動のモデル. Plafker (1965) によって報告された地表変位の観測に合致している. モデルは地表に達していないが, 達したとしても海底であったであろう.

これら2つの地震に対して，われわれは断層近くの最大ひずみを推定でき，それから応力を得るために適当な深さの弾性値を使うことにする．サンフランシスコ地震に対しては，断層を挟む運動は2mで，断層深さ全体にわたって分布するとしてよいであろう．この単純なモデルからは，断層深さ約3.5kmが得られるが，より現実的な混合転位モデルを使うと5.0 ± 1.5kmになる．長さ100kmにわたって地表に出現した断層運動がそんなに浅いのは不思議だが，後者で4×10^{-4}のひずみ，地殻の剛性率を30GPaと仮定するとせん断応力は12MPa (120 bar) となる．すべりは断層に沿って変化しているし，ここでは大きな値を仮定したので，この値は上限である．他の断層部分の応力は2MPaを超えないかもしれない．アラスカ地震に対しては，最大22mの変位を125kmの半分の幅に対して分布させると，ひずみ1.8×10^{-4}を得る．この地震は深いので，平均的深さでの弾性定数は約55GPaであり，これから応力降下量9.9MPaが与えられる．これらの計算での不確かさを認めた上で，われわれは応力降下量を10MPa (100 bar)の桁が浅い大地震の典型な値であると推測できる．なお，1〜10MPaの幅の推定は地震波のスペクトルの研究からも得られている (14.5節)．これらの応力値は傷のない岩石の破壊応力に比べ非常に小さい．ほとんどの地震は既存の弱線に沿って起きているのである．

14.3　一般化地震モーメント

断層が地表に出た場合でも，地震による地表の変位のパターンは，非常に不規則で，不完全にしか記録されない．まして深部での変位の直接観測などは皆無である．それにもかかわらず，われわれは地震時に断層で何が起きているのか，たとえば，震源 (開始点) や，断層破壊の伝播速度などに，興味をもっている．この情報を得るためには，放射された弾性波記録を解読せねばならない．長年の間，震源位置は，広く分布した地震観測所で記録された地震波の到達時刻データを使って決定されてきた．なお17章ではこのデータを地球内部構造推定に使うことの議論を行うが，本章では，地震自身 (震源) について得られる情報を扱う．地震は複雑な現象であり，まったく同じものはないが，ある明瞭なパターンが現れる．

前節で議論したらせん転位・刃状転位は震源の，単純化された2次元モデルである．この節で展開するように，3次元では転位 (すべり) パッチが用いられる．地震の強さの尺度は地震モーメントであり，媒質の弾性定数，すべり量，断層面積を考慮したものである．スカラー量の地震モーメントは以下の式で与えられる．

$$M_0 = \int \mu b \, dS \quad (14.6)$$

ここで，μは断層を生じた媒質の剛性率，bは断層面上のすべり分布，Sは断層面積である．3次元の場合の地震モーメントは以下の考察のようにテンソルになる．

地震断層からの放射場の計算は，複雑な混合境界値問題であり，応力と変位の条件を断層面上で同時に満たすことが必要である．この問題は不連続面での変位の食い違う運動と等価な点力の組合せで，置き換えてやると簡単になる．そのような点力は比較的単純な解析解をもっており，したがって媒質内のどんなすべりでも，その重ね合せで表現できる．無限媒質中の点力は，点に加わる力と考えることができ，これは，ある点を特定の方向に押している力である．弾性物質は，この押しに対して抵抗し，物質は力がつり合うまで動く．この物質は力の前面で圧縮され，後ろ側で伸びる．この力は，動的，つまり時間的に変化するかもしれないし，静的かもしれない．

原点に作用する点力F_kに対する，つり合いの方程式 (11.43) は以下のようになる，

$$\frac{\partial \sigma_{ij}}{\partial x_j} + F_k \delta_{ik} = 0 \quad (14.7)$$

ここで，添字に対する和の規約 (2つ同じ添字があると和をとる) を使っている．この方程式の解はグリーン関数 (LandauとLifshiz, 1975) であり，

$$G_{ik} = \frac{1}{4\pi\mu} \left[\frac{\delta_{ik}}{r} - \frac{1}{4(1-\nu)} \frac{\partial^2 r}{\partial x_i \partial x_k} \right] \quad (14.8)$$

と書ける．ここでG_{ik}はk方向の単位力から生じた変位のi成分である．内力としての点力は地球

14.3 一般化地震モーメント

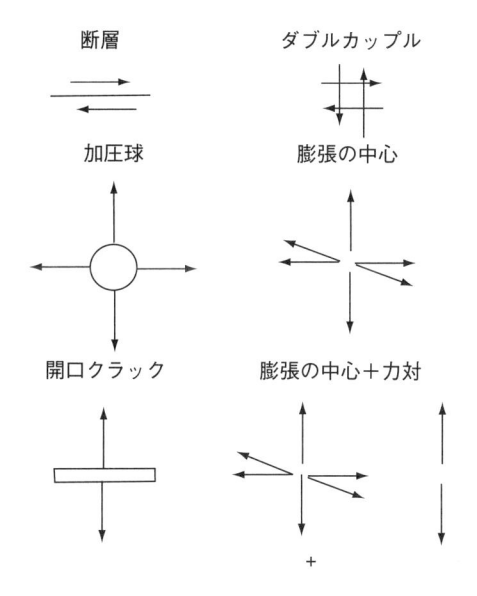

図 14.8 基本的転位によるポイントフォース表現

物理学では限られた応用しかない．点力の特別な場合は，半無限弾性体表面に加わるもので，ブジネスク問題とよばれており，表面加重のモデルに使われている．湖水によって地表にかかる加重はその一例である．Gough と Gough (1970) は半無限空間上の分布点力をザンビアのカリバ湖の貯水に関連した応力と変位の説明に使った．そして誘発地震活動と観測された水準変動との比較により，地震学的に推定した上部地殻の弾性定数が静的加重を説明できることを確かめた．

式 (14.8) を微分して，3次元媒質内の転位を記述する式を得ることができる．それは，前節のものよりもっと一般的なものである (Eshelby, 1973)．ダイクや伸張クラックの開口は，バーガース・ベクトルがクラック面に垂直な第3のタイプの転位でモデル化できる．空孔の膨張は，遠地で観測する場合には，互いに直交する3面とその面に垂直な変位食い違いでモデル化できる．一方，収縮は反対方向の変位で可能である．これらの場合のそれぞれは，点力の式 (14.8) の微分の組合せでモデル化できる (図 14.8)．

すべり，開口，体積変化に対して，力を組み合わせる際には，全力と全モーメントがゼロでなけらばならない，なぜなら最終的に加速度も回転の加速度もゼロでなければならないからである．地震の食い違いモデルでは，すべりは断層面の接線の方向にあり，反対の側は反対に動く．これを，互いに反対向きの1対の点力でモデル化する．なお，これは1対のカップル (偶力) を形成する．しかし1対だとトルクが生じ地震時に角運動量を生じさせる．これを避けるために，大きさが同じで向きが反対の第2のカップルを加えなければならない．結果として地震のダブルカップルモデルになる．

個々のカップルをつくるために，われわれは電磁気学でダイポール (双極子) をつくるのと同じ数学的手続きをとる．クラック内の2つの面が δz だけ離れているとしよう．ただしこの値は後でゼロの極限をとることになる．クラック S に垂直に z 軸，水平方向のバーガース・ベクトル b を x 軸にとる．このとき，ひずみは，$b/\delta z$ であり，力は，$\mu(b/\delta z)S$．上側と下側の力による変位は，

$$\begin{aligned}
u_i(\text{偶力}) &= 力\left[G_{ix}\left(r+\frac{\delta z}{2}\right) - G_{ix}\left(r-\frac{\delta z}{2}\right)\right] \\
&= \frac{\mu bS}{\delta z}\left[G_{ix}\left(r+\frac{\delta z}{2}\right) - G_{ix}\left(r-\frac{\delta z}{2}\right)\right] \\
&= \mu bS \frac{\partial G_{ix}}{\partial z}
\end{aligned} \quad (14.9)$$

である．ここで，μbS は地震モーメント式 (14.6) であり，G は式 (14.8) で表されるグリーン関数である．これに同じ強さで反対向きのトルクをもつカップルを直角に加えて，下式を得る．

$$u_i(\text{ダブルカップル}) = \mu bS\left(\frac{\partial G_{ix}}{\partial z} + \frac{\partial G_{iz}}{\partial x}\right) \quad (14.10)$$

ここでカップルは，大きさが同じで反対方向にはたらく2つの力を力の方向と垂直にずらしたものである．地震学者は開口クラックのモデル化も同様に行う．この場合まず必要な力は開口の方向であり，力の作用する方向に並ぶ力対を形成する．3つの力対を互いに直角に合わせると膨張核ができる．

$$u_i(\text{膨張核}) = \lambda bS\left(\frac{\partial G_{ix}}{\partial x} + \frac{\partial G_{iy}}{\partial y} + \frac{\partial G_{iz}}{\partial z}\right) \quad (14.11)$$

膨張核は膨張する球のモデルに使われる．大きさの異なる力対の組合せは楕円体の膨張のモデルに使うことができる (Davis, 1986)．膨張に対して頻

繁に用いられる応用はマグマだまりによる火山の加圧の茂木モデルである (Anderson, 1936; Mogi, 1958). この場合に，地表面のトラクションをゼロにするために鏡像項が加えられる.

クラックの開口は膨張中心と開口方向を向いた力対の組合せでモデル化できる. 完全な表現は，以下の式で示される. なお，λ はラメ定数である (10.2 節参照).

$$u_i(\text{引張クラック})$$
$$= bS\left[\lambda\left(\frac{\partial G_{ix}}{\partial x}+\frac{\partial G_{iy}}{\partial y}+\frac{\partial G_{iz}}{\partial z}\right)\right.$$
$$\left.+2\mu\frac{\partial G_{iz}}{\partial z}\right] \quad (14.12)$$

一般には，b は食い違い面上で一様でなく，詳細な断層モデルのためには，解は積分され，また 14.5 節に示されるように時間変動も含まれるかもしれない.

式 (14.10)～(14.12) はせん断と膨張の両方，

$$u_i = M_{pq}\frac{\partial G_{ip}}{\partial x_q} \quad (14.13)$$

を組み込んでいるので，より一般化されているといってよい. ここで，M_{pq} は地震モーメントテンソルであり，式 (14.6) に関連して定義され，以下で与えられる.

$$M_{pq} = \lambda\delta_{pq}b_pS_q + \mu(b_pS_q + b_qS_p) \quad (14.14)$$

ただし，b_p と S_p はベクトル $\boldsymbol{b}$, $\boldsymbol{S}$ の p 成分であり，$\partial G_{ip}/\partial x_q$ は p 方向の力による i 方向の変位 G_{ix} をカップルを形成する p 成分で微分したものである

式 (14.13) は，転位面 S の平均のバーガース・ベクトル b に対する i 方向の変位であり，点力による変位の微分項，つまり，カップルと力対の項で表されている. x–z (1–3) 面のせん断クラックは以下のようなモーメントテンソル成分をもつ，

$$M_{pq} = \begin{pmatrix} 0 & 0 & \mu b_1 S \\ 0 & 0 & 0 \\ \mu b_1 S & 0 & 0 \end{pmatrix} \quad (14.15)$$

一方，y–z (2–3) 面にある引張りクラックは，以下のように表される.

$$M_{pq} = \begin{pmatrix} (\lambda+2\mu)b_1 S & 0 & 0 \\ 0 & \lambda b_1 S & 0 \\ 0 & 0 & \lambda b_1 S \end{pmatrix} \quad (14.16)$$

式 (14.15) は，観測された変位からは，どちらの面がすべったのかを一意的に決められないことを示している. 式 (14.13) を逆に解いて変位から M_{pq} を決め，対応する式 (14.15) の値を求めよう. このテンソルの対称性 $M_{xz} = M_{zx}$ から，われわれは z 面上のすべりの x 成分と，x 面上のすべりの z 成分を区別できない. もし，すべりが本当に x 面で発生している場合には，z 面は補助面とよばれる. これは点震源を使ったことによるものであり，次節で再考察する. もし，有限のサイズの震源から生じる変位データの逆問題を解けば，断層面のサイズや方位など，つまり $M_{pq}(x,y,z)$ を求めることができる. これらは 14.5 節で議論する. 一般化された地震のモーメントテンソルは動的なグリーン関数 (Aki と Richards, 2002) を使って，式 (14.13) を逆に解いて得られる. 11 章で応力テンソルに対して行ったようにテンソルを回転させ断層面と補助面を得ることができる. モーメントはこうして面とすべりを特定するための断層面解として表現される. 地震のようなせん断すべりに対しては，モーメントテンソルのトレースはゼロである，つまり開口も閉塞もない.

14.4 初動の研究

震源から離れた観測点での地震波の初動方向は，観測点に対する断層の方位やすべり方向に対して，ある種の規則的な依存の仕方をしている. 一様な無限媒質中での P 波の初動のパターンは簡単で，媒質は以下のように 4 つの象限に分けることができる. すなわち，初動が押し (震源から離れる方向の運動) の 2 つの象限と，初動が引き (震源に向かう方向の運動) の 2 つの象限である. もしダブルカップルを考えると，力の矢印の矢の先の方には圧縮，尾の方には伸張を形成する. 4 象限の境界は図 14.9(a) に示されるように断層面とそれに垂直な補助面である. 図 14.9(b) に示される放射

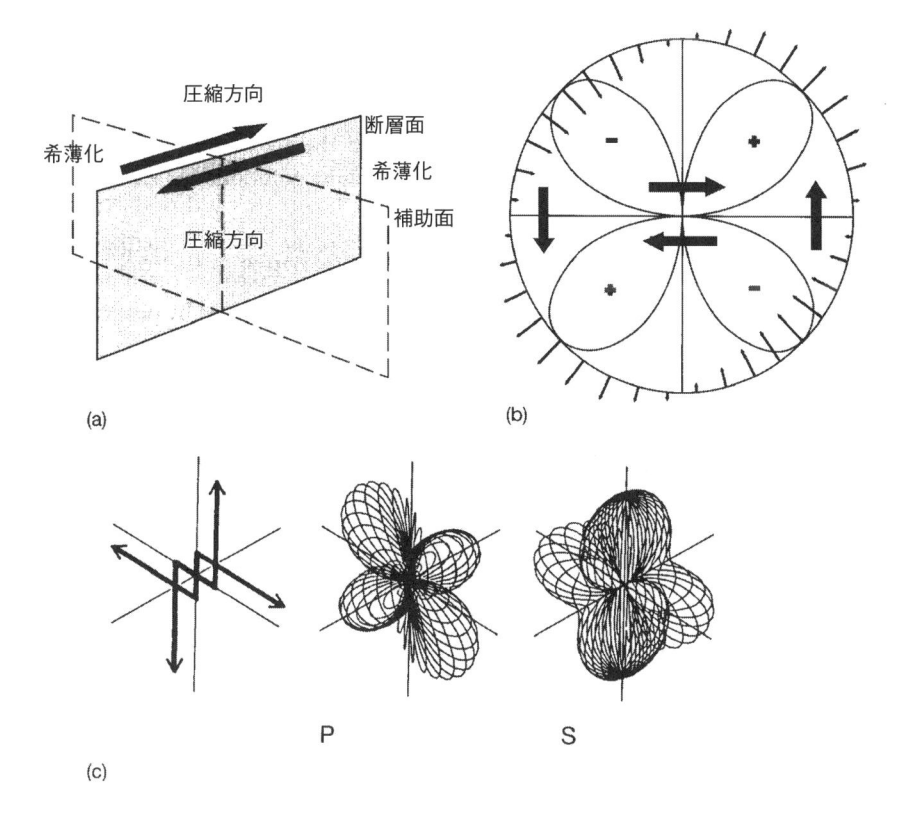

図 14.9 (a) P 波初動の押し・引きの断層面と補助面での区分け．(b) 断層面と補助面に直交する面内の P 波放射パターン．角度 ϕ での振幅は $\cos\phi$ に従って変化する．(c) ダブルカップル震源による放射パターンの 3 次元表示 (Kennet, 1993, p. 90 より)．

パターンは 2 つの節面 (断層面と補助面) に垂直な面に対するものである．この 3 番目の面に対して ϕ だけ傾いた方向で運動の振幅は $\cos\phi$ を因子として小さくなる．そして P 波放射がないところがあり，これは 2 つの節面上に対応する．図 14.9(c) は 3 次元表示である．

地球内部で，地震波は地震波速度変化によって屈折し，その結果節面もゆがむ．これらの屈折を考慮して，広く分布した観測点での初動データが，地震の節面とすべり方向を推定するのに用いられる．この結果は震源メカニズムの断層面解として知られている．信頼性の高い地震観測点で地球全体をカバーすることで，大地震から多数の小さな地震まで震源メカニズムをルーチンとして決めることができる．これらは，地震の運動がグローバルテクトニクスの重要なパターンのすべてに貢献することを実証している．またそれらは狭い範囲の詳細なパターンを研究するのに使われる．

追加情報なしには，前述の 2 つの節面は区別できない．これは，式 (14.15) から結論づけたように，地震がダブルカップルで表現できるという性質のためである．震源メカニズムは震源から下向きに進む波を，平面上に黒 (押し) と白 (引き) の 4 象限領域に投影して扱うことができる．図 14.10 は 3 つの簡単な例を示す．この表現は断層面 (2 枚の節面のどちらかが断層面) のあいまいさを含んでいるが，圧縮応力と伸張応力の方向はあいまいでなく，限られた地域において，しばしば，いくつかの断層面解を示しても運動のパターンは明らかであることが多い．

断層面を補助面から区別する方法がいくつかある．大地震の断層に沿って，しばしば多数の余震が並んで発生する．運動の方向は，地表変位の観測や地震波パターンの非対称性からわかるかもし

14.5 断層モデルと地震波のスペクトル

この節では，動的グリーン関数を積分して，地震波を解釈するために用いられる関係，とくに地震波の低周波数スペクトルから地震モーメントを推定するのに用いられる関係を示す．点震源，つまり，無限小のサイズと無限小の破壊時間をもつ震源は白色スペクトルを生じさせる．すべり時間関数の立上り時間の有限性と現実の断層サイズは，高周波でカットされた白色スペクトルを生じさせる．この場合，低周波域では白色スペクトルと見なせる．実際に，白色スペクトルと見なすためには，スリップ時間と比べて，非常に低い周波数範囲で見る必要がある．この周波数範囲は，断層サイズより非常に大きな波長の波に対応し，そこでは震源は点と見なせる．

一定の速さ，ただしS波速度より遅い速度で広がっている長方形の断層モデルを考えよう．破壊は断層の長さ方向の一端から，もう一方の端に進むものとする．ただし破壊先端から一定の幅でのみすべっているものとする．破壊方向に進む波は，反対方向に進む波よりも短周期になる傾向がある．なぜなら放射源が移動するために移動方向である破壊伝播方向に波動エネルギーが積み重なって，強くかつ短いパルスになるからである．反対方向では，源は遠ざかって行く．破壊フロントが遠ざかるので，波は小さくなる．これは地震学的ドップラー効果である．

式 (14.8) は式 (14.13) で用いられた静的グリーン関数であった．2次元横ずれ断層全体で積分して式 (14.5) が得られた．動的点震源に対するグリーン関数はやや複雑であり，近地項，中間地項，遠地項をもつが，遠地項に限れば単純である．P波，S波の速さが V_P, V_S の媒質では，断層パッチから生じる遠方変位は，以下で与えられる．

$$\begin{pmatrix} u_r \\ u_\theta \\ u_\varphi \end{pmatrix} = \frac{1}{4\pi\rho r V_P^3} \dot{M}_0(t - r/V_P) \begin{pmatrix} R_r \\ 0 \\ 0 \end{pmatrix}$$

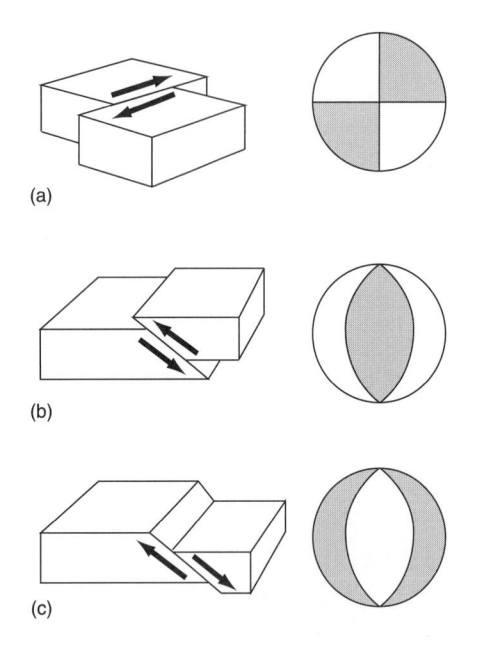

図 14.10 地震の断層面解．(a) 垂直運動なしの横ずれ断層，(b) 沈み込み帯で発生するような逆断層，(c) 正断層．初動のビーチボール表現は断層の下から見た (投影した) 4象限パターンを示しており圧縮にハッチを付けてある．

れない．もし，ある地震がユニラテラル (一方向に進む) な破壊伝播をしたならば，P波の最初のパルスの振幅は破壊伝播方向に大きく，(パルス) 幅は短くなる．この場合には放射パターンは図 14.9 の対称性と異なり断層面解のあいまいさ (2枚のうちどちらが断層面かについてのあいまいさ) が解消される．

初動の研究は一般にP波が強調されてきたが，S波も補助的情報を与える．S波の場合，運動は震源を原点とした動径方向に垂直で，θ成分とϕ成分をもつ．なおθは図 14.9(b) の面の中で測った角度，ϕはこの面の角度である．Aki と Richards (2002) に書かれているように，単位ベクトル，$\hat{r}$，$\hat{\theta}$，$\hat{\phi}$ を用いると，P(動径)，S(接線) 方向の初動は，以下の量に比例する．

$$R_r = \sin 2\theta \cos\phi \, \hat{r} \quad \text{(P 波)} \quad (14.17)$$

$$\left.\begin{array}{l} R_\theta = \cos 2\theta \cos\phi \, \hat{\theta} \\ R_\phi = -\cos\theta \sin\phi \, \hat{\phi} \end{array}\right\} \quad \text{(S 波)} \quad (14.18)$$

$$+\frac{1}{4\pi\rho r V_\mathrm{S}{}^3}\dot{M}_0(t-r/V_\mathrm{S})\begin{pmatrix}0\\R_\theta\\R_\varphi\end{pmatrix}$$
(14.19)

ここで，$\dot{M}_0$ は断層パッチに関連したモーメントテンソルの時間変化率であり，モーメントレートとよばれる．式 (14.19) は下記のように一般化できる．

$$u=\frac{1}{4\pi\rho V^3}R^\mathrm{PS}\frac{1}{r}\dot{M}_0(t-r/V) \quad (14.20)$$

ただし V は V_P または V_S，R^PS は P 波または S 波の放射パターン (式 (14.17) または式 (14.18)) である．式 (14.20) をフーリエ変換すると，以下のようになる．

$$u(\omega)=\frac{1}{4\pi\rho V^3}R^\mathrm{PS}\frac{1}{r}$$
$$\times\int_{-\infty}^{\infty}\dot{M}_0(t-r/V)\exp(\mathrm{i}\omega t)\mathrm{d}t \quad (14.21)$$

ここで $\tau=t-r/V$ とおくと，

$$u(\omega)=\frac{1}{4\pi\rho V^3}R^\mathrm{PS}\frac{1}{r}\exp(\mathrm{i}\omega r/V)$$
$$\times\int_{-\infty}^{\infty}\dot{M}_0(\tau)\exp(\mathrm{i}\omega\tau)\mathrm{d}\tau \quad (14.22)$$

われわれは式 (14.22) の $\omega\to 0$ での近似解に興味がある．この場合には，積分項は $\int\mathrm{d}M_0=M_0$ となる．したがって，

$$u(\omega\to 0)=\frac{M_0}{4\pi\rho V^3}R^\mathrm{PS}\frac{1}{r}\exp(\mathrm{i}\omega r/V) \quad (14.23)$$

この式は遠地 P 波と S 波地震記録の変位スペクトルの $\omega\to 0$ の値がモーメント推定に使えることを示していて重要である．式 (14.22) は，もしモーメントレート $\dot{M}_0$ がデルタ関数であったならば，スペクトルが全周波数域でフラット (白色) であることを示している．モーメントレート関数として，もう少し現実的なのは，図 14.11(a) のように，$-T/2\le\tau\le T/2$ の範囲の時間幅 T のボックス関数である．もし，すべりが断層面 A 全体にわたって D であり，$\dot{M}=\mu AD/T$ であれば，式 (14.22) は以下のようになる．

$$u(\omega)=\frac{1}{4\pi\rho V^3}R^\mathrm{PS}\frac{1}{r}\exp\left(\frac{\mathrm{i}\omega r}{V}\right)$$
$$\times\int_{-T/2}^{T/2}\dot{M}_0\exp(\mathrm{i}\omega\tau)\mathrm{d}\tau$$

$$=\frac{M_0}{4\pi\rho V^3}R^\mathrm{PS}\frac{1}{r}\exp\left(\frac{\mathrm{i}\omega r}{V}\right)\frac{\sin(\omega T/2)}{\omega T/2}$$
$$=\frac{M_0}{4\pi\rho V^3}R^\mathrm{PS}\frac{1}{r}\exp\left(\frac{\mathrm{i}\omega r}{V}\right)\mathrm{sinc}\left(\frac{\omega T}{2}\right) \quad (14.24)$$

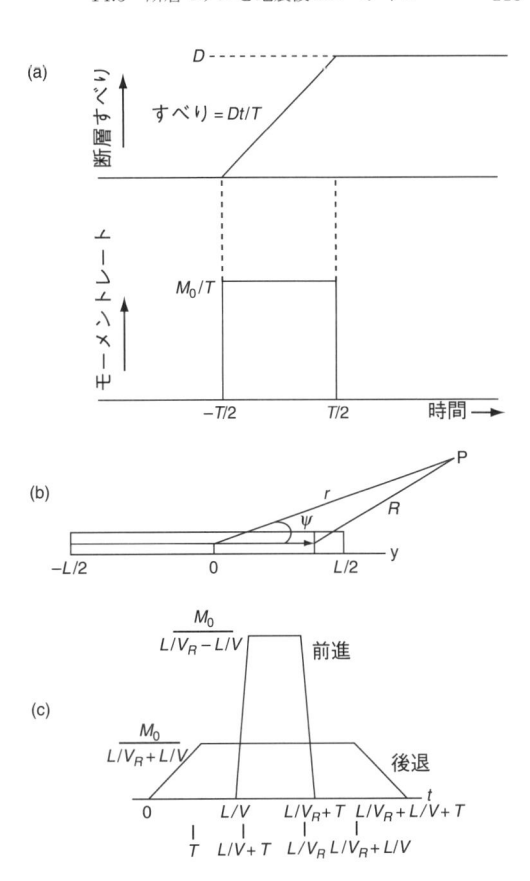

図 14.11 地震からの放射パターンの計算のための断層モデル．(a) モーメントレートとモーメントの時間変化．(b) Haskell (1969) の計算の有限断層．(c) 結果の地震波．

有限の立上り時間は，高周波領域で $1/\omega$ の変位スペクトルを与えている．

有限断層の破壊伝播による変位をモデル化するために，式 (14.20) を積分しよう．長さ L，幅 W の細長い断層を考え (図 14.11)，破壊は一方の端から他の端に一定速度 V_R で伝播するものとする．破壊速度は，多くの地震では S 波の 0.7〜0.9 倍であることがわかっている．断層上の任意の場所で，いったんすべりが始まると，時間 T で最終値 D (たとえば 1 m) に達し，そのまま一定の値になる．T は立上り時間であり，一般に数秒である．すべり速

度, つまり断層面をはさんで物質の動く (相対的) 速さは m s^{-1} 程度であり, 一方, 破壊伝播速度は数 km s^{-1} 程度である. これは伝播よりずっと遅い粒子運動の波と考えることができる. これは最も簡単な有限断層モデルであり, 静水圧リバウンド問題 (9 章) を解いた Norman Haskell によって最初に扱われていて, ハスケル・モデルとよばれている. ハスケル・モデルには 5 つのパラメーターがあり, それらは, 断層サイズを示す断層長さ L, 幅 W, すべり D, 立上り時間 T, 破壊速度 V_R である. このモデルでは, $t=0$ で $-L/2$ からすべり始めるすべりパッチがある (図 14.11(b)). そのパッチは一定サイズ $W \times (T \times V_R)$ まで達すると, 断層端から他の端へ, 破壊速度 (V_R) でドミノ倒しのように移動する.

断層上の位置 y でサイズ Wdy の動いているパッチの小要素を考えよう. この場合には, $d\dot{M}_0 = \mu \dot{D} W dy$ である. この小要素からの波は遠方の点 P (図 14.11(b)) に時間 t で到着する場合, t は破壊時間 $(L/2+y)/V_R$ と走時の和になる. 要素がすべっている間だけ $\dot{D}$ が 0 でないことを考慮して, 断層面全体にわたって積分する. これは, $\dot{D}$ を時間の関数として, パッチ上のすべりの継続時間にわたって $\dot{D}[t-(L/2+y)/V_R - R/V]$ のように表される. したがって, 以下の式が得られる.

$$u = \frac{\mu W}{4\pi \rho V^3} R^{\mathrm{PS}} \\ \times \int_{-L/2}^{L/2} \frac{1}{R} \dot{D}\left[t - \frac{L/2+y}{V_R} - \frac{R}{V}\right] dy \quad (14.25)$$

遠地では, $r \gg L \gg W$, $R = r - y\cos\psi$ であり $r \approx R$ としてよいので, $1/R$ の項は, 積分の外に出せて, 式 (14.25) は結局, 以下のようになる.

$$u = \frac{\mu W}{4\pi \rho V^3} R^{\mathrm{PS}} \frac{1}{r} \int_{-L/2}^{L/2} \dot{D}\left[t - \frac{r}{V} - \frac{L/2+y}{V_R} + \frac{y\cos\psi}{V}\right] dy = \frac{1}{4\pi \rho V^3} R^{\mathrm{PS}} \frac{1}{r} P(t) \quad (14.26)$$

なお地震パルス $P(t)$ は震源の特性を表し, 他は波の伝播に関連している. $\dot{D} = D/T$, $M_0 = \mu WLD$ であることを思い出すと, $P(t)$ は以下のように書ける.

$$P(t) = \frac{M_0}{LT} \int_{-L/2}^{L/2} \\ I\left[t - \frac{r}{V} - \frac{L/2+y}{V_R} + \frac{y\cos\psi}{V}\right] dy \quad (14.27)$$

ただし, $0 \leq t \leq T$ では $I[t] = 1$ であり, $t < 0$, または $t > T$ では, $I[t] = 0$ である. 式 (14.27) の積分は台形のパルスを与える (図 14.11(c)). 破壊伝播方向では, 高振幅で短い時間幅, 反対方向では, 長い時間幅になる (問題 14.6). 台形の面積は 全 ψ に対して M_0 になる. これは (遠地) 震源時間関数であり, 観測されるパルスは, 放射パターン (式 (14.17), (14.18)) や破壊伝播効果により変化する. このような破壊の指向性の例として 1995 年メキシコ, コリマ-ハリスコの地震 ($M_w 8$)(Courboulex ら, 1997) の異なる方位での観測されたパルスを図 14.12 に示す. 西側のシャープなパルスと東側の長い継続時間から, 破壊が西に伝播したことがわかる.

式 (14.27) の周波数依存性をしらべるために, $t = \tau - r/V - (L/2+y)/V_R + y\cos\psi/V$, $X = (1/V_R - \cos\psi/V)$ のように変数変換をしてフーリエ変換を行い以下を得る.

$$P(\omega) = M_0 \exp\left[i\omega\left(\frac{r}{V} + \frac{T}{2} + \frac{L/2}{V_R}\right)\right] \\ \times \frac{1}{LT} \int_{-T/2}^{T/2} \exp(i\omega\tau) d\tau \\ \times \int_{-L/2}^{L/2} \exp(i\omega Xy) dy \quad (14.28)$$

ここで, $dt = d\tau$ とする. これは他の項が一定のためである. こうして次式が得られる.

$$P(\omega) = M_0 \exp\left[i\omega\left(\frac{r}{V} + \frac{T}{2} + \frac{L/2}{V_R}\right)\right] \\ \times \mathrm{sinc}\left(\frac{\omega T}{2}\right) \mathrm{sinc}\left(\frac{\omega X L}{2}\right) \quad (14.29)$$

以上のようにスペクトル振幅を得たが, これは有限の立上り時間と有限の破壊伝播時間の結果として, 2 つの sinc 関数 ($\sin x / x$) の積になっている. 指数関数の項は位相遅れであり, 振幅には影響しない. ゼロ周波数の漸近値は (地震) モーメントである, 一方, 高周波数では $1/\omega^2$ で減衰する. 図 4.11 と式 (14.29) から, このパルスの振幅は 2 つのボッ

14.5 断層モデルと地震波のスペクトル

伝播の逆方向の) バックワードパルスより短周期を非常に多く与える. ゼロ周波数では, 積は 1 になり, これが, なぜ, 地震波の低周波での漸近解が地震モーメントになるのかの理由である.

すでに述べたように, 地震を瞬間的な点震源と見たとき, そのスペクトルは白色となる. 有限の立上り時間は $1/\omega$ の減衰を導き, 断層が線状でなく面状の広がりをもつことでもう 1 つの $1/\omega$ 因子が加わる. Aki と Richards (2002) はもっと一般的な平面断層の場合の議論をしている. 断層幅方向に次元を追加すると, もう 1 つ sinc 関数をもたらし, したがって, $1/\omega^3$ スペクトルになる. しかし, 実際問題として $1/\omega^2$ スペクトルの方がほとんどの地震で一致がよい, これはおそらくは断層幅方向の破壊伝播時間があまり重要でないためであろう. 図 14.13 は地震スペクトルの基本的特徴をまとめたものである. 曲線はマグニチュードの異なる地震の変位スペクトルを示している. なおマグニチュードは 14.6 節で議論する地震サイズの尺度である. それぞれの曲線は以下の式に従う.

$$u(\omega) = \frac{u(0)}{1 + (\omega/\omega_0)^2} \quad (14.32)$$

ここで, $u(\omega)$ はブルン・モデルによると周波数 $(\omega/2\pi)$ でのスペクトル振幅であり, 式 (14.29) の 2 重の sinc 関数と類似のものである. なお $u(\omega)$ を 2 乗したものは単位周波数間隔に対するスペクトルパワーである. $f_0 = \omega_0/2\pi$ はブルン・モデルの中でコーナー周波数とよばれ, モーメント M_0 とともに規則的に変化する. 式 (14.29) より, M_0 は $u(0)$ に比例する. 対応するスケールは図の左側に示されている. この図はこの節で扱うスペクトル解析の結論のいくつかを示している.

(i) スペクトルは十分に低い周波数では白色 (フラット) になり, M_0 の直接決定が可能である.
(ii) 高周波極限では, $u(\omega)$ は ω^{-2} で変化する. これは観測される一般的な形状または包絡線の形である. 断層運動では複数の小イベントの開始・停止の多重イベントから構成され, この干渉現象によって地震波は複雑になるために, 高周波でのスペクトルは一般に不規則になることによる. 最高周波数での減衰は問題かも

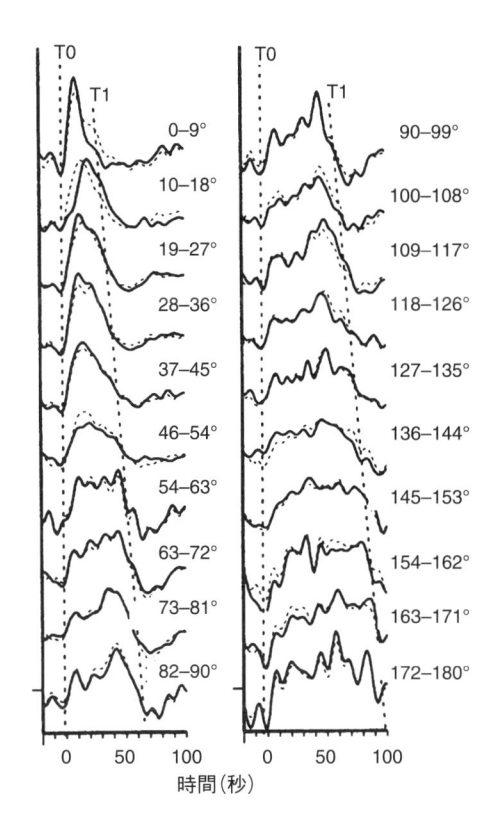

図 14.12 1995 年コリマ–ハリスコ (メキシコ) 地震の表面波のインバージョンによる震源時間関数の方位角依存性 (Courboulex ら (1997). $T0$ と $T1$ は推定された始まりと終りの時刻. パルス幅の広がりは破壊の方向が N 70° W であること, 断層長さ $L = 150\,\mathrm{km}$ であること, 平均破壊速度が $2.8\,\mathrm{km\,s^{-1}}$ であることの推定に使うことができる. なお方位角は破壊方向から測っている.

クス関数のたたみ込み (コンボリューション) として書けることがわかる.

$$P(t) = M_0 \int_{-\infty}^{\infty} B_1(t-\tau) B_2(\tau) \mathrm{d}\tau \quad (14.30)$$

ただし,

$$\begin{aligned} B_1(t) &= 1/T \quad (0 \le t \le T) \\ B_2(t) &= 1/(LX) \quad (0 \le t \le LX) \end{aligned} \quad (14.31)$$

である. ここで第 1 式は, 立上り時間に関係しており, 第 2 式は破壊伝播に関係している. 2 つのボックス関数のたたみ込みは周波数領域では, 2 つの sinc 関数の積である. 高周波では sinc 関数の振幅は $1/\omega$ で減衰するので, 有限断層のスペクトルは $1/\omega^2$ で減衰する. X の中の $\cos\psi$ 項は (断層破壊伝播の方向の) フォワードパルスに, (断層破壊

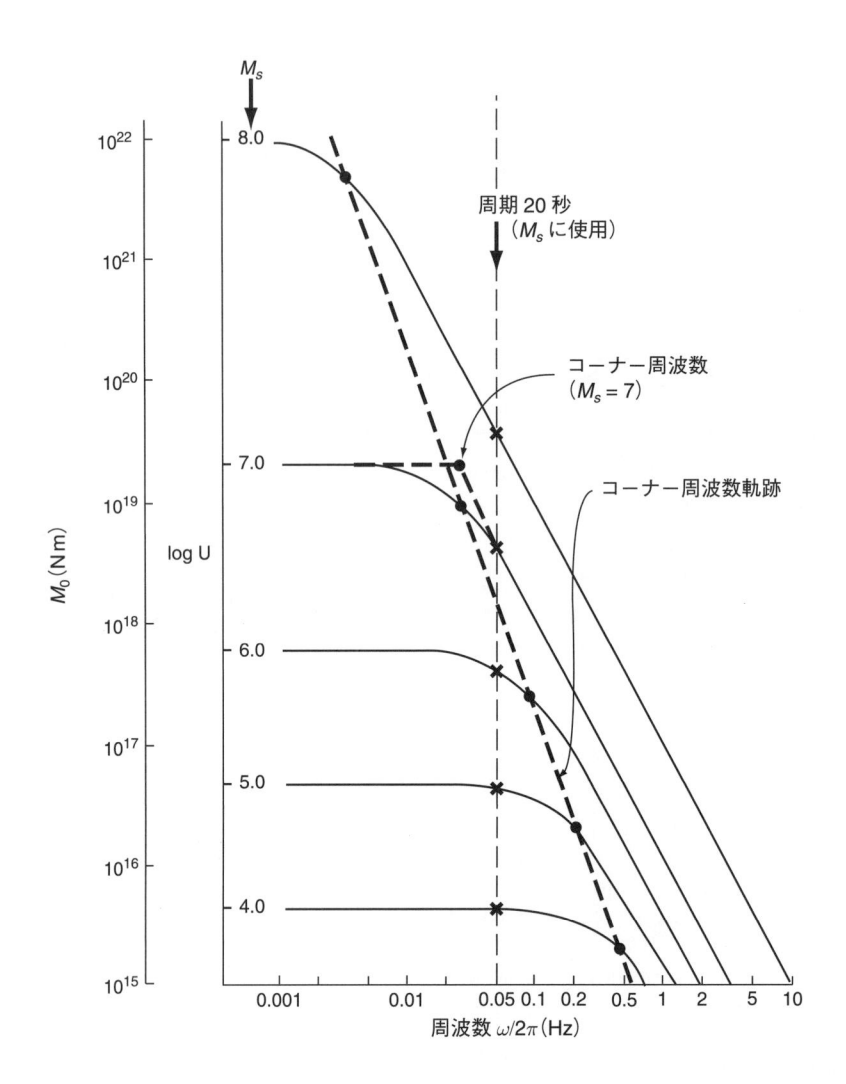

図 14.13 理想化された S 波変位スペクトル．マグニチュード別に示す．曲線は式 (14.32) に従うスペクトル振幅 $u(\omega)$，つまり単位周波数幅 (μm Hz^{-1}) あたりのパワーの平方根であり，$\omega/2\pi$ の関数である．u は $\omega \ll \omega_0$ で一定値 $u(0)$ になるが，$\omega \gg \omega_0$ では $u(\omega) \propto \omega^{-2}$ である．ただし ω_0 はコーナー角周波数である．これは Aki の ω^2 モデルである (Aki と Richards (2002) 参照).

しれないが，観測でも ω^{-2} で減衰する周波数領域においてスペクトル振幅がマグニチュードやモーメントとともに増加することは明らかである．しかし大地震では，図 14.13 のブルン・モデルから示唆される以上の高周波エネルギー放射が観測されている．これは断層上の小パッチのすべりの急激な加速や遅延に起因するのかもしれない．断層運動は凹凸や引っかかりに打ち勝ちながら，ぎくしゃくしながら進行するのである．

(iii) コーナー周波数 f_0 は，低周波数と高周波数領域の境界であり，M_0 の減少とともに規則的に増加するのである．f_0 は地震波動放射の継続時間と関係があり，断層破壊伝播速度が一定ならば，この継続時間は断層の長さに比例するので，これを用いて断層サイズを直接測れることになる．なお f_0 は S 波より P 波の方が高い．

図 14.14 にスマトラ–アンダマン地震の連続的な

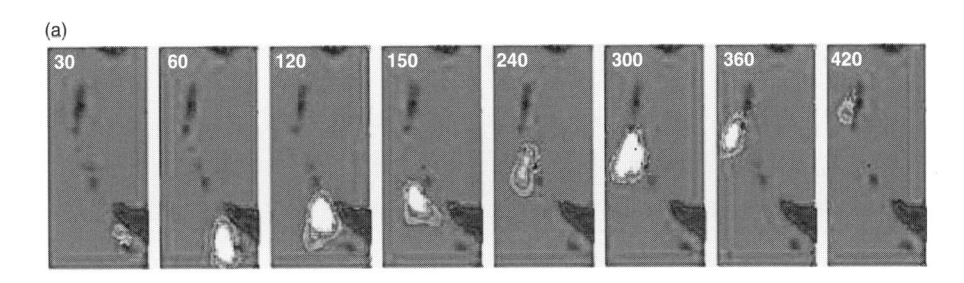

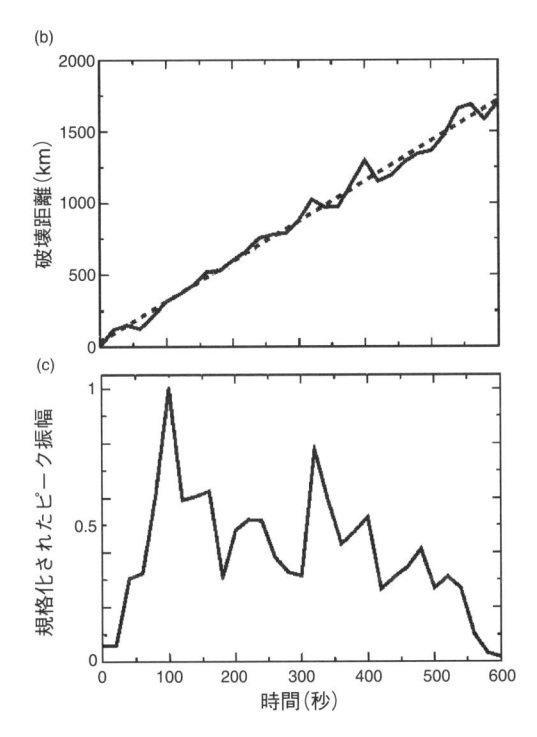

図 14.14 (a) 2004年スマトラ–アンダマン地震の断層すべりの時間発展．Ishiiら (2005) を描き直した．薄色の領域は断層運動を，暗色は陸地を表す．(b) 断層に沿う破壊距離と時間．破線はピーク位置を直線でフィットしたもので，平均破壊速度 $2.8\,\mathrm{km\,s^{-1}}$ を与える．(c) 時間の関数としての規格化されたピーク振幅，約 80 s と 330 s の時刻での 2 つの重要な高周波エネルギーイベントを示している (Ishii ら, 2005).

震源イメージを示す (Ishii ら, 2005)．これは日本の HiNet 観測網のバックプロジェクションによって決められたものである．この解析は破壊が平均速度 $2.8\,\mathrm{km\,s^{-1}}$ で南から北に 1700 km 伝わったことを示している．破壊の指向性効果は最も長い波長でも見られたが，短周期実体波の継続時間の方位変化でも見られた．ただし，最高周波数では，相対振幅は指向性を示さなかった．おそらく指向性に必要な破壊フロントの位相が短周期源でもそろう必要があるからであろう．このことは低周波数では正しいだろうが，高時間解像度で見ると，破壊は西に動きながら，主要なパルスの中でも成長したり停止したりしていて，地震波は不規則になっていた．広帯域地震記録の短周期成分をも説明するには震源の確率論的な性質の認識 (15 章) が必要である．

14.6 地震のマグニチュードとエネルギー

地震波の計器による記録が存在する以前には，各地の地震動の強さを経験的なスケールで定量化した尺度を用いて地震のサイズが報告されていた．最も広く使われていたのは，1902 年に G. Mercalli によって提案されたもので，数々の修正版があり，建築条令などにも採用されているが，いまだに彼の名が付いている．それは，かろうじて感じる程度から，最も強いものまで，地面の震動の強さを表すもので，人間の行動，簡単な観察，建物の被害の観点から表したものである．震度は地震のサイズの評価という点では役に立たないが，計器観測以前に発生した地震の評価や地震動の局地的な影響を記述するには便利なものである．それは等震度マップ作成に使われていて，地震による最大被害などの概略がわかる．また地質構造から評価したローカルな地盤特性による震度への影響をもとに最悪の危険度評価にも用いられている．

建物は異なる周期の地震波には異なった応答をするし，垂直運動より水平運動に弱いが，構造被害は地動加速度と関係がある．地動加速度 $a\,(\mathrm{m\,s^{-2}})$ から以下の近似式を用いてメルカリ震度 I は決め

られる.
$$\log_{10} a = I/3 - 2.5 \quad (14.33)$$

計器によるマグニチュードスケールは, C.F. Richter と B. Gutenberg によって 1930 年に, カリフォルニアで使用するために, 最初に開発された (Richter, 1958 参照). カリフォルニアの地震の震源は浅く, 結果として強い表面波, つまり, 地表と地表付近での弾性・密度コントラストによって地球表面にガイドされる弾性波を発生する. 表面波は一般に, 地下深部を通過する実体波よりも大振幅である. それは長周期であり, 記録上でその波形は明瞭である. リヒター・マグニチュード M_L (ローカルな地震に対するマグニチュード) は, 非常に成功したので, もっと遠い地震にも応用できるように, 表面波マグニチュード M_S に拡張されている. 実体波マグニチュード m_b も同様に使われている. マグニチュードは地動振幅 A (ミクロン) と主要動の周期, T (秒) の比の対数で定義される. 震央距離 Δ (大円に沿う角度, 単位は度), 深さ h (km) に対する補正項を加えて, 関係式は以下のようである.

$$M_S = \log_{10}(A/T) + f(\Delta, h) \quad (14.34)$$

ただし, これに地震観測点のサイト条件による補正も必要かもしれない. 地震は異なる方向に異なる放射をするので, 震源を囲むように広い方位範囲での振幅の観測が, 信頼性の高いマグニチュードの見積もりのために必要である. しかし震源決定のための条件はこれを自動的に満足している.

地動は軟らかい堆積層によって増幅されたり, 地質構造により地震波がフォーカスされて増幅することがあるが, 最大震度 I_{max} と M_S の間の普遍的な関係があるのは明らかである. 単純な経験式は, 地震の深さを h (km) として

$$M_S = 2I_{max}/3 + 1.7 \log_{10} h - 1.4 \quad (14.35)$$

である.

リヒターのマグニチュードが迅速に採用され成功したのは定義 (式 (14.34)) の中の 2 つの特徴による.

(i) 対数スケールは非常に広い範囲の細分化を可能にし, 10 を超えない数で表すことができる (マグニチュードが負の非常に小さい地震も局所的には記録されるかもしれない).

(ii) 比 A/T は地震波のひずみ振幅 ϵ の尺度であり, 弾性波動エネルギーが任意の点を通過するときのフラックスは ϵ^2 に比例するので, これはマグニチュードが地震波動エネルギーの尺度になっていることを意味する.

全エネルギーは地震波の長さに依存するので, 地震波全体を積分することにより, 経験的関係ではあるが, 直接マグニチュードとエネルギー E (ジュール) 間の関係が得られる.

$$\log_{10} E = 1.5 M_S + 4.8 \quad (14.36)$$

これによると, マグニチュードが 1 増えるとエネルギーは 30 倍増えることになる. 目的によっては, 式 (14.36) は以下の表現に書き直した方が便利である.

$$E = 6.3 \times 10^4 \exp(3.45 M_S) \text{ J} \quad (14.37)$$

広帯域地震計の発達によって, 簡便に決定されたマグニチュードの本質的な限界が明らかになった. M_S は一般に, 計器に記録された周期約 20 秒のレイリー波 (垂直に偏波した表面波, 15.3 節参照) を使う. 大きな地震 ($M_S > 8$) はこの周期より長い波のエネルギーを多く放射するので, M_S は飽和し, 非常に大きな地震の区別をつけるのには適さない. M_S マグニチュードは 20 秒の表面波の観測を基礎としていて, 異なるマグニチュードに対して異なるスペクトル曲線の異なる部分 (図 14.13) に落ちる. 図中 20 秒を示す破線はスペクトル曲線と等間隔で交差することに注意しよう. $M_S \leq 6$ に対し, 周期 20 秒の垂直線との交差点の値は地震モーメントの対数に直接比例する, しかし $M_S \geq 7$ に対しては, 20 秒では, 周波数の増加に対して ω^{-2} で減少する部分に相当し, 地震のサイズ尺度としては不十分な尺度となる. しばしば 1 秒周期, 長くとも 5 秒を超えない実体波の P 波を使って決める m_b の飽和はもっと深刻である. 一方 14.5 節で見たように, 広帯域 (少なくとも非常に低い周波数) の記録から, 地震のサイズの良い尺度である M_0

の推定ができる．

地震モーメントと地震エネルギーの関係は，応力解放メカニズム，とくに断層運動終了後の最終応力が断層の摩擦応力に等しいという仮定によっている．この関係は，KanamoriとAnderson (1975) によってまとめられているが，応力解放，応力降下が$M3$以上のすべての地震でほぼ同じであるという観測事実によって単純化される．これはKanamori (1977) のアプローチを正当化する．彼はM_S値が疑わしくない領域でM_SとM_0を関係づけ，改訂されたマグニチュードスケールM_WをM_0にもとづいて決めた．M_Wは，最大の地震に対しても有効であり，小さな地震についてもM_Sと一致する．KanamoriとBrodsky (2004) に示されているように，対応するM_WとM_0 (N m) の関係は，

$$M_W = (2/3)\log_{10} M_0 - 6.07 \quad (14.38)$$

である．地震モーメントの最大記録は1960年チリ地震の$M_0 = 2.5 \times 10^{23}$ N m ($M_W = 9.5$に対応) であり，エネルギーは (式 (14.37) と式 (14.38) を組み合わせると) 1.2×10^{19} J となる．

14.7 地震のサイズ分布

マグニチュードM以上の地震の，年間あたりの発生数は，グーテンベルク–リヒター分布と名づけられた以下の簡単な式に従う．

$$\log_{10} N = a - bM \quad (14.39)$$

この関係は，各地域の地震にも，全世界の地震に対しても，きわめてよく一致し，通常$b \approx 1$の値をとる．KanamoriとBrodsky (2004) による$4 < M < 8$の全世界のデータから決められた係数を使うと，

$$\log_{10} N = (8.0 \pm 0.2) - (1.00 \pm 0.03)M \quad (14.40)$$

である (図 14.15)．この式の成立するマグニチュードには限界があるはずである．Mの最小限界の提案は文献に現れていて，近代的機器，とくに深いボアホールで (AbercrombieとLeary, 1993; AbercrombieとBrune, 1994) は式 (14.39) が少なくとも$M = 0$までは有効であることを示している．だが，岩石粒界のスケール程度の限界があるのかどうかは明らかでない．式 (14.39) と式 (14.39) から，上限に関しては，地震による全エネルギー解放は仮定したマグニチュードの上限値に指数関数的な依存をすることが示されている．全エネルギーは

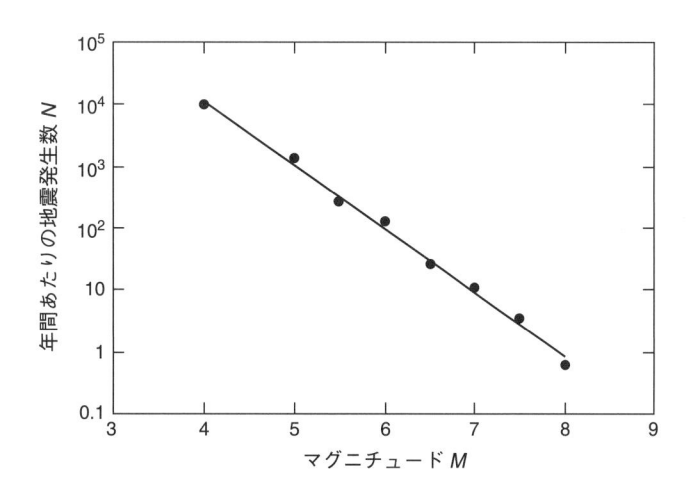

図 14.15 1904～1980年のすべての地震に対するマグニチュード頻度関係．直線は傾斜-1であり，式 (14.39) でb値が1であることに対応する．Mは地震波振幅式 (14.34) またはエネルギー式 (14.36) の対数に比例するので，これは事実上，両対数プロットである．平均として，$M > 8$以上の地震が毎年だいたい1つ起こっている．～8以上のマグニチュードで減少がある．

表 14.1 Bird と Kagan (2004) の表 5 のハーバード地震カタログの解析．ゾーンの境界の地震は分数として関連するゾーンにカウントしてよい．年平均数を求めるためには，25.9 (年) で割れば良い．

範囲	イベント 1977–2002.9	M_t (10^{17} N m)	β	m_C	$M_{0\text{total}}$ (10^{20} N m/年)	D (コーナーマグニチュード) (km)	C	エネルギー (10^{15} J/年)
大陸地溝帯	285.9	1.13	0.65	7.64	0.5	6	0.5	2.5
大陸トランスフォーム断層	198.5	3.50	0.65	8.01	1.2	12	0.7	6.0
大陸収束境界	259.4	3.50	0.62	8.46	3.3	20	0.9	16.5
海嶺正断層	424.3	1.13	0.92	5.86	0.31	8	0.02	1.5
海嶺 (他のメカニズム)	77	1.17	0.82	7.39	0.06	8	0.05	0.3
海洋トランスフォーム断層 (遅)	398	2.00	0.64	8.14	2.1	14	0.9	10.5
海洋トランスフォーム断層 (普)	406.9	2.00	0.65	6.55	0.30	14	0.1	1.5
海洋トランスフォーム断層 (速)	376.6	2.00	0.73	6.63	0.29	14	0.1	1.5
海洋収束境界	117.7	3.50	0.53	8.04	1.5	14	0.3	7.5
沈み込み帯	2052.8	3.50	0.64	9.58	91.3	26	0.7	456

有限なので，分布は先細りにならないといけない．以下では，この問題をマグニチュードよりも地震モーメントを用いて考えよう．

最初に，グーテンベルク–リヒター則 (式 (14.39)) に対応するモーメントと地震数の関係を考えよう．式 (14.38) と式 (14.39) を組み合わせると，以下の式が得られる．

$$\log_{10} N = \log_{10} \alpha - \beta \log_{10} M_0 \qquad (14.41)$$

または，

$$N(\text{モーメント} > M_0) = \frac{\alpha}{(M_0)^\beta} \qquad (14.42)$$

これらの式を使う際には，M_0 は無次元の比 $\left(\frac{M_0}{1\,\text{N\,m}}\right)$ として解釈されなければならない．α は $M_0 \geq 1\,\text{N\,m}$ の地震の年間発生数と解釈される．式 (14.38) と式 (14.40) の数値を用いると，$\alpha \approx 10^{14}$，$\beta \approx 2/3$ である．式 (14.42) はフラクタル次元 β のべき分布を表している．フラクタルの本質的な特徴は，固有のスケールをもたないことであり，観測されたマグニチュード範囲の地震では典型的に見られる性質である．いま議論するような上限以下では，地震の物理過程はサイズに依存しない (自己相似になっている) ように見える．

与えられたカタログの地震の全モーメントを計算するために，式 (14.42) を微分して dN/dM_0 を求め，$-M_0 dN$ を積分する (負符号は N とともに M_0 が減少するためである)．無限大までの M_0 に対し，

$$M_{0\text{total}} = -\int_0^\infty M_0\, dN = \int_0^\infty \alpha\beta M_0^{-\beta} dM_0$$
$$= \frac{\alpha\beta}{1-\beta}\left[M_0^{(1-\beta)}\right]_0^\infty \qquad (14.43)$$

を得る．$\beta < 1$ では，式 (14.43) は無限大になる．そのため，チリ地震のような場合には，最大値でのカットオフを仮定するか，全モーメントが収束するように分布を変更しなくてはいけない．Kagan (1991) は式 (14.42) にコーナーモーメント M_C 以上で落ちるような指数項を導入することで修正した．

$$N(\text{モーメント} > M_0) = \frac{\alpha}{M_0^\beta} e^{-M_0/M_C} \qquad (14.44)$$

全世界的データセットに式 (14.44) をフィットさせプロットしたものを図 14.16 に示す．ここで $M_C = 1.2 \times 10^{22}\,\text{N\,m}$ はデータセット全体で共通であると仮定した．式 (14.44) は，先細りを実証するにたる統計的に十分な数の地震をもつ地震カタログから決められるソフトな上限を課している．Bird と Kagan (2004) はコーナーマグニチュード m_C (コーナーモーメント M_C に対応する) がテクトニックな区域間で 5.9 と 9.6 の間の値であること，β は共通の値 2/3 からは大きく変化しないことを見つけた (表 14.1)．式 (14.44) は経験式であり，M_C を決めるような物理条件としては，地震発生域の深さのような幾何学的条件が考えられるが，十分にはわかっていない．なお沈み込み帯での M_C は，他の地域，とくに中央海嶺よりも高い値である．

Kagan の分布で全モーメントは，

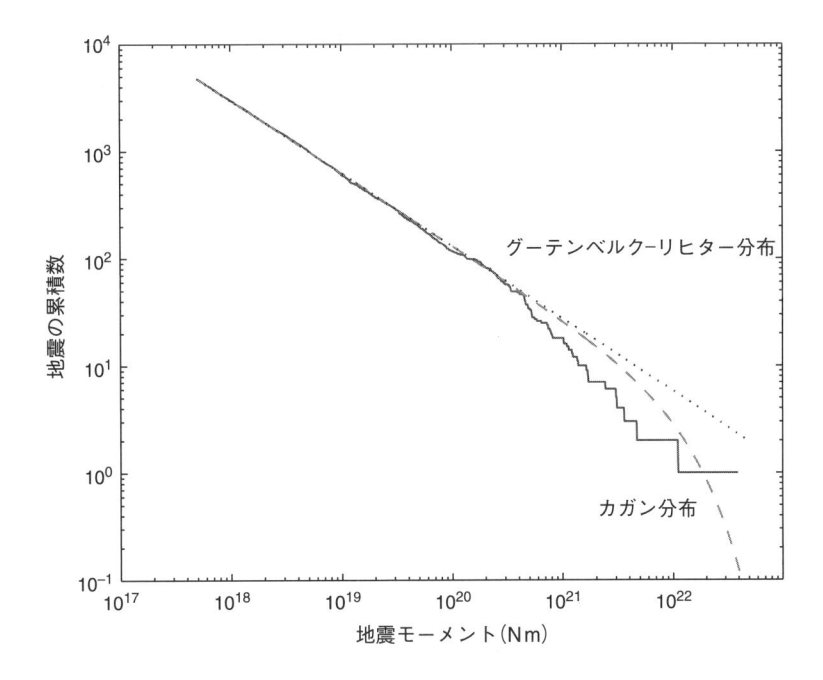

図 14.16 ハーバード CMT カタログ 1977〜2005 の浅い地震 (深さ 0〜70 km) に対するモーメント分布. マグニチュードが大きな場合にグーテンベルク–リヒター分布から外れており, コーナーマグニチュードまたはテイパーの証拠となっている. 破線は式 (14.44) で $M_C = 1.2 \times 10^{22}$ N m とした場合のプロットである. 直線からの外れは $M = 7.7$ に対応する $M_0 \approx 4 \times 10^{20}$ N m で起こっている. 大きなモーメントでは地震数が少ないために統計的に確かでないが, この点での直線からの外れは重要である. $M_0 > 4 \times 10^{22}$ N m の地震は 2004 年スマトラ地震である. 図は Yan Kagan 提供.

$$\begin{aligned} M_{\text{total}} &= -\int_0^\infty M_0 dN \\ &= \int_0^\infty \Big[\alpha\beta M_0^{-\beta} \exp(-M_0/M_C) \\ &\quad + \alpha/M_C M_0^{1-\beta} \exp(-M_0/M_C) \Big] dM_0 \end{aligned} \tag{14.45}$$

である. ガンマ関数の定義が $\Gamma(z) = \int_0^\infty t^{z-1} e^{-t} dt$ であり, $\Gamma(z+1) = z\Gamma(z)$ という性質をもつことを利用すると, 式 (14.45) は,

$$M_{\text{total}} = \alpha \Gamma(1-\beta) M_C^{1-\beta} \tag{14.46}$$

となる. $\beta = 2/3$, $\Gamma(1-\beta) = 2.68$, $M_C = 1.2 \times 10^{22}$ N m, $\alpha = 1.5 \times 10^{14}$ に対し, 全世界の年平均モーメント解放量は, $M_{0\text{total}} = 9.2 \times 10^{21}$ N m であり, 1960 年チリ地震や 2004 年スマトラ地震に比べ十分に小さいが, これらの地震は非常にまれな地震である.

プレート境界での全モーメント解放量をプレート運動から予想される全モーメント解放量と比較することはとくに面白い問題である (Brune, 1968). i 番目の地震のモーメントを M_i としよう. そして, 長さ L の境界にわたって深さ D まですべっていると仮定する. すると, この地域の全地震モーメントは $\mu L D u$ となる. なお u は地震すべりの蓄積量である. 地震カップリング C は, 地震すべりレート u をテクトニックレート u_T で割ったものとして定義される.

$$u = \frac{\sum M_i}{\mu L D} = \frac{M_{\text{total}}}{\mu L D} = C u_T \tag{14.47}$$

ここで D は地震帯の実効深さである. u_T はプレート運動の復元や測地観測から決められ, これによって運動が地震のみによって生じているのか, 非地震性すべりもあるのか ($C < 1$) 確かめることができる. このとき重要条件として, 地震カタログは, 地震活動を表すように十分に長い期間にわたっている必要がある. また, L は簡単に測れるが, D はよくわからない. 最大マグニチュードの地震はすべりが非常に大きいので, それらを含めることも重

要である．しかしそんな地震はまれにしか起きない．この問題は，カタログを Kagan 分布にフィットさせて，コーナーモーメント (M_C) と地震発生レート (α) を決めることで解決される．この後，式 (14.46) を使えば全モーメントが推定できる．全世界を対象とした研究から，Kagan (2002a,b) は全世界のカップリング係数が平均として $C \approx 0.5$ であることを発見した．

ハーバード・モーメントテンソルカタログ (Dziewonski ら, 1981) は地震学的に決定した 1997 年以降の全世界の地震のモーメントテンソルのカタログであり，マグニチュード 5.6 以上 (モーメントでは $M_\mathrm{t} = 3 \times 10^{18}$ N m) の地震については漏れのない完全なカタログであるとされている．さて，N_t を閾値以上の単位時間あたりの地震数としよう．そうすると，式 (14.44) から，

$$\alpha = N_\mathrm{t} M_\mathrm{t}^\beta \mathrm{e}^{M_\mathrm{t}/M_\mathrm{C}} \tag{14.48}$$

式 (14.48) を式 (14.46) に代入すると，全モーメントは，

$$M_{0\mathrm{total}} = N_\mathrm{t} M_\mathrm{t}^\beta \mathrm{e}^{M_\mathrm{t}/M_\mathrm{C}} \Gamma(1-\beta) M_\mathrm{C}^{1-\beta} \tag{14.49}$$

式 (14.47) から，

$$C = \frac{1}{\mu L D u_\mathrm{T}} N_\mathrm{t} M_\mathrm{t}^\beta \mathrm{e}^{M_\mathrm{t}/M_\mathrm{C}} \Gamma(1-\beta) M_\mathrm{C}^{1-\beta} \tag{14.50}$$

を得る．

Bird と Kagan (2004) はこのモデルを，式 (14.47) のパラメーターをしらべてテクトニック領域区分とカップリングの関係を検討した．彼らはハーバード・モーメントテンソルカタログのデータを，沈み込み帯，海洋底拡大中心，大陸衝突域など，表 14.1 のように，異なる地域に分け，式 (14.50) から C を推定するとともに $N_\mathrm{t}, \beta, M_\mathrm{C}, M_{0\mathrm{total}}$ をモーメント分布から決めた．大陸衝突帯は，主要なものとしてはアルプス–ヒマラヤ山系があり，とくによく調査されている．彼らは，境界全体の長さを 12 516 km と推定し，断層の傾斜角と方位角を考慮して平均すべり量を 5.26 cm y^{-1} と推定した．もし，地震発生域の深さを 20 km とすると，テクトニックなモーメントレートは $\mu L D u_\mathrm{T} = 3.65 \times 10^{20}$ N m y^{-1} となる．ただし，$\mu = 27.7$ GPa を仮定．地震モーメントレートは式 (14.49) を 1977～2002 年 9 月のモーメントテンソルのデータにフィットさせることで得られるが，このとき $M_\mathrm{C} = 5.82 \times 10^{21}$ N m, $\beta = 0.62$, $m_\mathrm{C} = 8.46$, $M_\mathrm{t} = 3.5 \times 10^{17}$ N m, $N_\mathrm{t} = 10.01$ y^{-1} であった．これらのパラメーターを使うと，年間の全地震モーメントはアルプス–ヒマラヤ山系に対しては，$M_{0\mathrm{total}} = 3.29 \times 10^{20}$ N m y^{-1} となる．この場合には，地震レートとテクトニックレートの比から，カップリング係数は 0.9 になる．他の地域についてもしらべると，海洋底拡大リッジは，最低のコーナーマグニチュードとカップリングをもっていた．これは熱くて非地震性クリープを起こしやすいことから予想できることかもしれない．それに対し，沈み込み帯はよくカップルしていた ($m_\mathrm{C} = 9.6, C = 0.7$).

これらのアイデアをさまざまなテクトニクス域でのグローバルなエネルギー解放を計算するのに用いよう (表 14.1)．式 (14.36) と式 (14.38) を用いると，

$$E = 5.0 \times 10^{-5} M_0 \text{ J} \tag{14.51}$$

式 (14.49) から，

$$E_\mathrm{total} = 5 \times 10^{-5} N_\mathrm{t} M_\mathrm{t}^\beta \mathrm{e}^{M_\mathrm{t}/M_\mathrm{C}} \Gamma(1-\beta) M_\mathrm{C}^{1-\beta} \tag{14.52}$$

を得る．表 14.1 のエネルギーを足し合わせると，全エネルギー解放の平均は 5.04×10^{17} J y^{-1} となる．ここでひずみエネルギーから地震波エネルギーへの平均変換効率を 6% とし (5 章)，ひずみエネルギーの毎年の散逸は約 8.4×10^{18} J y^{-1} または 2.7×10^{11} W としている．これは，マントルの全対流のパワーの 3.5% である (22.5 節)．地震に当てられるマントルの体積の割合は，3% よりもずっと小さくて，沈み込み帯に散逸は集中している．これらの数値から，地震がマントル対流の中での一時的に引っかかって起こったようなものであるといえよう．年平均エネルギー解放量はマグニチュード 8.6 の地震 1 つに対応し，最大級の地震 (1960 年チリ，1964 年アラスカ，2004 年スマトラ) 1 つでこれを超してしまう．

14.8 津波

時折，海で地震を感じたという報告がある．しかし，海底下の地震により発生した波の2次的な効果はもっと重要である．その波が高速で海洋を通過し，地震から何千kmも離れた海岸地域で人命を奪ったり深刻な被害をもたらす．この波は，かつては潮汐波 (tidal waves) とよばれていたが，実は潮汐とは関係なく，現在では日本語の津波 [「港 (津) の波」] が一般的に使われている．環太平洋地域の大部分で地震が活動に起きており，最も注意が払われている．1960年5月のチリ地震からの破壊的津波の予測成功の後，喉元過ぎて忘れられたかのように思えた．しかし，2004年スマトラ–アンダマン地震により引き起こされたインド洋津波がわれわれに思い出させたように，すべての海洋が危険なのである．津波伝播の原理は，海底地形から生じる複雑な現象もあるが，Stevenson (2005) のレビューのように，古典的流体力学の応用としてよく理解される．

地震だけが津波の原因ではない．1983年ジャワとスマトラの間にあるスンダ海峡のクラカトア火山の噴火は何回かの津波を発生させていて，そのうち最後のものは局地的に非常に大きな津波を発生させ西ジャワと南スマトラの何百という海岸の村々を破壊した．海洋堆積物の海底地すべりも津波を発生させる．少なくとも，いくつかの場合には，海底地すべりは地震によっても引き起こされ，津波生成メカニズムの考察を混乱させている．この問題が注目された最近の例は，1988年ニューギニア島の北部で発生したM7の地震に伴って，アイタペ地方を襲った津波である．波の高さはピーク値で15m近くあり，地震だけで説明するには大きすぎ，地震によって引き起こされた堆積物の海底地すべりに原因があるとされている．海底地すべりは，たとえ，明らかに地震を伴う場合でも，ほとんどの主要津波の原因として可能なように思える．先史時代の大津波の地質学的証拠は海底地すべりと関連づけられるが，地震により引き起こされたのかどうかはわからない．ノルウェーとアイスランドの間に大きな海底地すべり跡が複数あり，それぞれが$1000 \, \text{km}^3$以上のノルウェー沖の大陸斜面を大西洋深部まで数百kmすべった堆積物を含んでいる．最もよく記載されているのは，同位体により年代を決められた約7000年前のイベントであり，ノルウェーの海岸とスコットランド海岸に沿って広く広がった津波堆積物 (の年代) が一致する．ハワイ島でも急な海岸斜面に厚い堆積物が堆積していて，海底地すべりにより発生した津波の原因のようである．ラナイ島の南の主要な海底地すべり跡は約100 000年前に津波を発生させたと考えられていて，このことはオーストラリア東岸の海洋堆積物でも明らかである．

1960年チリ地震，1964年アラスカ地震，2004年スマトラ地震のような地震は，「津波発生装置」であり，数百kmにもわたって海洋底を運動させ，その結果，数百kmの波長の津波を生じさせている．それらは，水深が波長に比べ非常に小さい浅水波である．この場合深さh，波長$\lambda = 2\pi/k$の波の速さは，

$$v = \left[\frac{g}{k} \tanh(kh)\right]^{1/2} \quad (14.53)$$

である．ただし，gは重力 (たとえば，Proudman (1953) 参照) である．浅水波の定義は，$kh \ll 1$であり，その場合，式 (14.53) は以下のようになる．

$$v = \sqrt{gh} \quad (14.54)$$

水深5kmに対しては，速さvは，$220 \, \text{m s}^{-1}$ ($800 \, \text{km h}^{-1}$) となる．この値は波浪を基準にすると非常に速いが，レイリー波の20倍遅く，P波の40倍遅い．このことが，太平洋で運用されている津波警報システムを可能にしている．この波は断層破壊伝播の通常の速さよりも遅い (ファクターで10倍) ので，地震による津波生成では，断層運動の同時性 (断層面全体が瞬間的に同時に運動する) がよい近似になっている．なお，式 (14.54) により，波の速さは深さに依存しているが，周波数には依存しないことがわかる．

津波の理解は，1957〜1958年の国際地球物理年 (IGY) の目標の1つであった．大津波がまれにしか起きないことが，進歩を抑えていた．感度の良い一連の新しい津波記録装置が開発された．それ

は，水圧に同調するが，潮汐と風起源の波浪をほとんど無視し，3分から2時間の周期に感度をもつものであった．短期間に多数のデータがとれるように，多くの小津波が期待される環太平洋に，それらは展開された．しかし，IGY期間中にはほとんど津波がなかった．小津波も期待ほど多くはなかった．この理由を考えるため，津波と地震のエネルギーを比べよう．

まず第1に，水深に比べあまり大きくない断層サイズの地震は大津波を発生できない．なぜなら，海底地殻変動の積分がゼロであり隣の運動は反対向きであって水柱でキャンセルしてしまうからである．もし，剛性率 μ の媒質中に長さ L，幅 W の断層を挟んで平均すべりが b の地震を考えると，そのモーメントは $M_0 = \mu bLW$ (式 (14.6)) である．われわれは，式 (14.36) と式 (14.38) を組み合わせて，地震エネルギーと関係づけることができる．

$$E_S = M_0 \times 10^{-4.3} \quad (14.55)$$

これは実質上，地震ひずみがマグニチュードと独立であることを仮定していて，このことは，15.6節で，少なくとも津波を起こすような大地震では，満足すべき近似であることが示される．こうして，地震エネルギーは bLW に比例する．しかし，一定ひずみの仮定では，b は断層幅 W に比例することになり，

$$E_S \propto LW^2 \quad (14.56)$$

となる．海洋底の変位が断層変位 b に比べて小さく，その比は f であるとする．なお f は断層の傾斜に依存する．断層運動が海洋の波動伝播に比べて速いので，水柱の運動は，ほとんど海底運動に追従し同時に起きると考えて良い．平均としては上下運動はバランスしており全体ではゼロになる．また水柱に加わる平均重力エネルギーは $(fb)^2$ に比例する．これが津波エネルギーになり，b と W の比例関係を用いると，

$$E_T \propto \rho g(fb)^2 LW \propto \rho g f^2 LW^3 \quad (14.57)$$

となる．

式 (14.56) と式 (14.57) から，$L \approx W$ の断層に対しては，E_T は W^4 に比例するが，E_S は W^3 に比例する．これは，小から中地震に対しては妥当な仮定であり，この場合，津波エネルギーは地震エネルギーよりもっと強いサイズ依存性があることを示している．この式から，なぜ小津波が地震のマグニチュード分布から期待されるよりまれなのかを理解することができる．最大地震 (マグニチュード 8〜9+) に対しては，断層の長さと幅の比 (L/W) はマグニチュードとともに増加することが観測されている．このマグニチュード範囲では断層幅 W はほぼ一定であり，したがってマグニチュードとともに L のみが増加するからである．まれに起きる非常に大きな地震は，不相応に効果的な津波発生器となるのである．

IGY に設置された津波計はオーストラリア本島の東 1200km にあるノーフォーク島に設置され，IGY 期間終了後も数年間維持され 1960 年チリ地震のときも稼働していた．このときの記録は，(振幅が大きすぎて) 計器が飽和してしまい，矩形状の記録になってしまったが，最初の 1 時間 (1.5 サイクル) は到達波の満足すべき記録が得られている (図 14.17)．この記録で興味深いのは，これが，ほぼ外洋という条件下の記録であることである．そこでは計器が津波の波長に比べて短い 7km 四方の島のむき出しの杭の上にマウントされていて，他の陸地から遠く離れた深水の中に立地していることになる．チリとノーフォーク島の間の海洋底は，複雑な地形をしており，さまざまな深さに依存す

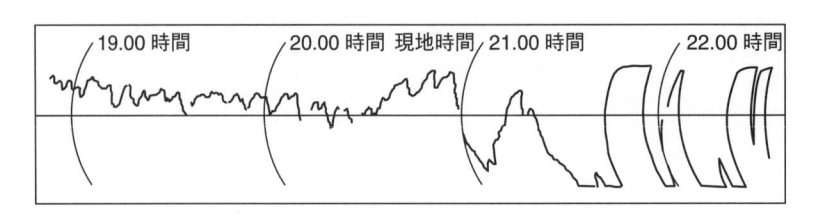

図 14.17 (a) 1960 年チリ地震によるノーフォーク島での津波記録

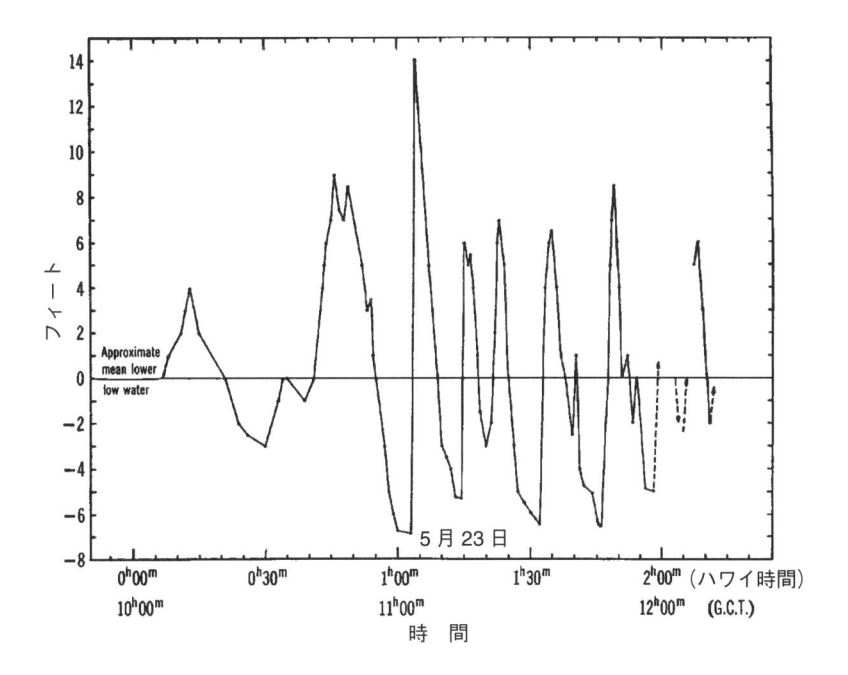

図 **14.17**　(b) 1960 年 5 月チリ地震による津波の水位観測. ハワイ, ヒロのワイルク川橋 (Eaton ら, 1961).

る波の速さのため到達波が複雑に屈折, 反射, 回折しており, ちょうどマントル内の不均質による地震波のようだ. 最も低い周波数 (最長波長に対応) はそのような不規則さに少しも影響されない. 16 章で議論する地震波のランダム媒質問題のように, その結果高周波よりも速く伝播する. 図 14.17(a) に示したが, 第 1 波はその後の波よりも明らかに長周期であるが, 比較的小さい. これは通常観測されることであり, 図 14.17(b) に示すハワイのヒロ近くの河口での観測からも確認できる. この観測は式 (14.54) が必ずしも無意味であることを意味しない. むしろ, この式が一様な海洋底を仮定しているのに対し実際の海洋では分散性をもつことが注意を引くことになった. このことから, 波動からの震源の性質の推論は慎重に扱われないといけないことがわかる. このような「すりガラス効果」が推定を難しくしているのである.

津波振幅の問題はとくに重要である. もし, 波が, 緩い坂になっている海底面の海岸線に垂直に入射すると, 式 (14.54) に従って速度は減少するが, 波動エネルギーは保存されるので, その結果, 振幅は増加することになる. 振幅 a, 波長 λ の波では, 1 波長のエネルギーは $a^2\lambda$ に比例する. $\lambda \propto V \propto h^{1/2}$ なので, a は水深 h の減少とともに $h^{-1/4}$ で増大する. この原理から, 深さ 4 km の海洋で 1 m の振幅の波は, 水深 15 m の場所では, 4 m の波になる. こうして非線形性が重要になり, 単純な線形ルールが崩れることになる. 波の振幅に影響する他の重要因子のうち 1 つは浅海への屈折であり, 海底地形に対して振幅が増加するような海岸が選択される. もう 1 つは湾, 河口, 港での共振 (セイシュ) である. 波の伝播方向に垂直に急な海底地形をもつ海岸があると, 防災上有利にはたらく. この振幅計算では緩い海底傾斜を仮定していた. しかし, 深さが, 波長に比べて急変すると, 波の一部は反射する. 波の運動は海の深さ全体にわたって広がり, 深さ変化はインピーダンスミスマッチとしてモデル化できる. 海岸から遠く離れて急な外縁をもつ礁は, 水柱の運動のほとんどを理想的にブロックし, 対応する波動エネルギーを反射させる.

インド洋の海底はスマトラ, アンダマン諸島の下で北に潜り込んでいて, 2004 年の地震はこのプロセスが急激に進行したものであった. 沈み込む西側

のプレートは下に動き，東側のプレートは図14.10に図示されるように上方に動く．2つの反対方向に進む波の初動は，Layら(2005)によって5つの津波記録が再現されているように，単純な図式から示唆されるものとは，逆の方向であった．同様に，チリ津波のノーフォーク島の記録(図14.17(a))も断層の潜り込み側にこの島があるのに，初動は上向きであった．どちらのケースも断層の浅い傾斜であり，単純な上下運動の図式は適切でない．主要な沈み込み帯の津波生成地震はすべて，図14.7のアラスカ地震のモデルと同様に，傾斜の浅い断層面をもつような震源メカニズムの地震である．応力解放は常にダブルカップルであることを認識することが必要である(図14.9(b))．図14.7が示すように，海底の初動方向は陸の端では下向きであり，近くの海岸付近の津波初動は引き，遠くでは逆に浸水になる．堆積層の海底地すべりも常に起こりうることも認識する必要がある．スマトラの場合には，これが津波励起の非常にゆっくりした成分の証拠と考えられる(Layら，2005)．海底地すべりのスピードは波動伝播より非常にゆっくりしているので，この成分は地震の励起とは異なったふるまいをし，波の初動とは無関係であろう．

14.9 脈　　動

地震観測の感度限界は，脈動とよばれているバックグラウンドのノイズ振動により決まる．とくに5秒から12秒の間の周期で最も深刻である．脈動(microseisms)という語は，名前のように多数の小地震により発生するという意味ではない．その原因はいくつかあり，1つは風(森は地震学的には高ノイズである)による木々のゆれである．しかし最も重要な原因は波浪である．暴風による波浪起源の脈動は遠くでも観測される．それらは，主にレイリー波(垂直に偏波した表面波，15.3節参照)である．

波浪は風と海面の摩擦により生じる．振幅と波長は，風速とその継続時間によって限界にまで成長する．この限界は，波の位相速度が風速にほぼ一致したときに生じ，「完全発達波」(fully developed

sea)とよばれるものの原因となる．深水波($kh \gg 1$, $\tanh(kh) \to 1$)では，式(14.53)から$V = (g/k)^{1/2}$となり，周期は，

$$T = 2\pi V/g \qquad (14.58)$$

となる．30〜40ノット(15.4〜20.6 m s^{-1})の典型的な暴風では，式(14.58)から周期10〜13秒，波長150〜270 m となる．

水深の深い海洋を伝播する水の波を考えよう．粒子の運動は円形であり，車輪が回転するように動くトロコイド型であり，谷よりも波頭がシャープな波になる．水の上下運動は正弦曲線状であり，したがって，表面下の水圧は正弦振動をする．この圧力振動の振幅は，波長でスケールされた深さとともに指数関数的に減少する．深い場所では，位相を異にする波からの寄与で実質的にキャンセルされるためである．かくして，海洋底で圧力の振動はなくなり，深さに比べて短い波長の伝播波による脈動はない．

同じ振幅と波長をもつが反対方向に伝播する2つの波は干渉し，定在波が発生する．この状態では，圧力振動は無限深さまで伝わる．この理論の単純な説明は，Longuet-HigginsとUrsell(1948)によって与えられている．図14.18のような海面

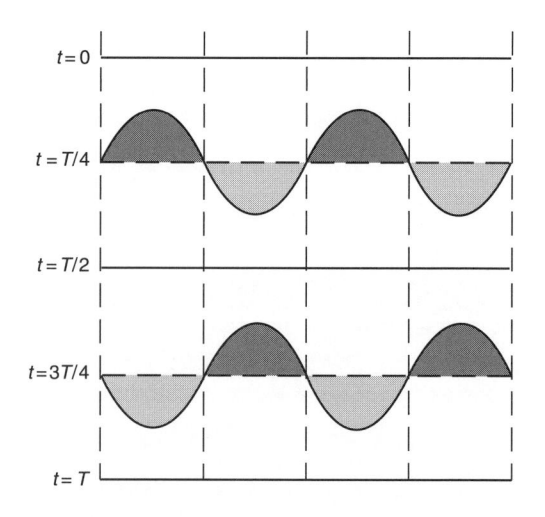

図14.18　周期Tの定在波の1/4周期間隔での連続した海面プロファイル．時刻$t = 0, T/2, T$のときには，フラットな場合に比べ，水は，波の周期の間に2回，谷の部分(薄い影部分)から除かれて，山(濃い影)に移動される．

プロファイルを考えよう．図 14.18 で谷部分の水を山部分に移動させることを考えると，水の全重力ポテンシャルエネルギーは $t = T/4$ と $3T/4$ では海面が平坦なときよりも大きくなる．したがって，定在波がコヒーレントな領域全体にわたって周期 $T/2$ で同期した圧力振動が存在することになる．もし，深さに比べて面積が大きくなると，この振動は海底に (そのまま) 伝わるが，その効果は 2 次的なものである．そのため，圧力サイクルの周波数は水面での波の周波数の 2 倍であり，振幅は波動振幅の平方根に比例する．この理由を考える場合には，移動する水の質量と運動の平均高さが，それぞれ波の振幅に比例すること，これらの積が，質量 × 垂直加速度 の水柱で積分値を与え，それが海底の圧力になることに注意しよう．

脈動は，海岸線を打つ暴風の波によっても起きるかもしれない．波浪は屈折し，その結果，海岸線にいくぶん平行になる．これは，コヒーレンスを強くし，同じエネルギーで不規則に分布する場合より，脈動生成をより効果的にする．この場合には，周波数は 2 倍にならない．海岸線で発生した暴風による脈動は，10～12 秒の卓越周期によって深海脈動 (卓越周期 5～6 秒) と区別される．海岸による脈動発生メカニズムは波列の交差に関して特別な条件を要求はしない．それゆえに，共通に発生するけれども，最大の脈動を生成するのは深い海洋による効果である．しかし，強い暴風は必ずしも強い脈動は生成しない．定常的なモンスーンの風による大きな波は，効果的でない．脈動生成は，あちこち動き回るようなサイクロンの擾乱が必要で，そうした場合に，遠くまで伝播できる波列が生まれる．

15
地震の動力学

15.1 まえおき

　1世紀以上の地震の科学的観測は地球内部構造の詳細な描像を与えてくれたが，地震発生の物理過程自体についてはいまだに初歩的なアイデアのままである．われわれは，地震が，対流により駆動されたテクトニックな運動の中での，局所的にひっかかって，いわばしゃっくりを起こしたようなものであり，この地震発生のパターンはプレートテクトニクス理論の重要な部分であることを知っている．弾性論は地震時の応力解放の幾何学を説明するが，地震を引き起こしたメカニズムまでは説明してくれない．これは断層帯中の物質の物理的性質によって決まるものであり，われわれは，これらの理解が十分でなく，信頼できる予知のレベルからほど遠い状態にある．地震予知で要求されるような詳細な情報は，われわれにはわからないというのが適切な表現であるにもかかわらず，予知は多くの地震学的研究の最終的な目標になっている．本章では，これまでの研究で得られた情報とアイデアを扱い，最終節で予知についての短い議論をする．

　根本的問題は地震が非常に多様な現象であることである．サイズの幅はたいへんに広く，マグニチュードの上端が1960年チリ地震程度 (14.7節) のものから，下限は，観測できないくらいのサイズまでの幅がある．エネルギーの幅は，$10^{17}:1$ を超える．断層運動のスピードの範囲も，非常に広く，10 MPa のオーダーの応力でつくられる加速度を上限とする．最もよく研究されている地震破壊過程では伝播速度は $2 \sim 3 \mathrm{~km~s^{-1}}$ であり，S波に近い速さである．遅い方は，数時間から数カ月で起きるゆっくり地震があり，これはクリープ地震として扱うことができる．数 cm/年のプレート運動のスピードより遅いような下限は存在しないであろう．地震観測では，そんなゆっくりした地震よりも弾性波をよく放射する地震が強調される．地震時の震源でのエネルギー解放は，破壊と摩擦によるエネルギー散逸を起こすとともに地震波に変換される．地震現象の多様性は，断層のふるまいと物性で説明されるべきものである．現象論的理論としての速度–状態理論は，最も成功した理論である．

　ほとんどの地震では，地震波として放射されるエネルギーよりもっと多くのエネルギーが断層帯内部で解放される．一方，「ゆっくり地震」では，事実上エネルギーをまったく放射しない．これは，断層帯の強い発熱を意味し，実際の観測で断層帯に沿って地熱異常がないことについての説明が必要になる．地下水によって熱が取り去られることが引き合いに出されるが，しかし，それは地下熱流量の測定の有効性についての疑いを招くことになる．

　地震の誘発 (トリガー) 問題を考える際の基本的な疑問は，何が大きい地震を小さい地震から区別しているのか，それらはスケールが違うだけで自己相似なのか，もしそうなら何が小地震の成長を止めるのか．大地震は多数の小地震の重ね合せで，余震が (本震と) 同時に発生したようなものなのか，というものである．2004年のスマトラ地震のような本当に大きな地震では，地震はある点からスタートし，しばしば一方向に広がっている．Ishiiら (2005) の研究によると断層運動の継続時間は約

10 分であり，1600 km の断層が $2.8\,\mathrm{km\,s^{-1}}$ の平均速度で破壊伝播した．断層の一部分の破壊は隣の部分に応力を伝達させ，それが次を破壊し，さらに次を破壊して行く．こういう状況では，断層不安定というのは有用な概念ではないかもしれない．個々の断層部分のどこも破壊直前の状態でなくても，隣からのトリガーによって応答するのである．脆弱性の概念の方が妥当であるように思える．大地震は，どんな小パッチによってもトリガーされるような脆弱な大断層域を必要とする．予知の問題点はここにある．詳細な予知 (時間，場所，マグニチュード) は，出発点として最初の 1 つ 1 つは非常に小さくても隣の断層部分をトリガーするような不安定パッチを同定し，それをモニターすることが必要であるが，これは不可能なタスクのように見える．一番期待できるのは，脆弱性，つまり，どんな地震も大地震に成長しうるという認識である．初期過程それ自身は，ほぼ確実なことだが小規模なものである．

長いタイムスケールで，余震は地震発生帯での応力の変化率の指標を与える．大地震は，断層帯の輪郭を描くように発生する小地震を伴う．最大余震はマグニチュードで 1 単位小さい．前震の存在も知られているが，本震発生前にそれが前震であることを認識できるのかという重大な疑問がある．とくに著しい例は，$M = 9.5$ のチリ地震の直前に発生した 2 つの $M \sim 8$ 地震で，非常に大きく深い，ゆっくりとした地震が先行していた．発生頻度とマグニチュードの関係 (14.7 節) を用いて，地震活動の繰り返しパターンもしばしば見いだされているが，明白な結論は出ていない．

15.2 地震の応力場

地震が発生するとき，断層をはさむ両側の媒質の相対運動によって，亀裂が形成され，応力解放をもたらす．これが隣の領域の応力増加を引き起こす．すべりのプロセスは初期核パッチから始まり破壊伝播速度 (通常 $3\,\mathrm{km\,s^{-1}}$ 程度の S 波速度よりも少し遅い) で成長する．小地震の断層すべり過程は，バリアーまたは低応力域に達して止まるクラック成長によってモデル化できる．このモデルでは，破壊が停止点に到達するまで，全断層面ですべり続けるものと仮定されるが，これは非常に小さな地震の適当でない観測にもとづく結論かもしれない．なお，大地震は，これを多重イベントにすることで扱うことができる．サン・アンドレアス断層のような，非常に大きな長い断層では，すべり域は，決まったサイズ，たとえば，地震発生層の深さまで広がるほぼ矩形のパッチ状にまで成長し，その後，スリップパッチの擾乱が，主に水平方向に，断層の一方の端から他の端へ，または断層の両端に進んで行く．すべり域は，副断層とか，アスペリティとよばれるものからなる不均質分布をつくる．それらは，地震波の応力が隣接域に伝播することで相互にトリガーする．

理想化されたモデルでは，最終すべり量分布は，断層上の至るところで応力を (一定の) 動的摩擦限界に落とす．ただし断層停止前にオーバーシュート (すべり過ぎ) も起きるかもしれない．そのようなすべり分布は，楕円体亀裂，数学的に単純化した円形クラックとして解析的に計算できる．これらはいくつかの共通した特徴をもつ．まず，すべり分布は楕円形である．応力降下は断層に沿って一様であるが，クラック端の外側で応力の特異性が現れ，そこから $1/\sqrt{距離}$ に従って減少する．応力降下量が一様な場合のすべり分布は，以下の積分方程式を解くことで得られる．

$$\Delta\sigma(x) = 一定 = \iint_{S'} b(x')\,G_\sigma(x,x')\,\mathrm{d}S'' \tag{15.1}$$

ここで，$G_\sigma(x,x')$ は点 x' でのすべりによって生じる点 x の応力のグリーン関数であり，式 (14.8) を微分して，式 (11.4) と式 (11.5) を用いて変位から応力に変換することで得られる．

無限に長い断層は楕円断層の特別な場合として扱うことができる．もし (断層) 変位が長軸方向にあるならば，らせん転位 (図 14.4) とみなせて，面外クラックとよばれる．この場合，応力 $\sigma(x)$ とすべり分布 $b(x)$ は以下のように与えられる (Knopoff, 1958)．

$\sigma(x) = $ 初期応力

15. 地震の動力学

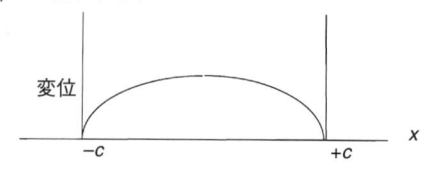

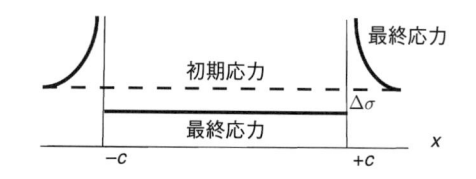

(a) せん断クラック

(b) すべり弱化域を付加した剪断クラック

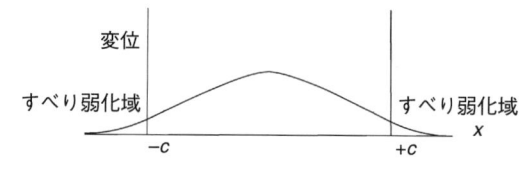

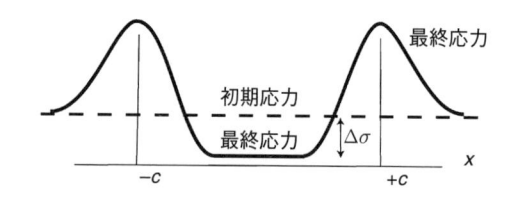

図 15.1 (a) $-c \leq x \leq c$ の範囲にある楕円形の変位分布をするせん断クラックは，一様な応力降下量分布をもたらすが，断層の外側では特異性 (端で ∞ 値) をもつ．(b) すべり弱化域がモデル (a) に付加され，より現実的になり，断層端で，すべりは滑らかにゼロに，応力は有限になっている．

$$\sigma(x) = \sigma_f + \Delta\sigma\left[\left(1-\frac{c^2}{x^2}\right)^{-1/2}-1\right] \quad (|x|>c)$$
$$\sigma(x) = \sigma_f \quad (|x|\leq c)$$
(15.2)

$$b(x) = \frac{\Delta\sigma}{\mu}(c^2-x^2)^{1/2}$$
(15.3)

図 15.1(a) はこの場合の応力と変位をプロットしたものである．変位の勾配がクラック端で無限大になるために，クラック端での特異性が生じる．クラック端付近で物質が塑性的になること，応力特異性がすべり弱化域とよばれる領域で丸められる (図 15.1(b)) ことを仮定すると，もっと現実的なものになる．断層 (すべり) 過程の後，応力は断層に沿って低下するが，断層端の外側では断層サイズくらいまでの距離で，応力は増加する．いま扱っているモデルの特徴は，応力降下量が一定で，楕円形の変位分布をすることである (式 (15.3))．なお，すべりの最大値はほぼ (断層サイズ)×(ひずみ) である．このことはすべてのモデルに共通である．

観測される変位は近似的に楕円形だが，図 15.1(a) の理論ほどきれいではない．断層面には応力解放の過不足があるかもしれないので，(その内外で) さまざまなサイズ・形状の応力集中のパッチワークのようになる．それでも，個々の断層面の概念は単純である．もっと現実的モデルでは，断層領域を，そのサイズがべき分布をする副断層のゾーンとして記述することもできる．それぞれの副断層は自身でつくる応力集中域に囲まれており，余震はこの応力分布の遅れ応答である．実験室での観察は，破壊までの時間が応力の指数関数に依存することを示していて，これは，何年も続く場合もある余震の長い時系列を説明できる．副断層モデルは余震がなぜ，応力低下していると期待される地震の断層域に集中して起きるかも説明する．1つ1つの副断層は応力集中を引き起こし，全体として，でこぼこした応力場になる．余震の減衰の説明は 15.3 節と 15.5 節で扱われる．

余震分布は通常，本震によって生じるクーロン応力の変化のパターンに当てはめられる (Stein, 1999)．これは式 (11.36) で与えられる．

$$\tau \geq \Delta\tau_C \geq \mu_S\Delta\sigma_n + S_0 \quad (15.4)$$

ここで，μ_S は限界の静摩擦 (係数) であり，$\Delta\sigma_n$ は断層垂直応力，S_0 は凝着力である．しかし，本震震源からの距離を r とすると，τ は $1/r^3$ に従って変化するので，観測の $1/r$ には一致しない (Fleazer と Brodsky, 2006)．これは先にふれたように，余震が副断層の分布を反映すること，本震の動的応力によって引き起こされることで可能なように思える．

大地震後の測地学的観測は局所的なひずみが月から年の範囲で本震と同じ方向に続くことを示している．地震後のひずみの一部は余震からも期待されるが，それだけでは十分ではない．累積の余

震のモーメントは一般に本震に関連した測地学的に観測されたモーメントより1桁か2桁ほど小さいのだ. これに関して2つのモデルが研究されている. 1つは破壊面自体でのさらなる非地震すべりによるもの. もう1つは, 断層外部の応力増加が, 延性をもつ下部地殻でのすべりをもたらすことによるものである. 最近行われた, カリフォルニアの2つの地震(1992年ランダース地震と1998年ヘクター・マイン地震)の地震後のすべりのインバージョン研究は, 断層面上, および断層より深部での非地震性すべりが観測データを説明するのに必要であることを示している. アフタースリップは何年も続くかもしれない. Thatcher (1983) は1906年サンフランシスコ地震に対して30年の時定数を推定した. マクスウェル・モデル (図10.4(a)) 緩和時間は以下のように与えられる.

$$\tau_M = \frac{\eta}{\mu} \quad (15.5)$$

もし下部地殻が30年以上にわたって緩和しているならば, $\mu = 5 \times 10^{10}$ Pa に対し, 粘性率 $\eta = 5 \times 10^{19}$ Pa s である. 南カリフォルニアで200 kmくらいの幅の定常的変形のゾーンは, 集中的なひずみ変化のパッチによって覆われているようである. Jackson ら (1997) は, これらは歴史地震のアフタースリップによるかもしれないと結論づけている. このことは将来起きる地震のひずみの蓄積を推定するためのひずみ観測を難しくしている.

静的応力は距離とともに急激に $(1/r^3)$ 減少してしまい, 遠方の地震を引き起こすには減衰が急激すぎる. 地震波による動的応力は, それよりゆっくりと減少する. とくに地球表面を伝播する表面波では波動エネルギーは $1/r$, 振幅と応力は $1/\sqrt{r}$ で減少する. そのため遠地では, 表面波が実体波よりも大きいのである. 遠くの地震は表面波で引き起こされるかもしれないが, これは高封圧の火山域や地熱地帯といった特殊条件下でのみ起きることがわかっている. 動的応力の遅延レスポンスとして現れる誘発地震の一例は, 1992年ランダース地震直後から, 数年間のロングバレーマグマ地帯での地震活動の増加である. なお, ロングバレーはランダースから数百km離れており, 静的応力は無視できるほど小さい.

15.3 断層摩擦と初期発生核—準静的レジーム

断層運動の古典的記述では, 断層は加わるせん断応力が限界の静的摩擦を超えたとき破壊し, 一度すべりが始まると, 摩擦は, 動的摩擦力まで低下する. すべりに対する摩擦の低下が駆動応力の低下よりも大きいとき, 断層は不安定になり加速されて地震を発生する. このような地震のスティックスリップモデルは岩石の摩擦実験からつくられたものである. 静摩擦と動摩擦の違いを説明できるメカニズムはいくつかある. 流体の存在は重要でいくつかの可能性を導くが, 流体に依存しないメカニズムも2つある. それらは摩擦力を, 垂直応力が加わった面でのアスペリティ間の相互作用として表す. (摩擦面が) 長く接触している静的条件下では, アスペリティは部分的に密着し, 変形し, 接触面積が増えて, その結果摩擦力も増加する. 長くせん断応力をかけた状態では, それらアスペリティは動いて接触を壊すかもしれない. その結果, 新しく形成された接触は小さく, 摩擦を減少させ, ついには地震を起こそうとする. これが速度–状態 (依存型摩擦) 理論の本質である (Dieterich, 1979a, b, 1994). 断層運動の発生時の動摩擦には, 以下のような異なるメカニズムがからんでいる. アスペリティは溶接された接触を形成せずに, すばやく互いにこすれ合う. このときアスペリティ間の相互作用は減り, 短周期弾性波が生成される. 高速運動では流体の潤滑も摩擦を低下させるであろう.

スティックスリップ (速度–状態依存) メカニズムが導き出す地震の動的モデルが必要である. 有用なアナロジーはばね–ブロック–スライダーシステムである. ばねの伸びは断層運動を駆動するテクトニックな運動をシミュレートする. ブロックは間欠的に運動し, 地震を表す. ここでブロックのサイズは10 kmとし, これはマグニチュード6に対応する. y をブロックの位置, y_p を駆動するプレートの位置としよう. ブロックにはたらく力は $k(y_p - y)$, ただし, k はばね定数であり, 逆向き

に粘性力 $\eta\dot{y}$ と摩擦力 F がはたらく．この場合の運動方程式は，

$$m\ddot{y} = k(y_p - y) - \eta\dot{y} - F \quad (15.6)$$

である．これは減衰振動の方程式である．さて静的摩擦と動摩擦の間には，遷移域が存在する．そこでは粘性項を無視し，慣性項，つまり動的効果もない．これは準静的レジームである．ここで，速度–状態理論の摩擦項 F についてしらべてみよう．一度すべりが始まっても，静的から動的摩擦への変化は瞬時には起きない．それには，相互作用しているアスペリティの前の状態のメモリーが十分消える臨界距離 D_c だけ面が移動することが必要である．D_c はアスペリティの平均サイズと解釈される．この遷移的な準静的な状態では，摩擦力はアスペリティが互いに接触している時間，したがって速度に依存する．塑性破壊は静的場合よりも短い時間で発達するので，速度とともに減少する以下のような準静的摩擦を得る．

$$\mu_Q = \mu_0 - a\ln(\dot{y}/\dot{y}_0) \quad (\dot{y} > \dot{y}_0) \quad (15.7)$$

ここで，a は定数であり，μ_0 は速度が $\dot{y}_0$ のときの摩擦である．静的な場合には，摩擦 μ_S は個々の接触の塑性破壊 (または化学変化) から生じて時間の対数で増加する．

$$\mu_S = \mu_0 + a\ln(t/D_c\dot{y}_0) \quad (15.8)$$

Rabinowicz (1965) は，遷移摩擦と静的摩擦という 2 つの概念を，時間 t だけ保持された 2 つの面の静的摩擦が，一定速度 $\dot{y} = D_c/t$ で動くときの摩擦力に等しくなるべきであると考えて統合した．すると，準静的な場合に，接触しているこれらのアスペリティに対して，同じ時間間隔 t で塑性流動が起きることになる．式 (15.7) は，$\mu_Q = \mu_0 + a\ln(t/D_c\dot{y}_0) = \mu_S$ となり，式 (15.8) に等しいという結論を得る．このことは実験的にも確認されている (Scholz, 1990)．

これらの結果は以下の速度–状態摩擦則によってまとめることができる．

$$\mu_f = \mu_{0f} + A\ln(\dot{y}/\dot{y}_0) + B\ln(\theta) \quad (15.9)$$

ここで，A, B は定数 (0.01 と 0.013 程度) である．第 2 項，係数 A の項は，粘性のように速度とともに増加する効果を表す．第 3 項，係数 B の項は，接触時間 (θ は実効的な接触時間) とともに増加するアスペリティ間の化学的粘着を記述するものである．Dieterich (1994) は状態変数が，以下のように与えられることを示した．

$$d\theta = \left(\frac{\dot{y}_0}{\dot{y}} - \frac{\theta}{D_c}\right)dy \quad (15.10)$$

定常クリープに対しては，$d\theta/dy = 0$ であり，したがって式 (15.10) は，$\theta = D_c\dot{y}_0/\dot{y}$ となり，その結果，摩擦係数は，

$$\mu_Q = \mu_{0f} + B\ln(D_c) + (A-B)\ln(\dot{y}/\dot{y}_0) \quad (\dot{y} > \dot{y}_0) \quad (15.11)$$

となる．式 (15.7) と (15.11) を比較すると，$a = B - A$, $\mu_0 = \mu_{0f} + B\ln(D_c)$ であることがわかる．もし，$B > A$ ならば，$\dot{y}$ が増加すると，摩擦力は減少する．このとき，系は不安定になり，速度弱化とよばれる．これは地震の準備段階として必要なものである．もし，$B < A$ ならば，安定条件であり，速度強化とよばれる．地震帯の中で，速度弱化と速度強化の境界は温度でコントロールされて，物性の変化で特徴づけられる地震発生帯の下部にあると考えられている．

高速では (とはいっても，準静的レジームでだが)，式 (15.10) の第 1 項は小さくなる．もしその項を無視するならば，$\theta = \exp(-y/D_c)$ となり，式 (15.9) は以下のようになる．

$$\mu_f = \mu_{0f} + A\ln(\dot{y}/\dot{y}_0) - By/D_c \quad (15.12)$$

μ_f (式 (15.12)) を式 (15.6) の F に ($F = \mu\sigma S$) 代入すると，ブロックの運動方程式は，以下のようになる．ただし S は面積，σ は垂直応力である．

$$m\ddot{y} = k(y_p - y) - \mu_{0f}\sigma S - A\sigma S\ln\left(\frac{\dot{y}}{\dot{y}_0}\right) + \frac{B\sigma Sy}{D_c} \quad (15.13)$$

準静的状況を考えているので，慣性項はゼロ ($m\ddot{y} = 0$) とすると，式 (15.13) は以下のようになる．

$$0 = -\frac{k}{A\sigma S}(y_p - y) + \frac{\mu_{0f}}{A} + \ln\left(\frac{\dot{y}}{\dot{y}_0}\right) - \frac{By}{AD_c} \quad (15.14)$$

これは，y に関して以下のような微分方程式になる．

$$0 = \ln\left(\frac{\dot{y}}{\dot{y}_0}\right) - Cy + E \quad (15.15)$$

ここで，

$$C = \left(\frac{B}{AD_c} - \frac{k}{A\sigma S}\right) \text{ および } E = \left(\frac{\mu_{0f}}{A} - \frac{ky_p}{A\sigma S}\right)$$

は定数である．式 (15.15) を書き直すと，

$$\dot{y}/\dot{y}_0 = \exp(Cy - E) = \exp(-E)\exp(Cy)$$

となる．この両辺に $\exp(-Cy)\,dt$ を掛けて，2 つの積分

$$\exp(-Cy)dy = \dot{y}_0 \exp(-E)dt$$

に直し積分すると，

$$(-1/C)\exp(-Cy) = \dot{y}_0 \exp(-E)t + \text{const}$$

を得る．定数は $t = 0$ で $y = 0$ とすれば得られ，解は，

$$y = \frac{E}{C} - \frac{1}{C}\ln(\exp E - \dot{y}_0 Ct) \tag{15.16}$$

となる．式 (15.16) を微分すると，

$$\dot{y} = \frac{1}{\exp E - \dot{y}_0 Ct} \tag{15.17}$$

となる．$C > 0$ に対して，系が不安定になるまでの時間は式 (15.17) の分母をゼロにすることで以下のように得られる．

$$t_{\text{failure}} = \frac{1}{\dot{y}_0 C}\exp\left(\frac{\mu_{0f}}{A} - \frac{ky_p}{A\sigma S}\right) \propto \exp\left(-\frac{\tau}{A\sigma}\right) \tag{15.18}$$

ここで，τ はせん断応力である．この式から得られる本質的な結論は，破壊時間が垂直応力に対するせん断応力の比の指数関数に依存しているということである．あるいは，もし $C \leq 0$ ならば，この式は安定であることを意味する．これは破壊時間が負であることを意味し，この場合，モデルは過去の時間での仮想的な不安定からモデルが回復していることになる．

さて，地震発生域の下の延性領域での破壊のふるまいをモデル化するのに，速度–状態理論を用いよう．これは式 (15.11) で $B < A$ の場合の速度強化条件である (Marone ら, 1991; Hearn, 2003)．その上の地震発生帯の複数のブロックで起きる地震のすべりによって非地震帯内の複数のブロックに応力が加えられるとしよう．それらは図 15.2 のようなばね–ブロック系によってモデル化される．複数の上部弾性ブロックが地震ですべった後，下部ブロックに力 $k(y_p - y)$ が加えられ，非地震性すべりを起こすが，そこでは式 (15.11) で与えられる摩擦がはたらいている．

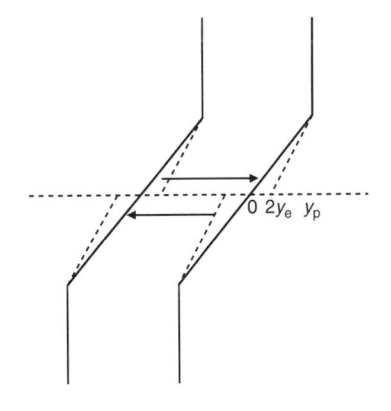

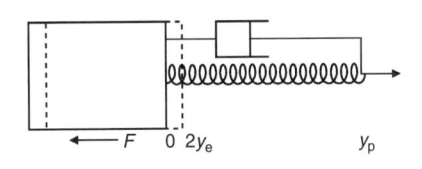

図 15.2 地震は摩擦接触して，すべることのできる 2 つのブロックでモデル化される．図の下側は準静的・動的効果の研究に使われるばね–ブロックのアナロジーを示す．変位 y_e の後，加わる力は，動的摩擦力 F に等しい．

$$\mu_Q = \mu_0'' + (A - B)\ln(\dot{y}/\dot{y}_0) \tag{15.19}$$

ここで μ_0'' は臨界速度 $\dot{y}_0$ での摩擦係数であり，安定・不安定状態の境界を示す．下部ブロックの上部ブロックに対する相対位置は $y_p - y$ であり，k は上部が下部に掛けるばね定数である．下部ブロックが動くと，応力が減少する．運動方程式は準静的な場合の式 (15.14) で与えられ，以下のようになる．

$$0 = \frac{k}{(A-B)\sigma S}(y_p - y) - \frac{\mu_0''}{(A-B)} - \ln\dot{y} + \ln\dot{y}_0 \tag{15.20}$$

地震直後の初期速度を V_c とすると，式 (15.20) は積分できて，

$$y = \frac{A-B}{k}\ln\left[\left(\frac{kV_c}{A-B}\right)t + 1\right] \tag{15.21}$$

となる．これらのブロックが自身に加わっている応力を解放するように動くと，その上の領域に応力をかけ，これが地震後のひずみとして観測される．Hearn (2003) は式 (15.21) がいくつかの大地震 (ランダース，イズミット，ヘクターマイン) 後の変位の測地観測とよく一致すると結論づけてい

る．このモデルは地震発生帯のすぐ下の層の効果を表すのに適切なようだが，より深い部分の物質は，より熱くなっていて，式 (15.5) のような粘性媒質の方がよく表現されているようである．大地震後の長期の緩和はたぶんアセノスフェアの流動を含み，地震の大規模で長期のクラスターを説明できる (15.7 節参照).

カスケーディア沈み込み帯 (Dragert ら，2001; Rogers と Dragert, 2003) やカリフォルニア州パークフィールド南のサンアンドレアス断層 (Nadeau と Dolenc, 2005) での地震発生帯の底部で生じる調和微動 (低周波微小地震) は速度弱化状態のちょうどマージナルな物質挙動として説明可能である．これは断層面の流体の粘性がスティックスリップ型の過程を和らげることを意味している．

式 (15.8) で使ったようなアスペリティに関連した臨界すべり変位 D_c は，実際の地震では，同じものとして確認できていない．ミクロンから数十ミクロン単位の値が実験室で得られているが，地震観測はそんな値を検出するほど解像度が高くない．実験試料のアスペリティは粒子サイズやすべり面の準備の仕方に依存する．自然の破壊面はもっと粗く，D_c の値はもっと大きいと期待される．

せん断応力 τ が解放された半径 l の円形クラックの最大変位は，式 (15.3) から得られ，その式で $\Delta\sigma = \tau$, $x = 0$, $c = l$ とおくと，係数を除き以下のようになる．

$$D_c = l\tau/\mu \quad (15.22)$$

これを，地震モーメント，したがってマグニチュードと関連づけることができる．剛性率 μ の媒質内で応力降下量に対して，D_c に対応する地震モーメントは，以下のようである．

$$M_0 = D_c l^2 \mu = l^3 \Delta\sigma \quad (15.23)$$

この結果，$l = (M_0/\Delta\sigma)^{1/3}$ となる．これは速度–状態過程によって引き起こされる地震のマグニチュードの最小サイズを意味する．グーテンベルク–リヒターの式 (14.39) は，少なくとも $M_W = 0$ ($M_0 = 1.3 \times 10^9$ Nm に対応) までは成立し，直線関係になっている (14.7 節)．$\Delta\sigma = 5$ MPa に対しては，$l = 6.3$ m であり，したがって周囲の応力が $\tau = 30$ MPa の場合には $D_c = 6.3$ mm である．グーテンベルク–リヒター式は小さなマグニチュードまで使えるかもしれないが，そんな小さなマグニチュードでは地震カタログは不完全である．もし，D_c が 100 μm の大きさならば，カットオフマグニチュードは $M_W = -3.6$ となる．地震前に加速ひずみの証拠がない (Johnston と Linde, 2002; Johnston ら, 2006) ことから，初期生成パッチのサイズは非常に小さいということになる．

15.4 動的レジーム

一度，初期核生成過程が終わり断層の両側のブロックがすべり始めると，システムは準静的から動的状態に移行し，式 (15.13) の慣性項が重要になる．速度–状態メカニズムはもはや適用しない．われわれはばね–ブロックモデルの簡易版を考えることにする．粘性を無視し，ばね定数，慣性，摩擦を考える．ばねを伸ばす張力がブロックの限界静摩擦力 $F_S = ky_p$ に達し，動き始めると，摩擦力は動的摩擦 $F_D = ky_e$ になり，ブロックは $(F_S - F_D)/m = k(y_p - y_e)/m$ の割合で加速を始める．任意の y に対し，

$$m\ddot{y} = k(y - y_e) \quad (15.24)$$

である．これは y_e のまわりの単純な調和運動 (振動) の方程式である．なお，ここで $y < y_e$ のとき $\ddot{y}$ は正である．ブロックが y_e に達したとき，そこに加わる全力は向きを変え y_e のまわりの半周期の運動を終え，その後，$2y_e$ まで達する．この位置で，定常状態になり，平衡位置からのオーバーシュート (すべり過ぎ) があったとしても，静的摩擦が再び作用し，もはや運動は停止する．式 (15.24) の解は，

$$y = y_e(1 - \cos(\omega t)) \quad (15.25)$$

である．ただし $\omega = \sqrt{k/m}$ である．静的応力と動的応力の差は，ブロックがどれだけ遠くへ，どれだけ速く動くかを決める．パルスのライズタイムは運動の継続時間[*1]であり，$\tau = \pi/\omega$ である．最大速度 $V = \omega y_e$ は $y = y_e$ で生じ，最大加速度

[*1] 継続時間の 1/2.

表 15.1　$10\,\text{km} \times 10\,\text{km}$ ($M \approx 6$) のばね–ブロックモデル

ブロックサイズ	L	$10\,\text{km}$
剛性率	μ	$3.3 \times 10^{10}\,\text{Pa}$
密度	ρ	$3 \times 10^{3}\,\text{kg}$
S波速度	$V_\text{s} = \sqrt{\mu/\rho}$	$3.3\,\text{km}\,\text{s}^{-1}$
ばね定数	$k = \mu L$	$3.3 \times 10^{14}\,\text{N}\,\text{m}^{-1}$
限界静止摩擦	σ_S	$30\,\text{MPa}$
動的摩擦	σ_D	$25\,\text{MPa}$
応力降下	$\Delta\sigma = (\sigma_\text{S} - \sigma_\text{F})$	$10\,\text{MPa}$
最大ひずみ	$\varepsilon = \Delta\sigma/\mu$	3×10^{-4}
平衡位置	$y_\text{e} = \varepsilon L/2$	$1.5\,\text{m}$
最大変位	$2y_\text{e}$	$3\,\text{m}$
ライズタイム	$\tau = \pi/\omega$	$9.5\,\text{s}$
最大速度	$V = \omega y_\text{e} = \varepsilon V_\text{s}/2$	$0.5\,\text{m}\,\text{s}^{-1}$
最大加速度	$a = \omega^2 y_\text{e} = \varepsilon V_\text{s}^2/2L$	$0.16\,\text{m}\,\text{s}^{-2}$
放射効率 (式 (15.52))	$\eta_\text{R} = 1/40$	2.5%
地震効率 (式 (15.51))	$\eta_\text{S} = \dfrac{\Delta\sigma}{40(\sigma_\text{S} + \sigma_\text{D} - \Delta\sigma/2)}$	0.5%

$a = \omega^2 y_\text{e}$ に達するのは $y = 0$ である.

ブロックパラメーターの値を地震パラメーターに換算して与える. 限界静止応力 $\sigma_\text{S} = k y_\text{p}/L^2 = 30\,\text{MPa}$, 動的応力 $\sigma_\text{D} = k(y_\text{p} - y_\text{e})/L^2 = 25\,\text{MPa}$ としよう. 最終応力は $\sigma_\text{F} = k(y_\text{p} - 2y_\text{e})/L^2 = 20\,\text{MPa}$, これらから応力降下量は $\Delta\sigma = (\sigma_\text{S} - \sigma_\text{F}) = 2(\sigma_\text{S} - \sigma_\text{D}) = 2ky_\text{e}/L^2 = 10\,\text{MPa}$ である. 剛性率 μ に対し, ばね定数 k は $k = \mu L$ で与えられる. ただし L はブロックの大きさである. 式 (15.21) から平衡位置は $y_\text{e} = \Delta\sigma L^2/2k = \Delta\sigma L/2\mu = 1.5\,\text{m}$ であり, 最大速度は $V = \Delta\sigma/\mu\sqrt{\mu/\rho} = \varepsilon V_\text{S}/2$ である. ただし, ε は最大ひずみであり V_S はS波速度である. これらの関係は表 15.1 に記すが, これらは, このマグニチュードの地震に対し観測されるデータの範囲内の値になっている. もちろん, これはブロックが固定された面の上を運動するという単純なモデルである. この単純な摩擦モデルでは, 地震は周期的であり, 観測されるように不規則はない. これは単純な摩擦モデルの欠陥であり, これが速度–状態型摩擦のような複雑な摩擦理論を考えないといけない重要な理由である.

15.5　余震の大森公式

大森 (1894) は余震の発生率 $R(t)$ が以下のように本震発生からの時間 t の関数に従って減衰することを発見した (図 15.3).

$$R(t) = A/t \quad (15.26)$$

この式は宇津 (1961) によって, 次式のように一般化されている.

$$R(t) = A\frac{1}{(t+c)^p} \quad (15.27)$$

この式で $p \approx 1$ であり, c は $t = 0$ での特異性を除くための定数である. この種の法則は, t を本震までの時間として, 前震を表すのにも使われている.

このようなべき乗則に従うクラスター化は, 応力に非線形的に依存する時間スケールで発展する観測量を説明できるいくつかの物理メカニズムで記述される. それらは, 断層のヒーリング, 時間とともに増加する静的摩擦 (速度–状態理論), 応力腐食を含み, これらが単独でなく同時に進行することもある. この原理は応力腐食メカニズムの説明に用いられた式で例示できる. 原子の結合は応力によって弱められるので, 高応力が加わっている物質, とくにその内部のクラック先端では, 流

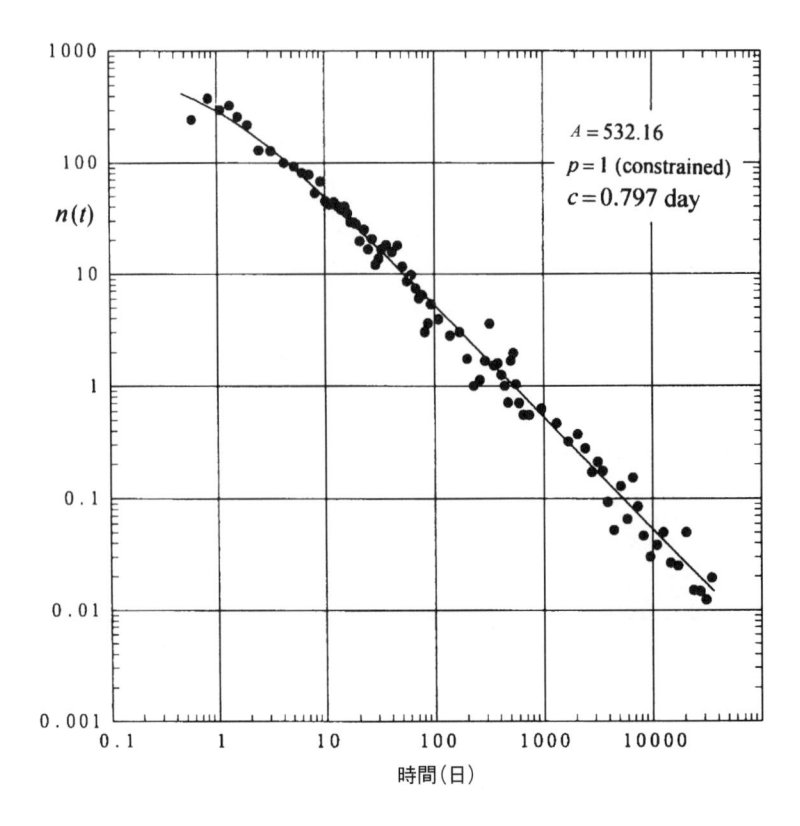

図 15.3 1891 年濃尾地震 (M8) の余震活動の減衰に式 (15.27) をフィットさせた. $n(t)$ は 1 日ごとの余震数であり 80 年もの間続いている (図は Utsu (2002) より引用).

体による腐食に脆弱である.

2 つの表現が応力腐食理論で余震の発生時間を記述するのに用いられる.

$$t_{\text{failure}} = t_1 \tau^{-n} \exp(\Delta H/RT) \quad (15.28)$$

および

$$t_{\text{failure}} = t_2 \exp[(-\beta\tau + \Delta H)/RT] \quad (15.29)$$

である. ここで t_1 と t_2 は定数, τ は応力, ΔH は活性化エンタルピー, n と β は実験 (Atkinson, 1982; Meredith と Atkinson, 1983) から求まる係数である. 15.3 節では温度一定を仮定して, 速度–状態モデルが式 (15.29) の形の応力依存性をもつことが示されていた. 以下では, 上式を応用して検討しよう.

式 (15.29) は,

$$t = t_0 \exp(-\lambda\tau) \quad (15.30)$$

のように書ける. せん断応力が τ と $\tau+\tau$ の間にあるパッチの数 $S(\tau)\mathrm{d}\tau$ は, 時刻 t から $t+\mathrm{d}t$ に破壊する数 $R(t)\mathrm{d}t$ に等しいので,

$$R(t)\mathrm{d}t = -S(\tau)\mathrm{d}\tau \quad (15.31)$$

式 (15.30) を用いて,

$$R(t) = -S(\tau)\frac{\mathrm{d}\tau}{\mathrm{d}t} = \frac{S(\tau)}{\lambda t_0}\exp(\lambda\tau) \quad (15.32)$$

$$R(t) = \frac{S(\tau)}{\lambda t} \quad (\tau < \tau_0) \quad (15.33)$$

を得る. ここで τ_0 は上限値, 塑性破壊の閾値であり, すべり弱化からもたらされる. この上限値は応力が ∞ になるのを防ぐが, 式 (15.33) で $S(\tau \to \infty) = 0$ が要求される. 式 (15.33) は $S(\tau)$ が τ に関して指数関数より弱い関数 (τ によって大きく変化しない) である場合は大森公式の $1/t$ になる. 応力に閾値を課すと, t が短い場合の大森則の丸めが説明できる. Shaw (1993) は式 (15.28) を用いて同様の解析を行っている.

15.6 応力降下と放射エネルギー

地震動力学の基本問題の1つは，解放される弾性エネルギーのうちどのくらいの割合が地震波に変換されるのか，どのくらいのエネルギーが断層で熱や破壊に消費されるか，というものである．面積 S，地震時のすべりが b の断層を考えよう．もし面 S に加わる初期応力が σ_1 であり，地震時に σ_2 に減少したとしよう．そのとき，地震により解放される全エネルギーは，

$$E_{\text{total}} = \frac{1}{2}(\sigma_1 + \sigma_2)Sb \tag{15.34}$$

である．E_{total} を，弾性波として放射されるエネルギー E_R と断層帯内で散逸されるエネルギーの2つに分けよう．断層の周囲の岩石の破損と粉状の断層ガウジの生成は一般に認識されている．通常の摩擦発熱は，溶融した薄い層を形成している地点でも発掘された断層から推定されている．しかしながら，地震波の観測からは岩石の破損と発熱とを区別できない．断層帯の全散逸を D と表すと，

$$E_{\text{total}} = E_R + D \tag{15.35}$$

となる．エネルギー配分の本質的困難は，地震学的観測からは σ_1 も σ_2 もわからないことである．しかし，応力降下量とよばれるそれらの差 $\Delta\sigma = \sigma_1 - \sigma_2$ は以下に示すようにして決めることができる．まず，E_R は地震波形から計算される弾性波動エネルギーである．D の直接の観測はないが，σ_1 と σ_2 を仮定し，観測された変位が転位モデルに当てはめられるものとすると，E_{total} は推定可能である．

効率とよばれる2つの異なるエネルギーの比がある（図 15.4）．1つ目の地震効率 η_S は全エネルギーと放射エネルギーの比で，

$$\eta_S = \frac{E_R}{E_{\text{total}}} \tag{15.36}$$

である．もし，σ_1 と σ_2 が地震波の観測から独立に決められるならばこれは推定できる．われわれは，後でこれを E_{total} とテクトニックエネルギー収支と比べるために使う．さて，放射効率とよばれる2つ目の効率 η_R を考えよう．これは追加情報がなくとも地震波から推定できる．われわれは，応力

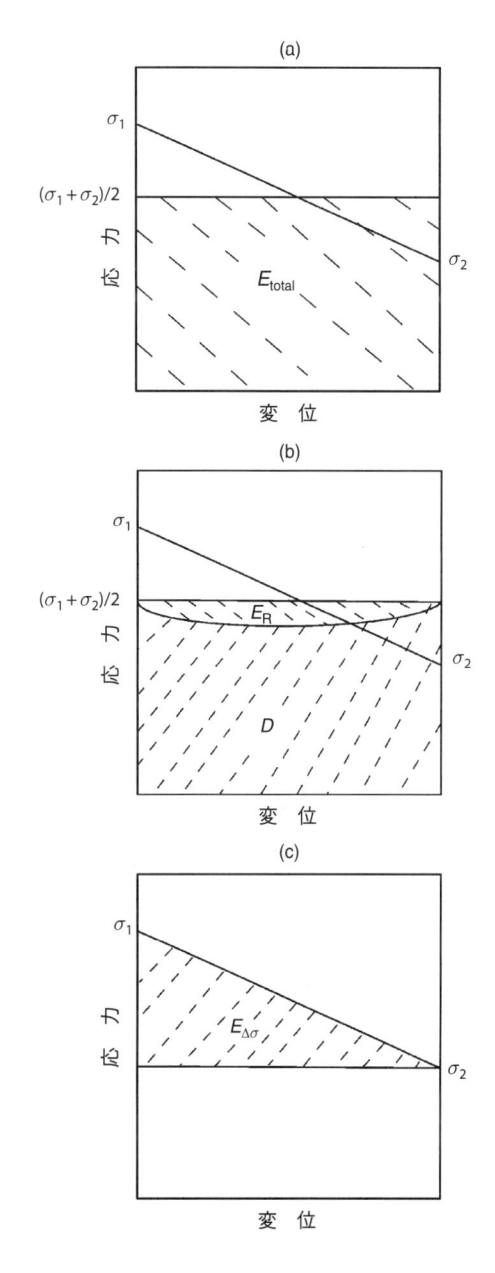

図 15.4 地震効率と放射効率に使うエネルギー項．地震時に応力は σ_1 から σ_2 に変位の増加とともに直線的に落ちる．しかしもっと複雑かもしれない．(a) 全エネルギー，(b) 放射エネルギー E_R と岩石の破断と摩擦発熱のエネルギー散逸 D，(c) 応力降下エネルギー $E_{\Delta\sigma}$．

降下で概念的なエネルギー $E_{\Delta\sigma}$ を同定する．ただし，そのエネルギーは応力降下とモーメントから推定され，地震の特徴的大きさが，スペクトルまたは測地学的に観測した変位，または大地震の

場合には余震分布から決められるものとする．このとき放射効率は，

$$\eta_R = \frac{E_R}{E_{\Delta\sigma}} \quad (15.37)$$

で与えられる．η_R は50%が典型的な値であるが，広い範囲の値をとる (Kanamori と Brodsky, 2004)．

地震モーメント式 (14.6) が，

$$M_0 = \mu S b \quad (15.38)$$

であることを思い出すと，応力降下 $\Delta\sigma$ による弾性エネルギー $E_{\Delta\sigma}$ は，

$$E_{\Delta\sigma} = \frac{\Delta\sigma}{2\mu} M_0 \quad (15.39)$$

となる．M_0 は地震波スペクトルの周波数ゼロの漸近線から推定される (14.5 節)．円形断層に対しては下記の関係式が成り立つので，もし断層サイズが推定できれば，$\Delta\sigma$ は地震モーメントから計算できる．

$$\Delta\sigma = M_0/l^3 \quad (15.40)$$

l を求めるために，破壊過程の継続時間と下式のように関係づけるコーナー周波数 ω_0 (14.3 節参照) を用いる．

$$\omega_0 = \zeta V_R/l \quad (15.41)$$

ここで V_R は破壊速度，$\zeta \approx 3.5$ は仮定したモデルにより若干変わるが，定数である．観測は，

$$V_R \approx 0.9 V_S \quad (15.42)$$

を与える．つまり破壊する媒質の S 波速度の約 90% が破壊速度ということである．式 (15.41) と式 (15.42) はコーナー周波数と地震モーメントから l を求めるのに使うことができる．応力降下量は数多くの地震について決定されていて，マグニチュードが 3, 4 を超す地震については，$\Delta\sigma$ は 1〜10 MPa (10〜100 bar) の範囲に集中するというのが普遍的な結論となっている．したがって，近似的に応力降下量を共通の定数とすれば (少なくとも $M_W > 3$ の地震に対して $\Delta\sigma/\mu = \varepsilon \approx 10^{-4}$)，モーメント (またはマグニチュード) は断層面積から以下のように決められる．

$$M_0 \approx \Delta\sigma S^{3/2} \quad (15.43)$$

中地震から大地震に対して $M_0 \propto S^{3/2}$ (Henry と Das, 2001; Kanamori と Brodsky, 2004) は応力降下量が限られた範囲に入っていることの強い根拠を与えている．

共通に使うもう1つの項は，見かけ応力 σ_a であり，これは観測から推定でき，次のように定義される．

$$\sigma_a = \frac{\mu E_R}{M_0} \quad (15.44)$$

図 15.5(a), (b) で見られるように，これは一般には応力降下よりも小さいことがわかっている．式 (15.45) より $\eta_R = 2\sigma_a/\Delta\sigma$ から放射効率は 0.6 である．

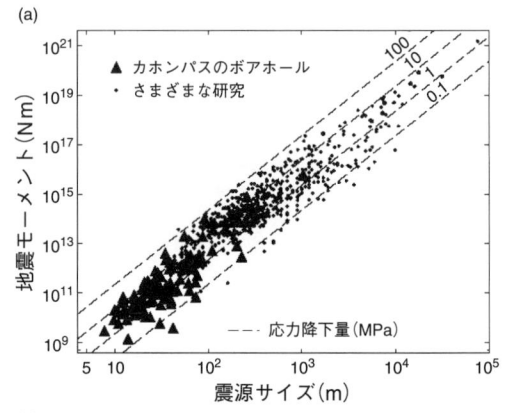

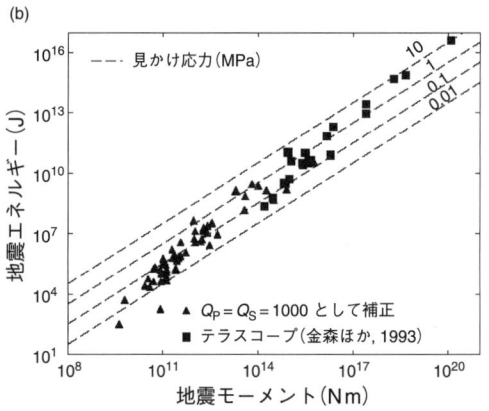

図 15.5 (a) 地震モーメントと震源サイズの比較．Abercrombie と Rice (2005) によるコンパイル．南カリフォルニアのカホンパスのボアホール底に設置された低ノイズ観測点で検出された小地震も含む．応力降下量は $M_0 = \Delta\sigma l^3$ (式 (15.40)) から計算され，破線でプロット．1〜10 MPa の範囲に集中している．(b) Abencrombie と Rice (2005) により推定された放射エネルギーとモーメント．対応する見かけ応力は $\mu E_R/M_0$ (式 (15.44)) から計算され破線でプロットされている．最も小さな地震を無視すると，データは 0.1〜1 MPa の範囲に集まっている．したがって，式 (15.45) より $\eta_R = 2\sigma_a/\Delta\sigma$ から放射効率は 0.6 である．

(15.37), (15.39), (15.42) を組み合わせると，放射効率が，

$$\eta_R = \frac{2\sigma_a}{\Delta\sigma} \quad (15.45)$$

であることがわかる．η_R の値は数%から 100% の範囲であり (図 15.6)，高い値は高い破壊伝播速度に対応している．小地震に対しては，$\eta_R = 0.66$ は応力降下量一定よりもよい近似になっているようである (Ide ら, 2003).

地震放射は静的項を含む近地項をもち，これは震源距離とともに急激に減衰する．この項は震源付近の強震動にとっては重要であるが，現在の議論では，断層運動から生じる遠地 P 波または遠地 S 波のエネルギー (Aki と Richards, 2002) の方に興味がある．これら遠地エネルギー項は以下のようにモーメント加速度に依存している．

$$E_R^P = \int_0^\infty \frac{\ddot{M}_0^2 dt}{15\pi\rho V_P^5} \quad (15.46)$$

$$E_R^S = \int_0^\infty \frac{\ddot{M}_0^2 dt}{10\pi\rho V_S^5} \quad (15.47)$$

$V_S^5/V_P^5 \ll 1$ なので，放射エネルギーは S 波の方が支配的である．$\ddot{M}_0 \approx 0$ であるような非常にゆっくりした地震は放射エネルギーをほとんど生成しない (たとえば図 15.6).

15.4 節のブロックモデルを用い，表 15.1 の関係を使ってわれわれは式 (15.47) を評価する．地震は相対的に移動する 2 つのブロックによって近似され (図 15.2)，全モーメントは下式で与えられる．

$$M_0(t) = \frac{M_0}{2}(1 - \cos\omega t) \quad \left(0 < t < \frac{T}{2}\right) \quad (15.48)$$

なおここでは，断層の両側のブロックで $M_0 = 4\mu y_e L^2$ であることを考慮している．表 15.1 の表

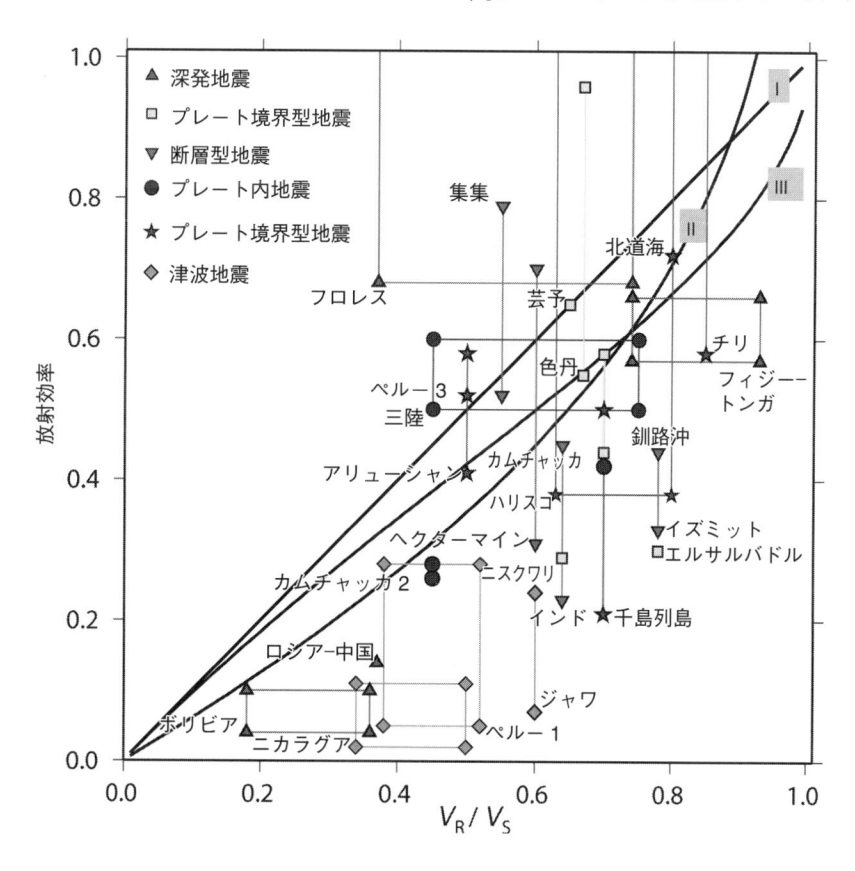

図 **15.6** 放射効率と破壊速度．小地震に対しては放射効率はだいたい一定で 0.6 くらいで，大地震についてはここで範囲が示される．I, II, III は地震を記述する異なるクラックモデル (に関連) を参照している (Venkataraman と Kanamori, 2004). ここで $c_L \equiv V_S$ に注意．

現を用いると式 (15.47) は以下のようになる.

$$E_\text{R} = \frac{\omega^4 M_0^2}{4\times 10\pi\rho V_\text{S}^5}\int_0^{T/2}\cos^2(\omega t)\mathrm{d}t = \frac{\omega^3 M_0^2}{80\rho V_\text{S}^5} \quad (15.49)$$

弾性エネルギーの全変化分は,

$$E_\text{total} = \frac{\sigma_1+\sigma_2}{2\mu}M_0 \quad (15.50)$$

であり, 地震効率 $\eta_\text{S} = E_\text{R}/E_\text{total}$ は, 以下のようになる.

$$\eta_\text{S} = \frac{\omega^3 M_0^2}{80\rho V_\text{S}^5}\frac{2\mu}{M_0(\sigma_1+\sigma_2)} = \frac{\omega^3 \Delta\sigma L^3}{80\rho V_\text{S}^5}\frac{2\mu}{(\sigma_1+\sigma_2)}$$
$$= \frac{1}{40}\frac{\Delta\sigma}{(\sigma_1+\sigma_2)} \quad (15.51)$$

表 15.1 の例では, $\eta_\text{S} = 0.5\%$ である. われわれは通常 σ_2 を計測できないので, 地震効率は不確かな量である. 計測されている場合には, 6% 以下の効率が推定されている (McGarr, 1999). 放射効率式 (15.45) は, 式 (15.51) の $(\sigma_1+\sigma_2)$ を $\Delta\sigma$ (式 (15.39)) で置き換えることで得られる.

$$\eta_\text{R} = \frac{1}{40} \quad (15.52)$$

こうして, ブロックモデルはすべてのマグニチュードに対して, $\eta_R = 2.5\%$ を与える. この低い放射効率はブロックの動的モデルによる加速度限界のためである. より高加速度を与える変位時間関数を仮定した運動学モデルではもっと高い効率になる. たとえば, Singh と Ordaz (1994) はブルン・モデル (式 (14.32)) で $\eta_\text{R} = 46\%$ を与え, もしこのモデルがシャープなコーナー周波数をもつならば, $\eta_\text{R} = 86\%$ になることを発見した. Ide ら (2003) はボアホールの観測データからよく拘束された値として 66% を得ている.

なぜ, 観測された放射効率 (Kanamori と Brodsky, 2004) がスムーズなばね–ブロックモデルよりも非常に大きくなるのかについては, いくつか理由がある. 動力学的に拡大するクラック (Madariaga, 1976; Das, 1981) ではクラックが停止した端からヒーリング波が生じている. このヒーリング波が, 摩擦だけ作用する場合よりも早く, クラック内部のすべり運動を停止させる. 他の理由は, 観測される高周波放射のコヒーレンスが近地地震観測網の配置に依存するためである. コヒーレンスがあるためには, 放射の波長は観測点間隔よりも長くないといけない. 短波長では, 観測点は異なる断層パッチからのシグナルを受け取り, そのため, 短周期放射は, 断層状のスムーズな運動からは生成されないで, 小パッチの半独立的運動から生じる. これは, 不均質摩擦と高い局地的加速度に起因し, 断層に隣接する不均質破壊を伴う. このことは式 (15.47) で大きな $\int \dot{M}_0^2 \mathrm{d}t$ の値をもつ不規則なモーメント時間関数に導く.

McGarr (1999) が示唆しているように, もし地震効率が 6% であれば, 次のような疑問が生じる. エネルギーの残り 94% が摩擦発熱にとられるならば, なぜ, サンアンドレアス断層のような長い横ずれ断層で熱流量異常が観測されないのだろうか. 熱流量異常が存在しないことについてはいくつかの推測がある. 動的摩擦力がいくぶん低くなる可能性も考えられたが, しかしこれはボアホール内で測定された高い偏差応力と両立させることは難しい (McGarr, 1999). 一部のエネルギーが岩石の破壊とガウジを生成させるのに使われる (Abercrombie と Rice (2005) の最近の議論を参照) という説明もある. しかしこれは不適当で, もう少し妥当に思える説明は, 発生した熱を地下水の流れが除去してしまうというものである. 陸上の雨のかなりの部分が地下水として浸透する. それは, 長期にわたって蓄積されず, 水の移動のためのルートが容易であろうとなかろうと海に流れる. 断層帯は破砕されて多孔質になっていて流れやすい流路となっている. 地下水の流れは認識されているよりももっと深い. このことは, ドイツの深井戸計画 (KTB[*2]) でのコメント (Haak と Jones, 1997), 「驚かされたのは 9100m の深さの抗底まで静水圧が保たれていることと, どの深さでも大量の流体が存在していることである」と強調されている.

15.7 前震と予知のアイデア

地震が発生する断層区分上での主要地震間の平

[*2] Kontinentales Tiefbohr-Program der Bundesrepublik Deutschland の略.

均間隔は100年かそれ以上というのが典型的な値である．もし弾性ひずみ解放量を2×10^{-4}とすると，地震間での平均上昇率は，たったの$2\times 10^{-4}/100$年$=6\times 10^{-14}\,\mathrm{s}^{-1}$である．この量は固体地球の潮汐ひずみ変化と比較してもよいかもしれない．月の潮汐のひずみ振幅は約5×10^{-8}であり，12.4時間周期で，最大ひずみレートは$(2\times \pi \times 5\times 10^{-8}/12.4)\mathrm{h}^{-1}=7\times 10^{-12}\,\mathrm{s}^{-1}$である．これは，地震ひずみの平均上昇レートの100倍の値である．しかし地震発生は潮汐サイクルに関連はない．したがって，きっちりと定義された破壊応力の概念は無意味であり，システムは不安定な時間遅れに支配されている(式(15.18))．

地震時に解放されるエネルギーは弾性ひずみエネルギーとして地震直後から震源域に蓄積される．地震予知の方法を見つける初期の努力は，このエネルギーが，応力，ひずみ，またはこれらに関連する2次的影響によって認識できるだろうという仮定に基礎を置いていた．しかし，前節で述べたように，地震の応力解放は通常10MPa (100 bar)を超えない．これは地震学的に安定な地域でしばしば認められている静的応力の値よりも小さい．したがって，地震応力またはひずみは，特徴的な時間依存性を見せたり，不安定性を示すようにはたらくであろう．15.3節で，現在研究中の予知技術では，おそらく小さすぎて観測できない小パッチの不安定性に依存する地震発生モデルを示した．15.1節で提案したように，望みは，不安定性よりも脆弱性とよぶものの中にあるかもしれない．もし，あるパッチが他のパッチを誘発し，大地震に成長して行くならば，一般に高い脆弱性が必要である．広域の応力レベルは破壊応力に達するくらい高いことが必要であろう．これは臨界不安定性とよばれ，臨界パッチが活性化されて加速する前震のモーメント解放を伴い，地域的な意味で，本震前の地震活動の長期の相関として検出可能かもしれないことが示唆されている(Keilis-Borok, 2002)．

Reasenberg (1999) は，短期のクラスターが地震カタログに見られる最も強い非ランダム的性質であると述べている．それは未来の地震活動の短期確率予報を許すことになる．他の現象はそんな可能性を提供しない．しかし，多くの大地震では識別可能な前震を伴わないので，現在のところ予測不可能である．

KaganとKnopoff (1987) とOgata(1988) によって開発されたETES (Epidemic Type Earthquake Sequence)モデル(このうちOgataのモデルはETAS (Epidemic Type Aftershock Sequence)モデルとよばれている)はグーテンベルク-リヒター則またはKagan則 (14.7節) を基礎としており，マグニチュード分布や地震後にトリガーされた地震活動の減衰を特徴づける大森則をモデル化するものである．このモデルでは，各地震が本震，余震または前震であってもよい．式(14.44)で表される頻度分布のコーナーマグニチュードによって課される限界まで，マグニチュードMの各地震は，$10^{\alpha M}$に比例するレートで，大森則$1/(t+c)^p$ (式(15.27))に従って減衰する余震を引き起こす．こうして，各地震はより大きな地震を引き起こす有限確率をもつ．このモデルは，前に発生したすべての地震の確率を重ね合わせることで，引き起こされる地震の時空間関数としての確率を与える．

マグニチュードMの地震の後，時間t, 距離rでトリガーされた地震の時空間分布は，

$$\phi_M(r,t) = K \times 10^{\alpha M}\psi(t)f(r,M) \quad (15.53)$$

で与えられる．ただし，Kは定数，αはマグニチュードMの地震による余震の生成率である．$\psi(t)$は大森則を正規化したものであり，

$$\psi(t) = \frac{N}{(t+c)^p} \quad (15.54)$$

$f(r,M)$は地震間の水平距離の規格化された分布である．たとえば，KaganとJackson (2000) は以下の分布式を使っている．

$$f(r,M) = \frac{r}{\sigma_r^2}\exp\left(-\frac{r^2}{2\sigma_r^2}\right) \quad (15.55)$$

ここで，σ_rはスケーリングパラメーター(標準偏差)であり，Mとともに増加する．式(15.53)は統計手法を用いて歴史カタログに当てはめられている．しらべたい場所の未来の地震活動の確率マップ作成には累積確率が使われている．そこでは，最も明白なクラスターは余震であるがことが示されている．このモデルは余震を取り除いた地震カタ

ログに応用され，余震に対するものよりは弱いにしても，クラスターが確認されている (Kagan と Jackson, 1994)．環太平洋の主要地震は地震空白域の中でよりも隣接域とで正相関があったが，これは当初の予想通りであった．

16
地震波伝播

16.1 まえおき

　本章で扱う弾性波動に関する考察は，17 章で地球の内部構造について学ぶ際に弾性波を用いるための下準備であると同時に，10 章の弾性に関する議論の延長ともなっている．現在われわれが知っている地球の弾性に関するほぼすべての情報は，地震波の観測から得られている．潮汐変形 (8.2 節) やチャンドラー極運動の周期 (7.3 節) は，より低周波数側の補足的情報を与えてくれるが，地震学ほどの詳細さや精度には欠ける．この分野全般の背景として，地震変位の静的ひずみまで含めれば，地震学的情報は周波数ゼロにまで及ぶと考えることもできるが，地震波の周波数の下限は，3×10^{-4} Hz，つまり，自由振動の $_0S_2$ モードの周期 54 分となる．一方，高周波側では，1 Hz 程度のオーダーの周波数の波は，それを生じた地震から遠く離れた観測点でも記録されるし，さらにローカルな研究 (とくに探査地震学) では，もっと高い周波数が利用される．このような広い周波数帯域では，弾性のわずかな周波数依存性や，その結果生じる弾性波の分散について理解する必要がある (10.7 節)．これを考慮に入れなければ，高周波の実体波 (16.2 節) と，自由振動 (16.6 節) から得られる地球モデルとの間に，わずかだが無視できない相違が生じてくる．

　われわれは不均質性から生じる周波数依存性への寄与についても理解している．地震波の波長に比べて小さなスケールでの弾性的性質の変化は，10.4 節で考察した非緩和係数 (unrelaxed modulus) のように平均化される．不均質性のスケールよりも短い波長は，局所的な屈折や回折の問題をもたらす．低速度物質の領域を通過する波は遅れる．もしその周囲の媒質を通過する速い波が，低速度域のまわりで回折されると，波面を '癒して'，その存在を不明瞭にし，低速域の効果は失われるであろう．逆に，高速度の領域を通過してくる波は，広がっていくように屈折されるので，遠くの観測者から見ると，その領域が大きく見えることになる (16.3 節)．その影響が，弾性を総平均する長い波で見た場合よりも，波速をより速い値に偏らせることになる．これは，Wielandt (1987) によって指摘され，ランダム不均質性の場合の詳細な解析の課題となっている (Roth ら, 1993)．このことは，10.7 節で考慮した非弾性による影響に加えてさらに，地震波速度に周波数依存性を与える．

　明確な違いがあるわけではないが，実体波，表面波および自由振動の 3 種の波を区別して扱うのが便利である．高周波の実体波 (16.2～16.4 節) は，地球の曲率と比べて短い波長をもち，その伝播は，光学系における光波の伝播とよく類似している．この類似性が，波面に直交する地震波線 (seismic rays) の概念へと導く．これらは，光線と同様に屈折されたり反射されたりするが，一点，注目すべき違いがある．光波の場合，疎密波 (P 波) に相当するものは存在せず，地震学での横波 (S 波) に相当するものしかない．波長が長くなる低周波側の波を考慮すると，実体波の波線理論は適切ではなくなる．地球半径の大部分に相当する波長に対しては，地球全体のノーマルモードを考えねばならない (16.6 節)．これらが自由振動であり，長波長の定常波である．同様に，長波長の表面波 (16.5 節) は，地球の曲率を適宜考慮した自由振動モードと

して，うまく取り扱うことができる．今日では，自由振動は地球のモデル化のさい，重要な役割を果たしている．合成地震記録は，ノーマルモードに重みを付けた足し合わせとして計算される．この重みは，地震のモーメントテンソルの要素に，その地点で計算されたモードのひずみを掛け合わせることで決められる．このようにモードを足し合わせると，高周波成分が弱くなるにつれて，同定可能なP波やS波，表面波から地球全体の反響へと進行する様子が見られ，完全な地震記録をシミュレートすることができる．ノーマルモードの合成記録を用いたグローバル地震観測網の観測点での地震波記録のインバージョンは，今や慣例となっており，世界中の地震に対するモーメントテンソルのカタログが提供されている．

16.2 実体波

文字通り，実体波 (body waves) は地球の内部を通過する．均質な物体中では球面的波面のように広がっていくが，地球に不均質性があると，さまざまな屈折・反射が起こる．さまざまな距離での実体波走時に関する研究が，われわれの地球内部構造の理解へと導くことになった (17章)．地球表面とその付近の層を通るように束縛される表面波に比べて，実体波は理解しやすい．実体波には 2 種あり，P波およびS波とよばれる．Pは，primary (第1の) の頭文字であり，P波が最初に届くことに由来する．S (secondary) 波は，P波よりも遅い．P波は疎密波であり，媒質の密と疎が交互に入れかわり，固体だけでなく液体や気体でも伝わる．粒子の運動は，波の伝播方向となる．S波はせん断波であり，その粒子の運動は，伝播方向に対して横向きである．S波は固体のみを伝わる．S波の場合，それぞれ異なる偏波が区別され，その偏向面は，伝播方向および粒子の運動方向を含む面となる．偏向面が垂直ならば，その波は SV とよばれ，もし粒子運動の方向が水平ならば，それらは SH とよばれる．これらの偏向波は，水平境界では異なるふるまいをする．

どんな媒質であれ，実体波の速度は，密度に対する弾性係数の比の平方根で与えられる．それぞれの場合で，関係する弾性係数は，物質の変形に適したものとなる．弾性係数の定義とそれらの間の関係は，10.2 節と付録 D に与えられている．等方的な固体での P 波速度は，

$$V_P = \sqrt{\chi/\rho} = \sqrt{\left(K + \frac{4}{3}\mu\right)/\rho} \qquad (16.1)$$

となり，S 波速度は，

$$V_S = \sqrt{\mu/\rho} \qquad (16.2)$$

となる．S波の場合，伝達する媒質の純粋なせん断を生じるだけなので，式 (16.2) はそれ相応に単純であるが，P波速度 (16.1) はそれほど自明ではない．

液体はせん断応力を伴わないので，液体中を伝わる音波は，静水的に疎と密を交互に生ずる．したがって，その弾性係数は非圧縮率 (体積弾性率) K となり，$\mu = 0$ として式 (16.1) が適用される．ある方向への圧縮は固体中の物質の変形を伴うので，K に加えて μ による抵抗も受ける．まず，波の波長に比べて細い棒に沿って伝わる圧縮波について考えよう．棒の疎密は横ひずみを伴うので，縦方向の圧縮または伸張を掛け合わせたポアソン比に従って，棒の各部位が横方向に膨張または収縮する．波の速度は $\sqrt{E/\rho}$ となり，E は物質のヤング率を示す．これは最も一般的に重要な弾性係数であり，時に工学者はこれ自体を弾性係数とよぶことがある．針金状の物質に対する値は，単に針金を伸ばすことによって測定できる．ここで，次第に波長が短くなる波について考えてみよう．棒の直径よりも波長の方がずっと長いときには，棒内部の隣り合う部分 (半波長) の横方向への収縮と膨張は独立ではなく，互いに逆の動きをする．そして，棒の直径に対して波長がずっと短い場合には，横方向の収縮と膨張は完全に妨げられる．このとき，波による軸方向の圧縮と膨張を記述する係数は，軸方向ひずみ係数 χ となり，付録 D の式によって他の係数と関連づけられる．これは，ポアソン比 ν に依存する係数分だけ，ヤング率 E よりも大きくなる．なぜなら，横方向への応答を妨げられると，軸方向ひずみはより強固になるから

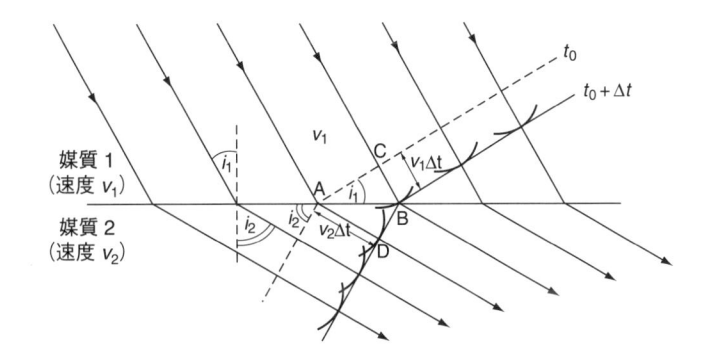

図 16.1 平面境界での波の屈折に関するホイヘンスの図形. 時刻 t_0 および $(t_0+\Delta t)$ での波面の位置が破線と実線で示されており, 波線上の矢印が伝播の方向を示している. t_0 での波面の各点が, (短い弧で示した) 素元波の波源としてふるまい, それらの包絡線が $(t_0+\Delta t)$ での波面となる.

である. 地球の場合, 一般的に P 波の波長は, 地球の大きさまたは主要な層に比べてかなり短いので, P 波の係数は χ となる. 体積弾性率 K の方に, より興味があるので, 式 (16.1) のように, χ を $(K+4\mu/3)$ で置き換えておくのが便利である.

等方的な媒質では, 地震波は波面に直交する方向に伝播し, これが地震波線の概念へと導くことになる. これは, 波長と比べて大きな地球内部の層や特徴を通過する実体波の伝播を記述するのに役立つ. 波線理論は, 光学の場合と同様に, 興味ある対象に比べて波長が短い場合にのみ適用できる. そうでない場合には, 回折が重要となり, 波動理論が必要となる.

地球内部の物質境界における地震波の屈折角や反射角は, 光学における反射・屈折の法則とまったく同様な数式によって表現できる. 反射または屈折を受けた入射エネルギーの一部に関しては, 地震波の場合には, 光波では起こらない P から S へ, または S から P への変換についても考える必要がある. しかし屈折は, 光学の場合と同様に, 媒質間の速度変化がどんなに緩やかであっても生じる. 一方, 反射および地震波の場合の波の変換は, 変化する厚さが波長に近くなると減少する.

図 16.1 のような平面境界での平面波の屈折について考えてみよう. 波面上の各点は, その波のさらに先への伝播の波源と見なせて (ホイヘンスの原理), Δt の時間に進む距離は波速に比例し, これは図に示した 2 つの媒質で異なる. 角度 i_1 および i_2 は, 三角形 ABC と ABD によって関係している. したがって,

$$\sin i_1 = \text{BC}/\text{AB} = v_1 \Delta t/\text{AB} \quad (16.3)$$

および,

$$\sin i_2 = \text{AD}/\text{AB} = v_2 \Delta t/\text{AB} \quad (16.4)$$

となるので,

$$\frac{\sin i_1}{\sin i_2} = \frac{v_1}{v_2} \quad (16.5)$$

が得られる. これが屈折に関するスネルの法則である.

同様の作図は, 反射および波の変換にも利用できる. 単純な反射では, 波速の変化がないため, 入射角と反射角は等しくなる. 図 16.2 のように, 波の一部の変換が起こる場合には, 屈折でも反射でも, 入射波および変換波の速さが, スネルの法則 (16.5) に利用される. 図 16.1 のように, 媒質 1 および 2 での波の速度を V_P (P 波) および V_S (S 波) とすると, スネルの法則は次のようになる.

$$\frac{\sin i}{V_{S1}} = \frac{\sin r_S}{V_{S1}} = \frac{\sin r_P}{V_{P1}} = \frac{\sin f_S}{V_{S2}} = \frac{\sin f_P}{V_{P2}} = p \quad (16.6)$$

ここで p は波線の組に対する波線パラメーターである. この式に関係する角度の正弦が 1 を超えることを必要とするような反射や屈折は生じえない. したがって, もし $\sin r_P$, $\sin f_S$ および $\sin f_P$ がすべて 1 を超える場合には, 媒質 1 の内部での全反射が起こる. ただし, 境界面での粒子運動の連続性から, 媒質 2 の層の波長程度の厚さ部分が関与することが必要となる. 速度の逆数 $(1/V)$ は, ス

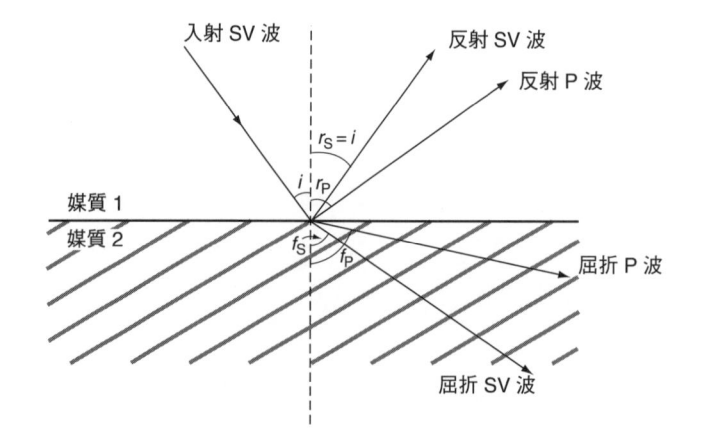

図 16.2 SV 波線の平面境界への入射から生じる反射および屈折された波線．境界は '結合' していると仮定される．つまり，その境界を横切って固体物質の連続性がある．

ローネスとよばれる．式 (16.6) のスネルの法則は，ある波線の組が，p で与えられる共通なスローネスの水平成分をもつことを示している．

図 16.2 で考慮した入射波は SV 波，つまり，その偏向面または粒子運動が垂直な S 波である．これは，水平境界に垂直な振動成分をもつことになる．この振動成分が，境界での P 波を発生させる．境界面に対して平行な粒子運動を行う SH 波は，境界を横切って疎密を生じることはないので，SH 波としてのみ屈折・反射されうる．逆に，境界に入射した P 波は，反射および透過された SV 波を生じるが，SH 波は発生しない．一般的に，S 波は SV と SH の両成分をもつが，もし地震観測点に到達した波が純粋な SV 波のみである場合には，それはおそらく内部の境界で P 波から変換したものである．

スネルの法則は，波線に沿った震源–観測点間の地震波の走時が近傍の波線に対して定常となる，というフェルマーの原理 (Fermat's principle) の帰結である．多くの場合，その停留点は最小値となる．しかし，自由表面からの反射に対しては，隣接する入射角に対して最大値となる (問題 16.2)．不均質媒質でのフェルマー経路は，走時が最小となるまで経路を変化させる波線追跡法によって得られる．

16.3 減衰と散乱

平面 P 波は，式 (11.48) の一般形で与えられる運動方程式を満たす．等方媒質中における一方向への伝播では，以下の見慣れた波動方程式が得られる．

$$\chi \frac{\partial^2 u}{\partial x^2} = \rho \frac{\partial^2 u}{\partial t^2} \qquad (16.7)$$

この方程式は，単位体積あたりの力 (左辺) と，単位体積あたりの質量と加速度との積 (右辺) とが等しいことを示しており，$\chi = \lambda + 2\mu = K + (4/3)\mu$ は P 波の弾性係数 (式 (16.1), (11.14), (11.16)) である．u は伝播方向の変位であり，ρ は密度である．波動方程式の解は，速さを c として，波の進行方向が x 軸に対して正または負の方向に応じて，$u = f(x - ct)$ または $f(x + ct)$ と書ける．微分して式 (16.7) に代入すると，$c = \sqrt{\chi/\rho}$ が得られる．任意の振動は，正弦波の足し合わせ (フーリエ変換) で表現できるが，波の減衰を取り入れるには，さらに指数関数の項が必要である．f を，実部・虚部の両方を用いて複素指数関数 $\exp(\mathrm{i}\omega t)$ によって表現することは，地震学では一般的である．x 軸の正方向に伝播する波の粒子変位は次のように書ける．

$$u = A \exp[\mathrm{i}(kx - \omega t)] \qquad (16.8)$$

減衰がなければ，波数は単に $k = \omega/c$ となる．もし，媒質が減衰性である場合，k は複素数となる．k を実数として保ち，これに虚数項を足し合わせて，$k + i\alpha$ とすると都合がよい．この場合，次のように表せる．

$$u = A e^{-\alpha x} \exp[i(kx - \omega t)] \quad (16.9)$$

この波は距離によって指数関数的に減衰し，α は減衰定数として知られる．これは媒質の Q によって $\alpha = \omega/2cQ$ (式 (10.21)) と書ける．

10.7 節で説明したように，減衰，つまりゼロではない α や $1/Q$ は，分散を引き起こす ($Q \propto \omega$ のような特殊な場合は除く)．これは，パルスが波速より速く伝わることなく，因果的であるべきことから要求される結果である．波速の周波数依存性と減衰とを関連づける一般的表現は，式 (10.30) のヒルベルト変換である．Q と k が変化するときには，波線追跡法を用いて波線経路を見つけ，その波線に沿って減衰効果が積分される．

振幅は，幾何減衰 (geometric spreading) によっても減衰する．拡大する曲線波面は，1/(曲率半径) に比例して振幅が減少していく．逆に，収縮する曲線波面は，エネルギーを集中させる．もし，曲率半径が波長に比べて十分大きい場合には，振幅の変化は単純である．しかし，そうでない場合には，回折を考慮するための，より一般的な扱い方が必要である．光学での同等の問題からの解を採り入れてみよう (Born と Wolf, 1965, p. 441)．集束 (focussing) の程度は，波長 λ に対する口径の比に依存する．

$$A(0)/A(r_0) = \frac{\pi R^2}{r_0 \lambda} \quad (16.10)$$

ここで，$A(r)$ は焦点からの距離 r における振幅であり，$2R$ は，曲率半径 r_0 の球冠の形をした波面の口径 (弦) である．以下に示すように (式 (16.14))，これは口径面積 (πR^2) と内側のフレネル・ゾーン (この内部で波は強め合うように干渉する) の面積 ($\pi r_0 \lambda$) との比に比例する．

式 (16.10) の重要な特質は，波長に依存する集束である．これは分散性とは関係なく，地震波速度の周波数変化も必要とせず，回折による帰結である．この現象により，M6.7 の 1994 年ノースリッジ地震の際に，カリフォルニア州サンタモニカで損害を与えた震度の集中域を説明できる．この地域は震央から 21 km 離れており，強い集束の影響なしに，そのような被害が起こるには遠すぎる (Davis ら，2000)．サンタモニカは，深さ 3 km に達する深い堆積盆地の上に位置しており，堆積層の S 波速度は基盤岩の約半分である．盆地の境界での不規則性が，1 km のオーダーの次元 (口径) のレンズの役割を果たし，到来方向で決まる地域に到来波を集中させた．集束は周波数依存し，いくつかのそのようなレンズの位置や大きさは，式 (16.10) より計算できる．

弾性体の不均質性による地震波の散乱は，10.5 節で議論した非弾性減衰に加えてさらに，振幅の減衰を引き起こす．波が弾性的不均質性に行き当たると，エネルギーが全方位に散乱され，進行方向のエネルギーが減少する．減衰係数の散乱成分 (s) と固有成分 (i) を次のように分けて考える．

$$\alpha = \alpha_s + \alpha_i \quad (16.11)$$

ここで，'固有 (intrinsic)' とは，物質の特性を意味し，弾性エネルギーから熱への局所的変換である．同様に，Q の総和は次のように与えられる．

$$\frac{1}{Q} = \frac{1}{Q_i} + \frac{1}{Q_s} \quad (16.12)$$

散乱係数の解析的計算は，球状のコントラストや亀裂のような，単純な不均質性の場合のみ可能である．多くの解析では，単一の散乱体を扱い，均質媒質中に広がった多数の散乱体からの散乱場の和を考える．これは，散乱体の密度が低ければ妥当である．しかしながら，完全な散乱問題では，単一散乱場が他の散乱体と相互作用し 2 次的散乱場を発生するような，多重散乱を含むことになる．2 次的散乱場は再び相互作用し，これを無限に繰り返す．だが，散乱波の振幅は，実際の地球では通常さほど大きくはない物性のコントラストに依存するので，この一連の散乱過程は急速に収束する．

散乱エネルギーの量は，インピーダンスコントラスト (impedance contrast) と，地震波の波長に対する散乱体の大きさに依存する．散乱の記述には，波線理論 (16.2 節) よりも，波動理論の手法が必要となる．波線理論では事実上，放射される波

の周波数が無限大であると仮定する．現実には，地震波パルスは広い周波数帯域とそれに対応する波長からなる．波線理論は，研究対象となる地域の距離スケールが，波長に比べて大きい場合には適用できる．そうでない場合は，異なる周波数成分はそれぞれ別様に散乱され，有限周波数効果を考慮せねばならない．有限周波数をもつ波の前方への伝播は，16.2 節のスネルの法則を決める際に考慮したように，ホイヘンスの素元波の和によって計算できる．ここで，平面波の波面上の点 A を考え，その前方の距離 h の位置にある点 B と波線で結ばれているとしよう．点 B での振幅は，点 A からの素元波と強め合うように干渉する素元波に依存する．点 A からの距離 y の波面上の点 C を考えよう．C からの素元波は，距離 AC (すなわち y) が大きくなるにつれて，A からの素元波との位相が徐々にずれていく．この位相差は次式で与えられる．

$$d\phi = 2\pi(\sqrt{h^2+y^2}-h)/\lambda \approx \pi y^2/h\lambda \quad (16.13)$$

$d\phi \leq \pi$ と与えられれば，これらの素元波どうしは強め合うように干渉する．この条件から，第 1 フレネル・ゾーンを次のように定義する．

$$y_1 \leq \sqrt{h\lambda} \quad (16.14)$$

高次のフレネル・ゾーンは，$2\lambda, 3\lambda, \cdots$ の経路差に相当するが，相殺される (Sheriff と Geldart, 1982) ので，B での振幅と走時は，B と第 1 フレネル・ゾーンを含む円錐内の不均質性に最も影響される．

点 A での不均質性の影響は，第 1 フレネル・ゾーンに対するその大きさに依存する．不均質性の大きさが $a \ll y_1$ ならば，その影響は無視でき，$a \geq y_1$ ならば，その影響は最大となる．球状の不均質領域を通過する平面波では，通過する波面の一部が，不均質の速度がその周囲より遅いときには内側へ，速いときには外側に曲げられる．波の進行に伴い，摂動を受けた波面の収縮または拡大に応じて，振幅は集束 (focussing) または発散 (defocussing) を示す．$h \approx a$ の近地で見られる散乱効果は検出できるかもしれないが，より遠い距離では，フレネル・ゾーンが $\sqrt{h}$ に比例して大きくなり，その散乱体を通過する素元波の重要性が，フレネル・ゾーンの他の領域からの素元波に比べて薄れる．散乱体の効果が弱まるため，遠地では，その変動はもとの状態に戻される．この過程は，回折性回復 (diffractive healing) とよばれ，散乱体の外側にあるフレネル・ゾーンの一部からの素元波が全体を支配するにつれて生じる．遠い距離では，平面波面は回復される．回折性回復は，$\sqrt{h\lambda}$ に比べて小さなマントル深部のホットスポットプルーム (12 章) のイメージングが困難なことの主な原因である．たとえば，地震波の波長が 10 km ならば，$h = 4000$ km の距離での観測に対して，プルームが観測されるには 200 km 以上の半径をもたねばならない．プルームヘッドのようにもっと大きな特徴のイメージは，これらの距離でも観測できるが，$\sqrt{h\lambda}$ より小さなプルームは，近地での測定が不可欠である．このような回折性回復は，比較的均質なマントル内を通過してくる遠地地震からの波がほぼ平面波に回復されているとの仮定にもとづく，地殻および上部マントルの地震波トモグラフィーにおいて重要である．

伝播する平面波にかわり，点震源と観測点間を伝播する球面波を考えるならば，フレネル・ゾーンは波線経路 (図 16.3(a)) に沿った距離に応じて変わる．経路の全長を L として，波線に沿った距離 x およびそれに直行する方向 y にある点を考えてみよう．$x = 0$ の震源から y を経由して観測点 L へと伝播したホイヘンスの素元波と，波線経路に沿って直接伝播した素元波との位相差は，

$$\begin{aligned}
d\phi &= \frac{2\pi}{\lambda}(\sqrt{x^2+y^2}+\sqrt{(L-x)^2+y^2}-L) \\
&\approx \frac{2\pi}{\lambda}\left[x\left(1+\frac{1}{2}\frac{y^2}{x^2}\right)+(L-x)\right. \\
&\quad \left.\times\left(1+\frac{1}{2}\frac{y^2}{(L-x)^2}\right)-L\right] \\
&\approx \frac{\pi y^2}{\lambda}\left[\frac{1}{x}+\frac{1}{(L-x)}\right] \quad (16.15)
\end{aligned}$$

となる．また，強め合う干渉では $d\phi < \pi$ なので，

$$y < y_1 = [\lambda x(1-x/L)]^{1/2} \quad (16.16)$$

となる．$y_1(x)$ によって描いた領域は，フレネル・ボリューム (Fresnel volume) とよばれ，波線のまわりの楕円体状の体積となる (図 16.3(b))．高次

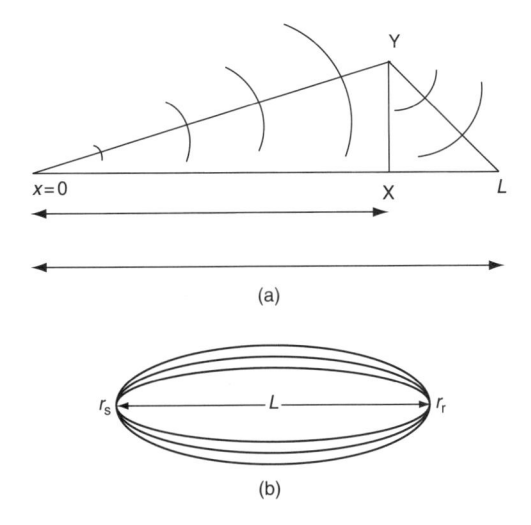

図 16.3 (a) ホイヘンスの素元波の干渉．素元波どうしが強め合うように足し合わされるためには，直達の素元波と Y で回折された素元波との位相差が 180° より小さくなければならない．(b) Roth ら (1993) によるフレネル・ボリューム．これらは，波源 (r_s) から観測点 r_r へ伝わっていく直達および回折された素元波が，交互に強め合うかまた弱め合うように干渉する領域である．

のフレネル・ボリューム (図 16.3(b)) からの素元波による寄与は，正負に交互に変化するので相殺される．内側のフレネル・ゾーン内の特性の変化は，地震波の振幅と位相の両方に大きな影響を与える．ここで，典型的な地震波パルスを考えてみよう．それは広い周波数帯域からなり，それぞれの周波数ごとにフレネル・ゾーンの領域をもっている．結果として，位相と振幅の摂動は，センシティビティーカーネル $K(r)$ に速度の摂動場 $v(r)$ を掛け合わせたものを体積にわたって積分した値になり，それぞれの波長に対応する内側のフレネル・ボリュームからの寄与が最大となる (Spetzler と Snieder, 2004)．地震波は周波数が限られているので，高周波成分のフレネル・ゾーン内に十分広がっていないような，波線に沿う不均質性は，波形に対してほとんど影響を与えない．この領域内の変動は，むしろ，回折性回復の影響を受けやすい．これが，Marquering ら (1999) によって'バナナ・ドーナッツパラドックス' と名づけられた現象を引き起こす．バナナとは，曲がった波線のまわりの楕円状の平均的フレネル・ボリュームを指し，

ドーナッツとは，最も高い周波数成分に対する内側のフレネル・ゾーンよりも小さな穴の開いた波線の断面のことである．したがって，波線そのものは，小さなスケールの不均質性に対して感度のない軌跡を描く．波線理論ではこの逆，つまり，波線に沿って存在する変化が観測点で観測されるはず，ということを示す．実際，この仮定が多くのトモグラフィーモデルの解釈の基礎となってきた．波線理論が，無限の周波数というよりむしろ，有限の周波数の地震波に利用され，波長よりもずっと大きな不均質性に対して応用されてきたことを思い起こせば，この矛盾に折り合いをつけられる．不均質性が検出できるためには，それが波線のどちらか側のフレネル・ボリュームにわたって広がっていなければならず，これは利用している周波数によって決まる．

ここでの議論から，波長に比べて小さな物体はほとんど散乱を起こさないことがわかる．極端な一例として，最も小さなスケールでは地震波は結晶構造や粒子の分布には影響されず，その媒質は均質として扱うことができる．大きな物体は波線理論で扱うことができ，区分的に均質として解析することができる (16.4 節)．不均質性の大きさがフレネル・ゾーンと同程度であるときに，散乱は最も効果がある．不規則な散乱体を含む媒質を伝播する地震波は，フレネル・ゾーンが散乱体の平均的大きさに等しくなるような周波数で，最も減衰する．たとえば，1 Hz 程度の周波数の実体波は，地殻と上部マントル内部において強く散乱され (Dainty, 1990; Padhy, 2005)，結果として約 1 Hz での減衰帯を生じる．一様かつ無限の非散乱媒質では，地震による S 波パルスは，立上り時間と破壊伝播時間の和に等しい時間 (マグニチュード 6 の地震では，通常，数秒) の後にはゼロとなる (14.2 節)．しかし，コーダとよばれる反響が，何分にもわたって観測され続ける．それらは主に，不均質媒質での S–S 散乱によって引き起こされ (Aki, 1969; Zeng, 1993)，震源および観測点を焦点として拡大する半楕円面からの後方散乱波から成ると考えられている．この楕円は，その境界に沿った全散乱体に対して，(震源–散乱体–観測点間の) 走時が等しくなる

ような散乱体の位置を示している．時間の経過に応じて散乱楕円が成長するにつれて，コーダは幾何減衰と固有減衰によって減衰していく．30 km の典型的な距離を伝わる地殻内の 1 Hz の S 波 ($\lambda \approx 3$ km) に対するフレネル・ゾーンは，10 km 程度の大きさとなる．褶曲した堆積層や盆地など，多くの地質学的特徴は，この程度の大きさであり，これで，1 Hz の '吸収' 帯を説明できるかもしれない．

グローバルおよび地域的な地震観測網からのデジタル地震データの記録および処理方法に関する最近の進歩は，マントルや核の内部の散乱研究を促進してきた．Haddon (1972) は，初めて PKP 実体波相の前に現れる先行波群がマントル内部の散乱体によって生じたものであることを示し，Haddon と Clearly (1974) は，それらが D'' 層に集中していると結論づけた．Vidale と Hedlin (2000) は，トンガの北の核–マントル境界 (CMB) 付近からの散乱源を指摘し，それらが部分溶融域を含むと仮定されるほどの大きなインピーダンスコントラストが必要であるとした (だが，これとは異なる解釈については，17.7 節と 23.4 節参照)．CMB 付近の不均質性に加えて，マントル全域に分布する散乱体に関する証拠が蓄積されている (Haddon ら, 1977)．マントル中央部で観測された孤立した散乱体は，沈み込んだリソスフェアの裂かれたスラブであるかもしれない (Kaneshima と Helffrich, 1999)．マントル内部の散乱体の解釈は通常，一意的ではなく，散乱体の 3 次元分布の完全な記述には，もっと多くの情報が必要である (Hedlin と Shearer, 2000; Earle と Shearer, 2001)．

液体の外核は均質であると観測されている一方で，内核上部の領域から届いた散乱波が確認されている (Vidale と Earle, 2000)．内核からの散乱波は，内核回転の推定に利用されてきた．北米のアレイで観測されたロシアでの核実験の地震記録を用いて，Vidale ら (2000) はコーダに含まれるシグナルを，内核の東側から散乱された波と西側から散乱された波とに分離した．彼らは，東側と西側からの到来波の位相差が，マントルに対する内核の超回転 (super rotation) と調和するように時間とともに変化することを示した．推測された回転速度 < $0.2°$/年は，17.9 節や 24.6 節で議論するように，他の推定値と調和的である．

高速度のスラブ内部で発生する波は，スラブから外へ向かうように散乱される傾向があり，距離とともに急速に減衰する．それに対し，低速度のスラブで発生した波は，境界への入射角が内部反射の臨界角より大きくなるにつれて，捕捉されるようになる．したがって，日本の下に沈み込むスラブで発生した地震波が，スラブ直上の地表面で，散乱から期待されるよりも大きな振幅をもつことは驚くべきことであり，これはスラブ内にエネルギーが捕捉されていることを示唆している．Furumura と Kennett (2005) は，スラブ導波を形成するためのエネルギーを捕捉するような，高速–低速の薄層状構造といったスラブ内部の不均質性によって説明できることを示した．同様に，下部地殻およびおそらくは最上部マントルの散乱体も，地表面での大きな爆発からのエネルギーを捕捉し，これは見かけの P_n 波，つまり地殻–マントル境界 (モホ面) で屈折したヘッドウェーブ (head wave)(17.2 節) として，均質な地殻と均質なマントルの境界で発生する P_n 波に対して期待されるよりも，ずっと遠くまで伝わる (Morozov と Smithson, 2000)．

ここでの議論は，異なる周波数の地震波から得られた地球モデルを比較する際に，マントル内部の散乱体の分布を知ることが，いかに重要であるかを示している．Roth ら (1993) は差分法を用いて，平均速度よりも速い散乱体で満たされた媒質での走時変化をしらべ，その結果，高周波数ではその波面が高速度物質を貫く速い経路を通過した素元波に支配されることを見いだした．したがって，高周波数での走時は，波が平均的な媒質定数に応答する低周波数での走時よりも短くなる．この現象は，17.8 節において，実体波とノーマルモードから得られるモデルとの相違の理由の 1 つとしてふれられる．

16.4 平面境界における反射および透過係数

平面波として屈折および反射された波の方向は，スネルの法則 (16.6) によって与えられる．われわれは反射および屈折波の相対的な振幅にも興味があり，その解析は導波 (guided wave) の挙動に一定の理解を与える．これらは表面波 (16.5 節) や 17.2 節の主題であるヘッドウェーブも含む．すでに示したように，反射と屈折の振幅は，音響インピーダンス (acoustic impedance) として知られるパラメーターによって規定され，これは，それぞれの媒質と波の種類に対して，密度と速度の掛け合わせで ρV_P または ρV_S のように表される．したがって，反射波の観測は，境界での密度と弾性のコントラストに関する情報を与えてくれる．さまざまな波長の波を観測することで，ある境界がシャープなものなのか，または，ゆっくりと変化するものなのかがわかるかもしれない．なぜなら反射は，それらを観測する波の波長よりもずっと薄いシャープな境界でのみ起こるからである．

ρ_1, V_{P1} および ρ_2, V_{P2} で与えられる対照的な密度および P 波速度をもつ媒質を二分する $z = 0$ の平面境界に対し，垂直に入射する P 波 $u_z = A_i \exp[i(k_1 z - \omega t)]$ を考えよう (図 16.4(a)) (ここでの添字 i は入射波を示すものであり，指数因子内の $i = \sqrt{-1}$ とは混同しないこと)．透過波を，

$$u_t = A_t \exp[i(k_2 z - \omega t)]$$

とし，反射波を，

$$u_r = A_r \exp[i(-k_1 z - \omega t)]$$

とする．変位の連続性から，

$$A_i + A_r = A_t \tag{16.17}$$

が必要とされる．垂直応力は次式で与えられる．

$$\sigma_{zz} = \chi \frac{\partial u_z}{\partial z} = ik\chi A e^{i(kz-\omega t)} \tag{16.18}$$

垂直応力の連続性から，次式が要求される．

$$\sigma_{zz}^i + \sigma_{zz}^r = \sigma_{zz}^t$$
$$k_1 \chi_1 A_i - k_1 \chi_1 A_r = k_2 \chi_2 A_t \tag{16.19}$$

反射係数を R とし，透過係数を T, $A_i = A$ としよう．式 (16.17) から，

$$A + RA = TA \text{ または } 1 + R = T \tag{16.20}$$

また式 (16.19) から，

$$k_1 \chi_1 - k_1 R \chi_1 = k_2 T \chi_2 \tag{16.21}$$

となる．$V_P = \sqrt{\chi/\rho}$ および $k = \omega/V_P$ から，式 (16.21) は，次のようになる．

$$\rho_1 V_{P1} - \rho_1 V_{P1} R = \rho_2 V_{P2} T$$

式 (16.20) と組み合わせると，次のようになる．

$$R = \frac{\rho_1 V_{P1} - \rho_2 V_{P2}}{\rho_1 V_{P1} + \rho_2 V_{P2}} \tag{16.22}$$

$$T = \frac{2\rho_1 V_{P1}}{\rho_1 V_{P1} + \rho_2 V_{P2}} \tag{16.23}$$

これらの表現は，音響インピーダンス ρV_P の重要性を示している．

自由表面では，式 (16.22) は $R = 1$, $A_i = A_r$ となるので，反射波と入射波は強め合うように干渉し，その振幅は 2 倍になる．反射波が入射波に強め合うように加わるので，パルスの半分の広がりに等しい深さ領域にわたって，パルスの倍増が起こる．自由表面での応力は常にゼロでなければならない．反射波は $u_r = A \exp[i(-k_1 z - \omega t)]$ であり，その応力は $\sigma_{zz} = -ik_1 \chi_1 A \exp[i(-k_1 z - \omega t)]$ となる．一方で入射波の応力は

$$\sigma_{zz} = ik_1 \chi_1 A \exp[i(k_1 z - \omega t)]$$

となる．反射波および入射波は，変位が加法的である一方で，逆向きの応力をもつ．自由表面では，入射による伸張は，下向きに伝わる反射による圧縮で相殺される．それらの変位は z 軸に対して同じ極性をもつ．しかし，反射波の伝播方向 (負の z

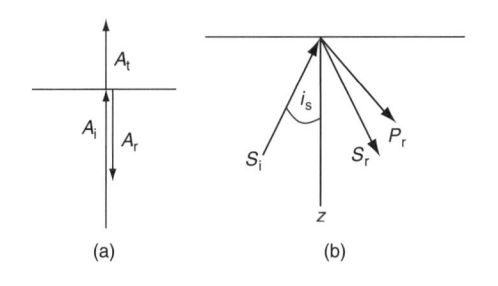

図 16.4 (a) 境界への垂直入射の際の反射および透過相. (b) 斜め入射の際の自由表面からの反射相.

方向) に対しては，その変位は負となる．反射波の位相反転は，2 番目の媒質のインピーダンスが 1 番目のそれよりも小さいときに起こる．180° の位相反転の例としては，核–マントル境界のような低速度層や，地球表面からの P 波の反射がある．

無限大の音響インピーダンスの媒質との境界面では，振幅はゼロとなる．このとき，式 (16.17) より，$A_i = -A_r$ となる．つまり，反射波と入射波は，その表面で相殺され，その面は，より軟らかい媒質での定常波の節 (node) となる．ここで，反射および透過係数は時々，振幅に代わってポテンシャルで与えられることがあることに注意しよう．ここでは，この表現を用いることにする．

これまでは，$\exp[i(kz - \omega t)]$ の形での 1 次元波動方程式の解を扱ってきた．波面と平行ではない境界での反射や屈折 (図 16.4(b)) を考える際には，地震による変位 $\tilde{u}$ を，P 波と S 波の振動を独立に扱える (ヘルムホルツ) ポテンシャルの勾配と回転に分解することによって，その解析は簡略化される (たとえば，Aki と Richards, 2002)．$\tilde{u}$ の P 波および S 波成分は，次のように表現できる．

$$\tilde{u} = \nabla \phi + \nabla \times \psi \quad (16.24)$$

ここで，ポテンシャル ϕ および ψ は，次の P 波および S 波の方程式を満たす．

$$\ddot{\phi} = V_P^2 \nabla^2 \phi \quad (16.25)$$

$$\ddot{\psi} = V_S^2 \nabla^2 \psi \quad (16.26)$$

2 次元の場合には，P 波の方程式は，

$$\ddot{\phi} = V_P^2 \left(\frac{\partial^2 \phi}{\partial x^2} + \frac{\partial^2 \phi}{\partial z^2} \right) \quad (16.27)$$

となる．この式の解は，次式で与えられる．

$$\phi = \exp[i(k_x x + k_z z - \omega t)] \quad (16.28)$$

ここで，境界面に対して平行に x 方向に伝播しつつ，z 方向に振幅が減少するような波の問題を考えよう．これは，k_z が虚数の場合に対応する．

$k_z = i\omega\eta_P$ として，

$$\phi = \exp(-\omega\eta_P z)\exp[i(k_{Px} x - \omega t)] \quad (16.29)$$

となる．微分して式 (16.27) に代入すると，

$$\frac{1}{V_{Px}^2} = \eta_P^2 + \frac{1}{V_P^2} \quad (16.30)$$

ここで，V_{Px} は x 方向の速度である．これより，$V_{Px} < V_P$ となること，および η_P の値に依存することがわかる．同様に，S 波ポテンシャルに対しては，$\psi = \exp(-\omega\eta_S z)\exp[i(k_{Sx} x - \omega t)]$ となり，

$$\frac{1}{V_{Sx}^2} = \eta_S^2 + \frac{1}{V_S^2} \quad (16.31)$$

式 (16.30) と式 (16.31) は，x 方向に伝播し，$\pm z$ 方向に深さとともに消滅する非斉次 (P および S) 波を示している．P および S 波が等しい水平方向の速度 ($V_{Px} = V_{Sx}$) をもつ場合を考えてみよう．このとき，式 (16.30) および式 (16.31) より，圧縮成分とせん断成分の深さ依存性は異なる ($\eta_P \neq \eta_S$)．このように，自由表面での境界条件を満たす振幅をもち，自由表面に沿って伝わる波がレイリー波 (16.5 節) である．その伝播速度は $c_R = V_{Px} = V_{Sx}$ となり，式 (16.31) より，η_S が実数なので，V_S より小さくなければならない．

表面または境界面では，すべての斉次波 (homogeneous wave) および非斉次波 (inhomogeneous wave) の全応力と変位がつり合うよう境界条件が満たされなければならない．η は 2 乗されるので，正・負どちらの場合でも波動方程式を満たす．このような界面波は，境界の両側において，指数関数的に減少または増加するが，一般的には，無限遠での際限のないエネルギーとなるような非物理的な解を避けるため，増加する解は除外される．Stoneley (1924) 波は，(レイリー波のような) P–SV 波であるが，2 つの半無限空間の境界で起こる波である (詳細は，Aki と Richards, 2002, p. 156 で議論されている)．

さてここで，透過波が発生しないような角度 i_S で，自由表面に非鉛直入射する SV 波 (図 16.2) を考えてみよう．スネルの法則式 (16.6) に従って，平面層波線パラメーター $p = (\sin r_P)/V_P = (\sin i_S)/V_S$ によって表される角度 r_P での P 波の反射と，角度 i_S での S 波の反射が起こる．(ここでの議論では，球状の地球は考えておらず，このような形式の波線パラメーターを利用するのが都合がよい．ここでは，式 (17.13) で定義される球状の地球で用いられる波線パラメーターと区別するために，平面層波線パラメーターとよぶことにする．) この場合，

$$k_x = \omega \frac{\sin r_P}{V_P} = \omega p$$

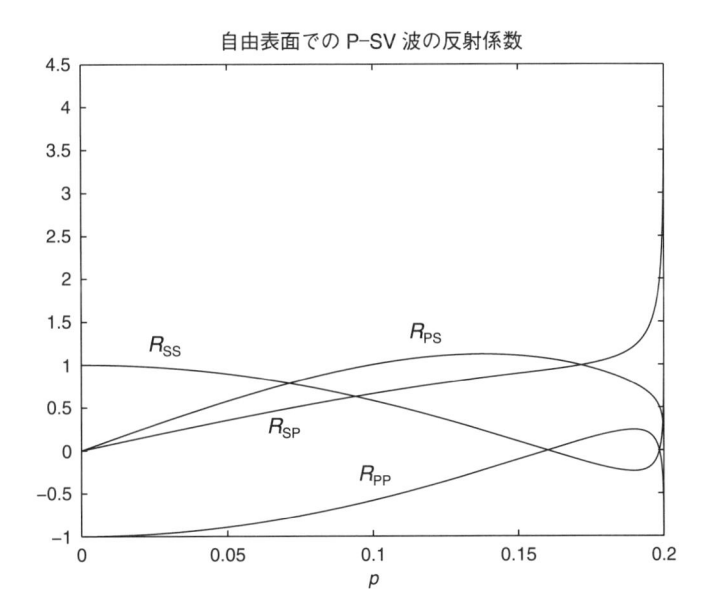

図 16.5 (a) $V_P = 5\,\mathrm{km\,s^{-1}}$ および $V_S = 3\,\mathrm{km\,s^{-1}}$ で,平面層波線パラメーター p の関数として表した,P 波および入射 S 波の自由表面からの斉次反射係数,R_{PP}, R_{PS} および R_{SS}, R_{SP}.

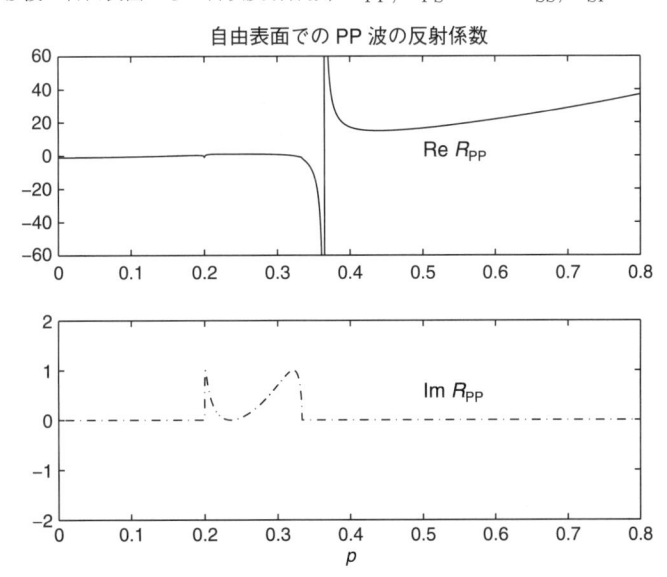

図 16.5 (b) (図 16.5(a) と同様に) 仮定された速度での非斉次領域 $p > 0.2$ を含む平面層波線パラメーター p (式 (16.32)) の関数としての反射係数 R_{PP} の実部 (実線) と虚部 (一点鎖線). この係数はレイリー極において,$R(p)$ (式 (16.41)) が消えるので,特異となる. この p の値は,レイリー波速度 c_R の逆数に対応するが,非常に小さな V_P/V_S の値を仮定しているので,観測された値よりもやや小さな値となる. レイリー極での R_{PP} の正負の無限大は非物理的であるが,球状震源からの反射 P および S 波 (R_{PP} および R_{PS} から得られる) が (式 (16.48) のように) 積分されれば,その結果は表面に沿う有限な振幅をもったレイリー波となる (Aki と Richards, 2002).

$$k_y = 0$$
$$k_z = -\omega \frac{\cos r_P}{V_P} = -\omega \xi$$

である. ここで,p と ξ は,P 波の水平および鉛直スローネス (速度の逆数) であり,$\eta = (\cos i_S)/V_S$

がS波の鉛直スローネスとなるようにとる．まとめると，以下のようになる．

$$p = \frac{\sin r_P}{V_P} = \frac{\sin i_S}{V_S} \tag{16.32}$$

$$\xi = \frac{\cos r_P}{V_P} = \sqrt{1/V_P^2 - p^2} \tag{16.33}$$

$$\eta = \frac{\cos i_S}{V_S} = \sqrt{1/V_S^2 - p^2} \tag{16.34}$$

次のように与えられる単位振幅をもつ入射S波を考えてみよう．

$$S_i = [u_x, u_z]$$
$$= [\cos i_S, \sin i_S] \exp[i\omega(px - \eta z - t)] \tag{16.35}$$

反射P波は，

$$P_r = [u_x, u_z]$$
$$= R_{SP}[\sin r_P, \cos r_P] \exp[i\omega(px + \xi z - t)] \tag{16.36}$$

となり，反射S波は，

$$S_r = [u_x, u_z]$$
$$= R_{SS}[\cos i_S, -\sin i_S] \exp[i\omega(px + \eta z - t)] \tag{16.37}$$

となる．ここで，R_{SP} と R_{SS} は，入射S波に対する反射P波およびS波の振幅である．R_{SP} と R_{SS} は自由表面でのトラクションがゼロとなる条件を満たさねばならない．式 (11.15) と式 (11.19) をトラクションに適応し，それらをゼロとすると，

$$-2pV_P V_S \xi R_{SP} + (1 - 2V_S^2 p^2)(1 - R_{SS}) = 0$$
$$-(1 - 2V_S^2 p^2) R_{SP} + 2V_S^3 p\eta/V_P(1 + R_{SS}) = 0 \tag{16.38}$$

となり，以下の解をもたらす．

$$R_{SP} = \frac{4p\eta V_S(1/V_S^2 - 2p^2)/V_P}{R(p)} \tag{16.39}$$

$$R_{SS} = \frac{(1/V_S^2 - 2p^2)^2 - 4p^2 \xi \eta}{R(p)} \tag{16.40}$$

ここで，共通の分母はレイリー関数として知られ，次のようになる．

$$R(p) = (1/V_S^2 - 2p^2)^2 + 4p^2 \xi \eta \tag{16.41}$$

同様の手続きにより，入射P波の場合には，$R_{PP} = -R_{SS}$ かつ $R_{PS} = R_{SP}(V_P^2 \xi)/(V_S^2 \eta)$ となることが証明できる．これらの係数は，図 16.5(a) に示されている．反射および透過波は，入射角の関数として，大きな振幅変化を示す．$1/V_S > p > 1/V_P$ のときには，反射P波は非斉次であり，反射S波は斉次である (式 (16.33) と式 (16.34) 参照)．入射する斉次P波では，p は $1/V_P$ を超えられない．もし，$p > 1/V_S > 1/V_P$ であるならその解釈は異なる．入射および反射ともに，境界面に沿う波はすべて非斉次であり，$\sin r_P = pV_P > 1$ かつ $\sin i_S = pV_S > 1$ となるので，R_{SP}, R_{SS} と p は式 (16.39) と式 (16.40) より，複素角度と関連する．非斉次波を含む p の範囲での，R_{PP} の実部と虚部が，図 16.5(b) に示されている．ここでは，自由表面を考えてきたが，この解析は，対照的な媒質間の境界面にも一般化でき，同様の結果が得られる．一般に非垂直入射の場合，入射P波またはS波は，反射および透過するPおよびS波の4つの波を生じる．その4つの係数は，境界に対する散乱行列とよばれる．

16.5　表　面　波

遠くの地震 (遠地地震) の記録で最も大きな振幅をもつ波は一般に，地球の表面に沿って伝わり内部には入り込まない表面波である．例外として，深発地震では表面波はほとんど発生せず，実体波がより支配的となる．遠地地震記録で表面波が支配的であることは，波面の広がり方の幾何学的な効果によるものである．実体波は本質的に，球面的な波面として広がる．したがって，どの面要素を通過する波のエネルギーも，r を焦点からの伝播距離として，$1/r^2$ に比例して減少する．一方，表面波は，地表面で膨張する環のように広がる．そのため近地では，波面の単位長さあたりのエネルギーは，r を環の半径として，$1/r$ に比例して減少するだけである．なお，この半径は無限に増加するのではなく，波が 90° 伝播したときに最大に達し，それを超えると再び減少する．

実体波は，ほぼ非分散性であり，波のエネルギー密度が振幅の 2 乗に比例するので，実体波の振幅は $1/r$ に比例して減少する．表面波は強い分散性があるため，表面波エネルギーの広がりは，波の振幅に直接的には変換されない．その波形は，時間

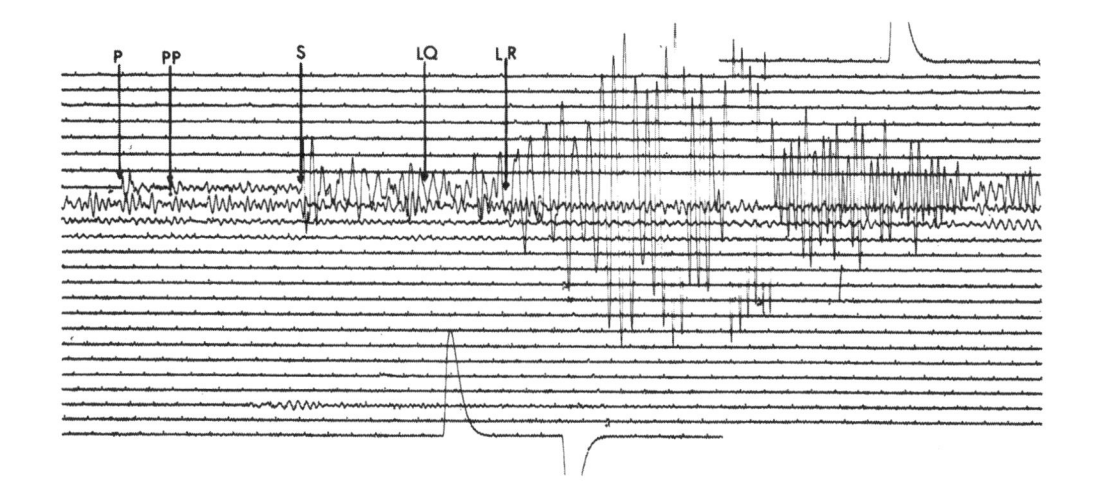

図 16.6 クイーンズランド州チャーターズタワーズ (観測点 CTA) で得られた地震記録. 1967 年 8 月 21 日の北スマトラ沖のマグニチュード 5.9 の地震からの P, PP, S 波, および表面波, LQ (ラブ), LR (レイリー) を示している ($\Delta = 54°.9$). 連続的な線は, らせん状の連続トレースの一部であり, この図は, 記録用ドラムからとられた記録紙の約 2/3 を示している. 1 本の線は 1 時間で, トレースに沿って 1 分ごとのマークが付してあり, 記録の最初と最後には検定用パルスが入っている. この記録は長周期の東西成分のもので, 地面の東向きの動きが, 記録上では上向きに示されている. 地動の最大振幅は約 $200\,\mu m$ である.

または, 伝播方向の距離に伴って, 広がるように変化する. しかし, その分散性にもかかわらず, 表面波振幅は実体波振幅に比べて, もっとゆっくり距離減衰する. このような状況下で, 実体波は表面波よりも速く伝わるため地震記録上で表面波によって覆い隠されないことは都合がよい (図 16.6).

表面波には主に 2 種類があり, 両方ともそれらの理論の創始者の名前にちなんでいる. レイリー波は 16.4 節で考えたように P 波成分と組み合わさった SV 波として現れ, ラブ波は SH 波のように伝わる. どちらの場合も, 粒子運動の振幅は, 波を誘導する境界から離れるにつれて減少し, 波長よりもずっと深いところでは, きわめて小さくなる. 表面波の伝播は, 波の回折現象にいくぶん似ている. それらの存在の必然性は, 実体波のそれに比べて直感的には明確ではないが, それらの挙動を探るのに役立つ類似性がある.

レイリー波は海洋の波と似ている. 物質中の粒子は鉛直の楕円内で運動し, 表面では逆行 (retrograde), つまり運動方向が波の進行方向に対して逆向きに回転する輪のようになる. 復元力は媒質の弾性によって与えられ, 海洋の波のように重力によって与えられるものではない. もう 1 つの違いは, 深部での粒子運動がもっと複雑な点である. つまり, 深部での楕円運動の向きは, 基本モードであっても順行 (prograde) となり, また振動の節 (node) をもつ高次モードも存在する. しかし, 外洋の波浪のように, レイリー波は層構造がなくても一様な媒質または半無限空間の境界面を伝わることができる.

一様半無限空間でのレイリー波の速度 c_R は, そのポアソン比 ν にわずかに依存する関数であるが, ν のあらゆる適当な値に対して, 基本モードの場合では, $c_R \approx 0.92 V_S$ (式 (16.45) 参照) となり, S 波速度 V_S よりも少し遅くなる. このような単純な場合では, レイリー波は非分散性となる. つまり, 長い波長ほどより深くまでしみ込むが, 単に一定比率で深くなるのみで, 波速を決定する粒子変位に対する復元力の比は, 波長とは無関係である. 地球のように, 深さとともに V_P, V_S が増加する成層構造では, より長い波長ほど, より速い速度の物質をサンプルする. この場合, レイリー波には分散性があり, 長い波長ほど速くなる. このように, 分散性の観測情報が速度成層に関する

さの関数として，上下および水平方向の変動を記述する(図 16.7)．これらは，P および S の運動に対し，深さとともに減少する指数関数の組合せとなる．レイリー波の特性の多くは，応力のかからない境界を含む初歩的考察から推測できる (Knopoff, 2001). 表面波伝播の数学的理論は，Aki と Richards (2002) や，Bullen と Bolt (1985) のような地震学の教科書に書かれている．解析的な論述は，最も単純な場合にのみ扱いやすく，地球のように複雑な状況下では，数値的方法が必須となる．ふつうの手順では，あるモデルが与える分散性，つまり，周波数依存する波速の変化が，特定の波の経路で観測されたものと一致するまで，地殻と上部マントルのモデルを調整する．波速は，波長の 1/3 程度の深さの構造に敏感である．レイリー波では，式 (16.35) および式 (16.36) の形で与えられる非斉次 P 波および S 波を考える．ここで，ξ と η は，虚数 (正) であり，P 波および S 波に対する振幅 A および B を導入する．その変位は，以下の実数成分である．

$$P_i = \{u_x, u_z\}$$
$$= A[\sin i_P, \cos i_P] \exp[i\omega(px + \xi z - t)]$$
$$S_i = \{u_x, u_z\}$$
$$= B[\cos i_S, -\sin i_S] \exp[i\omega(px + \eta z - t)]$$
(16.42)

ここで，角度は虚数である．表面での応力をゼロとすると，

$$2pV_P V_S \xi A + (1 - 2V_S^2 p^2)B = 0$$
$$(1 - 2V_S^2 p^2)A - 2V_S^3 p\eta/V_P B = 0$$
(16.43)

これらの同次方程式が，A と B に対する解をもつには，これらの行列式がゼロに等しくならねばならないので，

$$\begin{vmatrix} 2pV_P V_S \xi & (1 - 2V_S^2 p^2) \\ (1 - 2V_S^2 p^2) & -2V_S^3 p\eta/V_P \end{vmatrix} = 0$$
$$= (1 - 2V_S^2 p^2)^2 + 4V_S^4 p^2 \xi\eta = R(p) \quad (16.44)$$

となる．これは，式 (16.39), (16.40), (16.41) に現れるレイリー関数である．各項を整理すると，式 (16.44) は，c_R^2 に関する 3 次方程式になる．

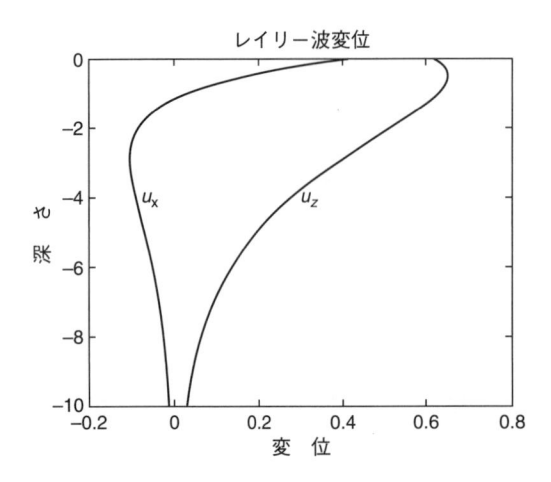

図 16.7 半無限媒体の自由表面より下での，深さの関数としての基本モードレイリー波の水平および上下変位の固有関数 (式 (16.42) で $A \sin i_P = 1$ m となるように正規化されている).

見通しを与えてくれる．

ラブ波に類似する波は，導波層を伝わる電波や，ライトパイプや光ファイバー中の光である．これらは，単純な半無限空間の境界では伝わらず，深さとともに S 波速度 V_S が速くなるような速度の層が必要である．この最も単純な例が，一様かつより速い速度 V_S をもつ半無限空間の上に広がる一様な層である．ラブ波は，深部の媒質との境界への入射角が，全反射の臨界角よりも大きくなるような反射の繰り返しによって，上部層に沿って伝わる SH 波のようにふるまう．もちろん，この 2 つの媒質は結合し，接触しているので，その共通の境界に沿った運動は，境界の両側において同じとなる．このように，ラブ波はどちらの媒質も伝わるが，粒子の運動は，非斉次波と同様に，下側の媒質では深さとともに指数関数的に減少する．下側の媒質でのしみ込みは，波長とともに大きくなるので，下側の媒質を伝わる波のエネルギーの割合は，上部層の厚さと波長の比に比例して増加する．したがって，ラブ波は必然的に分散性をもち，その速度 c_L は，2 つの媒質の S 波速度の中間となる．最も短い波長では，c_L は上部の媒質の V_S に近くなり，最も長い波長では，下部媒質の V_S の値に近づく．

レイリー波の固有関数 (波動方程式の解) は，深

$$\frac{c_R^6}{V_S^6} - 8\frac{c_R^4}{V_S^4} + c_R^2\left(\frac{24}{V_S^2} - \frac{16}{V_P^2}\right)$$
$$- 16\left(1 - \frac{V_S^2}{V_P^2}\right) = 0 \quad (16.45)$$

ポアソン固体 ($\lambda = \mu$, $\nu = 1/4$) の場合，この方程式に関する実数解は，$c_R = 0.92 V_S$ となり，レイリー波はS波速度に対して8%遅くなる．これを式 (16.42) と式 (16.43) に代入し直して，($A\sin i_P = A p V_P = 1$ m として) 正規化された，深さの関数としての水平および上下変位が得られる．このとき，レイリー波の P および S 成分は次式で与えられる．

$$u_x = [\exp(-0.85kz) - 0.58\exp(-0.39kz)]$$
$$\times \sin[k(x - c_R t)]$$
$$u_z = [-0.85\exp(-0.85kz) + 1.47\exp(-0.39kz)]$$
$$\times \cos[k(x - c_R t)]$$
$$(16.46)$$

ここで，$k = \omega/c_R$ である．これらの固有関数は，図 16.7 に示されている．

レイリー波は，半無限弾性体に点震源または複数の点震源の分布が急に加えられると発生する．もし震源が深い場合，Sを発生させるために波面が地表面と十分な角度をもつような距離に変動が伝わるまでは，レイリー波は生成されない．震源が深くなるほど，表面に達したときの変動は弱くなる．つまり，深発地震は表面波の有効な発生源ではない．理論地震学の古典的な解析は，半無限弾性体の点または線震源に対する応答であり，これは，ラムの問題 (Lamb, 1904) とよばれ，その拡張として地中震源がある (Lapwood, 1949)．P，S，レイリー波に対応する3つの主要なパルスが発生される．数学的手続きは複雑であるが，厳密解は，Cagniard (1939,1962) と DeHoop(1960) によって示され，'カニャール–ドフープ (Cagniard–DeHoop) 法' とよばれる積分変換を逆解析する方法によって得られる．地中震源は，P および S 波を生成し，それらはトラクションがゼロとなる境界条件に従って自由表面で変換し反射する．したがって入射波に加えて4つの反射波があり，解には6つの項を与えることになる．

例として地下爆発から生じて，自由表面に入射する球面P波を考えよう．震源は自由表面から深さ h の位置に埋まっており，観測点は距離 r 離れており，深さ z に埋まっているとしよう．遠い距離では，球面波面は，$p = (\sin i_P)/V$ でスネルの法則に従う平面波として近似できる．波面の曲率がかなりの程度となる短い距離では，斉次および非斉次平面波の平面層波線パラメーター p (式(16.32)) についての複素積分に分解できる (Aki と Richards, 2002)．

$$P(\omega) \propto \int_{-\infty}^{\infty} \frac{\sqrt{p}}{\xi} \exp[i\omega(pr + \xi z)] \, dp \quad (16.47)$$

$|p| > 1/V_P$ のとき，ξ は虚数であるので，式 (16.33) によって，積分のこの範囲は非斉次波に相当する．球面波面を平面波に分解する利点は，平面波の反射および屈折係数が，球面波面上の境界面での影響をモデル化するのに利用できることにある．この場合，反射された P および S は，式 (16.47) の被積分関数に R_{PP} および R_{PS} を掛け合わせることで得られる (式 (16.41) の後の議論参照)．たとえば反射 P 波は，

$$P^{\text{refl}}(\omega) \propto \int_{-\infty}^{\infty} R_{PP} \frac{\sqrt{p}}{\xi} \exp[i\omega(pr + \xi z + \xi h)] \, dp$$
$$(16.48)$$

で与えられる (Aki と Richards (2002), Eq.6.33)．式 (16.48) の被積分関数は，R_{PP} の分母 (つまり，$R(p)$) が 0 になるような p の値では特異となる (図 16.5(b))．これはレイリー極 (Rayleigh pole) として知られ，式 (16.44) および式 (16.45) で見たように，$1/V_S$ (ポアソン固体では $1/0.92 V_S$) よりもわずかに大きな $p = p_R = 1/c_R$ の値によって満たされる．

p 全体にわたっての積分は，R_{PP} による重みをかけつつ，震源からの全放射角にわたって平面 (斉次および非斉次) 波を積分することに相当する．これは数値的に，または最急降下法によって近似的 (Aki と Richards, 2002) に，またはデルタ関数震源の場合にはカニャール–ドフープ法によって，解くことができる．この被積分関数は，スネルの法則によって $p_s = \sin i_s/V_P$ で射出角が与えられる波に対して極大となり (鞍点)，両側で (ガウシアン

のように) 指数関数的に減少する．被積分関数の他の極大値は，レイリー極において生じる．$p < p_R$ の小さな入射角に対しては，鞍点の両側での指数関数的な減少がレイリー極の効果を打ち消すので，波線理論の結果が得られる．しかしながら，入射角が大きくなるにつれて p_s が p_R に近づき，指数関数的減少よりもレイリー極からの寄与が重要となる．これは入射角約 80° で起こる．このとき反射波は，反射された斉次波に加えてレイリー波の P 波成分である非斉次 P 波を含む．R_{PS} を用いた同様の積分は同じ極をもっており，レイリー波の S 波成分を生じる．レイリー波を形成するカップルした非斉次 P および S 波は，自由表面と相互作用する球面波によって生成されることがわかる．地中震源の上では，その深さの約 6 倍の距離を超えると，それらが発生する．

表面波の分散性を考慮する際には，計測されたものが，波の位相速度なのか，群速度なのかを知ることが重要である．一般には，波群の包絡線，すなわち，波のエネルギーの速さである群速度 u が実測されるが，場合によっては，波の特定の位相または形状の速さ v を同定することもできる．波長 λ および波数 $k = 2\pi/\lambda$ の波についての群速度と位相速度との関係は，次式で与えられる．

$$u = v + k\frac{dv}{dk} = v - \lambda\frac{dv}{d\lambda}$$
$$= -\lambda^2 \frac{df}{d\lambda} \qquad (16.49)$$

周波数 f によって，

$$u = v \Big/ \left(1 - \frac{f}{v}\frac{dv}{df}\right) \qquad (16.50)$$

または，

$$\frac{1}{u} = \frac{1}{v} + f\frac{d}{df}\left(\frac{1}{v}\right)$$
$$= \frac{1}{v}\left(1 - \frac{d\ln v}{d\ln f}\right)$$
$$= \frac{d}{df}\left(\frac{f}{v}\right) = \frac{d}{df}\left(\frac{1}{\lambda}\right) \qquad (16.51)$$

となる．特定の弾性および層厚の媒質での表面波伝播の理論は，位相速度 v を与えてくれて，u はこれらの方程式の 1 つから計算される．幅広い領域にわたって，$dv/d\lambda$ は，地球のレイリー波およびラブ波の両方に対して正となるので，式 (16.49) によって $u < v$ となる．これは，図 16.8 に示されるように，波動がそれらの振幅を表す包絡線を介して進むことを意味している．

レイリー波，ラブ波ともに，群速度曲線には極小値があり，たいていの場合，レイリー波の方がより顕著である (図 16.9)．したがって，波群の中で最後に到達する波は，速度の極小値に相当する周期での正弦波のように観測されうる．これはエ

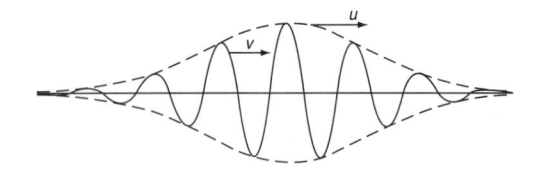

図 16.8 波の位相速度および群速度．位相速度 v で伝わる波は実線で表されている．群速度 u で伝わる振幅または包絡線は破線で示されている．レイリー波やラブ波の伝播のような物理的状況では $u < v$ となるので，個々の波が包絡線を通過するにつれて，それらは後部で成長して前部または包絡線の先導部で消滅する．波のエネルギーは群速度 u で伝わる．

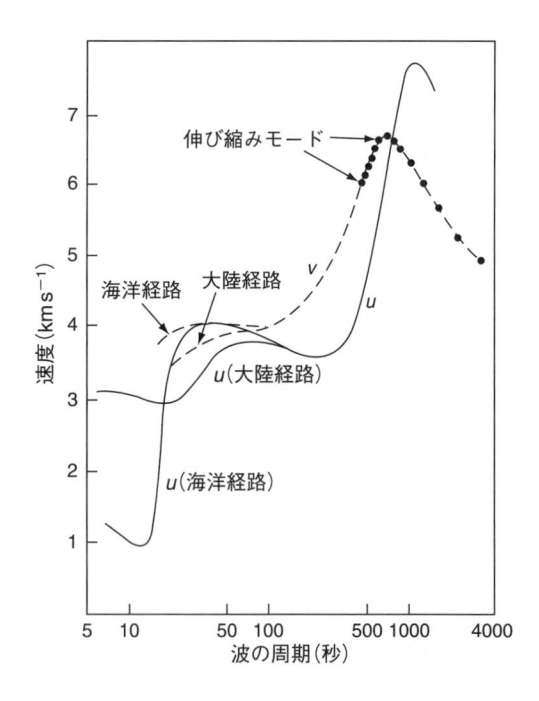

図 16.9 (a) 基本モードレイリー波の分散曲線．群速度 u は実線で示され，推定された位相速度 v は破線で示されており，周期 400 秒以上の自由振動の分散曲線も示している．図は Oliver (1962) にもとづく．

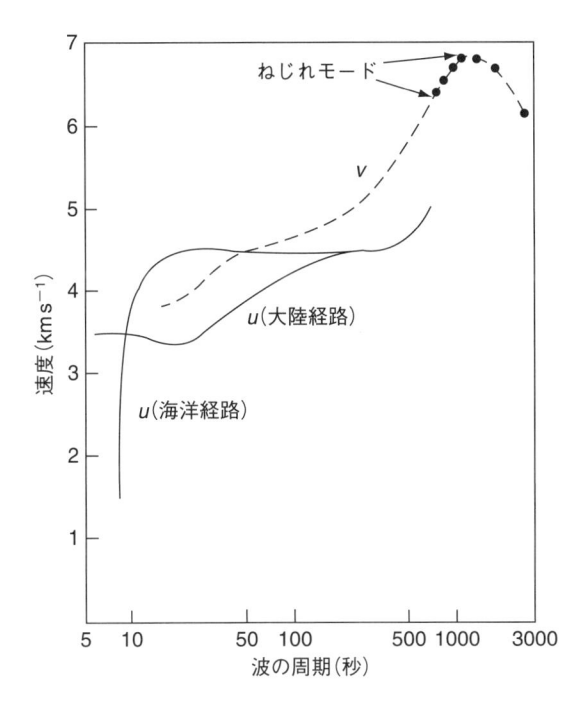

図 16.9 (b) 基本モードラブ波の分散曲線．大陸および海洋経路での群速度 u は実線で示されている．大陸経路に対して推測された位相速度は破線で示され，周期 750 秒以上の自由振動のデータとともに示されている．図は Oliver (1962) にもとづく．

アリー相とよばれる．

表面波の分散を決定するには，質の高い地震波記録が欠かせない．複雑な波形に含まれる個々の周波数成分の速度を得るためには，それらをスペクトル解析する必要がある．より長周期では，表面波から得られる情報は，自由振動の高次側のモードの周期から得られるものと同化することになる．

16.6 自 由 振 動

平面地球モデルによる表面波の解析は短周期では十分であるが，長周期側になるほど不十分なものとなる．地球の曲率は分散性に影響を及ぼすので，考慮される必要がある．より一般的な方法は，自由振動モードを考えることである．大きな地震が起こると，地球は多数の離散モードの周波数で共鳴する．個々のモードは，反対方向に伝播する表面波（または，場合によっては，多重反射された実体波）の重ね合せで生じる定常波 (standing wave) と考えることができる．共鳴周波数は，対応する表面波の位相速度に関係しており，波長のある整数倍が地球の形状に合うように自動的に選択される．それゆえ，それらは表面波と同様の情報の全球平均を与える．自由振動の 550 以上のモードの周波数が，地震記録によって同定されており (Masters と Widmer, 1995)，実体波走時とは独立な，地球モデル研究のためのデータセットを与えてくれる．

古典物理や数学の多くの著名な研究者たち（とくに，S.D. Poisson, Kelvin 卿, H. Lamb, A.E. Love, Rayleigh 卿）が，球体の振動の理論に貢献してきた．そのため，地球が自由振動モードをもつはずであることは，150 年以上にわたって知られてきたが，そのうちの長い期間にわたり，実際にそれらを観測することはほとんど期待されていなかった．また，現実的な地球モデルに対して，無数のモードの周期を正確に計算することは，電子計算機がない限りきわめて困難である，という問題もあった．

このテーマへの関心は，1950 年代に H. Benioff によって開発された超長周期の地震波を観測するための機器の開発によって，再び取り上げられることとなった．多くの地震計は，おもりをつり下げた慣性機器であり，超長周期の波に対する感度をもたせるには，多大な困難を要する．Benioff の計測装置はひずみ計，つまり，トンネル内に設置した長い水晶管であり，その一端が地面に固定され，他端は変位センサーにつながれたもので，ひずみのかからない水晶に対する地面のひずみを検出できるようになっている．このような機器は，波の周期とは独立な地面のひずみに感度があり，取付台の機械的な共振と電気的応答時間とによる高周波限界にのみ依存する．

1952 年のカムチャツカでの巨大地震の直後に得られた記録の調査から，Benioff は試験的に，自由振動の基本モードとして，約 57 分の周期の振動を見つけ出した．彼の報告は，計測機器および理論の発展を刺激して，その次に 1960 年 5 月にチリで巨大な地震が起こったときには，いくつかの地震研究グループが，地震後の震動を記録することが

できた．カリフォルニア工科大学にあったベニオフひずみ計は，ねじれ振動に最も敏感であり，近くの町にあるカリフォルニア大学ロサンゼルス校の潮汐重力計 (Slichter, 1967) は，伸び縮み振動を記録したが，半径方向の振動成分を伴わないねじれ振動には感度がなかった．一方で，Alterman ら (1959) は，いくつかの現実的な地球モデルに対して，3つのモードと，それらのいくつかのオーバートーンの周波数を計算した．1960 年の後半には，国際測地学および地球物理学連合 (IUGG) のヘルシンキでの会合で，いくつかのグループの代表が集まった．彼らの観測は互いに一致し，また理論ともよく一致しており，1つの地震に対する記録をもとに，新しい地震学の分野が確立されることとなった．いくつかのモードの周波数は，地球の自転や楕円率および不均質性によって生じるスペクトル線の分裂 (splitting) のように，微細な構成をもつことがわかった．スペクトル線が磁場により分裂する (ゼーマン効果) ような光の分光学との類似性から，自由振動の研究に対して，地球分光学 (terrestrial spectroscopy) という表現が用いられた．

1964 年にはアラスカでもう1つの巨大地震が起こり，これら2つの地震からの自由振動の記録 (図 16.10) が，新世代の最初の地球モデルを構築するのに用いられた．計測機器，データ解析，そして解釈の方法の継続的な進歩が，非常に多くのモードの同定と，より小さな地震の記録の利用へと導くこととなった．基本伸び縮みモードの継続的な励起の証拠は，Nawa ら (1998) によって，南極の静かな観測点で得られた超伝導重力計の記録をもとに初めて報告され，即座に，他のいくつかのグループによっても確認された．この場合は，海洋–大気による励起が示唆されている (Rhie と Romanowicz, 2004)．1960 年代後半から 1970 年代の地球モデル研究で，自由振動モードの周期がたいへん有効となったため，大まかなスケールの地球構造に関するわれわれの知識がさらに発展するようなことはいまではあまり期待できない．1981 年に登場した PREM (付録 F) は，最もよく利用されているグローバルモデルであり，科学的方向性を変化させるきっかけとなった．状態方程式の研究 (18 章) は，球対称地球モデルのさらなる改善が必要であるとの結論に達しているが，少なくともマントルに関していえば，球対称の平均モデルの改善よりも水平方向の構造変化の方が，今日では，より関心を集めている．

上に述べたように，伸び縮み (S) とねじれ (T) の，2つの根本的に異なる振動の種類がある．どちらの場合でも，表面の変形パターンは，球面幾何での地震波動方程式の解 (式 (C.3)) に現れる球面調和関数 (付録 C) の形をとる．最も単純に思い描けるのは，動径モードであり，これは，伸び縮み振動の特殊な場合に相当し，純粋に半径方向のみに運動する．それらは，地球全体の交互する膨張と圧縮であり (図 16.11(a))，地球内部に球状の節面をもち，瞬間的な運動は隣り合う層の間で逆向きとなり，$_0S_0, _1S_0, _2S_0, \cdots$ のようによばれる．前の添字はこれらの節面の数を示し，後の添字は表面での節線の数であり，また表面パターンの調和次数 l である．

最も遅いモードは，$_0S_2$ (図 16.11(b)) であり，周期 54 分となる．これは，地球の楕円状の変形が，長球と扁球の間で交互に入れ替わるので，フットボールモードとよばれる．$_0S_1$ モードは地球全体の質量の振動を示すので存在しないが，$_1S_1$ は起こり，内側の運動は外側の殻の運動に対して逆向きになる．基本伸び縮みモードの無限級数 $_0S_l$ はそれぞれ，オーバートーンの無限級数 $_nS_l$ をもつ．一般的には，$_nS_l^m$ と表し，$P_l^m(\cos\theta)\cos m\lambda$ (付録 C 参照) の形での表面の縞状調和変形を含むが，その周波数は，同じ l, n での異なる m に対してほぼ同じになる．それらは，自転のない球対称層構造地球モデルに対しては同一となるが，この縮退は自転によって引き裂かれ，先述したようなスペクトル線分裂が起こる．楕円率や水平方向不均質も，スペクトル線分裂に対して，小さいながらも寄与する．この分裂は，モードの周波数とともに減少し，低次モードに対してのみ重要となる．自由振動モードを表すときには，肩文字 m は一般に省略される．

ねじれモードでは，$_0T_2$ (図 16.11(c)) が最も単

16.6 自由振動   261

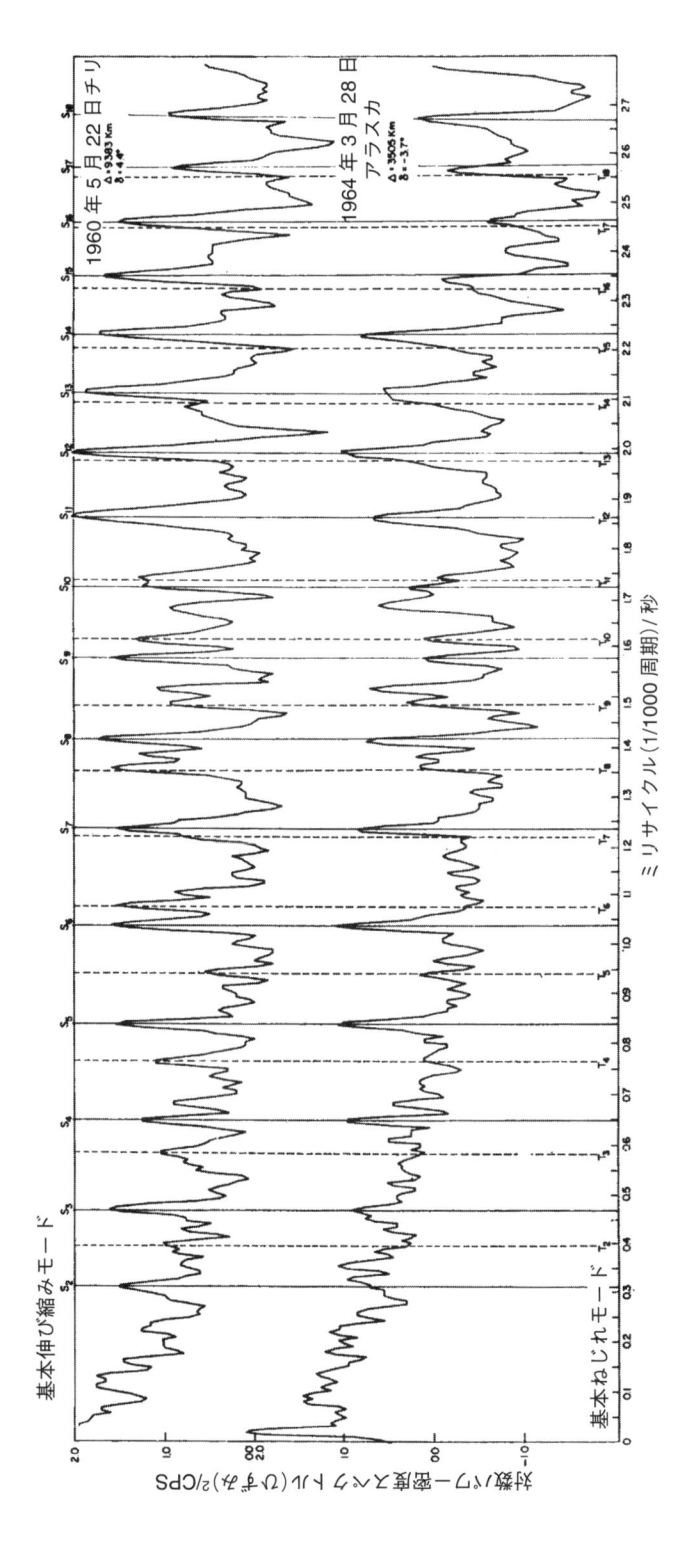

図 16.10 1960年のチリ地震および1964年のアラスカ地震の際，カリフォルニア州イザベラで記録された地球ひずみのスペクトル．δ はひずみ地震計の軸方向と震源への大円経路との間の角度である．Smith (1967) より許可を得て複製した．

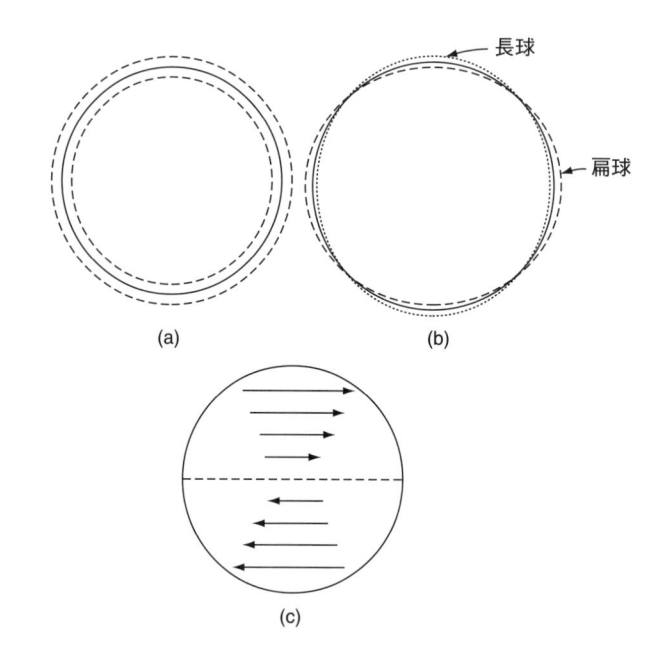

図 16.11 自由振動モードの最も単純な表現. (a) 動径振動 $_0S_0$. (b) 伸び縮み'フットボール'モード $_0S_2$. (c) ねじれモードの瞬間的な角運動 $_0T_2$.

純なものであり，2 つの半球が，交互にねじれる．高次のモードは，表面の運動を 3, 4, $\cdots$, l 個の領域に区分し，また伸び縮み振動と同様に，内部節面をもつオーバートーンがあり，接頭辞 n でその数字が表される．伸び縮み振動の場合と同様に，縞球関数によって表現されるモードは，同じ次数の帯球関数とほぼ同じ周波数をもつ．

伸び縮みモードは，球面形状での定常レイリー波であり，ねじれモードは，定常ラブ波である．自由振動モード理論による表面波解析の特筆すべき利点は，地球の球形度が適切に考慮されることにある．明らかに，これは長波長になるほど重要であり，図 16.9 に示されている最も長い周期では欠かすことができない．

自由振動の表面での運動パターンは，上述したように球面調和関数である．しかし，座標軸は地理的な軸ではなく，地震発生の場所と断層面の方向によって規定される．したがって，ある特定の観測点が，ある 1 つの地震に対していくつかの節線の近傍に位置していても，他の地震に対しては異なる節線の組に対して位置することとなる．この幾何学的な変化が許されるとき，さまざまなモードの相対的な励起振幅の見積もりが，地震のメカニズムに関する情報を与えてくれる．このためには，振幅は地震直後の時間に外挿されねばならない．というのも，低次モードの振幅情報を混同させうる，節パターンの西方移動があるためである．この移動は，減衰測定のために振幅の減少を利用する際にも，知っておかねばならない．節移動はモード分裂と関連しており，自転する地球において東方および西方へ伝播する波の位相速度がわずかに異なることから生じる．

K. E. Bullen によって開発された初期の地球モデルは，地震波速度 V_P, V_S を用いて，全質量と慣性モーメントが合うように密度構造を決めている．1960 年代以降，地球モデルは，自由振動モードの周波数にますます頼るようになってきている．ねじれモードは水平方向の運動のみを伴うが，伸び縮みモードは動径方向の運動と重力および弾性による復元力も含めた形状変化を伴う．これはつまり，それらが密度構造について独立な解決策を与えてくれることを意味している．われわれはこれを，初等微積分で解析できる単純なモデル (定常的な内部圧縮の影響を無視しつつ，密度と弾性

16.6 自由振動

が全体に一様で自己重力に従う均質な球体) によって理解することができる.

長球と扁球の楕円状変形を交互する振動である伸び縮みモード $_0S_2$ を考えてみよう. 中心に原点があり, 対称軸に沿って z 軸をとり, それに直交する平面に r, z 軸からの角度を θ とするような円筒座標系を用いると, 表面の変形は, 帯球関数 $P_2(\cos\theta)$ (付録 C) の形で表され, 次のように与えられる.

$$\delta = aP_2 \sin\omega t = a(3/2\cos^2\theta - 1/2)\sin\omega t \quad (16.52)$$

最大の軸方向の伸びは, $\pm a$ であり, 最大の半径方向の縮みは, $\mp a/2$ である. 全エネルギーが保存されることを利用して, 振動の周波数 ω を計算する. 変位ゼロの瞬間では運動エネルギー E_K だけとなり, 最大変形の瞬間では弾性ひずみのポテンシャルエネルギー E_S および重力場における質量の変位のポテンシャルエネルギー E_G となる. したがって,

$$E_K = E_S + E_G \quad (16.53)$$

E_G は簡単な形になる. 変形を受けていない状態の半径 R に対する任意の面要素 dA の高度 δ でのエネルギーは, 質量 $\rho\delta dA$ が重力 g に逆らって平均距離 $\delta/2$ だけ高くなっているので, $(1/2)\rho g\delta^2 dA$ となる. δ が負となる領域も, R より下の失われた質量が R まで引き上げられその後, 正の δ の領域に移動されるとみなしうることにより, これに含まれる. したがって, $\sin\omega t = 1$ では, 式 (16.52) より得られる δ によって,

$$E_G = \frac{1}{2}\rho g \int \delta^2 dA = \frac{1}{2}\rho g a^2$$
$$\times \int_0^\pi \left(\frac{3}{2}\cos^2\theta - \frac{1}{2}\right) 2\pi R^2 \sin\theta d\theta$$
$$= \frac{2\pi}{5} R^2 \rho g a^2 \quad (16.54)$$

となる. $g = GM/R^2 = (4/3)\pi G\rho R$ を代入すると,

$$E_G = \frac{8\pi^2}{15} GR^3 \rho^2 a^2 \quad (16.55)$$

が得られる.

最大変形時には, 図 16.11(b) の形でそれぞれが表される 2 つの直交するせん断ひずみによって, ひずみを表現できる. ひずみの各成分は, 軸方向に $a/2$ と, 赤道面方向に $-a/2$ の伸びを与え, 赤道面のひずみは互いに直交している. そのため, 赤道面の全方向に対する $-a/2$ の一様な収縮と, 軸の全体の伸び a が起こる. したがって, 球の体積 V にわたって一様で, それぞれの大きさが $\varepsilon = a/R$ となるような 2 つの直交するせん断ひずみを考えると, そのひずみエネルギーは,

$$E_S = 2\left(\frac{1}{2}\mu\varepsilon^2\right)V = \frac{4}{3}\pi R\mu a^2 \quad (16.56)$$

となる.

運動エネルギー E_K を計算する際には, 軸方向 (z) および半径方向 (r) の運動に分解する. この運動の振幅はそれぞれ, $az/R = a\cos\theta$ および $(1/2)ar/R = (1/2)a\sin\theta$ となる. 軸上では半径方向の運動はなく, 赤道面上では軸方向の運動は起こらない. 角周波数 ω での正弦運動では, 軸方向および半径方向の粒子の最大速度が $a\omega\cos\theta$ および $(1/2)a\omega\sin\theta$ となり, またそれらは互いに直交しているので, エネルギーへのそれらの寄与は単純に足し合わせられる. 体積要素 V に対して, エネルギーは, $dE_z = (1/2)(a\omega\cos\theta)^2\rho dV$ および $dE_r = (1/8)(a\omega\sin\theta)^2\rho dV$ となる. 軸方向の成分を積分するために, 球体を半径 $R\sin\theta$ かつ深さ $z = R\cos\theta$ での厚さ $dz = R\sin\theta d\theta$ の円盤要素に分割すると, $dV = \pi R^3 \sin^3\theta d\theta$ となるので,

$$E_z = \int_0^\pi \frac{1}{2}(a\omega\cos\theta)^2 \rho\pi R^3 \sin^3\theta \, d\theta$$
$$= \frac{2\pi}{15} R^3 \rho\omega^2 a^2 \quad (16.57)$$

dE_r を積分するには, 球体を厚さ $dr = R\cos\theta d\theta$ かつ長さ $2z = 2R\cos\theta$ の円柱要素に分割すると, $dV = 4\pi R^3 \cos^2\theta \sin\theta d\theta$ となるので,

$$E_r = \int_0^{\pi/2} \frac{1}{8}(a\omega\sin\theta)^2 \rho 4\pi R^3 \cos^2\theta \sin\theta \, d\theta$$
$$= \frac{15}{\pi} R^3 \rho\omega^2 a^2 \quad (16.58)$$

したがって,

$$E_K = E_z + E_r = (\pi/5)R^3 \rho\omega^2 a^2 \quad (16.59)$$

式 (16.55), (16.56), (16.59) による E_G, E_S および E_K を式 (16.53) に代入すると次式を得る.

$$\omega^2 = \frac{8\pi}{3}G\rho + \frac{20}{3}\frac{\mu}{\rho R^2} \quad (16.60)$$

S 波速度が $V_S = (\mu/\rho)^{1/2}$ であることと, 直径を

通過する S 波の走時が $T = 2R/V_S$ であることを考えると，一様な球に対する $_0S_2$ モードの周期 $\tau = 2\pi/\omega$ は，

$$\tau = \left(\frac{2}{3\pi}G\rho + \frac{20}{3\pi^2}\frac{1}{T^2}\right)^{-1/2} \quad (16.61)$$

となる．重力項がない場合には，これは $1.217T$ となり，つまりモード周期は直径を通過する S 波の走時に匹敵する値となる．しかしこの式について注目すべき重要な点は，重力を含むと，走時や速度の項とは独立に，密度が τ の式に入ってくることである．これが，地球の大規模スケールでの密度分布が，伸び縮みモードの周期から得られることの原理である．流体 ($\mu = 0$) に対しては，重力項が，式 (16.60) および式 (16.61) の右辺の唯一の項となる．太陽はそのような物体であり，その自由振動モードの観測 (陽震学, helio-seismology) は，その内部構造についての情報を与えてくれるが，この場合，均質性の仮定は根拠に乏しい．

同様の解析は，均質球に対する $_0T_2$ の周期の計算にも利用できる．ねじれ振動は，半径方向の運動を含まないので，密度に関する独立な情報は何も与えてくれない．しかし，これは，式 (16.60) や式 (16.61) に含まれる $G\rho$ 項の複雑さなしに，μ/ρ 構造の詳細を与えてくれることを意味しており，そのため，伸び縮みモードに対する重力効果を分離するのに役立つ．$_0T_2$ は，最も単純なねじれモードであり，赤道面が運動の節面となるような，2 つの半球間でのねじれ運動である．角変位は，1 次の帯球関数 $P_1(\cos\theta) = \cos\theta = z/R$ のように，この面からの距離とともに線形に増加する．上述の E_z の計算と同様に，球体を半径 $r = R\sin\theta$ かつ厚さ $dz = R\sin\theta d\theta$ の円盤に分割して，それぞれの円盤が質量 $dm = \pi R^3 \rho \sin^3\theta d\theta$ をもち，慣性モーメントは $dI = (1/2)r^2 dm = (\pi/2)R^5\rho\sin^5\theta d\theta$ をもつとする．この運動の，極でのねじれの最大角度を ψ とすると，余緯度 θ において，$\psi z/R = \psi\cos\theta$ となり，軸まわりの円盤要素の最大角速度は，$\omega\psi\cos\theta$ となり，その運動エネルギーは，$(1/2)dI(\omega\psi\cos\theta)^2$ となる．したがって，全運動エネルギーは，

$$E_K = \frac{1}{2}\int_0^\pi (\omega\psi\cos\theta)^2 dI$$

$$= \frac{\pi}{4}R^5\rho\psi^2\omega^2 \int_0^\pi \cos^2\theta\sin^5\theta d\theta$$

$$= \frac{4\pi}{105}R^5\rho\psi^2\omega^2 \quad (16.62)$$

ここで，2 つの半球間の最大ねじれの瞬間におけるひずみエネルギーを計算しよう．厚さ $dz = R\sin\theta d\theta$ の各円盤は，角度 $d\psi = \psi dz/R = \psi\sin\theta d\theta$ だけねじられる．これを，半径 r かつ長さ l の棒のねじれ定数に対する標準公式に入れると，単位ねじれ角あたりのトルクは $\alpha = (\pi/2)r^4\mu/l$ になる．ここで，$l = dz = R\sin\theta d\theta$ である．このとき，ひずみエネルギーは，

$$dE_S = (1/2)\alpha(d\psi)^2 = (\pi/4)R^3\mu\psi^2\sin^5\theta d\theta \quad (16.63)$$

と書けて，これを積分すると次式が得られる．

$$E_S = (4\pi/15)R^3\mu\psi^2 \quad (16.64)$$

ここで，式 (16.62) と式 (16.64) は等しいとおけて，

$$\omega^2 = 7\mu/\rho R^2 \quad (16.65)$$

となる．これを，直径全体を通る S 波の走時 $T = 2R(\rho/\mu)^{1/2}$ を用いて振動周期 τ として表すと，

$$\tau = (\pi/\sqrt{7})T = 1.19T \quad (16.66)$$

これは，式 (16.61) の重力項を無視した場合の $_0S_2$ の周期にかなり近くなる．この項を含めると，$_0S_2$ モードは速くなるが，実際の地球に対しては，それよりも有意に遅くなる．少なくとも，液体核の半径方向の運動が，系に慣性を与えることがその理由の 1 つである．しかし，$_0T_2$ に関しては，このような理由での低速化は起こらない．

16.7 モーメントテンソルと合成地震記録

地球のノーマルモードの計算は，引き伸ばした弦 (または棒) の 1 次元形状での計算を，地球の 3 次元形状に置き換えれば同等なものである．弦の場合，固有関数は両端での変位がゼロとなる境界条件を満たすような空間での正弦波となり，その 2 点間において半波長の整数倍となり，離散周波数での級数となる．地球の場合，対応する境界条件は，表面でのトラクションがゼロとなることであ

る．固有関数またはノーマルモードは，半径方向の変形を球ベッセル関数で記述し，球面上での変形を球面調和関数で記述する．それぞれのモードは，境界条件で決まる種々の周波数をもつ．一般的に，変位場はノーマルモードの重み付きの和として表現でき，その重みは励起の初期条件を満たすよう補正される．地震では，時間ゼロでのノーマルモードの変位は，14 章で議論した偶力によって表現できる地震モーメントテンソルで記述される食違いに一致せねばならない．偶力からの変位は，点震源からの変位場を震源位置に対して微分することで得られる (式 (14.9))．したがって，地球内部の点震源によって生じたノーマルモードについて解くときには，適当な微分係数と解の重ね合せによって，任意のモーメントテンソルで生成されたモードを合成することができる．結果として得られる変位場は，球形度と深さ方向の変化を真に考慮した，地球上の任意の場所と時間での合成地震記録となる．

ここでは，$x = 0$ かつ $x = L$ で固定され，x 方向の変位が u であるような，弾性棒の 1 次元の縦振動についてしらべることで，点震源によるノーマルモードの励起について説明しよう (図 16.12)．ノーマルモードは，次のように与えられる．

$$u_n = \sin(\omega_n x/c)\exp(-i\omega_n t) \quad (16.67)$$

固有周波数は，

$$\omega_n = n\frac{\pi c}{L} \quad (n = 1, 2, 3, \cdots) \quad (16.68)$$

となる．ここで，$c = \sqrt{E/\rho}$ は，棒の太さよりも波長がずっと大きいと仮定して，1 次元波動方程式を満たす速度であり，

$$E\partial^2 u/\partial x^2 = \rho\partial^2 u/\partial t^2 \quad (16.69)$$

E と ρ はそれぞれヤング率と密度である．このとき，

$$c^2\partial^2 u/\partial x^2 = \partial^2 u/\partial t^2 \quad (16.70)$$

となる．時間 $t = 0$ での変動の，時間 $t \geq 0$ における効果は，ノーマルモードの重み付きの和によって次のように表現される．

$$u(x, t) = \sum_n a_n u_n(x, t) = \sum_n a_n \sin(k_n x)$$
$$\times (1 - \exp(-i\omega_n t)) \quad (16.71)$$

ここで，$k_n = \omega_n/c$ であり，モードの形状は直交するので，

$$\frac{2}{L}\int_0^L \sin\left(\frac{n\pi x}{L}\right)\sin\left(\frac{m\pi x}{L}\right)\mathrm{d}x = \delta_{mn}$$
$$= 1 \quad (m = n \text{ のとき}) \quad (16.72)$$
$$= 0 \quad (m \neq n \text{ のとき})$$

となる．m と n は整数である．時間 $t = 0$ かつ位置 x で，力 f_0 が x 方向に加えられ，それが無限に持続されると仮定しよう．このとき，

$$f = f_0\frac{\delta(x - x_s)}{a}H(t) \quad (16.73)$$

と表現される．f は単位体積あたりの力であり，a は棒の断面積，$\delta(x)$ は x のデルタ関数，$H(t)$ はヘビサイド階段関数である．運動方程式 (式 (16.69)) は，

$$E\frac{\partial^2 u}{\partial x^2} + f_0\frac{\delta(x - x_s)}{a}H(t) = \rho\frac{\partial^2 u}{\partial t^2} \quad (16.74)$$

となる．u に関する式 (16.71) を代入し，この式内の係数 a_n について，フーリエ変換をとって，式 (16.72) を用いて，個々の係数について解くと (問題 16.3)，

$$u(x, t) = \sum_i \frac{2f_0}{M}\sin(k_i x_s)\sin(k_i x)\frac{1 - \cos\omega_i t}{\omega_i^2}$$
$$(16.75)$$

となる．ここで，$M = aL\rho$ は，棒の質量である．式 (16.75) は，力が加わった点で求め，固有関数と時間変化を掛け合わせたモードの和に変位が等しい，と解釈できる．

14 章で，食違いは偶力と力対に等しいことを示した．棒の場合，力対は，x_s で棒の微小部を締めて圧縮し，$t = 0$ で解放することに相当する．力対に対する解は，x_s から $\mathrm{d}x$ の距離に 2 つ目の逆向きの力を置いて，解を足し合わせることで得られる．この場合，解は x_s から $\mathrm{d}x$ の距離での 2 つ目の逆向きの力によって生じる変位を，式 (16.75) に加えることで得られる．実際のところ，式 (16.75)

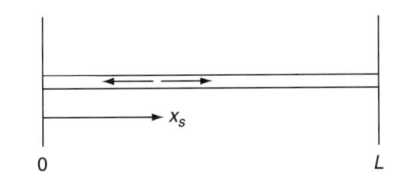

図 16.12 固定された棒にかかる力対の模式図．

を x_s に関して微分して dx を掛けることを意味しており，式 (14.9) を得るために式 (14.8) を微分したこととまったく同等である．14.2 節の手続きに従って，力のモーメント $f_0 dx$ を食違いモーメント $Eab = M_0$ (b は食違い，a は面積) で置き換えることで次式を得る．

$$u(x,t) = \frac{M_0}{M} \sum_i 2k_i \cos(k_i x_s) \sin(k_i x)$$
$$\times \frac{1 - \cos \omega_i t}{\omega_i^2} \qquad (16.76)$$

式 (14.9) と同様に，ノーマルモードの足し合わせで表されるグリーン関数を掛け合わせたモーメント項 M_0 が含まれる．もし減衰の影響を含めれば，

$$u(x,t) = \frac{2M_0}{M} \sum_i k_i \cos(k_i x_s) \sin(k_i x)$$
$$\times \frac{1 - \exp[-\omega_i t/2Q_i] \cos \omega_i t}{\omega_i^2} \qquad (16.77)$$

となる．$k_i \cos(k_i x_s)$ は，i 番目のモードのひずみ $\partial u/\partial x$，または，$e_{xx}^i(x_s)$ であることに注意すること．このとき，次式が得られる．

$$u(x,t) = \frac{2M_0}{M} \sum_i e_{xx}^i(x_s) \sin(k_i x)$$
$$\times \frac{1 - \exp[-\omega_i t/2Q_i] \cos \omega_i t}{\omega_i^2} \qquad (16.78)$$

したがって，重みは固有関数の空間微分，つまり，震源位置 x_s でのひずみに，モーメントテンソルの対応する要素を掛けて質量で割ったものに等しくなる．式 (16.78) は，棒に加えられた力対を示している．この方法を，地球内部の食違いを記述するのに用いるために，1 次元の固有関数を 3 次元のものに置き換える．すると，式 (16.78) にもとづいて，解を直接書き下すことができる．任意のモーメントテンソル $M_{pq}(x_s)$ の点震源からの変位場 $u(x,t)$ は，ノーマルモードの足し合わせで表現でき (Aki と Richards, 2002)，

$$u(x,t) = \sum_i \left[e_{pq}^i(x_s) M_{pq}(t) \right] u^i(x)$$
$$\times \left(\frac{1 - \exp(-\omega_i t/2Q_i) \cos \omega_i t}{\omega_i^2} \right) \qquad (16.79)$$

となる．ここで，$u^i(x)$ は，i 番目のノーマルモードによる変位であり，$e_{pq}^i(x_s)$ は，それに対応する震源位置でのひずみである．一度ノーマルモードを計算すると，式 (16.79) から，任意のモーメントテンソル M_{pq} に対して地震波動場を計算できる．式 (16.79) の右辺の項は，$1/\omega_i^2$ のオフセットでの減衰正弦振動を示しており (図 16.13)，したがって，食違いの静的変位 (オフセット) を含んでいる．ノーマルモード $u^i(x)$ は，地球モデルに依存し，また，運動方程式と，地表面を含む各不連続面での応力と変位の連続性の境界条件を満たす．モードの計算は，重力や地球の自転，楕円率，そして水平方向の不均質性を考慮することで，継続的に改善されている．

式 (16.79) は，M_{pq} を決定するための地震データのインバージョンに用いられる．これは，マグニチュード 5.6 以上の地震に対して，1977 年以降世界的に計算されてきたハーバード・モーメントテンソルの基礎となっている．十分な数のノーマルモードを足し合わせることにより，すべての実体波や表面波を含む，震源から放射されるすべての過渡波が得られる (図 16.14)．それらはすべてノーマルモードとして表現されるので，実体波，表面波，そして自由振動の区別は，いつ観測されたか，というタイミングの問題となる．過渡波は，他の相から分離されている一方で，記録の早いうちにしか観測されない．時間の経過につれて，地球を回る多重反射や透過，および波列の分散が，連続的な地球全体の振動へとエネルギーを集約させる．この振動に関する，モードのピークや減衰は，周波数領域においてうまく解析される．モードの高速

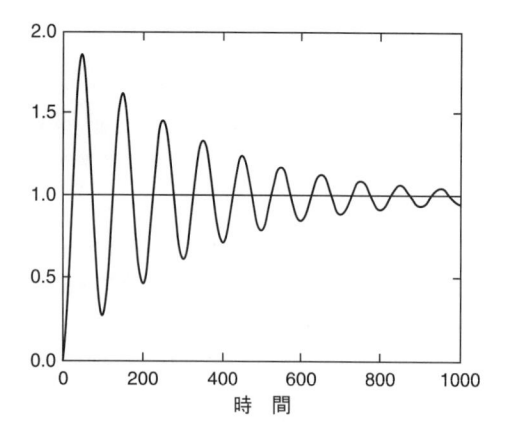

図 16.13 $t = 0$ での階段関数として表される震源によって励起されたノーマルモードの時間変化．

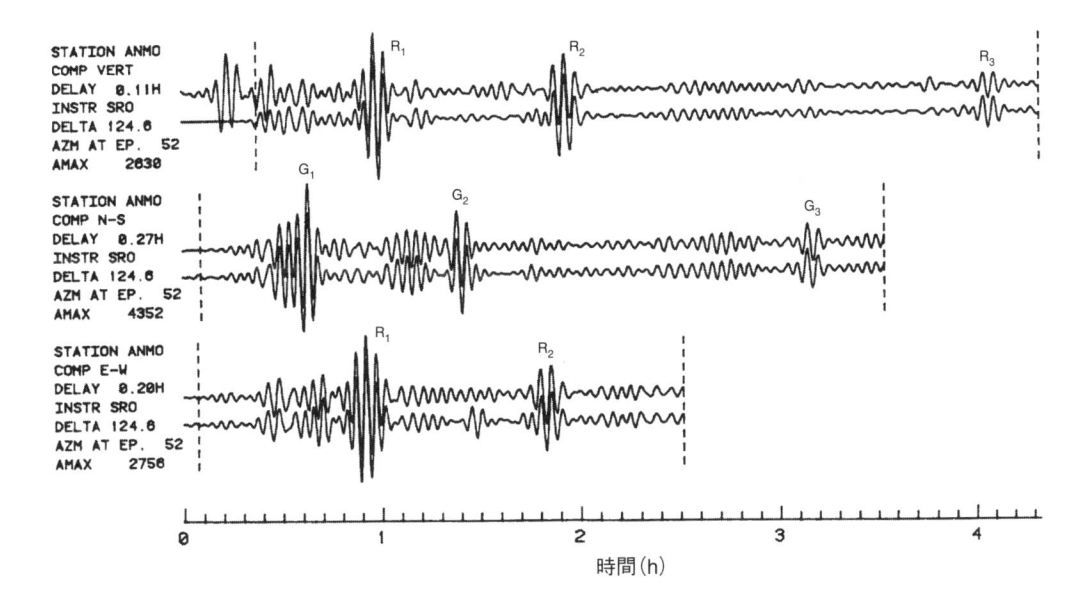

図 16.14 ノーマルモードの足し合わせで得られる合成地震記録と観測波形の比較. ニューメキシコ州アルバカーキの ANMO 地震観測点での 3 つの地震に対する観測波形 (上) と合成波形 (下). Woodhouse と Dziewonski (1984) より. $R_1, R_2, \cdots$ は, 震源から観測点への劣弧および優弧に沿ったレイリー波であり, $G_1, G_2, \cdots$ は, それに対応するラブ波である.

な計算法 (Woodhouse, 1983, 1988) では, 0.16 Hz までの高周波数での実体波相のモデリングが可能である. しかし実際には, ノーマルモードから得られるモーメントテンソルは主に, 地震の継続時間よりもずっと長い周期の波から求められ, 時間と空間で平均したモーメント分布の表現となっていることから, セントロイドモーメントテンソルとよばれる. これに対して, 初動 P 波によって決められるモーメントは, 震源での断層運動を測定しており, 地震が対称的に広がらない限りセントロイドからのずれが生じる.

ノーマルモードの固有関数 (図 16.15) は, 異なる周波数がどのように地球の内部構造の重み付きのサンプリングを与えるかを示している. 式 (16.75) から, あるモードの励起は, 地震の位置で計算されたそのモードのひずみに依存することがわかる. 表面付近の地震は, 表面付近に集中した固有関数をもつ基本モードを励起する. 深い地震は, 基本モードの励起は弱く, 高次モードまたはオーバートーンを励起する.

とくに興味深いものとして, 内核に大きなエネルギーをもつモードがあり, これは, 内核の固体的性質を裏付けるのに重要な役割を果たしている. 1946 年頃には, Bullen は内核表面から反射された P 波の振幅を用いていたが, それが液体–固体の境界を示しているとの推論にはいくつかの仮定が必要であった. 反射係数はインピーダンス ($V_P \rho$) コントラスト (式 (16.29)) に依存する. P 波走時による独立な証拠は, そのコントラストが外核から内核に向かって, 密度よりもむしろ V_P の急増から生じることを示唆している. V_P の急増は, 内核が固体であれば, P 波の係数が $\chi = K_\text{outer}$ から $\chi = K_\text{inner} + \frac{4}{3}\mu$ (式 (16.1)) に変化することで説明できる. 一方, もし内核が液体のままであれば, 必要とされる K の変化が過度に大きくなり, 深さに応じた密度の減少はありえないほどになる. しかし, この決定的な検証には内核 S 波の同定が必要となる. 外核は液体であるため, この S 波は内核境界での P 波からの変換によって生成されねばならない. このような変換は, 入射角が小さいために効率が悪い. さらに以下に述べるように, S 波は内核の内部でかなり減衰されると思われる. 内核を通過した後, S 波は P 波に再変換されるが, それはマントル内部の不均質性から生じる可能性

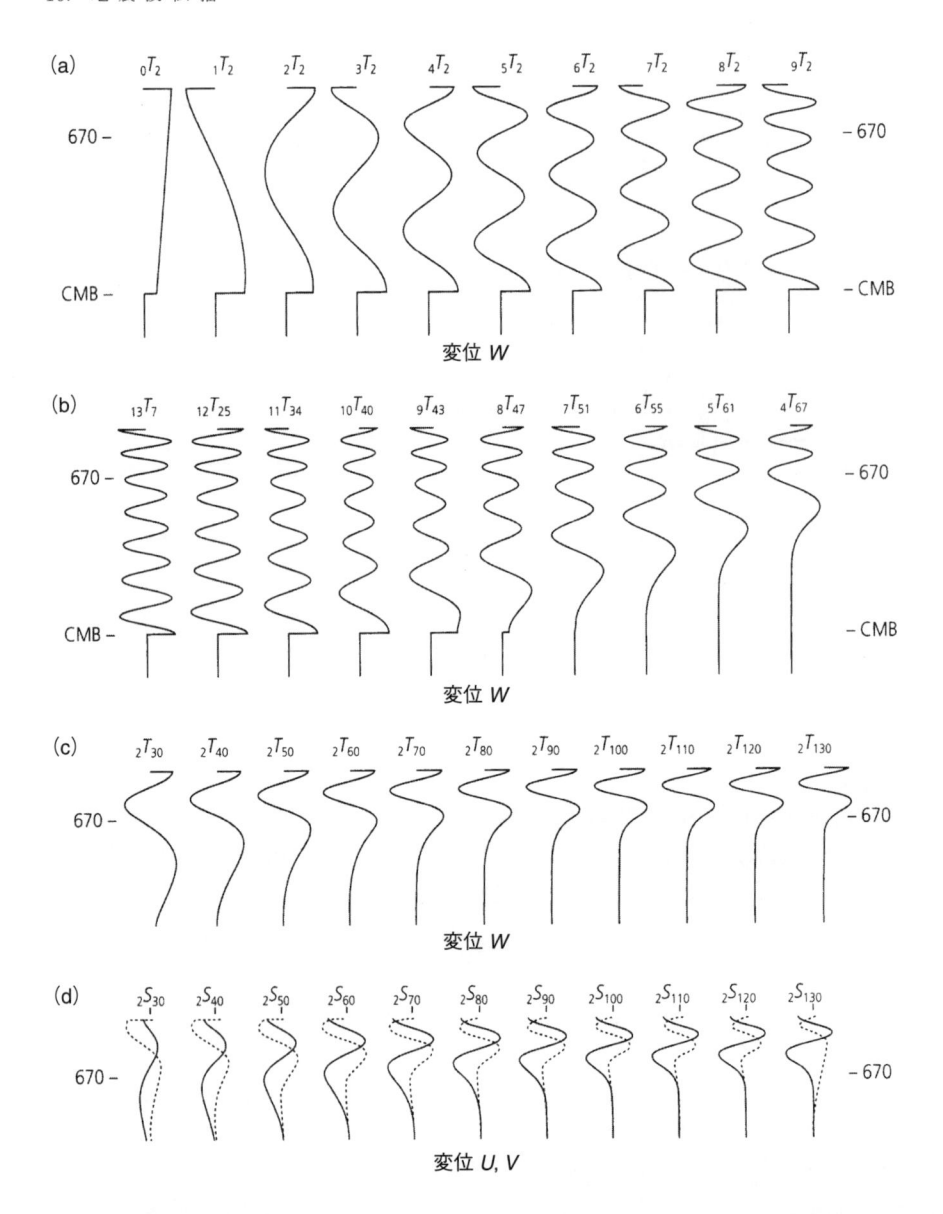

図 16.15 地表面からコア–マントル境界までのねじれモードおよび伸び縮みモードの固有関数 (Dahlen と Tromp, 1998). (a)〜(c) は,ねじれモードを示す. (d) は伸び縮みモードを示し,実線は動径方向の変位,破線は接線方向の変位を表している.

のある他の相と区別されねばならない.したがって,内核のS実体波相 (たとえばPKJKPなど) に関する初期の報告に対しては,高周波実体波でそれらが観測されうるかどうかという懐疑論が示され,疑問視されてきた (Doornbos, 1974). ノーマルモードの解析では,このような問題を克服しうる.なぜなら,個々の微弱なS波相の同定に依存するよりもむしろ,長い波列のスペクトル解析によってモードのエネルギーが効果的に重合されるからである.内核内部での際立った粒子運動を伴う固有ベクトルを有するモード ($_6S_2$ と $_7S_3$) は,平均速度 $V_S = 3.52 \pm 0.03 \,\mathrm{km\,s^{-1}}$ を示唆している (Masters と Gilbert, 1981). この明らかに低い値は,18.8節で説明するように,内核の圧力下での固体鉄に対して期待されるものである.今では,異方性の存在が知られており (17.7節),内核は結

晶質かつ整列されていることがわかっている.

モードでつくられた合成地震記録の有用性は，内核をS波として通過する相(図17.7に示された表記によれば，PKJKP, SKJKPおよび，深発地震からの地表面反射を含むpPKJKP)の同定に関する議論を通じて，Deussら(2000)によって示されている．これらの相は非常に小さな振幅しかもたない．というのも，内核境界で必要とされるPからSへ，SからPへの変換は弱いためである．それに加えて，Doornbos (1974)はS波のlow-Qが，高周波(~ 1 Hz)での観測を完全に不能にすることを指摘し，観測は疑わしいものであると指摘した．1996年のフローレス海深発地震からの記録にフェイズスタッキング法を用いて，Deussら(2000)はPREMモデルに対する合成地震記録で予想される時間に観測された到来波と比較した．彼らは内核S波を取り除きつつ，同じV_Pとなるように修正したPREMに対する合成記録の計算を繰り返し行った．液体モデルでは見られず，固体の内核モデルのみで見られた到来波を認めることで，彼らはマントルからの小さなシグナルによる干渉を区別することができた．足し合わせられたpPKJKPとSKJKPがこの検証で生き残ったが，1994年のボリビア深発地震に対する同様の解析では，内核S波に関する疑いの余地のない証拠は検出できなかった．フローレス海地震だけが，内核の剛性率に関する実体波による唯一の証拠を与えてくれたが，それは自由振動から推定された平均速度$V_S \approx 3.6$ km s^{-1}という値を裏付けるものであった．

17
地球構造の地震学的決定

17.1 まえおき

　地球の内部構造に関するわれわれの知識は，もし地震がなければ，ごく基本的なものしか得られないであろう．弾性波の爆発震源は認識されるだろうから，地殻内部の含油構造の同定に結びつく探査地震学は大いに発展するかもしれないが，地球深部の地震学は，初歩的なものにとどまりそうである．大規模な核兵器実験は，遠方の観測点でも検出できるほど十分な振幅の波を発生する．しかし，地震学による核実験検出の可能性が認識されたことは，実際に核実験が始まった頃にはすでにこの分野がかなり発展していた，という事実によるものであった．たとえ兵器実験機関が，地震波による検出の可能性を理解していたとしても，極秘として隠蔽されることで，地球深部の構造に関する証拠は非常にゆっくりとしか明らかにされなかっただろう．

　この仮想的な状況は，地球の深部に関するわれわれの詳細な知識が，いかに地震波の観測に依存しているかを力説している．遠地地震波 (遠くの地震からの波) の定量的な観測機器によるデータは，19世紀終盤に初めて得られた．弾性波の理論は，当時すでに確立していたので，地震学は急速に発展することとなった．地震によって発生した波を地球内部の研究に利用することは，成熟し洗練された科学であり，本章は必然的に，その簡単なイントロダクションに過ぎない．より包括的な取扱いはBullenとBolt (1985) や，AkiとRichards (2002)，SteinとWysession (2003) を参照されたい．

　われわれが今日理解しているように，地球内部の層は，地表面と同様に回転楕円体に近く，回転軸に対して対称となっている．これが事実であることを証明することは，決してとるに足らないようなことではない．多くの地震は地球上の限られた帯状地域で起こり，これらの帯状地域は，より広範な地震のない地域とはいくつかの点で明らかに異なる．また，地震計の大多数は地上に設置されているため，観測には系統的な偏りが含まれている危険性がある．実体波のみに依存する地震学モデルが，そのような偏りによって影響されていないと保証することはきわめて困難であろう．しかしながら，主として大陸または海のどちらかを通過する経路に沿って地球のまわりを伝わる表面波は，水平方向の不均質性に関する情報を与えてくれる．これは，地球深部にまで入り込む実体波から得られる水平方向の不均質性とは相補的なものである．最も低い周波数では地球全体の自由振動が観測され，それらは平均的特性を直接示してくれる．平均モデルは楕円状の内部境界面を仮定して得られるけれども，通常，球に対する半径方向の特性として表現される．このように，われわれは最近の全球平均地球モデルの信頼性を確信している．中でも最も広く用いられているものはPREM (Preliminary Reference Earth Model (Dziewonski と Anderson, 1981)，付録F参照) である．現実の地球平均とPREMとの違いは，昨今の主要な研究課題となっている局所的または地域的な変化に比べて，おそらくかなり小さい．

　初期の地球のモデル化，とりわけ，K. E. Bullenの先駆的な研究では，地球内部のPおよびS波速度の変化を得るために実体波の走時を利用した (16.6節)．これらは，弾性定数と密度の比を与え

るが，独立に密度を見積もるためには追加の情報が必要であった．既知の地球の質量と慣性モーメントを利用し，波速からもその妥当性が示唆されるような深さに依存する単純な断熱圧縮を仮定して，Bullen は，現在われわれが知っているものにきわめて近い地球モデルを得た．最近の地球モデルの開発に利用される最も重要な補足データは，自由振動の周期である (16.6 節)．動径方向の運動を含む伸び縮み (spheroidal) モードは，重力および弾性的復元力をもつので，密度構造に関する独立な証拠を与えてくれる．ねじれ (torsional または toroidal) モードは，地球のモデル化に際して，S 波構造に関する重要な制約を与えてくれる．

地球の深部領域の特性を説明するためには，高圧によって生じるこれらの特性の変化を考慮せねばならない．均質層に対しては，地震学そのものがこれに対する方法を提供する．比 $K_S/\rho = (\partial P/\partial \rho)_S = (V_P^2 - (4/3)V_S^2)$ は，波速から直接得られる．もしすべての場所での密度が十分にモデル化されれば，重力変化もモデルから得られ，密度勾配も得られる (17.5 節)．このことは，地磁気の永年変化 (24.3 節) によって示されているように，年間数十 km 程度の速さで 3 次元的にかき混ぜられて均質性が保証されている外核の場合には，正確に当てはまる．これは均質性のみならず，断熱温度勾配も保証するので，波速から得られる断熱体積弾性率 K_S によって圧縮が記述される．圧力に応じた密度と体積弾性率の著しい変化を説明する理論は 18 章の主題である．

地震学によって明らかにされた地球の広範なスケールでの層構造は，内部構造の平均的かつ安定的な状態を表している．水平方向の変化や異方性といった，より詳細でダイナミックな挙動に起因するものであり，時間とともにゆっくりと変化するだろう．それらは地殻と最上部マントルにおいて最もよく観測されるが，マントル内部のすべての深さにおいて生じると考えられている．これはこの研究分野の新たな最先端領域である．地震による表面波が地球の裏側の対蹠点において，強烈なダメージを生じるほどに明確に再集束しないことから，表面波が伝播する最上部の 100 km くらいにおいて，地球が水平方向に不均質であろうことは明らかである．しかし，マントル全域にわたって不均質性は存在し，一般にはテクトニックな様式に関係すると考えられている．観測結果は深さとともに詳細さを欠くようになり，下部マントル内部には，まだ地震学的に解明されていないような，プルームや沈み込んだスラブの断片が存在することをわれわれは確信している．しかしながら，マントル最下部の 200 km 程度の D″ 層では，強い水平方向不均質性がよく実証されている．12 章では，地表面での構造との類推から，これらを隠れた大陸 (crypto-continent) や隠れた海洋 (crypto-ocean) とよんだ (図 12.3) が，おそらく，少なくとも部分的には，2.7 節で言及したポストペロブスカイトの結晶構造への相転移によって説明されることになるだろう．

核の楕円率は地震学的観測からはあまりよく制約されておらず，とくに内核に関してはこのことが当てはまる．7.5 節で述べたように，VLBI (Very Long Baseline Interferometry, 超長基線干渉法) による章動の観測による証拠は，核が平衡理論から推測される以上に楕円的であることを示している．内核の非平衡な楕円率を期待する確固たる理由がある．凝固する物質は，優先的に赤道付近に堆積されるであろうから，内核に余分な楕円率を与え，その状態から平衡な偏平率に向かって変形することになる．その変形から生じる結晶配列は，内核異方性に対するきわめてもっともらしい解釈である (Yoshida ら, 1996; 17.9 節参照)．

17.2　平面成層地球での屈折

地球半径に対して十分小さな距離を伝播する地震波に対しては，球形度は走時にほとんど影響を与えない．連続的な平面中で，波速が深さとともに増加するようなモデルでは，水平成層は現実的な状態に対しての有用な近似となる．またそれは，より一般的な走時の議論に対しても都合の良い出発点となる．

地震または爆発から起こりうる 2 本の地震波線が示されている図 17.1 のモデルを考えよう．浅い

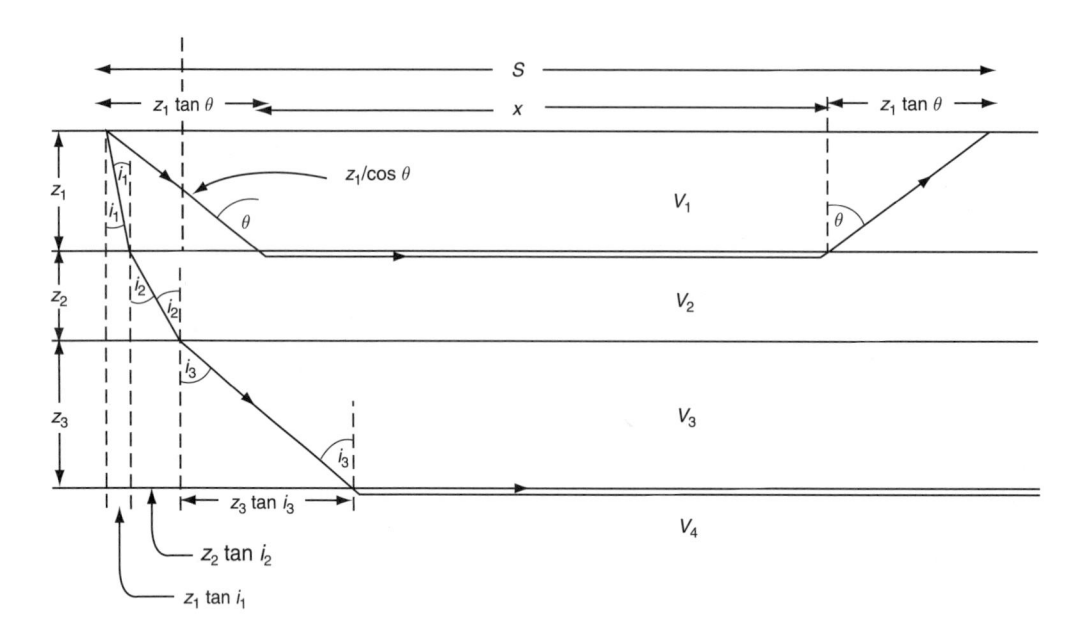

図 17.1 P 波速度 V_P が深さとともに増加する平面成層地球モデルでの地震波線の幾何図形. 図にあるように，より深部の速い層内の経路を主として伝播する波はヘッドウェーブとして知られる.

波線は第 2 層までしか入り込まず，その中で水平方向に屈折される．これは第 1 層との境界での屈折角が 90°であることを意味しているので，スネルの法則 (16.5 節) は入射角 θ を 2 つの層での波の速さの比によって，次のように与える．

$$\sin\theta = V_1/V_2 \tag{17.1}$$

ここで，第 2 層内部を速さ V_2 で伝わった距離は，全距離 S と第 1 層の厚さ z_1 に関係し，

$$x = S - 2z_1 \tan\theta \tag{17.2}$$

となる．この波線に対する全走時は 2 つの層での走時の和になる．

$$T = \frac{x}{V_2} + \frac{2z_1}{V_1 \cos\theta} \tag{17.3}$$

したがって，x に式 (17.2) を代入することで，第 2 層まで入るがそれより深くには行かずにさまざまな距離 S へ伝わる波線群に対する $T(S)$ の関係を得る．

$$T = \frac{S}{V_2} + 2z_1 \left(\frac{1}{V_1 \cos\theta} - \frac{\tan\theta}{V_2} \right) \tag{17.4}$$

式 (17.1) より，θ に代入すると，これは，

$$T = \frac{S}{V_2} + 2z_1 \cdot \frac{(V_2^2 - V_1^2)^{1/2}}{V_1 V_2} \tag{17.5}$$

となる．この波線群に対する走時は速さ V_2 で S に関して線形であるが，第 1 層による切片を伴う．

この解析は，多数の層の場合に容易に拡張できる．ある波線群が入り込む最も深い層の速さが V_n であれば，これは，この波線群の到来波がその面を横切る速さであり，上方の各層における波線の鉛直からの角度は，次のようになる．

$$\sin i_1 = V_1/V_n, \quad \sin i_2 = V_2/V_n, \quad \cdots \tag{17.6}$$

各層内を伝わる走時と水平距離を書き下すのにこれらの角度を用いると，第 1 層同様に，次のような一般的な結果に行き着く．

$$T = \frac{S}{V_n} + 2 \sum_{j=1}^{n-1} \frac{z_j(V_n^2 - V_j^2)^{1/2}}{V_n V_j} \tag{17.7}$$

前と同様に，これは線形関係であるが，すべての上層の深さと速さに依存する切片をもつ．したがって，付録 J の問題 17.2 のように，走時表からこれらのパラメーターを決定するためには，まず最初に走時曲線の一連の勾配からすべての速度を得ることができ，続いて，上層から順繰りに各層の厚さを決めるために切片を利用する．

このような問題では，震源近傍からの走時は，一般に個々の観測点での最初の到来パルスの走時だけを与えることに注意する必要がある．それゆえ，

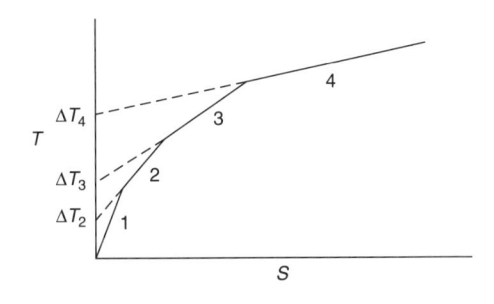

図 17.2 図 17.1 のような成層構造からの初動パルスに対する走時曲線．各部の数字は，それぞれの波線群が入り込む最も深い層を示している．

最も近い観測点では，最初の波は最上部の層のみを伝播し，ある程度の距離を超えた場合のみ，第 2 層に達した波が最初に到達する．より長い経路を補うには，より速い層を十分な距離伝播せねばならない (問題 17.3 参照)．走時曲線には，より速い経路が新しい層に達する各点において，勾配変化を伴う折れ目がある (図 17.2)．

水平成層モデルは，地域的な規模では実際の地球に十分に近く，1 本の屈折データの測線が層厚と速さの適切な値を与えうる．もし層が傾いている場合には，深さが曖昧になるのみならず，波速も偏ることになる．速さ V_2 の層の上に速さ V_1 の層があり，この 2 層の境界が，地震波の波源から離れる方向に角度 θ で下向きに傾いているとしよう．下層内を通過するヘッドウェーブが表面を横切るスローネス，つまり表面での速さの逆数は (問題 17.4)，次のように表される．

$$\frac{dT}{dS} = \frac{\cos\theta}{V_2} + \frac{\sqrt{V_2^2 - V_1^2}}{V_1 V_2}\sin\theta \quad (17.8)$$

小さな θ に対しては，水平層で観測されるのと同様に，第 1 項は $1/V_2$ とあまり違わない．通常，第 2 項が偏った結果の主な原因となる．この問題は，同じ領域での逆向きの伝播を測定することで解決できる．このとき，$\sin\theta$ 項の符号が逆になる．爆発震源が探査に利用されるときのように，V_2 および θ はともに逆側線で見いだされるが，その方法は自然地震の研究では利用されない．式 (17.8) の dS/dT は，表面に沿った屈折波の見かけ速度を表している．もしその層が上向きに傾いている (負の θ) として，$\sin\theta = V_1/V_2$ の場合には，見かけ速度は無限大になり，すべての屈折波が同時に表面に到達する．

上部地殻の探査では，さらにもっと詳しい記述が必要となる．これはたいてい，屈折より反射を用いて得られる．反射法研究では一般に，屈折法の場合よりも震源と観測点が互いに近いので，垂直入射に近い反射が得られる．往復の走時が計測され，これは，層の速さが既知の場合には，境界の深さに変換される．深さ h での水平層からの反射波の走時は，距離 S の関数として，

$$T = \frac{1}{V_1}\sqrt{4h^2 + S^2} \quad (17.9)$$

と表され，これは双曲線の方程式となっている．走時曲線 (T–S) 上では，屈折波は直線となるので (式 (17.7))，このことから反射波は屈折波とは区別される．

17.3 球状成層地球での屈折

波速 V が半径方向に変化するような地球の球状モデルを考えよう．以下での議論のために，各層が均質であるような成層モデルを考慮すると都合がよい．この制約は，段階的に変化する波速をもつ無限に薄い層を無数に導入することで解消できる．3 層モデルを通過する波線の幾何図形を，図 17.3 に示す．A および B のそれぞれの境界にスネルの法則 (16.5) を適用すると，

$$\left.\begin{array}{l}\dfrac{\sin i_1}{V_1} = \dfrac{\sin f_1}{V_2} \\ \dfrac{\sin i_2}{V_2} = \dfrac{\sin f_2}{V_3}\end{array}\right\} \quad (17.10)$$

2 つの三角形から，

$$q = r_1 \sin f_1 = r_2 \sin i_2 \quad (17.11)$$

となるので，式 (17.10) の第 1 式に r_1 を掛け，第 2 式に r_2 を掛けると，それらは互いに等しくなる．

$$\frac{r_1 \sin i_1}{V_1} = \frac{r_1 \sin f_1}{V_2} = \frac{r_2 \sin i_2}{V_2} = \frac{r_2 \sin f_2}{V_3} \quad (17.12)$$

式 (17.12) は何層の境界の場合にも，または，速さが連続的に増加する層での緩やかな屈折の場合にも拡張できる．これは，

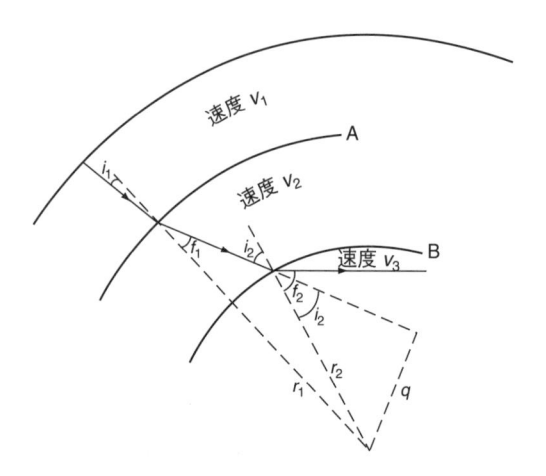

図 17.3 球状モデルの3つの均質な層を通過する地震波線の経路．地震波線パラメーター $p = r\sin i/v$ が波線に沿って一定となることを示すのに利用される幾何図形を示している．

$$\frac{r\sin i}{V} = p \quad (17.13)$$

がその波線に対して，一定となることを示している．ここで，i は波線と任意の点での半径との間の角度である．p は波線パラメーターを表している．これは，屈折および反射のときに一定であるだけでなく，波の変換 (P から SV や，その逆) のときにも一定となる．ある波線に対するパラメーターを決めることで，$i = 90°$ となるその最深点で r/V の値が得られる．

ここで，図 17.4 のように共通の表面震源から出る，わずかに異なる波線パラメーターをもつ2本の波線を考えよう．それらの伝播距離は，地球中心から波線経路の両端に張る角度 Δ と $(\Delta + d\Delta)$ で表される．PN は，P から SQ に対して垂直であり，ゆえにこれは波面となるので，SP と SN の走時は同じである．したがって，波線間の経路の違いは QN であり，その走時差は，

$$dT = QN/V_0 \quad (17.14)$$

となる．ここで V_0 は表層の波速である．しかし，

$$QN = PQ \sin i_0 = r_0 d\Delta \sin i_0 \quad (17.15)$$

であるので，

$$\frac{dT}{d\Delta} = \frac{r_0 \sin i_0}{V_0} = p \quad (17.16)$$

となる．このように，波線パラメーターは走時曲線の勾配またはスローネスであるので，伝播した全角距離 Δ の関数として直接観測され得る．地震計のアレイを用いれば $dT/d\Delta$ の正確な観測ができ，マントル遷移層などで生じるような複雑な走時をしらべるのにとくに有用である．

地球全体を通じて，内部に入るほど徐々に波速が増加する場合，p は Δ に応じて徐々に減少し，$p(\Delta)$ は連続な単調関数となる．この規則的なふるまいは幅広い深さで起こり，それに応じて，簡単な p–Δ (ゆえに T–Δ) の関係が得られる．しかし，2つの効果によって切れ目が生じる．深さに比例する速さの増加は波線を上方に向かわせるのに対し，減少する場合は下方に向かわせる．もしこれがわずかな効果以上のものであれば (その深さでの水準面の曲率に関して)，どの波線も最深点とならないような深さの範囲が存在し，走時曲線に空白が現れることになる．これが起こるための必要条件は式 (17.13) から得られる．p は一定なので，

$$p dV/dr = \sin i + r \cos i \, di/dr \quad (17.17)$$

となる．式 (17.13) から $\sin i$ を代入して整理すると，

$$\frac{di}{dr} = \frac{p}{r\cos i}\left(\frac{dV}{dr} - \frac{V}{r}\right) \quad (17.18)$$

が得られる．したがって，深さに伴う i の減少および走時曲線の空白を避けるために満たされるべき条件は $dV/dr < V/r$ となる．核–マントル境界で

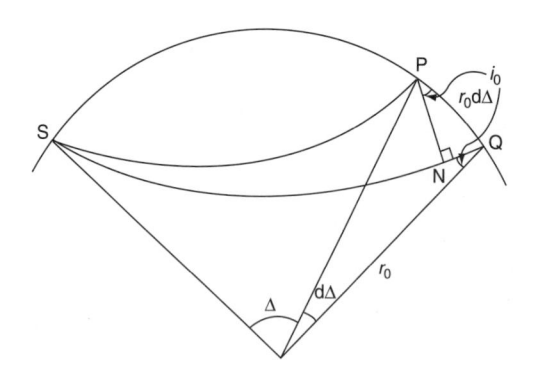

図 17.4 微小な伝播距離の差をもつ2つの波線．この幾何図形は，波線パラメーター p と，到来波が表面と交差するところでのスローネス (1/速さ) とを関係づけるのに用いられる．p は走時曲線の勾配である．

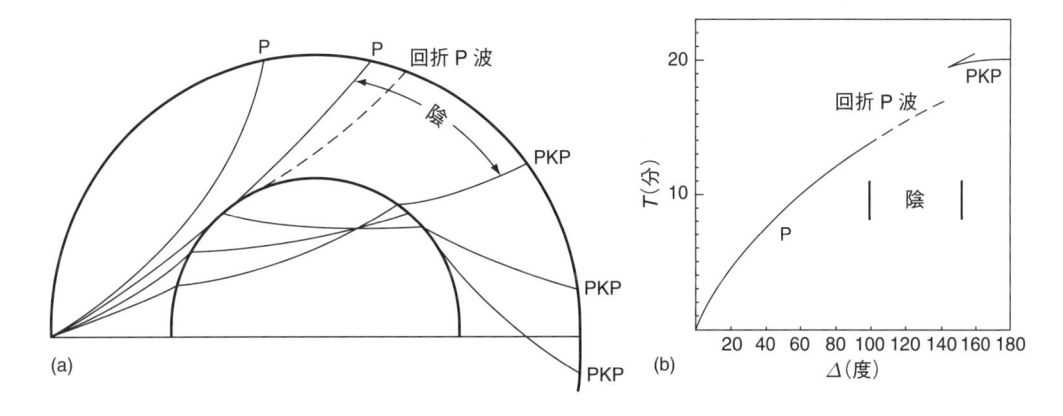

図 17.5 (a) 核で反射された地震波線．直達 P 波に対して陰が生じる．(b) 対応する走時曲線には空白がある．PKP は核の内部に波線の一部をもつ P 波の名称である．

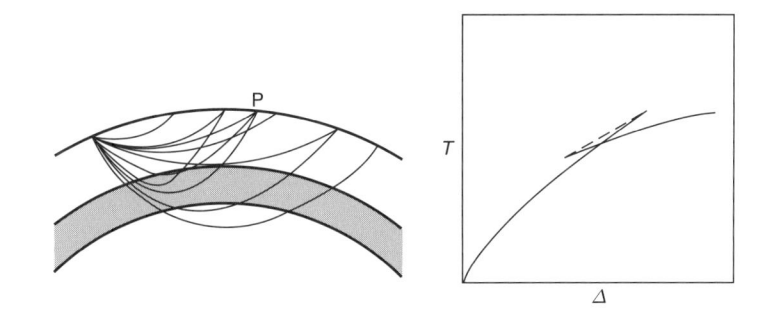

図 17.6 速度が深さとともに急増する領域では，p–Δ のトレンドの逆転を引き起こし，ある距離範囲での到来波は三重合となる．P のような地点では 3 本の波線が届き，それぞれが，T–Δ 曲線上の異なる枝に相当する．この図は模式図であり，スケールは正確ではない．

は，P 波速度はマントルの底での値の 60% にまで低下するので，P 波の急激な下方への屈折が起こり，直達 P 波が観測されない距離範囲で陰 (shadow zone) が生じる (図 17.5)．

深さに伴って波速が急増すると，異なる種類の複雑性を生じる．ふつうのトレンドでは，波線の傾斜角の増加，つまり入射角 i_0 の減少に伴って Δ が増加する．$p \propto \sin i_0$ であるので，これは p の減少に伴って Δ が増加することを意味している．しかしこのトレンドは，波線が急な速度勾配に入り込む場所での急激な屈折によって逆転する．そして，p のさらなる減少，つまり波線の傾斜の増加に伴い，ふつうのトレンドに戻る．このような速度増加は，複雑ではあるが，マントル内部の遷移層で起こり，ある距離範囲では 3 つの直達 P 波が観測される (図 17.6)．これは三重合 (triplication) として知られている．

17.4 走時と速度分布

上記で述べた地球の構造の複雑さは，多様な波の経路を生み出す．それらの多くは走時がよく観測されており，詳細な構造を決定するのに役立つ．図 17.7 はこれらの波線の例を示し，P および S の文字はマントル内部の波を指している．地表面より下にある震源では，表面で反射した波も観測され，この場合，たとえば，pP や sS のように，最初に p や s が付けられる．K は外核内部の P 波を示し (ドイツ語の Kern または kernel)，そこでは S 波は存在しない．I は固体の内核の P 波を示している．J の文字は，内核の S 波のために用いられる．固体では S 波が期待されるが，十分な観測は

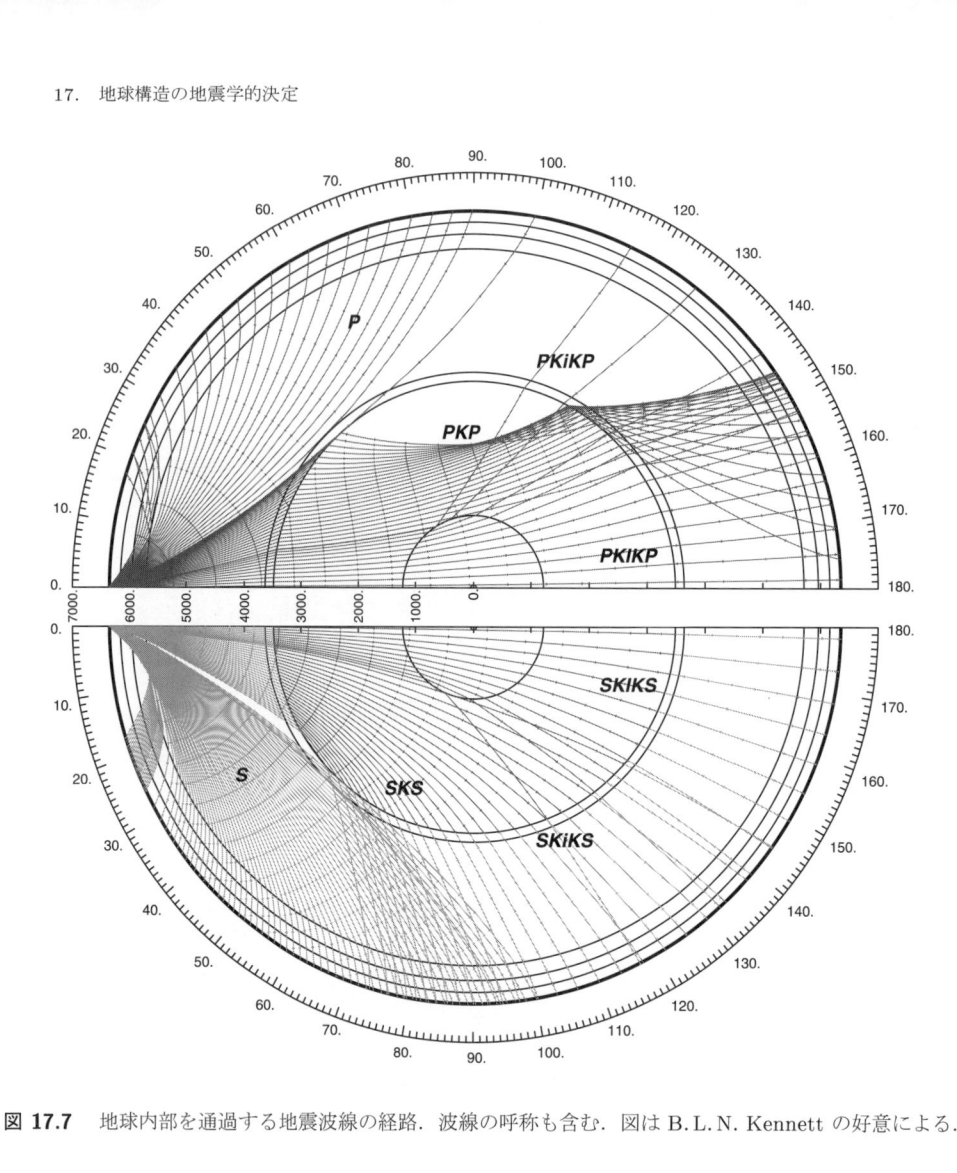

図 17.7 地球内部を通過する地震波線の経路．波線の呼称も含む．図は B. L. N. Kennett の好意による．

なされていない (16.6 節)．J 相が励起されるには，内核に入る際のP波からS波への変換と，再び外核に出てくる際にP波に再変換される必要があり，これらの変換波はきわめて弱い．表面での場合と同様に，小文字は反射を表している．この呼称には時折，数字が現れる．これらは，キロメートル単位での反射が起こった深さ，または，とくに核–マントル境界での多重内部反射を示す．

1940 年に H. Jeffreys と K. E Bullen によってつくられた走時表 (J–B 表として知られる) が，長年にわたり標準とされてきた．とくに直達P波およびS波の到達時間など，ある種の細部に関する改良は時々出されてきたが，現在では図 17.8 に示されている最新の包括的な走時表がある (Kennett ら，1995; www.rses.anu.edu.au/seismology/ak135)．この ak135 モデルは，それ以前のモデル (iasp91) (Kennett と Engdahl, 1991; Montagner と Kennett, 1996) にもとづいている．この走時表は，大量の観測走時に最もよく合うように速度モデル (図 17.9) を調整して得られており，多様な相に対する走時を，互いに整合的なセットとして提供してくれる．速度構造のモデル化におけるよりいっそう重要な発展は，グローバルデジタル地震観測網の記録を利用して得られている．複数の記録中で干渉性のない雑音をキャンセルして，シグナルを強調するために，それらの記録は"重合"，つまり数値的に足し合わされうる．Shearer (1990) は，この方法を上部マントルからの反射波に応用した．

走時が地球の速度構造を推定するのにどのように利用されるかを見るために，図 17.10 のような

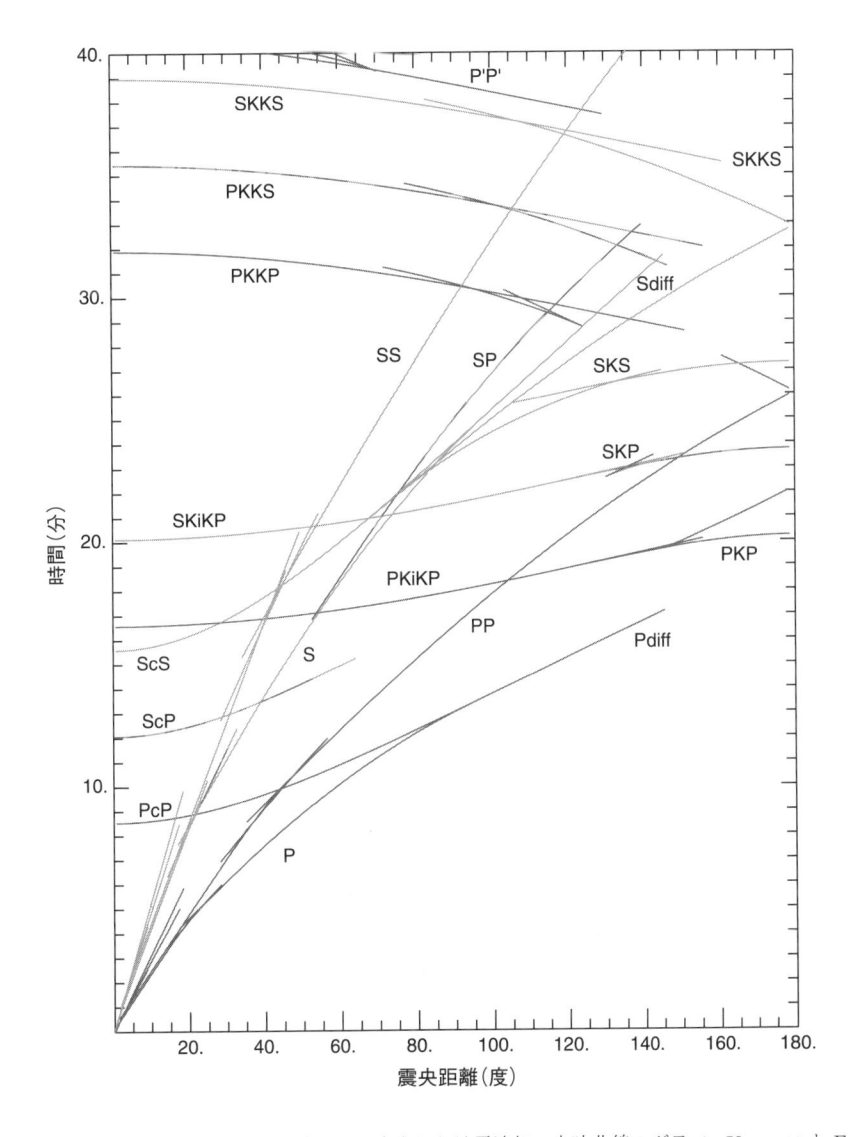

図 **17.8** (a) IASPEI 1991 地震波走時表で同定された地震波相の走時曲線のグラフ．Kennett と Engdahl (1991) から許可を得て複製．

幾何図形を考えよう．ある波線の経路に沿った線素 ds は，その点で半径に対して角度 i をなし，その線素の Δ への寄与は $d\theta$ となり，

$$r d\theta = \sin i \, ds \quad (17.19)$$

この関係を p の式 (式 (17.13)) の $\sin i$ に代入すると，

$$p = \frac{r \sin i}{V} = \frac{r}{V} \frac{d\theta}{ds} \quad (17.20)$$

となる．しかし，図 17.10 の微小三角要素から，

$$(ds)^2 = (dr)^2 + (r d\theta)^2 \quad (17.21)$$

が得られるので，式 (17.20) と式 (17.21) から，ds を消去して，

$$\left(\frac{r^2 d\theta}{V p}\right)^2 = dr^2 + (r d\theta)^2 \quad (17.22)$$

となる．パラメーター $\eta = r/V$ を導入すると，次式が得られる．

$$\frac{d\theta}{dr} = \frac{p}{r(\eta^2 - p^2)^{1/2}} \quad (17.23)$$

次に r に関して，波線の最深点での半径 r' から地表面 r_0 まで積分すると，

$$\frac{1}{2}\Delta = \int_{r'}^{r_0} \frac{p \, dr}{r(\eta^2 - p^2)^{1/2}} \quad (17.24)$$

となる．これは，η を与えるアーベルの積分方程

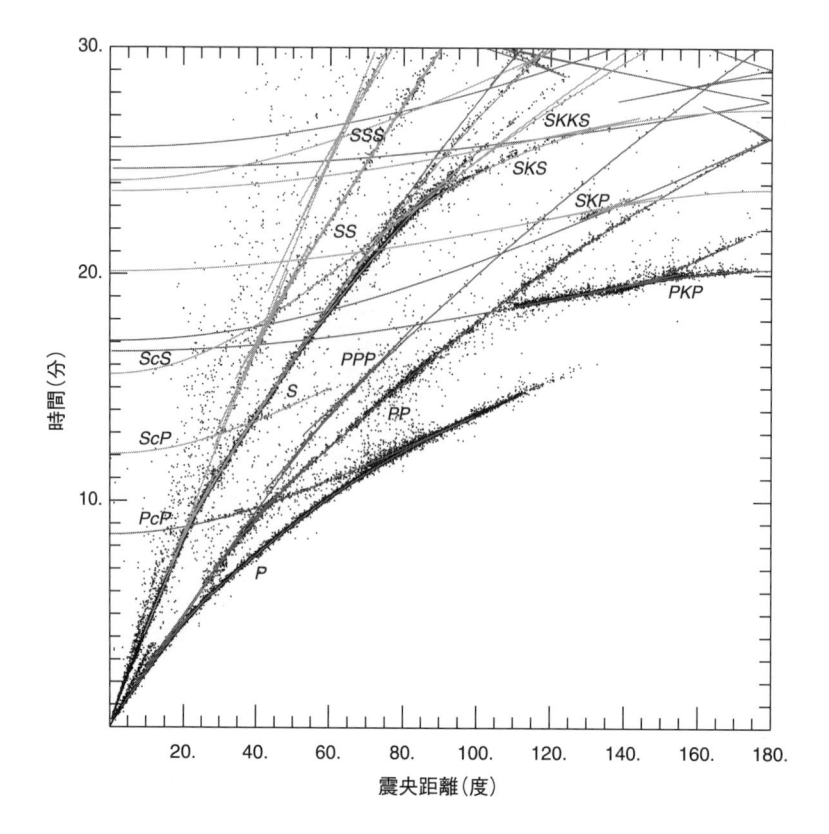

図 17.8 (b) 図 17.8(a) の下部に，国際地震センター (ISC) の報告による走時を加えたもの．B.L.N. Kennett の好意による．

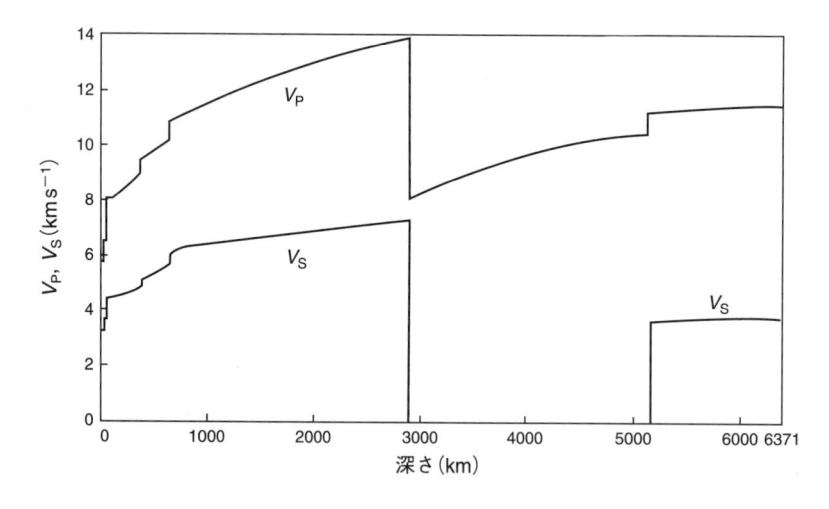

図 17.9 実体波走時から得られた ak135 モデルの P 波および S 波速度 V_P, V_S (Kennett ら, 1995). モデルの詳細は次のサイトを参照．www.rses.anu.edu.au/seismology/ak135

式であり，Δ と p の観測値から，r の関数として V が求まる．

式 (17.24) の解の便利な形式は，ウィーヘルト–ヘルグロッツ (Wiechert–Herglotz) の公式 (たとえば，Jeffreys, 1959) として知られ，次式で表される．

$$\int_0^{\Delta_1} \cosh^{-1}\left(\frac{p}{p_1}\right) d\Delta = \pi \ln\left(\frac{r_0}{r_1}\right) \quad (17.25)$$

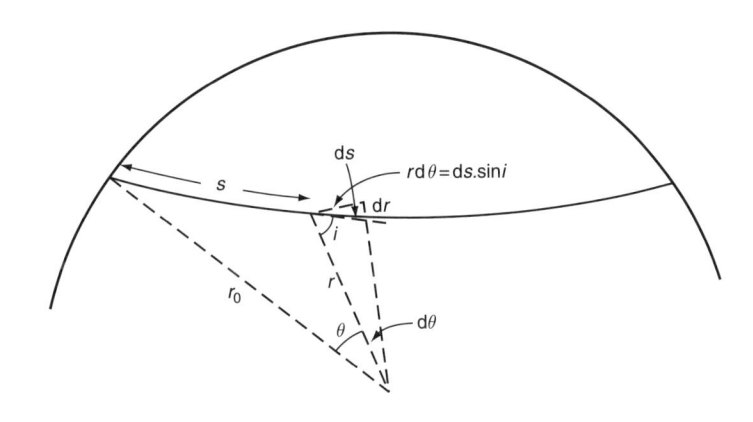

図 17.10 地震波線パラメーター p による，伝播距離 Δ に対する積分表現を得るのに用いられる幾何図形.

ここで p_1 は，波速 V_1 の半径 r_1 まで入り込んだ波線に対する $\Delta = \Delta_1$ での p の値である．式 (17.25) は，$p(\Delta)$ が連続かつ単調な関数である限り，どの範囲でも数値積分でき，この範囲にわたって $V(r)$ を与えてくれる．異なる地震波相には重複する範囲があり，切れ目部分にまたがる補間が許される．たとえば，P 波走時の主な切れ目は，核による陰 (shadow zone) によるが，直達 P 波が核の外側部分を 'かすめる' ことがないので，その部分の速度を与えることはできない．しかし，SKS 波は，核内部の浅い部分での屈折を含み，核の最上部に重力的に安定な層があるという説 (22.7 節) をしらべる上で興味深い．

PREM 地球モデル (付録 F) は自由振動に強く依存しているが，自由振動の観測以前の地球モデルは実体波走時のみに依存しており，現在認められている構造にもかなり近いものであった．最新の ak135 モデルでは，この手法を用いている．

17.5 地球モデル——均質層の密度変化

P 波と S 波の速さ V_P および V_S (式 (16.1) と (16.2)) の観測から，μ/ρ および K/ρ が決められる.

$$\phi = K/\rho = V_P^2 - \frac{4}{3}V_S^2 \quad (17.26)$$

$$\mu/\rho = V_S^2 \quad (17.27)$$

しかし，さらなる情報がないと密度 ρ を独立に推定することはできない．実体波のみにもとづく地球モデルは，化学的かつ鉱物学的に均質となるよう，実体波速度がゆっくりと変化する広い領域を仮定して構築されている．このとき密度は，静水圧縮により，深さ z に伴って増加し，

$$-\frac{d\rho}{dr} = \frac{d\rho}{dz} = \frac{d\rho}{dP}\frac{dP}{dz} = \frac{\rho}{K}\rho g = \frac{\rho g}{\phi} \quad (17.28)$$

となる．ここで，P は圧力，g は重力である．ϕ は式 (17.26) によって既知の深さの関数であるが，g は以下のように密度プロファイルそのものに依存する．

$$g = Gm(r)/r^2 \quad (17.29)$$

ここで，$G = 6.674 \times 10^{-11} \, \mathrm{m^3 \, kg^{-1} \, s^{-2}}$ は重力定数であり，$m(r)$ は半径 r の内部の全質量で，次式のようになる．

$$m(r) = \int_0^r 4\pi r^2 \rho(r) \, dr \quad (17.30)$$

式 (17.28) は，均質層の密度プロファイルに対するウィリアムソン–アダムスの方程式 (Williamson–Adams equation) である．E. D. Williamson が，あまり知られていない最初の論文の第一著者なのだが，一般的にはアダムス–ウィリアムソンの方程式 (Adams–Williamson equation) とよばれる．

地震波の疎密は断熱的であり，式 (17.26) の非圧縮率は，断熱的な値 K_S となる．したがって，これが式 (17.28) に用いられるときには，この式で表される密度変化は，断熱圧縮によるものとなる．これは，断熱温度勾配を伴う均質層内の密度勾配を与える．地球内部で最も広範囲にわたって見かけ上，均質な領域である外核と下部マントルは，断熱に近い温度勾配を維持すると考えられている．だ

から式 (17.28) は，以下で考慮するように，粒状体に関するちょっとした条件付きで，これらの領域に直接適用される．もし温度勾配が断熱的値から次の量，

$$\tau = \frac{dT}{dz} - \left(\frac{dT}{dz}\right)_{\text{Adiabatic}} \quad (17.31)$$

だけ異なるならば，次の補正項が式 (17.28) に適用される．

$$\frac{d\rho}{dz} = \frac{\rho g}{\phi} - \alpha \rho \tau \quad (17.32)$$

ここで，α は体積膨張率である．これは Birch によるウィリアムソン–アダムス方程式の一般化である（問題 19.3）．平均的な超過温度勾配が $10^{-2}\,\text{K}\,\text{m}^{-1}$ ($10°\text{C}\,\text{km}^{-1}$) のオーダーとなるリソスフェア内では，式 (17.32) の 2 つの項は同程度の大きさになる．この補正項は，マントルの底の D'' 層でも重要であると考えられている．

式 (17.28) は，式 (17.32) の追加項がなくても，均質かつ断熱的な外核に対してかなり正確に適用できる．リソスフェア，D'' 層および遷移層の熱的な複雑性 (22.5 節) を除けば，マントルの大部分は，ほぼ断熱的であると考えられている．以下で指摘するように，これは式 (17.32) の下部マントルへの応用の帰結である．しかし 12.6 節でわれわれは，マントルの異なる領域，とくに下部マントルは，同時にではなく連続的に対流によって冷却されねばならず，そのため，ある程度の不均質性は避けられないことを指摘した．

下部マントルの描像を複雑にする他の 2 つの効果がある．1 つは，断熱条件からの逸脱とは観測上区別不能で，異なる弾性をもつ鉱物から成る岩石のような粒状体に当てはまる．これは，10.4 節で議論した緩和および非緩和係数の違いの結果である．地震波速度から推定された式 (10.13) の非緩和係数 K_{VRH} は，静的圧縮を支配する式 (10.12) の緩和係数 K_R よりも，わずかに高くなる．下部マントルの鉱物混合物に対して，その違いが表 18.1 にまとめてある．式 (17.32) が，断熱勾配からのずれ τ を推定するために用いられるときには，地震学的に観測された非緩和係数から，より小さな緩和係数に変換するために，ϕ の補正が必要となる．下部マントルの深さ領域にわたり，これは 100 K ほどの温度差の過小評価につながる．下部マントル全域にわたる断熱曲線を超える 100 K の温度増加は，未補正の PREM データに式 (17.32) を用いれば推定される．緩和係数への補正はこの増分を 200 K にまで増加させる (Stacey, 2005)．

ウィリアムソン–アダムスの式の下部マントルへの厳密な適応を妨げるもう 1 つの複雑性は，下部マントルの圧力下での鉄イオンのわずかな電子相転移から生じる．18.9 節で議論するように，この転移は広範な圧力領域，おそらくは下部マントルのほぼ全域にわたって広がっている．あらゆる圧力起因の転移に関して，高圧状態は高い体積弾性率と密度をもつ．したがって，一定の相の物質に対して期待されるよりもわずかに大きな，しかし漸移的な，深さによる密度増加となり，dK/dP への '異常な' 寄与がある．下部マントルのウィリアムソン–アダムスの式からの違いは，かなり地味ではあるが，断熱曲線からの逸脱などの推論は注意して扱わねばならない．

17.6　地球の内部構造—大まかな描像

地球の構造を明らかにする上での第一歩は，主要な層とそれらの間の境界の深さを同定することであった．図 17.9 に示される実体波から得られる半径方向の速度変化が，これを成し遂げた．密度変化を推定するには，さらなる情報が必要である．自由振動の無数のモードの周波数が十分に観測され，また，伸び縮みモードは重力による復元力を含んでいるため，自由振動モードスペクトルのインバージョンによって，密度プロファイルを含む完全なモデルの作成が可能となった．しかしながら，インバージョンの計算には，初期モデルが必要であり，これは実体波データにもとづくモデルで与えられ，地球の質量と慣性モーメントに合うように制約される．

地殻は，地球内部で唯一直接密度を測定することができる場所である．しかし，9.3 節で考慮したように，山脈や大陸などの，大規模な表面形状の地殻均衡のバランスからマントル最上部の密度が計算できる（図 9.6 参照）．その値は $3370\,\text{kg}\,\text{m}^{-3}$

程度になる．上部マントル起源の岩石の研究から，この値が理にかなった見積もりであることが確認されている．これは，式 (17.28) や式 (17.32) による下方への密度の外挿への開始点となる．この外挿は，均質性の仮定が妥当であると速度構造が示す限り拡張できるが，上部マントルでは，一連の速度増加が入り込む．

もし上部マントルの下に，下部マントルと核の 2 つの領域のみがあり，それらがともに均質かつ断熱的である，という単純な仮定をする場合，式 (17.28) は，これらそれぞれの層に適用できる．この場合われわれは，それぞれの層において任意のあるレベルでの密度だけを特定すればよく，これらの密度はモデルの全質量と慣性モーメントが地球の値 (式 (7.3)) と一致するように選ばれねばならない．慣性モーメントの利用は，K. E. Bullen による 1930 および 1940 年代のモデル計算において，きわめて重要な手段であり，彼は下部マントルが上部マントルよりも $700 \, \text{kg m}^{-3}$ 程度密度が高い ことを示した．その結果彼は，上部マントルの速度増加 (図 17.9) を同定した．これは，われわれが現在，主として，密度増加領域を伴う珪酸塩の相転移に起因するものと認識しているものである．これにもとづいてつくられたモデルは，付録 F にまとめてあるような，現在われわれが考えている地球構造に，きわめて近いものであった．

自由振動と実体波データの両方から得られた地球モデルは，これらのどちらかだけにもとづくモデルよりも当然信頼できる．この 2 種の観測は，それぞれ利点と制約がある．自由振動は，正確な全球平均の特性を与えるが，波長が長いために，境界がシャープであるかどうかなど，細かな詳細まで区別することはできない．実体波は，水平方向の不均質性など，自由振動では得難い細部をしらべることができるが，密度を直接求めることはできない．自由振動と実体波を一括して考慮することで，$_0S_2$ モードの $0.3 \, \text{mHz}$ から，高周波実体波の $1 \, \text{Hz}$ 以上まで，幅広い周波数帯域が含まれるこ

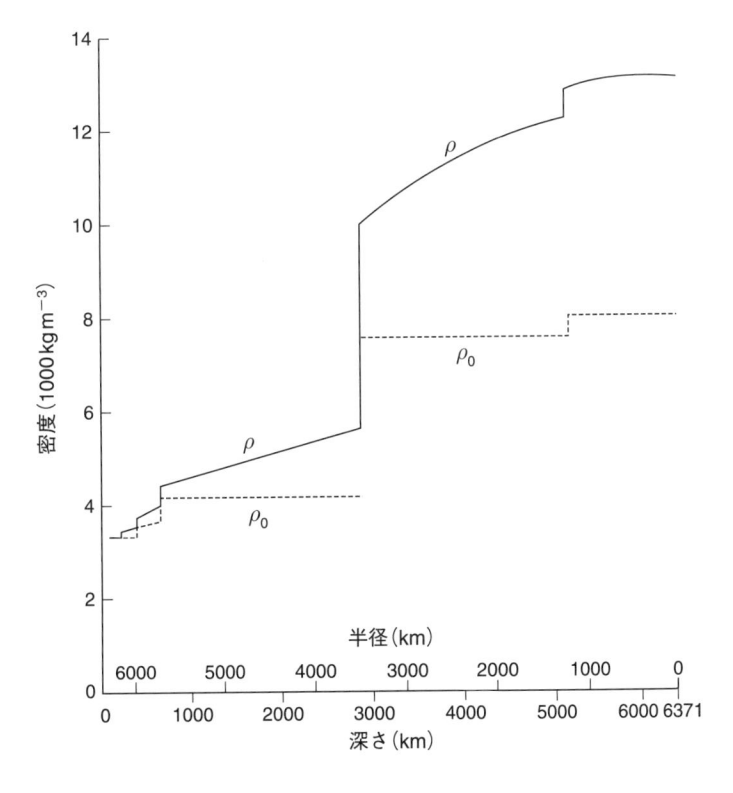

図 17.11 (a) 地球モデル PREM の密度 ρ の分布と，それに対応した有限ひずみ理論 (18 章) から推定された圧力ゼロ，低温での密度．

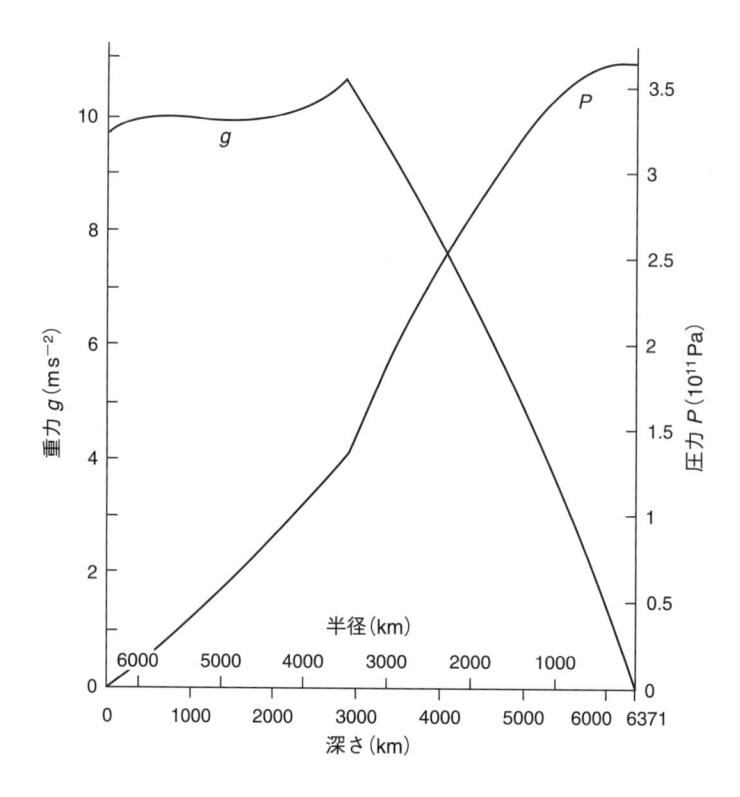

図 17.11 (b) 図 17.11(a) の密度分布に対応する重力および圧力.

とになる．この周波数帯域では分散性が重要となり (10.7 節)，考慮する必要が出てくる．これはつまり，Q はマイナーな補正係数としての性質をもつのだが，精密な地球モデルを決める上では不可欠なパラメーターであることを意味している．

付録 F は，最も広く利用されている地球モデルである PREM から抜粋した項目を示している．密度構造は図 17.11(a) に示されており，これに対応する内部圧力と重力は図 17.11(b) にある．地震波速度は，17.4 節で言及された ak135 モデルのそれと比べて，図上で違いがわかるほどの差はない．PREM には自由振動から推定された単純な Q 構造に対応する分散を含んでおり，この Q 構造は広範な深さ領域にわたって均一で，かつ周波数に依存しない．これは式 (10.29) で与えられる分散性を意味しており，10.7 節で示されたように，これはおそらく地球の分散性を過大評価している．というのも，一般に Q は周波数とともに増加するからである．付録 F の項目は 1 Hz での特性を示している．PREM は全球平均モデルであり，水平方向不均質性などの，より詳細な研究や，地球深部の物理に関する議論における基準構造である．上部層の異方性と，独立した大陸および海洋構造も，オリジナルの表に与えられている (Dziewonski と Anderson, 1981)．

17.7 境界と不連続

水平方向の速度変化は確認されているが，図 17.9 に示された半径方向の変化に比べると，一般的に小さい．弾性的性質の圧力依存性による深さに伴う速度増加が起こるが，半径方向の構造に不連続があるときには，異なる組成や結晶構造を含む層によって説明されねばならない．地震学的研究によって解決されうる層境界に関する重要な問題点として，以下のようなものがある．

(i) 境界の上側と下側の物質の特性 (密度，弾性) の違いは何か?

(ii) 境界は全世界的なものか，それとも，特定の

地域だけのものか？
(iii) 境界はシャープか，それとも，広がっているか？
(iv) 境界はなめらかな起伏か，それとも，でこぼこしているか？

モデル研究で決められた地球内部の重要な各境界にまたがる特性のコントラストは，その境界がシャープであったり，他の境界や段階的変化から孤立している所では明瞭である．これらの条件が満たされているかどうかは，反射係数やP波からSV波，SV波からP波への変換の測定によってしらべられる．反射は，利用する波長に対して，境界がシャープな所でのみ起こる．したがって，利用可能な最も高い周波数まで周波数依存しないような反射係数をもつ境界は，観測されうる境界層構造をもたないという意味でシャープである．核-マントル境界 (CMB) は，最も明白な例である．これは，液体合金と固体の岩石からなる物質との境界である．しかし，そこからの反射の多くはとても弱い．というのも，反射係数は，音響インピーダンス (速度 × 密度) のコントラストによって決まり，P波の場合，核とマントルでは，これらはほぼ同じになるからである (付録 J の問題 16.1)．内核境界もシャープであることがわかっており (Kawakatsu (2006) によると，2 km 以下の厚さである)，外核の液体が固化している薄く軟らかい領域以上のものは存在しない．マントル内部，とくに 410 km および 670 km で見られる反射は，異なる鉱物集合の間の固体–固体の相転移によるものと考えられている (表 2.4a,b)．これらすべての転移がシャープなわけではない．段階的な転移は，地震波の屈折によってのみ，つまり走時研究によってのみ観測される．

いくつかの境界は，違う場所では異なる深さで生じたり，また，ある場所では見られても他の場所では見つからないこともある．地殻とマントルの境界であるモホロヴィチッチ不連続面 (M 層またはモホ面) は，海洋域の海底の下では一般に 7 km であるが，大陸の下では，35～40 km の深さになり，主な山脈の下では 60 km になる．異なる地殻の厚さは，アイソスタシーによってつり合いがとれて

おり (9.3 節)．したがって，モホ面の深さの地震学的観測は，地殻とマントルの間の密度コントラストの大きさを与える．核–マントル境界での同様の起伏もしらべられているが，それは比較的小さく (Doornbos と Hilton, 1989)，境界の強い不均質性は，マントルの底 (D'' 層) に起因する．CMB の場合，起伏の高さと代表的な波長は，マントルと核の運動の力学的結合にとって重要である (7.5 節)．

12.5 節では，D'' の不規則性は，表面での大陸と海盆に類似した構造によるものとみなされた (図 12.3)．Young と Lay (1990) は，CMB の上約 250 km での境界の証拠を報告した．これが隠れた大陸の上側境界ということは，ありえそうである (図 12.3 参照)．この境界は，いくつかの地域で見られるが，他の地域では存在しないようであり，したがって，その部分は，CMB まで '普通の' マントルが広がっている隠れた海の領域と考えられる．CMB のどの部分がどちらの種類なのかを決めることは，核–マントル間の相互作用を理解する上で重要である．その区別は，どの場合も，マントルの底付近でのポストペロブスカイト相への転移によって解決される．この相境界の起伏は，転移圧力の温度依存性から生じるであろう．

最近のデジタル地震データの解析から，CMB 上の D'' 層の底での極度の低速度域が明らかになった．これらのいわゆる超低速度層 (ultra low velocity zone, ULVZ) の起源は，議論の的となっており，おそらくは部分溶融を伴うであろう温度効果という説から，ケイ酸塩物質が核の鉄と相互作用することによる組成変化という説まである．ULVZ の分布図 (図 17.12) は，ホットスポットの分布におおよそ対応しているので，ULVZ は，核–マントル境界から表面に向かう上昇流の底であるかもしれない (Williams ら, 1998)．他の解釈としては，マントルの底のポストペロブスカイトの鉱物相 (ppv) は核から鉄を吸収し，鉄に富む ppv は ULVZ と調和的な遅い地震速度となる (Mao ら, 2006)，というものがある．

410 km と 660 km の不連続面の地形図 (図 17.13) は，深さ方向に 20 km またはそれ以上の起伏があることを示している (Flanagan と Shearer, 1998)．

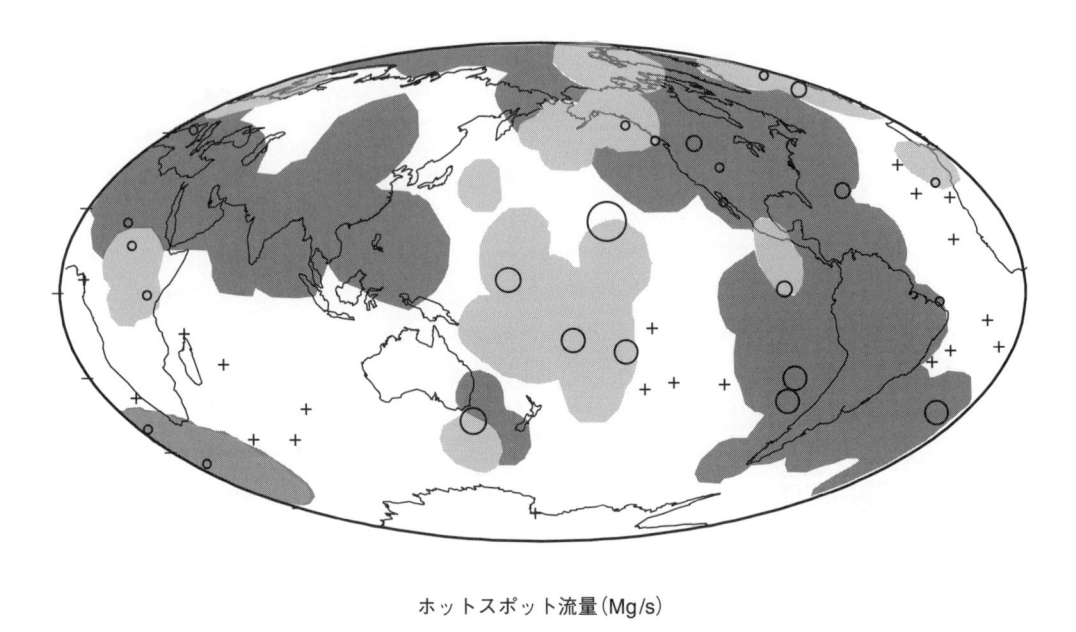

図 17.12 マントルの底の超低速度層 (ULVZ) の位置．薄い灰色は厚さ 5 km 以上の場所を示し，濃い灰色はそれらが存在しないかまたは厚さが 5 km 未満の場所を示している．白い部分は，まだ決定されていない場所を示す．円はホットスポットを示し，その大きさは，調査された領域で見積もられた強さに比例し，十字は ULVZ がまだ地震学的にしらべられていない領域の上にあるホットスポットを示している (Williams ら, 1998 から再掲).

マントル鉱物のパイロライトモデルでは，410 km 境界はオリビンの $\alpha \to \beta$ 相転移を示し，660 km 境界はペロブスカイト＋マグネシオウスタイトへの相転移を示す．相転移のクラペイロン勾配 dT_C/dP は，410 km 相転移では正，660 km 相転移では負となるので，境界の起伏は，もし温度のみで起こる場合には，逆相関となる．これは常に明白なわけではない (Flanagan と Shearer, 1998) が，負の相関を示す地域の証拠が蓄積されている．沈み込み帯では，660 km 境界は全球平均よりも深くなることがわかっているが，これに対応して 410 km 境界が浅くなることは容易には観測されていない．これはおそらく，スラブ内の局所的なものであり，地震波の反射には狭すぎる領域に存在するからと考えられる．Lebedev ら (2002) は，クラペイロン勾配を得るために，オーストラリアと東アジアの観測点の下の地震学的に推定された遷移層の深さと厚さ H と，トモグラフィーから推定された温度の変化を用いた．660 km と 410 km 不連続面からの P–S 変換相の走時差を，トモグラフィーで得られた速度を用いて H に変換した．速度変化 $\delta \ln V_S$ を温度に変換するために，$(\partial \ln V_S / \partial T)_P$ の室内実験での推定値を用いて，不連続面での温度が推定された．T に対する H の図は，傾き $dH/dT = -0.13 \pm 0.07$ km K^{-1} をもち，これはパイロライトに対する室内実験の値 0.13 km K^{-1} (Bina と Helffrich, 1994) とよく一致する．遷移層の厚さの変化は，次のようになる．

$$\delta H = \left(\frac{dP}{dT_C}\right)_{660} \left(\frac{dz}{dP}\right)_{660} \left(\frac{\partial T}{\partial \ln V_S}\right)_P \delta \ln V_S^{660} \\ - \left(\frac{dP}{dT_C}\right)_{410} \left(\frac{dz}{dP}\right)_{410} \left(\frac{\partial T}{\partial \ln V_S}\right)_P \delta \ln V_S^{410} \tag{17.33}$$

$(dP/dT_C)_{410} = (2 \pm 2 \text{ MPa/K})$ と $(dP/dT_C)_{660} = (-3 \pm 1.5 \text{ MPa/K})$ を個別に推定するために，複数の観測点と地震からのデータが利用された．こ

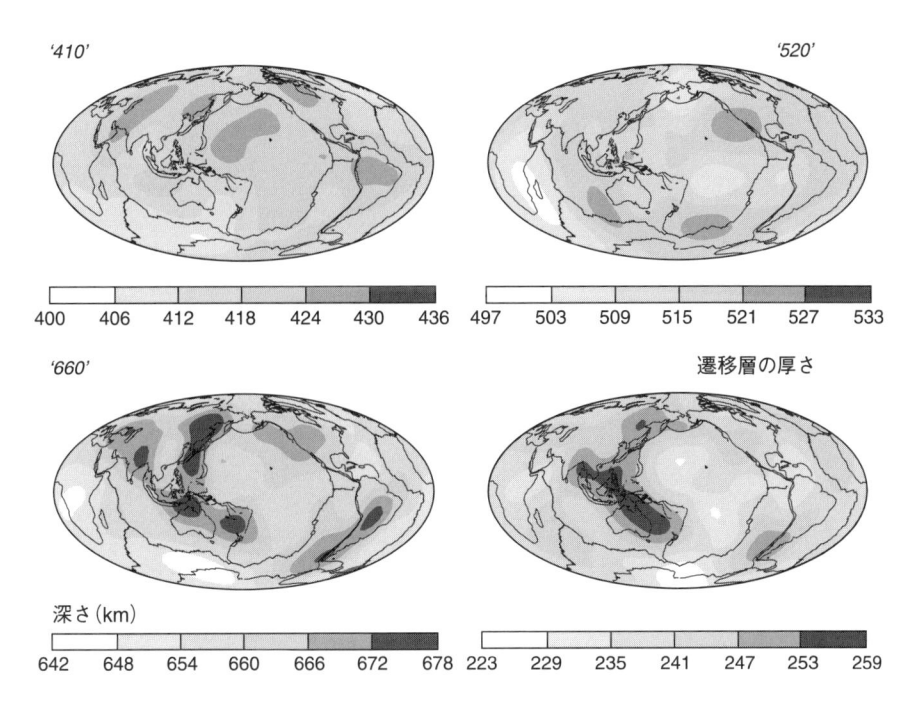

図 17.13 相境界の起伏と遷移層の厚さ (Flanagan と Shearer, 1998).

れらの値は不正確ではあるが，さまざまな室内実験の推定値と調和的である．

　表面から520 kmの上部マントル境界の証拠は，Shearer (1990) による反射波を重合したデジタル記録に見られる．この境界はPREMにはない．全世界的な重合記録に見られるためには，だいたい決まった深さで起こらねばならないが，地域的な重合記録では，この変化は捉えにくいことがわかっている．Deuss と Woodhouse (2001) は，いくつかの場所では520 km境界が単一の反射面として現れるが，他の場所では分裂しているかまったく見えないことを発見した．オリビン成分の β–γ 相転移や，非オリビン成分でのガーネット–ペロブスカイト転移が，原因として考えられる (Ita と Stixrude, 1992)．温度または組成の変化に伴い，これらはかなり異なる深さでも起こりうる．仮に温度効果が支配的である場合に期待されるような，境界の分裂とトモグラフィー速度との系統的な関係は観測されず，これは，組成も重要であることを示している．520 km 相転移は短周期のエネルギーを反射しないので，410 km や 660 km 相転移の深さ範囲 (~ 2 km) よりも，明らかに広い範囲 (~ 10 km) に広がっている．これがPREMや屈折による研究では見られない (Jones ら, 1992) ことから，速度変化をほとんど伴わない密度増加 (しかしシャープではない) から生じることが示唆される．これにより，インピーダンスの食い違いと，その結果として垂直入射での長周期の波の反射を生じるが，屈折や短周期の記録ではほとんど見られない (Rigden ら, 1991; Vidale, 2001)．

　約 200 km での境界 (PREM では 220 km) は，Shearer(1990) の解析には見られない．これらの不一致は，温度や組成への依存性，観測方法など，境界間の基本的な違いを示している．PREM の 220 km の境界は，アセノスフェアまたは上部マントルの軟らかい層として扱われる低速度層の底である．これは，海洋下に比べて大陸下ではあまりよく発達せず，もしこれがさまざまな深さで起こっており，さまざまな波線経路からの地震波記録が重合の過程で足し合わされると，不連続面の証拠はかき消されてしまう．

17.8 水平方向の不均質性—地震波トモグラフィー

水平方向の不均質性は，地殻でとくに目立ち，マントル全域を通じて存在する．17.1 節で指摘したように，外核はほぼ均質であろう．内核の有意な組成的不均質性は想像しにくいが，その異方性は，おそらくかなり変化しうる．いずれにせよ，地震学は内核について不十分な分解能しかない．水平方向の構造は，さまざまな方法でしらべられるが，主に地震波トモグラフィーによる．トモグラフィーという言葉は，医療分野での多方向 X 線を用いた解剖学的構造のイメージングから流用されたものであるが，X 線イメージングでは屈折や回折ではなく，吸収率の変化によっているので，完全に類似するものではない．地震波トモグラフィーでは，波速の変化に依存する．したがって，PREM のような基準モデルでの波に比べて速く (または遅く) 到達する実体波は，平均よりも速い (または遅い) 経路を通過することになる．さまざまな方向への多数の経路での走時が，不均質性の場所を突き止めることを可能にする．しかしその分解能は，回折を無視することによって制限される (Doornbos, 1992)．

地震波の伝播は，多くの点において，光波の伝播に類似している．その類似性には回折も含まれるが，回折光の考え方と，地震波の扱い方との間には，大きな違いがある．われわれが光学的な回折パターンを考えるときには，連続的な (ふつうは単色の) 波の効果を見ている．視野内のあらゆる点に到達する光は一般に，さまざまな光路長をもつ複数の経路からの寄与の位相和である．走時トモグラフィーでは，初動パルスのみを考える．つまり，最速の経路を通過する波の成分のみを使うことを意味する．16.1 節および 16.3 節で述べたように，Wielandt (1987) は，低速または高速度域の中を通過するか，または，そのまわりで回折された地震波の到達時間から，その不均質領域を同定するさいに生じうる問題を指摘した．

まず低速度の球体を考えよう．その大きさと速度コントラストによって決まる一定の距離を超えると，そのまわりで回折を受けた波は，その中を通過する波よりも速く到達し，その異常は地震学的には見えなくなる．高速度物質の球体の場合には，直接透過した波が最初に到達し，その球はかなり遠くでも見える．この球による屈折は，透過した初期の波面を広げるので，結果としてそれは失われる．しかし中程度の距離では，波の広がりはその異常体の大きさを実際のものよりも大きく見せる効果がある．したがって，実体波走時は高速異常を過大評価し，低速度異常を過小評価することになる．トモグラフィーは，マントル深部の大まかな特徴を同定することしかできない．上昇するプルームの幹のような，とくに小さな低速度体などの興味深い描像は得難い．沈み込んだスラブの断片などは，高速度の特徴はもっと見やすい．現在得られている証拠では，全球平均の実体波速度が高速側に偏る傾向の重要性を評価するのは難しい．

これらの限界を認識した上で，高周波実体波を用いた走時トモグラフィーが下部マントルの大規模な構造に適用され (Dziewonski, 1984)，1% までの速度コントラストを伴う異常が見いだされている．空間分布は，約 2000 km にわたる特徴を記述するのに十分な球面調和関数 6 次まで表現された．後に続く解析によって，少なくとも大規模なスケールの特徴は，検出できない小規模な詳細構造を地域的に平均したものではあるが，確固たるものであることが確認されている．上部マントルトモグラフィーの研究 (Woodhouse と Dziewonski, 1984; Zhang と Tanimoto, 1991, 1992) では，多数の交差する経路での表面波が用いられた．どの波の経路に対しても，さまざまな周波数帯を比較することによってさまざまな深さがサンプルされる (16.5 節) という点を除いて，その原理は同様である．これらの初期の研究に引き続き，多くのグローバルトモグラフィーモデルが提唱され (たとえば，Grand ら, 1997; Grand, 2001; Su と Dziewonski, 1997; Ritsema ら, 1999–図 17.14(a) 参照. Masters ら, 2000–図 17.14(b)–(d) 参照)，マントルの不均質性の位置と大きさについて，よい一致が見られ

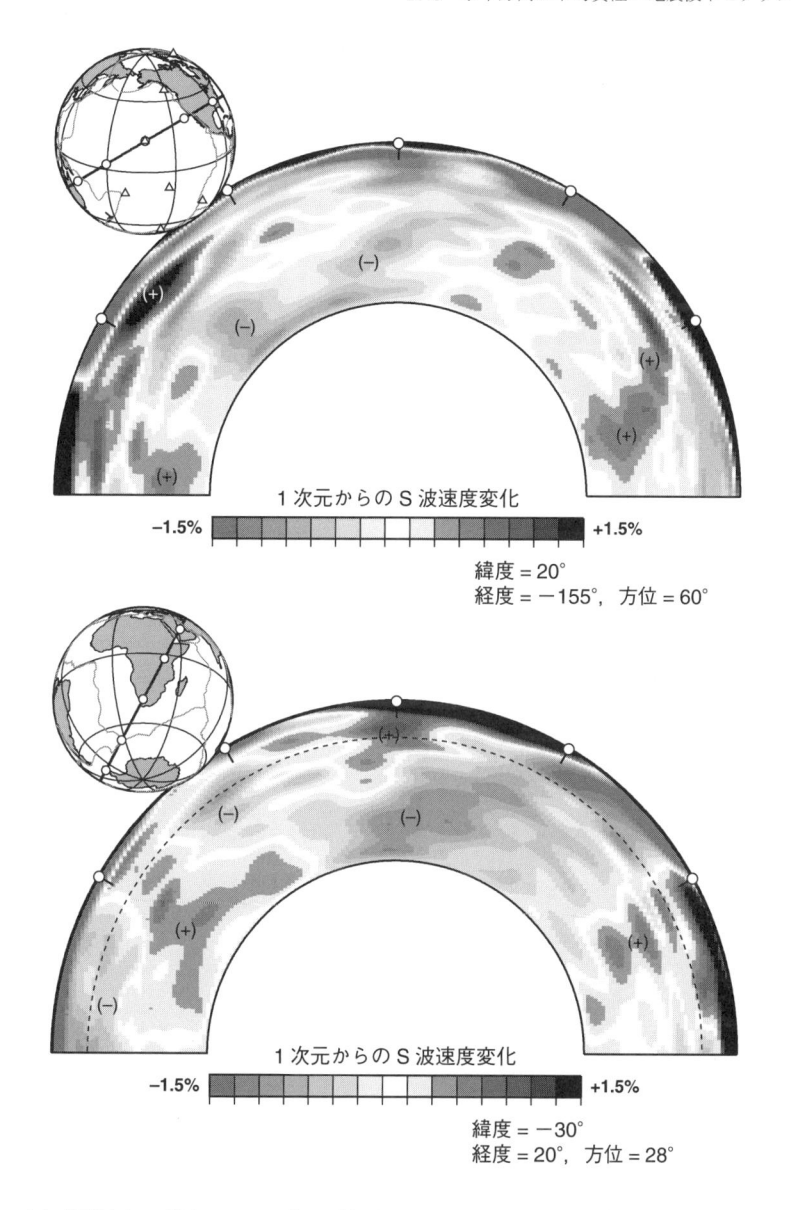

図 17.14 (a) 地震波トモグラフィーモデルの断面図 (Ritsema ら, 1999). 太平洋およびアフリカスーパープルームと，アメリカ大陸下のファラロンプレートの深い沈み込みを示している.

る．とくに注目すべき点として，北米および南米の下に沈み込んだスラブの一部が，マントル遷移層から核まで追跡できることの発見があげられる (図 17.14(a))．これにより上部および下部マントルの対流運動の遮断に関する議論に事実上終止符が打たれた．西太平洋とアジア直下のいくつかのスラブは 660 km を貫通せずに上部マントルに溜まっているように見える．しかし，より深部の高速度異常は，それらが過去に貫通したこと，またスラブの貫通は偶発的なものであることを示している．

クラトン (太古の大陸地塊) の下には高速度域が見られ，中央海嶺の下には低速度域が見られる．ホットスポットの下には深さ数百 km まで，局所的な低速度異常が見られるが，より深い所では画像が不鮮明となる．これはおそらく，分解能の不足や回折性回復の効果，深さに伴う P 波速度の温度への感度の減少 (Karato, 1993; Stacey と Davis,

(b) SB4L18 上部マントル

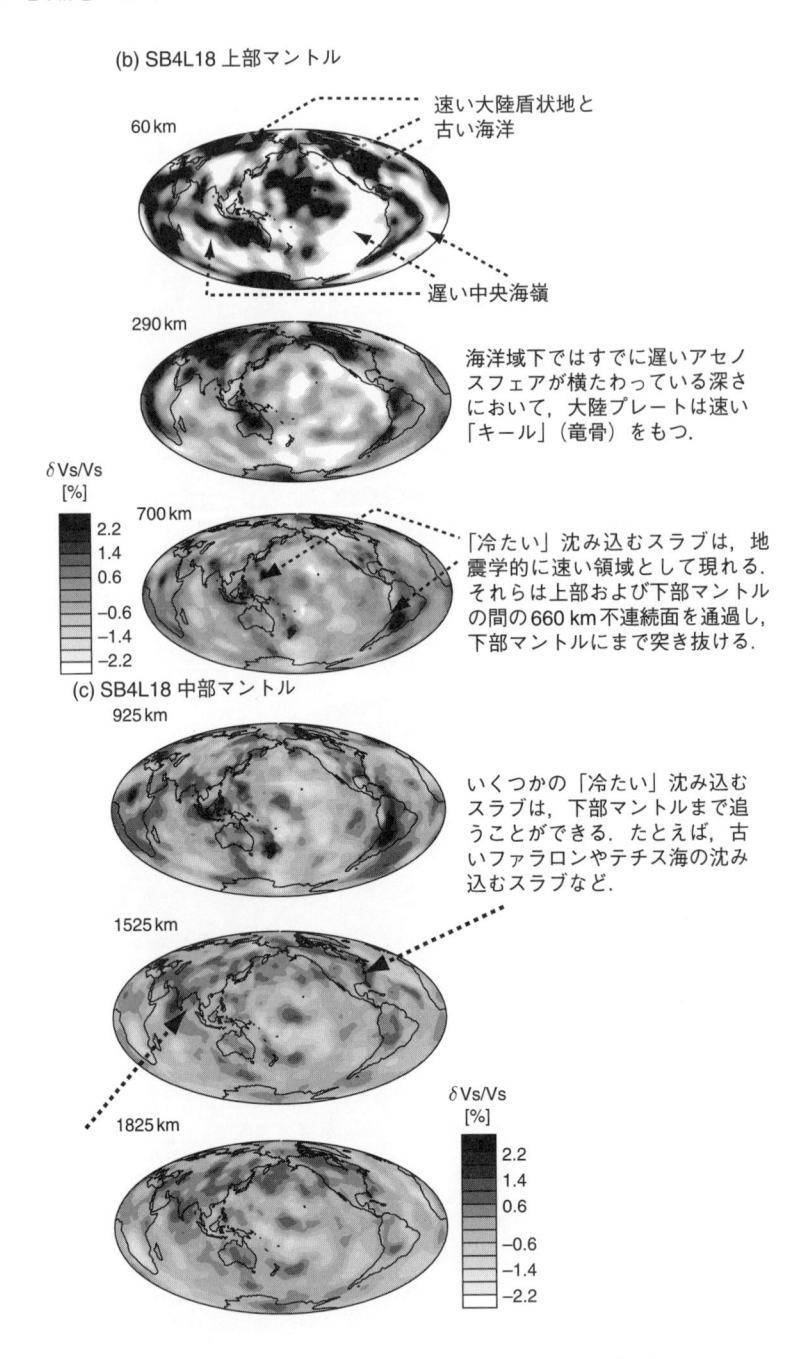

60 km　速い大陸盾状地と古い海洋

遅い中央海嶺

290 km　海洋域下ではすでに遅いアセノスフェアが横たわっている深さにおいて，大陸プレートは速い「キール」（竜骨）をもつ．

700 km　「冷たい」沈み込むスラブは，地震学的に速い領域として現れる．それらは上部および下部マントルの間の 660 km 不連続面を通過し，下部マントルにまで突き抜ける．

(c) SB4L18 中部マントル

925 km　いくつかの「冷たい」沈み込むスラブは，下部マントルまで追うことができる．たとえば，古いファラロンやテチス海の沈み込むスラブなど．

1525 km

1825 km

図 **17.14**　(b), (c) Masters ら (2000) のマントルトモグラフィーマップ．図は Gabi Laske の提供．

2004, table 4) などの組合せによるものであろう．核から上部マントルにまで広がる，2 つの大きな低速度領域が確認され (図 17.14(a))，1 つは太平洋の下，もう 1 つはアフリカの下からその南西側にある．それらが実際に物質の上昇流を示しているのか，静的な速度差を示しているのかは，議論されているところであるが，それらは，'太平洋およびアフリカスーパープルーム'とよばれる．それらは過去に沈み込んだ冷たい物質が注ぎ込んでいたと推定される地域に取り囲まれているので，単に，平均的マントルよりも暖かいことを示しているだけかもしれない．一方，スーパープルームの

SB4L18 最下部マントル

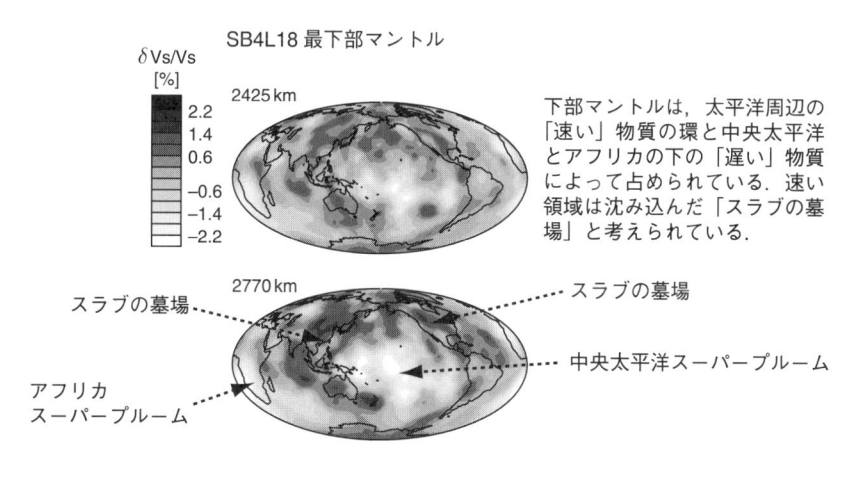

δVs/Vs [%]
2.2
1.4
0.6
−0.6
−1.4
−2.2

2425 km

下部マントルは，太平洋周辺の「速い」物質の環と中央太平洋とアフリカの下の「遅い」物質によって占められている．速い領域は沈み込んだ「スラブの墓場」と考えられている．

2770 km

スラブの墓場
アフリカスーパープルーム
スラブの墓場
中央太平洋スーパープルーム

図 17.14 (d) 続き

上の地形的な膨らみは，上昇流のダイナミクスによって支えられているという議論もある．トモグラフィーの分解能の向上に伴い，太平洋スーパープルームが，複数のプルームから成り立っているようにも見えている (Schubert ら, 2004)．

速度の断層画像に加えて，減衰トモグラフィーはマントル内の Q の変化を与えてくれる (Gung と Romanowicz, 2004)．Q の観測と解釈の難しさは，10.5 節で議論されている．トモグラフィーによるイメージングの主な目的は，現在または過去のテクトニクスに関する特徴を見いだすことにあるが，これまでに得られている描写からでは，不確かなものでしかない．

一般にトモグラフィーは，回折効果を無視した波線理論にもとづいている．16.3 節で，回折を考慮するには，地震波を構成するホイヘンスの素元波がサンプルしたフレネル・ボリュームにわたって積分されねばならないことを指摘した．地震波の走時は，波線理論によって次のように与えられる．

$$T = \int_S \frac{dS}{V(S)} \qquad (17.34)$$

ここで S は，波線に沿って測った距離であり，V は速度である．さまざまな震源と観測点の組合せに対する，多くの走時が得られれば，式 (17.34) は，V^{-1} の分布を決めるための，線形インバージョンに利用することができる．16.3 節で議論したように，波線理論は無限大の周波数近似であり，大きさ a の異常が，第 1 フレネル・ゾーン (式 (16.14))

よりも大きい場合，つまり $a > (\lambda L)^{1/2}$ (L は伝播距離，λ は波長) となるときに適用することができる．有限周波数では，異常とフレネル・ゾーンの相対的な大きさを考慮せねばならない．単純かつ本質的に 1 次元的な波線理論の表現に対して，有限周波数での波の走時は，全体積にわたる積分によって得られる．

$$T = \int_V 1/V(\boldsymbol{r}) K(\boldsymbol{r}, \omega) \, dV \qquad (17.35)$$

ここで，$V(\boldsymbol{r})$ は速度分布，K は 16.3 節で述べたフレネル・ボリューム効果を形式的に考慮したカーネル関数である．Dahlen ら (2000) が，K の計算のための数理的詳細をまとめている．式 (17.35) から，フレネル・ゾーンよりも小さな物体は，走時に対して無視できる程度の効果しかなく，回折性回復が，フレネル・ゾーンと同程度の大きさの特性による走時摂動を減少させることがわかる．式 (17.35) を用いて $V(\boldsymbol{r})$ を求める走時インバージョンでは，回折性回復を効果的に逆に戻し，波線理論トモグラフィーから得られるものよりも，60% も強いトモグラフィーの異常が得られた (Montelli ら, 2004)．

沈み込むスラブのような大規模な特徴は，波線トモグラフィーで十分に描き出される．しかし，深部のプルームに関係するような，より局所的な小さな異常は，有限周波数トモグラフィーを用いることでよりよく解像される．この手法による最近のトモグラフィーインバージョンにおいて，Montelli

ら (2004) は下部マントルから広がる 6 つのプルームの証拠と，見かけ上，上部マントル内に限られているいくつかのプルームの例を示した．プルームは数百 km の見かけの直径をもつことがわかった．これらは，粘性がきわめて低く，非常に細く急速に流れる導管を伴うプルームの熱量 (ハロー) であろうと考えられる (Loper と Stacey, 1983)．プルームの粘性比は，およそ，$10^4:1$ と推定される．Montelli らのイメージでは，太平洋スーパープルームは，いくつかのサブプルームのように見える．

トモグラフィーへの関心は主に，現在および過去のマントル対流やテクトニクスの指標としての有用性から生じるのだが，その解釈は一意ではない．地震波速度の温度変化は，19.7 節の熱力学的論拠によって得られる (とくに式 (19.70), (19.71)，および (19.73) 参照)．下部マントルでの数値は表 19.1 にまとめられている．V_S および V_P の温度に対する感度の比は，とくに注意を引くものである．$(\partial \ln V_S/\partial \ln V_P)_P$ は，圧力にかなり強く依存し，下部マントルの領域で，1.7～2.5 まで増加する (表 19.1 の第 4 列)．そして，これは，Robertson と Woodhouse (1996a) や Su と Dziewonski (1997) による V_P および V_S のトモグラフィーによる観測値とよく一致しており，その変化が熱的に解釈されることを示している．しかし，厳密な考察によると，これは十分な解釈ではないことが示される．これらのデータセットは，S 波速度異常と式 (19.72) より得られる体積弾性波速度 V_ϕ の変化との比較として表現されるときに良い一致を示し，それらは，深さ約 2000 km から下で負の相関があるか，おそらくは相関がないように見える (Kennett ら，1998)．V_ϕ の重要性は，それが剛性率 μ には依存せず，体積弾性率 K_S (および ρ) にのみ依存することである．負の相関，つまり V_S の増加に伴う V_ϕ の減少 (およびその逆) は，温度による K_S の減少が ρ の場合よりも大きいという仮定によってのみ，温度効果として解釈でき，これは式 (19.73) により，$\delta_S < 1$ であることを意味している．δ_S は，下部マントルの状態方程式によって制約されるパラメーター (詳細は，Stacey と Davis, 2004 および付録 F および G に記載) に関する，式 (19.64) の熱力学的恒等式によって計算でき，これによって，δ_S はマントル全域にわたって，1 よりも大きくなる (19.7 節参照)．したがって，温度効果に加えて組成変化に訴えねばならない．

Forte と Mitrovica (2001) は，SiO_2–FeO–MgO 系による 3 成分の比率変化を伴う下部マントルの組成変化を考えた．彼らは，鉄のモル分率 $X_{Fe} = [FeO]/([FeO]+[MgO])$ およびペロブスカイトのモル分率 $X_{Pv} = [Pv]/([Pv]+[Mw])$ (Pv はペロブスカイト，Mw はマグネシオウスタイトを示す) の変化による速度変化を推定するために，地震学とモデリングのデータを用いた．このとき，

$$\delta \ln V_S = \frac{\partial \ln V_S}{\partial T}\delta T + \frac{\partial \ln V_S}{\partial X_{Pv}}\delta X_{Pv} + \frac{\partial \ln V_S}{\partial X_{Fe}}\delta X_{Fe}$$
$$\delta \ln V_\phi = \frac{\partial \ln V_\phi}{\partial T}\delta T + \frac{\partial \ln V_\phi}{\partial X_{Pv}}\delta X_{Pv} + \frac{\partial \ln V_\phi}{\partial X_{Fe}}\delta X_{Fe}$$
(17.36)

となる．核-マントル境界の直上 120 km，半径 3600 km での温度微分の値と，Forte–Mitrovica の組成微分の推定値を用いて，これらの方程式は次のようになる．

$\delta \ln V_S$
$$= -2.5 \times 10^{-5}\delta T - 0.16\delta X_{Pv} - 0.22\delta X_{Fe}$$
$\delta \ln V_\phi$
$$= -0.12 \times 10^{-5}\delta T + 0.045\delta X_{Pv} + 0.048\delta X_{Fe}$$
(17.37)

これにもとづいて，Forte と Mitrovica (2001) は，δX_{Fe} の分布を求めた．その最大値はおよそ ± 0.01 である (図 17.15)．100 K 程度の温度変化を仮定すると，式 (17.37) の V_S に対しては温度の効果が支配的になるが，V_ϕ は組成変化から最大の影響を受ける．これは，V_ϕ と V_S との間の負の相関によって説明できる．もしこの説明によるならば，高い温度は高い鉄の含有量と相関があるので，密度に対する熱的および組成的効果は，少なくとも部分的には相殺される．

17.9 地震波異方性

まれな例外もあるが，これまで発表されたトモグラフィーのインバージョンは，速度異常が等方的

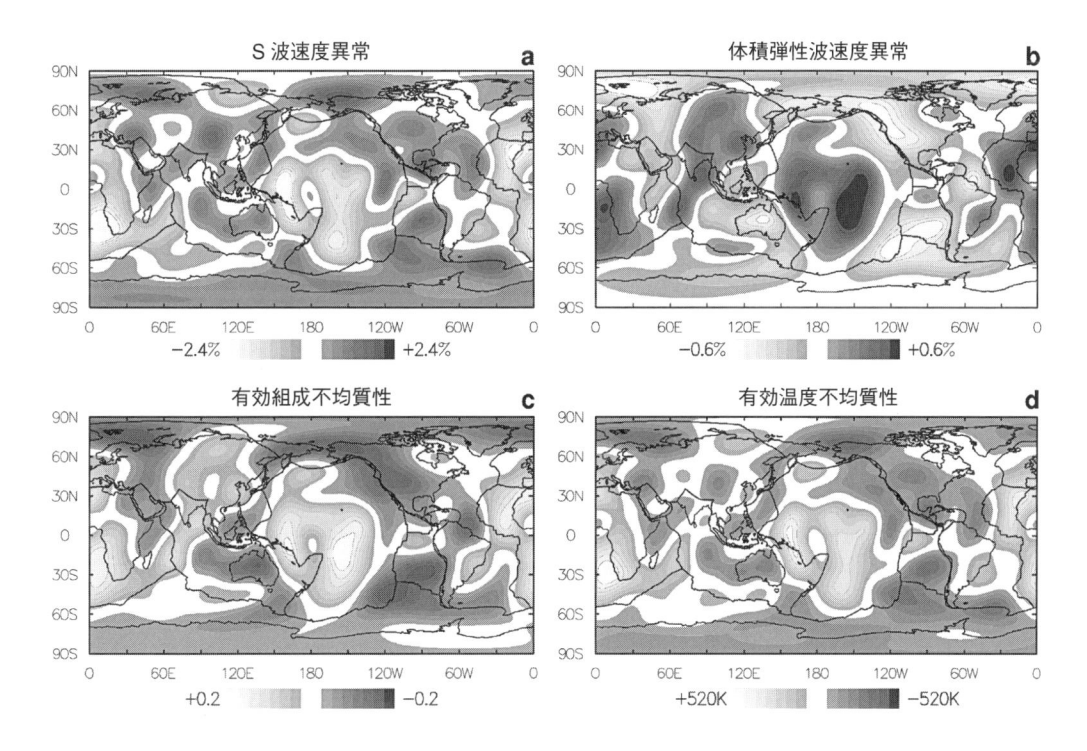

図 17.15 半径距離 3600 km(D'' の上，約 120 km) での，S 波および体積弾性波速度のトモグラフィーモデルと，推定された温度および組成変化との比較 (Forte と Mitrovica, 2001).

であるという仮定にもとづいてきた．これは，基本的な必要条件というよりも，やむをえない事情による．なぜなら，異方性を記述するのに必要となる余分なパラメーターを分解するにはデータが不十分だからである．しかし，地殻と上部マントル内の異方性の広がりは，等方性にもとづく解釈ではあまりに単純化されすぎていることを示唆している．異方性は，地震波走時の方位や偏向による変化に対して求められ，本質的に異方的な鉱物の配列や，整列した弾性的不均質性からなる構造によるものと考えられる．もし，異方性の変動が十分にランダムであれば，その地域は等方的に見えることになる．地殻の異方性はかなり変化に富んでいる．小さな (km 程度の) スケールでは，速度変化は非常に大きく (20% 程度) なるが，大きなスケール (数十 km 程度) では，異方性はほぼ一貫しないように見える．それに反して，最上部マントルは，おそらくオリビン結晶の配列によって生じる長波長の一貫した異方性を示す．オリビンは，斜方晶系の対称性 (表 10.2a, b 参照) をもち，きわ

めて異方的である．有限せん断変形を受けるときには，速い方向は伸張方向に並び，極端なせん断の場合には，せん断面そのものに平行になるように回転する．

地震波伝播に対するマントル構造の影響を完全に記述するには，完全異方性テンソル (Crampin, 1977) が必要であるが，弾性テンソル (10 章) の 21 成分すべての記述は不可能である．典型的には，特定の観測の組から，いくつかのパラメーターが得られ，残りの係数については，平均的な等方的値となるように制約される．結果として得られる異方性パラメーターは，オフィオライトやゼノリスのような，マントルの岩石に関する室内実験での測定値と良い一致を示し，典型的には約 8% の P 波異方性と，4% の S 波異方性を示す (Long と Christensen, 2000).

標準地球モデル (PREM, Dziewonski と Anderson, 1981) では，マントルの最上部 195 km を，鉛直軸のまわりに円柱対称な異方性固体として記述している．これは横等方性 (transverse isotropy) と

よばれ，5 つの深さ依存する弾性定数が必要となる．PREM マントルの他の部分は等方的で，2 つの弾性定数で記述される．横等方性は，マントルラブ波の速度がマントルレイリー波の速度よりも速い，という観測結果をモデル化するのに用いられた．方位異方性は，1960 年代以降，地殻下のマントルで臨界屈折された P_n 波が，拡大方向に対して，それに直交する方向よりも速い，という観測から，海洋性マントルにおいて認識されていた (Hess, 1964; Raitt ら, 1969; Keen と Barrett, 1971)．若い海洋リソスフェアでは，レイリー波の高速方向も，プレート運動の方向に平行である (Forsyth, 1975; Nishimura と Forsyth, 1989; Montagner と Tanimoto, 1991; Laske と Masters, 1998)．しかし，古い海洋底では，Nishimura と Forsyth (1989) がその効果が弱まっていることを見つけた．これはおそらく，絶対プレート運動の異なる方向が，刷り重ねられたためと考えられる．Nishimura と Forsyth は，太平洋の海底の異方性の空間および深さ依存性を解析し，それが上部 200 km に限定されていることを発見した．このように，異方性は主にマントルリソスフェアで起こるが，その下のアセノスフェアにも広がっている．

SKS 波の複屈折効果は，方位異方性を決定するのに利用される．SKS 波は，核を通過する P 波の CMB での変換によって発生するので，出現する S 波の偏向は SV となる．S 波が方位異方性をもつ物質に入ると，高速および低速成分に分裂し，位相がずれた状態で表面に達し，その運動は楕円状になる．S 波偏向は，震源と観測点を結ぶ大円に平行なときにラディアル (radial) とよばれ，それに対して直交ならトランスバース (transverse) とよばれる．初期偏向がラディアルだとわかれば，高速方向と位相の遅れを決めて，入射波形を復元できる．この分裂過程は，トランスバース成分が入射ラディアル成分の時間導関数となるよう，実質的に波形を微分する．これをしらべるために，ほぼ垂直に入射する分裂した S 波を考えてみよう．偏向波のラディアル成分を $f(t)$ として，速い方向がラディアル成分と ϕ の角度をなし，遅い方向との角度は $\phi + \pi/2$，走時差は δt と仮定する．分裂後，速い成分は $f(t+\delta t/2)\cos\phi$，遅い成分は $-f(t-\delta t/2)\sin\phi$ となる．これらをトランスバース方向 (すなわち，ラディアル方向から $\pi/2$) に分解すると，次式が得られる．

トランスバース

$$= [f(t+\delta t/2) - f(t-\delta t/2)](1/2)\sin 2\phi$$
$$\approx (1/2)\delta t \sin 2\phi \frac{\mathrm{d}f(t)}{\mathrm{d}t} \quad (\text{小さな } \delta t \text{ に対して})$$
(17.38)

このように，トランスバース成分がラディアル成分に対して位相が 90° ずれるという特性は，通常は同位相のラディアルおよびトランスバース成分をもつ S 波のように干渉する相がある場合に，分裂したエネルギーを識別するのに役立つ．

SKS 分裂 (SKS splitting) については多くの研究が発表されている (たとえば，Silver, 1996)．一般に位相の遅れは 1〜2 秒であり，これは 2〜4% の最上部マントル (200 km の深さ) の方位異方性に相当する．速い方向はたいてい，この層の有限な伸張方向と整列しているが，説明を要する例外も多くある．Montagner ら (2000) は，表面波の異方性から予測した SKS 分裂が米国西部や中央アジアといった，大規模な一貫したテクトニクスが起こっている地域での観測とよく合っていることを見いだした．

上部マントルの地震波異方性は，主に配向したオリビン結晶によると考えられている．オリビン結晶は斜方晶系なので，完全な記述には 9 個の独立な弾性定数と，配向を決めるための 3 個のオイラー角が必要となる．SKS 分裂や，表面波分散性の方位変化，波の到来方向に対する波の運動方向のずれといった，異方性に関するさまざまな測定を組み合わせることで，これらの定数の深さ方向に平均した値を推測することができる (たとえば，Davis, 2003)．

220 km よりも深部では，マントルの異方性は弱くなるようであるが，完全に等方的になるわけでもなさそうである (Boschi と Dziewonski, 2000; Panning と Romanowicz, 2006)．最上部マントルでの配列は，異なる有効粘性率をもち，個々の結晶の配向に依存する変形に帰着するような，オリ

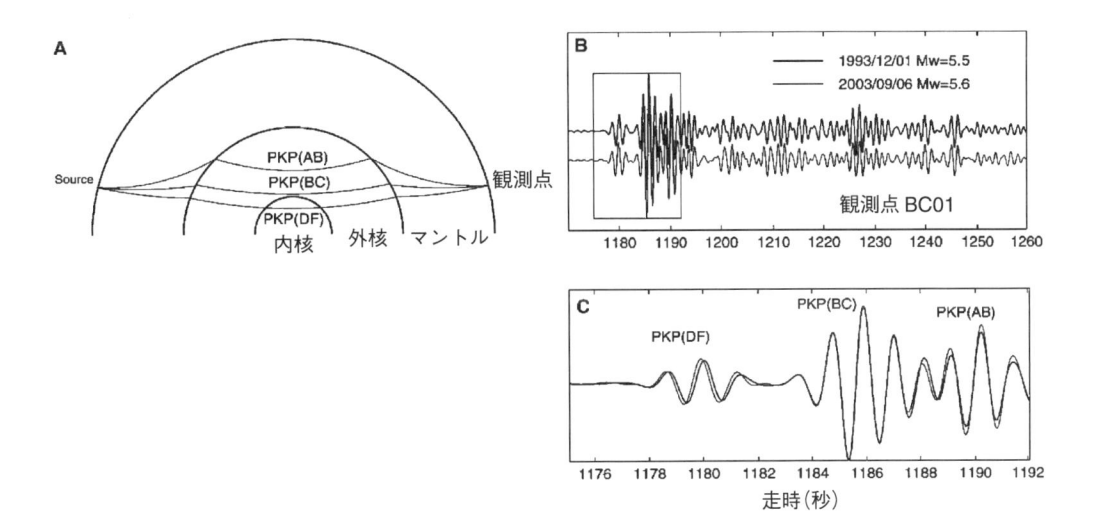

図 17.16 (a) PKP 波の波線経路と，内核を通る走時の時間変化の検出に用いられた力対の波形例 (Zhang ら，2005). 力対とは，発生時期の離れた 1 組の地震を意味し，高い相関の波形は 2 つの地震がほぼ同じ場所にあることを示している．内核および外核を通過した波の間の位相変化が，地震の時間間隔とともに大きくなる．このことがマントルに対する内核の回転の証拠として捉えられている．

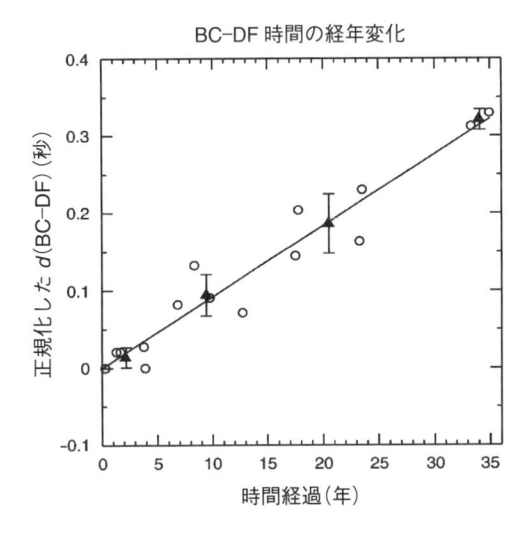

図 17.16 (b) 観測点 COL (カレッジ，アラスカ) における，力対をなす 2 つの地震の時間間隔の関数としての BC–DF 時間の差 d (BC–DF) (図 17.16(a)) (Zhang ら，2005).

ビンのさまざまな結晶面での転移クリープ (dislocation creep) によって起こると考えられている．これは，ひずみの進行に伴い，結晶軸の配列を引き起こす．高い融点規格化温度 (homologous temperature) (T/T_M) では，支配的な変形メカニズムは拡散クリープであると考えられており，これは既存のファブリックを破壊し，新しく生成することはない．このことはアセノスフェアの弱い異方性と調和的である．下部マントルは上部マントルに比べて異方性は弱い．おそらくは，鉱物の異方性が弱いためである．核–マントル境界をかすめて通過する波の異方的な走時の証拠がいくつかあり，これは D″ 層のファブリックとして説明されうる．

内核は異方的である．回転軸に平行に内核内部を通過する疎密波は，赤道面を通過する波よりも，3～4 秒ほど走時が短い (Poupinet ら，1983). ある自由振動周波数の分裂が，異方的な内核によって説明されることが示されたことで (Woodhouse ら，1986; Tromp，1993)，内核の軸方向の伸張による説明は度外視された．後の実体波解析によって，内核異方性の水平変化が示された (Creager, 1997). この異方性は，主として赤道面への付加による内核形成と，平衡状態の楕円率に向けた定常変形 (Yoshida ら，1996) のメカニズム解明にとって重要な手がかりである．内核は，円筒対称な六方最密相である ε 鉄からなり，内核異方性はその結晶配列の現れであると考えられている．

内核異方性は自転軸と完全には整列しておらず，かなり変化する．Song と Richards (1996) は，内

核経路を通る地震波の走時のゆっくりした変化から，マントルに対する内核の差分回転を捉えている可能性を見いだした．これは，核の物理とダイナモにとって重要な意味をもち，24.6 節で議論する．このオリジナルの報告に続いて，大きく異なる回転率の推定値や反論があったが，図 17.16 に示した Zhang ら (2005) による最近のよく確認された観測では，これが真の効果であることにほとんど疑いの余地を残さなかった．解釈の仕方は，不確かな観測による内核構造に依存する．外核の複雑かつ不規則な場と内核との電磁結合によって，内核の回転軸がマントルのそれに比べて，百分の 2〜3°ほど食い違う可能性があることについても注意すべきである．その観測は，共通軸のまわりの単純な差分回転ではなく，内核の極移動を見ているのかもしれない．

内核異方性の軸の誤整列は，磁気双極子軸の誤整列との比較を促す．どちらの場合も，われわれは，キュリーの対称性原理 (Curie, 1894) に訴える．これによれば，どの効果でもその原因の組よりも低い対称性をもつことはできない．Paterson と Weiss (1961) は，この原理の地質学的な応用について議論した．これらの状況下では，この原理は統計的に応用されねばならない．つまり，キュリーの原理によって制約されるには，瞬間的な整列ではなく，長期間の平均的な異方性軸の整列を考慮せねばならない．これはちょうど，われわれが軸双極子の原理を論証する際に，何千年もの間の磁場を平均するのと同様である．この原理は，24.5 節と 25.3 節で言及する．(核の運動によって制約されるのと) 同様の時間スケールでは，内核異方性は，キュリーの原理によって，回転軸と整列する．電磁結合から外核の不規則運動まで，2 つの効果が期待される．内核の物質は，それ自身の回転軸に対して動くかもしれない (内核の極移動) し，また軸はマントルのそれと誤整列しているかもしれない．キュリーの原理によって，これらの効果の 2 つ目は数千年の間で平均されるであろうが，1 つ目は内核の粒子配列の永続的な不均質性を引き起こすであろう．地震学的な観測が結局は，現在の内核回転の詳細を明らかにすることが可能であろう．

18
有限ひずみと高圧状態方程式

18.1 まえおき

単位質量あたりの物質の体積 V，圧力 P，温度 T の関係を，状態方程式という．体積のかわりに密度 ρ を使う場合は，質量に関する規格化は必要でなくなる．そのため比体積 $1/\rho$ を体積として考える場合もまれにはあるのだが，本書では体積 V は任意の質量 m に対するものとする．もう 1 つの手段としてモル体積があるが，これは可算性が成り立たないような複数の成分からなる物質に対しては不便である．最も単純で馴染み深い状態方程式は理想気体の方程式であり，n モルの気体に対して $PV = nRT$ と表される．ここで $R = N_\mathrm{A} k = 8.31447 \,\mathrm{J\,mol^{-1}\,K^{-1}}$ は気体定数であり，アボガドロ数 $N_\mathrm{A} = 6.02214 \times 10^{23}\,\mathrm{mol^{-1}}$ を用いてボルツマン定数 $k = 1.38065 \times 10^{-23}\,\mathrm{J\,K^{-1}}$ と関係づけられる．これは体積が圧力と温度の両方の関数として表されているという意味で，完全な状態方程式の例であるが，だからといってすべての性質を与えるわけではない．固体や液体などの凝集物質を扱う場合には，通常圧力と温度の効果を分けて考える方が便利である．一定の温度における圧縮は，等温体積弾性率あるいは非圧縮率 $K_T = -V(\partial P/\partial V)_T$ によって表現される．これは弾性理論におけるパラメーターであり (10 章)，したがって小さいひずみに対して，つまり体積圧縮が $P/K_T = -\Delta V/V \ll 1$ である場合のみに限定されるものである．弾性理論は無限小ひずみ理論であるので，そこでは K_T は定数として取り扱われる．大きなひずみに対しては有限ひずみ理論，これは等温状態方程式とよばれることがある，を考えなければならないが，その場合は K_T は圧力に依存する．これを完全な状態方程式にするには熱膨張に関する情報を補う必要がある．

1 気圧での値と比べると地球内部では体積弾性率は 1 桁以上変化するので，有限ひずみ理論が必要となることは明白である．しかし今のところ十分に同意の得られた一般的な理論というものは存在せず，いくつか候補となるアイデアがあるのみである．しかもそれらはすべて経験的と認識されねばならないようなもので，ひずみの定義それ自身でさえ問題があるといえる．ほとんどの地球物理学の議論は，Love (1927) による古典的な弾性理論を発展させ，先駆的に地球深部の地震学的観測結果の解釈を試みた Birch (1952) のアイデアに従っている．Birch の理論は，そのそもそもの成り立ちとは大きく異なり，原子間ポテンシャルの観点からも最も簡潔に表現され，これを用いて圧力の関数として鉱物の密度を合理的に見積もることができる．しかし熱特性を計算したり (19.3 節)，フィッティングに用いたデータが存在する範囲外の圧力へ外挿したりするときのように微分値 ($\mathrm{d}K/\mathrm{d}P$, $\mathrm{d}^2 K/\mathrm{d}P^2$) が必要となる場合には，われわれが微分量方程式とよんでいるものを利用する必要が生じる．

有限ひずみ理論では温度の変化に関して，通常等温 ($T = \mathrm{constant}$) あるいは $T = 0$ という特有の条件を仮定しているが，他の条件を考えることも可能である．地球物理学的な目的に対しては，断熱有限ひずみ方程式がしばしばより便利である．地球の大部分の領域は断熱温度勾配に近いと信じられているが，これを用いた場合は $V(P)$ あるいは $P(V)$ を表現するために熱的補正を施す必要がな

いからである．断熱圧縮を表現するには，K_T ではなく地震学的に直接観測される体積弾性率 K_S である，

$$K_S = -V(\partial P/\partial V)_S = K_T(1 + \gamma\alpha T) \quad (18.1)$$

を用いる．地球内部においては，K_S は 5%から 10% 程度 K_T を上まわっていると考えられている．ここで，

$$\gamma = \alpha K_T/\rho C_V = \alpha K_S/\rho C_P \quad (18.2)$$

はグリュナイゼン (Grüneisen) パラメーターであり 19.3 節において詳しく取り扱う．もう 1 つの可能性として，弾性率 K_M を用いて融点に沿った圧縮を表現する方程式が考えられる．これについては 19.4 節でふれる．

任意の温度変化を考慮する際に必要となる熱特性は，有限ひずみ理論によって記述される弾性特性とまったく無関係ではない．それらは同じ原子間力に支配されているからである．グリュナイゼン・パラメーターは弾性率とその圧力微分にもとづいて表現され (19.3 節)，熱特性と弾性特性を理論的に関連づける本質的な量である．このことは上記の計算を行うには関連する有限ひずみ方程式の微分が必要となること，その際，熱力学的基準に反しない微分係数を与える理論モデルを注意深く選択しなければならないこと，を示している．

ほとんどの有限ひずみ理論では体積の関数として圧力を表す $P(V)$ の関係式が用いられるが，その逆関数 $V(P)$ の解析的表式を与えることは一般的に困難である．そのような理由などのため，熱効果は圧力一定条件よりもしばしば体積一定条件のもとで考慮される．一定体積下において温度変化に伴って生じる圧力変化は熱圧力とよばれており，これは熱膨張を抑えるのに必要な圧力に相当するものである．熱力学の恒等式 (付録 E)，

$$(\partial P/\partial T)_V = \alpha K_T \quad (18.3)$$

を体積一定のもとで積分することにより，

$$P_{\text{Th}} = \int_0^T \alpha K_T dT = \rho \int_0^T \gamma C_V dT \quad (18.4)$$

が得られる．高温の絶縁体では，この式に現れる積 αK_T や γC_V は温度にごくわずかにしか依存しない (体積一定のもとで) という点で，式 (18.4) を用いることは便利である．地球の核などの金属に対しては，温度に比例する電子比熱も加えなければならない．

有限ひずみ方程式は相転移を超えて適用されることはない．同じ物質であっても異なる相は異なる物性を有しており，状態方程式のパラメーターは個々の相や結晶構造で区別される．マントル中での鉱物の相転移は，K_S あるいは K_T や α などの性質が ρ と同様に不連続的に変化することで特徴づけられる．しかしながら，鉱物の相転移のいくつかは (表 2.4b) はくっきりとした境界をもたず，ある程度の圧力範囲でぼやけているものがある．そのような圧力の範囲内では dK/dP などのパラメーターの地震学的な見積もりは本来の意味を失ってしまうので，細心の注意を払って状態方程式を適用する必要がある．鉱物の組成と構造が均一であるような地球内部の領域，外核や下部マントルの大部分，に適用される場合にのみ，完全に有効なものとなるのである．

相転移に伴う K_S などの物性の変化は，もとをたどれば原子配列の変化によって生じている．したがって，鉄合金の固液の相境界である内核外核境界 (ICB) における物性変化が，ごくわずかであることを指摘しておくことは興味深い．密度差の大半は溶質の量の差によっているのである (2.8 節)．それにもかかわらず，それらの濃度は体積弾性率を変化させるような効果を生じない程度に低い．融解に伴う K_S のきわめてわずかな変化は，融解の際原子配列がほとんど変化しない金属において特徴的である．これは融解現象の転位論的描像 (19.4 節) によって説明でき，固体液体ともに最密充填構造を有しているとみなせるような十分に高い圧力において予期されるものである．

付録 F に地球モデル PREM の詳細を示す．このモデルは密度や地震波速度 (V_P および V_S) を，いろいろな半径の範囲において多項式でフィッティングしたものである．このさい多項式の係数がパラメーターとなる．これは数学的にも簡便で，目的によっては圧力変化に伴う ρ と K_S の変化を適切に表現 (図 18.1) できるのだが，状態方程式の研究においてはその有用性は限定的である．というのもその微分

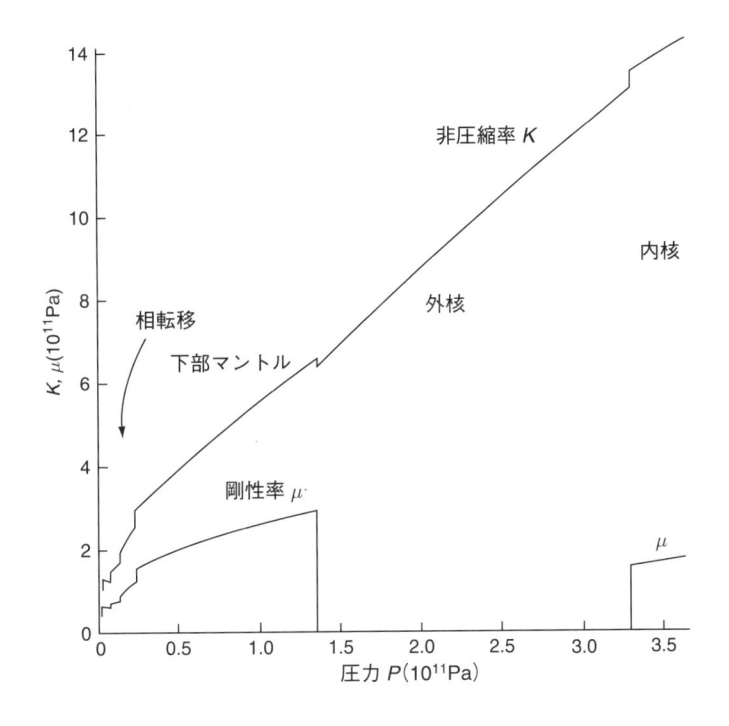

図 18.1 PREM 地球モデルにおける弾性率 K および μ の圧力 P に伴う変化.

係数 ($K'_S = (\partial K_S/\partial P)_S$ や $K''_S = (\partial^2 K_S/\partial P^2)$) が, もっともらしいどの状態方程式とも相容れないからである. それらはパラメーターのとり方に依存したり, 必要とされる単調な圧力変化を示さなかったりする. 状態方程式にデータをフィッティングするという処理を行う場合, もちろん選んだ方程式に応じて固有の関数形が課せられるので, 推定しようとする特性の詳細がその制約を受けてしまうのである. このような場合, フィットされるデータに加えて, 方程式の微分量に依存する特性に対して物理的に現実的なふるまいを与えることを保証するための追加情報が必要となる. もととなった PREM との比較のために, 下部マントルと核のデータの微分量方程式へのフィッティングの結果を付録 F に示す.

17.5 節で述べたように, 均質で断熱的な層における圧力による密度変化は $d\rho/dP = \rho/K_S = 1/\phi$ で与えられ, これは地震波速度から直接得ることができる. これにより地球モデルにおける $P(\rho)$ の変化を半ば独立にチェックすることができ, そのため均質性のテストにも用いることができる. 地球モデルが明らかに均質性を示す層 (外核や下部マントルの大部分) には, 状態方程式研究に対してとても有用な情報が多く存在している. 単に P–ρ の方程式を用いてフィッティングを行うかわりに, その微分をとり, K–ρ の方程式を得て, さらにその比をとることにより P/K と ρ の方程式をフィッティングに用いることができる. 地球モデルには P と K の両方がリストされているので, これによりはじめのデータフィットにおいて未知の K_0 を除外でき, フィッティングの確度を向上させることができる. この理由により, 圧力スケールの信頼性と同様, 有限ひずみ方程式のテストのためには, 外核や下部マントルの圧力領域における地球モデルのデータを用いることがたいへん好都合である.

18.2 高圧実験とその解釈

地球深部の圧力温度条件を実験室で再現することにより測定した地球の候補物質の性質と地震学的データとが比較でき, これにより地球の組成や

鉱物構造と同様にこの章で論じる理論について検証することができる．高圧実験にはいくつかの技法があるが，それぞれに利点と限界がある．歴史的に最初に行われたのは，P. W. Bridgman による流体の詰まった高圧容器を用いた静水圧縮実験であった．この方法では圧力の関数として音波速度を正確に測定でき，ゆえに状態方程式中の微分係数 $K_S(\partial P/\partial \ln \rho)_S$ や $(\partial K_S/\partial P)_T$ がいくらか高圧まで求まる．そのため，もっと高圧の状態が実現できるようになった現在においても，この方法はいまだ重要な役割を担っている．また，この方法では確実に静水圧状態をつくりだすことができるが，より高い圧力を発生させられるような他の実験方法の場合は，静水圧性を保証することは一般的には困難である．時折，等温あるいは断熱過程における，より高次の微分 d^2K_T/dP^2 についても報告されることがある．ただし圧力の較正は，通常これらを有益な精度で算出できるほど正確ではない．

さらに Bridgman は，先端を細く整形した非常に硬い物質からなるアンビル（場合によっては位置合わせのために特別な配慮を必要としない交差型アンビル）で，小さな固体サンプルを挟んで加圧するという実験も実行した．アンビル材にダイヤモンドを用いたダイヤモンドアンビルは，ダイヤモンドの特出した性質により，現在非常に成功を収めている方法である（図 18.2）．100 GPa 以下の圧力範囲にとどまる場合がほとんどだが，これを用いて 2〜300 GPa（2〜3 メガバール）ほどの高圧力も達成されている．ダイヤモンドは透明なので，サンプルを観察したりレーザーで加熱したりすることができる．ダイヤモンドは X 線の透過率も十分に高いため，非常に小さなサンプルを用いたその場 X 線回折測定により，超高圧下での結晶構造や格子間隔（すなわち密度）を決定することができる．サンプルを熱する場合は温度ができるだけ一様になるように注意を払い，圧力ができるだけ静水圧状態に近づくようにしたことで，この方法はきわめて用途の広いものとなった．他の方法と同様に圧力の較正には問題があるが，ダイヤモンドアンビルセルはその小ささや比較的単純な装置であることからとても使いやすく，これを用いて多くの研究グループにおいてさまざまな実験が行われている．

ダイヤモンドアンビルを用いて得られた鉱物物理学における初期の成功例に，種々の鉱物を高圧縮下において 1000°C までレーザーで熱した，Liu (1976) による一連の実験がある．それらの実験により，深さ 660 km のマントル不連続面 (23.5 GPa) を境に，多くの鉱物が主に $(Mg, Fe)SiO_3$ の斜方晶ペロブスカイト相に相転移することが観察された．それらの結果は，化学的アナログ物質においてより低い圧力で生じる同様の相転移から，確かに予期されてはいた．しかしマントル珪酸塩において直接実証したことは，下部マントルの理解に対し決定的な一歩となった．そしてこの実験により，高圧鉱物学におけるダイヤモンドアンビルの有用性が広く知られることとなった．

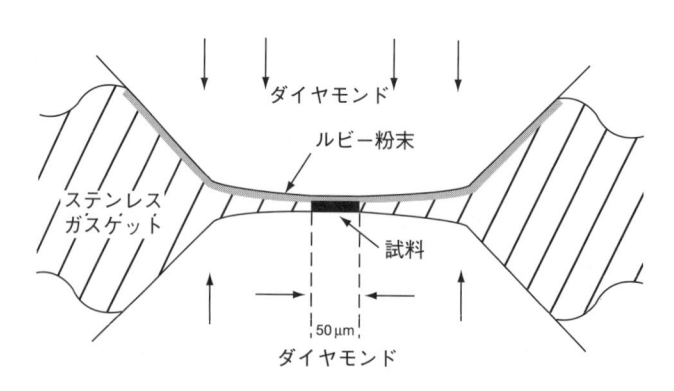

図 18.2 250 GPa に達する圧力を生み出すダイヤモンドアンビルセルの模式図．ルビー粉末の蛍光の波長は圧力によって変化し，圧力較正に用いられる．ただし，最高圧付近では他の方法が必要となる．

ダイヤモンドアンビルで用いられるよりも，より大きな試料サイズが必要となる実験もある．大きなサンプルを取り扱う静的高圧実験では，立方体や8面体の試料容器を油圧ピストンを用いて6個あるいは8個のアンビルで圧縮する，マルチアンビルプレスが使われている．この場合，比較的軟らかい物質でサンプルを囲むことで，静水圧状態に近い圧縮を実現することができ，内部に電気伝導性物質を入れることで，熱電対で温度を計測しながら試料を加熱することができる．この装置特有の使い方としては，高圧鉱物，とくに上記のペロブスカイト（下部マントルの主要物質だが常温常圧下では準安定状態としてしか存在できない）の合成があげられる．その場合，高圧高温下で結晶成長させた後，減圧させる前に温度クエンチを行う（高圧状態を保ちながら，常温まで温度を下げる）．一方，下部マントル中にわずかに存在すると考えられるCa珪酸塩ペロブスカイトなど，常圧下へ回収できない鉱物もあり，それらに対しては高圧下でその場観測を行わなければならない．

最も高い圧力は，ごく短時間ではあるが，衝撃波実験により達成されている．この実験手法は核兵器開発の副産物であるが，その技術をチェックするために高圧下での密度が既知であると信じられていた地球物質への応用も，少なくとも部分的には最初から計画されていた．初期の実験 (McQueenとMarsh, 1966; McQueenら, 1967) は，ありふれた鉱物が相転移により，下部マントルの物質と調和的な，より密度の大きい状態に変換されることを確かめた．しかし，核の密度についてはさらなる相変化では説明できず，鉄と微量の軽元素の合金として解釈しなければならなかった．衝撃実験では，射出された飛翔体が激突するときのサンプルの動きを高速度カメラにより観察する (図18.3)．この際，断熱圧縮よりも大きくサンプルが加熱されてしまうことに注意が必要である．また，圧縮が非常に急激であるために，実際にサンプルが静水圧平衡や熱力学平衡に達したか疑わしい点もある．この問題はAnderson (1995, Chapter 12) により議論されており，圧力較正における懸念もStaceyとDavis (2004) により喚起されている．衝撃圧縮は，

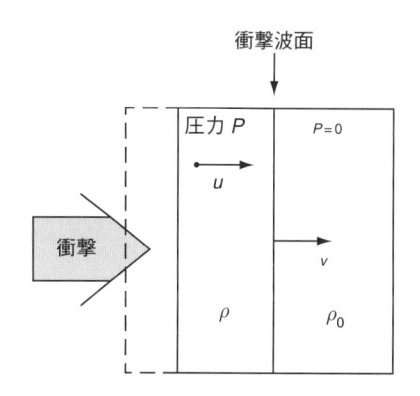

図 18.3 衝撃波が伝播する際の位置関係．左からの高速の衝突により，固定されていた試料内を速度 v で移動する衝撃波がつくり出される．衝撃圧縮され，密度が ρ となった試料は，$u < v$ の速度で移動する．まだ衝撃を受けていない部分（密度 ρ_0）は，停止したままである．破線は衝撃を受ける前の試料を表している．

K で表される静水圧的な圧縮と，χ で表されるより大きな弾性率をもつ線圧縮との間の妥協点のようなものである．強い（速い）衝撃波は静水圧状態に達するまでの時間をサンプルに与えないため，圧力の増加に伴い見かけ上体積弾性率が実際よりも速く上昇しているように観察されてしまい，これが圧力の過大評価につながると説明できる．しかしこれらの懸念を無視するならば，その圧縮過程は，サンプル中の衝撃波面の前進速度と衝撃にさらされた部分そのものの移動速度に着目することで，十分簡単に解釈することができる．

まず，サンプル中を伝わる衝撃波面の通過過程に質量保存の法則を適用する．衝撃波面はまだ圧縮されていない部分に対しては相対速度 v で前進し，速度 u の前進速度が加わった圧縮された部分に対しては相対速度 $(v-u)$ で移動していると考えると，

$$v\rho_0 = (v-u)\rho \quad (18.5)$$

が得られる．したがって，v と u の両方を高速度カメラで測定することにより，圧縮の度合を

$$\frac{\rho}{\rho_0} = \left(1 - \frac{u}{v}\right)^{-1} \quad (18.6)$$

にもとづいて測ることができる．同様にして，衝撃波面における単位面積あたりの運動量の変化率が衝撃波による圧力上昇と等しいことから，

$$P = \rho_0 v u \tag{18.7}$$

として衝撃により発生する圧力を計算することもできる．すなわち，運動量 ($\rho_0 v$) をもつ状態の速度が u だけ変化することに伴う，単位面積，単位時間あたりの運動量の変化分である．これにもとづき，衝突体の速度を変化させてさまざまな衝撃強度で測定することにより，$P(\rho)$ の関係を得ることができる．

衝撃波による圧縮は動的であり，通常断熱的ではない．そこでその発熱量は，衝撃波面の前後でエネルギー保存則を考えることにより計算される．衝撃波面前後での圧力差 P により物体は速度に押し上げられるので，衝撃波面の単位面積あたりの仕事率は，圧縮された物体に働いている圧力 P とその物体の速度 u の積 Pu で与えられる．これと，物体に加えられたエネルギーの上昇率 (運動エネルギーと内部エネルギー増加分の和) を等しいとすることにより，次式が得られる．

$$Pu = \rho_0 v \left(\frac{u^2}{2} + U^* - U_0^* \right) \tag{18.8}$$

U^* と U_0^* はそれぞれ，圧縮状態と圧縮される前の状態での単位質量あたりの内部エネルギーである．*はこれらと通例任意の質量に対する全内部エネルギー (付録 E) とを区別するために付記した．式 (18.6) と式 (18.7) を式 (18.8) に代入することにより，

$$U_\mathrm{H}^* - U_0^* = \frac{1}{2} P_\mathrm{H} \left(\frac{1}{\rho_0} - \frac{1}{\rho} \right) \tag{18.9}$$

が得られる．この式は，原著論文の著者の 1 人の名前を冠しユゴニオ方程式とよばれている．この方程式に従った内部エネルギーの変化で記述される衝撃圧縮曲線をユゴニオとよび，衝撃圧縮においてのみこの関係が成り立つことを強調するために，頭文字 H の添字を加えている．

式 (18.9) は，ユゴニオデータから断熱もしくは等温圧縮を推定するために用いることができる．断熱曲線の計算の方がより単純であり，これから熱力学の一般的な関係式にもとづいて等温線を計算することができる．付録 E の表 E.2 より，$(\partial U/\partial V)_S = -P$ なので，断熱圧縮に伴う内部エネルギーの変化は，

$$dU_S^* = -P_S \, dV^* \tag{18.10}$$

と表される．ここで添字 S は断熱過程を示し，* は引き続き単位質量あたりのパラメーターであることを意味している．式 (18.10) を V_0^* から V^* まで積分し，式 (18.9) と組み合わせると，

$$U_S^* - U_\mathrm{H}^* = \int_{V_0^*}^{V^*} P_S \, dV^* - \frac{1}{2} P_H (V_0^* - V^*) \tag{18.11}$$

が得られるが，これは同密度 $1/V^*$ おける断熱曲線に沿った場合とユゴニオに沿った場合の内部エネルギーの差である．等積条件下では，表 E.2 より

$$\left(\frac{\partial U}{\partial P} \right)_V = \frac{m}{\gamma \rho} = \frac{V}{\gamma} \tag{18.12}$$

であり，グリュナイゼン・パラメーター γ (18.2) が一定体積下において温度に依存しないという合理的な近似のもとで，

$$U_S - U_\mathrm{H} = (V/\gamma)(P_S - P_\mathrm{H}) \tag{18.13}$$

と表すことができる．これにより，ユゴニオ圧力を断熱曲線に変換する際の「補正」として，

$$P_S = P_\mathrm{H} \left[1 - \frac{\gamma}{2} \left(\frac{\rho}{\rho_0} - 1 \right) \right] - \gamma \rho \int_{V_0^*}^{V^*} P_S dV^* \tag{18.14}$$

が与えられるのである．ただし式 (18.14) 中の積分は，求めるべき $P_S(\rho)$ そのものを含んでいるので，反復計算によって解くことになる．ユゴニオデータから等温線を計算するには，直接にせよ断熱曲線を経るにせよ，18.3〜18.5 節までの理論にもとづいて γ の密度依存性について何らかの仮定を与える必要がある．

18.3 原子間ポテンシャルに対する要求

原子間ポテンシャル関数は，近接する原子相互のポテンシャルエネルギー ϕ を距離 r の関数として表したものである．どの有限ひずみ理論においても，図 18.4 のような一般的な形をもつポテンシャル関数が暗に想定されているのだが，その本質的な特徴としてポテンシャルの最小値付近における非対称性がある．原子間の結合を伸ばすことは縮めるよりもたやすく，これに関係して 2 つの結論が導かれる．1 つ目は，体積弾性率は圧力が上

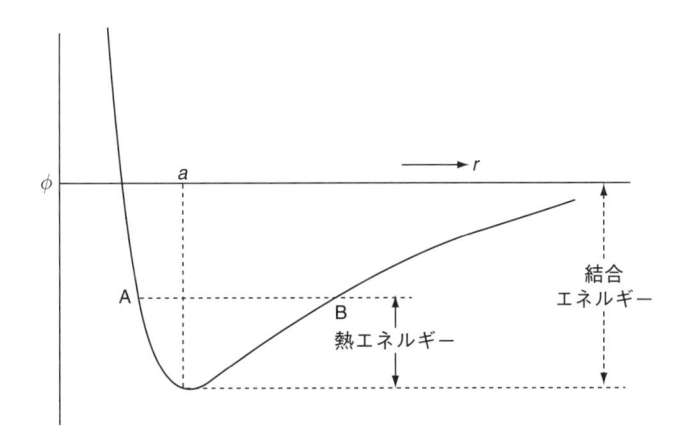

図 18.4 原子ポテンシャル関数の形状．原子間距離 r の関数として隣接原子との相互作用エネルギーを表している．平衡原子間距離 a は，引力と斥力のバランスによって決まる．r の減少に伴う勾配の増加は，圧縮に伴う体積弾性率の増加を引き起こす．A と B の間での熱振動は，圧縮に比べて膨張の方がより大きく変位するため熱膨張を引き起こす．

昇すると増加し，通常物質は加熱によって膨張するということである．有限ひずみ理論はこれらの効果のうち主に前者に関係しているが，しかし熱的性質の理論，とくにグリュナイゼン・パラメーター (19.3 節) とも密接に結びついている．ポテンシャル関数にもとづいて有限ひずみ理論を考えることには，背景にある物理的仮定を明確にし，熱的性質との結びつきを自然な形で導くことができるという概念的な利点がある．ふつうの弾性理論 (無限小ひずみ理論) では，図 18.4 における最小位置からのごく小さな変位を考える．この範囲においては，ϕ は変位の 2 乗に従って変化し，ゆえに変位に比例する力と定数とみなせる弾性率を与える．この範囲外へ外挿する場合，ϕ の一意的な表式は存在しない．強く圧縮された物質のふるまいを表現するために用いられてきた，多数の経験的ポテンシャル関数があるのみである．計算機シミュレーション (分子動力学計算) では解析的には扱えないポテンシャル関数を取り扱うことができるが，その妥当性は仮定した関数に本質的に依存する．べき乗ポテンシャルと指数関数を組み込んだものの 2 種類の関数形が一般的に用いられており，いずれの場合においてもゼロ圧力での平衡原子間隔 $r = a$ においては最小値をもち，$\mathrm{d}\phi/\mathrm{d}r = 0$ となる．それゆえ，密度変化は，

$$\frac{\rho}{\rho_0} = \frac{V_0}{V} = \left(\frac{a}{r}\right)^3 \qquad (18.15)$$

で与えられる (添字 0 は，ゼロ圧力での値であることを意味している)．

N 個の原子からなる結晶について考えよう．各原子は $6f$ 個の原子と隣接し，それぞれとエネルギー ϕ で結合しているとする．単純立方結晶では $f = 1$，最密充填構造では $f = 2$，ダイヤモンド構造では $f = 2/3$ となる．各結合は 2 つの原子に共有されているため，結晶の結合エネルギーの総和は，

$$E = 3Nf\phi \qquad (18.16)$$

となる．結晶の体積を，

$$V = Ngr^3 \qquad (18.17)$$

と表してみる．ここで g は，単純立方結晶の場合に 1 となるような，もう 1 つの無次元定数である．これは単位格子に対する 1 原子あたりの体積の割合に相当し，最密構造で最小値 $1/\sqrt{2}$，ダイヤモンド構造で最大値 $8/3\sqrt{3}$ をもつ．当面温度効果は無視することにすると，任意の原子間隔 r での圧力は，

$$P = -\frac{\mathrm{d}E}{\mathrm{d}V} = -V\frac{\mathrm{d}E/\mathrm{d}r}{\mathrm{d}V/\mathrm{d}r} = -\frac{f}{g}\cdot\frac{1}{r^2}\frac{\mathrm{d}\phi}{\mathrm{d}r} \qquad (18.18)$$

となり，体積弾性率は，

$$K = -V\frac{dP}{dV} = -V\frac{dP/dr}{dV/dr}$$
$$= \frac{f}{3g}\left(\frac{1}{r}\frac{d^2\phi}{dr^2} - \frac{2}{r^2}\frac{d\phi}{dr}\right) \quad (18.19)$$

となる．今は地球深部において曲線 $K(P)$ の勾配に合う関数 ϕ を見つけたいと考えているので，

$$\frac{dK}{dP} = \frac{dK/dr}{dP/dr} = \frac{\dfrac{d^3\phi}{dr^3} - \dfrac{3}{r}\dfrac{d^2\phi}{dr^2} + \dfrac{4}{r^2}\dfrac{d\phi}{dr}}{3\left(\dfrac{2}{r^2}\dfrac{d\phi}{dr} - \dfrac{1}{r}\dfrac{d^2\phi}{dr^2}\right)} \quad (18.20)$$

も興味深い量である．いくつかの目的のためにはより高次の導関数が必要となるが，それらについては一般形のままで話を進めるよりも，個々のケースごとに取り扱う方が通常より便利である．式 (18.20) の場合は分母が K(式 (18.19)) に似た形となっており，代数的に単純なため，積 $K(dK/dP)$ を微分することが高次の導関数を得るためのステップとなる．

最も簡単なポテンシャル関数は，ϕ が $1/r$ の関数で表される，

$$\phi = a_1(a/r)^m + a_2(a/r)^n + a_3(a/r)^p$$
$$+ a_4(a/r)^q + \cdots \quad (18.21)$$

のようなものである．ここで a は平衡核間距離，$a_1, a_2, \cdots$ はエネルギーの次元をもつ係数である．$n, m, \cdots$ は無次元の指数で通常は整数だが，必ずしもそうである必要はない．これにはいくつもの変化形が存在する．2 項のみからなり，任意の m と n (a_1 が負となるように $n > m$ とする) をもつポテンシャルは，量子力学の導入によって異なる形のポテンシャルが示唆される以前に G. Mie によって提案された．クーロン力を表すために $m = 1$ とした場合は，ボルン–ミー (Born–Mie) ポテンシャルとして知られる形になる．$m = 6$ と $m = 12$ の場合は，双極子–双極子間相互作用を表すレナードジョーンズ (Lennard-Jones) ポテンシャルとなる．J. Bardeen は指数 1, 2, 3 をもつ 3 項からなるポテンシャルを提案した．また Birch (1952) の理論は，指数 2, 4, 6, 8 をもつ 2, 3, 4 いずれかの項数からなる式 (18.21) にもとづいて表すことができる．これら 4 項すべてを用いた場合は 4 次の理論とよばれる．原理的に 2 項よりも少なくすること

はできないので，このような命名法から 1 次の理論は存在しないとわかる．また指数がすべて 2 の倍数である場合，式 (18.21) は明らかに $(\rho/\rho_0)^{2/3}$ の多項式になり，そのため微分を簡単に繰り返すことができる．$\rho/\rho_0 = x$ とおいて，式 (18.21) を x に関して $K'' = d^2K/dP^2$ まで微分し，ゼロ圧力 $(x = 1)$ での，K, K', K'' の値を代入して係数を消去すると，4 次の Birch の理論により，

$$P = -\frac{dE}{dV} = \frac{x^2}{V_0}\frac{dE}{dx}$$
$$= \frac{9}{16}K_0(-Ax^{5/3} + Bx^{7/3} - Cx^3 + Dx^{11/3}) \quad (18.22)$$

が与えられる．ここで各係数は，

$$A = K_0 K_0'' + (K_0' - 4)(K_0' - 5) + \frac{59}{9}$$
$$B = 3K_0 K_0'' + (K_0' - 4)(3K_0' - 13) + \frac{129}{9}$$
$$C = 3K_0 K_0'' + (K_0' - 4)(3K_0' - 11) + \frac{105}{9}$$
$$D = K_0 K_0'' + (K_0' - 4)(K_0' - 3) + \frac{35}{9}$$
$$(18.23)$$

である．3 次の理論に対しては，a_4 すなわち D を 0 と仮定することによって，

$$K_0 K_0'' = -(K_0' - 4)(K_0' - 3) - \frac{35}{9}$$

となり，A, B, C はより簡単な表式，

$$A = -2(K_0' - 4) + \frac{8}{3}$$
$$B = -4(K_0' - 4) + \frac{8}{3}$$
$$C = -2(K_0' - 4)$$
$$= B - A$$
$$(18.24)$$

となる．2 次の理論では，a_3 すなわち C もまた 0 となり，

$$K_0' = 4, K_0 K_0'' = -\frac{35}{9}, \quad A = B = \frac{8}{3} \quad (18.25)$$

となる．Birch の理論の利点と限界，地球物理学の分野でよく用いられる理由などについては 18.4 節で述べる．

量子力学によって少なくともポテンシャルの反発項が指数関数の形をとるべきであると示されるとすぐに，べき乗則で表された形式 (式 (18.21)) の基本的な妥当性に対して疑いが生じた．そしてポテンシャル関数を発展させるための初期の理論

的な試みは，2原子分子の振動スペクトルの研究にもとづき，はじめに1929年に P.N. Morse によって，その後1932年に R. Rydberg によって行われた．今日より注目を集めているリュードベリ (Rydberg) ポテンシャルは，

$$\phi = A\left[1 - \zeta\left(1 - \frac{r}{a}\right)\right]\exp\left[\zeta\left(1 - \frac{r}{a}\right)\right] \quad (18.26)$$

と表せ，上記の Birch の理論と同様に微分を行うことによって，対応する有限ひずみ方程式，

$$P = 3K_0 x^{2/3}(1 - x^{-1/3})\exp[\zeta(1 - x^{-1/3})] \quad (18.27)$$

が与えられる．パラメーター A と $\zeta = (3/2)(K_0' - 1)$ は，ゼロ圧力での境界条件から決まる．この式は Vinet ら (1987) により強く推奨されたため，その何年か前に先行した研究が行われていたにもかかわらず，しばしば Vinet の方程式とよばれている．しかしながら，地球深部の圧力に適用する場合はモース (Morse) ポテンシャル，リュードベリ・ポテンシャルともに共通した深刻な欠点がある．18.6 節で熱力学的な必要条件について述べるが，有限ひずみ理論では $P \to \infty$ の極限で K' が $5/3$ を上回らないといけないのである．この量は K'_∞ であり，これは式 (18.22) や式 (18.27) での x の最大の指数と等しくなる．式 (18.27) の場合は $K'_\infty = 2/3$ を与え，そのため大きく熱力学的基準を満たさなくなるのである．しかし，Stacey (2005) の指摘によれば，とても単純な修正によってこの問題を乗り越え，地球のデータへの実用的なフィッティングを与えることができるようになる．彼は，任意の K'_∞ を用いて一般化されたリュードベリの方程式，

$$P = 3K_0 x^{K'_\infty}(1 - x^{-1/3})\exp[\zeta(1 - x^{-1/3})] \quad (18.28)$$

を提案した．この場合，

$$\begin{aligned}\zeta &= \frac{3}{2}K_0' - 3K'_\infty + \frac{1}{2} \\ &= -3K_0 K_0'' - \frac{3}{4}K_0'^2 + \frac{1}{12}\end{aligned} \quad (18.29)$$

となる．

ポテンシャル関数からの有限ひずみへのアプローチは原理的であり，熱的性質との関係性も自然に導くことができる (19.3 節)．このさい，どの有限ひずみの理論もポテンシャル関数の存在を暗に仮定しているということはおぼえておくとよいが，必要とされる関数の形はその高次の微分量に依存する性質を十分よく説明できるほど正確に知られているわけではない．そのような性質の1つが $K' = dK/dP$ である．とくに圧力無限大での漸近値は 18.6 節の熱力学的な議論から $5/3$ という下限値をもっているのだが (式 (18.56))，ほとんどの理論が広い範囲においてこのパラメーターに対して下限以下となる値を与える (Stacey, 2005, Table 1)．この困難を回避するためにデザインされた，まったく異なる有限ひずみへのアプローチが 18.5 節で示される．

18.4 有限ひずみのアプローチ

ほとんどの地球物理学者にとっては，「有限ひずみ」とは式 (18.22) (ただし原著論文ではまったく異なる出発点からスタートしている) を導く Birch (1952) の理論を意味するだろう．しかし伝統的な弾性理論の拡張は，Love (1927) までさかのぼることができる．ここでは，無限小と仮定された $\Delta l/l_0$ の1次元的変化としてひずみを定義した．Love は，これを3次元の有限変形へ拡張するために，ひずみが座標軸の回転や交換に関して不変であろうという数学的必要条件を課した．そのために彼のとった方法は，質点間距離の2乗によってひずみを定義することであった．弾性的なせん断ひずみは地球ではどんな状況においても十分小さいために，われわれはすべての方向について同じように拡張または圧縮する静水圧縮の場合の有限ひずみのみに興味を抱いている．その結果，もしひずみの加わっていない状態における2つの質点間距離を S_0 とし，それがひずみの加わった状態で S になるとするならば，Love が定義したひずみ ε_L は，

$$(S/S_0)^2 = 1 + 2\varepsilon_L \quad (18.30)$$

として与えられ，ひずみの加わっている状態と加わっていない状態の体積の比は，

$$V/V_0 = (S/S_0)^3 = (1 + 2\varepsilon_L)^{3/2} \quad (18.31)$$

によって与えられる．したがって，

$$\varepsilon_L = [(V/V_0)^{2/3} - 1]/2 \quad (18.32)$$

となる．

ひずみエネルギーは，ε_L の 2 次の項 (ε_L^2) から始まる多項式として書き表した場合，収束しない．Birch (1952) は，F.D. Murnaghan によるコメントにもとづきひずみの加わった状態に対するさらなるひずみ，つまり $\Delta l/l_0$ のかわりに，$\Delta l/l$ を再定義し，収束性が大きく改善されることを見いだした．Birch はまた，圧縮を扱うのに都合がよいという目的で，ひずみの符号を圧縮に対して正となるように反転させた．これらによって，Birch の定義したひずみは，

$$\varepsilon_B = \frac{(V_0/V)^{2/3} - 1}{2} = \frac{(\rho/\rho_0)^{2/3} - 1}{2} \quad (18.33)$$

と変更される．ε_L はラグランジュのひずみ，ε_B はオイラーのひずみとそれぞれよばれており，非常に小さなひずみの極限においては，これら両方は弾性理論の従来の定義に収束する (ただし符号は異なっている)．Birch の理論では，ひずみエネルギーは ε_B の多項式として，

$$E_S = c_2 \varepsilon_B^2 + c_3 \varepsilon_B^3 + c_4 \varepsilon_B^4 + \cdots \quad (18.34)$$

と書き表せられる．この式は無限級数を想定したもののように見えるが，実際には ε_B^4 項よりも高次の項は使わない．式 (18.33) を ε_B に代入し整理すると，式 (18.34) は $(\rho/\rho_0)^{2/3}$ の多項式となり，式 (18.22) を与える 2, 4, 6, 8 乗則ポテンシャルと完全に等価なものとなる．Birch の理論は一般には ε_B を用いて表されるが，これは式 (18.22) よりも代数的にはずっと不便なものである．

地球物理学者が式 (18.34) に興味を抱く理由に，2 次の理論 ($c_3 = 0$, $c_4 = 0$) では $K_0' = 4$ (式 (18.25)) が得られ，これが多くの鉱物に対して現実離れしたものではないという，その収束性に関する特徴がある．したがってこれらの鉱物については $c_3 \ll c_2$ となる．しかしながら，下部マントルのデータを Birch の理論でフィッティングすると，$c_4 \approx c_2$ となってしまう．式 (18.34) は本来，$\varepsilon_B \ll 1$ 以外では収束しない．多くの研究者が，Birch の理論に関する困難さに注目している．たとえば，もし式 (18.22) を用いて下部マントルや核のデータをフィッティングした場合，負の D が得られる．あるいは，3 次の理論 ($D = 0$) を使うと，正の C が得られる．いずれにせよ，これは強圧縮下において圧力が負の値となってしまうことを意味する．しかし，他によりよい理論があるというわけではないという理由で，地球物理学のコミュニティーでは Birch の理論がいまだに生き延びている．それゆえ，式 (18.28) および 18.5 節で取り上げる理論は注目に値するのである．

別のひずみ理論が Poirier と Tarantola (1998) によって示され，ひずみの加わった状態と加わっていない状態のどちらか一方に相対的なひずみを定義することに論理的理由がないことが指摘された．もしひずみの概念が用いられるならば，それはひずみが加わっていない状態に対する変形のわずかな増加として定義され，全領域にわたって積分されるべきである．全ひずみは終状態と始状態の比の対数として与えられ，体積圧縮については，

$$\varepsilon_H = \frac{1}{3} \ln\left(\frac{V}{V_0}\right) \quad (18.35)$$

と表される．ひずみが 1 次元における変化として定義されるので，係数 1/3 がかかっている．ここで Poirier と Tarantola が ε_H をヘンキー (Hencky) ひずみ (構造地質学の分野で用いられ大きな非弾性変形を表す) とよんだために，添字 H を使った．式 (18.34) における ε_B の場合と同様にして，ε_H の多項式としてひずみエネルギーを記述することにより，彼らは対数有限ひずみ方程式，

$$P = xK_0 \left[\ln x + \frac{1}{2}(K_0' - 2)(\ln x)^2 + \cdots \right] \quad (18.36)$$

を得た．これは ε_H^3 で打ち切られた 3 次式である．4 次の項は Stacey と Davis (2004) によって与えられたが，式 (18.36) が式 (18.22) よりも強い収束性をもつという主張が正当化されたので，その有用性は疑わしい．多くの目的に対して，対数方程式は Birch の方程式よりも良いものであるが，超高圧極限においてすべての次数の形式で $K_\infty' = 1$ となり，熱力学的下限値の 5/3 (18.6 節にて議論する) に及ばないという欠陥に落ち込んでいる．

18.5 微分量方程式

18.3 および 18.4 節において議論した方程式は，微分係数の特性，とくに K' とその無限圧力への漸近形 K'_∞ に関して問題がある．この節では $P(\rho)$ の関係を得る他の方法として，K' のふるまいについての物理的な議論から始めて，これを積分して導かれる方程式について考える．ほとんどの有限ひずみ理論では等温の圧力微分係数が取り扱われるが，地球物理では断熱微分係数もより直接的でしばしば有用である．この節で出てくる式は，両方の場合に等しく適用できるので，T や S といった添字は示さない．

マーナハン (Murnaghan) の方程式では $K' =$ constant であり，われわれが K' 方程式あるいは微分量方程式とよんでいる類の方程式の特別な場合とみなすことができる．$K' \equiv dK/dP = K'_0$ の場合は，$K = K_0 + K'_0 P$ であり，これを積分して，

$$\frac{\rho}{\rho_0} = \left(\frac{K}{K_0}\right)^{1/K'} = \left(1 + \frac{K'_0 P}{K}\right)^{1/K'} \quad (18.37)$$

が与えられる．図 18.1 に示されるように，これはある程度の圧力までは十分有効な近似であり，適用もしやすい．しかしながら図を詳しく見ると，下部マントルや核の部分では傾きが圧力とともに減少していることがわかる．つまりマーナハンの方程式における仮定とは異なり，K'' は 0 ではなく負の値をもっているのである．前の 2 節で示された方程式は負の K'' を与えるので，マーナハンの方程式自身は前進ではなく，単に新たな方向を示す指標に過ぎない．

K' のふるまいに対する最初の実質的な洞察は，Keane (1954) の論文に現れる．Keane は K' がゼロ圧力での値から，$P \to \infty$ で有限の極限値 K'_∞ に向かって減少することに気がついた．具体的に K'_∞ の値を示すことはなかったが，それが Keane の条件とよばれる制約条件，

$$(K'_0 - 1) > K'_\infty > K'_0/2 \quad (18.38)$$

によって制限されなければならないことを議論した．われわれが今日得ている証拠も，この条件を強く支持している (18.9 節)．よりタイトな制約を導くことは現在の挑戦の 1 つであるが，それはもし K'_∞ が既知であるなら，あるいは K'_0 と何らかの関係があるなら，式 (18.28) やこの章の方程式などでデータをフィッティングするさい，パラメーターの数が 1 つ少なくて済み，より堅牢なフィッティングが可能となるからである．Keane は，圧力がバーチひずみ (式 (18.33)) の 2 次関数であるという仮定にもとづき，Keane の式とよばれる関係式，

$$K' = K'_\infty + K'_0(K'_0 - K'_\infty)K_0/K \quad (18.39)$$

を導いた．さらに $x = \rho/\rho_0$ を用いて積分し，

$$\frac{K}{K_0} = 1 + \frac{K'_0}{K'_\infty}(x^{K'_\infty} - 1) \quad (18.40)$$

$$\frac{P}{K_0} = \frac{K'_0}{K'^2_\infty}(x^{K'_\infty - 1}) - \left(\frac{K'_0}{K'_\infty} - 1\right)\ln x \quad (18.41)$$

が得られる．これらの式を操作するために，より高次の微係数に対する簡単な形式，

$$KK'' = -K'(K' - K'_\infty) \quad (18.42)$$

$$K^2 K''' = K'(K' - K'_\infty)(3K' - K'_\infty) \quad (18.43)$$

を示しておくことは有用だろう．Keane の式はそれほど頻繁に用いられてはいないので，その長所は広く認識されてはいない．しかし，これはまじめに受け止められるべき方程式の 1 つなのである．

K' 方程式を発展させる次のステップは，Stacey と Davis (2004) によって証明された，K'_∞ が正となるようなすべての方程式に対する普遍的な代数学的特徴である，

$$K'_\infty = (P/K)^{-1}_\infty \quad (18.44)$$

を認識することである．これは有効である可能性を有する方程式のすべてが満たすべき標準的な条件なのだが，有限ひずみ方程式が K' と (P/K) の間の関係 ($P \to \infty$ において特定の極限値を与える) として表現されたときのみ，真剣に活用することができる．そのような方程式がいくつも試されたが，最も成功したものは「逆数 K' 方程式」，

$$\frac{1}{K'} = \frac{1}{K'_0} + \left(1 - \frac{K'_\infty}{K'_0}\right)\frac{P}{K} \quad (18.45)$$

である．この形で書き表すことによって，式 (18.44)

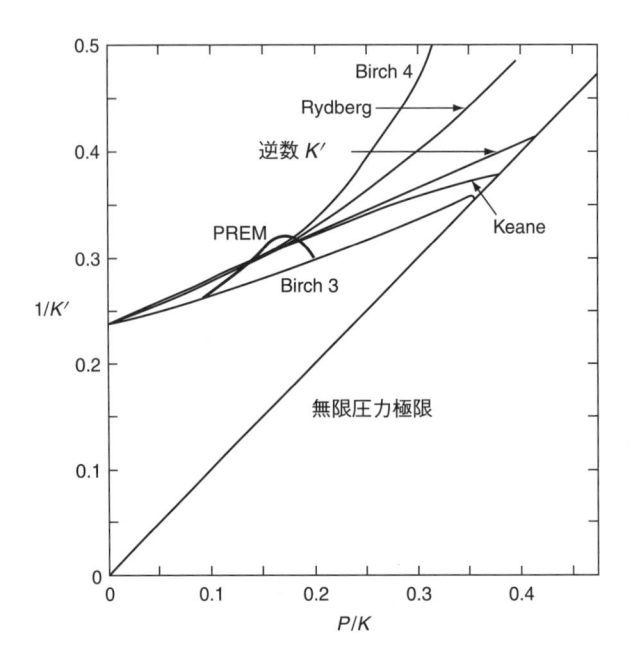

図 18.5 下部マントル領域 (3630〜5600 km の半径範囲) の PREM モデルをフィッティングした 5 つの方程式，Birch 4 (式 (18.23))，Birch 3 (式 (18.23) で 3 項のみを含む)，Rydberg (式 (18.27))，Keane (式 (18.39)) および逆数 K' (式 (18.45)) に対する $1/K'$ (dP/dK) 対 P/K プロット．

は自動的に組み込まれる．式 (18.45) は，図 18.5 に示すように $1/K'$ と P/K のグラフとすることで，最もわかりやすく表現される．このグラフにおいて，式 (18.45) は $P/K = 0$ での点 $1/K'_0$ から始まり「無限圧力極限」にあたる式 (18.44) との交点まで続く直線となる．式 (18.44) は，原点を通る傾き 1 ですべての方程式の極限値を含む直線である．Stacey と Davis (2004) に式 (18.45) の積分の方法が示されているのだが，まとめるとその積分形式および微分形式は，

$$\frac{K}{K_0} = \left(1 - K'_\infty \frac{P}{K}\right)^{-K'_0/K'_\infty} \quad (18.46)$$

$$\ln\left(\frac{\rho}{\rho_0}\right) = -\frac{K'_0}{K'^2_\infty} \ln\left(1 - K'_\infty \frac{P}{K}\right) - \left(\frac{K'_0}{K'_\infty} - 1\right) \frac{P}{K} \quad (18.47)$$

$$KK'' = -\frac{K'^2}{K'_0}(K' - K'_\infty) \quad (18.48)$$

$$K^2 K''' = \frac{K'^3}{K'^2_0}(K' - K'_\infty)(3K' - 2K'_\infty + K'_0) \quad (18.49)$$

となる．

式 (18.39) と式 (18.45) はまったく違うように見えるが，実はこれらはとてもよく似ていて，用途に応じて選ぶことができる．このことは高次の微係数を比較することによって理解される．式 (18.42) と式 (18.48) は $P = 0$ において同一となり，K'_0，$K_0 K''_0$ および K'_∞ の間の関係が両方程式において等しくなる．$P = 0$ で安定に存在し，ρ_0 と K_0 が既知である物質の圧縮実験データに適用する場合は，式 (18.41) を用いる方が便利である．一方，PREM などの地球モデルのように K は与えられているが，ρ_0 や K_0 は外挿により見積もられるべき量となっているような場合には，式 (18.45) の方が P/K が観測量として扱えるので有利である．式 (18.47) を用いれば，K_0 を伴わずにフィッティングできる．パラメーターの数が 1 つ少なくなり，したがって精度が増す．K_0 はその後，式 (18.47) によって得られた K'_0 や K'_∞ を用いて，式 (18.46) から求められる．あるいは，式 (18.46) を用いて ρ を伴わずに K_0 をフィッティングすることもできる．付録 F に与えられているデータは，式 (18.45) とその積分形式を用いてフィッティングされたも

のである (これについては18.9節でふれる).

式 (18.45)〜(18.47) において圧力パラメーターとして P/K (規格化圧力とよぶ) を用いることには，他の重要な利点もある．P そのものとは異なり，P/K は式 (18.44) で示されるように，無限大圧縮の極限において「飽和」する．熱力学的グリュナイゼン・パラメーターのような，極端圧力で有限値をとるような特性は，P あるいは ρ よりも P/K にはるかによく関係づけられる．下部マントルの底では P/K の値はその無限圧力極限の半分であり，核全体では $P/K = 0$ よりも無限圧力極限にずっと近い．無限圧力に関する理論的極限値は，18.6節で考えるように，状態方程式の超高圧下でのふるまいに対して重要な制約となる．図18.5 にあるように他の方程式では発散が現れるため，高次微分量から計算される熱力学特性 (19.3節) は非常に異なったものとなる．それらは十分よく制約された微分量とともに方程式が適用される場合においてのみ，役に立つものとなるのである．

見た目洗練された理論的根拠を伴っているかどうかによらず，すべての有限ひずみ方程式が経験的なものであることを強調する必要がある．認められた統一的な理論は存在しない．したがってどの方程式を用いるかは，もっともらしさととくに応用面での簡便性にもとづいて選択されるべきである．しかしながら，地球深部に対しては選択は限られている．調節可能な変数として K'_∞ が含まれているような方程式のみが，信頼できる微分特性を与えることができる．新たな理論的な制約の導入が緊急の課題であり，18.6節においてどのようなことが可能か指針を示す．

18.6　熱力学的制約

付録 E にあげた熱力学の恒等式の多くは，弾性特性と熱的特性を結びつけている．鉱物物理学においてそれらの関係式は，高温高圧での物質の性質に対する近似や仮定の妥当性を評価するためにしばしば用いられる．熱膨張係数 α の圧力依存性と等温体積弾性率 K_T の温度依存性の間の関係を表す，

$$\left(\frac{\partial \alpha}{\partial P}\right)_T = \left(\frac{1}{K_T^2}\right)\left(\frac{\partial K_T}{\partial T}\right)_P = -\frac{\alpha \delta_T}{K_T} \tag{18.50}$$

は中でも特別な例であり，式中の δ_T は表 E.1 において定義される 2 次微分パラメーターの 1 つである．これは $(\partial \alpha/\partial P)_T$ と $K_T = -V(\partial P/\partial V)_T$ の両方で等温圧縮を考えており，熱力学的関係式の伝統的な表現の典型例である．地球物理学への応用では，通常，断熱過程における性質の変化の方がより興味深い．そこで通常，より頻繁に引用される等温特性と同じ程度に断熱特性を簡単に利用できるように付録 E の表を用意した．

極端圧力の極限においてこれらの関係式の多くが単純な形となり，状態方程式が満足しなければならない制約条件を与えることとなる．これは，$P \to \infty$ への方程式の外挿を考えることによりもたらされる結果について，注意を払う必要があることを意味している．ただし無限圧力へ外挿された物性値は，状態方程式の単なるパラメーターに過ぎない．それらは原理的にですら直接測定することはできず，実験の圧力範囲においてフィッティングされた方程式の係数でしかない．どんな馴染みある物質でも，無限圧縮に近づくうちにまったく異なる状態方程式をもつ他の状態へ相転移するだろう．極端圧力における物質の理論上の特性と状態方程式パラメーターは，低圧相の特性とは何の関連ももたない．それにもかかわらず，たとえその物質が存在しない圧力条件であったとしても，外挿された特性は物理法則，とくに熱力学関係式に従わなければならない．より低い自由エネルギーをもつ他の相が出現する温度圧力条件でも，物理法則は破綻することはない．$P = 0$ へ減圧回収できない物質のゼロ圧力へ外挿された特性，ρ_0, K_0, K'_0 は，その明らかな例である．それらは高圧鉱物物理学においてしばしば引用されており，基本的な関係式に従っている．しかしそれらは，同じ物質のゼロ圧力での安定相の特性とは異なっているのである．無限圧力への外挿もこれとまったく同様である．これにより外挿から導かれる重要な結論の正当性に対する疑いは減少する．この点について詳細に論じよう．われわれは状態方程式パラメー

ター，とくに式 (18.39) から (18.49) に現れる K'_∞ に対して，制約を課している．この制約の実用的な重要性は，核と下部マントルの下半分では K' は K'_∞ により近い，ということを指摘することによって強調されている．同様のことが，グリュナイゼン・パラメーター γ を含む微分量特性に対して，全般的に当てはまる．地球深部の条件では，それらはすべて，ゼロ圧力での値に比べて無限圧力への外挿値に近いのである．

積 $\alpha\gamma T$ を考えよう．この積は，断熱と等温の体積弾性率またそれらの圧力微分を関係づける，式 (E.1)〜(E.3) を含む付録 E の多くの恒等式の中に現れる．固体と液体では，これは地球内部の温度であっても小さな量であり，しかも圧力増加に伴って減少する．以下に示すように，$P \to \infty$ の極限ではどんな場合でも消滅し，その結果上記の恒等式が簡単化される．式 (E.15) は，表 E.3 にある，γ, α, T の断熱微分と表 E.4 の他の恒等式へ代入したものとを結びつけ，それを導いたすべての方程式と同様，近似を一切含まない恒等式である．K' が正でかつ有限のままであれば，$P \to \infty$ は $V \to 0$ を意味するという Stacey と Davis (2004) による証明に注目すれば，式 (E.15) は $P = 0$ ($V = V_0$) から $P = \infty$ ($V = 0$) まで積分でき，

$$\int_{(\gamma\alpha T)_0}^{(\gamma\alpha T)_\infty} \frac{d(\gamma\alpha T)}{\gamma\alpha T(1+\gamma\alpha T)}$$

$$= \ln\left[1 + \frac{1}{(\gamma\alpha T)_0}\right] - \ln\left[1 + \frac{1}{(\gamma\alpha T)_\infty}\right]$$

$$= \int_{V_0}^{0} (\delta_S + q)\frac{dV}{V} \quad (18.51)$$

が得られる．$(\delta_S + q)$ は有限でなければならないので，式 (18.51) における体積積分は $-\infty$ となる．これが成り立つのは，$(\gamma\alpha T)_\infty = 0$ の場合のみである．(Stacey と Davis は他の明らかな場合として $(\delta_S + q)_\infty = 0$ を示したが，これは理想気体の方程式を暗示しており，固体に対してはふさわしくない．) $(\alpha\gamma T)$ が 0 になるということは，$K_{S\infty} = K_{T\infty}$ だけでなく，$K'_{S\infty} = K'_{T\infty}$ となることをも意味している．さらに，この証明はどの断熱曲線を考えたかに依存せず，これらすべての量が温度に独立となるので，どんな温度に対しても当てはまる．したがって K'_∞ は，特定の物質においてはすべての断熱線と等温線に対して同じ値をもつ，あいまいさのない状態方程式パラメーターなのである．しかしそれは物質固有の定数であり，普遍的なものではない．式 (E.14) は断熱微分であり，したがって式 (18.51) を与える積分は断熱線に沿っている，ということに注意しよう．以下で議論するように，$V \to 0$ においても γ は有限のままであり，そして表 E.2 から $\gamma = -(\partial \ln T/\partial \ln V)_S$ なので，ある断熱線上で $V \to 0$ となった場合，$T \to \infty$ となる．これにもかかわらず，$(\gamma\alpha T) \to 0$ である．ゆえに，$V \to 0$ において積 αT が 0 となるように，α は T が増加するよりも急速に減少する．

今度は，

$$q = (\partial \ln\gamma/\partial \ln V)_T \quad (18.52)$$

の定義について考えよう．γ の物理については 19.3 節で議論するが，$V \to 0$ においてこれが有限であることから，式 (18.52) により $q_\infty = 0$ となる．さらに無限圧力条件では，対応する断熱微分量 q_S もまた 0 となり，したがって式 (E.8) から $V \to 0$ において $C'_S \to 0$ となる．$\delta_{S\infty} > 0$, $q_\infty = 0$, $C'_{S\infty} = 0$ の条件では，式 (E.4) は

$$K'_\infty > 1 + \gamma_\infty \quad (18.53)$$

を与える．ここでわれわれは 19.3 節で議論される γ と K' の関係について述べる．Slater (1939) による初期の理論は，すべての弾性率 X に対して，$d\ln X/dV$ が同じ値をもつ (ポアソン比 ν が圧力によらない) という単純化のための仮定を用いた．その場合は，式 (19.32) は，

$$\gamma_S = K'/2 - 1/6 \quad (18.54)$$

となる．これはスレーターのガンマとして知られていて，添字 S によって他の γ の表現と区別している．通常の条件では，ν は圧力とともに増加し，γ_S は γ を過剰に見積もってしまう．しかし $P \to \infty$ では，スレーターの仮定は妥当となり (18.8 節)，ゆえに，

$$\gamma_\infty = K'_\infty/2 - 1/6 \quad (18.55)$$

となる．式 (18.54) は満足いくものではないが，式 (18.55) は以下に考える理由で保証される．式

(18.53) と組み合わせると，この式は

$$K'_\infty 5/3, \quad \gamma_\infty > 2/3 \qquad (18.56)$$

を意味する．

これは，18.3 と 18.4 節でふれた K'_∞ に対する熱力学的束縛である．γ_∞ との関連づけはいくぶん議論を引き起こしているので，それがどれほど厳密で一般的なのかをしらべてみよう．式 (18.53) は熱力学的に厳密で，どんな物質に対しても適用できる，免れることのできない関係である．残されたステップは，式 (18.55) の関係についてである．K' が正である限り成り立つ代数恒等式である式 (18.44) を γ の標準的な関係式の 1 つである式 (19.39) に適用すると，それはパラメーター f に関するどんな仮定にもよらず，式 (18.55) を生じる．グリュナイゼンのモードにもとづいた定義 (式 (19.18)) から導かれる音響型の γ に対する式 (19.33) も，もし μ と K が式 (18.67) のように関係づけられるのであれば，やはり式 (18.55) に変換される．そしてこれは，ポアソン比が圧力によらないという，上で用いられたスレーターの仮定を引き出すもう 1 つの方法である．これらの束縛条件に現れる K'_∞ や γ_∞ は，測定される圧力範囲内で存在する通常の物質の状態方程式パラメーターであることに注意しよう．劇的な相転移によってのみ到達できる極限圧力状態の値というわけではない．

最後に，この種のさらなる制約について展望を述べる．式 (18.55) を用いると，式 (E.4) は，

$$\delta_{S\infty} = \left[\frac{1}{\alpha}\left(\frac{\partial \ln K_S}{\partial T}\right)_P\right]_{P\to\infty}$$
$$= \frac{K'_\infty - 5/3}{2} \qquad (18.57)$$

を与え，式 (E.17) は，

$$\left[\frac{1}{\alpha}\left(\frac{\partial K'_S}{\partial T}\right)_P\right]_{P\to\infty} = -\frac{(K'_\infty - \frac{5}{3})(K'_\infty + \frac{5}{3})}{4} \qquad (18.58)$$

に変換される．原理的にはこれらの式は，Keane の法則 (式 (18.38)) のより限定的な形式である可能性を示唆しているように見える．しかしこれはまだ証明されたものではない．

18.7　複合物質における有限ひずみ

10.4 節では，異なる弾性をもつ構成物質からなる粒状物質の弾性を取り扱う際の問題点について紹介した．わずかな圧力増加に対して，弾性の相違は粒界応力の原因となり，そのため加えられた圧力は部分的に差応力によって支えられる．その結果，複合物質の体積弾性率は，すべての結晶粒子が個々に静水圧縮された場合に比べ大きくなる．この状態では有効弾性率は，K_{VRH} (式 (10.13)) で近似される．もし差応力がとても長時間保持されたり，あるいは物質強度で支えられないくらい大きいことにより (粒子の変形によって) 緩和されるなら，すべての結晶粒子は同じ静水圧を受け，その結果より小さいロイス弾性率 K_R (式 (10.12)) を適用するのが妥当となる．地震波は小さな応力を生じ緩和されていない弾性率 K_{VRH} を用いて記述されるべきなので，地球内部での K_R と K_{VRH} の違いを考える必要がある．しかし広い圧力範囲で均質な層においては，深さによる密度の変化は緩和された弾性率 K_R を用いて記述される．ウィリアムソン–アダムス (Williamson–Adams) 方程式 (17.5 節) の用途は通常密度変化と地震学的に観測される弾性率とを関係づけることであるが，この式ではその違いは無視されている．下部マントル特性の解釈に対して，その重要性についてしらべてみよう．核は粒状ではないので，これは当てはまらない．ここで空隙が完全に潰れることが十分保証できるような圧力での特性を考えることを強調しておく．低圧力下での空隙率に起因する岩石特性の圧力依存性は，別の問題である．

表 18.1 に，下部マントルを近似する鉱物混合体についての計算結果が与えられている．これは，珪酸塩ペロブスカイト (添字 pv) とマグネシオウスタイト (添字 mw) の室温 (290 K) での測定結果にもとづいている．ゼロ圧力において，K_R と K_{VRH} の相違は 2% に達することがわかる．下部マントルの底と上部に相当する圧力での同じ混合体の特性は，それぞれの鉱物に対して別々に $K'_\infty = 2.4$ を仮定して逆数 K' 方程式 (式 (18.45)～(18.47)) を

表 18.1 下部マントルの鉱物混合体モデルに対する緩和および非緩和体積弾性率 K_R, K_{VRH} とそれらの圧力微分．$P = 0$ における体積比をペロブスカイト 80%，マグネシオウスタイト 20% とした．それぞれの鉱物が式 (18.24) に従うと仮定し，K_0 および K_0' は表の値を，K_∞' には 2.4 を用いた．数値は，$P = 0$ および下部マントル最上部と最下部に相当する圧力における 290 K の等温線に対して計算された結果である．

P (GPa)	0	23.83	135.75
K_{pv}	264	350.14	704.89
K_{mw}	162	251.65	605.69
$(\rho/\rho_0)_{pv}$	1	1.0811	1.3456
$(\rho/\rho_0)_{mw}$	1	1.1235	1.4781
V_{mw}/V	0.2	0.1939	0.1854
K_R (GPa)	234.47	325.44	684.12
K_V (GPa)	243.60	331.04	686.50
K_{VRH} (GPa)	239.04	328.24	685.31
$(1 - K_R/K_{VRH})$	0.019 118	0.008 530	0.001 736
K_{pv}'	3.8	3.469	2.993
K_{mw}'	4.1	3.531	2.969
K_R'	4.166	3.582	3.003
K_V'	3.899	3.499	2.992
K_{VRH}'	4.032	3.540	2.997

適用することにより計算した．これらは下部マントルに対する最良の推定値である．それぞれの鉱物に対して $K_\infty' = 2.4$ が適用できる保証はないが，これを仮定することによる誤差が大きくなることはありえない．表にあるように，K_R と K_{VRH} の差は圧力増加に伴い急速に小さくなり，下部マントルの底では 0.2% 以下となる．

地球モデルのデータでは，K_R と K_{VRH} の相違は断熱曲線からの温度勾配のずれと測定上見分けがつかない．17.5 節と同様にして，

$$\frac{d\rho}{dP} = \left(\frac{\partial \rho}{\partial P}\right)_S + \left(\frac{\partial \rho}{\partial T}\right)_P \left[\frac{dT}{dP} - \left(\frac{\partial T}{\partial P}\right)_S\right] \quad (18.59)$$

と書ける．ここで，

$$\frac{dT}{dP} = (1+\xi)\left(\frac{\partial T}{\partial P}\right)_S = (1+\xi)\frac{\gamma T}{K_S} \quad (18.60)$$

であり，$(1+\xi)$ は温度勾配の断熱曲線からずれを表す因子である．$\alpha = -(1/\rho)(\partial \rho/\partial T)_P$ を用いると，式 (18.59) は，

$$\frac{d\rho}{dP} = \frac{\rho}{K_S}(1 - \gamma \alpha T \xi) \quad (18.61)$$

となる．下部マントルでの $\gamma \alpha T$ の値は 0.0507〜0.0361 であり，したがって表 18.1 における K の差は $\xi = -0.17 \sim 0.05$ に相当することになる．下部マントルの深さにわたって積分すると，これは断熱曲線から 90 K の温度不足を生じる．この差は一見重要ではなさそうだが，しかし地球モデル PREM はこの範囲にわたり約 100 K の温度過剰と調和的なので，結果的に真の温度過剰は 200 K と見積もられる．

下部マントルの特性を解釈する上で，K_R および K_{VRH} の相違は確実に観測にかかるというほど大きくはない．むしろそれらの圧力微分 K_R' と K_{VRH}' の相違の方がより重要である．異なる体積弾性率をもつ鉱物の混合体が圧縮されると，圧縮率の小さい成分が占める体積の割合が増加する．したがって，大きな体積弾性率が，複合物質の弾性率により大きく寄与するようになる．そのように，それぞれの成分に対する $K' = dK/dP$ の効果に加えて，体積分率の変化から生じる K' への寄与もある．K_R の場合，式 (10.12) を P に関して微分し，$dV_1/dP = -V_1/K_1$ などに注意すると，表 18.1 における K_R' の値を与える，

$$\frac{K_R' + 1}{K_R^2} = \frac{V_1}{V}\frac{(K_1' + 1)}{K_1^2} + \frac{V_2}{V}\frac{(K_2' + 1)}{K_2^2} + \cdots \quad (18.62)$$

が得られる．K_R' は個々の鉱物の K' の値に比べて有意に大きいことに注意しよう．K_V' の場合も，広い圧力範囲での変化に興味があるので，同様の方法で体積分率の変化を考慮しながら微分する．これにより，

$$K_V' = \frac{V_1}{V}K_1' + \frac{V_2}{V}K_2' + \cdots + \frac{K_V}{K_R} - 1 \quad (18.63)$$

が得られる．そして K_{VRH}' は K_R' と K_V' の平均値である．

表 18.1 に見られるように，K' の偏差は $P = 0$ で最も顕著である．したがって下部マントルの状態方程式をゼロ圧力に外挿する際，方程式をもっともらしい鉱物混合体の特性に適合させることに最大の注意を払わなければならない．もし状態方程式が $P(\rho)$ のデータを用いていたら K_R と K_R' が必要となるし，もし地震学的な K の値がフィッティングされるならふさわしい K_0' は K_{VRH}' であ

る. 付録 F のフィッティングされた下部マントル状態方程式は K のデータを用いており，K_0' の値 (4.2) は 1700 K の推定温度をもつ地温勾配に沿った K_S' の外挿値である. Stacey と Davis (2004) の温度依存性を用いると，これは表 18.1 における K_{VRH}' と一致する値，290 K において $K_0' = 4.0$ を与える.

18.8 高圧下での剛性率

圧縮と違い，純粋なせん断変形は温度上昇を引き起こさない．剛性率 μ の断熱と等温の値は等しく，式 (E.1) や式 (18.1) に相当する関係式は μ に対しては存在しない．理論的な観点からは，μ は K よりも取扱いが難しく，異なるアプローチが必要とされる．しかし，地震学的には μ は K と同様によく観測されるので，利用可能なデータを完全に活用するためにその基礎を理解する必要がある．ここで示されるアプローチは，2 次の弾性理論とよばれるものにもとづいている．せん断ひずみが無限小であるという意味においてそれは伝統的な弾性理論である (有限のせん断ひずみを考える必要はない). しかしこれに有限の静水圧の成分が重ね合わされる．したがって μ の正しい表現を導くため，弾性ひずみエネルギーはせん断ひずみの 2 次まで計算される.

図 18.4 の $r = a$ に近い低圧力下ではポテンシャル関数は放物線的であり，最小値からの ϕ の変化は $(r-a)^2$ に比例し，K は $\phi'' = d^2\phi/dr^2$ によって計算される．しかしゼロ圧力条件である $r = a$ (式 (18.18)) 以外では，式 (18.19) が示すように完全な表現には ϕ' も含まれる．同じ原理が μ の計算にも用いられる (ただし ϕ' の項の符号が反対になる). どうして ϕ' が含まれるのかを理解するために，2 次元正三角格子をもつ原子の最密充填構造を考えよう．図 18.6 には，3 つの原子をつなぐ結合と，原子 C を C′ に変位させるようなせん断変形による結合長の変化が図示されている．A–C′ と B–C′ の結合長は，ゼロ圧力での結合長 a とは異なる任意の圧力での平衡結合長 r_0 を用いて，

$$r_1, r_2 = \left[\left(\frac{\sqrt{3}}{2}r_0\right)^2 + \left(\frac{r_0}{2} \pm s\right)^2\right]^{1/2}$$
$$= r_0 \pm \frac{s}{2} + \frac{(3/8)s^2}{r_0} + \cdots \quad (18.64)$$

と表される．この式で s^2 の項を残しておくことが，この計算においては本質的である．各結合のエネルギーは，r_0 のまわりでテイラー展開することにより，

$$\phi(r) - \phi(r_0) = \phi'(r_0)(r - r_0)$$
$$+ \frac{1}{2}\phi''(r_0)(r - r_0)^2 + \cdots$$
$$(18.65)$$

と書ける．ここで結合エネルギーの表式に，ϕ' の項が存在していることに注意しよう．もし $P \neq 0$ すなわち $r \neq a$ であれば，$\phi'(r)$ は消えない．図 18.6 に示される結合のひずみエネルギー E_S は，A–C′ 結合と B–C′ 結合のエネルギーの和から A–C 結合と B–C 結合のエネルギーを減じたもので，式 (18.65) における r を r_1, r_2 で置換すると，

$$E_S = \phi(r_1) + \phi(r_2) - 2\phi(r_0)$$
$$= \phi'(r_0)(r_1 - r_0) + \phi'(r_0)(r_2 - r_0)$$
$$+ \frac{1}{2}\phi''(r_0)(r_1 - r_0)^2 + \frac{1}{2}\phi''(r_0)(r_2 - r_0)^2$$
$$= \left[\frac{1}{4}\phi''(r_0) + \frac{3}{4}\frac{\phi'(r_0)}{r_0}\right]s \quad (18.66)$$

が得られる．せん断ひずみエネルギーは $(1/2)\mu s^2$ なので，ϕ' (ゆえに P) が μ の表式の中に現れる．しかしこれは驚くようなことではない．ϕ' は K の表式の中にも現れている (式 (18.19)) からである．

もし式 (18.64) で s^2 の項を省いていたら，式 (18.66) の ϕ' の項は失われていた．これが，この

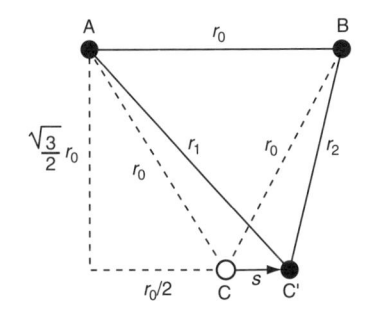

図 18.6 正三角形の原子配置をもつ結晶にせん断ひずみを加えた際に生じる結合距離の変化.

解析を 2 次の弾性理論とよんだ理由である．この ϕ' の項と，対応する式 (18.19) 中の項は，比 μ/K の圧力依存性を与える．式 (18.66) の 2 項は同符号であるが，式 (18.19) では反対符号をもっている．このことは圧力項が 2 つの弾性率に対して反対の効果 (K に対しては増加，μ に対しては減少させる効果) をもつことを意味している．これにより比 μ/K が変化する．面心立方結晶に対してすべてのひずみと結合の方向が Falzone と Stacey (1980) によって計算された．それによるとこの結論はどの場合にも成り立ち，とても一般的である．ゆえに，K と μ の両方とも ϕ'' と ϕ' の線形結合として書き表される．その際，式 (18.18) により ϕ' の項は $-P$ に比例し，それぞれの場合において反対符号で現れる．これらの式から ϕ'' を消去すると，μ と K と P とを結びつける線形の関係式 $\mu = AK + BP$ が得られる．A と B を決定するためにゼロ圧力と無限圧力の条件を用いると，μ–K–P 方程式の最も便利な形，

$$\frac{\mu}{K} = \left(\frac{\mu}{K}\right)_0 - \left[\left(\frac{\mu}{K}\right)_0 - \left(\frac{\mu}{K}\right)_\infty\right] K'_\infty \frac{P}{K} \quad (18.67)$$

が得られる．

式 (18.67) は，内核の高いポアソン比 ν，すなわち低い μ/K に対する説明を与える．内核が液体状態に近いという一般的な推測は，大きな誤りである．この ν の値は，300 GPa 以上の圧力において固体の鉄に対して期待される値そのものなのである．しかし内核自体は，式 (18.67) の妥当性をテストするための確実な指標にはならない．内核の μ はよく観測できない．PREM モデルを使って μ/K と P/K の値をプロットすると正の傾きとなり，式 (18.67) が要求するような負の傾きにはならない (図 18.7)．この理由については以下で考えるが，この式できわめてよくフィッティングできる下部マントルのデータを用いて，式 (18.67) のいくぶん驚くような検査ができる．PREM の数値データを用いると，括弧内に示す最後の桁の標準偏差とともに，

$$\frac{\mu}{K} = 0.631(1) - 0.899(6)\frac{P}{K} \quad (18.68)$$

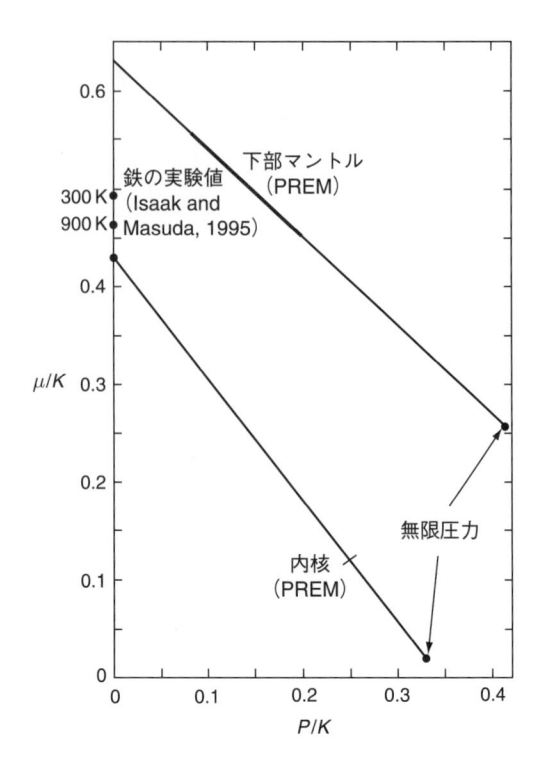

図 18.7 方程式 (18.67) にフィッティングされた下部マントルと核のデータ．

の関係式が得られる．

この結果は，2 つの興味深い点を示唆している．(i) 式 (18.67) は結合力が中心力であることを仮定しているが，非中心力 (結合角の本来的な剛性) が重要となるに違いない下部マントルに，これを適用できるのかどうかは自明でない．(ii) 式 (18.68) の標準偏差は，PREM そのものの精度から期待される標準偏差よりも小さい．2 つ目の点から先に考えよう．式 (18.68) を ak135 の下部マントルの範囲 (図 17.9 参照) にフィッティングすると，さらに小さな標準偏差が得られる．しかし，その係数は式 (18.68) の値とは，標準偏差 10 に相当する程度，異なったものとなる．下部マントルは不均質的であり，データセットと解析方法が違えば著しく異なる係数を与えるだろう．しかし μ と K の変化は，それぞれのデータや解析ごとにきわめてよく式 (18.67) に従う．ゆえに，式 (18.68) が示唆するように係数の値はよく決まっていないが，式の形の妥当性はかなり保証できる．では，非中心力

の役割とは一体何であろうか．これは上で述べた式 (18.67) の導出では考慮されていない．結論をいうと，それらは中心力と無関係ではなく，同じ結合力の別の現れ方とみなせるのである．

内核の場合は比 μ/K がとても小さく，中心力の仮定はマントルの場合に比べてより簡単に正当化できる．そこで，次に図 18.7 における PREM の勾配の不一致について考察してみよう．内核のとても高い融点規格化温度 T/T_M では，非弾性効果による μ の減少が予想されるが，これによって異常な勾配 $d\mu/dP$ が説明できるわけではない．これは PREM のモデリングにおける人為的要因に起因すると考えるべきである．この勾配は異常に大きいように見えるが，PREM のより明らかに特異な特徴は，dK/dP が内核において異常に小さいことである．核の圧力では，固体も液体も両者とも原子の最密充填構造をとっているはずであり，これは外核と内核で dK/dP が大きく異なるべきでないことを示唆している．精度良く観測できる P 波の弾性率 $\chi = K + (4/3)\mu$ には異常が現れなくても，$d\chi/dP$ を固定したままで基本的理論によく合うように $d\mu/dP$ や dK/dP の異常を調節することができる．つまり，χ の動径方向の変化あるいは μ と K の平均値に対して影響を及ぼすことなく 2 つの勾配を互いに相殺するように調節することができるのである．

図 18.7 とこの結果とから，核の状態方程式について重大な情報が導かれる．核のデータは，$P/K \approx 0.35$（ここで μ/K は 0 となるだろう）を超えて外挿できない．したがって $(P/K)_\infty < 0.35$ であり，また式 (18.44) から $K'_\infty > 1/0.35 = 2.8$ である．しかし $(P/K)_\infty$ は内核での値 ~ 0.25 よりは大きくなければならないので，$K'_\infty < 4.0$ とわかる．Stacey と Davis (2004) は，核に対しては K'_∞ がおおよそ 3.0 となると結論した．これが微分量状態方程式，とくに核に対する式 (18.45) を使う上でどのように関係してくるか，18.9 節において考える．

最後に式 (18.67) から導かれる結論について示す．これは式 (18.55) におけるグリュナイゼン・パラメーターを無限圧力極限へ外挿するときに必要

となる．式 (18.67) を微分すると，

$$\frac{d\ln(\mu/K)}{d\ln P} = -\frac{1}{\mu/K}\left[\left(\frac{\mu}{K}\right)_0 - \left(\frac{\mu}{K}\right)_\infty\right]$$
$$\times K'_\infty \frac{P}{K}\left(1 - K'\frac{P}{K}\right) \quad (18.69)$$

が得られる．$P \to \infty$ においては，式 (18.44) から $(1 - K'P/K) \to 0$ となるので，μ/K は P に依存しなくなる．μ/K が一定になることはスレーターの式 (18.54) の導出において仮定されたもので，それは $P \to \infty$ の極限において妥当となる．式 (18.54) は不十分としても，式 (18.55) には十分な根拠があり，その延長として式 (18.56) が得られている．

18.9 地球深部への適用についてのコメント

図 18.7 は，P/K を基準とすると核は無限圧力極限に十分近いという事実への注意を喚起している．これにより限られたもっともらしい範囲に K'_∞ を制限することができる．同じ結論が，次に示すもう 1 つの異なる方法からも導かれる．PREM の外核のデータを $1/K'$ と P/K を軸にとってプロットした図 18.8 は，外核の値が式 (18.44) で与えられる無限圧力極限に近づいていくことを示している．このようにプロットすると，核は $P = 0$ よりも $P = \infty$ の条件にずっと近いように見える．データを通る線は，式 (18.45) の 2 通りのプロットである．それらは，この図では直線で示され，$P \to \infty$ で式 (18.44) と交わる．Stacey と Davis (2004) はこれらの 2 本の直線が，核のフィットにおけるもっともらしい範囲の境界を示しているとした．しかし好ましいのは $1/K'_0 \approx 0.2$ のときで，この場合 $K'_\infty = 3.0$ が与えられる．図 18.7 と図 18.8 が両方とも同じ K'_∞ と調和的であるということは，式 (18.45) が式 (18.67) と調和的であることを意味している．式 (18.28), (18.39) および式 (18.45) の 3 つの有限ひずみ方程式だけが，この方法で決められた K'_∞ の値と折り合うことができる．それらはとても異なっているように見えるが，実際きわめて似た形をもっていて，そのことはこれらの中か

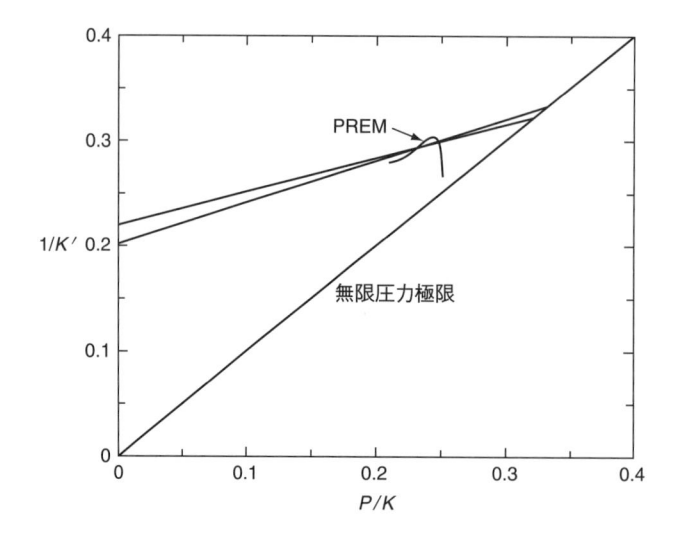

図 18.8 $1/K'$ 対 P/K プロットにおける外核の PREM データ. 式 (18.45) への 2 つの異なるフィッティングと無限圧力極限 (式 (18.44)) を示す.

らどれを選択するかはそれほど重要ではないことを意味している. 式 (18.45) とその積分形は, 付録 F に記載されている下部マントルと核の特性を計算するために用いられた. 付録 F には, その計算の初期値として使われた PREM モデルの詳細も示されている.

状態方程式の選択において注意が必要である理由は, 微分特性 (K' やさらには K'') が方程式によって大きく異なることと, それらが熱特性の計算に必要となることである (19 章). グリュナイゼン・パラメーター (19.3 節) などのパラメーターの現実的な値は, そのような微分量を問題なく表現できる有限ひずみ方程式を使うことによってのみ計算できる. そして図 18.5 を一見すれば, すべて PREM データにフィットしたにもかかわらず, 下部マントル深部では方程式が大きく異なってしまうことがわかる. その差は内核においてさらに大きくなる. しかしこれらの方程式は, すべて経験的な近似にすぎないことを認識しなければならない. われわれは厳密な理論をもっていない. したがって, 18.6 節や 18.8 節において概観したテストや制約, あるいは使いやすさにもとづいて, 利用可能な式の中から選ぶことしかできない. 地球物理学での応用においては, より伝統的な P/K_0 よりも, 式 (18.45) や (18.47) のように圧力パラメーターとして P/K を使うと便利である. その理由の 1 つは, 地球モデルの P と K の値は両方とも表に与えられており, P/K を観測量として扱うことができるという点である. もう 1 つは, グリュナイゼン・パラメーターや比 μ/K などの特性が, P/K などと同様に $P \to \infty$ での有限の極限値に関係づけられるという点である. Stacey と Davis (2004) では, この点に関しより深い議論がなされている. そして式 (18.46) と (18.47) を用いて下部マントルと核の状態方程式をフィッティングし, 付録 F に与えられている結果が得られた.

下部マントルへ状態方程式をフィットする際の注意点を述べる. われわれは暗に, 結晶構造や相, それらの電子構造に関して, 物質が均質であることを仮定している. 下部マントル圧力における鉄イオンの電子相転移は現在よく認識されており, それは弾性や音速を含めた物性を変化させる (Lin ら, 2006). この問題の理論的な概説は, Sturhahn ら (2005)[*1] によって提示されている. この相転移は磁性の担い手である 3d 電子のスピンの再配列を伴う. 低圧力下では, それぞれの原子の利用可能なスピンは平行に並んでおり, 原子の磁気モーメントを生じている. これは高スピン状態とよばれる状態である. 約 60 GPa 以上の圧力では, スピ

[*1] あるいは Tsuchiya ら (2006).

ンは磁気モーメントを相殺するように対をつくり，低スピン状態となる．この効果は，(Mg,Fe)O について最も詳しく研究されているが，ペロブスカイトにも影響があると考えられる．相転移に伴い密度や体積弾性率の増加が広い圧力範囲において生じるので，そのような相転移を大きな dK/dP などの性質をもつ単一相のふるまいから，地震学的に見分けるのは困難である．下部マントルに対する完全な考察は，今後なされなければならない．この問題については 17.5 節においても議論されている．

状態方程式は，物質によって，また同一の物質の異なる相によって異なるということを強調した．ゆえに異なる構造をもつ常圧の鉄の性質を外挿しても，内核条件における鉄の性質は得られない．同じ制限が，外核と常圧の溶融鉄の比較にも当てはまる．固体–固体相転移と異なり，液体構造の変化は広い圧力範囲で生じるが (そして温度によって変化するが)，それらの液体は，平衡状態にあるそれぞれの固体が乱されたものとみなせ，それぞれ異なる構造をもっている．このことは Sanloup ら (2000) によって，固体の δ–γ 転移近傍での溶融鉄に対して示された．したがって外核の状態方程式を制約するために，常圧の溶融鉄の測定結果を用いることはできない．K_0 および K_0' の値は異なっているのである．しかし，18.8 節で説明したように，われわれは核に対しては K_∞' を得ている．そして図 18.8 に見られるように，K' の核での値は K_0' よりもこの値に近い．核の状態方程式に対しては，K_∞' は K_0' よりも強い制約である．

19
熱　特　性

19.1　まえおき

　この章, その後の4章, そして12章と13章の背景には, 一貫して対流というテーマが存在している. おそらく内核を除いて, 地球全体は過去から現在を通じて常に対流している. 地震, テクトニクス, 地球磁場を含む地球物理学の多くの研究対象は, 対流の結果生じる現象である. それはマントルでは熱的に, 核では少なくとも部分的には化学的な分離過程によって駆動されている. 地球は, 熱い内部から表面へ熱を輸送する過程で力学エネルギーを生じる, 熱力学機関である. 熱源については21章で, 熱力学的効率や結果としての力学的な仕事率については22章で論じられる. そこでの計算は, この章における熱特性, とくにグリュナイゼン・パラメーターの見積もりにもとづいている.

　マントルでは局所的な高温と地震波の低速度の間に一般的な対応関係があるに違いない. これは地震波トモグラフィーの手法によってしらべられている (17.7節) が, しかし, 対流パターンは冷たい沈み込むスラブの高速度の観測を除き, 直接的に解釈できるほど単純ではない. 組成の変動も重ね合わされ, この描像を複雑にしている. 1つの手段はP波とS波の速度を比較することであり, そのためには地震波速度の温度依存性を知る必要がある. 少なくともマントル最下部では, 温度と組成の間に相関があるようである. 下部マントル圧力での地震波速度に対する組成の効果をきちんとまとめた報告はいまのところ存在しないので, まず最初の課題は温度効果の信頼できる情報を構築することである.

　核の温度を見積もるための最も強い制約は, 内核外核境界 (ICB) が鉄合金の液体–固体転移に当たるということである. このことにもとづき超高圧での鉄の融点を決定するために多くの理論的または実験的研究が行われてきた. しかし, 実験的にはこれはきわめて難しく, 多くの場合低圧での測定結果をICB圧力まで外挿している. 同様に理論的にも困難がある. 核の圧力での鉄の固相は低圧で馴染みのある体心立方 (α) 型でも, 1192〜1617 Kの範囲で現れる (ステンレス鋼の構造に似た) 面心立方 (γ) 型のでもなく, 六方最密構造をもつ ε 鉄である. 単純な融解の理論 (19.4節) は, 固体–固体相転移で示される融解曲線上の三重点から十分離れた条件であれば, どの相にも適用可能である. しかし, 三重点を超えて外挿することはできない. また核の軽元素による融点降下の可能性もある. われわれはICBの温度を5000 Kと見積もるが, それには少なくとも500 Kの誤差があると考えられる.

　地球内部の高温では, 熱特性は古典理論で近似される. この場合,「高温」とは物質のデバイの特性温度 θ_D より上を意味し, 絶縁体ではこれを境に低温での強い温度依存性から温度にほとんど依存しない高温でのふるまいに変化する. ゼロ圧力における一般的な鉱物の θ_D はAnderson と Isaak (1995) にまとめられているが, そのほとんどすべてが200〜1000 Kの範囲にあり, またマントルで重要となる鉱物はその上限近くの値をとる. したがって常温常圧や薄い表層の条件を除けば, 地球内部のいたるところで $T/\theta_D > 1$ である. 測定が高温で行われない場合, ほとんどの熱特性の実験

データは極低温で顕著となる量子現象を考慮した上で外挿しないと地球には応用できない.

比熱の量子論は,結晶の振動モードの1つを意味する調和振動のエネルギーに関するアインシュタインの理論から始まった.これは熱膨張の基礎的理解の出発点でもある.熱膨張係数や比熱は密接に関連しており,それを理論的に表すのがグリュナイゼン・パラメーター γ である.これは式 (18.2) で示されるように,4つの馴染みある特性を組み合わせた無次元量で,再度その定義を示すと,

$$\gamma = \frac{\alpha K_T}{\rho C_V} = \frac{\alpha K_S}{\rho C_P} \tag{19.1}$$

である.γ はまた,熱圧力と熱エネルギーの比としても定義できる.

地球内部を通して γ の値は 1.0〜1.5 の範囲にあり,α や K_T と比べてずっと定数に近い.(体積一定のもとでは) 高温では事実上温度に依存せず,そのわずかな圧力依存性は,現在合理的一致を見たいくつかの理論において主題となっている.これにより地球の熱物理特性の計算が可能となるので,γ は中心的な役割をもつようになった.地球内部では,K_S/ρ は精度よく観測でき,C_P もよく理解されている.α の値のみ,式 (19.1) を用いて γ から計算される.通常 γ は単なる α の代用ではなく,それ自身意味をもつパラメーターとして用いられる.熱力学方程式はどちらの見方からでも表すことができるが,どちらの場合を用いても第一義的に得られるのは γ の方である.γ の概念は固体物理学にもとづいているが,固体物理学あるいは熱物理学の教科書ではあまり詳しく取り扱われない.それが 19.3 節で詳しい解説を行う理由である.地球物理学で主に γ を用いるのは,断熱温度勾配や対流の力学的仕事率を見積もるときである.地球深部特性をゼロ圧力に外挿したり (18.9 節),融解理論に適用したり (19.4 節) する際にも重要となる.

多くの熱力学的恒等式は,熱特性と弾性特性の間の関係式 (熱弾性特性) である.その中でもとくに地球物理学において便利なものを付録 E にまとめた.それらはこの章の主題である熱特性に関する代数学的な規則であり,基本的な理論的ツールとなる.われわれはしばしば単純化の近似を行うが,それにはいくぶん注意を要する場合がある.付録 E の恒等式から出発して,そのような近似の妥当性を判断することができる.その1つが,比熱 C_V を一定とする仮定である.多くの恒等式で C_V の微分が現れるので,これは明らかに便利な近似である.しかし,われわれは,これがどのくらい満足いくものなのか考えねばならない.これが適用できるのは,絶縁体のみである.核の比熱に対する電子の寄与は格子成分とは異なるふるまいを示すが,全体の 1/3 にも達する.マントルに対しては,$C'_S \equiv (\partial \ln C_V / \partial \ln V)_S$ が無視できるという仮定は,$C'_T \equiv (\partial \ln C_V / \partial \ln V)_T \approx 0$ とする仮定よりもずっとよい.地球物理学では一般的に等温特性よりも断熱特性に対して興味が向けられることを考えると,これは便利な点である.定圧あるいは定積での $\partial \alpha$ の項目には C'_T が現れ,これが微小量 $\gamma \alpha T$ で割られる結果,重要な項となるので,表 E.3 に示されるように,α の微分には特別な注意が必要である.しかしながら S 一定の場合は,この問題は生じない.

この章の中心テーマは,地震学的データから出発して,地球の熱特性を計算することである.弾性特性と熱特性を本質的に結びつけているのが,グリュナイゼン・パラメーター (式 (19.1)) である.それを使うことによって,地震学から得られる地球内部の詳細な情報を,その熱的なふるまいに関する研究,とくに対流とテクトニクスの熱力学的基礎に応用することができる.

19.2 比 熱

放射壊変による熱の放出のために地球内部が高温となっているという考えは,広く知られている.そのため,地球の生涯にわたって放射性元素により放出される全熱量が,その期間に失われる熱量や現在蓄えられている熱量よりもずっと少ないということは驚きである.比熱は,地球深部の物理を研究するための方程式において熱力学パラメーターとして現れるが,同様に,地球に蓄えられた総エネルギー量の議論においても本質的な役割を

担っている (21 章).

19.1 節で述べたように，地球内部は原子の熱振動を古典的に扱うことが良い近似となる程度に十分高温である．金属核の伝導電子の効果をとりあえず無視すると，このことは (絶縁体の) 熱エネルギーが温度 T に対し線形に変化することを意味する．N 個の原子からなる固体では，これは $3NkT$ (下記の式 (19.13) の定数を除いたもの) となる．ここで，k はボルツマン定数である．われわれはしばしばモルを用い，その場合は 1 分子あたり n 個の原子からなる物質に対して，熱エネルギーを 1 モルあたり $3nRT$ と表すことができる．ここで，$R = N_A k$ は気体定数で，N_A はアボガドロ数である．しかし，多くの地質学的な物質は化合物や混合物なので，モルは便利な概念でなく，かわりに熱エネルギーは質量あるいは平均原子量 $\bar{m}$ にもとづいて表される方がよい．そうすると 1 グラム原子あたりの古典的な熱エネルギー $3RT/\bar{m}$ は，

$$\text{Classical } E_{\text{Thermal}} = 24943 T/\bar{m} \, \text{J kg}^{-1} \quad (19.2)$$

となる．モルはグラムで特定される単位であるが，この式はキログラムあたりのエネルギーを与えることに注意しよう．マントルに対しては $\bar{m} \approx 22$，外核に対しては表 2.5 の組成を用いて $\bar{m} = 44.53$，内核に対して 50.16 と見積もることができる．

熱エネルギーの温度微分である比熱は，加熱や冷却が体積 V 一定のもとでなされるならば，対応する古典的値，

$$\text{Classical } C_V = \left(\frac{\partial E_{\text{Thermal}}}{\partial T} \right)_V$$

$$= 24943/\bar{m} \, \text{J K}^{-1} \, \text{kg}^{-1} \quad (19.3)$$

をとる．気体以外は体積一定のまま加熱できないため，理論的には最も頻繁に議論されるものの，C_V は直接測定できない．圧力 P 一定のもとでの加熱あるいは冷却というふつうの状況では，熱膨張のために必要となるエネルギーに関して余分な因子が現れることになり，比熱 C_P は付録 E にあげられたよく知られた恒等式の 1 つ，

$$C_P = (\partial E_{\text{Thermal}} / \partial T)_P = C_V (1 + \gamma \alpha T) \quad (19.4)$$

によって，C_V と関係づけられる．式 (19.4) は恒等式なので，すべての状況にあるすべての物質に対して成り立ち，さらに式 (19.2) や式 (19.3) と異なり，古典 (高温) 領域に制限されることもない．地球内部では C_P は C_V を 3～10% 程度上回ると見積もられ，その値は付録 G の熱モデルにまとめられている．

式 (19.3) は比熱のデュロン–プティ(Dulong–Petit) 則で，熱が原子運動のエネルギーであるという初期の認識にからすでに得られていた．しかし，これには古典物理の仮定の範囲においてでさえ，小さな補正を考える必要がある．温度 T での平均運動エネルギーは，運動の 3 つの独立な方向 (x, y, z) のそれぞれに対して $1/2 kT$ であり，デュロン–プティの仮定では伸びたり縮んだりする結合の平均ポテンシャルエネルギーは平均運動エネルギーに等しいとされる．これは等分配の原理であり，結合が完全に調和的である (正弦波振動する) ならば成立する．しかし実際の原子の結合は図 18.4 に示されるように非調和的なので，C_V に対して小さい補正量が存在している．これについては 19.8 節で議論する．

古典極限の仮定は，常温で地球物質の熱特性を考える場合には破綻する．個々の振動する原子という観点はもはや満足いくものではなく，結晶格子全体の振動モードのエネルギーを考える必要がある．原子は独立に動くわけではなく，広い範囲の波長と対応する振動数をもつ定常波をなす．それらのモードは古典論での仮定のように任意の振動準位へ励起されることはなく，量子論の原理により振動数 ν のモードは $(n + 1/2) h\nu$ の離散的エネルギーをもつように制限される．ここで，n は任意の整数，h はプランク定数であり，これが比熱の量子論の基礎である．しかし，これは地球においてはそれほど重要とはならない．地球内部のほとんどの領域が $kT > h\nu$ を満たす高温であり，エネルギー準位は連続的であるとみなせる程度に十分にぼやけてしまい，その結果古典近似 (式 (19.3)) の使用が許される．しかしながら，モード理論は後の章で見るように，グリュナイゼン・パラメーターを理解する上で重要な出発点となっている．

振動モードの熱的励起準位は，そのモードと相互作用する他のモードの平均熱エネルギー kT に

よって決定される. n 番目準位への励起の確率は,

$$p(n) = \exp\left(-\frac{nh\nu}{kT}\right) \bigg/ \sum_{n=0}^{\infty} \exp\left(-\frac{nh\nu}{kT}\right) \tag{19.5}$$

で与えられる. この式はボルツマン分布とよばれるもので, 分母はすべての $p(n)$ の和が 1 となるための規格化因子である. 状態 n が励起されるとそれはエネルギー $nh\nu$ をもつので, その結果平均振動エネルギー $\bar{E}$ に対し $nh\nu p(n)$ の寄与を及ぼすこととなる. $n = 0$ から ∞ のすべての状態にわたって和をとると,

$$\bar{E} = h\nu \sum_{n=0}^{\infty} n\exp\left(-\frac{nh\nu}{kT}\right) \bigg/ \sum_{n=0}^{\infty} \exp\left(-\frac{nh\nu}{kT}\right) \tag{19.6}$$

となる. $x = \exp(-h\nu/kT)$ とおくと, 式 (19.6) の分母は等比級数となり,

$$\sum_{n=0}^{\infty} x^n = \frac{1}{1-x} \tag{19.7}$$

と表せ, 分子は,

$$h\nu \sum_{n=0}^{\infty} nx^n = h\nu \sum_{n=0}^{\infty} x\mathrm{d}(x^n)\big/\mathrm{d}x$$

$$= h\nu x\, \mathrm{d}\left(\sum_{n=0}^{\infty} x^n\right)\bigg/\mathrm{d}x = \frac{h\nu x}{(1-x)^2} \tag{19.8}$$

となる.

式 (19.7) と式 (19.8) を用いると, 式 (19.6) は,

$$\bar{E} = \frac{h\nu x}{1-x} = \frac{h\nu}{\exp(h\nu/kT) - 1} \tag{19.9}$$

となる. これは比熱のアインシュタイン・モデルであり, すべて同一の振動数 ν をもつ調和振動子に適用できる. $kT \gg h\nu$ の高温では古典極限の $\bar{E} \approx kT$ に近づき, $kT \ll h\nu$ の低温では基底状態からのごくわずかな $h\nu/2$ の励起が現れる. 対応する比熱への寄与は, V 一定を考え, その場合 ν は T によらないという仮定のもとで, 式 (19.9) を T に関して微分することにより得られ,

$$C_V = \left(\frac{\partial \bar{E}}{\partial T}\right)_V$$

$$= k\frac{(h\nu/kT)^2 \exp(h\nu/kT)}{[\exp(h\nu/kT) - 1]^2} \tag{19.10}$$

となる. これは, $h\nu/kT \ll 1$ の古典極限で k を与える. V 一定の場合に ν が一定という仮定は,

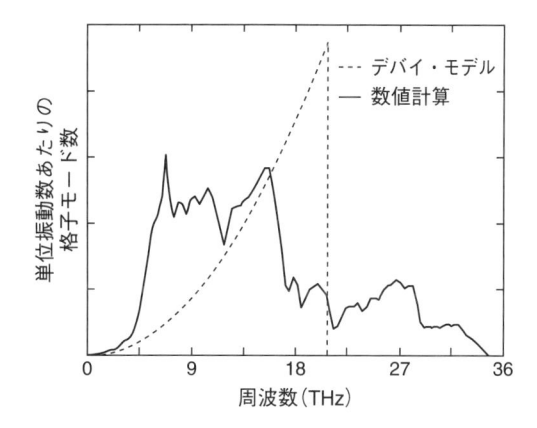

図 19.1 MgSiO$_3$ ペロブスカイトの格子モードスペクトルとデバイ理論との比較. Oganov ら (2000) にもとづき描画.

格子モードが完全な調和振動子であるなら妥当であるが, 図 18.4 で示される形のポテンシャル関数をもつ非調和振動子に適用する場合は, 前述の古典理論のように近似の 1 つとなる.

結晶の振動モードは広い振動数の範囲に分布しており, 異なる振動数をもつアインシュタイン振動子の集団として表すことができる. それに対応して, モードが「凍結」され, 熱的に不活性となる温度が広く分布する. したがって, 単一モード振動数のアインシュタイン・モデルの場合に比べ, 低温領域から高温領域への遷移は幅をもつようになる. 数値計算の方法の助けを借りることにより, とても複雑な構造をもつ結晶に対しても, 原子結合の詳しい知識にもとづいて現実的な振動スペクトルを計算することが可能である. 図 19.1 にその一例を示す. 比較のため, 20 世紀初頭から広く用いられている P. Debye による参照モデルも示されている.

デバイ理論は, 物質をあらゆる方位のあらゆる波長を有する定常波を伴う弾性連続体として取り扱う. ν から $(\nu + \mathrm{d}\nu)$ の振動数の範囲に存在する定常波の数は $\nu^2\mathrm{d}\nu$ に比例し, 必要とされる総モード数 (原子数の 3 倍) を与えるように, 個々の結晶に対してフィッティングされる. これがデバイ・モデルにおいて仮定される振動スペクトルであり, このモデルでは平均音速によって振動数と波長が関連づけられる. N 個の原子からなる結晶の総モー

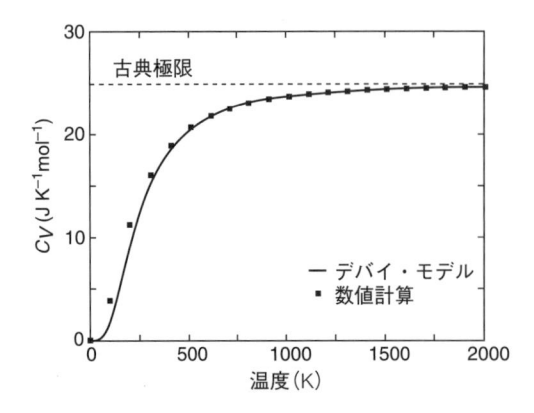

図 19.2 図 19.1 の格子モードスペクトルから計算された $MgSiO_3$ ペロブスカイトの比熱とデバイ理論との比較. Oganov ら (2000) にもとづき描画[*2].

ド数は $3N$ なので，その数を与える振動数 ν_D でスペクトルは切断される．ゆえにデバイ・モデルは，ν_D と，

$$k\theta_D = h\nu_D \tag{19.11}$$

で関係づけられる，デバイ温度とよばれる特性温度 θ_D をもつ．θ_D よりもずっと高い温度では，すべてのモードは完全に励起され，C_V は式 (19.3) で与えられる古典高温極限 $C_{V\infty}$ へと近づく．低温では高振動数モードは不活性となり，C_V は減少する．式 (19.10) を $\nu^2 d\nu$ の重みをつけて積分すると，デバイ関数，

$$\frac{C_V}{C_{V\infty}} = 3\left(\frac{T}{\theta_D}\right)^3 \int_0^{\theta_D/T} \frac{x^4 e^x}{(e^x-1)^2} dx \tag{19.12}$$

が得られる．これはデバイの振動スペクトルに対して，アインシュタイン振動子 (19.10) の集団の比熱を足し合わせたものである．

振動スペクトルがまったく現実的でないので，デバイ理論は熱特性の詳細を正確に表現することはできないけれども，とくにデバイの特性温度の定義は，多くに状況において便利な近似となっている．図 19.1 の 2 つのスペクトルはまったく異なっているが，これらを用いて比熱曲線を計算すると，図 19.2 に示すようにデバイ理論が本質的な特徴をよく再現していることがわかる．この図で示されている鉱物は，$MgSiO_3$ ペロブスカイトで，約

[*2] より新しい研究結果については Tsuchiya ら (2005)(理論計算) や Akaogi ら (2008)(実験) を参照されたい．

950 K の高いデバイ温度をもっており，常温常圧では $C_V(290K) \approx 0.65 C_{V\infty}$ となる．高温になると，図 19.2 の 2 つの曲線の相違は，とても小さくなる．

デバイ関数 (式 (19.12)) の解析解は存在しないが，$T > \theta_D$ では熱エネルギーと比熱は (θ_D/T) の多項式として

$$E(\text{Debye}) = C_{V\infty}\left(T - \frac{3}{8}\theta_D + \frac{1}{20}\frac{\theta_D^2}{T} - \frac{1}{1680}\frac{\theta_D^4}{T^3} + \cdots\right) \tag{19.13}$$

$$C_V(\text{Debye}) = C_{V\infty}\left[1 - \frac{1}{20}\left(\frac{\theta_D}{T}\right)^2 + \frac{1}{560}\left(\frac{\theta_D}{T}\right)^4 + \cdots\right] \tag{19.14}$$

のように展開される．地球に蓄えられた全エネルギーを見積もるには (21 章)，式 (19.13) の $(3/8)\theta_D$ の項が，とくに θ_D が圧力増加に伴い系統的に増加するために重要となる．この項は，図 19.2 でデバイ曲線と $T=0$ へ外挿した古典極限とに囲まれた領域の面積に相当する．

C_V が高温で一定であるという近似の精度を，心に留めておくことは重要である．これは以下で述べるように，金属では妥当ではない．しかし絶縁体に対しては，式 (19.14) を微分して，

$$\left(\frac{\partial \ln C_V}{\partial \ln T}\right)_V = \frac{1}{10}\left(\frac{\theta_D}{T}\right)^2 - \frac{3}{1400}\left(\frac{\theta_D}{T}\right)^4 + \cdots \tag{19.15}$$

という妥当な表式を得ることができる．地球深部では $(T/\theta_D) \approx 1.6$ 程度であり，$(\partial \ln C_V/\partial \ln T)_V \approx 0.04$ を与える．これは平均原子量や非調和効果 (19.8 節) を含めた，さまざまな不確定性と同程度の大きさに過ぎない．デバイ・モデルでは式 (19.29) にもとづいて示されるように $(\partial \ln C_V/\partial \ln V)_S = 0$ であり，そして付録 E の式 (E.6) から

$$(\partial \ln C_V/\partial \ln V)_T \approx 0.05$$

が得られる．

ここまでは格子比熱に限って議論を進めてきた．地殻やマントルを含む絶縁体ではこれが比熱のす

べてとなるが，金属の比熱には伝導電子によるその他の寄与もある．核では比熱全体の約30%がその寄与により説明される．固体中では電子のエネルギー準位は相互作用により広がって，広いエネルギー範囲のバンドを形成する．それらのバンドは，系の電子数により決まるフェルミ・エネルギーとして知られる準位まで，電子に占有される．金属の特徴は，重なったり部分的に占有されたエネルギーバンドをもつことであり，そのためフェルミ準位近傍のエネルギーをもつ電子の状態は，電場（電気伝導を与える）あるいは熱極運動に応答して変化することができる．いくらかの電子は，フェルミ準位以下に空孔を残して，フェルミ準位より上へ kT のオーダーのエネルギーだけ熱的に励起される．そのようにして励起された電子の数と，それらの平均励起エネルギーはそれぞれ T に比例し，その結果電子熱エネルギーは T^2 に比例し，電子比熱は T に比例する．これは，

$$C_e = \beta T \tag{19.16}$$

によって表され，常温常圧の鉄に対しては，$\beta = 4.98\,\mathrm{mJ\,K^{-2}\,mol^{-1}} = 0.0892\,\mathrm{J\,K^{-2}\,kg^{-1}}$ が与えられる．これは $5000\,\mathrm{K}$ の温度で，式 (19.3) による格子比熱と C_e とが等しくなることを意味する．しかし圧縮によるエネルギーバンドの広がりと，それに伴うフェルミ準位での電子状態密度の減少は，β を減少させる．Bones ら (1986) は，核の圧力領域にわたって異なる結晶構造の鉄のバンド構造の数値計算を報告し，その結果にもとづきゼロ圧力での密度 ρ_0 からの相対密度 ρ_0/ρ の関数として，β の簡単な解析的近似についてまとめた．

純鉄の原子量を代入すると，

$$\beta = (6.113\rho_0/\rho - 1.144)\,\mathrm{mJ\,K^{-2}\,mol^{-1}}$$
$$= (0.1094\rho_0/\rho - 0.0205)\,\mathrm{J\,K^{-2}\,kg^{-1}} \tag{19.17}$$

が得られる．バンド構造や β の値は結晶構造にはほとんど依存せず，したがって式 (19.17) が核の圧力での液体鉄に対しても良い近似であると仮定される．溶け込んだ少量の軽元素も，わずかな効果しかもたないだろう．この式は，付録 G の熱モデルにおいて，核の比熱への電子の寄与を見積もるために使われている．式 (19.16) と (19.17) から

C_V への電子の寄与が得られ，式 (19.4) を用いて C_P が得られることに注意しよう．それは電気伝導 (24.4 節) や結果的に核の熱伝導 (19.6 節) に対しても重要となる．

19.3 熱膨張とグリュナイゼン・パラメーター

地球物理学において熱膨張に対して興味がもたれる特別な理由に，物質が熱せられ膨張すると周囲の冷たい物質に比べて浮力を得るという事実がある．その結果，高温物質が上昇することにより熱を上方へ輸送する対流が生じる．熱対流は，プレートテクトニクスとその結果生じる地質学的活動を駆動する力学エネルギーを生み出す．温度勾配が断熱温度勾配 (圧縮による温度上昇速度) を超えた均質媒質は，対流的に不安定である．したがって，どのような急な温度勾配も，対流によって断熱勾配まで減少する．地球のほとんどの部分で，温度勾配は断熱勾配に近いと信じられている．この勾配の計算 (19.5 節) や対流の力学エネルギーの計算 (22 章) には，熱膨張率 α の体積依存性の知識が必要である．しかし深部地球の α を直接測定した例はなく，それはグリュナイゼン・パラメーター γ から間接的に見積もられている．

物質が加熱されると膨張する物理学的な理由は，図 18.4 に見られる．近接原子間の結合距離は A と B の間で振動しているが，原子にはたらく力 (曲線の勾配で表される) が弱くなるため，圧縮された状態より伸長した状態において多くの時間を過ごす．伸長の時間平均が熱膨張であり，それは結合の非対称性の結果である．これは他の効果ももっている．物質が圧縮されたときに外力として加えられる圧力は，図 18.4 に正の勾配を加えることで表される．これはエネルギーの最小値を r の小さな方向へ押しやり，曲線をよりシャープにする．これは弾性率の増加を意味する．圧力に伴う弾性率の増加は地震学によってよく観測されており，それが結合の非対称性についての直接測定を提供する．それゆえ熱膨張と弾性率の圧力依存性は共通の原因によっており，適切な理論によって互いに関連

づけることができる．グリュナイゼン・パラメーター γ はその理論的な関連づけを行うものであり，これが地球物理学者がグリュナイゼン・パラメーターを理解しようと努力する理由なのである．

もともと E. Grüneisen によって固体物理学の文献において確立され，彼の名を冠したこのパラメーターは，アインシュタイン振動子 (式 (19.9) や式 (19.10)) の方程式から導かれた．振動数 ν_i の振動子として特定される結晶格子の振動モードに対するグリュナイゼンの定義は，

$$\gamma_i = -(\partial \ln \nu_i / \partial \ln V)_T \qquad (19.18)$$

である．γ_i はモード・グリュナイゼン・パラメーター，あるいはモードガンマで，一般的にモードごとに異なっている．このことに対する興味は，以下で示すすべての γ_i の適切な平均が式 (19.1) の熱力学パラメーターの無次元の組合せと等価である，という事実から生じている．通常，グリュナイゼン・パラメーターとは式 (19.1) の定義のものを指すが，もしグリュナイゼンの本来の定義と区別する必要がある場合には，これは熱力学ガンマとよばれる．熱力学的関係性におけるその有用性は，次の 2 つのしばしば用いられる恒等式，

$$\left(\frac{\partial \ln T}{\partial \ln \rho}\right)_S = -\left(\frac{\partial \ln T}{\partial \ln V}\right)_S$$
$$= K_S \left(\frac{\partial \ln T}{\partial P}\right)_S = \gamma \qquad (19.19)$$

$$\left(\frac{\partial P}{\partial T}\right)_V = \alpha K_T = \gamma \rho C_V \qquad (19.20)$$

においてとくに明白である (付録 E の表 E.2 参照)．式 (19.19) は密度あるいは圧力に関する断熱温度変化を与え，式 (19.20) は体積一定条件のもとで熱せられた物質の熱圧力と熱エネルギーとを関係づけるミー–グリュナイゼン (Mie–Grüneisen) 方程式，

$$P_{\text{Thermal}} = \rho \int_0^T \gamma C_V dT \approx \gamma E_{\text{Thermal}}/V \qquad (19.21)$$

の微分形である．ここで右辺が成り立つことは，γ が体積一定条件下で T によらないという仮定を思い起こさせる．広い深さ範囲にわたって γ はほとんど変化しないので，これが一定であるとする仮定は便利な近似であろう．次に式 (19.19) を積分することにより，

$$T_1/T_2 \approx (V_2/V_1)^\gamma \qquad (19.22)$$

が与えられる．この式は理想気体の物理において馴染みあるもので，その場合は $\alpha T = 1$ なので式 (19.4) は簡単化され，$\gamma = C_P/C_V - 1$ となる．このことは，γ を用いることで理想気体物理の単純な見識のいくつかを固体に導入できるという点を説明している．

式 (19.1) によって γ をグリュナイゼンの定義 (19.18) と関係づけるために，T 一定の条件のもとで式 (19.9) を V に関して微分し，その結果現れる 2 つの項に式 (19.9) と (19.10) を代入すると，平均モードエネルギーの体積依存性として，

$$\left(\frac{\partial E_i}{\partial V}\right)_T = \left(\frac{\partial \ln \nu_i}{\partial \ln V}\right)_T \left\{ \frac{1}{V} \frac{h\nu_i}{\exp(h\nu_i/kT) - 1} \right.$$
$$\left. - \frac{kT}{V} \frac{(h\nu_i/kT)^2 \exp(h\nu_i/kT)}{[\exp(h\nu_i/kT) - 1]^2} \right\}$$
$$= \left(\frac{\partial \ln \nu_i}{\partial \ln V}\right)_T \left[\frac{E_i}{V} - \frac{T}{V}\left(\frac{\partial E_i}{\partial T}\right)_V\right]$$
$$= -\left(\frac{\partial \ln \nu_i}{\partial \ln V}\right)_T \frac{T^2}{V} \left[\frac{\partial}{\partial T}\left(\frac{E_i}{T}\right)\right]_V$$
$$(19.23)$$

が得られる．この際，単一のモードについて考えていることを示すために添字 i を導入した．ここで，E_i はモード i に起因する内部エネルギーである．内部エネルギー U に対する一般的な恒等式 (付録 E の表 E.2 中 ∂U_T と ∂P_V の欄参照)，

$$\left(\frac{\partial U}{\partial V}\right)_T = \left(\frac{\partial P}{\partial T}\right)_V T - P = T^2 \left[\frac{\partial (P/T)}{\partial T}\right]_V \qquad (19.24)$$

を活用して，式 (19.23) の $(\partial E_i/\partial T)_V$ についての表式を求め，両辺を T^2 で割ると，

$$\left[\frac{\partial (P_i/T)}{\partial T}\right]_V = -\left(\frac{\partial \ln \nu_i}{\partial \ln V}\right)_T \frac{1}{V} \left[\frac{\partial (E_i/T)}{\partial T}\right]_V \qquad (19.25)$$

が得られる (グリュナイゼン理論の出発点である)．アインシュタインの理論におけるのと同様に，ν_i とそれゆえ $\gamma_i = -(\partial \ln \nu_i/\partial \ln V)_T$ が V 一定条件のもとで T に依存しないという仮定を考えると，式 (19.25) を V 一定のもとで T に関して積分でき，モード i による熱圧力とその内部エネルギーの間の関係式，

$$P_i = -\left(\frac{\partial \ln \nu_i}{\partial \ln V}\right)_T \left(\frac{E_i}{V}\right) \quad (19.26)$$

が得られる．これはミー–グリュナイゼン方程式の形 (式 (19.21)) をとっており，式 (19.18) による γ_i のグリュナイゼンの定義が含まれている．ν_i が V 一定条件のもとで T に依存しないというアインシュタインの仮定 (19.8 節) では，非調和性が無視されていることに注意してほしい．

異なる γ_i のモードをもつ物質の γ は，すべてのモードにわたってモード比熱で重みを付けた平均である．式 (19.21) のように，γ が熱圧力と熱エネルギーを結びつける係数であることに注意すると，

$$C_V \gamma = \sum C_i \gamma_i \quad (19.27)$$

となる．ここで，C_i は式 (19.10) で与えられる，さまざまなモードの比熱である．高温のみに興味を限定するならば，それぞれのモードに対して $C_i \approx k$ (ボルツマン定数) となり，したがって，γ は γ_i の単純平均となる．一方，(ν_i の振動の振幅に対する小さな非調和効果のほかに) 異なる γ_i のモードは異なる C_i をもち，それらが異なる割合で寄与するので，低温では温度依存性が生じる．しかしながら，そのような状況でも，この効果は一般的に小さい．これは熱力学的恒等式 (付録 E の表 E.3 および E.1 参照)，

$$\left(\frac{\partial \gamma}{\partial \ln T}\right)_V = \left(\frac{\partial \ln C_V}{\partial \ln V}\right)_S \quad (19.28)$$

から明らかであり，この効果はデバイ近似のもとでは常にゼロとなり消える．ν_D と θ_D が式 (19.11) で関係づけられるので，この状況はグリュナイゼンの定義による γ (式 (19.18)) のデバイ版，

$$\gamma_D = -\left(\frac{\partial \ln \nu_D}{\partial \ln V}\right)_T = -\left(\frac{\partial \ln \theta_D}{\partial \ln V}\right)_T \quad (19.29)$$

を用いて示される．グリュナイゼン理論におけるすべての ν_i と同様に V 一定のもとで ν_D が T によらないという仮定では，式 (19.29) の等温微分は断熱微分と等しくなり，さらに式 (19.19) と (19.29) を比較することで，T/θ_D と結果的に C_V が断熱線上で一定となることが示される．もちろん，デバイ理論は単なる近似にすぎないが，なぜ断熱線上では C_V がほぼ一定となるのかを理解するのに役に立つ．

式 (19.18) は，地球内部の γ を見積もるために最も広く用いられている公式を導出する出発点である．それは「音響ガンマ」γ_A で，縦波と横波に対応する 2 種類の格子モードのみが存在するという仮定にもとづいている．この際，1 つの縦波に対して 2 つの横波があり，弾性波速度を平均化してしまうデバイの方法よりもよい．等方物質を仮定するが，地震学的に観測される P 波および S 波速度を，圧縮モード (P) とせん断モード (S) に対し重みを付けた和，

$$\gamma_A = \frac{1}{3}\gamma_P + \frac{2}{3}\gamma_S \quad (19.30)$$

として，最大限活用できる．速度 $V_i = (X_i/\rho)^{1/2}$ をもつ定常波をつくる弾性率 X_i で関連づけられるモード i と格子間隔の定数倍ゆえに $V^{1/3}$ に比例する波長 λ_i とから，モード振動数は，

$$\nu_i = \frac{V_i}{\lambda_i} \propto X_i^{1/2} V^{1/6} \quad (19.31)$$

となり，これを微分して，

$$\gamma_i = -\left(\frac{\partial \ln \nu_i}{\partial \ln V}\right)_T = -\frac{1}{2}\frac{V}{X_i}\left(\frac{\partial X_i}{\partial V}\right)_T - \frac{1}{6}$$
$$= \frac{1}{2}\frac{K_T}{X_i}\left(\frac{\partial X_i}{\partial P}\right)_T - \frac{1}{6} \quad (19.32)$$

が得られる．ここで，$K_T = -V(\partial P/\partial V)_T$ は等温体積弾性率である．縦波に対しては $X_i = [K_S + (4/3)\mu]$，横波に対しては $X_i = \mu$ であり，そのため式 (19.30) により，

$$\gamma_A = \frac{1}{6}\frac{K_T}{K_S + (4/3)\mu}\left[\left(\frac{\partial K_S}{\partial P}\right)_T + \frac{4}{3}\left(\frac{\partial \mu}{\partial P}\right)_T\right]$$
$$+ \frac{1}{3}\frac{K_T}{\mu}\left(\frac{\partial \mu}{\partial P}\right)_T - \frac{1}{6} \quad (19.33)$$

となる．

地球のほとんどの部分で温度変化は断熱的であると信じられており，ゆえに弾性率の勾配が信頼できる範囲においては，地震学モデルから $(\partial K_S/\partial P)_S$ と $(\partial \mu/\partial P)_S$ が与えられる．これらを式 (19.33) で必要となる等温微分に変換するためには，温度微分が必要であり，それらは付録 E で定義される無次元の形式，

$$\delta_S = -\frac{1}{\alpha K_S}\left(\frac{\partial K_S}{\partial T}\right)_P \quad (19.34)$$

$$\varepsilon = -\frac{1}{\alpha \mu}\left(\frac{\partial \mu}{\partial T}\right)_P \quad (19.35)$$

と書き表される．どんなパラメーター X に対しても成り立つ微分恒等式，

$$\left(\frac{\partial X}{\partial P}\right)_T = \left(\frac{\partial X}{\partial P}\right)_S - \left(\frac{\partial X}{\partial T}\right)_P \left(\frac{\partial T}{\partial P}\right)_S \quad (19.36)$$

と付録 E の表 E.2 の項目から得られる関係式 $(\partial T/\partial P)_S = \gamma T/K_S$ を用い，X として K_S あるいは μ をとって，さらに式 (19.34) と (19.35) で温度微分を置き換えると，必要となる関係式，

$$\left(\frac{\partial K_S}{\partial P}\right)_T = \left(\frac{\partial K_S}{\partial P}\right)_S + \gamma\alpha T\delta_S \quad (19.37)$$

$$\left(\frac{\partial \mu}{\partial P}\right)_T = \left(\frac{\partial \mu}{\partial P}\right)_S + \frac{\gamma\alpha T\varepsilon\mu}{K_S} \quad (19.38)$$

が得られる．これらの表式は，付録 E の表 E.3 の項目からも得ることができる．

δ_S と ε (式 (19.34) と (19.35)) の計算は 19.7 節の主題なのだが，これらは地球深部の地震波速度異常を解釈するのに役に立つと期待される．下部マントルに対しては詳細な計算のための十分なデータがあり，付録 G にそれらの数値が与えられている．式 (19.37) と (19.38) における温度項はしばしば無視されるが，地球深部の温度圧力範囲において γ_A の推定値を 0.1～0.3 増加させると考えられる．

式 (19.33) の導出において暗になされている仮定と近似に対する徹底的な検証は，それらの疑わしさが十分に払拭できると結論づけた Stacey と Davis (2004) によってなされた．一方，他の表式にはまだ解決できていない困難さがある．しかしながら，深部地球の dK/dP や $d\mu/dP$ の地震学的見積もりを用いるには注意が必要である．PREM (付録 F) のようなモデルは，地震波速度と密度をいくつかの範囲にわたってそれぞれ半径の多項式で表している．これは数学的には便利であるが，しかし物性を表すには非物理的で，そのため dK/dP や $d\mu/dP$ を得るための微分は満足のいく平均値を与えるものの，信じがたい深さ依存性を生じてしまう．この困難さは，熱力学の原理について適切に微分量特性を制約することができる有限ひずみ理論 (18 章) を用いて PREM モデルをフィッティングすることによって，克服される．

グリュナイゼン理論と音響形式の導出 (式 (19.33)) は絶縁固体に限定されていたが，γ の熱力学定義 (式 (19.1)) はどんな物質にも適用できる．γ はマントルと同様に核に対しても重要であるので，金属や液体への適用を考える必要がある．ここで考えるのと異なる方法もあるが，それらは音響特性の計算にもとづく較正が必要となる．

金属中の「自由な」伝導電子は，電場と同様に熱にも応答する．それらの比熱への寄与は 19.2 節で，熱伝導は 19.6 節で議論されている．核においては，電子比熱は全体の 30% に達し，それに対応して熱圧力の電子成分も大きくなる．これは電子グリュナイゼン・パラメーター γ_e によって，熱エネルギーと関連づけられる．金属の全体の γ は格子と電子の寄与の和となり，式 (19.27) の格子の寄与と同様に，比熱への寄与に従って重み付けされる．原理的には γ_e は十分に正確な電子のバンド構造のモデルを用いれば計算できるが，伝導電子は弾性にも影響を与えるので，格子の γ を独立に見積もることはできない．いずれにせよ，核の大部分は液体なので，μ が主要な役割をもつ式 (19.33) は使用できず，他の方法が必要となる．

固体と液体に等しく適用できる他の種類の公式は，

$$\gamma = \frac{K'/2 - 1/6 - (f/3)(1 - P/3K)}{1 - (2f/3)P/K} \quad (19.39)$$

の一般形をもち，原子 (または電子) の熱運動についてどのような仮定を行うかによって異なる f をとる．Vashchenko と Zubarev (1963) によって自由体積理論から $f = 2$ の場合が導かれたことにより，これらの公式は自由体積タイプとよばれている．Dugdale と MacDonald (1953) による $f = 1$ の場合の線形モデルも，依然としてまれに用いられることがある．$f = 0$ の特別な場合はスレーターの γ (式 (18.54)) となり，これは 18.6 節で無限圧力への外挿の際に用いられた．スレーターの公式は，すべてのモード振動数が同じ体積依存性をもち，そのためすべての γ_i が等しいとする仮定のもとで，グリュナイゼンの定義 (式 (19.18)) から直接求まる．式 (19.32) におけるように，これはすべての弾性率が同じ体積依存性をもつこと，またポアソン比 ν (モード振動数と混同してはいけない) が圧力によらないことを意味する．ν は圧縮に

伴い増加することが知られており，18.8 節で議論した理由により，スレーターの公式は γ を過剰に見積もるのだが，18.8 節の最後の段落で指摘したように，無限圧力への外挿においてはスレーターの仮定は妥当となり，式 (18.55) が厳密に成り立つ．18.6 節で概観したように，これは有限ひずみ理論に重要な制約を与える．式 (19.39) の困難さは，満足のいく f の理論値がわかっていないことである．この問題に対する経験的な解決として Stacey と Davis (2004) は，式 (19.39) の $P=0$ における値と音響公式 (式 (19.33)) をゼロ圧力へ外挿した値とが一致するようにした．これにより，下部マントルのデータをフィットすると，$f=1.44$ が得られる．これを正当化するには，Stacey と Davis (2004) で議論されたように，γ の値が，γ の微分に対する熱力学的必要条件にもとづく第 3 の方法から得られるものと見分けがつかないことを示せばよい．

γ が融解によってほとんど影響を受けないことは興味深い．これは，熱運動がとても高い振動数 ($10^{12} \sim 10^{13}$ Hz) をもつ格子振動であることを認識すれば理解できる．以下の節で議論するように，液体の流体性は飽和した結晶転位の動きやすさで表せるが，転移はこれらの振動数をもつ応力変化には応答できない．したがって，格子振動の観点からは，液体と固体の弾性は大きくは違わない．

式 (19.39) を核に適用するには，伝導電子が大きく γ に寄与する金属に対して，その正当性を示さなければならない．ポイントはこの式が，γ が T に依存しない場合モデルによらない恒等式となるミー–グリュナイゼン方程式 (式 (19.21)) を応用して，計算されたということにある．これは単純に熱圧力や圧縮率の体積依存性に依存するもので，その点では電子圧力は格子圧力と何ら変わるところはない．電子と格子の γ は大きく異なっているかもしれないが，それらは全体として式 (19.27) のように寄与する．式 (19.39) の本質的な特徴は，μ には一切依存せず，K とその圧力依存性のみに依存するということである．

19.4 融　　解

圧力 P による融点 T_M の変化を表す標準的な熱力学的恒等式として，クラウジウス–クラペイロン (Clausius–Clapeyron) 方程式，

$$dT_M/dP = \Delta V/\Delta S \tag{19.40}$$

(ΔV および ΔS は，融解過程に伴う体積とエントロピーの増加量) がある．この方程式の導出には，圧力一定の場合，物質のギブズ (Gibbs) 自由エネルギー G (付録 E の表 E.1 で定義されている) は熱力学的平衡状態において極小値をとる，という考えが用いられている．(体積一定の場合はヘルムホルツ (Helmholtz) 自由エネルギー F が最小，エントロピー一定の場合はエンタルピー H が最小となる．) 融点において固体と液体が共存することは，融解曲線上のすべての点において両者が等しい G をもつことを意味している．P と T の両方の増加により G が dG だけ増加したと考え，表 E.2 (付録 E) の項目にある微分量を使って置換すると，

$$dG = \left(\frac{\partial G}{\partial P}\right)_T dP + \left(\frac{\partial G}{\partial T}\right)_P dT$$
$$= V dP - S dT \tag{19.41}$$

が得られる．T を T_M と思えば，増加量は融解曲線に沿ったものとなり，dG は固体 (添字 S) と液体 (添字 L) とで等しくなる．したがって，式 (19.40) を変形した，

$$V_L dP - S_L dT = V_S dP - S_S dT \tag{19.42}$$

が得られる．これは恒等式であり，どのような相転移にも適用できる．この式については，固相–固相相転移を伴う場合のマントル対流に関連して，22.3 節において再びふれられている．

融解を生じるためには潜熱 $L = \Delta S T_M$ が与えられなければならないので，融解の場合は $\Delta S = S_L - S_S$ は常に正となる．ここで，われわれが「通常」あるいは「単純」融解とよんでいるような場合では，ΔV も正となる．つまり，液体は固体よりも密度が小さく，その結果圧力に伴って T_M は増加する．最もよく知られる例外は水で，(低圧において) ΔV が負となる．「通常」あるいは「単純」

融解やなぜ例外が存在するのかを考える際に，この場合を心に留めておくと役に立つ．融解に対する一般的な理論として成功しているものに，結晶転位の自由増殖 (図 14.4) がある．融解は転位のない状態の自由エネルギーと，転位が飽和した状態 (液体と同等とみなされる) の自由エネルギーが等しくなるときに生じる．これを「単純」融解の理論として受け入れると，水がなぜそうではないのかがわかる．転位を導入しても局所の原子配位に大きな変化はないので，この理論は固体と液体で局所的原子配位は大きくは違わないという仮定にもとづいている．しかし，氷の構造は液体の水の構造とは大きく異なっている．珪酸塩も強く方位に依存した極性のある結合が存在するので，水と同様「単純」融解のコンセプトはあまり当てはまらない．ただし，ほとんどの金属 (ビスマスを除く) ではうまくいく．超高圧下では固体も液体も両方ともより最密充填構造に近づくので，低圧下でのふるまいによらず，単純液体の理論がより確信をもって適用できるようになる．主要な地球物理学的応用は，鉄の融点と内核の固化についてである．

式 (19.40) は融解の理論の基礎であるが，ΔV と ΔS を仮定しないと，高圧下へ外挿することはできないので，直接的にはそれほど便利ではない．そのため，いくつものかわりの融解の理論がつくり出されてきた．最新の考えに最も強く影響を与えたのは F. A. Lindemann のアイデアで，融点が体積とデバイ温度に依存して $V^{2/3}\theta_D^2$ の形で変化するとした．式 (19.29) を用い，また $\gamma = \gamma_D$ を仮定して，これを微分すると，

$$\frac{1}{T_M}\frac{dT_M}{dP} = \frac{2(\gamma - 1/3)}{K_T} \quad (19.43)$$

が得られる (問題 19.6)．式 (19.43) はしばしば Gilvarry (1956) に帰せられるが，彼の理論では右辺に $[1+2(\gamma-1/3)\alpha T_M]^{-1}$ が加えられている．この式は，原子振動の振幅が原子間隔の限界値を超えると融解が生じるとする仮定にもとづいて導出された．現在ではまったく同じかよく似た表式の導出がより強固な基礎にもとづいてなされており，その中でも熱力学的基礎にもとづいているものについてここで示す．ただし，融解過程が少なくとも転位の増殖とよく似ているということを，背景で暗に仮定している．その理由は Stacey と Irvine (1977) において示されている．転位中に存在する原子は平衡位置から変位し，そのためいくつかの結合は引き伸ばされその他は圧縮され，結果として力はつり合っている．Stacey と Irvine の計算では，この状況を両端を固定した異なる個数からなる 2 本の原子の線 (一方は圧縮され，もう一方は引き伸ばされる) によりシミュレートした．図 18.4 のように結合の非対称性は平均的には伸長をもたらし，それは式 (19.40) の ΔV と等しく，転位のない状態からのエネルギー増加は潜熱 $T_M\Delta S$ と等しい．このことにより原子ポテンシャル関数の微分にもとづいて式を書くことができ，K, P そして K' を式 (18.18)〜(18.20) で置き換えて，γ の 1 次元 (Dugdale–MacDonald) 形 (式 (19.39) の $f = 1$ の場合) を用いて式 (19.43) の形となる．式 (19.43) の形をもつ式は転位構造をどのように仮定するかに依存しない．そのためこの一般的な結論は，基本的でゆえに重要である．

ここでギルバリー (Gilvarry) 型の融解法則について，より厳密で熱力学的な導出を示す．Stacey ら (1989) による議論を適用して，体積一定条件下で加熱された質量 m の固体 (融解しないとする) を考えると，加えられた熱量 $mC_V\Delta T$ は (非調和性を無視すると) 原子の運動エネルギー ΔE_K と結合のポテンシャルエネルギー ΔE_P に等分配され，したがって，

$$\Delta E_K = \frac{1}{2}mC_V\Delta T \quad (19.44)$$

となる．定圧条件下で同じ温度上昇を行う場合は，熱量 $mC_P\Delta T$ が必要であるが，温度上昇は同じなので，ΔE_K は依然式 (19.44) で与えられ，ゆえに，

$$\Delta E_P = m(C_P - C_V/2)\Delta T \quad (19.45)$$

となる．C_P と C_V の間の関係式 (式 (19.4)) を用いると，これは，

$$\Delta E_P = \frac{1}{2}mC_V\Delta T(1 + 2\gamma\alpha T) \quad (19.46)$$

となる．これは定圧条件下で加熱することにより生じる，結合の平均ポテンシャルエネルギーの増

加分である．同時に熱膨張，
$$\Delta V = \alpha V \Delta T \tag{19.47}$$
が生じ，これらの比は，
$$\begin{aligned}\frac{\Delta V}{\Delta E_\mathrm{P}} &= \frac{2\alpha}{(m/V)C_V(1+2\gamma\alpha T)} \\ &= \frac{2\alpha}{\rho C_V(1+2\gamma\alpha T)}\end{aligned} \tag{19.48}$$
となり，γ の定義 (式 (19.1)) を用いると，
$$\frac{\Delta V}{\Delta E_\mathrm{P}} = \frac{2\gamma}{K_T(1+2\gamma\alpha T)} \tag{19.49}$$
が得られる．(定圧条件での) 融解は熱量を与えることで生じるが，温度は上昇しない．これは潜熱がすべて結合のポテンシャルエネルギーとなるためで，式 (19.49) は $\Delta E_\mathrm{P} = T_\mathrm{M}\Delta S$ と書けば式 (19.40) と同等となり，結局，
$$\frac{1}{T_\mathrm{M}}\frac{\mathrm{d}T_\mathrm{M}}{\mathrm{d}P} = \frac{2\gamma}{K_T(1+2\gamma\alpha T_\mathrm{M})} \tag{19.50}$$
と表せる．これは式 (19.43) に似ており，先に述べたようにしばしば Gilvarry (1956) に帰せられるが，彼の式とは完全には同じではない．彼の理論も式 (19.50) の形の式を導くが，γ が $(\gamma - 1/3)$ に置き換わったものとなる．

式 (19.50) は Stacey ら (1989) で導かれたように，融解曲線上の弾性率を適用して，融点での密度変化に伴う T_M の変化，
$$K_\mathrm{M} = \rho\left(\frac{\partial P}{\partial \rho}\right)_{T=T_\mathrm{M}} = K_T\left(1 + \alpha K_\mathrm{M}\frac{\mathrm{d}T_\mathrm{M}}{\mathrm{d}P}\right) \tag{19.51}$$
に書き換えられる．式 (19.50) と組み合わせると，これはより簡単な結果，
$$\frac{\mathrm{d}\ln T_\mathrm{M}}{\mathrm{d}\ln \rho} = 2\gamma \tag{19.52}$$
を導く．

式 (19.50) と (19.52) は両方とも，T_M の圧力依存性をやや過剰に見積もる傾向がある．これらが，結合は伸び縮みするが切断はしないという仮定にもとづいているからである．原子の最密充填構造が融解する場合，大まかに約 2% 結合が切れると考えられるため，これらの式に不確定性が生じる．

式 (19.19) と (19.52) の比較から融点と断熱温度勾配の比は，一見すると 2 と思われるが，実際には圧力に伴う密度変化が両式では異なる弾性率によって表されるので，それよりもやや小さい値となる．この点についてはのちの節で詳細する．

式 (19.50) あるいは式 (19.52) は核の条件での鉄に適用できるが，ゼロ圧力からの外挿は満足には行えない．導出の際に立てた仮定は，三重点の近傍では破綻してしまう．三重点は鉄の融解曲線上には (少なくとも) 2 点存在している．低圧下の δ (体心立方) 構造はまず γ (面心立方) に，さらに ε (六方最密充填) あるいはこれとよく似た何かに変換される．融解の転位理論において理解されるように，固体結晶と平衡にある融体の構造は，結晶構造が乱されたものとみなすことができる．三重点から離れた条件ではこれは疑う余地はないが，三重点の近傍では，転位を含む低圧構造から転位を含む高圧構造へ連続的に遷移する．これは Sanloup ら (2000) によって δ–γ–液相の三重点近傍の液体鉄に対して示されたように，対応する固体–固体相転移のような鋭い転移ではなく，温度にも依存して，ある程度の圧力範囲にわたって進行する連続的な変化となる．

内核外核境界 (ICB) の圧力における鉄の融点は，実験的には到達できない．それはダイヤモンドアンビルの範囲を超えており，衝撃波はその圧力に到達する前に融解を引き起こす．しかしながら，ε 相の融解曲線の実験値は，さらなる相転移が存在しないので，ICB まで外挿が可能である．ダイヤモンドアンビルによる実験 (Boehler, 1993) はいつも衝撃実験よりも融点 T_M を過小評価するという問題が依然存在してはいるが，両方の実験における温度測定の困難さや衝撃実験における圧力較正の困難さを考慮し，ここではダイヤモンドアンビルの結果を式 (19.52) を用いて外挿することにする．すると，その結果，鉄に対し $T_\mathrm{M} = 5750\,\mathrm{K}$ が得られる．溶質による融点降下もまた不確定的であるが，これを 750 K と考えれば，ICB 温度は 5000 K となる．この温度は約 500 K の不確定性を認めた場合の近似値として便利な値である．

固化に伴う密度増加もまた地球物理学的に興味深い．Poirier (2000) で議論された「単純」融解に対する慣習的な方法では，n モルに対するエントロピーの増加は，

$$\Delta S = nR\ln 2 + \alpha K_T \Delta V \quad (19.53)$$

で与えられ，これと式 (19.40) および式 (19.50) を用いて，

$$\Delta V = \frac{2\gamma T_M}{K_T} nR\ln 2 \quad (19.54)$$

が得られる．核の ICB 条件に適用すると，これは $200\,{\rm kg\,m^{-1}}$ （1.6%）の密度増加を与える．これと観測される $820\,{\rm kg\,m^{-1}}$ の密度差 (Masters と Gubbins, 2003) の相違は，内外核の組成が違っていることを証明するものであると考えられ，その結果として内核の固化の進展に伴い重力エネルギーの開放が生じている (22.6 節)．

19.5　断熱温度勾配と融点の圧力依存性

マントルにおける熱対流であれ外核における強い組成対流であれ，グローバルな地質学的過程は，すべての階層で，対流により生じ対流によって制御されている．熱対流の場合は，断熱温度勾配よりも，たとえわずかでも，急な温度勾配を維持する熱源が存在しなければならない．また組成対流によるような力学的な撹拌によっても，断熱温度勾配が形成，維持される．断熱温度勾配の存在は，活動的な惑星の本質的特徴である．

なぜ断熱値を超える温度勾配をもつ媒体においてのみ熱対流が発生可能なのかを見るために，任意の温度勾配をもつ均質媒体を考えよう．その物質中で，微小体積要素が一切の熱の流入や流出を伴わずに上方へ変位するとする．上昇すると断熱減圧により，微小部分の温度は減少する．その結果，もし上昇した先の周囲と同じ温度となれば，媒体は断熱温度勾配をもつ．もし，媒体中の温度勾配がそれよりも小さければ，体積要素は周囲よりも低温，ゆえにより高密度となり，もとの深さまで戻ることになる．媒体は熱的に安定で，対流は生じない．だが一方，媒体中の温度勾配が断熱温度勾配よりも急であれば，変位した体積要素は周囲に比べより温かく，より低密度となり，さらに上昇する傾向が生じる．媒体は熱的に不安定となり，自発的に対流が生じるだろう．温度勾配が急であるほど，対流は勢いが増す．冷たく落下する物質によって熱く上昇する物質が移動するので，全体として上向きに熱が輸送される．もし熱源が維持されなければ，温度勾配は減少し断熱温度勾配に達すると対流は停止する．核では温度勾配は断熱温度勾配にきわめて近いと信じられており，PREM モデルは下部マントルの温度勾配がごくわずかに断熱温度勾配よりも急であることを示している (17.5 節)．

断熱温度勾配は式 (19.19) に着目して，

$$\left(\frac{\partial T}{\partial z}\right)_{\rm Adiabatic} = \left(\frac{\partial T}{\partial P}\right)_S \frac{dP}{dz} = \left(\frac{\gamma T}{K_S}\right)\rho g \quad (19.55)$$

と書くことができる．ここで g は重力である．γ を式 (19.1) で置き換えると，α に着目したもう 1 つの形，

$$\left(\frac{\partial T}{\partial z}\right)_{\rm Adiabatic} = \frac{\alpha T g}{C_P} \quad (19.56)$$

が得られる．しかし，温度差を求めるという目的では，式 (19.55) あるいは式 (19.19) を積分したものの方がより便利である．これは γ が一定という近似が十分である場合はとくに明らかで，その場合，式 (19.22) が使える．22 章で指摘されるように，式 (19.55) あるいは式 (19.56) により対流する媒体における熱源と放熱体の間の断熱温度の比が求まり，これにより対流の熱力学的効率，つまり力学的仕事率が決まる．温度や温度差の絶対値は重要ではない．しかしながら，これらの式は均質な領域でのみ妥当であり，相転移をまたいで積分する場合には付加的な情報が必要となる (22.3 節)．

付録 E に熱力学関係式をまとめて示している理由の 1 つに，地球深部物理では断熱勾配や断熱変化が中心的であるのに，熱力学では等温変化を扱う慣習があるという点がある．いくつかの特性では断熱と等温の微分量が大きく異なることがあり，また高次の微分量ほど顕著になる場合がある．重要な例は，断熱と等温の体積弾性率 K_S と K_T の温度微分 (それらは $\delta_S \equiv (1/\alpha)(\partial \ln K_S/\partial T)_P$ や，より一般的に用いられる等温の値 $\gamma_T = (1/\alpha)(\partial \ln K_T/\partial T)_P$ と表される) の差である．下部マントルにおいて，δ_T は δ_S を 1.6〜2.0 倍上回る．この場合，正しい微分量を用いることが，式 (19.33) を用いて γ を

計算する場合と同様，地震波速度に対する温度効果の評価において決定的となる．

断熱温度勾配に対するもう1つの興味は，断熱温度勾配と融点の勾配の関係である．King (1893) によって最初に認識されたように，融点は通常圧力増加に伴い断熱的な温度上昇よりも急激に増加する．King は潮汐にもとづく地球の剛性に関する観測から，深部は固体でなければならないという論理化を試みた．一方，Kelvin は放射性元素にもとづく地球の冷却に関する計算 (4.2 節) から，数十 km 以深では融点に達することはないと提案した．King は，流体層の対流により潜熱が上方へ運ばれるという，現在核において起きていると考えられる過程を伴って，地球は内部から外側に向かって固化するだろうと結論づけた (22.5 および 23.6 節)．断熱温度勾配と融点の勾配の比は，式 (19.51) と付録 E の式 (E.1) で与えられる，それぞれに対応する体積弾性率を用いて，式 (19.19) および (19.52) を比較することにより定量的に評価できる．その結果，融点において，

$$\frac{dT_M}{dz} \bigg/ \left(\frac{\partial T}{\partial z}\right)_S = \frac{2(1+\gamma\alpha T_M)}{1+2\gamma\alpha T_M} \quad (19.57)$$

が成り立ち，これは1以下になることはない．King (1893) の結論は一般的なもので，惑星や衛星内部の均質な組成をもつすべての層において，固化は常に内側から外側に向かって進行する．

10.6 節において，マントルの流動特性を支配する，ホモロガス温度とよばれている量 T/T_M の役割について述べた．地震の際に急な破壊が生じるのは，この比が 0.5～0.6 よりも小さい領域に限定されるように見える．表層以外で，T/T_M がこの値を下回るマントルの領域は沈み込むスラブであり，それも約 700 km の深さまでである．もしこれが下部マントルで地震がまったく起こらないことの理由であるとすると，表 G.2 (付録 G) の温度プロファイルをソリダス温度 T_M の制約のために用いることができる．660 km の相転移からの断熱的な外挿は，CMB 近傍での急な温度勾配を無視すれば，マントル最下部で約 2750 K の温度を与える．これにもとづくと，マントルの底での T_M は約 4580 K 以下である．われわれの CMB 温度の見積もりは 3740 K であり，マントルが完全に固化したときには，CMB 温度はこれより 200 K だけ高い 3940 K であったと考えている (23.5 節)．これらの数値は，マントルが核と同様，融点の勾配が断熱温度勾配よりも急で内側から外側へ固化したと仮定すると，矛盾がない．ここでマントルの底の超低速度層 (ULVZ) における部分溶融の証拠 (17.6 節) に注目したい．核の表面層はほとんど等温なので，局所的な高温領域を認める余地はない．したがって，ULVZ は化学的不均質の存在を示唆している．このことはマントルの底に局所的に低融点の物質が存在しているか，あるいは核から鉄を吸収したポストペロブスカイトのくぼみが存在するか (Mao ら, 2006)，のいずれかを意味しているだろう．

19.6 熱 伝 導

温度勾配は，地球の大部分を通して断熱温度勾配 (式 (19.55) および (19.56)) に近い．ゆえに，どの深さでも熱伝導による定常的な流れが存在する．マントルでは最上部と最下部の熱境界層を除けば熱輸送のほとんどは対流によっているので，これは全体の熱流量のわずか 3% に過ぎない．熱伝導はマントルの底の D″ 層と地表において重要となり，前者では核の熱がマントルに伝えられ，後者では熱はリソスフェアと海洋に拡散する．また遷移層についても考える必要がある．そこではマントルの相転移により，対流によって移動する物質中で温度変化が生じる (22.3 および 22.5 節)．また冷たい沈み込むスラブに熱が拡散することでも，温度変化が生じる．一方，核の熱伝導率はずっと大きいので，熱伝導は核のエネルギー収支における重要な成分となる (21.4, 22.7 および 23.5 節)．

地殻と上部マントルでは熱伝導への圧力効果は無視できるほど小さいので，なじみのある岩石や鉱物の熱伝導率の測定値はリソスフェアの値として十分合理的である．異なる岩石や鉱物の伝導率の実験値はある範囲のうちに分布しており，最上部マントルを代表する超塩基性岩に含まれる鉱物の測定値からは，$\kappa = 4.0\,\mathrm{W\,m^{-1}\,K^{-1}}$ となる (Clauser

とHuenges, 1995). しかし玄武岩的海洋地殻では, $2.5\,\mathrm{W\,m^{-1}\,K^{-1}}$ にすぎない. 深部マントルに対しては理論的に求めることになるが, これはとても不確かである. 量子化された格子振動であるフォノンによる熱の輸送である格子伝導は, 温度圧力依存性の異なるいくつかのフォノン散乱機構に支配されている. 理論的な解析に向いているため, 文献では多くの注目がフォノン–フォノン散乱に向けられている. しかしながら, これが熱伝導の大部分を占めているのは確かだろうが, ふつうの物質において測定される熱伝導率は完全結晶のそれに比べてずっと小さな値となる. フォノンは結晶の不完全性によっても散乱され, これが鉱物の熱伝導を主に支配する過程となる. ガラスは乱れた液体型の構造をもつ, 不完全結晶の極端な場合である. Kiefferら (1976) は石英ガラスの熱伝導率が石英単結晶に比べて非常に小さくなり, 温度効果と圧力効果が両方とも逆になることを示した. 鉱物は一般的に複雑で, さまざまな原子を伴う非化学量論的な固溶体となることが多い. そのような物質では, フォノン散乱は温度, 圧力に対してともに規則的な依存性を示さない. とくに反証もないので, ここではマントル内では熱伝導率は深さによって大きくは変化しないと仮定する.

D″層の厚さから, われわれはこの仮定を大雑把ではあるが検証することができる. この層は最も熱くゆえに底において最も粘性が小さい. そのため軟らかい物質が対流により上昇するプルーム内部へすくい取られ, その分バルクマントルが核の上へ崩れ落ちる. もし最初に上昇を始めるときプルーム物質の温度がまわりのマントルに比べて $\Delta T = 1000\,\mathrm{K}$ 高く, 核からの熱流量が 21 章で見積もられるように $dQ/dT = 3.5\times 10^{12}\,\mathrm{W}$ であったとすると, 単位体積あたりの熱容量 $\rho C_P = 6.6\times 10^6\,\mathrm{J\,K^{-1}\,m^{-3}}$ を用いて, 物質が取り除かれる速度は,

$$\frac{dV}{dT} = \frac{dQ}{dT}\rho C_P \Delta T = 530\,\mathrm{m^3\,s^{-1}} \quad (19.58)$$

となる. この物質は D″ の「秘密の海洋」の地域 (図 12.3 参照) から取り除かれる. その核マントルでの割合について正確な見積もりはないが, しかしマントルの核への崩落の平均速度は $v = 3.5 \times 10^{-12}\,\mathrm{m\,s^{-1}}$ (0.11 mm/年) となる. これは大気圏に突入したときの隕石や宇宙船の溶発, このとき熱は内部に侵入するが物質が剥がれ落ちるために表面温度は一定に保たれる, と似ている. この結果により, 境界からの高さ h を用いて, $e^{-h/H}$ のように変化する指数関数的な温度プロファイルが得られる (Stacey と Loper, 1983). ここで高さのスケールは,

$$H = \eta/v \quad (19.59)$$

で与えられ, $\eta = \kappa/\rho C_P$ は熱拡散率である. 伝導率と仮定した境界層の間にはトレードオフがあり, $\kappa/H = 2.3\times 10^{-5}\,\mathrm{W\,m^{-2}\,K^{-1}}$ となるが, もし $H = 200\,\mathrm{km}$ とすれば, $\kappa = 4.6\,\mathrm{W\,m^{-1}\,K^{-1}}$ となる. この値は Manga と Jeanloz (1997) の MgO と Al_2O_3 の高圧測定から推定された下部マントルの範囲 ($5\sim 12\,\mathrm{W\,m^{-1}\,K^{-1}}$) に比べ, わずかに小さいだけである. この伝導率と境界層における $5\,\mathrm{K/km}$ の温度勾配 (200 km の高さスケールにおいて $1000\,\mathrm{K}$ の上昇) を用いると, マントルへの熱流量は上記と同様に $3.5\times 10^{12}\,\mathrm{W}$ となる. この計算で用いた数値には不確定性があるが, それらは互いに矛盾がない. これによりマントル深部の伝導率がリソスフェアの値と大きくは異ならないだろうという考えに至る.

マントル深部の伝導度について不確定要素をもたらすもう 1 つの現象は, 放射熱伝導である. これは恒星の内部において生じている過程で, Clark (1957) によって地球物理学に導入された. もしマントル鉱物が近赤外領域において適度な透明性を有しているならば, 輻射は伝導に κ_R の寄与を与える. それは「灰色体」の簡単な場合, つまり波長に依存しない不透明度 ε をもつ物体においては, Clark によって示されたように,

$$\kappa_R = (16/3)n^2\sigma T^3/\varepsilon \quad (19.60)$$

となる. ここで, n は屈折率で, $\sigma = 5.67\times 10^{-8}\,\mathrm{W\,m^{-2}\,K^{-4}}$ はシュテファン–ボルツマン (Stefan–Boltzmann) 定数である. ε は, 光源から距離 x 離れると輻射強度が $e^{-\varepsilon x}$ のように減衰するとして定義される. したがって ε の単位は $\mathrm{m^{-1}}$ である. もし $\varepsilon < 10^4\,\mathrm{m^{-1}}$ であれば (これは中程度の透明度

の場合の代表的な値である），これは下部マントルにおいて重要となる．しかしながら，鉄イオンが可視光領域と同様赤外領域においても強い吸収帯をもつため，下部マントルで典型的な鉄を含む鉱物は不透明となる．吸収帯が圧力によって十分シフトすることにより下部マントルにおいて透明度が増し，大きな放射熱伝導が生じるかどうかについては意見が分かれている．しかし，Goncharov ら (2006) は，鉄イオンの「低スピン」状態 (電子スピンモーメントが対をつくる) への変換により，下部マントル圧力において $(Mg, Fe)O$ の不透明性が増加すると報告した．

核での熱伝導は，フォノンではなく電子に支配されている．外核のような液体に対しては，以前に述べたように構造不規則性が非常に強いフォノン散乱を引き起こすので，格子伝導は重要ではない．Stacey と Anderson (2001) により，全体の約 10% にあたる $3.1\,\mathrm{W\,m^{-1}K^{-1}}$ という値が提案された．ずっと大きな電子の寄与 κ_e は，κ_e と電気伝導度 σ_e の間のヴィーデマン–フランツ (Wiedemann–Franz) の関係式，

$$\kappa_e = L\sigma_e T \quad (19.61)$$

によって裏づけられる．ここで $L = (\pi k/e)^2/3 = 2.443 \times 10^{-8}\,\mathrm{W\,\Omega\,K^{-2}}$ はローレンツ数，k はボルツマン定数，e は電子の電荷である．Kittel (1971) は，L がすべての金属に対して同じ一定の値となる理由について議論した．それは極低温を除き，フォノンあるいは格子欠陥による電子の散乱は，電子が電場によって加速される場合も熱が温度勾配に沿って移動する場合も同様に生じるということである．

核の電気伝導率は 24.4 節において議論され，核マントル境界での $2.76 \times 10^5\,\Omega^{-1}\,\mathrm{m}^{-1}$ から内核直上での $2.15 \times 10^5\,\Omega^{-1}\,\mathrm{m}^{-1}$，そして内核内での $2.42 \times 10^5\,\Omega^{-1}\,\mathrm{m}^{-1}$ と変化すると結論づけられている．式 (19.61) をこれらの値に適用し，格子熱伝導の $3.1\,\mathrm{W\,m^{-1}K^{-1}}$ を加えると，外核最上部において $\kappa = 28.3\,\mathrm{W\,m^{-1}K{-1}}$，外核最下部において $29.3\,\mathrm{W\,m^{-1}K^{-1}}$ が得られる．これらの数値はかなり不確定的であるが，熱的性質を計算するという目的のためにこれらの値と表 G.1 (付録 G) に与えられている深さ依存性を適用することにする．また内核においては，$\kappa = 36\,\mathrm{W\,m^{-1}K^{-1}}$ とする．

19.7 弾性率の温度依存性—温度の観点からのトモグラフィーの解釈

式 (19.34) と (19.35) により弾性特性の温度依存性を表すために用いられる無次元パラメーター δ_S と ε が定義される．δ_S は，より馴染みはあるものの地球物理学的には有用性の低い等温の同様のパラメーター $\delta_T = (1/\alpha K_T)(\partial \ln K_T/\partial \ln T)$ と区別するために，アンダーソン–グリュナイゼン・パラメーターと名づけられている．これは付録 E の恒等式によって他の馴染みある量と熱力学的に関連づけられており，式 (E.4) から計算される．この際，式 (E.8)，

$$\delta_S = K'_S - 1 + q - \gamma - C'_S = K'_S - 1 + q_S - \gamma \quad (19.62)$$

を表 E.1 で定義されるパラメーターで置換すると便利である．それらはすべて状態方程式と式 (19.33) を用いて導くことができる．この式により γ を見積もるには K'_S と同様 δ_S が必要であり，したがって式 (19.62) による δ_S の計算は反復的となる．しかしこれは式 (19.37) の δ_S の項が K'_S に比べてかなり小さくなるため，問題にはならない．q の計算には式 (19.33) の微分が必要となり，これには K'' つまり状態方程式のさらなる微分の情報について仮定する必要がある．このことは，δ_S を簡便に評価するためには，熱力学的制約を正しく満足する微分量を与える状態方程式を用いることが本質的である，ということを強く示している．当てはまるのは，式 (18.28), (18.39), (18.45) およびこれらの積分形と微分形である．

ε (式 (19.35)) については，δ_S に対する恒等式 (式 (19.62)) に対応するような熱力学関係式は存在しない．このため δ_S と同じ信頼性で，ε を決定することはできない．かわりに式 (18.67) を用いる．式 (18.68) の係数の数値は下部マントルの断熱勾配に対するものだが，式 (18.67) は $(\mu/K)_0$ を調整すればどの断熱勾配に対しても等しく妥当と

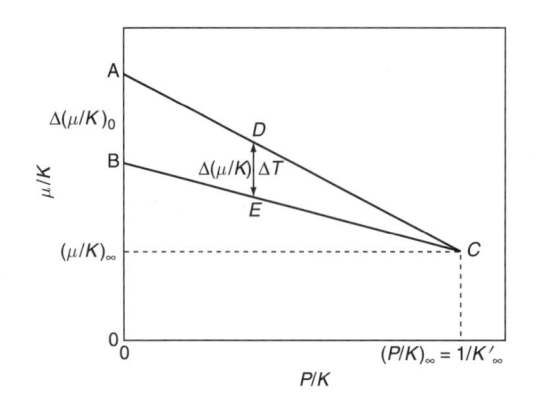

図 19.3 2つの近接した断熱線に沿って P/K の関数としてプロットした弾性率の比 μ/K.

である.

式 (19.64) を用いるときの注意点について述べる. μ の温度依存性に寄与する2つの異なる機構が存在する. 式 (18.67) は結合力の議論から導かれ, 直接的に式 (19.64) に到達するのだが, もう1つの寄与である非弾性の効果を考慮していない. 実験室での $d(\mu/K)_0/dT$ の測定値を用いて式 (19.64) を較正する場合, 全体の効果には式を導出する際には無関係であった非弾性の寄与も含まれてしまう. この問題は Karato (1993) によってはじめて指摘された. 彼は熱的に活性化される非弾性緩和機構が, 温度上昇に伴い剛性率を減少させることを指摘した. 地震波の減衰は, いくつかの原因により応力とひずみの間で時間あるいは位相がずれることによって生じる (10.5 節). それらの原因のいくつかは熱活性化過程であり, そこでは原子の変位がポテンシャル障壁を超えなければならない. そのためには適度な熱的な弾み (フォノン) を待つ必要がある. どんな時間間隔で訪れる十分に大きい弾みの確率も, 頻度因子,

$$\nu = \nu_0 \exp(-E/kT) \quad (19.65)$$

により表現される. ここで, E はエネルギー障壁の大きさ, k はボルツマン定数で,「試行頻度」ν_0 はたいてい $10^8 \sim 10^9$ Hz の程度である. この頻度 (あるいは確率) は温度が上昇すると増加するので, 対応する弾性波速度の減衰に関する分だけ弾性率が減少する. せん断波に対する効果についての解析がなされているが (詳細は Stacey と Davis (2004) の付録 B を参照のこと), それは μ への効果という形でも表すことができる. 振動数 f の S 波に対して,

$$\left(\frac{\partial \ln \mu}{\partial \ln T}\right)_{\text{Anelastic}} = \frac{2\pi}{Q_S} \ln\left(\frac{\nu_0}{f}\right) \quad (19.66)$$

となる. ここで, Q は式 (10.14) あるいは (10.18) で定義され, 添字 S はせん断波に対する量であることを示している. 一方, K の温度依存性には, 顕著な非弾性効果は存在しない.

式 (19.66) は, 減衰に寄与するすべての機構が熱的に活性化され, また Q は振動数に依存しないと仮定しているので, 効果の上限を与えている. 振動数に依存した Q の増加は, 小さな効果しかもた

なる. この際, Stacey と Davis (2004, Sec. 12) で説明されているように, $(\mu/K)_\infty$ や K'_∞ は同じ値をとる. 図 19.3 の単純なグラフは, 2つの断熱線 A-B と B-C における比 μ/K の違いが, 規格化した圧力 P/K に伴ってどう変化するかを示している. 相似の関係にある三角形 ABC と DEC から, 式 (18.44) を用いて,

$$\Delta(\mu/K) = \Delta(\mu/K)_0 \frac{[(P/K)_\infty - (P/K)]}{(P/K)_\infty}$$

$$= \Delta(\mu/K)_0 (1 - K'_\infty P/K) \quad (19.63)$$

が得られる. AB と BC はともに断熱線なので, どの2点間, たとえば D-E, のエントロピー差も A-B のエントロピー差と等しくなる. このエントロピー差は任意の P/K における断熱線の間の温度差と関係づけることができ, よって温度による μ/K の変化について, $P=0$ での値から任意の P/K での値を計算することができる. このことは T_0 の変化に伴う $(\mu/K)_0$ の変化の実験室での測定結果と, δ_S (式 (19.62)) を用いた任意の圧力での K の温度依存性の計算を組み合わせ, μ の温度依存性を得ることができることを意味している. Stacey と Davis (2004) によって導かれた最終的な式は,

$$\left(\frac{\partial \ln \mu}{\partial T}\right)_P = \frac{(\mu/K)_0}{(\mu/K)} \left[\left(\frac{\partial \ln K}{\partial T}\right)_P \right.$$
$$+ \frac{d \ln(\mu/K)_0}{dT_0} \frac{T_0}{T} \frac{C_P}{C_{P_0}}$$
$$\left. \times \left(1 - K'_\infty \frac{P}{K}\right)\right] \quad (19.64)$$

表 19.1 下部マントルにおける地震波速度の温度依存性．ゼロ圧力への外挿値も示す．

R (km)	$(\partial \ln V_S/\partial T)_P$ (10^{-5}K^{-1})	$(\partial \ln V_P/\partial T)_P$ (10^{-5}K^{-1})	$\left(\dfrac{\partial \ln V_S}{\partial \ln V_P}\right)_P$	$\left(\dfrac{\partial \ln V_\phi}{\partial \ln V_S}\right)_P$
3480	-2.473	-1.001	2.470	0.0492
3600	-2.561	-1.050	2.440	0.0544
3630	-2.584	-1.062	2.432	0.0574
3800	-2.714	-1.136	2.388	0.0636
4000	-2.870	-1.229	2.335	0.0739
4200	-3.042	-1.334	2.280	0.0852
4400	-3.228	-1.449	2.228	0.0967
4600	-3.451	-1.595	2.164	0.1117
4800	-3.703	-1.762	2.102	0.1276
5000	-3.990	-1.960	2.036	0.1460
5200	-4.341	-2.209	1.965	0.1677
5400	-4.760	-2.518	1.890	0.1934
5600	-5.283	-2.922	1.808	0.2254
5701	-5.543	-3.154	1.758	0.2474
$P=0$	-8.796	-6.080	1.447	0.4315

ない．式 (19.66) により与えられる効果の最大値は全 $(\partial \mu/\partial T)_P$ の 20% で，おそらく 13% 程度が現実的な条件での割合と考えられ，重大である．これを認めた上で，マントルでは深さの増加に伴い温度が増加するのと同様，一般的に Q_S も増加することに注意しよう．したがって，式 (19.66) から $(\partial \ln \mu/\partial T)_{\text{Anelastic}}$ は，深さの増加に伴い $1/Q_S T$ で減少する．これは，式 (19.64) により表される深さ増加に伴う全体の $(\partial \ln \mu/\partial T)_P$ の減少と，おおむねよく似ている．ゆえに，実験的に決められた $(d(\mu/K)/dT)_0$ の値を用いてこの式を較正しても，ε を計算する上で深刻な問題は生じない．

式 (19.62) と (19.64)，および $\varepsilon = (-1/\alpha)(\partial \ln \mu /\partial T)_P$ を用いて計算される δ_S と ε の下部マントルにおける値は，付録 G にまとめられている．それらは，トモグラフィーによる観測結果との比較において，地震波速度変化への温度の寄与を計算するために用いられる．P 波および S 波速度の式，

$$V_S = \left(\frac{\mu}{\rho}\right)^{1/2}, \quad V_P = \left[\frac{K+(4/3)\mu}{\rho}\right]^{1/2} \quad (19.67)$$

を温度に関して微分すると，

$$\left(\frac{\partial \ln V_S}{\partial T}\right)_P = -\frac{\alpha}{2}(\varepsilon - 1) \quad (19.68)$$

$$\left(\frac{\partial \ln V_P}{\partial T}\right)_P = -\frac{\alpha}{2}\left[K_S(\delta_S - 1) + \frac{4}{3}\mu(\varepsilon - 1)\right]/$$

$$\left(K_S + \frac{4}{3}\mu\right) \quad (19.69)$$

が得られる．

流体力学的速度あるいは「バルク音速」(体積弾性波速度)，

$$V_\phi = \left(V_P^2 - \frac{4}{3}V_S^2\right)^{1/2} = \left(\frac{K_S}{\rho}\right)^{1/2} \quad (19.70)$$

も興味ある性質であり，これに対しては，

$$\left(\frac{\partial \ln V_\phi}{\partial T}\right)_P = -\frac{\alpha}{2}(\delta_S - 1) \quad (19.71)$$

となる．これは直接的には観測できないが，V_P と V_S から計算することができる．重要な点としてこの温度変化は ε には依存せず，より精度よく決めることができる δ_S にだけ依存するということである．下部マントルにおける速度の温度による変化が，表 19.1 に示されている．

地震波トモグラフィーによりマントルのすべての深さにおいて，速度不均質が観測されている (17.7 節)．一般的に上部マントルにおいてより大きな不均質が観測されており，そこでは沈み込むリソスフェリックなスラブの温度依存性をもつ性質に関連した強いコントラストが認められる．下部マントルもまた，現在および過去のテクトニクスを反映して，平均より冷たい物質が高速度となるような不均質性が存在すると推測されている．しかしながら，δ_S と ε の計算値を用いると，温度だけが

唯一の原因ではなく化学組成の変化も伴わなければならないことが示される．式 (19.68), (19.69) そして (19.70) の速度変化の比,

$$\left(\frac{\partial \ln V_S}{\partial \ln V_P}\right)_P = \frac{1+(4/3)(\mu/K_S)}{(\delta_S-1)/(\varepsilon-1)+(4/3)(\mu/K_S)} \quad (19.72)$$

$$\left(\frac{\partial \ln V_\phi}{\partial \ln V_S}\right)_P = \frac{\delta_S-1}{\varepsilon-1} \quad (19.73)$$

はとくに注目すべき量で，これらには α の知識が必要とならない．

これらの式から2つの事実が導かれる．1つは δ_S が深さに伴い減少し，付録 G で示されているように下部マントル深部で1に近づくことである．δ_S は1を下回らないので，式 (19.73) により $(\partial \ln V_\phi/\partial \ln V_S)$ はとても小さくなるものの正のままとなる．しかし2つの研究グループが V_ϕ と V_S の間の負の相関を報告している (Robertoson と Woodhouse, 1996a,b; Su と Dziwonski, 1997)．これを熱的効果で説明しようとすると，式 (19.62) を用いた計算に反して，$\delta_S < 1$ が必要になってしまう (ここで，$\varepsilon > 1$ は明白)．これは組成不均質の証拠であり (17.8 節参照)，ε の値には依存しない結論である．$(\delta_S - 1)/(\varepsilon - 1)$ の値が下部マントル深部でとても小さくなることは，式 (19.72) から $(\partial \ln V_S/\partial \ln V_P)_P$ が ε の値に敏感ではないことも意味している．また深さに伴うこの比の観測結果は，計算された変化とおおむねよく似ており

(図 19.4)，温度変化の効果がすべてではないが大部分ではあることを示している．残念ながら，決定的な観測が ε の値に敏感でないことが，非弾性の大きさに対する観測からの検証を妨げている．

19.8 非調和性

格子モードが調和振動子であるという原理にもとづいた比熱の理論 (19.2 節) と，グリュナイゼン理論による熱膨張の解釈 (19.3 節) は，もし物質が体積一定の状態で保持されれば，格子モードの振動数は温度や振幅に依存しないという仮定にもとづいている．これは振動が正弦的 (調和的) で，原子は平衡位置からの変位に比例した原子間力 (変位の2乗に比例したポテンシャル) を受けて移動することを必要とする．図 18.4 が示すように，これは実用的な最初の近似であるのは確かだが，重要な物理のいくつかを捉え損ねてしまう．そのため調和振動の仮定を超えて先に進むことを考える必要がある．熱膨張や体積弾性率の大きな圧力依存性は図 18.4 のように原子ポテンシャルの非対称性からの結果であり，それゆえ非調和効果である．しかしながら固体物理学者や鉱物物理学者は通常これらの2つの効果と，比熱のデュロン–プティ理論からのずれ (19.2 節) のような非調和性の他の帰結とを区別して考えている．熱膨張と圧力に依存する弾性特性は受け入れるが，比熱などの他の熱特性の温度による変化を無視する方法は，以下で議論する理由で準調和近似 (QHA) とよばれている．QHA の妥当性は，鉱物物理のコミュニティーにおいて精力的に議論されてきた．この章では，原子ポテンシャル関数 (図 18.4 の ϕ) の微分の観点から，QHA と完全な非調和性の違いを解釈した Stacey と Isaak (2003) の議論に従って，物理的原理について考える．QHA はゼロでない $d^3\phi/dr^3$ によって説明でき，このとき比熱の温度依存性などを表すのに必要な高次の微分は無視される．Stacey と Davis はこれを1次の非調和性と名づけた．無視される高次の非調和効果は，簡便的に単に非調和性とよぶことにする．

準調和/非調和の区別は，2つの異なる機構が存

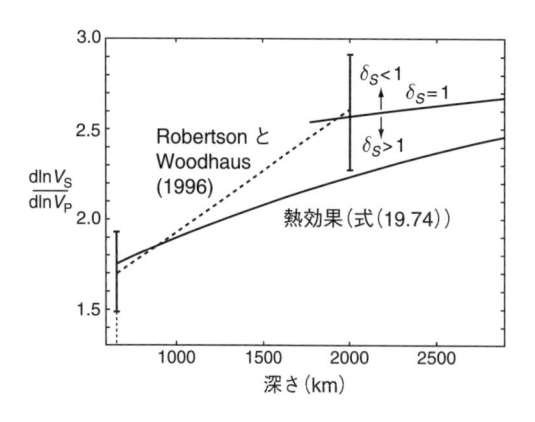

図 19.4 下部マントルにおける P 波と S 波の速度変化の比の比較．式 (19.72) と付録 G に与えられている δ_S と ε の値を使用．

19.8 非調和性

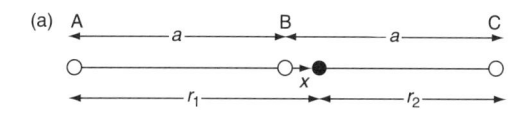

図 19.5(a) 固定された近接原子 A, C の間にある原子 B の線形振動.

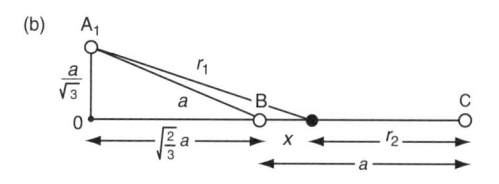

図 19.5(b) ダイヤモンド構造をもつ結晶中での原子 B の振動. それぞれの原子は四面体の各頂点に向いた 4 本の結合をもっている. 原子 B は直線 OBC に沿って平衡位置から微小距離 x だけ変位する. 点 O は B に近接し B から等距離にある 3 原子 A_1, A_2, A_3 がつくる正三角形の重心である.

在するという事実によって曖昧なものになっている. 上で言及した原子ポテンシャル関数の非対称性は,われわれがタイプ 1 の非調和性とよぶもの,あるいは結合の非調和性,の原因となる. これはすべての状況で生じ,すべての原子が反対向きの近接原子対をもつような固体においてはこの種の非調和性しかない. 反対向きの結合対をもたない結晶構造の非対称性は,タイプ 2,あるいは構造非調和性の原因となる. この場合原子振動は,たとえ個々の原子結合が完全に調和的であったとしても非調和的となるだろう. そして通常反対向きの効果をもっているこれら 2 つのタイプが重ね合わされるのである.

最初に,図 19.5(a) で示される 2 つの近接原子間にある 1 つの原子の線形な振動から生じる,タイプ 1 の非調和性について考えよう. これは,立方対称性をもつ MgO のような鉱物で見られる状況である. 簡単のため,垂直方向の運動と近接原子の相関運動は無視する. 原子の運動における結合の非対称性の効果だけを考えれば十分である. 固定された原子 A と C の間にある原子 B が平衡位置から微小変位だけ変位した場合,2 つの結合のポテンシャルエネルギーは平衡原子間隔 a についてテイラー展開して,

$$\phi(a \pm x) = \phi(a) \pm \phi'(a)x + \frac{1}{2!}\phi''(a)x^2 \\ \pm \frac{1}{3!}\phi'''(a)x^3 + \frac{1}{4!}\phi^{iv}(a)x^4 + \cdots \tag{19.74}$$

のように書き表せられる. 全エネルギーは 2 つのポテンシャルの和であり,それから $x=0$ での平衡エネルギーを引くと,

$$E = \phi(a+x) + \phi(a-x) - 2\phi(a) \\ = \phi''(a)x^2 + \frac{1}{12}\phi^{iv}(a)x^4 + \cdots \tag{19.75}$$

となる. 対称性により,x の奇数次のべきと ϕ の奇数次の微分は取り除かれる. とても小さな x に対しては調和結合のエネルギー $E_h = \phi''(a)x^2$ となるので,その状況からの逸脱は,

$$\frac{E}{E_h} = 1 + \frac{\phi^{iv}(a)}{\phi''(a)}\frac{x^2}{12} \tag{19.76}$$

によって表される. ボルン–ミー・ポテンシャル (式 (18.21) において 2 項のみを用い,$K_0' = 4$ を与えるよう $m=1$, $n=5$ としたもの) を用いた場合を図 19.6 に示す. すべてのもっともらしいポテンシャルに対して ϕ^{iv} は正であり,調和結合に対して過剰のエネルギーを与える. これは原子 B が遠くへ変位するのを妨げ,大きな x での滞在時間,ゆえに熱振動の平均ポテンシャルエネルギーを減少させる効果をもつ. その結果,比熱がデュロン–

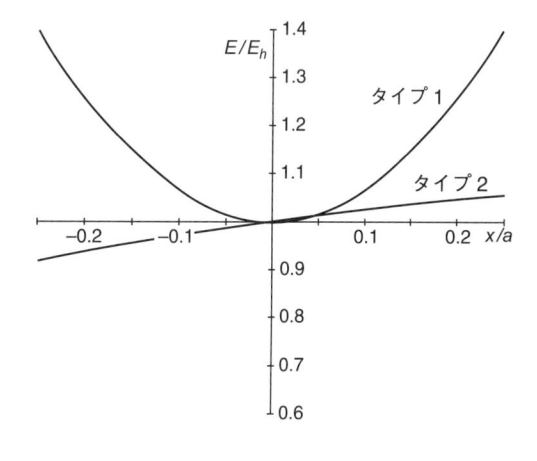

図 19.6 平衡位置からの原子変位のエネルギー. 図 19.5(a) の位置関係に対するタイプ 1 (結合) の非調和性 (式 (19.76)) と図 19.5(b) の位置関係に対するタイプ 2 (構造) の非調和性 (式 (19.82)).

プティ極限 (式 (19.3)) に比べてわずかに減少する. Anderson と Zou (1990) は MgO においてこの効果を測定した.

ダイヤモンド構造の場合を例として, 図 19.5(b) にタイプ 2 の非調和性を計算するための位置関係を示す. タイプ 2 の効果をタイプ 1 の効果との重ね合わせから分離するために, 振動する原子 B との 4 本のすべての結合は完全に調和的である, つまり,

$$\phi = \phi(a) + A(r-a)^2 \tag{19.77}$$

と仮定する. ここで, A は定数である. 変位 x における全ポテンシャルエネルギーは, 平衡位置 ($x = 0$) でのエネルギーを引いて,

$$E = A(r_2 - a)^2 + 3A(r_1 - a)^2 \tag{19.78}$$

となる. ここで, r_2 は単に $(a-x)$ であるが, 一方,

$$r_1 = (a^2 + x^2 + 2\sqrt{2/3}ax)^{1/2} \tag{19.79}$$

である. 小さな x に対しては, 2 項展開により,

$$(r_1 - a)^2 = a^2 \left[\frac{2}{3}\left(\frac{x}{a}\right)^2 + \sqrt{\frac{2}{27}}\left(\frac{x}{a}\right)^3 - \frac{7}{36}\left(\frac{x}{a}\right)^4 + \cdots \right] \tag{19.80}$$

となるので, これを式 (19.78) に代入し,

$$\frac{E}{Aa^2} = \left[3\left(\frac{x}{a}\right)^2 + \sqrt{\frac{2}{3}}\left(\frac{x}{a}\right)^3 - \frac{7}{12}\left(\frac{x}{a}\right)^4 + \cdots \right] \tag{19.81}$$

が得られる. タイプ 1 の計算のときのように, 全エネルギーと調和エネルギーの比をとると,

$$\frac{E}{E_h} = 1 + \sqrt{\frac{2}{27}}\frac{x}{a} - \frac{7}{36}\left(\frac{x}{a}\right)^2 \tag{19.82}$$

となる.

式 (19.82) の重要な性質は, 線形項をもつという点である. ポテンシャルエネルギーは強く非対称的で, したがって図 19.6 において比較されるように, タイプ 1 の効果とは大きく異なる. これらは放物線 (調和型) からわずかにずれているだけに過ぎないが, いまは $x/a \ll 1$ の場合を考えているので, 式 (19.75) や (19.81) の第 1 項が支配的となることに注意しよう. また非調和性は重ね合わされて小さい効果となることも忘れてはならない. タイプ 1 の (結合の) 非調和性は原子ポテンシャル関数の精密な形に依存するが, すべてのもっとも新しい形が図 19.6 で示されているものととてもよく似た結果となる. これにより, 前述のように C_V は温度増加に伴いわずかに減少する. それは MgO では 2000 K において 2〜3% に達する. タイプ 2 の (構造の) 非調和性が生じるときは, タイプ 1 も重ね合わされるが, それはしばしばタイプ 2 の効果にマスクされてしまう. これは結晶構造に依存し, 図 19.5(b) に示され式 (19.82) を導くのに用いられた四面体結合において最も顕著となる. これはイオンが O^{2-} の四面体配位を好むので, 珪酸塩においては一般的である. このことにより原子は結晶構造中の「軟らかい」隙間に向かって大きな振幅をもって振動しやすくなり, Gillet ら (1991) によってかんらん石 $(Mg,Fe)SiO_4$ において測定されたように温度増加に伴う C_V の増加を引き起こす.「軟らかい」振動のもう 1 つの帰結は, 以下で考えるような熱膨張率の低下である. これは Si や Ge などの結晶でとくに明らかであり, それらは非対称的なソフトモードが最重要となる限られた温度範囲において, 負の熱膨張係数をもつ. しかしその効果はきわめて一般的で, 通常の (低圧の) 珪酸塩は小さい熱膨張率をもつ.

非調和性の指標として, 熱膨張係数 α やとくにその温度依存性に注目しがちだが, これは厳密には正しくない. α は準調和近似の範囲内でも, すでに温度依存性をもっているからで, 真の指標はグリュナイゼン・パラメーター γ (式 (19.1)) である. α に関する熱力学的恒等式,

$$\left(\frac{\partial \alpha}{\partial T}\right)_V = \alpha^2 \left[q - 1 - \left(\frac{\partial \ln C_V}{\partial \ln V}\right)_T \left(1 + \frac{1}{\gamma \alpha T}\right) \right] \tag{19.83}$$

は, C_V が一定という古典論の仮定を適用した場合でさえ, ($q = (\partial \ln \gamma / \partial \ln V)_T \neq 1$ なので) 準調和近似内でも 0 とはならない. 一方, 式 (19.28) から,

$$\left(\frac{\partial \gamma}{\partial T}\right)_V = \frac{1}{T}\left(\frac{\partial \ln C_V}{\partial \ln V}\right)_S \tag{19.84}$$

である. そこで上で考えた 2 つの結合の位置関係から生じる, γ の非調和性について検討する. ミー-グリュナイゼン方程式 (式 (19.21)) では, 熱圧力と単位体積あたりの熱エネルギーの比として γ が定義される. 2 種類の非調和性の熱エネルギーに

対する効果は，式 (19.76) と (19.82) における原子変位エネルギーによって表現できる．後は熱圧力の原因となる結合力の表現を明らかにする必要がある．

タイプ 1 (図 19.5(a) の対称な状況) の場合，B によって A と C に及ぼされる力の平均を計算する必要がある．注意すべき重要な点は，これが式 (19.75) を微分することによっては得られないということである．この式は B が受ける力の全体，つまり 2 つの結合力の差，を与えていて，それらの合計とは異なるからである．そこで式 (19.74) をエネルギーについて展開したのと同様に，個々の結合力に対してテイラー展開を行うと，結合力が単純に $-\phi'$ と表されることに注意すれば，

$$\phi'(r) = \phi'(a) \pm \phi''(a)x + \frac{1}{2!}\phi'''(a)x^2$$
$$\pm \frac{1}{3!}\phi^{iv}(a)x^3 + \frac{1}{4!}\phi^{v}(a)x^4 \quad (19.85)$$

となる．熱的でない項 $\phi'(a)$ を引いて，式 (19.85) の 2 つの力の和をとると，

$$F = \phi'''(a)x^2 + \frac{1}{12}\phi^{v}(a)x^4 \quad (19.86)$$

が得られる．x を熱振動のある瞬間における変位と考えれば，式 (19.75) および (19.86) の平均を求めることができ，これらの式の比が熱圧力と熱エネルギーの比，つまり γ となる．この際，すべての結合方位にわたる積分を行うために必要となる幾何学因子を無視しているので，比例の形，

$$\gamma \propto \frac{\langle F \rangle}{\langle E \rangle} = \frac{\phi'''(a)\langle x^2 \rangle + \frac{1}{12}\phi^{v}(a)\langle x^4 \rangle}{\phi''(a)\langle x^2 \rangle + \frac{1}{12}\phi^{iv}(a)\langle x^4 \rangle}$$

$$= \frac{\phi'''(a)}{\phi''(a)} \cdot \frac{1 + [\phi^{v}(a)/\phi'''(a)]\frac{\langle x^4 \rangle}{12\langle x^2 \rangle}}{1 + [\phi^{iv}(a)/\phi''(a)]\frac{\langle x^4 \rangle}{12\langle x^2 \rangle}}$$
$$(19.87)$$

としてこれを書き表しておく．

この式において因子 ϕ'''/ϕ'' を分離することにより，準調和近似 (QHA) より高次の非調和効果の違いに注目してみよう．正の熱膨張率 ($\gamma > 0$) を再現する QHA は ϕ'''/ϕ'' に関連づけて表現されるが，もしより高次の微分 ϕ^{iv} や ϕ^{v} を 0 と仮定した場合は，γ は熱振動の振幅あるいは温度に依存しなくなる (QHA と一致する)．またこの式の 2 つ目の分数は，非調和的温度依存性を与える．Stacey と Isaak (2003) は，よく用いられるポテンシャル関数と有限ひずみ理論の範囲に対して，ϕ^{v}/ϕ''' と ϕ^{iv}/ϕ'' の 2 つの比がとてもよく似た値となることを指摘した．このことは式 (19.87) の分母の温度微分で表される C_V の非調和的温度依存性よりも，γ のそれがより小さいことを意味している．C_V の非調和性はより測定しやすく，とくにタイプ 1 構造においては非常に小さいことがわかっている．γ の非調和性はそれよりも小さいので，タイプ 1 の結合ではほとんど重要ではなく，とくに高圧下では抑制される．

非対称的な図 19.5(b) のタイプ 2 の状況では，まず OBC の方向に分解された結合力の和をとる．この際，以前と同様，おのおのの結合力は調和的 (式 (19.77)) であるとし，そのため $\phi' = 2A(r-a)$ となる．4 つの分解された力の和をとり小さな x に対して 2 項展開することにより，力の合計として，

$$F = Aa\bigg[-2\left(\frac{x}{a}\right) - \sqrt{6}\left(\frac{x}{a}\right)^2 + \frac{7}{3}\left(\frac{x}{a}\right)^3$$
$$-\frac{25}{36}\left(\frac{x}{a}\right)^4 + \cdots \bigg] \quad (19.88)$$

が得られる．次に構造非調和の γ に対する効果について検討するために，式 (19.88) と (19.81) の比較を行う．厳密には時間平均した値が必要であり，調和振動ではない振動を扱う場合には数値積分が必要だが，近似的に正と負の x が等しい頻度で生じると仮定すれば，式 (19.75) や (19.86) と同様に x の奇数次の項を消去することができる．その結果，

$$\gamma \approx a\frac{\langle F \rangle}{\langle E \rangle} = \frac{-\sqrt{6}\langle (x/a)^2 \rangle - \frac{25}{36}\langle (x/a)^4 \rangle}{3\langle (x/a)^2 \rangle - \frac{7}{12}\langle (x/a)^4 \rangle} \quad (19.89)$$

が得られ，仮定された位置関係において，γ (とゆえに α) は負となる．

式 (19.89) は現実な状況での γ の見積もりというわけではなく，なぜ疎な構造 (とくに多くの一般的な珪酸塩がそうであるように四面体結合をもつ結晶) が小さい熱膨張率 (特別な条件においては負の係数にもなる) をもつか，ということに対する基

礎的理由についての指標なのである．これは構造非調和性つまりタイプ 2 の非調和性からの帰結である．3 次元の取扱い，結合非調和性つまりタイプ 1 の非調和性の重ね合せ，原子運動の厳密な積分により状況は複雑化するが，基本部分は変化しない．式 (19.89) から得られる 1 つの結論は，構造非調和性は結合非調和性に比べて，強い γ の温度依存性をつくりだすということである．これは x^4 と x^2 の項の比において見ることができる．しかしながらすべての非調和効果は，圧力により急速に減少する．圧力増加に伴い原子間隔に対する熱振動の振幅の割合が小さくなり，また構造効果も原子の充填率の上昇に伴い減少するためである．非調和性は多くの場合に無視できるほどわずかのように見えても，それ[*3]は弾性率の温度効果のような現象において中心的な役割を果たしている．

[*3] QHA を含めた非調和性．

20
表面熱流量

20.1 まえおき

少なくとも200年間知られてきたように,地殻から大気や海洋への継続的な熱の流れが存在する.安定した大陸領域の上部数 km で測定された地殻の温度勾配は典型的には $0.025\,\mathrm{K\,m^{-1}}$ ($25\,\mathrm{K\,km^{-1}}$) である.熱伝導率の値 $2.5\,\mathrm{W\,m^{-1}\,K^{-1}}$ を用いるとこれは伝導熱流量 $62.5\,\mathrm{mW\,m^{-2}}$ に相当する.その熱流量は大陸の活発で高温である領域ではより高い可能性があるが,そのような場所は地球の全表面積のうち非常にわずかな部分しか占めておらず全地球での熱流量の平均にはほとんど影響しない.現在10 000を超える大陸からの熱流量の測定があり,それらは幅広い値を示すが平均を出すには十分なデータでありその値は $65\,\mathrm{mW\,m^{-2}}$ である (Pollackら,1993).

大陸の温度勾配の観測は地球物理学の歴史の中で中心的役割を果たしてきた.深部へと外挿すると,これは岩石が 50 km ほどの深さで溶融点に達するであろうということを示唆した.この観測は1800年代に Kelvin の地球の冷却の計算と地球年代に関する議論を引き起こした (4.2節).放射性元素が発見され,それが地殻の岩石,とくに花崗岩内に濃集しているということがわかると,地殻内の放射性元素による熱によって観測されている熱流量すべてが説明でき,地球深部は熱的に受動的であるという結論を招いた.この発見は過去40年にわたって議論され,そしてその後60年間よみがえらなかった対流についての考えを事実上抑制した.これは観測が大陸に限定されたときの地熱流量についての限られた見識を示している.現在われわれは大陸よりずっと年代が若く,放射性元素が少ない海洋底からのより多くの観測がある.海洋底に関する研究,とりわけその熱流量に関する研究は対流の概念にもとづく全地球の地質の最新の理解にとって重要なものである.海洋底はよく知られた熱力学法則に従う巨大な熱機関の排出部であり (22章) すべてのテクトニックな過程に対しての動力を供給する.

海洋底は熱伝導のみならず,クラック内の海水の対流循環によって冷却される.したがって堆積物内で測定された温度勾配は熱流量を過小評価していることになる.海洋底からの熱損失は,年代とともに増加する海洋底の深さから明らかである熱収縮によってより効果的に推定される.これを考慮すると,地球上で積分した全熱流量は $44.2\times 10^{12}\,\mathrm{W}$ で,その平均は $87\,\mathrm{mW\,m^{-2}}$ である (Pollackら,1993).他の地表でのプロセスに比べてこれは非常に小さい数字である.地球へと到達する太陽エネルギーはその2000倍である.われわれはこれが地球の冷却に対して何を意味するのか考えることができる.21.3節で考える効果を無視し,地球の全熱容量が $6.6\times 10^{27}\,\mathrm{J\,K^{-1}}$ であるので,平均 $6.7\times 10^{-15}\,\mathrm{K\,s^{-1}}$ ($210\,\mathrm{K}/10^9$ 年) の割合の冷却を示唆する.そしてそれは,非常に大きな物体の冷却が対流が存在するときでさえ遅いことを強調している.放射性元素による熱は熱損失の 2/3 であるため,実際の冷却速度はこの 1/3 である.

地球表面の温度は広範囲に及ぶ時間スケールで変化する.日周期と年周期は明らかである.温度は深さ方向へ指数関数的に減衰しながら伝わる.年周期では特徴的深さはたった 3 m ほどでありその効果は地球物理的には興味深いものではない.し

かし，より長い時間での変化は掘削孔内で熱流量観測に用いられる深さで見られ，観測にノイズを加える．しかしそれらは数千年まで広がる時間スケールでの気候変化を探る際に興味深いシグナルを構成する．これが熱流量の問題とは準独立に，大陸での掘削穴での温度観測を行う理由となっている．

20.2 海洋底熱流量

9.4 節で述べたように，水は凍るとき膨張するという特異な性質をもつ．このことは最大密度となる温度 4°C 以下で負の膨張率をもつ液体に関して「予想」される．海水の場合最大密度となるのは 2°C である．最大密度をもつ冷たい極水は海洋底へと沈み全海盆にわたって広がり，そこでの温度を安定化させる．これによって海洋底熱流量の広範囲に及ぶ測定が可能となる．キロメートルサイズの深さの穴は温度勾配の測定に必要ではない．高感度のサーミスタが取り付けられ海洋底へと落とされた数 m の長さをもつヤリ[*1]が軟らかい堆積層を突き抜け素早く周囲の温度勾配に適応する．温度が安定しているとき，熱流量の推定には数 m にわたっての温度勾配の測定で十分である．その推定の精度は擾乱を受けていない堆積物の熱伝導率 ($\sim 1\,\mathrm{W\,m^{-1}\,K^{-1}}$) の推定と，堆積物がその下に存在するより熱伝導率が高い玄武岩と接触する部分のでこぼこ地形の効果を無視できるほど十分に分厚いかどうかを確実にすることによってのみ束縛される．

海洋底はたった 2 億年しか生き残ることができず，沈み込む前のその平均寿命は約 9000 万年である (全海洋底面積 $3.1 \times 10^8\,\mathrm{km^2}$ のその生成率 $3.4\,\mathrm{km^2}$/年に対する比)．海洋底の平均年代は約 6500 万年である．それは 12 章で議論されているように中央海嶺で新しい火成地殻として現れ，そこから沈み込み帯へと広がる．海洋底の地殻はたった 7 km の厚さであるが，その海水への露出による冷却は 100 km 以上の深さまで広がる．形式的に，これが，

[*1] 原著では spikes となっているが日本で通常使用されている用語 "ヤリ" を使う．

その下にあるより熱い岩石よりも硬く，冷却されたマントル上部の層のリソスフェアを定義するが，ここではわれわれはこの言葉を最終的にリソスフェアとなる層としてより漠然として用いる．その冷却された層は年代とともに厚くなり熱収縮し，リソスフェア年代，したがって海嶺からの距離とともに海洋底の深さの増加を引き起こす．年代とともに減少する熱流量と増加する深さの観測は全地球テクトニクス理論の最も重要な基礎の 2 つとして位置するが，詳細な解釈はまったく単純というものではない．クラックを通じての海水循環，深さ方向への熱的性質の変化，そしてその下にあるアセノスフェアの運動は依然として包括的説明に欠ける複雑さを生み出す．

まずわれわれは最初に，海洋リソスフェアを熱拡散により冷却される半無限体として扱うことにより単純なモデルを考える．物性と初期温度が一様であり，また内部加熱源をもたないと仮定すると，われわれは以下の 1 次元の拡散方程式を解くことになる (z は深さである)．

$$\frac{\partial T}{\partial t} = \eta \frac{\partial^2 T}{\partial z^2} \qquad (20.1)$$

この方程式はあらゆる物質要素の加熱または冷却と温度勾配の局所的変化とを関連づける．それは定常状態からの熱流量のずれを表現している．ここで η は熱拡散率であり，以下のように定義される．

$$\eta = \kappa/\rho C_P \qquad (20.2)$$

ここで，熱伝導率 κ，密度 ρ，比熱 C_P である．κ と η は組成と同様に温度や圧力とともに変化するが，単純な半無限体モデルの目的のため，われわれは火成岩地殻 ($\kappa = 2.5\,\mathrm{W\,m^{-1}\,K^{-1}}$, $\eta = 0.75 \times 10^{-6}\,\mathrm{m^2\,s^{-1}}$) か最上部マントル ($\kappa = 4.0\,\mathrm{W\,m^{-1}\,K^{-1}}$, $\eta = 1.0 \times 10^{-6}\,\mathrm{m^2\,s^{-1}}$) に対応する一様な値を仮定する．そして一様な初期温度 T_0 をもつ状態で突然冷たい表面 $z = 0$ で $T = 0$ を与えると，温度差 $-T_0$ が下方に向かうにつれ広がる．その後のあらゆる時間 t で，

$$T = T_0\,\mathrm{erf}\,(z/(2(\eta t)^{1/2})), \quad (t > 0) \qquad (20.3)$$

ここで誤差関数は以下のように定義される．

$$\mathrm{erf}(x) = \frac{2}{\sqrt{\pi}} \int_0^x \exp(-\varsigma^2)\,\mathrm{d}\varsigma \qquad (20.4)$$

この関数はいくつかのハンドブックの中で表にされているが, 時に表にされているものが $\text{erf}(x/\sqrt{2})$ であることがあるため注意が必要である (たとえば Dwight (1961), Table 1054). また小さなそして大きな x に対しての級数近似も存在する (Dwight, 1961, Items 590–592).

式 (20.3) を微分することで得られる温度勾配は,

$$(\partial T/\partial z)_t = T_0/(\pi\eta t)^{1/2}\exp(-z^2/4\eta t) \quad (20.5)$$

表面 $z=0$ では,

$$(dT/dz)_0 = T_0/(\pi\eta t)^{1/2} \quad (20.6)$$

そして海へと伝わる (単位面積あたりの) 熱は,

$$\frac{\dot{Q}}{A} = \kappa\left(\frac{dT}{dz}\right)_0 = \frac{\kappa T_0}{\sqrt{\pi\eta t}} = T_0\sqrt{\kappa\rho C_P/\pi}*t^{-1/2} \quad (20.7)$$

となる. これは熱拡散の半無限体モデルで特徴的であるリソスフェア年代に伴う熱流量の $t^{-1/2}$ に従う変化である. 図 20.1 に, Stein (1995) の Table 3 でまとめられている観測結果と比較している. それぞれのデータは, すべての海洋からの数百の個々の値の平均であり, 年代の範囲の中心にそのばらつきをエラーバーとして表してある. 図 20.1 のデータが伝導熱流量, つまり温度勾配と熱伝導率

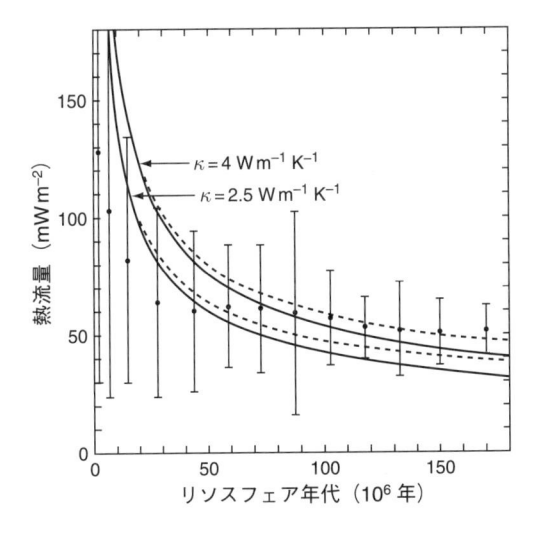

図 20.1 海洋底年代と熱伝導による熱流量の変化. Stein (1995) の Table 3 からのデータポイントが 2 つの熱伝導率の値に対して半無限体冷却モデル (式 (20.7)) の変化 $t^{-1/2}$ と比較されている. 破線は放射性元素による熱の効果を示している.

を掛け合わせたものを与えており, さらにクラック内の海水の対流循環による熱輸送があるということに注意することが重要である. これは温度と表面付近の温度勾配を急激に減少させ, 熱伝導による熱を, 若いリソスフェアに対して熱拡散の半無限体モデルが示唆するよりもずっと低くする. 約 3000 万年以降のほぼ一定である熱伝導による熱流量は容易には説明されない.

海洋底の深さが熱損失の積分値に比例する熱収縮によると仮定すると, その変化によって補足的な情報が与えられる. これは他の方法では推定することが難しい, または不可能である熱水冷却を含むため, 冷却の決定的な証拠としてみなさなければならない. 質量 m, 体積 V であるどのような物質要素の温度変化 ΔT に対して, 熱膨張または熱収縮の熱損益に対する割合は以下のようになる.

$$\frac{\Delta V}{\Delta Q} = \frac{\alpha V\Delta T}{mC_P\Delta T} = \frac{\alpha}{\rho C_P} = \frac{\gamma}{K_S} \quad (20.8)$$

ここで γ はグリュナイゼン・パラメーターであり, 式 (19.1) で定義される. α と C_P の温度変化がほとんど互いに打ち消し合い, γ を用いることが可能であるため, これは利用しやすい表現である. 一様な性質という仮定を用いると, 全熱収縮はすべての深さからの熱損失を積分したものに比例する. 拡散のみによる冷却を考えたとき, 式 (20.7) を積分したものは,

$$\frac{\Delta Q}{A} = \frac{1}{A}\int\dot{Q}\,dt = T_0\sqrt{\kappa\rho C_P/\pi}\cdot 2t^{1/2} \quad (20.9)$$

となるため, 式 (20.8) を用いると,

$$\frac{\Delta V}{A} = (2\gamma T_0/K_S)\sqrt{\kappa\rho C_P/\pi}\cdot t^{1/2} \quad (20.10)$$

となる.

われわれは, リソスフェアが収縮し, 密度が高くなり, 水深が増加すると, 追加の水の荷重が加わりこれが海洋底のさらなる沈降によって平衡を保つように埋め合わされるということを注意しておく. 海洋底の深さの変化はリソスフェアの収縮の $(1-\rho_w/\rho_m)^{-1} = 1.437$ 倍である. ここで $\rho_w = 1025\,\text{kg m}^{-3}$ と $\rho_m = 3370\,\text{kg m}^{-3}$ は水とマントルの密度である. したがって, アイソスタシー平衡の要因を含めると式 (20.10) によって, 年代に伴う大洋深度の増加を以下のように書くことがで

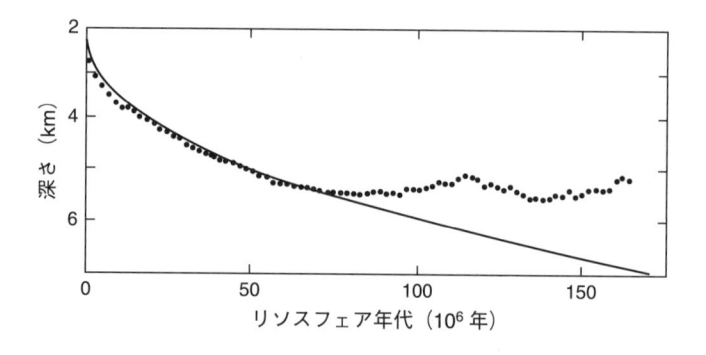

図 20.2 リソスフェア年代の関数としての海洋底の深さ．Stein と Stein (1992) でプロットされているように，北大西洋と北太平洋の平均が式 (20.11) と比較してプロットされている．理論曲線には放射性元素による熱の補正がなされている．

きる[*2]．

$$\Delta z = (2.87\gamma T_0/K_S)(\kappa\rho C_P/\pi)^{1/2} t^{1/2} \quad (20.11)$$

これを図 20.2 に Stein と Stein (1992)(Stein と Stein (1994) も参照) でプロットされている北大西洋と北太平洋からの観測結果と比較している．

図 20.2 からすぐにわかる結論は，リソスフェア内の放射性元素による熱を考慮しても，海が約 7000 万年以降は深くならなくなり，半無限体冷却モデルと一致しないということである．よって図 20.1 と 20.2 で示された観測結果は両方とも半無限体モデルの欠陥を示唆しており，それは他の可能性，つまりプレートモデルを喚起した．これは，十分に成長したリソスフェアがそれ以上冷却されなくなり定常な熱伝導層としてふるまうようになった後，アセノスフェアとの接触により底の境界が固定された温度である限定した厚さになることを仮定している (たとえば Stein と Stein, 1992)．これにより熱流量と深さ両方が安定することを説明できるように見えるが，それは他の問題を引き起こす．連続して，そして素早く置き換わらない限り，アセノスフェアは冷却のみによって必要な熱を与えることができ，そしてそれはリソスフェアに付け加わる．そして実際に海洋にパスをもつレイリー波の分散は，リソスフェアが厚くなり続けていることを示している (Zhang と Tanimoto, 1991; Zhang と Lay, 1999; Maggi ら, 2006)．したがってプレートモデルもまた不十分なものであり，われわれはこれらの理論で認識されていないような効果の手掛かりを求めて観測結果を再検討する．

若い年代のリソスフェアの熱水冷却ははっきりと観察される．少なくとも上部は拡散によるものよりずっと早く冷却される．クラックが海水循環に必要であること，クラックがおそらく数 km の厚さの浅い層に限定されることを仮定すると，それは図 20.3 に定性的に表現されている温度分布を確立する．素早く冷却された層は熱水冷却と拡散による冷却の層の間に急な温度勾配を伴い，リソスフェア深部をまだ熱いままにするであろう．すると，もし水が最終的になくなると (これはおそらくクラックに堆積物が詰まることによる)，温度分布は式 (20.3) で与えられる拡散によるものに調整されるであろう．これは依然として熱いリソスフェ

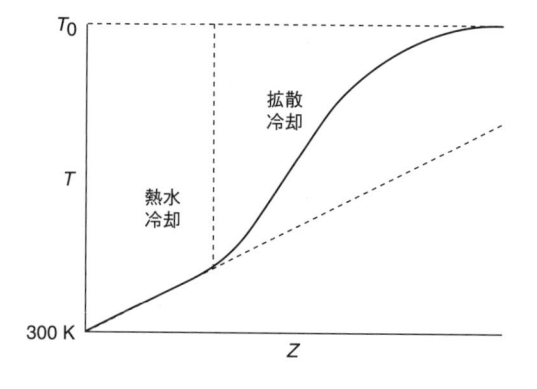

図 20.3 熱水冷却を伴うリソスフェアの温度分布の一般的な形．

[*2] Δz(観測値) = Δz(熱収縮) × 1.437 = 式 (20.10) × 1.437．

ア深部によって浅部がいくらか再加熱されることを意味し，それは浅い層での温度勾配を維持する．もし熱膨張率が深さとともに減少するならば，それはまたリソスフェア全体の熱収縮をずらすことになる．しかしながら，数値的にこの効果をモデル化しようとする試みからわれわれは，それが観測結果と半無限体の理論との間の相違の一因とはなるが，定量的に不十分であり，さらなる説明が必要であることがわかる．

熱伝導による熱流量が2500か3000万年後で50か60 m W m^{-2}で安定する (図 20.1) ということは，図 20.2 で示唆されているように熱収縮が約7000万年前に止まるよりずっと前に表面付近の温度勾配が安定して一定の値になるということを意味する．また，地震学によって示唆されるこの時期より後でのリソスフェアの厚さの連続的な増加は，プレートモデルの中心である，静的な拡散により熱構造が形成されるという仮定を否定する．熱流量と大洋深度は異なる時間スケールで安定化するため，われわれは1つではなく2つのさらなる効果が必要なようである．可能性としてはリソスフェア深部まで広がり，必ずしもそれを海へと排出することなく熱を再分配する熱水循環と，上にあるリソスフェアが沈み込み帯へと近づくにつれ厚くなるアセノスフェアがあげられる．われわれはこれらの可能性それぞれに対しての議論を簡単にしらべるが，完全で満足がいく説明はまだ手に入れていない．

約 3000 万年後のおおよそ定常状態になった熱伝導による熱流量は，100 km のオーダーの厚さをもつ十分に成長したリソスフェア内で薄い熱水冷却の層のみに伴う熱伝導によってはつくられない線形の温度勾配を示唆する．多かれ少なかれ一定である線形の温度勾配は流体対流の特徴である．図 20.1 でプロットされた熱流量は拡散によるもので，表層での熱伝導率と温度勾配を掛け合わせたものであるが，われわれは一定の温度勾配が定常状態にある伝導による層を意味していると結論づけてはいけない．温度勾配が3000万年後に一定値に達する一方，海がさらに4000万年間深くなり続けるという事実には他の説明が必要である．それは，流体循環が通常考えられているよりもずっと深くまで広がっていること，そしてそれが海洋リソスフェアの一生にわたって続くことを示唆している．

これから運動する海洋プレートの下にあるアセノスフェアの構造について考える．それははっきりとした境界をもっていない．上部ではそれはリソスフェアにくっついてともに運動し，一方，拡散してはっきりとは定義できない底の境界はマントル深部に固定されている．アセノスフェアはその物質のおおよそ50%がプレートとともに運動する，せん断変形している層である．プレートが沈み込み帯へと近づくとそれはどこに行くのだろう？それは熱いため浮力をもち，沈み込みに抵抗するが，また変形しやすく，古くなるリソスフェアの下で厚くなり沈み込みを避ける傾向があるであろう．リソスフェアそのものは冷却され厚くなり続けるにつれ負の浮力が大きくなるが，その下の沈み込みを避けるアセノスフェアの「歯磨き粉」の一部の支えが大きくなり，もし，そのようなことがない場合に予想される海洋底の深さの増加を帳消しにする．リソスフェアが，海嶺へと「後退」する沈み込み帯に近づく状況では，それは先ほどと同様の効果をもつリソスフェアと上部マントル内の圧力を生み出すであろう．これらの試案はどちらも，運動するリソスフェアプレートの一部である大陸と両側の端で接していて中央海嶺から遠ざかっている大西洋の状況には関連していない．その場合われわれは，大陸は，より薄くより粘性が高いアセノスフェアの上をあまり自由に動けなくするような深い根をもっており，海嶺拡大速度よりもっと遅い速度で離れていると想像していいかもしれない．

20.3 大陸熱流量

われわれの大陸からの熱流量の理解は海洋底からの観測結果の解釈と根本的に異なっている．大陸の岩石は放射性元素にずっと富んでおり，それらはより深部にまで広がっている．そのため大陸からの熱流量のかなりの部分はそれら自身の内部加熱

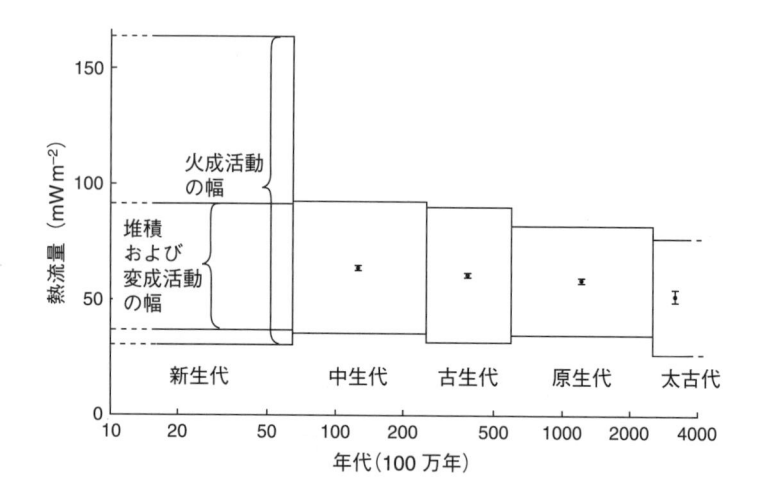

図 20.4 大陸熱流量．Pollackら (1993) の Table 3 から，異なる地質年代のテレーンに対しての年代の範囲．

に起因する．これは4.2節で参照されているStrutt (1906)による現在の値を用いた計算の繰返しによって示されており，$\rho = 2670 \text{ kg m}^{-3}$，そして放射性元素による熱 1050 W kg^{-1} を用いると，23 kmの「標準花崗岩」は平均大陸熱流量 65 m W m^{-2} を与える．また，多くの大陸地殻はあらゆる海洋地殻よりもずっと年代が古いため，新しい火成物質の冷却を伴うダイナミックな解釈は最近の火山活動がある，限られた地域のみに適切である．大陸が定常な熱状態に近いということは，大陸基盤の年代に伴う熱流量の比較的わずかな変化によって示唆される (図20.4)．図の中の四角は多数の個々の値のばらつきを示しており，形式的な不確定性 (1標準偏差) とともにその平均がそれぞれの年代の幅に対して中央の点で表されている．多くのデータポイントと，その平均が適切に異なった地質地域を表しているということを確実にするよう払われた注意とによって，われわれは，熱流量の年代依存性がほとんどなく，おそらく放射性元素を含む表層の侵食による除去に起因するだけのものであろうことを見ることができる．

古いから，そして，そこからの熱流量が安定しているからといって，大陸が静的で，その下にあるマントルの固定された部分に根をおくリソスフェアとともに受動的に浮かんでいる存在であると考えてはならない．大陸は運動しており，そのため大陸移動の時間スケール 10^8 年でそれらはリソスフェアプレートとともにマントルの異なる領域へと滑らかに動いている．大陸リソスフェアは平衡状態に近いかもしれないが，その下のアセノスフェアはそうではない．それは力学的に弱いので，リソスフェアプレートがそれをまたいですべり，大陸地域へいくらかの熱を，しかし海洋地域へはより多くの熱を失うことを可能にする．そして海洋地域ではアセノスフェアは海洋リソスフェアに向かって徐々に固まる．1億年ほどの冷却の後で，下からの物質によるアセノスフェアの更新を伴いながら，海洋リソスフェアは沈み込み帯でマントルへと戻って行く．したがって，大陸の深部の熱構造はそれらの速度と，それらが新しくなったアセノスフェアの上に横たわった時間をいくらか反映していると考えなければならない．海洋底に比べ大陸は断熱材であるため，ゆっくりと運動する大陸下のマントルはより最近海洋底にさらされた地域のものより熱い．アフリカ大陸はとてもゆっくりと運動しているため，これに関連してとくに興味深い．南アフリカとその付近の海洋地域の下のマントルが他の地域より熱いという証拠がNybladeとRobinson (1994) によって示された．彼らは，東，そして南アフリカの広範囲に及ぶ台地とその付近の南東大西洋海洋底の隆起がこの広大な領域にわたってのある深さの高温を反映していると提唱し

20.3 大陸熱流量

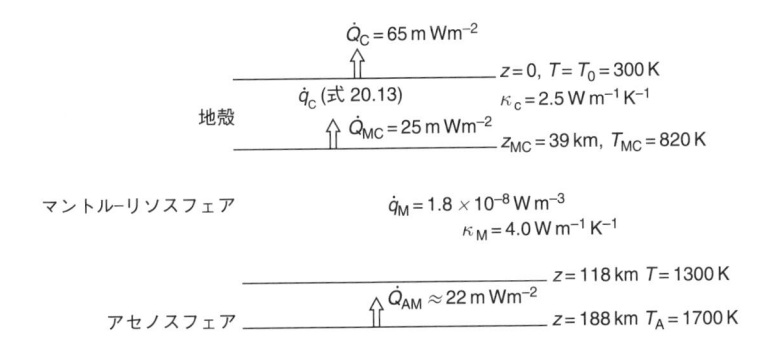

```
                        $\dot{Q}_C$ = 65 m W m⁻²
                              ⇑
         ─────────────────────────────────── z = 0, T = T₀ = 300 K
                        $\dot{q}_C$ (式 20.13)      κ_c = 2.5 W m⁻¹ K⁻¹
  地殻
                              ⇑ $\dot{Q}_{MC}$ = 25 m W m⁻²
         ─────────────────────────────────── z_MC = 39 km, T_MC = 820 K

  マントル-リソスフェア          $\dot{q}_M$ = 1.8 × 10⁻⁸ W m⁻³
                              κ_M = 4.0 W m⁻¹ K⁻¹


         ─────────────────────────────────── z = 118 km  T = 1300 K
                              ⇑ $\dot{Q}_{AM}$ ≈ 22 m W m⁻²
  アセノスフェア ─────────────────────────── z = 188 km  T_A = 1700 K
```

図 20.5 大陸リソスフェアの熱モデル.

た．アフリカのゆっくりとした運動はありうる説明ではあるが，唯一のものではない．もう1つの可能性は，アフリカが表面まで破壊していないような深部マントルプルームの上に位置するというものであるが，南西ザイールのニイラゴンゴとニアムラギラ火山によって特徴づけられたホットスポットが近いことはその可能性を薄めている．

図 20.4 に見られるように，大陸熱流量は局所的にはとても変わりやすいが，その平均は少なくとも中生代かそれより古い基盤岩をもつ地域に対しては観測によってよく制限されている．大陸は十分古く定常な熱状態にあるとする近似の下，大陸の熱モデルの基礎として，われわれは熱流量の平均を用いることができる．その仮定を用いれば，表面熱流量[*3]は地殻，マントル内の放射性元素による熱とアセノスフェア（～118 km）からリソスフェア底部への熱流量との組合せによってつり合いがとれている．平均モデルの数値の詳細は図 20.5 に示されており，これはリソスフェアを冷却され硬くなった層とし，しかしその温度がマントル深部と断熱温度で関連しているアセノスフェアのある深さから熱がそこに入るということを示している．この考えは 20.4 節で追求している．

放射性元素は地殻内にかなり濃集しており，また地殻内で上向きに濃集しやすい．表層内での濃度と等しい一様な地殻内の放射性元素は観測された熱流量よりも高い値を与えるであろう．熱流量 $\dot{Q}_0$ と表面の岩石の放射性元素による熱 $\dot{q}_0$ は非常に変化するが，それらは観測により相関があるこ

とがわかっており，それから熱源の深さ分布に対する単純なモデルを導くことができる．Lachenbruch (1970) は線形関係，

$$\dot{Q}_0 = A + B\dot{q}_0 \tag{20.12}$$

が深さに伴う放射性元素による熱の指数関数的な変化，

$$\dot{q} = \dot{q}_0 \exp(-z/z_0) \tag{20.13}$$

を仮定することで説明できると述べた．ここで深さスケール z_0 はどの場所でもほぼ同じであるが $\dot{q}_0$ は変化する．この分布を用いると，全地殻熱流量 $\dot{Q}_C$ は表面から深さ z_{MC} でのマントル–地殻境界までの積分値，

$$\dot{Q}_C = \dot{q}_0 \int_0^{z_{MC}} \exp(-z/z_0)\,dz$$

$$= \dot{q}_0 z_0 [1 - \exp(-z_{MC}/z_0)] \approx \dot{q}_0 z_0 \tag{20.14}$$

である．ここでわれわれは $z_{MC} \gg z_0$ とするため上の簡略化で十分である．すると $B = z_0$ であり $A = \dot{Q}_{MC}$ がマントルから地殻への熱流量である．異なる地域の観測結果にあわせると A の値として 20 から 30 m W m⁻² の範囲，そして B の値として 7 から 10 km が与えられるため，われわれはここで平均をとり，$\dot{Q}_{MC} = 25$ m W m⁻², $z_0 = 8$ km とする．われわれはまた地殻の平均厚さを $z_{MC} = 39$ km と仮定する．そしてそれは $z_{MC} \gg z_0$ の条件を満たす．全熱流量 $\dot{Q}_0 = 65$ m W m⁻² から $\dot{Q}_{MC}$ を引くと，われわれは $\dot{q}_0 z_0 = 40$ m W m⁻² を得る．

この単純なモデルはいくつかの目的に対しては使用しやすいが，その正当性には議論があり，いくつかの明らかな点においては疑いもなく非現実的であ

[*3] surface heat flux 地殻熱流量と同じ.

る．それは表21.3に載っている一般的な岩石の中で最も放射性元素が多い花崗岩の認識されている標準値を超える値 $(\dot{q}_0 z_0)/z_0 = \dot{q}_0 = 5 \times 10^{-6}\,\mathrm{W\,m^{-3}}$ を与えてしまう．$\dot{q}_0$ の変化の一般的な解釈は，同じ値がすべての新しい地殻に当てはまり，侵食が表層をさまざまな深さにまで取り除くというものであるが，これは図20.4で示された年代に伴う平均熱流量の非常にわずかな変化と矛盾する．しかし，式(20.13)は重大な欠点を抱えているが，単純な他の可能性ではさらにうまくいかない．放射性元素の一様な地殻は広い地域での熱流量を超える放射性元素による熱を与え，放射性元素の深さに伴う線形の減少は z_{MC} よりずっと小さな深さでの切り捨てが必要である．式(20.13)が慎重に適用される限り，われわれはそれがいくらか本質的な物理を伝えるということを受け入れることができる．その有用性は，これが図20.4での熱流量の範囲の下限 $26\,\mathrm{mW\,m^{-2}}$ によく一致するような，マントルから地殻への熱流量の調和的な推定値 $\dot{Q}_{\mathrm{MC}} = 25 \pm 5\,\mathrm{mW\,m^{-2}}$ を与えるということである．

地殻からの熱に対するこの単純なモデルを用いて，われわれは温度分布を計算することができる．深さ z での面を通しての熱流量は，

$$\dot{Q} = \kappa_{\mathrm{C}}\frac{dT}{dz} = \dot{Q}_{\mathrm{MC}} + \dot{q}_0 z_0 - \int_0^z \dot{q}\,dz$$
$$= \dot{Q}_{\mathrm{MC}} + \dot{q}_0 z_0 \exp(-z/z_0) \quad (20.15)$$

であり，したがって，

$$T(z) - T_0 = \frac{\dot{Q}_{\mathrm{MC}} z}{\kappa_{\mathrm{C}}} + \frac{\dot{q}_0 z_0}{\kappa_{\mathrm{C}}}\int_0^z \exp(-z/z_0)\,dz$$
$$= \frac{\dot{Q}_{\mathrm{MC}} z}{\kappa_{\mathrm{C}}} + \frac{\dot{q}_0 z_0^2}{\kappa_{\mathrm{C}}}[1 - \exp(-z/z_0)]$$
$$(20.16)$$

そしてマントルと地殻の境界では ($z_{\mathrm{MC}} \gg z_0$ を考慮)，

$$T_{\mathrm{MC}} = T_0 + (\dot{Q}_{\mathrm{MC}} z_{\mathrm{MC}} + \dot{q}_0 z_0^2)/\kappa_{\mathrm{C}} = 820\,\mathrm{K}$$
$$(20.17)$$

式(20.17)はリソスフェアのマントル成分にわたって同様の積分を行うための出発点である．この場合，われわれはリソスフェアの厚さを未知数で，アセノスフェアの温度，深さ z_{A} で $T_{\mathrm{A}} = 1700\,\mathrm{K}$ から推定すべきものとして扱う．この温度[*4]はアセノスフェア内のある深さでの本当の温度であると注意しておく．この値は，上部マントルを $660\,\mathrm{km}$ 相変化で固定し，他の相変化による温度増加を表G.3 (付録G)として，断熱曲線にあわせることで得られる．マントルの放射性元素による熱は上部マントルの密度で，コンドライトの値 $\dot{q}_{\mathrm{M}} = 1.8 \times 10^{-8}\,\mathrm{W\,m^{-3}}$ で一様とする．z より上に起因する放射性元素による熱は $\dot{q}_{\mathrm{M}}(z - z_{\mathrm{MC}})$ であり，ゆえに深さ z を通る熱流量は，

$$\dot{Q} = \dot{Q}_{\mathrm{MC}} - \dot{q}_{\mathrm{M}}(z - z_{\mathrm{MC}}) = \kappa_{\mathrm{M}}\,dT/dz \quad (20.18)$$

z_{MC} から z_{A} まで積分すると，

$$T_{\mathrm{A}} - T_{\mathrm{MC}} = (1/\kappa_{\mathrm{M}})[\dot{Q}_{\mathrm{MC}}(z_{\mathrm{A}} - z_{\mathrm{MC}})$$
$$- 1/2\,\dot{q}_{\mathrm{M}}(z_{\mathrm{A}} - z_{\mathrm{MC}})^2] \quad (20.19)$$

これは，地殻底部で $820\,\mathrm{K}$ から始まり(式(20.17))，地殻より下のリソスフェア内で $6\,\mathrm{K\,km^{-1}}$ の温度勾配を与える．仮定した数値を用いると，$(z_{\mathrm{A}} - z_{\mathrm{MC}}) = 149\,\mathrm{km}$，つまり $z_{\mathrm{A}} = 188\,\mathrm{km}$ となる．これは熱流が大陸リソスフェアへと入る実効的深さであり，20.4節で議論されるように，これはリソスフェアの力学的厚さよりもずっと大きい．これまで述べたように，マントル層の中で生成される熱 $\dot{q}_{\mathrm{M}}(z_{\mathrm{A}} - z_{\mathrm{MC}}) \approx 2.7\,\mathrm{mW\,m^{-2}}$ は少量であり，不確定性の中に吸収される．

大陸地殻への推定されたマントルからの熱流量 $25\,\mathrm{m\,W\,m^{-2}}$ は海洋底を通る平均熱流量の約 $1/4$ でありマントルのエネルギー収支にとって重要なものである．沈み込んだ大陸縁辺を含めたPollackら(1993)による大陸面積の推定値，地球表面積の 0.394 または面積にして $2.0 \times 10^{14}\,\mathrm{m^2}$ を適用すると，熱流量のこの成分は $5.0 \times 10^{12}\,\mathrm{W}$ である．これと大陸からの全熱流量 $65\,\mathrm{mW\,m^{-2}}$ の差は地殻内の放射性元素に起因する．海洋地殻からの小さな寄与を加えて，地殻内の放射性元素によるすべての熱は $8.2 \times 10^{12}\,\mathrm{W}$ と推定される．

[*4] 1700 K

20.4 リソスフェアの厚さ

リソスフェアは変形に対して抵抗できるほど冷却された表層であるが，それとその下のアセノスフェア間の明確な境界はない[*5]．これらの層は組成が異なるわけではなく温度のみが異なる．20.3節の計算を用いると，大陸リソスフェア底部付近への温度勾配が $6\,\mathrm{K\,km^{-1}}$ であると推定され，これは溶融点の勾配の約10倍であり深くなるにつれて徐々に軟化を引き起こし，それは減少する粘性として表現される．より薄い海洋リソスフェアに対しては対応する温度勾配は $12\,\mathrm{K\,km^{-1}}$ である．しかし物質が変形に対して抵抗する能力はそれに対してはたらく応力の持続時間によるため，異なるリソスフェアの厚さが異なる観測により推測される．われわれはこのことを式 (10.27) で表現されるクリープ則の観点から理解することができる．

式 (10.27) で $n = 1$ と仮定することで，線形の(ニュートン)粘性領域を考える．そして，これは最も単純な状況である．リソスフェア底部でこれが妥当であるかどうかはわからないが，われわれの当面の興味は温度の影響にあり，それはより複雑な応力依存性を考慮してもしらべることができる．この仮定を用いると式 (10.27) は粘性を対象とするために次のように書き直すことができる．

$$\eta = \sigma/\dot{\varepsilon} = (\mu/B)\exp(gT_\mathrm{M}/T) \qquad (20.20)$$

η の強い温度依存性は $g \gg 1$ であることから生じる．実験による値は $g \approx 27$ であると示唆しているが，23.4節の熱史の計算は，総じてマントルに適用するための値としてより低い値を必要としている(図23.1参照)．われわれはかなり広い範囲の粘性を考えなければならない．したがって対数をとると便利である．

$$\ln\eta = \ln(\mu/B) + gT_\mathrm{M}/T \qquad (20.21)$$

この式から，もし gT_M/T が $\ln 10 = 2.3$ 倍増加すると η が10倍増加するということがわかる．われわれは溶融点に近づいている物質を考えているので $T_\mathrm{M}/T = 1.2$ をとる．そして大ざっぱな仮定 $g = 27$ を用いると，$gT_\mathrm{M}/T = 32.4$ となり，2.3の増加は 7.1% を意味する．もし20.3節で推定されたアセノスフェアのいくらか上の温度である $T = 1300\,\mathrm{K}$ ならば，必要な温度変化は $92\,\mathrm{K}$ である．温度勾配の効果は T_M の勾配によって減少し，両方を一緒に考えると，式 (20.21) の目的に対してわれわれは実効温度勾配 $5.1\,\mathrm{K\,km^{-1}}$ を得る．μ と B の圧力依存性は大した影響をもたない．しかしわれわれは，g の圧力依存性がおそらくわずかで無視するためのしっかりした情報をもっていない．すると η の10倍の変化は '$92\,\mathrm{K}/(5.1\,\mathrm{K\,km^{-1}}) = 18\,\mathrm{km}$' の深さ範囲にわたって起こる．かなり大雑把ではあるが，この計算は，力学的に認められたリソスフェアの厚さになぜ数十 km の曖昧さがあるのかを示すには十分である．しかし，異なる地域で同様の観測から推定された相対的厚さはこの理由で明確に説明できる．

これから海洋リソスフェアについてのまったく異なる2つの観測結果を考える．数十秒の継続時間で応力を与える地震の表面波伝播で軟化が弾性係数の減少としてわかる．それによって，年代が増加するにつれリソスフェアが約百 km の厚さにまで成長することがわかる．これらは同じ観測による相対的厚さの観測結果であるので，その厚さが十分に成長したリソスフェア内で成長し続けるという，Zhang と Tanimoto (1991) による報告はしっかりした結論を与える．一方，数百万年の継続時間をもつリソスフェアの屈曲に対する応答はとくにハワイなどの海山列や火山島などの上にのった荷重によるものであるが，これは地震学的な厚さのたった1/3 ほどの厚さを示唆する．Turcotte と Schubert (2002) は荷重に対する屈曲の応答から，ハワイ諸島下のリソスフェアに対してその厚さを $34\,\mathrm{km}$ と推定した．この違いは異なる等温線と対応する粘性によって特徴づけられる境界の選び方として解釈できる．われわれはこれらの観測結果を，後氷期変動に伴う屈曲に対する実効的なリソスフェアの厚さを推定するために用いることができる (9.5節)．式 (20.21) を用いると，われわれは

[*5] 最近の海洋リソスフェアの研究では，この付近に何らかの境界の存在を示唆する結果が得られている．ただし，言葉の定義の問題ともからんでいる．

リソスフェアの実効的な底における比 T_M/T が変形の時間スケールの対数に線形に依存するということがわかる[*6]．地震の表面波の時間スケールは数十から数百秒である ($\tau_S \approx 10^{-6}$ 年)．ハワイの下のリソスフェアは，満足に観測されてはいないがハワイ諸島の古い端の年代 ($\tau_H < 10^7$ 年) よりは小さいに違いなく後氷期変動の緩和時間 (~ 5000 年) に過ぎないであろうと思われる緩和時間で荷重に対して応答する．よって，表面波のデータに対して下付き文字 S，ハワイでの観測結果に対して H，後氷期変動に対して R を用い，式 (20.21) で積 (gT_M) がすべての場合で同じであると仮定すると，リソスフェアの実効的な底部での温度は以下の式のように緩和時間と関連づけられる[*7]．

$$\frac{1/T_R - 1/T_H}{1/T_S - 1/T_H} = \frac{\ln(\tau_R/\tau_H)}{\ln(\tau_S/\tau_H)} < 0.25 \quad (20.22)$$

この式での上限は $\tau_H < 10^7$ 年に対応しており，もし後氷期変動に対する実効的なリソスフェア底部の温度がハワイの場合と同じであるならば，十分に 0 になりうる．

式 (20.22) とリソスフェアの厚さを関係づけるために，われわれは τ_S と τ_H 両方が海洋リソスフェアを参照していることに注意する．海洋リソスフェアでは変動が観測される大陸地域より温度勾配はより急で底部の温度はそれに対応してより浅いところにある．ハワイ下のリソスフェアが火山のように広範囲の地域で熱せられ屈曲の厚さに影響するということもありうる．これを不確定性として考慮に入れて 20.3 節での大陸での熱構造の計算を用いると，後氷期変動がよく観測されている地域でのリソスフェアの屈曲厚さは 60 ± 15 km と推定される．

20.5 気候の影響

地球表面の温度は明らかな日ごと，年ごとのサイクルのみならず，長期間の気候変動とともに変化する．そしてその変化は地殻へと伝播する．すべての場合で，浸透深さは地球の大きさに比べて非常に小さくその効果は 1 次元の拡散方程式で表される (式 (20.1))．年サイクルは数 m しか浸透せずそれに対する興味は小さいが，大陸地殻の上部数百 m の温度は数百年から数千年前へとさかのぼる気候変化を反映している．Pollack と Huang (2000) は掘削孔の温度から過去の気候を再現することを目指した研究のレビューをした．測定は内部深部からの熱流量を推定する際に用いられたものと同じでありデータ解析のためには定常な温度勾配から変動を分離することが必要である．これらの効果間の相互作用は非線形ではなく数学的には独立であると考えることができるため，引き算は原理的には単純である．しかし変化する岩石の物性などのかく乱効果によって得られた結果を制限するノイズが生まれる．

正弦関数の表面温度変化 $T_0 \sin \omega t$ を考えたとき，われわれはその下方への伝播を減衰と位相遅れを用いて以下のように表現できる．

$$T(t,z) = T_0 \exp(-\alpha z) \sin(\omega t - \beta z) \quad (20.23)$$

t と z に関する微分をとり，式 (20.1) に代入すると，$\alpha = \beta = (\omega/2\eta)^{1/2}$ が得られ，つまり以下のようになる．

$$T(t,z) = T_0 \exp\left(-z\sqrt{\frac{\omega}{2\eta}}\right) \sin\left(\omega t - z\sqrt{\frac{\omega}{2\eta}}\right) \quad (20.24)$$

これはフーリエ解析できるあらゆる規則的な振動に対して直接用いることができ，また原理的には不規則な変化に対しても用いることができる．しかしよりよい方法は表面の温度変化を，そのそれぞれが下方へ式 (20.3) のように伝播するようなステップ[*8]の一連の合計 (または積分) によって表現することである．これは順問題の解 (既知の表面温度変化からの深部温度分布の計算) が単純であり，試行解を観測分布を最もうまく再現するような表面変化を見つけるよう繰り返し調整できる逆問題の例である．これは V. Cermak によって最初に適用された試行錯誤の方法である．現在ではより洗練されたインバージョンの手法があるが，それらは一致する結果を示さず，はっきりとした「最善の」手法はない．

[*6] $\eta = \sigma/\dot\epsilon$ であり，$\dot\epsilon \sim 1/($緩和時間$)$ と考える．
[*7] 前の脚注の考えが正しいとし，σ などがほとんど変わらないと仮定すると得られる．

[*8] 階段状の温度変化のこと．

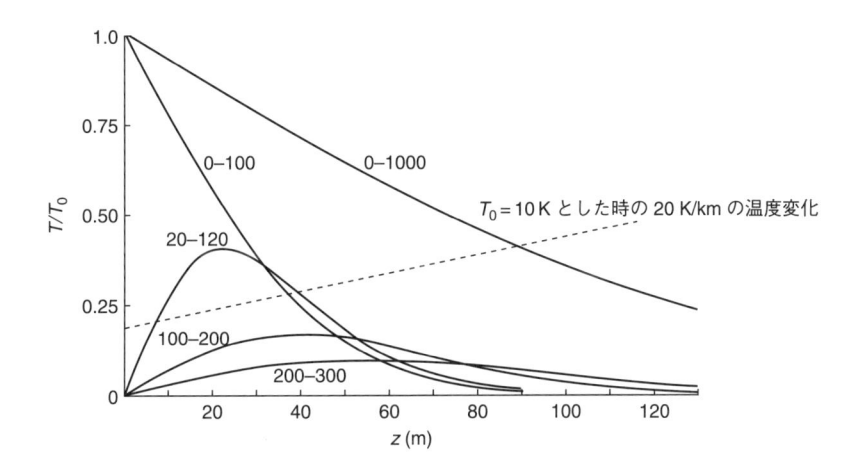

図 20.6 0〜100, 0〜1000, 20〜120, 100〜200, 200〜300 年前の間続く表面温度の増加 T_0 の大陸地殻への浸透.

その手法の強みと限界が図 20.6 で仮定上の例によって示唆されている. この図は振幅が T_0 で異なる継続時間をもつ 5 つの表面温度インパルス[*9]に対して深さの関数としての温度増加を示している. 100 または 1000 年前に始まり現在まで続くインパルスに対する曲線は単純に余誤差関数のプロット, つまり $(1-\mathrm{erf}\,x)$ である. ここで, $\mathrm{erf}\,x$ は式 (20.4) で与えられる. それらが互いに深さ方向に $\sqrt{10}$ 倍スケーリングされていることに注意する. 計算の目的のために, 20 から 120 年のプロットは 120 年前に始まり現在まで続くインパルス T_0 を仮定するが, 20 年前にインパルス $-T_0$ を重ね合わせてそれを打ち消している. 100 から 200 年と 200 から 300 年のプロットも同様に計算される. これらの曲線はすべて任意のインパルスの大きさ T_0 で規格化されている. もし $T_0 = 10\,\mathrm{K}$ ならば, それに対してそのような効果が観測されるはずの定常な温度勾配のおおよその大きさが破線で示されている.

図 20.6 で明らかなように, それらが起こってから経過した時間に比べて短時間の温度変化は滑らかにされ, 掘削孔の温度分布には重要でなくなる. すべての曲線は, f 倍異なる時間に対し $\sqrt{f}$ 倍のリスケーリング深さによってプロットすることにより再スケーリングされる[*10]. これは, 勾配が $1/\sqrt{f}$ 倍変化するということを意味する. そして求めるものが勾配の変化であるので, それらは背景となる勾配から区別されなければならないため, 年代が増加するにつれ解像度が減少する. 多くの観測結果のレビューをする際, Pollack と Huang (2000) は, 個々の掘削孔からの温度分布はさまざまな擾乱を受けやすく使用しにくいが, 限られた場所からの多くの掘削孔内の系統的な変化はその地域の表面温度の変化を高い信頼度で表現しているということを強調した.

最も明らかな変化はここ 150 年の温暖化であり, それはここ 50 年間で加速し, どの場所ででも見られ, 高緯度で最も顕著に見られる. 初期の冷却期は約 1500 年から 19 世紀中頃にかけての「小氷河期時代」と一致し, これはおそらく 2 つの分離した最大値をもつ. しかしこれは掘削孔のデータで見ることは難しい. グリーンランドの氷の均質性は, 氷の圧縮と氷河流から生じる複雑さにかかわらず, そこでの深い穴が 25 000 年ほど前, 最近の氷河極大の時期までさかのぼっての古温度の推定を与えることを可能にする.

[*9] ステップと同じ.

[*10] 誤差関数の引数が $z/t^{1/2}$ であることに注意する.

21
地球の熱収支

21.1 まえおき

もし地球内部の熱が放射能によって支えられておらず、現在の地表からの熱流量 (44.2×10^{12} W) が続くとすれば、10 億年で平均約 120 K の割合で冷却する。この割合での冷却は、45 億年間でさえ、地球内部の温度にはそこそこの影響しか与えないであろう。放射能は内部エネルギーの主要な永続的エネルギー源ではあるが、地球集積時に生み出された初生的な熱に上乗せするに過ぎない。時間とともに冷却は緩やかになるが、地球内部が熱いのはそのためではない。放射能は時間とともに少しずつ減少し、熱排出量には見合わない。地球は、地表での熱流量と放射性発熱量の差に応じて冷却していく。マントル対流とテクトニクスは地球が冷えるにつれて緩やかになり、その変化率はこの熱収支に応じて決まる。

相当量の内部エネルギー源は、地磁気ダイナモを駆動する核での対流を維持するためにも必要である。地球は少なくとも過去 35 億年間、おそらくは全地球史を通して磁場をもっていた。ダイナモ作用に必要なエネルギー量は、おそらく熱伝導で核から排出される量よりも少なく、もし核がいくらか放射能をもつならば、熱伝導による排熱量を補うはずである。その必要性があるかどうかは核の熱伝導率に依存するが、まだよく決まっていない。

第一に述べるべきことは、初期地球集積時の重力解放エネルギーがほかのエネルギー源を圧倒することである。このエネルギーは、中心から層状に地球を積み上げていくと考えて計算できるであろう。半径が r、質量が m に達したとき、表面での重力ポテンシャルは $-Gm/r$ と表せ、さらにもう 1 層 $dm = 4\pi \rho r^2 dr$ の質量が加わると、次の重力ポテンシャルエネルギーが解放される。

$$dE_G = -Gm\, dm/r$$
$$= -4\pi Gm\rho r\, dr \qquad (21.1)$$

ここで、

$$m = 4\pi \int_0^r \rho r^2\, dr$$

および $G = 6.67 \times 10^{-11}$ m^3 kg^{-1} s^{-2} は万有引力定数である。質量 M、半径 R の球については、4.1 節における太陽エネルギーの計算と同様に、

$$E_G = -fGM^2/R \qquad (21.2)$$

もし密度が一様であるなら、$f = 3/5$ である。地球と同じ大きさと質量の均質な物体の場合、-224×10^{30} J となるが、実際の地球は中心部に質量が集中しており、さらにエネルギー解放があり、観測される密度分布について積分すれば、$f = 0.6654$ および、

$$E_G = -249 \times 10^{30} \text{J} \ (41.6 \times 10^6 \text{ J kg}^{-1}) \quad (21.3)$$

となる。これは偶然半径に反比例する密度分布をもつ球の値に近く (問題 21.1)、その場合、中心への質量集中はおよそ $C/Ma^2 = 1/3$ と表せる (問題 1.1(c))。しかし、慣性モーメントと重力エネルギーとの間にははっきりとした関係はない。

これらのエネルギーは、負値として表されるが、それは無限遠に分離されているときを重力エネルギーゼロとするためである。しかし、主に以下では、物質の集積や崩壊に伴って解放され、正値として表される重力エネルギーに興味がある。式 (21.3) 中の値の大きさは、地球の寿命における放射性発熱総量

21.2 放射性の熱

表 21.1 地球のエネルギーの比較. すべての値は 10^{30} J を単位とする. 最初の 4 項目は重力解放エネルギーを表し, そのために生じる弾性ひずみエネルギーを差し引いてある. 弾性ひずみエネルギーは分けて表示されており, 全重力解放エネルギーは最初の 5 項目の和となる. 潮汐による散逸も表には含まれているが, これは主に海中で起こり, 固体地球の熱的状態に影響を及ぼさない.

均質な質量の集積	219.0
ひずみエネルギーを除いたコア分離	13.9
内核の形成	0.09
マントルの分化	0.03
弾性ひずみ	15.8
4.5×10^9 年間の放射性発熱	7.6
地球内部に残存し蓄えられた熱	13.3
4.5×10^9 年間の損失熱	13.4
現在の回転エネルギー	0.2
4.5×10^9 年間の潮汐散逸	~ 1.1

に比するものであり, およそ 7.6×10^{30} J (表 21.1) である. もし, 式 (21.3) 中のエネルギーが保持されていたとすると, 地球の平均温度は 37 000 K を超えることになる. このエネルギーの大部分は集積過程において放射によって逃げるが, 少し保持されただけでも地球が熱い一生を送るためには十分である.

重力エネルギーに関する考察は, コア成長が集積時に起こり, 地球が成長し終わるまでコアの形成を遅らせることは難しいことを示唆する. 5.4 節で指摘したとおり, 均質な初期地球からのコア分離により 16×10^{30} J のエネルギーが解放され, コアを 6300 K にまで加熱しうる. これらの値からは均質な地球が重力的に不安定であることを示唆し, 均質地球などというものは存在しなかったことをうかがわせる.

これらの見積もりは数値計算を要し, コアとマントル物質の自重圧縮を考慮した状態方程式を用い, 繰返し計算を行って最終モデルを得る (Stacey と Stacey, 1999). この計算の興味深い副産物は, 地球内部に取り出すことのできない弾性ひずみエネルギーとして蓄えられる圧縮のエネルギーである. 総量は 15×10^{30} J に達する. コアでは, 平均 4.3×10^6 J kg^{-1} であり, (圧力ゼロにおける) 鉄の結合エネルギーあるいは爆薬のエネルギーに匹敵

する. 内核の形成のような質量の再配置を含むコアプロセスにおいて, 重力解放エネルギーの 12% がひずみエネルギーとして蓄えられるが, このエネルギーは, 熱源ともダイナモのエネルギー源ともならない.

主要な継続的エネルギー源はゆっくりとした崩壊 (壊変) に伴う放射性発熱である. 現在およそ 28×10^{12} W を発熱するが, 初期地球ではこの 4 倍, 地球史を通しての平均でも 2 倍の発熱があった. 全体のエネルギー収支にとって重要であるが, 表 21.1 の比較に見られるとおり, 他を圧倒するほどのものではない. 地球内部は集積時のエネルギーで熱いが, 現在の熱損失の 2/3 は放射性発熱に由来する. これらの見積を結びつけるには, 熱史の計算 (23 章) が必要となる.

21.2 放射性の熱

地球内部で熱的に重要な元素はウラン (U), トリウム (Th), カリウム (K) であり, その発熱量を表 21.2 に示す. これらの地球内部での濃度は非常に不均質であり, 詳細には不明な点が多いが, いくつかの考察からおよその分布を推定可能である. 表 21.3 には, さまざまな地質学的試料中の測定濃度とともに, 地球の主要構成要素中での推定平均濃度を示してある. 地球の温度構造と熱史はこれらの濃度に依存するが, 逆に熱史についての議論は, 放射性の発熱について制約を課す. とくに, 熱収支 (表 21.4) が合う必要がある.

基本的な問題は, 直接には観察できないマントル中の放射性元素濃度を見積もる点にある. 表 21.3 の値から明らかなように, Th の U に対する比は, 隕石を含むさまざまな岩石においてたいへん似ている. 中央海嶺玄武岩 (MORB) の Th/U がやや低い値を示すものの, 地球全体として隕石に似た値をもっているといえる. ここでは, マントル全体での比が 3.7 であると仮定する. K/U 比はあまり定かではない. どちらの元素も地殻に強く濃集するが, 後述する Ar の脱ガスの証拠は, K は U, Th に比べてより著しくマントル中から取り去られていることを示唆する. K は揮発性元素であり,

表 21.2 地球内部における熱的に重要な放射性元素

同位体	エネルギー/原子 [a] (MeV)	μW/kg 同位体	μW/kg 元素	見積もられた地球に含まれる総量 (kg)	総熱量 (10^{12} W)	総発熱量 4.5×10^9 年前 (10^{12} W)
^{238}U	47.7	95.0	94.35	12.86×10^{16}	12.21	24.5
^{235}U	43.9	562.0	4.05	0.0940×10^{16}	0.53	44.4
^{232}Th	40.5	26.6	26.6	47.9×10^{16}	12.74	15.9
^{40}K	0.71	30.0	0.003 50	7.77×10^{20} (Total K)	2.72	33.0
					28.2	117.8

[a] これらのエネルギーは，最終的な娘核種にいたるすべての崩壊系列を含む．平均局所吸収エネルギーは考慮されている；ニュートリノのエネルギーは無視されている．

表 21.3 地質試料中の平均放射性発熱．参照値として地球の単位質量あたりの平均熱流量 7.4×10^{-12} W kg^{-1} と比較することができる．

	物質	濃度 (ppm)				発熱量
		U	Th	K	K/U	(10^{-12} W kg^{-1})
火成岩	花崗岩	4.6	18	33 000	7 000	1050
	アルカリ玄武岩	0.75	2.5	12 000	16 000	180
	ソレアイト玄武岩	0.11	0.4	1500	13 600	27
	エクロガイト	0.035	0.15	500	14 000	9.2
	ペリドタイト，ダナイト	0.006	0.02	100	17 000	1.5
隕石	炭素質コンドライト	0.020	0.070	400	20 000	5.2$_3$
	普通コンドライト	0.015	0.046	900	60 000	5.8$_5$
	鉄隕石	無	無	無	—	$< 3 \times 10^{-4}$
月	アポロの試料	0.23	0.85	590	2 500	47
地球の平均	地殻 (2.8×10^{22} kg)	1.2	4.5	15 500	13 000	293
	マントル (4.0×10^{24} kg)	0.025	0.087	70	2800	5.1
	コア	無	無	29	—	0.1
	全地球	0.022	0.081	118	5400	4.7

隕石に比べて地球全体が K に枯渇しているに違いなく，したがって隕石の値をそのまま地球全体の K 濃度の評価に使うことはできない．隕石でさえ変化が大きく，試料採取された太陽系天体についても同様である (図 21.1).

Fisher (1975) は，(急冷されてできた) ガラス質の深海玄武岩に閉じ込められた Ar と He から，マントルの K/U 比が 1500 に達する低い値をもつことを示して注目を集めた．表 21.3 の値によれば，地殻は全 K の 56% を含む．これは，液相濃集元素 (K, Rb, Cs, Ba) の 50% 以上が地殻に存在するという Wänke ら (1984) の結論と一致する．現状では，マントルの平均 K/U 比を特定の値に決定するしっかりとした根拠はなく，1500～6000 が妥当な範囲であり，表 21.2～21.4 では，2800 が仮定されている．

地球の全 K 量の極端な下限値 (4.7×10^{20} kg) は，大気中の ^{40}Ar によって制約されている．この値は，表 21.3 の地殻中の推定 K 量よりも少し大きいだけである．単純な脱ガス史は，この 2 倍よりも少し少ない地球全体の K 量と整合的である (5.2 節)．He は大気から宇宙空間にすばやく逃げてしまうため，^{4}He の脱ガスについて同様の検証を行うことは難しい．

従来，隕鉄中にみつからないという理由で，コアの中に放射能がほとんどないと仮定されてきた．しかし，以前より，硫黄 (外核にも内核にも存在するはず) に伴って K がコアに含まれるという提案もなされてきた．2.8 節で述べられているように，化学的な議論からは，相当量の K がコアに含まれ

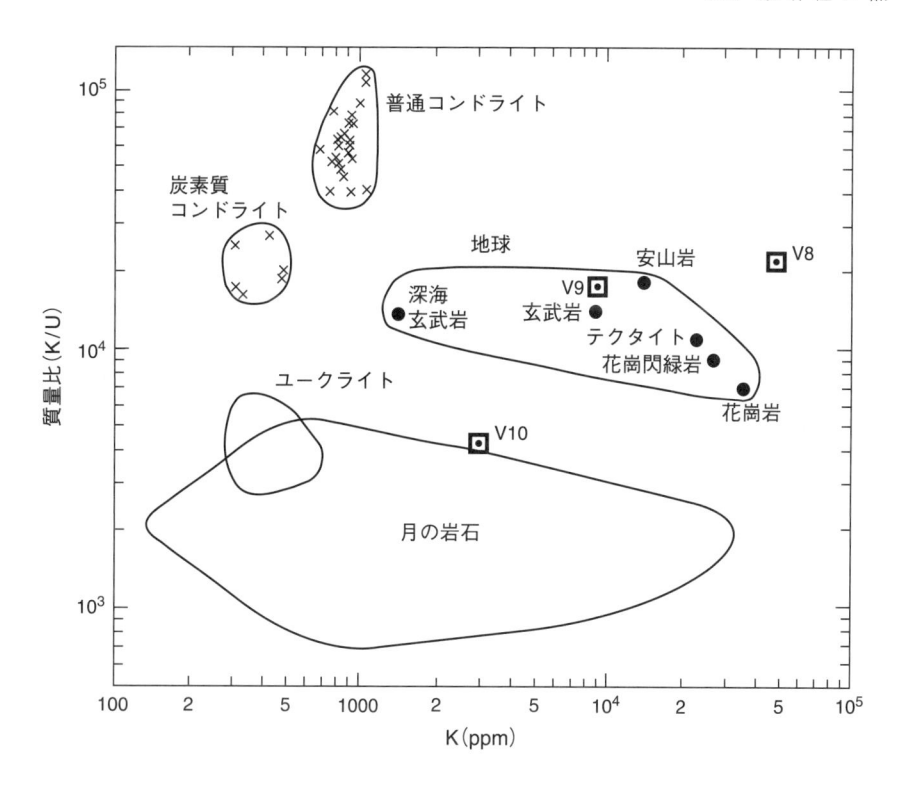

図 21.1 K 濃度の関数としての K/U (質量比). 地殻岩石, 普通および炭素質隕石, ユークライト (エイコンドライトの一種), 月の岩石, および Venera probes 8, 9, 10 からの 3 試料がグループに分かれる. ほとんどのデータの出典は Eldridge ら (1974). 金星の試料については Keldysh (1977) より引用.

表 21.4 熱収支 (すべての値は 10^{12} W) を単位とする

発熱	
地殻の放射性発熱	8.2
マントルの放射性発熱	20.0
コアの放射性発熱	0.2
コアの進化に伴って解放される潜熱と重力エネルギー	1.0
マントルの分化に伴って解放される重力エネルギー	0.1
熱収縮に伴って解放される重力エネルギー	3.1
地球潮汐による散逸	0.1
合計	32.7
損失熱	
地殻の損失熱	8.2
マントルの損失熱	32.5
コアの損失熱	3.5
合計	44.2
正味の損失熱	11.5

るかどうかははっきりしない. また, われわれは, U はコアにほとんど含まれないという Wheeler ら (2006) の結論に従う. コアの放射能に関する物理的な論拠は, 熱伝導での失熱を補う熱源の必要性にもとづくが, そのためには熱伝導率の評価が必要である (19.6 節). この値は十分な精度ではわかっておらず, 放射性の熱が必要かどうかは不透明である. 現在の評価では少し寄与があり, 表 21.3～21.5 には ^{40}K から 0.2 TW の寄与が含まれて入る. これは, 21.4 節の $A = 0.2$ モデルにあたる.

地球全体の Th/U と K/U 比を決めることにより, 放射性発熱の問題を U 含有量の見積もりに集約することができる. McDonough と Sun (1995) は, U と Th は非揮発性元素であり, 地球内部における他の非揮発性元素に対する比は炭素質コンドライトと同じ割合となるという従来の議論を証拠づけ, マントル＋地殻の U 含有量を 20 ppb であるとした. しかし, 主要な非揮発性元素でさえ, 地

球型惑星と隕石の間では違いがあり，この議論は不確かである．Wänke ら (1984) はそれが 29 ppb であるという別の証拠を提出しているが，この値は，表 21.3 で採用されている見積もりに近く，(急冷された) ガラス質の深海玄武岩中の Ar と He，および大気の Ar 含有量にもとづいている．図 21.1 では，同じ U 含有量の物質は傾き 1 の線上にのる．普通および炭素質コンドライトはそのような線から大きくははずれず，それらが似かよった量の U を含むという考えを支持する．しかし，普通コンドライトは系統的に K をより多く含み，したがって U には影響を及ぼさず，K に影響を及ぼした作用がはたらいたはずである．K 存在度の多様性は，その揮発性に帰せられることが多いが，揮発性成分に富む炭素質コンドライトに比べて，普通コンドライト中に K が濃縮することはうまく説明ができない．月の岩石および入手可能な金星の分析値は，図 21.1 のコンドライトデータの傾向からは大きくはずれるが，これらはいずれも地殻物質についての値であり，すべての放射性元素が濃集している．これらはコンドライトよりもずっと激しい作用にさらされており，また，異なるタイプのコンドライト中の K 濃度に大きな差があることを考えれば，これらのデータはいずれも地球の全 K 量を制約する証拠とならないと結論づけられる．脱ガスの証拠および大気中の Ar 含有量は，ガラス質の海底玄武岩中の $^{40}Ar/^{4}He$ 比とともに，われわれが得ることのできる最もはっきりとした情報を提供する．

21.3 熱収縮，重力エネルギーおよび熱容量

継続的でゆるやかな地球の冷却は，熱的収縮とその結果としての重力エネルギーの解放を伴う．この効果は，熱史の計算においては，熱容量を調整することによって考慮されうる．重力エネルギーは 1 K あたりの冷却で失われる熱に加算される．この章では，その効果がどの程度あるのかを議論する．地球熱史を目標として熱容量の調整によって考慮されるのであるが，エネルギー収支を合わせるためには，重力エネルギーの考慮は熱損失と放射性発熱との差が拡大することを指摘しておく必要がある．現在のマントルの放射性発熱 (表 21.3 の組成から 20×10^{12} W) はひどく不確かであるが，不確かさは熱史の計算に少ししか影響を及ぼさない．図 23.3 は，過去 40 億年間にわたる熱流量が，仮定される放射性発熱とはほぼ独立であることを示す．この理由は，表 21.1 に示されるように，放射能の寄与は地球全体のエネルギーにとってわずかに過ぎないからである．

任意の物質要素の収縮により解放される重力エネルギーは，他の物質の密度がその影響を受けないと仮定するなら，たとえ位置が変化したとしても簡単に計算することができる．しかし，実際にはそうではない．いかなる要素の熱収縮によっても，圧力増加は地球全体に及び，したがって密度はいたるところで増加し，収縮を加え，重力エネルギー解放に寄与する．地球全体としてどうふるまうかを扱い，熱収縮と圧縮を考慮する必要がある．摂動計算は原理的には可能と思われるが，明白で直接的な方法は，個々の構成要素の圧力-密度の関係にもとづいて計算された 2 つの独立な自重圧縮モデルを比較することである．マントルの収縮が圧縮を生み，したがってコアおよびマントル自身の重力エネルギー解放をもたらすこと，あるいはその逆が起こることがわかる．このような計算は Stacey と Stacey (1999) によって報告され，コアやマントルのいかなるスケールでの収縮にも対応できるよう十分一般化されている．ここではそれを応用する．

重力解放と真のエネルギー損失との関係，すなわち，次の熱収支の式の第 3 項と第 2 項の比を明らかにしよう．

放射性発熱 + 正味冷却

+ 重力エネルギー損失 − 圧縮エネルギー

= 表面熱流量   (21.4)

このために，マントルとコアの冷却を別々に扱わなくてはならない．なぜなら，冷却速度は同じではなく，重力エネルギー損失の冷却に対する比はコアの方が大きいからである．マントルの扱いは

より単純であり，Stacey と Stacey (1999) の方法が直接使え，コアの影響はわずかである．下部マントルのポテンシャル温度 (大部分の上部マントルのポテンシャル温度とほとんど違いはない) を 1 K 下げるのに必要な損失熱量をマントルの実効熱容量とよぶことにする．この定義の要点は，もし温度勾配がどこでも断熱的であり，冷却が進行してもこれに沿ったままでいるなら，温度の低下率は絶対温度に比例する点である．ポテンシャル温度，$T_\mathrm{p} = 1700$ K は温度を圧力ゼロへ断熱的に外挿したものであるから，高圧における物質がより高い温度，$T > T_\mathrm{p}$ をもつなら，均質な冷却を仮定するよりも熱損失を促進する．付録 G にある熱モデルを用いれば，マントルの実効熱容量は，熱収縮を考慮しない場合，

$$\text{マントル}: m\langle C_P \rangle = \int \rho C_P (T/T_\mathrm{p})\, dV$$
$$= 6.19 \times 10^{27}\,\mathrm{J\,K^{-1}} \quad (21.5)$$

こう定義すると，$\langle C_P \rangle = 1537\,\mathrm{J\,K^{-1}\,kg^{-1}}$ となり，式 (19.4) によって計算され，付録 G に示されるように，$C_P \approx 1200\,\mathrm{J\,K^{-1}\,kg^{-1}}$ とは異なる．同様の計算から，対応する熱収縮は，

$$\text{マントル}: V\langle \alpha \rangle = \int \alpha(T/T_\mathrm{p})\, dV$$
$$= 2.12 \times 10^{16}\,\mathrm{m^3\,K^{-1}} \quad (21.6)$$

これは実効熱膨張係数に対応し，$\langle \alpha \rangle = 23.4 \times 10^{-6}\,\mathrm{K^{-1}}$ となり，ポテンシャル温度 1 K の低下に対する平均収縮を表す．

Stacey と Stacey (1999) の計算結果から，マントルが均質に 1% 収縮すると 5.90×10^{29} J の重力エネルギーを解放するが，そのうち 0.75×10^{29} J は弾性ひずみエネルギーとして蓄えられ，真の解放量は 5.15×10^{29} J となることがわかる．上記で計算した $\langle \alpha \rangle$ を用いれば，1% の収縮はポテンシャル温度 427 K の低下に対応し，重力の実効熱容量への寄与は，$5.15 \times 10^{29}\,\mathrm{J}/427\,\mathrm{K} = 1.21 \times 10^{27}\,\mathrm{J\,K^{-1}}$ となる．これを式 (21.5) に加えると，実効的なマントルの熱容量は，合計して，

$$\phi_\mathrm{m} = 7.40 \times 10^{27}\,\mathrm{J\,K^{-1}} \quad (21.7)$$

となる．この値は 23 章での熱史の計算に用いられる．マントルの正味の失熱量のうち，約 20% が重力エネルギーであることがわかるが，α は深さとともに減少し，深部マントルは T/T_p で重みづけされているため，この見積もりはやや過大評価であると考えられる．

コアの冷却を考察する際，内核の成長は事態を複雑にするが，3 つの独立に計算可能な項を実効熱容量に加えることによって扱うことにする．それらは，固化の潜熱，固化による収縮に伴う重力エネルギー，および外核中に溶け込んでいる軽元素の分離に伴う重力エネルギーである．21.4 節は熱源の半径方向の分布を検証するが，ここでは全体的な効果をみる．コア–マントル境界の温度，T_CMB，を基準値とし，マントル中の T_p についてはより高い内部温度を断熱的に関連づける．コアの実効熱容量は T_CMB を 1 K 下げる正味の損失熱量として定義する．

一般的な冷却と収縮について，内核の成長を考慮しない場合には，式 (21.5) と (21.6) に似た表現を得る．

$$\text{コア}: m\langle C_P \rangle = 1.80 \times 10^{27}\,\mathrm{J\,K^{-1}} \quad (21.8)$$
$$V\langle \alpha \rangle = 2.79 \times 10^{15}\,\mathrm{m^3\,K^{-1}} \quad (21.9)$$

式 (21.9) は，$\langle \alpha \rangle = 15.8 \times 10^{-6}\,\mathrm{K^{-1}}$ に対応する．Stacey と Stacey (1999) の計算によれば，1% のコアの収縮は 5.36×10^{29} J のエネルギー解放と 0.73×10^{29} J の弾性ひずみエネルギーの蓄積を伴い，正味 4.63×10^{29} J のエネルギーを解放する．見積もられた $\langle \alpha \rangle$ を用いれば，T_CMB が $(0.01/15.8 \times 10^{-6})$ K $= 634$ K で低下することになる．したがって，実効熱容量に対する重力の寄与は，$4.63 \times 10^{29}\,\mathrm{J}/634\,\mathrm{K} = 7.31 \times 10^{26}\,\mathrm{J\,K^{-1}}$ である．これを式 (21.8) に加えると，コアの実効熱容量は，内核の成長を考慮しない場合，

$$\phi_\mathrm{c} = 2.53 \times 10^{27}\,\mathrm{J\,K^{-1}} \quad (21.10)$$

これは重力エネルギーを無視した場合に比べて 40% 大きい．

上記の 3 つの付加的なエネルギーの寄与は，それらを温度変化 (内核形成に必要な T_CMB の低下として表現される) で割ることにより，熱容量の概念上の成分に変換可能である．第一に，エネ

ギーの大きさを評価しよう．内核形成の潜熱 L は式 (19.53) によってエントロピーから計算され，

$$L = T_M \Delta S = T_M(nR\ln 2 + \alpha K_T \Delta V) \quad (21.11)$$

ここで，$n = M_{IC}/m$ は質量 M_{IC} の内核物質のモル数を表し，表 2.1 により，平均原子量は $m = 50.16$ となる．都合のよいことに，$\langle \alpha K_T \rangle$ はあまり変化しないので，付録 F と G にもとづき，

$$\langle \alpha K_T \rangle = \langle \alpha K_S/(1+\gamma\alpha T) \rangle$$
$$= 12.16 \times 10^6 \,\mathrm{Pa\,K^{-1}} \quad (21.12)$$

19.4 節にあるとおり，一定組成の物質が固化する際の密度変化を $200\,\mathrm{kg\,m^{-3}}$（内核平均密度の 1.55%）とすると，$\Delta V = 1.18 \times 10^{17}\,\mathrm{m^3}$ となり，固化の間の平均境界温度を 5050 K とすると，

$$L = 6.36 \times 10^{28}\,\mathrm{J} \quad (21.13)$$

となる．

固化に伴って生じる収縮による重力エネルギーの解放は Stacey と Stacey (1999) により計算され，$140\,\mathrm{kg\,m^{-3}}$ の密度増加を仮定した場合，$4.123 \times 10^{28}\,\mathrm{J}$ の解放と $0.515 \times 10^{28}\,\mathrm{J}$ の弾性ひずみエネルギーの蓄積を伴う．密度増加を $200\,\mathrm{kg\,m^{-3}}$ とした場合，正味の重力エネルギー解放量は $5.15 \times 10^{28}\,\mathrm{J}$ となる．これは，マントルも含めた全地球のエネルギー解放量に相当する．コアのエネルギー収支とダイナモの動力 (22.7 節) への寄与を説明するには，コアで生み出されるこのエネルギーの一部を使うだけでよく，それは，

$$E_{GS} = 3.14 \times 10^{28}\,\mathrm{J} \quad (21.14)$$

である．

組成分離によるエネルギー解放の単純な計算は 22.6 節に与えられているが，地球全体の収縮とひずみエネルギーの増加を考慮した Stacey と Stacey (1999) の結果を用いることができる．Masters と Gubbins (2003) によって見積もられたように，内核と外核の密度差 $820\,\mathrm{kg\,m^{-3}}$ のうち，組成成分による密度差を $620\,\mathrm{kg\,m^{-3}}$ とすれば，$200\,\mathrm{kg\,m^{-3}}$ が固化に伴う密度差である．Stacey と Stacey の結果をこの密度差で規格化すると，全放出エネルギーからひずみエネルギーを差し引いた値が $4.99 \times 10^{28}\,\mathrm{J}$ となり，そのうちコアで解放されたエネルギーは，

$$E_{GC} = 4.79 \times 10^{28}\,\mathrm{J} \quad (21.15)$$

となる．

要求される冷却を計算することによって，内核形成により放出されるエネルギーを地球全体の実効熱容量への寄与と関連づける．これは，地球中心と現在の内核境界の間の圧力差にわたる断熱温度勾配と溶融温度勾配の差 (ただし収縮による圧力増加を補正して) に対応する．原理は図 21.2 に描かれている．上記の密度増加に伴い，地球中心では 1.82 GPa の圧力増加，また固化と組成的分離に伴って 4.41 GPa の圧力増加があり，合計で 6.23 GPa の増加となる．また，全体的なコア冷却 (T_{CMB} に対して) と，マントルの熱収縮に起因する T_p の 1 K あたりの寄与，$4.1 \times 10^{-3}\,\mathrm{GPa\,K^{-1}}$ により，$5.4 \times 10^{-3}\,\mathrm{GPa\,K^{-1}}$ の寄与がある．これらの効果は現在の地球中心と内核境界の圧力差 (PREM による 35.05 GPa) から差し引かれ，内核成長に伴う境界での圧力変化を得る．

$$\delta P(\mathrm{GPa}) = (35.05 - 6.23) + 5.4$$
$$\times 10^{-3}\Delta T_{CMB}(\mathrm{K}) + 4.1$$
$$\times 10^{-3}\Delta T_p(\mathrm{K}) \quad (21.16)$$

冷却は，式 (19.50) によって計算される溶融曲線の勾配と式 (19.19) による断熱温度勾配の差から計算される．式 (21.16) によって与えられる δP の圧力範囲で $T = T_M$ に沿って見積もると，

$$\Delta T_{ICB} = \left[\frac{dT_M}{dP} - \left(\frac{\partial T}{\partial P}\right)_S\right]\delta P$$
$$= \left[\frac{2\gamma T(1+\gamma\alpha T)}{K_S(1+2\gamma\alpha T)} - \frac{\gamma T}{K_S}\right]\delta P$$
$$= \frac{\gamma T \delta P}{K_S(1+2\gamma\alpha T)} \quad (21.17)$$

断熱的に外挿すると，

$$\Delta T_{CMB}/\Delta T_{ICB} = T_{CMB}/T_{ICB} = 0.787 \quad (21.18)$$

を得る．これらの式を解くには，内核形成中のマントルの冷却についての仮定が必要となるが (式 (21.16) 中の ΔT_p)，この効果は小さく，深刻な影響はない．ここでは，$\Delta T_p = 300\,\mathrm{K}$ とする．そうすると，式 (21.16)〜(21.18) は，

$$\Delta T_{CMB} = 98.4\,\mathrm{K} \quad (21.19)$$

を与える．ここで，内核成長による概念的な寄与

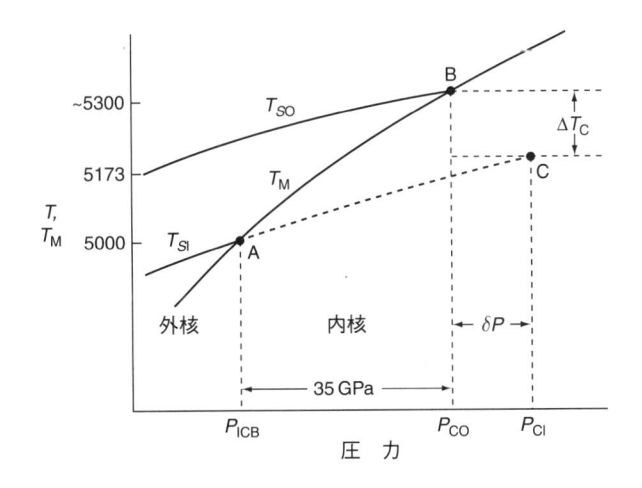

図 21.2 内核の温度–圧力関係．外核は断熱的で，温度 T_{S1}，点 A において溶融曲線 T_M を横切り，圧力 P_{C1} の地球中心点 C まで外挿されている．内核成長開始時のより高温の断熱曲線 T_{S0} は P_{C1} より低い中心圧力 P_{C0} (点 B) で T_M と交わる．これは，当時地球全体がより熱く膨らんでいたためである．内核が現在の大きさに成長するには，地球中心において ΔT_C，コア–マントル境界において $0.723\Delta T_C$ の冷却が必要である．

を式 (21.10) による実効熱容量に加える．

$$\varphi_{cTotal} = \varphi_c + (L + E_{GS} + E_{GC})/\Delta T_{CMB}$$
$$= 4.21 \times 10^{27} \text{ J K}^{-1} \qquad (21.20)$$

これが内核成長時の平均的なコアの実効熱容量である．式 (21.10) における値は，もし初期地球にそのような時期があったとすればであるが，内核がない時期に限って使われなくてはならない．21.4 節および 21.7 節では熱源の半径方向の変化を考察する．ここでの見積もりは，地球全体での値であるが，ダイナモの動力を計算し，また弾性的圧縮のエネルギーを差し引くために，コアの中で解放されるエネルギーを区分けして考えた．

このセクションでの数値は単純化したコアの実効熱容量に対応するが，内核の成長とともに増加していくことに注意が必要である．式 (21.20) の値は内核成長中の平均値であり，$(L+E_{GS}+E_{GC})$ の全体に対する寄与は時間とともに増加する．これらの項は，内核の成長量によって影響されるが，コア温度に関して線形ではない．この問題は，21.7 節で言及され，また 23.5 節でより詳細に議論される．

21.4 コア (核) のエネルギーバランス

21.3 節でのエネルギーの見積もりを再評価し，コア内部での分布を求めてみよう．基本的な問題は，どのくらい早く冷えているかである．ダイナモ作用を数十億年にわたって維持する程度には早く熱を失ってきたはずであり，外核を 3 次元的に攪拌し，温度勾配はきわめて断熱的勾配に近く保たれていたであろう．したがって，どんな割合で熱対流と組成対流が組み合わさっていようとも，あらゆる深さで伝導による熱の流れが存在し，これが最低限コアのエネルギーとして供給されなくてはならない．ダイナモ作用には，伝導による熱流はまったく貢献せず，付加的なエネルギー，対流を駆動する熱，組成，重力あるいはそれらの組合せが必要である．組成の寄与はとくに重要で，ダイナモを (拡散による若干の損失を無視すれば) 100%の効率で駆動する重力に由来する力学的エネルギーとなる．熱対流は熱力学的に限られた効率 (12〜25%，熱源の分布に依存) ではたらき，コア–マントル境界に排熱しながら，対流として生み出すエネルギーよりももっと多くを消費する．強い組成効果により，マントルへの熱流量はコアの上部に

表 21.5 内核の存在時間 τ の間に，コアのエネルギーバランスを担う構成要素のまとめ．Q はエネルギー源を，E は熱力学効率を介して Q に対応する対流エネルギーを表す．τ_E は地球の年齢，A は ^{40}K による現在の放射性発熱量 (TW)．冷蔵作用に関する議論は 22.8 節を参照．

源		Q (10^{28} J)	効率	E (10^{28} J)
熱容量	冷却	17.75	0.139	2.47
	収縮	2.52	0.135	0.34
固化	潜熱	6.36	0.252	1.60
	収縮	2.76	0.190	0.52
組成的分離		4.79	1.00	4.79
歳差運動		$0.20\tau/\tau_E$	1.00	$0.20\tau/\tau_E$
放射能		$5.69A$	0.127	$0.723A$
		$\times[\exp(2.5\tau/\tau_E)-1]$		$\times[\exp(2.5\tau/\tau_E)-1]$
熱排出量				
	伝導	$54.0\,\tau/\tau_E$	-0.119	$-6.43\tau/\tau_E$
	冷蔵作用	$-Q_R$	f	$-fQ_R$

おける熱伝導による流量よりも少ないかもしれない．すなわち，組成対流が伝導による熱を持ち帰る，われわれが冷蔵作用とよぶ過程である．この作用はコア上部の限られた深さ範囲，したがって限られた温度範囲だけに起こればよく，多くの熱をごくわずかな力学エネルギーで運びうる，熱力学的にはたいへん効率的なプロセスである．

コアの中には，7 つのエネルギー源が見いだされる．表 21.5 は，これらの寄与を内核の存在時間，τ (地球年齢 τ_E よりも短いかもしれない) にわたる積分値として示している．ここでは総エネルギーを示すにとどめ，その時間変化についての考察は 21.7 と 23.5 節に委ねる．ここでは，総エネルギーを τ で割って得られる時間 τ の間の平均値について考える．表 21.5 の Q 列に掲げられた最初の 5 項目は，21.3 節で議論されている．歳差運動に伴う散逸は，初期地球においてダイナモに重要な寄与があった可能性があり，7.5 節で考察され，24.7 節で再び検討される．表中の $0.20\tau/\tau_E$ という値は，平均散逸率 $0.014\,\mathrm{TW}$ に対応し，現在の 2 倍強の見積もりとなるが，ごく初期の値の 20% に過ぎず，小さな寄与しかない．

表 21.5 で最も不確かなのは放射能である．2.8 節の化学的議論に従い，あるとすれば ^{40}K による放射能を考えるが，それが 0 である可能性も考慮する．表では，それをパラメーター A，現在の熱排出量 (単位は TW)，によって表す．その他の項については，時間 τ にわたる積分値として単位が 10^{28} J となるように数値が与えられている．ここでは 2 つのモデル，$A = 0.2\,\mathrm{TW}$ と $A = 0$ を考える．

表 21.5 のうち主要な熱損失の項目は，コア上端での伝導による熱流量 $54.0\tau/\tau_E$ である．熱伝導率 $28.3\,\mathrm{W\,m^{-1}\,K^{-1}}$ (19.6 節) および断熱的温度勾配 (式 (19.55) と (19.56)) を仮定すれば，時間 τ の間に $3.79 \times 10^{12}\,\mathrm{W}$ となる．コアのエネルギーバランスおよび放射能の必要性は，この損失熱量，したがって熱伝導率に強く依存する．多くの議論はより高い値を仮定している．問題の性質は，次のような記述によって見通される．内核が地球史のほとんどの間存在していたとする場合 ($\tau \approx \tau_E$)，表 21.5 の Q 列の熱源と損失熱は，放射性発熱，冷蔵作用，あるいはその両者を伴うときのみにつり合う．冷蔵作用はダイナモ作用に使われるはずの対流のエネルギーを消費する (表の E 列の $-fQ_R$) ので，限度がある．効率係数 f を決定するにはコア熱流量の半径方向の変化を知る必要がある．

放射性発熱を含む場合と含まない場合の 2 つのモデルについて，コア内部での熱流量が図 21.3 に示されている．伝導による熱流量は深さとともに急激に減少するが，これは主に断熱温度勾配が減少するためである (式 (19.55))．ある半径を通る総熱流量はその内側に由来する熱であり，伝導による熱流量よりも半径依存性が小さい．これは内核固

21.4 コア (核) のエネルギーバランス

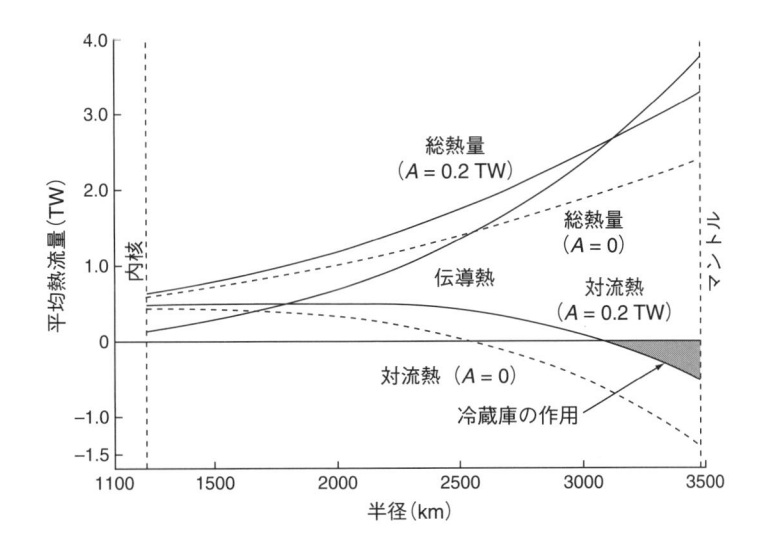

図 21.3 2 つのモデルに関する地球史を通しての平均コア熱流量の半径方向の変化. 2 つのモデルとも内核は初期地球から形成され始めたと仮定している. 伝導による熱流量は, 上端での $28.3\,\mathrm{W\,m^{-1}\,K^{-1}}$ から外核底部での $29.3\,\mathrm{W\,m^{-1}\,K^{-1}}$ まで変化する熱伝導率を仮定して計算されており, 最上部ではどちらのモデルも図示されている総熱流量を上回る. その差は, 対流による熱流量として図示されており, 負値の部分は組成対流による冷蔵作用で持ち帰られることを意味している. 現在の $^{40}\mathrm{K}$ による放射性発熱量が 0.2 TW のモデル ($A = 0.2$ モデル) は実線で, 放射性発熱なしのモデルは破線で示されている.

化の潜熱および断熱勾配を保つために深部ほど早く冷えるためである. 図から, 核の深部では総熱流量は伝導による熱流量を優に上回るが, 外側では 2 つのモデルのいずれも伝導が上回ることがわかる. 対流による熱流量は上端で負値となり (図 21.3 の $A = 0.2$ モデルにおける影付きの部分), そこでは断熱温度勾配は対流の反転, すなわち 22.8 節でその仕組を説明した冷蔵作用によって支えられなくてはならない. 必要な冷蔵力は, 持ち込まれる熱量と作用が及ぶ温度幅によって決まる効率 f の積である. f はカルノー・サイクルの熱効率であり, 対流が上向きであったときに同じ熱量が生み出す動力である. $A = 0.2$ のモデルでは, $f = 0.043$ となる. $A = 0$ のモデルでは, より多くの熱が下向きに運ばれなくてはならないばかりでなく, 深さおよび温度幅も大きくなり, $f = 0.091$ となる. これらの値を用いて冷蔵作用が起こっても活発なダイナモ作用のための十分な対流エネルギーが残るかどうかを検証することができる.

表 21.5 の Q 列における発熱と失熱はバランスしなくてはならない. A を TW で表し, 他の数値もこれに合わせることですべての項が表にあるとおり, 10^{28} J の単位で表現され,

$$34.14 + 5.69 A\left[\exp\left(2.5\frac{\tau}{\tau_{\mathrm{E}}}\right) - 1\right] = 53.8\frac{\tau}{\tau_{\mathrm{E}}} - Q_{\mathrm{R}} \tag{21.21}$$

ここで E 列の記述項目が必要となる. これらは対流のエネルギーであり, 21.7 節で議論されたように熱力学的効率を介して Q 列の対応項目と関連づけられる. E 列の全項目の総和 E_{D} は, ダイナモに利用可能なエネルギーである.

しかしダイナモ自身がオーム散逸によって発熱する. それがコア全体に均質に分布すると仮定すると, ダイナモを生むために 0.122 の効率を割り振る. これは, 散逸発熱を熱源として扱うのではなく, ダイナモに利用可能なエネルギーを E_{D} ではなく, $(1 - 0.122)E_{\mathrm{D}}$ とすることを意味する. そこで, 前と同様に 10^{28} J の単位を用いて,

$$0.878 E_{\mathrm{D}} = 9.72 + 0.723 A\left[\exp\left(2.5\frac{\tau}{\tau_{\mathrm{E}}}\right) - 1\right]$$
$$- 6.23\frac{\tau}{\tau_{\mathrm{E}}} - f Q_{\mathrm{R}} \tag{21.22}$$

式 (21.21) から Q_{R} を代入すると, A, τ および f

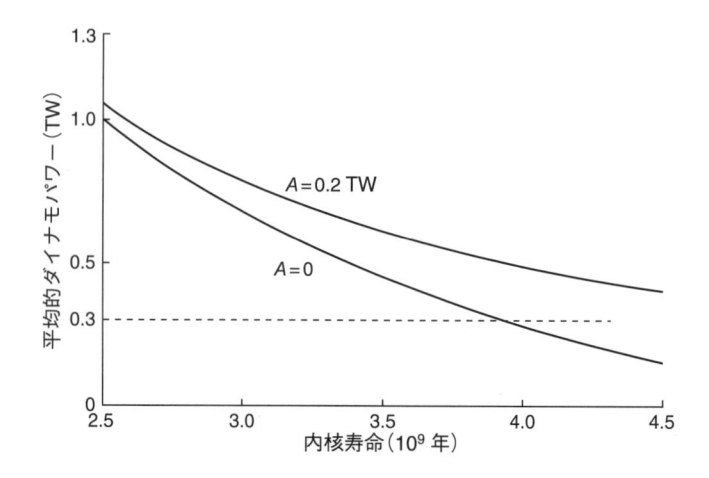

図 21.4 内核の存在時間 τ での平均的なダイナモ動力．τ の関数として，^{40}K に由来する現在の 0.2 TW の放射性発熱を伴うモデルと伴わないモデル ($A=0$) が図示されている．破線は現在の地球磁場の強度に必要なパワーを示す．

に関するダイナモ動力の表現を得る．2 つのモデル ($A=0$, $f=0.091$) と ($A=0.2$, $f=0.043$) について，

$$A = 0 : E_\mathrm{D} = 14.61 - 12.67\tau/\tau_\mathrm{E} \tag{21.23}$$

$$A = 0.2 : E_\mathrm{D} = 12.66 - 9.73\frac{\tau}{\tau_\mathrm{E}} + 0.2204\left[\exp\left(2.5\frac{\tau}{\tau_\mathrm{E}}\right) - 1\right] \tag{21.24}$$

E_D を τ で割ると，内核の存在時間 τ での平均的なダイナモ動力を得る．図 21.4 は，それぞれのモデルを τ の関数として示す．図中の破線は 24.7 節で見積もられるダイナモ動力，0.3 TW である．21.7 と 23.5 節のコア熱流量とダイナモ動力の時間変化とは違い，この図は内核の存在時間 τ での平均値を示しており，時間変化ではないことに注意されたい．この図の重要な結論は，コア上端での熱伝導率 $\kappa = 28.3\,\mathrm{W\,m^{-1}\,K^{-1}}$ および深さとともにそれがほとんど変化しないと仮定すると，放射性発熱ありとなしのモデルで大きな違いを生むということである．

熱伝導率がより低ければ放射能を考える必要はないが，より高ければ放射能を考えざるをえない．熱伝導率 κ の不確かさが，Nimmo ら (2004) によって検討されたように，コアの物理にかかわる現在の論争を引き起こす中心的な問題点である．

21.5　エネルギー収支の副次的な構成要素

'副次的な構成要素' とは，地球物理学的に興味深いかもしれず，表 21.4 に含まれているが，しかし主要な要素の不確かさよりも小さく，この章の他の部分では議論されないものをさす．ここでは潮汐摩擦とマントルの分化の 2 つを考える．その他に考えられる要素，たとえば宇宙ニュートリノの吸収などは重要ではない．

潮汐エネルギーの散逸は，月の軌道エネルギーを若干増加させうるが，8.3 節で計算されたように自転の減速から 3.7×10^{12} W である．この大部分は海洋潮汐によるものであり，固体地球にとっては重要ではない．地球内部での散逸は地球潮汐の弾性ひずみエネルギーから見積もることができ，その一部，$2\pi/Q_\mathrm{S}$ が潮汐サイクルあたりに非弾性効果によって失われる．ここでは Ray ら (2001) によって得られた潮汐周波数帯でのマントルのせん断変形に対応する値 $Q_\mathrm{S} = 280$ を用いる．この値は，衛星による地球の全潮汐変形の観測 (重力への影響を通して推定される) と高度計による海洋表面の変形データを合わせて得られる．大きな効果の間の差としてのわずかな効果を測定しているのではあるが，25% の精度が謳われている．彼らの Q_S 値は，地震周波数帯からの外挿値よりも高いよう

に見えるが,これが唯一の直接観測である.ラブ数 h (8.2節) から見積もる固体地球の潮汐ひずみは,剛性率 $\mu = 176\,\text{GPa}$ として,マントルの体積 V にわたる平均をとると,$\varepsilon = 5 \times 10^{-8}$ となり,したがってひずみエネルギーは $1/2\mu\varepsilon^2 V = 2 \times 10^{17}\,\text{J}$ となる.

このエネルギーの一部が散逸するが,$Q_S = 280$ として,潮汐一周期 (12.4時間または44700秒) に2.25%であり,$1.0 \times 10^{11}\,\text{W}$ となる.これは,総潮汐散逸の約2.7%にあたるが,今日の地球の熱的状態にはほとんど影響はない.しかし,月が近くにあり,速く自転していた初期地球においては,$10^{12}\,\text{W}$ を超えていた可能性がある.

地殻はマントルから分離した軽い分化物であり,形成過程において重力エネルギーを解放する.いま,連続的にマントルに還元・循環する海洋地殻は考えず,徐々に成長する大陸地殻だけを考えよう.大陸地殻の体積は,$V = 8 \times 10^{18}\,\text{m}^3$ であり,その下に位置するマントルよりも軽く,平均密度差は $\Delta\rho = 470\,\text{kg m}^{-3}$,したがって $V\Delta\rho = 3.8 \times 10^{21}\,\text{kg}$ である.この質量の動きに対応する平均的な重力ポテンシャルの見積もりは,地殻物質が全マントルから均質に抽出されたと考えるか,あるいは上部マントルだけからと考えるかに依存する.上部マントルはよりその影響を受けたと考えられるので,両方の場合を評価し,折衷案を考える.地球の密度断面は,ほぼ一定の重力加速度 $g \approx 10\,\text{m s}^{-2}$ をマントルのすべての深さで与えることになり (付録F),これは計算にとって都合がよい.半径 r の位置では,$g = Gm(r)/r^2$ であり,その内側の質量は,

$$m(r) = (g/G)r^2 \qquad (21.25)$$

ここで,$G = 6.67 \times 10^{-11}\,\text{m}^3\text{kg}^{-1}\text{s}^{-2}$ は万有引力定数であり,ここでの仮定にもとづけば,(g/G) は定数となる.半径 r_1 と表面 (半径 r_2) の間の平均的な重力ポテンシャルの差は,この範囲の質量分布に従って重みづけされ,簡単に計算することができる.式 (21.23) により,r から $r + dr$ の範囲の質量は,半径 r_1 と r_2 の間の質量 M の分率として,

$$dm/M = 2r\,dr/(r_2^2 - r_1^2) \qquad (21.26)$$

表面に対する重力ポテンシャルは,$g(r_2 - r)$ であるので,r から $r + dr$ の範囲の質量から均質に $V\Delta\rho$ を分離することにより解放される重力エネルギーは,

$$\begin{aligned} E &= \frac{V\Delta\rho g}{(r_2^2 - r_1^2)} \int_{r_1}^{r_2} (r_2 - r) r\,dr \\ &= V\Delta\rho g \left[\frac{r_2}{3} - \frac{2r_1^2}{3(r_1 + r_2)}\right] \qquad (21.27) \end{aligned}$$

全マントルからと上部マントルからの分離の2つのケースについて,このエネルギーはそれぞれ $4.9 \times 10^{28}\,\text{J}$,$1.2 \times 10^{28}\,\text{J}$ となる.

大陸地殻の付加成長は対流の結果であり,過去には現在よりも速く起こっていた.付加成長の速さは,23章で計算されるように,対流による熱輸送に比例すると仮定し,また現在は地球史を通しての平均値の半分の速さであると仮定する.この場合,2つのケースについて,現在のエネルギー解放率は $1.7 \times 10^{11}\,\text{W}$ および $4.3 \times 10^{10}\,\text{W}$ となる.おそらく D'' に沈積する高密度の分化物のエネルギーも付け加えるべきであろうが,定量的な見積もりがないため,小さいと仮定する.表21.1と表21.4には,これら2つの見積もりのおよその平均を示す.

22
対流の熱力学

22.1 まえおき

固体地球から大気と海洋への熱損失率については良い測定があり，44.2×10^{12} W である (Pollack ら，1993)．最後の段階は地殻を通しての伝導や若い海洋底での海水の熱水循環として観測されるが，熱の大部分は深部に由来する．地球サイズの天体における熱拡散はたいへん遅く，その寿命の間に下部マントルを顕著に冷やすことはできない．深部の熱は，熱膨張による浮力で上昇する熱い物質によって上向きに輸送され，冷たい物質が沈んでそれを置き換える．地球規模での運動があることは，大陸移動や地震，その副作用としての火山活動を含む表層のテクトニックな活動によって明らかである．13 章では，このプロセスに関与する応力を考え，それらを対流に由来する力学エネルギーと関連づけた．エネルギーの計算はこの章で提示される．それは古典熱力学の応用である．

対流の力学的パワーは，熱輸送と熱効率の積であり，効率は 2 通りの方法で計算することができる．第 1 に，マントルは古典熱力学での熱機関に相当し，カルノーの定理をあてはめ，どんな力が関与しているかを明示的に考慮することなく対流の力学的動力を導くことができる．そのうえで，13 章で概要が示されているように，その結果をより直接的に対流の駆動力と関連づける．対流セルの上昇・下降する部分にはたらく浮力から効率を計算することにより，関連づけがなされる．2 つの計算は相補的である．力学的モデルはどのように対流のパワーが生み出されるかを示すばかりでなく，その効率がその高熱源と低熱源の間の断熱的温度比にわたってはたらくカルノー・サイクルの効率であることを示す．これは完全に一般的な結果であることを指摘しておく．われわれが算定するのは，単に生み出されるかもしれないというものではなく，必ずそれだけ生み出されるというパワーを計算し，また原理的にそれ以上のパワーはありえないことを示す．これは基本的な理論であり，テクトニクスの議論は必ずそれにもとづかなくてはならないのと同時に，マントルの熱史についての重要な考察ともなる．

まず，原理がわかりやすいように物理的制約をかけ，特殊な限定された形式で熱力学的法則を提示し，次いでその制約を取り去っても結論に影響がないことを示す．断熱温度勾配をもった均質な層を考える．19.5 節で指摘されたように，そのような層は浮力に中立であり，対流を起こすにはより急な勾配が必要であるが，層の底面で物質塊が微少量の熱を受け取り，それを持ち上げて上面で排出するとしよう．受け取る熱量を微少とすることで，物質塊への伝導による熱の出入りという熱力学的不可逆過程を無視し等温過程としてあつかうことができる．そこで物質塊をもとの場所と温度に戻せば，2 本の断熱曲線と 2 本の等温曲線の間でカルノー・サイクルを循環させることになる．実際，物質塊とそれが戻ることで置き換える物質は同等であるので，戻りの経路はどうしても必要というわけではない．循環によって発生する力学的エネルギー W，すなわち，P–V 図におけるループの面積は，熱流入量 Q_1 に熱効率 η を掛けたものと等しくなり，

$$\eta = \frac{W}{Q_1} = \frac{T_1 - T_2}{T_1} = 1 - \frac{T_2}{T_1} \qquad (22.1)$$

ここで T_1 と T_2 は層底面の高熱源と上面の低熱源の温度 (それぞれ平衡温度と仮定) である．加える温度増加を無限小に抑えることで媒体の温度は正確に断熱的となり，式 (22.1) で与えられる理想的なカルノー効率を当てはめることができる．以下の節では，任意の温度増加と勾配に対して，どのように一般化されるかを示す．

22.2 熱効率，浮力と対流の動力

エネルギーの保存 (熱力学第 1 法則) は，低熱源への排熱は，

$$Q_2 = Q_1 - W \quad (22.2)$$

であることを意味し，式 (22.1) は，あまりなじみのない形式，

$$\eta' = \frac{W}{Q_2} = \frac{T_1 - T_2}{T_2} = \frac{T_1}{T_2} - 1 = \frac{\eta}{1-\eta} \quad (22.3)$$

と書くことができる．高熱源からの給熱量を基準とする慣習的な η ではなく，低熱源への排熱量を基準とする η' を求めるのは，地球で観測されるのが，地表における排熱量だからである．生成される動力はマントルの変形すなわち加熱に消費され，その結果，もと同様に分布するとは限らないが高熱源に戻され，正味の熱流入量を Q_2 にまで減じる．熱効率に現れるのは，高熱源と低熱源の温度差ではなく，その比であることに注意が必要である．

この回路を，図 22.1 にあるように，隣り合う無限のカルノーサイクルに拡張する．圧力 P_1 と P_2 の部分では有限の温度変化を伴い，等温過程とはみなせないが，P_1 でのそれぞれの点は断熱的に P_2 の点に関連し，全循環のその区間に対応する効率を与える．これは温度比で与えられ，式 (19.19) で計算されるが，積分すると，

$$\ln\left(\frac{T_1}{T_2}\right) = \int_{P_2}^{P_1} \frac{\gamma}{K_S} dP = \int_{\rho_2}^{\rho_1} \frac{\gamma}{\rho} d\rho \quad (22.4)$$

となる．一般に，γ と K_S は温度依存性があり，これらの構成要素における効率はすべて等しくはないが，物性の温度変化は，とくに高圧ではかなり小さく，全循環について平均的効率を計算することは難しくない．図 22.1 における B と F (ある

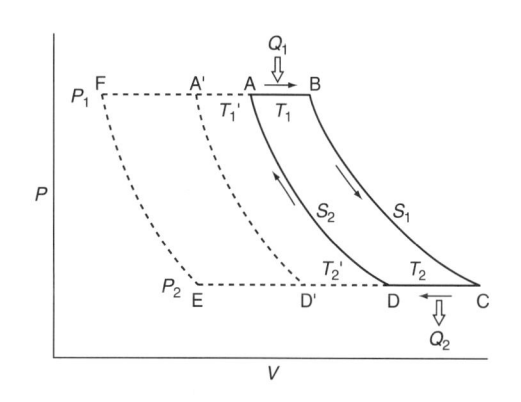

図 22.1 圧力 P_1 と P_2 の間の熱力学的な循環．実線の循環は無限小の幅，区間 AB での無限小の熱供給量 Q_1，区間 CD での無限小の Q_2 を表す．したがって，これらの区間の温度変化は無限小であり，等温過程とみなせる．他の 2 つの区間はエントロピー S_1 と S_2 での断熱曲線であり，ABCDA の循環がカルノー・サイクルをなす．隣り合うサイクル A'ADD'A が加えられると，区間 DA は相殺するが，温度 T_1' と T_2' は，温度 T_1 と T_2 と同じに扱うことはできない．しかし，それらは，T_1 と T_2 の関係と同様に，お互いに断熱的な関係にある．このため，循環を EF まで，有限の温度変化を伴う区間 FB と CE を含むように拡張することができるが，FB 上の各点は，同じ圧力差をもって CD 上の各点と断熱的に対応づけられる．1 サイクル中の力学的仕事は，P–V 図上の循環の面積である．

いは C と E) の間の大きな温度差でさえ，この効率の議論があてはまる．もちろん，区間 FB で媒体へ熱を供給するにはさらに高温の熱源が必要であり，区間 CE で熱を取り出すにはより低温の熱源が必要には違いないが，これらの過剰な温度差自身は，対流のサイクルに何の貢献もしない．それらは単に熱拡散を駆動するだけであり，熱力学的に不可逆で，計算される動力や効率には影響しない．対流の動力は断熱的な温度の比によって決まり，比が大きいと対流が駆動される．

いま，図 22.1 における区間 BC と DA が断熱的である必要があるかどうかを検討しよう．その必要がないなら，これらの区間において熱が出入りしうる．サイクルの 1 つの区間からもう 1 つの区間に熱がもれるのであれば，それは単に熱源に戻るということであり，熱輸送にも対流の駆動力にも寄与しない．もし熱がサイクルに関連しない部分にもれるのであれば，閉じた循環とはならず，

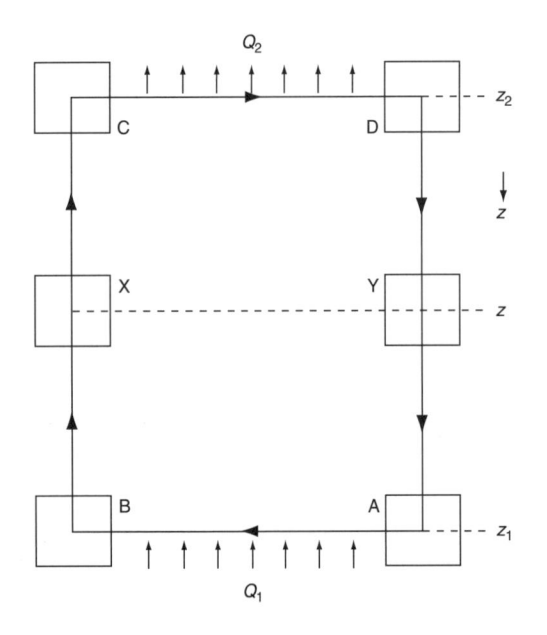

図 22.2 対流サイクルにおける物質要素の物理的経路.

付加的な物質をエネルギーバランスに持ち込まなくてはならない. 必然的に，高熱源からの熱 (低熱源からの冷たさと等価) はサイクルを部分的にしか回らない. しかし，温度構造に時間変化がないとすれば，熱の一部が固有の熱効率をもつ短くなったサイクルに関与するということを意味するにすぎない. このことはマントル対流に直接関連し，上向きに輸送される熱ではなく，沈み込むスラブによって下向きに運ばれる冷たさに関して対流を記述するのに都合がよい. 熱源の一様分布という仮定は，沈み込む冷たさが全部対流の底部にもたらされるのではなく，マントル全体に分散されるということに対応する.

次に，地球内部の対流の駆動力に，よりはっきりと関連する力学モデルについて考察する. 図 22.2 におけるサイクル ABCDA は，深さ z_1 と z_2 の間の質量 m がたどる物理的経路であり，図 22.1 に実線で示される基本サイクルに相当する. 経路の区間 AB では，熱量 Q_1 を吸収 (あるいは自身の放射能によって発熱) し，温度が T_A から T_B に上昇して，

$$Q_1 = mC_{P1}(T_A - T_B) \tag{22.5}$$

以前と同様に，初期には，$(T_B - T_A)$ が無限小であることを仮定するが，周囲の媒体が任意の温度断面をもつことを許す. 無限小の温度上昇の仮定は，物性，すなわち，定圧熱容量 C_P，体積膨張率 α，およびグリュナイゼン・パラメーター γ が，圧力とともに変化しても良いが，微少温度変化には依存しないことを意味する. 次いで質量要素は B から C に上昇し，温度 T_C にまで冷却するが，ここでもう 1 つ後で取り除く仮定，すなわち区間 BC が断熱的であるという仮定をおく. 区間 CD では熱を失い，温度 T_D にまで冷却され，区間 DA で断熱的に再度圧縮されて温度 T_A に戻るようにする.

図 22.2 における任意の深さ z，位置 X および Y における浮力は，

$$F_X = mg\alpha(T_X - T) \tag{22.6}$$

$$F_Y = mg\alpha(T_Y - T) \tag{22.7}$$

ここで g は重力加速度，周囲の温度 T は X と Y で同じと仮定する. そうすると，水平な区間 AB および CD では力学的仕事は行わないので，全サイクルにわたって浮力のなす正味の仕事量は，

$$W = \int_{z_2}^{z_1}(F_X - F_Y)\,\mathrm{d}z = m\int g\alpha(T_X - T_Y)\,\mathrm{d}z \tag{22.8}$$

この結果は T に依存せず，また対流が X における上昇によって駆動されたと考えるのか，Y における沈み込みによって駆動されたと考えるのかは同等である. 区間 BC と DA は断熱曲線であるので，それぞれの区間のある点どうしの間のエントロピー差，ΔS は同じである. したがって，

$$\Delta S = \int \frac{\mathrm{d}Q}{T} = \int_{T_A}^{T_B}\frac{mC_{P1}}{T}\mathrm{d}T = \int_{T_Y}^{T_X}\frac{mC_P}{T}\mathrm{d}T$$

$$= \int_{T_D}^{T_C}\frac{mC_{P2}}{T}\mathrm{d}T \tag{22.9}$$

となり，無限小の温度差という仮定にもとづけば，

$$\Delta S = mC_P \ln(T_X/T_Y) \approx mC_P(T_X/T_Y - 1)$$
$$= mC_P \ln(T_A/T_B) \approx mC_P(T_A/T_B - 1)$$
$$= Q_1/T_A \tag{22.10}$$

この結果を用いて式 (22.8) 中の $(T_X - T_Y)$ を置き換えれば，

$$W = \frac{Q_1}{T_A}\int_{z_2}^{z_1}\frac{g\alpha T_Y}{C_P}\mathrm{d}z = \frac{Q_1}{T_A}\int_{z_2}^{z_1}\frac{\gamma\rho g T_Y}{K_S}\mathrm{d}z \tag{22.11}$$

式 (22.11) における被積分関数は断熱温度勾配であり (式 (19.55) と (19.56) を参照), したがって式 (22.11) を, 22.1 節の結論と一致する形式で書くことができる.

$$\begin{aligned} W &= Q_1 \frac{T_A - T_D}{T_A} = Q_1 \left(1 - \frac{T_D}{T_A}\right) \\ &= Q_1 \left[1 - \exp\left(\int_{\rho_1}^{\rho_2} \gamma \frac{d\rho}{\rho}\right)\right] \\ &\approx Q_1 \left[1 - \left(\frac{\rho_2}{\rho_1}\right)^{\gamma}\right] \end{aligned} \quad (22.12)$$

効率 $\eta = W/Q_1$ は密度変化とグリュナイゼン・パラメーターだけがわかれば計算され, 温度を知る必要はない. η は高熱源と低熱源の断熱的温度の比だけに依存する. これは式 (22.4) で与えられ, 熱物性に温度依存性がないかぎり, 実温度に依存しない.

すでに述べたとおり, 無限小の温度増加の仮定は, 無限小ずつずらした多数のサイクルを考え, いかなる温度範囲にもわたる平均効率をとって物性の温度変化をゆるすことで取り除かれる. 区間 BC あるいは DA が, 熱のもれ, あるいは周囲からの流入によって断熱曲線から離れるなら, 閉じた系を保つためにもっと複雑なサイクルにおいて付加的な物質を含める必要があるが, もし熱が X から Y にもれる場合には, 単に A での熱源に還元されるだけであり, 何ら寄与はない. 対流サイクルの上昇および下降区間は断熱的である必要はない. 重要な結論は, 対流の熱効率, すなわち対流による熱輸送に対する生成される力学的動力の比は, 高熱源と低熱源の断熱的温度比に対応するカルノー効率である, ということである. 対流が起こるには過剰な温度勾配が必要であるが, それらはさらなる動力を生むわけではない. それらは, 伝導という熱力学的な不可逆過程を駆動し, それによって熱が対流媒体に流入あるいは流出する. このことは数値計算を単純化する. なぜなら, 付録 G にある熱物性だけが必要となり, 絶対温度は必要ないからである. しかし, 数値計算結果を議論する前に, 次節で相変化がもたらす複雑性について議論を行う.

22.3 相変化を通過する対流

深さ 200 km と 700 km の間では, 鉱物の相転移が対流を複雑なものとするが, どのように複雑化するかについては多くの議論がなされてきた. 相転移はクラウジウス–クラペイロンの式に従い, 19.4 節 (式 (19.40)) ではその特殊な場合である溶融について考察がなされたが, きわめて一般的な現象である. ここでは, マントル鉱物について, その結晶構造が深部でより高圧に適合していくような固相–固相の相転移に応用する. ここでは圧力変化に伴う相転移の温度, T_C の変化を, クラウジウス–クラペイロンの式によって体積とエントロピーについて記述する.

$$\frac{dT_C}{dP} = \frac{\Delta V}{\Delta S} \quad (22.13)$$

ル・シャトリエの法則に従い, 圧力増加によって引き起こされるいかなる相転移も, 体積変化, ΔV は負となるが, エントロピー変化, ΔS はいずれの符号もとりえて, 実際マントル鉱物では正負の両方の値が観察される. もし ΔS が正, すなわちより高圧型の結晶がより高いエントロピーをもつなら, 高圧型への転移に際して熱を吸収する. この転移は吸熱性であるとよばれ, もし外部から熱が供給されない場合には鉱物の温度は下がる. マントルの深さ 660 km における相変化は吸熱性の相転移である. 逆に, ΔS が負のとき, 深さ 220 km および 410 km で起こっているような発熱性の相転移となる.

もし断熱的に対流しながら相変化を起こし, 熱力学的不可逆過程や温度変化に起因する熱拡散を伴わなければ, 式 (22.1) と (22.12) があてはまり, $(T_1 - T_2)$ あるいは $(T_A - T_D)$ が温度増加あるいは低下を含むことになる. 発熱性の相転移は高熱源と低熱源の断熱的な温度比を増加させ, 対流の熱効率を増す. 一方, 吸熱性の相転移は温度比と熱効率を低下させる. 660 km の相転移はとくに注目を集めたが, それは全マントル対流を抑える効果があるからである. また, 完全な熱力学的可逆性および熱拡散を無視するという仮定は非現実的

表 22.1 マントル相転移 (かんらん石組成) の特徴

深さ (km)	220	410	660
$\Delta \rho$ (kg m^{-3})	212	94	301
ΔS (J K^{-1} kg^{-1})	-40	-35	$+49$
ΔT (K) (式 (22.14))	$+61$	$+54$	-79
dT_C/dP (K MPa^{-1})	$+0.44$	$+0.21$	-0.36
$\delta z/\delta T$ (m K^{-1}) (式 (22.15))	$+69$	$+135$	-70
σ (MPa) ($\delta T = 200$ K)			39
Δz (km) (式 (22.24))	-4.3	-7.6	$+5.4$
v (臨界)(cm/年) (式 (22.29))	1.47	0.83	1.17

であり,それらの不可逆的効果はすべて,吸熱にせよ発熱性にせよ,あらゆる相転移に対して熱効率を低下させることになる.このような状況での熱拡散の効果は 22.5 節で議論される.

表 22.1 はこの相転移に関して考慮しなくてはならない数値データを示す.計算に必要な深さと絶対密度,および体積弾性率は PREM から引用しているが,密度増分,$\Delta \rho$,は PREM の値とは一致せず,エントロピー増分 ΔS とともに鉱物学的なデータから見積もられている.他の熱物性は付録 G から引用されている.ΔT は,ΔS に対応する温度増分であり,

$$\Delta T = T \Delta S / C_P \tag{22.14}$$

これは概念上の量であり,直接観察可能ではないが,式 (22.12) における断熱的温度差 $(T_A - T_D)$ に付け加わるあるいは差し引かれるという点で重要である.マントルの断熱的温度差 (およそ 1100 K) に対する相対的な大きさは,対流により生み出される全力学的エネルギーに対する相変化の重要性の尺度となる (5〜8%,表 22.1 を参照).しかし,全エネルギーは局所的に何が起こるかは決めない.吸熱性の 660 km での相転移 (ΔT が負である) の場合には,相転移が対流が通り抜けることを阻害するはたらきがあるため,何が起こるか,その詳細はたいへんに興味深い.

表 22.1 には,式 (22.13) で与えられるクラペイロン勾配 dT_C/dP もリストされている.この値から,"過剰量",δz,すなわち,上昇流と下降流での温度差 δT に起因する相転移の起こる深さの差を得る.表中では,温度差 1 K に対する過剰応答の深さとして与えられており,

$$\frac{\delta z}{\delta T} = \frac{1}{\rho} g \, dT_C/dP \tag{22.15}$$

Bina と Helffrich (1994) は,この効果に起因するマントルの相境界の形状を議論した.沈み込む物質については,それが冷たく高密度であるために沈むのであるから,δT は負であり,dT_C/dP が負である 660 km の相境界は 1 K について 70 m 押し下げられる.これは,沈み込むスラブが平均 200 K 周囲よりも冷たければ,14 km に相当する.より低密度な物質を高密度な物質の中に押し込み (あるいは引っ張り込み),沈み込みとは反対方向にはたらく断面積あたり $(g \delta z \Delta \rho)$ の浮力を生む.応力を見積もるには,熱収縮による単位断面積あたりの力 $g(\alpha \rho \delta T) \delta z$ を差し引かなくてはならない.ここで,α は体積膨張係数である.したがって,温度差 δT についての,スラブの単位断面積あたりの正味の力は,

$$\sigma = \frac{\delta T}{(dT_C/dP)} \left(\frac{\Delta \rho}{\rho} - \alpha \delta T \right) \tag{22.16}$$

ここで,$\Delta \rho$ は相転移による密度増加である.式 (22.16) の第 2 項は温度低下 δT の平方根に依存することに留意されたい.これは,温度収縮と押し込む深度のそれぞれが δT に比例するからである.しかし,ありそうな δT の値に大しては,最初の項が支配的である.

式 (22.16) により計算される σ を仮想的な応力とよぶことができる.それは,吸熱性相転移を沈み込みが通り抜ける際に生じる応力の粗い見積もりであるが,実際の応力は幾何学的要素にもより,とくに深さの過剰分に対するスラブの厚さに依存する.沈み込む物質の初期の最大温度不足量が 〜1000 K,平均 500 K である場合,周囲のマントルからの熱

拡散は，$\delta T \approx 200\,\mathrm{K}$ であるようなより厚いスラブを生む．$\delta T = 200\,\mathrm{K}$ に対応する $660\,\mathrm{km}$ 相転移に伴う応力 σ は，表 22.1 で与えられている．沈み込む物質が 100% かんらん石組成であると仮定すると，おそらく過大評価であるとはいえ，この応力値は 13.2 節で見積もった平均的なテクトニクな応力をしのぐ．したがって，この転移を通る沈み込みは，力学的な問題を生む．12 章では，スラブの水平な折れ曲がりと境界付近での沈み込んだ物質の沈積に関する地震学的な証拠について述べられているが，いくつかのスラブはまっすぐ突き抜けているようにみえる．数値計算 (たとえば，Solheim と Peltier, 1994; Tackley ら, 1994) は沈積した物質は，少し遅れて下部マントルになだれ落ちることを提案している．

22.4 マントル対流の熱効率とテクトニクスの動力

力学的な動力 $\dot{E}$ は，圧力 P_1 における高熱源から，圧力 P_2 における低熱源への対流の熱量 $\dot{Q}$ によって生み出され，式 (22.11) を書き直すことによって，より一般的な形式で与えられる．

$$\begin{aligned}\dot{E} &= \dot{Q}\int_{P_2}^{P_1}\left(\frac{\partial \ln T}{\partial P}\right)_S dP \\ &= \dot{Q}\int_{P_2}^{P_1}\left(\frac{\gamma}{K_S}\right)_S dP \end{aligned} \quad (22.17)$$

この式を，熱源の分布からテクトニクスの動力を計算するために用いる．温度を知る必要はなく，物性について断熱的な比が表現されていればよい．相平衡を含めるためには，表 22.1 にある相変化のエントロピーに従って断熱温度断面に不連続を導入すればよい．

$$\Delta T/T = \Delta \ln T = -\Delta S/C_P \quad (22.18)$$

この計算結果を表すにはいくつかの方法がある．式 (22.17) により，2 つの深度の間の対流による熱輸送の効率を直接計算すると，単純に $\eta = \dot{E}/\dot{Q}$ となり，これは基本的な結果である．図 22.3 は，この効率を地表にいたるまでの熱の対流について示したものであり，それが由来する深さからの関数となっている．2 つの深度の間の輸送に対応する効率は，2 つの深さでの値の差である．計算は対流の熱輸送がリソスフェアの底でとまり，リソスフェアから表面までの失熱は伝導によって起こり，テクトニックな動力には寄与しないことを仮定している．

動力計算は熱源の分布についての仮定を要する．このために，放射性発熱と正味の冷却は少し異なった扱いをする．放射性発熱は均質に分布すると仮定し，そうすると単位体積あたりの発熱量 $\dot{q}_R$ は密度に比例し，

$$\dot{q}_R = \dot{Q}_R \rho/M_M = 5\times 10^{-12}\,\mathrm{W\,kg^{-1}}\times \rho \quad (22.19)$$

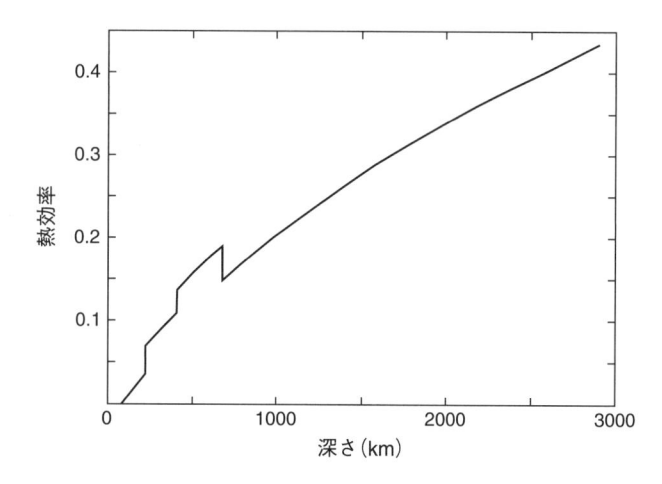

図 22.3 マントル中の深さ z の地点から地表までの対流による熱輸送の熱効率．z の関数として表されており，相変化の不可逆性を無視している．

21章で選択されたモデルにより，マントルでの総放射性発熱量は $\dot{Q}_R = 20 \times 10^{12}$ W，質量は $M_M = 4 \times 10^{24}$ kg である．冷却による失熱量は温度に比例するが，それは断熱温度勾配を仮定し，温度は低下しても一定の比をもつからである．このことは，実効熱容量の計算 (21.3 節) と同様に，温度 T における単位体積あたりの熱損失率は，ポテンシャル温度 T_p の変化率から求められ，

$$\dot{q}_C = 1.195 \rho C_P \frac{T}{T_p} \frac{dT_p}{dt} \tag{22.20}$$

係数 1.195 は式 (21.7) と (21.5) の比であり，実効熱容量に対する重力の寄与に起因する．温度比については，式 (22.17) と同様に断熱的な比を用い，

$$\frac{T}{T_p} = \exp\left[\int_0^P \left(\frac{\gamma}{K_S}\right) dP\right] \tag{22.21}$$

冷却速度は，

$$-\frac{dT_p}{dt} = \frac{\dot{Q} - \dot{Q}_R}{\phi_m} = 1.69 \times 10^{-15} \text{ K s}^{-1}$$
$$= 53 \text{ K}/10^9 \text{年} \tag{22.22}$$

ここで，$\dot{Q} = 32.5 \times 10^{12}$ W は対流による総損失熱量，$\dot{Q}_R = 20 \times 10^{12}$ W は 23.4 節と同様にわれわれのモデルの放射性発熱量，そして $\phi_m = 7.4 \times 10^{27}$ J K^{-1} (式 (21.7)) である．ある深さを通る熱流量は，$(\dot{q}_R + \dot{q}_C)$ をその深さ以深の体積について積分したものとなる．

式 (22.17) の積分はマントル対流の全動力を与える．すべての熱が対流で運ばれると仮定すると，$\dot{E} = 8.03 \times 10^{12}$ W となる．値は小さいものの，伝導による熱輸送がゼロではないために補正が必要である．それぞれの深さで，伝導による熱流が対流によって運ばれたとした場合の動力を計算し，これを全マントルにわたって積分すると，伝導による力学的動力の損失は 0.3×10^{12} W となる．これを，伝導を無視して見積もった動力から差し引くと，正味の対流の (テクトニックな) 動力は 7.7×10^{12} W となる．この動力はマントル中で均質に生み出されるわけではない．その分布は，径 Δr の範囲についての熱効率の増分をとることで計算されるが，式 (22.1) を微分して $d\eta = d \ln T$ となるので，

$$(d\eta/dr)\Delta r = (\partial \ln T/\partial P)_S (dP/dr) \Delta r$$
$$= (\gamma \rho g/K_S) \Delta r \tag{22.23}$$

であり，さらにその径を通る熱流量を掛ける．図 22.4 はこうして計算した結果を単位体積あたりの動力生成率として示している．重要な特徴は，深さとともに動力生成率が全体的に減少していく点である．これは，どの深さにおいても動力生成率が熱流量に比例し，また深部の熱すべてが浅い層を対流していくからである．対流の動力の生成率と散逸率の間に正確な対応関係はないかもしれ

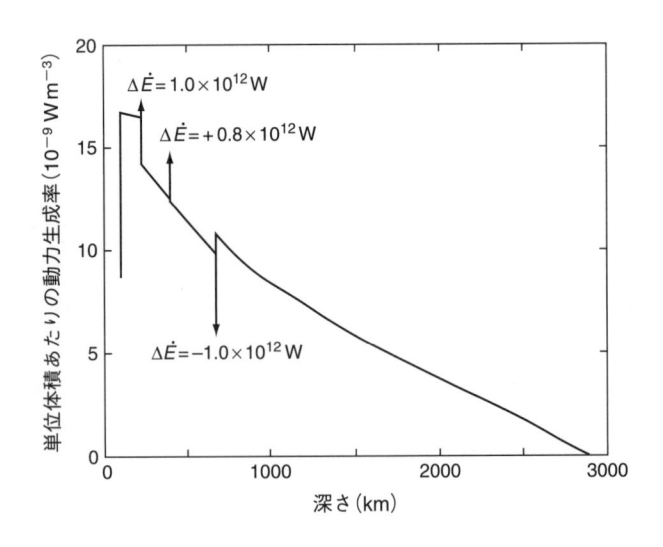

図 22.4 深さの関数としてのマントル単位体積あたりの対流の動力生成率．上部マントルに集中することがわかる．この図では，3 つの相転移はデルタ関数とみなせる不連続として現れ，2 つは正，1 つは負である．全対流動力に対する寄与が数値で示されている．

ないが，おおまかな対応関係はあるはずであり，上部マントルよりも下部マントルにおいて対流がより不活発であることを必然的に意味する．熱を効率よく失うには対流していなくてはならず，下部マントル全体が関与しているはずであるが，対流は上部マントルより遅く，そのことは粘性率がより高いことと整合的である．

熱効率に対する相転移の効果は，図 22.3 に示されており，またそれらの対流の動力への寄与は図 22.4 に示されている．深さ 660 km での負の相転移は，より浅所での相転移よりもエントロピーが大きいにもかかわらず，そこを通る熱流量は少なく，浅所の 2 つの正の相転移に比べ，全動力に対する効果を減じている．

地表への熱流量を参照すると，全対流動力は 24% の効率となる．これは，一見，図 22.3 から期待される値より大きいかもしれない．この理由は，式 (22.20) 中の係数 $\rho T/T_p$ だけ，下部マントルからの体積あたりの熱量が増しているからである．下部マントルの熱量が多いにもかかわらず，下部マントルでの動力生成率は，上部マントルよりもずっと小さく，これは下部マントル内では，熱輸送が小さな温度比にわたってしか起こらないからである．逆に，下部マントルのすべての熱が上部マントルを通り抜ける．もし，上部マントルだけが対流し，下部マントルからの熱がないとすれば，動力生成率は 0.83×10^{12} W であり，全マントル対流の動力の 10% を少し超える程度で，13.2 節で議論されたテクトニックな散逸を説明するには不十分である．下部マントルからの熱がある場合，上部マントルの対流動力は図 22.4 に示される単位体積あたりの対流動力を積分することによって得られ，5.3×10^{12} W である．

22.5 なぜマントル相境界は鮮明か？

相境界についての 2 つの観測はマントル対流の様式を知る鍵となる．(i) マントルの大部分にわたって，ただし強く沈み込みが起こっている限られた地域を除いて，境界の深さはだいたい均質（たとえば ± 10 km）であり，(ii) 境界は短い波長の地震波を反射するほど鮮明で，410 km と 660 km で転移が起こる深さ範囲は 2 km 以下である (Xu ら，2003)．これらの観測 (i) は，沈み込みは狭い幅で起こり，その反流はそれ以外のマントルの幅広い上昇流として起こることを示唆する．上昇と下降物質の温度差は，表 22.1 の $\delta z/\delta T$ の値により，数百度と推定され，これは境界が数十 km 折れ曲がることに対応する．したがって，大部分のマントルにわたっては，そのような差動の証拠はなく，上昇についても同様である．冷たいスラブの沈み込みは，幅広い反流によって補償されている．

境界が鮮明であるという観測 (ii) は，鉛直方向のマントルの動きは，大部分にわたってゆっくりであり，プレートの運動速度数 cm/年に比べて年間 1 cm 以下と遅いことを支持する．より厚い相境界が期待されても良い理由が 2 つある．Solomatov と Stevenson (1994) が指摘したように，等温（平衡）条件下では，単一成分の鉱物は定義される P–T 条件ちょうどで相変化を起こすが，マントルの多成分系ではそうではない．そうではあるものの，660 km での転移については，期待される深さ方向の幅はかなり小さいが，Solomatov と Stevenson はとくに 410 km 転移（平衡熱力学からは深さ方向の幅は 2 km 以上と予想される）を扱った．彼らは，転移の幅が狭くなることは，相転移がしばしば厳密な平衡条件では起こらず，準安定領域の過剰条件下で核形成を必要とすることによって説明しうるとした．410 km 転移については，彼らはこれに対応する深さ方向の幅を 10 km と見積もり，観測される地震波の反射を説明しうるほど十分鮮明であるとした．そのような過剰は両方向の転移について起こり，22.2 節で計算された熱効率をおよそ 1% 減少させる．

相境界を厚くするもう 1 つの機構は，マントル対流の様式についての考えと直接関連する．もし断熱的，すなわち熱拡散による等温化を許さないほど急速なプロセスであるなら，それは 1 成分系の相転移にさえもあてはまる．図 22.5 に 660 km におけるのと同様な吸熱反応の場合が示されている．断熱曲線に沿って沈み込む物質を考え，点 A において境界に達するとしよう．その点に達する

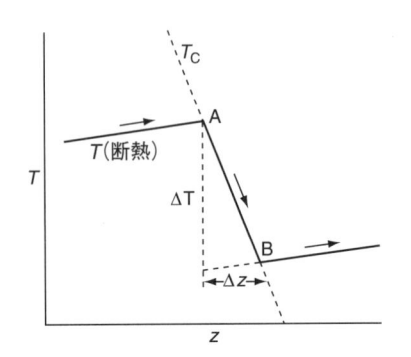

図 22.5 沈み込みが深さ 660 km の相変化を素早く (断熱的に) 通り抜ける場合の温度–深さの関係. 相転移の温度 T_C は圧力または深さとともに減少する.

とより高密度の相に転移を始めるが, これは冷却を引き起こし, 点 B に達する際に生じる ΔT の温度降下を克服する十分な圧力増加が起こるときにのみ, 転移が完了する. 両相が存在する限り, 物質はクラペイロンの経路 AB に沿い, より深部で通常の断熱勾配に復帰する. 式 (22.14) は, 表 22.1 にある ΔT を与え, これに対応する深度幅 Δz は,

$$\Delta z = \Delta T \bigg/ \left[-\frac{dT_C}{dz} + \left(\frac{\partial T}{\partial z}\right)_S \right] \quad (22.24)$$

で与えられる. dT_C/dz はここに描かれる状況では負であるが, $(\partial T/\partial z)_S$ は常に正 (熱膨張係数が負であるような物質を考えない限りは) であることに注意されたい. 図 22.5 に描かれている相転移が起こる深度幅が, 表 22.1 に記されている Δz である. この値は, 地震学で示唆される相転移帯の厚さよりも大きいため, われわれは熱拡散が等温

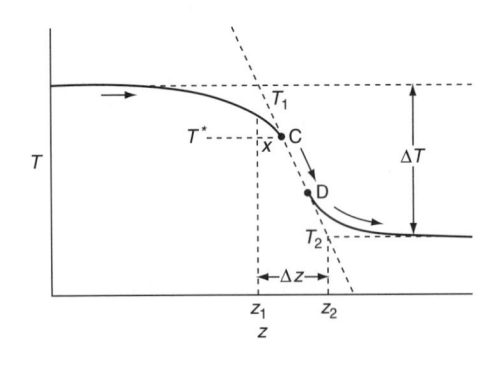

図 22.6 660 km 相境界における熱拡散. 周囲の断熱温度勾配は小さく無視されており, 離れた場所での温度は T_1 と T_2 で限られる.

化を引き起こし, 転移を鮮明なものにしていると主張する.

熱拡散が許される場合, 温度断面は図 22.6 に描かれる形となり, 相変化は CD の範囲に限られる. この範囲外では, 熱拡散方程式に速度 v の動きに対応する項が加わる. 断熱温度勾配は小さいので無視すると,

$$\frac{\partial T}{\partial t} = \eta \frac{\partial^2 T}{\partial z^2} - v \frac{\partial T}{\partial z} \quad (22.25)$$

ここで η は $\kappa/\rho C_P$ の熱拡散率である. 式 (22.25) はある固定点での温度を表し, そこをある温度の物質が通過して結果として熱拡散と拮抗し, 定常状態 (どの深さでも $\partial T/\partial t = 0$) となる. 点 C に近づくために, 式 (22.25) を積分すると,

$$\eta \frac{\partial T}{\partial z} = v(T - T_1) \quad (22.26)$$

ここで, 境界条件として $\partial T/\partial z = 0$ および $T = T_1$ ($z \to -\infty$) が用いられた. C と D が一致しない限り, 深さ $(z_1 + x)$ の点 C における境界条件は $\partial T/\partial z = dT_C/dz$ および $T = T^*$ となる. ここで,

$$T^* = T_1 + \left(\frac{dT_C}{dz}\right) x \quad (22.27)$$

である. この境界条件を式 (22.26) に導入すると,

$$\eta = vx \quad (22.28)$$

同じことが D における相変化の下限にもあてはまり, z_2 から距離 x だけ上方にずれる. したがって, もし $x = (z_2 - z_1)/2 = \Delta z/2$ なら, 層厚はゼロとなる. このことは速度にもあてはまり,

$$v \leq 2\eta/\Delta z \quad (22.29)$$

表 22.1 の Δz の値を用い, 熱拡散率を $\eta = 1.0 \times 10^{-6} \, \text{m}^2 \, \text{s}^{-1}$ とすれば, 式 (22.29) は表にある v (臨界) の値, すなわち, それ以下では熱拡散が境界を鮮明にする値を与える. より拡散が進まない沈み込み帯の外での相境界の鮮明さは, 対流速度が大部分の地表のプレート速度よりもかなり遅いという制約を与える. この結論は, 13.2 節におけるエネルギーの議論で選択された対流様式とも整合的である.

22.6 コア (核) 内での組成対流

組成対流がコアのエネルギー論とダイナモにとって重要であると最初に認識したのは S. I. Braginsky であり,Gubbins (1977) と Loper (1978a,b) らによってその認識が確立された.21.4 節において,それはコアの熱源の 1 つとしてふれられたが,コアのダイナミクスや進化での役割とほぼ等価である.そのことを,ここでさらに詳しくしらべる.とくに,この重要な効果の単純な解析的取扱いを探そう.従来仮定されてきたように,内核の固化に伴って吐き出される軽い溶質が外核の中へ均質に混合し,重力エネルギーを解放するとする.この仮定が完全には成立しない可能性は,23.5 節で少し検討される.21.4 節において,エネルギーは内核のある場合とない場合の全地球モデルから決定される.そのようにして計算された値は 5.63×10^{28} J であり,そこから差し引かれなくてはならない弾性ひずみエネルギーとマントルで解放される若干の成分を含む.残りは,4.79×10^{28} J であり,これがダイナモに関連するエネルギーとなる.質量の再配置は中心の密度を増加させ,地球全体の収縮を引き起こして重力断面を変える.ただし,この過程でマントル中で解放されるエネルギーは 5% 以下である.そうであるにもかかわらず,われわれは,コアのエネルギー解放のどのくらいの割合が密度差のある物質の相対運動によるものであり,全体の収縮によるものではないのかに興味がある.ある固定された重力断面の中で物質が移動すると仮定すれば,単純ではあるが現実的な解析的計算が可能である.

21.3 節と同様に,内核と外核の組成差に由来する密度差を $620\,\mathrm{kg\,m^{-3}}$ とする.これは,外核の密度を基準にして,内核が 4.49×10^{21} kg の質量過剰をもつことに対応する.このうち,核の総質量にしめる外核の割合 0.949 に相当する分が外核から差し引かれる.したがって,外核から差し引かれ,内核に沈積する質量は,

$$\Delta m = 4.26 \times 10^{21}\,\mathrm{kg} \qquad (22.30)$$

となる.これは,重力的には,質量欠損が反対向きに起こることと等価である.内核と外核は組成的に均質性を保つと仮定するので,この質量は局所的な密度に比例して外核から引き抜かれる.同様に,内核での沈積は局所的な密度に比例する.

この過程によって解放されるエネルギーを計算するために,重力の深さ方向変化を知る必要がある.これはべき乗則によってうまく表すことができ,

$$g = g_R (r/R)^x \qquad (22.31)$$

PREM の表にある外核の値に最小 2 乗法で適合させると,コア–マントル境界の半径 R において $g_R = 10.78\,\mathrm{m\,s^{-2}}$ のとき,$x = 0.8436$ を得る.以下ではこの関係を用いる.単純な解析上の近似であり,正確ではないが,計算が非常に簡単になる.そうすると,半径 r の内側の質量は,

$$\begin{aligned} m(r) &= gr^2/G = (g_R/G) r^{x+2}/R^x \\ &= M_\mathrm{C} (r/R)^{x+2} \end{aligned} \qquad (22.32)$$

となる.ここで,M_C はコアの総質量である.半径 r から $(r+\mathrm{d}r)$ までの質量の割合は,

$$\mathrm{d}m = (x+2) M_\mathrm{C} r^{x+1}/R^{x+2}\,\mathrm{d}r \qquad (22.33)$$

と表せる.なぜなら,これが Δm (式 (22.30)) のうち $\mathrm{d}r$ (R と内核半径 r_i の間) に由来する部分に相当するからである.まず Δm を内核境界の上に沈積させることにより解放されるエネルギーを計算しよう.この目的のために,r と r_i の間での重力ポテンシャルの差が必要となり,それは,

$$\begin{aligned} V &= \int_{r_\mathrm{i}}^{r} g\,\mathrm{d}r = \frac{g_R}{R^x} \int_{r_\mathrm{i}}^{r} r^x\,\mathrm{d}x \\ &= \frac{g_R}{R^x} \left(r^{x+1} - r_\mathrm{i}^{x+1} \right)/(x+1) \end{aligned} \qquad (22.34)$$

したがって解放されるエネルギーは,

$$\begin{aligned} E_1 &= \Delta m \int V \frac{\mathrm{d}m(r)}{M_\mathrm{C}} \\ &= \Delta m \frac{g_R}{R^x} \frac{(x+2)}{(x+1)} \int_{r_\mathrm{i}}^{R} (r^{x+1} - r_\mathrm{i}^{x+1}) \frac{r^{x+1}}{R^{x+2}}\,\mathrm{d}r \\ &= \Delta m g_R \frac{(x+2)}{(x+1)} \left[\frac{R}{2x+3} - \frac{r_\mathrm{i}^{x+1}}{R^x (x+2)} \right. \\ &\quad \left. + \frac{r_\mathrm{i}^{2x+3}}{R^{2x+2}} \frac{x+1}{(x+2)(2x+3)} \right] \\ &= 9.45 \times 10^6 \Delta m = 4.03 \times 10^{28}\,\mathrm{J} \qquad (22.35) \end{aligned}$$

積分の第2段階は，Δm を内核の中に振り分けるためであるが，式 (22.35) は別個にながめるのが有効である．なぜなら，増分 Δm に対し，現段階での内核形成によるエネルギー解放を与えるからである．内核形成による総エネルギーを計算するために，同様の設定で，

$$\frac{dm}{M_C} = (x+2)\frac{r^{x+1}}{r_i^{x+2}}dr \qquad (22.36)$$

を用いて第2の積分を加えると，

$$E_2 = \frac{\Delta m g_R}{2x+3}\frac{r_i^{x+1}}{R^x} = 4.9 \times 10^{27}\,\text{J} \qquad (22.37)$$

となる．この計算から，内核形成に伴う重力エネルギーのうち，組成差に由来する総量は，

$$E = E_1 + E_2 = 4.52 \times 10^{28}\,\text{J} \qquad (22.38)$$

となり，ひずみエネルギーとマントルのエネルギー解放分を差し引いたあとでは，完全な理論を用いた計算値よりも約6%少ない．この差は，上記の簡略化計算では許されていない化学的分離に伴う全体的な収縮という側面などもあるためである．

組成的分離のエネルギーは，歳差運動のエネルギーとともに，21.4節に掲げられた他のコアのエネルギー源とは物理的に異なり，前2者が力学的エネルギーであるのに対し，後者は熱エネルギーである．力学的エネルギーは熱機関の熱効率をもって引き出されるのみである．力学的なエネルギー源と熱的なエネルギー源を見分ける単純な方法は，コアに熱を供給することで，原理的にその過程が可逆的にたどれるかどうかを問うことである．もし"yes"であるなら，それらは熱エネルギーとして分類せねばならない．たとえば，熱収縮による重力エネルギーの解放は力学的であるように見えるかもしれないが，コアの再加熱によって，力学的エネルギーを加えることなく，また冷却して引き抜いた以上の熱を加えることなく，収縮過程を逆にたどることができるであろう．したがって，収縮によるエネルギー解放は，熱的なものであると分類しなくてはならない．さもなくば，熱力学の第2法則に抵触する物理システムということになる．この見方で，組成的分離に伴うエネルギーについて，2つの寄与が同定できることに注目しながら再検討する．全体的な収縮によるとした6%のエネルギーは，残る94%とともに力学的なものであるとみなせるであろうか．再加熱テストによれば，"yes"でなくてはならない．分離過程の一部であり，熱を加えても元に戻すことはできず，高い効率でダイナモの動力に寄与しうる．

22.7　コア(核)対流の熱効率とダイナモの動力

コア対流の効率を代表する単純な数は存在しない．異なる効率をもち，冷却速度によって異なる割合で貢献するコアエネルギー源のいくつかの成分について検討しよう．最初に区別するのは，熱対流と組成対流である．組成効果は，いくらかは乱流混合過程で失われるが，100%の効率をもつとする．熱対流の効率は，熱源の深度方向の分布に依存するが，最も大きいものは潜熱であり，すべて内核境界(ICB)に由来する．内核の冷却に由来する熱もICBに由来するとして扱う．ここでは，21.4節で議論されるいくつかの熱源の熱効率を見積もり，表21.5にまとめられている対流の動力を計算するのに用いる．それぞれの過程の η を計算すると，η と η' (式 (22.1) および (22.2)) に違いがあることに気づくが，式 (21.22) において，電気抵抗発熱を再利用することで，実効的に総量を η' に転化する．熱伝導は，すべての熱流量が対流によるとした場合に生み出される動力を減じるという点で，対流の動力源の負の成分として取り扱う．

各熱源による対流のエネルギーは，温度 T において dr の範囲で生じる熱を考え，コア-マントル境界への対流の熱効率 $(1 - T_{\text{CMB}}/T)$ を乗じ，それを外核全体で積分することで計算される．熱容量の計算と同様に，T_{CMB} を基準温度とする．断熱温度勾配が保たれるので，冷却量はどこでも絶対温度に比例し，温度 T の要素がなす熱的寄与は，通常の熱容量 ρC_P に対し，T/T_{CMB} を掛けたものとなる．熱収支における冷却と固化の成分は，全体的な収縮とその結果としての重力エネルギーの解放を伴う．このエネルギーのいくらかはマントル中で解放されるが，表21.5にはコア中の成分しか含まれていない．22.6節で指摘されたように，

このエネルギーは，対流の動力を生む熱効率を計算する目的では，力学的ではなく，熱的なものとして扱われなくてはならない．

放射性発熱は，均質な組成という設定と調和させて，密度に比例すると仮定し，そうすると深部に濃集することになる．これは全体にわたって均質に分布する場合 (電気抵抗発熱の場合にはそのように仮定される) よりも少し高い効率を与える．歳差運動による散逸は，100% の効率をもつと仮定されるが，どのように電気抵抗発熱に転化されるかについて，具体的なことを知る必要はない．22.6 節で議論されたように，組成対流で解放されるエネルギーは，組成的に完全な混合を仮定して計算がなされており，軽い溶質は局所的な密度に応じて分布している．内核境界で解放されるため，全体で均質な混合が仮定された場合よりもエネルギー解放量はやや少なくなる．23.5 節で，混合が均質には起こらないかもしれないが，軽い溶質は上昇してコアの上端で重力的に安定な層をつくり，より多くのエネルギーを解放するかもしれないと記した．この仮定を正当化するにはそのような層が存在するという地震学的な証拠が必要であろう．

正統的な熱力学の観点からは，熱伝導は効率ゼロの過程であるが，負の効率をもつとした方がここでの議論には便利である．もし伝導による熱量が対流によって運ばれるとした場合の熱効率は，すべての熱量が対流すると仮定してえられる総動力から差し引かれるべき動力を間接的に与える．これは，対流の動力損失の半径方向の分布を説明する容易な方法であり，効率係数を考慮せずとも図 21.3 から読み取ることができる．熱伝導の「非効率性」は，冷蔵作用 (22.8 節) によって変更させられると考えられるが，冷蔵作用の効率 (表 21.5 中の f) はまた別に扱う．それは，熱伝導が総熱流量を上回る深さ幅に依存する．図 21.3 と 21.4 に示される 2 つのモデルについては，$f = 0.091$ ($A = 0$ のとき) および 0.043 ($A = 0.2$ のとき) である．

ダイナモのエネルギー源として，熱伝導で失われたり，冷蔵作用に消費されることのないすべての対流エネルギーを割り出した．これは，有用な直接的証拠はないが，粘性 η が無視しうると仮定していることになる．地球物理学的観測にもとづくコアの η の見積もりはきわめて幅広く (Secco, 1995)，しかし上限にすぎない．液体金属の物理にもとづく見積もり (Poirier, 1988; Dobson, 2002) は，1 Pa s 以下の値であると考えて間違いないであろうという点で一致している．この値を仮定し，24.2 節で提案されている半径 80 km という最小の現実的サイズのセルの中で，地磁気の時間変化 (24.3 節) から示唆される 4×10^{-4} m s^{-1} の内部運動による粘性散逸を見積もることができる．これはずりひずみ速度 $\dot{\varepsilon} \approx 5 \times 10^{-9}$ s^{-1} に相当する．このとき粘性散逸は $\eta \dot{\varepsilon}^2 < 2.5 \times 10^{-17}$ W m^{-3} となり，これに対して電気抵抗による散逸は $\sim 2 \times 10^{19}$ W m^{-3} となる．24.7 節で指摘したように，コアの運動エネルギーは磁気エネルギーに比べると非常に小さい．対流の力は磁場にじかに対抗してはたらき，大きな運動エネルギーは獲得できず，したがって粘性を無視して対流の動力は直接損失なしに磁場エネルギーに転化される．このため，式 (21.23) と (21.24) における対流エネルギーをダイナモのエネルギーとみなすことができ，内核の年齢 τ で割ることにより，図 21.4 に示すとおり，その間のダイナモの平均動力を得る．

平均的な動力は，図 21.4 に示されており，21.4 節の式にもとづいているが，対流の駆動力の時間変化は無視している．この点を詳しく見てみよう．あきらかな時間変化は放射性発熱の変化であり，主に ^{40}K (半減期 12.5 億年) のために，初期地球においては 10 倍もあった．図 21.4 における放射能なしのモデル ($A = 0$) のダイナモエネルギーはぎりぎり必要条件を満たしており，ダイナモは地球の確固たる特徴であることがわかるが，ぎりぎりの条件で実現されるかどうかは不確実である．したがって，0.2 TW のモデルが優先モデルとなる．この場合には，初期の放射性発熱は 2 TW となり，23.5 節における地球の熱史の計算に大きな影響はない．しかし，2 TW のモデルは，より高く仮定される熱伝導率のために提案されたように，初期のコアにおいて 20 TW を解放し，これを熱史において合理的に解釈することは難しい．

歳差のトルクによる散逸も過去においてより強かったであろう．われわれの見積もりでは，コアエネルギーに対して決して主要な寄与はなかったと考えられるが，力学的エネルギーとして，ダイナモ作用に対してほぼ100% (いくらかマントルでの電気抵抗散逸が存在するはずであるが) の効率をもちうる．24.7節に示した計算では，およそ 7×10^{10} W を初期ダイナモに対して供給したであろうと見積もられ，いま見積もった組成対流のエネルギー変化を一部相殺する．

表21.5のカラム Q において，組成的な分離は重要だが主要な熱源ではないこと，しかし，その高い効率ゆえ，表のカラム E において最も寄与が大きいことが示されている．このカラムの項の相対比は時間とともに変化する．潜熱と組成的な分離によるエネルギー解放率は，内核の体積成長率に比例し，全体的な冷却による熱の放出は温度変化率に比例する．これら2つの率の比は，内核の大きさに依存する．Lister と Buffett (1995) は組成的分離および固化の寄与は内核が小さいときにはより小さかったと指摘した．どうしてそうなるのかをここで示し，23.5節でその重要性を検討する．

断熱および融解曲線の勾配は，いずれも圧力勾配，したがって重力に比例する．これは，内核の中では，まさに均質球中であるために，ほぼ半径に比例する．したがって $-dT/dr \propto r$ であり，時間 t とともに境界温度が変化するため，境界の温度は半径とともに変化し，

$$dT_{ICB}/dt \propto -r dr/dt \qquad (22.39)$$

しかし，内核の体積は，

$$dV/dt = 4\pi r^2 dr/dt \qquad (22.40)$$

にしたがって変化するので，

$$dV/dt \propto -r dT_{ICB}/dt \qquad (22.41)$$

となる．ここでの目的のために十分な近似として，$T_{ICB} \propto T_{CMB}$ とし，式 (22.41) において

$$dT_{ICB}/dt = (T_{ICB}/T_{CMB}) dT_{CMB}/dt$$

を代入すると，熱容量の議論で検討されたように (21.3節)，冷却速度と関係づけられる．内核の成長がダイナモの動力に寄与する割合はその半径に比例し，徐々に始まったであろう．突如開始したのではなく，古地磁気記録に刻まれうるような不連続はなかったであろう．

式 (22.41) に照らして，ダイナモ駆動力の時間変化を検討する必要がある．核からマントルへの熱損失率は物性とマントルでの対流過程，とくにD″境界層によって支配される．Stacey と Loper (1983) は，それは2つの競合する効果によって安定化されると議論した．マントルが冷却して硬くなるにつれ，対流過程はすべて遅くなるが，コアよりは早く冷え，コア–マントルの熱流量をもたらすのは温度差である．

もし，このようにして制御されるのがコアからの熱流量であり，温度変化率ではないとすれば，内核の成長に伴って，熱流量は変わらずに冷却速度は遅くなる．コアの実効的熱容量は内核サイズとともに増加するため，これは放射能とは関係なく起こる．しかし，内核が存在しなかったとしたなら，表 21.5 の項目 3, 4, 5 に代表される非常に効率的な対流過程なしには，一定の熱流量を維持するのに必要な値よりずっと大きな寄与を，項目 1, 2, 6, 7 から受けなくてはダイナモが維持されないかもしれない．この問題は，23.5節においてさらに追求され，熱流量一定の議論は過去20億年間については十分であるように思われるが，より初期の時代にはあてはまらないという結論が得られる．

23.5節では，内核から吐き出された軽い溶質は核の上端に濃集し，均質な混合の場合よりもずっと多くの重力エネルギーを解放するかもしれないという提案についても述べる．しかし，コアのエネルギー計算の基盤とするには，それを裏づける地震学的な証拠が必要であろう．

22.8 コアの冷蔵作用

21.4 と 22.7 節 (表 21.5 も参照) では，コアのエネルギー収支の特徴として冷蔵作用について述べた．ここで，なぜそれが起こるのか，また熱力学的見地から何を意味するのかについて，一言加える．単純な例として，粘性が無視でき，熱源なしで完全に断熱的な容器に入っている大きな液体の

塊を考える．断熱温度勾配が保たれるようによくかき混ぜる仕組を導入しよう．上向きの熱伝導はこの勾配を減少させる傾向があるが，攪拌されているので熱流量は連続的である．容器の上端から熱が逃げることができず，温度勾配に反して攪拌によって下方に運ばれる．これが冷蔵作用であり，同じ熱量の上向き対流によって生み出されるのと同じ力学的動力を必要とする．この動力は流体中に熱として解放され，全体的な温度上昇を引き起こす．

図 21.3 が示すように，伝導で伝わる熱がコアの最外殻部分の総熱流量を上回る可能性があり，この場合にはその差は力学的に下向きに運ばれなくてはならない．これは組成対流によってなされうる．ダイナモ作用に利用できるエネルギーは，どこまで熱が運ばれなくてはならないかに応じて減じられ，それが運ばれる領域にわたる温度範囲によって決められる．必要とされる力学的動力の輸送される熱量に対する比は，式 (21.22) と表 21.5 における f である．したがって，図 21.3 における $A = 0.2\,\mathrm{TW}$ のモデルでは，$f = 0.043$ であるが，放射能なしの $A = 0$ のモデルでは，熱はより深くまで持ち込まれねばならず，$f = 0.091$ である．

23
熱　　史

23.1　まえおき

　マントルの熱史はコアとはほぼ独立に計算することができる．この理由は，コアの熱はマントル中を細く浮力のあるプルームによって運び上げられ，マントルを冷却するプレートテクトニックな対流過程とはごく弱くしか相互作用しないからである．その逆は正しくない．コアはマントル底部の温度境界層に熱を失うことで冷却され，コアとマントル深部 (境界から 100〜200 km 上の部分) の温度差，およびマントルのレオロジーに依存する．境界層は発達しているはずであり，有意なコアの冷却が起こる前に，マントルは十分に冷えていなくてはならない．

　マントルのレオロジーはまたマントル自身の冷却を制御するが，それは相互制御である．Tozer (1972) は，粘性の強い温度依存性 (式 (10.27)) が両者を安定化する効果をもつことに人々の注意をひいた．もしマントルが冷たく粘性が大きくなりすぎて「普通の」速度で対流できなかったとすると，対流は放射性発熱が追いつくまではゆっくりであろう．しかし，このことは熱損失が熱源とつり合っていることを意味するものではなく，なぜなら熱源は一定ではないからである．放射性発熱が減少するとともに対流は遅くなる．このことはマントルが冷却しているということを意味し，熱収支の式 (23.14) の考察により，最も説得力をもって示される．この式を適用すると，放射性発熱の減少率は熱史に重要な影響を与えることがわかる．

　われわれが適用するもう 1 つの基礎原理は，13.3 節でふれられている，対流は境界で生み出される正または負の浮力源によって駆動されるということである．これは，地表での熱損失過程を定量的に記述する必要があることを意味する．20 章で議論されたように，熱損失過程は大陸と海洋地域でかなり異なる．大陸は移動し，熱を地表まで伝導によって伝えるが，他の点では対流には加わらず，地表面積の 40% を覆って毛布のような役割を果たす．これは，水中の大陸縁辺部も含めると，面積にして 2×10^{14} m^2 である．この章の主題としてより興味深いのは，面積が 3.1×10^{14} m^2 の海洋地殻/リソスフェアの部分であり，温度境界層であると同時にマントル熱機関の排気口としてはたらく．沈み込み帯に達するまで熱を海に失い，マントルに還元され，海嶺で新鮮かつ熱いリソスフェアによって置き換えられる．熱は海洋リソスフェアから熱伝導と割れ目中の海水循環の組合せによって失われる．これらの過程は，時間とともに個別に変化する．熱水循環はリソスフェアの年齢が増加するとともに重要性を失う．したがって，時間をさかのぼってもっと対流が激しく，海洋リソスフェアの滞留時間が短かった時代に外挿する際には，熱水循環が相対的により重要であることが認識されなくてはならない．これらの 2 つの効果は独立ではないが，総合的な過程について理論がないため，リソスフェアの年齢の関数としてそれらをあわせた効果を表す単純な経験式を導入する．これは 23.2 節のテーマであり，簡単な次元解析は，時間あるいは平均的対流速度とプレートの大きさには系統的な変化がない (式 (23.5)) ことを示唆する．このことは直感的に明らかな結果ではないが，その節での指摘のように，矛盾する証拠はなさそうである．

レオロジーによる制御の問題に戻ると，基礎式は式 (10.27) であり，べき指数 n は未知である．よく使われる値は $n = 1$ (線形レオロジー) および $n = 3$ (非線形) であるが，マントルについてどちらがより適当な値であるかは意見が分かれる．われわれは両方の選択を試すが，n についてある値を選ぶことは，クリープの活性化エネルギーの尺度であるパラメーター g の値の不確実性と複合する．これらが合わさって冷却率，すなわち，熱損失と放射性発熱の差を制御する．そこで，われわれは両方とも未知数として扱い，現在の放射性発熱量 $\dot{Q}_{R0}$ を制御変数として，それらと冷却史の関係をしらべる．

大陸地殻は，放射性元素に富むが，時間とともに成長し，マントルからそれが抽出されるに従ってこれらの元素のマントル中の濃度を連続的に低下させる．この分化過程は対流速度，したがってマントルの熱損失速度に比例した割合で起こったと仮定し，現在は数十億年前よりもずっと遅くなっている．熱収支の式 (23.14) を時間をさかのぼって積分するときに，大陸地殻を連続的にマントルに還元する．これは 2 つの効果をもつ．放射性崩壊に由来する時間依存性に加え，マントル中の放射性発熱を増すこと，および大陸を取り去ることで海洋リソスフェアの表面積を増加させることである．

重要ではないが，解析に含めない 2 つの効果についてここでふれておこう．マントルの揮発性成分の損失と海嶺での溶岩固化の潜熱である．揮発性成分損失の重要性は，揮発性成分が粘性を下げる (図 2.3) という点にある．これがマントルレオロジーにとって重要であるなら，時間または損失熱の積分値の関数としてパラメーター g を変化させ，式 (10.22) におけるクリープの活性化エネルギーを変化させてよいであろう．そのような計算は熱史を逆転させ，マントルは熱くなりつつあるということになる．もしこの効果が存在するなら，それはとても小さくなくてはならない．22.11 節で述べられたホットスポット (プルーム) 玄武岩の含水量からは，マントルは初期に含んでいた揮発性成分の少なくとも半分を保持しているようであ

り，またそれらの軟化効果は少量で起こり，それ以上付け加えてもほとんど効果がない．潜熱の問題は，実際のところよくわからない．海嶺での最初期の損失熱をわれわれは正確に計算できているだろうか？以下のセクションで考察されるように，海洋リソスフェアがその表面での一生の間に失う総熱量は約 $2.9 \times 10^{14} \, \mathrm{J\,m^{-2}}$ であり，もっともらしい厚さの溶岩の潜熱をはるかにしのぐ．海嶺の溶岩は，海嶺の挙動の詳細について興味深い疑問を提示するが，マントルの熱史に大きく影響はしない．

コアの冷却史は，まったく異なる問題群を呈する．中心的問題は，その放射能についてである．これは何十年も議論の対象であった．2.8 節では化学的な議論がまとめられている．また，Stacey と Loper (2007) は物理的な議論を再検討している．放射性発熱の問題は，伝導による熱損失量に起因し，したがってコアの熱伝導率に依存する (19.6 節) が，それは電気伝導度から計算される．好まれるモデルは，21.4 節と 22.7 節で採用されており，$^{40}\mathrm{K}$ (現在 0.2 TW) によるわずかな熱量の寄与をもつ．23.5 節でコア冷却に対する重要性を検討する．

地球の熱的状態をおよそ 45 億年前までさかのぼる外挿は，この章に示されるように，なめらかで連続的と仮定される物理プロセスにもとづいている．出発点は安定化した地球であり，集積とコアの形成のあと，十分に固化したマントルと過剰な集積エネルギーが宇宙空間に逃げた時点である．仮定にほとんど依存しない，しっかりとしたある結論に達する．とくに熱史は，線形あるいは非線形レオロジーの仮定によらず実質的に同じであり，また冷却速度は地球の放射性元素濃度についての仮定に依存するものの，過去 40 億年間の地表での熱流量はほとんど仮定に依存しない．

23.2 海洋への熱輸送率

この節の目的は，海洋底熱流量を，その熱をもたらすマントル対流の速さと関連づけることである．この関係により，熱流量をクリープ則 (式 (10.27))

の対流ひずみ速度に代入することができ，マントルの温度と関連づけることができる．

約 $3.4\,\mathrm{km^2}$/年の新しい海洋リソスフェアが海嶺で生み出され，もちろん同じ面積が沈み込み帯で消滅する．総海洋面積は $3.1\times 10^8\,\mathrm{km^2}$，平均年齢は 9100 万年である．これを平均海洋底熱流量 $0.101\,\mathrm{W\,m^{-2}}$ (Pollackら, 1993) と合わせると，海洋リソスフェアがその地表での存在時間の間に放出する平均熱量はその積となり，$2.9\times 10^{14}\,\mathrm{J\,m^{-2}}$ である．熱量は熱伝導と熱水循環によって海水に輸送されるが，熱水循環による冷却はおおむねリソスフェアの年齢が 5000〜7000 万年に達するころまでに完了することを，観測は示している．ただし，リソスフェア内部での熱水循環は続くかもしれない．そこから推測されることは，水が循環する海洋底の割れ目は堆積物で詰まるということである (少なくともある部分ではそうに違いない) が，他の機構もある．リソスフェアの年齢が増加するに従い，水が熱を運び出さなくてはならない深さが増加し，熱水循環を駆動する温度勾配は減少，割れ目の中での流れの粘性抵抗が増す．同時に，浅所の熱水循環による冷却が熱拡散を減少させ，式 (20.7) と (20.9) が成立しなくなる．結局，総合的な冷却過程の理論はなく，単純な経験則を用いて 20.2 節で議論された熱流量と海底深度の観測値を合わせることになる．

必要な関係は，若いリソスフェアについては，式 (20.7) の $t^{-1/2}$ に従う変化より大きな熱流量を与え，また古いリソスフェアについてもなおかなりの熱流量を与える関係である．観測値を，単位面積あたりの平均熱流量を単純なべき乗則で表すと，

$$\dot{q} \propto t^{-a} \tag{23.1}$$

これはリソスフェアの寿命 τ の間の総熱量，

$$Q \propto \tau^{1-a} \tag{23.2}$$

を与える．選択される a の値は，相容れない要求の妥協の結果である．古いリソスフェアの深度曲線は安定しており，それは熱流量の積分値を与え，また熱流量自体よりも冷却モデルの詳細に依存しない．上記の要求を満たすには $0.5 < a < 1.0$ が必要であり，$a = 2/3$ とすると，式 (23.2) において $(1-a) = 1/3$ となる．以下ではこの関係を仮定するが，理論的結果ではないことを強調しておく．現在のデータを説明する単純な経験式であり，遠い過去にも成立すると仮定する．総熱量 Q が時間 τ かかって海に引き渡されるので，平均的速度は $\dot{Q} = Q/\tau \propto \tau^{-2/3}$ である．これは現在の平均海底熱流量 $\dot{Q}_0 = 0.101\,\mathrm{W\,m^{-2}}$ とリソスフェアの平均寿命 $\tau_0 = 91\times 10^6$ 年 (2.87×10^{15} s) で較正され，

$$\dot{Q} \propto \tau^{-a} \tag{23.3}$$

あるいは，

$$\dot{Q} = \dot{Q}_0 (\tau_0/\tau)^{2/3} \tag{23.4}$$

と表される．

われわれは時間 τ を対流の速さに関連づけなくてはならず，このためにプレートサイズがどのように変化するかを知る必要がある．現在では，プレートサイズと速さの両方とも幅広い値をとる．Carlsonら (1983) は相関があることを報告し，速さは沈み込み時の年齢の平方根にほぼ比例するとした．もし速さが，熱拡散モデルに従って収縮 (したがって負の浮力) に比例するなら，そのような関係が期待されるであろう．しかし，そのような議論は過去の平均プレートサイズと速さの同様な関係に拡張はできない．なぜなら，マントルの温度と粘性が変化し，プレートの運動速度と駆動力の間に一定の関係がないからである．しかし，関連する量の間の比例関係を (i)〜(iv) に従って代入すると，平均プレートサイズについての一般的な法則を確立することができる．式 (23.1) と (23.2) 中の任意の a について一般的な場合を考える．

(i) 式 (23.3) による $\tau^{-a} \propto \dot{Q}$ から始める．

(ii) 22 章での熱力学結果，すなわち $\dot{Q} \propto \sigma\dot{\varepsilon}$ を $\dot{Q}$ に代入する．なぜなら，散逸 (応力×ひずみ速度) は一定の効率に従って対流する熱量と関係づけられ，対流速度とは独立だからである．

(iii) $\sigma \propto Q$ を代入する．その理由は，対流の応力はスラブの積算冷却量に比例するからであり，そこで式 (23.2) に従って Q を置き換える．

(iv) ひずみ速度とプレート運動速度を $\dot{\varepsilon} \propto v$ とし，$v = L/\tau$ とする．ここでプレートサイズ L は

海嶺から沈み込み帯までの距離に等しいとみなす.

これらは,
$$\tau^{-a} \propto \dot{Q} \propto \sigma\dot{\varepsilon} \propto Q\dot{\varepsilon} \propto \tau^{1-a}\dot{\varepsilon} \propto \tau^{1-a}v$$
$$\propto \tau^{1-a}(L/\tau) \propto L\tau^{-a} \quad (23.5)$$

を与える.この論法によって,L は τ と独立であり,したがって対流の速さとも独立であることがわかる.そこで,対流の速さを熱流量と関連づけることができ,

$$\dot{\varepsilon} \propto v \propto \tau^{-1} \propto \dot{Q}^{1/a} \quad (23.6)$$

または,

$$\dot{Q} \propto \dot{\varepsilon}^a = \dot{\varepsilon}^{2/3} \quad (23.7)$$

となる.

この結果は,式 (23.5) にまとめられている解析に依存するが,平均プレートサイズは変化しないという結論になる.平均プレート運動速度は過去においてより大きいことになり,その意味するところ,および何か矛盾がないかを考察することができる.固定されたプレートサイズでは式 (23.3) または (23.7) は $\dot{Q}^{3/2}$ に比例する速さを与える.23.4 節における冷却史によれば,10^9 年前には,この量は現在よりも 1.25 倍であったことになる.過去 1 億 8000 万年間の海洋底地磁気縞模様だけを考えるなら,1.04 倍の変化である.現在のプレートの速さは,お互いにもっとずっと違いがあり,平均値について古地磁気がそのような変化を検出することは期待できない.

式 (23.7) は単位面積あたりの海底熱流量にあてはまる.海洋の総熱流量 $\dot{Q}_1$ は,したがって現在の値 $\dot{Q}_{1,0}$ と関連づけられ,

$$\dot{Q}_1 = \dot{Q}_{1,0}(f/f_0)(\dot{\varepsilon}/\dot{\varepsilon}_0)^{2/3} \quad (23.8)$$

ここで,f は地球の表面積に占める海洋の割合であり,Pollack ら (1993) にもとづいて,現在の値を $f_0 = 0.606$ より放射性発熱が少ない海洋地殻として $\dot{Q}_{1,0} = 3.10 \times 10^{13}$ W,すなわ 0.101 W m^{-2} を用いる.下付き文字の 1 は大陸を通しての熱流量という第 2 の成分と区別するために導入された.

大陸からの熱流量は大部分が地殻の放射能によるものであり,マントルの冷却を計算する際には差し引かねばならない.地殻の放射性発熱の総量は 8.2×10^{12} W と見積もられる.地殻を通るマントルからの熱流量も存在し,20.3 節において,0.025 W m^{-2} と見積もられる.したがって式 (23.8) にマントルの損失熱の第 2 成分を加える.それは表面積 A のうち大陸によって占められている $(1-f)$ の割合に比例し,

$$\dot{Q}_2 = (1-f)A \times 0.025 \text{ W m}^{-2}$$
$$= 1.275 \times 10^{13}(1-f) \text{ W} \quad (23.9)$$

となる.現在,これは地球内部からの総熱流量の 11% に相当し,この割合は過去にさかのぼるにつれて減少する.9.3 節で考察された理由により,大陸の構造,とくに厚さは時代とともにほぼ変わらないという単純な仮定をおく.これは,面積が大陸の累積総質量に比例し,放射性発熱量は時間とともに減少するものの,マントルから供給され通り抜ける単位面積あたりの熱流量はほとんど変わらないということを意味する.この仮定は単純化のための近似であるが,熱流量のごくわずかの成分にしか影響を及ぼさない.マントルが失う総熱量は,式 (23.8) と (23.9) の合計であり,定常的成分 ($\dot{Q}_C = 3.5 \times 10^{12}$ W) はより少ない.われわれはこの定常的成分がコアに由来し,マントル対流のプレートテクトニックな機構とは独立にプルームが熱を地表に運ぶためであると考える.したがってマントルの損失熱量は,

$$\dot{Q} = \dot{Q}_1 + \dot{Q}_2 - \dot{Q}_C \quad (23.10)$$

海洋で占められる地表面積における割合 f は,大陸物質がマントルから分離したために時間とともに減少した.これは対流の結果であり,その成長率は時間とともに一定ではなかった.成長率がマントルからの対流による熱輸送率,すなわち式 (23.10) の $\dot{Q}$ に比例すると仮定する.これは,$t = -T$ における地球の誕生以来,どの時代においても,大陸の面積がその時代までの積算熱流量に比例するということを意味する.そこで,

$$\frac{1-f}{1-f_0} = \frac{1-f}{0.394} = \frac{Q_{-T}^{-t}}{Q_{-T}^0} \quad (23.11)$$

ここで Q_{-T}^{-t} は $T = 4.5 \times 10^9$ 年前から t 年前までの期間全体にわたるマントル熱流量の積算値であ

表 23.1　4つの同位体による現在の放射性発熱量の割合

	同位体	崩壊定数 λ (年$^{-1}$)	マントルでの発熱割合	地殻での発熱割合
1	^{238}U	1.55125×10^{-10}	0.4566	0.3892
2	^{235}U	9.8485×10^{-10}	0.0197	0.0167
3	^{232}Th	4.9475×10^{-11}	0.4763	0.4062
4	^{40}K	5.544×10^{-10}	0.0474	0.1878

り,下付き文字の 0 は $t=0$ を意味する.しかし,$Q^0_{-T} = Q^{-t}_{-T} + Q^0_{-t}$ であるから,式 (23.11) はより便利な形式に書き直すことができる.

$$\frac{f}{f_0} = 1 + \left(\frac{1}{f_0} - 1\right)\frac{Q^0_{-t}}{Q^0_{-T}} = 1 + 0.65\frac{Q^0_{-t}}{Q^0_{-T}} \quad (23.12)$$

Q^0_{-T} は計算結果の積であるため,計算は反復的となり,解の探索において繰り返し修正されていく.係数 f にはもう1つの役割がある.$(1-f)/(1-f_0)$ の比は,その時点現在での大陸地殻の割合である.したがってまだマントルに残る割合は,

$$\frac{f - f_0}{1 - f_0} = \frac{Q^0_{-t}}{Q^0_{-T}} \quad (23.13)$$

となる.この時間に依存する放射性発熱の割合は,現在の地殻の組成から割り出され,マントルの放射性発熱に加算される.これは 4.5×10^9 年前には,すべての放射性発熱がマントルにあったと仮定することを意味する.

23.3　熱収支の方程式とマントルのレオロジー

マントルの熱損失速度は,地表面からの熱損失速度 $\dot{Q}(T_p)$ と放射性発熱率 $\dot{Q}_R(t)$ との差である.

$$\phi_m \frac{dT_p}{dt} = \dot{Q}_R(t) - \dot{Q}(T_p) \quad (23.14)$$

ここで $\phi_m = 7.4 \times 10^{27}$ J K^{-1} は熱容量であり,21.3 節と同様,ポテンシャル温度 T_p の 1 K の低下につき失われる熱量と定義される.ここでの目的のために,地表からの損失熱量はマントルが失った熱量だけとし,コアの熱量は除外する.ただし,コアの熱量は 23.2 節での地表での熱流量計算に含まれており,式 (23.10) において差し引かれている.式 (23.14) の右辺の 2 つの関数についての詳細な知識なしに,熱史の定性的評価ができる.$\dot{Q}_R(t)$ は時間 t とともに減少する.$\dot{Q}(T_p)$ は温度低下とともに減少するが,それは対流によって制御され,マントルが硬くなると低下するからである.もしマントルが熱的平衡状態にあり,$dT_p/dt = 0$ とすると,比較的近い過去においては,$\dot{Q}_R$ の方が優勢で,マントルは加熱していたかもしれない.この場合には,過去はより冷たいため,対流による熱損失速度 $\dot{Q}$ はより小さく温度変化を大きくしたかもしれない.この仮説によれば,地球は冷たい状態から始まり,現時点まで加熱され,その過去も未来も冷たい地球であるという点で現時点が特殊なものとなる.これはありそうもない.地球は熱い状態から始まり,式 (23.14) に従って,現在もそしてこれからも冷え続けるであろう.

関数 $Q_R(t)$ は 4 つの熱的に重要な同位体の指数関数的減衰の和であり,

$$\dot{Q}_R = \dot{Q}_{R0}[f_1 \exp(-\lambda_1 t) + f_2 \exp(-\lambda_2 t)$$
$$+ f_3 \exp(-\lambda_3 t) + f_4 \exp(-\lambda_4 t)] \quad (23.15)$$

f_1, f_2, f_3, f_4 は現在の放射性発熱 $\dot{Q}_R$ への寄与の割合であり,t は現在からの相対時間を表し,過去で負値をとる.これらの割合は組成の推定を信頼して決められる.マントルと地殻のいずれにおいても Th/U 比は 3.7, K/U 比はマントルで 2800 だが地殻では 13 000 と仮定する.これらの相対的濃度と表 21.2 のエネルギーを用い,表 23.1 にある寄与の割合を得る.われわれは,現在のマントルの放射性発熱量 $\dot{Q}_{R0}$ について確実な値をもたない.以下の節では,20×10^{12} W という値を選択して用いるが,他の選択についても推定を行う.式 (23.15) は地殻にもあてはまり,表 23.1 にある寄与割合を用いると,$\dot{Q}_{R0} = 8.2 \times 10^{12}$ W となる.地殻の放射能は,式 (23.13) に従い,過去にさかのぼる積分において累進的にマントルに付け

加えられる．

次に式 (23.14) の右辺の第 2 項, マントルの損失熱量を考えよう. 現在の値 $\dot{Q}_0$ は地球の総損失熱速度 44.2×10^{12} W であり, 地殻の放射性発熱量 8.2×10^{12} W およびコアからの熱流量 3.5×10^{12} W を差し引くと, 23.5 節で議論されたように, 残差は $\dot{Q}_0 = 32.5 \times 10^{12}$ W (表 21.4) である. 偶然, これは Pollack ら (1993) によって報告されている海洋底熱流量とほぼ一致し, 海洋底に運ばれてくるコアからの熱量および大陸を通して伝導で伝わるマントルからの熱量がほぼ同じという計算になる. $\dot{Q}_1$ と $\dot{Q}_2$ を式 (23.8) と (23.9), f/f_0 を式 (23.12) または (23.13) で置換すると, 式 (23.10) は,

$$\dot{Q}(T_P) = \dot{Q}_{10}\left(1 + 0.65 \frac{Q^0_{-t}}{Q^0_{-T}}\right)\left(\frac{\dot{\varepsilon}}{\dot{\varepsilon}_0}\right)^{2/3}$$
$$+ \dot{Q}_{20}\left(1 - \frac{Q^0_{-t}}{Q^0_{-T}}\right) - \dot{Q}_C \quad (23.16)$$

となる．

式 (23.16) を利用するために, $\dot{Q}$ と $\dot{\varepsilon}$ の間のもう 1 つの関係が必要となる. それはクリープ則 ((式 10.27)) と式 (23.5) の比例関係 (ii), $\dot{Q} \propto \sigma \dot{\varepsilon}$ を組み合わせることで得られ,

$$\frac{\sigma}{\sigma_0} = \left(\frac{\dot{Q}}{\dot{Q}_0}\right) \bigg/ \left(\frac{\dot{\varepsilon}}{\dot{\varepsilon}_0}\right) \quad (23.17)$$

と書き直せる. 式 (10.27) 中で, B は定数, μ は深さとともに変化するにもかかわらず, その時間変化 (あるいは温度による変化) は無視できるほど小さく, 現在の状態 (下付き文字 0) に対する形式で書き直すことができ,

$$\frac{\dot{\varepsilon}}{\dot{\varepsilon}_0} = \left(\frac{\sigma}{\sigma_0}\right)^n \exp\left[gT_M\left(\frac{1}{T_0} - \frac{1}{T}\right)\right] \quad (23.18)$$

ここで T は T_P であり, $T_0 = 1700$ K が現在の値である. 式 (23.17) と組み合わせると,

$$\left(\frac{\dot{\varepsilon}}{\dot{\varepsilon}_0}\right)^{n+1} = \left(\frac{\dot{Q}}{\dot{Q}_0}\right)^n \exp\left[gT_M\left(\frac{1}{T_0} - \frac{1}{T}\right)\right] \quad (23.19)$$

この式を式 (23.16) の $(\dot{\varepsilon}/\dot{\varepsilon}_0)$ に代入して書き直すと,

$$\left(\frac{\dot{\varepsilon}}{\dot{\varepsilon}_0}\right)^{2/3} = \left(\frac{\dot{Q}}{\dot{Q}_0}\right)^{2n/3(n+1)}$$
$$\times \exp\left[\frac{2gT_M}{3(n+1)}\left(\frac{1}{T_0} - \frac{1}{T}\right)\right] \quad (23.20)$$

したがって,

$$\dot{Q} = \dot{Q}_{10}\left(1 + 0.65\frac{Q^0_{-t}}{Q^0_{-T}}\right)\left(\frac{\dot{Q}}{\dot{Q}_0}\right)^{2n/3(n+1)}$$
$$\times \exp\left[\frac{2gT_M}{3(n+1)}\left(\frac{1}{T_0} - \frac{1}{T}\right)\right]$$
$$+ \dot{Q}_{20}\left(1 + \frac{Q^0_{-t}}{Q^0_{-T}}\right) - \dot{Q}_C \quad (23.21)$$

これが式 (23.14) で必要な $\dot{Q}(T_P)$ の式である. マントルの放射性発熱についての関係 (成分 1 が現在のマントルの組成, 成分 2 が現在の地殻に対応) とあわせて, 過去にさかのぼる積分において連続的にマントルに加えられ,

$$\dot{Q}_R = \dot{Q}_{R1} + \frac{Q^0_{-t}}{Q^0_{-T}}\dot{Q}_{R2} \quad (23.22)$$

となり, 式 (23.4) を数値的に積分可能とする. $\dot{Q}_{R0}$ のある範囲の値, および $n = 1$ または $n = 3$ に対して, 式 (23.14) が積分され, $t = -4.5 \times 10^9$ 年における $T_P = 2399$ K に戻るように, 式 (23.21) 中のパラメーター g の値を反復により探る. この出発温度は仮定された値であるが, コア–マントル境界でのマントルのソリダスに合うように, またそのときのコアの温度に一致するように制約されている. 結果は図 23.1 に示される. われわれが用いているクリープ則は, 温度を指定し, 融点がわかる物質に当てはまるが, T と T_M の両方ともマントルでは大きな幅をもつことを指摘しておかなくてはならない. ポテンシャル温度 T_P を用いてマントル全体を代表させるとき, もし融点に対する温度比がどこでも同じであるなら, 誤差や困難さは生まれないが, しかし, これは当てはまらない. T/T_M 比は大部分のマントルの領域にわたって深さとともに減少し, このことが粘性変化に反映されている. そこで, 平均的あるいは概念的な T と T_M の値を考えることは, 式 (10.27) と (23.21) におけるパラメーター g の意味 (およびその数値) と妥協しながら処理されるということを認識しておく必要があろう. しかし, 式 (10.27) にみられるレオロジーの指数関数的温度依存性は避けることができず, g あるいは T_M のように値を理論的に制約できないが, それらに対して過敏に応答しない重要で一般的な結論に達することができる.

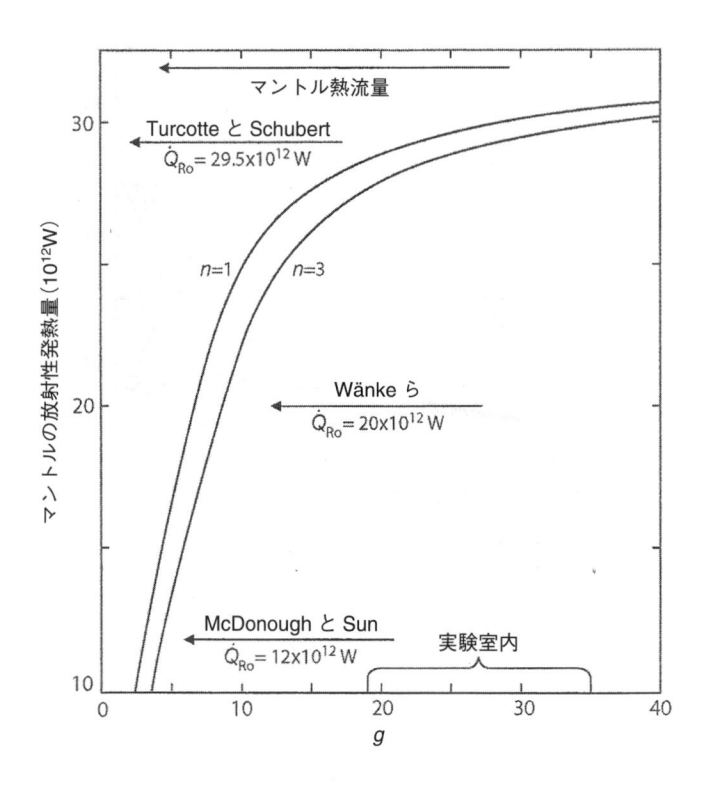

図 23.1 マントルの放射性発熱 $\dot{Q}_{R0}$ とレオロジーのパラメーター g の相互依存性．2 つの n の値，線形 (ニュートン流体) の $n=1$ のレオロジーと非線形の $n=3$ の場合を示す．$\dot{Q}_{R0}$ の値は Wänke ら (1984)，McDonough と Sun (1995) および Turcotte と Schubert (2002) に対応する値を示す．

23.4 マントルの熱史

式 (23.14) の積分は初期条件，すなわち 4.5×10^9 年前の概念上のマントル温度についての仮定を必要とする．唯一確かなことは，その時代の諸条件は非常に急速に変化していたということであり，現在からさかのぼる単純な外挿は集積過程について何の情報ももたらさない．ここでは，地球が冷却に関して十分に安定し，もはや継続的な大規模集積，宇宙空間への揮発性成分の損失，あるいは遅延されたコアの分離は起こらず，固化したマントルによって冷却が支配されるようになった時点からの地球の進化を考えよう．出発点は十分初期で，マントルがコアよりもより冷却されることにより発達するマントル底部の温度境界層はない，と仮定する．したがって，コア–マントル境界温度については，コアとマントルの熱史は同じ点から出発することになる．異なる仮定も可能である．コアはより集積エネルギーを保持し，マントルよりもずっと高温から出発し，初期から大きな温度境界層が存在したと考えることもできる．しかし，われわれの熱史モデルでは，マントルはそのソリダス温度から出発する．もしコアがもっと熱かったとすると，マントルをかなりの深度幅にわたって溶かすことになり，すばやく対流してコアの過剰熱量を除去し，地球をわれわれが仮定したソリダス温度のマントルという出発条件に引き戻すであろう．

コアの冷却 (23.5 節) は内核が地球の一生の大部分において存在していたという条件によって制約される．このことは，式 (21.14) によって，コア–マントル境界 (CMB) の温度低下がわずか 200 K であることを意味する．われわれはマントルがこれより多くさらに 1000 K も冷えたことを議論するので，ゆっくりとした CMB 冷却の確証をもつ

ことは有用である．マントル鉱物の融点を考慮し，Boehler (2000) は'下部マントルのソリダスを延長するとコア–マントル境界で地温勾配曲線を横切る $\cdots$' と結論した．彼は，このことがマントル底部の超低速度層 (ULVZs) を部分溶融体であると考えることと調和的であることを指摘した．膨大な集積エネルギー (表 21.1) は地球が熱い状態から出発したことを保証するが，何らかの溶融時期があったとすれば急速に熱を失ってマントルをソリダス温度に保ち，その状態が固体のクリープ (式 (10.27)) によって制御される対流冷却の出発点となる．したがって，Boehler の結論は，コア–マントル境界はまったく冷えていないという推測につながる．しかし，ダイナモにとってたいへん重要 (22.7 節) な成長する内核は，この推測を却下する．Mao ら (2006) は，ULVZs について別の説明を提案した．彼らはマントル底部でペロブスカイト相 (perovskite phase) がポストペロブスカイト相 (post-perovskite phase: ppv) に転移し，たやすく鉄を吸収すること，また鉄に富む ppv が ULVZs に対応する弾性波速度を示すことを観察し，部分溶融を必要としないとした．マントル中の不均質，とくにその底部の D'' 層のソリダス温度はある幅をもって与えられ，マントル冷却を計算するときの初期温度として適当な平均値は，現在の CMB の温度よりも 100～200 K 高い温度であると推測する．この値を 3931 K とし，断熱的に $P = 0$ まで外挿すれば，初期のマントルポテンシャル温度として $T_{p0} = 2399$ K を得る．これは式 (10.27) と式 (21.18) をマントル全体へ応用したときの概念的な温度である．これはまたこれらの式の目的に対応して概念的な溶融温度ともなっており，マントルの熱史がこの温度から始まったと仮定する．式 (23.21) をみると，これが危うい仮定ではないことがわかる．なぜなら，T_M は調整可能な 1 つの定数として現れるが，他によく制約されていないレオロジーのパラメーター g と n が存在するからである．

われわれは，式 (10.27) と (23.21) の n と g および式 (23.15) の $\dot{Q}_{R0}$ を調整可能なパラメーターとして扱うが，もし 1 つのパラメーターが固定されたときには，$t = -4.5 \times 10^9$ 年前の仮定される初期状態に向かってモデルを積分したときに他が制約されるようにそれらを関連づける．われわれの選択する熱史のモデルは，表 21.3 と 21.4 にあるように 20×10^{12} W の放射性発熱を現在のマントルがもつが，21.2 節で議論されたように不確実性が大きいことを考え，12×10^{12} W，24×10^{12} W および 29.5×10^{12} W のときの計算結果も報告する．24×10^{12} W の場合の重要性は，マントルの方がコアよりも速く冷えるという要求を満たす最大限の値であるように思われる点にある．他はすべてさまざまな地球化学的な考えから導かれたものである．

$\dot{Q}_{R0}$，n および g の値についての相互制約は，図 23.1 に描かれている．第一に注目すべき点は，n の値は $\dot{Q}_{R0}$ と g の関係にほとんど影響を与えないということである．$n = 1$ と $n = 3$ の両方の場合，もし g が実験で観察される範囲内であるなら，$\dot{Q}_{R0}$ は現在のマントルの熱損失量にかなり近い高い値，$\dot{Q}_0 = 32.5 \times 10^{12}$ W をとらなくてはならず，そうだとすると冷却速度は現在非常に遅く，初期は非常に速かったことになる．もし放射性発熱が地球化学的見積もりの範囲にあるなら，ずっと小さな g の値が必要となる．図 23.1 に示される放射性発熱量の見積もりはどれも確実ではないが，考慮されなくてはならない範囲はすべてカバーしている．

図 23.2 は，3 つのモデルに対応する地球内部からの総熱流量の時間変化を示す．このスケールでは，$n = 1$ と $n = 3$ の差は見えず，地球史の大部分で熱損失曲線はあまり違わない．大きな違いは最初の 1 億年にのみ現れる．これはモデルが現在の熱損失速度 44.2×10^{12} W に合うように強制的に課せられた制約の結果である．温度変化曲線 (図 23.3) は，損失熱量に占める放射性発熱量の割合によって異なるが，この場合には，再び $n = 1$ と $n = 3$ の曲線はほとんど違わず，分かれては見えない．29.5×10^{12} W のモデルでは，現在のマントル冷却速度は 10 K/10 億年であり，コア–マントル境界では 16 K/10 億年に対応し，見積もられているコア冷却速度より小さい．これはありそうも

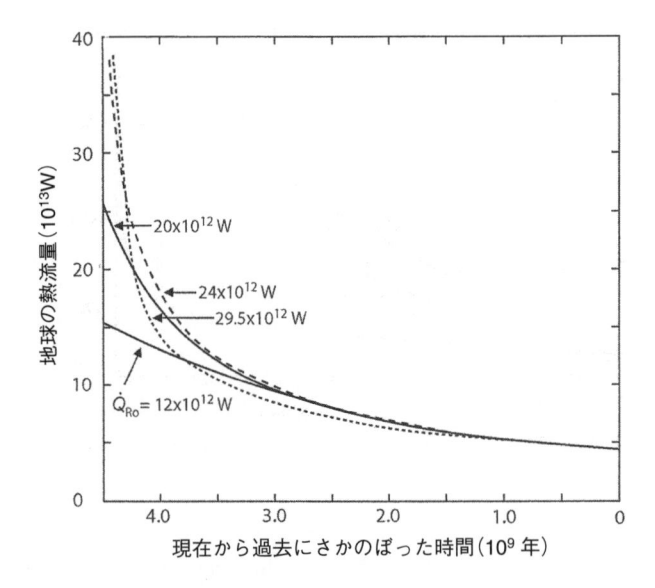

図 23.2 仮定した 3 つのマントル放射性発熱量に対応する地球の熱流量．地殻とコアの発熱量をマントルの熱流量に加えた総熱量を示す．異なる n に対応する熱流量の違いはこのスケールではわからないほど小さい．熱損失速度は，地球史の大部分において冷却理論のパラメーターに大きくは依存しない．主要な違いは最初期に見られる．

なく，なぜならいくらかでもコアを冷やすためにマントルはコアよりも速く冷えたはずだからである．われわれがその機構を理解する範囲では，この傾向が逆転したことはないであろう．われわれは 24×10^{12} W のモデルがマントル発熱量の上限であると考える．このために 20×10^{12} W モデルが選択されるが，図 23.3 の冷却曲線はそれほど違わず，それらを観測的に区別できるような要素を提供しない．

図 23.1 より，選択されたモデルは g の値が実験で得られる範囲の $1/2$ 程度であることがわかり，実験値は式 (10.27) を全マントルに当てはめるときには適当ではないことがわかる．これは驚くにはあたらず，なぜならモデルは，深さとともに変化するものの，均質な相同温度 T/T_M を仮定しているからである．より完全なモデルはこのことを考

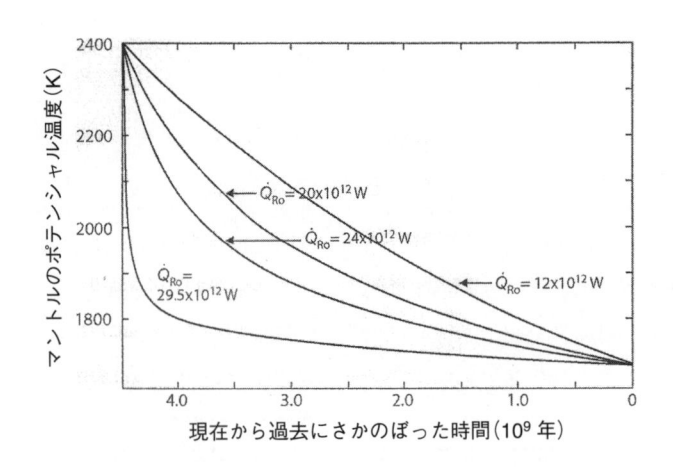

図 23.3 放射性発熱量の選択値に対応するマントル温度の時間変化．初期の急速な冷却はすべてのモデルに共通の特徴であるが，放射性発熱量が大きいほどより急速である．

慮したものとなろうが，結論にほとんど影響はないであろう．式 (23.21) において，T_M は g および n と複合パラメーター $2gT_M/3(n+1)$ として結びつき，独立に計算に入ってはこない．g と n の不確かさは確かに T_M より大きいが，図 23.1 が描くように，冷却モデルの重要な結論は n の値にはほとんど依存しない．それらは，したがって T_M についての仮定の単純さにはそれほど依存しない．詳細は不確実であるにもかかわらず，これらのモデルに確かだと考えられる共通の特徴が見られる．マントル対流は，式 (10.27) に表現されるように粘性の指数関数的な温度依存性によって支配されるが，レオロジーが線形か非線形かにほとんどよらないもっともらしい熱史を与える．地球の熱損失率は，どのみちモデル自体が成立するかどうかが疑問視される最初の 10^8 年間のみ，仮定する放射性発熱に大きく依存する．すべてのモデルで初期冷却が最も速く，地球史の大部分においてマントル底部にかなりの温度境界層を発達させる．マントルの放射性発熱量はよく決められていないが，20×10^{12} W が 50%の不確実性をもって選択される．もし現在の熱損失率と放射性発熱の両方を特定すれば，熱史は物性についての仮定にほとんどよらずに決まる．本質的な物理は，2 つの明らかな原理，レオロジーの強い温度依存性と弱くなる放射性発熱によって具体的に表現され，温度変化についてはほとんど，熱流量についてはまったくといってよいほど曖昧さがない．

表 23.2 は選択されたモデルの数値の詳細をまとめたものであり，23.5 節で議論されたように，マントルの放射性発熱は 20×10^{12} W，コアの熱損失は 3.5×10^{12} W である．これは，21 章での議論の一部，すなわち，放射性発熱量は地球史を通しての総損失熱量の半分強を説明する (表 21.1) という指摘を拡張するものである．地球の熱損失量のうち放射性発熱に由来する熱量の割合はユーリー (Urey) 比として知られる．その現在の割合は，われわれのモデルでは 0.64 である．地球史を通しての平均は 0.57 であり，ほとんど変化がない．長寿命の ^{232}Th が遠い未来では放射性発熱を支配し，驚くべきことかもしれないが，まだこれからの放

表 23.2 マントルの放射性発熱が 20×10^{12} W である場合の熱史モデルの数値の詳細

現在の放射性発熱	
マントル	20×10^{12} W
地殻	8.2×10^{12} W
コア	0.2×10^{12} W
合計	28.4×10^{12} W
現在の損失熱	
マントル	32.5×10^{12} W
地殻	8.2×10^{12} W
コア	3.5×10^{12} W
合計	44.2×10^{12} W
4.5×10^9 年間の放射性発熱	7.6×10^{30} J
4.5×10^9 年間の総損失熱	13.4×10^{30} J
残りの (蓄えられている) 熱	13.3×10^{30} J
現在から $t = \infty$ までの放射性発熱	10.9×10^{30} J

射性発熱量がこれまでの地球史を通しての発熱量を上回るのである．マントルの熱流量が熱伝導によって十分に運ばれるようになるまでは (そのような状態に達するには 10^{10} 年以上かかるであろうが)，内部発熱がテクトニックな活動を支えるであろう．

23.5 コア (核) の冷却史

コアの冷却はマントルの物性とその底部の温度境界層 (D″) によって制御される．コアにおける熱的過程は，熱損失の結果であって原因ではない．このことが，Stacey と Loper (1984) の議論，コアからの熱流量は境界層における競合する効果のバランスでおおよそ定常的な値で安定しているという議論の基礎となっている．熱はコアから，マントル中の細い通路を急速に上昇する熱く低粘性の物質からなるプルームという対流プロセスによって取り去られる．しかしあらゆる対流プロセスはマントルの冷却と硬化によって減速させられる．競合する効果は，コアより速いマントルの冷却が境界層を横切る温度増加を大きくし，熱流量を増加させてマントル全体が硬くなるのを補う効果である．この補償効果がそれほど大きいとは思わないが，コアで何か起こるかを考える上では重要である．大事な点は，熱流量が安定化するのであり，温度変化速度ではないということである．これらが

どのように関連するかを見てみよう．

表 21.5 は，コアエネルギーに対して，個別の時間変化を示すいくつかの寄与を区別する．さしあたって，放射能と歳差運動による寄与は無視し，表の最初の 5 つの項目を，$-dT/dt$ に比例する速さでの冷却に起因する $Q_1 = 20.23 \times 10^{28}$ J，および dV/dt（ここで V は内核の体積）に比例する潜熱と組成的な分離に起因する $Q_2 = 13.91 \times 10^{28}$ J とに分類する．dV/dt と dT/dt は式 (22.41) によって関係づけられる．これを $r \propto V^{1/3}$ を用いて書き換えると，

$$V^{-1/3} \frac{dV}{dt} \propto \frac{dT}{dt} \quad (23.23)$$

これを時間依存性にかまわずに，$T = T_0$ における $V = 0$ から温度 T における V まで積分する．現在の値 V_p と T_p を代入して比例定数を消去し，

$$\left(\frac{V}{V_p}\right)^{2/3} = \frac{T_0 - T}{T_0 - T_p} \quad (23.24)$$

を得る．

これを微分し，V と T の時間依存性を関連づけ，

$$\frac{1}{V_p}\frac{dV}{dt} = \frac{3}{2}\left(\frac{T_0 - T}{T_0 - T_p}\right)^{1/2}\left(\frac{-dT/dt}{T_0 - T_p}\right) \quad (23.25)$$

この関係式の極限は，$(T = T_0, V = 0)$ で

$$dV/dt \to 0$$

および $(T = T_p, V = V_p)$ で

$$\frac{dV}{dt} \to \frac{3}{2}\frac{V_p}{T_0 - T_p}$$

である．

V/V_p は放出される熱量 Q_2 の一部であり，dQ_2/dt は 0 から $(3/2)(Q_2/\Delta T)(-dT/dt)$ まで変化する．ここで，$\Delta T = 98.4$ K は内核形成を伴う温度降下である．Q_1 の変化は温度に関して線形であり，$dQ_1/dt = (Q_1/\Delta T)(-dT/dt)$ と表される．そこで，どの段階においても，熱の放出速度は，

$$\dot{Q} = \left[\frac{3}{2}\left(\frac{T_0 - T}{T_0 - T_p}\right)^{1/2}\frac{Q_2}{\Delta T} + \frac{Q_1}{\Delta T}\right]\left(\frac{-dT}{dt}\right) \quad (23.26)$$

上記の Q_1 と Q_2 の値から，Q_2 項からの寄与の割合は 0〜0.508 まで，内核が 0 から現在の大きさに成長するにつれて変化する．もし，われわれが考えたように，マントルの制御によって $\dot{Q}$ がほぼ一定に保たれるとすると，dT/dt は内核の成長の間に

1/2 になる．しかし，これは，Q_2 熱源 (0.50) に比べて熱効率が低い Q_1 熱源 (0.15) を埋め合わせない．一定のダイナモの動力を保つには，コアからマントルへの熱流量を時間とともに減少させ，増加する熱効率を内核成長による寄与をより大きくすることで相殺する必要がある．ここに示した冷却の計算によれば，内核形成は，少なくとも 35 億年前には始まり，減少する冷却速度を埋め合わせながらダイナモの駆動力への寄与を増大させ，漸次重要性を増してきたことになる．

この計算で導かれるコアからマントルへの熱流量，およそ 3.5 TW は，ある程度観測的に支持され，Sleep (1990) のホットスポット隆起の浮力見積もりから推定されるプルームの運ぶ熱量と一致する．このことから，ホットスポットはマントルの底で発生し，コアの熱を運ぶプルームであるとみなせる．コアからマントルへの熱流量のほかのほとんどの見積もりはより大きく，典型的には 10 TW である．そうすると，しばしば仮定される 1〜2 TW の放射性発熱があるだけで，前節 (問題 23.3 参照) でのすべてのマントル冷却モデルに関して，マントルの冷却よりもコアの冷却の方が速いことになる．しかし，マントルは底部での温度境界層を残すためにコアよりもより冷却しなくてはならず，相対的な冷却速度についての矛盾を抱えたまま熱史を編むのは難しい．

放射性発熱を議論に持ち込む場合，初期により多くの熱量があることになるが，もし $\dot{Q}$ がマントルによって制御されるなら，加算された熱量は，より熱効率の低い熱源を置き換えて単に初期の冷却を減速させるだけである．歳差運動は初期における高効率のエネルギーを生むが，24.7 節において，現在の地球においては重要ではなく，初期地球においてさえも 2 次的な寄与しかないであろうと結論する．

さて，式 (23.24) と (23.26) を詳しくみて，どの程度，$\dot{Q}$ 一定の仮定を変えなくてはならないかを検討しよう．20 億年前の条件として仮定されるかもしれない，熱量 $(Q_1 + Q_2)$ の 50% が使われる場合を考えよう．V と T の値は，次式を書くことによって得られる．

$$Q_1\left(\frac{T_0-T}{T_0-T_{\mathrm{P}}}\right)+Q_2\left(\frac{V}{V_{\mathrm{P}}}\right)=Q_1\left(\frac{T_0-T}{T_0-T_{\mathrm{P}}}\right)$$
$$+Q_2\left(\frac{T_0-T}{T_0-T_{\mathrm{P}}}\right)^{3/2}=\frac{1}{2}(Q_1+Q_2)\quad(23.27)$$

上記の Q_1 と Q_2 の値を用いて，数値解

$$(T_0-T)/(T_0-T_{\mathrm{P}})=0.5576$$

を得る．対応する体積分率は，$V/V_{\mathrm{P}}=0.4164$ となり，温度は全期間の温度降下量の半分以上であるが，内核の体積はまだ半分に達していないことになる．ここで，式 (23.26) において $(T_0-T)/(T_0-T_{\mathrm{P}})=0.7467$ を用い，内核成長段階における Q_2 項の $\dot{Q}$ への寄与率を求める．結果は 0.435 であり，一方で現在の値は 0.508 である．

式 (23.27) からの結論は，内核成長の初期には Q_1 項が支配的であったが，成長の後半，おそらくは最近 20 億年は，Q_1 と Q_2 の寄与率はほとんど変化せず，$\dot{Q}$ 一定の仮定を疑わなくてよいであろう．25.4 節において，古地磁気の観測から，20〜25 億年前の地球磁場は最近の時代よりも系統的に弱かったという報告にふれる．このことは，当時，内核によるコアエネルギーへの寄与が少し小さかったことと整合的である．しかし，内核がもっと小さかったときには，それがより速い冷却の寄与か放射能によるものかにかかわらず，より大きなコア–マントル熱流量にとって代わるものはない．$\dot{Q}$ 一定の仮定は，35 億年前に地球磁場が存在したという観測とは相容れない．しかし，最近 20 億年間については十分条件であるように見えることは，放射性発熱は副次的な役割しか果たしていないというわれわれの議論と整合的である．

コアの初期状態についての理論についての観測的制約はほとんどないが，現在よりも決して 2000 K 以上熱かったことはなかったと結論する．Sumita と Yoshida (2003) によって再検討されたように，コアは初期には安定成層していたという示唆もある．核は，地球が集積する際，原始マントル中を液体の鉄が沈降することによって形成され，その溶質はマントルの鉱物と局所化学平衡にある．しかし，液体鉄への酸素の溶解度は圧力とともに増加し，初期に集まったコア内側の部分は，より低圧下でマントル中を浸透したため，その後に集まった部分よりも酸素は少なかったであろう．その結果生じる安定成層は内核が形成され，液体中に過剰酸素を吐き出すようになるまで壊されない．ダイナモの実現性を疑うような理論は考えないことが大切である．もし安定成層が起こった場合，成層構造は 10 億年間は残らなかったかもしれず，内核成長が非常に早く起こることを要請するが，これはここで提示された冷却モデルと整合的である．

われわれが仮定するコアの熱伝導率を用いると，コアでの放射性発熱をどうしても仮定しなくてはならないという要請は，何とか回避しうる．熱伝導率の不確実性を考慮するなら，コアで放射性発熱があるかどうかは議論の対象として考えなくてはならない．これは単なる懸念ではない．すべての計算は，内核から放出された軽い溶質は外核中へ均質に混合すると仮定している．もしそうではなく，軽元素がコア最上部にそのまま溜まるとすると，重力解放エネルギーは均質混合の場合の 1.84 倍となる．

そのような組成に由来する動力の劇的な増加はコアの放射能に対抗する立場を強めるが，確たる証拠はない．均質混合時の組成に比べ，質量欠損 Δm (式 (22.30)) あるいはそれに近い欠損の軽い重力的に安定な層ができるであろう．それは，コア深部に比べて質量欠損が $\Delta\rho=(2.8\times10^7/t)\,\mathrm{kg\,m^{-3}}$ であるような，厚さ t (m) の表面層のように見えるであろう．もし，この層の体積が内核に匹敵するとすれば，厚さは約 50 km で $\Delta\rho\approx560\,\mathrm{kg\,m^{-3}}$ である．この程度の厚さの安定成層の存在は，地球磁場の研究 (Whaler, 1980; Braginsky, 1993, 1999) にもとづいて提案されているが，疑問も出されている (Fearn と Loper, 1981)．もし少しでも軽い濃縮液がコア–マントル境界に達したとすれば，安定な層を形成するであろうから，その可能性を認めなくてはならないが，コアのエネルギー論の中で重要な影響をもつには，濃集の割合は大きくなくてはならない．そのような層を要請する地震学的な証拠はないが，証拠を得ることは容易ではない．どの P 波の最深の伝播もコアの最外核部には及ばず，そこを観測するにはコア–マントル境界での弱い S–P 変換波を用いる必要があるであろう．

24
地 磁 気

24.1 前 お き

　地磁気 (地球磁場ともいう) は，航海に用いられたという理由もあって，他の地球物理学の分野に比べて長い研究の歴史がある．ごく初期においては，磁化した鉄の酸化物 (天然磁石) が自然に並ぶのは地球外からの力が働いたためと信じられた．1269年に Petrius Peregrius (フランスのピカルディーの Pierre de Maricourt としても知られる) によって書かれた書簡に，球形の天然磁石の性質に関する記述が見られる．彼は，磁石の力は天球の極からもたらされたものと信じられていたことから，磁石の「極」という言葉を初めて導入した．天然磁石のつくる磁場と地磁気が似ていることが認識されるのは，16 世紀の英国人 Robert Norman と William Gilbert の仕事を待たねばならない．地球がほぼ南北を軸とする巨大な磁石になっていることを示すおおよその論拠は，1600 年に刊行された Gilbert によるラテン語の本 *De Magnete* に示されている．この本の英訳は，1893 年に P. F. Mottelay によって出版され，画期的な科学的文献として復刻されている (Dover Publications, 1958)．

　地磁気の偏角 (航海などで用いる磁気コンパスが示す磁場の方向と真北 (地理的北) の方位との間の角度) は，16 世紀中頃までには海図に示されるようになったが，当時は Gilbert の「双極子磁場」の概念に欠陥があるためではなく，磁場の軸と自転軸の不一致のためであると考えられていた．Gilbert は本の中では述べていないものの，ロンドンにおける偏角の値が時とともに変化している観測がすでに行われており，Gilbert がこのことを知らなかったとは考えられない．この偏角の時間変化は，H. Gellibrand によって 1634 年に報告された，今日地磁気の永年変化として知られている現象にほかならない．彗星で有名な Edmund Halley は，初めは大西洋において，後にはさらに広い地域において，地磁気偏角とその時間変化を詳しく研究した．そして 1700 年までには，地磁気が双極子磁場からかなり異なっていることだけでなく，双極子的ではない磁場の分布が全体として西方に移動していることなどを認識した．Halley は，この西方への移動を，地球内部に複数の同心球殻を考え，中心に近い球殻が磁石を保持しながら外側よりも遅く回っているためと考えた．この考えは，200 年以上も経った最近の「差分回転」のアイデアを予見したものである．地磁気の西方移動は，地磁気研究の主要課題であるので，24.6 節において改めて議論する．

　Halley の研究の後 20 世紀に至るまでの間では，たった 1 つの進展が見られたのみである．すなわち，1838 年に C. F. Gauss が自ら展開したポテンシャル論 (付録 C の球面調和解析の基礎) の適用により，Gilbert や Halley が考えた通りに地磁気が地球内部で発生していることを疑問の余地なく証明したことである．同じ頃までには，地磁気の短周期擾乱とオーロラの関係について十分な記述がなされていたが，これが唯一地球の外に原因のある地磁気に関係した現象に関するものである．Gauss の解析によって，Peregrinus の抱いた，地球外に原因のある磁場の概念へと逆戻りしたのかも知れない．Gauss は，それより 6 年前に発表された M. Faraday による一連の電磁誘導の実験を知っていたはずである．しかし 1900 年頃に至るま

で，地球の磁場が深部の電流によって発生していることについての示唆が，わずかでさえもなされた形跡はない．また，当初この考えは簡単には受け入れられず，地磁気の研究はもっぱら地磁気擾乱と地球外の効果，太陽活動およびオーロラの関係に主眼がおかれていた．

今日われわれが地磁気の原因として広く受け入れている考えである自励ダイナモ機構は，概念上の困難さに直面したが，以下の4つの主要な発展があって次第に解消されていった．

(i) 1908年，ウィルソン山天文台の所長であったG. Hale は，太陽黒点からの放射中のスペクトル線が分かれるのを発見し，これは非常に強い磁場の作用 (ゼーマン効果) によると報告した．

(ii) Hale の観測により，電磁流体 (非常に電気を流しやすい流体) の運動によって黒点磁場を発生するというメカニズムが想起された．さらに Larmor (1919) は，太陽磁場だけでなく地磁気も同様のメカニズムで発生しているという考えを提唱した．

(iii) H. Alfven は，薄いプラズマの運動との相互作用による宇宙スケールの磁場発生の理論を展開した．彼は，電磁流体によって磁場が運ばれたり変形したりするという「磁力線凍結」の概念を考案し，適当な乱流的流れがあれば磁場を増幅することが，可能であるどころかむしろ必然であることを示した．

(iv) 地震学によって地球に高密度の流体核があることがわかった．また，隕石や太陽大気から見た鉄の宇宙存在量 (cosmic abundance) も，鉄の流体核の存在を支持するとされた．

1940年代になると，W. M. Elsasser がこれらのアイデアを統合して，電磁流体力学的ダイナモのメカニズムの研究に初めて真剣に取り組んだ．続いて E. C. Bullard が Elsasser の始めたことの重要性にいち早く気づいた．しかし，ライバルの仮説はなかなか死に絶えなかった．Einstein が率いる理論物理学者たちは，重力と電磁力の関連という証拠にこだわり，巨大天体の自転と磁場の間には根本的関係があると想定していたのである．この仮説は，回転する球体を用いた非常に繊細な観測によって磁場がまったく発生しないことが示された (Blackett, 1952) のと，鉱山の中で測定すると深さとともに磁場の強さは減少せずむしろ増加するという観測によって，決定的打撃を受けることになった．

それ以前に，たとえば 1902 年の L. A. Bauer の主張 (Parkinson, 1983, p. 108 で引用) をはじめとして，地磁気が地球深部の電流系によって発生していて，その発生には自転が何らかの形で関与していることには疑いの余地がないことは何度も提唱されていたにもかかわらず，ダイナモ理論には強くかつ影響力のある抵抗がつきまとった．とくに否定的だったのは S. Chapman で，彼は 1940 年になっても (Chapman と Bartels, 1940, p. 704) はるか昔の A. Schuster の発言「地球の磁場の原因を地球内部の電流に求める困難さは克服しがたいものがある」を持ち出している．このように，地磁気に関するアイデアは長年にわたって進化してきた．研究の歴史の流れについては，Elsasser (1978, pp. 225–230) や Parkinson (1983) および Merrill ら (1996) などを参照して補うことができる．

われわれができる地磁気の観測は，地球の半分ほどの半径でしかない核において発生していることにより制限されたものとなっている．小スケールの様相は，単に距離によって減衰するだけでなく，地殻の磁化によって隠されてしまうため，見ることができない．核で発生した磁場のうちおよそ 1500 km よりもスケールが小さなものは隠されていると考えられている．われわれが得る地磁気の描像は，マントルの電気伝導度によっても制限を受けている．マントルの電気伝導度は核に比べれば低いが，それでも 1 年より短い周期の磁場変動を十分に減衰させることができる．マントルの電気伝導度分布を推定する場合には，深さのみの依存性を考え，水平方向には変化しないと仮定するのが一般的である．これによってグローバルな傾向を見ることができるが，あくまでも近似解でしかなく，マントルの最下部についていえばひどく誤った仮定であるといえよう．地磁気分布のパ

ターンのあるものは停滞し，他は移動するという長期観測の結果 (Yukutake と Tachinaka, 1969) は，停滞性の磁場はマントル中の局所的に高電気伝導度の部分に固定しているためと解釈される．この局所的高電気伝導度は，おそらく組成および温度の不均質であると想定されている D'' 層の不均質に対応するものと考えられている．推測の域を出ないが，D'' 層の電気伝導度不均質は，地表の磁場観測データから核–マントル境界の磁場を外挿し，さらに核の流体運動を推定する際に複雑さを持ち込むことになる．最近の核の流体運動の推定に関する議論は，Eymin と Hulot (2005) を参照されたい．

核の中の電流は，維持するメカニズムがなければおよそ 10^4 年の時定数でオーム散逸によって消滅してしまう．対流と自転の組合せを含む，電流の再発生のメカニズムの概要はすでに解明されている (24.5 節)．組成対流と熱対流がともに起こりうるが，現在は組成対流が支配的であると考えられている．核のエネルギー論は，22.7 節で論じられている．歳差運動のトルクの効果も検討された (Malkus, 1963, 1989; Vanyo, 1991) が，われわれが推定した核とマントルの角運動量軸の差 (7.5 節) を見ると，きわめて小さな効果しかもたらさないことがわかった．ダイナモを動かすのに必要なエネルギーの厳密な推定値はないが，どんなメカニズムであれ簡単に起こるものが支配的であるといえる．10^{11} W であれば十分だろうが，章動相互作用の考察からは 3 倍の大きさが予想されるので，核のエネルギーの計算においては，図 21.4 のようにダイナモに必要なエネルギーを 3×10^{11} W と仮定することにする．

地磁気の永年変化は精密に観測されているが，変化はゆっくりとしたものであり，機器による観測の歴史ではきわめて限定した様相しか見ることができない．もっと長い時間スケールでの変動の様子を見ようとすれば，われわれは岩石の磁化や考古学上の標本に保存されている過去の磁場の記録を読み解く，古地磁気学に頼ることになる．地質学的時間スケールの磁場変動を見ると，人類の歴史の記録からでは決して予測し得ないような，新たな現象の存在に気づくことになる．これは 25 章の主題であるが，古地磁気学の発見，とくに地磁気の逆転や軸双極子の原理は，本章で述べるように地磁気の理解に不可欠になっている．

24.2 地磁気のパターン

William Gilbert が気づいたように，地球の磁場の形状は磁化した球体あるいは球の中心におかれた小さいけれど強力な棒磁石のつくる磁場とよく似ている．そのような磁場は，双極子磁場とよばれる．「双極子」の意味は，そのような形の磁場は，原理的には近接した同じ強さで極性が反対の 1 対の磁極によってつくられるということである．この磁極の強さと両極の間の距離との積として，磁気モーメント (あるいは双極子モーメント) m を考えることができる．磁気モーメントは，電流のループによってつくられるが，等価な定義としては電流値 i とループの面積 A とにより，

$$m = iA \tag{24.1}$$

の形で表される．地球磁場は双極子磁場が支配的であるが，地表の磁場の強さのおよそ 20% は非双極子成分によっている．ここで「最適な双極子」について，その意味を厳密にしておこう．地球磁場の観測値を双極子のみで最もよく説明しようとすると，その位置は地球中心からややずれたところになる．しかし，最適な「地心双極子」を求めれば，そのモーメントは 2005 年において，

$$m_{\text{Earth}} = 7.768 \times 10^{22}\,\text{A m}^2 \tag{24.2}$$

となる．この双極子の軸は地軸 (自転軸) に対して $10°$ ほど傾いている．仮に，このモーメントから赤道面上の成分を差し引いて「地心軸双極子」のみを考えれば，モーメントは $7.644 \times 10^{22}\,\text{A m}^2$ である．

双極子のつくる磁場の成分は，スカラー磁気ポテンシャル V_m の空間微分によって表すのが便利である．ポテンシャルは，

$$V_m = \frac{\boldsymbol{m} \cdot \boldsymbol{r}}{4\pi r^3} = \frac{m \cos\theta}{4\pi r^2} \tag{24.3}$$

と表せ，ここに $\boldsymbol{r}$ は双極子の位置である原点から

観測点へ向けた動径方向のベクトルで, θ は双極子軸と r の間の角度である. ただし, 上の式においては, 電流ループの大きさが r に比べて無視できるほど小さいことを仮定している. ポテンシャルを用いると磁場は,

$$\boldsymbol{B} = -\mu_0 \operatorname{grad} V_m \quad (24.4)$$

で与えられる. 磁場の水平 (円周方向) 成分と鉛直 (動径方向) 成分はそれぞれ, 以下のようになる.

$$B_\theta = -\frac{\mu_0}{r}\frac{\partial V_m}{\partial \theta} = \frac{\mu_0}{4\pi} \cdot \frac{m}{r^3}\sin\theta \quad (24.5)$$

$$B_r = -\mu_0 \frac{\partial V_m}{\partial r} = \frac{\mu_0}{4\pi} \cdot \frac{2m}{r^3}\cos\theta \quad (24.6)$$

これらの式を地球 (簡単のため半径 a の球とする) の表面に適用し, 自転軸ではなく双極子軸に対して座標軸をとると, 慣用的な表記による磁場の水平成分と鉛直成分はそれぞれ,

$$H = -B_\theta(r=a) = -B_0 \sin\theta \quad (24.7)$$

$$Z = -B_r(r=a) = -2B_0 \cos\theta \quad (24.8)$$

となる. ただし,

$$B_0 = \frac{\mu_0}{4\pi}\frac{m_{\text{Earth}}}{a^3}$$

$$= 3.004 \times 10^{-5}\,\text{T} = 0.3004\,\text{Gauss} \quad (24.9)$$

は, 最適地心双極子による地磁気の赤道における強さである. このように, 座標軸を双極子の軸に一致するように選ぶと, $\partial V_m/\partial \lambda = 0$ により磁場の経度方向成分が現れないようにすることができる. 本書で用いる SI 単位系においては, 真空の透磁率の値は $\mu_0 = 4\pi \times 10^{-7}\,\text{H m}^{-1}$ である. なお, cgs 単位系では $\mu_0 = 1\,\text{Gauss/Oested}$ なので, $B_0 = 0.3004\,\text{Gauss}$ と $H_0 = 0.3004\,\text{Oested}$ とは同じである. 地表 ($r=a$) における磁場の強さ (全磁力) は,

$$B = (B_\theta^2 + B_r^2) = B_0(1 + 3\cos^2\theta)^{1/2} \quad (24.10)$$

と表される. 磁場の伏角は I と表記し,

$$\tan I = B_r/B_\theta = 2\cot\theta = 2\tan\phi \quad (24.11)$$

の関係がある. ただし, $\phi = (90° - \theta)$ は地磁気緯度である. 式 (24.11) は, 古地磁気学において岩石の残留磁化の伏角から古地磁気極の位置を計算するときにも用いる. また, この式は同時に磁力線を表現する微分方程式

$$\tan I = \frac{\mathrm{d}r}{r\mathrm{d}\theta} = 2\cot\theta \quad (24.12)$$

にもなっている. すなわち, ある磁力線と半径 a の球面との交点 (ふつうは磁気赤道) の磁気余緯度を θ_a としたとき, 式 (24.12) を積分すると,

$$\frac{r}{a} = \frac{\sin^2\theta}{\sin^2\theta_a} \quad (24.13)$$

が得られる.

観測された地球磁場から双極子磁場を差し引いた残りは, 非双極子磁場とよばれる. 図 24.1 は, Bullard ら (1950) によって描かれた 1945 年における非双極子磁場の様子を示したものである. 彼らは, 非双極子のふるまいを解明することから地磁気の原因を探ろうとしていた. 2005 年版国際標準磁場モデル (IGRF2005, 表 24.1) を参照すると, 非双極子磁場の地表全体の rms 平均強度は $1.11 \times 10^{-5}\,\text{T}$ で, 双極子磁場の rms 平均 $\sqrt{2}B_0 = 4.248 \times 10^{-5}\,\text{T}$ の 1/4 であるが, 後に述べるように, コア (核) においてはこの比は大きく違った値になる.

双極子磁場と非双極子磁場の分離は, 球面調和解析によって行うことができる. 式 (24.3) は, 式 (C.11) の形の無限級数展開の最初の項に対応する. 付録 C で注意したように, 地球電磁気学では慣用的にテッセラルおよびセクトラル項は同じ階数のゾーナル項と地表での rms 平均値が同じになるように規格化される. この規格化による系は, 導入者の A. Schmidt にちなんでシュミット式規格化とよばれる. この規格化を用いて求めた展開係数 g_n^m と h_n^m を磁場のガウス係数とよぶ. 地球外部に原因のある磁場の項を除くと, 完全に内部起源のみの磁場の表現として,

$$V_m = \frac{a}{\mu_0}\sum_{l=1}^{\infty}\left(\frac{a}{r}\right)^{l+1}\sum_{m=0}^{l}(g_l^m\cos m\lambda$$
$$+ h_l^m \sin m\lambda)P_l^m(\cos\theta) \quad (24.14)$$

を得る. この式において, 係数 g および h は磁場の次元をもつように書かれている. すなわち, 展開係数は nT (ナノテスラ) 単位で与えられる. 1 nT は, 古い文献では 1 ガンマと表記されることもあるが, 10^{-9} T あるいは 10^{-5} Gauss に対応する. 表 24.1a には, $(l, m) = (8, 8)$ までの係数の値が与えられている. Olsen (2002) が論じたように, 人工

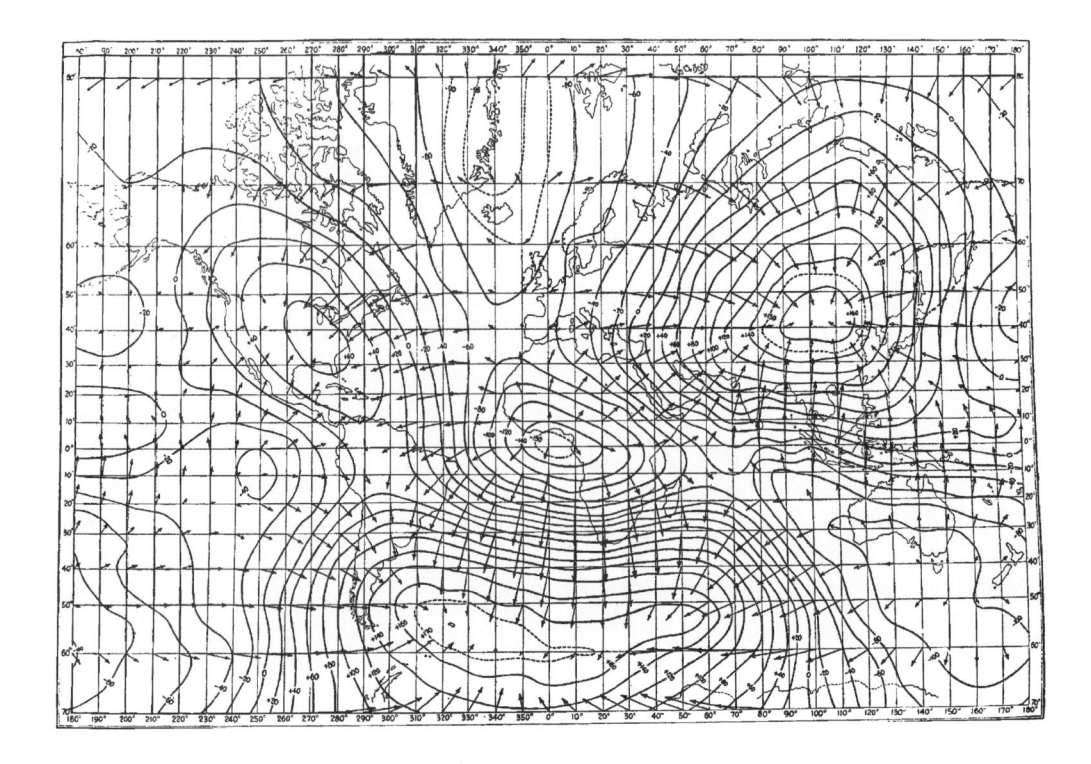

図 24.1 1945年における非双極子磁場の分布．コンターは $2\,\mu\mathrm{T}$ 間隔で鉛直成分を，矢印は水平成分を表す．許可を得て Bullard ら (1950) から複製．

衛星データを用いてグローバルな磁場のモデリングを行うと，式 (24.14) の球関数展開の表現に直接結びつく．

式 (24.14) に $l = 0$ の項が含まれないのは，この項が単磁極に対応するためである．仮に単磁極というものが存在しても，地磁気に寄与することはない．$l = 1$ の項は，双極子項である．磁場の一般的表現において，軸は地理的軸に一致させる一方，余緯度は地心座標系で測られ，地球が真の球からずれている (図 6.2) ために地磁気的な余緯度と地理的な余緯度の値とはわずかにずれた値になる．展開係数 g_1^0 は双極子の軸方向の成分を表し，係数 g_1^1 と h_1^1 がそれぞれ赤道面のグリニッジ子午線の方向とその直交方向の成分である．式 (24.9) で与えた地磁気赤道上の双極子磁場の強さは，

$$B_0 = [(g_1^0) + (g_1^1) + (h_1^1)]^{1/2} \quad (24.15)$$

と表される．地磁気軸と地理的軸の間の角度を η とすると，

$$\tan\eta = [(g_1^1)^2 + (h_1^1)^2]^{1/2}/|g_1^0| = 0.192 \quad (24.16)$$

であり，$\eta = 10.26°$ となる．式 (24.14) に出てくるさらに高次の項は，四重極，八重極，さらに多重極の項を表す．

地心余緯度が θ，経度が λ の地点における地磁気の北向き (X)，東向き (Y)，下向き (Z) 成分は，それぞれ V_m の微分によって，

$$X = \frac{\mu_0}{r}\frac{\partial V_m}{\partial \theta} \quad (24.17)$$

$$Y = \frac{-\mu_0}{r\sin\theta}\frac{\partial V_m}{\partial \lambda} \quad (24.18)$$

$$Z = \mu_0 \frac{\partial V_m}{\partial r} \quad (24.19)$$

と表される．地磁気の成分は観測できるが，ポテンシャル V_m を直接観測することはできない．仮に地磁気の 3 成分がすべて測定されたとすると，係数 g と h を計算するには情報が余分であるが，もし地球内部以外にも原因があるとすると何らかの条件を加える必要が出てくる．そういう場合には，式 (C.11) の C' や S' に対応する外部起源の磁場に対応する係数を g および h から分離しなければならない．このいわゆる内外分離の手順につい

24.2 地磁気のパターン

表 24.1 (a) 国際標準磁場 (IGRF)2005 年版の階数および次数ともに 8 までの球面調和係数. 式 (24.14) で定義される, 階数と次数が (l,m) のときの係数 g_l^m と h_l^m が nT 単位で半径 6371.2 km の球の表面に準拠して表示されている.

l	m=0	1	2	3	4	5	6	7	8
1	−29556.8	−1671.8							
		5080.0							
2	−2340.5	3047.0	1656.9						
		−2594.9	−516.7						
3	1335.7	−2305.3	1246.8	674.4					
		−200.4	269.3	−524.5					
4	919.8	798.2	211.5	−379.5	100.2				
		281.4	−255.8	145.7	−304.7				
5	−227.6	354.4	208.8	−136.6	−168.3	−14.1			
		42.7	179.8	−123.0	−19.5	103.6			
6	72.9	69.6	76.6	−151.1	−15.0	14.7	−86.4		
		−20.2	54.7	63.2	−63.4	0.0	50.3		
7	79.8	−74.4	−1.4	38.6	12.3	9.4	5.5	2.0	
		−61.4	−22.5	6.9	25.4	10.9	−26.4	−4.8	
8	24.8	7.7	−11.4	−6.8	−18.0	10.0	9.4	−11.4	−5.0
		11.2	−21.0	9.7	−19.8	16.1	7.7	−12.8	−0.1

表 24.1 (b) 国際標準磁場 (IGRF) 2005 年版の永年変化項. 表 24.1 に表示する係数の変化率 (nT/年) を与える.

l	m=0	1	2	3	4	5	6	7	8
1	8.8	10.8							
		−21.3							
2	−15.0	−6.9	−1.0						
		−23.3	−14.0						
3	−0.3	−3.1	−0.9	−6.8					
		5.4	−6.5	−2.0					
4	−2.5	2.8	−7.1	5.9	−3.2				
		2.0	1.8	5.6	0.0				
5	−2.6	0.4	−3.0	−1.2	0.2	−0.6			
		0.1	1.8	2.0	4.5	−1.0			
6	−0.8	0.2	−0.2	2.1	−2.1	−0.4	1.3		
		−0.4	−1.9	−0.4	−0.4	−0.2	0.9		
7	−0.4	0.0	−0.2	1.1	0.6	0.4	−0.5	0.9	
		0.8	0.4	0.1	0.2	−0.9	−0.3	0.3	
8	−0.2	0.2	−0.2	0.2	−0.2	0.2	0.5	−0.7	0.5
		−0.2	0.2	0.2	0.4	0.2	−0.3	0.5	0.4

ては, 24.3 節において外部の磁場擾乱と地球内部に誘導される磁場との分離に関連した議論を行う.

球関数の規格化は, 付録 C において論じている. 磁場の成分の強さを求めるために規格化を適用して地球の全表面で平均をすると, 展開係数 g_l^m または h_l^m で表される項の地表での rms 磁場強度は,

$$(B_l^m)_{\rm rms} = (l+1)^{1/2}(g_l^m, h_l^m) \qquad (24.20)$$

で与えられる (Lowes, 1966). 球面調和関数は直交関数なので, 各項の 2 乗を足し合わせることにより, 階数 l のすべての項による 2 乗平均磁場強度は,

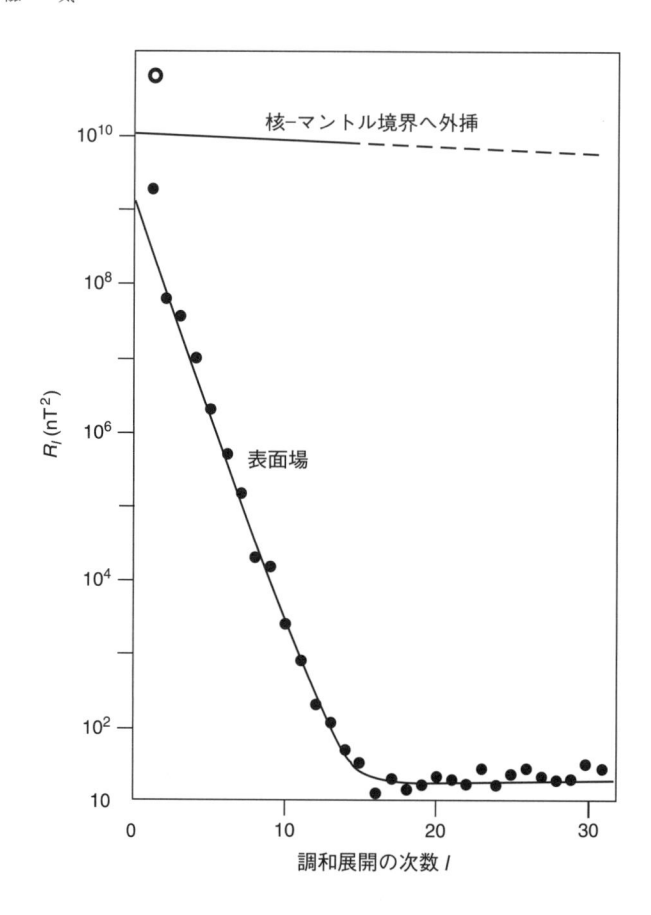

図 24.2 球関数展開の階数 l と各階数の平均 2 乗磁場強度 R_l (式 (24.23) 参照) の関係. 黒丸は Cain ら (1989) によるデータ. 白丸と図の上方の線は双極子項と非双極子項 $l = 2$ から 14 までのトレンドを核–マントル境界まで下方接続した値である. もとの解析では $l = 63$ までの係数を含めたが高階数ほどノイズの影響が強まる傾向がある.

$$R_l = (l + 1) \sum_{m=0}^{l} [(g_l^m)^2 + (h_l^m)^2] \quad (24.21)$$

で表される. われわれは, これを波長 $(2\pi a/l)$ のすべての項の足し合わせとみなすことができ, R_l を l に対してプロットしたもの (図 24.2) は地磁気強度の空間スペクトルになる. この図には注目すべき特徴がある. 低い階数ではコア由来の磁場が卓越しているが, 階数の増大とともに急激に減少するのに対し, 地殻由来の磁場はほぼ白色 (R_l が l によらず, ほぼ一定である) であって, $l > 14$ の場合にはコア由来の磁場は地殻由来の磁場に隠されてしまうことである. Cain ら (1989) は, データをコア由来と地殻由来の 2 つの項からなる式にフィットさせて,

$$R_l = 9.66 \times 10^8 (0.286)^l + 19.1 (0.996)^l \, \text{nT}^2 \quad (24.22)$$

を得た.

式 (24.14) の形を用いると, 地表の磁場を下方の原因のある深さに外挿することができる. この数学的手続きは下方接続とよばれ, 地球物理学においては地磁気異常や重力異常の原因の深さや形状を推定するのに用いられる. 階数 l の調和関数で表すポテンシャルは $r^{-(l+1)}$ の半径依存性があるので, 磁場の成分 (式 (24.17)〜(24.19) で与えられる) は $r^{-(l+2)}$ の依存性があり, したがって, 磁場の 2 乗およびすべての階数 l の成分の 2 乗和 R_l は $r^{-(2l+4)}$ の依存性がある. かくして, 半径 r における階数 l のすべての項の磁場の 2 乗平均値は,

$$R_l(r) = R_l(a) \cdot \left(\frac{a}{r}\right)^{2l+4} \quad (24.23)$$

で与えられる．ただし，地表 ($r = a$) における値は，表 24.1(a) の係数から求めることができる．図 24.2 の上方の線は，式 (24.22) の第 1 項に式 (24.23) を適用してコア–マントル境界に下方接続した値である．この深さでは，コアで発生した磁場はピンク色 (白に近いが依然としてやや赤い) のスペクトル構造をしている．地表観測で得られた地殻磁場も，図 24.2 では必ずしも明らかではないが，同様にややピンクのスペクトル構造をしている．

磁場が式 (24.14) のようにポテンシャルで表現できるのは磁場ソースの外側だけなので，何らかの仮定を設けない限りソース内部の磁場を下方接続で推定することはできない．しかし，ソースの表面の磁場のスペクトルはソースの大きさの推定に役立つ．ある深さにある非常に薄いソースを考えると，それよりも高いレベルで得られた磁場のスペクトルを用いて，ソースのスペクトルがわかっていればソースの深さを，ソースの深さがわかっていればソースのスペクトルを決定することができる．仮に，ソースが空間的に分布していて異なるレベルからのスペクトルへの寄与が互いに独立なら，地表での効果は単に足し合わせればよい．一様なスペクトル構造をしたソースが半径 r に比べて十分狭い深さの範囲に存在している場合，それによる地表における磁場のスペクトルはスペクトル構造が似ていて問題の深さ範囲の中央部分 (中央深さ) にある非常に薄いソースによるスペクトルと非常に似たものになる．したがって，ソース内部への下方接続は許されないものの，薄いソースを仮定してその中央深さへの下方接続によりソースのスペクトルをまずまずの精度で求めることができる．

地殻およびコア由来の磁場をそのソースに近接して見ると，実際それらの原因が白色で薄いという示唆が得られる．このことは，地殻磁場については容易に当てはまることを示せる．式 (24.22) によって，白色スペクトルをした地殻磁場の中央深さは $(r/a) = \sqrt{0.996}$，つまり地下 13 km と見積もられる．深さ 20〜25 km より深いところの物質は磁性鉱物のキュリー点を超えた温度になっていると考えられるので，この 13 km という値は磁化した地殻の深さの中央値にほぼ一致する．すなわち，地殻の磁化構造は白色スペクトルである．同様の下方接続はコア由来の磁場 (式 (24.22) の第 1 項) にも重要であるが，必ずしも明瞭ではない．Cain ら (1989) によるスペクトルの計算によれば，白色スペクトルのソースの中央深さは，コア表面の 80 ± 47 km 下であると見積もられる．いくつかの研究によって (たとえば Langel と Estes, 1982)，地表からの長距離の下方接続にもかかわらず，同じような推定がなされている．

コアの深さにおいて空間スペクトルがほぼ白色になるという事実は，われわれの知る限りダイナモ理論による説明はなされていないが，本質的な原因を有する物理的に意味のある事象であると考えられる．また，この原理が他の惑星にあてはまるのかどうか定かでないし，スペクトル分布の上から特異な双極子とおそらくは四重極子とは当てはめを除外すべきなのかもよくわからない．しかし，白色のスペクトルはおそらくコアの乱流に対応する小規模スケールの磁場を記述したものであろう．われわれは，観測をうまく説明する単純なモデルを考え，24.3 節においてそのモデルを地磁気永年変化の議論で用いることにする．このモデルは，中央深さの推定値 80 km を採用し，コア表面から特徴的な深さ 160 km の部分が物理的な実体と仮定する．電流の空間スペクトルは白色だが，この深さより深いところの磁場は観測できない．磁束の凍結の原理 (24.3 節および 24.5 節参照) によれば，観測される磁場はコアの表層とともに動き，それによってより深い部分のパターンは隠されてしまう．観測される磁場のスペクトルはコア表層内部の磁場の特性をもっており，それより深部のパターンの直接的な手がかりにはならない．スケール長 160 km というのは，コアの運動のうち磁場によって制御された渦の中でも最小のスケールのものとして説明される．したがって，コアの深さにおける磁場の空間スペクトルの上限 (最短波長，階数にして $l = 136$) を与えると考えられる．すなわち，コア表面の磁場はこのスケールを下限とす

る電流ループによってモデル化される.

双極子磁場 ($l = 1$) はコアの深さでは地表におけるほど卓越してはいないが，それでも高調波に共通して見られる傾向より明らかに大きな強度をもっていることがわかる (図 24.2 の白丸). この違いは統計的に有意であり，双極子磁場が地球ダイナモで特別な役割を果たしていることが示唆され，したがってコアの深さでの rms 磁場強度を計算するときも双極子項は別な扱いをする. 逆に，四重極子項 ($l = 2$) は高調波の傾向よりも有意に弱く，このこともダイナモにおける物理的要因によっていると考えられるが，その上の階数の磁場に明瞭に表れているわけではない. これら磁場の成分相互の関係は，赤道に対して対称ないしは反対称の調和項の間に見られる本質的な違いという観測事実を用いて 25.3 節および 25.4 節においてより一般的に考察する. 双極子項を除けば，コア–マントル境界まで下方接続されたコア磁場のスペクトルは，図 24.2 の上方の線によって表され，

$$R_l(\text{CMB}) = 1.085 \times 10^{10} (0.959)^l \, \text{nT}^2 \quad (24.24)$$

で与えられる. この式から任意の階数の全 rms 磁場強度 $\sqrt{\sum R_l}$ を求めることができる. 双極子項については表 24.1 の $l = 1$ の係数を用いて別途計算することにより，任意の調和関数のグループから選び出した磁場成分の rms 強度は，

$$\begin{aligned}
B_{\text{rms}}(\text{CMB}) &= 2.61 \times 10^5 \, \text{nT} \quad (l = 1) \\
&= 4.90 \times 10^5 \, \text{nT} \quad (2 \leq l \leq 136) \\
&= 5.55 \times 10^5 \, \text{nT} \quad (1 \leq l \leq 136)
\end{aligned}$$

となる. この推定にもとづけば，コアの深さにおけるポロイダル磁場の強さは 5.5×10^5 nT (5.5 G または Gauss) となる. もし，スペクトルはコアの内部 100 km まで白色であると仮定すると，もう少し大きな値 11.8×10^5 nT が推定される. この値はポロイダル磁場の観測によって得られたものであるが，コア内部の磁場の強さとしてはこれがすべてではない. ダイナモ理論によれば，観測されるポロイダル磁場 (極がある磁場) に加えてソース領域に閉じ込められていて原理的に観測できないトロイダル磁場の存在が必要とされる. トロイダル磁場の最も単純なものは，ドーナツ状の物体の表面に一様に巻いたコイルの電流による磁場を考えればよい. ドーナツに沿った方向の電流が全体でゼロになるように，各層のコイルを順方向と逆方向に注意深く巻くと発生する磁場は磁極のない閉じたループ状になってドーナツの中に閉じ込められる. 内核の章動との相互作用から，Mathews ら (2002) は内核にしみ込んでいる磁場の動径成分の強さを 7.2×10^6 nT と推定した. 内核は外核よりも若干電気伝導度が高い (24.4 節) ためトロイダル磁場の電流も保持できると考えられるので，ここでは，この値をコア内部のトロイダル磁場を含む磁場全体の強さと解釈する. このように考えると，トロイダル磁場はポロイダル磁場よりも 5 倍程度強いことになる (24.7 節参照).

24.3 永年変化とマントルの電気伝導度

コア内部の運動のパターンの変化によってもたらされる，ゆっくりとした地磁気の変化を，永年変化とよぶ. 変化の時間スケールは，1 年あるいはそれ以上であり，一部は黒点周期変動に関係する 11 年周期を含む太陽活動による変動の周期帯と重なっている. しかし，地球外部に由来する地磁気変動の多くは観測可能なコアの変動よりはるかに速く，両者が混同されることはほとんどない.

すでに 24.1 節において述べたように，歴史時代の記録は非常に短いために，古地磁気学によって認識されるような地磁気現象を表現することができない. しかし，過去数百年の間に関し，とくに過去 50 年に関しては，われわれはかつて望んだ以上に詳細な地磁気の描像を得ている. この節では，歴史時代の観測記録の解釈を主題とする. これについて，Barton (1989) による包括的レビューがあり，Bloxham ら (1989) によるコアの深さにおける地磁気変動パターンの詳細な解析についての報告がある. Yukutake (1989) は，関連する理論をまとめた.

地磁気の球関数展開係数の時間変化 (表 24.1(b) の $\dot{g}$ と $\dot{h}$) は，階数 8 までしか示されておらず，これは地表において 5000 km 以上の波長に対応する.

これより高い階数の項は不正確であって，議論しても意味がない．結局，コア表面において意味のある波長は 2700 km 以上となる．さらに，$5 \leq l \leq 8$ の範囲では $\dot{g}$ および $\dot{h}$ の値は小さく精度よく求まっているとはいえない．そういう状況ではあるが，異なるサイズの磁場の相対的変化率を考えるには十分である．式 (24.22) の R_l に類似した量として，展開係数の変化率を用いて，

$$Q_l = (l+1) \sum_{m=0}^{l} [(\dot{g}_l^m)^2 + (\dot{h}_l^m)^2] \quad (24.25)$$

を用い，さらに階数 l の磁場成分の再形成時間 τ_l を，

$$\tau_l = (R_l/Q_l)^{1/2} \quad (24.26)$$

で定義する．この再形成時間という量は，コアにおいてさまざまな展開係数に対応する磁場の生成に関与する電流ループの大きさに関係していると考える．

ここで図 24.3 で示すように，断面の半径が $d/4$ の電流ループが並んで半径 R_c のコアを埋めている状況を考えよう．図から，

$$\sin\theta = \frac{d/4}{R_c - d/4} \quad (24.27)$$

であり，仮に電流ループの個数が l，つまり l 対の小ループが円の内部を満たしているとすると，

$$4\theta = 2\pi/l \quad (24.28)$$

であり，階数 l とともにループの直径は，

$$d = 4R_c[1 + 1/\sin(\pi/2l)]^{-1} \quad (24.29)$$

のように変化する．ある形状と電気伝導度の電流ループについて，電磁場の緩和時間はループの大きさの 2 乗に比例する (式 (24.43)) ので，各階数の再形成時間 (式 (24.26)) には，

$$\tau_l \propto d^2 \quad (24.30)$$

の依存性があることが予想される．図 24.4 は τ_l と d の関係を両対数にプロットしたもので，式 (24.30) が妥当であることを目で確かめることができる．予想される傾向に比べ，$l=1$ (双極子) 項は上に，$l=2$ 項は下になっている．実際，奇数階の項はすべて偶数階の項よりも系統的に上になっている．McFadden ら (1988) は，永年変化をモデル化するにあたり，双極子ファミリーおよび四重極子ファミリーとを赤道に関しての対称性によって区別した．この区別の妥当性についての古地磁気学的な証拠は，25.3 節において示すことにする．非双極子磁場は，双極子磁場に重なって変動している単なるノイズではなく，ダイナモの本質を表していると考える．

式 (24.30) がほぼ正しいことについて，奇数/偶数階の違いは無視して，$\log\tau$ と $\log d$ の関係に直線をあてはめて，その傾きと電磁場の緩和時間から予測される値である 2 とを比べることにする．すべての階数の項を用いると傾きは 2.5 ± 0.5 (誤差は 1 標準偏差) となる．双極子項 ($l=1$) を除くと傾きは 1.7 ± 0.4 であり，$l=1$ と $l=2$ の項をともに除くと 2.4 ± 0.3 である．ただし，単純な緩和時間を想定するのは適当ではない．実際の τ の値は，モデルに用いたサイズのループの緩和時間のおよそ 1/10 の大きさでしかない．この理由は，磁場の構造の時間変化が，磁気拡散 (別な言い方をするとオーム散逸) によって支配されているのではなく，コアの流体運動による磁場の再配列の速度によっているからである．これが，運動する導体が磁場を運ぶという，磁束凍結の原理である．これが，われわれが τ のことを緩和時間とはよばずに，再形成時間とよぶ理由である．

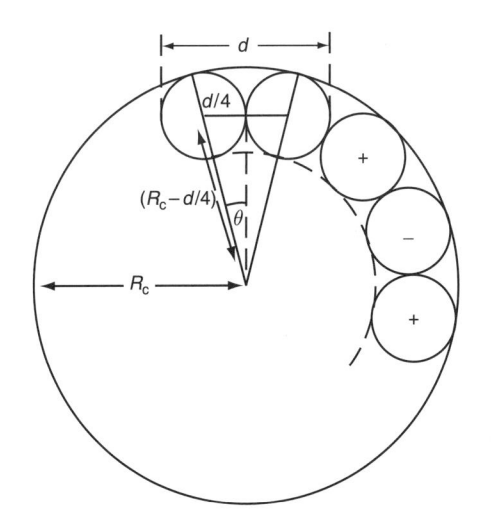

図 24.3 式 (24.29) で外核の周囲を埋め尽くす電流ループのサイズ d と数 l の関係を計算するときに用いた概念図．電流ループはドーナツ状であり，図では 1 対の円で表されている．

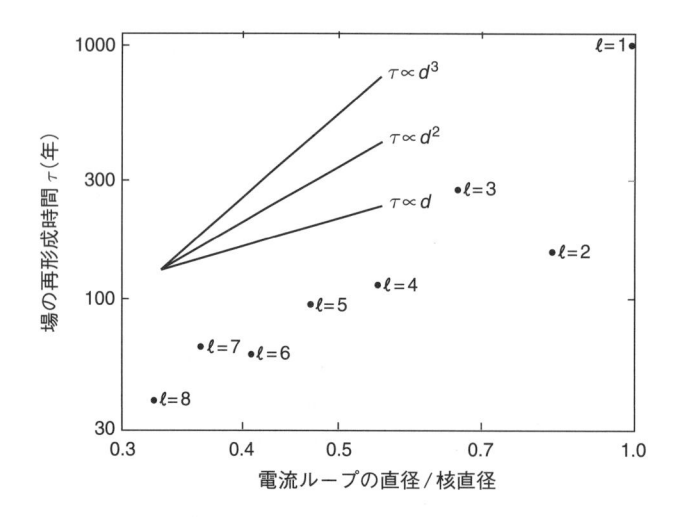

図 24.4 球関数展開階数 l の磁場再形成時間 τ_l と，その調和成分の磁場に対応する外核内の電流ループの直径 d の関係のプロット．用いた磁場データは表 24.1 に与えたものである．黒丸に付けられた番号は展開の階数 l である．

Bloxham ら (1989) に，磁束凍結原理を説明するもう少し詳しい図が示されている．彼らは，歴史時代の記録を通した地表における磁場の観測データを時系列として用い，コア–マントル境界の永年変化のパターンを推定した．磁場の鉛直成分がゼロになるヌルフラックスコンターの周囲を境界の定義として用いて，ある特定の変化パターンの時間経過を追った．これら境界は動き回るのであるが，磁束凍結原理を適用すると，境界内の全磁束は一定に保たれる．Bloxham ら (1989) は，拡散現象もわずかに見られるものの，あくまでも 2 次的効果であると結論した．すなわち，磁束凍結原理の適用によって，観測される永年変化をうまく表現することができる．この解析で見分けることのできない小スケールの磁場も存在するに違いないが，この結論を左右するものではない．磁束凍結の条件の追加により，永年変化はコア表面の流体運動を推定するのに用いることができる．Eymin と Hulot (2005) は衛星データをこの問題に応用し，いくつかの強い渦は見られるものの，解像度以下の小さなスケールからの効果は重要ではないと結論した．

われわれは 24.1 節において，地磁気の西方移動は歴史時代を通した永年変化の顕著な様相であると述べた．ところが，数千年にわたる考古地磁気あるいは古地磁気データをしらべると，別な様相が見えてくる．古地磁気学で見た永年変化と西方移動は，25.3 節に紹介する．膨大な古地磁気データが得られる以前は理論は歴史時代の記録によってのみ拘束されており，Bullard ら (1950) が発見したおよそ 0.2°/年の磁場の西方移動は永遠に続くものと考えられていた．ところが，磁束凍結原理により磁力線はコアのごく表層部に限定され，そうすると電磁結合のはたらきによって 10 年程度でマントルとの間で回転の差がなくなることになるはずという，一目でわかる矛盾が明らかとなった．西方移動を磁気流体波の伝播によって説明する試みは，最初に Hide (1966) によって示唆され，移動の継続時間によらず，今日でも興味がもたれている．Braginsky (1991) は，磁力・浮力・コリオリ力のはたらきによる擾乱の伝播 (3 つの力 (magnetic, Arichimdedian, と Coriolis pressure) の頭文字によって MAC 波とよぶ) がダイナモ理論において重要な役割を果たしていることを強調した．彼は，擾乱はコア内部のトロイダル磁場 B_T に沿って伝播し，トロイダル磁場は観測されるポロイダル磁場よりもずっと強いと仮定した．浮力の効果が無視できると近似した時波は磁気地衡流モード (magneto-geostrophic mode) となり，波長 λ に対し位相速度が，

$$V_{\mathrm{MAC}} \approx \pi B_T^2/\mu_0 \rho \omega \lambda \qquad (24.31)$$

で与えられる．ただし，$\rho = 10^4 \,\mathrm{kg\,m^{-3}}$ は局所的密度，$\omega = 7.292 \times 10^{-5}\,\mathrm{s^{-1}}$ は地球の自転速度，特徴的な大きさ $\lambda/2$ は実際に移動している磁場のパターンに対応し小さく見積もっても $4 \times 10^6\,\mathrm{m}$ (4000 km) である．式 (24.31) のように波長に依存した速度をもつ波は非常に分散性が強い．式 (16.49) を用いると，群速度は，

$$U_{\mathrm{MAC}} = 2V_{\mathrm{MAC}} \approx 2\pi B_T^2/\mu_0 \rho \omega \lambda \qquad (24.32)$$

となる．これが，観測される磁場の動く速度に対応する．西方移動の速度 $0.2°$/年あるいはコア表面で $4 \times 10^{-4}\,\mathrm{m\,s^{-1}}$ を代入すると，$B_T \approx 0.02\,\mathrm{T}$ (200 G) であり，ポロイダル磁場の 30〜40 倍も強いと予想される．この説明には，2 つの問題点がある．1 つには，実際には強い分散が見られないことで，Bullard ら (1950) の解析では異なる階数の展開係数の磁場成分が同じ速度で動いていると結論している．もう 1 つの問題点は，0.02 T もの磁場を維持するダイナモは非現実的に大きなエネルギーを必要とすることである．そういうわけで，歴史時代を通して西方移動が持続していることには，別の説明を考えなければならない．唯一可能な説明は，マントル深部と内核の重力的結合 (24.6 節) であるように思われる．

24.1 節に述べているように，マントルの電気伝導は磁場の観測にも影響を与えている．これを議論するため，マントルは固体で変動せず，誘導された電流が流れるという受動的役割のみを果たすと考える．また，電気伝導度はコアよりもずっと低い (電流が流れにくい) とする．それでも，効果としてはコアに適用した磁束凍結の原理と同じで，誘導される電流は磁場と導体との相対運動を妨げる方向に流れる．マントルが固定しているということは，その内部を通る磁場の変化に抵抗することを意味する．これは，いわゆる電磁誘導のレンツ (Lenz) の法則である．振動する磁場を考えると，振動の周期によって磁場がどれだけ導体の内部にしみ込むかが決まる．これは，表皮効果とよばれる．振動磁場の振幅は，周波数と電気伝導度の関数として与えられる表皮の深さ (skin depth)

とよばれる深さにおいて $1/e$ に減衰する．減衰には，位相の遅れも伴う．周波数 ω の平面波が，電気伝導度 σ の半無限媒質に入射するとき，深さ z とともに振幅と位相は，

$$B = B_0 e^{-\alpha z} \sin(\omega t - \alpha z) \qquad (24.33)$$

のように変化する．ただし，

$$\alpha = 1/z_0 = (\mu_0 \sigma \omega/2)^{1/2} \qquad (24.34)$$

で，z_0 が表皮の深さである．

図 24.2 および図 24.4 にプロットされたデータの傾向を見ると，永年変化でも速いもの (l が大きいまたは τ が小さい) ほどマントルの電気伝導によって顕著に減衰を受けているということではない．つまり，30 年程度の間に見える変動に影響を与えるほどマントルは高電気伝導度ではないことを意味する．1 年程度の間に発生した変化がマントルを通ってしみ出しうるという証拠が，1969〜70 年に，すべてが同時というわけではないが広範囲な (おそらくはグローバルな) 永年変化の急激な変動によって得られた．この現象は 1969 年地磁気ジャークとよばれる．ジャークの様相は，外部磁場の影響を最も受けにくい磁場の東向き (Y) 成分の時間微分のプロットに明瞭に現れる．多くの観測所について，dY/dt の急激な変化が見られ，このことは d^2Y/dt^2 がそこで不連続であったことを示唆する．ここで「急激」とは，1 年程度の間に起こったという意味である．地球外に起因するノイズのため，これより速い変動があったとしても見ることは難しい．ジャークは，マントルの電気伝導度がそれまで考えられていた値よりも低いことを示した点と，コアの運動が全体でこれほど速く変化するのは理解するのが難しいという点で，驚くべき現象である．外部磁場の影響である可能性もある時期までは考慮されていたが，内部起源であることに今や疑いの余地はない (Courtillot と LeMouel, 1984)．さらに以前にもジャークがあったらしいが，詳しい記述はない．

後で示すように，マントルの電気伝導度は深さ 660 km の相境界で急増するので，ここではより電気伝導度の高い下部マントルの厚さにして $\Delta z \approx$ 2200 km をジャークが伝播するときの減衰のみを

考えることにする．ジャークのスペクトルを角周波数 $\omega = \pi/$年 $= 10^{-7}\,\text{s}^{-1}$ で振動する磁場成分で表し，コアから上方に伝播するときの振幅 $|B|$ の減衰を考え，位相の変化は無視する．式 (24.33) より，深さ $\text{d}z$ の区間での変化分は，

$$\frac{\text{d}|B|}{|B|} = -\alpha \text{d}z = \left(\frac{\mu_0 \sigma \omega}{2}\right)^{1/2} \text{d}z \quad (24.35)$$

であり，深さ $\text{d}z$ の全区間について積分すると，

$$\ln(|B|/B_0) = -\sqrt{\mu_0 \omega/2} \int_0^{\Delta z} \sigma^{1/2} \text{d}z$$
$$= -\sqrt{\mu_0 \omega/2} \langle \sigma^{1/2} \rangle \Delta z \quad (24.36)$$

を得る．ここで $|B|/B_0 = 0.5$，すなわち信号の減衰が 50% であると仮定すると，$\langle \sigma^{1/2} \rangle = 1.78\,\text{S}^{1/2}\,\text{m}^{-1/2}$ となり，下部マントルの平均的電気伝導度は $3.2\,\text{S}\,\text{m}^{-1}$ と見積もることができる．以上は，球体内の問題を平面波近似した上，一様な電気伝導度を仮定するという簡単化した議論であるが，下部マントルの電気伝導度の桁の推定としてはもっともらしい値である．

マントルの電気伝導度を推定する別法としては，電離圏や磁気圏由来の磁場擾乱による電磁場シグナルの観測がある．地表における観測量は，外部 (誘導する) 磁場と内部 (誘導された) 磁場の時間変動が重なったものである．内部起源であるため，誘導された磁場は式 (24.14) の形で球関数展開されたポテンシャル，あるいは付録 C の式 (C.11) のダッシュ ($'$) が付かない項によるポテンシャルで表される．誘導する (外部) 磁場は，式 (C.11) のダッシュ付きの係数，C' や S' によって表現される．両者の違いは，動径方向 (r) に対する依存性に現れる．ポテンシャルそのものは測定できないが，その空間微分である磁場の北向き (X)，東向き (Y)，鉛直下向き (Z) 成分が記録されている．式 (C.11) の空間微分をとり，階数 l のゾーナルな項 ($m = 0$) のみを考えることによって級数の和を無視し，地表での観測値を考えて $r = a$ を代入すると，

$$X = -\frac{1}{r}\frac{\partial V}{\partial \theta}$$
$$= -\frac{1}{a^2}(C_{lm} + C'_{lm})\frac{\partial P_{lm}(\cos\theta)}{\partial \theta} \quad (24.37)$$
$$Z = -\frac{\partial V}{\partial r}$$
$$= -\frac{1}{a^2}[-(l+1)C_{lm} + lC'_{lm}]P_{lm}(\cos\theta) \quad (24.38)$$

となる．動径 (r) 依存性の違いにより，式 (24.37) では C_{lm} と C'_{lm} とが同符号で式 (24.38) では符号が逆になる．この性質を用いて，Z/X から C/C' を求めることができる．以上が，Gauss が地球の主磁場は主に内部起源であることを示すのに用いた原理であるが，ここでは時間的に変動する磁場を考えており，その内部起源の成分 (C) は外部起源の成分 (C') によって地球内部に誘導された電流によって説明されるはずである．電気伝導度の深さ分布は，内部磁場と外部磁場の比の周波数依存性によって得ることができる．

球対称の地球を想定すれば，誘導する磁場と誘導された磁場の周波数成分は対応するが，やや複雑な問題もある．磁気嵐時における磁場擾乱は，地球の昼側と夜側で異なるという点である．十分なデータがあればこの問題は球関数展開によって解決できそうであるが，式 (24.33) に示されたように誘導された磁場には位相遅れがあるのに加え地球は自転している．この点からすると地磁気日変化は特定の周波数のみをもっているのできわめて便利である．また，半日周期変化も日変化よりやや小さいが十分な精度で観測されている．これらは，見かけ上地球のまわりを伝播する波なので，異なった解析を適用する必要がある．最大浸透深度は最も長周期の擾乱によってもたらされる．これらは下部マントルの電気伝導度の推定に欠かせないが，数ヵ月よりも長い周期になると永年変化との区別が難しい．これが下部マントルの浅部に関する信頼できる情報の限界で，電気伝導度は約 $1\,\text{S}\,\text{m}^{-1}$ と見積もられている．この値は，さきほど 1969 年ジャークから求めた下部マントルの平均値とも整合的である．

ここで下部マントルの電気伝導度にそれほど際立った深さ方向の変化はないと結論しておくが，とくにマントルの最深部 (D″ 層) に水平方向の不均質が存在する可能性を指摘しておきたい．このことは，図 24.5 の電気伝導度分布図に見ることができる．これにより多くの人が，太平洋のマントル

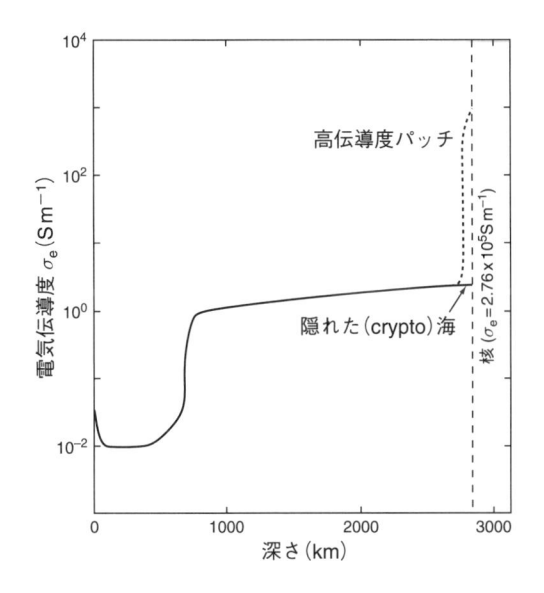

図 24.5 マントルの電気伝導度.

深部は周囲に比べ非常に高電気伝導度であるためハワイを中心とする広い領域で永年変化と非双極子磁場のしみ出しを妨げている (太平洋の「双極子窓」(dipole window) とよばれる) と示唆してきた. その論拠については Merrill ら (1996, pp. 259–261) にまとめられているが, 結局は古地磁気データの誤った解釈によるものであり, ハワイの溶岩に記録された永年変化は他の地域と何ら変わらないと結論されている. ここで, マントルの底に厚さ数百 m の金属の電気伝導度をもった層があれば, 章動の位相遅れを説明するであろうとする Buffett (1992) の議論に注目する. ただし, 全面的に高電気伝導度の層が存在することはありそうもないので, 部分的にパッチ状に存在する場合を考える. これらのパッチがあれば, 地表ではほとんど見えない小スケールの磁場と強い電磁的相互作用をもつと考えられる (言い換えれば「停滞性」磁場の説明になる). しかし, パッチは小さいのでグローバルな永年変化にはほとんど影響を与えないと考えてよい. 図 24.5 にはこのような可能性も考慮されている.

マントルはコアの成分を含む金属よりもはるかに低い電気伝導度をもつ. 物質としては半導体に分類される. 半導体の電気伝導度は, 指数関数で表される温度依存性をもつ. Dobson と Brodholt (2000) はこの性質をしらべ, 鉱物組成の理解に誤りがなければ上部マントルと下部マントルの間で大きな温度のジャンプはないとした. この結論は, 上下マントルの 2 層対流があればその間に熱境界層が存在するはずなので, マントルの 2 層対流仮説を否定する.

24.4 コア (核) の電気伝導度

地球にはその 45 億年という年齢のうち少なくとも 35 億年にわたって磁場が存在したことがわかっている. 地磁気ダイナモは安定して存在しており, そのことはコア (核) の電気伝導度はダイナモの安定性ぎりぎりの値よりはるかに高いことを意味する. 流体の外核は金属導体であるはずだ. 現在の宇宙化学および地球化学的証拠 (2.8 節) はいずれも鉄が核の主要構成物質であることを示すので, 金属導体であることに疑問の余地はない. もう 1 つの必然的帰結は, コアの熱伝導率も金属の特性をもっていることである. なぜなら, 電気伝導度と熱伝導率の間にはヴィーデマン–フランツ (Wiedemann–Franz) の関係 (式 (19.63)) があるからである. これによりコアの伝導による熱損失は膨大なものになるため, コアのエネルギー源として放射性熱源の必要量に関して活発な論争を引き起こした. Stevenson (2003) は, 伝導による熱損失は惑星ダイナモ解明への最も困難な問題であると指摘した. コアのカリウムの存在量に関する化学的議論には疑問があり (2.8 節), 物理的な要請により熱源として十分な量が存在することが想定されている. しかしながら, 結局この問題は非常に不確かな熱伝導率の推定に帰着するのである. Stacy と Loper (2007) は, コアの熱伝導率は従来の考えよりは低く, おそらくは放射性熱源を仮定しなくても済むほどのものであろうとしている. エネルギーの問題は, 21.4 および 22.7 節の主題である.

ここではまず, ダイナモに要求される電気伝導度について考えよう. これは, 24.5 節において磁気レイノルズ数,

$$R_\mathrm{m} = L v \mu_0 \sigma_\mathrm{e} \tag{24.39}$$

という無次元数で表現している.ただし,L は速度 v の流れの特徴的なスケールで,$\mu_0 = 4\pi \times 10^{-7}\,\mathrm{H\,m^{-1}}$ は真空の透磁率,σ_e は電気伝導度である.サイズが大きいほど,速度が速いほど,電気伝導度が高いほど,ダイナモ作用には好ましい条件で,R_m はこれら 3 つの積になっている.後出の式 (24.45) につながる議論として,半径 L の球についての自励ダイナモの成立の必要条件は $R_\mathrm{m} > \pi^2 \approx 10$ である.この値は,図 24.4 にプロットした各調和成分について,電磁場の緩和時間と再形成時間の比でもある.この条件を存在しうる最小サイズの電流ループに適用してみるが,そのサイズとは 24.2 節で示した空間スペクトルによって示唆される表層の厚み 160 km に対応する,すなわち断面の半径が 80 km の電流ループを想定する.式 (24.39) に $L = 80\,\mathrm{km}$ と Bloxham ら (1989) が永年変化から求めた流体運動の速度推定値 $v = 4 \times 10^{-4}\,\mathrm{m\,s^{-1}}$ を代入すると,$\sigma_\mathrm{e} \approx 2.5 \times 10^5\,\mathrm{S\,m^{-1}}$ が得られる.この推定は大まかで単純すぎるが,この値はコアの電気伝導度の推定値としてもっともであり,以下に推定を試みるコアの表面と底の値の平均値に一致している.

金属としては,鉄は電気伝導が悪い方である.コアが 10 倍の電気伝導度をもつ銅でできていたなら,コアのエネルギーは電流損失によって素早く失われ,ダイナモ作用を保持できないであろう.鉄の電気伝導度をコアの条件に外挿する際に,銅と鉄の違いの理由を理解しておくことは有益である.孤立した銅の原子は,最外殻電子 (軌道 4s) を 1 つだけもっていて,内側の軌道は 3d 軌道の 10 個の電子を含めてすべて満たされている.この原子が金属結合すると,相互作用によって 3d 軌道の電子は個々の原子の離散化された軌道殻に対応するいくつかのエネルギーバンドに分けられる.最も低いバンドはフェルミ準位として知られるエネルギーレベルで満たされ,フェルミ準位において kT 程度のエネルギー幅の範囲の状態間における熱活性を除き,それより高いエネルギーの状態は空位となっている.金属銅ではすべての 3d 軌道はフェルミ準位以下であり,絶縁体における軌道殻を満たした電子同様,電気伝導に関与しない.銅の 4s バンドでは,各原子の 2 つの可能な状態のうちの 1 つに電子が存在する.4s バンドの中央がフェルミ準位にある場合,それに近い電子は簡単に状態を価電子帯から伝導帯に変わることができるため,銅は良導体になる.伝導電子の実効的な数は,圧力によりエネルギーバンド幅が大きくなるので圧力とともに減少する.

鉄原子は銅原子よりも電子の数が 3 つ少ないため,3d 軌道は満たされておらず,電子は部分的には 4s バンドにも存在している.このため,3d と 4s 軌道の電子が電気伝導に関与しうる.関与しうる 3d 電子の数は非常に多いが,フェルミ準位の状態が多いので結合が強くてほとんど動かない.しかも電子の移動は,フォノン (結晶振動) や不純物原子を含む格子欠陥などによる電子の散乱によって妨げられる.場によって加速された電子がいずれかによって散乱を受ける確率は,散乱の結果入りうる状態数に依存する.鉄の 4s 電子についてみると,この状態数は 3d 状態の密度が高いので非常に大きくなる.これが,鉄が銅に比べて高抵抗である理由である.低温ではスピンの強磁性配列によって 3d 状態の効果は弱いため,実験室の温度圧力条件からコアの条件へ外挿することはほとんど意味がない.しかし,コアの圧力への外挿には 4s と 3d 状態のふるまいに大きな違いがあることの理解が必要であるが,高温での鉄の性質はよくわかっている.

実験による測定もやはり困難な問題である.最近の理論は,鉄および鉄とニッケル–ケイ素の合金を用いたコアの圧力範囲までの衝撃波実験結果にもとづいているが,Bi ら (2002) による鉄の測定は以前に報告された値よりも高比抵抗を与えた.Bi らの実験では,彼らのいうそれ以前の実験の欠陥を避けるためにサンプルをサファイアのカプセルに収めた.以前の実験では,金属サンプルをエポキシのカプセルに収めたのだが,そうすると 50 GPa くらいの圧力になると伝導度が高くなるらしい.エポキシが分岐回路となって,見かけの比抵抗を

下げる効果である．この報告により，理論の再検討が求められている (Satcey と Loper, 2007)．

熱振動による電子の散乱は，結晶格子の瞬間的な変形や異常に対する応答であるとみなすことができる．温度とともに増大するが，圧力とともに減少し原子振動の振幅を小さくする．熱による無秩序は本質的には融解の発生と同じなので，散乱の電気抵抗への効果は融解曲線上でほぼ一定と考えられる．Stacey と Anderson (2001) は，この議論に数学的根拠を与え，融解曲線上で一定の比抵抗が予想されると結論した．しかし，この結論は銅などの単純な金属には適用できても異なるバンドが重なり合っている鉄には適用できない．伝導帯が1つの単純な金属では，フェルミ準位からおよそ kT までにある伝導にかかわる電子数はそのレベルにおける状態の密度に比例する．ところが，散乱確率も，電子が散乱して入りうる状態の数に比例するので，同じ数に依存する．こうして，第1近似として，金属伝導というべき高い値である限り，電気伝導度は状態の密度に依存せず，したがって物質の圧縮によりバンド幅が広がる影響を受けない．鉄において，伝導を支配する 4s 状態は 3d 状態よりもバンドが広がっているために，伝導電子の実効数は電子が散乱して入りうる状態数よりも圧力とともに速く減少する．このため，圧力による鉄の電気伝導度の低下は，すべての電子がフェルミ準位にある銅のような金属よりも大きい．Bukowinsky と Knopoff (1977) の計算は，4倍の圧力ですべての 4s バンドがフェルミ準位よりも上になり，このとき電気伝導度は 3s 軌道の電子によってのみ担われる低い値になることを示した．しかし，これは実際の地球内部を超えた圧力の話であって，傾向を見るというだけの意味でしかない．Stacey と Loper (2007) は，4s 状態が式 (19.17) の形の関係に従うが 3d 状態の密度は圧力依存性が小さいという簡単な仮定を考えた．その上で，融解曲線上で一定と仮定して計算して求めた純鉄の比抵抗に掛ける係数としてこの式を用い，外核の表面で $2.72\,\mu\Omega\,\mathrm{m}$ を，最深部で $3.75\,\mu\Omega\,\mathrm{m}$ を得た．

固体金属に不純物原子を加えると，静的格子欠陥になって，温度に依存せず不純物が低濃度の場合は濃度に比例した比抵抗の増大をもたらす．比抵抗が温度とともに増大することを考慮すると，常圧における一定割合の不純物の比抵抗への効果は，全体の中での割合が減少しているといえる．高温では，不純物の効果はしばしば無視される．しかし，圧力は温度効果を弱めるのは確かだが，不純物の無秩序性の効果は弱めるどころか，Bridgman (1957) の実験が示したようにむしろ強める．十分な濃度の不純物があると，通常の圧力による比抵抗の減少が見えなくなり，圧力も温度も比抵抗の増大をもたらす．Bridgman による圧力 10 GPa までのさまざまな鉄の合金に対する系統的な実験は，現在でも最も適切なデータであるように思われる．その結果によれば，さまざまな合金物質に対して，「採算濃度」すなわち一定温度の条件下で鉄合金の比抵抗の圧力効果がなくなる濃度はおよそ 14 原子 % であることが示された．この値は，コアの密度の説明に必要な軽元素の濃度 (2.8 節) に近い．したがって，コアの中では不純物比抵抗の圧力依存性はわずかであり，Stacey と Anderson (2001) の値，$0.90\,\mu\Omega$ を採用してよいと考えられる．

上で推定した純鉄の比抵抗に不純物の効果を加えると，コアの表面で $3.62\,\mu\Omega\,\mathrm{m}$，外核の底で $4.65\,\mu\Omega\,\mathrm{m}$ という比抵抗値を得る．対応する電気伝導度は $2.76 \times 10^5\,\mathrm{S\,m^{-1}}$ と $2.15 \times 10^5\,\mathrm{S\,m^{-1}}$ である．内核については，不純物の寄与は少ないと考えられ，電気伝導度は $2.7 \times 10^5\,\mathrm{S\,m^{-1}}$ と推定される．19.6 節に述べたように，格子の寄与が少ないとすれば式 (19.6) の適用により，熱伝導率の推定値としてコアの表面で $28.3\,\mathrm{W\,m^{-1}\,K^{-1}}$，外核の底で $29.3\,\mathrm{W\,m^{-1}\,K^{-1}}$ が得られる．これらの数値は，22.7 節においてコアのエネルギー収支を算定するのに用いるが，それほど確実な値ではないことを認める必要がある．コアの電気伝導度は今後の研究の主要な課題の1つである．

24.5 ダイナモ機構

Merrill ら (1996, 8, 9 章) は，ダイナモの原理の包括的なまとめを行った．この節では，目立った性質を選んでコメントしたい．地球ダイナモの背

景にある物理は図 24.6 に要約されている．中心となる概念は，24.1 節と 24.3 節で扱った図 24.6(a) に示される磁束の凍結の原理である．式 (24.39) との関係で述べさらに綿密に考えると，もし電気伝導度とスケールと運動速度の組合せ (すなわち式 (24.39) の磁気レイノルズ数 R_m) が十分大きければ，磁場と流体は一体となって動く．流体が磁力線に沿って流れる場合には，電磁力を発生しないので，抵抗が働かない．電磁誘導 (レンツの法則) によって妨げられるのは，磁力線を横切る運動である．完全導体の中においてのみ，流体運動は完全に排除される．通常の導体内部ではいくらかの磁場の拡散が生じて電流が流れエネルギーのオーム散逸がある．ダイナモ作用は，磁束の凍結原理が磁場の拡散より優勢にはたらく場合にのみ可能になる．以下に示すように，R_m がおよそ 10 を超えるとこの条件が満たされる．図 24.6(a) に示されている点で重要なのは，磁場のエネルギーが生成されていることである．磁場の強さは磁力線の混み方で表され，シアーゾーン (速度が空間的に変化するところ) で増大している．ここでの磁場は，もともとあった磁場 (図では上向き) と運動によって生成された横向きの磁場のベクトル和になっている．

ダイナモ作用が有効であるには，図 24.6(a) に示す磁場の再生成プロセスが，磁場が導体の外に拡散するのに打ち勝つほど十分速くなければならない．2 つのプロセスを時定数で表すことができる．磁場の再生成について時定数は，

$$\tau_v = L/v \qquad (24.40)$$

である．ただし，L は速度 v の空間変化のスケールで，言い換えると相対速度が v なら磁場は時間の間に L の距離だけ流体に運ばれることを意味する．この時間は，磁場の導体からの拡散，すなわちオーム散逸による減衰の時定数 τ_Ω より小さくなくてはならない．オーム散逸の減衰の時定数は，

$$\tau_\Omega = B/(-dB/dt) \qquad (24.41)$$

で与えられる．ただし，$(-dB/dt)$ は，たとえば静止した導体中で見られるような磁場の自由減衰率である．こうして，ダイナモ作用の起こる必要条件は，

$$\tau_v < \tau_\Omega \qquad (24.42)$$

となる．

自由減衰の時定数 τ_Ω は，強度の減衰とともに形状を変えずに特徴的な分布を保持する磁場であれば決まる，あいまいさのない量である．ここではとくに双極子磁場の τ_Ω の値と，式 (24.26) で与えられる観測から求められた再生成時間の値，$\tau_1 \approx 1180$ 年の比較に注目しよう．Parkinson (1983, pp. 114–116) は，半径 a で電気伝導度が σ_e の一様な球の内部の電流による単純な双極子磁場のパターンに対する τ_Ω の表現を，

$$\tau_{\Omega 1} = \mu_0 \sigma_e a^2/\pi^2 = (a/\pi)^2/\eta_m \qquad (24.43)$$

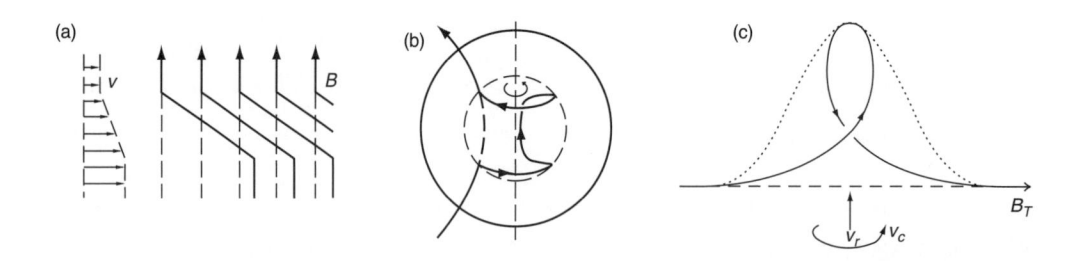

図 24.6 W. M. Elsasser の考えにもとづくダイナモ機構の基本的物理．(a) 導電性流体中の磁場に直交する方向の速度のシアーは磁場を変形するとともに強める．図で磁場の強さは磁力線の間隔で与えられる．(b) 内核と外核外側の差分回転はもともとのポロイダル磁場を引きずってシアーのある範囲にトロイダル磁場をつくる．この効果は回転速度 ω の差分回転によるものなので，ω 効果とよばれる．(c) トロイダル磁場 B_T が対流の上昇流 (速度 v_r) によって引きずられ，自転のない場合には点線のような形状になる．コリオリ効果により流体運動は回転成分の速度 v_c のらせん運動 (北半球で反時計回り) になって，磁力線を図に示したような形に変形する．これがトロイダル磁場からポロイダル磁場を生成する α 効果の基本である．

と導いた．ただし，
$$\eta_{\mathrm{m}} = 1/\mu_0 \sigma_e \tag{24.44}$$
は磁気拡散係数である．磁気レイノルズ数とは異なり，これは物性を表す量であり，コアの平均値はおよそ $3.2\,\mathrm{m}^2\mathrm{s}^{-1}$ である．これが拡散問題であることを強調するために，η_{m} ((式 (24.43))) を熱拡散率 $\eta = \kappa/\rho C_P$ (式 (20.2)) で置き換えると熱拡散による球の冷却 (付録 J の問題 19.2) の緩和時間が得られる．散逸するエネルギーと磁場のエネルギーの関係は，磁場のパターンに依存し，式 (24.43) はパターンが強度の減衰とともに変化しない磁場に適用される．式 (24.43) にコアにおける σ_e と a の値を代入して，$\tau_{\Omega 1} = 3.9 \times 10^{11} = 12\,200$ 年を得る．この値は式 (24.42) を満たし，図 24.4 にプロットされている磁場再生成時間 τ_1 の最大値よりも約 10 倍大きい．

式 (24.43) の τ_Ω と式 (24.40) で $L = a$ としたときの τ_v を比較すると，式 (24.42) の不等式は，
$$\mu_0 \sigma_e a v > \pi^2 \tag{24.45}$$
となる．この式の左辺は磁気レイノルズ数を与える式 (24.39) において L を球の半径としたものにほかならない．式に含まれる物理量の単位 (次元) を代入してみればわかるように，これは無次元数である．持続しうるダイナモになるために超えなければならない値は，厳密には再生される流れ場の詳細な形状や境界条件に依存するもので，式 (24.45) は近似的な関係を表しているに過ぎない．再生と拡散のどちらが卓越するかは，一般的に磁場の誘導方程式，
$$\frac{\partial \boldsymbol{B}}{\partial t} = \eta_{\mathrm{m}} \nabla^2 \boldsymbol{B} + \nabla \times (\boldsymbol{v} \times \boldsymbol{B}) \tag{24.46}$$
によって表すことができる．右辺の第 1 項が磁場の拡散を，第 2 項が磁場と媒質の運動速度との相互作用による再生成を与える．磁場の生成には電流が必要だが電流は磁場から計算可能なので，この式には表れないことでダイナモ計算は単純なものになっている．そうであっても，式 (24.46) は速度場を駆動している浮力や回転力の表現と連立させる必要があり，それらは解析解が存在しない．数値解を求めることは必然である．

通常，コアでは 2 種類の異なる運動が顕著である．目に見える形に表しやすいのは，差分回転とよばれる運動で，これは対流する流体が浮力の効果で動径方向に動くときに角運動量を保存することによって生ずる．結果として，コアの内側が外側よりも速い角速度で回転することになり，図 24.6(b) に示すようにこの差分回転はポロイダル磁場の磁力線を引きずって新たにトロイダル磁場を生成する．このメカニズムはオメガ (ω) 効果とよばれる．コアの中の差分回転はダイナモ理論の中核をなすものであるが，それが定常的であるとするのは単純過ぎる仮定で，現実にはその反対かも知れない．これに関しては 24.6 節でさらに考察を加える．トロイダル磁場からもともとあったポロイダル磁場を，Roberts と Gubbins (1987) や Roberts (1987) で議論された第 2 のプロセスであるアルファ(α) 効果によって再生成するためには，対流的な動径方向の運動が必要である．運動が α 効果を駆動するために本質的な性質は，ヘリシティーとよばれ，運動がらせん的なことである．物質が上昇運動に引き込まれると地球の自転の効果 (コリオリ効果) を受けて大気の運動で見られるような渦巻き状の運動を生じる (図 24.6(c))．北半球では，上昇する物質は上から見て反時計回りに回転し，下降する流体ではヘリシティーが逆符号になる．南半球では反対称な符号をもつ．ダイナモ作用に必要なエネルギーは対流性の動径方向の運動からもたらされ，差分回転運動からは寄与がないことは重要な点である．

図 24.6(c) に図示したように，トロイダル磁場の磁力線はらせん状の運動によって引きずられ，結果として紙面と異なる向きのループを生成する．このループ状の磁場はポロイダル型であるが，地球の双極子磁場のような大規模なポロイダル磁場の生成にはヘリシティーの平均値がゼロでないことが必要である．この条件は，対流の上昇と下降に系統的な緯度依存性，とくに南北非対称性があると満たされるが，狭い上昇流と幅広い反流との間の非線形効果によっても同様の結果がもたらされる．ω 効果によるポロイダル磁場からトロイダル

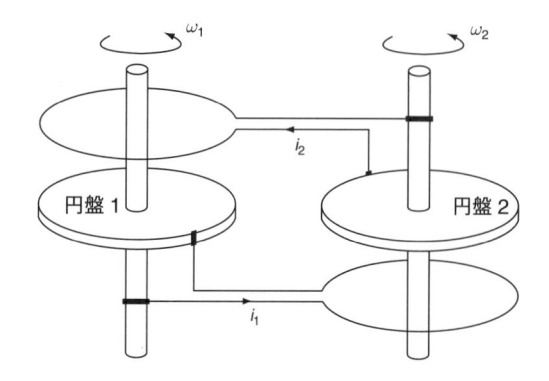

図 24.7 単純化した地磁気ダイナモの模式図．ここでは，結合円盤ダイナモを示す．単なる円盤ダイナモは，電流出力で軸方向の磁場を再生するので，十分な回転速度があれば自励的になる．ここに示すように円盤を結合すると，自発的な磁場の逆転を含む複雑な効果が発現する．

磁場の生成と α 効果によるポロイダル磁場の再生成から成り立つダイナモを α–ω ダイナモとよぶ．どちらも α 効果によることも可能であり，そのようなダイナモは α^2 ダイナモとよばれる．乱流に見られるように，繰り返す小スケールの運動パターンのみによって α^2 ダイナモを駆動して大スケールの磁場を生成することも可能である．

簡単な運動モデルを用いると，いかにして自励式ダイナモが成り立つかを理解するのに役立つ．その中には，Rikitake (1966) によって解析された結合円盤ダイナモ (図 24.7) のふるまいの計算も含まれる．このモデルでは，それぞれの円盤は他方の円盤で駆動される電流によって生成された軸方向の磁場の中で回転している．磁場中の回転によって外縁部と軸の間に起電力が生じ，起電力による電流がもう一方の円盤に軸方向の磁場を生じる．円盤のサイズ・回転速度・ループの電気抵抗の適当な組合せによって電流の生成がオーム損失を上回るとき，自励現象が成立する．このモデルは，電流と磁場の極性について対称である．したがって，ある電流と磁場の組合せで自励条件が成り立てば，それらと符号が反対の組合せについても成り立つ．モデルパラメーターの組合せによっては，自発的な電流の逆転を含む不安定が見いだされている．このモデルに見られる時間変動の様子は，ループのインダクタンスを含むモデルの特性に依存する．

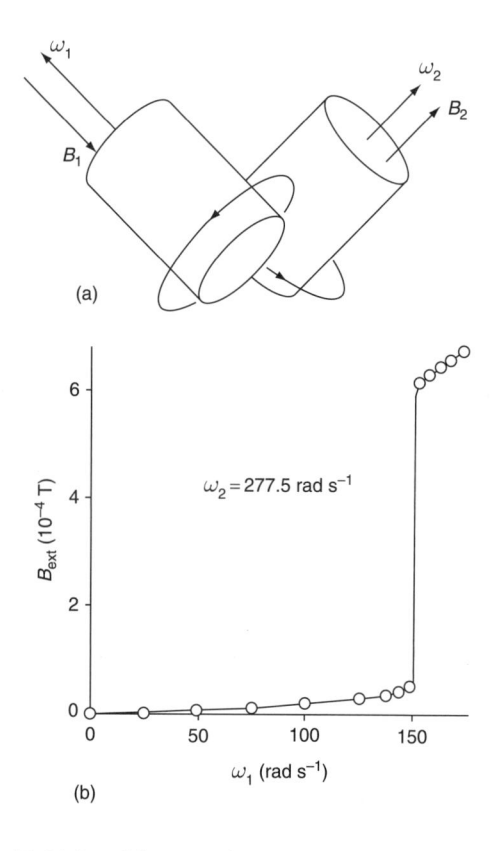

図 24.8 (a) Lowes と Wilkinson (1963, 1968) の地磁気ダイナモ作用の室内実験モデルにおける回転円筒の配置．円筒は電気的に連続な金属ブロック内に収められている．(b) 円筒 2 の回転速度を固定したときの，円筒 1 の速度と外部で測定された磁場の関係．

結合円盤ダイナモの原理は，Lowes と Willkinson (1963, 1968) による室内実験モデルで再現された．この実験装置の形状を図 24.8(a) に示す．2 つの金属でできた円筒が金属容器の中で制御された速度で回転している．容器と 2 つの円筒の間は水銀で満たされているので，両者の間は電気的につながっている．外部から電気や磁気も与えなくとも，円筒と容器を強磁性物質でつくることにより，実現可能な回転速度のもとで自励ダイナモが実現される．このロウズ–ウィルキンソン・モデルの初期のバージョンの結果を図 24.8(b) に示す．低速における微小な磁場の発生は金属中の残留磁気によ

るものと考えられる．しかし，自励作用の立ち上がりは回転速度の組合せが限界を超えたときに急激に起こることがわかる．さらに改善されたバージョンのモデルでは，測定される磁場が自発的に振動したり逆転したりするという不安定性をも再現した．ロウズ–ウィルキンソン・モデルでは，磁場の拡散を抑えて適当なサイズと回転速度でダイナモ作用を起こすために強磁性体を用いることが必要であった．したがって，式 (24.44) の磁気拡散係数の見積もりにおいても，空間の透磁率のかわりに強磁性体の透磁率に対応する大きな値を用いる．しかし，コアの内部の透磁率はほとんど μ_0 に等しく，強磁性はありえない．磁性体を使わずに多くの場合液体ナトリウムを用いた近年における室内実験の進展は，最近の雑誌の特集号 (Radler と Cebers, 2002) で議論された．低粘性で導電性の液体を用いて行ったそれらの実験は，数値的なダイナモではとてもできないような方法で乱流の役割をしらべることができるという点で重要である．

導電性の流体球における自励式ダイナモ作用の研究は，Bullard と Gellman (1954) のモデルによって大きく踏み出した．この研究では，ポロイダル磁場およびトロイダル磁場と対応する運動場とをお互いに支え合う球関数に展開して α–ω ダイナモ作用の原理を適用した．この研究は，その後のダイナモの議論において中心課題となったいくつかの性質に焦点をあてるきっかけとなった．たとえば，観測できないトロイダル磁場の必要性，トロイダル磁場とポロイダル磁場の相互作用やコア内部の差分回転などである．彼らのアプローチは成功したことはしたが，展開係数が収束しないため限定されたものであった．このことは，磁場の空間スペクトルは白色でいろいろなモードが独立には発生せず，実際にはエネルギーが高次のモードへと次々に供給されるという興味深い事実を意味した．Bullard と Gellman のとったアプローチは，運動場を与えて結果として現れる電磁気現象を計算するいわゆる「運動論的ダイナモ」の先駆的な研究となった．形状はより地球的ではないが，円盤ダイナモやロウズ–ウィルキンソン・ダイナモも同じグループに分類される．

計算機が大型で高速になって，浮力によって駆動される流体運動と流体運動と磁場の相互作用で自律制御する，完全に動力学的な数値モデリングも可能になった．しかし，モデル (Glatzmaier と Roberts, 1995a,b; Kuang と Bloxham, 1997; Takahashi ら, 2005) によって仮定や近似が異なっているため，発生する内部の運動や磁場のパターンは詳細に比べればモデル間で非常に異なっている．しかし，どのモデルも双極子磁場が卓越するきわめて地球的なふるまいを示す．Kono と Roberts (2002) は，さまざまなモデルを議論した．双極子磁場の卓越は明らかに地球の条件で見られる特徴である．しかし，Busse (2002) が報告した例では，異なる物理条件を与えると四重極磁場が卓越するダイナモもできることを示した．天王星や海王星の磁場がこの場合に対応するのかも知れない．モデルを用いて計算結果と地球磁場の観測値とを比較して物理的な仮定の中で何が重要かを判定しようとしても，発生している場所 (コア) から地表までの大きな隔たりによって細部がはっきりしないものになっているために，できることは限られてしまう．また，われわれの観測は地磁気のさまざまな現象の時間スケールに比べ極く短い期間しかなされていない．そこで，われわれは 25 章に議論している古地磁気によって得られる証拠に頼ることになる．

まず，外核の流体の粘性が水の粘性とは 10 倍程度の違いしかない (Poirier, 1988; Dobson, 2002)，非常に低い値であることはほぼ確かであることに注意する．このことは，粘性力が自転によるコリオリ力に比べ非常に弱く，そういう場合には対流運動は自転軸に平行でお互いにほとんど粘性による相互作用をしないほとんど独立な柱 (テイラー・コラム) に分かれる傾向がある．接線円筒 (タンジェントシリンダー)，つまり自転軸に平行で内核と半径が等しい円筒の表面が，非常に重要な役割をもつことが想定される．この円筒面は物理的な境界ではないのにもかかわらず，多くのモデルでコアの流体運動を極域 (接線円筒の内側) とそれ以外の部分とに効果的に隔離する．ただし，電磁流体の運動に分子粘性を適用するのは適当ではない．むしろ渦粘性の方が高い値をもち，磁場の効果に

よって異方性をもつと考えられる．接線円筒が観測量で表現できるかどうかについては，Olsen と Aurnou (1999) によってしらべられた．コア内部のテイラー・コラムの存在について，いかなる証拠があるか? 内核の回転も関連する疑問である．外核内部の差分回転の結果として内核がマントルよりもわずかに高速で回転するというのは，理論的にも予測されることであり，Glazmaier と Roberts (1996) のモデルによって注目が集められた．この現象を地震学的に観測したという報告は 24.6 節において議論する．Kuang と Bloxham (1997) のモデルによれば，内核の回転は時間とともに速くも遅くもなり，内核とマントルの間の重力結合がその描像をいっそう複雑にしているらしい (24.6 節).

双極子の逆転はすべてのモデルに共通してみられる現象であり，逆転の機構は興味ある問題である．Takahashi ら (2005) のモデルでは，磁束の固まりが低緯度で生まれて高緯度へ移動することが逆転のきっかけになっているように見える．非常に強い磁場を伴う黒点が，太陽磁場の逆転の 22 年黒点周期の間に緯度方向に移動する現象がこれに似ているが，移動方向は逆向きである．地球磁場の逆転は非常に不規則であり，頻度にも非常に大きな時間的変動があることからマントルが制御している (Jones, 1977; McFadden と Merrill, 1984—25.4 節参照) ことが示唆される．Takahashi ら (2005) に見られた磁束のかたまりが，マントル最下部の D'' 層における温度構造によって引き起こされるというのはありえる話である．この層にマントル対流の 10^8 年の時間スケールをもつ構造の時間変化があるとすれば，逆転の頻度の変動 (25.4 節) をうまく説明するように思われる．

逆転と逆転の間の期間は，特徴的には数十万年のスケールで，5000 年かそれよりも短いとされる逆転のプロセスそのものの時間よりはるかに長い．内核内部の磁束は拡散によってのみ変動し，その緩和時間の約 1600 年は図 24.4 にプロットした再生成時間よりも長いので，内核は逆転を抑制することによって磁場を安定させる効果をもっている (Hollerbach と Jones, 1995) かも知れない．

ダイナモの詳細の多くは依然として不明確で，あるものは理論の見直しを必要とするものもあるかも知れないが，理論の概要については疑う余地がない．十分に大きなスケールでかつ複雑な電磁流体の運動であれば磁場は発生する．磁場発生の条件が満たされていれば，磁場がゼロという状態は他の状態と同様に不安定で，実現し得ない．キュリーの対称原理によればいかなる効果もそのもととなった事象の対称性よりも対称性が低くなることはないとされる．この原理をもって 25 章の古地磁気学で得られた 2 つの結果を先取りして議論するのは有益であろう．つまりこの仮定を用いれば，コアとその内部の組成と温度の勾配は球対称であり，したがって自転軸はダイナモ作用における唯一の対称軸である．キュリーの原理によれば，緩和時間に比べ十分に長い時間で平均すると地磁気の軸は自転軸に一致するはずである．このことは，古地磁気学における軸双極子仮説 (25.3 節) として知られている．さらに，ダイナモにおいては軸の向きに区別はないことになる．古地磁気学によって明らかにされた (25.4 節) ように，どちらの極性の磁場も同じ確率である．キュリーの原理は 17.9 節において内核の異方性に関連して議論されているが，このような事柄は地球物理学的にも地質学的にも統計的な意味で適用する必要がある．類似の議論は，乱流的な流れ中の個々の水滴が非常に複雑な運動をしているのに対し，すべての水滴にわたって平均するか，1 つの水滴に注目して非常に長い時間平均するかのいずれかによって，定常的に流れ下ると認識できることに見ることができる．この統計的アプローチを適用すれば，対称原理はわれわれの物理理論に強い制約を与えるものとなる．

24.6 西方移動と内核の回転

西ヨーロッパにおける永年変化の歴史記録は，西暦 1600 年頃までさかのぼることができる．ロンドンで得られた 400 年間のデータ (図 25.3) は，傾いた双極子のまわりを回転するように磁場の方向が変化しているかに見える．Bullard ら (1950) は，これを西方移動する非双極子磁場がある観測点を

通過したときの変動で説明できるとした．西方移動は永年変化に普遍的な現象であるという印象を受け，Bullard は外核の表面に近い部分のマントルに相対的な運動であると解釈した．自転変動観測 (7.4 節および 7.5 節) のスペクトルは，コアとマントルの回転が平衡に達するための緩和時間が高々数十年であることを示し，したがって西方移動が差分回転が継続しているためのものとは考えられない．このため，Bullard はマントルが何らかのメカニズムによって深部の双極子と結合しており，西方移動はコア内部の差分回転を直接反映したものであると主張した．しかし，この解釈には本質的な困難さがあった．コアとマントルの電磁結合は，コアの表面の磁場によって，磁束の凍結原理が適用できる範囲の磁場全体がコアの外側とともに動くというものである．コアの表面を通してしかマントルに入りえない深部由来の磁場とマントルとが独立に結合することはできない．もちろん，われわれはコアの磁場のすべてを見ているのではなく，したがって西方移動する長波長の磁場は全体として東方に移動しているはるかに短い波長の地表では見ることのできない磁場によって相殺されていると考えることは可能である．図 25.3 に示すように，記録を考古地磁気データを用いて 2000 年間まで拡大してみると，単純な繰り返しパターンは最近数百年だけの特徴でそれ以前には見られないことがわかる．逆に，たとえ数百年にしろ系統的に移動する現象が存在することの方がむしろ不思議に思われる．

図 25.3 は，非常に局所的な磁場を表しているのに対し，図 24.1 に示す移動性磁場はグローバルな現象である．しかも，非双極子磁場は移動するだけでなくパターンの変化もある．したがって図 25.3 は移動が有意でないことの証拠とはなりえない．もし，式 (7.33) の核マントル結合係数 $K_R = 3.2 \times 10^{28}$ N ms と約 8 年の緩和時間が自転変動の観測値のスペクトルからの正確な推定値で，西方移動速度が $\Delta\omega = 0.18°/$年 $= 1.0 \times 10^{-10}$ rad s^{-1} とすると，この速度での全体の移動によるエネルギー損失は $K_R \Delta\omega^2 = 3 \times 10^8$ W となるだろう．この値は非常に小さいのでエネルギー的には何の困難も生じないが，何百年も持続するような差分回転の存在は否定することになる．磁場の移動の問題の本質的に困難な点は，マントルとコア表面との間に回転平衡をもたらしてしまう電磁結合に抗して移動を持続させるメカニズムを考えなければならないというところにある．結局，以下に述べる重力的相互作用が唯一可能な説明であるように思われる．

差分回転とは独立な観測事実として，内核の高速回転 (スーパーローテーション) がある．この現象は，Glatzmaier と Roberts (1995a,b) のモデルで注目され，地震学的証拠が Song と Richards (1996) によって最初に得られた (17.9 節参照)．この観測の背景には，内核が完全には一様ではなく，自転軸に近いが厳密には一致しない方向に異方性をもっているために，内核がマントルに相対的に回転すれば内核を通るパスをもつ地震波の走時に時間依存性が現れるという考えがある．この効果は小さいので，解釈には詳細な内核の構造に関する情報を必要とする．相対的な回転速度は，Song と Richards (1996) によって $1°/$年と見積もられ，Glatzmaier と Roberts (1996a,b) の値にも近いとされた．ただし，モデルの値は Kuang と Bloxham (1997) のモデルにおける相対回転でも見られたように，時間とともに変化する．その後の研究からは，非常に広い範囲の回転速度とともに反証ももたらされた (Su ら, 1996; Creager, 1997; Sourian ら, 1997; Laske と Masters, 2003)．最近のより確実と見られる推定値は $0.3 \sim 0.5°/$年である (Zhang ら, 2005)．

一方，Buffett (1996) は，下部マントルの不均質との重力結合を考えると内核のスーパーローテーションは期待できそうもないとした．不均質構造の重力場は内核表面に起伏を生じ，この起伏とそのもととなる重力場とは固定されるはずだという考えによる．もしそんな起伏があるなら重力によるトルクは十分大きいはずである一方，起伏が成長するには特別な条件が必要と考えられる．もし内核が何もない状態から 0.3 mm/年の速度 (40 億年で 1200 km) で成長しつつ，たとえば $0.5°/$年で回転しているとすると，$90°$ 回転に要する時間で

ある180年間に半径方向に5cm成長することになる．これはあまりに小さくて，意味のある起伏を表すことはできない．マントルに対するある特定の場所が不均衡に成長するような傾向があっても，回転の効果はすべて打ち消してしまうと考えられる．結合に必要な起伏が成長するのは，内核が十分に軟らかくて重力に応答して変形できる場合に限られる．この場合起伏は，回転を止めることはないにしても，変形が常に再調整されるため潮汐摩擦 (8.3節) と同様に回転に対する抵抗としてはたらくことになる．マントルとの重力的相互作用による引きずりがありうるかどうかは，マントルとコアの結合に関する Bullard の考えの命綱ともいえ，これがあればコアの表面がマントルに相対的に回転すること，結果として西方移動が長く継続することが可能となる．コアの表面は一見数百年にわたってマントルよりもゆっくりと回転しているように見えるが，これはマントルと内核の結合の結果を見たものであり，おそらくは永遠に続く現象ではなさそうである．内核は外核の深部にある複雑な流れ場と結合しているため，西方移動はコアの深部の対流パターンの変化に対応して出たり消えたりしているのかも知れない (17.9節参照)．

内核の流動性は，異方性の解釈に対しても重要である．Yoshida ら (1996) は，赤道域において固体が軸をそろえて堆積することと内核が平衡状態の楕円率に向かって非弾性緩和することによってこれを説明した．異方性は次々に起こるゆっくりした変形による結晶配列によると考えられる．つまり，内核は過剰な楕円率の状態から常に緩和的に戻る状態にある．もし，この過剰な値の信頼できる観測があれば，緩和時間と想定される粘性率を推定することができる．このような推定は，重力結合 (Buffett, 1997) の理論に強い拘束を与えることになる．

こうして，内核とマントルとの相対運動は変動するがスーパーローテーションが卓越するという，いちおうの結論が導かれる．しかし，重力結合は内核の回転を引きずり，外核の表面から与えられる逆向きの電磁トルクが存在するのに抗して継続的な西方移動を維持するに十分なトルクをマントルに及ぼすかも知れない．もしこの考えが正しければ，コア–マントル間の電磁トルクのみを仮定して求めたコア–マントル結合係数 (式 (7.33)) の正しさは疑わしいものとなる．

24.7 ダイナモエネルギーとトロイダル磁場

24.2 節において，コア内部におけるポロイダル磁場の rms 平均強度は，およそ 11.8×10^5 nT であろうとした．これは，磁気エネルギー密度にして，

$$\left(\frac{E}{V}\right)_{\text{Poloidal}} = \frac{B_{\text{P}}^2}{2\mu_0} = 0.55 \, \text{J}\,\text{m}^{-3} \quad (24.47)$$

に相当する．この値は，コアの流体運動速度のもっともらしい値を用いたときの運動エネルギーの値，

$$\left(\frac{E}{V}\right)_{\text{Kinetic}} = \frac{\rho v}{2} = 8 \times 10^{-4} \, \text{J}\,\text{m}^{-3} \quad (24.48)$$

よりもはるかに大きい．ここで，$\rho = 10^4$ kg m^{-3} と，$v = 4 \times 10^{-4}$ m s^{-1} を仮定する．もし，トロイダル磁場のエネルギーを加えれば，この違いはさらに大きくなってしまう．これらの数字を見ると，ダイナモの機構に力学的な慣性はほとんど意味がなく，システムの慣性は磁場によっていることを示している (磁場はそれを発生させている電流に慣性を伝える)．コアの流体運動を駆動している対流の力は直接電磁力に対抗してはたらき，運動エネルギーは比べものにならない．また，分子粘性は非常に低いので，22.7 節で計算した対流のエネルギーが，他の制限や非効率性もなしにほとんどすべてが電磁エネルギーに変換され，最終的にはオーム発熱で散逸していると結論される．このように，対流のパワーの総量の推定値からポロイダル磁場のオーム散逸を差し引くことにより，トロイダル磁場の散逸量を推定することができる．これにより，トロイダル磁場とポロイダル磁場の強度の比が推定される．

まず，一様な電流密度 i が半径 a の球の内部で双極子磁場の軸のまわりを流れているとしよう．双極子モーメントは (問題 24.2)，

$$m = \frac{\pi^2}{8} a^4 i \quad (24.49)$$

である．仮に，a をコアの半径，m は式 (24.2) で与えられるとすると，電流密度は $i = 4.3 \times 10^{-4}$ A m^{-2} が必要になる．単位体積あたりのオーム損失は i^2/σ_e，すなわち双極子磁場の全散逸量は，

$$\left(-\frac{d\varepsilon}{dt}\right)_{\text{Dipole}} = \frac{i^2}{\sigma_e}\frac{4}{3}\pi a^3 = \frac{256}{3\pi^3}\frac{m^2}{\sigma_e a^5}$$

$$= 1.3 \times 10^8 \text{ W} \qquad (24.50)$$

となる．この値を全散逸量への指針とする．

図 24.2 に示したように，磁場のスペクトルから，階数 l のすべての調和成分の rms 平均振幅は $l_{\max} = 136$ 程度の上限に至るまで l に依存しないと結論される．仮にこの上限よりも大きな階数の成分がそれぞれの階数に対応する大きさの電流ループと同一なものと認めたとすると，電流の値はループのサイズに逆比例することになる．しかし，実はそうではない．電流ループはループとループの間を磁束が保存するようにネットワークとしてつながっているのである．いかなる場所の磁場も，すぐそばのループのみによっているのではなく，ネットワークのループすべての組合せによっている．この状況は，強磁性鉱物の磁区 (25.2 節) の磁束の形状によく似ている．結果として，白色の電流スペクトルから白色の磁場スペクトルが生成されることになる．というわけで，rms 平均電流密度，つまりオーム散逸量は，階数 l が 2 より大きい範囲で l に依存しないと仮定することができる．

双極子磁場は，図 24.2 や式 (24.24) に示す他の成分の傾向よりもスペクトルエネルギーにして約 6 倍 (rms 磁場強度にすると倍) 強い．仮に rms 平均電流密度が双極子以外のすべての成分で同じとすると，それぞれ散逸量は 2.5×10^7 W となる．階数が全部で n 個であれば，全散逸量は，

$$-\left(\frac{d\varepsilon}{dt}\right)_{\text{Poloidal}} = -\left(\frac{d\varepsilon}{dt}\right)_{\text{Dipole}}\left(1 + \frac{n-1}{6}\right)$$

$$= 2.6 \times 10^9 \text{ W} \qquad (24.51)$$

となる．ここに，24.2 節の結果を用いて $n = 136$ とした．仮にトロイダル磁場が，観測されているポロイダル磁場のおよそ 10 倍程度の強度をもつとすると，つまり 5×10^6 T (5 mT) の強さになるが，この値は，Mathews ら (2002) が章動の観測を電磁結合で説明するために必要な内外核境界上での磁場の動径成分の強度の推定値，7.2×10^6 nT と同程度になる．他の天体との重力的相互作用で生じる，章動と名づけられた地球の振動性の運動は，その振幅や位相がそれによって引き起こされた地球内部の運動の影響を受けたものになる．一例として，歳差に伴う章動が 7.2 節で引用され，図 7.6 に示されている．トロイダル磁場は内外核境界付近では動径成分が強く，内核の深くまでしみ込んでいるので，内核と外核の磁束は，主にトロイダル磁場でつながっているはずである．このように考えられるのは，内核が外核よりやや電気伝導度が高く，必要な電流を流しうるからである．こうして，章動の計算はトロイダル磁場がポロイダル磁場の 10 倍程度の強さであること，したがってオーム損失はおよそ 100 倍となることを示した．21.4 節で仮定したダイナモに必要なパワーはこの値である．

コアのエネルギー源としての歳差の役割を再検討してみよう．すでに 22.7 節で，歳差のトルクによるコアのエネルギー損失を 6×10^9 W と推定した．この値は，コアのエネルギーを計算する際の不確定性の中に埋もれてしまう程度であるが，太古において月がもっと近くにあり，地球の自転がもっと速くしたがって地球はもっと扁平であった時代には，もっと重要であったかも知れない．ここでこの問題を再検討する理由は，地球史の初期のダイナモにエネルギー的に重大な影響を与えたかどうか評価するためである．

まず，Stacey (1973) の議論に従って，現在を考えよう．歳差の軌道において地球の自転軸の向きの変化率は $2\pi \sin\theta/\tau$ で与えられ，$\theta = 23.45°$ は自転軸と黄道極の間の角度で，自転軸は黄道極のまわりを周期 $\tau = 25800$ 年で回っている．コアの軸も歳差に追従しているはずであるが，コアは密度が高く地球全体に比べより球に近い形状なので，月および太陽との重力的相互作用からは必要なトルクの 3/4 しか得られない．結局，残りのコアの慣性モーメントの軸を，

$$0.25 \times 2\pi \sin\theta/\tau = 7.7 \times 10^{-13}\,\mathrm{rad\,s^{-1}} \quad (24.52)$$

の速度で回すのに必要なトルクはコア–マントル相互作用によることになる．コアの自転軸が角度 α だけ遅れているとすると，コアの自転はコアの形状の対称軸からこの角度だけずれていることになる．マントルは，7.5 節の Toomre のおはじきを用いた類推と同様にして，コアに歳差トルクを及ぼす．$e = 2.45 \times 10^{-3}$ をコアの楕円率，ω を自転の角速度，$f \approx 0.7$ をコアの形状の弾性変形を表す係数としたとき，歳差運動の角速度は $fe\omega$ で与えられる．ここでは，式 (7.24) でチャンドラー極運動の周期が長くなるのを説明するために仮定したのと同じ f の値を仮定する．この運動は，図 7.6 に示す通りマントルによって及ぼされるトルクが月および太陽からのトルクの不足を埋め合わせるように α が自己調整して，コアの自転軸により大きな角度での歳差運動をもたらす．2 つの軸は一緒に α の角度だけ離れて歳差運動する．したがって，

$$fe\omega\alpha = 7.7 \times 10^{-13}\,\mathrm{rad\,s^{-1}} \quad (24.53)$$

より，

$$\alpha = 6.1 \times 10^{-6}\,\mathrm{rad} \quad (24.54)$$

を得る．

式 (24.54) は，コアとマントルの結合が完全に慣性的であるという仮定のもとで，両者の軸のずれを与える．仮に電磁結合が重畳しているとすると，この角度により散逸量は，

$$-\frac{dE}{dt} = K_R(\omega\alpha) = 6.4 \times 10^9\,\mathrm{W} \quad (24.55)$$

と見積もられる．ただし，K_R は式 (7.33) に与えられた結合係数である．散逸性の結合を加えたので，図 7.6 に示すように遅延角度 δ が生じる．以上の議論においては結合が主として慣性的であることが本質である．なぜなら，もし完全に散逸的であるとするなら，軸どうしのなす角はもっと大きく，8 TW もの散逸を生じたはずだからである．

さて，これからは初期地球の今より高速の歳差の効果を考えてみよう．式 (7.11) により，歳差の角速度 Ω は $(C-A)/R^3\omega$ の形の依存性がある．ただし，R は月までの距離で，$(C-A) \propto \omega^2$ である．すなわち，$\Omega \propto \omega/R^3$ であり，式 (24.53) 中の積 $(fe\omega\alpha)$ もこのファクター分だけ増大する．しかし，$(C-A)$ と同様に，e も ω^2 に比例するので，f が定数であるとして $\omega^3\alpha \propto \omega/R^3$ または，

$$\omega\alpha \propto 1/\omega R^3 \quad (24.56)$$

の関係が得られる．したがって，式 (24.55) により，散逸は $1/\omega^2 R^6$ の依存性をもつ．月までの距離が地球半径の 30 倍 (現在の半分の距離) よりも近い場合は考える必要がない．月と地球の系における角運動量は保存するので，当時の自転は 10 時間で 1 周する速度，すなわち，ω が現在の値の 2.4 倍である．これらの値を用いれば，式 (24.55) で与える散逸量の値は 11 倍になり，およそ $7 \times 10^{10}\,\mathrm{W}$ となるであろう．これが熱ではなく力学的エネルギーであることからすると，注目に値する大きさである．一部のオーム散逸はマントルに生じていたかも知れないが，内核が小さいかできる以前で組成対流が効果的でない地球の一生のはじめにおいては，歳差運動はダイナモに重要な寄与をしていたのかも知れない．

西方移動はよくコアとマントルの自転軸のずれの角度が小さいせいにされるが，式 (24.54) の値でははなはだ不十分である．平衡状態における両者の自転速度の差は，$\Delta\omega/\omega = 1 - \cos\alpha \approx \alpha^2/2 = 2 \times 10^{11}$ で，$\Delta\omega = 1.5 \times 10^{-15}\,\mathrm{rad\,s^{-1}} = 2.7 \times 10^{-11}\,°/$年と見積もれる．0.2°/年の西方移動を生じるには $\alpha = 0.1°$ が必要で，そうすると式 (24.55) によりエネルギー散逸量は $5 \times 10^{14}\,\mathrm{W}$ になるだろう．

24.8 地球以外の惑星の磁場

これまでに，月や惑星にも磁場があるかどうかがしらべられて来ている (表 24.2)．大型の惑星は，軽い気体成分を内部の超高圧で金属化するので，いずれもダイナモ作用が活発である．表 24.2 は，双極子モーメントと対応する表面での平均磁場強度が示されているが，天王星や海王星などの場合，磁場は双極子からかけ離れた形状をしているので，これらの数値は単なる目安に過ぎない．月を含む地球型の惑星の中では，地球は例外的である．水

星は例外かも知れないが，地球を除くと磁場は非常に弱いので現在ダイナモ作用がある必要はなく，過去の磁場によって獲得した地殻の磁化によるものと見られる．金星の場合は，地殻の温度が高いため残留磁化を保持できないので，たぶん磁場はまったくないと考えられる．火星は酸化的な惑星なので，地殻の鉄の酸化物の含有量が大きい．したがって地殻の磁化が強いため非常に不規則な磁場がある．また，ダイナモ作用がないのは明らかなので，表の双極子モーメントの推定値は意味がない．磁場のパターンは衛星の高度でも明瞭で，中には大洋底に見られるものとよく似た磁気縞模様 (Connerney ら, 1999) も含まれる．これは，単に初期火星に現在は存在しないダイナモがあったということだけでなく，磁場の逆転やプレートテクトニクスの形のマントル対流があったことを示す興味深い事実である．Stevenson (2003) の総説の結論にあるように，地球型の惑星および月には，現在でも少なくとも一部は流体のコアがあり，ほぼ間違いなく初期にはダイナモ作用があったと考えることができる．

水星の磁場はとくに興味深く，もっと詳しくしらべる必要がある．磁場強度は，惑星の磁場のとりうる値として中ぐらいで，明らかにダイナモ作用のない惑星よりははるかに強いが，ダイナモの存在が確かな地球や巨大惑星よりははるかに弱い．水星には大きなコアがあって少なくとも一部は液体であることの証拠により (Margot ら, 2007)，ダイナモが動いている可能性はあるが，地殻の磁化による説明が完全に捨て去られたわけではない (Aharonson ら, 2004). しかし，水星が初期のダイナモの化石であるという仮説にはいくつかの難点がある．まず，内部の双極子磁場によって一様に磁化した地殻は，双極子モーメントをもたないということである．赤道付近の地殻の磁化は極付近の磁化とは逆向きで両者は厳密にキャンセルし合うことが示される．ただし，これほど太陽に近い惑星の地殻が磁気的に一様であるとは考えにくい．赤道域の地殻は高温なので，地質学的時間を経て熱消磁が十分に行われたであろう．結果として，極域の地殻の寄与によって双極子モーメントをもつことになる．たとえそうであっても，実際の磁場の強さを説明するには，岩の磁性が異常に強いことか過去のダイナモが非常に強力だったことを想定する必要がある．火星は非常に磁性の強い地殻をもつが，磁場は水星ほど強くない．そして，水星は明らかに還元的なためマントルや地殻中の鉄の酸化物はほとんどないものと考えられる．さらに，定常的な双極子が長時間かけて地殻全体を系統的に磁化するとは考えにくい．ダイナモの磁場は動いたりおそらくは逆転したりして，火星に見られるようにばらついた磁化をもたらすであろう．ということで，地殻の磁化は水星の磁場の原因の有力な候補者にはなりえない．

それでは，水星でダイナモが現在も活動していることのエネルギー的意味を考えてみよう．水星は地球より小さく従って重力が弱いので，熱対流の熱力学的効率は低く，組成分離によって利用可能なエネルギーも少ない．しかし，それを埋め合わせる有利な点がある．断熱温度勾配が小さいことと熱伝導による熱損失も小さいことである．ここで，21.4, 22.6 および 22.7 節で行ったコアの解析に水星のコアに相当するパラメーターを当てはめて，これら効果の収支をしらべてみる．ありそうな状況に焦点を当てるため，Stanley ら (2005) の研究における水星コアモデルを参照して内核の半径がコア半径の 0.8 にまで成長した状態について考察する．もし組成対流が今でも起こっているなら，この状態が組成と熱のエネルギーの比を最大にし，最小の冷却速度 (22.7 節において地球の

表 24.2 惑星の磁場．Ness (1994) のデータにもとづくが，火星についてはその後改訂された値を示す．

惑星	双極子モーメント ($A\,m^2$)	ダイナモ作用	表面磁場 (nT)
水星	5×10^{19}	有?	475
金星	$< 4 \times 10^{18}$	無	<2.5
地球	8×10^{22}	有	41 455
月	$< 1 \times 10^{16}$	無	<0.26
火星	$\sim 1 \times 10^{18}$	無	3.5
木星	1.6×10^{27}	有	650 000
土星	4.7×10^{25}	有	32 850
天王星	3.8×10^{24}	有	32 170
海王星	2.0×10^{24}	有	18 560

コアについて指摘した通り) でダイナモ作用を起こさせるという利点がある．内核成長がそれほど進んだ段階 (コアの全質量の 55% が固化した) で，外核にさらに除外された液相が残るかどうか疑問に思うかも知れない．仮にそうであれば，Stanley ら (2005) が薄殻ダイナモと名づけたダイナモがエネルギー的には成り立ちうることがわかる．

表 1.2 の水星モデルと Stanley と Davis (2004) の Table 5 にある水星コアの状態方程式パラメーターとを用いて，水星の核マントル境界の圧力 (6.8 GPa) におけるコアの特性は以下のようになる．$\gamma = 1.74$, $K_S = 158$ GPa, $g = 4.09 \mathrm{m\,s^{-2}}$, $\rho = 6890 \mathrm{kg\,m^{-3}}$, $T = 2200$ K (383 km 下の内核境界における融点から断熱的に外挿して求めた)．これらの値を式 (19.55) に代入すると，コア表面における断熱温度勾配は $dT/dz = 6.83 \times 10^{-4}$ K m^{-1} と推定される．さらに，地球のコアの場合と同様に，ヴィーデマン–フランツの法則 (式 (19.63)) を適用して熱伝導率を推定する必要がある．水星では圧力が低いために，圧力による電子のバンド構造の変化は地球の場合よりわずかなので，純鉄の比抵抗は圧力ゼロの溶融鉄の値 ($1.35\ \mu\Omega$ m) により近づく．地球のコアの場合のように，圧力効果は小さく不純物の比抵抗を考慮して，24.4 節の計算と同様にして水星のコアの比抵抗として地球のコアより若干低い値 $2.4\ \mu\Omega$ m を得た．ただし，式 (19.63) を用いて熱伝導率を計算する際，水星内部の温度が低いことによりこの値の違いは相殺され，格子の効果が小さいことから，$\kappa = 25$ W m^{-1}K^{-1} と推定した．これを用いるとコアの表面からの伝導による熱流は以下のように求まる．

$$\frac{dQ}{dt} = 4\pi r^2 \kappa \frac{dT}{dz} = 7.85 \times 10^{11} \mathrm{W} \quad (24.57)$$

地球と同様に，伝導で運ばれた熱量はコアのエネルギー源にとっての基本量である．4.5×10^9 年で 1.1×10^{29} J になる．組成対流と放射性熱源の効果を当面は無視して，この数値とコアの冷却熱と内核の固化に伴う潜熱の合算を比べてみる．計算の方法は 21.3 節で行ったのと基本的に同じで，数値を水星の値に置き換えただけである．水星のコアの比熱は地球のコアよりもやや小さい値となる．

なぜなら，低圧での電子状態の密度は高いが，低温では電子の寄与が小さいからである (式 (19.17))．また小さい惑星では収縮によって解放される重力エネルギーも小さい．これらの効果を考慮しつつ，コアが断熱的に冷えるときの核–マントル境界の温度を参照すると，実効的な熱容量，すなわち境界が 1 K 冷えるときに失われる熱量は，2.3×10^{26} J K^{-1} となる．地球のコアの解析と同様にして式 (21.19) まで導くと，内核がコアの半径の 0.8 倍にまで成長するのに伴う核–マントル境界温度の減少は 185 K で，熱の解放量は 4.3×10^{28} J となる．これに式 (21.11) を用いて固化の潜熱を加える．内核の質量は 1.24×10^{23} kg で，平均原子量は地球の内核と同じ ($m = 50.16$) とすると，$n = 2.47 \times 10^{24}$ が求まる．固化する境界の温度は，内核の成長とともに 3020〜2430 K まで変化し，その重みつき平均は単純平均に近い 2700 K になる．式 (19.1) のグリュナイゼン・パラメーターを用いて αK_T の項を，式 (19.54) を用いて固化に伴う体積変化を計算すると，解放される潜熱は，

$$L = T_M n R \ln 2(1 + 2\gamma \alpha T_M) = 5.1 \times 10^{28} \mathrm{J} \quad (24.58)$$

と見積もられる．冷却と固化で解放される全熱量は 9.4×10^{28} J になる．

このようにして，組成分離や放射性熱源を考えなくても，内核の成長で解放される熱量は，惑星の一生の間に熱伝導で放出される熱量とさほど違わない値になることがわかる．地球のコアの場合より伝導熱の占める割合は大きいのだが，そのことは地球の内核はコア全体の質量の 5% でしかないのに，水星では 55% を占めるという事実から導かれる当然の結果である．このように，年齢が惑星自身の年齢よりはるかに若い内核をもって熱によって駆動されるダイナモが成り立ちうることが示された．平均の熱力学的効率はそこそこ (7%) であるが，この弱いダイナモに必要なエネルギーもそこそこでよい．水星は還元的な惑星なのでコアに大量の酸素が存在することは期待できないと 1.14 節で述べたが，組成分離も何らかの役割を果たしているかも知れない．そこそこの組成分離の

エネルギーであれば惑星と同程度の年齢の内核を考えても，弱いダイナモを成立させることが可能であろう．一般に惑星のダイナモには自転が必須であると信じられているが，水星の自転は非常に遅い．ふつうはありえないとされている太陽の潮汐が役割を果たしているかも知れない．水星の軌道は非常に楕円率が高い ($e = 0.2056$) ため，176日周期の角度潮汐の変調として 88 日周期の強い荷重潮汐がはたらく．水星に関する知識は依然としてわずかであるが，固有の磁場はコアのダイナモによっていると考えてよさそうである．

隕石と小惑星の磁化について 1.11 節で議論した．これらの磁化は初期太陽系の強い太陽磁場によってもたらされた．木星の衛星であるガニメデや小惑星のガスプラやイダにも磁場が存在することについても述べておきたい．ただし，これらの解釈はまだなされていない．磁場は太陽系だけでなく，宇宙全体に普遍的に存在する．電磁流体力学作用は，十分大きく内部の運動が十分な渦度をもつ導体さえあれば自然に発生するものである．

25
岩石磁気および古地磁気

25.1 まえおき

　古地磁気 (古い時代の地磁気) 学は，歴史時代以前の地球磁場を研究し，地磁気の時間変化の記録を直接観測で得られている 400 年程度から 40 億年まで広げる．その方法は，多くの岩石がその生成時に誘導により獲得した残留磁化を保持しており，それらは生成時の磁場の方向と，方向に比べて信頼性はやや劣る磁場の強さとを記録していることによる．岩石が磁気的性質をもっていることは，古代から知られていた．19 世紀の後半までに測定法は十分に感度が高くなり，さまざまな岩石の残留磁気を測定できるようになった．しかし，これらの測定法が地磁気の歴史を知る手段として用いられることはなかった．20 世紀初頭の P. David と B. Brunhes による現在の地球磁場と逆向きの残留磁化をもった岩石の発見にしても，その重要性が注目されるのにはさらに 50 年を要した．岩石磁気の研究は 1950 年代に急速に発展し，革命的な発見が次々となされ，現象の本質的な理解が喫緊の課題となった．この時期でとくに重要な論文は，Nagata (1953) と Néel (1955) である．Dunlop と Ozdemir (1997) は，物理的原理を総括的にまとめている．

　古地磁気学によって，地球科学に 2 つのとくに重要な発展がもたらされた．われわれは，10 億年の時間スケールで地球磁場がどのようにふるまうかを知っており，当初は大陸移動として，いまではプレート運動として地球表層の動きを追跡することができる．両者を関連づける要点は，1 万年以上で平均すると地磁気の軸と自転軸とは一致することである．これは，「地心軸双極子」(geocentric axial dipole (GAD) 仮説) とよばれる．すなわち，注意して平均をとれば，古地磁気測定により岩体の生成時における緯度と北からの方位を知ることができる．数千万年より古い年代の岩石では，現在の緯度や方位と磁化の示す値とは一致しない．当初，この不一致は「極移動」，すなわち，地球表面全体が自転軸に対して系統的に移動することによって説明できると考えられた．しかし，大陸によって極移動の軌跡が系統的にずれることは，大陸どうしの相対的な運動でしか解釈できないとされた．大陸移動説は，1800 年代に提唱され 1950 年代はじめのころまでは地球科学のごく少数派によってのみまじめに取り上げられていたのだが，その後急速に常識になり偉大な科学上の革命が進行した．

　プレートテクトニクスの基礎となったもう 1 つの古地磁気学による重要な発見が，一連の地磁気の極性反転である．マントル対流の上昇流の中心である海嶺において玄武岩質の新しい海洋地殻が生まれ，冷却とともに磁化を獲得する．その後海嶺から離れる方向に拡大し，その結果として逆転の特徴的な間隔をもって交互に極性の変わる縞模様が海洋地殻に生じる．このことから，海洋磁気測量によって海底の拡大速度の推定が可能になる．逆転それ自体が，ダイナモ理論にとっての興味深い問題を提供している．なぜ，逆転の頻度が大きく変化するのか？ 逆転時には双極子が消失して非双極子だけになるのか，それとも赤道双極子は残るのか？ もしそうなら，なぜ赤道双極子が存在して選択的方向性ができるのか，などの問題である．

25.2 鉱物および岩石の磁性

物質の磁性は主として電子固有の磁気モーメント(電子スピン)によっている.いくつかの物質では隣り合う原子の電子スピンが相互作用して整列することがあり,多数の原子が平行な磁気モーメントをもっている場合,その物質は「自発的に磁化している」という.磁性物質においては,自発磁化の領域(磁区とよぶ)は磁力線が閉曲線になるようなパターンで配列されるため,全体としては磁気モーメントをもたない.これを消磁された状態とよぶ.外部から磁場が与えられると磁区は整列し,外部磁場が取り去られてもすべてまたは一部は整列したままになることがある.この場合,その物質は残留磁気をもっている.岩石が生成するときに地球磁場によって岩石にもたらされる残留磁気は多くの場合安定なため,何百万年あるいは何億年経ってからも測定することができる.これが古地磁気学の基礎である.

電子スピン相互作用には,図 25.1 に示すように磁気効果の違いによっていくつかの種類に分類される.強磁性(ferromagnetism,鉄のような磁性の意味)は,図の左から1つ目,3つ目,および4つめのパターンにおおよそ対応し,いずれも自発磁化を与える.真の強磁性を示す,すなわちすべての隣り合う磁気モーメントが平行に整列するのは,わずかな金属や合金に限られる.強磁性は,隕石や月のサンプルの金属含有物に見られるが,地球の岩石には見られない.地球で強い磁性を示す鉱物はすべてフェリ磁性(ferrimagnetic)に分類され,隣り合う磁気モーメントは図の2番目(反強磁性)のように反平行であるが,数ないしは強度に不均衡があるため全体として磁化を有する.フェリ磁性は,絶縁性の磁性物質として商品にもなっている鉄と他の金属の酸化物である,フェライトの磁性という意味の呼称である.磁鉄鉱(Fe_3O_4)もフェライトの一種である.「チタン磁鉄鉱」として知られる磁鉄鉱とウルボスピネル(Fe_2TiO_4)の固溶体は,火成岩類中の主要磁性鉱物である.チタン磁鉄鉱類は,火成岩の侵食によって堆積物にもしばしば見つけることができる.

強磁性やフェリ磁性鉱物中の電子スピンの自発的整列は相互作用現象の典型であり,どの電子スピンがどちらかに向く確率は周囲のスピンの配列に依存する,すなわち集合体全体の平均配列に依存する.温度が上がると熱振動による影響で整列が乱れ,限界温度に達すると自発磁化は急速に失われる.この温度がキュリー温度で,これより高温では物質はすべて常磁性(pramagnetic)となる.すなわち,磁性は弱く残留磁化を保持できない.図 25.2 に磁鉄鉱と鉄の自発磁化と温度の関係を比較する.

磁鉄鉱中では,三価と二価の鉄イオンが 2:1 の割合で混在し,Fe^{3+} イオンのモーメントは反対に整列している.したがって,全体の自発磁化は二価の鉄が担う.火成岩が風化すると,磁鉄鉱は酸化してすべての鉄が三価になる.こうしてできるのが磁赤鉄鉱(γFe_2O_3)とよばれ,磁鉄鉱と同様の構造をしたフェリ磁性鉱物である.しかし,磁

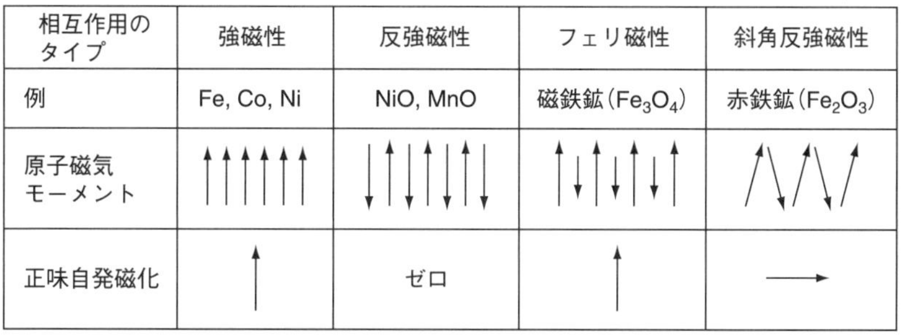

相互作用のタイプ	強磁性	反強磁性	フェリ磁性	斜角反強磁性
例	Fe, Co, Ni	NiO, MnO	磁鉄鉱(Fe_3O_4)	赤鉄鉱(Fe_2O_3)
原子磁気モーメント	↑↑↑↑↑	↑↓↑↓↑↓	↑↓↑↓↑	∧∨∧∨
正味自発磁化	↑	ゼロ	↑	→

図 25.1 電子スピン相互作用でもたらされる原子の磁気モーメントの相互配列のうち,最も重要な4つのパターン.

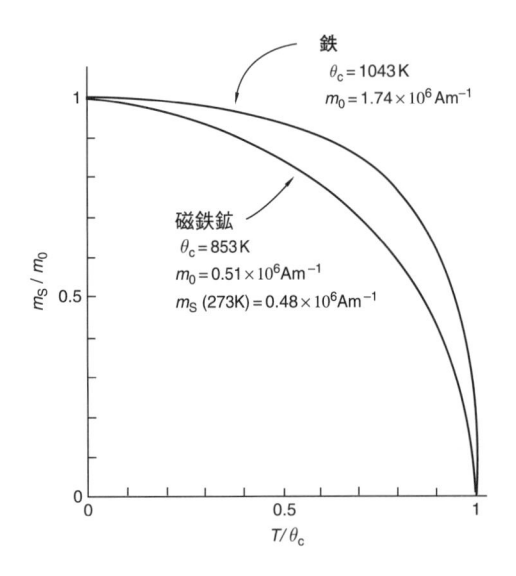

図 25.2 磁鉄鉱と鉄の自発磁化 m_S の温度依存性. 磁化の値は温度零度の値に，度の値はキュリー点温度 θ_C で規格化されている.

赤鉄鉱は準安定であって，赤鉄鉱 (αFe_2O_3) に変化する. 赤鉄鉱は原子のもつ磁気モーメントがほぼ同数逆向きになる (図 25.1) ために，弱い (寄生的な) 強磁性を示す. 赤鉄鉱は堆積岩中の主要磁性鉱物である. 磁性は弱いが，残留磁化は安定な場合が多い. 赤鉄鉱は直接あるいは磁赤鉄鉱からできるだけでなく，赤鉄鉱によく似た性質の水酸化物である針鉄鉱 (FeO_2H) から生成することがある. また，堆積岩や変成岩には磁硫鉄鉱やグレイジャイトなどのフェリ磁性の鉄の硫化物もよく見られる.

残留磁気の安定性をはじめとする磁気的性質は，粒子サイズ，結晶の欠陥，不純物や応力などに依存する. どんな物質でも粒子サイズが最小なものは単磁区である. つまり，粒子内のどこでも自発磁化が同じ方向になる. 単磁区の粒子は，永久に磁化して飽和する. 粒子の磁気モーメントは磁場が加えられると本来の向きからそれるが，残留磁気モーメントの変化として可能なのは，選択的 (あるいは容易な) 方向からそうでない方向，ふつうは逆向きへの変化である. 低温では磁気モーメントの反転には強い磁場が必要なので，単磁区は安定な磁性をもつが，サイズが小さいので熱振動の影響を受けやすい. これにより，モーメントが自然に反転を繰り返すようになり，安定性は失われる. この現象を超常磁性 (superparamagnetic) とよぶ. 超常磁性が起こる物質は帯磁率が高く，そのため磁場中では強い誘導磁化をもつが，残留磁化は保持しない. この現象は，以下において熱残留磁気，すなわち超常磁性の粒子の磁気モーメントが冷却によって安定化する機構との関連で述べる.

大きな粒子はいくつものそれぞれ磁化が飽和している磁区に分けられ，磁束のループが閉じるように配置される. こうした構造では，粒子の内部あるいは表面に磁極の面が現れることがなく，したがって磁気エネルギーが最小になっている (強磁性の磁区理論については Kittel (1949) を参照). 異なる方向の磁化をもつ磁区どうしを隔てる磁壁では，スピン方向が次第に回転し，磁鉄鉱の場合その厚みは約 $0.1\,\mu m$ である. この値は，磁区構造のサイズの限界を与える. これより小さな磁性粒子は磁壁をもつことができない. 自然に磁区に分かれるのは，これより大きな粒子に限られる. 赤鉄鉱は自発磁化が弱いので，もっと大きくても単磁区になることができる. 多磁区の粒子の磁化変化は，主として磁壁の移動によって，つまり与えられた磁場に対して向きやすい方向の磁化をもった磁区を大きくすることで生じる. これは全体の磁区が一斉に向きをそろえるのより容易なプロセスであり，このため大きな多磁区粒子は磁気的に軟らかく，古地磁気にはほとんど役に立たない.

磁鉄鉱のような物質の場合，真の単磁区粒子はサイズが約 $0.1\,\mu m$ よりも小さく，単磁区的な性質を示さない真の多磁区粒子は $10 \sim 20\,\mu m$ よりも大きい. 両者の間には，粒子が単磁区となるには大きすぎる一方，多磁区粒子の理論とは相容れない単磁区に似た性質をもつ広い中間層がある. ここでは，それらを疑似単磁区 (PSD) とよぶことにする. 古地磁気学に用いられるほとんどの安定な残留磁気はこれに由来するものである. したがって，PSD の性質を理解することは古地磁気学にとって重要であるが，それは強磁性鉱物のさまざまな磁区構造によって説明されるものであって，単一の

理論はない．簡単な場合の例として互いに逆向きに磁化した2つの磁区からなる場合を描いてみよう．2つの磁区は磁壁でさえぎられ，磁壁の中では電子スピンの配列が一方向から逆方向に徐々に回転している．

粒子が完全に対称で2つの磁区のサイズが同じであれば，磁壁内部の磁化の効果で粒子全体としては直交方向の磁気モーメントをもつ．この磁壁の磁気モーメントは反転させることはできても，(キュリー点以上に加熱する場合を除き) どんな消磁プロセスによっても取り除くことができない．また，粒子の形状は複雑で内部にひずみがあるので，厳密に対称な (同じサイズの磁区) 場合はほとんどない．磁化には磁気ひずみが伴い，電子スピンと電子軌道の相互作用によって結晶間隔がわずかに変化する．このことは，磁壁はひずみエネルギーを蓄え，さまざまな結晶欠陥と相互作用し，それがまたひずみエネルギーを生じることを意味する．欠陥の分布によって決まる磁壁の位置に対して全エネルギーが最小になる．磁壁は両者の間を飛び越えることもある．この現象は大きな磁区の系におけるバルクハウゼン雑音として観測される．こうした系では，磁化の変化が不規則に起こっていることがわかる．完全に対称というありそうもない場合を除き，磁区のどちらかの磁化の方向に粒子全体の磁気モーメントがある．こうして，この簡単な場合ですら，PSD の磁化には磁壁のモーメントとバルクハウゼン効果の2つの成分があることがわかる．

不規則な粒子表面とそれによる磁束の閉じた磁区の複雑なパターンも PSD の磁化に貢献しているはずである．これらの効果がもたらす重要な結果は，粒子がそれほど大きくなく PSD 効果がもっと大きな磁区によってマスクされることがない限り，PSD は単磁区と同様に与えられた磁場に対応して最小の磁気モーメントを獲得するということである．最も重要なことは，真の単磁区よりも大きいために熱振動の影響を受けにくいことである．このため，PSD 的な磁化が最も安定なものとなる．

磁性鉱物を含む岩石が磁場中で冷やされると，温度がキュリー点 θ_C よりも下がればたちどころに磁化する．しかし，温度が θ_C からそれほどさがらない間に磁場を取り去ると，磁化はなくなる．磁区は自発的に磁化しているが，熱振動で再配置と再配列が起こり，小さな粒子の場合には統計的に打ち消し合い，大きな粒子では磁束が閉じるように磁区が再配置される．磁場中でブロッキング温度 (θ_C よりも数十 K ほど低い温度) にまで冷却されると，磁場を取り去っても磁化は残ることができる．これが熱残留磁化で，ふつう TRM と略称される．岩石の磁性構成物とおそらくは個々の磁壁でさえも，それぞれブロッキング温度があり，それ以下の温度では熱活性が効かずに TRM が凍結される．さらに冷却すると自発磁化の増大と，それより重要な効果としては自発磁化の安定性の増大，すなわち長時間の変化に対する抵抗力の増大によって，TRM が増大する．微小外部磁場に対して，熱残留磁化の強度は磁場強度に直接比例する．このため，原因が熱残留磁化による自然残留磁化 (NRM) をもつ火成岩は古代の磁場強度を決定するのに好都合とされる．

熱残留磁化の長時間安定性は古地磁気にとって不可欠な要素である．このことは，Néel (1955) による単磁区の理論できわめて簡単に理解することができる．磁鉄鉱のような物質の孤立した単磁区は異方性がある．つまり，磁気エネルギーは磁化の方向の関数となる．単磁区はいわゆる容易軸の一方向に自発的に磁化する．異なる容易軸の間にはエネルギー障壁があって，強磁場を与えるか熱活性によって乗り越えることができる．異方性は，結晶自体の効果とともに粒子の形状にもよっている．粒子がほとんど球形でない限り形状の効果の方が強く，磁場の外部エネルギーが最小になるので長軸が容易軸となるような効果をもつ．2つの互いに反対の方向は等価であり，両者の間がエネルギー障壁 E で遮られているとすると，時間 dt の間に熱パルスが磁化を反転する確率 dP は，

$$dP = \nu_0 \exp\left(-\frac{E}{kt}\right) dt \qquad (25.1)$$

で与えられる．ただし，ν_0 は試行頻度とよばれ，10^9 Hz 程度の値をもつ．

ここで高い温度から冷却されて熱活性による磁

化の反転が次第に鈍くなっている単磁区粒子を考えよう．冷却速度が数度冷却に要する特徴的な時間 τ で表され，室内実験ではおよそ $100\,\mathrm{s}$ 程度であるとすると，ブロッキング温度 T_B は式 (25.1) の $\tau(\mathrm{d}P/\mathrm{d}t) \approx 1$ としたときの T の値である．したがって，

$$E/kT_\mathrm{B} = \ln(\nu_0 \tau) \approx 25.3 \quad (25.2)$$

となる．さらなる冷却には 2 つの効果がある．(E/kT) は温度の低下とともに増大するが，同時に E の増大があり，こちらは形状異方性の場合には自発磁化の 2 乗に比例する．E の変化を無視すると，より低い温度 T_L では必ず $\mathrm{d}P/\mathrm{d}t$ を過大評価することになる．つまり，

$$\mathrm{d}P/\mathrm{d}t < \nu_0 \exp(-25.3 T_\mathrm{B}/T_\mathrm{L}) \quad (25.3)$$

である．ここでは，大きな安定性をもたらす高いブロッキング温度に注目する．仮に $T_\mathrm{B} = 750\,\mathrm{K}$，すなわち磁鉄鉱のキュリー点よりも $100\,\mathrm{K}$ 低い温度で，$T_\mathrm{L} = 300\,\mathrm{K}$ とすると，式 (25.3) により $\mathrm{d}P/\mathrm{d}t < 3.4 \times 10^{-19}\,\mathrm{Hz}$ となり，対応する緩和時間は 9×10^{10} 年を超える．

以上で，いかにして残留磁気が地質学的年代を通して安定でありえるかはわかったが，磁気的に安定な岩石でも不安定な成分を含んでいるものである．より不安定な成分は岩石の生成以降の地球磁場の異なる時代に徐々に磁化を獲得 (磁気粘性とよぶ現象) するかも知れない．初期磁化に影響を与えるには不十分だが 2 次磁化の擾乱を生ずるには十分な程度の再加熱があると，粘性磁化はさらに強められる．2 次的磁化は初期残留磁化よりも軟らかいので，無磁場中で交流磁場をかけて部分的に消磁することによりそれを取り除く方法 (交流消磁 (AF cleaning)) は，初期残留磁化を明らかにするための標準的な手法になっている．部分熱消磁も，熱残留磁化の獲得を逆にたどることにより異なる成分のブロッキング温度を同定することができる，有効な方法である．このような加熱実験においては，クロスチェックをして化学変化によって得られた結果を捨て去ることが必要である．

ブロッキング温度以上では，単磁区は超常磁性である．磁場 B の中にある磁気モーメント μ を考えると，B にそろった配列はボルツマン因子 $\exp(\mu B/kT)$ の分だけ容易である．逆に，逆向き配列には $\exp(-\mu B/kT)$ がかかる．平均の磁化はこれらの因子の差に比例する．飽和磁化 (すべてのモーメントが平行に配列している場合) m_s に対して表現すると，

$$\begin{aligned}\frac{m}{m_\mathrm{s}} &= \frac{\exp(\mu B/kT) - \exp(-\mu B/kT)}{\exp(\mu B/kT) + \exp(-\mu B/kT)} \\ &= \tanh\left(\frac{\mu B}{kT}\right)\end{aligned} \quad (25.4)$$

となる．P. Langevin はこの表現を，μ がはるかに小さく 1 個の原子の値であってそのため磁化が非常に弱い場合，ふつうの常磁性をも記述するように一般化した．Langevin の表現は単に磁場に対して粒子モーメントを全方位にわたって積分したものである．超常磁性という言葉は，自発的に磁化をもつが熱的にランダムになっている単磁区に対応する．ブロッキング温度以下に冷却すると超常磁性磁気モーメントを凍結し，熱残留磁化になる．これ以上の冷却による変化は，磁区の自発磁化の増大に比例した残留磁気の増大である．

式 (25.4) は軸が磁場に平行な単磁区の集合に適用されるが，ランジュヴァンの理論においてすでにランダムな方向のすべてにわたって積分されている．関数 tanh の形は単磁区のふるまいに特徴的なものである．磁場が弱い ($\mu B \ll kT$) 場合，熱残留磁化は外部磁場に比例するが，多磁区の残留磁化の場合よりもはるかに低い磁場強度で飽和し始める．実際の岩石の中に真の単磁区があるのはまれであるにもかかわらず，単磁区の理論の方が多磁区の理論よりも役に立つのは，それが最も安定な残留磁化の担い手である疑似単磁区にもそれなりにあてはまるからである．

火成岩が侵食を受けてかけらとなって水中に堆積するとき，磁性粒子は以前の経歴に由来する残留磁気モーメントを保持しているかも知れないし，もし水が静穏なら粒子はその場の磁場の方向にある程度は配列するかも知れない．結果として堆積物は堆積残留磁化 (DRM) を獲得するが，真の DRM は一般的に過渡的である．その後の堆積物の固化の際の粒子の再配置によって，さらに強い後堆積

残留磁化が生じる．化学変化があればこれも失われる．そうすると，酸化的な雰囲気であれば赤鉄鉱，硫黄がある還元的雰囲気であれば磁硫鉄鉱などの，新しい磁性鉱物ができる．これらの鉱物は化学残留磁化 (CRM)，すなわち磁場中での化学変化によってできる残留磁化を獲得する．堆積岩ではふつうに起こっている．火成岩でも，たとえば海洋底玄武岩のように長期間水が浸透することにより，残留磁化が熱的よりもむしろ化学的である場合もある．CRM は TRM と同様の安定性をもつため，磁化獲得の年代が正確にわかれば TRM と同様に古地磁気方位の研究に有用であるが，古地球磁場強度には役に立たない (25.5 節)．

25.3 永年変化と軸双極子仮説

岩石や考古学的遺物の自然残留磁気は獲得時における地球磁場の方向と強度とを記録しているが，方向を決定する方が強度を決定するより容易であり信頼性も高い．仮に，磁気クリーニングによって 2 次的磁化を取り除いても初期残留磁化の大部分が残っているのであれば，初期の方向は正確に決めることができる．磁場強度の解釈はこれに比べると直接的ではない．加熱を含む追加の実験が必要であり，熱による化学変化のため解釈は難しくなるし，誤りも生じやすい．こうした理由のために，古地球磁場強度の研究は方向の研究とはやや独立に行われてきた．本節では方向の情報について述べ，古地球磁場強度については 25.5 節で述べることにする．

図 25.3 は，最後の燃焼の炭素年代がわかっている陶器窯の残留磁気から得られた磁場の方向をプロットしたものである．これによって，英国における永年変化記録を約 2000 年も拡大できる．このプロットは偏角と伏角の関係を表しており，最初にこのプロットをした L. A. Bauer にちなんでバウエル・プロットとよばれる．ある地域において一連の古地磁気測定が行われるとこのようなグラフになる．地球磁場の主な特徴は 1000 km スケールよりも大きいので (図 24.1)，およそ 1000 km 以内であれば測定値をこのように比較することができる．

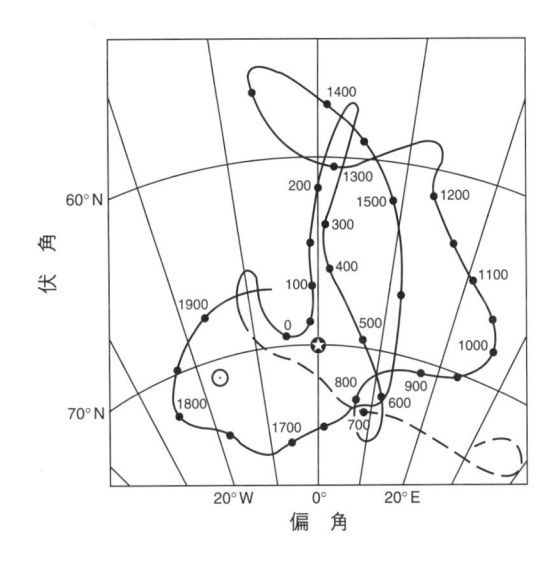

図 25.3 伏角と偏角を時間の関数としてプロットした，英国における磁場の永年変化．西暦約 1600 年以降の機械観測による記録を考古地磁気測定により過去に拡張した．曲線上の数字が各年代を表す．考古地磁気データは Tarling (1989) のプロットによる．地心軸双極子磁場の方向を星印で，現在の傾いた双極子磁場の方向を白丸で示す．

湖底堆積物の薄片を用いる (Turner と Thompson, 1981; Creer と Tucholka, 1982) ことによって，精度はやや落ちるものの記録はさらに 10 000 年までさかのぼることができる．この全期間を通して似たような特徴が見られる．もし地球磁場が地球中心の軸双極子だけによるとすると，こうして求まる方向は図の星印の中心になるはずである．この図から，またさらに時間を拡大したデータによって，地球磁場は移動するが軸双極子の方向から大きくそれることはないし，中心のまわりに起こっていることが確かめられる．現在の傾いた双極子からは図の白丸の方向が示され，図で中心とした位置からはっきりとずれていることがわかる．

古地磁気の方向を表現するもう 1 つの方法は，測定で得られた磁場が双極子によると仮定して，仮想の (見かけの) 極の位置をプロットする方法である．図 25.3 のもととなった各測定値から，かわりに仮想極の位置を計算すると，仮想磁極の位置を同じような経路で追うことができる．ただし，極の位置は線形でない式 (24.11) によって伏角から計算されるので，2 つの方法の間にはわずかな違

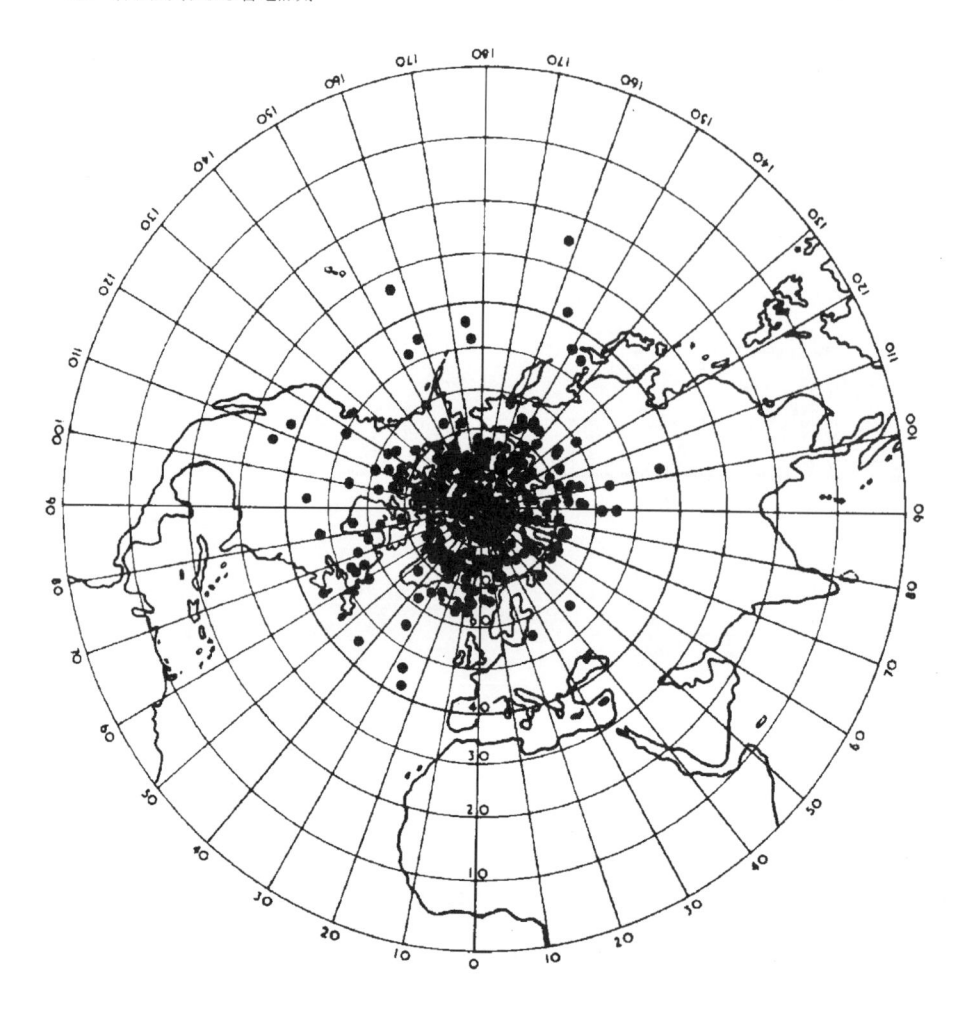

図 25.4 過去 2000 万年までの火成岩から得られた古地磁気極の位置．Tarling (1971) より許可を得て転載した．

いがある．というわけで，個別に得られた仮想極の平均位置と図 25.3 の平均方向から得られる極の位置とは厳密には一致しない．こうした違いは古地磁気記録の詳細になると重要になって，今後さらに検討されるだろう．

図 25.3 のようなデータセットがさらに長期間に拡大されると，単に 1 カ所だけでなくすべての場所において平均的な磁場の方向が軸双極子の方向になることがさらに明瞭に見えてくる．ただし，ゆっくりした極移動や大陸移動の影響によっていずれは古地磁気極は世界中に散らばってしまうので，このような検討ができる時間幅には限界がある．しかし，過去 2000 万年間であっても，疑似極の位置は現在の地理的極のまわりにばらついて

いるように見える．図 25.4 は 2000 万年より若い火成岩類から得られた極の位置のプロットである．個々の点は，岩が冷却したごく短い時間の磁場の方向を測定した値である．これらのデータは多地点で得られたものであり，各点は 1 つの疑似極の経路上にあるわけではないのだが，多くの同様の経路を描いており同じ効果になっている．図 25.4 を描く上で，磁場の極性は無視している．磁場の極性は 2000 万年間に何度も反転しているので，どちらの極性でも北半球に求まった極の位置がプロットしてある．逆転は 25.4 節で改めて考察する．

「平均的な地球磁場は，地球の中心にあって地軸の方向の双極子によるものである」という結論は，古地磁気学にとって重要かつ基本となる結果

である．この結果はダイナモ理論でも注目されるが，インパクトがあったのは大陸移動の確立においてである．適正に平均された古地磁気極は単に平均的な磁極であるだけでなく地理的極でもある．このことから，数億年の範囲で見たときの磁極の動きから，古地磁気サンプルが得られた場所に相対的な自転軸の動きを追跡できる．この応用例は25.6節で詳しく述べる．

測定値をよくしらべると，軸双極子仮説はよい近似であることがわかるが，厳密には正しくない．24.5節で引用するキュリーの対称原理によれば，十分な時間平均をとると地球磁場は自転軸に関して対称になるという予測が信頼できるものになる．しかしこのことは，四重極やさらに高次の項でも軸対称なものが存在することを許し，軸双極子が卓越することを要請するものでもない．われわれの観測が磁場のソースから遠いために磁場の空間スペクトルが図24.2のような形になるのはほぼ必然で，古地磁気学の立場からすると軸双極子仮説は安全ではあるが，古地磁気データの解釈はこの仮説に依存しているという事実とは別に，それがどの程度よい近似なのかを問いかけておくべきであろう．

自転軸に平行で内核をちょうど包有するいわゆる正接円筒 (tangent cylinder) の中のコア流体の運動は外核のそれ以外の部分の対流運動からほぼ隔離されているということは，多くの理論の一致するところである．もしこのことが磁場のパターンとして地表に現れるとしたら，系統的に双極子と関連した軸四重極子として最も明瞭に現れるであろう．現在の地球磁場は系統的な四重極磁場の存在を検証するのに不十分で，もっと長期間の記録による統計がこの可能性をしらべるのには必要である．過去500万年の古地磁気データの研究から，ConstableとParker (1988) は軸双極子項のおよそ6%の大きさをもつ展開係数g_2^0で表される安定な軸四重極項が存在し，双極子とともに逆転していると結論した．Merrillら (1996, Table 6.2) は，3.8%という値を得た．これは，推定した数値の違いがあり，それぞれの結果は磁場の統計的性質についての仮定に依存する (これについては以下で再検討する) ものであるにもかかわらず，確固とした結果ということができる．式 (24.14) でg_1^0とg_2^0の項だけを選び，式 (24.19) と (24.17) の微分によって磁場の動径成分と円周成分を得た後にそれらの比をとると，伏角は，

$$\tan I = \frac{B_r}{B_\theta}$$

$$= \frac{2g_1^0 \cos\theta + 3g_2^0 \cos\theta \left(\frac{3}{2}\cos^2\theta - \frac{1}{2}\right)}{g_1^0 \sin\theta + 3g_2^0 \sin\theta \cos\theta}$$

(25.5)

で与えられる．この伏角が軸双極子のみによるものと仮定して得られる見かけの余緯度は式 (24.11) で与えられる．ConstableとParker (1988) によって推定された，$g_2^0/g_1^0 = 0.06$の場合に得られる見かけの余緯度と真の余緯度との差が図25.5にプロットされている．

図25.5は，Wilson (1970) が初めて古地磁気極の系統的な「遠方変位」として認識したプロットである．磁場によって求まる余緯度は真の余緯度の値をわずかに上回るため，全方位から見て極の位置が実際の位置よりも少しだけ遠くにあるように見える．もちろん，このような結論は極移動や

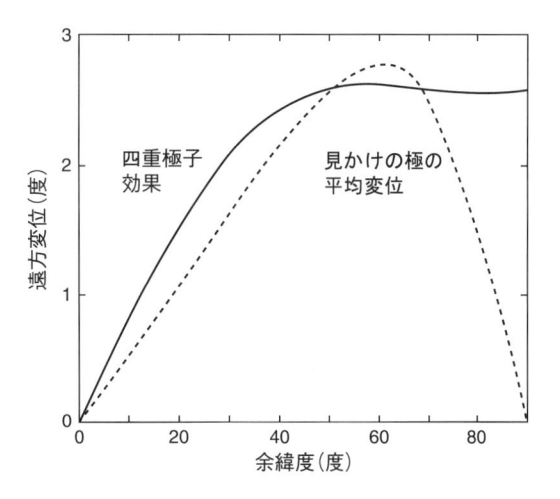

図 25.5 式 (25.5) により6%の四重極子がある場合の見かけの極位置のずれ (遠方変位) の緯度の関数としてのプロット (実線) と，真の極から一時的にはずれた場合に対し伏角の平均操作で得られる効果 (破線) の比較．この図は，四重極子磁場のような小さな効果まで識別する場合には，永年変化の統計的平均操作には注意を要することを示している．

大陸移動の影響が無視できる，年代の若い岩石のデータの解析によってのみ得られるものである．図 25.5 に示すように，見かけの極の変位は地表のほとんどでかなり一定になっている．四重極項が 6% と仮定すると，余緯度が 28〜90° の範囲でこの差は 2.0〜2.6° になり，これはサンプルのない極域を除くほとんどの地域全体の 90% に対応する．「遠方変位」には明瞭な緯度依存性がない．この傾向が系統的であるためには，ガウス係数 g_2^0 と g_1^0 とが同符号で逆転も一緒にすることと，これ以外の項の寄与は十分なサンプル数によって平均化され，2° の変位が統計的に有意であることが必要条件となる．古地磁気方位のばらつきはこれよりもはるかに大きいので，永年変化の平均化には詳しい吟味が必要である．

基本的な問題として，極位置は式 (24.11) を用いて地磁気伏角から計算されるが，この式は非線形である．Merrill ら (1996, Section 6.4) では，この問題にかかわる統計上の議論がなされている．磁場の方向が平均のまわりにランダムに分布していても，そこから求められる極はランダムに分布しないし，逆もまた真である．この点を図示するために，軸双極子で予測される磁場の伏角が 45°，局所的な非双極子磁場変動に由来する測定値のばらつきは対称的で一対の測定が 30° と 60° となる場所を考えよう．この場所の余緯度は $\theta = \cot^{-1}(\frac{1}{2}\tan 45°) = 63.4°$ であるが，おのおの双極子磁場を仮定すると，測定値はそれぞれ 73.9° と 49.1° に対応するので平均値は 61.5° になる．この偏差は「近方変位」を示してしまうので，これでは観測で得られる「遠方変位」を過小評価したことになる．逆にいうと，磁場の方向のばらつきがランダムな極位置のゆらぎによっているとすれば，それが見かけ上の遠方変位をもたらすことになる．30° と 60° にある磁極による余緯度 45° における磁化は，伏角がそれぞれ 73.9° と 49.1° で平均値は 61.5° となり，それから求まる極は 47.4° なので 2.4° 遠方である．しかし，測定が平均する堆積物について行われれば，ベクトル的に平均した磁場が得られるのであって，単なる方向の平均とは異なるはずである．両極の位置に対して同様の双極子強度を仮定すると，式 (24.10) により近い方の磁極は $1.8B_0$ の，遠い方の磁極は $1.3B_0$ の場を与え，結果として平均方向を近い磁極の側に偏らせ，63.4° の平均伏角を与えることになる．この結果は真の緯度が 45° の場合に対応するので，堆積物の重み付き平均操作は，式 (24.11) の非線形性による偏りを相殺することになる．

ある場所を通過する非双極子磁場は，磁場の方向にばらつきを与えるが，そのばらつきは磁極位置を計算する以前にその場所の測定値の平均操作により除去されると考えられる．一方，赤道双極子による成分永年変化や軸双極子の強度変化を求めるためには，一点における磁場の測定値に対応する極位置を平均化する必要があることも想定できる．このことは，双極子磁場は高緯度ほど強いために非双極子磁場の影響を弱めるので，観測点の緯度が高くなるとともに見かけの磁極位置のばらつきが小さくなることを示唆する．しかし，実際にはこれと反対の緯度変化が見られるので，このようにして双極子と非双極子の成分を分離することができないのは明らかである．

McFadden ら (1988) は，磁場の対称的な調和成分と反対称な成分とを分けて考慮するのが有効であるとしている．ここでいうのは赤道に対する対称・非対称性である．g_1^0 で表す軸双極子は反対称で，軸四重極子 g_2^0 は対称である．これらは調和成分を双極子タイプと四重極子タイプという 2 つのファミリーに分けたときのそれぞれの代表であるが，この分類によると赤道双極子の g_1^1 と h_1^1 が対称であるためともに四重極子ファミリーに分類されることになり，誤解を招きやすい．球関数展開の階数 l と次数 m (付録 C 参照) で表すと，$(l-m)$ が奇数である反対称ファミリーと偶数である対称ファミリーとに区別できる．現在の磁場の球関数展開係数を用いてしらべた結果，McFadden ら (1988) は対称成分による軸双極子からの方向のばらつきは緯度によらないが，反対称成分は近似的に緯度に比例するばらつきをもたらすことを見いだした．両者の組合せにより，観測された緯度に伴う増大をもたらす．したがって，古地磁気のばらつきの補正は，一定のものと測定の見かけ緯度に比例す

る 2 つの効果を含むべきであると結論される. この方法によって四重極子磁場の重要性をもっと厳密に評価することができるが, 古地磁気データのばらつきの問題を完全に解決することはできない. しかし, 結果の誤差はたかだか 2〜3° 程度であり, 古地磁気測定で得られる角度の変化に比べれば十分に小さい.

以上の議論は, 偶および奇調和関数の区別の再考をうながす. すなわち, ダイナモ理論のためには, 本質的な違いは $(l-m)$ の偶奇であって l の偶奇ではない. Merrill ら (1996) は, P. H. Roberts と M. Stix とによる Bullard と Gellman タイプの $\alpha-\omega$ ダイナモに関する議論 (24.5 節) を引用し, コアの速度場が赤道に関して対称ならば差分回転で生ずる ω 効果も対称であるが, ヘリシティーに依存する α 効果は南北半球で反対になることを指摘した. この状況においては, 偶奇のファミリーはそれぞれ独立に発生し, コアの運動のパターンが非対称である範囲のみ相互作用するであろう. もしコアの運動があまりに不規則でそのような区別ができないとしても, ファミリー内の相互作用とファミリー間の相互作用の違いは発生する磁場のふるまいに本質的な影響を与える. この点は, 次節において磁場の逆転との関連で考察する. 磁場の球関数展開成分を反対称と対称ファミリーに分類するのは, 観測されるポロイダル磁場に当てはめられる.

Merrill ら (1996) は軸八重極子 g_3^0 の項を重要視しなかったが, Kent と Smethurst (1998) は 2 億 5000 万年以前の期間の古地磁気データは $g_3^0/g_1^0 \approx 0.25$ を示すという証拠を報告している. 最近 500 万年の状況とは違って, 大陸はその時期の間そしてそれ以来再配置を繰り返してきたので, 八重極子の効果と極移動/大陸移動の効果とを分離することは (実際に存在するよりもはるかに大きな大陸を仮定しない限り) 不可能である. 統計的議論のみが可能であると考えられる. Kent と Smethurst が示した証拠とは浅い伏角の値への強い偏りで, そのような強い八重極子のもとにランダムに大陸が分布していれば説明可能である. 別の解釈としては, サンプルした大陸が低緯度に集まっていたとするもので, Pesonen ら (2003) は一連の原生代の大陸の再現において同様のケースを見いだした. 初期地球において磁場が本質的に違っていて, コアにおいては八重極子磁場が双極子磁場よりも強かったと信ずるに足る証拠はない. むしろ, 内核が小さかった時期には双極子磁場は相対的に強かったと思われる. つまり, Pesonen ら (2003) の解析によって提起された問題は, 大陸が赤道付近に集まっていたのにはいかなる理由があったのか, である. この問題に答えられれば, 12 章への興味深いトピックになるであろう.

磁場の双極子/四重極子あるいは多重極子構造の問題には, 磁場の軸対称性に関する問題がかかわっている. 17.9 節および 24.5 節でもふれたキュリーの対称原理によれば, 何らかの原因で永久的な非対称性がない限り, 適当な時間で平均した磁場は回転軸に関して対称になる. そのような非対称性は知られておらず, また存在しそうもないので, われわれは軸対称原理を受け入れ, これが古地磁気学およびプレートテクトニクスの中核になっている.

25.4 地磁気の逆転

焼き物・レンガ・溶岩などが冷却するときに獲得される熱残留磁気 (TRM) の発見は, 19 世紀の初頭にまでさかのぼることができる. 1906 年になって, フランスの物理学者 B. Brunhes が溶岩流だけでなくそばの粘土が溶岩によって焼けているのを発見し, それらの残留磁化が現在の磁場とはほとんど逆向きであることを示したことはよく知られている. Brunhes は, 地球磁場が逆転したに違いないと結論したが, この発見はダイナモ理論よりもあまりに先行していたため, 当時は十分に評価されなかった. 同様の観測は 1920 年代に P. L. Mercanton と K. Matsuyama によってなされたが, 後年になるまでほとんど注目されなかった.

1940 年代後半までには, 多くの逆帯磁した岩石が発見されたが, 地磁気の逆転という概念はまったく受け入れられず, そのかわりとなる説明が求められた. 強磁性 (図 25.1) の理論を構築した L.

Néel は，原理的に鉱物の残留磁化が自発的に反転するメカニズムに関する包括的理論研究を展開した．Néel の考えたメカニズムはすべてがもっともらしいわけではないが，1952 年に榛名山の溶岩が反転した TRM を獲得することが実験室で示された．一時期に集中した理論および実験的な研究が行われた結果，自発反転はイルメナイト ($FeTiO_3$) とヘマタイト (FeO_3) の固溶体の中のイオンの再配列によっている (Ishikawa と Syono, 1963) ことが判明した．高温の無秩序の状態が，低温になってイオンが整列する状態へと変換する．新しい格子のサイトに移動するイオンは，周辺のイオンとの相互作用によって磁気的に整列し，もともとの方向の残留磁化よりも強い逆向きの磁化を獲得する．反転した残留磁化は，中間的な部分的に整列した状態にのみ現れる性質で，無秩序な状態や十分に整列した状態では見られない．これはきわめてまれな現象であるが，実在した事実により地磁気の逆転が何年も続くことに対する疑問の表明へとつながった．

逆転の問題に費やされた研究は，最終的には地磁気逆転を揺るぎないものにした．以下の 4 つの主要な観測があった．

(i) Wilson (1962) は，最初に Brunhes が認めたのと同様の焼けた接触岩を数多く見つけ，ほとんどの場合に熱源である溶岩と同じ方向の残留磁化をもっており，周囲の岩石とは方向が違うことを示した．その後の統計計算により，この結論は確かなものとされた．

(ii) 年代が信頼できる数百万年までの古さの岩石について，大陸が異なっても，岩石のタイプ (溶岩と堆積岩) が異なっても，正帯磁および逆帯磁の岩石の年代は一致する．反対の磁化が異常なものでないことは明白だが，慣例的に現在の地球磁場と平行な磁化を「ノーマル (正常な)」とよぶ．

(iii) 逆転の詳細な過程が，次々に起こった溶岩流と深海底堆積物の両方でたどることができた．

(iv) 海の縞状の地磁気異常 (図 12.10) が，生成域である中央海嶺に平行な縞状に正および逆帯磁した玄武岩によるものであることが確認される．精密なチェックにも十分確かな百万年程度の年代決定に対し，磁気異常の説明に必要な逆転の繰返しが，海嶺からのほぼ一定速度の海洋底拡大を仮定することにより，年代決定された火成岩の磁化の極性に一致する．このことは，海洋底の年代の古生物学的な推定とも整合的である．

ダイナモ理論は，どちらの符号の磁場もどのようなパターンの運動あるいは力によっても同様に有効に保持されることから，容易に逆転の説明がつけられる．式 (24.36) は，磁場 B の符号を変えてもかまわない．必要なのは，逆転の引き金となる不安定性である．永年変化の存在は，ダイナモには定常で安定な状態が存在しないことを示すが，両者には何らかの関係が予想されるものの逆転は単に通常の永年変化の特殊な場合というのではなさそうである．Gubbins (1994) は，この問題の基本的物理を吟味した．非双極子磁場および赤道双極子磁場の成長・減衰・移動は連続的な過程であり，軸双極子の強度も変動するが，双極子の反転は逆転の平均的な間隔である何十万年という長さに対して 5000 年あるいはそれより短い間に起こる．このようなふるまいは，2 つの準安定状態の間を不規則に入れ換わるカオス的なシステムであると示唆される．しかし，逆転の頻度の非常に大きな変動は，説明が必要である．

逆転を起こすダイナモ不安定の手がかりを求めて逆転の記録を詳細にしらべてみよう．この問題には，逆転の最中の磁場のパターンと逆転間隔の統計というほぼ独立な 2 つの側面がある．統計的なふるまいの方に，より広く一般的な意見の一致がみられる．つまり，正逆の状態が同頻度で起こり，それぞれの平均的継続時間に違いはない．これは，両極性に同様の純粋にランダムな過程を想定したときに期待される．仮に逆転が決まった平均発生間隔で起こる独立でランダムな事象だとすると，継続時間 t の間一定極性である確率 $p(t)$ は t とともに指数関数的に減少する (放射性核種の存在確率の減少と同様に)．このような過程はポア

25.4 地磁気の逆転

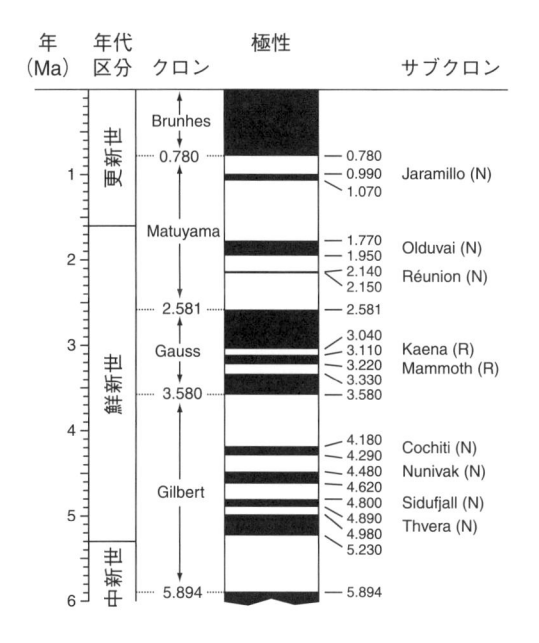

図 25.6 Cande と Kent (1995) のデータにもとづき Merrill ら (1996) がプロットした過去 600 万年の磁場の極性の記録. 正の極性の期間は黒, 逆極性の期間は白で表す. 数字は極性の境界を 100 万年単位で与える.

ソン分布,

$$p(t) \propto e^{-t/\bar{t}} \tag{25.6}$$

に従う. ここに $\bar{t}$ は逆転に挟まれた一定極性の期間の平均的長さで極性にはよらない. しかし, $\bar{t}$ は一定値ではなく, およそ 2×10^5 年から 10^7 年以上の長さまでゆっくりと変わってきている. Merrill ら (1996) は, 逆転が起こるとしばらくの期間さらなる逆転が抑制される可能性を考慮して, 式 (25.6) をガンマ関数で置き換えることを主張した. しかし, 逆転の年表が改善されるにつれて式 (25.6) からのずれは小さくなるのが認められた. したがって, 実際には逆転の抑制はなく, あるように見えたのは短いイベントが記録にもれたため統計的に推定されたものと考えることができる (ただし, 問題 25.5 参照).

図 25.6 は年代決定の信頼性が高く, したがって大陸の違いや堆積物と火成岩の違いがあってもよい一致が見られている, 最近 600 万年の逆転の記録を示す. 1 億年までさかのぼる記録の枠組みは海洋底の磁気異常によって得られている. さらに古い海洋底の記録がない年代については, 同様のふるまいの逆転があったことは明らかではあるものの, 連続性は不確かなものとなっている. 一方の極性での継続時間が長い期間は「クロン」とよばれ, 最近のものには地磁気研究の開拓者にちなんだ名前がつけられている. それよりも短い一極性の継続期間は「サブクロン」といい, その極性を記録した岩石サンプルが最初に採取された場所の名前でよばれる. この図には表示されないもっと短いイベントも起こっている. また,「エクスカーション」とよばれる不完全な逆転あるいは途中でやめた逆転もあるが, これらはあまりに短いために完全に 180 度の極性変化があったのか認識しがたかったり, ある場所では極性の逆転があっても他では明瞭ではなかったりする. 長い期間と短い期間が不規則に並ぶ逆転の配列の様子は, 堆積物のコアによって十分詳細に見ることができ, 絶対年代の決定よりも高い精度で年代に関係づけることができる. 逆転の記録を層序の同定に用いる方法は, 古生物学や同位体による方法に加えて重要になってきている (Opdyke と Channell, 1996).

磁場が反転しているときの変動の様子を詳細に観察するためには, 図 25.7 に示すような連続記録が必要である. この記録は, 十分速い速度で堆積したことにより方向の平均化作用が非常に小さい海底堆積物のコアから得られた. ここには逆転の記録に共通するいくつかの特徴を見ることができる. とくに重要なのは, 逆転期の数千年間に磁場強度が弱まっていることと, 方向が大きく変化する数千年前に次第に強度が減少することである. 伏角の記録は大きな変動を繰り返して見えるが, これはさほど重要視すべきではない. なぜなら, 磁場強度が弱まった状態では非双極子磁場がより卓越することになり, 方向の変化はある特別な場所でのみ見られ, 全体としての磁場の極性の変化に伴うものでは必ずしもないからである.

図 25.7 に示されたものをはじめとする多くの逆転期間の古地磁気強度の測定結果は, 強度が 1/3 ~1/10 に減少していること, そしてこの図の例のように強度の減少期間は方向が急激に変化する期間より一般的に長めになるということで一致する.

道双極子は強いままで残るため磁場全体は双極子的特徴を保持したままであり，磁北極は一方の半球上で消えて他方に現れるのではなく，特定の経度上で赤道を横切るというものがある．この問題がとくに興味深く思われるのは，磁極が単にその特性を保持しているだけでなく，繰り返し起こる逆転のたびに必ず南北アメリカ大陸または180度離れた東アジアと西オーストラリアを通る選択的経路で極から極へ移動したと結論する報告が数多くなされたことによる．Lajら(1992)は，このような結論に至った複数の著者による研究結果をまとめた．解釈は直接的ではなく，しかも，その根拠を検証する際にMerrillとMcFadden(1999)は選択的経路の有意性に疑問を呈している．ここではわれわれは，以下に述べるような理由により，この効果は本当であり，コア表面の磁束をマントルが制御していると説明する立場に立つことにする．

図25.8には，McFaddenとMerrill(1995)が，それまでに報告された反転する双極子が赤道を横切った経度をまとめて表示したものである．ただし，ここにプロットしているのは地磁気北極であり，地磁気南極に対する効果は等価ではないことに注意する．Gubbins(2003)は，選択的経路がコアのふるまいをマントルが制御していることを直接的に示していることに注目し，さらなる証拠を提示した．すなわち彼は，現在の地球磁場の鉛直成分の2乗を緯度方向に積分した値を経度の関数としてプロットし，その分布がマントル最下部のS波速度のグラフと高い相関があることを示したのである．マントルが冷たいと見られるところに正負どちらかの強い鉛直成分が見られる．Gubbinsの論点は，マントルが冷たいとコアからマントルへの熱流量が増大し，結果として冷やされたコア物質は深部へと運ばれるというものである．このような運動は，磁束の凍結原理により磁束を下方へと引き込むことになり，表面では局所的に強い鉛直成分を生じる．Gubbinsのグラフで驚くべき点は，逆転時の極移動の選択的経路に一致する経度に2つのピークがあることである．この結果は，逆転の筋書きにおける矛盾点を部分的に解決した．つまり選択的経路は，単にある特定の経度に鉛直

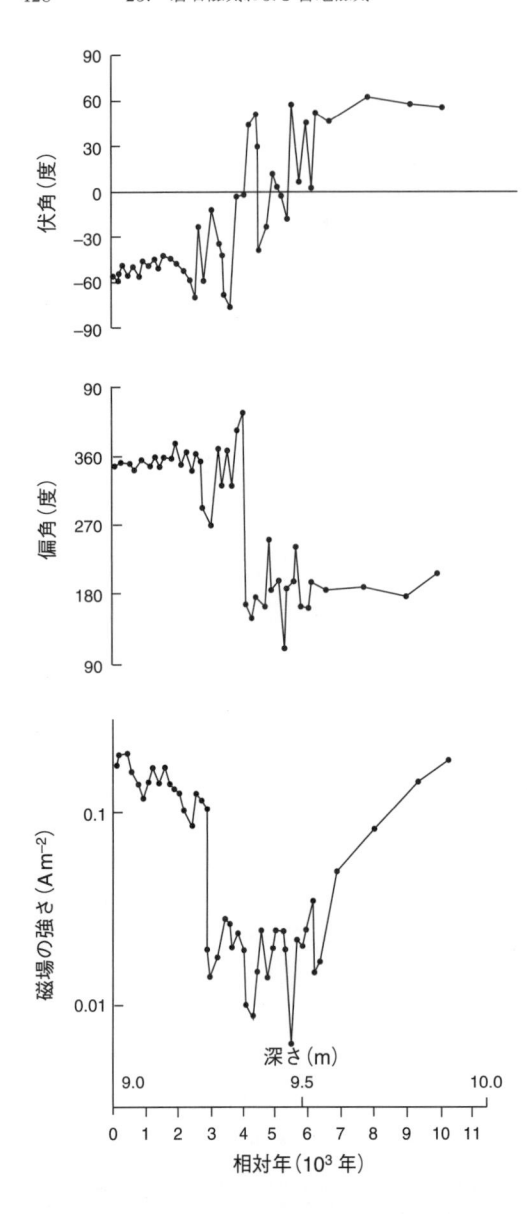

図25.7 速い堆積速度の海底堆積物コアから得られた，詳細な逆転の記録．測定前にサンプルを10^{-2}Tの交流磁場で消磁した．この逆転は107万年前のハラミロJaramilloイベントの下境界のものである．時間は右から左に経過することに注意．図はOpdykeら(1973)から転載した．

通常，双極子磁場は同じ程度の割合で卓越しているに過ぎないので，ここから導かれる理解しやすい結論は，逆転時には軸双極子が消滅し，赤道双極子や非双極子磁場の増大などを伴わずに逆向きに再成長するというものである．これに対抗する，しかし議論の余地のある案としては，逆転期も赤

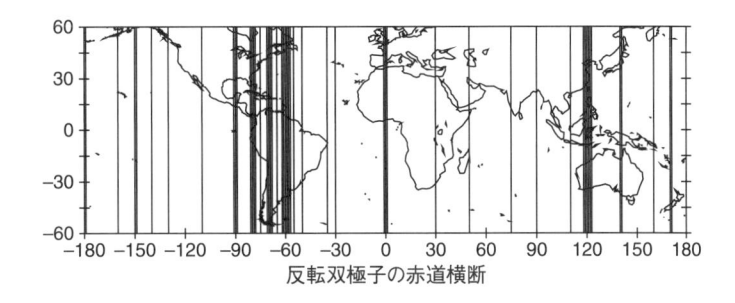

図 25.8 McFadden と Merrill (1995) がプロットした，堆積物コアで観測された極性反転の際に極が赤道を横切る経度

成分磁場が集中したためにマントルが制御したように見えただけであるという解釈も可能である．

しかしながら，きわめて重大な疑問が残されている．これまでに報告された逆転は，西よりの(南北アメリカを通る)経路がより選択されていることを示すのである．この事実が統計的に有意であると仮定すると，北磁極の経路をプロットしていることから，コア–マントル境界は正逆の極性を区別していると考えざるをえない．原理的には，化学組成の違いが熱起電力や直流の電流を生じ，それがダイナモに偏りをもたらすことはありえる．ただし，われわれの理解では，コア–マントル境界はほとんど等温であるため熱起電力の発生はありえないと思われる．唯一可能性があるのは，マントル最下部にある物質が交換されるにつれて時間とともに変化する化学電池効果かも知れない．これなら，上述した Gubbins の解析で用いられたマントル最下部の地震波速度の分布が少なくとも部分的には化学組成の違いによっていると説明することができる．以上は可能性を指摘したのみであり，われわれはこれから説明を試みるように極性の偏りが統計的に有意かどうかしらべる必要がある．

逆転は十分頻繁に起こるので，統計的に有意な発生頻度の変動を観測することができる (図 25.9)．ピークの発生頻度は少なくとも 100 万年に 5 回であるが，図を見てもわかるように，1 億 8000 万年から 8400 万年前までにかけての長期にわたり一定の正極性 (観測にかからない短いイベントが見

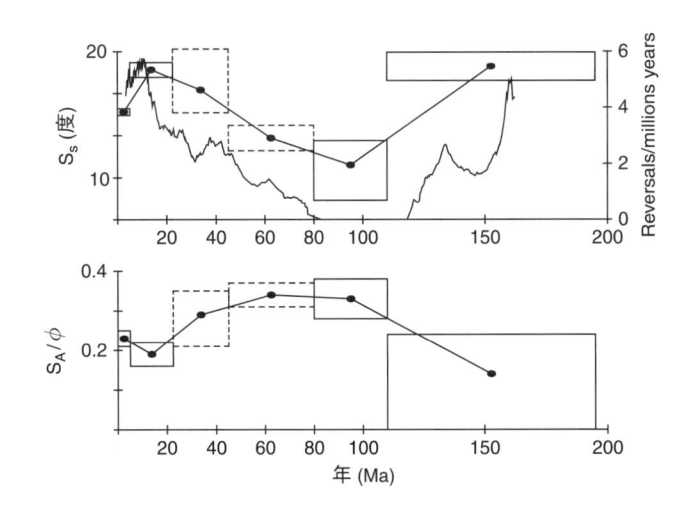

図 25.9 (上図) 過去 1 億 6500 万年間の逆転の頻度の時間変化 (ぎざぎざの線，右目盛) と逆転と逆転の間の期間における永年変化による極位置のばらつきの緯度に依存しない成分 (左目盛) との関係．(下図) 永年変化の緯度依存成分 (式 (25.7) 参照)．McFadden ら (1991) にもとづき，Merrill ら (1996) による図から転載．

逃されている可能性はない) の期間 (白亜紀のスーパークロン) があった．さらに長期間逆極性であった時期 (ペルム–石炭紀のスーパークロン) も，3億1200万年から2億5600万年前まで継続したように見えるが，現在その年代の海洋底は存在しないため地磁気縞模様による検証を行うことができない．この図は，McFaddenら (1991) によって議論されたように，逆転が最も頻繁に起こるのが，24.3節および25.3節において述べた磁場の対称成分が反対称成分に比較して強いときであることの証拠を示している．McFaddenらは，現在の磁場の対称成分による見かけ極のばらつき S_S が緯度 ϕ に依存しないのに，反対称成分によるばらつき S_A は ϕ に比例することに着目した．球面調和関数は直交関数なので，全体のばらつき S は，

$$S^2 = S_A^2 + S_S^2 = \left(\frac{S_A}{\phi}\right)^2 \phi^2 + S_S^2 \quad (25.7)$$

で与えられる．この関係が太古においても成り立つと仮定して，McFaddenらは図25.9に示すように見かけ極の位置のばらつきを対称な成分と反対称な成分に分解した．ばらつきの大きさは成分の強度に比例するものと考えられるので，逆にばらつきは相対強度の指標になる．S_S (6つの平均値) と逆転頻度 (実線) とによい相関があることは，図の上半分から明らかである．反対称成分と逆相関があることは，図の下半分に示されている．

われわれは，逆転のメカニズムの理解とそれに関連する仮説を模索しながら，信頼できないものから信頼できるものをふるいにかけて範囲を狭めることができる．マントルによる制御は，コアの運動に3通りの形で影響することを考慮すべきであることが十分に強く示された．3つとは，熱と地形と電磁気である．それらは必ずしも独立とは限らないが，逆転頻度が非常に変動するのは，コア–マントル境界の状態の変化が局所的であり，グローバルなものではなさそうであることを示唆する．たとえば，22.7節で行った効率の議論から，コアからマントルへの熱流の変動はすべてダイナモのエネルギーに反映されることが要請される．観測事実には不一致が見られる．ShawとSherwood (1991) は，磁場強度と逆転頻度には相関がないと報告しているが，Tauxe (2006) は磁場強度と極性の継続時間の間には正の相関があることを見出した．図25.9は対称成分と反対称成分の比が判断材料になることを示している．これはおそらくわれわれのもつ最も直接的な手がかりである．Takahashiら (2005) のダイナモ数値シミュレーションに見られる逆転のメカニズムも指標を与える．このモデルでは，低緯度に現れる動径方向の磁束の集中域が高緯度へ移動することが逆転をもたらし，太陽磁場の11年周期の逆転において定性的には同様の現象が見られる．赤道域の動径方向の磁束は磁場の対称成分 (軸四重極子と赤道双極子) に特徴的であるので，もしコア–マントル境界の構造がTakahashiらのモデルに見られたように磁束の集中域の発達を促進するようなものであるなら，それは対称成分の磁場強度に反映されると考えられる．

磁束の集中域の考えをOlsen (1983) の理論とつなげることができるかも知れない．Olsenの理論は，コアの運動が1つは内核境界でもう1つはコア–マントル境界で発生する2種類の浮力 (または負の浮力) によって駆動されることを要請する．この考えの要点は，2種類の浮力が回転流体中で逆向きのヘリシティーをもつ運動を発生するところにある．ヘリシティーの符号はらせん状の経路をたどるときの回転方向であると考えられるので，両半球のそれぞれの浮力による運動について逆符号になる．マントルの底にある D'' 層の不均質の存在は，中に伝わる熱流が局所的に変化する可能性をもたらし，それによってコアの表面に局所的な負の熱浮力の発生をもたらす．

すべてとはいわないがいくつかの研究では，内核は固体であるためその中を通る磁場の変化は拡散によるしかないので，内核の存在は逆転を抑制することが示されている．内核の電磁場緩和時間はおよそ1600年である．これは逆転にかかる時間よりは短いが，ダイナモにいくらかの惰性を加えるには十分である．この効果が重要なら，内核が小さかったころには逆転はいまよりも頻繁であったことが予想される．しかし，20億年あまり前におけるふるまいをしらべるには，いまある逆転の記録は短すぎるし，いずれにせよそのような効果

は背景として起こっている変化に埋もれて観測するのは難しいであろう．初期地球磁場の強度変化の方が内核のサイズの変化の効果を見るチャンスは大きいと思われる．なぜなら，内核が小さい場合は，コアの主要な2つのエネルギー源，組成分解と潜熱 (22.7節参照) がより小さくなるからである．

25.5 古地磁気強度—昔の磁場の強さ

古地磁気強度の測定には長い歴史があるが，いくつかの理由により信頼性が問題である．現在古典的とされる方法はThellier と Thellier (1959) によって開発された，基本的には火成岩サンプルや焼き物の破片を段階的に加熱・冷却することにより熱残留磁気の獲得を再現する方法である．Thellier は，サンプルをある温度範囲においてのみ磁場中で，それ以外の温度では無磁場中で冷却したときに獲得する部分熱残留磁気 (pTRM) をしらべた．pTRM は磁場にさらされた間の温度範囲のブロッキング温度をもつ粒子ないしは磁区が担っていると同定される．さらに実験によって pTRM の加法則が確立した．すなわち，段階的な温度範囲で獲得したすべての pTRM を足し合わせると，サンプルを磁場中で全温度範囲にわたって冷却したときに獲得する全 TRM に等しくなる．低い磁場中で(この意味で地球磁場は低い) 獲得される pTRM は互いに独立であり，それぞれは獲得したときの温度範囲を通した加熱によって失われる．このいわゆるテリエ (Thellier) 法は，実験室中でわかった磁場によって付けられた pTRM と自然残留磁化のうち同じ温度範囲で消磁された成分とを比較する．こうすることにより，複数の各温度範囲で獲得した残留磁気からもともとの磁場強度を推定することにより整合性の検証も行うことができる．一般的には，ブロッキング温度の高い成分が最も安定で最も信頼できる結果を与える．

要するに，もしサンプルが単純な熱残留磁気をもっていて熱により化学的な影響を受けていないならば，テリエ法はサンプルが冷えた当時の磁場の強度の推定値を与えるというものである．ただし，ブロッキング温度の冷却速度依存性は小さいと仮定する (問題 25.2 参照)．しかしながら，現実には問題点と困難さが存在する．たいていは実験室中で加熱する際に化学変化することが認められるが，見かけ上変質を受けていない火成岩の自然残留磁気でも単純な熱残留磁気ではなく，少なくとも一部は磁性鉱物の成長あるいは変化するときの磁場によって獲得した化学残留磁化である可能性がある．こうした場合には，得られた pTRM を観察すると，異なる pTRM 成分から推定される磁場強度が一致しないことから何かがおかしいことが示される．残念なことに理想的な結果をもたらす岩石は非常に少ない．付随するテストを適用して，いくつかの成分による磁場強度推定値が許容しうるものであるかどうかが判定される．

現在ではテリエ法にいくつかの修正が提起されている．その多くが，サンプルの加熱冷却を繰り返し再測定するという労働集約型の手順を軽減するデザインがなされている．もともとの方法では使われていなかった無磁場空間の利用は，いまでは標準とされる．Shaw (1974) は温度測定に交流磁場測定を追加した．非履歴残留磁化 (ARM) は，いくつかの興味ある点で熱残留磁化に似ている．ARM は小さな直流磁場中で交流磁場を加え，それを高い値からゼロにしたときに獲得する．これを直流磁場がない中で行えば，サンプルを消磁する方法にもなる過程である．部分的な ARM (pARM) とは，減衰する交流磁場のある強度範囲のみに直流磁場を加えたときに得られる．pARM は pTRM と同様の加法則が成り立ち，ARM 消磁のスペクトルは TRM 消磁のスペクトルと非常に似ていることが多い．Shaw (1974) は，加熱前と加熱後のサンプルの交流消磁曲線を比べることにより，曲線のうちどの部分が熱の影響を受けていないか，したがって信頼できる古地磁気強度を与えるかを判定できることを示した．

テリエ法は元来異なる pTRM は互いに独立であるという仮定にもとづいている．Dunlop と Ozdemir (1997) は pTRM の加法性は，固有のブロッキング温度を有する互いに独立な微粒子からなる，基本的には単磁区の現象であることに注目した．大

きな粒子では個々の磁区は個々の温度でブロックされるかも知れないが，それらは互いに独立ではないため真の多磁区 TRM では加法則が成り立たない．古地磁気学的な意味をもつ最も安定な残留磁化は，いわゆる疑似単磁区タイプのものである (25.2 節参照)．このタイプはテリエの加法原理に十分よく従うので pTRM 測定により古地磁気強度測定を行うことができる．

図 25.7 に示されるように注目する深さ範囲で堆積物は一様であると仮定したり，磁性鉱物の量の見積もりとして帯磁率を用いることにより，堆積物コアから相対磁場強度を推定することができる．Thellier や Shaw の方法による絶対磁場強度の測定は，単純な履歴をもち小さな磁性鉱物粒子をもった火成岩類に必然的に依存する．このような条件を満たす岩石は，年代をさかのぼるほどますます見つけるのが困難になる．

初期地球の磁場の指標として，最古の岩石は非常に興味深い．年代にして 20～35 億年の範囲で現存するデータ (Hale, 1987; Halls ら, 2004; Macouin ら, 2004; McArdle ら, 2004) によれば，22.7 節のダイナモエネルギーの議論から予想されるように，当時の地球磁場は最近よりも系統的に弱かったことが示唆されている．これほど古い岩石による古地磁気強度測定の結果に確信をもつのはほぼ不可能に近く，地球磁場は連続的に変化しているわけなので，確実な結論を得ようと思えば膨大な量のデータが必要になる．しかしながら，確実にいえる重要な結論がある．それは，少なくとも 35 億年前から，現在と同様の磁場が連続的に存在してきているということである．

25.6　極移動と大陸移動

従来の天文学的方法や現代のもっと確度の高い衛星観測や超長基線干渉法 (VLBI) などによる地球の自転軸の直接観測により，北極は約 11 cm/年の速度で西経 79° の方向に動いていることが示されている．厳密にいえば，自転軸に対して動いているのは地球表面の特徴的な形状であり，それらはこのプロセスに影響されない．極の動きには 14 カ月と 12 カ月の振動が重なり，その振幅はあわせて約 5 m になる (7.3 節参照)．極移動は，氷河時代に極域で非対称に氷河が発達した結果起こった後氷河反発 (9.5 節参照) の質量再配置による回転軸の再調整であるとされる．極移動は，それを起こすテクトニックな過程や大陸移動の時間スケールで見ると過渡的な現象であり，極の全移動距離は数 km でしかない．しかし，後氷河反発による移動があるために，近代的な測地学的手法による直接観測から古地磁気学で研究されるような長期にわたる極の移動を見えにくくしている．衛星や VLBI による方法は，プレート相互のテクトニックな運動を測定するのに役立つが，絶対的なテクトニックな動きと後氷河反発とを分離することはできない．

一方，古地磁気学的方法によれば，1 億年あるいは 10 億年以上にわたる極に相対的な大陸移動を測定することができる．岩石の生成時における古緯度は，岩石の磁化の伏角から式 (24.11) を用いて与えられ，極の方位は磁化の水平成分の方向によって示される．こうして，極までの角距離と方位が決定され，岩石サンプルに相対的な極の位置を地球儀ないしは世界地図上にプロットすることができる．多くの測定値を平均して永年変化を平均化するする必要があり，また，軸双極子の原理が正しいと仮定 (25.3 節で議論したわずかな遠方変位の存在は認めつつ) すれば，こうして決定される古地磁気極は地理極でもあることになる．同じ地塊で得られた異なる年代の一連のサンプルを測定することにより，一連の極位置が軌跡として得られ，これを見かけの極移動軌跡とよぶ．すなわち，古地磁気の 1 次観測量は極移動であり，互いに固着していた多くの地塊について明白に得ることができる．極移動の特徴的な速度は 100 万年に 0.3° 程度であるが，2000 万年よりも若い岩石では極移動と永年変化によるゆらぎをうまく分離することができない．約 3000 万年前になると現在の極位置との違いが見えてきて，より古い年代ほどはっきりしたものになる．

極移動曲線で非常に興味深いのは，図 25.10 のように異なる大陸に対する極移動軌跡を比較する

図 25.10 ジュラ紀からオルドビス紀までの 2 億 5000 万年間の，ヨーロッパ (白丸) と北米 (黒丸) に対する極移動曲線．大西洋が閉じて大陸が図 25.11 のように合わさると，両曲線は一致する．図は Van der Voo (1990) からの転載．

ところにある．軸双極子の原理によれば，いかなる大陸でも特定の年代において平均した極は同じ場所にあったはずなので，極移動軌跡の違いは大陸どうしの相対的な移動があったことを示す．しかし，ある地塊に対する極移動が古地磁気測定によって完全に決められる一方，大陸移動が経度の曖昧さをもたらす．ある大陸に対する極の位置が与えられれば，地球上においてその場所の緯度と向きを示すことができるが，経度は任意になる．つまり，2 つの大陸の経度差は古地磁気測定だけで推定することはできない．過去 1 億 5000 万年間における大陸移動については，われわれは海洋底の地磁気縞模様からきわめて重要な情報を追加することができるので，その間の大陸の相対運動はよくわかっている．しかし，海洋底が存在しえないこれより古い年代については，経度のあいまいさは依然として問題になっており，それほど厳密とはいえない方法を用いて解決されている．5 億年以上昔の先カンブリア時代では記録はさらに不確実になるが，25 億年前までさかのぼる大陸移動の再現がなされたことがある (Pesonen ら，2003)．

最初に比較されたのは，ヨーロッパと北米に対する極移動軌跡である (図 25.10)．すぐに気づくように，この分かれ方の最も簡単な説明は，両大陸はもともとはつながっていたものが大西洋海底の拡大によって分裂したというものである．これは上述した経度のあいまいさの問題の好例になっている．これらの移動曲線は両大陸ブロック間の

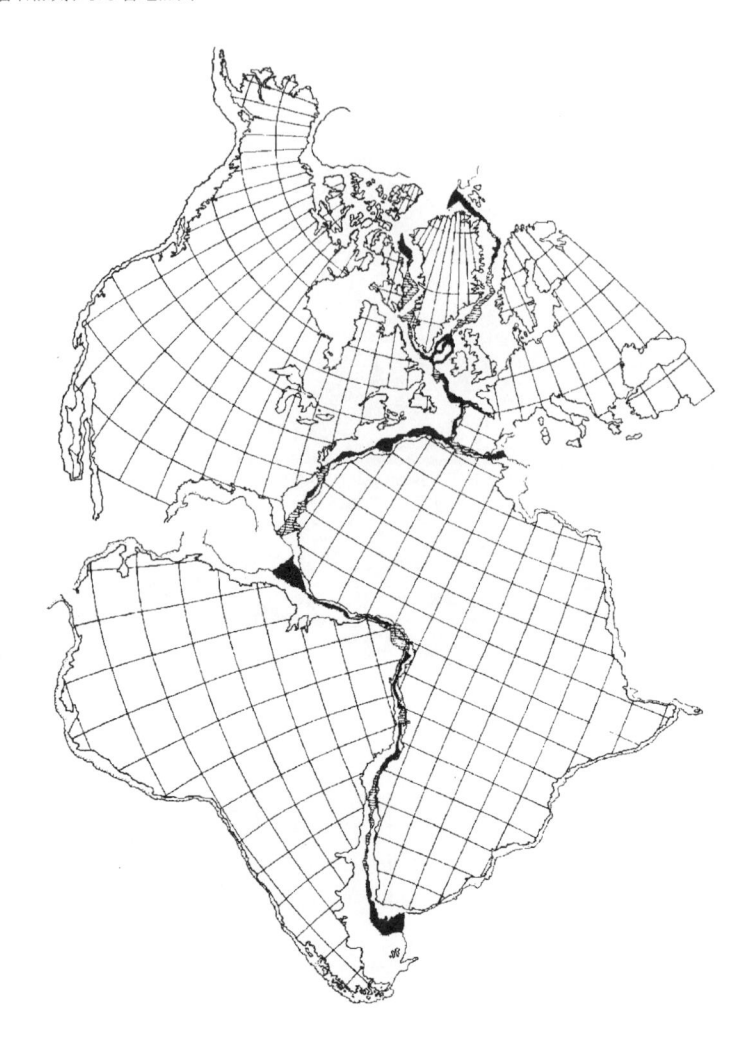

図 25.11 大西洋を囲む大陸の水深 500 ファゾム (914 m) コンターでの絵合わせ. 陰影部は重複, 黒い部分はギャップを表す. Bullard ら (1965) から転載.

経度方向の相対運動で説明できるが, 古地磁気測定ではこれと回転運動とを区別することはできない. しかしながら, 異なる極移動を説明するほどの回転運動があれば, 大陸どうしに重なりができてしまうので採用すべきではない. いずれにせよ, 海洋底の縞模様から大西洋の海底拡大が正しい解釈であることが示される.

ヨーロッパと北米で極移動軌跡が違うという事実は大陸移動説を生き返らせた. この考えは徐々に一般に受け入れられたが, 引き続いてオーストラリア大陸が北米やユーラシアなどに対してさらに大きな移動をしたことが示されることにより, 残存する疑念も取り払われた. 大西洋を囲む双方の大陸はかつて並列であったのが分裂したという考えには, 長い歴史がある. 大陸の海岸線や対応する境界付近にある岩石が似ていることは, 初期の大陸漂移論者たちが大陸が動いたことを論ずる際の証拠となった. 初期の議論は 1910 年から 1930 年までのドイツの気象学者 Alfred Wegener の仕事に集約される. 図 25.11 は, 近年になされた大西洋を囲む大陸を Wegener が好んだように合わせた結果である. もう 1 人重要な開拓者は, 南アフリカの地質学者 A.I. DuToit で, 彼が 1930 年代に南方の大陸 (南アメリカ・アフリカ・インド・オーストラリア) を南極大陸のまわりに集めて再生したゴンドワナ大陸は, 古地磁気によって完全に正し

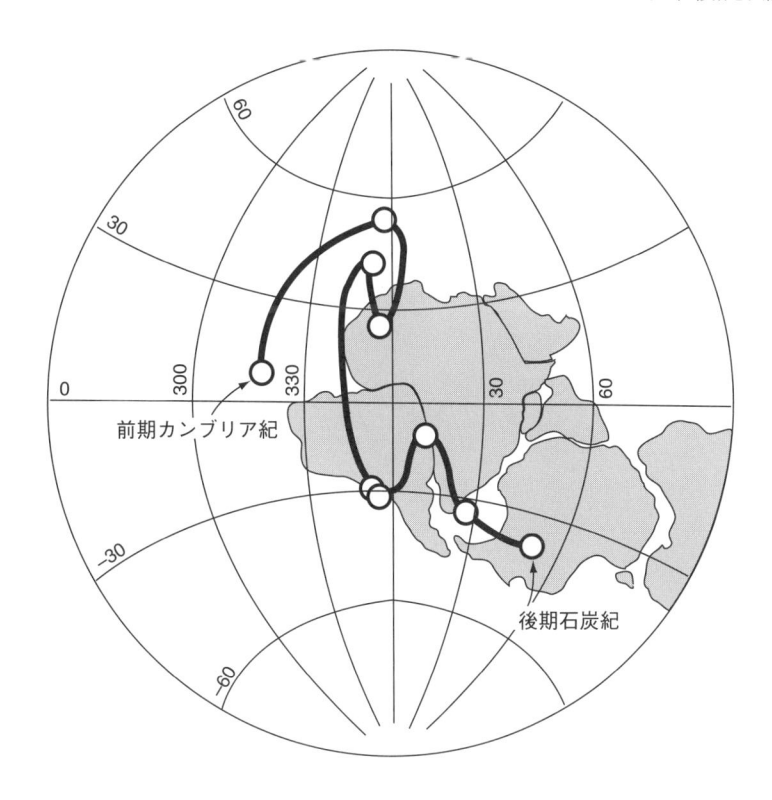

図 25.12 石炭紀からカンブリア紀の間の南米・アフリカ・インド・オーストラリアに対する極移動軌跡が共通になるように南極の周囲にこれらの大陸を集めてつくられたゴンドワナ大陸．Van der Voo (1990) の図の部分を転載．

いことが立証された (図 25.12)．

この問題がまだ論争の的だった当時の古地磁気研究では，磁気的に求まった古緯度と当時の気候とが一致することを示すのが重要と考えられた．

中でも氷河作用はとくに有効な気候の指標である．全球の気候は時間変動が大きいが，氷河期が物語るようにいつでも整合性は保たれる．つまり，北アメリカとヨーロッパの氷河期の氷河作用，さら

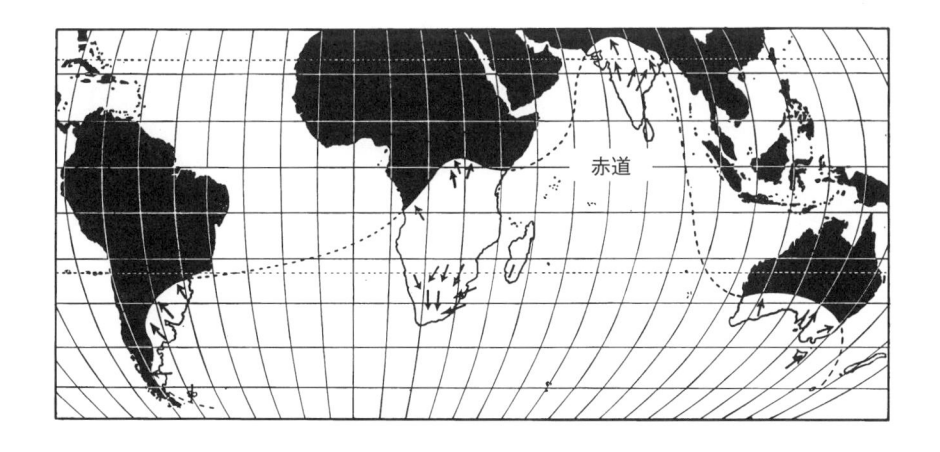

図 25.13 石炭紀後期における南方大陸の氷河作用．矢印は氷河の移動方向を示す．氷河作用と移動方向は，図 25.12 に示すようにこれらの地塊を南極の周囲に集めて 1 つの超大陸ゴンドワナ大陸にすると調和的になる．Holmes (1965) より許可を得て転載．

に南アンデスやニュージーランド南島の氷河作用も、すべて同時に発生したということである。氷河作用があったのは、高速の極移動のためではなく同時に寒冷化したためである。石炭紀後期から二畳紀に非常に強い氷河作用があり、Holmes (1965) は南方の大陸に見られる氷河作用の証拠がこれらの大陸が当時南極の周囲に集まっていたという考えと調和的であることを示した (図 25.13).

プレートテクトニクス (12 章) は、いまでは幅広い分野の観測が詳細まで解明してグローバルな地球科学の中心になっている。しかし、始まりは古地磁気による大陸移動の再現であり、他はすべて追従したに過ぎない。それを本書の最後尾に追いやったかのように見えるのは、その役割が小さいことを示したのではなく、それがいまや常識とされるほど基本的な情報であるとの認識による。ほんの 10 年か 20 年の間に古地磁気学の地位は、標準的な地球観をひっくり返したエキサイティングな新分野というものから基本的な道具とへと変わったのである。

26
代替エネルギー源と気候変動——その地球物理学的背景の考察

26.1 まえおき

　固体地球物理学は化石燃料に替わるエネルギー源の探索やその評価に役立つ．入手可能性についての知見が得られるとともに，特定のエネルギー源がどれだけ利用可能かを自然界での散逸量と比べることで活用量を地球物理学的に見積もることができる．この本で展開してきた地球物理学的な分析と議論を用いればこれらの問題に回答を与えることができる．また天文学的要因によって引き起こされる気候変動についてもふれたい．これは化石燃料の消費によって引き起こされる気候変動と区別されるべきものである．この考察は大気科学研究者にとっては基本的な課題である，環境変動は何によって引き起こされるのかという問題の基礎となるべきものである．同時に資源探査に従事している地球物理学者にとって重要な問題である化石燃料の消費に伴う資源の有限性を考える上でも基礎となるべきものである．ここで考察されるエネルギー源は，太陽，風力，潮汐，海洋波，水力，地熱であり，原子力は取り扱わない．また生物燃料についてもふれない．ただ生物燃料の生産のためには多大な陸地面積が必要になるだろうということは指摘しておきたい．

　さまざまな自然の過程でのエネルギー散逸量 (26.2 節で取り扱う) を知ればわれわれの利用可能な量を具体的に見積もることができる．人間の利用量と比較することで，人間の活動がもはや全地球規模の影響をもつ現象であることが明らかである．このことはこの現象を制御された方式でコントロールすることがもはやできないことを意味している．同時に人間のエネルギー利用量の大幅な調整制限は不可避であることも事実で，もしそれが制御不能に陥れば，痛みの伴うものになるであろう．ここではいくつかの基本的な事実を検討し，問題を十分に理解した上で適正に判断し，可能な解決策を探りたい．われわれの議論はエネルギーの利用可能性について基本的な理解を得ることであり，現実の利用技術に言及するわけではない．

　エネルギーの生産量と消費量はよくわかっている．というのは燃料や電力の生産は政府による監視の行き届いた産業によって行われているからである．全地球規模でのエネルギー利用量は表 26.1, 26.2 にまとめられている (国連統計局や合衆国エネルギー庁などのデータによる)．もととなったデータにはさまざまな形式のものがあり，いくつかは大きな矛盾が含まれている．一般的にはエネルギーは PJ (ペタジュール)($1\,\mathrm{PJ}$/年は $3.1688\times 10^{7}\,\mathrm{W}$ に対応する) で表示される．しかしアメリカ合衆国では「クワッド」という単位が用いられる (1 クワッドは 10^{15} 英国熱単位で，$1055\,\mathrm{PJ}$ に相当する)．利用可能な代替エネルギー源の重要性は表 26.1 と表 26.2 から読み取れるが，必要とされるエネルギー量と対比させて考えなければならない．この表のうちで最も不確かなものは表 26.1 の「伝統的燃料」の項目である．これは主として木材や動物の糞で暖房や調理の際に使われる．この利用量はいまだ年 4% の割合で増え続けている．したがって必要とされるエネルギー総量は同じ割合で増え続け，その量はたぶん入手可能性によってのみ制限される．エネルギー源の入手可能性には科学的な考察が必

表 26.1 2005 年における基本的エネルギー源の全世界での使用量 (TW) と年増加率

固体 (石炭, 亜炭, 泥炭)	3.98	4.5%
石油, 液化ガス	5.21	1.9%
ガス	3.42	2.0%
1 次電気 (表 26.2 参照)	0.69	2.3%
'伝統的' 燃料 [a]	~1.1	4.0%
合計	14.40	2.8%

[a] 木材, 動物の糞など.

表 26.2 2005 年における全世界での電力生産量 (TW) と年増加率

主要なもの	水力発電	0.34	4.0%
	原子力発電	0.32	0
	その他 [a]	0.034	7.3%
副次的なもの	熱 [b]	1.24	3.3%
合計		1.93	2.9%

[a] 地熱, 風力, 太陽, 潮汐力, 波の発生.
[b] 石炭, 石油, および天然ガス.

要であるが, 同時に利用量の積極的なコントロールには政治的, 社会的な決断が必要となる.

科学的な情報はこの章で取り扱うもう 1 つの問題, 自然現象としての気候変動にも重要である. 温室効果ガスの問題にはあまり深く立ち入らないが, 天文現象に起因する気候変動問題は十分議論する. 地球が太陽に最も近づくのは 1 月 4 日であり, 南半球の夏である. この時北半球の夏の時期よりも 7% 多い太陽光が降り注ぐ. しかしながら全球平均温度の年変化にはこのことが反映されていない. というのは南北半球で陸地と海の割合が異なるからである. 地球の歳差運動 (7.2 節) によってこの状態はゆっくりと変わりつつあり, 1 万年後には北半球の夏の時期に太陽に最も近づくことになる (1 万年前にも同様であった). したがって北半球は今後暑い, 短い夏と寒い, 長い冬を経験することになる. もしほかの要因が働かないとすると, この点だけを取り上げても気候変動に軌道の変化が大きな影響を与えることがわかる. これはミランコビッチ・サイクルとして知られている気候変動を引き起こす天文学的要因の最も顕著な一例である (26.4 節).

天文学的な影響のもう 1 つの要因として地球と太陽の間の距離が月齢に応じて振動する現象が知られている. 地球と月は共通重心のまわりを回っており, 太陽のまわりを楕円軌道を描いて回っているのはこの重心である. 重心の軌跡のまわりの地球の動きは軌道の離心率のために生じる地球・太陽間の距離の年振動に比べるとわずかである. しかしその周期は他のものと混同はありえない. 月周期が衛星で観測された赤道域の温度変動の中に見つかったという事実 (26.4 節) はこの月周期の振動が気候に影響を与えているという疑いのない証拠である. 大気の反応は複雑で, 単純な放射バランスにはなく, 大気の循環の変化を伴っている. これは大気気候モデルへの挑戦である.

26.2 自然界でのエネルギー散逸

人間のエネルギー消費量が地球規模であるという事実は表 26.3 にリストアップされた自然界でのエネルギー散逸量と比較すれば明白である. この表中の項目のあるものは実測にもとづきよくわかっているが, いくつかは仮定にもとづいた推測値である. それらの仮定はきちんと評価されるべきで, 後にふれよう. しかし基本的な結論には大きな変更は必要ない程度には正確である. 太陽の放射エネルギーは完全にわれわれのエネルギー消費を支配している. 一方, 風力は 2 次的である. 数 TW の太陽エネルギーの利用は全体に影響を与えないが, このことは表の他の項目には当てはまらない. たぶん風力については例外かも知れない. この表は特定のエネルギーが, 原理的にでもあれ利用可能であるということを示しているわけではない. 利用可能性の評価やそれによって引き起こされることについては 26.3 節で考察しよう.

表 26.3 での深部グローバルな現象は 20 章, 22 章, 24 章で取り上げた. 潮汐摩擦は 8 章で取り上げた. 太陽エネルギーは太陽定数と地球の断面積とアルベド (大気上層部に到達するエネルギーのうち 56% が地表に到達する) で決まる量である. これら以外に表中には 4 種類の項目が残されており, それらはよくわかっているわけではないので, 少し説明が必要であろう.

風によるエネルギー散逸量の見積もりには地球

表 26.3　自然界のエネルギー散逸量 (TW)

深部グローバルな現象		
地熱	全体	44.2
	陸地	9.6
テクトニクス		7.7
地磁気ダイナモ		~0.3
表層/大気の現象		
太陽エネルギー	大気上部	1.75×10^5
	表層	9.8×10^4
	地表	2.8×10^4
潮汐力		3.7
風力	全球	434
	陸上	126
波 [a]		~5
河の流れ		6.5
大気電流		9×10^{-4}

[a] 10^5 km の長さの海岸線あたりに波高 2 m (rms 振幅) の波が打ち寄せると仮定.

の表面での摩擦が重要であり，大気層内部での乱流による散逸は重要ではないと考えられる．表にあげた海洋の波のエネルギーは風のエネルギーが海洋を経て，海岸線に伝わったものである．風のエネルギーが同様に陸地へも伝えられるのかはわからない．陸地の地形が重要な役割を果たしているからである．われわれは大気と陸地とのカップリングの独立した計測量が必要である．この指標になりうるのが大気循環による 1 日の長さの変動であろう (図 7.4)．この図の中に見られる 2 つの曲線の平行性から，地球は大気と強くカップリングしていて 15 日という短い期間で 1 日の長さが 1 ms 変動していることが明瞭に読み取れる．大気の運動の変動は即座に地球表面に伝えられる．これによってわれわれは摩擦によるエネルギー散逸量を見積もることができる．

大気と固体地球との間の角運動量の交換による回転の全エネルギーの変動は，以下の式で見積もることができる．

$$\Delta E = \frac{1}{2} C_E (\omega_{E1}^2 - \omega_{E2}^2) + \frac{1}{2} C_A (\omega_{A1}^2 - \omega_{A2}^2) \quad (26.1)$$

ここで C_A, C_E は大気と固体地球の慣性モーメント，ω_A, ω_E は大気と固体地球の角速度，添字 1,2 は初期状態と最終状態を表している．角運動量の保存則は以下の式で与えられる．

$$C_E(\omega_{E1} - \omega_{E2}) + C_A(\omega_{A1} - \omega_{A2}) = 0 \quad (26.2)$$

ここで，式 (26.1) を以下の議論に有用な 2 つの形で書き換えることができる．

$$\Delta E = \frac{1}{2} C_E \left(1 + \frac{C_E}{C_A}\right)(\omega_{E1} - \omega_{E2})^2$$
$$- C_E(\omega_{E1} - \omega_{E2})(\omega_{A2} - \omega_{E2}) \quad (26.3)$$

$$\Delta E = \frac{1}{2} C_E C_A / (C_E + C_A)$$
$$\times [(\omega_{A1} - \omega_{E1})^2 - (\omega_{A2} - \omega_{E2})^2] \quad (26.4)$$

式 (26.3) の最初の項は地球と大気が同じ角速度で運動する，$\omega_A = \omega_E$ という状態が最終状態であるとしたときのエネルギー散逸量である．$\omega_E = 7.292 \times 10^{-5}$ rad s^{-1}, $C_E = 8.036 \times 10^{37}$ kg m^2, $C_A = 1.38 \times 10^{32}$ kg m^2 (付録 E の表 E.4 参照), $|\omega_{E1} - \omega_{E2}|/\omega_E = 1$ ms/24 h$= 1.16 \times 10^{-8}$ という数値を使うと，$\Delta E = 1.67 \times 10^{19}$ J が得られる．図 7.4 の 2 つの曲線の間の位相差がたかだか 15 日 (1.3×10^6 秒) であることを考えると，エネルギー散逸量は少なくとも 1.67×10^{19} J$/1.3 \times 10^6$ s $= 12.9 \times 10^{12}$ W になる．式 (26.3) の第 2 項の符号は正負両者が考えられる．理由は式 (26.4) を見れば理解されるであろう．この式ではエネルギーの変化は経度方向の風の速度の 2 乗に比例していることを示している．その大きさは式 (26.3) から 1 日の長さの観測値を使い簡単に計算できる．13 TW という散逸量を得るために必要な経度方向の風の速さは式 (26.3) より以下のように見積もられる．

$$\nu \approx |\Delta\omega_A - \Delta\omega_E|(\pi/4)R_{\text{Earth}}$$
$$= \Delta\omega_E(1 + C_E/C_A)(\pi/4)R_{\text{Earth}}$$
$$= 2.5 \text{ m s}^{-1} \quad (26.5)$$

ここで，$(\pi/4)$ は緯度方向の変化を考慮した係数である．

図 7.4 に示されている 1 日の長さの変動を引き起こすのに必要とされる経度方向の風速の変動を大気層全体で平均化した量を表したものが式 (26.5) である．その結果引き起こされるエネルギー散逸量は 12.9 TW である．これがわれわれが必要としていた大気・固体地球のカップリングの具体的な数値である．言い換えれば，2.5 ms^{-1} という全球平均の風が固体地球にはたらきかけて，13 TW の

エネルギー散逸を引き起こしたということができる．われわれはこの値をグローバルな風のパターンと固体地球との相互作用によるエネルギー散逸量の尺度基準として用いる．ここで注意すべきは，$2.5\,\mathrm{m\,s^{-1}}$ という風速は表面での風速ではなく，大気層全体で平均化された経度方向の風速であるという点である．エネルギーは風速の2乗に比例するので (式 (26.4))，風力発電で得られるエネルギー量の見積もりには全大気層の風速の2乗平均速度の値だけがあればよい．これは明らかに $2.5\,\mathrm{m\,s^{-1}}$ という値よりも大きく，Archer と Jacobson (2005) によると $14.3\,\mathrm{m\,s^{-1}}$ という近似値が得られている．この値を用いると $(14.3/2.5)^2 \times 12.9 = 434\,\mathrm{TW}$ というエネルギー散逸量が得られる．これが表 26.3 中に採用されているグローバルな値である．この値が陸地と海洋でどのように割り振られているのかは即座にはわからない．陸地には凹凸があるが，そこでの風速は一般的には低い．表 26.3 中の陸地の値は表面積の割合でスケールしたものである．この値は人間のエネルギー使用量の約 9 倍の大きさである．

ここで海の波のエネルギーについてもう一度考えてみよう．振幅幅 a で深い海を伝播する波の単位面積あたりのエネルギーは，

$$E/A = a^2 \rho g/4 \qquad (26.6)$$

ここで $\rho = 1025\,\mathrm{kg\,m^{-3}}$ は海水の密度，$g = 9.8\,\mathrm{m\,s^{-2}}$ は重力である．周期 f で深い海を伝播する波は位相速度 $v = g/2\pi f$ をもつ (式 (14.53) で $kh \gg 1$ として $k = 2\pi f/v$ を置き換えることで得られる)．しかし波のエネルギーは群速度 $u = v/2$ で伝播するので，

$$u = g/4\pi f \qquad (26.7)$$

代表的な波の周期として海洋のうねりの値である 10 秒を用いると，$u = 7.8\,\mathrm{m\,s^{-1}}$ となる．海の波が波頭と平行な海岸線に与えるエネルギーは単位長さあたり，

$$(E/A)u = a^2 \rho g^2/16\pi f \qquad (26.8)$$

波は海岸線で反射せず，深海の波は直近の海岸線の向きに対してランダムな方向をもち (幾何学補正として $2/\pi$ を使う)，海洋波を受ける海岸線の長さとして，$L = 10^8\,\mathrm{m}$ (これは地球の周囲長の 2.5 倍にあたる) を仮定すると $2\,\mathrm{m}$ の 2 乗平均振幅の海洋の波のエネルギー散逸の全地球での値は，

$$\text{波の散逸} = \frac{E}{A}\left(\frac{2u}{\pi}\right)L = 5 \times 10^{12}\,\mathrm{W} \qquad (26.9)$$

これが表 26.3 中の値である．これは控えめの値であろう．

ここで用いた波のエネルギーや速度の見積もりの式は外洋に当てはまる式である．すなわち海水の深さがその波長よりもずっと大きな場合に適用されるものである．波が浅海に近づき，速度が遅くなると，波は屈折を受け波頭は海底の等深線やその先の海岸線と平行になっていく．しかしこのような複雑な挙動はエネルギーの計算に影響を与えない．というのはここでの計算は深海から浅海へ輸送されるエネルギー量であり，浅海に与えられたものがすべて海岸線に付与されると考えているからである．ここでは外洋でのエネルギー散逸は利用不可能なので考慮してこなかった．海岸に到達する海洋波のエネルギーは利用可能なエネルギー源としては大きなものではないというのがここでの結論である．

利用の可能性の程度からみると，水力発電は理想的な電力源である．エネルギーは便利な形で無限に蓄積され，利用量も連続的に調節可能である．陸域の降水量の全球値は $10^{14}\,\mathrm{m^3/年}$ であり，川により海に流れ込むのはこのうちの 25% 程度，この質量フラックスは $dm/dt = 2.5 \times 10^{16}\,\mathrm{kg/年} = 7.9 \times 10^8\,\mathrm{kg\,s^{-1}}$ となる．このフラックスが高度差，$h = 840\,\mathrm{m}$ (これは陸地の平均高度にあたる) を流れ下るとすると，重力エネルギーの解放量は，

$$\text{川のエネルギー} = (dm/dt)gh$$
$$= 6.5 \times 10^{12}\,\mathrm{W} \qquad (26.10)$$

これはたぶん過小評価である．というのは雨は一般的にはより高度の高いところに多く降るからである．しかしこれでも驚くべき結果となる．現在の水力発電の量 (表 26.2) はすでにこの見積もりの 5% 程度である．見積もり量自体も現在のエネルギー使用量の半分以下である．

雷は地球上の電荷を連続的に電離層に流す役割を果たしている．この値は地球全体で約 2000 A に達する．地表面と電離層の間の電位差は約 450 000 V であり，この電流の流れにおけるオーム発熱量は 9×10^8 W になる．この値は雷を生じさせる嵐のもつエネルギーのほんの一部でしかなく，ここでは考慮するに値しない．

いままでに見てきた値のいくつかはたいへんおおざっぱな見積もりでしかなかったが，それでも風によるエネルギー散逸量は太陽光に次ぐ重要なものであり，これ以外は 1 桁以上小さな値しかもっていない．

26.3 「代替」エネルギー源——その可能性と他への影響

黒点サイクルによる太陽放射量の変動幅は約 0.15% である (26.4 節)．この値は小さいように見えるし，気候変化の中の 11 年周期変動の証拠は明白でもない．しかし太陽活動の変動により地球が受け取る放射量の変化は人間のエネルギー消費量の 14 TW の 20 倍にもなる．この意味するところはいくつかある．まず重要な点は人間のエネルギー消費の熱的な影響はグローバルな観点から見ると取るに足らない量であるという点である．地球の温暖化はエネルギー消費に伴う熱が問題なのではなく，大気の赤外線帯域での不透明度の変化が原因である．また太陽エネルギーの想定されうる利用法はいずれも気候に直接影響がないことも明らかである．自然界でのエネルギー散逸量が代替エネルギー源の可能性を考える上での尺度基準となるという視点から表 26.3 の他の欄を眺めてみよう．またその利用法の意味するところも考えてみたい．

フランスの大西洋岸に位置するサン・マロ (St. Malo) のランス河河口域では長年にわたり潮汐発電所が稼働しているが，潮汐による発電量はたいへん限定されたものである．世界中にはここに匹敵する大きな潮汐をもつ場所が何カ所か存在する．しかし，海水の潮の満ち引きの振幅は水力発電の基準からするとたいへん小さい．発電を潮汐サイクル中維持するには大きなタービンや海水を保持する複数の貯水池，あるいは補助的な揚水施設が必要となり，その維持建設のために潮汐発電の経済性は疑わしい．しかしこのような状況は変わりうるものなので，その可能性を検討してみたい．

潮汐発電は基本的には魅力的なものと見なされてきた．というのも設置場所での地域的な環境への影響はたいへん小さく，また全球的な影響はまったくないと考えられてきたからである．しかし潮汐のエネルギーは大本は地球の回転である．8 章で議論したように，潮汐摩擦は地球の自転を遅くし，月を地球から遠ざけるはたらきをする．自然界の潮汐摩擦では現在の人間のエネルギー消費量の約 1/4 のエネルギーが散逸される．したがってもし潮汐発電が大々的に行われたとすると自転を遅らせる大きな要因になるであろう．しかしこの変化はたいへんゆっくりしたものであろう (潮汐が及ぼす影響は 1 世紀で 1 日が 2.4 ms 秒延びる程度である) し，大きな変化の時間スケールは数億年になろう．自転の遅れが加速化することで生じる意外な影響として中心核の地磁気ダイナモへの効果 (時間スケールとしては数千年) が考えられる．しかし中心核での運動ははやく，他の予想される自転の影響のどれよりも短いタイムスケールなのでこの影響はあまりないのではと考えている．

潮汐摩擦は潮汐と原因になった天体である月や太陽の位置との間に位相遅れ，δ を生じさせ (図 8.4)，エネルギー散逸量は，sin 2δ に比例する．月の位相遅れは 2.9° である．最大の散逸は可能性としては $\delta = 45$ ($\sin 2\delta = 1$) のときに生じる．もし潮汐の振幅が変わらないとしたならば，このときの散逸は現在の値の 9.9 倍 ($= 1/\sin 5.8$) になり，36×10^{12} W である．しかし散逸につれて潮汐の振幅も減少するので理論的に見積もられた限界は 20×10^{12} W に近い値である．蓄えられたエネルギー量としては莫大であるが，利用方法はたいへん限定されている．したがって原理的に考えても巨大なエネルギー源とはいえない．

潮汐の利用は，膨大ではあるが有限な源から非可逆で永久的なエネルギーの取り出しという意味ではエネルギーの「採掘」であるといえよう．風，

波，河川の流れの利用は性質が異なっている．これら3種類のエネルギー源は太陽エネルギーの副産物であり，利用できる分はすべて自然界のどこかで散逸される．われわれはそれを横取りして，ある部分を利用できるかもしれない．地域に限定すれば環境にも影響があろうが，全地球的にはエネルギーのバランスには何の影響も与えない．

風のエネルギーは地上 100 m くらいまでの大気境界層内で容易に利用可能である．境界層では風速は高度とともに増加している．この層は 26.2 節で述べたように自然界でのエネルギー散逸の場であり，より高度の高いところからエネルギーがこの層へ運ばれてきている．境界層内の風車によって風のエネルギーを取り出すことの影響は，建物や樹木のような障害物の影響とは少し異なっているが，その違いは重要ではない．境界層からすべてのエネルギーを取り去ることは明らかに不可能である．というのはそれは完全に大気の運動を止めることになり，どんなエネルギーも取り出せず，新しい境界層をその上につくり出すことになるだけであるからである．このことは以前の2つの指摘を確認づけている．風のエネルギーは大気中でつくられ，人間がつくり出した構造物の有無にかかわらず，どこかで散逸を受ける．人工物でのエネルギー散逸につながるグローバルな環境はない．2番目の指摘は表 26.3 のすべのエネルギーに当てはまるであろう．一部分しか取り出すことはできず，実行可能なエネルギー源ではその量は少ない量である必要がある．「どのくらい小さい必要があるか」という質問に関しては，たとえば風の場合のわれわれの見積もりでは，陸域でエネルギー生産が行われれば 12% ほどで全地球規模のエネルギーの必要量を満たすことができる．Archer と Jacobson (2005) は利用可能な風のエネルギー量を 80 m の高さ (風力発電での標準的な風車の高さ) での風の記録からより直接的に見積もっている．彼らは大陸地域の平均風速の高い地域に焦点を絞っている．というのは利用可能なエネルギー量は v^3 (v は平均風速) に比例するからである．空気塊が風車の領域を通過する割合は v に比例し，その塊は v^2 に比例する運動エネルギーをもっているからである．

Archer と Jacobson の本質的な結論は既存の技術だけでも十分なエネルギーが利用可能で，風が地球規模での主要なエネルギー源であるという点である．

海洋の波は原因が幅広く広がっている風の場合と比べるとエネルギーがより集中した形で現れている．われわれは海岸線付近で起きているエネルギーの散逸にのみ興味がある．式 (26.9) のもととなった計算では 10 秒の周期，2 m の振幅をもった波の波頭 1 m あたりのエネルギーのフラックスは 50 kW になる．力学エネルギーのこの集中の度合はたいへん魅力的で，小規模のエネルギー発電では将来性がある．しかしグローバルなスケールでみると表 26.3 で見られるように 5 TW という値は，技術的な問題は別にしても，エネルギー問題で主要な解決策になる可能性はない．

先の章で指摘したように水のすべてのしずくが川として海に流れ込み，流れによって水車を 100% の効率で回すとしても，その全エネルギー生産量は現在のエネルギー消費量の半分には足りない．また現在の水力発電の生産量の 20 倍にしかならない（しかもそれは増加し続けている）．川の流れのエネルギーは利用しやすいという指摘はあるが，また同時に最も利用に適している場所はすでに使われているという反論もある．全世界での水力発電用のダムの容量は約 7×10^{11} m^3 であるが，陸上でのこの水の保持量は海水面を 2 mm 低下させるにすぎない（おそらく小さなダムすべての効果の 10%）．これはまったく問題にならない量である．このことによる地球の慣性モーメントの増加は自転に観測可能な影響を与えるにははるかに及ばない．河川のエネルギー利用が及ぼす環境への影響は地域に限定され，グローバルではない．河川の流れのエネルギーはたいへん利用しやすいけれど，表 26.3 に示されたその総エネルギーは河川が主要エネルギー源にはならないことを明らかにしている．

アイスランド，イタリア，ニュージーランド，カリフォルニアに存在する地熱発電所では火山地域において地下水から変化した水蒸気を利用している．地熱のエネルギーはこの地域ではたいへん有

用なエネルギーではあるが，特殊な地質学的な条件が必要とされる．地下深部の熱を幅広く利用するために地殻中の熱いドライな岩石からもエネルギーを取り出すことも可能であると考えられている．地質学的に安定な大陸地域では，平均的な熱フラックスは約 $0.065\,\mathrm{W\,m^{-2}}$ であり，温度勾配は典型的な値として $25\,\mathrm{K\,km^{-1}}$ にもなる．したがって，何らかの有効な熱を取り出そうとすると非常に深い穴が必要になる．たいへんに高い温度勾配をもった地域のみが経済的に有効なエネルギー源となりうる．図20.4からこれらの地域は地質学的に若い火山地域に限定される．この問題をもう少し詳細に眺めるために，式 (20.15) と式 (20.16) を少し変形して，地表から深さ z_0 まで一様な花崗岩の地殻が分布している場合を考えてみよう．熱の発生率は，$\dot{q} = 2.8 \times 10^{-6}\,\mathrm{W\,m^{-3}}$ (これは表21.3における $1.05 \times 10^{-9}\,\mathrm{W\,kg^{-1}}$ に対応する)，熱伝導度を $\kappa = 2.5\,\mathrm{W\,m^{-1}\,K^{-1}}$，マントルからの熱流量を $\dot{Q}_{\mathrm{MC}} = 0.025\,\mathrm{W\,m^{-2}}$ を仮定する．地表面温度 T_0 に対して深さ z での温度は，

$$T(z) - T_0 = \frac{\dot{Q}_{\mathrm{MC}} z}{\kappa} + \frac{\dot{q}}{\kappa}\left(z_0 z - \frac{z^2}{2}\right) \quad (26.11)$$

$3\,\mathrm{km}$ までの適当な穴を掘ったとすると，そこの温度は，

$$T(3\,\mathrm{km}) - T_0 = 25\,\mathrm{K} + 3.36\,\mathrm{K} \times z_0\,(\mathrm{km}) \simeq 35\,\mathrm{K} \quad (26.12)$$

$20\,\mathrm{km}$ の花崗岩層の底では平衡な温度は地表温度プラス $90\,\mathrm{K}$ にしかならない．したがって掘削可能な深さでは熱平衡にある岩石の温度は花崗岩と比べて途方もない量の放射性元素を含んでいない限りエネルギーを取り出せるほどには高温になれない．あるいは途方もなく深い穴を掘らない限り．

これらの式が意味するところはホットドライロック (高温乾燥岩体，hot dry rock) を用いて地熱エネルギーを得る試みは，火成活動の名残の熱に起因する高い熱流量の地域でない限り成り立たないということである．岩石自体の発生熱は状況次第では重要ではあるが，花崗岩の場合放射壊変による熱の発生は外部に逃げないとしても100万年で $40\,\mathrm{K}$ の温度上昇にしかならないことは注意すべきである．さらに熱が拡散で外に逃げないためには

たいへんな厚さが必要となる．しかしこのような地質学的な制約条件は現実の地熱発電にはさほど有効ではない．というのは利用しているのは最近の (あるいは現在の) 火山活動によって加熱された地下水であるからである．

高温乾燥岩体のエネルギー収支を考えてみよう．破砕された岩体中の掘削井の間で水を循環させ，$1\,\mathrm{km}^3$ の岩体に $100\,\mathrm{K}$ の温度低下を引き起こすことに相当する熱 (当然岩体が熱的にやっと使いものになる程度) を取り出すことを考える．電力発生の熱力学効率を 20% と仮定すると，16年にわたり $100\,\mathrm{MW}$ の発電量を生むことになる．その後この体積の岩体は熱的には疲弊し，使いものにならなくなろう．この熱的状況は 10^4 年から 10^5 年のタイムスケールで熱い周辺域や深部から熱が流れ込んできて部分的には改善されるであろうが，保証はできない．従来の高温湿潤岩体の発電と同様，これは火成作用の熱エネルギーの利用であって，表26.3にリストアップし，20.3節で議論した地下熱流量の利用ではない．しかし，限定された地域内であれば熱は豊富であるので，問題はその分布である．エネルギー源の全体構造の中では中心にいるわけではないが，高温乾燥岩体の地熱発電は地質的に若い地域での地熱利用に道を開くものである

さまざまなエネルギー源の可能性をふるい落としていくと，原子力を別にすれば現在の化石燃料に相当するエネルギーの供給源は太陽光と風力である．両者がともに最も広く分散したエネルギー源であるということは偶然の一致ではない．われわれは地域的に集中したエネルギー源については考察してこなかった．広く分散したエネルギー源はエネルギーの全必要量を満たすために必要である．代替エネルギー源という点に議論がまわれば，従来よりもより小規模な運用で，限定された地域での発電が主体となろう．予期しない新しい発見がなければ，上記の2つが結果的には主流になるであろう．不連続的，あるいは安定しない利用効率といった予想される問題点は工学的な問題に過ぎない．その解決策はすでに確立されている汲み上げ式貯留システムの例のようにすでに手の内に

あるといってよい．

26.4 軌道変化による太陽定数の変動と太陽の変動

人工衛星の詳細な観測によって太陽の輝度の変動は黒点の11年変動の2倍以上の期間にわたり明らかになってきた．WilsonとHudson (1991) が輝度の変動は0.15％程度であること，またその最大は黒点数の最大の時期と一致していることをたぶん最初に指摘した．記録は短いけれど，われわれは黒点数が太陽からのエネルギー放出と相関していることを示す独立な証拠を得ており，したがって黒点数は太陽活動の指標となりうる．マウンダー極小期 (Maunder minmum) として知られる期間 (1645年から1715年，この間70年間にわたり太陽黒点は消えていた) は全地球温度が低下していた"小氷河期時代"とちょうど時期的に一致している．Zhangら (1994) によれば太陽と類似の10個の星では磁気活動と輝度の間に相関が認められる．全地球温度の変動の中には11年周期の明瞭な変動が存在するという報告はないが，太陽の変動は気候変動を支配する重要な，たぶん最大の要因であると認識すべきである．二酸化炭素やその他のガスによる温室効果はこのような自然現象によるバックグラウンドの変動と対比されるべきである．序章で述べたように太陽を回る地球の軌道は離心率0.01673をもつ楕円軌道で，最も太陽に近づいた点 (近日点) と最も遠い点 (遠日点) との距離の比は0.96709である．地球がそれぞれの点で受け取る太陽放射の量はこの比の2乗の逆数に比例する．すなわち1月4日に最大で，その値は6カ月後の最小のときの1.069倍である．もし地球が黒体放射としてふるまう (すなわち放射エネルギーはT^4に比例する) という簡単な仮定にたつならば，この太陽放射の変動は全地球温度にして4.6Kの変動に対応する．これは大きな変動量というべきであるが，大気のフィードバックメカニズムを別にしても，大陸と海洋の分布の非一様性 (南半球では海洋の割合が大きい) によってこの変動は和らげられ，より見えにくくなっている．このことは太陽放射の変動が気候変動を支配するという考えに疑いを抱かせるものではあるが，しかしこの効果は一定したものではない．地球の自転軸は歳差運動をし (7.2節)，そのために最大の放射量をうける半球は入れ替わるからである．これは以下で述べるミランコビッチ・サイクルの一側面である．

天文学的な要因の理解を難しくしている原因の1つは，観測との整合性である．これは酸素分子が発する熱励起マイクロ波放射の人工衛星による観測から明らかにされた対流圏 (大気の下層部約6 kmの領域) の温度が月によって変動を受ける現象にみられる．月と地球は一緒になって太陽のまわりを回っており，正確には両者の重心が楕円軌道を描いて回っている．月–地球系の重心は地球の内部 (月との平均距離を3.844×10^5 kmと仮定すれば地球中心から4671 kmの位置) にある．したがって地球と太陽の距離には1カ月周期の変動があり，その大きさは2×4671 kmであり，6.2×10^{-5}の割合である．この値は太陽放射量に換算すると1.24×10^{-4}の振幅をもつ1カ月周期の変動となる．また月の光も影響を与える．月の光は太陽に最も近づいたときの満月時に一番強い．したがって先の効果を強めることとなる．それがどのくらいになるのか，見積もってみよう．月のアルベド (反射率) を1と仮定する．太陽から受ける放射は赤外線領域でそのまま再放射され，地球がそれを受ける (この赤外放射の大部分は太陽に向いた，暖かな部分から放射される)．月は太陽よりもわずかに小さな視角を有していることを考慮すると月の放射は太陽のそれと比較して2.0×10^{-5}程度になり，先の効果と合わせると，1.44×10^{-4}の振幅の1カ月周期の変動を与えることになる．対流圏の温度の1カ月周期の変動はBallingとCerveny (1995) によって酸素分子の熱放射の人工衛星の記録の中に見いだされた．全球平均の対流圏の温度は269Kであり，その0.01％の振幅で1カ月周期の変動があった．しかし，それは太陽放射と位相が単純に一致していたわけではない．温度のピークは太陽放射の最大時 (満月) に先行しており，また複雑な緯度による違いも見られた．赤道では効果はほとんど見られず，低緯度，高緯度では両半

球で温度の変動は全球変動と一致していたが，中緯度帯 (おおよそ 40〜60°) では逆位相の変動が見られた．大気の大循環のパターンは 1 月陰暦の間にわずかではあるがシステマティックに変化している．潮汐の効果の影響の可能性は完全には取り除かれてはいないが，気候変動の駆動力は明らかに放射の変動である．しかしながらこの現象の理論的な説明はいまのところない．Gordon (1994) は同じマイクロ波での観測データの中に対流圏温度に 1 週間変動を見いだした．この変動は北半球で 0.01 K ほど週日が暖かく，南半球には存在しないというものである．

対流圏の温度が太陽放射のわずかな変動に敏感に対応するという報告は地球軌道の離心率に気候があまり敏感ではないという事実と相反しているように見え，このことは気候システムの複雑さを示している．大気のフィードバックのメカニズムは海洋・大陸の分布の非対称性と相まって原因と結果の分離を困難にしている．このために人工衛星によるマイクロ波の観測に関心が集まっている．1 カ月周期はたいへんユニークなものである．対流圏温度変動の中に見いだされた 1 カ月変動の原因は地球–月の軌道運動によるもの以外考えられない．同様に週末と週日からなる 1 週間変動は天文学的，あるいは他の自然現象に起因するものではなく，疑いもなく人間の活動に関連したものである．観測からは大気の活動は太陽放射の変動と人間の活動の両者に明瞭な形で対応しているということが示されている．複数の原因の及ぼすより複雑な効果を考える上でこのことを頭の中に入れておく必要がある．

天然の気候変動はすべてのタイムスケールで生じているが，数万年のタイムスケールの変動はとくに興味を引く．これは最近の数百万年 (第四紀) にわたって起きている氷床や氷河の興隆と衰退のタイムスケールであるからである．氷河期が軌道変動による太陽放射の減少期に引き起こされたとする考えは 1800 年代の，とくに James Croll の仕事にまでさかのぼる．後に 1940 年代初頭に Milankovitch により理論的な根拠が与えられた．その後第四紀の地質現象の年代決定が進み，詳細な軌道運動が明らかになると Milankovitch の理論による天文学的な周期が観測された気候変動の中に見いだされるようになる (Berger 1988, Berger と Loutre 1992)．5 億年というミランコビッチ・サイクルの地質学的な報告も現れた (Williams, 1991)．しかしながら，太陽の変動や海洋循環の変化といったほかの要因も明らかにあり，それらすべてが理解が進んでいるわけではない．

地球の歳差運動 (7.2 節) によって自転軸は黄道面に鉛直の軸のまわりを 25 700 年周期で回っている．もしこの変動だけだとすると地球は歳差周期の半分の周期で北半球が夏の時期に太陽に最接近する．現時点では南半球が夏の時期に当たっているが，しかし楕円軌道の軸が同様に変動しているために，両者がカップリングをして気象学的な歳差周期は 21 000 年となっている．これは楕円軌道が変化しているという事実にもとづいている．離心率も 96 000 年の周期で変動し，それが小さなときは気象学的な歳差の影響はなくなる．他の重要な軌道要素の変動は自転軸傾斜角 (自転軸が軌道面に鉛直な軸となす角度) であり，それは 41 000 年の周期をもっている．これらの要素はすべて協力して太陽放射量の変動を引き起こし，さらに緯度依存性，季節依存性を引き起こす．地球はそれに対し雪や氷によるアルベド変化などによって非線形に応答をしている．にもかかわらず酸素同位体 (3.9 節) のような気候変動の指標はミランコビッチ・サイクルの存在を示しており，それらが気候変動の重要な部分を担っていることは明白である．

ペルム紀や先カンブリア紀の後期に起きたような長い期間続いた大規模な氷河期の原因を軌道要素の変動に求めるのは難しい．大気中の温室効果ガスの大きな変動の可能性は考慮に値するし，太陽の活動度も原因かも知れない．もし太陽の活動にその主要な原因を求めるとしても，同じ結果を引き起こすより小規模な他の要因も考慮しないわけにはいかない．この大きな自由度があるために，太陽を原因とするここに述べてきたモデルはたいへん大きな不確定性をもっていることになる．

26.5 代替エネルギー源に関する結語

表26.3に示した自然界でのエネルギー散逸はそのほとんどの場合，ほんのわずかな割合しか利用できていない．繰り返し利用可能なエネルギーの潜在的な能力に関しては実はわれわれはほとんど理解していない．潮汐，波動，地熱は地域的には有用かも知れないが，そのエネルギー源が限られているという単純な計算結果を無視することはできない．われわれは水力発電の重要性を示唆したが，それは全エネルギー需要に見合うだけのエネルギー源となりうる可能性があるからという理由ではなく，2つの断続的なエネルギー源である太陽光発電と風力発電に対して理想的な蓄積能力を発揮できるからである．これら2つは繰り返し利用可能なエネルギー源であり，基本的には現在の利用のスケールで電力を供給でき，将来に利用の望みを託すことができるものである．

付録 A
一般的な参考データ

表 A.1 基礎物理定数

真空中の光速	$c = 2.99792458 \times 10^8 \,\mathrm{m\,s^{-1}}$
真空の透磁率	$\mu_0 = 4\pi \times 10^{-7} \,\mathrm{H\,m^{-1}}$
真空の誘電率	$\varepsilon_0 = 1/\mu_0 c^2 = 8.8541878\cdots \times 10^{-12} \,\mathrm{F\,m^{-1}}$
重力定数	$G = 6.6743(7) \times 10^{-11} \,\mathrm{m^3\,kg^{-1}\,s^{-2}}\;(\mathrm{N\,m^2\,kg^{-2}})$
プランク定数	$h = 6.6260690(3) \times 10^{-34} \,\mathrm{J\,s}$
素電荷	$e = 1.60217649(4) \times 10^{-19} \,\mathrm{C}$
電子の質量	$m_\mathrm{e} = 9.1093822(5) \times 10^{-31} \,\mathrm{kg}$
陽子の質量	$m_\mathrm{p} = 1.67262164(8) \times 10^{-27} \,\mathrm{kg}$
中性子の質量	$m_\mathrm{n} = 1.67492721(8) \times 10^{-27} \,\mathrm{kg}$
原子質量単位 ($^{12}\mathrm{C}$ 質量/12)	$u = 1.66053878(1) \times 10^{-27} \,\mathrm{kg}$
アボガドロ数	$N_\mathrm{A} = 6.0221418(3) \times 10^{23} \,\mathrm{mol^{-1}} = 6.0221418(3) \times 10^{26} \,\mathrm{(kg\,mol)^{-1}}$
気体定数	$R = 8.314472(15) \,\mathrm{J\,mol^{-1}\,K^{-1}} = 8.314472(15) \times 10^3 \,\mathrm{J(kg\,mol)^{-1}\,K^{-1}}$
ボルツマン定数 (R/N_A)	$k = 1.380650(2) \times 10^{-23} \,\mathrm{J\,K^{-1}}$
シュテファン–ボルツマン定数 ($2\pi^5 k^4/15h^3 c^2$)	$\sigma = 5.67040(4) \times 10^{-8} \,\mathrm{W\,m^{-2}\,K^{-4}}$
ファラデー定数 (e/u)	$F = 9.6485340(2) \times 10^4 \,\mathrm{C\,mol^{-1}} = 9.6485340(2) \times 10^7 \,\mathrm{C(kg\,mol)^{-1}}$
微細構造定数の逆数 ($2h/\mu_0 c e^2$)	$\alpha^{-1} = 137.03599968(9)$
リュードベリ定数 ($m_\mathrm{e} c \alpha^2/2h$)	$R_\infty = 1.097373156853(7) \times 10^7 \,\mathrm{m^{-1}}$

表 A.2　単位換算表

1 インチ	$= 0.0254$ m (厳密値)
1 法定マイル	$= 1609.344$ m (厳密値)
1 海里	$= 1852$ m (定義は緯度の 1/60)
1 天文単位 (AU) (地球と太陽の平均距離)	$= 1.49597871 \times 10^{11}$ m
1 弧度秒	$= \pi/648000$ rad $= 4.848 \cdots 10^{-6}$ rad
1 ポンド (lb)	$= 0.45359237$ kg
1 トン (メートル法)	$= 1000$ kg
1 トン (米) (2000 lb)	$= 907.18474$ kg
1 トン (英) (2240 lb)	$= 1016.0469$ kg
1 ガロン (米)	$= 3.63677$ リットル
1 ガロン (英)	$= 4.54596$ リットル
1 恒星年	$= 3.155815 \times 10^{7}$ 秒
1 エルグ (erg)	$= 10^{-7}$ J
1 ダイン (dyn)	$= 10^{-5}$ N
1 ガル (Gal)	$= 10^{-2}$ m s^{-2} [1 mGal $= 10^{-5}$ m s^{-2}]
1 気圧 (atm)	$= 101325$ Pa
1 バール (bar)	$= 10^{5}$ Pa
1 ポアズ (Poise)	$= 0.1$ Pa s
1 カロリー (cal)	$= 4.1868$ J
1 熱流量単位 (1 μcal/(cm^2 s))	$= 4.1868 \times 10^{-2}$ W m^{-2}
1 電子ボルト (eV)	$= 1.60217733(49) \times 10^{-19}$ J
1 ガウス (G)	$= 10^{-4}$ T (テスラ) $= 10^{5}$ nT(γ)
1 エルステッド (Oe)	$= 10^{3}/4\pi$ A m^{-1} (Ampere-turn/m)
1 G $\cdot$ cm^3 (磁気モーメント)	$= 10^{3}$ A m^{2}
1 emu 電磁単位	$= 10^{3}$ A m^{-1}

一般的な参考データ 449

表 A.3 自然に存在する元素の原子量．元素の原子番号 z，元素記号 (括弧内)，そして原子質量単位 u (表 A.1) で平均原子量 m を示す．

z	元　　素	m	z	元　　素	m
1	水素 (H)	1.0079	47	銀 (Ag)	107.868
2	ヘリウム (He)	4.00260	48	カドミウム (Cd)	112.40
3	リチウム (Li)	6.941	49	インジウム (In)	114.82
4	ベリリウム (Be)	9.01218	50	スズ (Sn)	118.69
5	ホウ素 (B)	10.81	51	アンチモン (Sb)	121.75
6	炭素 (C)	12.011	52	テルル (Te)	127.60
7	窒素 (N)	14.0067	53	ヨウ素 (I)	126.9045
8	酸素 (O)	15.9994	54	キセノン (Xe)	131.30
9	フッ素 (F)	18.99840	55	セシウム (Cs)	132.9054
10	ネオン (Ne)	20.179	56	バリウム (Ba)	137.34
11	ナトリウム (Na)	22.9898	57	ランタン (La)	138.9055
12	マグネシウム (Mg)	24.305	58	セリウム (Ce)	140.12
13	アルミニウム (Al)	26.98154	59	プラセオジム (Pr)	140.9077
14	ケイ素 (Si)	28.086	60	ネオジム (Nd)	144.24
15	リン (P)	30.97376	61	プロメチウム (Pm)	
16	硫黄 (S)	32.06	62	サマリウム (Sm)	150.4
17	塩素 (Cl)	35.453	63	ユウロピウム (Eu)	151.96
18	アルゴン (Ar)	39.948	64	ガドリウム (Gd)	157.25
19	カリウム (K)	39.098	65	テルビウム (Tb)	158.9524
20	カルシウム (Ca)	40.08	66	ジスプロシウム (Dy)	162.50
21	スカンジウム (Sc)	44.9559	67	ホルミウム (Ho)	164.9304
22	チタン (Ti)	47.90	68	エルビウム (Er)	167.26
23	バナジウム (V)	50.9414	69	ツリウム (Tm)	168.9342
24	クロム (Cr)	51.996	70	イッテルビウム (Yb)	173.04
25	マンガン (Mn)	54.9380	71	ルテチウム (Lu)	174.97
26	鉄 (Fe)	55.847	72	ハフニウム (Hf)	178.49
27	コバルト (Co)	58.9332	73	タンタル (Ta)	180.9479
28	ニッケル (Ni)	58.71	74	タングステン (W)	183.85
29	銅 (Cu)	63.545	75	レニウム (Re)	186.2
30	亜鉛 (Zn)	65.38	76	オスミウム (Os)	190.2
31	ガリウム (Ga)	69.72	77	イリジウム (Ir)	192.2
32	ゲルマニウム (Ge)	72.59	78	白金 (Pt)	195.09
33	ヒ素 (As)	74.9216	79	金 (Au)	196.9665
34	セレン (Se)	78.96	80	水銀 (Hg)	200.61
35	臭素 (Br)	79.904	81	タリウム (Tl)	204.37
36	クリプトン (Kr)	83.80	82	鉛 (Pb)	207.2 (変動値)
37	ルビジウム (Rb)	85.468	83	ビスマス (Bi)	208.9804
38	ストロンチウム (Sr)	87.63	84	ポロニウム (Po)	
39	イットリウム (Y)	88.9059	85	アスタチン (At)	
40	ジルコニウム (Zr)	91.22	86	ラドン (Ra)	
41	ニオブ (Nb)	92.9064	87	フランシウム (Fr)	
42	モリブデン (Mo)	95.94	88	ラジウム (Ra)	
43	テクネチウム (Tc)		89	アクチニウム (Ac)	
44	ルテニウム (Ru)	101.07	90	トリウム (Th)	232.0381
45	ロジウム (Rh)	102.9055	91	プロトアクチニウム (Pa)	
46	パラジウム (Pd)	106.4	92	ウラン (U)	238.029

表 A.4 　地球の物性値とその相互関係

赤道半径 (ジオイド)	$a = 6\,378\,136\,\mathrm{m}$
極半径	$c = 6\,356\,751\,\mathrm{m}$
下部マントル半径 (PREM)	$5\,701\,000\,\mathrm{m}$
核半径 (PREM)	$3\,480\,000\,\mathrm{m}$
内核半径 (PREM)	$1\,221\,500\,\mathrm{m}$
扁平率	$f = \dfrac{a-c}{a} = 3.35281 \times 10^{-3}$
体積	$V = 1.08320_7 \times 10^{21}\,\mathrm{m}^3$
同体積の球の半径	$R_\mathrm{E} = 6\,371\,000\,\mathrm{m}$
表面積	
総計 [a]	$A = 5.100655 \times 10^{14}\,\mathrm{m}^2$
陸地	$1.48 \times 10^{14}\,\mathrm{m}^2$
海	$3.62 \times 10^{14}\,\mathrm{m}^2$
大陸部分 (周辺も含む)	$2.0 \times 10^{14}\,\mathrm{m}^2$
重力定数 × 質量 (大気も含む)	$GM_\oplus = 3.986004415(8) \times 10^{14}\,\mathrm{m}^3\,\mathrm{s}^{-2}$
ジオイドポテンシャル	$W_0 = -6.263686 \times 10^7\,\mathrm{m}^2\,\mathrm{s}^{-2}$
質量	$M_\oplus = 5.9722(6) \times 10^{24}\,\mathrm{kg}$
平均密度	$\rho = 5513.4(6)\,\mathrm{kg\,m}^{-3}$
大気の質量	$5.28 \times 10^{18}\,\mathrm{kg}$
海洋	$1.4 \times 10^{21}\,\mathrm{kg}$
固体地殻	$2.8 \times 10^{22}\,\mathrm{kg}$
下部マントル	$2.94 \times 10^{24}\,\mathrm{kg}$
マントル	$4.00 \times 10^{24}\,\mathrm{kg}$
外核	$1.84 \times 10^{24}\,\mathrm{kg}$
内核	$9.8 \times 10^{22}\,\mathrm{kg}$
慣性モーメント	
極軸まわり	$C = 8.0359(12) \times 10^{37}\,\mathrm{kg\,m}^2$
赤道軸まわり	$A = 8.0096 \times 10^{37}\,\mathrm{kg\,m}^2$
核	$C_\mathrm{c} = 0.956 \times 10^{37}\,\mathrm{kg\,m}^2$
大気	$C_\mathrm{a} = 1.38 \times 10^{32}\,\mathrm{kg\,m}^2$
力学的扁平率	$H = (C-A)/C = 3.273795(1) \times 10^{-3} = 1/305.456$
地球の形の力学係数	$J_2 = (C-A)/Ma^2 = 1.0826264(5) \times 10^{-3}$
慣性モーメントの係数	$J_2/H = C/Ma^2 = 0.330698(2)$
回転角速度	$\omega = 7.292115 \times 10^{-5}\,\mathrm{rad\,s}^{-1}$
恒星日	$86164.10\,\mathrm{s}$
太陽日	$86400\,\mathrm{s}$
恒星年	$= 3.155815 \times 10^7\,\mathrm{s}$
黄道傾斜	$\theta = 23°84523$
赤道重力 (ジオイド上)	$g_\mathrm{e} = 9.780319\,\mathrm{m\,s}^2$ (大気を除く)
$\dfrac{遠心力}{赤道重力}$ 比	$m = \dfrac{\omega^2 a}{g_\mathrm{e}} = 3.46775 \times 10^{-3}$
軌道の長半径	$r_\mathrm{E} = 1.4959789 \times 10^{11}\,\mathrm{m}\,(\equiv 1\,\mathrm{AU})$
軌道の離心率	$e = 0.01673$

表 A.4　続き

近日点通過日 (太陽に最も接近)	1 月 4 日
平均軌道速度 ^{b}	$29783.6\,\mathrm{m\,s^{-1}}$
軌道角運動量	$2.662 \times 10^{40}\,\mathrm{kg\,m^2\,s^{-1}}$
$\dfrac{太陽の質量}{地球の質量}$ 比	332946.8
太陽定数	$S = 1372\,\mathrm{W\,m^{-2}}$
地球と月の平均距離	$3.8440_5 \times 10^8\,\mathrm{m}$
$\dfrac{地球の質量}{月の質量}$ 比	$\mu = 81.30059$
月の軌道角速度	$\omega_\mathrm{L} = 2.661698 \times 10^{-6}\,\mathrm{rad\,s^{-1}}$
分点の歳差運動速度	$\omega_p = 50''291\,年^{-1} = 7.7260 \times 10^{-12}\,\mathrm{rad\,s^{-1}}$
歳差運動の周期	$8.132 \times 10^{11}\,\mathrm{s} = 25770\,年$
総地殻熱流量	$\dot{Q} = 4.42 \times 10^{13}\,\mathrm{W}$
平均地殻熱流量	$\dot{Q}/A = 0.082\,\mathrm{W\,m^{-2}}$
磁気双極子 (2005)	$m = 7.768 \times 10^{22}\,\mathrm{A\,m^2}$

^{a} 扁平楕円体においては $a > c$ であり，表面積は $A = 2\pi a^2 + \dfrac{2\pi c^2}{\sqrt{1 - \dfrac{c^2}{a^2}}} \ln\left(\dfrac{a}{c} + \sqrt{\dfrac{a^2}{c^2} - 1}\right)$ である．

^{b} 楕円の長径を a，短径を b とすると離心率は $e = (1 - b^2/a^2)^{1/2}$ となり，これらを用いると円周の長さは $4aE(e) = 2\pi a \left(1 - \dfrac{1}{2^2}e^2 - \dfrac{1^2 \cdot 3}{2^2 \cdot 4^2}e^4 - \dfrac{1^2 \cdot 3^2 \cdot 5}{2^2 \cdot 4^2 \cdot 6^2}e^6 - \cdots\right)$ となる．ここで $E(e)$ は第二種完全楕円積分である．

表 A.5　太陽と月の物性値のまとめ

	太陽	月
半径 (m)	6.96×10^8	1.738×10^6
質量 (kg)	1.9884×10^{30}	7.3459×10^{22}
平均密度 $(\mathrm{kg\,m^{-3}})$	1408	3340.5
中心密度 $(\mathrm{kg\,m^{-3}})$	1.6×10^5	~ 8000 (鉄の核)
慣性モーメント $(\mathrm{kg\,m^{-2}})$	5.7×10^{46}	8.68×10^{34}
地球からの平均距離 (m)	1.4959789×10^{11}	3.8440×10^8
軌道角速度 $(\mathrm{rad\,s^{-1}})$	1.99099×10^{-7}	2.66170×10^{-6}
軌道離心率	0.01673	0.0549
黄道面となす角度 (度)	0	5.140.19 (可変)
地球の軌道面とのなす角度 (度)	23.43863 (2005 年)	
回転速度 $(\mathrm{rad\,s^{-1}})$	2.87×10^{-6}	2.66170×10^{-6}
エネルギー出力 (W)	3.846×10^{26}	$\sim 7 \times 10^{11}$

表 A.6 物質の物性値 (引用した値は代表的な値であるが，いくつかの物性値はサンプルによって大きく変化する.)

	花崗岩	玄武岩	鉄 (20°C)	液体鉄 (M P)	海水	乾燥空気 (1 atm, 15°C)
密度 ρ (kg m^{-3})	2670	2900	7870	7010	1025(15°C)^a	1.226
非圧縮率 K_S (GPa)	55	67	170	130	2.05	1.42×10^{-4}
硬さ (GPa)	30	37	82	0	0	0
粘性率 (Pa s)	—	—	—	6×10^{-3}	1.7×10^{-3} (15°C)	1.80×10^{-5}
比熱 C_p (J kg^{-1} K^{-1})	830	880	447	790	3990	1006
体積膨張率 α (10^{-6}K^{-1})	20	16	36	98	150(15°C)	3480
熱伝導率 κ (W m^{-1} K^{-1})	3.0	2.5	75	36	0.59	0.0252
熱拡散率 η (10^{-6} m^2 s^{-1})	1.3$_5$	1.0	21	6.5	0.14	20.4
融解潜熱 L (10^5 J kg^{-1})	4.2	4.2	2.75	2.75	3.35	1.96
融点 T_M (K)	1440(S) 1550(L)	1350(S) 1500(L)	1812	1812	271.	5 60
電気抵抗率 ρ_e (Ω m)	10^{10} (乾)	2×10^8 (乾)	0.098×10^{-6}	1.34×10^{-6}	0.23(15°C)	5×10^{13} (100 V m^{-1} 快晴)
誘電率 k	8 (乾)	12 (乾)	—	—	80	$1+5.46\times 10^{-4}$
磁化率 $\chi_m = \left(\dfrac{\mu}{\mu_0}-1\right)$	8×10^{-5}	2×10^{-3}	1000	1.8×10^{-5}	-9×10^{-9} (純水)	3.74×10^{-7}

^{a} 270 K における氷の密度は 917.5 kg m^{-3}.

表 A.7 ギリシャ文字

アルファ	α	A	ニュー	ν	N
ベータ	β	B	クシー	ξ	Ξ
ガンマ	γ	Γ	オミクロン	o	O
デルタ	δ	D	パイ	π	Π
エプシロン	ε	E	ロー	ρ	P
ゼータ	ζ	Z	シグマ	σ	Σ
イータ	η	H	タウ	τ	T
シータ	θ	Θ	ウプシロン	υ	Υ
イオタ	ι	I	ファイ	ϕ	Φ
カッパ	κ	K	カイ	χ	X
ラムダ	λ	Λ	プサイ	ψ	Ψ
ミュー	μ	M	オメガ	ω	Ω

付録 B
軌道の力学 (ケプラーの法則)

いろいろな目的のためには，惑星と衛星の軌道が円であると仮定すれば十分である．Johannes Kepler (1571–1630) は Tycho Brahe の観測の解析によって惑星と衛星の軌道が楕円であることを最初に認めた．円からのずれは離心率

$$e = (1 - b^2/a^2)^{1/2} \tag{B.1}$$

で表される．ここで a と b は長軸と短軸である．ある小惑星は非常に楕円的な軌道をもつが，惑星の軌道の離心率はたいていわずかであり，最大が冥王星 (0.250) と水星 (0.2056) である．地球の軌道に対しては，$e = 0.01673$ である．

Kepler は彼の結論を 3 つの経験的法則にまとめた．

1. それぞれの惑星の軌道は 1 つの焦点を太陽とする楕円である．
2. 惑星と太陽を結ぶ線が同じ時間に描く面積は同じである．
3. 惑星の軌道周期の 2 乗は惑星と太陽の平均距離 (これは軌道の長軸に等しい) の 3 乗に比例する．

これらの法則のうちの，2 番目の法則は角運動量保存則に関する記述である．1 番目と 3 番目の法則が引力の逆 2 乗則の結果であるという証明はニュートンの発見として最も広く知られていることである．

惑星の軌道は瞬時の軌道速度と惑星と太陽を結ぶ線で決まる平面に限定されている．この平面に垂直な速度あるいは惑星にはたらく力の成分がないので，惑星は，その面から離れることができない．したがって，軌道の問題を解析する際に使うのには太陽と惑星の質量中心を原点とする極座標 (r, θ) が最もふさわしい．質量 m の惑星と質量 M の太陽の原点からの距離の比は，その質量の逆数に比例した値になるので[*1]，惑星がどのような軌道をとろうとも，太陽は，それとは正反対で近似的に大きさが縮小した軌道をとる．ある瞬間に，惑星の半径方向の距離が r (原点からの距離) であるとすると

$$F = \frac{GMm}{r^2(1+m/M)^2} \tag{B.2}$$

となる．したがって惑星は原点に固定した以下の質量によって引っ張られているように動く．

$$M' = \frac{M}{(1+m/M)^2} \tag{B.3}$$

地球と太陽の場合，あるいはより正確に (地球と月を足したもの) と太陽の場合においては，$m/M = 3 \times 10^{-6}$ であるので太陽の軌道運動はわずかである．外惑星は，より大きな影響がある．外惑星は，直接的にあるいはそれらが太陽に与える影響を通して，地球と太陽の単純な 2 つの物体の相互作用として生じる地球の運動に擾乱を与える．以下では，質量 m の惑星の運動を，厳密には質量を式 (B.3) で与えられる M' であることを理解したうえで，中心にある質量 M の物体によって引っ張られているとして解析する．

ここでは一定としているが，惑星の軌道角運動量は，

$$L = mr^2\omega = mr^2\frac{d\theta}{dt} \tag{B.4}$$

である．ここで ω は角速度，θ は軌道面に固定した方向からみた r の角度である．

$$r^2\frac{d\theta}{dt} = 2\frac{dS}{dt} \tag{B.5}$$

である．ここで S は r によって描かれる面積である．したがって

[*1] 重心の定義から明らか．

$$\frac{dS}{dt} = \frac{L}{2m} \quad (B.6)$$

であり，ケプラーの第二法則となる．

惑星の全エネルギー，つまり運動エネルギーと重力のポテンシャルエネルギーの和も保存されるので

$$E = \frac{1}{2}mv^2 - \frac{GMm}{r} = 定数 \quad (B.7)$$

ここで v は惑星の速度，つまり半径方向と周方向の速度のベクトル和であり，

$$\begin{aligned} v^2 &= \left(\frac{dr}{dt}\right)^2 + \left(r\frac{d\theta}{dt}\right)^2 \\ &= \left(\frac{dr}{d\theta}\frac{d\theta}{dt}\right)^2 + r^2\left(\frac{d\theta}{dt}\right)^2 \\ &= \left(\frac{d\theta}{dt}\right)^2\left[\left(\frac{dr}{d\theta}\right)^2 + r^2\right] \end{aligned} \quad (B.8)$$

である．式 (B.4) を使って $(d\theta/dt)$ を L で表し，v^2 を式 (B.7) で消去し，整理すると，以下の $r(\theta)$ に関する微分方程式を得る．

$$\frac{dr}{d\theta} = r\left(\frac{2mE}{L^2}r^2 + \frac{2GMm^2}{L^2}r - 1\right)^{1/2} \quad (B.9)$$

微分と代入で確かめられるように，解は1つの焦点を原点とする楕円の方程式である．

$$r = \frac{p}{1 + e\cos(\theta + C)} \quad (B.10)$$

ここで

$$p = \frac{L^2}{GMm^2} \quad (B.11)$$

$$e^2 - 1 = \frac{2EL^2}{G^2M^2m^3} \quad (B.12)$$

である．C は積分定数であって，軌道の位相角を示し，太陽に最接近する惑星の位置 (近日点) と $\theta = 0$ の点を一致させることにより 0 としてもよい．つまり $\theta = 0$ では

$$r = r_\mathrm{p} = r_\mathrm{min} = p = \frac{d}{1+e} \quad (B.13)$$

方程式 (B.10) はケプラーの第一法則を示す．楕円軌道の最も遠くの点 (遠日点) では式 (B.10) より

$$r_\mathrm{a} = \frac{p}{1-e} \quad (B.14)$$

式 (B.13) と近日点の距離を用いると長径を得ることができ，

$$a = \frac{1}{2(r_\mathrm{p} + r_\mathrm{a})} = \frac{p}{1-e^2} \quad (B.15)$$

となり，これより

$$r_\mathrm{p} = a(1-e) \quad (B.16)$$

$$r_\mathrm{a} = a(1+e) \quad (B.17)$$

となる．また，楕円の中心は焦点 (太陽) から ae だけ離れている．式 (B.1) を用いると短径を p と e を用いて

$$b = a(1-e^2)^{1/2} = \frac{p}{(1-e^2)^{1/2}} = (ap)^{1/2} \quad (B.18)$$

と書いてもよい．

楕円軌道は式 (B.7) で与えられる全エネルギーが負の値であること，つまり，惑星が無限遠で静止したと仮定した場合のエネルギーより小さいことで特徴づけられる．エネルギーは軌道を回ることにより保たれ，式 (B.12) から $E < 0$ は $e^2 < 1$，つまり楕円であることを要求する．$E = 0$ であると惑星は脱出し，$e^2 = 1$ となり，軌道は放物線になる．$E > 0$ であると，惑星は双曲線の軌道に乗って脱出する ($e^2 > 1$)．エネルギーを表現する別の方法は，簡単な結果

$$E = -\frac{GMm}{2a} \quad (B.19)$$

を得るために，式 (B.11), (B.12) と (B.15) を組み合わせる方法である．したがって，全エネルギーは軌道の長軸のみにより，その離心率とは独立である．この結果と全エネルギーに関する基本方程式 (B.7) を組み合わせると以下に示す活力 (vis-viva) の式を得る．

$$v^2 = GM\left(\frac{2}{r} - \frac{1}{a}\right) \quad (B.20)$$

これはエネルギー保存の使いやすい形式による再記述である．

ケプラーの第三法則は軌道面積 S を計算することによって得られる．なぜなら S は式 (B.6) を積分することにより，軌道周期 T と直接関係するからである．

$$S = \frac{L}{2m}T \quad (B.21)$$

ここで

$$S = \int_0^{2\pi} \frac{1}{2}r^2 d\theta = \frac{p^2}{2}\int_0^{2\pi}\frac{d\theta}{(1+e\cos\theta)^2}$$
$$= \frac{\pi p^2}{(1-e^2)^{3/2}} \quad (B.22)$$

であり，標準的な積分である (たとえば，Dwight, 1961, item 858.535 を見よ)．$(1-e^2)$ と p を式

(B.15) と (B.11) で消去すると

$$T^2 = \frac{4\pi^2}{GM}a^3 \qquad (B.23)$$

を得るが、これが第三法則である。Anderson ら (1998) によって示されたパイオニア探査機からの証拠が、太陽系の外惑星の距離では重力の逆二乗則が破綻する可能性を示していることを記しておくことは興味深い。これは理解されていないし、さらなる研究の課題である。ここでは、このことを認めていない。相対論的効果も無視されている。これらは最も正確な衛星探査によってのみ顕著になる。

付録 C
球面調和関数

球面調和関数による解析はフーリエ解析を球面へあてはめたものとみなしてもよい．したがって，それは地球表面を覆う物理現象，性質の表現と解析に便利な方法である．しかし，球面調和関数は単なる便利性より以上の基本的な重要性がある．球面調和関数はラプラスの方程式の解であり，そのラプラスの方程式に場の発生源外のポテンシャル場 (重力，磁場) および発生源外の球の場合の地震波の方程式が従う．したがって，球面調和関数による表現は地球の重力場，磁場，そして自由振動にふさわしい．地球物理の異なった副分野で違った手続きと規格化が適用される．'球面調和関数'の数学的性質の説明は Sneddon (1980) の 3 章に与えられている．Chapman と Bartels (1940, 第 2 巻) に地磁気への応用についての詳細が与えられている．Kaula (1980) の議論は特に重力への応用に役に立つ．ラプラスの方程式は直交座標系で最もよく知られていて，

$$\nabla^2 V = \frac{\partial^2 V}{\partial x^2} + \frac{\partial^2 V}{\partial y^2} + \frac{\partial^2 V}{\partial z^2} = 0 \qquad (C.1)$$

である．球座標系で書き換えると

$$\nabla^2 V = \frac{1}{r^2}\frac{\partial}{\partial r}\left(r^2\frac{\partial V}{\partial r}\right) + \frac{1}{r^2\sin\theta}\frac{\partial}{\partial \theta}\left(\sin\theta\frac{\partial V}{\partial \theta}\right)$$
$$+ \frac{1}{r^2\sin^2\theta}\frac{\partial^2 V}{\partial \lambda^2} = 0 \qquad (C.2)$$

となり，ここで V はある特定の場を記述するポテンシャルである．原点 ($r = 0$) は，通常，地球の中心である．θ は選んだ座標軸となす角度で，その座標軸は必ずではないがふつう，地球の回転軸であり，その場合，余緯度 (90°− 緯度) になる．λ は都合の良い基準 (特に指定されてなければグリニッジを通る子午線) から測った経度である．

波動方程式は似た形で書け，

$$\frac{\partial^2 V}{\partial t^2} = c^2 \nabla^2 V \qquad (C.3)$$

であり，ここで c は波の速度，そして V はポテンシャルであり，その任意の方向の微分は，その方向の変位になる．この方程式に球形である制限を与えると，地球の自由振動を記述する解が，表面においてラプラスの方程式 (C.2) の球面調和関数のパターンを示すことがわかる．

方程式 (C.2) は変数分離，つまり，V を r, θ と λ のみの関数の積と仮定することにより扱いやすくなる．この手続きは解が以下のような式になる事実から正当化される．

$$V = [r^l, r^{-(l+1)}] \cdot [\cos\lambda, \sin m\lambda] \cdot P_{lm}(\cos\theta) \qquad (C.4)$$

角括弧はどちらかの解を選ぶことを示している．l と m は整数で $m \leq l$ であり，P_{lm} は以下の方程式を満たす．

$$(1-\mu^2)\frac{d^2 P}{d\mu^2} - 2\mu\frac{dP}{d\mu}$$
$$+ \left[l(l+1) - \frac{m^2}{1-\mu^2}\right]P = 0 \qquad (C.5)$$

$m = 0$ の場合，この式はルジャンドルの方程式になり，その場合は V は経度方向に変化しない．$m \neq 0$ の場合の式 (C.5) はルジャンドル陪微方程式である．まず，特殊な場合である $m = 0$ を考えると，式 (C.5) の解は以下の形になる．

$$P_{l0}(\mu) = \frac{1}{2^l l!}\frac{d^l}{d\mu^l}[(\mu^2-1)^l] \qquad (C.6)$$

ここで乗数 $1/2^l l!$ は解に影響を与えないが $P_{l0}(1) = +1$ になるように解を規格化する．Sneddon (1980) は，この式をロドリゲスの公式とよんでいる．$m = 0$ の場合の関数 $P_{l0}(\cos\theta)$ はルジャンドルの多項式であり，ふつう，2 番目の添字を省略して $P_l(\cos\theta)$

球面調和関数 457

表 C.1 ルジャンドル多項式 $P_l(\cos\theta)$, ルジャンドル陪多項式 $p_{lm}(\cos\theta)$ と P_{lm} から p_l^m へ変換する際の係数

m	$l=0$	$l=1$	$l=2$	$l=3$	$l=4$
0	1	$\cos\theta$	$\frac{1}{2}(3\cos^2\theta - 1)$	$\frac{1}{2}(5\cos^3\theta - 3\cos\theta)$	$\frac{1}{8}(35\cos^4\theta - 30\cos^2\theta + 3)$
	1	$\sqrt{3}$	$\sqrt{5}$	$\sqrt{7}$	$\sqrt{9}$
1	—	$\sin\theta$	$3\cos\theta\sin\theta$	$\frac{3}{2}(5\cos^2\theta - 1)\sin\theta$	$\frac{5}{2}(7\cos^3\theta - 3\cos\theta)\sin\theta$
	—	$\sqrt{3}$	$\sqrt{5/3}$	$\sqrt{7/6}$	$\sqrt{9/16}$
2	—	—	$3\sin^2\theta$	$15\cos\theta\sin^2\theta$	$\frac{15}{2}(7\cos^2\theta - 1)\sin^2\theta$
	—	—	$\sqrt{5/12}$	$\sqrt{7/60}$	$\sqrt{1/20}$
3	—	—	—	$15\sin^3\theta$	$105\cos\theta\sin^3\theta$
	—	—	—	$\sqrt{7/360}$	$\sqrt{1/280}$
4	—	—	—	—	$105\sin^4\theta$
	—	—	—	—	$\sqrt{1/2240}$

と書かれている．もし，都合がよければ，緯度 ϕ が，余緯度 θ のかわりに $\mu = \cos\theta = \sin\phi$ によって置き換えることにより使われる．最初のいくつかの書き下した $P_l(\cos\theta)$ を表 C.1 の $m = 0$ の欄に与えている．

$m = 0$ とすることにより，解を回転対称をもつポテンシャルであるものに限っている．これらは帯域調和関数である．式 (C.4) のように帯域調和関数で表されるポテンシャルは r の多項式の和として書け，その係数にルジャンドル多項式が現れ，それは緯度変化を表す．地球物理の問題においては，r を地球半径 a で規格化することにより係数の次元を同じにするのが都合がよい．したがって

$$V = \frac{1}{a}\sum_{l=0}^{\infty}\left[C_l\left(\frac{a}{r}\right)^{l+1} + C_l'\left(\frac{r}{a}\right)^l\right]P_l(\cos\theta) \tag{C.7}$$

ここで C_l は考慮している表面の内部のポテンシャル源を表す係数であり，C_l' は外部源を表す．式 (C.7) は式 (C.4) において $m = 0$ の場合と同じ形式である．

球対称からわずかにはずれた質量分布による重力ポテンシャルに関するマックラー (MacCullagh) の公式の導出を拡張して式 (7.7) の形式によってより完全な解とすることができる．もし式 (6.4) の展開を $1/r^2$ の項までで止めるのでなく，さらに $1/r$ の高次の項まで続けると，係数はルジャンドルの多項式となる．つまり

$$\left[1 + \left(\frac{s}{r}\right)^2 - 2\frac{s}{r}\cos\psi\right]^{-1/2} = \sum_{l=0}^{\infty}\left(\frac{s}{r}\right)^l P_l(\cos\psi) \tag{C.8}$$

この展開式を式 (6.3) のポテンシャルにあてはめると，式 (6.1) の形のその係数 J_l が質量分布の多極子モーメントを表す無限級数が得られる．

さて，回転対称をもたない，つまり式 (C.4) と (C.5) において $m \neq 0$ である一般的な場合について考えよう．微分と代入を行うことにより，式 (C.5) は以下の解をもつことを証明できる．

$$\begin{aligned}P_{lm}(\mu) &= (1-\mu^2)^{m/2}\frac{d^m}{d\mu^m}[P_{l0}(\mu)] \\ &= \frac{1}{2^l l!}(1-\mu^2)^{m/2}\frac{d^{l+m}}{d^{l+m}}[(\mu^2-1)^l]\end{aligned} \tag{C.9}$$

これらはルジャンドル陪多項式，あるいはもともとの式で $(-1)^{m/2}$ の係数を避けるために導入されたフェラーの修正版 (Sneddon, 1980) である．式 (C.9) から直接に最初の二，三の関数を計算するのは単純なことであるが，より便利な多項式形は

$$\begin{aligned}P_{lm}(\cos\theta) &= \frac{\sin^m\theta}{2^l} \\ &\times \sum_{t=0}^{\text{Int}[(l-m)/2]}\frac{(-1)^t(2l-2t)!}{t!(l-t)!(l-m-2t)!}\cos^{l-m-2t}\theta\end{aligned} \tag{C.10}$$

である．この和の上限は $(l-m)/2$ の整数部分である，つまり $(l-m)$ が奇数の場合 $1/2$ を無視する．最も低次の次数 l と位数 m に対する明確な表

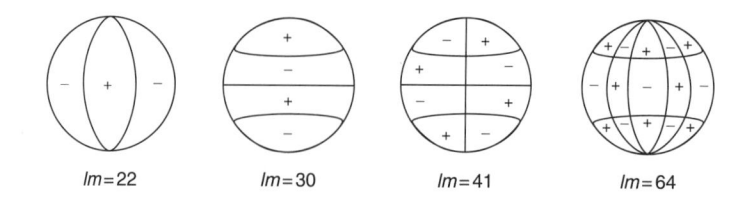

図 **C.1** 球面調和関数の例. $m = 0$ は調和帯球関数を与え, $m = l$ は扇形調和関数を与える. そして一般的な場合, $0 < m < l$ は縞調和関数として知られている.

現が表 C.1 に示してある.

球面調和関数の和としてのポテンシャルの一般的表現は

$$V = -\frac{1}{a} \sum_{l=0}^{\infty} \sum_{m=0}^{l} \left\{ \left[C_{lm} \left(\frac{a}{r}\right)^{l+1} + C'_{lm} \left(\frac{r}{a}\right)^{l} \right] \right.$$
$$\times \cos m\lambda + \left[S_{lm} \left(\frac{a}{r}\right)^{l+1} + S'_{lm} \left(\frac{r}{a}\right)^{l} \right]$$
$$\left. \times \sin m\lambda \right\} P_{lm}(\cos\theta) \qquad (C.11)$$

で与えられる. これは単純に式 (C.4) で与えられている形の項の和である. 式 (C.7) と同じく, プライムがついていない係数は $r \to \infty$ で影響を与えなくなる内部源を表し, プライムがついた係数は外部源に起因すると考えられるものである.

球面調和関数の一般的な表面のパターンは式 (1.4) あるいは式 (C.11) と (C.10) を考慮することによりわかる. 完全に (360°) どの経度線 (θ 固定) に沿っても λ に関して正弦的変化があり, $2m$ 個の子午線を交差し, そこで 0 になる. 緯度変化はより明らかではないが, 式 (C.10) をしらべるとどの子午線に沿っても, つまり極から極まで 180°の間に関数の値が 0 になる緯度が $(l-m)$ 点ある. したがって, l は 1 つの半球における節になる線の合計数を表し, 表現される構造のきめ細かさの指標となる. m は節になるすべての緯度・経度線の分布を決める (図 C.1). $m = 0$ では, 球面調和関数はすべて緯度のみの関数となり, $m = l$ では, すべて経度のみの関数となる. 式 (C.9) からわかるように m の上限は l である. それは $(\mu^2 - 1)^l$ を $(l+m)$ 回微分すると $l > m$ では消えるからである[*1].

この本の目的のためには, 式 (C.11) のプライムを付けていない係数をもつ項に主に興味がある. これらの項は原点から (およびポテンシャル源から) の距離が増大するにつれて減少し, その減少の割合は l の大きさとともに大きくなる. 遠く離れた地点においては低次の調和項がしだいに支配的になる. 調和項は, 空間的減少のために, 深くにある細かい情報が表面で認めることが困難であるという明らかな法則を表現している.

フーリエ級数とルジャンドル多項式およびルジャンドル陪多項式の共通の特徴は, それらが直交していることである. これは, $l = l'$, $m = m'$ 以外のすべての項の掛け算を球面上で積分したもの

$$\int_0^{2\pi} \int_{-1}^{1} P_{lm}(\mu) \cdot P_{l'm'}(\mu) \cdot [\cos m\lambda, \sin m\lambda]$$
$$\times [\cos m'\lambda, \sin m'\lambda] \, d\mu \, d\lambda \qquad (C.12)$$

が消えるということを意味する. また, これは球面上の完全なデータセットを球面調和解析する際に, 調和関数展開の係数は独立で級数を途中で切ることによって誤差は生じないことも意味する. しかしながら, 離散的, あるいは不規則に空間的に分布したデータを使うと, 計算された展開係数は展開を途中で切ることによって影響を受ける. これがふつうの場合である.

ルジャンドル多項式のある取扱いでは l のかわりに n を用いることがある. ここでは n を自由振動の研究で現れるさらなる展開 (半径方向の調和振動) のために残しておいた. 自由振動は 5.3 節で 3 個の整数によって区別する. したがって $_nS_l^m$ と $_nT_l^m$ は, それぞれスフェロイダル振動とねじれ振動[*2] を表現し, l, m は $P_{lm}(\cos\theta)\cos m\lambda$ のよう

[*1] $l = m$ のとき, 定数となり, それ以上, 微分すると 0 になる.

[*2] トロイダル振動.

に球面上の変化を示し，n は運動の節となっている内部の球面の数である．

式 (C.9) と式 (C.10) によって定義される陪多項式の係数は m に伴って急増する．調和解析の係数を，それらが表す物理的意味をより関連させるようにするために，いろいろな規格化係数が使われる．ごく最近のジオイドの解析に使われており，また，一般的な応用に望ましいものであるべきだが，'完全規格化' された関数

$$p_l^m(\cos\theta) = \left[(2-\delta_{m,0})(2l+1)\frac{(l-m)!}{(l+m)!}\right]^{1/2}$$
$$\times P_{lm}(\cos\theta) \quad (C.13)$$

がある．これは以下のように定義されたものである．

$$\frac{1}{4\pi}\int_0^{2\pi}\int_{-1}^1 \{p_l^m(\cos\theta)$$
$$\times [\sin m\lambda, \cos m\lambda]\}^2 \mathrm{d}(\cos\theta)\mathrm{d}\lambda = 1 \quad (C.14)$$

つまり，球面上において平均 2 乗の値が 1 になる．以下の点に注意しておく．式 (C.12) において $(2-\delta_{m,0})$ は $m=0$ のとき 1 になり，$m=0$ のときは $(2-\delta m,0)=2$ になる．それは $m\neq 0$ のときは式 (C.14) の $[\sin m\lambda, \cos m\lambda]^2$ が $1/2$ を導くからである．($m=0$ の場合は，$\sin m\lambda$ にかわるものがない．) 規格化した関数 p_{lm} に関連する球面調和関数展開の係数は上線で区別する．$\bar{C}_l^m, \bar{S}_l^m$．したがって

$$V = \frac{1}{a}\sum_{l=0}^\infty \sum_{m=0}^l \left\{ \left[\bar{C}_l^m\left(\frac{a}{r}\right)^{l+1} + \bar{C}_l'\left(\frac{a}{r}\right)^l\right]\cos m\lambda \right.$$
$$\left. + \left[\bar{S}_l^m\left(\frac{a}{r}\right) + \bar{S}_l'^m\left(\frac{r}{a}\right)^l\right]\sin m\lambda\right\}p_l^m(\cos\theta)$$
$$(C.15)$$

地球磁場で用いている球面調和関数は調和帯球関数 ($m=0$) に対しては規格化を行っていないが，扇形調和関数と縞調和関数を同じ次数の調和帯関数と同じ線に乗せるためには規格化係数 $[(2-\delta_{m,0})(l-m)!/(l+m)!]^{1/2}$ を掛ける必要がある．

解析的表現が得られるある簡単なパターンの調和関数による表現を考えることは興味あることである．したがって，もし，赤道半径が a で離心率が e である扁平な楕円体の表面の方程式

$$\frac{r}{a} = \left(1 + \frac{e^2}{1-e^2}\sin^2\phi\right)^{-1/2} \quad (C.16)$$

を考えて，e の指数 e^6，あるいは扁平率 $f=(1-c/a)$ の f^3 まで展開し，調和帯関数の P_6 まで考えると，

$$\frac{r}{a} = \left(1 - \frac{e^2}{6} - \frac{11}{120}e^4 - \frac{103}{1680}e^6\right)$$
$$+ \left(-\frac{e^2}{3} - \frac{5}{42}e^4 - \frac{3}{56}e^6\right)P_2$$
$$+ \left(\frac{3}{35}e^4 + \frac{57}{770}e^6\right)P_4 - \frac{5}{231}e^6 P_6 \quad (C.17)$$

$$\frac{r}{a} = \left(1 - \frac{f}{3} - \frac{f^2}{5} - \frac{13}{105}f^3\right)$$
$$+ \left(-\frac{2}{3}f - \frac{1}{7}f^2 + \frac{1}{21}f^3\right)P_2$$
$$+ \left(\frac{12}{35}f^2 + \frac{96}{385}f^3\right)P_4 - \frac{40}{231}f^3 P_6 \quad (C.18)$$

を得る．地球に関しては楕円度が十分にわずかであるので，e^4, f^2, P_4 までの展開で十分であるが，P_2 の項のみで楕円の表面を表すことができないと注意しておく．

もし，水平方向にわずかな広がりをもった単独のスパイク[*3]を考えると，すべての規格化していない調和帯球関数に対して同じ値の係数を得る．あるいは，完全規格化した調和関数に対し，$(2l+1)^{1/2}$ に比例する大きさの係数を得る．反対側にある点によって構成される 1 つのペアに関しては，偶数の項は同じパターンを示し，奇数の項は消える．他の幾何学的に簡単な場合は，大円に沿った発生源であり，それも奇数項が消えるが，偶数項の係数は (完全規格化した場合)

$$\bar{C}_l = (-1)^{l/2}\frac{l!}{2^l}\left[\left(\frac{l}{2}\right)!\right]^2(2l+1)^{1/2} \quad (C.19)$$

になる．この値は符号が振動し，その振幅は $\bar{C}_0 = 1$ の場合を除いて $1.12/(2l+1)$ に近い値をとる．

[*3] 球面上のデルタ関数と考えればよい．

付録 D
等方物質の弾性率間の関係

表 D.1 弾性率 (10.2 節参照)

	K	μ	ν	E	λ	χ
K, μ	K	μ	$\dfrac{3K-2\mu}{6K+2\mu}$	$\dfrac{9K\mu}{3K+\mu}$	$K-\dfrac{2}{3}\mu$	$K+\dfrac{4}{3}\mu$
K, ν	K	$\dfrac{3K(1-2\mu)}{2(1+\nu)}$	ν	$3K(1-2\nu)$	$\dfrac{3K\nu}{1+\nu}$	$\dfrac{3K(1-\nu)}{1+\nu}$
K, E	K	$\dfrac{3KE}{9K-E}$	$\dfrac{1}{2}-\dfrac{E}{6K}$	E	$\dfrac{3K(3K-E)}{9K-E}$	$\dfrac{3K(3K+E)}{9K-E}$
K, λ	K	$\dfrac{3}{2}(K-\lambda)$	$\dfrac{\lambda}{3K-\lambda}$	$\dfrac{9K(K-\lambda)}{3K-\lambda}$	λ	$3K-2\lambda$
K, χ	K	$\dfrac{3}{4}(\chi-K)$	$\dfrac{3K-\chi}{3K+\chi}$	$\dfrac{9K(K-\chi)}{3K+\chi}$	$\dfrac{1}{2}(3K-\chi)$	χ
μ, ν	$\dfrac{2(1+\nu)}{3(1-2\nu)}$	μ	nu	$2\mu(1+\nu)$	$\dfrac{2\mu\nu}{1-2\nu}$	$\dfrac{2\mu(1-\nu)}{1-2\nu}$
μ, E	$\dfrac{\mu E}{3(3\mu-E)}$	μ	$\dfrac{E}{2\mu}-1$	E	$\dfrac{\mu(E-2\mu)}{3\mu-E}$	$\dfrac{\mu(4\mu-E)}{3\mu-E}$
μ, λ	$\lambda+\dfrac{2}{3}\mu$	μ	$\dfrac{\lambda}{2(\lambda+\mu)}$	$\dfrac{\mu(3\lambda+2\mu)}{\lambda+\mu}$	λ	$\lambda+2\mu$
μ, χ	$\chi-\dfrac{4}{3}\mu$	μ	$\dfrac{\chi-2\mu}{2(\chi-\mu)}$	$\dfrac{\mu(3\chi-4\mu)}{\chi-\mu}$	$\chi-2\mu$	χ
ν, E	$\dfrac{E}{3(1-2\nu)}$	$\dfrac{E}{2(1+\nu)}$	ν	E	$\dfrac{E\nu}{(1+\nu)(1-2\nu)}$	$\dfrac{E(1-\nu)}{1+\nu)(1-2\nu)}$
ν, λ	$\dfrac{\lambda(1+\nu)}{3\nu}$	$\dfrac{\lambda(1-2\nu)}{2\nu}$	ν	$\dfrac{\lambda(1+\nu)(1-2\nu)}{\nu}$	λ	$\dfrac{\lambda(1-\nu)}{\nu}$
ν, χ	$\dfrac{\chi(1+\nu)}{3(1-\nu)}$	$\dfrac{\chi(1-2\nu)}{2(1-\nu)}$	ν	$\dfrac{\chi(1+\nu)(1-2\nu)}{1-\nu}$	$\dfrac{\chi\nu}{1-\nu}$	χ
E, λ	$\dfrac{E+3\lambda+p}{6}$	$\dfrac{E-3\lambda+tp}{4}$	$\dfrac{p-E-\lambda}{4\lambda}$	E	λ	$\dfrac{E-\lambda+p}{2}$
E, χ	$\dfrac{3\chi-E+q}{6}$	$\dfrac{E+3\chi-q}{8}$	$\dfrac{E-\chi+q}{4\chi}$	E	$\dfrac{\chi-E+q}{4}$	χ
λ, χ	$\dfrac{1}{3}(2\lambda+\chi)$	$\dfrac{1}{2}(\chi-\lambda)$	$\dfrac{\lambda}{\lambda+\chi}$	$\dfrac{(2\lambda+\chi)(\chi-\lambda)}{\lambda+\chi}$	λ	χ

$p=\sqrt{E^2+2E\lambda+9\lambda^2}$; $q=\sqrt{E^2-10E\chi+9\chi^2}$

(注意) 数学的な都合の良さから，$\lambda=\mu$ としてただ 1 つの独立な弾性率のみをしばしば仮定する．この場合は $K=5\mu/3$，$\chi=3\mu=9K/5$，$\nu=1/4$ である．これはポアッソン物体とよばれているが，岩石に対しては良い近似ではなく，圧力が上昇するにつれてますます不満足なものとなる．

付録 E
熱力学パラメーターと相互関係

表 E.2 と E.3 は地球物理的応用に便利な形式で熱力学的微分の簡潔なまとめを示す．個々の項目の値には意味がない．それらは組み合わせなければならない．たとえば，$(\partial T/\partial P)_S$ を見つけるためには一定 S の欄を見て，∂T と ∂P の比，つまり $\gamma T/KS$ をとる．任意の質量 m の物質を仮定したので多くの枠の項目中に m が入っている．表 E.2 は 8 個の主なパラメーターに関して完全である．それらのいずれかのパラメーターに関して他のいずれかのパラメーターによる微分を 3 番目のいずれかのパラメータを一定にして求めることができる．結果は，これらと同じパラメーターと 1 階微分の特性，α, K_T, K_S, C_V, C_P と γ で表される[*1]．表 E.3 は一定の T, P, V と S の欄を拡張して 1 次微分の特性の微分を表 E.1 に定義してある 2 階微分のパラメーター K_T', K_S', δ_S, C_T', C_S', そして q を使って示してある．表 E.3 の多くの項目に対して数多くの別の表現がある．表 E.4 の関係式を用いて入れ替えてもよい．二，三の掛け合わせた量と 3 階微分の値が役に立つことがわかり，

[*1] これらの値はすべて 1 階微分された量である．表 E.1 を見よ．

表 E.1 熱力学的表記と定義 (パラメーター V, S, U, H, F, および G は任意の質量 m に対して記しているが，C_V と C_P は単位質量に対して記したものであることに注意)

比熱 (P 一定)	$C_P = (T/m)(\partial S/\partial T)_P$
(V 一定)	$C_V = (T/m)(\partial S/\partial T)_V$
	$C_S' = (\partial \ln C_V / \partial \ln V)_S$; $C_T' = (\partial \ln C_V / \partial \ln V)_T$
ヘルムホルツ自由エネルギー	$F = U - TS$
ギブス自由エネルギー	$G = U - TS + PV$
エンタルピー	$H = U + PV$
体積弾性率 (断熱)	$K_S = V(\partial P/\partial V)_S$
	$K_S' = (\partial K_S/\partial P)_S$; $K_S'' = (\partial K_S'/\partial P)_S$
(等温)	$K_T = V(\partial P/\partial V)_T$
	$K_T' = (\partial K_T/\partial P)_T$; $K_T'' = (\partial K_T'/\partial P)_T$
圧力	P
	$q = (\partial \ln \gamma / \partial \ln V)_T = (\partial \ln(\gamma C_V)/\partial \ln V)_S$
	$q_S = (\partial \ln \gamma / \partial \ln V)_S = q - C_S'$
熱	Q
エントロピー	$S = \int dQ/T$
温度	T
内部エネルギー	U
体積	V
体積膨張係数	$\alpha = (1/V)(\partial V/\partial T)_P$
グリュナイゼン・パラメーター	$\gamma = \alpha K_T/C_V = \alpha K_S/C_P$
アンダーソン–グリュナイゼン・パラメーター (断熱)	$\delta_S = (1/\alpha)(\partial \ln K_S/\partial T)_P = (\partial \ln(\alpha T/C_P)/\partial \ln V)_S$
(等温)	$\delta_T = -(1/\alpha)(\partial \ln K_T/\partial T)_P = (\partial \ln \alpha/\partial \ln V)_T$
密度	$\rho = m/V$
	$\lambda = (\partial \ln q/\partial \ln V)_T$

表 E.2　熱力学的パラメーターの 1 次微分

微分要素	T	P	V	S	U	H	F	G
∂T	—	1	1	γT	$P - \alpha K_T T$	$1 - \alpha T$	P	1
∂P	$-K_T/V$	—	$\alpha K_T = \gamma C_V$	K_S	$-\rho C_V(K_S - \gamma P)$	$-\rho C_P$	$K_T(S/V + \alpha P)$	S/V
∂V	1	αV	—	$-V$	mC_V	$\alpha V(1 + 1/\gamma)$	$-S$	$\alpha V - S/K_T$
∂S	$\alpha K_T = \gamma \rho C_V$	mC_P/T	mC_V/T	—	$mC_V P/T$	mC_P/T	$mC_V(P/T - \gamma S/V)$	$mC_P/T - \alpha S$
∂U	$\alpha K_T T - P$	$mC_P - \alpha VP$	mC_V	PV	—	$mC_P - PV\alpha$ $\times (1 + 1/\gamma)$	$mC_V P - S\alpha K_T T$ $+ SP$	$mC_P - \alpha TS$ $- P\alpha V + SP/K_T$
∂H	$-K_T(1 - \alpha T)$	mC_P	$mC_V((1+\gamma))$	$K_S V$	$mC_V[P(1+\gamma) - K_S]$	—	$SK_T(1 - \alpha T)$ $+ mC_V P(1 + \gamma)$	$mC_P + S(1 - \alpha T)$ $- P\alpha V$
∂F	$-P$	$-S - \alpha VP$	$-S$	$PV - \gamma TS$	$\rho C_V(\gamma TS - PV)$ $- PS$	$-S(1 - \alpha T)$ $- PV\alpha(1 + 1/\gamma)$	—	$-S(1 - P/K_T)$ $- P\alpha V$
∂G	$-K_T$	$-S$	$-S + \alpha K_T V$	$K_S V - \gamma TS$	$mC_V(\gamma TS/V + \gamma P - K_S) - PS$	$-S(1 - \alpha T)$ $- mC_P$	$S(K_T - P)$ $+ PV\alpha K_T$	—

熱力学パラメーターと相互関係

表 E.3 一定 T, P, V, および S における 2 次微分にまで拡張した熱力学的微分量

微分要素	T	P	V	S
∂T	—	1	1	γT
∂P	$-K_T/V$	—	$\alpha K_T = \gamma \rho C_V$	K_S
∂V	1	αV	—	$-V$
∂S	$\alpha K_T = \gamma \rho C_V$	mC_P/T	mC_V/T	—
∂U	$\alpha K_T T - P$	$mC_P - \alpha V P$	mC_V	PV
∂H	$-K_T(1 - \alpha T)$	mC_P	$mC_V(1+\gamma)$	$K_S V$
∂F	$-P$	$-S - \alpha V P$	$-S$	$PV - \gamma T S$
∂G	$-K_T$	$-S$	$-S + \alpha K_T V$	$K_S V - \gamma T S$
$\partial \alpha$	$\alpha \delta_T / V = -(\partial K_T/\partial T)_P / K_T V$	$\alpha^2(2\delta_T - K_T' + C_T'/\gamma \alpha T)$	$\alpha^2(\delta_T - K_T' + C_T'/\gamma \alpha T)$	$-\alpha[K_S' - 1 + q + \gamma \alpha T(\delta_S + q)]$
∂K_T	$-K_T K_T'/V$	$-\alpha K_T \delta_T = K_T^2 (\partial \alpha / \partial P)_T$	$\alpha K_T(K_T' - \delta_T)$	$K_T[K_T' + \gamma \alpha T(K_T' - \delta_T)]$
∂K_S	$-(K_T/V)(K_S' + \gamma \alpha T \delta_S)$	$-\alpha K_S \delta_S$	$\alpha K_T(K_S' - \delta_S)$	$K_S K_S'$
∂C_V	$(C_V/V)C_T' = (C_V/V)(1 - q + \delta_T - K_T')$	$(C_P C_T' - C_V C_S')/T$	$(C_V/\gamma T)(C_T' - C_S')$	$-TC_V(\partial \gamma / \partial T)_V$
∂C_P	$(C_P/V)[C_T' + \gamma \alpha T(q + \delta_T)]/(1 + \gamma \alpha T)$	$(C_P/\gamma T)[C_T' - C_S' + \gamma \alpha T(\delta_T - \delta_S + C_T')]$	$(C_P/\gamma T)\{C_T'(1 + \gamma \alpha T) + [\gamma^2 \alpha T + (\gamma \alpha T)^2(q-1) - C_S']/(1 + \gamma \alpha T)\}$	$-C_P[T(\partial \gamma / \partial T)_V + \gamma \alpha T(\delta_S + q)]$
$\partial \gamma$	$\gamma q / V$	$\gamma \alpha q + C_S'/T$	C_S'/T	$-\gamma(q - C_S')$

表 E.4 微分間の関係

$$K_S/K_T = C_P/C_V = 1 + \gamma\alpha T \tag{E.1}$$
$$K'_T = K'_S(1 + \gamma\alpha T) + \gamma\alpha T[3q - 2 - \gamma + \gamma(\partial \ln C_V/\partial \ln T)_V] \tag{E.2}$$
$$K'_S = K'_T(1 + \gamma\alpha T) - \gamma\alpha T(\delta_S + \delta_T + q) \tag{E.3}$$
$$\delta_S = (1/\alpha)(\partial \ln K_S/\partial T)_P = K'_S - 1 + q - \gamma - C'_S = (\partial \ln(\alpha T/C_P)/\partial \ln V)_S \tag{E.4}$$
$$\delta_T = -(1/\alpha)(\partial \ln K_T/\partial T)_P = K'_T - 1 + q + C'_T = (\partial \ln \alpha/\ln V)_T$$
$$= (\delta_S + C'_T)(1 + \gamma\alpha T) + \gamma + C'_S + \gamma\alpha T(2q - 1) \tag{E.5}$$
$$C'_S = C'_T - \gamma(\partial \ln C_V/\partial \ln T)_V = (\partial \ln T)_V \tag{E.6}$$
$$C_T = \gamma(\partial \ln(C_V) = \partial \ln T)_V \tag{E.7}$$
$$q_S = q - C'_S \tag{E.8}$$
$$(\partial \ln(\alpha K_T)/\partial \ln V)_T = \delta_T - K'_T = -(1/\alpha)(\partial \ln K_T/\partial T)_V \tag{E.9}$$
$$(\partial \ln(\alpha K_T)/\partial \ln T)_V = (\partial \ln(\gamma C_V)/\partial \ln T)_V = C'_T/\gamma \tag{E.10}$$
$$(\partial(\alpha K_T)/\partial T)_P = K_T(\partial \alpha/\partial T)_V \tag{E.11}$$
$$(\partial \ln(\alpha K_T)/\partial \ln V)_S = q - 1 \tag{E.12}$$
$$(\partial \ln(\alpha K_S)/\partial \ln V)_S = q - 1 + \gamma\alpha T(\delta_S + q) \tag{E.13}$$
$$(\partial \ln(\gamma\alpha T)/\partial \ln V)_T = \delta_T + q \tag{E.14}$$
$$(\partial \ln(\gamma\alpha T)/\partial \ln V)_S = (1 + \gamma\alpha T)(\delta_S + q) \tag{E.15}$$
$$(\partial K'_T/\partial T)_P = \alpha\delta_T[\delta_T - K'_T + (\partial \ln \delta_T/\partial \ln V)_T] \tag{E.16}$$
$$(\partial K'_S/\partial T)_P = \alpha\delta_S[\delta_S - K'_S + (\partial \ln \delta_S/\partial \ln V)_S] \tag{E.17}$$
$$(\partial \delta_T/\partial \ln V)_T = -K_T K''_T + \lambda q + (\partial C'_T/\partial \ln V)_T \tag{E.18}$$
$$(\partial \delta_S/\partial \ln V)_S = -K_S K''_S - \gamma q_S + (\partial q_S/\partial \ln V)_S \tag{E.19}$$
$$(\partial C_P/\partial P)_T = -(\partial(\alpha/\rho)/\partial \ln T)_P \tag{E.20}$$

それも表に入れてある.表 E.2 と表 E.3 の熱力学的量の微分の簡潔なまとめは Bridgeman (1914) によって始められた考えに沿ったものであり,一般に考えられているよりもっと役立つものである.Bridgeman のもともとのまとめは使うのに困難である.というのは,それは微分を互いに関係させており,この表に示したようなよく知られているパラメーターに関係させていないからである.また,誤りによるある混乱が起こった.その誤りは,後のまとめに転載され,その後 80 年間訂正されなかった (Dearden, 1995).

付録 F
地球モデル──力学的性質

表 F.1 Dziewonski と Anderson(1981) による予備的標準地球モデル (Preliminary Reference Earth Model: PREM) のいくつかの量の詳細

領域	半径 (km)	V_P (m s^{-1})	V_S (m s^{-1})	ρ (kg m^{-3})	K_S (GPa)	μ (GPa)	ν	P (GPa)	g (m s^{-2})
内殻	0	11266.20	3667.80	13088.48	1425.3	176.1	0.4407	363.85	0
	200	11255.93	3663.42	13079.77	1423.1	175.5	0.4408	362.90	0.7311
	400	11237.12	3650.27	13053.64	1416.4	173.9	0.4410	360.03	1.4604
	600	11205.76	3628.35	13010.09	1405.3	171.3	0.4414	355.28	2.1862
	800	11161.86	3597.67	12949.12	1389.8	167.6	0.4420	348.67	2.9068
	1000	11105.42	3558.23	12870.73	1370.1	163.0	0.4428	340.24	3.6203
	1200	11036.43	3510.02	12774.93	1346.2	157.4	0.4437	330.05	4.3251
	1221.5	11028.27	3504.32	12763.60	1343.4	156.7	0.4438	328.85	4.4002
外殻	1221.5	10355.68	0	12166.34	1304.7	0	0.5	328.85	4.4002
	1400	10249.59	0	12069.24	1267.9	0	0.5	318.75	4.9413
	1600	10122.91	0	11946.82	1224.2	0	0.5	306.15	5.5548
	1800	9985.54	0	11809.00	1177.5	0	0.5	292.22	6.1669
	2000	9834.96	0	11654.78	1127.3	0	0.5	277.04	6.7715
	2200	9668.65	0	11483.11	1073.5	0	0.5	260.68	7.3645
	2400	9484.09	0	11292.98	1015.8	0	0.5	243.25	7.9425
	2600	9278.76	0	11083.35	954.2	0	0.5	224.85	8.5023
	2800	9050.15	0	10853.21	888.9	0	0.5	205.60	9.0414
	3000	8795.73	0	10601.52	820.2	0	0.5	185.64	9.5570
	3200	8512.98	0	10327.26	748.4	0	0.5	165.12	10.0464
	3400	8199.39	0	10029.40	674.3	0	0.5	144.19	10.5065
	3480	8064.82	0	9903.49	644.1	0	0.5	135.75	10.6823
D″	3480	13716.60	7264.66	5566.45	655.6	293.8	0.3051	135.75	10.6823
	3600	13687.53	7265.75	5506.42	644.0	290.7	0.3038	128.71	10.5204
	3630	13680.41	7265.97	5491.45	641.2	289.9	0.3035	126.97	10.4844
下部マントル	3630	13680.41	7265.97	5491.45	641.2	289.9	0.3035	126.97	10.4844
	3800	13447.42	7188.92	5406.81	609.5	279.4	0.3012	117.35	10.3095

表 F.1　(続き)

領域	半径 (km)	V_P (m s^{-1})	V_S (m s^{-1})	ρ (kg m^{-3})	K_S (GPa)	μ (GPa)	ν	P (GPa)	g (m s^{-2})
	4000	13245.32	7099.74	5307.24	574.4	267.5	0.2984	106.39	10.1580
	4200	13015.79	7010.53	5207.13	540.9	255.9	0.2957	95.76	10.0535
	4400	12783.89	6919.57	5105.90	508.5	244.5	0.2928	85.43	9.9859
	4600	12544.66	6825.12	5002.99	476.6	233.1	0.2898	75.36	9.9474
	4800	12293.16	6725.48	4897.83	444.8	221.5	0.2864	65.52	9.9314
	5000	12024.45	6618.91	4789.83	412.8	209.8	0.2826	55.9	9.9326
	5200	11733.57	6563.70	4678.44	380.3	197.9	0.2783	46.49	9.9467
	5400	11415.60	6378.13	4563.07	347.1	185.6	0.2731	37.29	9.9698
	5600	11065.57	6240.46	4443.17	313.3	173.0	0.2668	28.29	9.9985
	5600	11065.57	6240.46	4443.17	313.3	173.0	0.2668	28.29	9.9985
	5701	10751.31	5945.08	4380.71	299.9	154.8	0.2798	23.83	10.0143
遷移層	5701	10266.22	5570.20	3992.14	255.6	123.9	0.2914	23.83	10.0143
	5771	10157.82	5516.01	3975.84	248.9	121.0	0.2909	21.04	10.0038
	5771	10157.82	5516.01	3975.84	248.9	121.0	0.2909	21.04	10.0038
	5871	9645.88	5224.28	3849.80	218.1	105.1	0.2924	17.13	9.9883
	5971	9133.97	4932.59	3723.78	189.9	90.6	0.2942	13.35	9.9686
	5971	8905.22	4769.89	3543.25	173.5	80.6	0.2988	13.35	9.9686
	6061	8732.09	4706.90	3489.51	163.0	77.3	0.2952	10.20	9.9361
	6151	8558.96	4643.91	3435.78	152.9	74.1	0.2914	7.11	9.9048
低速度層	6151	7989.70	4418.85	3359.50	127.0	65.6	0.2797	7.11	9.9048
	6221	8033.70	4443.61	3367.10	128.7	66.5	0.2796	4.78	9.8783
	6291	8076.88	4469.53	3374.71	130.3	67.4	0.2793	2.45	9.8553
リッド	6291	8076.88	4469.53	3374.71	130.3	67.4	0.2793	2.45	9.8553
	6346.6	8110.61	4490.94	3380.76	131.5	68.2	0.2789	0.604	9.8394
地殻	6346.6	6800.00	3900.00	2900.00	75.3	44.1	0.2549	0.604	9.8394
	6356	6800.00	3900.00	2900.00	75.3	44.1	0.2549	0.337	9.8332
	6356	5800.00	3200.00	2600.00	52.0	26.6	0.2812	0.337	9.8332
	6368	5800.00	3200.00	2600.00	52.0	26.6	0.2812	0.030	9.8222
海洋	6368	1450.00	0	1020.00	2.1	0	0.5	0.030	9.8222
	6371	1450.00	0	1020.00	2.1	0	0.5	0	9.8156

表 F.2　PREM に状態方程式を合わせることによって得られた核の弾性的性質

r (km)	P (GPa)	K_S (GPa)	K'	KK''	μ(GPa)	μ'	K''	ρ (kg m^{-3})
0	363.85	1444.03	3.3203	−0.7118	174.04	0.1996	−0.3061	13082.19
200	362.90	1440.83	3.3207	−0.7129	173.86	0.1997	−0.3066	13073.59
400	360.03	1431.17	3.3220	−0.7165	173.23	0.2003	−0.3081	13047.66
600	355.28	1415.19	3.3243	−0.7225	172.19	0.2013	−0.3107	13004.66
800	348.67	1392.98	3.3275	−0.7311	170.76	0.2027	−0.3144	12944.53
1000	340.24	1364.66	3.3318	−0.7427	168.94	0.2045	−0.3193	12867.21
1200	330.05	1330.43	3.3373	−0.7574	166.73	0.2069	−0.3257	12772.67
1221.5	328.85	1326.36	3.3379	−0.7691	166.46	0.2071	−0.3264	12761.17
1221.5	328.85	1301.35	3.3171	−0.7034				12163.35
1400	318.75	1267.81	3.3227	−0.7182				12068.11
1600	306.15	1225.90	3.3300	−0.7378				11946.76
1800	292.22	1179.46	3.3387	−0.7612				11809.17
2000	277.04	1128.70	3.3489	−0.7889				11654.83
2200	260.68	1073.81	3.3609	−0.8182				11482.94
2400	243.25	1015.11	3.3749	−0.8609				11292.85
2600	224.85	952.87	3.3914	−0.9077				11083.58
2800	205.60	887.40	3.4110	−0.9641				10855.02
3000	185.64	818.09	3.4344	−1.0329				10602.94
3200	165.12	748.33	3.4625	−1.1180				10328.76
3400	144.19	675.51	3.4970	−1.2253				10029.29
3480	135.75	645.93	3.5129	−1.2762				9901.97

表 F.3　PREM に状態方程式を合わせることによって得られた下部マントルの弾性的性質

r (km)	P (GPa)	K_S (GPa)	K'	KK''	μ(GPa)	μ'	K''	ρ (kg m^{-3})
3480	135.75	667.17	3.0790	−1.5086	298.95	1.0438	−0.9579	5566.89
3600	128.71	645.43	3.0955	−1.5622	291.56	1.0543	−0.9883	5507.52
3630	126.97	640.04	3.0997	−1.5733	289.72	1.0569	−0.9928	5492.63
3800	117.35	610.11	3.1246	−1.6596	279.48	1.0726	−1.0472	5408.72
4000	106.39	575.69	3.1563	−1.7686	267.62	1.0926	−1.1160	5309.63
4200	95.76	541.96	3.1911	−1.8922	255.89	1.1146	−1.1940	5209.55
4400	85.43	508.80	3.2297	−2.0341	244.25	1.1389	−1.1238	5108.10
4600	75.36	476.06	3.2730	−2.1992	232.65	1.1663	−1.3877	5004.69
4800	62.52	443.62	3.3221	−2.3949	221.02	1.1972	−1.5112	4898.69
5000	55.90	411.40	3.3786	−2.6035	209.34	1.2329	−1.6428	4789.64
5200	46.46	379.31	3.4446	−2.9209	197.55	1.2745	−1.8431	4676.95
5400	37.29	347.27	3.5231	−3.2874	185.60	1.3241	−2.0743	4559.93
5600	28.29	315.14	3.6187	−3.7666	173.42	1.3844	−2.3767	4437.64
5701	23.83	298.88	3.6756	−4.0689	167.17	1.4203	−2.5675	4373.62

付録 G
地球の熱モデル

表 G.1 コアの熱的性質

r (km)	T (K)	T_M (K)	γ	q	α ($10^{-6}\,\mathrm{K^{-1}}$)	C_P ($\mathrm{J\,K^{-1}\,kg^{-1}}$)	κ ($\mathrm{W\,m^{-1}\,K^{-1}}$)
0	5030	5330	1.387	0.1025	9.015	693	36
200	5029	5321	1.387	0.1027	9.033	693	36
400	5027	5294	1.388	0.1034	9.088	694	36
600	5023	5250	1.388	0.1045	9.181	695	36
800	5017	5188	1.389	0.1060	9.314	697	36
1000	5010	5107	1.390	0.1081	9.490	700	36
1200	5001	5012	1.391	0.1107	9.713	703	36
1221.5	5000	5000	1.391	0.1110	9.740	703	36
1221.5	5000	5000	1.390	0.1294	10.314	794	29.3
1400	4946	4890	1.391	0.1327	10.525	794	29.3
1600	4877	4772	1.393	0.1371	10.805	796	29.2
1800	4799	4629	1.395	0.1423	11.135	797	29.1
2000	4711	4545	1.398	0.1485	11.525	799	29.1
2200	4614	4452	1.401	0.1558	11.985	800	29.0
2400	4507	4261	1.405	0.1645	12.528	802	28.9
2600	4390	4057	1.409	0.1748	13.172	804	28.8
2800	4263	3840	1.415	0.1872	13.940	806	28.7
3000	4123	3609	1.421	0.2022	14.865	808	28.6
3200	3972	3367	1.429	0.2205	15.991	811	28.5
3400	3808	3112	1.438	0.2432	17.386	814	28.4
3480	3739	3007	1.443	0.2539	18.040	815	28.3

表 G.2 下部マントルの熱的性質

r (km)	T (K)	γ	q	α (10^{-6} K^{-1})	δ_S	ε	C_P (J K^{-1} kg^{-1})
3480	3739	1.1412	0.2770	11.290	1.2156	5.3816	1203
3600	2838	1.1447	0.2894	11.590	1.2405	5.4189	1191
3630	2740	1.1454	0.2926	11.667	1.2469	5.4289	1190
3800	2668	1.1515	0.3117	12.123	1.2848	5.4771	1191
4000	2596	1.1591	0.3365	12.708	1.3337	5.5170	1192
4200	2525	1.1676	0.3644	13.357	1.3879	5.5547	1193
4400	2452	1.1757	0.3919	14.149	1.4415	5.5633	1195
4600	2379	1.1881	0.4324	14.904	1.5172	5.6315	1196
4800	2302	1.2008	0.4748	15.848	1.5961	5.6730	1198
5000	2227	1.2154	0.5245	16.959	1.6872	5.7057	1201
5200	2144	1.2335	0.5860	18.255	1.7975	5.7556	1203
5400	2060	1.2548	0.6602	19.833	1.9285	5.8001	1206
5600	1974	1.2815	0.7549	21.801	2.0922	5.8465	1209
5701	1931	1.2972	0.8136	23.007	2.1921	5.8190	1214

表 G.3 大陸上部マントルの熱的性質

r (km)	T (K)	γ	α (10^{-6} K^{-1})	C_P (J K^{-1} kg^{-1})
5701	2010	1.10	20.6	1200
5771	1985	1.11	21.3	1202
5871	1948	1.13	24.1	1209
5971	1907	1.15	27.4	1217
5971	1853	1.02	24.9	1202
6061	1817	1.04	26.9	1206
6151	1780	1.06	28.8	1210
6151	1719	0.96	30.2	1205
6256	1282	1.04	31.9	1197
6332	880	1.13	33.5	1186
6332	880	1.07	53.0	1208
6371	300	1.15	40.0	850

付録 H
放射性同位体

表 H.1 天然に存在する長寿命核種

同位体	同位体存在度	壊変様式	壊変定数 (年$^{-1}$)	半減期 (年)	最終的な娘核種
^{40}K	0.01167	85.5%β	5.544×10^{-10}	1.250×10^9	^{40}Ca
		10.5%K			
		0.001%β^+			^{40}Ar
					^{40}Ar
^{50}V	0.25	β	1.6×10^{-16}	6×10^{15}	^{50}Cr
		K			^{50}Ti
^{87}Rb	27.8346	β	1.42×10^{-11}	4.88×10^{10}	^{87}Sr
^{115}In	95.77	β	1.4×10^{-15}	5×10^{14}	^{115}Sn
^{123}Te	0.87	K	5.8×10^{-14}	1.2×10^{13}	^{123}Sb
^{138}La	0.089	β	6.3×10^{-12}	1.1×10^{11}	^{138}Ce ^{138}Ba
		K			
^{142}Ce	11.05	α	1.4×10^{-16}	5×10^{15}	^{138}Ba
^{144}Nd	23.87	α	2.9×10^{-16}	2.4×10^{15}	^{140}Ce
^{147}Sm	15.07	α	6.54×10^{-12}	1.06×10^{11}	^{143}Nd
^{148}Sm	11.27	α	5.8×10^{-14}	1.2×10^{13}	^{144}Nd → ^{140}Ce
^{149}Sm	13.84	α	1.7×10^{-15}	4×10^{14}	^{145}Nd
^{152}Gd	0.20	α	6.3×10^{-15}	1.1×10^{14}	^{148}Sm → ^{144}Nd
^{156}Dy	0.0524	α	3.5×10^{-15}	2×10^{14}	^{152}Gd
^{176}Lu	2.60	β	1.87×10^{-11}	3.71×10^{10}	^{176}Hf
^{174}Hf	0.163	α	3.5×10^{-16}	2×10^{15}	^{170}Yb
^{187}Re	63.93	β	1.5×10^{-11}	4.6×10^{10}	^{187}Os
^{190}Pt	0.0127	α	1.16×10^{-12}	6×10^{11}	^{186}Os
^{204}Pb	1.364	α	4.95×10^{-18}	1.4×10^{17}	^{200}Hg
^{232}Th	100	$6\alpha + 4\beta$	4.9475×10^{-11}	1.4010×10^{10}	^{208}Pb
^{235}U	0.7201	$7\alpha + 4\beta$	9.8485×10^{-10}	7.0381×10^8	^{207}Pb
^{238}U	99.2743	$6\alpha + 4\beta$	1.55125×10^{-10}	4.4683×10^9	^{206}Pb
		5.4×10^{-5}% 自発核分裂			

注意：^{235}U と ^{238}U の同位体存在度を足しても 100% にならないのは，^{238}U の壊変系列の ^{234}U が存在するからである．短寿命のトリウムの同位体，^{230}Th も ^{238}U の壊変系列に存在する．U と Th の壊変系列の中間の娘核種はこの表には含まれていない．それらの元素は表 A.3 参照．

表 H.2 大気の上層で宇宙線によりつくられたり，惑星間塵とともに地球に到達する短寿命の放射性同位体．^{234}U は，放射壊変で生じる．大気，海洋，堆積過程のトレーサーとして有用．

同位体	半減期	壊変様式	娘核種
中性子	10.6 分間	β	^{1}H
^{3}H	12.26 年	β	^{3}He
^{7}Be	53.3 日	K	^{7}Li
^{10}Be	1.5×10^6 年	β	^{10}B
^{14}C	5730 年	β	^{14}N
^{22}Na	2.60 年	β^+	^{22}Ne
^{32}Si	160 年	β	^{32}P $\to$ ^{32}S
^{32}P	14.3 日	β	^{32}S
^{33}P	25 日	β	^{33}S
^{35}S	87 日	β	^{35}Cl
^{36}Cl	3.01×10^5 年	β	^{36}Ar
^{37}Ar	35 日	K	^{37}Cl
^{39}Ar	270 年	β	^{39}K
^{53}Mn	3.8×10^6 年	K	^{53}Cr
^{234}U	2.47×10^5 年	α	^{230}Th $\to$ ^{206}Pb (半減期 75 000 年)

表 H.3 隕石に検出される壊変生成物をもつか，初期太陽系の進化をとく鍵となる同位体を生じる消滅核種

同位体	壊変様式	半減期 (年)	壊変定数 (年$^{-1}$)	壊変生成物
^{22}Na	β^+	2.60	0.267	^{22}Ne
^{26}Al	85% β^+ 15% K	7.2×10^5	9.7×10^{-7}	^{26}Mg
^{60}Fe	2β	3×10^5	2×10^{-6}	^{60}Co $\to$ ^{60}Ni
^{107}Pd	β	6.5×10^6	1.07×10^{-7}	^{107}Ag
^{129}I	β	1.6×10^7	4.2×10^{-8}	^{129}Xe
^{146}Sm	α	1.0×10^8	6.9×10^{-9}	^{142}Nd
^{182}Hf	2β	9×10^6	7.7×10^{-8}	^{182}Ta $\to$ ^{182}W
^{236}U	α	2.4×10^7	2.9×10^{-8}	^{232}Th $\to$ ^{208}Pb
^{244}Pu	99.7% α 0.3% 核分裂	8.3×10^7	8.5×10^{-9}	99.7% ^{232}Th $\to$ ^{208}Pb 0.3% 核分裂生成物

付録 I
地 質 年 代

表 I.1　地質年代, 2004 (Gradsteine ら (2005) 参照). 数字は地質年代の開始時期 (百万年単位)

顕生代	新生代	第 四 紀	完 新 世	0.01
			更 新 世	1.81
		第 三 紀 [a]	鮮 新 世	5.33
			中 新 世	23.03
			漸 新 世	33.9
			始 新 世	55.5
			暁 新 世	65.5
	中 生 代	白 亜 紀		145.5
		ジ ュ ラ 紀		199.6
		三 畳 紀		251
	古 生 代	ペ ル ム 紀		299
		石 炭 紀		359
		デ ボ ン 紀		416
		シ ル ル 紀		444
		オ ル ド ビ ス 紀		488
		カ ン ブ リ ア 紀		542
原 生 代				2500
太 古 代				4000
冥 王 代				

[a] 最新の地質年代表は IUGS (国際地質科学連合) による記述を参照.

付録 J
問　題

1.1 以下の物体の慣性モーメントを計算せよ.

(a) 球殻, (b) 半径 R, 質量 M の均質な球, (c) 球の内部の密度が $1/r$ という形で変化している場合 (問題 17.1 で考察するように, 内部での重力加速度は一定になる. 地球のマントルでは良い近似となっている) 慣性モーメント比, I/MR^2 とは何か?

1.2

(a) 均質なマントルと均質な中心核 (サイズは直径の半分, 密度はマントルの f 倍) からなる天体を考える. 慣性モーメント比 0.3307, 0.365, 0.391 (それぞれ地球, 火星, 月に対応した値) を与える f の値を求めよ.

(b) 均質なマントルと中心核を考える. 中心核の密度がマントルの 3 倍であると仮定して問題 (a) の 3 種類の慣性モーメント比を説明する中心核のサイズを求めよ.

1.3 Allen (1973) は太陽の内部の密度分布を推定した (次表). 太陽の半径を $r_S = 6.9 \times 10^8$ m, 総質量を $M_S = 1.989 \times 10^{30}$ kg として表中の数値を使い太陽の慣性モーメントの概算

r/r_S	ρ (kg m^{-3})	r/r_S	ρ (kg m^{-3})
0	160000	0.6	350
0.04	141000	0.7	80
0.1	89000	0.8	18
0.2	41000	0.9	2
0.3	13300	0.95	0.4
0.4	3600	1.0	0
0.5	1000		

値を求めよ. Allen によるより詳しい推定値は 5.7×10^{46} kg m^2 である. この値は同じ質量, 半径をもつ均質球の場合と比較して何割程度にあたるのか?

1.4 太陽は自転をしているために, 自転と同方向への放射と逆方向への放射はドップラー効果の影響で波長がかわる (順方向へは青色偏移, 逆方向へは赤色偏移). そのために放射は太陽から角運動量を奪っていくことになる. この影響で太陽の自転速度はどの程度遅くなっていくのか? (問題 1.3 の慣性モーメントの値や付録の表 A.5 の値を用いること.)

1.5 太陽から 1 AU の距離を公転・自転している球状の天体の表面からの黒体放射が太陽から受ける放射量と釣り合っているとして表面温度を計算せよ. (太陽定数を 1370 W m^{-2}, 表面温度は均質になっていると仮定する.)

1.6 もし地球が太陽にいつも同じ面を向けているとすると, 問題 1.5 と同様な考察では太陽直下点での平衡温度は何度になるか? (地球内部への熱の伝導は無視する.)

1.7 太陽の表面の黒体放射温度を太陽定数 (問題 1.5) および太陽半径 6.96×10^8 m も用いて計算せよ.

1.8 惑星表面の平衡温度は惑星の軌道半径のどのような関数になっているのか?

1.9 探査機が惑星を探して太陽系に近づいてきたと仮定しよう. 近づくにつれて惑星表面での太陽光の反射の強さに応じて惑星が探知さ

れるようになる．観測の波長域全体で，すべての惑星のアルベド(反射率)は同じと仮定すると，太陽系の惑星はどのような順番で探知されるのか？(惑星の数値は表 1.1 を参照)

1.10 小惑星帯での衝突が惑星間塵を連続的につくり出していると仮定しよう．衝突により以下のような質量分布，dN, 質量が m から $(m+dm)$ の間に存在する個数，が成り立っていると仮定する．

$$dN \propto m^{-n}dm$$

n は 1 以上である．惑星間塵はいったんつくられるとポインティング–ロバートソン効果 (式 (1.21)) によりらせん軌道を描き太陽に落ちこんでいく．地球と遭遇する塵の質量の分布はどのようなものか？ この推定では地球と遭遇，取り去られても全体量には影響を与えないこと，遭遇する量は地球軌道付近での滞在時間によって決まること，塵はすべて同じ密度を有することを仮定する. (1.8 節，1.9 節で議論したように小惑星帯で生成された塵のフラックスは定常状態ではないことに注意.)

1.11 太陽系の外側からやってくる隕石の地球への落下速度はどのくらいか？地球の脱出速度と比較してどの程度か？

2.1 隕石は鉄隕石とコンドライト隕石の 2 種類からなると仮定する．鉄隕石は 100% 金属鉄，コンドライト隕石には 10% の金属鉄が含まれ，両者を合わせた隕石全体の金属鉄の量が地球全体に対する中心核の質量比と同じと仮定して，鉄隕石の隕石中に占める割合を推定せよ．(地球中心核の質量は付録 A の表 A.4 参照.)

2.2 水星の非圧縮密度は $5280\,\text{kg m}^{-3}$ と推定されている．地球の中心核とマントルと同じ物質でできていると仮定して水星の中心核の全体に占める割合を推定せよ．

2.3 表 2.1 は太陽大気中に豊富に存在している元

H	(1)7825	(2)3913
He	(4)651	(3)5343
O	(16)–318	(18)–47
C	(12)0	(13)258
Ne	(20)–378	(22)–392
Fe	(56)–1162	(54)–1118
N	(14)220	(15)7
Si	(28)–824	(29)–811
Mg	(24)–623	(26)–670
S	(32)–873	(34)–945
Ar	(36)–902	(40)–940
Ni	(58)–1115	(60)–1154
Ca	(40)–935	(44)–1012
Al	(27)–684	—
Na	(23)–445	—

素を存在度順に示したものだが，上の表の第 2, 第 3 コラムはその元素における最大と 2 番目に存在量の多い同位体の核子質量異常を表示している．この値は ^{12}C を基準として，核子あたりの質量のずれを ppm 単位で示している．原子量は括弧内に表示されている．存在度と核子質量異常のあいだに直接的な相関は存在するのか？他にどのような要因を考えるべきか？参考として表 A.1 の陽子，中性子の質量に注意せよ．

3.1

(a) 最初無限に離れて分散した総質量 M の物体の集まりが 1 つの半径 R をもつ均一の球体に崩落するときに解放される重力エネルギーを計算せよ．

(b) 同じ計算を太陽について行え．密度分布は問題 1.3 に記載されているものを仮定せよ．

3.2 式 (1.8) と式 (1.9) を導き出せ．

3.3 壊変定数 λ をもつ放射性同位体の平均寿命は λ^{-1} であることを示せ．

3.4 次のアイソクロンデータを示す岩石について考えよ．

$$\frac{d^{40}\text{Ar}}{d^{40}\text{K}} = 0.098 \pm 0.005$$

$$\frac{d(^{87}\text{Sr}/^{86}\text{Sr})}{d(^{87}\text{Rb}/^{86}\text{Sr})} = 0.0215 \pm 0.0007$$

$$\frac{d(^{207}\text{Pb}/^{204}\text{Pb})}{d(^{206}\text{Pb}/^{204}\text{Pb})} = 0.090 \pm 0.005$$

(a) それぞれのアイソクロンから岩石の年代とその誤差を推定せよ．

(b) 異なった方法での推定値に差がある理由と岩石がたどった過去の歴史について考えられることを述べよ．

3.5 ウランの同位体の壊変定数は ^{87}Rb のものより，より正確に測定されている．式 (4.4) の隕石の Rb–Sr アイソクロンと，式 (4.3) の Pb–Pb アイソクロンから求められた隕石の年代 4.54×10^9 を用いて，^{87}Rb の壊変定数 λ を計算せよ．この計算で考慮すべき誤差は Pb–Pb アイソクロンのデータのばらつきの誤差だけと仮定すると，^{87}Rb の壊変定数 λ の誤差はどうなるか？

4.1 核合成の過程で ^{127}I と ^{129}I が同量つくられ，時間 τ の間均質に核合成が進み，それ以降も以前にも何も起きなかったとする．特定の隕石中で ^{129}Xe の蓄積が核合成終了後 t だけ経た時間に始まったとしたときに，隕石中の $(^{129}\text{Xe}/^{127}\text{I})$ の値を τ, t, ^{129}I の半減期 λ を用いて示せ．式 (4.6) が $\tau \ll \lambda^{-1}$ のときの近似になっていることを示せ．

4.2 もし重元素が 4.67×10^9 年前につくられた(これは隕石の固化よりも 10^8 年前)とすると，そのときの $^{235}\text{U}/^{238}\text{U}$ の値はどのくらいであったのか？(注意：これらの元素はより重い元素の崩壊によってつくられた．もととなったすべての重元素を考慮すること．また ^{235}U の初期存在度はたぶん無視しても良いはずである．というのは中性子の豊富な環境下では ^{235}U は急速な中性子崩壊を起こすからである．)

4.3 同じ隕石中の 2 個のコンドリュール A, B 中の ^{127}I に対する過剰 ^{129}Xe の値が 2 倍異なっていたとする (A のコンドリュールが大きな値とする)．この違いはコンドリュールの形成時期の違いを反映しているとすると，どちらのコンドリュールがどれほど先に形成されたのか？(^{129}I の崩壊については表 H.3 を参照)

4.4 最近落下した隕石中の同位体組成値，$^3\text{He}/^3\text{H} = 4.52 \times 10^5$ が測定された．^{3}H は放射壊変して ^{3}He になる．宇宙線の照射により両同位体は同量つくられると仮定し，宇宙線の照射を受けていた時間を推定せよ．

5.1 表 H.1 の定数を使って，式 (5.2) と (5.3) を導き出せ．

5.2 地球内と大気の ^{40}Ar の成長モデルを考える．t 年前にアルゴンをまったく含まない状態から始まったとし，その後 ^{40}K の壊変で生じる ^{40}Ar を蓄積し，^{40}K は現在重量 K 残っているとする．アルゴンは地球内部の濃度に比例した速度で大気に脱ガスするとして，その速度は地球内の全アルゴンの Λ 倍とする．

(a) 地球内に現在アルゴンがどれだけ残っているかを K, Λ と ^{40}K の壊変定数 λ を用いて表せ．

(b) 大気中のアルゴン量はどれだけあるか？

(c) (b) の (a) に対する比はどうなるか？

(d) もし $t = 4.5 \times 10^9$ 年で地球内と大気のアルゴン量が等しいとすると，Λ はどんな値をとるか？($dy/dx = Ae^{ax} + By$ の形の微分方程式を解くために，$y = ue^{ax}$ とおけ．)

5.3 最初密度 $\bar{\rho}$，半径 R の均質な地球から，密度 $2\bar{\rho}$，半径 $0.55R$ のコアが分化するさいに解放される重力エネルギーを計算せよ．それぞれの物質の要素の密度は変わらない近似を仮定せよ．地球の質量と半径の値を使って計算せよ．このエネルギーが解放されると平均温度は何度上昇するか？ 有効熱容量を 9.93×10^{27} J K^{-1} と仮定せよ．より厳密な計算の結果は表 21.1 に記載されている．

6.1 もし，太陽系の総角運動量 3.15×10^{43} kg m² s⁻¹ をすべて太陽に押しつけて，かつ，太陽の大きさも密度分布も変えないとしたら，太陽は回転の面からみて安定であるだろうか？ この問には，2つのレベルで答えることができる．やさしいレベルとしては，太陽が球形を保つとし，赤道における遠心力と自己引力とを比較するものである．もっと良い近似としては，太陽が回転楕円体の平衡形状まで変形するとし，6.3節あるいは8.5節の理論を用いて，扁平率を計算する．扁平率 f が1以下 $(c/a > 0)$ であれば，安定といえる．太陽系の慣性モーメントとしては，問題 1.3の答を用いよ．

6.2 月が，太陽と地球のちょうど途中にある (日食のときのように) とき，月が太陽と地球とに及ぼす引力の比を求めよ．太陽の引力は強烈であるのに，月が地球の公転軌道にとどまっていて，太陽のまわりを地球とは独立に公転しないのはなぜか説明せよ．

6.3 角速度 ω で自転していて，わずかながら扁平率 f をもっている，一様な密度 ρ の流体でできた惑星を考える．このとき $f \propto \rho^{-1}$ を示せ (注意：これは，地球全体としての扁平率よりも，コアの扁平率が小さくなる理由となる)．導いた結果が，式 (6.39) と矛盾しないことを確かめよ．

6.4 一様密度の惑星，もしくは等密度面が同形な楕円体 (どの等密度面も同一の扁平率をもつ) である惑星においては，力学扁平率 H (式 (7.2)) が，表面形状の扁平率 f と
$$H = f\left(1 - \frac{1}{2}f\right)$$
のように関係づけられることを示せ．

6.5 火星は自転角速度 $\omega = 7.0882 \times 10^{-5}$ rad s⁻¹ で，$J_2 = 1.825 \times 10^{-3}$ である．静水圧平衡を仮定して，f および C/Ma^2 を求めよ．(質量と半径は表 1.1 を，地球のそれについては表 A.4 参照.)

6.6 平均密度 $\bar{\rho}$ の球形の惑星については，赤道での重力がゼロになるための臨界自転速度が
$$\omega_{\rm crit} = \left(\frac{4}{3}\pi G \bar{\rho}\right)^{1/2}$$
で与えられ，密度が一様なら，それに対応する臨界角運動量が
$$L_{\rm crit} = 0.32 G^{1/2} M^{5/3} \rho^{-1/6}$$
となることを示せ．ここで M は惑星の質量である．多くの惑星や小惑星の角運動量はおおむね，この形式の法則 (ただし係数は 0.07 なので，臨界値の 20%) に従っているように見える．地球および木星については，係数としてはどのような値になるか (慣性モーメントの推定が必要になる)？ 地球の場合，小さな値になるが，その理由として何があるか？

6.7

(a) もし重力測定が，北に一定速度で航行する船上で毎日正午に行われて，次表のような結果が得られたとしたら，船が赤道を通過した日は何日の何時で，その速度はいくらか？

日	g	日	g
1	9.80222	9	9.78050
2	9.79805	10	9.78033
3	9.79415	11	9.78083
4	9.79059	12	9.78197
5	9.78747	13	9.78374
6	9.78484	14	9.78609
7	9.78278	15	9.78897
8	9.78132	16	9.79232

(b) 緯度 φ で船が東に航路を転じたら，船上で測定される重力はどれくらい変化するか？

7.1 火星の赤道は公転面に対して 24° 傾いている．問題 6.5 のパラメーターを用いて，太陽のトルクで生じる歳差速度を求めよ．

7.2 北米において，交通機関の総質量とその平均速度，対向車線の平均間隔を推し量って，交通量の日変動が地球の自転に与える影響を見積もれ．

7.3

(a) 2つの同心球があって，互いに角度 ϕ だけ傾いた軸のまわりに自転するように拘束されているとする．両者の間に粘性流体の薄い層が挟まれていて，2つの球の差動回転に対して，線形な摩擦力がはたらくとし，外側の球は一定の角速度 ω_0 を維持するとしたら，内側の球の回転角速度は平衡状態ではいくらになるか？

(b) もし，その流体層の半径が r，厚さが $d(\ll r)$ で，粘性率 η とすると，力学的なエネルギー散逸率はいくらか？

(c) コアとマントルの間の粘性カップリングの係数が式 (7.33) で与えられ，歳差によって生じるコアとマントル間の角度の差が 6×10^{-6} rad に保たれるとしたら，そのときの散逸率はいくらか？

(d) (c) の散逸は，どのような影響を地球の自転に及ぼすか？ それはありそうなことか？ もし，そうだとして，コアの粘性約 10^{-2} Pa s をもつ層が関与しているとしたら，その厚さはどうなるか？

7.4 式 (7.22) を用いて，チャンドラー極運動に伴う弾性ひずみエネルギーが，全体の極運動のエネルギーに占める割合を推定せよ．

7.5 地球の平衡形の扁平率が ω^2 に比例するとして，チャンドラー極運動の周期の ω 依存性はどのようになるか？ チャンドラー周期を1年にするには，自転速度はいくらでなければならないか？ このようなことが起こったとすれば，それはいつごろか？

7.6 質量 m の水が，海から引き揚げられて，緯度 ϕ の貯水池に貯められるとする．

(a) 自転軸が不動という単純な仮定をすると，LOD に変化をもたらさない緯度を求めよ．

(b) もっとよく考えると，地球の重心と最大慣性主軸とが変化する．その量はいくらか？

(c) もし，極運動の半周期 (7カ月) よりも短い時間で，貯水池に水を貯めたとしたら，これによってチャンドラー極運動の励起が起こるだろう．それが有意な量になるには，そのときの緯度と水の質量はいくらであることが求められるか？

8.1 式 (8.2) を式 (8.1) に代入すると，W に $\cos \psi$ の項が含まれることがわかる．なぜ，この形の非対称な項が，式 (8.9) には現れないのか？

8.2 地球が一様密度の流体でできていたら，$k_2 = 3/2$ であることを示せ．

8.3 水星において，太陽が引き起こす潮汐振幅の近似値はいくらか？ この値を弾性限界と比較してみよ．

8.4 原始地球では，その自転周期が現在の半分で，それ以後の自転の減速はすべて月との角運動量交換によるとし，すべての運動は同一面内で起こると考えてみよう．

(a) もし月が円軌道の上で形成されたとしたら，その公転半径はいくらか？

(b) もし，放物線軌道にあった月が地球に捕捉されたとしたら (よく，この考えは提案されてきた)，最接近したときの距離はいくらであったか？

8.5 地球−月系の角運動量保存を仮定する．赤道を巡る 5 km の深さの水路が潮汐と共鳴しているとき，地球の自転角速度と月の公転角速度，および月までの距離はいくらか？ (水深 h では，波長 $\lambda \gg h$ の波の伝搬速度は $\sqrt{gh}$ である．)

8.6 もし月が，地球からの距離は現在のままで1日1回転で自転していて，式 (8.20) とそれ以降の式の潮汐位相遅れが $\delta = 0.2°$ であり，$k_2 = 0.3$ だとしたら，潮汐摩擦によって回転 (地球に対して) を停止するのに要する時間はいくらか？

8.7 地球全体としての潮汐ポテンシャル・ラブ数は，人工衛星観測では，潮汐による膨らみの $k_2 = 0.245$，位相遅れ $\delta = 2.9°$ である．8.2 節で注意したように，固体潮汐だけなら $k_S = 0.298$ である．これらの差は海洋の潮汐が逆位相で，負の k_O をもつことを表している．海洋潮汐は複雑ではあるが，k_O をトータルの効果を表すベクトルとみなすことができる．潮汐散逸は海洋において主に起きているので，k_S を月 (あるいは太陽) の方向を向くベクトルとして扱うことができる．ベクトル k_2 と k_S とのベクトル差として k_O をとらえると，その大きさと位相はどのようになるか？ これに対応する海洋潮汐の振幅はいくらか？

9.1

(a) もしグリーンランド氷床 (75° N) が融解によって毎年 $1000\,\mathrm{km}^3$ 失われ，融けた水は地球全体に一様に分配され，その他の何の調整も起きなかったとする．このとき以下の量を推定せよ．

(i) 極の移動量 (角)，(ii) 地球の自転速度の減速量

(b) アイソスタシー回復に伴う地殻隆起は，どのような影響を (a) の結論に及ぼすか？

9.2

(a) 密度 ρ で半径 R の薄い円盤 (厚さ Δz) が，その中心軸上の距離 h の点に及ぼす重力を計算せよ．

(b) $R \gg h$ だが $R < \infty$ のとき，上式を簡単に近似する式を求めよ．

(c) (a) および (b) の結果を用いて，無限に広がるシートが及ぼす重力を求めよ．ここで，その結果は h には依存しないので，この場合 Δz には何の制限もないことに注意しよう．

(d) 球殻を用いて，その半径が無限大になると考えては，(c) の結果が得られないのはなぜか？

9.3 図 9.6(b) で示されるアイソスタシーの説明をした G.B. Airy は，地殻密度 ρ の鉱山において深さとともに重力 g が変化する様子からニュートンの万有引力定数 G を決定する実験について，1850 年代に述べている．その結果は地球の平均密度 $\bar{\rho}$ の測定として，報告されている．

(a) $\bar{\rho}$ の決定が，G の決定と等価であるのはなぜか？

(b) 鉱山において重力勾配がゼロになるための $\rho/\bar{\rho}$ の比はいくらか？

(c) 地殻密度はふつうは，地球の平均密度の半分である．典型的な地殻内の重力勾配はいくらか？

(d) 海中における重力勾配はいくらか？

(e) フリーエアー重力勾配は，大気がないときの仮想的な「フリー真空重力勾配」とどれくらい異なっているか？

10.1 P 波速度および S 波速度の比を用いて，ポアソン比を表せ．(弾性率間の関係が示された付録 D を参照.)

10.2 バルク物体においてそれぞれ P 波速度 V_1 および V_2 をもつ物質が交互に等厚に重なる層状媒質を考える．両物質の密度とポアソン比は同じである．層厚に対して十分波長が長い (しかし，媒質全体に対しては短い) P 波の層に直交および平行方向の速さが

$$V_{\mathrm{perpendicular}} = \frac{\sqrt{2}V_1 V_2}{(V_1^2 + V_2^2)^{1/2}}$$

$$V_{\mathrm{parallel}} = \left\{ \frac{V_1^2 + V_2^2}{2} \times \left[1 - \frac{\nu^2}{(1-\nu)^2} \frac{(V_1^2 - V_2^2)^2}{(V_1^2 + V_2^2)^2} \right] \right\}^{1/2}$$

であることを示せ．1% および 5% の速度異方性がある場合，それぞれ V_1/V_2 の値は何か？ (ヒント：式 (10.4) をそれぞれの層に対して用い，両場合の弾性率を計算する．χ と

μ によるヤング率 E の表し方は付録 D で与えられている.)

10.3 地震の近くおよびその地球の反対側に 2 つの地震観測所があるとする.ある周波数帯域では,前者の観測所では周波数によらない P 波スペクトル,後者の離れた観測所では $d\ln($振幅$)/d($周波数$) = -6$ のスペクトルを観測した.Q が周波数によらないとすると

(a) 地球を横断する経路での有効 Q_P は何か?

(b) もし地球核が無限大の Q をもっていたとすると,平均 Q_P は何か?

(c) どのようなマントルの Q_S 値が期待されるか?

(d) もし,地震近くの観測所において,周波数によらない S 波スペクトルが観測されたとすると,離れた観測所での S 波スペクトルが与える $d\ln($振幅$)/d($周波数$)$ の値は何か?

10.4 楕円形状の非弾性ヒステリシスループ(図 10.3)があるとし,振幅 10^{-6} でのひずみサイクルを用いて岩石 Q 値 200 の 10% 精度で測定するには,計測におけるひずみ分解能がどのくらい必要か?

11.1 基底での摩擦がゼロで,地球重力場での $10 \times 10 \times 10\,\mathrm{km}$ の弾性ブロックにおける応力および変位を求める.弾性率が $\mu = \lambda = 3 \times 10^{10}\,\mathrm{Pa}$ とすると,最大変位量はどのくらいか?

11.2 粘着力 S_0 および摩擦係数 μ_f をもつ粒状物質が垂直応力 $\sigma_{zz} = \rho g z$ をもたらす体積力を受けることを考える.物質内部ですべりが起きるとすると,クーロンせん断応力より,その最低角度を求めよ.

11.3 半径 R および内部圧力 P をもつ加圧された球形マグマ溜まりからの応力の近似解は,$\sigma_{rr} = AP/r^3$ で与えられる半径方向応力と $\sigma_{\theta\theta} = \sigma_{\phi\phi} = -(1/2)(AP_0/r^3)$ で与えられる接線応力をもつ.

(a) 係数 A を求め,変位場を式で表せ.

(b) 無限媒体の中で,半径 R,内圧ゼロの球状の空洞を考える.無限遠では圧力均一とする.半径方向での応力と接線方向の応力が
$$\sigma_{rr} = P\left(1 - \frac{R^3}{r^3}\right)$$
$$\sigma_{\theta\theta} = P\left(1 + \frac{R^3}{2r^3}\right)$$
であることを示せ.

11.4 ボアホール内でさまざまな深度において水圧破砕実験が行われ,1 km 以浅では割れは水平に,以深では鉛直方向であったとする.最大主応力 σ_1 が水平方向で 100 MPa とする.深度 2 km でのすべての主応力の値を求めよ.

11.5 密度 $\rho = 3000\,\mathrm{kg\,m^{-3}}$ の媒質における深度 1 km での水圧破砕実験を考える.クラックがボアホールの北と南方向に走る.ブレークダウン圧力 $P_b = 40\,\mathrm{MPa}$.閉口圧力が 25 MPa とする.鉛直主応力は重力で決定されているとする ($g = 10\,\mathrm{m\,s^{-2}}$).

(a) 各主応力の値と方向を求めよ.

(b) どのようなタイプの地震がこの地域で発生すると考えられるか,説明せよ.

(c) この地域で地震がこれから発生するとし,摩擦係数を 0.6 とすると,断層面はどのような空間的配置になるであろうか?

11.6 加圧された円筒系のマグマ溜まりからの応力の近似解は,半径方向応力は $\sigma_{rr} = AP_0/r^2$,接線方向応力は
$$\sigma_{\theta\theta} = -\frac{AP_0}{r^2}, \qquad \sigma_{\phi\phi} = 0$$
となる.

(a) これらの関係式が 2 次元での平衡方程式を満たすことを示せ.

(b) P_0 が $r = R$ における圧力とすると,係数 A を求めよ.

(c) 変位場を表す式を求めよ．

11.7 半無限弾性体の表面での水平方向に負荷された力である線荷重 ($x = -\infty$ から $x = \infty$ の間) による $z > 0$ での応力は

$$\sigma_{zz} = \frac{2Xz^2 y}{\pi r^4}, \quad \sigma_{yy} = \frac{2Xy^3}{\pi r^4},$$
$$\sigma_{zy} = \frac{2Xzy^2}{\pi r^4} \tag{J.1}$$

である．

(a) これらの関係式が平衡方程式を満たすことを示せ．

(b) 力を与えている線沿いを除いて，これらが自由表面の条件 (法線および接線応力 0) を満たすことを確かめよ．

(c) 力が x 軸に関して単位長さあたり大きさ F であると，その力を与えている線周囲の円柱状の領域に対して水平方向のトラクションを積分することで，X の値をこの力を用いて表せ．

11.8 半無限弾性体の表面における単位長さあたり (z 方向にかかる) 大きさ X をもつ線荷重によって生じる応力は

$$\sigma_{zz} = \frac{2Xz^3}{\pi r^4}, \quad \sigma_{yy} = \frac{2Xzy^2}{\pi r^4},$$
$$\sigma_{xy} = \frac{2Xz^2 y}{\pi r^4}$$

である．これが，単位長さあたりの大きさ F である鉛直方向の力 (z 方向) を与える水平方向の線 ($-\infty < y < \infty$) と等価であることを，与えた線周囲の円柱形領域に対しての応力を積分することで示し，F で X の値を表せ．

11.9 問題 11.7 において，表面における水平の線荷重によって生じた半無限弾性体中の応力が与えられた．これらを，半無限体と同じ弾性率をもつ厚さ h，幅 $2W \gg h$ の長く伸びた物質が，$z > 0$ の半無限体に接着され，かつ熱膨張を起こすよう熱せられた際に生じる応力を考える際に用いよ．長さ x 方向の形の変化は許されず，表面は自由とする．物質の幅 (y 軸方向) の変化は半無限体によって制約されている．物質の中心線に沿って，y 方向のひずみは $(4/\pi)(h/W)e$ であることを示せ．ここで，e は半無限体の束縛がない場合に生じるひずみとする．

(a) まずはじめに，平面ひずみ (x 方向でひずみゼロに保たれる) モードを表す弾性率が $E/(1-v^2)$ であるのを示すために式 (10.24) を用いる．

(b) この問題は，まずはじめに，束縛されていない物質がその形のエッジに沿って線力を受けて縮み，束縛下での値，すなわちひずみが $e[1 - 4\pi(h/W)]$ になるまで小さくなるのを考えることで解ける．すなわち，半無限体の表面内で $2W$ 離れた大きさが同じ，かつ反対向きの線力を与えることで，ひずみ $e(4\pi)(h/W)$ が半無限体中の中心線において生じるようにする．その結果，物質と半無限体が接着された場合，力は相殺され，ひずみ $e(4\pi)(h/W)$ が残る．

12.1 DeMets ら (1990) は太平洋プレートに対するインドプレートの運動を (60.494N 30.403W) の軸まわりに 1.1539×10^{-6}°/年と与えている．表 12.1 の最初の項目で与えられているハワイホットスポットに対する太平洋プレートの運動を用いて，その表で与えられているインドプレートの運動が正しいことを示せ．

12.2 もし核の冷却に起因するホットスポットの熱を除いた海洋底熱流量 27 TW が 100 km の深さまで 3.4 km^2/年の速さで取り除かれるリソスフェアの冷却により説明されるならば，その平均温度の変化はいくらになるか？これは妥当な値だろうか，それとも推定された冷却される深さは変えられるべきだろうか？

12.3 Bird (2003) は拡大中心を直線に直したときの全長が 67 000 km，そして収束 (沈み込み)

におけるそれは 51 000 km であると推定した．もし，これらの合計をプレート境界の全長と考えるとき，平均プレートサイズ，つまりソースとシンク間の「広がり」または距離はいくらになるだろうか？ これは 13.2 節での平均プレート速さと 20.2 節での平均プレート年代 (9000 万年) と調和的だろうか？ そのような平均した数字は誤解を招くおそれがある．プレートのサイズ，速さはある範囲の値をとり，それらの平均の間に成り立つ関係はサイズと速さ，または年代と速さにどのような相関があるかに依存する．速さが平均 $\bar{v} = v_{max}/2$ で 0 から v_{max} にわたって一様に分布していると考え，これを海嶺の半分の長さは $\bar{v}/2$ で広がる地殻を生成し，もう半分の長さは $3\bar{v}/2$ で広がる地殻を生成すると近似する．プレート年代とその速さにどのような相関があるのかを示唆し，その相関が平均値間の関係にどのような影響を及ぼすかを示せ．

12.4 海水面に対して表面が 840 m 隆起しており，4500 m 沈降している海洋底とアイソスタシーのつり合いを保っているような厚さ 40 km，直径 4000 km の大陸地塊が南極から赤道へと移動することを考える．相対位置において固定されているすべての他の部分に対して以下の 2 つの条件下での地球の回転速度と回転の極の移動を推定せよ．(a) 扁平率は変化しない，(b) 赤道付近のふくらみによって平衡状態が再調整される．

12.5 地質学からの報告によると，1 億年前の海水面は現在より約 200 m 高かった．これを陸の運動による局所的な効果ではなく全地球的な効果であると仮定する．これは完全な氷床融解 (約 80 m の上昇を引き起こす)，そして海のもっともらしい温度上昇と熱膨張の組合せでは説明することができない．その原因となった可能性として海洋底地形の変化を考える．大陸と海盆のアイソスタシーのつり合いから，そのような大きな領域間で最終的な質量移動がなかったこと，そのため海水面変化はリソスフェアの熱的構造の変化によって引き起こされたであろうことが保証される．海洋リソスフェアに関する拡散冷却モデル (20.2 節) は年代 t での総冷却量，それゆえ総収縮量が $t^{1/2}$ に比例することを与える．これは海嶺頂部に対する海の深化を $z = z^*(t/\tau)^{1/2}$ と与える．ここで，$z^* = 3000$ m は海洋リソスフェアの現在の平均持続性 (年代) $\tau^* = 9000$ 万年での値である．大陸の浸水は z の平均値，つまり $t^{1/2}$ の減少によって生じ，そのためには海洋底を平均して現在より熱く，若くする必要がある．これはいくつかの方法で起きえたであろう．1 つの可能性は，以前若かった，または老いていた領域を中間の年代をもつリソスフェアの領域に効果的に置き換えることによって，全体の平均年代を変えないまま 1 億年前に比べて各プレートの平均年代がより揃うようなプレートの再分配である．すべてのプレートが同じ寿命をもつと近似して，2 つのより単純な選択肢を考える．(i) 形状の変化を伴わないより速いプレート運動の場合，(ii) より多くの (小さい) プレートでそれに対応してより多くの海嶺と沈み込み帯をもち，プレートの速さの変化は伴わない場合，である．200 m の海水面上昇を与えるためにはどれだけプレートの寿命の減少が必要だろうか？ 熱流量に対して示唆される変化は何であろうか？ 23.2 節でわれわれは，上述の表現内の $t^{1/2}$ を $t^{1/3}$ へと置き換えることで熱水冷却を考慮した．これによってどれだけの差が生じるか？

13.1 式 (20.11) に用いたようにアイソスタシーの補正係数を 1.437 として，式 (13.6) と図 20.2 を用いて，沈み込むことができる海洋リソスフェアの最小絶対年代を推定せよ．

13.2 リソスフェアの沈み込む割合を 3.36 km^2/年とし，その収縮の平均を 2.1 km としよう．このとき，リソスフェアを表すすべての冷たい

物が，マントルの底まで沈むことで解放されるエネルギーの割合を計算せよ．この目的のためには，$g = 10\,\mathrm{m\,s^{-2}}$ (定数) とし，密度と熱膨張率のマントル全体にわたる変化は掛算 $\alpha\rho$ が深さに対して線形的にファクター 2 で減るとすることで十分である．得た結果と 22 章で熱力学的に求めた対流エネルギー 7.7×10^{12} W を比較せよ．答がこの熱力学的に許される値の約 2 倍になるであろう．その理由は何か？

13.3 マントルから地殻がはがれることで解放される重力エネルギーを計算せよ．内核が固化すること (22.6 節) によって軽い溶質が再分配するときに解放されるエネルギーと同じ感覚で，このエネルギーは組成対流のエネルギーであり，対流の力学的エネルギーに 100% 効果的に寄与する．この寄与はどれくらい重要か？ 求めた解と表 21.2 の適当な欄の値と比較せよ．

13.4 核からの熱を無視し，マントル対流は，その内部加熱のみによって動かされているとすると，マントルの底のどの深さまで，この熱が対流を駆動するのに不十分であるか？ マントルの放射性熱源の総量を 20×10^{12} W とし，熱伝導率を一定の $5\,\mathrm{W\,m^{-1}\,K^{-1}}$ とせよ．温度勾配を計算するために式 (19.55) と付録 G に与えてある熱物性値を用いよ．

13.5 13.3 節においてプルーム物質の粘性を 100 倍 (a) 過小評価，(b) 過大評価した場合，それぞれの場合における正しいプルームの直径はいくつになるか？

13.6 式 (13.25) を用いて式 (13.20) を導け．

13.7 高アンデス (おおよそ緯度 13〜27°S) を形成する付加体の勾配は $\alpha = 4°$ であり，$\alpha = 2°$ であるより北あるいは南の低アンデスのそれの 2 倍である．この差は高アンデスの下に向かっているプレートの上面の摩擦がより大きいという効果が積み重なったものである (Lamb と Davis, 2003) という提案がなされた．気候条件のために，中央アンデスの前の海溝では堆積物がほとんどなく，それに対し，北や南では海溝に厚い堆積物がある．おもにくさび内部とその底の間隙水圧によって堆積物の量がスラブ上の摩擦の性質を決めるとし，高アンデス下の有効摩擦が低アンデスのそれの 2 倍であったとする．式 (13.41) を使ってこれらの差を解析せよ．

(a) 低アンデスでは $\lambda_w = 0.7$, $\mu_w = \mu_b = 0.85$ (13.6 節で台湾に使ったものと同じ値)，$\beta = 6°$ とすると，$\alpha = 2°$ となる低アンデスの λ_b はいくらか？

(b) くさびの底で摩擦が 2 倍になり $\alpha = 4°$ となるような高アンデスでの λ_b, λ_w はいくらか？ 上記の議論と照らし合わせて，この解が妥当であるかどうかについてコメントせよ．

14.1 式 (14.1) は均質無限媒質中の無限長のらせん転位によるひずみの式である．単位体積あたりのひずみエネルギーは $\frac{1}{2}\mu e^2$ であることを用いて，らせん転位の単位長さあたりのひずみエネルギーを計算せよ．ただし μ は剛性率である．答に対数無限大が生じるが，これは問題の何が悪いのか．もっと現実的な解にするためには何を課せばよいのか説明せよ．

14.2 式 (14.34) は表面波マグニチュードの定義であり，式 (14.36) は地震エネルギーとの関係を与える．$(2\pi a/T)$ が地震波の地動ひずみのピーク値であること，この平方根がエネルギー密度を与えることを使って，全エネルギーと波動エネルギー密度を関係づけよ．この結果から地震波の継続時間の変化について何がいえるだろうか？ それは妥当だろうか？ 式 (14.36) と同等の以下の式の実体波マグニチュードを用いると同じ結論にはならないことに注意せよ．

$$\log_{10} E = 2.3 m - 0.5$$

14.3 震源からの距離が R の地点で観測された周期 T, 振幅 a, 継続時間 τ の P 波波形を考える. その地域の岩石は密度が ρ, P 波速度は V_P である. もし, この観測が震源から全方位に放射される P 波を代表するものならば, P 波の全エネルギーはどのように表されるだろうか?

14.4 波浪の位相速度 v (式 (14.53)), 群速度 u (式 (15.49)) の一般表現を用いて, 任意の深さ h での, u と v の関係を求めよ. 長波 ($\lambda \gg h$) に対して, $u = v$ であること, 短波 ($\lambda \ll h$) に対して, $u = v/2$ であることを示せ.

14.5 単位点力源に対する変位の式
$$G_{ik} = \frac{1}{4\pi\mu}\left[\frac{\delta_{ik}}{r} - \frac{1}{4(1-\nu)}\frac{\partial^2 r}{\partial x_i \partial x_k}\right]$$
を用いて, 以下の問に答えよ.

(a) 変位成分は以下の式で与えられることを示せ.
$$u_x = B\left(\frac{x^2}{r^3} + \frac{(\lambda+3\mu)}{r(\lambda+\mu)}\right)$$
$$u_y = \frac{Byx}{r^3}, \quad u_z = \frac{Bxz}{r^3}$$
また,
$$B = \frac{1}{4\pi\mu}\frac{1}{4(1-\nu)}$$
であることを示せ. (なお単位点力源に対して, B は (長さ)^2 の単位をもつ.)

(b) y 軸に垂直な面内で x 軸方向のすべりをもつダブルカップル震源に対する静的変位を求めよ.

(c) 剛性率 μ 媒質内の小地震が面積 S ですべりが b であるとして, 媒質内の任意の点での変位が, 以下で与えられることを示せ.
$$u_x = \frac{bS}{12\pi\mu}\frac{y}{(y^2+c^2)^{3/2}} = \frac{bS}{12\pi}\frac{y}{(y^2+c^2)^{3/2}}$$

(d) 上記 (b) で断層上端深さが 4 km のマグニチュード 6 の矩形の横ずれ断層を考える. 地震波は応力降下が 3 MPa であることを示していた. すべりが一様で弾性定数 $\mu = 3\times10^{10}$ Pa と仮定し, モーメントとマグニチュードの関係式とモーメントの定義を使って, 断層サイズとすべり量を推定せよ.

(e) $x = 0$, $y = -5, -4, -3, -2, 0, 1, 2, 3, 4, 5$ km の地表での水平変位を計算しプロットせよ.

14.6 式 (14.27) の積分を行って図 14.11(c) の台形を得よ.

14.7 Brune (1970) による遠地地震パルスのスペクトル (14.32) は $P(t) = kt\exp(-at)$ の形の地震パルスに対応する. これに関して以下を示せ.

(a) $k = u(0)\omega_0^2$

(b) $a = \omega_0$

(c) モーメントは $M_0(t) = M_0[1 - (at+1) \times \exp(-at)]$ である.

15.1 横ずれ (トランスフォーム) 断層にせん断応力 10^7 Pa がかかっていて年 5 cm/s で非地震性クリープをしているとする. このときの断層に沿う局地的な地殻熱流量異常を推定せよ. ただし最上部層では, せん断応力は垂直応力と同じ値に下がると仮定せよ. (推定されるような地殻熱流量異常がない理由は 15.6 節で考える. サンアンドレアス断層沿いの測定はこの問題に注意を引く.)

15.2 問題 15.1 で引用した地殻熱流量異常が存在しないことは, 断層ゾーンの熱の保持 (または他のどんな形のエネルギーでも) で説明できるだろうか? もしすべりの蓄積が 200 km までのとき, 摩擦による全熱量を計算せよ. 熱は逃げないだろうか? もし, 潜熱が 4.5×10^5 J km^{-1} の花崗岩の溶融まで加えられるとして, 断層片側の岩石の厚みを計算せよ.

15.3 余震の破壊時間を $t_{\text{failure}} = A\tau^{-n}$ としよう. ただし τ は応力, n は大きな正整数である. これが大森公式 (式 (15.26) または式 (15.27)) になること, 余震発生域での応力分布に拘束を与えることを示せ.

表 J.1　問題 15.5 の表

マグニチュード	モーメント	l (サイズ)	T (破壊時間)	b (スリップ)	f_c (コーナー周波数)
4					
5					
6					
7					
8					

15.4 Brune によるスペクトル (式 (14.32)) に対して，以下の手順で放射効率を計算せよ．式 (14.32) の変位波形のフーリエ変換は
$$\dot{M}_0(f) = \frac{M_0}{1+(f/f_0)^2}$$
と書ける．パーセバルの定理
$$\int_{-\infty}^{\infty} |u(t)|^2 \, dt = \int_{-\infty}^{\infty} |u(f)|^2 \, df$$
と放射エネルギー式 (15.47) が与えられているとき，

(a) 周波数域でエネルギー積分を行い，以下を示せ．
$$\frac{E_R^S}{M_0} = \frac{\pi^2 M_0 f_0^3}{5\rho V_S^5}$$

(b) 式 (15.41) を用いて $f_0 = (\zeta V_R/l)/2\pi = 3.5 \times 0.9 \times V_S/(2\pi l)$ であること，および，
$$M_0 = \Delta\sigma \left(\frac{3.15}{2\pi}\right)^3 \left(\frac{V_S}{f_0}\right)^3$$
であることを示せ．

(c) 放射効率が 49.7% であることを示せ．

15.5

(a) コーナー周波数をマグニチュードの関数として表せ．

(b) 地震の平均応力降下量は 3 MPa である．岩石剛性率が $\mu = 3 \times 10^{10}$ Pa とし，14 章，15 章の公式を用いて，上の表を埋めよ．ただし破壊速度は $3\,\mathrm{km\,s^{-1}}$ とし断層の長さと幅は等しいと仮定せよ．

15.6 式 (15.49) はブロックすべり摩擦モデルを扱っていて変位 $y = y_e[1-\cos(\omega t)]$，モーメント加速度 $\ddot{M}_0 = 2\mu S \ddot{y} = 2\mu S \omega^2 y_e \cos \omega t$ である．加速度は
$$\ddot{y} = \omega^2 y_e \cos \omega t$$
$$= \frac{4\pi^2}{T^2} y_e \cos \omega t \quad \left(0 < t < \frac{T}{2}\right)$$
である．すべりの継続時間は，T を余弦関数の周期とすると $T/2$ であることに注意．いま，以下のようなステップモデル，
$$\ddot{y} = a_0 \quad (0 < t \leq T/4)$$
$$\ddot{y} = -a_0 \quad (T/4 < t \leq T/2)$$
$$y_{\max} = 2y_e$$
を考える．ただし，同じモーメントが同じ時間幅で実現するように値は調整されるものとし，加速度は正のステップ関数の次に負のステップ関数が続き，静止するものとする．このとき，以下の問に答えよ．

(a) 移動距離が $y = 1/2 \ddot{y} t^2$ であることを思い起こし，ブロックが $2y_e$ だけすべるための加速度 a_0 を求めよ．

(b) 最大加速度をステップ関数と余弦関数の 2 つの場合で比較せよ．

(c) 2 つの場合について，
$$\int \cos^2 x \, dx = \frac{x}{2} + \frac{1}{4} \sin(2x)$$
であることに注意して，$\int_0^{T/2} \ddot{y}^2 \, dt$ の積分をせよ．

(d) 摩擦ブロックの地震効率，放射効率は，それぞれ，0.5% および 2.5% である．(c) の積分の比を求めて，ステップ関数の場合に対する効率を計算せよ．

(e) それらの効率はブロックモデルに対するもの

よりも大きいか小さいか? それはなぜか? それは現実的か?

16.1 式 (16.22) が, 振幅のかわりに波のエネルギーを考慮することによって得られることを示せ. R の符号が逆になると, 何を意味するか?

16.2 速度 V_1 および V_2 の 2 つ層の平面境界を通過する屈折波線を考える. 近接する波線の走時を考慮することで, スネルの法則 (16.6) が, フェルマーの原理 (震源と観測点間の波線に沿う地震波の走時が, 近接波線に対して一定 (通常は最小) となる, つまり, 波は最速の経路を通る) に相当することを示せ.

16.3 u に対する式 (16.71) を式 (16.74) に代入し, フーリエ変換をとってその式内の係数 a_n について解き, さらに個々の係数について解くのに式 (16.72) を用いて, 式 (16.75) を導け.

16.4 境界に入射する S 波に対する式 (16.35)
$$u^{\text{inc}} = [u_x, u_z]$$
$$= [\cos j, \sin j] \exp[i\omega(px - \eta z - t)]$$
が与えられるとき, 以下を示せ.

(a) 反射 P 波は, 次のように表せる.
$$u^{\text{refl}} = [u_x, u_z]$$
$$= R_{\text{SP}}[\sin i, \cos i] \exp[i\omega(px + \xi z - t)]$$

(b) 反射 S 波は, 次のように表せる.
$$u^{\text{refl}} = [u_x, u_z]$$
$$= R_{\text{SS}}[\cos j, -\sin j] \exp[i\omega(px + \eta z - t)]$$

(c) 式 (16.38), つまり以下の式は, 表面でのトラクションをゼロとおくことで得られる.
$$-2pV_{\text{P}}V_{\text{S}}\xi R_{\text{SP}} + (1 - 2V_{\text{S}}^2 p^2)(1 - R_{\text{SS}}) = 0$$
$$-(1 - 2V_{\text{S}}^2 p^2) R_{\text{SP}} + \frac{2V_{\text{S}}^3 p\eta}{V_{\text{P}}(1 + R_{\text{SS}})} = 0$$

16.5 自由振動の Slichter モードは, 地球中心のまわりの内核の振動または回転である. 原理的には, それは内核と外核の間の密度コントラストの最も正確な情報を与えてくれる. (高感度重力計による) 観測でははっきりわからないが, 現在では, それが見えている可能性がある (Pagiatakis ら, 2007). (モード周波数の分裂を起こさない) 回転しない地球の内部において, 密度 ρ_{o} の一様な外核内に, 密度 ρ_{i} の一様な内核があるような単純なモデルを考えよう. このとき, 中心からのずれの変位に対する復元力を計算せよ. ここで, この運動の慣性質量は, 内核物質に同等の体積の外核物質を加えたものになると仮定し, 内核運動に応じて外核物質が移動せねばならないことを考慮する. また運動の周期が以下となることを示せ.
$$T = \sqrt{(3\pi/G\rho_{\text{o}})(\rho_{\text{i}} + \rho_{\text{o}})/(\rho_{\text{i}} - \rho_{\text{o}})}$$
さらに, 内核–外核の密度コントラストを 820 kg m^{-3} (Masters と Gubbins, 2003) と仮定して, 周期 (単位は時間) を推定せよ. またここで重要な近似は何か?

17.1 重力が深さ (半径) とは独立となる惑星を考える. このとき, その密度は半径とともに, どのように変化するか? 平均密度と全半径を用いて結果を表せ. (注意: 重力は地球のマントル内では, ほぼ深さに対して独立である (図 17.11(b)). また, 問題 1.1(c) および問題 21.1 も参照.)

17.2 以下の (仮想的な) 初動 P 波の走時を与えるような, 平面水平成層の速度と厚さを推定せよ.

S (km)	T (s)	S (km)	T (s)
1	0.33	80	15.45
3	1.00	100	18.53
5	1.53	120	21.61
10	2.53	140	24.62
20	4.53	160	27.05
30	6.53	200	31.93
50	10.53	250	38.03
60	12.38	300	44.13

17.3

(a) 地震波屈折法は，火成岩の上にある堆積層の厚さを測るのに用いられる．もしP波速度がそれぞれ $2.5\,\mathrm{km\,s^{-1}}$ および $4.5\,\mathrm{km\,s^{-1}}$ と見積もられ，仮定された堆積層の深さが $0.2\,\mathrm{km}$ の場合，火成岩からの屈折波と，表面での爆発震源からの直達P波とを明確に区別するために，どのくらいの距離範囲に地震計が設置されるべきか？

(b) P波速度 V_1 および厚さ $z_1 > z$ の均質な層内の深さ z に地震計が埋まっている．もう1台，別の地震計がその直上の地表面に置かれている．z_1 より下は，速度 $V_2 > V_1$ の厚い層となっている．両方の地震計が，初動波が深い層まで達するほど十分に遠い表面震源からのシグナルを観測する．このとき，初動の到達時間の差はどうなるか？

17.4 式 (17.8) を導け．また，ヘッドウェーブが原理的に観測できる下り勾配での θ の最大値はどうなるか？

17.5 次の3つの均質な層からなるきわめて単純な地球モデルを考える．P波速度 $V = 9\,\mathrm{km\,s^{-1}}$ で半径 $3500\,\mathrm{km}$ の核，$V = 12\,\mathrm{km\,s^{-1}}$ で厚さ $2300\,\mathrm{km}$ (外側半径 $5800\,\mathrm{km}$) の下部マントル，および $V = 9\,\mathrm{km\,s^{-1}}$ で厚さ $600\,\mathrm{km}$ の上部マントル (全半径は $6400\,\mathrm{km}$)．このとき，マントルの変化による到達波の三重合の距離範囲と，核の陰の距離範囲はどうなるか？

17.6 地震波速度が深さとともに線形に増加する平面地球モデルでは，地震波の波線は円弧となることを示せ．

17.7 マントルの底 (地球半径の 0.55 倍) でのP波速度は $13.7\,\mathrm{km\,s^{-1}}$ であり，地殻の底 (ほぼ無視できる深さ) での速度は，$6.4\,\mathrm{km\,s^{-1}}$ である．核をかすめた地震波線が地殻に達するときの入射角はどうなるか？

18.1

(a) 一様な密度をもつ質量 M，半径 R の惑星に関し，半径 r と圧力の関係を表す表式を求めよ．

(b) この際，惑星の中心圧力が，半径や質量とは無関係に，表面重力だけで表せることを示せ．

18.2 質量が中心に偏ると中心圧力が増加することを理解するために，密度が半径 r に依存して
$$\rho = a - br/R$$
と表せられるような単純なモデルについて考える．ここで，$R = 6.371 \times 10^6\,\mathrm{m}$ は惑星の半径，$a = 13\,000\,\mathrm{kg\,m^{-3}}$ は中心密度である．表面密度は $b = 10\,000\,\mathrm{kg\,m^{-3}}$ を用いて，$(a-b)$ で表される．

(a) モデルの全質量を計算し，地球の質量と同程度となることを確認せよ．

(b) 半径の関数として内部圧力を表せ．また，中心圧力を求め，地球および地球と同じ質量と半径をもつ一様な球の中心圧力と比較せよ．

(c) このモデルの慣性モーメント I/MR^2 を計算し，地球および一様球体の値と比較せよ．(問題 1.1 と問題 1.2 のモデルも参照せよ．)

18.3

(a) 式 (18.21) に関し，$m = 2, n = 4$ として，すべての高次項を無視すると，2次のBirchの有限ひずみ方程式
$$P = \frac{3}{2}K_0 \left(\frac{\rho}{\rho_0}\right)^{5/3} \left[\left(\frac{\rho}{\rho_0}\right)^{2/3} - 1\right]$$
が得られることを示せ．ここで K_0 は $P = 0$ における体積弾性率である．

(b) この方程式を用いると，$K_0' = (\mathrm{d}P/\mathrm{d}K)_{P=0} = 4$ となることを示せ．

18.4 調和固体では平衡位置 r_0 からの原子変位のポテンシャルエネルギーは，変位の2乗に比

例し
$$\phi(r) = A(r-r_0)^2$$
と表せる．そのため，原子振動は正弦波または調和振動となる．このことと式 (18.15)〜(18.20) を用いて，以下の問いに答えよ．

(a) K_0 と (ρ/ρ_0) を用いて P と K を表せ．

(b) (ρ/ρ_0) を用いて $K' = \mathrm{d}K/\mathrm{d}P$ を表せ．この際，$K'_0 = 1$ となることを示せ．

(c) 自由体積型理論 (式 (19.39)) にもとづき f と (ρ/ρ_0) を用いて，グリュナイゼン・パラメーターを表せ．(γ と，ゆえに熱膨張係数が調和固体では負となることに注意せよ．)

19.1 (n モルの) 理想気体のよく知られている状態方程式 $PV = nRT$ において，比熱は原子質量 m を用いて $C_P - C_V = R/m$ と書き表せる．

(a) 理想気体のグリュナイゼン・パラメーターは $\gamma = C_P/C_V - 1$ となることを示せ．(理想気体の表記法で γ は C_P/C_V となるが，ここでは用いない．)

(b) この結果を用いて，断熱圧縮下での温度変化が
$$T_1/T_2 = (V_2/V_1)^\gamma$$
と表せることを示せ．

(c) これらの結果を用いて，断熱圧縮においては
$$PV^{\gamma+1} = 定数$$
となることを示せ．

19.2

(a) K_S と K_T の差およびその圧力微分の差を無視し，式 (19.33) と (19.39)，表 F.2, F.3 の弾性特性のデータを用いて，下部マントルと外核の最上部と最下部におけるグリュナイゼン・パラメーターの値を概算せよ．

(b) 式 (19.3) によるマントルの C_V，電子比熱を考慮し，それを 1.5 倍したコアの C_V および (a) の結果を用いて，式 (19.3) にもとづいて熱膨張率 α を計算せよ．

(c) (a) と (b) の結果と表 G.1, G.2 の温度範囲を用いて，比 $K_S/K_T = (1+\gamma\alpha T)$ を見積もれ．これは，K_S と K_T の差やその圧力微分 (付録 E の式 (E.1)〜(E.3)) の差を無視した場合に生じる誤差の基準となる．

19.3

(a) 式 (19.55) または (19.56) を用いて，式 (17.32) の第 2 項を導出せよ．これは Birch による，非断熱勾配に対するウィリアムソン–アダムス方程式の修正である．

(b) K. E. Bullen によって地球内部の均質性をしらべるために用いられた因子 $(1-g^{-1}\mathrm{d}\phi/\mathrm{d}r)$ が，均質で断熱的な層に対しては，$\mathrm{d}K/\mathrm{d}P$ と等価となることを示せ．(ここで，$\phi = K/\rho$，r は半径であることに注意．)

19.4

(a) 半径 R，単位体積あたりの熱源 $\dot{q}$ および表面温度 T_0 をもつ惑星について考える．拡散平衡を仮定した上で，熱伝導率に関する以下の 2 つの場合に対して，半径と中心温度の関係を表す表式を求めよ．

(i) 一定の伝導率 κ の場合．

(ii) $\kappa = AT^3$ とした場合．ここで A は定数．((ii) は，ある程度の透明度を有する鉱物において高温で重要となりうる放射熱伝導についての問題である．)

(b) κ は定数であるが，$\dot{q}$ は中心からの半径 r によって $\dot{q} = \dot{q}_0(r/R)^l$ のように変化する場合を考える．ここで l は R によらず一定で，$\dot{q}_0$ は表面での $\dot{q}$ の値である．$\dot{q}_0$ は R によって変化するが，単位体積あたりの熱源の平均量は R に依存しないとする．中心温度を R の関数として求めよ．

19.5 球対称性を考慮すれば，内部熱源がない場合の熱伝導方程式 (式 (20.1)) は半径 r に関して
$$\partial T/\partial t = (\eta/r^2)\partial/\partial r(r^2 \partial T/\partial r)$$
と簡便な形で書き表される．球の半径を R，初期温度プロファイルを $T_0(r)$ とし，一定の熱拡散率 η の場合を考える．ここで $T_0(r)$ は
$$T(r) = T_0(r)\exp(-t/\tau)$$
のように指数関数的に減少するとする．R, η を用いて，緩和時間 τ を計算せよ．$T(r)$ の関数形は時間によらないとする．

19.6 リンデマンの関係式 $T_M \propto V^{2/3}\theta_D^2$ と r に対するデバイ近似 (式 (19.29)) を用いて，式 (19.43) を導出せよ．

19.7 どのような地殻の温度勾配で，密度に対する温度と圧力の効果が相殺され，$d\rho/dz = 0$ となるか求めよ．この際，組成は均一であると仮定し，式 (17.32) を適用せよ．

19.8 式 (19.50) と式 (19.51) から，式 (19.52) を導け．

19.9 式 (19.19) および式 (19.52) を用いて，核–マントル境界 ($r = 3480$ km) における T および T_M をそれぞれ見積もれ．この際，数値積分には表 F.2 を用い，内核–外核境界 ($r = 1221$ km) で $T = T_M = 5000$ K と仮定せよ．得られた T と T_M の差は，核を完全に固化させるために必要な冷却の程度となる．($f = 1.44$ として式 (19.39) を用いてを表せばよい．)

20.1 海洋リソスフェアは年代とともに冷却によって収縮し，海洋底年代とともに海洋底の深さの連続的な増加を引き起こす (図 20.2)．アイソスタシーのつり合い (9.3 節) が維持され海水によるさらなる荷重はその収縮に加えリソスフェアの沈降を引き起こす．もし海水の密度が $\rho_w = 1025$ kg m^{-3} でリソスフェアの密度が $\rho_m = 3350$ kg m^{-3} ならば，深さの増加は収縮を式 (20.11) で用いられたように $(1 - \rho_w/\rho_m)^{-1} = 1.437$ 倍になるということを示せ．

20.2
(a) 地球表面での熱振動を $T = T_0 \sin\omega t$ と仮定し，深さ z での温度変化が式 (20.23) で与えられると仮定すると，式 (20.1) の微分と代入で α と β が式 (20.24) を満たすことを示せ．

(b) 表面温度の年振動がピーク間振幅 30 K をもち，表面の岩石の熱拡散率が 1.3×10^{-6} m^2 s^{-1} ならば，温度の年振動のピーク間振幅 10^{-3} K にするためには装置を地殻内のどの深さに埋めなければならないであろうか？

20.3 深さ z で，問題 20.2 での温度の波の勾配が振幅
$$\left(\frac{dT}{dz}\right)_{max} = \sqrt{\frac{\omega}{\eta}}T_0\exp\left(-\sqrt{\frac{\omega}{2\eta}}z\right)$$
の振動をすることを示せ．

20.4 問題 20.2 と 20.3 で考えた熱の波の浸透による深さ z の掘削孔の中間温度からの温度差が振幅 fT_0 で振動することを示せ．ここで
$$f = \left[e^{-x}\left(e^{-x} + 1 - 2e^{-x/2}\cos\frac{x}{2}\right)\right]^{1/2}$$
$$x = \frac{z}{z^*} = \sqrt{\frac{\omega}{2\eta}}z$$
であり，z^* は波の実効浸透深さ (表皮厚さ) である．さらに f が $x = 1.335$ で最大値 0.347 をとることを示せ．もし $z = 1000$ m そして $\eta = 1.26 \times 10^{-6}$ m^2 s^{-1} ならば，熱波の対応する周期はいくらになるか？

20.5 地殻が総厚さ z_0 をもち，放射性元素による熱源が深さとともに線形に減少し深さ z_0 で 0 となるような地域を考える．マントルから地殻へと入る熱流量は表面熱流量の 1/4 であり，マントル地殻境界での温度は T' である．地殻内を通る熱は熱伝導のみによるもので温度分布は平衡状態である．表面温度を 0 として，温度の表現を T', z そして z_0 について深さ z の関数として z_0 の深さまで求め

よ．表面付近の勾配は平均の地殻温度勾配の何倍か？

21.1 問題 1.1(c) および問題 17.1 と同様に，半径に反比例する密度をもつ自己重力のはたらく物体を考える．その物体の形成により解放される重力エネルギーを，式 (21.2) を用いて比較せよ．また f の値はいくらになるか？

21.2 月内部からの熱流量が，地球の (マントル＋地殻) と同じ平均元素濃度に由来する内部放射能とつり合っているとした場合，単位面積あたりの熱流量はいくらになるか？(関連する具体的数値は表 21.3 に与えられている．)

21.3 マントル (4×10^{24} kg) の平均原子番号を 21.1，コア (2×10^{24} kg) の平均原子量を 44.8 とした場合，地球の古典的な総熱容量はいくらになるか？現在の熱流量を 4.5×10^9 年間生み出すには，平均何度の冷却になるか？これは妥当であろうか？もし妥当とすれば，なぜ「ケルビンの地球の年齢問題」(4.2 節を参照) が生じるのであろうか？

22.1 問題 19.4(a) と同様に，一連の惑星を考える．ただし，薄いリソスフェアの下は対流し断熱温度勾配が保たれ，リソスフェア底部の温度は T_s で共通とする．物質はマーナハンの式 (式 (18.35) を参照) に従い，グリュナイゼン・パラメーターは定数とする．したがって，式 (19.22) が使える．中心圧力は問題 18.1(a)(深さあるいは惑星サイズとともに密度が増加することを無視) からあてはめてもよい．半径とともに中心温度はどのように変化するか？

22.2 対流により運ばれる熱はマントルの全体積から均質にもたらされ，また各要素熱効率は，その要素がもたらされる深さに比例するとする．マントルの内径と外径を R_C および R_M とし，R_C に由来する熱についての効率を $\eta_{\max}$ とする．$\eta_{\max}$，R_C および R_M に関して，全マントル対流の平均効率はいくらになるか？

22.3 マントルのグリュナイゼン・パラメーターは一定 ($\gamma = 1.2$) とし，非圧縮率 K と圧力 P の関係が $K = 2 \times 10^{11}$ Pa$+4P$ で表される場合，マントルの底 (圧力 $P = 1.3 \times 10^{11}$ Pa) から表面への熱輸送の熱効率はいくらになるか？

22.4 水星のコアのモデル (24.8 節) を用い，内核の成長によって解放される総重力エネルギーを求めよ．核半径の 0.8 まで成長した内核を考え，内核が成長する間は，組成による内核–外核間の密度差は 5% に保たれたと仮定する．水星のダイナモにとってこれはどの程度重要であるか？

23.1 熱収縮に伴う地球の慣性モーメントの減少は，地球回転に観測可能な効果を及ぼすであろうか？

23.2 対流によるマントルからの熱流量 $\dot{Q}$ が対流速度の平方根に比例し，しかし力学的動力をうむ熱効率は速度に依存しないとした場合，実効粘性率が $\dot{Q}^{-1/3}$ に比例することを示せ．

23.3 マントル冷却の単純化された数値計算の設定を行うため，熱収支の式 (23.14) を用いてマントル中の放射性発熱の評価を行う．数値計算の目的は，現在の $\dot{Q}_{R0}$ および冷却速度を再現することである．以下の仮定をおく．

(i) 放射性発熱は，半減期が 2×10^9 年の単一の指数関数に従って減衰する．

(ii) 対流により運搬される熱量，$\dot{Q}(T)$ は式 (23.21) を単純化した形式に従って変化する．
$$\dot{Q}(T) = \dot{Q}_0 \exp\left[\frac{2gT_M}{n+3}\left(\frac{1}{T_0} - \frac{1}{T}\right)\right]$$
ここで $T_0 = 1700$ K は現在の温度，$T_M = 2500$ K は 4.5×10^9 年前の温度，$\dot{Q}_0 = 32 \times 10^{12}$ W は現在の対流による損失熱

量, $g = 25$, $n = 1$, $\phi_m = 7.4 \times 10^{27}$ J K^{-1}.

23.4 鉱物物理学にもとづいて，内核/外核境界における合金の融点を 5000 K，660 km 相転移境界における温度を 1950 K とし，付録 F から弾性率，付録 G からグリュナイゼン・パラメーターを採用する．このとき，

   (a) コア–マントル境界の温度を，両方向から外挿し，それぞれ推定せよ，

   (b) 2 通りの見積もりが厚さ 200 km の温度境界層を横切る温度増加に相当するとした場合，平均温度勾配はいくらになるか？ 境界層の熱伝導度が 5 W m^{-1} K^{-1} である場合，伝導熱量はいくらか？ また，この値はコアの最上部における熱伝導と調和的か？

23.5 マントル底部において 1000 K の温度境界を残すためには，マントルはコアよりもはるかに冷却されなくてはならない．23 章で示されるとおり，より速くマントルが冷却し続けることが地球の熱史の特徴である．これが正しいとした場合，図 23.2 および図 23.3 にまとめられている異なる放射性発熱を伴う 3 通りのマントル冷却モデルによって，それぞれ許されるコアの最大冷却速度を計算せよ．また，コアの放射能が (a) 2 TW および (b) 0 TW の場合，対応するコアからマントルへの熱流量はいくらになるか？ ただし，マントルとコアの熱容量は式 (21.7) および式 (21.20) で与えられる．またコアの値は，コア–マントル境界での冷却に関連する一方，マントルの値はポテンシャル温度の変化に関連し，コア–マントル境界への断熱的外挿に対して $T_p/T_{CMB} = 1/1.64$ の調整が必要であることに注意せよ．

24.1 球状の導電体を考え，その内部に一様な軸方向の磁場を与えるようなパターンの電流があるとする．球の外側の磁場は双極子磁場と等価であるとする．この場合，球の外側の磁場のエネルギーは内側のエネルギーの半分になることを示せ．

24.2 コアは一様な比抵抗 ρ_e で半径 R の球であり，軸のまわりを回る単純な電流があるとしたとき，以下のようになることを示せ．

   (a) 電流密度が一様な場合，双極子モーメントが式 (24.49) によって，エネルギー散逸が式 (24.50) で与えられる．

   (b) 電流密度が軸からの距離 r に比例する場合，
$$i = I_0 r/R$$
磁気モーメントは
$$m = (4\pi/15)i_0 R^4$$
オーム散逸は
$$-\frac{dE}{dt} = \frac{15}{2\pi}\frac{m^2 \rho_e}{R^5}$$
となる．これは，特定の m の値に対して最小限可能な散逸を与える．

24.3 核の中の磁場が $2B_0$ の強さで一様 (ただし B_0 は赤道上で核の表面直上の磁場である) とし，双極子モーメントとの関係が式 (24.9) で与えられるとして，全エネルギーを双極子モーメントを用いて求めよ (問題 24.1 の結果を用いること)．さらに問題 24.2(a) で得た散逸の表現と組み合わせることにより，核の電流の自由減衰時間を求め，式 (24.43) の結果と比較せよ．仮定している電流系では核内部の磁場は一様にはならないので，あくまでも大まかな計算であることに注意すること．計算では核の比抵抗は $4\,\mu\Omega\,\text{m}$ で一様とせよ．

24.4 磁場変動の周期が (a) 1000 年 (b) 10 年の場合の核内部の電磁場の表皮の深さ (skin depth) はどうなるか？ ここでは，核の表面の静的な層を考える．永年変化が通り抜けていることから，その厚みは限られたものと考えられる．これらの周期は，図 24.4 に示す調和関数階数の永年変化の両極端な値である．

24.5 問題 7.3 と同様に，マントルの回転軸と微小角 ϕ だけずれた軸のまわりを回転する核を考える．西方移動を説明するのは，ϕ はどのような値であろうか?

24.6 外核物質よりも重い物質を質量 dm だけ内核に加え，その結果その分だけ過剰になった軽い物質を外核物質にまぜることによって解放される重力エネルギーは，式 (22.35) で与えられる．同様にして，外核よりも重い物質が同じ質量だけマントルから沈積して外核物質と混ざることによって解放されるエネルギーの表現を求めよ．得られた値は，式 (22.35) による値とどれだけ違いがあるか?

24.7 式 (24.10) で強度が与えられる地心双極子に対して，以下のようになることを示せ．

(a) 地表における磁場の根 2 乗平均強度は $\sqrt{2}B_0$ である．

(b) 磁場強度の平均 (符号なし) は $1.38B_0$ になる．

25.1 貫入した火成岩に占める自己反転磁化の割合が f_1 で，母岩に占める割合が f_2 であるとき，貫入岩が焼結コンタクト (baked contact) と異なる磁化極性をもつ割合は
$$F = (f_1 + f_2 - 2f_1 f_2)$$
になることを示せ．観測によれば，$F \approx 0.02$ とされている．もし $f_1 = f_2 = f$ ならば，f として可能な値は何か?

25.2 25.5 節で述べたように，古地磁気強度測定ではブロッキング温度が冷却速度に依存しないという仮定のもとで火成岩の自然熱残留磁気が用いられる．この仮定は厳密には正しいはずはなく，しかも自然界の冷却は実験室内に比べ 100 万倍も遅い．その結果もたらされる誤差を見積もるため，まず式 (25.2) によって両者の冷却速度での E/kT_B の差を計算し，次に図 25.2 を用いてブロッキング温度が $T_B = 0.9\theta_C$ での磁鉄鉱の自発磁化のばらつきを推定せよ．$E \propto m_S^2$ として，m_S の分布と異なる冷却速度での T_B を計算せよ．これらの計算で得られるのは，式 (25.4) の μ と T に対応する．$\mu B/kT \ll 1$ を仮定すると，この式によってブロッキング温度における磁化が与えられ，磁化強度はブロッキング温度が低いほど強い．しかし，低温まで冷却するとさらに m_S の m_0 までの増大をもたらすが，低い冷却速度ほど m_S の初期値が高いのでこの増え幅は小さい．したがって，T_B の項のみが古地磁気強度の誤差要因として残ることになる．冷却速度に $10^6 : 1$ の違いがあるとき，この誤差はどのくらいになるか?

25.3 もし，極移動が 100 万年間で約 $0.3°$ に対し，永年変化による見かけの極位置の個々の測定値の根 2 乗平均ばらつきが $15°$ ならば，ある極位置とそれから 3 千万年前の極位置とが 95% の信頼度で違うというためには何個の測定値の平均が必要か?

25.4 粘性残留磁化 (VRM) は，一定の温度でゆっくりと獲得される残留磁化である．獲得過程は，熱残留磁化と本質的に違わないが，問題とする時間スケールでほぼその場の温度程度のブロッキング温度を含む点が異なる．磁場により獲得した (あるいは磁場を取り去ったあとの減衰) VRM は，時間について対数的に変わることがよく報告される．これはすべての粒子が同じ活性化エネルギーをもっていると見られる特徴ではない．そのような場合なら，平衡に向かって指数関数的に減衰するはずである．個々の粒子のブロッキングの条件が敏感で，わずかな温度変化が緩和時間 τ に大きな効果をもつことに着目し，式 (25.1) または式 (25.2) を用いて E が一様分布した粒子の集まりでは VRM が時間の対数に依存することを示せ．(VRM の詳しい議論は，Dunlop と Ozdemir (1997), chap.10 参照.)

25.5 25.4 節で議論した理由により，地磁気の逆転があった直後にはさらなる逆転が阻害されるという可能性はそれほど高いとはいえない．

おそらくはその逆であり，さらなる反転が起こりやすくなっていると考えて良さそうである．ほんの些細に思える理由により，地磁気逆転史で逆転が阻害されていると誤認されうるものであった．その理由とは何か?

26.1 日射量 (太陽から受け取るエネルギー量) の変動は軌道要素の規則的な変動により生じる．(これをミランコビッチ・サイクルとよび，26.4 節で解説した.) 公転軌道角運動量が保存するとして，年平均日射量が軌道離心率，e の変動によりどのように変わるのかを示せ．付録 A の式はこの問題に参考になる．簡単な方法は，まず 1 公転で受け取る全エネルギーを計算し，そのあと公転周期と離心率 e を関係づければよい．

26.2 太陽潮汐の摩擦 (エネルギー散逸) は地球の軌道にどのような影響をもつのか? これは地球の気候に重要な影響を与えるのか?

26.3 海水面が 1 年に 2 mm 上昇するとしたら 1 日の長さはどの程度変わるのか，計算せよ．この上昇は (a) 両極の氷の融解と (b) 海洋上層の熱膨張で引き起こされると仮定する．

26.4 問題 26.3 における 2 つの要因，(a), (b) それぞれの変化を引き起こすのに必要とされる熱量はどの程度か?

26.5 表 26.1 での全エネルギー消費がすべて潮汐発電でまかなわれるとすると，1 日の長さはどの程度の割合で長くなるのか?

文　　献

Abercrombie, R. E. and Brune, J. N., 1994, Evidence for a constant *b*-value above magnitude 0 in the southern San Andreas, San Jacinto and San Miguel fault zones, and the Long Valley caldera, California. *Geophys. Res. Lett.* **21**: 1647–1650.

Abercrombie, R. and Leary, P., 1993, Source parameters of small earthquakes recorded at 2.5 km depth, Cajon Pass, southern California: implications for earthquake scaling. *Geophys. Res. Lett.* **20**: 1511–1514.

Abercrombie, R. E. and Rice, J. R., 2005, Can observations of earthquake scaling constrain slip weakening? *Geophys. J. Int.* **162**: 406–426.

Acton, G., Yin, Q.-Z., Verosub, K. L., Jovane, L., Roth, A., Jacobsen, B. and Ebel, D. S., 2007, Micromagnetic coercivity distributions and interactions in chondrules with implications for paleointensities of the early Solar System. *J. Geophys. Res.* **112**: B03S90. doi: 10.1029/2006JB004655.

Aharonson, O., Zuber, M. T. and Solomon, S. C., 2004, Crustal remanence in an internally magnetized non uniform shell: a possible source for Mercury's magnetic field. *Earth Planet. Sci. Lett.* **218**: 261–268.

Ahrens, T. J., ed., 1995a, *A Handbook of Physical Constants, 1. Global Earth Physics*. Washington: AGU.

Ahrens, T. J., ed., 1995b, *A Handbook of Physical Constants, 2: Mineral Physics and Crystallography*. Washington: AGU.

Ahrens, T. J., ed., 1995c, *A Handbook of Physical Constants, 3: Rock Physics and Phase Relations*. Washington: AGU.

Aki, K., 1969, Analysis of the seismic coda of local earthquakes as scattered waves. *J. Geophys. Res.* **74**: 615–631.

Aki, K. and Richards, P. G., 2002, *Quantitative Seismology*, second edn. Sausalito, CA: Science Books.

Alfè, D., Gillan, M. J. and Price, G. D., 2002, Composition and temperature of the Earth's core constrained by combining ab initio calculations and seismic data. *Earth Plan. Sci. Lett.* **195**: 91–98.

Alfvén, H., 1954, *The Origin of the Solar System*. Oxford: Clarendon Press.

Allègre, C. J., Poirier, J.-P. Humber, E. and Hofmann, A. W., 1995, The chemical composition of the Earth. *Earth Plan. Sci. Lett.* **134**: 515–526.

Allen, C. W., 1973, *Astrophysical quantities*, third edn. London: Athlone Press.

Alterman, Z., Jarosch, H., and Pekeris, C. L., 1959, Oscillations of the Earth. *Proc. Roy. Soc. Lond.* **A252**: 80–95.

Alvarez, L. W., Alvarez, W., Asaro, F. and Michel, F. V., 1980, Extraterrestrial cause of the Cretaceous–Tertiary extinction. *Science* **208**: 1095–1108.

Anders, E., 1964, Origin, age and composition of meteorites. *Space Sci. Rev.* **3**: 583–714.

Anderson, E. M., 1905, Dynamics of faulting. *Trans. Edinburgh Geol. Soc.* **8**: 387–402.

Anderson, E. M., 1936, The dynamics of the formation of cone-sheets, ring-dykes, and caldron-subsidences. *Proc. Roy. Soc. Edin.* **56**: 128–156.

Anderson, J. D., Laing, P. A., Lau, E. L., Liu, A. S., Nieto, M. M. and Turyshev, S. G., 1998, Indication, from Pioneer 10/11, Galileo, and Ulysses data of an apparent anomalous, weak, long-range acceleration. *Phys. Rev. Lett.* **81**: 2858–2861.

Anderson, O. L., 1995, *Equations of State of Solids for Geophysics and Ceramic Science*. New York: Oxford University Press.

Anderson, O. L. and Isaak, D. G., 1995, Elastic constants of minerals at high temperature. In Ahrens (1995b), pp. 64–97.

Anderson, O. L. and Zou, K., 1990, Thermodynamic functions and properties of MgO at high compression and high temperature. *J. Phys. Chem. Ref. Data* **19**: 69–83.

Aoyama, Y. and Naito, I., 2001, Atmospheric excitation of the Chandler wobble, 1983–1998. *J. Geophys. Res.* **106**: 8941–8954.

Archer, C. L. and Jacobson, M. Z., 2005, Evaluation of global wind power. *J. Geophys. Res.* **110**: D12110, doi:10.1029/2004JD005462.

Atkinson, B. K., 1982, Subcritical crack propagation in rocks: theory, experimental results and applications. *J. Struct. Geol.* **4**: 41–56.

Balling, R. C. and Cerveny, R. S., 1995, Impact of lunar phase on the timing of global and latitudinal tropospheric temperature maxima. *Geophys. Res. Lett.* **22** (23): 3199–3201.

Bard, B., Hamelin, B., Fairbanks, R. G. and Zindler, A., 1990, Calibration of the ^{14}C timescale over the past 30,000 years using mass spectrometric U–Th ages from Barbados corals. *Nature* **345**: 405–410.

Barton, C. E., 1989, Geomagnetic secular variation: direction and intensity. In James (1989), pp. 560–577.

Bass, J. D., 1995, Elasticity of minerals, glasses and melts. In Ahrens (1995b), pp. 45–63.

Benz, H. M. and Vidale J. E., 1993, Sharpness of upper-mantle discontinuities determined from high-frequency reflections. *Nature* **365**: 147–150.

Berger, A., 1988, Milankovitch theory and climate. *Rev. Geophys.* **26**: 624–657.

Berger, A. and Loutre, M. F., 1992, Astronomical solutions for paleoclimate studies over the last 3 million years. *Earth Plan. Sci. Lett.* **111**: 369–382.

Bernatowicz, T. J. and Walker, R. M., 1997, Ancient stardust in the laboratory. *Physics Today* December 1997: 26–32.

Bi, Y., Tan. H. and Jin, F., 2002, Electrical conductivity of iron under shock compression up to 200 GPa. *J. Phys. Condensed Matter* **14**: 10849–10854.

Bina, C. R. and Helffrich, G. R., 1994, Phase transition Clapeyron slopes and transition zone seismic discontinuity topography. *J. Geophys. Res.* **99**: 15853–15860.

Birch, F., 1952, Elasticity and constitution of the Earth's interior. *J. Geophys. Res.* **57**: 227–286.

Bird, P., 1978, Finite element modelling of lithosphere deformation: the Zagros collision orogeny. *Tectonophysics* **50**: 307–336.

Bird, P., 1998, Testing hypotheses on plate driving mechanisms with global lithosphere models including topography, thermal structure and faults. *J. Geophys. Res.* **103** (B5): 10115–10129.

Bird, P., 2003, An updated digital model of plate boundaries. *Geochemistry Geophysics Geosystems* **4** (3): 1027. doi: 10.1029/2002GLO16002.

Bird, P. and Kagan, Y. Y., 2004, Plate-tectonic analysis of shallow seismicity; apparent boundary width, beta, corner magnitude, coupled lithosphere thickness, and coupling in seven tectonic settings. *Bull. Seism. Soc. Am.* **94**: 2380–2399.

Blackett, P. M. S., 1952, A negative experiment relating to magnetism and the Earth's rotation. *Phil. Trans. Roy. Soc. Lond.* **A245**: 309–370.

Bloxham, J., 2002, Time-independent and time-dependent behaviour of high-latitude flux bundles at the core-mantle boundary. *Geophys. Res. Lett.* **29** (18), doi:10.1029/2001GLO14543.

Bloxham, J., Gubbins, D. and Jackson, A., 1989, Geomagnetic secular variation. *Phil. Trans. Roy. Soc. Lond.* **A329**: 415–502.

Blyth, A. E., Burbank, D. W., Farley, K. A. and Fielding, E. J., 2000, Structural and topographic evolution of the central Transverse Ranges, California, from apatite fission track, (U–Th)/He and digital elevation model analyses. *Basin Research* **12**: 97–114.

Boehler, R., 1993, Temperatures in the Earth's core from melting point measurements of iron at high static pressures. *Nature* **363**: 534–536.

Boehler, R., 2000, High pressure experiments and the phase diagram of lower mantle and core materials. *Rev. Geophys.* **38**: 221–245.

Boness, D. A., Brown, J. M. and McMahan, A. K., 1986, The electronic thermodynamics of iron under Earth's core conditions. *Phys. Earth Planet. Inter.* **42**: 227–240.

Bonner, J. L., Blackwell, D. D. and Herrin, E. T., 2003, Thermal constraints on earthquake depths in California. *Bull. Seism. Soc. Am.* **93**: 2333–2354. Born, M. and Wolf, E., 1965, Principles of Optics. Oxford: Pergamon.

Boschi, L. and Dziewonski, A. M., 2000, Whole Earth tomography from delay times of P, PcP, PKP phases: lateral heterogeneities in the outer core, or radial anisotropy in the mantle? *J. Geophys. Res.* **105**: 25567–25594.

Bottke, W. F., Vokrouhlický, D., Rubincam, D. P. and Nesvorny, D., 2005, The Yarkovsky and YORP effects: implications for asteroid dynamics. *Rev. Earth Plan. Sci.* **34**: 157–191.

Bouhifd, M. A., Gautron, L., Bolfan-Casanova, N., Malavergne, V., Hammouda, T., Andrault, D. and Jephcoat, A. P., 2007, Potassium partitioning into molten iron alloys at high pressure: implications for Earth's core. *Phys. Earth Planet. Inter.* **160**: 22–33.

Bowman, D. D. and King, G. C. P., 2001, Accelerating seismicity and stress accumulation before large earthquakes, *Geophys. Res. Lett.* **28**: 4039–4042.

Boyet, M. and Carlson, R. W., 2005, ^{142}Nd evidence for early (> 4.53 Ga) global differentiation of the silicate earth. *Science* **309**: 576–581.

Braginsky, S. I., 1991, Towards a realistic theory of the geodynamo. *Geophys. Astrophys. Fluid Dyn.* **60**: 89–134.

Braginsky, S. I., 1993, MAC-oscillations of the hidden ocean of the core. *J. Geomag. Geoelect.* **45**: 1517–1538.

Braginsky, S. I., 1999, Dynamics of the stably stratified ocean at the top of the core. *Phys. Earth Plant. Inter.* **111**: 21–34.

Braginsky, S. I. and Roberts, P. H., 1995, Equations governing convection in the Earth's core and the geodynamo. *Geophys. Astrophys. Fluid Dynam.* **79**: 1–97.

Brennan, B. J. and Smylie, D. E., 1981, Linear viscoelasticity and dispersion in seismic wave propagation. *Rev. Geophys. Space Phys.* **19**: 233–246.

Bridgman, P. W., 1914, A complete collection of thermodynamic formulas. *Phys. Rev.* **3**: 273–281.

Bridgman, P. W., 1957, Effects of pressure on binary alloys, V and VI. *Proc. Am. Acad. Arts Sci.* **84**: 131–216.

Brown, M. E., Trujillo, C. and Rabinowitz, D., 2004, Discovery of acandidate inner Oort cloud planetoid. *Astrophys. J.* **617**: 645–649.

Brown, M. E., Trujillo, C. and Rabinowitz, D., 2005, Discovery of a planetary-sized object in the scattered Kuiper belt. *Astrophys. J.* **635**: L97–L100.

Brune, J. N., 1968, Seismic moment, seismicity, and rate of slip along major fault zones. *J. Geophys. Res.* **83**: 777–784.

Brune, J. N., 1970, Tectonic stress and the spectra of seismic shear waves from earthquakes. *J. Geophys. Res.* **75**: 4997-5009.

Budner, D. and Cole-Dai, J., 2003, The number and magnitude of large explosive volcanic eruptions between 904 and 1865AD: quantitative evidence from a new South Pole ice core. In Robock, C. and Oppenheimer, C. (eds.), 2003, *Volcanism and the Earth's Atmosphere*. Washington: American Geophysical Union, pp. 165–176.

Buffett, B. A., 1992, Constraints on magnetic energy and mantle conductivity from the forced nutations of the Earth. *J. Geophy. Res.* **97**: 19581–19597.

Buffett, B. A., 1996, A mechanism for decade fluctuations in the length of day. *Geophys. Res. Lett.* **23**: 3803–3806.

Buffett, B. A., 1997, Geodynamic estimates of the viscosity of the Earth's inner core. *Nature* **388**: 571–573.

Bukowinsky, M. S.T. and Knopoff, L., 1977, Physics and chemistry of iron and potassium. In Manghnani, M. H. and Akimoto, S. (eds.), 1977, *High Pressure Research: Applications in Geophysics*. New York: Academic Press.

Bullard, E. C., Everett, J. E. and Smith, A. G., 1965, The fit of the continents around the Atlantic. *Phil. Trans. Roy. Soc. Lond.* **A258**: 41–51.

Bullard, E. C., Freedman, C., Gellman, H. and Nixon, J., 1950, The westward drift of the Earth's magnetic field. *Phil. Trans. Roy. Soc. Lond.* **A243**: 67–92.

Bullard, E. C. and Gellman, H, 1954, Homogeneous dynamos and geomagnetism. *Phil. Trans. Roy. Soc. Lond.* **A247**: 213–255.

Bullen, K. E., 1975, *The Earth's Density*. London: Chapman and Hall.

Bullen, K. E. and Bolt, B. A., 1985, *An Introduction to the Theory of Seismology*. Cambridge: Cambridge University Press.

Burchfield, J. D.,1975, *Lord Kelvin and the Age of the Earth*. New York: Science History Publications.

Busse, F. H., 2002, Convective flows in rapidly rotating spheres and their dynamo action. *Phys. Fluids* **14**: 1301–1314.

Byerlee, J. D., 1978, Friction in rocks. *Pure Appl. Geophys.* **116**: 615–626.

Cagniard, L.,1939, *Réflexion et réfraction des ondes séismique progressives*. Paris: Gauthier-Villard.

Cagniard, L., 1962, *Reflection and Refraction of Progressive Seismic Waves*. Translation by E. A. Flinn and C. H. Dix. New York: McGraw-Hill.

Cain, J. C., Wang, Z., Schmitz, D. R. and Meyer, J., 1989, The geomagnetic model spectrum for 1980 and core-crustal separation. *Geophys. J. Int.* **97**: 443–447.

Cande, S. and Kent, D. V., 1995, Revised calibration of the geomagnetic polarity time scale for the Late Cretaceous and Cenozoic. *J. Geophys. Res.* **100**: 6093–6095.

Canup, R. M. and Asphaug, E.,2001, Origin of the Moon in a giant impact near the end of the Earth's formation. *Nature* **412**: 708–712.

Carlson, R. W., Hilde, T. W.C. and Uyeda, S., 1983, The driving mechanism of plate tectonics: relation to the age of the lithosphere at trenches. *Geophys. Res. Lett.* **10**: 297–300.

Carter, W. E., 1989, Earth orientation. In James (1989), pp. 231–239.

Cazenave, A., 1995, Geoid, topography and distribution of landforms. In Ahrens (1995a), pp. 32–39.

Chambat, F. and Valette, B., 2005, Earth gravity up to second order in topography and density. *Phys. Earth Planet. Inter.* **151**: 89–106.

Chao,B. F., 1995, Anthropogenic impact on global geodynamics due to reservoir water impoundment. *Geophys. Res. Lett.* **22**: 3529–3532.

Chao, B. F., Au, A. Y., Boy, J.-P. and Cox, C. M., 2003, Time-variable gravity signal of an anomalous redistribution of water mass in the extratropic Pacific during 1998–2002. *Geochem. Geophys. Geosyst.* **4**(11): 1096, doi: 10.1029/2003GG000589.

Chao, B. F., Rodenburg, E., Sahagian, D. L., Jacobs, D. K. and Schwartz, F. W., 1994, Man made lakes and sea level rise. *Nature* **370**: 258.

Chapman, S. and Bartels, J., 1940, *Geomagnetism*. London: Oxford University Press.

Chow, T. J. and Patterson, C. C., 1962, The occurrence and significance of lead isotopes in pelagic sediments. *Geochim. Cosmochim. Acta* **26**: 263–308.

Christodoulidis, D. C., Smith, D. E., Williamson, R. G. and Klosko, S. M., 1988, Observed tidal braking in the Earth/Moon/Sun system. *J. Geophys. Res.* **93**: 6216–6236.

Clark, S. P., 1957, Radiative transfer in the Earth's mantle. *Trans. Am. Geophys. Un.* **38**: 931–938.

Clauser, C. and Huenges, E., 1995, Thermal conductivity of rocks and minerals. In Ahrens (1995c), pp. 105–126.

Clayton, R. N., 2002, Self-shielding in the solar nebula. *Nature* **415**: 860–861.

Coblentz, D. D., Zhou, S., Hillis, R. R., Richardson, R. M. and Sandiford, M., 1998, Topography, boundary forces, and the Indo-Australian intraplate stress field. *J. Geophys. Res.* **103** (B1): 919–931.

Cohen, B. A., Swindle, T. D. and Kring, D. A., 2000, Support for the lunar cataclysm hypothesis from lunar meteorite impact melt ages. *Science* **290**: 1754–1756.

Connerney, J. E. P. et al. (10 authors), 1999, Magnetic lineations in the ancient crust of Mars. *Science* **284**: 794–798.

Constable, C. G. and Parker, R. L., 1988, Statistics of the secular variation for the past 5my. *J. Geophys. Res.* **93**: 11569–11581.

Courboulex, F., Singh, S. K., Pacheco, F. and Ammon, C. J., 1997, The 1995 Colima-Jalisco, Mexico, earthquake (Mw8): a study of the rupture process. *Geophy. Res. Lett.* **24** (9): 1019–1022.

Courtillot, V., 1999, *Evolutionary Catastrophes: the Science of Mass Extinction*. Cambridge: Cambridge University Press.

Courtillot, V. and LeMouël, J. L., 1984, Geomagnetic secular variation impulses. *Nature* **311**: 709–716.

Cox, A., 1973, *Plate Tectonics and Geomagnetic Reversals*. San Francisco: W. H. Freeman.

Cox, A., Doell, R. R. and Dalrymple, G. B., 1963, Geomagnetic polarity epochs and pleistocene geochronometry. *Nature* **198**: 1049–1051.

Cox, A. and Hart, R. B., 1986, *Plate Tectonics: How it Works*. Palo Alto: Blackwell Scientific Publications.

Cox, C. M. and Chao, B. F., 2002, Detection of a large scale mass redistribution in the terrestrial system since 1998. *Science* **297**: 831–833.

Crampin, S., 1977, A review of the effects of anisotropic layering on the propagation of seismicwaves. *Geophys. J. R. Astr. Soc.* **49**: 9–27.

Creager, K. C., 1997, Inner core rotation from small scale heterogeneity and time-varying travel times. *Science* **278**: 1284–1288.

Creer, K. M. and Tucholka, P., 1982, Secular variation as recorded in lake sediments: a discussion of North American and European results. *Phil. Trans. Roy. Soc. Lond.* **A306**: 87–102.

Curie, P., 1894, Sur la symétrie dans les phénomènes physiques, symétrie d'un champ electrique et d'un champ magnétique. *J. de Phys.* (Paris) **3**: 393–415.

Dahlen, F. A., Hung, S.-H. and Nolet, G., 2000, Fréchet kernels for finite-frequency travel times — I. Theory. *Geophys. J. Int.* **141**: 157–174.

Dahlen, F. A. and Tromp, J., 1998, *Theoretical Seismology*. Princeton: Princeton University Press.

Dainty, A. M., 1990, Studies of coda using array and three-component processing. *Pure Appl. Geoph.* **132**: 221–244.

Dainty, A., 1995, The influence of seismic scattering on monitoring. In Husebye, E. S. and Dainty, A. (eds.), *Monitoring a Comprehensive Test Ban Treaty*. Dordrecht: Kluwer, pp. 663–688.

Dalrymple, G. B. and Ryder, G., 1993, $^{40}Ar/^{39}Ar$ age spectra of Apollo 15 impact melt rocks by laser step-heating and their bearing on the history of lunar basin formation. *J. Geophys. Res.* **98** (E7): 13085–13096.

Dalrymple, G. B. and Ryder, G., 1996, Argon-40/argon-39 age spectra of Apollo 17 highlands breccia samples by laser step heating and the age of the Serenitatis basin. *J. Geophys. Res.* **101** (E11): 26069–26084.

Das, S., 1981, Three-dimensional spontaneous rupture propagation and implications for the earthquake source mechanism. *Geophys. J. Roy. Astr. Soc.* **67**: 375–393.

Davis, D., Suppe, J. and Dahlen, F. A., 1983, Mechanics of fold-and-thrust belts and accretionary wedges. *J. Geophys. Res.* **88**: 1153–1172.

Davis, P. M., 1983, Surface deformation associated with a dipping hydrofracture. *J. Geophys. Res.* **88**: 5826–5833.

Davis, P. M., 1986, Surface deformation due to inflation of an arbitrarily oriented triaxial ellipsoidal cavity in an elastic half-space with reference to Kilauea volcano, Hawaii. *J. Geophys. Res.* **91**: 7429–7430.

Davis, P. M., 2003, Azimuthal variation in seismic anisotropy of the Southern California uppermost mantle. *J. Geophys. Res.* **108** (B1): 2052. doi: 10.1029/2001JB000637, 2003.

Davis, P. M., Rubenstein, J. L., Liu, K. H., Gao, S. S. and Knopoff, L., 2000, Northridge earthquake damage caused by geologic focusing of seismic waves. *Science* **289**: 1746–1750.

Dearden, E. W., 1995, Expansion formulae for first order partial derivatives of thermal variables. *Eur. J. Phys.* **16**: 76–79.

Degens, E. T. and Ross, D. A. (eds.), 1969, *Hot Brines and Recent Heavy Metal Deposits in the Red Sea*. New York: Springer.

Dehant, V., Creager, K. C., Karato, S.-I. and Zatman, S. (eds.), 2003, *Earth's Core: Dynamics, Structure, Rotation*. Geodynamics Series 31. Washington: American Geophysical Union.

DeHoop, A. T., 1960, Modification of Cagniard's method for solving seismic pulse problems. *Appl. Sci. Res.* **B8**: 349–356.

DeMets, C., Gordon, R. G., Argus, D. F. and Stein, S., 1990, Current plate motions. *Geophys. J. Int.* **101**: 425–478.

DeMets, C., Gordon, R. G., Argus, D. F. and Stein, S., 1994, Effect of recent revisions of the geomagnetic reversal time scale on estimates of current plate motions. *Geophys. Res. Lett.* **21**: 2191–2194.

DePaolo, D. J., 1981, Nd isotopic studies: some new perspectives on Earth structure and evolution. *EOS (Trans. Am. Geophys. Un.)* **62**: 137–140 (April 7, 1981).

Deuss, A. and Woodhouse, J., 2001, Seismic observations of splitting of the mid-transition zone discontinuity in Earth's mantle. *Science* **294**: 354–357.

Deuss, A., Woodhouse, J. H., Paulssen, H. and Trampert, J., 2000, The observation of inner core shear waves. *Geophys. J. Int.* **142**: 67–73.

Dieterich, J. H., 1979a, Modeling of rock friction 1, experimental results and constitutive equations. *J. Geophys. Res.* **84**: 2161–2168.

Dieterich, J. H., 1979b, Modeling of rock friction 2, simulation of preseismic slip. *J. Geophys. Res.* **84**: 2169–2175.

Dieterich, J., 1994, A constitutive law for rate of earthquake production and its application to earthquake clustering. *J. Geophys. Res.* **99**: 2601–2618.

Dobson, D. P., 2002, Self-diffusion in liquid Fe at high pressure. *Phys. Earth Planet. Inter.* **130**: 271–284.

Dobson, D. P. and Brodholt, J. P., 2000, The electrical conductivity and thermal profile of the Earth's mid mantle. *Geophys. Res. Lett.* **27**: 2325–2328.

Doornbos D. J. 1974, The anelasticity of the inner core. *Geophys. J. R. Astron. Soc.* **38**: 397–415.

Doornbos, D. J., 1992, Diffraction and seismic tomography. *Geophys. J. Int.* **108**: 256–266.

Doornbos, D. J. and Hilton, T., 1989, Models of the coremantle boundary and the travel times of internally reflectedcorephases. *J. Geophys. Res.* **94**: 15741–15751.

Dragert, H. K., Wang, K. and James, T. S., 2001, A silent slip event on the deeper Cascadia subduction interface, *Science* **292**: 1525–1528.

Duffield, W. A., 1972, A naturally occurring model of global plate tectonics. *J. Geophys. Res.* **77**: 2543–2555.

Dugdale, J. S. and MacDonald, D. K. C., 1953, Thermal expansion of solids. *Phys. Rev.* **89**: 832–834.

Dunlop, D. J. and Ozdemir, O., 1997, *Rock Magnetism: Fundamentals and Frontiers*. Cambridge: Cambridge University Press.

Dwight, H. B., 1961, *Tables of Integrals and Other Mathematical Data*, fourth edn. New York: MacMillan.

Dziewonski, A. M., 1984, Mapping the lower mantle: determination of lateral heterogeneity in P velocity up to degree and order 6. *J. Geophys. Res.* **89**: 5929–5952.

Dziewonski, A. M. and Anderson, D. L., 1981, Preliminary reference Earth model. *Phys. Earth Planet. Inter.* **25**: 297–356.

Dziewonski, A. M., Chou, T.-A. and Woodhouse, J. H., 1981, Determination of earthquake source parameters from waveform data for studies of global and regional seismicity. *J. Geophys. Res.* **86**: 2825–2852.

Earle, P. S. and Shearer, P. M., 2001, Observations of PKKP precursors used to estimate small scale topography on the core-mantle boundary. *Science* **277**: 667–670.

Eaton, J. P., Richter, D. H. and Ault, W. U., 1961, The tsunami of May 3, 1960, on the island of Hawaii. *Bull. Seism. Soc. Am.* **51**: 135–157.

Ekman, M., 1993, A concise history of the theories of tides, precession-nutation and polar motion (from antiquity to 1950). *Surveys in Geophys.* **14**: 585–617.

Eldridge, J. S., O'Kelly, G. D. and Northcutt, K. J., 1974, Primordial radioelement concentrations in rocks from the Taurus–Littrow. *Proc. Fifth Lunar Conference (Suppl. 5, Geochim. Cosmochim. Acta)* **2**: 1025–1031.

Elsasser, W. M., 1978, *Memoirs of a Physicist in the Atomic Age*. New York: Science History Publications and Bristol: Adam Hilger.

Eshelby, J. D., 1973, Dislocation theory for geophysical applications. *Phil. Trans. Roy. Soc. Lond.* **A274**: 331–338.

Eymin, C. and Hulot, G., 2005, On core surface flows inferred from satellite magnetic data. *Phys. Earth Planet. Inter.* **152**: 200–220.

Falzone, A. J. and Stacey, F. D., 1980, Second order elasticity theory: explanation for the high Poisson's ratio of the inner core. *Phys. Earth Planet. Inter.* **21**: 371–377.

Farley, K. A., Vokrouhlicky, D., Bottke, W. F. and Nesvorny, D., 2006, A late Miocene dust shower from the break-up of an asteroid in the main belt. *Nature* **439**: 295–297.

Fearn, D. R. and Loper, D. E., 1981, Compositional convection and stratification of the Earth's core. *Nature* **289**: 393–394.

Fegley, B., 1995, Properties and composition of the terrestrial oceans and of the atmospheres of the Earth and other planets. In Ahrens (1995a). pp. 320–345.

Felzer, K. R. and Brodsky, E. E., 2006, Decay of aftershock density with distance indicates triggering by dynamic stress. *Nature* **411**: 735–738.

Fisher, D. E., 1975, Trapped helium and argon and the formation of the atmosphere by degassing. *Nature* **256**: 113–114.

Fitzgerald, R., 2003, Isotope measurements firm up knowledge of Earth's formation. *Physics Today* **January 2003**: 16–18.

Flanagan, M. P. and Shearer, P. M, 1998, Global mapping of topography on transition zone velocity discontinuities by stacking SS precursors. *J. Geophys. Res.* **103**: 2673–2692.

Fleischer, R. L., Naeser, C. W., Price, P. B., Walker, R. M. and Maurette, M., 1965, Cosmic ray exposure ages of tektites by the fission track technique. *J. Geophys. Res.* **70**: 1491–1496.

Forsyth, D. W., 1975, The early structural evolution and anisotropy of the oceanic upper mantle. *Geophys. J. R. Astr. Soc.* **43**: 103–162.

Forte, A. M. and Mitrovica, J. X., 2001, Deep-mantle high-viscosity flow and thermochemical structure inferred from seismic and geodynamic data. *Nature* **410**: 1049–1056.

Fowler, W. A., 1961, Rutherford and nuclear cosmochronology. *Proc. Rutherford Jubilee Intern. Conf.*, ed. J. B. Birks, pp. 640–676. London: Heywood.

Furumura T. and Kennett B. L. N., 2005, Subduction zone guided waves and the heterogeneity structure of the subducted plate. *J. Geophys. Res.* **110**: B10302, doi:10.1029/2004JB003486.

Gessman, C. K. and Wood, B. J., 2002, Potassium in the Earth's core? *Earth Plan. Sci. Lett.* **200**: 63–78.

Gillet, P., Richet, P., Guyot, F. and Fiquet, G., 1991, High temperature thermodynamic properties of forsterite. *J. Geophys. Res.* **96**: 11805–11816.

Gilvarry, J. J., 1956, The Lindemann and Grüneisen laws. *Phys. Rev.* **102**: 308–316.

Glatzmaier, G. A. and Roberts, P. H., 1995a, A three-dimensional convective dynamo solution with rotating and finitely conducting inner core and mantle. *Phys. Earth Planet. Inter.* **91**: 63–75.

Glatzmaier, G. A. and Roberts, P. H., 1995b, A three-dimensional self consistent computer simulation of a geomagnetic field reversal. *Nature* **377**: 203–209.

Glatzmaier, G. A. and Roberts, P. H., 1996, Rotation and magnetism of the Earth's inner core. *Science* **274**: 1887–1891.

Goldstein, J. I. and Ogilvie, R. E., 1965, A re-evaluation of the iron-rich portion of the Fe–Ni system. *Trans. Metall. Soc. AIME* **233**: 2083–2087.

Goncharov, A. F., Struzhkin, V. V. and Jacobsen, S. D., 2006, Reduced radiative conductivity of low-spin (Mg, Fe) Ointhelowermantle. *Science* **312**: 1205–1208.

Gordon, A. H., 1994, Weekdays warmer than weekends. *Nature* **367**: 325–326.

Gough, D. I. and Gough, W. I., 1970, Stress and deflection in the lithosphere near Lake Kariba. *Geophys. J. Roy. Astron. Soc.* **21**: 65–78.

Gradstein, F. M. et al. (40 authors), 2005, *A Geologic Time Scale 2004*. Cambridge: Cambridge University Press. (www.stratigraphy.org/gts.htm).

Grand, S. P. 2001, The implications for mantle flow from global seismic tomography. In *Integrated models of Earth structure and evolution*, AGU Virtual Spring Meeting, 20 June 2001. (www.agu.org/meetings/umeeting/.)

Grand, S. P., van der Hilst, R. D. and Widiyantoro, S., 1997, Global seismic tomography: a snapshot of convection in the Earth. *GSA Today* **7**: 1–7.

Gray, C. M., Papanastassiou, D. A. and Wasserburg, G. J., 1973, The identification of early condensates from the solar nebula. *Icarus* **20**: 213–239.

Gross, R. S., 2000, The excitation of the Chandler wobble. *Geophys. Res. Lett.* **27**: 2329–2332.

Gross, R. S., 2001, A combined length-of-day series spanning 1832–1997: LUNAR97. *Phys. Earth Planet. Inter.* **123**: 65–76.

Gubbins, D., 1977, Energetics of the Earth's core. *J. Geophys.* **43**: 453–464.

Gubbins, D., 1994, Geomagnetic polarity reversals: a connection with secular variation and core-mantle interaction? *Rev. Geophys.* **32**: 61–83.

Gubbins, D., 2003, Thermal core-mantle interactions: theory and observations. In Dehant et al. (2003), pp. 163–179.

Gung, Y. C. and Romanowicz, B., 2004, Q tomography of the upper mantle using three component long period waveforms. *Geophys. J. Int.* **157**: 813–830.

Gutenberg, B. and Richter, C. F., 1941, Seismicity of the Earth. *Geol. Soc. Am. Spec. Pap.* **34**: 1–131.

Haak, V. and Jones, A. G., 1997, Introduction to special section: the KTB deep drill hole. *J. Geophys. Res.* **102** (B8): 18175–18177.

Haddon, R. A. W., 1972, Corrugations on the CMB or transition layers between inner and outer cores? *Trans. Am. Geophys. Un.* **53**: 600.

Haddon, R. A. W. and Cleary, J. R., 1974, Evidence for scattering of seismic PKP waves near the mantle-core boundary, *Phys. Earth Planet. Int.* **8**: 211–234.

Haddon, R. A. W., Husebye, E. S. and King D. W., 1977, Origins of precursors to PP. *Phys. Earth Planet. Int.* **14**: 41–70.

Hager, B. H., 1984, Subducted slabs and the geoid: constraints on mantle rheology and flow. *J. Geophys. Res.* **89**: 6003–6015.

Hager, B. H. and Richards, M. A., 1989, Long wavelength variations in the Earth's geoid: physical models and dynamical implications. *Phil. Trans. Roy. Soc. Lond.* **A328**: 309–327.

Hale, C. J., 1987, The intensity of the geomagneticfield at 3.5 Ga: paleointensity results from the Komati Formation, Barberton Mountain Land, South Africa. *Earth Plan. Sci. Lett.* **86**: 354–364.

Halls, H. C., McArdle, N. J., Gratton. M. H. and Shaw, J., 2004, Microwave paleointensities from dyke chilled margins: a way to obtain long-term variations in geodynamo intensity for the last three billion years. *Phys. Earth Planet. Inter.* **147**: 183–195.

Han, D. and Wahr, J., 1995, The viscoelastic relaxation of a realistically stratified earth, and a further analysis of postglacial rebound. *Geophys. J. Int.* **120**: 287–311.

Harrison, T. M., Blichert-Toft, J., Müller, W., Albarede, F., Holden, P. and Mojzsis, S. J., 2005, Heterogeneous Hadean hafnium: evidence of continental crust at 4.4 to 4.5 Ga. *Science* **310**: 1947–1950.

Hart, R., Hogan, L. and Dymond, J., 1985, The closed system approximation for evolution of argon and helium in the mantle, crust and atmosphere. *Chem. Geol.(Isotope Geoscience Section)* **52**: 45–73.

Hartman, W. K., 2003, Megaregolith evolution and cratering cataclysm models — lunar cataclysm as a misconception (28 years later). *Meteoritics and Planetary Science* **38**: 579–593.

Hasegawa, A., 1989, Seismicity: subduction zone. In James (1989), pp. 1054–1061.

Hasegawa, A., Zhao, D., Shuichiro, H., Yamamoto, A. and Horiuchi, S., 1991, Deep structure of the northeastern Japan arc and its relationship to seismic and volcanic activity. *Nature* **352**: 683–689.

Hashin, Z. and Shtrikman, S., 1963, A variational approach to the elastic behaviour of multiphase materials. *J. Mech. Phys. Solids* **11**: 127–140.

Haskell, N. A., 1935, The motion of a fluid under a surface load, 1, *Physics* **6**: 265–269.

Haskell, N. A., 1969, Elastic displacements in the near-field of a propagating fault, *Bull. Seism. Soc. Am.* **59**: 865–908.

Hayatsu, A. and Waboso, C. E., 1985, The solubility of rare gases in silicate melts and implications for K–Ar dating. *Chem. Geology (Isotope Geoscience Section)* **52**: 97–102.

Hearn, E. H., 2003, What can GPS datatell us about the dynamics of post-seismic deformation? *Geophys. J. Int.* **155**: 753–777.

Hedlin, M. A. H. and Shearer, P. M., 2000, Ananalysis of large-scale variations in small-scale mantle hetero-geneity using global seismographic network recordings of precursors to PKP. *J. Geophys. Res.* **105**: 13655–13673.

Heirtzler, J. R., LePichon, X. and Baron, J. G., 1966, Magnetic anomalies over the Reykjannes Ridge. *Deep Sea Res.* **13**: 427–443.

Hellings, R. W., Adams, P. J., Anderson, J. D., Keesey, M. S., Lau, E. L. and Standish, E. M., 1983, Experimental test of the variability of G using Viking Lander ranging data. *Phys. Rev. Lett.* **51**: 1609–1612.

Helmholtz, H. von, 1856, On the interaction of natural forces. *Phil. Mag.* **11**: 489–578.

Henry, C. and Das, S., 2001, Aftershock zones of large shallow earthquakes: fault dimensions, aftershock area expansion and scaling relations. *Geophys. J. Int.* **147**: 272–293.

Hess, H. H, 1964, Seismic anisotropy of the upper mantle under oceans. *Nature* **203**: 629–631.

Hide, R., 1966, Free hydromagnetic oscillations of the Earth's core and the theory of the geomagnetic secular variation. *Phil. Trans. Roy. Soc. Lond.* **A259**: 615–650.

Hill, R., 1952, The elastic behaviour of a crystalline aggregate. *Proc. Phys. Soc.* **A65**: 349–354.

Hillgren, V. J. J., Schwager, B. and Boehler, R., 2005, Potassium as a heat source in the core? Metal-silicate partitioning of K and other metals. *Eos (Trans. Am. Geophys. Un.)* **86** (52), Fall meeting abstract MR13A-0086.

Hirao, N., Ohtani, E., Kondo, T., Endo, N., Kuba, T., Suzuki, T. and Kikegawa, T., 2006, Partitioning of potassium between iron and silicate at the core-mantle boundary. *Geophys. Res. Lett.* **33**: L08303. doi: 10:1029/2005GLO025324,2006.

Hollerbach, R. and Jones, C. A., 1995, On the magnetically stabilizing role of the Earth's inner core. *Phys. Earth Planet. Inter.* **87**: 171–181.

Holme, R. and deViron, O., 2005, Geomagnetic jerks and a high resolution length-of-day profile. *Geophys. J. Int.* **160**: 435–439.

Holmes, A., 1965, *Principles of Physical Geology.* London: Nelson.

Horton, B. K., 1999, Erosional control on the geometry and kinematics of the thrust belt development in the central Andes. *Tectonics* **18**(6): 1292–1304.

Hsu, W., Wasserburg, G. J. and Huss, G. R., 2000, High time resolution by use of the ^{26}Al chronometer in the multistage formation of a CAI. *Earth Plan. Sci. Lett.* **182**: 15–29.

Hurley, P. M., Hughes, H., Faure, G., Fairbairn, H. W. and Pinson, W. H., 1962, Radiogenic strontium-87 model of continent formation, *J. Geophys. Res.* **67**: 5315–5334.

Ide, S., Beroza, G. C., Prejean, S. G. and Ellsworth, W., 2003, Apparent break in earthquake scaling due to path and site effects on deep borehole recordings. *J. Geophys. Res.* **108** (B5): doi:10.1029/2001JB001617.

Isaak, D. G. and Masuda, K., 1995, Elastic and viscoelastic properties of a α iron at high temperatures. *J. Geophys. Res.* **100**: 17689–17698.

Ishii, M., Shearer, P. M., Houston, H. and Vidale, J. E., 2005, Extent, duration and speed of the 2004 Sumatra–Andaman earthquake imaged by the Hi-Net array. *Nature* **435**: 933–936.

Ishikawa, Y. and Syono, Y., 1963, Order–disorder transformation and reverse thermoremanent magnetism in the $FeTiO_3$–Fe_2O_3 system. *J. Phys. Chem. Solids* **24**: 517–528.

Ita, J. and Stixrude, L., 1992, Petrology, elasticity, and composition of the mantle transition zone. *J. Geophys. Res.* **97**: 6849–6866.

Jackson, D. D., Shen, Z.-K., Potter, D., Ge, X.-B. and Sung, L., 1997, Southern California deformation. *Science* **277**: 1621–1622.

Jackson, I., Webb, S., Weston, L. and Boness, D., 2005, Frequency dependence of elastic wave speeds at high temperature: a direct experimental demonstration. *Phys. Earth Planet. Inter.* **148**: 85–96.

Jackson, J. A. and White, N. J., 1989, Normal faulting in the upper continental crust: observations from regions of active extension. *J. Struct. Geol.* **11**: 15–36.

Jaeger, J. C. and Cook, N. G., 1984, *Fundamentals of Rock Mechanics*, second edn. New York: Chapman and Hall.

James, D. E. (ed.), 1989, *The Encyclopedia of Solid Earth Geophysics*. New York: Van Nostrand-Reinhold.

Jeffreys, H., 1959, *The Earth, its Origin, History and Physical Constitution*, fourth edn. Cambridge: Cambridge University Press.

Johnston, M. J. S., Borcherdt, R. D., Linde, A. T. and Gladwin, M. T., 2006, Continuous borehole strain and pore pressure in the near field of the 28 September 2004 M6.0 Parkfield, California, earthquake: implications for nucleation, fault response, earthquake prediction and tremor. *Bull. Seism. Soc. Am.* **96** (4B): S56–S72.

Johnston, M. J. S. and Linde, A. T., 2002, Implications of crustal strain during conventional slow and silent earthquakes. In Lee, W., Kanamori, H., Jennings, P. and Kisslinger, C, *International Handbook of Earthquake and Engineering Seismology*, **81A**: 589–605. London: Academic Press.

Jones, L. E., Mori J. and Helmberger D. V., 1992, Short-period constraints on the upper mantle discontinuities. *J. Geophys. Res.* **97**: 8765–8774.

Jones, G. M., 1977, Thermal interaction of the core and mantle and long term behaviour of the geomagnetic field. *J. Geophys. Res.* **82**: 1703–1709.

Kagan, Y. Y., 1991, Seismic moment distribution. *Geophys. J. Int.* **106**: 123–134.

Kagan Y. Y. 2002a, Seismic moment distribution revisited: I. Statistical results. *Geophys. J. Int.* **148**:520–541.

Kagan Y. Y. 2002b, Seismic moment distribution revisited: II. Moment conservation principle. *Geophys. J. Int.* **149**: 731–754.

Kagan, Y. Y. and Jackson, D. D., 1994, Long-term probabilistic forecasting of earthquakes. *J. Geophys. Res.* **99**: 13685–13700.

Kagan, Y. Y. and Jackson, D. D., 2000, Probabilistic forecasting of earthquakes. *Geophys.J. Int.* **143**: 438–453.

Kagan, Y. Y. and Knopoff, L., 1987, Statistical short-term earthquake prediction. *Science* **236**:1563–1567.

Kamo, S. L., Czamanske, G. K., Amelin, Y., Fedorenko, V. A., Davis, D. W. and Trofimov, V. R., 2003, Rapid eruption of Siberian flood-volcanic rocks and evidence for coincidence with the Permian–Triassic boundary and mass extinction at 251 Ma. *Earth Plan. Sci. Lett.* **214**: 75–91.

Kanamori, H., 1977, The energy release in great earthquakes. *J. Geophys. Res.* **82**: 2981–2987.

Kanamori, H. and Anderson, D. L., 1975, Theoretical basis of some empirical relations in seismology. *Bull. Seism. Soc. Am.* **65**: 1073–1095.

Kanamori, H. and Brodsky, E. E., 2004, The physics of earthquakes. *Rep. Prog. Phys.* **67**: 1429–1496.

Kaneshima, S. and Helffrich, G., 1999, Dipping low-velocity layer in the mid-lower mantle: evidence for geochemical heterogeneity. *Science* **283**: 1888–1892.

Karato, S., 1993, Importance of anelasticity in the interpretation of seismic tomography. *Geophys. Res. Lett.* **20**: 1623–1626.

Kaufmann, G. and Lambeck, K., 2000, Mantle dynamics, postglacial rebound and the radial viscosity profile. *Phys. Earth Planet. Inter.* **121**: 301–324.

Kaula, W. M., 1968, *An Introduction to Planetary Physics: the Terrestrial Planets*. New York: Wiley.

Kawakatsu, H., 2006, Sharp and seismically transparent inner core boundary region revealed by an entire network observation of near vertical PKiKP. *Earth Planets Space* **58** (7): 855–863.

Keane, A., 1954, An investigation of finite strain in an isotropic material subjected to hydrostatic pressure and its seismological applications. *Australian J. Phys.* **7**: 322–333.

Keating, P. N.,1966, Effect of invariance requirements on the elastic strain energy of crystals with application to the diamond structure. *Phys. Rev.* **145**: 637–645.

Keen, C. E. and Barrett, D. L., 1971, A measurement of seismic anisotropy in the Northeast Pacific. *Can. J. Earth Sci.* **8**: 1056–1064.

Keilis-Borok, V., 2002, Earthquake prediction: state-of-the-art and emerging possibilities, *Ann. Rev. Earth Planet. Sci.* **30**: 1–33.

Keldysh, M. V., 1977, Venus exploration with Venera 9 and Venera 10 spacecraft. *Icarus* **30**: 605–625.

Kelvin, Lord (William Thomson), 1862, On the age of the Sun's heat. *Macmillan Mag.* **March 5, 1862**, 349–368.

Kelvin, Lord (William Thomson), 1863, On the secular cooling of the Earth. *Phil. Mag.* **25**: 1–14.

Kennett, B. L. N., 1983, *Seismic Wave Propagation in Stratified Media*. Cambridge: Cambridge University Press.

Kennett, B. L. N. and Engdahl, E. R., 1991, Traveltimes for global earthquake location and phase identification. *Geophys. J. Int.* **105**: 429–465.

Kennett, B. L. N., Engdahl, E. R. and Buland, A., 1995, Constraints on seismic velocities in the Earth from travel times. *Geophys. J. Int.* **122**: 108–124.

Kennett, B. L. N., Widiyantoro, S. and van der Hilst, R. D., 1998, Joint seismic tomography for bulk-sound and shear wavespeed in the Earth's mantle. *J. Geophys. Res.* **103**: 12469–12493.

Kent, D. V. and Smethurst, M. A., 1998, Shallow bias of magnetic inclinations in the Paleozoic and Precambrian. *Earth Plan. Sci. Lett.* **160**: 391–402.

Kesson, S. E. and Fitzgerald, J. D., 1992, Partitioning of MgO, FeO, NiO, MnO and Cr_2O_3 between magnesian silicate perovskite and magnesiowustite; implications for the origin of inclusions in diamonds and the composition of the lower mantle. *Earth Plan. Sci. Lett.* **111**: 229–240.

Kieffer, S. W., Getting, I. C. and Kennedy, G. C., 1976, Experimental determination of the thermal diffusivity of teflon, sodium chloride, quartz and silica. *J. Geophys. Res.* **81**: 3018–3024.

King, C., 1893, The age of the Earth. *Am. J. Science* **45**:1–20.

King, S. D., 2002, Geoid and topography over subduction zones: the effect of phase transformations. *J. Geophys. Res.* **107** (B1). doi: 10.1029/2000JB000141.

Kittel, C., 1949, Physical theory of ferromagnetic domains. *Rev. Mod. Phys.* **21**: 541–583.

Kittel, C., 1971, *Introduction to Solid State Physics*, fourth edn. New York: Wiley.

Kivelson, M. J. K., Khurana, K., Russell, C., Volwerk, M., Walker, R. J. and Zimmer, C., 2000, Galileo magnetometer measurements; a stronger case for a subsurface ocean at Europa. *Science* **289**: 1340–1343.

Knopoff, L., 1958, Energy release in earthquakes. *Geophys. J. Roy. Astr. Soc.* **1**: 44–52.

Knopoff, L., 1964, *Q. Revs. Geophys.* **2**: 625–660.

Knopoff, L., 2001, Rayleigh waves without cubic equations. *Computational Seismology* **32**: 31–37.

Kombayashi, T., Omori, S. and Maruyama, S., 2005, Experimental and theoretical study of dense hydrous magnesium silicates in the deep mantle. *Phys. Earth Planet. Inter.* **153**: 191–209.

Kong, X. and Bird, P., 1996, Neotectonics of Asia: thin shell finite-element with faults. In Yin, A. and Harrison, T. M. (eds.) *The Tectonic Evolution of Asia*. Cambridge: Cambridge University Press, pp. 18–34.

Kono, M. and Roberts, P. H., 2002, Recent geodynamo simulations and observations of the geomagnetic field. *Revs. Geophys.* **40**, doi: 10.1029/2000RG000102.

Konopliv, A. S. and Yoder, C. F., 1996, Venusian k_2 tidal Love number from Magellan and PVO tracking data. *Geophys. Res. Lett.* **23**: 1857–1860.

Kreemer, C., Holt, W. E. and Haines, A. J., 2003, An integrated model of present-day plate motions and plate boundary deformation. *Geophys. J. Int.* **154**:8–34.

Kring, D. A. and Cohen, B. A., 2002, Cataclysmic bombardment throughout the inner Solar System 3.9–4.0 Ga. *J. Geophys. Res.* **107** (E2). doi: 10.1029/2001JE001529.

Kuang, W. and Bloxham, J., 1997, An Earth-like numerical dynamo model. *Nature* **389**: 371–374.

Kyte, F. T., Smit, J. and Wasson, J. T., 1985, Siderophile interelement variations in the Cretaceous–Tertiary boundary sediments from Caravaca, Spain. *Earth Plan. Sci. Lett.* **73**: 183–195.

Lachenbruch, A. H., 1970, Crustal temperature and heat production: implications of the linear heat flow relation. *J. Geophys. Res.* **75**: 3291–3300.

Lachenbruch, A. H. and Sass, J. H., 1980, Heat flow and energetics of the San Andreas fault zone. *J. Geophys. Res.* **85**: 6185–6222 and **86**: 7171–7172.

Laj, C., Mazaud, A., Weeks, R., Fuller, M. and Herrero-Bervera, E., 1992, Statistical assessment of the preferred longitude bands for recent geomagnetic reversal records. *Geophys. Res. Lett.* **19**: 2003–2006.

Lamb, H., 1904, On the propagation of tremors over the surface of an elastic solid. *Phil. Trans. Roy. Soc. Lond.* **A203**: 1–42.

Lamb, S. and Davis, P., 2003, Cenozoic climate change as a possible cause for the rise of the Andes. *Nature* **425**: 792–797.

Lambeck, K., 1980, *The Earth's Variable Rotation.* Cambridge: Cambridge University Press.

Lambeck, K., 1990, Glacial rebound, sea level change and mantle viscosity. *Q. J. Roy. Astron. Soc.* **31**: 1–30.

Lambeck, K., Johnston, P., Smither, C. and Nakada, M., 1996, Glacial rebound of the British Isles — III. Constraints on mantle viscosity. *Geophys. J. Int.* **125**: 340–354.

Landau, L. D. and Lifshitz, E. M., 1975, *Theory of Elasticity.* Oxford: Pergamon Press.

Langel, R. A. and Estes, R. H., 1982, A geomagnetic field spectrum. *Geophys. Res. Lett.* **9**: 250–253.

Lapwood, E. R., 1949, The disturbance due to a line source in a semi-infinite elastic medium. *Phil. Trans. Roy. Soc., Lond.* **A242**: 63–100.

Larmor, J., 1919, How could a rotating body such as the Sun become a magnet? *Report of the 87th (1919) meeting of the British Association for the Advancement of Science*, pp. 159–160.

Laske, G. and Masters, G., 1998, Surface-wave polarization data and global anisotropic structure. *Geophys. J. Int.* **132**: 508–520.

Laske, G. and Masters, G., 2003, The Earth's free oscillations and the differential rotation of the inner core. In Dehant et al. (2003), pp. 5–21.

Lay, T. et al. (14 authors), 2005, The great Sumatra–Andaman earthquake of 26 December 2004. *Science* **308**: 1127–1133.

Lebedev, S., Chevrot, S. and van der Hilst, R. D., 2002, Seismic evidence for olivine phase changes at the 410- and 660-kilometer discontinuities. *Science* **296**: 1300–1302.

Lee, D. C., Halliday, A. N., Snyder, G. A. and Taylor, L. A., 1997, Age and origin of the moon. *Science* **278**: 1098–1103.

Lemoine, F. G. et al. (15 authors), 1998, *The Development of the Joint NASAGSFC and NIMA Geopotential Model EGM 96*, NASA Technical Paper, no. 1998-206861.

Lerch, F. J. et al. (20 authors), 1994, A geopotential model from satellite tracking, altimeter and surface gravity data: GEM–T3. *J. Geophys. Res.* **99**: 2815–2839.

Lin, J.-F., Jacobsen, S. D., Sturhahn, W., Jackson, J. M., Zhao, J. and Yoo, C.-S., 2006, Sound velocities of ferropericlase in the Earth's lower mantle. *Geophys. Res. Lett.* **33**: L22304, doi:10.1029/2006GL028099,2006.

Lister, J. R. and Buffett, B. A., 1995, The strength and efficiency of thermal and compositional convection in the geodynamo. *Phys. Earth Planet. Inter.* **91**: 17–30.

Liu, L.-G., 1976, Orthorhombic perovskite phase observed in olivine, pyroxene and garnet at high pressures and temperatures. *Phys. Earth Planet. Inter.* **11**: 289–298.

Long, C. and Christensen, N. I., 2000, Seismic anisotropy of South African upper mantle xenoliths. *Earth Plan. Sci. Lett.* **179**: 551–565.

Longuet-Higgins, M. S. and Ursell, F., 1948, Sea waves and microseisms. *Nature* **162**: 700.

Loper, D. E., 1978a, The gravitationally powered dynamo. *Geophys. J. R. Astron. Soc.* **54**: 389–404.

Loper, D. E., 1978b, Some thermal consequences of the gravitationally powered dynamo. *J. Geophys. Res.* **83**: 5961–5970.

Loper, D. E., 1984, The dynamical structures of D'' and deep mantle plumes in a non-Newtonian mantle. *Phys. Earth Planet. Inter.* **33**: 56–67.

Loper, D. E., 1985, A simple model of whole mantle convection. *J. Geophys. Res.* **90**: 1809–1836.

Loper, D. E. and Stacey, F. D., 1983, The dynamical and thermal structure of deep mantle plumes. *Phys. Earth Planet. Inter.* **33**: 304–317.

Love, A. E. H., 1927, *A Treatise on the Mathematical Theory of Elasticity*, fourth edn. Cambridge: Cambridge University Press.

Lovell, A. C. B., 1954, *Meteor Astronomy.* Oxford: Clarendon Press.

Lowes, F. J., 1966, Mean values on sphere of spherical harmonic vector fields. *J. Geophys. Res.* **71**: 2179.

Lowes, F. J., and Wilkinson, I. 1963, Geomagnetic dynamo: a laboratory model. *Nature* **198**: 1158–1160.

Lowes, F. J., and Wilkinson, I. 1968, Geomagnetic dynamo: an improved laboratory model. *Nature* **219**: 717–718.

MacMillan, W. D., 1958, *Theory of the Potential.* New York: Dover (reprinted from 1930 edition).

Macouin, M., Valet, G. P. and Besse, J., 2004, Long-term evolution of the geomagnetic dipole moment. *Phys. Earth Planet. Inter.* **147**: 239–246.

Madariaga, R., 1976, Dynamics of an expanding circular fault. *Bull. Seism. Soc. Am.* **66**: 639–667.

Maggi, A., Debayle, E., Priestley, K. and Barruol, G., 2006, Multimode surface waveform tomography of the Pacific Ocean: a closer look at the lithospheric cooling signature. *Geophys. J. Int.* **166**: 1384–1397.

Malkus, W. V. R., 1963, Precessional torques as the cause of geomagnetism. *J. Geophys. Res.* **68**: 2871–2886.

Malkus, W. V. R., 1989, An experimental study of global instabilities due to tidal (elliptical) distortion of a rotating elastic cylinder. *Geophys. Astrophys. Fluid. Dyn.* **48**: 123–134.

Manga, M. and Jeanloz, R., 1997, Thermal conductivity of corundum and periclase and implications for the lower mantle. *J. Geophys. Res.* **102**: 2999–3008.

Mansinha, L. and Smylie, D. E., 1971, The displacement fields of inclined faults. *Bull. Seism. Soc. Am.* **61**: 1433–1440.

Mao, W. L., Mao, H.-K., Sturhahn, W., Zhao, J., Prakapenka, V. B., Meng, Y., Shu, J., Fei, Y. and Hemley, R. J., 2006, Iron-rich postperovskite and the origin of ultralow-velocity zones. *Science* **312**: 564–565.

Margot, J.-L., Peale, S.J., Jurgens, R.F., Slade, M.A. and Holin, I. V., 2007, Large longitude libration of Mercury reveals amolten core. *Science* **316**: 710–714.

Marone, C. J., Scholz, C. H. and Bilham, R., 1991, On the mechanics of earthquake afterslip. *J. Geophys. Res.* **96**(5): 8441–8452.

Marquering, H., Dahlen, F. A., and Nolet, G., 1999, Three-dimensional sensitivity kernels for finite-frequency traveltimes: the banana doughnut paradox. *Geophys. J. Int.* **137**: 805–815.

Masters, G. and Gilbert, F., 1981, Structure of the inner core inferred from observations of its spheroidal shear modes. *Geophys. Res. Lett.* **8**: 569–571.

Masters, G. and Gubbins, D., 2003, On the resolution of density within the Earth. *Phys. Earth Planet. Inter.* **140**: 159–167.

Masters, G., Laske, G., Bolton, H. and Dziewonski, A. M., 2000, The relative behaviour of shear velocity, bulk sound speed, and compressional velocity in the mantle: implications for chemical and thermal structure. In Karato, S.-I. et al. eds., *Earth's deep interior: mineral physics and tomography from the atomic to the global scale.* Geophysical Monograph Series **117**: 63–87. Washington: American Geophysical Union.

Masters, T. G. and Widmer, R., 1995, Free oscillations: frequencies and attenuation. In Ahrens (1995a), pp. 104–125.

Mathews, P. M., Buffett, B. A. and Shapiro, I. I., 1995, Love numbers for diurnal tides: relation to wobble admittances and resonance expansions. *J. Geophys. Res.* **100**: 9935–9948.

Mathews, P. M., Herring, T. A. and Buffett, B. A., 2002, Modeling nutation and precession: new nutation series for nonrigid Earth and insights into the Earth's interior. *J. Geophys. Res.* **107** (B4). 10.1029/2001JB000390.2002.

Maxwell, A. E., Von Herzen, R. P., Hsu, K. J., Andrews, J. E., Saito, T., Percival, S., Milow, E. D. and Boyce, R. E., 1970, Deep sea drilling in the South Atlantic. *Science* **168**: 1047–1059.

McArdle, N. J., Halls, H. C. and Shaw, J., 2004, Rock magnetic studies and a comparison between microwave and Thellier paleointensities for Canadian Precambrian dykes. *Phys. Earth Planet. Inter.* **147**: 247–254.

McDonough, W. F. and Sun, S.-S., 1995, The composition of the Earth. *Chem. Geology* **120**: 223–253.

McDougall, I., 1981, ^{40}Ar/^{39}Ar age spectra for the KBS tuff, Koobi Fora formation. *Nature* **294**: 120–124.

McDougall, I. and Harrison, T. M., 1999, *Geochronology and Thermochronology by the ^{40}Ar/^{39}Ar Method.* New York: Oxford University Press.

McDougall, I., Maier, R., Sutherland-Hawkes, P. and Gleadow, A. J. W., 1980, K–Ar age estimate for the KBS tuff, East Turkana, Kenya. *Nature* **284**: 230–234.

McDougall, I. and Tarling, D. H., 1963, Dating of polarity zones in the Hawaiian islands. *Nature* **200**: 54–56.

McFadden, P. L. and Merrill, R. T., 1984, Lower mantle convection and geomagnetism. *J. Geophys. Res.* **89**: 3354–3362.

McFadden, P. L. and Merrill, R. T., 1995, History of the Earth's magnetic field and possible connections to core-mantle boundary processes. *J. Geophys. Res.* **100**: 307–316.

McFadden, P. L., Merrill, R. T. and McElhinny, M. W., 1988, Dipole/quadrupole modelling of paleosecular variation. *J. Geophys. Res.* **93**: 11583–11588.

McFadden, P. L., Merrill, R. T., McElhinny, M. W. and Lee, S., 1991, Reversals of the Earth's magnetic field and temporal variations of the dynamo families. *J. Geophys. Res.* **96**: 3923–3933.

McGarr, A., 1999, On relating apparent stress to the stress causing earthquake fault slip. *J. Geophys. Res.* **104** (B2): 3003–3011.

McKenzie, D., Jackson, J. and Priestley, K., 2005, Thermal structure of oceanic and continental lithosphere. *Earth Plan. Sci. Lett.* **233**: 337–349.

McLennan, S. M., 1995, Sediments and soils: chemistry and abundances. In Ahrens (1995c). pp. 8–19.

McNutt, M. K., 1998, Superswells. *Revs. Geophys.* **36**: 211–244.

McQueen, R. G. and Marsh, S. P, 1966, Shock wave compression of iron–nickel alloys and the Earth's core. *J. Geophys. Res.* **71**: 1751–1756.

McQueen, R. G., Marsh, S. P. and Fritz, J. N., 1967, Hugoniot equation of state of twelve rocks. *J. Geophys. Res.* **72**: 4999–5036.

McSween, H. Y., 1999, *Meteorites and their Parent Planets*. second edn. Cambridge: Cambridge University Press.

Mei, S. and Kohlstedt, D. L., 2000a, Influence of water on plastic deformation of olivine aggregates 1: Diffusion creep regime. *J. Geophys. Res.* **105**: 21457–21469.

Mei, S. and Kohlstedt, D. L., 2000b, Influence of water on plastic deformation of olivine aggregates 2: Dislocation creep regime. *J. Geophys. Res.* **105**: 21471–21481.

Meredith, P. G. and Atkinson, B. K., 1983, Stress corrosion and acoustic emission during tensile crack propagation in Whin Sill dolerite and other basic rocks. *Geophys. J. Roy. Astr. Soc.* **75**: 1–21.

Merrill, R. T., McElhinny, M. W. and McFadden, P. L., 1996, *The Magnetic Field of the Earth: Paleomagnetism, the Core and the Deep Mantle*. San Diego: Academic Press.

Merrill, R. T. and McFadden, P. L., 1999, Geomagnetic polarity transitions. *Rev. Geophys.* **37**: 201–226.

Mitrovica, J. X., 1996, Haskell [1935] revisited. *J. Geophys. Res.* **101**: 555–569.

Mitrovica, J. X. and Forte, A. M., 1997, Radial profile of mantle viscosity: Results from the joint inversion of convection and postglacial rebound observable. *J. Geophys. Res.* **102**: 2751–2769.

Mitrovica, J. X. and Peltier, W. R., 1993, Present day secular variations in the zonal harmonics of Earth's geopotential. *J. Geophys. Res.* **98**: 4509–4526.

Mogi, K., 1958, Relations between the eruptions of various volcanoes and the deformation of the ground surface around them. *Bull. Earthq. Res. Inst. Univ. Tokyo* **36**: 99–134.

Molnar, P. and Atwater, T., 1973, Relative motion of hotspots in the mantle. *Nature* **246**: 288–291.

Montagner, J.-P., Griot-Pommera, D.-A. and Lave, J., 2000, How to relate body wave and surface wave anisotropy? *J. Geophys. Res.* **105**: 19015–19027.

Montagner, J.-P. and Kennett, B. L. N., 1996, How to reconcile body wave and normal mode reference models. *Geophys. J. Int.* **125**: 229–248.

Montagner, J.-P. and Tanimoto, T., 1991, Global upper mantle tomography of seismic velocities and anisotropies. *J. Geophys. Res.* **96**: 20337–20351.

Montelli, R., Nolet, G., Dahlen, F. A., Masters, G., Engdahl, E. R. and Hung, S.-H., 2004, Finite-frequency tomography reveals a variety of plumes in the mantle. *Science* **30**: 338–343.

Morgan, W. J., 1971, Convection plumes in the lower mantle. *Nature* **230**: 42–43.

Morozov, I. B. and Smithson, S. B., 2000, Coda of long-range arrivals from nuclear explosions. *Bull. Seism. Soc. Am.* **90**: 929–939.

Morris, J. D., Leeman, W. P. and Tera, F., 1990, The subducted component in island arc lavas: constraint from Be isotopes and B–Be systematics. *Nature* **344**: 31–36.

Mukhopadhyay, S. and Nittler, L., 2004, Report in Yearbook 02/03, p. 69. Washington: Carnegie Institution.

Murakami, M., Hirose, K., Kawamura, K., Sata, N. and Ohishi, Y., 2004, Post-perovskite phase transition in $MgSiO_3$. *Science* **304**: 855–858.

Murthy, V. R., van Westrenen, W. and Fei, Y., 2003, Experimental evidence that potassium is a substantial radioactive heat source in planetary cores. *Nature* **423**: 163–165.

Nadeau, R. M. and Dolenc, D., 2005, Nonvolcanic tremors deep beneath the San Andreas Fault. *Science* **307**: 389–390.

Nagata, T., 1953, Rock Magnetism, first edn. Tokyo: Maruzen.

Nagata, T., 1979, Meteorite magnetism and the early solar system magnetic field. *Phys. Earth Planet. Inter.* **20**: 324–341.

Nakiboglu, S. M., 1982, Hydrostatic theory of the Earth and its mechanical implications. *Phys. Earth Planet. Inter.* **28**: 302–311.

Narayan, C. and Goldstein, J. I., 1985, A major revision of iron meteorite cooling rates — an experimental study of the growth of the Widmanstätten pattern. *Geochim. Cosmochim. Acta* **49**: 397–410.

Navon, O. and Wasserburg, G. J., 1985, Self-shielding in O_2 — a possible explanation of oxygen isotope anomalies in meteorites. *Earth Plan. Sci. Lett.* **73**: 1–16.

Nawa, K., Sudo, N., Fukao, Y., Sato, T., Aoyama, Y. and Shibuya, K., 1998, Incessant excitation of the Earth's free oscillations. *Earth Space Sci.* **50**: 3–8.

Néel, L. 1955, Some theoretical aspects of rockmagnetism. *Adv. Phys.* **4**: 191–243.

Ness, N. F., 1994, Intrinsic magnetic fields of the planets: Mercury to Neptune. *Phil. Trans. Roy. Soc. Lond.* **A349**: 249–260.

Newsom, H. E., 1995, Composition of the solar system, planets, meteorites and major terrestrial reservoirs. In Ahrens (1995a), pp. 159–189.

Nieto, M. M., 1972, *The Titius–Bode Law of Interplanetary Distances: its History and Theory*. Oxford: Pergamon.

Nimmo, F., Price, G. D., Brodholt, J. and Gubbins, D., 2004, The influence of potassium on core and geodynamo evolution. *Geophys. J. Int.* **156**: 363–376.

Nishimura, C. E. and Forsyth, D. W., 1989, The anisotropic structure of the upper mantle in the Pacific. *Geophys. J.* **96**: 203–229.

Nittler, L., 2003, Presolar stardust in meteorites: recent advances and scientific frontiers. *Earth Plan. Sci. Lett.* **209**: 259–273.

Norton, I. O., 1995, Plate motions in the north Pacific: the 43 Ma nonevent. *Tectonics* **14** (5): 1080–1094.

Nyblade, A. A. and Robinson, S. W., 1994, The African superswell. *Geophys. Res. Lett.* **21**: 765–768.

Oganov, A. R., Brodholt, J. P. and Price, G. D., 2000, Comparative study of quasiharmonic lattice dynamics, molecular dynamics and Debye model applied to $MgSiO_3$ perovskite. *Phys. Earth Planet. Inter.* **122**: 277–288.

Ogata, Y., 1998, Space-time point process models for earthquake occurrences. *Annals Inst. Statistical Mechanics* **50**: 379–402.

Ogino, K., Nishiwaki, A. and Hosotani, Y., 1984, Density of molten Fe–C alloys. *J. Japan Inst. Metals* **48**: 1004–1010.

Ohtani, E., Litasov, K., Suzuki, A. and Kondo, T., 2001, Stability field of a new hydrous phase, δ-AlOOH, with implications for water transport in the deep mantle. *Geophys. Res. Lett.* **28**: 3991–3993.

Okada, Y., 1985, Surface deformation due to shear and tensile faults in a half space. *Bull. Seism. Soc. Am.* **75**: 1135–1154.

Okal, E. A., 2001, 'Detached' deep earthquakes: are they really? *Phys. Earth Planet. Inter.* **127**: 109–143.

Okuchi, T., 1997, Hydrogen partitioning into molten iron at high pressure: implications for the Earth's core. *Science* **278**: 1781–1784.

Okuchi, T., 1998, The melting temperature of iron hydride at high pressures and its implication for the temperature of the Earth's core. *J. Phys. Condensed Matter* **10**: 11595–11598.

Oliver, J., 1962, A summary of observed seismic wave dispersion. *Bull. Seism. Soc. Am.* **52**: 81–86.

Olsen, N., 2002, A model of the geomagnetic field and its secular variation for the epoch 2000 estimated from Orsted data. *Geophys. J. Int.* **149**: 454–462.

Olsen, P. E. et al. (10 authors), 2002, Ascent of dinosaurs linked to an iridium anomaly at the Triassic–Jurassic boundary. *Science* **296**: 1305–1307.

Olson, P., 1983, Geomagnetic polarity reversals in a turbulent core. *Phys. Earth Planet. Inter.* **33**: 260–274.

Olson, P. and Aurnou, J. 1999, A polar vortex in the Earth's core. *Nature* **402**: 170–173.

Omori, F. J., 1894, On after-shocks of earthquakes. *College of Science, Imperial University of Tokyo* **7**: 111–200.

Opdyke, N. D. and Channell, J. E. T., 1996, *Magnetic Stratigraphy*. San Diego: Academic Press.

Opdyke, N. D., Kent, D. V. and Lowrie, W., 1973, Details of magnetic polarity transitions recorded in a high deposition rate deep sea core. *Earth Plan. Sci. Lett.* **20**: 315–324.

Oversby, V. M. and Ringwood, A. E., 1971, Time of formation of the Earth's core. *Nature* **234**: 463–465.

Ozima, M. and Podosek, F. A., 1999, Formation age of Earth from $^{129}I/^{127}I$ and $^{244}Pu/^{238}U$ systematics and the missing Xe. *J. Geophys. Res.* **104**: 25493–25499.

Padhy, S, 2005, A scattering model for seismic attenuation and its global applications. *Phys. Earth Planet. Int.* **148**: 1–12.

Pagiatakis, S. D., Yin, H. and El-Gelil, M. A., 2007, Least squares self-coherency analysis of superconducting gravimeter records in search for the Slichter triplet. *Phys. Earth Planet. Inter.* **160**: 108–123.

Panning, M. P. and Romanowicz, B. A., 2006, A three dimensional radially anisotropic model of shear velocity in the whole mantle. *Geophys. J. Int.* **167**: 361–379.

Parkinson, W. D., 1983, *Introduction to Geomagnetism*. Edinburgh: Scottish Academic Press.

Paterson, M. S. and Weiss, L. E., 1961, Symmetry concepts in the structural analysis of deformed rocks. *Geol. Soc. Am. Bull.* **72**: 841–882.

Peale, S. J., Cassen, P. and Reynolds, R. P., 1979, Melting of Io by tidal dissipation. *Science* **203**: 892–894.

Pearce, S. J. and Russell, R. D., 1990, Inversion of cosmogenic nuclide data from iron meteorites. *Canad. J. Earth Sci.* **68**: 1312–1321.

Peltier, W. R., 1982, Dynamics of the ice age Earth. *Adv. Geophys.* **24**: 1–146.

Peltier, W. R., 1998, Postglacial variations in the level of the sea: implications for climate dynamics. *Rev. Geophys.* **36**: 603–689.

Peltier, W. R., 2004, Global glacial isostasy and the surface of the ice age Earth: the Ice-5g (Vm2) model and Grace. *Rev. Earth Plan. Sci.* **32**: 111–149.

Peltzer, G., Crampe, F. and King, G., 1999, Evidence of nonlinear elasticity in the crust from the Mw7.6 Manyi (Tibet) earthquake. *Science* **286**: 272–276.

Pesonen, L. J., Elming, S.-A., Mertanen, S., Pisarevsky, S., D'Agrella-Filho, M. S., Meert, J. G., Schmidt, P. W., Abrahamsen, N. and Bylund, G., 2003, Palaeomagnetic configuration of the continents during the Proterozoic. *Tectonophysics* **375**: 289–324.

Plafker, G., 1965, Tectonic deformation associated with the 1964 Alaska earthquake. *Science* **148**: 1675–1687.

Poirier, J.-P., 1988, Transport properties of liquid metals and viscosity of the Earth's core. *Geophys. J. R. Astron. Soc.* **92**: 99–105.

Poirier, J.-P., 1994, Light elements in the Earth' score: a critical review. *Phys. Earth Planet. Inter.* **85**: 319–337.

Poirier, J.-P., 2000, *Introduction to the Physics of the Earth's Interior*, second edn. Cambridge: Cambridge University Press.

Poirier, J.-P. and Tarantola, A., 1998, A logarithmic equation of state. *Phys. Earth Planet. Inter.* **109**: 1–8.

Pollack, H. N. and Huang, S., 2000, Climate reconstruction from subsurface temperatures. *Rev. Earth Plan. Sci.* **28**: 339–365.

Pollack, H. N., Hurter, S. J. and Johnson, J. R., 1993, Heat flow from the Earth's interior: analysis of the global data set. *Rev. Geophys.* **31**: 267–280.

Poupinet, G. R., Pillet, R. and Souriau, A., 1983, Possible heterogeneity of the Earth's core deduced from PKIKP travel times. *Nature* **305**: 204–206.

Prentice, A. J. R., 1986, Uranus: predicted origin and composition of its atmosphere, moons and rings. *Phys. Lett.* **A114**: 211–216.

Prentice, A. J. R., 1989, Neptune: predicted origin and composition of a regular satellite system. *Phys. Lett.* **A140**: 265–270.

Proudman, J., 1953, *Dynamical Oceanography*. London: Methuen.

Rabinowicz, E., 1965, *Friction and Wear of Materials*. New York: Wiley.

Rädler, K.-H. and Cēbers, A. (Eds.), 2002, MHD dynamo experiments. *Magnetohydrodynamics* **38**: 3–217.

Raitt, R. W., Shor, G. G., Francis, T. G. J. and Morris G. B., 1969, Anisotropy of the Pacific upper mantle. *J. Geophys. Res.* **74**: 3095–3109.

Rapp, R. H. and Pavlis, N. K., 1990, The development and analysis of geopotential coefficient models to spherical harmonic degree 360. *J. Geophys. Res.* **95**: 21885–21911.

Ray, R. D., Eanes, R. J. and LeMoine, F. G., 2001, Constraints on energy dissipation in the Earth's body tide from satellite tracking and altimetry. *Geophys. J. Int.* **144**: 471–480.

Reasenberg, P. A., 1999, Foreshock occurrence before large earthquakes. *J. Geophys. Res.* **104** (B3): 4755–4768.

Reid, H. F., 1910, *The California Earthquake of April 18, 1906. II. The Mechanics of the Earthquake*. Washington: Carnegie Institution.

Reinecker, J., Heidbach, O., Tingay, M., Connolly, P. and Müller, B., 2004, The 2004 release of *The World Stress Map*. (www.world-stress-map.org).

Rhie, J. and Romanowicz, B., 2004, Excitation of the Earth's free oscillations by atmosphere-ocean-seafloor coupling. *Nature* **431**: 552–556.

Richards, M. A. and Engebretson, D. C., 1992, Large scale mantle convection and the history of subduction. *Nature* **355**: 437–440.

Richardson, R. M., 1992, Ridge forces, absolute plate motions and the intraplates tress field. *J. Geophys. Res.* **97** (8): 11739–11748.

Richter, C. F., 1958, *Elementary Seismology*. San Francisco: Freeman.

Rigden, S. M., Gwanmesia, G. D., Fitzgerald, J. D., Jackson, I. and Liebermann, R. C., 1991, Spinel elasticity and seismic structure of the transition zone of the mantle. *Nature* **34**: 143–145.

Rikitake, T., 1966, *Electromagnetism and the Earth's Interior*. Amsterdam: Elsevier.

Ringwood, A. E., 1966, Chemical evolution of the terrestrial planets. *Geochim. Cosmochim. Acta* **30**: 41–104.

Ringwood, A. E., 1989, Flaws in the giant impact hypothesis of lunar origin. *Earth Plan. Sci. Lett.* **95**: 208–214.

Ritsema, J., van Heijst, H. J. and Woodhouse, J. H., 1999, Complex shear velocity structure imaged beneath Africa and Iceland. *Science* **286**: 1925–1928.

Roberts, P., 1987, Origin of the main field: dynamics. In Jacobs, J. A. (ed.), *Geomagnetism* Vol. 2. London: Academic Press, pp. 251–306.

Roberts, P. H. and Gubbins, D., 1987, Origin of the main field: kinematics. In Jacobs, J.A. (ed.), *Geomagnetism* Vol. 2. London: Academic Press, pp. 185–249.

Robertson, G. S. and Woodhouse, J. H., 1996a, Ratio of relative S to P heterogeneity in the lower mantle. *J. Geophys. Res.* **101**: 20041–20052.

Robertson, G. S. and Woodhouse, J. H., 1996b, Constraints on lower mantle physical properties from seismology and mineral physics. *Earth Planet. Sci. Lett.* **143**: 197–205.

Robock, A., 2000, Volcanic eruptions and climate. *Rev. Geophys.* **38**: 191–219.

Robock, A., 2003, Introduction: Mount Pinatubo as a test of climate feedback mechanisms. In Robock, A. and Oppenheimer, C. (eds.) *Volcanism and the Earth's Atmosphere.* Washington: American Geophysical Union, pp. 1–8.

Rogers, G. and Dragert, H., 2003, Episodic tremor and slip on the Cascadia subduction zone: the chatter of silent slip. *Science* **300**: 1942–1943.

Roth, M., Müller, G. and Snieder, R., 1993, Velocity shifts in random media. *Geophys. J. Int.* **115**: 552–563.

Runnegar, B., 1982, The Cambrian explosion: animals or fossils? *J. Geol. Soc. Australia* **29**: 395–411.

Rutherford, E. and Soddy, F., 1903, Radioactive change. *Phil. Mag. (Series 6)* **5**: 1576–1591.

Ryder, G., 1990, Lunar samples, lunar accretion and the early bombardment of the Moon. *EOS (Trans. AGU Spring Meeting Supplement)* **71**: 313 and 322–323 (March 6, 1990).

Ryder, G. and Mojzsis, S. J., 1998, Accretion to the Earth and Moon around 3.85 Ga: what is the evidence? *EOS (Trans. AGU Fall Meeting Supplement)* **79** (45): F48 (Abstract U22B–10).

Sanloup, C., Guyot, F., Gillet, P., Fiquet, G., Hemley, R. J., Mezouar, M. and Martinez, I., 2000, Structural changes in liquid Fe at high pressures and high temperatures from synchrotron X-ray diffraction. *Europhys. Lett.* **52**: 151–157.

Sasatani, T., 1989, Deep earthquakes. In James (1989), pp. 174–181.

Schneider, J. F. and Sacks, I. S., 1992, Subduction of the Nazca plate beneath central Peru from local earthquakes. Unpublished manuscript.

Scholz, C. H., 1990, *The Mechanics of Earthquakes and Faulting.* Cambridge: Cambridge University Press.

Schubert, G., Masters, G., Olson P. and Tackley, P., 2004, Superplumes or plume clusters? *Phys. Earth Planet. Int.* **146**: 147–162.

Secco, R. A., 1995, Viscosity of the outer core. In Ahrens (1995b), pp. 218–226.

Sella, G. F., Stein, S., Dixon, T. H., Craymer, M., James, T. S., Mazzotti, S. and Dokka, R. K., 2007, Observation of glacial isostatic adjustment in "stable" North America with GPS. *Geophys. Res. Lett.* **34**: L02306. doi:10.1029/2006GL027081.

Shaw, B. E., 1993, Generalized Omori law for aftershocks and foreshocks from simple dynamics. *Geophys. Res. Lett.* **20**: 907–910.

Shaw, J., 1974, A new method of determining the magnitude of the palaeomagnetic field. *Geophys. J. R. Astron. Soc.* **39**: 133–141.

Shaw, J. and Sherwood, G., 1991, Palaeointensity and reversal frequency — are they related? *Geophy. Astrophy. Fluid Dyn.* **60**: 135–140.

Shearer, P. M., 1990, Seismic imaging of upper mantle structure with new evidence for a 520 km discontinuity. *Nature* **344**: 121–126.

Sheriff, R. E., and Geldart, L. P., 1982, *Exploration Seismology, Vol. 1: History, Theory and Data Acquisition.* Cambridge: Cambridge University Press.

Sibson, R. H. and Xie, G., 1998, Dip range for intracontinental reverse fault ruptures: truth not stranger than friction. *Bull. Seism. Soc. Am.* **88**: 1014–1022.

Silver, P. G., 1996, Seismic anisotropy beneath the continents: probing the depths of geology. *Ann. Rev. Earth Planet. Sci.* **24**: 385–432.

Singh, S. K. and Ordaz, M., 1994, Seismic energy release in Mexican subduction zone earthquakes. *Bull. Seism. Soc. Am.* **84**: 1533–1550.

Slater, J. C., 1939, *Introduction to Chemical Physics.* New York: McGraw-Hill.

Sleep, H. N., 1990, Hot spots and mantle plumes: some phenomenology. *J. Geophys. Res.* **95**: 6715–6736.

Slichter, L. B., 1967, Spherical oscillations of the earth, *Geophys. J. R. Astron. Soc.* **14**: 171–177.

Smith, S. W., 1967, Free vibrations of the Earth. In Runcorn, S. K. (ed.) *International Dictionary of Geophysics* (2 vols.) Oxford: Pergamon, pp. 344–346.

Smyth, J. R., and McCormick, T. C., 1995, Crystallographic data for minerals. In Ahrens, T. J. (1995b), pp. 1–17.

Sneddon, I. N., 1980, *Special Functions of Mathematical Physics and Chemistry*, third edn. Edinburgh: Oliver and Boyd.

Solheim, L. P. and Peltier, W. R., 1994, Phase boundary deflections at 660 km depth and episodically layered isochemical convection in the mantle. *J. Geophys. Res.* **99**: 15861–15875.

Solomatov, V. S. and Stevenson, D. J., 1994, Can sharp seismic discontinuities be caused by non-equilibrium phase transitions? *Earth Plan. Sci. Lett.* **125**: 267–279.

Song, X. and Richards, P. G., 1996, Seismological evidence for differential rotation of the Earth's inner core. *Nature* **382**: 221–224.

Souriau, A., Roudil, P. and Moynot, B. 1997, Inner core differential rotation: facts and artifacts. *Geophys. Res. Lett.* **24**: 2103–2106.

Spetzler, J. and Snieder, R., 2004, Tutorial, the Fresnel volume and transmitted waves. *Geophysics* **69**: 653–663.

Stacey, F. D., 1973, The coupling of the core to the precession of the Earth. *Geophys. J. R. Astron. Soc.* **33**: 47–55.

Stacey, F. D., 2000, Kelvin's age of the Earth paradox revisited. *J. Geophys. Res.* **105**: 13155–13158.

Stacey, F. D., 2005, High pressure equations of state and planetary interiors. *Reps. Prog. Phys.* **68**: 341–383.

Stacey, F. D. and Anderson, O. L., 2001, Electrical and thermal conductivities of Fe–Ni–Si alloy under core conditions. *Phys. Earth Planet. Inter.* **124**: 153–162.

Stacey, F. D. and Davis, P. M., 2004, High pressure equations of state with applications to the lower mantle and core. *Phys. Earth Planet. Inter.* **142**: 137–184.

Stacey, F. D. and Irvine, R. D., 1977, A simple dislocation theory of melting. *Australian J. Phys.* **30**: 641–646.

Stacey, F. D. and Isaak, D. G., 2003, Anharmonicity in mineral physics: a physical interpretation. *J. Geophys. Res.* **108** (**B9**): 2440. doi: 10.1029/2002JB002316,2003.

Stacey, F. D. and Loper, D. E., 1983, The thermal boundary layer interpretation of D'' and its role as a plume source. *Phys. Earth Planet. Inter.* **33**: 45–55.

Stacey, F. D. and Loper, D. E., 1984, Thermal histories of the core and mantle. *Phys. Earth Planet. Inter.* **36**: 99–115.

Stacey, F. D. and Loper, D. E., 2007, A revised estimate of the conductivity of iron alloy at high pressure and implications for the core energy balance. *Phys. Earth Planet. Inter.* **161**: 13–18.

Stacey, F. D., Spiliopoulos, S. S. and Barton, M. A., 1989, a critical re-examination of the thermodynamic basis of Lindemann's melting law. *Phys. Earth Planet. Inter.* **55**: 201–207.

Stacey, F. D. and Stacey, C. H. B., 1999, Gravitational energy of core evolution: implications for thermal history and geodynamo power. *Phys. Earth Planet. Inter.* **110**: 83–93.

Stanley, S., Bloxham. J., Hutchison, W. E. and Zuber, M. T., 2005, Thin shell dynamo models consistent with Mercury's weak observed magnetic field. *Earth Planet. Sci. Lett.* **234**: 27–38.

Stein, C. A., 1995, Heat flow from the Earth. In Ahrens (1995a), pp. 144–158.

Stein, C. A. and Stein, S., 1992, A model for the global variation in oceanic depth and heat flow with lithospheric age. *Nature* **359**: 123–129.

Stein, C. A. and Stein, S., 1994, Constraints on hydrothermal heat flux through oceanic lithosphere from global heat flux. *J. Geophys. Res.* **99**: 3081–3095.

Stein, R. S., 1999, The role of stress transfer in earthquake occurrence. *Nature* **402**: 605–609.

Stein, S. and Wysession, M., 2003, *An Introduction to Seismology, Earthquakes and Earth Structure*. Oxford: Blackwell.

Stephenson, F. R. and Morrison, L. V., 1995, Long-term fluctuations in the Earth's rotation. *Phil. Trans. Roy. Soc. Lond.* **A351**: 165–202.

Stevenson, D. J., 2003, Planetary magnetic fields. *Earth Plan. Sci. Lett.* **208**: 1–11.

Stevenson, D., 2005, Earthquakes and tsunamis: what physics is interesting? *Physics Today* **June 2005**: 10–11.

Stoneley, R., 1924, Elastic waves at the surface of separation of two solids. *Proc. Roy. Soc. Lond.* **A106**: 416–420.

Strutt, R. J., 1906, On the distribution of radium in the Earth's crust and on the Earth's internal heat. *Proc. Roy. Soc. Lond.* **A77**: 472–485.

Sturhahn, W., Jackson, J. M. and Lin, J.-F., 2005, The spin state of iron in minerals of the Earth's lower mantle. *Geophys. Res. Lett.* **32**: L12307, doi:10.1029/2005GL022802,2005.

Su, W. J. and Dziewonski, A. M., 1997, Simultaneous inversion for 3D variations in shear and bulk velocity in the mantle. *Phys. Earth Planet. Inter.* **100**: 135–156.

Su, W. J., Dziewonski, A. M and Jeanloz, R., 1996, Planet within a planet: rotation of the inner core of the Earth. *Science* **274**: 1883–1887.

Sumita, I. and Yoshida, S., 2003, Thermal interactions between the mantle, outer and inner cores, and the resulting structural evolution of the core. In Dehant et al. (2003), pp. 213–231.

Tackley, P. J., Stevenson, D. J., Glatzmaier, G. A. and Schubert, G., 1994, Effects of multiple phase transitions in a three-dimensional spherical model of convection in the Earth's mantle. *J. Geophys. Res.* **99**: 15877–15901.

Takahashi, F., Matsushima, M. and Honkura, Y., 2005, Simulations of a quasi-Taylor state geomagnetic field including polarity reversals on the Earth simulator. *Science* **309**: 459–461.

Tarling, D., 1971, *Principles and Applications of Palaeomagnetism*. London: Chapman and Hall.

Tarling, D. H., 1989, Archaeomagnetism. In James (1989), pp. 33–37.

Tatsumoto, M., 1966, Genetic relationships of ocean basalts as indicated by lead isotopes. *Science* **153**: 1094–1101.

Tatsumoto, M., Knight, R. J. and Allègre, C. J., 1973, Time differences in the formation of meteorites as determined by the ratio of lead-207 to lead-206. *Science* **180**: 1279–1283.

Tauxe, L., 2006, Long-term trends in paleointensity: the contribution of DSDP/ODP submarine basalt glass collections. *Phys. Earth Planet. Inter.* **156**: 223–241.

Tera, F., 2003, A lead isotope method for the accurate dating of disturbed geological systems: numerical demonstrations, some applications and implications. *Geochim. Cosmochim. Acta* **67**: 3687–3715.

Tera, F., Papanastassiou, D. A. and Wasserburg, G. J., 1974, Isotopic evidence for a terminal lunar cataclysm. *Earth Plan. Sci. Lett.* **22**: 1–21.

Thatcher, W., 1983, Nonlinear strain buildup and the earthquake cycle on the San Andreas fault. *J. Geophys. Res.* **88**: 5893–5902.

Thellier, E. and Thellier, O., 1959, Sur l'intensitè du champ magnétique terrestre dans le passé historique et géologique. *Ann. Geophys.* **15**: 285–376.

Tilton, G. R. and Steiger, R. H., 1965, Lead isotopes and the age of the Earth. *Science* **150**: 1805–1808.

Toon, O. B., Zahnle, K., Morrison, D., Turco, R. P. and Covey, C., 1997, Environmental perturbations caused by the impacts of asteroids and comets. *Rev. Geophys.* **35**(1): 41–78.

Tozer, D. C., 1972, The present thermal state of the terrestrial planets. *Phys. Earth Planet. Inter.* **6**: 182–197.

Tromp, J., 1993, Support for anisotropy of the Earth's inner core from splitting in free oscillation data. *Nature* **366**: 678–681.

Turcotte, D. L. and Schubert, G., 2002, *Geodynamics*. second edn. Cambridge: Cambridge University Press.

Turner, G. M. and Thompson, R., 1981, Lake sediment record of the geomagnetic secular variation in Britain during Holocene times. *Geophys. J. R. Astron. Soc.* **65**: 703–725.

Utsu, T., 1961, A statistical study of the occurrence of aftershocks. *Geophys. Magazine* **30**: 521–605.

Utsu, T., 2002, Statistical features of seismicity. In *International Handbook of Earthquake Engineering and Seismology*, ed. W. H. K. Lee. San Diego: Academic Press. Part A, pp. 719–732.

Van der Voo, R, 1990, Phanerozoic poles from Europe and North America and comparisons with continental reconstruction. *Rev. Geophys.* **28**: 167–206.

Van der Voo, R., 1992, *Paleomagnetism of the Atlantic, Tethys and Iapetus Oceans*. Cambridge: Cambridge University Press.

Vanyo, J. D., 1991, A geodynamo powered by lunisolar precession. *Geophys. Astrophys. Fluid Dyn.* **59**: 209–234.

Vashchenko, V. Ya., and Zubarev, V. N., 1963, Concerning the Grüneisen constant. *Sov. Phys. Solid State* **5**: 653–655.

Veizer, J. and Jansen, S. L., 1979, Basement and sedimentary recycling and continental evolution. *J. Geol.* **87**: 341–370.

Veizer, J. and Jansen, S. L., 1985, Basement and sedimentary recycling — 2: Time dimension to global tectonics. *J. Geol.* **93**: 625–643.

Venkataraman, A. and Kanamori, H., 2004, Observational constraints on the fracture energy of subduction zone earthquakes. *J. Geophys. Res.* **109B**: 5302. doi:10.1029/2003JB002549.

Vidale, J. E., 2001, Peeling back the layers in Earth's mantle. *Science* **294**: 313.

Vidale, J. E., Dodge, D. A. and Earle, P. S., 2000, Slow differential rotation of the Earth's inner core indicated by temporal changes in scattering. *Nature* **405**: 445–448.

Vidale, J. E. and Earle, P. S., 2000, Fine-scale heterogeneity in the Earth's inner core. *Nature* **405**: 273–275.

Vidale, J. E., and Hedlin, M. A. H., 2000, Evidence for partial melt at the core-mantle boundary north of Tonga from the strong scattering of seismic waves. *Nature* **391**: 682–685.

Vine, F. J. and Matthews, D. H., 1963, Magnetic anomalies over ocean ridges. *Nature* **199**: 947–949.

Vinet, P., Ferrante, J., Rose, J. H. and Smith, J. R., 1987, Compressibility of solids. *J. Geophys. Res.* **92**: 9319–9325.

Vondrák, J., 1999, Earth rotation parameters, 1899.7–1992.0, after reanalysis within the Hipparcos frame. *Surveys in Geophys.* **20**: 169–195.

Wäke, H., Dreibus, G. and Jagouz, E., 1984, Mantle chemistry and accretion history of the Earth. In Kröner, A., Hanson, G. N. and Goodwin, A. M. (eds.), 1984, *Archean geochemistry*. Berlin: Springer.

Wasson, J. T., 1985, *Meteorites: Their Record of Early Solar System History*. New York: Freeman.

Watson, E. B. and Harrison, T. M., 2005, Zircon thermometer reveals minimum melting conditions on earliest Earth. *Science* **308**: 841–844.

Watt, P. J., Davies, G. F. and O'Connell, R. J., 1976, The elastic properties of composite materials. *Rev. Geophys. Space Phys.* **14**: 541–563.

Watts, A. B., 2001, *Isostasy and Flexure of the Lithosphere*. Cambridge: Cambridge University Press.

Weaver, H. A., Stern, S. A., Mutchler, M. J., Steffl, A. J., Buie, M. W., Merline, W. J., Spencer, J. R., Young, E. F. and Young, L. A., 2006, Discovery of two new satellites of Pluto. *Nature* **439**: 943–945.

Webb, D. J., 1982, Tides and the evolution of the Earth–Moon system. *Geophys. J. R. Astron. Soc.* **70**: 261–271.

Weertman, J. and Weertman, J. R., 1992, *Elementary Dislocation Theory*. Oxford: Oxford University Press.

Wetherill, G. W., 1968, Stone meteorites: time of fall and origin. *Science* **159**: 79–82.

Wetherill, G. W., 1981, Nature and origin of basin-forming projectiles. *Proc. Lunar Plan. Sci.* **12A**: 1–18.

Wetherill, G. W., 1985, Asteroidal source of ordinary chondrites. *Meteoritics* **20**: 1–22.

Whaler, K. A., 1980, Does the whole of the Earth's core convect? *Nature* **287**: 528–530.

Wheeler, K. T., Walker, D., Fei, Y., Minarik, W. G., and McDonough, W. F., 2006, Experimental partitioning of uranium between liquid iron sulfide and liquid silicate: implications for radioactivity in the Earth's core. *Geochim. Cosmochim. Acta* **70**: 1537–1547.

White, M. L., 1972, Jetstreams and the development of the solar system. *Nature Phys. Sci.* **238**: 104–105.

Wielandt, E., 1987, On the validity of the ray approximation for interpreting delay times. In Nolet, G. (ed.), *Seismic Tomography*. Dordrecht: Reidel, pp. 85–98.

Wiens, D. A. and Stein, S., 1985, Implications of oceanic intraplate seismicity for plate stresses, driving forces and rheology. *Tectonophysics* **116**: 143–162.

Wignall, P. B., 2001, Large igneous provinces and mass extinctions. *Earth Sci. Rev.* **53**: 1–33.

Williams, G. E., 1990, Tidal rhythmites: key to the history of the Earth's rotation and the lunar orbit. *J. Phys. Earth* **38**: 475–491.

Williams, G. E., 1991, Milankovitch-band cyclicity in bedded halite deposits contemporaneous with Late Ordovician–Early Silurian glaciation, Canning Basin, Western Australia. *Earth Plan. Sci. Lett.* **103**: 143–155.

Williams, G. E., 2000, Geological constraints on the preCambrian history of the Earth's rotation and the Moon's orbit. *Rev. Geophys.* **38**: 37–59.

Williams, J. G., Ratcliffe, J. T. and Boggs, D. H., 2004, Lunar rotation orientation and science. *EOS (Trans. AGU Fall Meeting Supplement)* **85** (47) F603 (Abstract G33A-08).

Williams, Q., Revenaugh, J. and Garnero, E., 1998, A correlation between ultra-low basal velocities in the mantle and hot spots. *Science* **281**: 546–549.

Willson, R. C. and Hudson, H. S., 1991, The sun's luminosity over a complete solar cycle. *Nature* **351**: 42–44.

Wilson, R. L., 1962, The palaeomagnetism of baked contact rocks and reversals of the Earth's magnetic field. *Geophys. J. R. Astron. Soc.* **7**: 194–202.

Wilson, R. L., 1970, Permanent aspects of the Earth's non-dipole magnetic field over Upper Tertiary time. *Geophys. J. R. Astron. Soc.* **19**: 417–437.

Wisdom, J., 1983, Chaotic behaviour and the origin of the 3/1 Kirkwood gap. *Icarus* **56**: 51–74.

Wolbach, W. S., Lewis, R. S. and Anders, E., 1985, Cretaceous extinctions: evidence for wildfire and search for meteoritic material. *Science* **230**: 167–170.

Wood, B. J., 1993, Carbon in the core. *Earth Plan. Sci. Lett.* **117**: 593–607.

Wood, J. A., 1964, The cooling rates and parent planets of several iron meteorites. *Icarus* **3**: 429–459.

Woodhouse, J. H., 1983, The joint inversion of seismic waveforms for lateral variations in Earth structure and earthquake source parameters. In Kanamori, H. and Boschi, E. eds. *Proceedings of the Enrico Fermi International School of Physics*, **85**. Amsterdam: North Holland, pp. 366–397.

Woodhouse, J. H., 1988, The calculation of eigenfrequencies and eigenfunctions of the free oscillationsof the earth and the sun. In Doornbos, D. J. (ed.), *Physics of the Earth's Interior. Seismological Algorithms*, London: Academic Press.

Woodhouse, J. H. and Dziewonski, A. M., 1984, Mapping the upper mantle: three dimensional modelling of Earth structure by inversion of seismic waveforms. *J. Geophys. Res.* **89**: 5953–5986.

Woodhouse, J. H., Giardini, D. and Li, X.-D., 1986, Evidence for inner-core anisotropy from splitting in free oscillation data. *Geophys. Res. Lett.* **13**: 1549–1552.

Xie, S. and Tackley, P. J., 2004, Evolution of helium and argon isotopes in a convecting mantle. *Phys. Earth Planet. Inter.* **146**: 417–439.

Xu, F., Vidale, J. E. and Earle, P. S., 2003, Survey of precursors to $P'P'$: fine structure of mantle discontinuities. *J. Geophys. Res.* **108** (B1): 2024. doi:10.1029/2001JB000817,2003.

Yeganeh-Haeri, A., 1994, Synthesis and reinvestigation of the elastic properties of magnesium silicate perovskite. *Phys. Earth Planet. Inter.* **87**: 111–121.

Yin, A., 2000, Mode of east-west extension in Tibet suggesting a common origin of rifts in Asia during the Indo–Asian collision. *J. Geophys. Res.* **105** (B9): 21745–21759.

Yoder, C. F., Konopliv, A. S., Yuan, D. N., Standish, E. M. and Folkner, W. M., 2003, Fluid core size of Mars from detection of the solar tide. *Science* **300**: 299–303.

Yoshida, M., 2004, Possible effects of lateral viscosity variations induced by plate tectonic mechanism on geoid inferred from numerical models of mantle convection. *Phys. Earth Planet. Inter.* **147**: 67–85.

Yoshida, S., Sumita, I. and Kumazawa, M., 1996, Growth model of the inner core coupled with outer core dynamics and the resulting elastic anisotropy. *J. Geophys. Res.* **101**: 28085–28103.

Young, C. J., and Lay, T., 1990, Multiple phase analysis of the shear velocity structure in the D'' region beneath Alaska. *J. Geophys., Res.* **95**: 17385–17402.

Yuan, X. et al. (22 authors), 2000, Subduction and collision processes in the central Andes constrained by converted seismic phases. *Nature* **408**: 958–961.

Yukutake, T., 1989, Geomagnetic secular variation: theory. In James (1989), pp. 578–584.

Yukutake, T. and Tachinaka, T., 1969, Separation of the Earth's magnetic field into the drifting and the standing parts. *Bull. Earthquake Res. Inst. Univ. Tokyo* **47**: 65–97.

Zeng, Y., 1993, Theory of scattered P- and S-wave energy in a random isotropic scattering medium. *Bull. Seism. Soc. Am.* **83** (4): 1264–1276.

Zhang, J., Song, X., Li, Y., Richards, P.G., Sun, X. and Waldhauser, F., 2005, Inner coredifferential motion confirmed by earthquake waveform doublets. *Science* **309**: 1357–1360.

Zhang, Q., Soon, W. H., Baliunas, S. L., Lockwood, G. W., Skiff, B. A. and Radick, R. R., 1994, A method of determining possible brightness variations of the Sun in past centuries from observations of solar-type stars. *Astrophys. J.* **427**: L111–L114.

Zhang, Y. S. and Lay, T., 1999, Evolution of oceanic upper mantle structure. *Phys. Earth Planet. Inter.* **114**: 71–80.

Zhang, Y. S. and Tanimoto, T., 1991, Global Love wave phase velocity variation and it significance to plate tectonics. *Phys. Earth Planet. Inter.* **66**: 160–202.

Zhang, Y. S. and Tanimoto, T., 1992, Ridges, hotspots and their interaction as observed in seismic velocity maps. *Nature* **335**: 4–49.

Zho, W. et al. (15 authors), 2001, Crustal structure of central Tibet as derived from Project INDEPTH wide-angle seismic data. *Geophys. J. Int.* **145**: 486–498.

索　引

欧　文

ak135　276, 282
^{26}Al　68
α^2 ダイナモ　406
α–ω ダイナモ　406
^{36}Ar　73
^{36}Ar/惑星　73
^{40}Ar　73
^{40}Ar/^{29}Ar 法　51
ARM　431

β スピネル　36
Birch の理論　295, 304
Byerlee 則　161

^{14}C 年代測定　50
CAI　33
CMB　250, 283
CRM　421

D″ 層　181, 192, 271, 283, 390
DRM　420

ETAS モデル　241
ETES モデル　241

γ スピネル　36
GDA 仮説　416
GPS　178

Hubbert–Rubey の係数　199

K–Ar 年代測定法　51
Keane の式　305
Keane の条件　305
Keane の法則　309
Kelvin のモデル　64
K–T 境界　80
K 捕獲　49

Lindemann のアイデア　326
LOD　99–101

MaCulargh の公式　85

MgSi$_3$ プロブスカイト　320
MORB　41
μ–K–P 方程式　312

N$_2$ 惑星　73
Nabarro–Herring クリープ　150
NRM　419

OIB　41
O 同位体　69

P 波　148, 244, 246
Pb–Pb アイソクロン　56
PGR　121, 122, 132, 136
P$_n$ 波　250, 292
PREM　143, 148, 260, 270, 279, 282, 297
PSD　418
pTRM　431

Q 値　98, 282

Rb–Sr 年代測定法　54
Rb–Sr 崩壊系　78

S 波　148, 244
S 波速度　290
SH 波　246
SKS 分裂　292
Sm–Nd 法　57
Sm–Nd 崩壊系　78
SMOW　60
SNC 隕石　34
Stoneley 波　252
SV 波　246

TRM　425

ULVZ　283
U–Pb 年代測定　56

Vinet の方程式　303
VLBI　271, 432

あ　行

アイソクロン (等時式)　54, 65
アイソスタシー　88, 126, 128, 132, 186, 194, 196, 283, 341
アイソスタシー異常　134
アイソスタシー補償　128
アインシュタインの総和規約　156
アインシュタイン・モデル　319
アエンデ隕石　18, 33
アスペリティ　229, 231
アセノスフェア　22, 132, 134, 175, 181, 193, 196, 340, 342, 344, 347
アダムス–ウィリアムソンの方程式　279
圧縮　351
圧力補正密度　22
アパタイト　52
アフタースリップ　231
アポロ族小惑星　7
アルチメーター　121, 125
アルファ効果　405
アルファ相　14
アルベド　444
安山岩　40
安山岩質溶岩　173
アンダーソン–グリュナイゼン・パラメーター　331
アンダーソンの基準　160
アンビル　298

イオ　7, 112
位相速度　258
一致年代　56
緯度変化　93, 96
異方性　268, 291
隕石　8, 28, 30, 62
　　—の Pb 同位体　64
　　—の磁気　17
　　—の自然残留磁化　17
　　—の年代　66
隕石衝突　23
隕石爆撃　25

インピーダンス　267
インピーダンスコントラスト　247

ウィーデマン–フランツの関係式　331
ウィドマンシュテッテン構造　14
ウィドマンシュテッテン・パターン　11, 31
ウィーヘルト–ヘルグロッツの公式　278
ウィリアムソン–アダムスの方程式　279
宇宙照射年代　10
運動論的ダイナモ　407

エアリー相　259
エアリーの原理　129
衛星　6
衛星高度計　125
永年変化　388
エウロパ　7
液相濃集元素　30, 44, 352
液体金属　373
エクスカーション　427
エクロジャイト　189
エコンドライト　34, 69
エネルギー解放　356
エネルギー散逸量　438
エネルギー利用量　437
エンスタタイト　35, 37
円ダイアグラム　159
遠地項　212
鉛直線偏差　126, 131
エントロピー　365
遠方変位　423

オイラーのひずみ　304
おうし座 T 型星　6, 72
応力　153
応力解放　165, 226
応力テンソル　154
応力腐食メカニズム　235
大潮　108
大森公式　235
オクタヘドライト　16
オーバーコアリング　164
オーバーシュート　229
オーバートーン　260, 267
オメガ効果　405
オリビン　28, 35, 291
　—の相転移　36
オールト雲　20
音響インピーダンス　251
音響ガンマ　323

か 行

外核　250, 267
海水　42
海水循環　342
回折　247, 286, 289
回折性回復　248, 287, 289
海底地すべり　223
海底熱流量　379
解の唯一性　129
カイパー・ベルト天体　19
海面高度計　121
海洋玄武岩　181
海洋地域　344
海洋地殻　40, 361
海洋底磁気異常　167
海洋底熱流量　340, 378, 381
海洋の波　442
海洋プレート　181, 343
海洋リソスフェア　347
海嶺　175, 197
海嶺軸　177
ガウス係数　391
化学残留磁気 (磁化)　17, 421
核　181
カークウッド・ギャップ　7, 19
角運動量の分布　5
拡散クリープ　293
核種　49
核–マントル境界　192, 250, 283
陰　275, 279
花崗岩　40, 346
過剰扁平率　82, 83
火星　22
　—の磁場　22
　—の大気　46
火成岩　55
化石　80
風のエネルギー　442
仮想的な応力　366
カニヤール–ドフープ法　257
ガーネット　28, 36
下部マントル　28
下方接続　395
カマサイト　14
雷　441
カルノー効率　363
カルノー・サイクル　362
カロン　112
間隙流体圧　161
慣性カップリング　103

慣性モーメント　21, 85, 127, 137, 281
慣性モーメント係数　92
岩石磁気　416
岩石力学　153
完全発達波　226
ガンマ相　14
緩和現象　150
緩和時間　135, 137
規格化圧力　307
規格化温度　150
幾何減衰　247, 250
気候変動　96, 348, 445
擬似単磁区　418
輝石　28, 35
キセノン学　67
軌道角運動量　5, 12
軌道進化　113
希土類元素　57
基本モード　267
逆数 K' 方程式　305
逆帯磁　426
逆断層　162, 203
逆行　104
逆行運動　123
球関数の規格化　393
球面調和係数　126
球面調和展開係数　124
キュリー温度　417
キュリー点　395
強磁性　417
極移動　83, 99, 432
極移動軌跡　432
極運動　97
巨大玄武岩岩石区　81
巨大惑星　24
ギルバリー型の融解法則　326
均質地球モデル　21
金星　21
　—の大気　46
近地項　212
近方変位　424

屈折　245, 273
屈折波　273
グーテンベルク–リヒター分布　219
グーテンベルク–リヒターの式　234
クラウジウス–クラペイロン方程式　325, 365
クラトン　287
クラペイロン勾配　284, 366

索　引　515

クリープ　139, 148, 377
クリープ地震　228
クリープ則　381
グリュナイゼン・パラメーター
　　140, 296, 317, 322, 341, 414
グリーン関数　208
クレーター　25
クロン　427
クーロンくさび　200
クーロンの破壊基準　161
クーロン物質　198
群速度　258

結合円盤ダイナモ　406
結合の被調和性　335
結晶の対称性　142
ケプラーの第3法則　5, 110
ケルビン–フォークト物体　149
ケルビン–フォークト・モデル　148
原子間ポテンシャル　300
減衰　246
減衰係数　147
元素　27

コア　79
　—の進化　74
　—の冷却　355, 385
　——マントル境界　28, 382, 395
コア対流　372
コア熱流量　358
コア–マントル境界　429
高圧実験　297
広域アイソスタシー　197
高温湿潤岩体　443
後期重爆撃期　118
格子比熱　320
格子モード　319
高次モード　267
洪水玄武岩　182
高スピン状態　314
剛性率　139, 141, 290, 311
構造非調和性　335
交点　94
　—の逆行運動　122
後氷期地殻隆起　82, 121
後氷期変動　347, 348
交流消磁　420
高温乾燥岩体　443
固化　356
古気温　58
国際標準磁場モデル　391
小潮　108
古磁気学　390
古生物学時計　114

コーダ　249, 250
古地磁気　167, 416
古地磁気極　391, 423
固有関数　256, 265–268
固有減衰　250
固有周波数　265
コンコーディア　56
コンドライト　9, 32, 354
コンドライト隕石　79
コンドリュール　9, 32, 72

さ　行

最外殻電子　402
歳差　82, 92, 104
歳差運動　96, 390
歳差トルク　95
サイスミシティ　167
最大慣性主軸　96, 97
サブクロン　427
差分回転　405
サンアンドレアス断層　203
散逸　185
三重合　275
酸素　35
酸素同位体比　60
散乱　246, 247
残留磁気 (磁化)　416, 418

シアル　30
ジェット　4
ジオイド　85, 121, 124, 125, 186, 195
ジオイド異常　129, 131
磁気拡散係数　405
磁気縞模様　175, 413
磁気粘性　420
磁気モーメント　390
磁気レイノルズ数　401
磁区　417
磁区四重極子　423
地震学的ドップラー効果　212
地震の弾性反発説　204
地震波　146
地震波減衰　151
地震波線　243
地震波トモグラフィー　181, 286
地震ひずみ　224
地震モーメント　202, 208, 219
地震モーメントテンソル　210
沈み込み帯　181
沈み込みのエネルギー　189
自然残留磁気 (磁化)　17, 419
実効熱容量　355

実体波　243, 244, 270, 281
実体波マグニチュード　218
質量分別　49
自転　5
自転減速率　114
自転軸傾斜角　445
自発核分裂　53
自発磁化　417
磁壁　418
シマ　30
ジャイアントインパクト (巨大衝突) 仮説　24, 120
斜方晶ペロブスカイト相　298
褶曲　200
自由振動　243, 259, 270, 281
自由水　44
集束　247, 248
周波数依存性　146
重力異常　88, 129, 394
重力エネルギー　63, 354
重力解放エネルギー　350, 351
重力ポテンシャル　83, 124
主応力　157
シュテファン–ボルツマン定数　330
準静的摩擦　232
準調和近似　334
衝撃圧縮　299
衝撃実験　299
衝撃波　299
常磁性　417
衝上運動　200
状態方程式　295
章動　94, 104, 411
小氷河時代　444
上部マントル　28
小惑星　7
　—の衝突　11
磁力線　391
自励ダイナモ　389
震源　202
震源メカニズム　171
侵食プロセス　77
尺数関係　19
深発地震　167, 171, 257

水圧破砕　164
水星　22
　—の磁場　23, 413
彗星　20
水素　30
　—の逃散率　46
垂直応力　251
水力発電　440

水和弱化現象　44
スカラー磁気ポテンシャル　390
スティックスリップ　231
ストークスの法則　184
ストロマトライト　114
スネルの法則　245, 246, 251, 272
スーパークロン　430
スーパープルーム　288
スーパーローテーション　409
スピネル　36
スピンアップ　122
すべり弱化域　230
スラブ　181, 190, 366
スレーターの仮定　309
スレーターのガンマ　308, 324
スローネス　246, 253, 273

斉次波　252
静水圧平衡形　89
正帯磁　426
正断層　162, 203
静的摩擦　232
西方移動　412
世界応力マップ　166
石鉄隕石　31
赤道の膨らみ　93
節　252
絶対運動　177
セドナ　20
ゼーマン効果　389
遷移摩擦　232
前弧海盆　176
前震　229
浅水波　223
せん断応力　154
せん断弾性率　143, 155
せん断波　332
セントロイドモーメントテンソル　267
浅発地震　171

相境界　181, 369
双極子磁場　388, 411, 424
双極子の逆転　408
走時　271
走時曲線　273
総損失熱　381
総損失熱量　385
相対運動　167, 177, 178
相転移　365
　410 km—　284, 285
　520 km—　285
　660 km—　284, 285
　吸熱性の—　365

　発熱性の—　365
相変化　181
速度強化　232
速度–状態摩擦則　232
速度–状態理論　228, 231
組成対流　371, 390
ソリダス　381, 383
ソリダス温度　150

た 行

第1フレネル・ゾーン　248
太陰潮汐　112
大気　30, 45
　—の組成　45
大気潮汐　111
対数減衰率　147
対数有限ひずみ方程式　304
堆積残留磁化　420
体積弾性波速度　290, 333
体積弾性率　139, 141, 244, 245, 290
堆積物のカニバリズム　77
堆積物の再循環　76
代替エネルギー源　441
ダイナモ　359, 371
　—のエネルギー源　373
ダイナモ作用　357
ダイナモ理論　389, 426
ダイポール　209
ダイヤモンドアンビル　298, 327
太陽
　—の輝度　444
　—の黒点数　444
　—の放射圧　12
太陽エネルギー　438
太陽系の形成プロセス　71
太陽大気　34
太陽潮汐　112
太陽風　46, 75
大陸移動　344, 432
大陸移動説　185
大陸地殻　40, 126, 346, 361
大陸熱流量　343
大陸リソスフェア　347
対流
　—のエネルギー　372
　—のサイクル　363
　—の動力　368
大量絶滅　74, 80
タエナイト　14
タエナイト粒子　32
立上り時間　213, 249
タンジェントシリンダー　407

単磁極　392
単磁区　418
短寿命放射性核種　48
弾性異方性　142
弾性係数　244
弾性体　139
弾性定数　144
弾性テンソル　291
弾性波　270
断層すべり　160, 162
炭素質コンドライト　9, 32, 37, 68
断熱温度勾配　186, 190, 328

地殻　40, 361
地殻応力　160, 163
地殻熱流量　177, 339
地殻–マントル境界 (モホ面)　250
地球
　—の歳差運動　445
　—の脱ガス　75
　—の熱特性　317
　—の年齢　62, 64
　—の分別線　61
地球型惑星　1, 23
　—の平均密度　21
地球残置年代　10
地球接近小惑星　7
地磁気　388
　—の逆転　390, 425
　—の西方移動　100, 388
　—の短周期擾乱　388
地磁気異常　394
地磁気緯度　391
地磁気永年変動　100
地磁気縞模様　430
地磁気ジャーク　399
地磁気ダイナモ　83
地磁気南極　428
地磁気北極　428
地心緯度　86, 87
地心軸双極子仮説　416
地心双極子　390
地熱流量　339
チャンドラー極運動　83, 93, 96, 412
中央海嶺玄武岩　181
中間地項　212
中心核 (コア)　37
　—中の軽元素　38
超回転　250
超基線干渉法　432
超常磁性　418
超新星爆発　68

潮汐　105, 111
潮汐エネルギー　360
潮汐散逸　106, 111
潮汐発電　441
潮汐ひずみ　361
潮汐摩擦　25, 105, 106, 114, 122, 360, 441
潮汐摩擦減速　89
超低速度層　182, 283, 329, 383
地理緯度　87
地理経度　86

月　23
　—の起源　24
　—の平均密度　21
月激変モデル　25
月レーザー測距　111
津波　223
津波エネルギー　224

低温化成活動　7
低角逆断層　198
定常波　259
ディスク状円盤　71
ディスロケーション理論　205
ティティウス–ボーデの法則　3, 118
テイラー・コラム　407
テクタイト　19
テクトニクス　183
　—の動力　367
デコルマ　198
鉄隕石　11, 30
デバイ温度　320
デバイ・モデル　319
デュロン–プティ則　318
テリエ法　431
転位　149, 202
転移クリープ　293
電気抵抗発熱　373
電気伝導度　389
電子グリュナイゼン・パラメーター　324
電子スピン　417
電子相転移　314
電子比熱　296, 321
電磁流体　389
天文測地　131

同位体　48
同位体異常　68
同位体分別　58
等温体積弾性率　295
透過　246

透過係数　251
透過波　251
透磁率　391
導波　251
動力生成率　368
ドップラー効果　12
トモグラフィー　183, 249
トラクション　156
トラクションベクトル　158
トロイダル磁場　396, 410
トロコイド型　226

な　行

内核　250, 267, 387
　—の固化　371
　—の成長　374
　—の存在時間　358
　—の流動性　410
内核形成　356, 386
内核成長　387
内部エネルギー源　350
内部摩擦　146
内部摩擦角　161
波のエネルギー　440
難揮発性包有物　9, 70
2次の弾性理論　311
2次微分パラメーター　307
日食の歴史記録　114

ねじれ振動　260
ねじれモード　260, 262, 271
熱圧力　322
熱拡散率　340
熱境界層　174, 175, 191
熱効率　362
熱残留磁気 (磁化)　17, 425
熱収支　351, 353, 376
　—の方程式　380
熱水循環　42, 376, 378
熱水冷却　342
熱対流　390
熱的収縮　354
熱伝導　329, 343
熱伝導率　339, 340
熱膨張係数　317
熱膨張率　321, 343
熱輸送　362
熱力学第1法則　363
年周極運動　99
粘性　181
粘性率　132, 134, 136
年代測定　48

ノード (交点)　92, 94
伸び縮み振動　260
伸び縮みモード　260, 262, 271
ノーマルモード　243, 265

は　行

背弧海盆　176
配置エントロピー　58
パイロープ　36
パイロライト　28, 284
バウエル・プロット　421
破壊伝播時間　249
破壊伝播速度　229
バーガース・ベクトル　205
薄殻ダイナモ　414
白色スペクトル　212
白亜紀–第三紀 (K–T) 境界　80
破砕反応　75
ハスケルの値　132
ハスケル・モデル　132, 214
波線パラメーター　245, 274
波線理論　245, 247, 289
発光 (雷) 現象　18
発散　248
発熱元素　42
ハーバード・モーメントテンソルカタログ　222
パラサイト　31
ハロー　20
波浪　226
ハワイ・ホットスポット　179
反強磁性　417
半減期　48
反射　245, 246, 273
反射係数　251
反射波　251, 273
半無限体モデル　340
半無限弾性体　257

非圧縮率　244, 279, 295
非緩和弾性率　144
ひずみ　154
ひずみ振幅　146
非斉次波　252
非双極子磁場　391
非弾性　145, 332
非弾性減衰　247
非調和性　334
比熱　317, 340
　金属の—　321
微分量方程式　295, 305
氷河作用　435
標準重力　88

標準平均海水　60
表皮効果　399
表皮の深さ　399
表面熱流量　339
表面波　243, 251, 254, 270, 348
表面波マグニチュード　218
非履歴残留磁化　431
ビンガム物体　149

フィッショントラック法　53
封圧　161
フェノスカンディア　82, 122
フェリ磁性　417
フェルマーの原理　246
フェルミ・エネルギー　321
フェルミ準位　402
フォークト限界　145
フォークト–ロイス–ヒル平均弾性　145
フォノン　330, 332
フォノン–フォノン散乱　330
フォルステライト　35
付加体　188, 198
複数の月仮説　118
ブーゲー異常　88, 129, 130
ブーゲー勾配　88, 130
ブジネスク問題　209
プシーブラム隕石　8
フックの法則　155
部分熱残留磁気　431
部分溶融　182
フリーエア異常　88, 129, 130
フリーエア勾配　88, 129
プルーム　81, 182, 385
プレッサイト　14
プレート　181
プレート運動速度　379
プレート境界　178
プレートテクトニクス　64, 167, 186, 416
プレートモデル　342
フレネル・ゾーン　247, 289
フレネル・ボリューム　248
不連続面
　410 km の—　283
　660 km の—　283
ブロッキング温度　419
分散　151, 152, 247
分散曲線　258, 259
分散性　254, 255, 258, 282
分子動力学計算　301

平均プレートサイズ　379
平衡形　82

閉鎖温度　52
ヘッドウェーブ　250, 251, 273
ペリクレース　37
ヘリシティー　405, 425
ペリドタイト　35
ペロブスカイト　36
ペロブスカイト相　383
偏角　388
ヘンキーひずみ　304
扁平率　85

ポアズイユ流れ　193
ポアソン固体　257
ポアソン比　141, 156, 244
ボアホール　164, 219
ポアンカレ流　103
ポインティング–ロバートソン効果　11
方位異方性　292
方解石　60
崩壊速度　49
放射効率　237
放射性元素　67, 339, 351, 377
放射性発熱　351, 353, 376
放射性発熱量　379, 381
放射熱伝導　330
放射能　350
　—の発見　63
放射崩壊　48, 49
膨張核　209
捕獲説　6
補償深度　128, 130, 131
補償面　129
ポストペロブスカイト　36, 271, 283
ポストペロブスカイト相　383
ホットスポット　167, 170, 179, 181, 386
ホットスポット軌跡　170, 177
ホットドライロック　443
ボーデの法則　4, 118, 120
ホモガス温度　329
ボルツマン分布　319
ボルン–ミー・ポテンシャル　302
ポロイダル磁場　396, 410

ま 行

マーナハンの方程式　305
マウンダー極小期　444
マクスウェル物体　149
マクスウェル・モデル　148
マグネシオブスタイト　36
マグマオーシャン　39

摩擦応力　161
摩擦係数　200
摩擦すべり　201
マルチアンビルプレス　299
マントル　78
　—の元素存在度　34
　—の組成　29
　—の熱伝導率　191
　—の粘性　190
　—の粘性率　133
　—の変形　150
　—への熱流量　330
マントル対流　132, 136, 167, 180, 368
マントルプルーム　182

見かけ応力　238
ミー–グリュナイゼン方程式　322
水　43
　地球内部の—　43
密度　340
みなしご元素　68
脈動　226
ミランコビッチ・サイクル　96, 444

無限圧力極限　306
無限小ひずみ　301

メテオロイド　8, 20
メルカリ震度　217
面外クラック　229

モース・ポテンシャル　303
モホロヴィチッチ不連続面　29, 40, 283
モーメントテンソル　264–266
モーメントレート　213
モール円　158, 159, 199

や 行

ヤーコフスキー効果　11
ヤング率　141, 156, 244

融解　325
有限ひずみ　295, 303
有効摩擦係数　162
融点　329
ユゴニオ　300
ユゴニオ方程式　300
ユニラテラル　212
ユーリー比　385

陽震学　6, 264

横ずれ断層　175, 182, 203
横等方性　291
余震　229
余震分布　230

ら　行

ラグランジュのひずみ　304
らせん転位　205, 229
ラブ数　108
ラブ波　255
ラムの問題　257
ラメ定数　141, 155
ランジュヴァンの理論　420
乱流　395

力学的扁平率　92, 98
力対　209
リザーバー　79

リソスフェア　88, 132, 134, 153, 181, 193, 196, 250, 340, 342, 344, 347
リッジプッシュ　193, 197
リヒター・マグニチュード　218
流星雨　8, 20
流紋岩　40
リュードベリ・ポテンシャル　303
臨界くさび理論　200
臨界不安定性　241

冷却　350
冷却速度　15, 368
冷却モデル　385
冷蔵作用　358, 374
レイリー関数　254, 256
レイリー極　257
レイリー波　252, 255
レオロジー　90, 377, 381

レナードジョーンズ・ポテンシャル　302
レニオン・ホットスポット　179

ロイス限界　145
ロイス弾性限界　145
ロイス弾性率　309
ロッシュ限界　24, 113, 115–118
ローレンシア　82, 122, 135, 137
ローレンツ数　331

わ　行

惑星
　—の軌道　3
　—の磁場　412
惑星間塵　11, 20, 71
惑星進化史　73
和達–ベニオフ帯　171

地球の物理学事典

2013 年 7 月 10 日	初版第 1 刷
2014 年 3 月 20 日	第 2 刷

定価はカバーに表示

訳者代表　本多　了

発行者　朝倉邦造

発行所　株式会社　朝倉書店

東京都新宿区新小川町 6-29
郵便番号　162-8707
電　話　03(3260)0141
Ｆ Ａ Ｘ　03(3260)0180
http://www.asakura.co.jp

〈検印省略〉

© 2013〈無断複写・転載を禁ず〉

中央印刷・渡辺製本

ISBN 978-4-254-16058-1　C 3544

Printed in Japan

JCOPY　〈(社)出版者著作権管理機構　委託出版物〉

本書の無断複写は著作権法上での例外を除き禁じられています．複写される場合は，そのつど事前に，(社)出版者著作権管理機構(電話 03-3513-6969, FAX 03-3513-6979, e-mail: info@jcopy.or.jp)の許諾を得てください．

西村祐二郎編著　鈴木盛久・今岡照喜・
高木秀雄・金折裕司・磯﨑行雄著

基礎地球科学（第2版）

16056-7 C3044　　A5判 232頁 本体2800円

地球科学の基礎を平易に解説し好評を得た『基礎地球科学』を，最新の知見やデータを取り入れ全面的な記述の見直しと図表の入れ替えを行い，より使いやすくなった改訂版。地球環境問題についても理解が深まるように配慮されている。

東大 平田　直・東大 佐竹健治・東大 目黒公郎・
前東大 畑村洋太郎著

巨大地震・巨大津波
—東日本大震災の検証—

10252-9 C3040　　A5判 212頁 本体2600円

2011年3月11日に発生した超巨大地震・津波を，現在の科学はどこまで検証できるのだろうか。今後の防災・復旧・復興を願いつつ，関連研究者が地震・津波を中心に，現在の科学と技術の可能性と限界も含めて，正確に・平易に・正直に述べる。

前筑波大 松倉公憲著

地形変化の科学
—風化と侵食—

16052-9 C3044　　B5判 256頁 本体5800円

日本に頻発する地すべり・崖崩れや陥没・崩壊・土石流等の仕組みを風化と侵食という観点から約260の図写真と豊富なデータを駆使して詳述した理学と工学を結ぶ金字塔。〔内容〕風化と地形／斜面プロセス／風化速度と地形変化速度

国立天文台 渡部潤一訳　後藤真理子訳

太陽系探検ガイド
—エクストリームな50の場所—

15020-9 C3044　　B5変判 296頁 本体4500円

「太陽系で最も高い山」「最も過酷な環境に耐える生物」など，太陽系の興味深い場所・現象を50トピック厳選し紹介する。最新の知見と豊かなビジュアルを交え，惑星科学の最前線をユーモラスな語り口で体感できる。

日本地球化学会編

地球と宇宙の化学事典

16057-4 C3544　　A5判 500頁 本体12000円

地球および宇宙のさまざまな事象を化学的観点から解明しようとする地球惑星化学は，地球環境の未来を予測するために不可欠であり，近年その重要性はますます高まっている。最新の情報を網羅する約300のキーワードを厳選し，基礎からわかりやすく理解できるよう解説した。各項目1～4ページ読み切りの中項目事典。〔内容〕地球史／古環境／海洋／海洋以外の水／地表・大気／地殻／マントル・コア／資源・エネルギー／地球外物質／環境（人間活動）

元早大 坂　幸恭監訳

オックスフォード辞典シリーズ

オックスフォード 地球科学辞典

16043-7 C3544　　A5判 720頁 本体15000円

定評あるオックスフォードの辞典シリーズの一冊"Earth Science (New Edition)"の翻訳。項目は五十音配列とし読者の便宜を図った。広範な「地球科学」の学問分野——地質学，天文学，惑星科学，気候学，気象学，応用地質学，地球化学，地形学，地球物理学，水文学，鉱物学，岩石学，古生物学，古生態学，土壌学，堆積学，構造地質学，テクトニクス，火山学などから約6000の術語を選定し，信頼のおける定義・意味を記述した。新版では特に惑星探査，石油探査における術語が追加された

前東大 岡村定矩監訳

オックスフォード辞典シリーズ

オックスフォード 天文学辞典

15017-9 C3544　　A5判 504頁 本体9600円

アマチュア天文愛好家の間で使われている一般的な用語・名称から，研究者の世界で使われている専門的用語に至るまで，天文学の用語を細大漏らさずに収録したうえに，関連のある物理学の概念や地球物理学関係の用語も収録して，簡潔かつ平易に解説した辞典。最新のデータに基づき，テクノロジーや望遠鏡・観測所の記載も豊富。巻末付録として，惑星の衛星，星座，星団，星雲，銀河等の一覧表を付す。項目数約4000。学生から研究者まで，便利に使えるレファランスブック。

日本物理学会編

物理データ事典

13088-1 C3542　　B5判 600頁 本体25000円

物理の全領域を網羅したコンパクトで使いやすいデータ集。応用も重視し実験・測定には必携の書。〔内容〕単位・定数・標準／素粒子・宇宙線・宇宙論／原子核・原子・放射線／分子／古典物性（力学量，熱物性量，電磁気・光，燃焼，水，低温の窒素・酸素，高分子，液晶）／量子物性（結晶・格子，電荷と電子，超伝導，磁性，光，ヘリウム）／生物物理／地球物理・天文・プラズマ（地球と太陽系，元素組成，恒星，銀河と銀河団，プラズマ）／デバイス・機器（加速器，測定器，実験技術，光源）他

上記価格（税別）は2014年2月現在